Günter Spur · Die Genauigkeit von Maschinen

Günter Spur

Die Genauigkeit von Maschinen

Eine Konstruktionslehre

Mit 408 Abbildungen

Carl Hanser Verlag München Wien

Die Deutsche Bibliothek – CIP-Einheitsaufnahme

Spur, Günter:
Die Genauigkeit von Maschinen : eine Konstruktionslehre / Günter Spur. – München ; Wien : Hanser, 1996
  ISBN 3-446-18583-6

Dieses Werk ist urheberrechtlich geschützt.
Alle Rechte, auch die der Übersetzung, des Nachdrucks und der Vervielfältigung des Buches oder Teilen daraus, vorbehalten. Kein Teil des Werkes darf ohne schriftliche Genehmigung des Verlages in irgendeiner Form (Fotokopie, Mikrofilm oder einem anderen Verfahren), auch nicht für Zwecke der Unterrichtsgestaltung, reproduziert oder unter Verwendung elektronischer Systeme verarbeitet, vervielfältigt oder verbreitet werden.

© 1996 Carl Hanser Verlag München Wien

Satz: Schaber Satz- und Datentechnik, Wels, Österreich
Druck: Appl, Wemding
Binden: Auer, Donauwörth
Printed in Germany

Vorwort

Die Funktionalität neuzeitlicher Maschinen ist aus ganzheitlicher Sicht durch Komplexität gekennzeichnet, im Detail betrachtet jedoch durch einen unverzichtbaren Genauigkeitsanspruch bestimmt. Es läßt sich aus der technischen Entwicklung erkennen, daß der Genauigkeitsanspruch kontinuierlich gesteigert wurde, aber auch dessen Erfüllung immer besser gewährleistet werden konnte.

Der Maschinenbau kann auf eine genauigkeitsorientierte Produktentstehung nicht verzichten, wenn er die Anforderungen der Zukunft erfüllen soll. Genauigkeit ist als Leitmotiv für eine hohe Produktqualität von zentraler Bedeutung. Das Genauigkeitssystem einer Maschine ist durch zunehmende Verfeinerung ihrer Funktionen geprägt.

Hohe Funktionsgenauigkeit im Arbeitszustand setzt konstruktiv eine genauigkeitsorientierte Toleranzbauweise voraus, die von hoher fertigungstechnischer Zuverlässigkeit begleitet sowohl Einzelteile als auch Baugruppen durchdringt.

Das vorliegende Buch ist als Konstruktionslehre gedacht, um die Grundlagen für eine Genaubauweise von Maschinen zu vermitteln.

Eine Deutung des Genauigkeitsbegriffs ist unverzichtbar. Das internationale Normenwerk vermittelt hilfreich Definitionen und Abgrenzungen. Die Maschinengenauigkeit kann als qualitativer Begriff für das Ausmaß einer Annäherung von Ermittlungsergebnissen auf Bezugswerte für ein spezifisches Funktionsverhalten im Arbeitszustand beschrieben werden.

Eine wichtige Voraussetzung für hohe Genauigkeit von Maschinen im Arbeitszustand ist die Beherrschung der Störwirkungen. Dies geschieht einerseits durch Tolerierung der Konstruktionsparameter, andererseits durch gezielte Verbesserung ihrer Widerstandsfähigkeit gegen Formänderungen und Verlagerungen. Die Störung der Arbeitsgenauigkeit von Maschinen ist letztlich eine Störung der Bewegungsgenauigkeit, die durch geometrische und kinematische Parameter bestimmt wird und sich auf alle Bahnbewegungen im Raum, insbesondere aber auf Translations- und Rotationsbewegungen von Maschinen bezieht.

Mit zunehmender Bedeutung der Automatisierung von Maschinenfunktionen ist der Genauigkeitsanspruch an ihre Steuerungen gestiegen. Gleichzeitig ist aber auch ein zusätzliches Potential an Fehlerquellen entstanden. Aus dem Störkomplex der Steuerungen und des Maschinensystems leiten sich spezifische Genauigkeitsfunktionen ab. Diese wurden in einer systematischen Fehleranalyse zusammenfassend behandelt.

Den Abschluß des Buches bildet ein Überblick über Störwirkungen auf das Genauigkeitssystem von Maschinen im Arbeitszustand. Die ordnungsgemäße Arbeitsweise wird im Abnahmeversuch ermittelt. Die Wirkung der Störgrößen besteht letztlich in verschiedenen Arten von Form- und Lageveränderungen im Funktionssystem Maschine, die Kräfte, Wärme und Verschleiß verursacht haben.

Das Arbeitsverhalten einer Maschine ist somit als Störzustand seines Genauigkeitssystems zu deuten. Es ist Aufgabe des Maschinenkonstrukteurs, diesen Störzustand zu optimieren. Hierbei ist ihm die experimentelle Untersuchung des Arbeitszustandes unentbehrlich.

Das vorliegende Buch entstand aus meinen Vorlesungen über die Konstruktion von Werkzeugmaschinen, einer Maschinengattung mit höchstem Genauigkeitsanspruch. Es soll dem Studierenden als Konstruktionslehre helfen, sich methodisch in die Genauigkeitsbauweise von Maschinen einzuarbeiten. Dem Praktiker möge diese zusammenfassende Darstellung wichtiger Einflußkomplexe auf das Genauigkeitsverhalten dadurch nützlich sein, daß er einen ganzheitlichen Überblick erhält und die Komplexität des Genauigkeitssystems von Maschinen als kritisches Qualitätsmerkmal erkennt.

Bei der Bearbeitung des Stoffes waren mir meine wissenschaftlichen Mitarbeiter am Institut für Werkzeugmaschinen und Fertigungstechnik der Technischen Universität Berlin sowie am Fraunhofer-Institut für Produktionsanlagen und Konstruktionstechnik behilflich. Ich möchte ihnen allen hiermit meinen Dank ausdrücken. Insbesondere ist die Mitwirkung folgender Assistenten zu erwähnen: Bahrke, Eichhorn, Feil, Forstmann, Fries, Gürtler, Holl, Javor-Sander, Kraft, Kranz, Krüger, Mette, Reichau, Sanft, Seibt, Seidel und Wehmeyer.

Dem Hanser Verlag gilt mein Dank und meine Anerkennung für sorgfältige und schnelle Drucklegung.

Berlin, Oktober 1995 *Günter Spur*

Inhaltsverzeichnis

Vorwort	V
1 Einführung	1
Literatur zu Kapitel 1	11
2 Funktionssystem Maschine	12
2.1 Einteilungen	12
2.2 Strukturen	17
Literatur zu Kapitel 2	24
3 Genauigkeitssystem Maschine	25
3.1 Funktionsqualität	25
3.2 Funktionsgenauigkeit	32
Literatur zu Kapitel 3	46
4 Genauigkeit der Werkstoffeigenschaften	48
4.1 Allgemeines	48
4.2 Werkstoffbeanspruchung	53
4.3 Werkstoffprüfung	59
4.4 Werkstoffkennwerte	70
Literatur zu Kapitel 4	85
5 Genauigkeit der Bauteilgeometrie	87
5.1 Allgemeines	87
5.2 Maßtolerierung	93
5.3 Form- und Lagetolerierung	102
5.4 Oberflächenfeingestalt	115
5.5 Schraubflächen	131
5.6 Verzahnflächen	159
5.7 Freiformflächen	186
Literatur zu Kapitel 5	200
6 Genauigkeit der Baugruppengeometrie	208
6.1 Allgemeines	208
6.2 Systeme der Baugruppengenauigkeit	211
6.3 Passungen	220
6.4 Austauschbau	227
6.5 Rechnerunterstützte Tolerierung	248
Literatur zu Kapitel 6	253
7 Genauigkeit der Maschinenbewegungen	256
7.1 Allgemeines	256
7.2 Translationsbewegungen	267
7.3 Rotationsbewegungen	278
7.4 Koordinierte Bahnbewegungen	309
Literatur zu Kapitel 7	320

8 Genauigkeit der Maschinensteuerung ... 324
8.1 Allgemeines ... 324
8.2 Fehleranalyse ... 333
Literatur zu Kapitel 8 ... 368

9 Genauigkeit im Arbeitszustand ... 370
9.1 Allgemeines ... 370
9.2 Abnahmegenauigkeit ... 374
9.3 Statische Verformungen ... 385
9.4 Dynamische Verformungen ... 400
9.5 Thermische Verformungen ... 415
9.6 Tribologische Wirkungen ... 434
Literatur zu Kapitel 9 ... 454

Stichwortverzeichnis ... 460

1 Einführung

Technik ist Bestandteil von Kultur und Wissenschaft. Sie bewirkt eine produktive Nutzung der Natur. Durch Wandlung von Rohstoffen und Energie entstehen Güter, die zur Sicherung und Verbesserung unserer Lebensbedingungen beitragen. Technisches Handeln prägt den fortschreitenden Wandlungsprozeß unserer Gesellschaft.

Auf der Grundlage wissenschaftlicher und praktischer Erkenntnisse entsteht durch Technik eine künstliche Welt, die die natürliche Welt ergänzt. Aus den „Nützlichen Künsten" entwickelte der Mensch im Laufe von Jahrhunderten ein komplexes Produktionssystem, das als „Hilfswelt der Natur" zur gezielten Gütererzeugung fähig ist und durch die Kreativität des Menschen fortwährend zu höherer Qualität weiterentwickelt wird [2, 4].

Diese Hilfswelt der Natur ist zweckorientiert. Ihre Funktionsprozesse sind zielgerichtet. Aus den Erkenntnissen der Naturwissenschaften entsteht durch Erfindungen und Innovationen das sich evolutionär entwickelnde Bauwerk Technik. Seine Funktionalität basiert auf einer Komposition von Material, Energie und Information. Diese ist ganzheitlich durch Komplexität gekennzeichnet, im Detail jedoch durch Genauigkeit bestimmt.

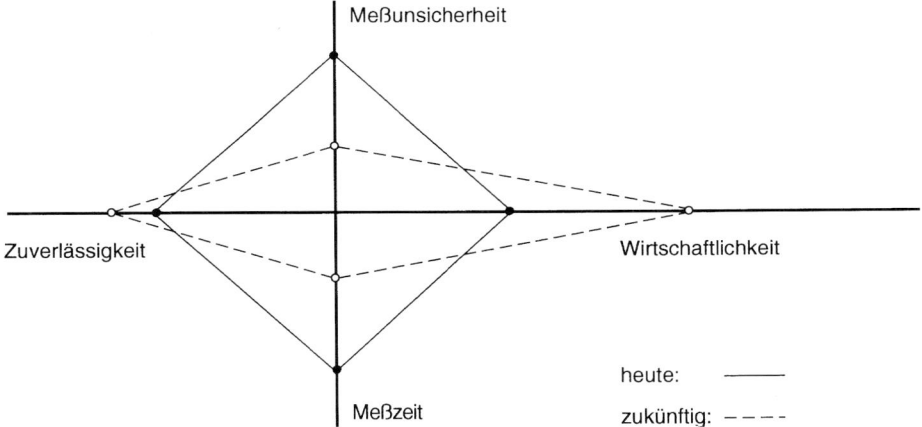

Bild 1-01 Zukünftige Entwicklung der Fertigungsmeßtechnik [8]

Technische Wirkprozesse erfordern eine zielgerichtete Planung von Handlungsanweisungen, die mit einem funktional bedingten Genauigkeitsanspruch verbunden sind. Aus theoretischer Sicht und aus praktischer Erfahrung läßt sich erkennen, daß die technische Entwicklung einerseits den Genauigkeitsanspruch kontinuierlich gesteigert hat, andererseits dessen Erfüllung auch immer besser gewährleisten konnte.

Wir können eine im Konstruktionsprozeß vorgegebene Genauigkeit von der Genauigkeit unterscheiden, die im Produktionsprozeß realisierbar ist. Beide basieren allerdings auf der Genauigkeit, die Meßprozesse auf der Grundlage physikalischer Erkenntnisse verwirklichen können.

Bild 1-01 zeigt die zukünftige Entwicklung der Fertigungsmeßtechnik.

Die massive Wirkung, welche die weltweit wirksame Technik auf Gesellschaft und Umwelt ausübt, verstärkt in zunehmendem Maße Fragen der Menschen nach einer sicheren Beherr-

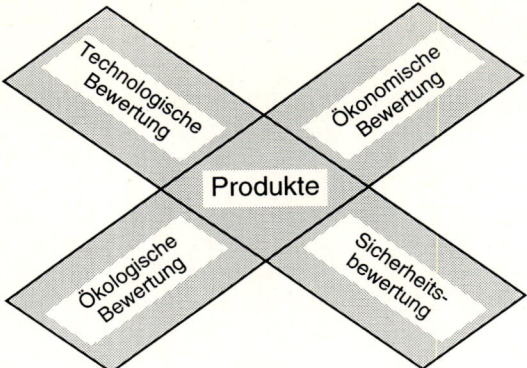

Bild 1-02 Bewertung der Produkte

schung dessen, was wir Technik nennen. Die gefertigten Produkte werden nicht mehr allein durch technologische und ökonomische Referenzsysteme kontrolliert, sondern zunehmend auch auf Sicherheit und ökologische Folgen bewertet (Bild 1-02). Auch hierbei spielt die Genauigkeit technischer Handlungsanweisungen eine wichtige Rolle.

Aus volkswirtschaftlicher Sicht wird unter Produktion die durch Menschen bewirkte Erzeugung von Sachgütern und Energie sowie die Einbringung von Dienstleistungen durch Kombination von Produktionsfaktoren verstanden. Auch wirtschaftsbezogene Handlungsweisen erfordern die Erfüllung eines vorgegebenen Genauigkeitsanspruchs. Die Produktionswirtschaft ist in ihrer zielgerichteten Leistungserstellung ein betriebliches Erzeugungssystem, das sowohl am wirtschaftlichen Erfolg als auch an der Qualität seiner Produkte gemessen wird.

Bild 1-03 soll die Qualitätsorientierung des volkswirtschaftlichen Kreisprozesses verdeutlichen. Produktionsbetriebe unterscheiden sich hinsichtlich ihrer Leistungsbewertung durch verschiedene Betrachtungsweisen. Unverzichtbar ist dabei eine Qualitätstolerierung der Leistungsziele.

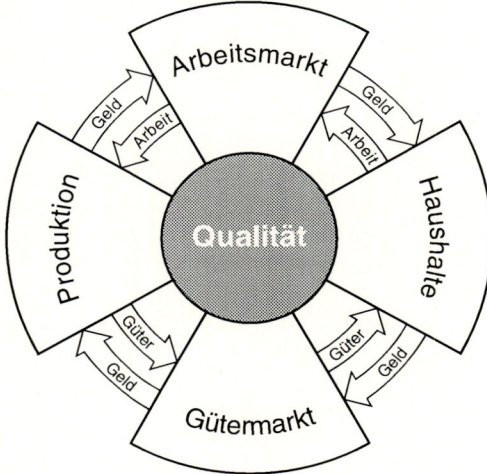

Bild 1-03 Qualitätsorientierung des volkswirtschaftlichen Kreisprozesses

Der materielle Prozeß der Gütererzeugung wird durch die Urproduktion eingeleitet, also durch Rohstoffgewinnung und Aufbereitung. Schon hierbei muß eine Schwankungsbreite der Stoffeigenschaften toleriert werden. Die Weiterverarbeitung zu Gebrauchsstoffen erfolgt in der Verfahrens- und Verarbeitungstechnik, die Wandlung zu Gebrauchsgütern in der sich anschließenden Fertigungs- und Montagetechnik (Bild 1-04).

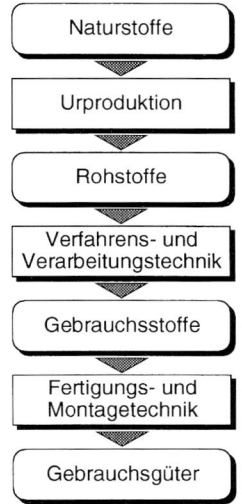

Bild 1-04 Materieller Prozeß zur Gütererzeugung

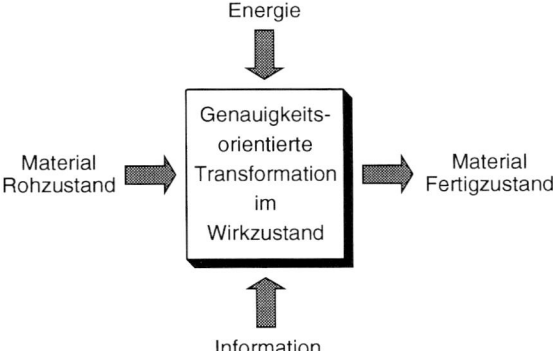

Bild 1-05 Genauigkeitsorientierte Zustandstransformation im Produktionsprozeß

Industrielle Produktionsprozesse zielen bei der Erzeugung von Gütern auf die Einhaltung vorgegebener Mengen- und Qualitätstoleranzen. Der Spielraum der Abweichungen wird durch die Bedürfnisse des Marktes und die Möglichkeiten der Erzeuger bestimmt. Es handelt sich um materielle Transformationsprozesse mit Wertschöpfung, deren Ergiebigkeit als Mengenleistung und als Qualitätsleistung ermittelt werden kann [1, 6, 7].

Der Produktionsfortschritt vollzieht sich als geplanter Wandel vom Rohzustand in einen genauigkeitsorientierten Fertigzustand durch zeitlich bzw. örtlich aufeinander folgende Produktionsoperationen. Die dabei vollzogenen Änderungen der Stoffeigenschaften, des geometrischen Stoffzusammenhalts oder der örtlichen Lagezuordnung müssen die Genauigkeitsansprüche im Rahmen der angestrebten Qualitätskriterien erfüllen (Bild 1-05).

Das in einem Unternehmen bewirtschaftete Produktionsmaterial ist hinsichtlich seiner Eigenschaften bestimmten prüfbaren Genauigkeitsanforderungen unterworfen. Es umfaßt alle Stoffe, die am Produktionsprozeß beteiligt sind. Das Hauptmaterial wird zum Produkt verarbeitet, Hilfsmaterial ergänzt und unterstützt den Produktionsprozeß. Ausgabeoperanden eines Produktionssystems sind die Hauptprodukte, die den angestrebten Gebrauchsnutzen verwirklichen, ferner anfallende Nebenprodukte mit und ohne Marktwert sowie gegebenenfalls umweltbeeinflussende Störprodukte (Bild 1-06).

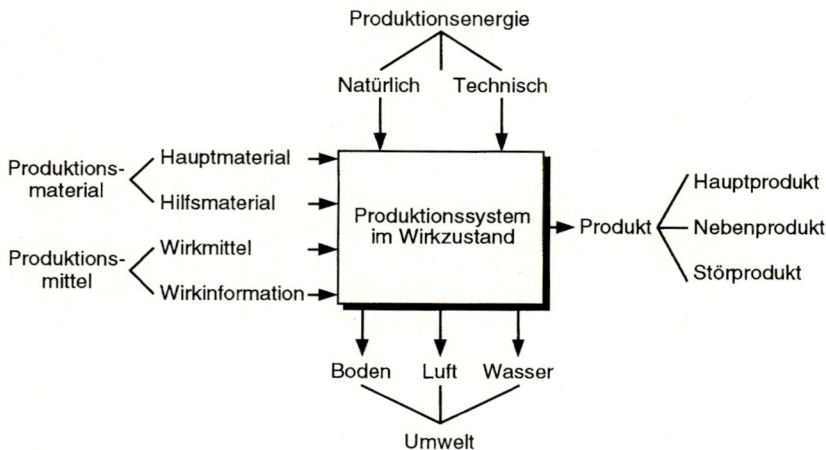

Bild 1-06   Wirkprozesse von Produktionssystemen

Die Produktionstechnik prägt in ihrer Gesamtheit durch ihre technologische Schlüsselfunktion die Herstellungsgenauigkeit der in einer Industriegesellschaft erzeugten Güter. Ihre materielle Realisierung erfolgt durch Zusammenwirken von Energietechnik, Materialtechnik und Informationstechnik. Den jeweiligen Wirkprozessen sind als Phasen das Erzeugen, Wandeln und Verteilen gemeinsam (Bild 1-07).

Die Materialtechnik umfaßt systemtechnisch gesehen
– die Urproduktionstechnik zum Gewinnen des Rohmaterials,
– die Verfahrenstechnik zum Erzeugen der Materialeigenschaften,
– die Fertigungstechnik zum Wandeln der Materialgestalt und
– die Fördertechnik zum Verteilen der Materialmengen.

Die Bewertung aller materialtechnischen Prozesse erfolgt vorgabebezogen unter dem Gesichtspunkt der Einhaltung von Genauigkeitsanforderungen. Sie kann technologisch oder betriebswirtschaftlich ausgerichtet sein. Im Streben nach der Bestlösung muß ein maximaler Ertrag mit minimalem Aufwand erreicht werden. Dabei ist ein weitgehend vom Markt bestimmter Qualitätsanspruch zu erfüllen.

Die vielfältig beeinflußte Produktqualität beinhaltet immer eine Zentrierung auf materialbezogene Kriterien. Es ist entscheidend, daß diese mit Qualitätsmerkmalen vorgegebenen Kriterien in ihren Genauigkeitstoleranzen eingehalten werden. Aus technologischer Sicht kön-

Einführung 5

Produktionstechnik		
Energietechnik	Materialtechnik	Informationstechnik
Erzeugen Wandeln Verteilen	Erzeugen Wandeln Verteilen	Erzeugen Wandeln Verteilen

Bild 1-07 Gliederung und Phasen der Produktionstechnik

nen Produkte auch bei Erfüllung hoher Qualitätsanforderungen unterschiedlichen Genauigkeitsklassen angehören.

Verfahrenstechnisch erzeugte Sachgüter werden insbesondere durch Stoffeigenschaften gekennzeichnet. Sie können gasförmig, flüssig oder fest verarbeitet und bewertet werden. Fertigungstechnisch erzeugte Sachgüter sind aus funktionsgeometrischen Teilkomponenten zusammengesetzt, die als Einzelteile nach vorgegebenen Formanweisungen gestaltet werden. Es lassen sich entsprechend stoffbezogene Qualitätstoleranzen und formbezogene Qualitätstoleranzen unterscheiden (Bild 1-08).

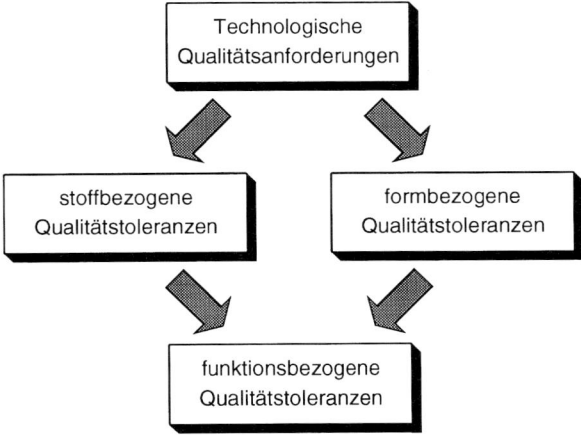

Bild 1-08 Gliederung technologischer Qualitätsanforderungen

Wir sprechen von Präzisionsprodukten, wenn sie zu ihrer Funktionstüchtigkeit überwiegend hohe Genauigkeitsanforderungen erfüllen müssen. Die unterschiedlichen Qualitätsanforderungen für Produkte haben auch eine unterschiedliche Ausbildung von Fabrikstrukturen zur Folge. Die Qualität eines Produktes wird während seines Entstehungsprozesses auftragsbezogen, konstruktionsbezogen und produktionsbezogen beeinflußt (Bild 1-09).

Das qualitätsbezogene Wissen, das mit einem Produkt im Zusammenhang steht, kann objektorientiert oder methodenorientiert sein. Die objektorientierte Produktforschung umfaßt

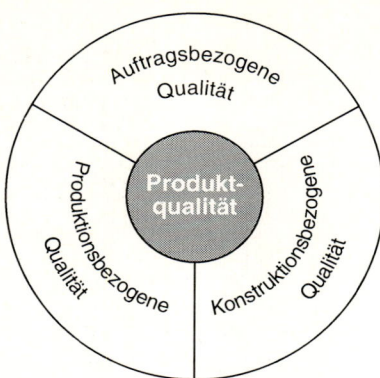

Bild 1-09   Beeinflussung der Produktqualität

den Absatz- und Beschaffungsmarkt, die Produkttechnik, die Produktfertigung und das Gebrauchsverhalten. Die methodenorientierte Produktforschung zielt auf die Erstellung von Handlungsanweisungen zur Lösung der Aufgaben bei der Produktentstehung.

Bild 1-10 stellt die einzelnen Phasen der Produktentstehung dar. Ausgegangen wird von einer Wissensbasis, die durch interne und externe Wissensquellen kontinuierlich qualitativ wie quantitativ gespeist wird. Die diesen Prozeß begleitenden Regelwerke sorgen für die Vorgabe der einzuhaltenden Genauigkeiten.

In der Phase der Produktplanung wird das Anforderungsprofil des Produktes erarbeitet. Kernpunkt ist die Festlegung der wesentlichen Produkteigenschaften. Die Festlegung bestimmter Genauigkeitskenngrößen ist eingeschlossen. Aus der Sicht des Nutzers dominiert das Gebrauchsziel, aus der Sicht des Herstellers das Verkaufsziel.

Die Planung eines Produktes zielt somit auf ein ganzheitliches Produktmodell, das die technologischen Produktfunktionen schon zu Beginn des Entwicklungsprozesses an Marktbedingungen spiegelt. Organisatorisch sollte die Produktplanung den Bereichen Marketing und Verkauf einerseits und der Produktkonstruktion andererseits zugeordnet sein. Strategisch müßte die Produktplanung als eine originäre Aufgabe der Unternehmensleitung aufgefaßt werden.

Als Ergebnis der Produktplanung entsteht ein auch Pflichtenheft genannter Entwicklungsauftrag, der die Eigenschaftsprofile des geforderten Neuproduktes beschreibt. Diese sind auch Bestandteil der Abnahmebedingungen des gefertigten Produkts. Das Modell der Produkteigenschaften soll möglichst lösungsneutral sein. Dieser Grundsatz ist allerdings dann aufzugeben, wenn die Anwendung eines speziellen Wirkprinzips, z. B. ein hoher Genauigkeitsanspruch, zur Realisierung der Produktfunktionen als für den Wettbewerb unverzichtbar angesehen wird. Die besondere Schwierigkeit liegt im Ausgleich der Anforderungen nach hoher Produktqualität und niedrigen Produktkosten. Entscheidend für den Markterfolg kann auch eine kurze Entwicklungszeit sein.

Die Modellierung der Produkteigenschaften kann intuitiv oder systematisch erfolgen. Trotz höheren Aufwands empfiehlt sich eine systematische Vorgehensweise, weil mehr Einflußgrößen, aber auch genauigkeitsbezogene Randbedingungen besser berücksichtigt werden können. Damit wird das Risiko von Fehlentscheidungen erheblich reduziert. Die Optimierung des Planungsprozesses sollte auf der Grundlage einer genügend großen Anzahl von Alternativen und einer ausreichenden Differenzierungsmöglichkeit durch Selektion so erfolgen, daß der Entscheidungsprozeß nachvollziehbar ist. Bild 1-11 zeigt den Ablauf der Produktmodellierung.

Einführung 7

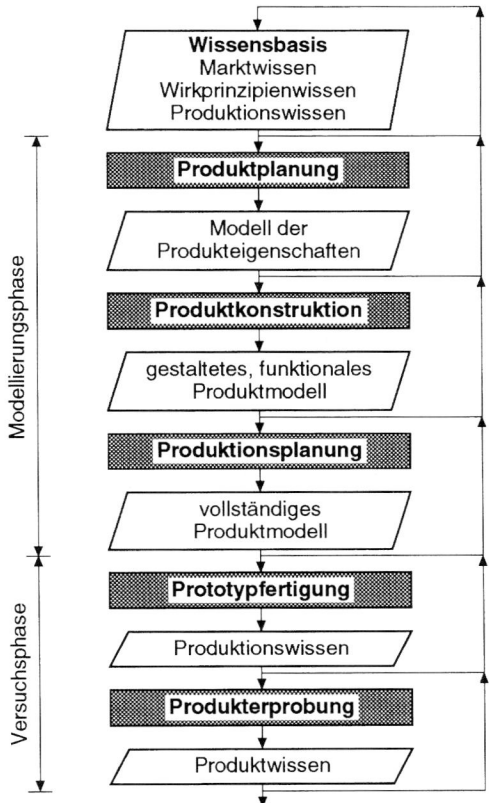

Bild 1-10 Phasen der Produktentstehung [5]

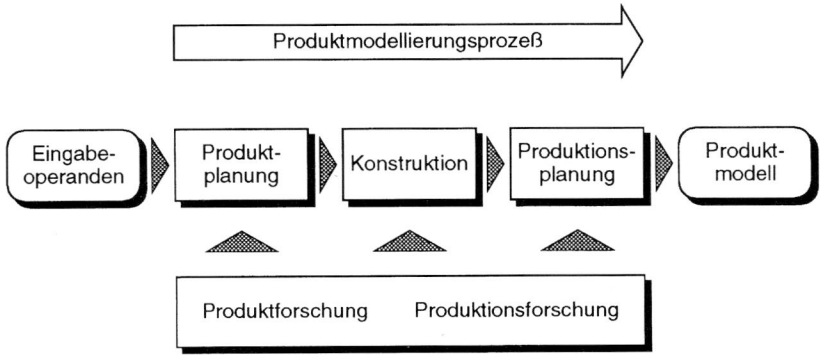

Bild 1-11 Produktmodellierung [5]

Auf der Grundlage des Modells der Produkteigenschaften wird in der Phase der Produktkonstruktion das eigentliche Produkt bis in alle Einzelheiten gestaltet. Es entsteht ein detailliertes Produktmodell, das alle Informationen zur realen Verwirklichung, und zwar stofflicher, gestalterischer und fertigungstechnischer Art beinhaltet. Dies geschieht konventionell in Form von Zeichnungen und Listen, zunehmend allerdings durch Rechnerunterstützung mit Hilfe von CAD-Systemen [3].

Der Konstruktionsprozeß geht als Teil des Produktentstehungsprozesses von einer Konstruktionsaufgabe aus, die durch die Produkteigenschaftsplanung vorgegeben ist. Er bewirkt über verschiedene Konstruktionsphasen die Umwandlung des Modells abstrakter Produkteigenschaften in ein Modell stofflich-geometrisch gestalteter Produktfunktionen, das in Verbindung mit einer gezielten Produktionsvorbereitung die Voraussetzungen zur fabrikatorischen Realisierung ermöglicht. Durch den Konstruktionsprozeß werden somit die Produktanforderungen aus der Produktplanung für die physische Entstehung des Produktes aufbereitet. Aus Funktionsparametern werden Konstruktionsparameter, die durch Tolerierung ihrer Werte eine optimale Funktionalität sichern müssen.

Das Dilemma des Konstruierens besteht darin, daß die optimale konstruktive Lösung nicht mit Hilfe einer formulierbaren Handlungsvorschrift direkt aus dem Modell der Anforderungen abgeleitet werden kann. Dies wird auch dadurch erschwert, daß die geforderten Eigenschaften oft in einem mehrdimensionalen Funktionsraum zu suchen sind, der durch Mindest- und Maximalwerte umgrenzt ist. Die Praxis zeigt, daß dabei die Widerspruchsfreiheit der Anforderungen untereinander nicht immer gewährleistet ist. Hierdurch wie auch durch Wandel der konstruktiven Freiheitsgrade mit zunehmender Konkretisierung des Lösungsweges wird deutlich, daß eine einzige optimale konstruktive Lösung nicht immer gefunden werden kann. Im Konstruktionsprozeß wird somit aus einer Menge zulässiger konstruktiver Lösungen diejenige Lösung gewählt, die unter den gegebenen Bedingungen als besonders günstig gelten kann.

Das Finden geeigneter Lösungen kann durch methodisches Vorgehen unterstützt werden. Die Zahl der Veröffentlichungen zur Konstruktionsmethodik ist umfangreich und seit den

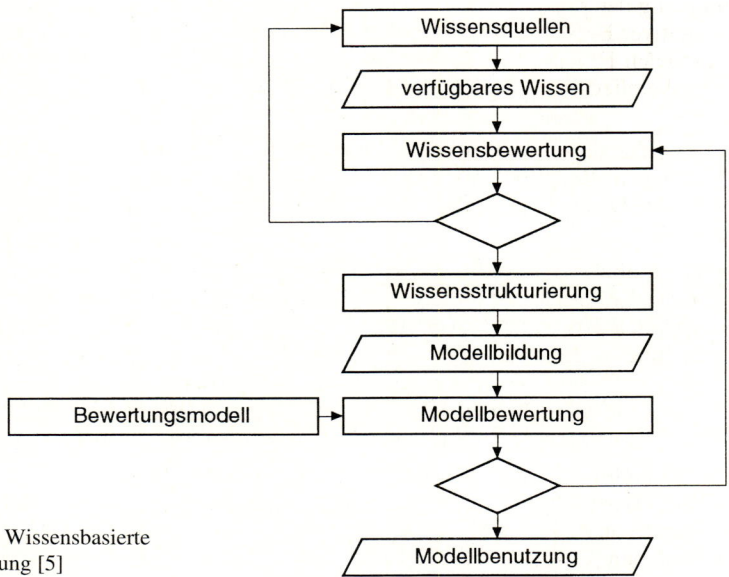

Bild 1-12 Wissensbasierte Modellbildung [5]

siebziger Jahren stark angewachsen. Daneben steigt die Bedeutung des produktbezogenen Sachwissens beim Problemlösen. Der Konstrukteur benötigt in zunehmendem Maße eine differenzierte und wettbewerbsvergleichende Wissenszufuhr auf dem engeren Gebiet der speziellen Produktentwicklung und der umgebenden Produktbranche, was schematisch als wissensbasierte Modellbildung ausgedrückt werden kann (Bild 1-12).

Konstruktionsprozesse bilden ein Netzwerk von Lösungsfindungen, die aus Einzelproblemen oder Gesamtproblemen resultieren. Da es sich in der Konstruktionspraxis bei Problemstellungen überwiegend um Weiterentwicklungsaufgaben handelt, ist für eine gezielte Lösungssuche die Methode der Dekomposition, also die Zerlegung einer komplexen, schwer überschaubaren Gesamtaufgabe in leichter überschaubare Einzelaufgaben, besonders geeignet. Hierbei ist zu beachten, daß das schwierigste Teilproblem zuerst aufgenommen wird, denn dessen Lösung ist im allgemeinen eine Voraussetzung für die Lösbarkeit der Gesamtaufgabe. Eine große Menge schnell zu erarbeitender einfacher Teillösungen erzeugt nur scheinbar einen wirksamen Fortschritt im Lösungsprozeß. Es besteht die Gefahr einer Verschwendung von Konstruktionskapazität, wenn sich das Kernproblem später als unlösbar erweist oder nur mit komplexen Änderungen das Ziel erreicht wird. Dies gilt besonders dann, wenn die Genauigkeitsanforderungen sehr hoch angesetzt worden sind.

Dem Konstruktionsprozeß liegt eine formal-logische Denkweise zugrunde. Er besteht aus einer Kette von Entscheidungen und Aussagen, die widerspruchsfrei und vollständig, aber auch genau sein müssen. Probleme und Risiken sollen berechenbar, sollen kalkulierbar sein. Die Objektivierung der Entscheidungsprozesse und die Darstellung der Ergebnisse erfolgt durch

– Berechnungen,
– Zeichnungen,
– grafische Darstellungen,
– Textaussagen,
– Auflistungen und
– Modellbildungen.

Für die Optimierung des Konstruktionsprozesses ist der Wahrheitswert aller Entscheidungen von hoher qualitativer Bedeutung. Dies gilt um so mehr, je verknüpfter die Findungsprozesse ablaufen. In vielen Fällen ist der Wahrheitswert eingeschränkt auf tolerierte Grenzbereiche oder Wahrscheinlichkeiten. Manchmal bedarf die Gültigkeit einer Aussage besonderer Interpretationen.

Konstruktionsprozesse sind mehrläufig, führen also nicht zu einer einzigen Lösung, sondern zu einer mehrfachen Wahrheit. Es gibt genaue Lösungen, aber auch ungenaue Aussagen mit Wahrscheinlichkeit. Deshalb ist der Versuch, das Experiment, die gemessene Erfahrung unverzichtbar.

Auf der Grundlage eines Prototyps oder einer Versuchsserie wird bei Neukonstruktionen erstmals gesichertes Erfahrungswissen über die Güte des Produktmodells geliefert. Ein Vergleich mit dem Modell der Produkteigenschaften läßt die Treffsicherheit der Konstruktionsarbeit erkennen. Eine intensive Produkterprobung wird durch experimentelle Untersuchungen begleitet und somit das reale Funktionsverhalten gemessen. Die Genauigkeit der Versuchsdurchführung und eine kritische Bewertung der Ergebnisse sind von entscheidender Bedeutung für den Optimierungsprozeß eines neuen Produkts.

Produkte hoher Komplexität sind meistens als Funktionssysteme mit einem hohen Qualitätsanspruch gestaltet. Trotz ihrer ganzheitlichen Wirksamkeit läßt sich ihre Funktionsqualität auf die Genauigkeit von Teilfunktionen zurückführen. Die Wirksamkeit von Teilfunktionen kann bei verschiedenen Produkten nach Art und Grad sehr unterschiedlich sein. In Bild 1-13

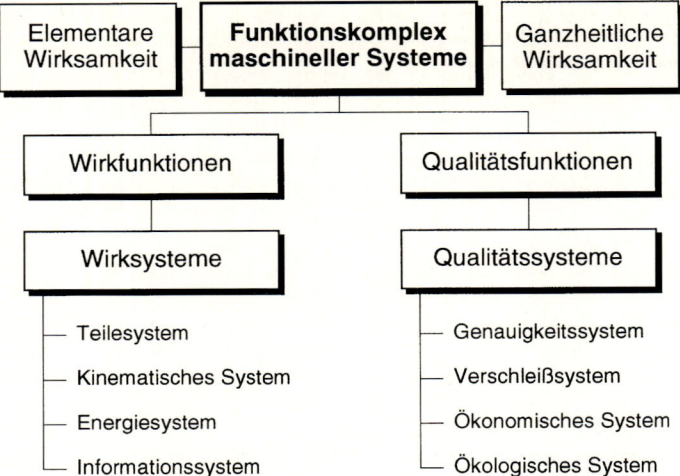

Bild 1-13 Gliederung maschineller Systeme nach Wirk- und Qualitätsfunktionen

werden maschinelle Systeme nach Wirk- und Qualitätsfunktionen gegliedert. Jedes System kann weiter nach Wirkparametern und Qualitätsparametern unterschieden werden.

Unter Funktion wird in einem technischen System ein eindeutiger, reproduzierbarer Zusammenhang zwischen Eingangs- und Ausgangsgrößen verstanden. Funktionen sind zielgeordnet, sie haben eine Aufgabe zu erfüllen. Die Funktionsbeschreibung übernimmt damit die Formulierung der Aufgabe aus einer lösungsneutralen Ebene. Die Gesamtaufgabe wird durch die Gesamtfunktion erfüllt, ist jedoch in Teilfunktionen aufzuspalten. Die Funktionsteile, die unmittelbar der Gesamtfunktion dienen, werden als Hauptfunktionen bezeichnet. Nur mittelbar zur Aufgabe beitragende Funktionen sind Nebenfunktionen oder Hilfsfunktionen. Funktionen können dementsprechend soweit aufgegliedert werden, daß sie sich nicht weiter unterteilen lassen. Die einzelnen Teilfunktionen lassen sich oftmals physikalisch ableiten.

Beziehen wir die Einflußgrößen auf den gesamten Komplex der Funktionsqualität, so wird schnell deutlich, daß dabei die Funktionsgenauigkeit eine zentrale Rolle spielt. Dies gilt in hohem Maße für dynamische Funktionssysteme, deren Funktionsgenauigkeit durch das Zusammenwirken von Stoffeigenschaften und Bauteilgestaltung einerseits, aber doch andererseits entscheidend von dem physikalischen Wirkverhalten im Arbeitszustand bestimmt wird.

Die Realisierung des Genauigkeitsanspruchs einer Produktkonstruktion erfolgt durch den Produktionsprozeß. Hierbei lassen sich zwar immer wieder neue Höchstansprüche erfüllen, aber dennoch zwingen Kostengrenzen zur Reduktion auf wirklich notwendige Genauigkeitsanforderungen.

Alle Maßnahmen zur Verbesserung der Funktionsqualität spiegeln sich schließlich im Gebrauchsverhalten wider. Bild 1-14 zeigt die Wirkungskette der Funktionsqualität, wie sie sich aus dem Produktentstehungsprozeß und dem Arbeitsverhalten von Maschinen ergibt.

Diese Gliederung gilt in besonderer Weise für das Funktionssystem von Präzisionsmaschinen. Seine Konstruktion verlangt vielfältiges Wissen spezieller und genereller Art. Wenn die Funktionsgenauigkeit der Maschine eine erhöhte Gewichtung erfährt, müssen alle Schritte

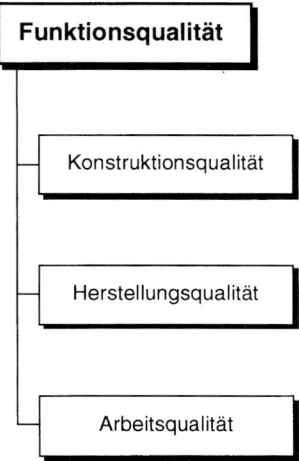

Bild 1-14   Wirkungskette der Funktionsqualität von Maschinen

des Konstruktionsprozesses auf dieses Ziel eingestellt sein. Um ein möglichst optimales Genauigkeitsverhalten zu erreichen, bedarf es somit einer sorgfältig durchdachten Optimierungsstrategie bei der Produktentstehung.

Genauigkeit ist ein begleitendes Paradigma des Konstruktionsprozesses. Sie begründet als ein unverzichtbares Qualitätsmerkmal die Wettbewerbsfähigkeit im Maschinenbau.

Literatur zu Kapitel 1

[1] *Spur, G.:* Optimierung des Fertigungssystems Werkzeugmaschine. Carl Hanser Verlag, München 1972
[2] *Spur, G.:* Produktionstechnik im Wandel. Carl Hanser Verlag, München 1979
[3] *Spur, G.; Krause, F.-L.:* CAD-Technik. Carl Hanser Verlag, München 1984
[4] *Spur, G.:* Vom Wandel der industriellen Welt durch Werkzeugmaschinen. Carl Hanser Verlag, München 1991
[5] *Spur, G.:* Fabrikbetrieb. Carl Hanser Verlag, München 1994
[6] *Ropohl, G.:* Systemtechnik. Carl Hanser Verlag, München 1975
[7] *Gerhardt, A.:* Das produktionstechnische System. Carl Hanser Verlag, München 1995
[8] *Kunzmann, H.:* Jahresbericht der Phys.-techn. Bundesanstalt 1994, Braunschweig, Berlin 1995.

2 Funktionssystem Maschine

2.1 Einteilungen

Maschinen dienen der Erzeugung oder Übertragung von Kräften und Bewegungen zur Verrichtung von Arbeit unter Wandlung von Energie. Maschinen sind reale, künstliche, dynamische Systeme, deren Funktionen nach den Gesetzen der Physik ablaufen. Maschinenfunktionen sind somit in erster Linie physikalische Funktionen [1, 2, 3].

Maschinen unterscheiden sich grundlegend hinsichtlich ihrer Energieumsetzung. Sie werden deshalb gegliedert in
– Kraftmaschinen und
– Arbeitsmaschinen.

Kraftmaschinen dienen der Erzeugung von Kräften unter Wandlung von Energieformen. Arbeitsmaschinen leisten unter Nutzung von Kräften zweckbestimmte Arbeitsverrichtungen (Bild 2.1-01).

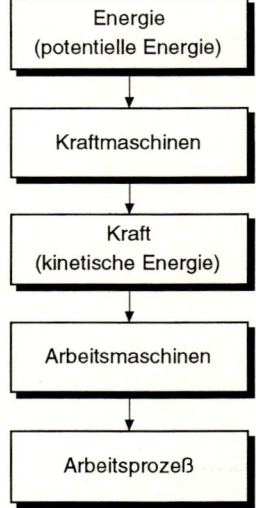

Bild 2.1-01 Kraft- und Arbeitsmaschinen im Wirkzusammenhang

Maschinen sind Produkte mit zielgerichteten Wirkprozessen. Sie werden für bestimmte Aufgaben entwickelt. Ihre Funktionen sind also zweckbestimmt ausgerichtet und können sehr eingeschränkt in einem schmalen oder aber ausgeweitet auch in einem breiten Anwendungsgebiet liegen. Wir unterscheiden deshalb
– Einzweckmaschinen,
– Mehrzweckmaschinen und
– Universalmaschinen.

Mit der Konstruktion einer Maschine ist gleichzeitig die Entwicklung einer bestimmten Technologie verbunden, die als System mit spezifischen Teilgebieten der Physik im Zusammenhang steht. Es lassen sich als Beispiele nennen:

- Mechanische Maschinensysteme,
- fluidische Maschinensysteme,
- thermische Maschinensysteme und
- elektrische Maschinensysteme.

Maschinenkonstruktion vereinigt Theorie und Praxis. In ihrem Entwicklungsprozeß ist kreatives Erfinden in empirische Forschung eingebettet. Die angewandte Naturwissenschaft bestimmt entscheidend den technologischen Fortschritt. Dabei sind mathematische Darstellungsfähigkeit und Meßbarkeit der Aussageinhalte unentbehrliche Voraussetzungen.

Bei den Arbeitsmaschinen besteht ein Funktionszusammenhang zwischen der eigentlichen Maschinenkonstruktion und der durch ihre Anwendung weiterentwickelten Arbeitstechnik. Beispiele sind:
- Landmaschinen und Landtechnik,
- Baumaschinen und Bautechnik,
- Fördermaschinen und Fördertechnik,
- Fertigungsmaschinen und Fertigungstechnik,
- Strömungsmaschinen und Strömungstechnik,
- Druckmaschinen und Drucktechnik sowie
- Textilmaschinen und Textiltechnik.

Die angeführten Gattungen von Arbeitsmaschinen werden wiederum in einzelne Maschinenarten eingeteilt. Bild 2.1-02 zeigt eine Übersicht verschiedener Einteilungsgesichtspunkte, Bild 2.1-03 als Beispiel eine Gliederung von Fertigungsmaschinen in Anlehnung an DIN 8580.

Im Umfeld der Maschinentechnik werden auch solche technischen Mittel eingesetzt, die sich zwar funktionsnah zu Maschinen verhalten, aber doch keine Maschinen sind. Es handelt sich um
- Geräte und Apparate,
- Vorrichtungen und Einrichtungen,
- Gewerke und Anlagen sowie
- Zeuge und Mittel.

Die Definition des Maschinenbegriffes enthält eine davon nicht immer klare und eindeutige Abgrenzung.

Einteilungsgesichtspunkte für Maschinen		
System- technisch	**Konstruktions- technisch**	**Fertigungs- technisch**
• Funktionsart	• Konstruktionsart	• Fertigungsart
• Wirkprinzip	• Schwierigkeitsgrad	• Schwierigkeitsgrad
• Operandentransformation	• Konstruktionstiefe	• Fertigungstiefe
• Struktur	• Komplexitätsgrad	• Fertigungsmenge
• Abstraktionsgrad	• Qualitätsgrad	• Fertigungsgenauigkeit

Bild 2.1-02   Unterschiedliche Gesichtspunkte für die Einteilung von Maschinen in Anlehnung an Hubka [3]

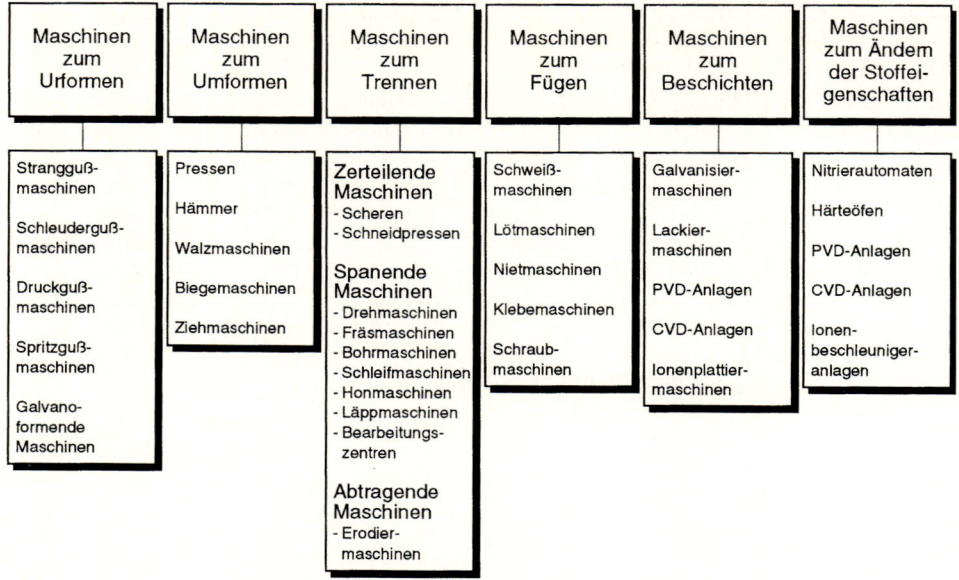

Bild 2.1-03   Einteilung von Fertigungsmaschinen

Apparate sind aus mehreren Teilen zusammengesetzte Geräte, die als Vorrichtung, Einrichtung, Ausrüstung oder Zubehör verwendet werden. Es kann sich dabei auch um handgeführte Geräte handeln. Beispiele hierfür sind der Fotoapparat, Telefonapparat und Rasierapparat.

Der Begriff Apparat hat eine spezielle Bedeutung in der chemischen Verfahrenstechnik erhalten. Apparate sind Funktionsbaugruppen verfahrenstechnischer Anlagen. Wir sprechen beispielsweise vom Apparatebau und grenzen diesen vom Maschinenbau ab. Mehrere Apparate bilden eine Apparatur. Apparate sind keine Maschinen. Sie können aber zur Ausführung von Teilfunktionen Maschinen enthalten.

Die Begriffe Gerät und Apparat werden sprachlich in enger Anlehnung gebraucht. Vorhandene Mittel werden auch Gerätevorrat genannt. Der Hausrat ist eine Summierung von Objekten zur Besorgung der Hauswirtschaft. Auch könnte der Begriff Heirat im Zusammenhang mit einer gemeinschaftlichen Hausbesorgung zu sehen sein.

Der Begriff Zeug wird in der deutschen Sprache sehr vielfältig verwendet. Er beinhaltet einen materiellen Bezug in der Bedeutung von Gerätschaft. Man könnte im Sinne eines Sammelbegriffs auch von Maschinenzeug oder Maschinengerätschaft sprechen (Bild 2.1-04).

Maschinen unterteilen sich strukturell in Baugruppen und Bauteile. Unter dem Aspekt der funktionellen Systemverfeinerung gliedern sich die Bauteile in:
– Großteile,
– Mittelteile,
– Kleinteile,
– Feinteile und
– Mikroteile.

Hieraus ergibt sich nach Bild 2.1-05 die Zuordnung zur Maschinentechnik, Feinwerktechnik oder Mikrotechnik.

Bei einer extremen Verfeinerung der Maschinenfunktionen werden Wirkbereiche erreicht, die über die allgemeine Leistungsfähigkeit der Maschinen- und Feinwerktechnik hinausgehen. Wir sprechen dann von Mikrotechnik.

Die fortschreitende Miniaturisierung erfordert die Lösung von Problemen besonderer Art. Konstruktive und fertigungstechnische Gesichtspunkte sind hierbei kaum noch trennbar. Eine enge Verflechtung mit den verschiedenen physikalischen Disziplinen führt zu dem Begriff der Mikrosystemtechnik.

Die Kleinheit der Teile, ihre hohe absolute Genauigkeit und die Besonderheit ihrer Fertigung erfordern eine andere Funktionsstruktur als sie in der Maschinentechnik üblicherweise entwickelt wird. Extremwerte hinsichtlich jeder Genauigkeitsanforderung sind ein Maßstab für die Qualität der mikrotechnischen Produkte. Dabei kann es sich um extrem hochgezüchtete Unikatprodukte oder aber auch um solche der hochgenauen Massenfertigung handeln [4].

Maschinenzeug
Werkzeug
Spannzeug
Hebezeug
Meßzeug
Richtzeug
Reißzeug
Halbzeug
Hilfszeug
Programmzeug
Fahrzeug

Maßstab	Technischer Bereich
1 m = 10^0 m	Schwermaschinenbau
1 mm = 10^{-3} m	Allgemeiner Maschinenbau
1 µm = 10^{-6} m	Feinwerktechnik
	Mikrotechnik
1 nm = 10^{-9} m	Nanotechnik

Bild 2.1-04 Maschinenzeug als Zubehörgerätschaft

Bild 2.1-05 Einteilung von Maschinensystemen nach dem Grad ihrer Verfeinerung

Ein anderer Aspekt der Hochgenauigkeit ergibt sich für den Bereich des Maschinenbaus, der hinsichtlich seiner Funktionsanforderungen extrem hohe Fertigungs- und Montagegenauigkeiten erforderlich macht. Wir sprechen dann von Präzisionsmaschinen und von Präzisionsgeräten. Deutlich wird in diesem Zusammenhang die Abhängigkeit von der Genauigkeitsklasse der angewandten Meßtechnik. In entsprechender Weise lassen sich Maschinen in Genauigkeitsklassen einteilen.

Technische Gebilde werden auch nach ihrer Komplexität geordnet und als Anlage, Maschine, Gerät, Baugruppe oder Einzelelement unterschieden. Die Benennung kann unterschiedlich erfolgen, so daß technische Gebilde, die vielerorts Anlagen genannt werden, auch Maschinen oder Geräte sein können. Es wäre denkbar, energieumsetzende technische Gebilde als Maschinen oder Apparate und informationsumsetzende als Geräte zu bezeichnen.

Technische Gebilde werden auch als System definiert. Sie werden aus der Gesamtheit geordneter Funktionselemente gebildet, die durch kausale oder statistische Abhängigkeiten miteinander verknüpft sind. Physikalische Systeme sind eigengesetzliche Anordnungen, die sich durch ihren Ruhezustand oder Bewegungszustand voneinander unterscheiden.

Mit Gründung der Manufakturen und der beginnenden Industrialisierung waren Maschinen zunächst Mittel zur Erleichterung menschlicher Arbeit, überwiegend zum Stoffumsatz eingesetzt. Im Laufe weiterer technischer Entwicklung wurden Maschinen zunehmend zur Erleichterung körperlicher Arbeit eingesetzt. Heute werden Maschinen auch zur Erleichterung geistiger Arbeit als Maschinen des Informationsumsatzes gebaut. Aus dieser Entwicklung leitet sich eine Einteilungsmöglichkeit nach Maschinen des Stoff-, Energie- und Informationsumsatzes ab.

Die physikalische Funktion einer Maschine kann theoretisch beschrieben werden. Das reale Verhalten läßt sich experimentell ermitteln. Die geforderte funktionale Qualität bestimmt die Zulässigkeit der Schwankungsbreite von Meßwerten und hat damit Einfluß auf die Konstruktion. Als Störgrößen des physikalischen Geschehens in einer Maschine sind zu unterscheiden: Eingangsschwankungen, Umweltstörungen, Prozeßstörungen und Ausgangsschwankungen.

Im Stadium der Produktplanung werden nicht nur die Aufgaben der Maschine beschrieben, sondern auch Angaben über physikalische oder konstruktive Restriktionen einer Maschine. Hierin sind Forderungen enthalten, die eine Maschine unbedingt oder auf Wunsch erfüllen muß, aber auch Abweichungen von Zielwerten, die aus Machbarkeitsgründen toleriert werden müssen. In jedem Fall muß eine Maschine ihre Funktion oder ihren Zweck durch Überwindung der Störwirkungen erweisen. Aus der bloßen Beschreibung von Toleranzen können Funktionsqualitäten noch nicht gesichert werden. Es ist die Darstellung eines Funktionszusammenhangs zwischen Ein- und Ausgangsgrößen einer Maschine auch unter dem Gesichtspunkt der Störfunktionen erforderlich.

Bild 2.1-06 zeigt die innere Funktionsgliederung maschineller Systeme. Es wird zwischen dynamischen und strukturellen Funktionsparametern unterschieden, die sich ihrerseits wieder in Bestimmungs- und Qualitätsparameter unterteilen lassen. Information, Energie und Kinematik bestimmen den Wirkprozeß im Wirksystem, das strukturell über Gestell, Baugruppen und Bauteilen auf ein Stoff- und Ordnungssystem zurückgeführt werden kann.

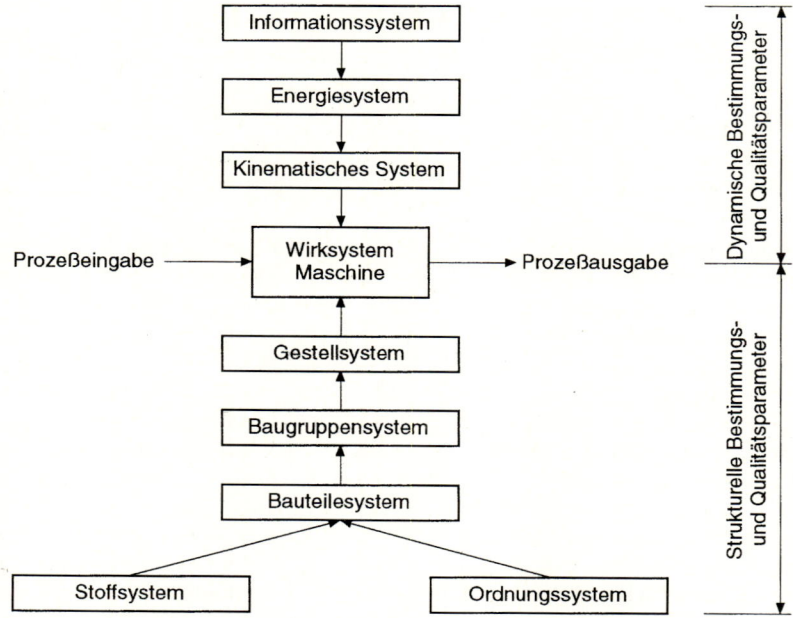

Bild 2.1-06   Funktionsgliederung maschineller Systeme

2.2 Strukturen

Eine Maschine ist ein strukturiertes dynamisches Funktionssystem. Ihre Grundfunktion ist ein Wandlungsprozeß von Information, Energie und Material, eingeordnet in Raum und Zeit. Der Funktionsbegriff überdeckt den allgemeinen Wirkzusammenhang der Ein- und Ausgangsgrößen sowie den des Prozeßzustands (Bild 2.2-01).

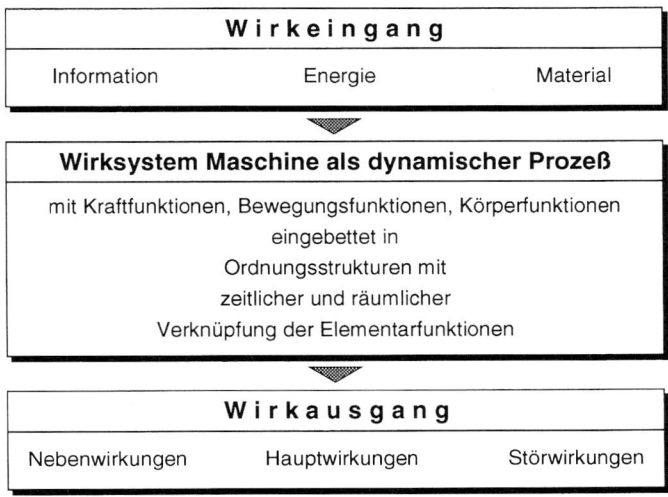

Bild 2.2-01 Wirkstruktur maschineller Systeme

Die Teilfunktionen des Maschinensystems sind durch eine Ordnungsstruktur zu einer Gesamtfunktion verknüpft. Die Ordnungsstruktur wird durch Verknüpfungsfunktionen bestimmt. Man spricht auch von Relationsfunktionen und Zuordnungsvorschriften. Die Funktionsstruktur vermittelt durch die Verknüpfung von Funktionselementen die Erfüllung der Gesamtfunktion.

Nach ihrer Wirkung läßt sich die Funktionsstruktur eines Maschinensystems gliedern in
– Hauptfunktionen,
– Nebenfunktionen und
– Störfunktionen.

Die Gesamtfunktion wirkt als Integral aller Elementarfunktionen. Durch Fraktalisierung läßt sich eine kontinuierliche Verfeinerung in Elementarfunktionen erreichen.

Maschinensysteme lassen sich theoretisch entwickeln und experimentell untersuchen. Ihre Funktionsoptimierung beruht zu einem Teil auf Erfahrung, im wesentlichen auf der Gebrauchserfahrung der Anwender und Versuchserfahrung der Hersteller, zum anderen Teil aber auch auf theoretischen Erkenntnissen der Technikwissenschaften.

Die Grundfunktionen aller Maschinensysteme unterliegen den Gesetzen der Mechanik. Diese wird verstanden als Lehre von den Kräften und den Bewegungen der Körper. Die Mechanik wird unterteilt in die Statik als Lehre von den Bedingungen, unter denen Körper in Ruhe sind und in die Dynamik als Lehre von den Bedingungen, unter denen Körper in Bewegung sind. Werden die Bewegungen der Körper ohne Betrachtung ihrer Ursachen untersucht, sprechen wir von der Kinematik. Werden die Bewegungen der Körper unter Berücksichtigung der Einwirkung von Kräften untersucht, sprechen wir von der Kinetik.

Maschinenfunktionen sind dynamisch orientiert. Die Dynamik bildet die wichtigste Grundlage für die Entwicklung und für den Betrieb von Maschinen. Maschinenkonstrukteure müssen sich deshalb auch als Maschinendynamiker verstehen, was die Maschinenkinematik und Maschinenkinetik einschließt.

Wenn die Grundfunktionen einer Maschine auf die Mechanik zurückzuführen sind, dann erhalten deren Grundelemente auch eine besondere Bedeutung für ihre Funktionsqualität (Bild 2.2-02), die sich gliedert in die Qualität von

– Körperfunktionen,
– Bewegungsfunktionen und
– Kraftfunktionen.

Bild 2.2-02   Abhängigkeit der Funktionsqualität von der Maschinenmechanik

Die funktionsorientierten Anforderungen der konstruktiven Gestaltung technischer Produkte haben eine Spezialisierung ingenieurwissenschaftlicher Disziplinen erforderlich gemacht. Dies war vor Ende des 19. Jahrhunderts durchaus noch nicht selbstverständlich. August Föppl, Professor an der Technischen Hochschule München und einer der Begründer der Technischen Mechanik, fühlte sich in der Einleitung zu seinen „Vorlesungen über Technische Mechanik" im Jahre 1898 noch zu folgender Erläuterung veranlaßt [5]:

„Der tiefere Grund für diese Absonderung der Technischen Mechanik als eines besonderen Zweiges der Wissenschaft liegt darin, daß die allgemeingültigen Lehren der Mechanik keineswegs dazu ausreichen, alle Fragen, die sich im Gebiete der Mechanik überhaupt aufstellen lassen, streng und genau zu lösen. Solchen Fällen steht aber der Naturforscher anders gegenüber als der Techniker. Jener hat zwar auch den Wunsch, die noch bestehenden Zweifel aufzuhellen; er hat aber mit der Beantwortung irgendeiner einzelnen Frage keine Eile und stellt sie ohne Bedenken einstweilen zurück, wenn es ihm nicht gelingt, eine befriedigende Lösung dafür zu finden. Der Techniker dagegen steht unter dem Zwange der Notwendigkeit. Er muß ohne Zögern handeln, wenn ihm irgendeine Erscheinung hemmend oder fördernd in den Weg tritt, und er muß sich daher unbedingt auf irgendeine Art, so gut es eben gehen will, eine theoretische Auffassung davon zurechtlegen."

Die Grundfunktionen einer Maschinenmechanik lassen sich auf Körpermechanik, Bewegungsmechanik und Kräftemechanik zurückführen (Bild 2.2-03).

Daraus wird deutlich, wie vielgestaltig Maschinenfunktionen ablaufen. Ihre Rückführung auf die Lehren der Mechanik offenbart die Problematik der Optimierung eines Maschinensystems auf den vorgegebenen Zweck. Das gesamte Wirkverhalten hat ursächliche Zusammenhänge mit den strukturell im Maschinensystem verknüpften Wirkfunktionen von Körpern, Bewegungen und Kräften, deren Funktionsqualität durch Kriterien wie Komplexität, Genauigkeit und Zuverlässigkeit bestimmt wird (Bild 2.2-04).

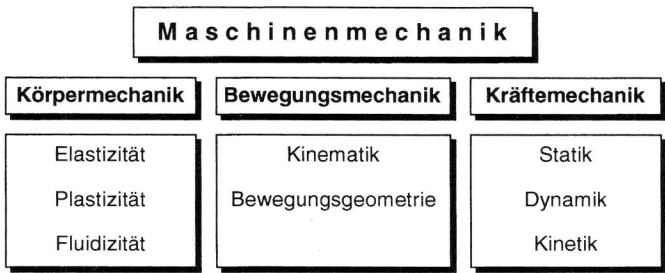

Bild 2.2-03 Mechanische Grundfunktionen einer Maschine

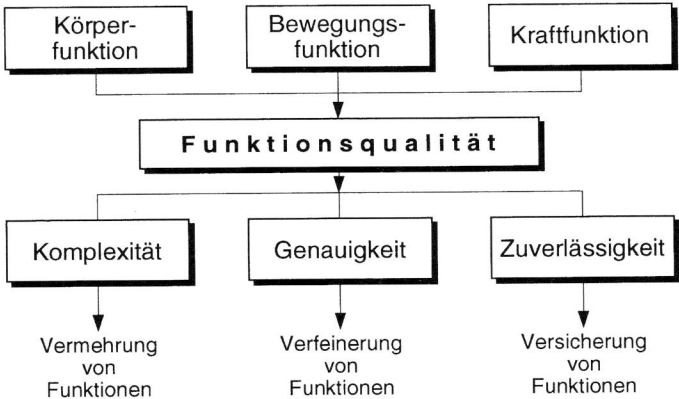

Bild 2.2-04 Qualitätskriterien für die Maschinenfunktionen

Unter den Qualitätskriterien nimmt das der Genauigkeit eine bevorzugte Stellung ein. Wir sprechen von der Funktionsgenauigkeit einer Maschine. Im Sinne der obigen Einteilung ergibt sich die Genauigkeit der Maschinenfunktion aus der Genauigkeit der Körperfunktionen, der Genauigkeit der Bewegungsfunktionen und der Genauigkeit der Kraftfunktionen.

Bild 2.2-04 zeigt mit Komplexität und Zuverlässigkeit auf weitere Qualitätskriterien für die Maschinenfunktionen, die jedoch im vorliegenden Rahmen nicht vertieft werden, da eine Zentrierung auf das Kriterium Genauigkeit beabsichtigt ist.

Körperfunktionen

Ein Körper ist räumlich verteilte Materie, er füllt somit ein Raumgebiet aus. Umgekehrt muß aber nicht jedes Raumgebiet von körperlicher Materie ausgefüllt sein.

Die einem Körper zugeordnete Materie wird Masse genannt. In der klassischen Mechanik gilt das Axiom von der Erhaltung der Masse: Demnach kann keine Masse entstehen oder verschwinden. Außerdem ist die Masse nicht von der Bewegung des Körpers abhängig.

Als einfachstes Bild eines materiellen Körpers kann man sich einen materiellen Punkt vorstellen. Eine Vielzahl solcher materiellen Punkte bildet einen Körper, der also auch als ein Haufen materieller Punkte gedacht werden kann, die in einem Zusammenhalt stehen. Äußerlich stellt sich der zusammengehaltene Haufen materieller Punkte als räumliche Gestalt dar, die sich in einer bestimmten Lage befindet. Die Veränderung seiner Gestalt nennen wir Deformation, die Veränderung seiner Lage nennen wir Bewegung. Beide Veränderungen erfolgen in zeitlicher Abhängigkeit unter dem Qualitätsmerkmal ihrer Genauigkeit. Die Formgebung eines festen Körpers kann durch Veränderung seines Zusammenhalts unterschiedlich erfolgen. Wir definieren nach Bild 2.2-05 in Anlehnung an DIN 8580:

– Urformen als Formgebung durch Schaffen eines Zusammenhalts,
– Umformen als Formgebung durch Beibehalten eines Zusammenhalts,
– Trennen als Formgebung durch Vermindern eines Zusammenhalts und
– Fügen als Formgebung durch Vermehren eines Zusammenhalts.

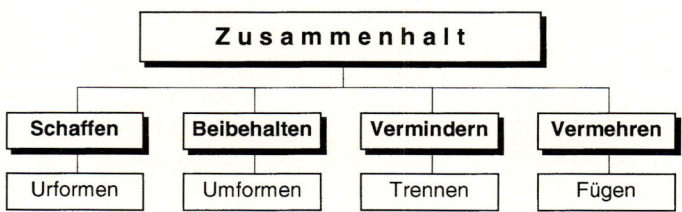

Bild 2.2-05   Formgebung fester Körper durch Veränderung ihres Zusammenhalts

Die Eigenschaften eines Körpers werden durch die Art der zugeordneten Materie, also durch die Art seiner Masse bestimmt. Das Denkmodell eines Punkthaufens ist nicht nur auf Körper im festen Zustand, sondern auch auf ihren gasförmigen oder flüssigen Zustand anwendbar.

Um bestimmte Eigenschaften von Vielteilchensystemen vereinfacht beschreiben zu können, werden „Idealisierte Modelle" gebildet (Bild 2.2-06).

Starrer Körper	Ideales Gas	Ideale Flüssigkeit
unveränderliche Gestalt	Gasgleichung erfüllt	inkompressibel
räumlich bewegbar	punktförmige Gasmoleküle	reibungsfrei
Idealkinematik	keine Kräfte zwischen den Gasmolekülen	

Bild 2.2-06   Idealisierte Modelle von Vielteilchensystemen

So ist in der Mechanik der Begriff des starren Körpers eingeführt worden. Es handelt sich um die Modellvorstellung eines materiellen Punkthaufens von unveränderlicher Gestalt. Ein starrer Körper kann sich zwar im Raum durch Translation und Rotation bewegen, läßt sich jedoch selbst unter Einwirkung jeder Art von Kräften nicht verformen.

Andere Idealisierungen von Teilchensystemen sind das Modell des idealen Gases und das Modell der idealen Flüssigkeit.

Für Maschinenfunktionen bilden sowohl Festkörper als auch Gase und Flüssigkeiten die Grundlagen der materiellen Gestaltung.

Festkörper sind flächenbegrenzte Teile eines Raumes, die mit Materie ausgefüllt sind. Sie sind somit räumlich verwirklicht, durch Flächen begrenzt und in ihren Eigenschaften stofflich bestimmt. Als abgeleitete Körperfunktionen lassen sich unterscheiden:
- Materialfunktionen,
- Raumfunktionen,
- Flächenfunktionen,
- Linienfunktionen und
- Punktfunktionen.

Die reale Materie von Festkörpern kann als Vielteilchensystem aufgefaßt werden. Diese können Moleküle, Atome oder auch fiktive Masseteilchen sein. Festkörperteilchen bestimmen feste Abstände untereinander in einem Ordnungssystem.

Maschinenfunktionen sind Wirkfunktionen, die ohne Wirkkörper in Raum- und Zeitbezug nicht vorstellbar sind (Bild 2.2-07).

Raumabhängigkeit	Zeitabhängigkeit
Makrogeometrie	Kinematisches
Mikrogeometrie	Verhalten
Volumenfunktionen	
Flächenfunktionen	Dynamisches
Linienfunktionen	Verhalten
Punktfunktionen	
Kollisionsgeometrie	Thermisches
Lagegeometrie	Verhalten
Passungen	
Toleranzen	Tribologisches
	Verhalten

Bild 2.2-07 Raum- und Zeitabhängigkeit der Wirkkörper von Maschinenfunktionen

Wirkkörper sind stofflich und geometrisch, aber auch durch ihren Wirkort und ihre Wirkzeit bestimmt. Diese Parameter werden im konstruktiven Gestaltungsprozeß festgelegt (Bild 2.2-08).

Durch die Auswahl der Werkstoffe ist das Angebot von Stoffeigenschaften vorbestimmt. Wir sprechen von Werkstoffen und meinen damit solche Stoffe, deren Eigenschaften zur technischen Nutzung aufbereitet sind. Die unterschiedlichen Eigenschaften begründen sich in der chemischen Natur der atomaren und molekularen Zusammensetzung, in der Art der Bindungskräfte und atomaren Struktur, in der Kristallbildung und Phasenbildung sowie durch Gitterbaufehler im Gefüge [6].

Die geometrische Bestimmung des Wirkkörpers erfolgt durch die Formgestaltung im Konstruktionsprozeß. Wir können auch von der Wirkgeometrie sprechen, die sich durch Bauteile und Baugruppen darstellt.

Die Wirkkörper von Maschinenfunktionen werden somit stofflich und geometrisch gestaltet. Wir sprechen auch von der Wirkgestaltung, die geometrisch und stofflich beschrieben wird. Dabei ist zu berücksichtigen, daß vereinfachende Idealisierungen kritisch zu bewerten sind,

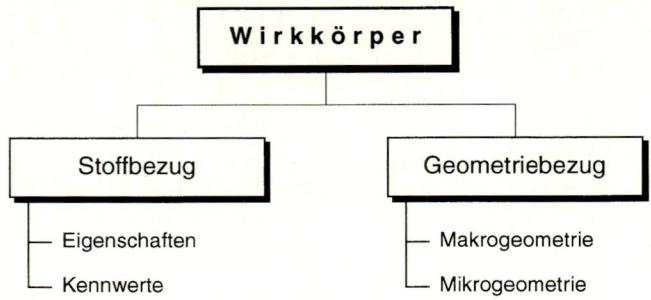

Bild 2.2-08 Funktionalität der Wirkkörper

da sie im realen Maschinensystem nicht vorkommen. Geometrische Daten müssen als tolerierte Größen gedacht werden, was zum Begriff der Gestaltungsgenauigkeit oder Körpergenauigkeit überleitet.

Alle Wirkgestaltungsformen sind räumlich durch Oberflächen abgegrenzt. Die Wirkfunktionen der Bauteile sind deshalb auch von der Funktionsqualität der Oberflächengestalt abhängig. Wir sprechen von Wirkflächenqualität und meinen damit einen besonderen Zustand technischer Oberflächen, der als Physik der Oberflächenrandzone wirksam wird.

Bewegungsfunktionen

Die Bewegung eines Körpers ist verbunden mit der Veränderung seiner Lage im Raum. Um diese beschreiben zu können, wird ein Bezugssystem benötigt; denn die Lage eines Körpers im Raum läßt sich nicht absolut, sondern nur relativ zu anderen Körpern beschreiben. Wir sprechen von der Bewegung eines Körpers, wenn dieser zu verschiedenen Zeiten eine andere Lage einnimmt. Bei zeitlicher Unveränderlichkeit befindet sich ein Körper in Ruhe.

Gegenstand der Bewegungslehre ist nicht die Verursachung, auch nicht die Wirkung der Bewegung, sondern diese selbst. Grundlage für den konstruktiven Aufbau einer Maschine ist ihre Bewegungsgeometrie, die zusammen mit Weg, Zeit, Geschwindigkeit und Beschleunigung die Maschinenkinematik bildet.

Von dem Begriff der idealen Bewegung ist der der wirklichen Bewegung zu unterscheiden. Die Körperlichkeit der sich in Maschinensystemen bewegenden Objekte schränkt die Gestaltungsvielfalt realer Bewegungen ein. Insbesondere kann die Masse der Wirkkörper örtliche und zeitliche Abweichungen von Idealbewegungsformen verursachen.

Die Vorstellung einer Bewegung ist an die gleichzeitige Betrachtung zweier Körper gebunden. Zwischen zwei betrachteten Punkten entsteht durch Bewegung eine geometrische Linie. Betrachten wir diese hinsichtlich ihrer Form, wird sie Bahn, und betrachten wir sie hinsichtlich ihrer Erstreckung, wird sie Weg genannt.

Die Bahn kann nach ihrer Erzeugung als vorhandenes Raumgebilde betrachtet werden. Der Weg dagegen nicht, denn er enthält die Aufeinanderfolge seiner Entstehung. Für die Bahn ist die geometrische Genauigkeit ein wichtiges Qualitätsmerkmal, für den Weg ist es die zeitliche Genauigkeit [7].

Die Funktionsbewegungen von Maschinen lassen sich somit durch Bahnen, Wege, Geschwindigkeiten und Beschleunigungen beschreiben. Eine Bewegung ist bestimmt, wenn zu jedem Zeitpunkt die Bahnelemente (Tangente, Normale und Krümmung) sowie die Wegelemente (Geschwindigkeit, Beschleunigung) angegeben werden können.

Bewegungsfunktionen von Maschinensystemen sind somit Wirkfunktionen, die ohne Raum- und Zeitbezug nicht vorstellbar sind. Die allgemein räumlich verlaufenden Bewegungen können in der Maschinentechnik vereinfacht auch als Bewegung in der Ebene betrachtet werden.

Die kinematische Bestimmung der Wirkparameter von Bewegungen erfolgt durch die Auslegung der Antriebssysteme.

Nach ihrer Wirkung lassen sich die Bewegungsfunktionen von Maschinen einteilen in
- Hauptbewegungen,
- Nebenbewegungen,
- Hilfsbewegungen und
- Störbewegungen.

Schon aus dieser Differenzierung ist die Vermutung abzuleiten, daß die Qualitätsansprüche an die realen Bewegungsabläufe in Maschinen sehr unterschiedlich sein können. Insgesamt kann von der kinematischen Qualität einer Maschine gesprochen werden, wobei zwischen den Abweichungen kinematischer Parameter der Funktionsbewegungen und den sich einstellenden Fremdwirkungen von Störbewegungen zu unterscheiden ist. Diese Überlegung führt zum Begriff der Bewegungsgenauigkeit.

Kraftfunktionen

Die Kraft wird als physikalische Größe durch einen Vektor dargestellt. Die Einheit für die Kraft ist das Newton. Eine Kraft ist also durch Größe und Richtung gekennzeichnet. Ihre Wirkstelle wird Angriffspunkt genannt. Die Wirkung einer Kraft verursacht eine Bewegung oder die Änderung einer Bewegung. Eine solche Bewegung kann sowohl eine Deformation des Körpers als auch eine Lageveränderung einschließen.

Das Erkennen der wirksamen Kräfte, ihre Aufnahme und Weiterleitung, auch Kraftfluß genannt, ihre Zerlegung und Zusammenführung gehören zu den Grundlagen jeder Maschinenkonstruktion.

Kräfte treten als Nullpaare auf, in einem Gleichgewicht von Wirkung und Gegenwirkung, auch unter „Aktion gleich Reaktion" bekannt.

Die Einteilung der Kräfte erfolgt in Einzelkräfte, Oberflächenkräfte und Volumenkräfte. Die Einzelkraft repräsentiert als Resultierende die Wirkung mehrerer Vektoren und stellt damit eine Idealisierung dar. Oberflächenkräfte beschreiben schon wirklichkeitsnäher die Einwirkung des auf eine Fläche gerichteten Vektorfeldes. Volumenkräfte werden durch ein im Raum definiertes Vektorfeld repräsentiert. Beispiele für Oberflächenkräfte sind der Wasserdruck und der Atmosphärendruck, ein Beispiel für die Volumenkraft ist die Gewichtskraft.

Alle Kräfte, die von außen auf einen Körper einwirken, heißen äußere Kräfte. Die inneren Kräfte eines Körpers werden auch Spannungen genannt. Sie sind für die Beanspruchung eines Körpers maßgebend.

Reaktionskräfte stehen mit den geometrischen Bindungen des Körpers in Zusammenhang, wenn also die Bewegungsmöglichkeit eingeschränkt ist. Beispiele sind: Auflagerkräfte, Spannungen im starren Körper, Führungskräfte und Haftkräfte.

Eingeprägte Kräfte sind alle Kräfte, die keine Reaktionskräfte sind. Sie sind entweder durch die Aufgabenstellung vorgegeben oder über ein physikalisches Gesetz zu bestimmen. Beispiele sind die Gravitationskraft, Reibkraft, Federkraft, Spannungen in deformierbaren Körpern und der Luftwiderstand.

Die Bestimmung der Kräfte nach Größe, Richtung und Angriffspunkt ist für die Ermittlung der inneren Beanspruchung und damit für die Belastbarkeit und die Verformbarkeit von entscheidender Bedeutung. Die Genauigkeit ihrer Bestimmung ist ein Qualitätskriterium.

Funktionsbewegungen in Maschinensystemen werden durch die Wirkung von Funktionskräften veranlaßt und durch die Funktionskörper vermittelt.

Andererseits werden Störbewegungen von Störkräften veranlaßt und insbesondere elastische Verformungen der Funktionskörper von Maschinen durch Kraftwirkungen erzeugt.

Da die Funktion von Maschinen ohne Kräftewirkungen nicht möglich ist, ist ihr Arbeitsverhalten auch immer durch elastische Verformungen begleitet. Maßgebend für das elastische Verhalten ist das Spannungs-Dehnungs-Diagramm, auch als Hooke'sches Gesetz bekannt:

$$\sigma = E \cdot \varepsilon. \tag{01}$$

Der Elastizitätsmodul E ist ein Werkstoffkennwert. Sein Betrag ist gleich der Spannung, die in einem Zugstab mit dem Querschnitt A wirkt, dessen Dehnung $\varepsilon = \Delta l/l = 1$ ist, also seine Länge verdoppelt. Mit

$$\sigma = \frac{F}{A} = E \cdot \varepsilon = E \cdot \frac{\Delta l}{l} \tag{02}$$

ergibt sich als Zugdehnung Δl:

$$\Delta l = \frac{F \cdot l}{A \cdot E}. \tag{03}$$

Mit diesem einfachen Beispiel soll verdeutlicht werden, daß die Dehnung eines durch äußere Kräfte beanspruchten Körpers durch die Größe der Kraft, die Größe seiner geometrischen Abmessungen und die stoffliche Größe des E-Moduls bestimmt wird. Damit wird die Bedeutung der Beherrschung von Kraftberechnungen für das Genauigkeitssystem von Maschinen unterstrichen.

Literatur zu Kapitel 2

[1] *Spur, G.:* Optimierung des Fertigungssystems Werkzeugmaschine. Carl Hanser Verlag, München 1972
[2] *Ropohl, G.:* Systemtechnik – Grundlagen und Anwendung. Carl Hanser Verlag, München 1975
[3] *Hubka, V.:* Theorie technischer Systeme. Springer Verlag, Berlin 1984
[4] *Kiesewetter, L.:* Fertigungsverfahren der Feinwerk- und Mikrotechnik. In: Dubbel, 17. Aufl., Springer Verlag, Berlin 1990
[5] *Föppl, A.:* Vorlesung über Technische Mechanik. R. Oldenbourg, München, Berlin 1898
[6] *Czichos, H.:* Werkstoffe. In: Hütte, 29. Aufl., Springer Verlag, Berlin 1989
[7] *Hartmann, W.:* Die Maschinengetriebe. Deutsche Verlagsanstalt, Stuttgart und Berlin 1913

3 Genauigkeitssystem Maschine

3.1 Funktionsqualität

Die Zielsysteme für die Konstruktion einer Maschine sind aus dem Pflichtenheft der Produktplanung abzuleiten. Der integrale Begriff aller zu realisierenden Produkteigenschaften ist die Produktqualität. Hierfür werden Zielfunktionen entwickelt und gewichtet. Dies bedeutet, daß Qualitätsparameter beschrieben werden müssen. Dies schließt allerdings auch ein, auf welche Weise und mit welchen Mitteln eine bestimmte Zielqualität verwirklicht werden kann [1].

Es stellt sich somit die Frage nach der Bestimmbarkeit der Qualitätsparameter einschließlich ihrer systemtechnischen Verknüpfungen, um den Inhalt dessen zu beschreiben und zu gewichten, was unter Produktqualität zu verstehen ist. Dies führt zu der Frage nach der Einflußstruktur auf die Funktionsqualität, also auch nach der Qualitätswirksamkeit der Funktionsparameter (Bild 3.1-01).

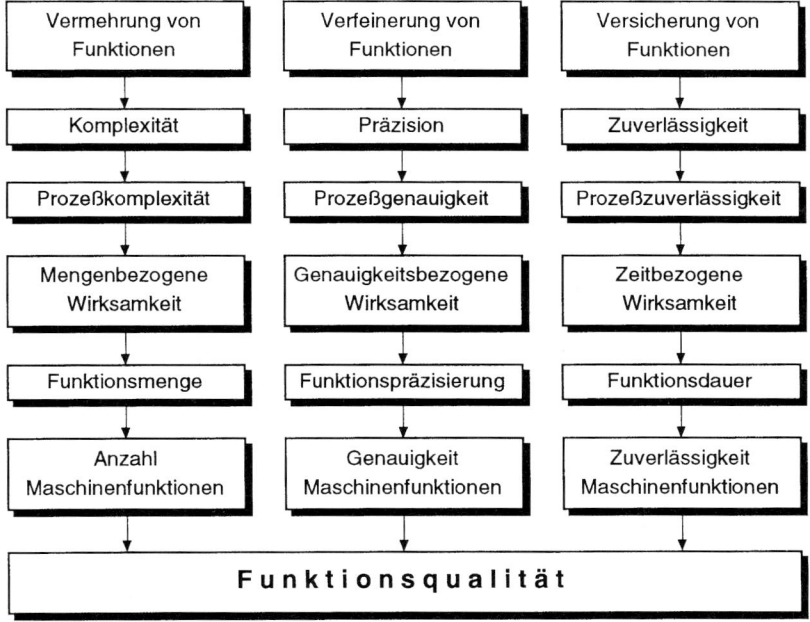

Bild 3.1-01 Einflußstruktur auf die Funktionsqualität

Die angestrebte Beschaffenheit eines Produktes wird entscheidend im Produktentstehungsprozeß beeinflußt. Dieser ist durch das Zielsystem der Produkteigenschaften des Produktplanungsprozesses vorbestimmt, das durchaus Veränderungen unterliegen kann. Zielsysteme der Produktqualität sind als dynamische Systeme einzustufen. Zur Erhaltung der Wettbewerbsfähigkeit ist deshalb eine möglichst kurze Produktentstehungszeit bzw. Produktänderungszeit zu fordern. Zielsysteme können sich insbesondere durch Wissensanreicherung sowohl nach Umfang und Inhalt ändern [2].

Ein Zielsystem läßt sich strukturell hierarchisch oder vernetzt darstellen. Es lassen sich verschiedene Zielklassen unterscheiden, wie technische Ziele und wirtschaftliche Ziele, so auch das Ziel einer Qualitätsoptimierung. Zwischen den einzelnen Zielparametern können unterschiedliche Beziehungen bestehen. Ropohl beschreibt die Relationen der Indifferenz, der Konkurrenz, der Komplementarität und der Präferenz [2]. Dies gilt auch für die Funktionsqualität.

Nach DIN ISO 8402 ist Qualität die Gesamtheit von Merkmalen einer Einheit bezüglich ihrer Eignung, festgelegte und vorausgesetzte Erfordernisse zu erfüllen.

In einer kürzeren Variante heißt es: Qualität ist die an der geforderten Beschaffenheit gemessene realistische Beschaffenheit.

Der Qualitätsbegriff ist immer integrativ zu deuten. Er beinhaltet auch als erzieherische Tendenz die Anwendung von Sorgfalt, um Fehler zu vermeiden.

Unter der Qualität einer Maschine ist ihre Beschaffenheit zu verstehen, die sie zur Erfüllung vorgegebener Forderungen geeignet macht. Sie wird im Produktentstehungsprozeß virtuell vorbestimmt und durch den Produktionsprozeß materiell realisiert und somit durch Konstruktionsqualität, Herstellungsqualität und Arbeitsqualität beeinflußt (Bild 3.1-02).

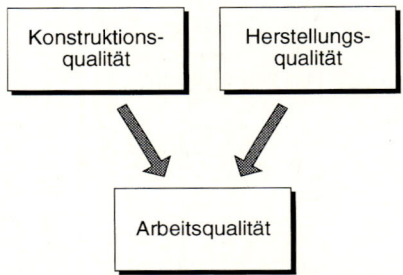

Bild 3.1-02 Einflüsse auf die Funktionsqualität von Maschinen

Vom Nutzer wird im allgemeinen eine möglichst hohe Maschinenqualität gefordert. Abstrakte Qualitätsbegriffe sind jedoch nicht sehr aussagefähig. Die Bestimmung der Maschinenqualität ist nur über einzelne Qualitätsparameter möglich, indem die realisierte Beschaffenheit mit der geforderten Beschaffenheit möglichst objektiv verglichen wird.

Im Fall der Maschine ist nach ihrer Funktionsqualität, also nach der Beschaffenheit der realisierten Maschinenfunktionen gefragt. Dies betrifft in erster Linie ihre Hauptfunktion, aber auch ihre Neben- und Hilfsfunktionen sowie in besonderer Weise ihre aktiven und passiven Störfunktionen.

Wenn die Gesamtfunktion eines Maschinensystems auf einen in Raum und Zeit eingebetteten Wandlungsprozeß von Information, Energie und Material zurückzuführen ist, dann muß dies ebenfalls für die Qualitätsbestimmung gelten (Bild 3.1-03). Die Maschinenqualität ist somit raum-, zeit- und mengenbezogen an der Qualität ihrer Teilsysteme zu messen, also an ihrer

– Informationsqualität,
– Energiequalität und
– Materialqualität.

Maschinenqualität			
	Informations-System	Energie-system	Material-system
raumbezogen	Signal-übertragung	Energie-übertragung	Material-transportwege
zeitbezogen	Signaldauer	Energiedauer	Material-durchsatzzeit
mengen-bezogen	Signalmenge	Energiemenge	Materialmenge

Bild 3.1-03 Qualitätssystem für Maschinenfunktionen

Hubka [3] hat die Eigenschaften von Maschinen kategorisiert und in Eigenschaftsklassen eingeteilt (Bild 3.1-04).

Die Funktionsqualität einer Maschine sollte möglichst nach meßbaren Kriterien bewertet werden. Für den Grad der Erfüllung einer vorgegebenen Funktionsqualität ist der Begriff der Genauigkeit hilfreich. Im Einzelfall kann die Erfüllung einer Funktionsqualität erst durch Realisierung einer bestimmten Funktionsgenauigkeit gegeben sein.

Unter Funktionsgenauigkeit einer Maschine ist also der Grad der Erfüllung geforderter Funktionsqualitäten zu verstehen. Da die Gesamtfunktion durch integratives Wirken von Einzelfunktionen entsteht, wird auch die Genauigkeit der Gesamtfunktion durch die Genauigkeit von Einzelfunktionen bestimmt.

Im einfachsten Fall kann der Grad der Erfüllung einer Funktionsqualität auf eine Ja-Nein-Prüfung reduziert, im schwierigsten Fall kann eine aufwendige experimentelle Untersuchung notwendig werden. Von großem Wert sind Informationen über das lebenslange Gebrauchsverhalten der Produkte.

Eine optimale Erfüllung des Zielsystems der Funktionsqualität ist durch eine Lösung gegeben, die unter Berücksichtigung aller Teilziele durch Gewichtung und Restriktionen einen maximalen Gebrauchsnutzen für den Anwender und einen maximalen Verkaufsnutzen für den Hersteller bewirkt. Dabei ist entscheidend, daß im Konstruktionsprozeß alle potentiellen Störwirkungen, die beim Gebrauch des Produktes auftreten können, ausreichend berücksichtigt worden sind. In diesem Sinne bedeutet die Steigerung der Funktionsqualität eine Minimierung der Störwirkungen: Es muß deshalb im Produktentstehungsprozeß gegen die Störpotentiale des Gebrauchszustandes konstruiert werden. Die optimale Funktionslösung kann also nur durch einen konstruierten physikalischen Wirkzusammenhang bei Unterdrückung der Störparameter erzwungen werden [4]. In diesem Sinne ist für eine Optimierung der Funktionsqualität eine rechtzeitige und permanente Rückführung von Informationen aus dem Anwenderbereich eine wichtige Voraussetzung.

Die Qualitätssteigerung von Produktfunktionen basiert auf einem ständigen Optimierungsprozeß. Das Anforderungsprofil an die Produkteigenschaften wird fortschreitend weiterentwickelt, so daß außer durch Neukonstruktion auch durch Anpassungskonstruktion eine erhebliche Qualitätsverbesserung erreicht werden kann [5].

Insgesamt muß das Zielsystem einer Maschinenkonstruktion auf eine Maximierung der Qualität des Funktionssystems und eine Minimierung der Wirkungen des Störsystems gerichtet

Eigenschaftsklasse	Frage nach der Klasse	Gruppen oder Beispiele der Eigenschaftsklasse
Funktion Wirkung	Was macht das Maschinensystem? Was für eine Fähigkeit hat das Maschinensystem?	Arbeitsfunktion Nebenfunktion Antriebsfunktion Steuer- und Regelfunktion Verbindungsfunktion
Funktionsbedingte Eigenschaften	Welche Bedingungen sind für die Funktion charakteristisch?	Leistung Geschwindigkeit Grösse Gewicht Funktionsabmessungen Tragfähigkeit
Betriebseigenschaften	Wie eignet sich das Maschinensystem für den Arbeitsprozeß (Betrieb)?	Betriebssicherheit Zuverlässigkeit Lebensdauer Energieverbrauch Raumverbrauch Wartungsfähigkeit
Ergonomische Eigenschaften	Wie ist die Bedienung und welche Einflüsse hat das Maschinensystem auf den Menschen?	Bedienungssicherheit Art der Bedienung Nebenoutput-Arten Aufmerksamkeitsforderung
Aussehenseigenschaften (Ästhetische Eigenschaften)	Was für Einwirkung hat das Maschinensystem auf ästhetische Gefühle?	Form Farbe Oberflächenverteilung Flächenverteilung
Distributionseigenschaften	Wie eignet sich das Maschinensystem für Transport, Lagerung, Verpackung?	Transportgerecht Lagerungsgerecht Verpackungsgerecht Eignung zur Inbetriebsetzung
Lieferungs- und Planungseigenschaften	Wann ist das Maschinensystem lieferbar? Herstellungsstückzahl?	Lieferbarkeit Serienfertigungsprodukt Einzelfertigungsprodukt
Eigenschaften der Gesetzeinhaltung	Entspricht das Maschinensystem den Normen und Vorschriften?	Normgerecht Patentverletzung Nach Vorschrift
Fertigungseigenschaften	Wie eignet sich das Maschinensystem zur Fertigung?	Fertigungsgerecht Montagegerecht
Wirtschaftliche Eigenschaften	Wie wirtschaftlich ist der Arbeits- und Fertigungsprozeß?	Betriebskosten Herstellkosten Effektivität Preis
Konstruktionseigenschaften	Womit werden äußere Eigenschaften verwirklicht?	Struktur Gestalt, Form Abmessung, Dimension Werkstoff Oberflächenqualität Toleranzfeld Herstellungsart
Herstellungseigenschaften	Wer hat und wie wurde das Maschinensystem hergestellt?	Hersteller Herstellungsqualität

Bild 3.1-04   Eigenschaftsklassen der Maschinensysteme [3]

sein. Kesselring erkennt für die Optimierung des Konstruktionsprozesses fünf Gestaltungsprinzipien [6]:
- Prinzip der minimalen Herstellkosten,
- Prinzip des minimalen Raumbedarfs,
- Prinzip des minimalen Gewichts,
- Prinzip der minimalen Verluste sowie
- Prinzip der günstigsten Handhabung.

Diese Gestaltungsprinzipien sollen hier unter dem Gesichtspunkt des Qualitätskriteriums ergänzt werden durch das
- Prinzip der optimalen Funktionsgenauigkeit.

In Bild 3.1-05 ist die Optimierung des Konstruktionsprozesses nach verschiedenen Gestaltungsprinzipien dargestellt.

Sparbauweise	-	Kostenorientiert
Kompaktbauweise	-	Raumorientiert
Leichtbauweise	-	Gewichtsorientiert
Effizienzbauweise	-	Wirkungsgradorientiert
Handhabungsbauweise	-	Bedienorientiert
Genaubauweise	-	Toleranzorientiert

Bild 3.1-05 Optimierung des Konstruktionsprozesses nach verschiedenen Gesichtspunkten

Nach einer systematischen Betrachtung des Zielprogrammes erfolgt die Gewichtung der einzelnen Zielparameter. Dies bedeutet, daß je nach Aufgabenstellung der eine oder andere Zielparameter erste Priorität erhält. Wir können somit folgende Konstruktionsbauweisen unterscheiden:
- Sparbauweise,
- Kompaktbauweise,
- Leichtbauweise,
- Effizienzbauweise,
- Handhabungsbauweise und
- Genaubauweise.

Die Entwicklung einer Maschine wird immer eine Kombination mehrerer Prinzipien sein. Dennoch wird je nach Aufgabenstellung das eine oder andere Prinzip überwiegen können, so daß schwerpunktmäßig eine solche Einteilung vertreten werden kann. Durch die Wettbewerbssituation wird eine Minimierung der Herstellkosten als stets begleitende Grundforderung erscheinen, so daß eine Sparbauweise als eine Art Metazielsetzung angesehen werden kann. Maschinen in Sparbauweise werden nach dem Prinzip der minimalen Herstellkosten entwickelt (Bild 3.1-06).

Unter Optimierung der Gesamtfunktion einer Maschine ist eine angestrebte Wirksamkeit zu verstehen, die gestellte Aufgabe voll zu erfüllen. Eine Maschine funktioniert, wenn sie ordnungsgemäß arbeitet. Sie arbeitet optimal, wenn sie vorbestimmte Maximalfunktionen erreicht.

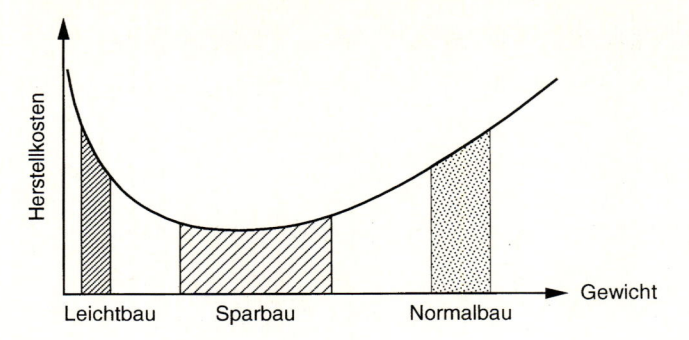

Bild 3.1-06 Kostenbereiche für Leichtbau und Sparbau

Das ordnungsgemäße Arbeiten einer Maschine muß dem Zweck entsprechend definiert sein. Eine Abweichung von der Ordnungsgemäßheit ist ein Funktionsmangel, der im Extremfall zu einem Funktionsausfall anwachsen kann. Andererseits kann die Ordnungsgemäßheit auch übererfüllt werden und eine Funktionsüberleistung im Sinne einer Funktionsverschwendung vorliegen.

Hieraus geht hervor, daß die Ordnungsgemäßheit der Maschinenfunktion Gegenstand sorgfältiger Vereinbarungen zwischen Hersteller und Nutzer sein muß. Die Funktionsqualität

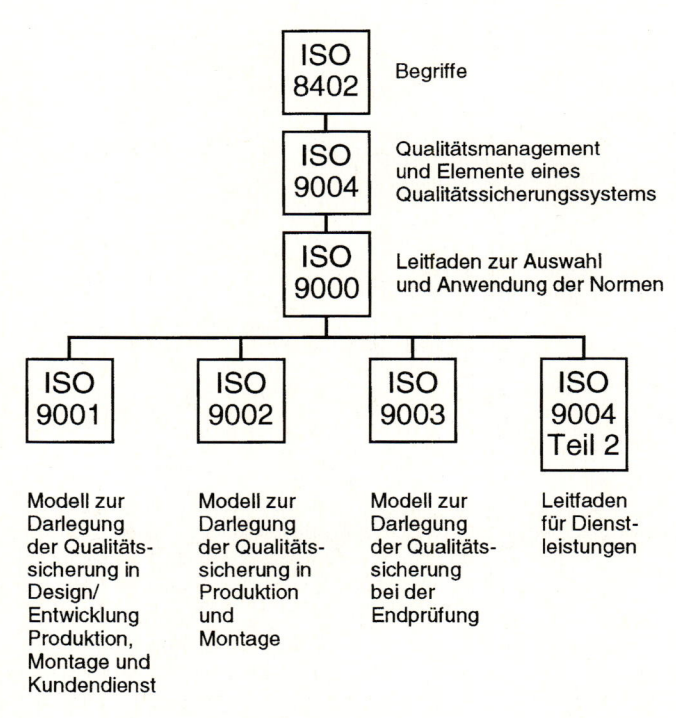

Bild 3.1-07 Struktur der Normenserie ISO 9000

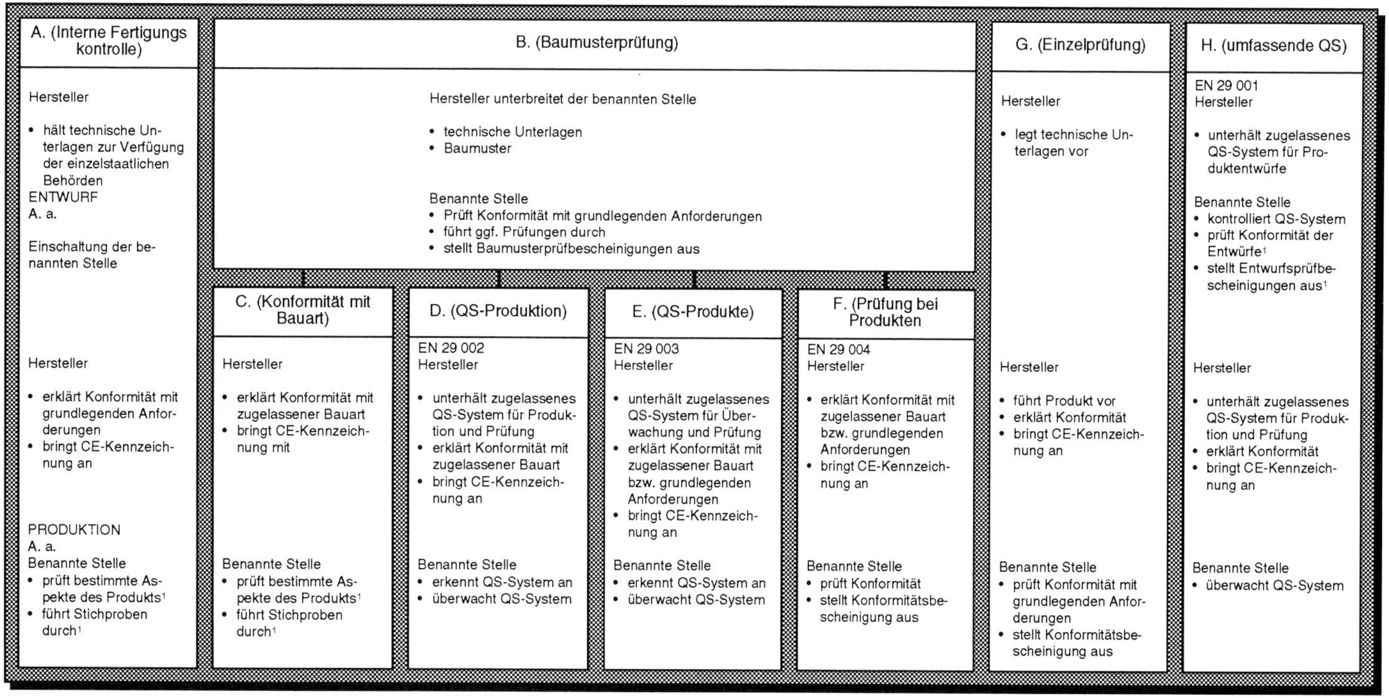

Funktionsqualität

A. (Interne Fertigungskontrolle)	B. (Baumusterprüfung)					G. (Einzelprüfung)	H. (umfassende QS)
Hersteller • hält technische Unterlagen zur Verfügung der einzelstaatlichen Behörden ENTWURF A. a. Einschaltung der benannten Stelle	Hersteller unterbreitet der benannten Stelle • technische Unterlagen • Baumuster **Benannte Stelle** • Prüft Konformität mit grundlegenden Anforderungen • führt ggf. Prüfungen durch • stellt Baumusterprüfbescheinigungen aus					**Hersteller** • legt technische Unterlagen vor	EN 29 001 **Hersteller** • unterhält zugelassenes QS-System für Produktentwürfe **Benannte Stelle** • kontrolliert QS-System • prüft Konformität der Entwürfe[1] • stellt Entwurfsprüfbescheinigungen aus[1]
	C. (Konformität mit Bauart)	D. (QS-Produktion)	E. (QS-Produkte)	F. (Prüfung bei Produkten)			
Hersteller • erklärt Konformität mit grundlegenden Anforderungen • bringt CE-Kennzeichnung an PRODUKTION A. a. **Benannte Stelle** • prüft bestimmte Aspekte des Produkts[1] • führt Stichproben durch[1]	**Hersteller** • erklärt Konformität mit zugelassener Bauart • bringt CE-Kennzeichnung mit **Benannte Stelle** • prüft bestimmte Aspekte des Produkts[1] • führt Stichproben durch[1]	EN 29 002 **Hersteller** • unterhält zugelassenes QS-System für Produktion und Prüfung • erklärt Konformität mit zugelassener Bauart • bringt CE-Kennzeichnung an **Benannte Stelle** • erkennt QS-System an • überwacht QS-System	EN 29 003 **Hersteller** • unterhält zugelassenes QS-System für Überwachung und Prüfung • erklärt Konformität mit zugelassener Bauart bzw. grundlegenden Anforderungen • bringt CE-Kennzeichnung an **Benannte Stelle** • erkennt QS-System an • überwacht QS-System	EN 29 004 **Hersteller** • erklärt Konformität mit zugelassener Bauart bzw. grundlegenden Anforderungen • bringt CE-Kennzeichnung an **Benannte Stelle** • prüft Konformität • stellt Konformitätsbescheinigung aus		**Hersteller** • führt Produkt vor • erklärt Konformität • bringt CE-Kennzeichnung an **Benannte Stelle** • prüft Konformität mit grundlegenden Anforderungen • stellt Konformitätsbescheinigung aus	**Hersteller** • unterhält zugelassenes QS-System für Produktion und Prüfung • erklärt Konformität • bringt CE-Kennzeichnung an **Benannte Stelle** • überwacht QS-System

[1] weitere Bestimmungen können in Einzelrichtlinien festgelegt werden
QS = Qualitätssicherheit
QS = System = Qualitätssystem

Bild 3.1-08 Verfahren der Konformitätsbewertung im Rahmen des Gemeinschaftsrechts der EU einer Maschine muß deshalb vor ihrer Konstruktion systematisch nach Ziel, Zweck und Aufgabe definiert werden. Durch Qualitätsmanagement wird eine Optimierung des Konstruktionsprozesses nach den Bewertungskriterien Qualität, Kosten und Zeit angestrebt.

Qualität ist ein integraler Begriff. Er beinhaltet neben der Konstruktionsqualität auch die Herstellungsqualität sowie die Arbeitsqualität als Prozeßverhalten des Maschinensystems.

Die Weiterentwicklung des Qualitätsmanagements gipfelt in der Normenserie ISO 9000, deren Struktur in Bild 3.1-07 dargestellt ist [7]. Es kann davon gesprochen werden, daß sich Qualitätsmanagement zu einer allgemeinen Führungslehre für Unternehmen entwickelt hat. Dennoch bleibt festzuhalten, daß es sich hierbei auch um die Qualität im Detail handelt, daß es letztlich um eine spezifische Genauigkeit geht, mit der ein bestimmtes Qualitätsziel erreicht werden kann. Genauigkeitsprüfungen bleiben deshalb ein unverzichtbares Element eines Qualitätsmanagementsystems.

Im Idealfall sollen Prüfungen keine Fehler ermitteln, sondern die geforderte Produktqualität bestätigen. Dies geschieht auf breiter Grundlage durch Anwendung von Zertifizierungsverfahren, deren internationale Harmonisierung von großer Bedeutung für die Wirtschaft ist. Mit der Entwicklung des europäischen Binnenmarktes sind auch Rechtsvorschriften in Kraft getreten, die einen definierten Qualitätszustand von Produkten durch CE-Kennzeichnung vorschreiben. Die Produkthersteller haben zu prüfen, ob ihr Produkt unter die entsprechenden Rechtsvorschriften fällt. Im einzelnen muß die Erfüllung bestimmter Anforderungen nachgewiesen werden, um das Kennzeichen CE verwenden zu dürfen. Hierbei geht es auch um den Nachweis innerbetrieblicher Qualitätssicherungsmaßnahmen und deren Zertifizierung.

Die EG-Kommission hat 1989 das „Globale Konzept für Prüfung und Zertifizierung" vorgelegt. Hierbei erlangen Fragen der Konformitätsbewertung eine zentrale Bedeutung. Bild 3.1-08 zeigt eine schematische Zusammenfassung der Konformitätsbewertungsverfahren im Rahmen des Gemeinschaftsrechts [8].

Die EG-Richtlinien zur Zertifizierung schließen auch den Maschinenbau ein. Die einzelnen Maßnahmen zielen auf eine Verbesserung von Sicherheit und Gesundheit für Personen im Umgang mit Maschinen. Neben den existierenden grundlegenden Richtlinien ist beabsichtigt, Einzelrichtlinien und Vorschriften für die Entwicklung und den Bau bestimmter Maschinengattungen zu erlassen.

Die in den Richtlinien für Konzipierung und Bau von Maschinen bereits festgelegten Sicherheits- und Gesundheitsanforderungen sind trotz ihrer grundlegenden Zielsetzung inhaltlich sehr detailliert, so daß im Rahmen der qualitätssichernden Vorsorge ihre Berücksichtigung im Konstruktionsprozeß unverzichtbar ist [8].

Es sollte nicht unerwähnt bleiben, daß auch das Design einer Maschine als Qualitätsmerkmal zu werten ist. Der Ästhetik des Maschinenbaus ein höheres Gewicht zu geben, ist auch wirtschaftlich begründbar. Insbesondere kann im Rahmen der Produktwerbung Qualität durch Design unterstrichen werden.

Das Design von Maschinen gewinnt auch dann an Bedeutung, wenn eine Bedienperipherie zu den arbeitenden Maschinen gegeben ist. In diesem Zusammenhang gilt es, Beziehungen zwischen Design und Ergonomie spezifisch weiterzuentwickeln.

3.2 Funktionsgenauigkeit

Der Begriff Genauigkeit wird in der Umgangssprache zwar unterschiedlich angewandt, ist aber dennoch einer gemeinsamen Deutung fähig. Er läßt sich wie folgt definieren:

– Genauigkeit ist der Grad der Annäherung, bis zu dem ein gewünschtes Ergebnis erreicht wird oder erreicht werden kann [9].

- Genauigkeit ist die aus einem bestimmten Grund möglichst gegen absolut gehende sachliche, räumliche oder zeitliche Bestimmtheit zu einem Zweck und Ziel.
- Genauigkeit dient der Abgrenzung gegenüber allem anderen, das nicht dies, nicht so, nicht dort und dann ist. Genauigkeit dient also der Bestimmtheit einzig so und nicht anders zu sein.
- Genauigkeit ist eine qualitative Bezeichnung für das Ausmaß der Annäherung von Ermittlungsergebnissen an den Bezugswert, wobei dieser je nach Festlegung oder Vereinbarung der wahre, der richtige oder der Erwartungswert sein kann [10].

Voraussetzung zur Genauigkeit ist das möglichst gegen absolut gehende Wissen aller jeweils eigenen Eigenschaften alles Bestimmten zu einer Bestimmtheit.

Genauigkeit kann nur erzeugt werden aus etwas, das in den zu einer Bestimmtheit relevanten Eigenschaften in Raum und Zeit bestimmbar oder berechenbar ist.

Genauigkeit kann nur dort und dann erhalten bleiben, wenn das einmal Bestimmte nicht zum Unbestimmten wird, d. h. unverändert so bleibt, wie es in Raum und Zeit und im Verhältnis zum Umgebenden bestimmt ist.

Genauigkeit vermittelt verläßlich Folgerungen aus Erkanntem und ermöglicht damit mehr Sicherheit im Vorhersehen und Planen. Genauigkeit vermittelt alles künstlich Gemachte zu Beständigkeit und Verbesserungsfähigkeit.

Läßt sich Genauigkeit materiell ausdrücken, so läßt sich die damit verknüpfte Bestimmtheit in einem Verharrungszustand festhalten.

Im wissenschaftlichen Bereich wird Genauigkeit als qualifizierendes Merkmal ausgeübter Tätigkeiten oder erzielter Ergebnisse verwendet.

Im sprachlichen Bereich ist Genauigkeit im Ausdruck ein qualifizierendes Merkmal für Sprachbeherrschung. Damit im Zusammenhang steht auch die Genauigkeit im Denken.

Genauigkeit des Wissens kann auch mit Tiefe des Wissens umschrieben werden. Genauigkeit des Wissens kann sowohl spezialistisch als auch generalistisch entwickelt werden.

Genauigkeit fordert Meßfähigkeit heraus. Das Messen zielt auf die Ermittlung eines Maßes. Das Maß ist die durch Messen bestimmte Größe oder Zahl. Zum Feststellen von Mengen, Größen und Werten werden Maßeinheiten definiert. Durch Instrumentalisierung des Messens wurde die Genauigkeit gesteigert und das Meßergebnis reproduzierbar.

Genauigkeit ist auf ein Muster bezogen, ist also ein Bezugsbegriff, der über die Übereinstimmung mit einer Vorgabe eine Aussage macht.

Unter Genauigkeit versteht man in der Technologie des Maschinenbaus nach Korsakow in DIN 55350 den Grad der Übereinstimmung der hergestellten Erzeugnisse mit dem vorher festgelegten Prototyp oder Muster. Je größer die Übereinstimmung ist, um so höher ist die Genauigkeit.

Nach DIN 55350 wird Genauigkeit als qualitative Bezeichnung für das Ausmaß der Annäherung von Ermittlungsergebnissen an den Bezugswert gedeutet, wobei dieser je nach Festlegung oder Vereinbarung der wahre, der richtige oder der Erwartungswert sein kann. In dem Normblatt werden folgende Anmerkungen gemacht:
- Es wird dringend davon abgeraten, quantitative Angaben für dieses Ausmaß der Annäherung mit der Bezeichnung „Genauigkeit" zu versehen. Für quantitative Angaben gilt der Begriff „Ergebnisunsicherheit" oder beim Messen „Meßunsicherheit".
- Die Genauigkeit bezieht man nur dann auf den Erwartungswert, wenn kein wahrer (oder richtiger) Wert existiert. In diesem Fall ist (nämlich) der Begriff „Richtigkeit" nicht anwendbar.
- Bei einem Meßergebnis ist die Genauigkeit durch die Sorgfalt bei der Ausschaltung bekannter systematischer Maßabweichungen und durch die Meßunsicherheit bestimmt.

Weiterhin definiert DIN 55350 folgende Begriffe:

Das Ermittlungsergebnis ist der durch die Anwendung eines Ermittlungsverfahrens festgestellte Merkmalswert.

Das Ermittlungsverfahren ist ein Beurteilungs-, Beobachtungs-, Meß-, Berechnungs-, Statistikverfahren oder eine Kombination daraus. Die Feststellung ist eine Beurteilung, Beobachtung, Messung, Berechnung oder eine Kombination daraus.

Ein Ermittlungsergebnis ist im allgemeinen nur dann vollständig, wenn es eine Angabe über die Ergebnisunsicherheit enthält.

Ein Ermittlungsergebnis höherer Stufe kann durch Zusammenfassung mehrerer Ermittlungsergebnisse niedrigerer Stufe entstanden sein. Beispielsweise kann das Ermittlungsergebnis höherer Stufe der Mittelwert aus mehreren Meßergebnissen sein.

Das „berichtigte Ermittlungsergebnis" ist das um die bekannte systematische Ergebnisabweichung berichtigte Ermittlungsergebnis.

Der Bezugswert kann je nach Festlegung oder Vereinbarung der wahre Wert, der richtige Wert oder der Erwartungswert sein.

Der wahre Wert ist der tatsächliche Merkmalswert unter den bei der Ermittlung herrschenden Bedingungen.

Oftmals ist der wahre Wert ein ideeller Wert, weil er sich nur dann feststellen ließe, wenn sämtliche Ergebnisabweichungen vermieden werden können, oder er ergibt sich aus theoretischen Überlegungen.

Der wahre Wert eines mathematisch-theoretischen Merkmals wird auch „exakter Wert" genannt. Bei einem numerischen Berechnungsverfahren wird sich als Ermittlungsergebnis jedoch nicht immer der exakte Wert ergeben.

Der richtige Wert ist ein Wert für Vergleichszwecke, dessen Abweichung vom wahren Wert für den Vergleichszweck als vernachlässigbar betrachtet wird. Der richtige Wert ist ein Näherungswert für den wahren Wert. Er kann aus internationalen oder Gebrauchsnormalen gewonnen werden. Es gibt mehrere Benennungen, die synonym zu „richtiger Wert" benutzt werden, beispielsweise „Sollwert" oder „Zielwert". Diese Benennungen sind allerdings sprachlich mißverständlich.

Der Erwartungswert ist das mittlere Ermittlungsergebnis, welches aus der unablässig wiederholten Anwendung des unter vorgegebenen Bedingungen angewendeten Ermittlungsverfahrens gewonnen werden könnte.

Weiterhin wird nach DIN 55350 Richtigkeit als qualitative Bezeichnung für das Ausmaß der Annäherung des Erwartungswertes des Ermittlungsergebnisses an den Bezugswert gedeutet, wobei dieser je nach Festlegung oder Vereinbarung der wahre oder der richtige Wert sein kann.

Je kleiner die systematische Ergebnisabweichung ist, um so genauer arbeitet das Ermittlungsverfahren.

Bei quantitativen Angaben wird als Maß für die Richtigkeit im allgemeinen diejenige systematische Ergebnisabweichung verwendet, die sich als Differenz zwischen dem Mittelwert der Ermittlungsergebnisse, die bei mehrfacher Anwendung des Ermittlungsverfahrens festgestellt wurden, und dem richtigen Wert ergibt.

Bild 3.2-01 extrahiert die Definitionsfolge von Genauigkeit in einer schematischen Darstellung.

Mit dem Begriff Genauigkeit verwandt ist der Begriff Präzision. Meist wird er im Sinne einer qualitativen Steigerung angewandt, also im Sinne eines besonders hohen Genauigkeitsanspruchs:

```
                        ┌─────────────────────┐
                        │    Genauigkeit      │
                        └─────────────────────┘
                                 ▼
            ┌──────────────────────────────────────────┐
            │          Qualitativer Begriff            │
            │                 für                      │
            │        Ausmaß einer Annäherung           │
            │      von Ermitteltem auf Bezogenes       │
            │                 von                      │
            │    Ermittlungsergebnissen auf Bezugswerte│
            │                wie:                      │
            └──────────────────────────────────────────┘
```

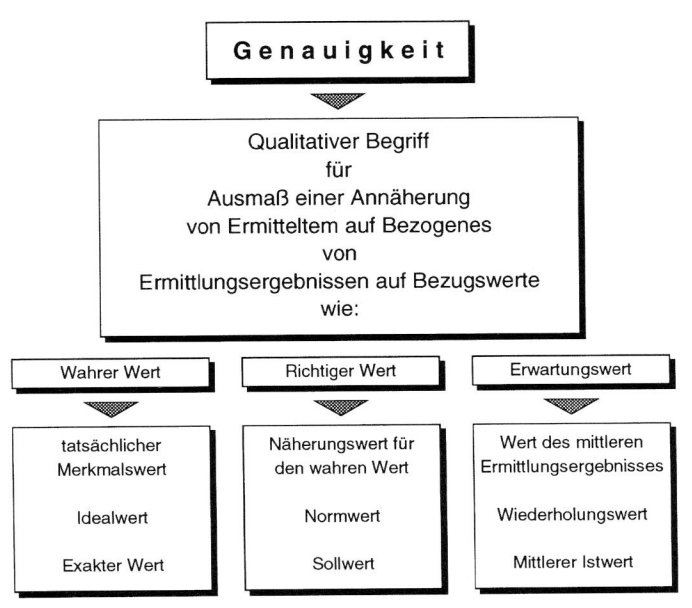

Wahrer Wert	Richtiger Wert	Erwartungswert
tatsächlicher Merkmalswert	Näherungswert für den wahren Wert	Wert des mittleren Ermittlungsergebnisses
Idealwert	Normwert	Wiederholungswert
Exakter Wert	Sollwert	Mittlerer Istwert

Bild 3.2-01 Schematische Darstellung der Definitionsfolge des Begriffs Genauigkeit in Anlehnung an DIN 55350

– Präzision beim Sprechen für hohe Bestimmtheit und Bündigkeit im Ausdruck,
– Präzision beim Musizieren für hohe Geschicklichkeit bei der Instrumententechnik und
– Präzision beim Arbeiten für hohe Sorgfalt bei der Erfüllung hoher Anforderungen.

Nach DIN 55350 ist Präzision die qualitative Bezeichnung für das Ausmaß der gegenseitigen Annäherung voneinander unabhängiger Ermittlungsergebnisse bei mehrfacher Anwendung eines festgelegten Ermittlungsverfahrens unter vorgegebenen Wiederhol- oder Vergleichsbedingungen. Je größer das Ausmaß der gegenseitigen Annäherung der voneinander unabhängigen Ermittlungsergebnisse ist, um so präziser arbeitet das Ermittlungsverfahren.

Es gibt zahlreiche Wortkombinationen mit dem Begriff Genauigkeit, die teilweise auch auf eine sehr differenzierte Deutung hinweisen. Hier seien einige Beispiele genannt:

– Planungsgenauigkeit,
– Naturgenauigkeit,
– Kursgenauigkeit,
– Begründungsgenauigkeit,
– Vergleichsgenauigkeit,
– Wiederholgenauigkeit u. a.

Oft wird der Begriff „genau" im Sinne von gründlich oder auch im Sinne von eindeutig gebraucht. Der Wahrheitsgehalt einer „genauen Aussage" kann auch von bestimmten Bedingungen abhängig sein. Damit entsteht das konditionale Junktim „genau ist…, wenn…".

Es ist besonders reizvoll, Genauigkeit am Geschehen der Natur zu deuten. Die Natur hat sich selbst als Auftraggeber und nur sich selbst als Ziel. Sie entwickelt sich in einem komplexen Evolutionsprozeß und erhält ihr Leben und ihre Arten durch eine große Flexibilität, sich veränderten äußeren Verhältnissen schnellstmöglich anzupassen. Ihr Produktionssystem ist dabei durch prinzipielle Ungenauigkeit gekennzeichnet, wenngleich bei dem Prozeß zur

Erhaltung einer bestimmten Art aus Makrosicht wiederum eine große Genauigkeit zu erkennen ist.

Es entsteht die Frage, wieweit die Genauigkeit natürlicher Produktionsprozesse wissenschaftlich vertieft worden ist und ob Analogieschlüsse zur Genauigkeit technologischer Produktprozesse möglich sind. Ein Vergleich zwischen der Produktionsgenauigkeit natürlicher und künstlicher Systeme wäre eine wissenschaftliche Aufgabe. Eine solche Untersuchung könnte zu der Frage führen, ob wir nicht für unser technologisches Produktsystem von den höchst bewährten Prinzipien der Natur neue Möglichkeiten der Entwicklung erlernen können. Ansätze hierfür finden sich auf der Basis von Evolutionstheorien.

Die Maschinengenauigkeit ist als integraler Begriff für das Funktionsverhalten einer Maschine ein Teilaspekt der übergeordneten Maschinenqualität.

Maschinengenauigkeit wird als Ausmaß der Annäherung definiert, bis zu dem ein spezifisches Funktionsverhalten erreicht wird oder erreicht werden kann (Bild 3.2-02).

```
┌─────────────────────────────┐
│   Maschinengenauigkeit      │
└─────────────────────────────┘
              ▼
┌─────────────────────────────────────────────────┐
│         Qualitativer Begriff                     │
│                 für                              │
│         Ausmaß einer Annäherung                  │
│ von Ermittlungsergebnissen auf Bezugswerte       │
│    für ein spezifisches Funktionsverhalten       │
└─────────────────────────────────────────────────┘
              ▼
┌─────────────────────────────────────────────────┐
│       Modell eines Genauigkeitsystems            │
│                   des                            │
│            Maschinenverhaltens                   │
│                   als                            │
│              Bezugssystem                        │
└─────────────────────────────────────────────────┘
```

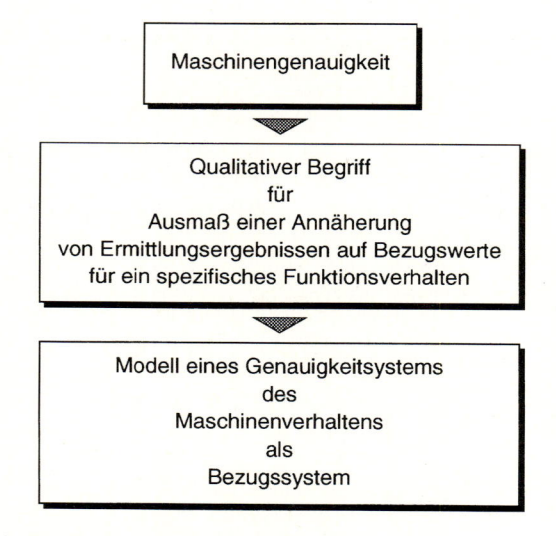

Bild 3.2-02   Definition der Maschinengenauigkeit

Die Maschinenfunktionen werden von einer Vielzahl systematischer und zufälliger Fehler in ihrer Funktionsqualität potentiell belastet. Dies gilt um so mehr, je komplexer das Maschinensystem organisiert ist.

Mit Hilfe einer Theorie der Maschinengenauigkeit kann durch mathematische Modelle das Betriebsverhalten optimiert werden. Diese bilden die Grundlage zur Simulation funktioneller Ungenauigkeiten. Im Genauigkeitssystem einer Maschine werden alle Einflußkomplexe auf die Genauigkeit in quantifizierbare Einheiten gegliedert. Auf der Grundlage eines möglichst großen Vollständigkeitsgrades der Einflußparameter beschreibt das Modell eines Genauigkeitssystems das Maschinenverhalten aufgrund der Abweichungen vom Idealsystem durch Wahrscheinlichkeitsaussagen.

Basierend auf einer stationären konstruktiven Auslegung müssen im Konstruktionsprozeß bereits die Einflüsse potentieller Störsysteme berücksichtigt werden. Da ihr Auftreten mit einer gewissen Wahrscheinlichkeit behaftet ist, gilt dies auch für das Funktionsverhalten einer Maschine: eine gewisse Ungenauigkeit ist immer zu erwarten. Die Aufgabe der Kon-

Funktionsgenauigkeit 37

Konstruktion funktionsgenauer Maschinen					
Genauigkeit Stoffeigenschaften	Genauigkeit Teilegeometrie	Genauigkeit Gruppengeometrie	Genauigkeit Bewegungen	Genauigkeit Kräfte	Genauigkeit Steuerungen
Kenngrößen Beanspruchung Prüfung	Kenngrößen Maße Passungen Form- und Lagetoleranzen Oberflächen Schraubformen Verzahnungen Freiformen	Kenngrößen Achsorientiert Flächenorientiert Raumorientiert	Kenngrößen Abweichungen Verbesserung	Kenngrößen Abweichungen Verbesserung	Kenngrößen Abweichungen Verbesserung

Bild 3.2-03   Einflüsse auf die Konstruktion funktionsgenauer Maschinen

struktion ist es, realisierbare Lösungen zu finden, die die Genauigkeitsanforderungen trotzdem erfüllen. Das zu diesem Zweck zu entwickelnde Modell muß deshalb möglichst viele Einflußparameter erfassen, so daß eine Simulation mit hohem Realitätsgrad erreicht werden kann.

Bild 3.2-03 zeigt Einflüsse auf die Konstruktion funktionsgenauer Maschinen.

Für eine Modellentwicklung ergibt sich folgender Phasenablauf:
– Problemdarstellung,
– Analyse der Funktionsgenauigkeiten,
– Zielsetzung und Aufbau des Genauigkeitssystem,
– Bewertung des Genauigkeitssystems,
– Datenreduktion,
– Modelldefinition,
– Modellüberprüfung und
– Modelloptimierung.

Die theoretische Beurteilung der Maschinengenauigkeit ist von zentraler Bedeutung für die Optimierung des Konstruktionsprozesses. Wünschenswert wäre ein Algorithmus, der den Einfluß aller Bestimmungs- und Störparameter auf die Maschinengenauigkeit erfaßt und deren Zustand in einer Bewertungsmatrix ausdrückt [1].

Maschinenfunktionen können nach unterschiedlichen Gesichtspunkten bewertet werden. Sind diese Ziele nicht gleichbedeutend, so ordnet man ihnen ein relatives Gewicht zu.

Eine Optimierung der Funktionsgenauigkeit von Maschinen ist mit Hilfe von Modellen allerdings nur dann erfolgversprechend, wenn diese genügend wirklichkeitsnah gestaltet sind. Über laufende Modellkorrekturen kann die Erfahrung aus dem Arbeitsverhalten eingebracht werden. Bei der Modellbildung ist zu beachten, daß auch eine Bewertung der Kosten für den Optimierungsaufwand eingefügt ist.

Bei der Erprobung des Funktionsverhaltens einer Maschine ist mit Anständen zu rechnen. Es handelt sich dabei um Qualitätsmängel, die von den Zielgrößen abweichen. Es sind vorhersehbare und unvorhersehbare Anstände zu unterscheiden. Durch systematisch durchgeführte Versuche lassen sich die Ursachen der Anstände ermitteln. In den überwiegenden Fällen wird es sich um Fehler handeln. Im Extremfall können schwerwiegende Anstände auch zur

Aufgabe eines eingeschlagenen Konstruktionsprinzips führen. Die Beseitigung kann als Erfüllung einer bestimmten Genauigkeitsanforderung gedeutet werden. Zur Beschreibung der Funktionsuntüchtigkeit wird begrifflich unterschieden in Fehler, Schaden, Störung und Ausfall (Bild 3.2-04).

Mit der Beschreibung der Genauigkeit einer Maschine soll eine einheitliche Festlegung zwischen dem Hersteller und dem Anwender erfolgen. Hierfür sind einheitliche Genauigkeitsklassifizierungen und Funktionsprüfungen notwendig, um beispielsweise auch Vergleiche für verschiedene Maschinen durchführen zu können. Es fehlt bisher eine geschlossene Theorie zur Übertragung von Maschinenfehlern auf das Arbeitsergebnis. Daher besteht die Notwendigkeit von Abnahmeversuchen. Maschinengenauigkeit kann als Fehlermessung experimentell bestimmt werden. Das Meßergebnis stellt die Abweichung des Ist-Maßes vom Soll-Maß dar. Dabei werden zufällige Fehler und systematische Fehler unterschieden.

Fehler
Nichterfüllung einer festgelegten Forderung

Störung
Unbeabsichtigte Unterbrechung

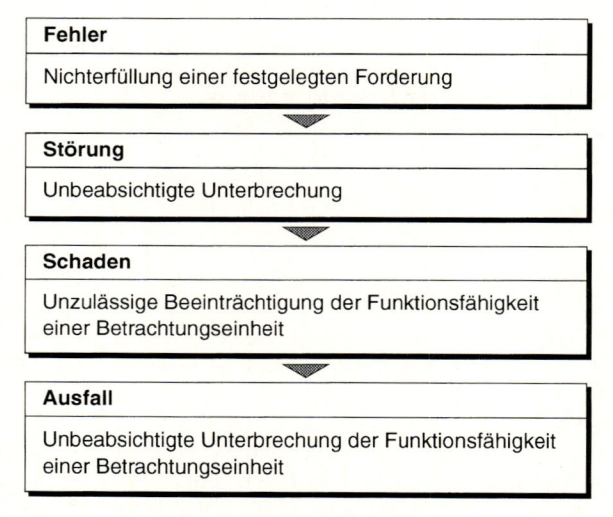

Schaden
Unzulässige Beeinträchtigung der Funktionsfähigkeit einer Betrachtungseinheit

Ausfall
Unbeabsichtigte Unterbrechung der Funktionsfähigkeit einer Betrachtungseinheit

Bild 3.2-04   Begriffe zur Funktionsuntüchtigkeit von Maschinen

Die zur Ermittlung der Maschinengenauigkeit angewandten Meßverfahren können äußerst kompliziert sein und einen erheblichen Geräteaufwand benötigen.

Die Notwendigkeit der Erfassung von genauigkeitsbestimmenden Fehlern in Maschinen sowie deren Beseitigung gibt Veranlassung zu der Frage nach den Kosten der Genauigkeit. Im Zusammenhang mit einer Genauigkeitsverbesserung können drei Fälle der Kostenentwicklung unterschieden werden:

– Zunahme der Kosten mit Erhöhung der Genauigkeit,
– Abnahme der Kosten bei Erhaltung der Genauigkeit und
– Abnahme der Kosten trotz Erhöhung der Genauigkeit.

Wird die zeitliche Veränderung der Maschinengenauigkeit betrachtet, ergeben sich Begriffe wie Abnahmegenauigkeit, Verschleißgenauigkeit und Restgenauigkeit. Die Abnahmegenauigkeit ist auf das anfängliche Arbeitsverhalten der Maschine, die Verschleißgenauigkeit auf das Dauerverhalten und die Restgenauigkeit auf das Restverhalten der Funktionsgenauigkeit nach Gebrauch der Maschine bezogen (Bild 3.2-05).

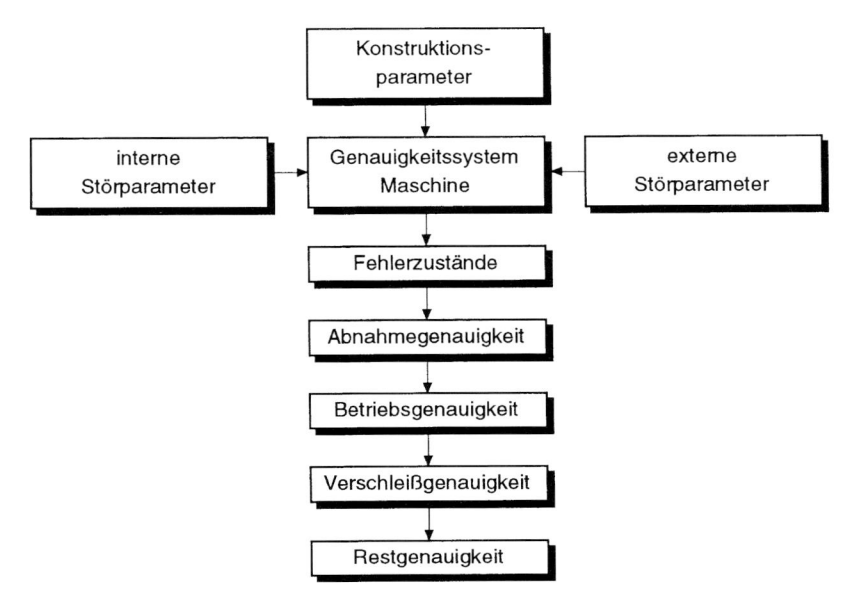

Bild 3.2-05 Zeitliche Änderung der Maschinengenauigkeit

Maschinengenauigkeit läßt sich auch als Fehlerbestimmung ausdrücken. Ein Fehler ist die Differenz zwischen aktueller Antwort der Maschine zu einem ausgeführten Befehl und dem Programm der Maschinenbewegung. Eine Fehlerklassifizierung ist wichtig, um das Problem zu strukturieren. Fehlermessung an Maschinen wird in verschiedene Bereiche eingeteilt, die wiederum Gebiete verschiedener technischer Disziplinen sind. Eine Klassifizierung von Fehlern überlappt verschiedene Gebiete.

Entspricht die Qualität eines Produkts direkt einer physikalischen Meßgröße, so ist sie leicht zu bestimmen. Schwieriger ist jedoch die Feststellbarkeit, wenn eine Vielzahl von Parametern, Maßen oder Eigenschaften einzuhalten ist, um qualitativ hochwertige Produkte zu erzeugen.

Zusammenfassend kann festgestellt werden, daß Maschinengenauigkeit als Oberbegriff eine Zusammenfassung für die Genauigkeit aller von einer Maschine ausgeführten Funktionen darstellt. Sie ist eine Untermenge der Maschinenqualität und abzugrenzen von Maschinenzuverlässigkeit und Maschinensicherheit.

In der Fertigungstechnik versteht man unter Genauigkeit den Grad der Übereinstimmung der hergestellten Erzeugnisse mit dem vorher festgelegten Prototyp oder Muster. Je größer die Übereinstimmung ist, desto höher ist die Genauigkeit.

Organisatorisch muß der Grad der Übereinstimmung zwischen Zeichnung und realer Form betrachtet werden. Die Genauigkeit wird dann im einzelnen zahlenmäßig als Abweichung der fertigungstechnischen Ist-Größen von den konstruktiven Soll-Größen ermittelt. Man könnte auch von einer Produktentstehungsgenauigkeit sprechen.

Als Begriff für die Ausführungsqualität wird auch die Güte verwendet. Ähnliches gilt für den Begriff Präzision, der auch in Verbindung mit hoher Fertigungsgenauigkeit, aber auch mit hoher Meßgenauigkeit verwendet wird. Bemerkenswert ist, daß die Japaner im Zusammenhang mit Fertigung den Begriff precision engineering benutzen. Auch im Deutschen wird bei hohem Anspruch an Genauigkeit der Begriff Präzision ergänzt.

Funktionsgenauigkeiten von Maschinen werden in den drei Phasen ihres Entstehungsprozesses beeinflußt, nämlich
- in der Konstruktionsphase als Konstruktionsgenauigkeit,
- in der Herstellungsphase als Herstellungsgenauigkeit und
- in der Arbeitsphase als Arbeitsgenauigkeit.

Bild 3.2-06 veranschaulicht diesen Zusammenhang: Die Funktionsgenauigkeit einer Maschine resultiert aus der integrativen Wirkung konstruktiven Könnens, fertigungstechnischer Sorgfalt und kompensierender Prozeßregelung. Sie wird untergliedert in Konstruktionsgenauigkeit, Herstellungsgenauigkeit und Arbeitsgenauigkeit.

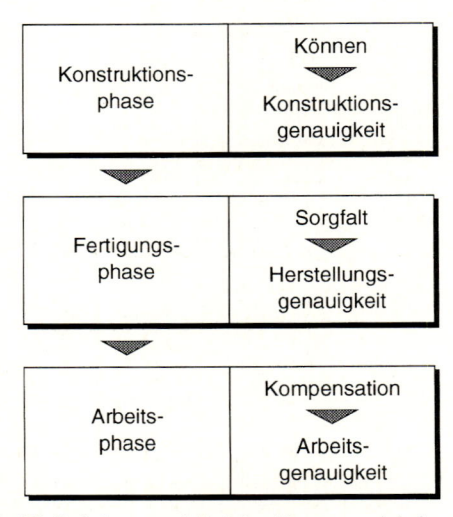

Bild 3.2-06 Einflußphasen auf die Maschinengenauigkeit

Konstruktionsgenauigkeit ist die im Konstruktionsprozeß modellhaft entwickelte theoretische Funktionsgenauigkeit der Maschine, die das spätere Arbeitsverhalten simulativ berücksichtigt. Herstellungsgenauigkeit ist der Grad der Übereinstimmung der gemessenen Kennwerte mit den vorgegebenen Kennwerten im Ruhezustand der Maschine. Arbeitsgenauigkeit umfaßt solche Größen, die die Genauigkeit der Funktionsqualität im Arbeitszustand bestimmen. Sie beschreiben die Beschaffenheit des aktiven Maschinenzustands. Sie sind einerseits raum-, zeit- und mengenbezogen, andererseits aber auch informations-, energie- und materialbezogen einzuordnen.

Die genauigkeitsbestimmenden Funktionsgrößen lassen sich konstruktiv unterscheiden nach
- stoffeigenschaftsbezogener Funktionsgenauigkeit,
- geometriebezogener Funktionsgenauigkeit,
- bewegungsbezogener Funktionsgenauigkeit,
- steuerungsbezogener Funktionsgenauigkeit und
- kraftbezogener Funktionsgenauigkeit.

Die Zielgrößen der Funktionsgenauigkeiten werden im Konstruktionsprozeß festgelegt. Die Realisierung erfolgt durch den Herstellungsprozeß. Der Vergleich beider geschieht durch Meß- und Prüfprozesse im Abnahmeversuch.

Im Konstruktionsprozeß wird die Funktionsgenauigkeit der Maschine entscheidend vorbestimmt. Durch geeignete konstruktive Gestaltungsmaßnahmen wird angestrebt, das unter Arbeitsbelastung stehende Maschinensystem mit möglichst geringen Fehlern zu betreiben, also möglichst geringe Abweichungen von der idealen Funktion zu erreichen.

Bild 3.2-07 zeigt schematisch den geometrisch bedingten Einflußkomplex auf die Funktionsgenauigkeit einer Maschine.

Die Herstellungsgenauigkeit wird von den für die Herstellung der Maschine zugelassenen Toleranzen bestimmt. Sie wird durch die Abnahmeprüfung ermittelt, deren Bedingungen zwischen Hersteller und Anwender vereinbart werden.

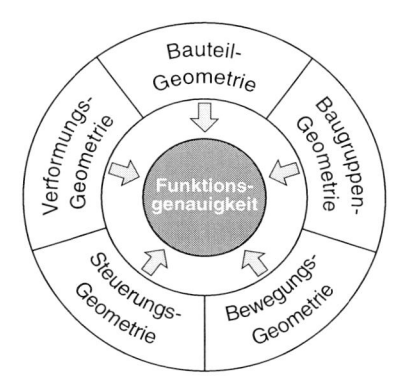

Bild 3.2-07 Geometrisch bedingte Fehlereinflüsse auf die Funktionsgenauigkeit

Bei der Abnahme von Maschinen werden standardisierte Prüfungen durchgeführt. Dabei werden Maß, Form und Lage der Maschinenteile sowie deren Relativbewegungen bestimmt. Die Prüfungen beziehen sich auf alle Eigenschaften, die für die Maschinenfunktion wichtig sind.

Zu diesen Eigenschaften zählen:
– Geradheit von Maschinenteilen und Bewegungen,
– Ebenheit von Flächen, insbesondere Führungsbahnen,
– Parallelität von Linien, Ebenen und Bewegungen sowie Abstandsgleichheit und Fluchten von Achsen,
– Rechtwinkligkeit von Linien, Ebenen und Bewegungen sowie
– Rund- und Planlauf.

Sie beschränken sich jedoch auf diejenigen Maße, Formen, Lagen und Relativbewegungen, von denen die Arbeitsgenauigkeit der Maschine abhängt.

Prüfungen nach diesen Abnahmebedingungen dienen also vorwiegend dem Nachweis der geometrischen Genauigkeitseigenschaften einer Maschine. Da diese in der Regel in unbelastetem Zustand der Maschine durchgeführt werden, können Einflüsse wie Prozeßkräfte, Lagerspiele und Unwuchten, die im Arbeitszustand auftreten, nicht oder nur teilweise erfaßt werden.

Eine Gliederung der Herstellungsgenauigkeit kann orts-, zeit- oder funktionsbezogen vorgenommen werden. Ausgehend von der Gesamtgenauigkeit des Maschinensystems ist dieser Aspekt auch für die Teilgenauigkeit von Elementen gültig. Als Fertigungsgenauigkeit ist die Herstellungsgenauigkeit auf die Einzelgenauigkeit der Bauteile, als Montagegenauigkeit auf die Fügegenauigkeit von Baugruppen bezogen.

Die Fertigungsgenauigkeit der Einzelteile und die Montagegenauigkeit der Baugruppen ergeben also zusammen die Herstellungsgenauigkeit einer Maschine. Eine Verwechslung des Begriffs Herstellungsgenauigkeit mit dem Begriff Arbeitsgenauigkeit soll an dieser Stelle ausgegrenzt werden: die Herstellungsgenauigkeit beschreibt nicht, wie genau eine Maschine ein Produkt herstellen kann. Dies geschieht durch die Arbeitsgenauigkeit. Es ist deshalb zweckmäßig, den Begriff Herstellungsgenauigkeit und nicht den Begriff Herstellgenauigkeit zu verwenden. Die Herstellungsgenauigkeit ist bezogen auf eine neue Maschine das Anfangsverhalten der Funktionsgenauigkeit, geprüft durch die Maschinenabnahme.

Die geometrische Herstellungsgenauigkeit ist eine stationäre Genauigkeit, die im Ruhezustand der Maschine ermittelt wird, und zwar im unbelasteten Zustand der Maschine. Sie ist Spiegelbild der Qualität der Maschinenfertigung.

Die allgemein als Arbeitsgenauigkeit bezeichnete Maschinengenauigkeit einer Maschine ist der Grad der Annäherung der realisierten Arbeitsbewegungen im Vergleich zu der geforderten Bewegungsqualität und ihre funktionale Fähigkeit, die Aufgabe zu erfüllen. Arbeitsgenauigkeit wird durch die Genauigkeit ihrer Arbeitsbewegungen sowie durch die Genauigkeit, mit der die Änderung des Bewegungszustandes durch Kräfte erfolgt, beschrieben. Arbeitsgenauigkeit beschreibt die Funktionsgenauigkeit im Betriebszustand einer Maschine.

Die Arbeitsgenauigkeit wird durch Fehler beeinflußt, die sich ursächlich gliedern in
- geometrische,
- kinematische,
- thermische,
- statische,
- dynamische und
- tribologische Fehler.

Die Störung der Arbeitsgenauigkeit von Maschinen ist letztlich eine Störung der Bewegungsgenauigkeit. Sie wird durch die geometrischen Genauigkeitsparameter sowie die kinematischen Genauigkeitsparameter beeinflußt.

Die Bewertung der Arbeitsgenauigkeit des Gesamtsystems läßt sich auf Bauteile und Baugruppen zurückführen. Sie wird von den verschiedenen Entwicklungsphasen einer Maschine beeinflußt, Bild 3.2-08.

Die Arbeitsgenauigkeit ist maschinengebunden und kennzeichnet das tatsächliche Arbeitsergebnis des bestehenden Maschinensystems. Sie wird durch die Genauigkeit der Arbeitstechnologie wiedergegeben.

Zur Beurteilung der Arbeitsgenauigkeit einer Maschine wird die Genauigkeit herangezogen, mit der die Arbeitsfunktionen einer Maschine wirken. Dies kann auch durch statistische Prüfung erfolgen.

Die Arbeitsgenauigkeit schließt die Wirkung der Herstellungsgenauigkeit und den Verschleißzustand der Maschine ein.

Bedingt durch den Arbeitsprozeß wirken folgende Störungen auf die Arbeitsgenauigkeit ein:
- statische Verformungen durch Arbeitskräfte,
- dynamische Verformungen durch Wechselkräfte, Unwuchten und ungleichförmige Antriebskräfte,
- thermische Verformungen durch Antriebsverluste, Prozeßwärme und Luftbewegungen sowie
- tribologische Veränderung durch Reibung und Verschleiß.

Die Wirkung dieser Störungen besteht in verschiedenen Arten von Lageveränderungen im Funktionssystem einer Maschine, die letztlich durch Kräfte, Wärme und Verschleiß verursacht werden.

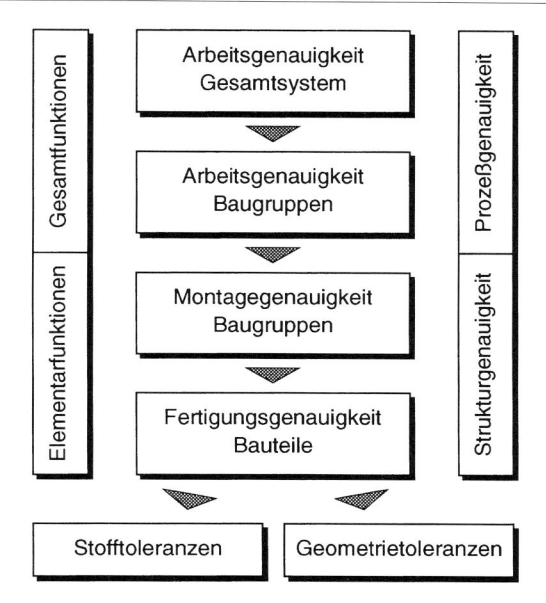

Bild 3.2-08 Bewertung der Funktionsgenauigkeit von Bauteilen, Baugruppen und Gesamtsystem einer Maschine

Verfolgt man die Entwicklung der Arbeitsgenauigkeit auf der Zeitachse, so ist ein Prozeß der ständigen Verbesserung zu erkennen. Dies gilt sowohl für die absolute Genauigkeit als auch für das Toleranzsystem und die Wiederholgenauigkeit in der Serienfertigung.

Von großem Einfluß auf die Arbeitsgenauigkeit einer Maschine können auch ihre Aufstellungsart und ihr Aufstellungsuntergrund bzw. ihre Fundamentierung sein. Hierbei spielt die aktive und passive Entstörung von Schwingungen eine wichtige Rolle. Somit kann die Arbeitsgenauigkeit von Maschinen auch fremdbeeinflußt werden.

Die Funktionsgenauigkeit von Maschinen wird im Konstruktionsprozeß entscheidend vorbestimmt. Gemessen am Idealverhalten müssen vorbeugende konstruktive Maßnahmen getroffen werden, um ein Störverhalten weitgehend zu kompensieren.

Funktionsgenauigkeit einer Maschine wird als Grad der Erfüllung geforderter Funktionsqualitäten definiert, die sich aus dem Pflichtenheft der Aufgabenstellung ableiten.

Funktionsqualitäten eines Gesamtsystems werden durch integratives Wirken von Einzelfunktionen gebildet. Somit wird die Konstruktionsgenauigkeit des gesamten Systems auch durch die Genauigkeit der einzelnen Konstruktionselemente bestimmt. Dabei kann der graduelle Einfluß einzelner Elemente oder Baugruppen durchaus unterschiedlich sein. Unter genauigkeitsrelevanten Gesichtspunkten müssen die genauigkeitsbestimmenden Teilsysteme in besonderer Weise untersucht und optimiert werden.

Der Begriff Konstruktionsgenauigkeit wird als sprachliche Vereinfachung verstanden. Korrekt müßte von konstruktiven Maßnahmen zur Erzielung hoher Funktionsgenauigkeit gesprochen werden. Man könnte auch den Begriff „konstruktive Genaubauweise" einführen. Es handelt sich dabei um präventive konstruktive Maßnahmen gegen ungenaues Funktionsverhalten von Maschinen im Arbeitsbetrieb.

Im Konstruktionsprozeß werden die genauigkeitsbestimmenden Funktionselemente hinsichtlich Stoff und Form gestaltet. Dabei wird auf die Grundfunktionen – Körpereigenschaften,

Bewegungsverhalten und Kraftwirkung – zurückgegriffen. Das Arbeitsverhalten von Maschinen wird damit weitgehend vorbestimmt.

Mögliche strukturelle Fehler im Genauigkeitssystem und mögliche Störgrößen im Arbeitssystem sollten schon frühzeitig im Konstruktionsprozeß berücksichtigt werden. Ein methodisches Hilfsmittel ist die Fehlerbaumanalyse. Hierbei wird das Funktionsverhalten systematisch negiert. Ursachen eines möglichen Fehlverhaltens können auf diese Weise aufgedeckt und vorsorglich beseitigt werden.

Zu unterscheiden ist zwischen solchen konstruktiven Maßnahmen, die eine Verbesserung, und solchen, die eine Erhaltung der Funktionsgenauigkeit bewirken.

Zum schöpferischen Vorstellungsvermögen des Konstrukteurs gehört insbesondere die Vorstellung des Störverhaltens sowie das Denken in Toleranzen und Fehlermöglichkeiten.

Dem Streben nach hoher Maschinengenauigkeit ist das Kostenkriterium als Metazielsetzung überzuordnen. Die Verbesserung der Qualität sollte möglichst keine Mehrkosten zur Folge haben.

Alle funktional wichtigen Abweichungen von der Idealkennung sind zu tolerieren. Dies bedeutet, daß allen genauigkeitsrelevanten Bestimmungsgrößen im Laufe des Konstruktionsprozesses Toleranzen zugeordnet werden müssen (Bild 3.2-09).

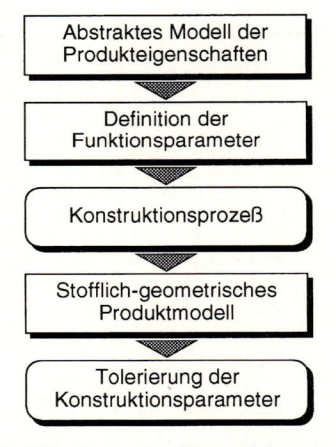

Bild 3.2-09 Tolerierung der Konstruktionsparameter

Es ist zu bemerken, daß allein eine Optimierung der Toleranzbereiche von einzelnen Bauteilen und Baugruppen noch nicht zu einer entsprechenden Steigerung der Gesamtarbeitsgenauigkeit führen muß. Von entscheidender Bedeutung ist die Bewegungsgeometrie in Verbindung mit dem Belastungskollektiv, das zu beanspruchungsbedingten Formänderungen führt.

Die Genauigkeitskennungen der Teilsysteme sind durch eine konzertierte Genauigkeitssynthese in ein Gesamtsystem zu integrieren. Hierzu ist eine Theorie der Genaubauweise von Maschinen gefordert, die es allerdings im Vergleich zum Entwicklungsstand der Leichtbauweise nur in Ansätzen gibt. Vielleicht könnte dieses Buch zu einer „Grammatik der Präzisionskonstruktion" beitragen.

Um die Genauigkeit von Maschinen zu verbessern, reicht die geometrische Optimierung des Toleranzsystems nicht aus. Es müssen auch meß- und regelungstechnische Maßnahmen bei der Konzeption des Genauigkeitssystems einer Maschine einbezogen werden.

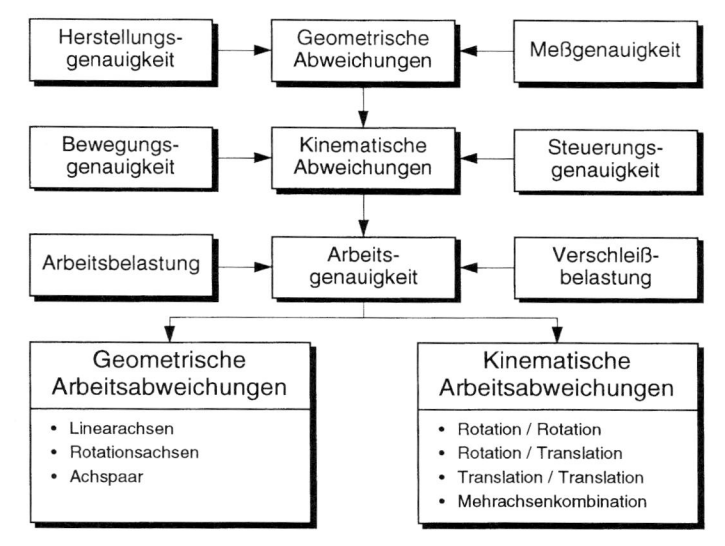

```
                    ┌──────────────────┐
Herstellungs-   →   │   Geometrische   │  ←   Meßgenauigkeit
genauigkeit         │   Abweichungen   │
                    └────────┬─────────┘
                             ↓
                    ┌──────────────────┐
Bewegungs-      →   │    Kinematische  │  ←   Steuerungs-
genauigkeit         │    Abweichungen  │      genauigkeit
                    └────────┬─────────┘
                             ↓
                    ┌──────────────────┐
Arbeitsbelastung →  │     Arbeits-     │  ←   Verschleiß-
                    │    genauigkeit   │      belastung
                    └──────┬────┬──────┘
                           ↓    ↓
```

Geometrische Arbeitsabweichungen	Kinematische Arbeitsabweichungen
• Linearachsen • Rotationsachsen • Achspaar	• Rotation / Rotation • Rotation / Translation • Translation / Translation • Mehrachsenkombination

Bild 3.2-10 Einfluß auf geometrische und kinematische Abweichungen im Genauigkeitssystem Maschine, Ergänzung zu Weck [12]

Saljé weist daraufhin, daß Maschinen mit hohen Genauigkeitsanforderungen an ihr Arbeitsverhalten prinzipiell wie Meßmaschinen zu entwerfen sind [11].

In Anlehnung an Weck werden im Bild 3.2-10 die Einflußgrößen auf geometrische und kinematische Abweichungen des Genauigkeitssystems von Maschinen dargestellt [12].

Die Funktionsgenauigkeit eines Maschinensystems ist somit als Genauigkeit des geometrischen Systems in Ruhe sowie als Genauigkeit des dynamischen Systems in Bewegung zu deuten. Die Abweichungen von der idealen Bewegungsgeometrie sind letztlich als Störwirkungen im Arbeitszustand zu bewerten.

Geometrisch beeinflußte Funktionsgenauigkeit

Stoff- geometrie	Bauteil- geometrie	Baugruppen- geometrie	Bewegungs- geometrie	Steuerungs- geometrie
Elastizität Verschleiß Kriechen	Maßgenauigkeit Passungen Formgenauigkeit Lagegenauigkeit Oberflächengüte Schraubgeometrie Verzahngeometrie Freiformgeometrie	Maßgenauigkeit Austauschbarkeit Fluchtung Parallelität Lagegenauigkeit	Geradheit Winkligkeit Positionierung Planlauf	Nachfahrgenauig- keit Interpolations- genauigkeit

Bild 3.2-11 Geometrische Parameter zur Optimierung der Funktionsgenauigkeit von Maschinen

Modellhaft läßt sich eine Maschine als elastisches System vorstellen, das statisch, dynamisch, thermisch und tribologisch hinsichtlich seines Verformungsverhaltens zu optimieren ist. Methodisch geschieht dies durch angepaßte FEM-Berechnung und gezielte Meß- und Regelungstechnik.

Die Konstruktion funktionsgenauer Maschinen zielt letztlich auf eine Verbesserung ihrer Widerstandsfähigkeit gegen Formänderungen, wie es Schlesinger einmal ausdrückte. Schon in den zwanziger Jahren wurde hierfür der Begriff Starrheit eingeführt, der heute durch den Begriff Steifigkeit bzw. den reziproken Begriff Nachgiebigkeit ersetzt worden ist [13].

In Bild 3.2-11 sind die einzelnen geometrischen Parameter aufgelistet, die vom Konstrukteur zu beachten und zu tolerieren sind. Die einzelnen Größen müssen meßbar aufbereitet und im Rahmen der Fertigung und Montage realisierbar sein.

Eine Besonderheit bildet die Steuerungsgeometrie insofern, als sie durch regelungstechnische Maßnahmen eine Kompensation geometrischer Fehler ermöglicht.

Die Genauigkeit der Maschinenfunktion ist letztlich das Ergebnis eines Optimierungsprozesses, der in der Konstruktion beginnt und sich in der zurückfließenden Erfahrung des Anwenders schließt. Es ist ein Prozeß des Wandelns von der Unsicherheit im Konstruktionszustand bis zur Beherrschung der Verformungen im Arbeitszustand einer Maschine (Bild 3.2-12).

Bild 3.2-12   Parameter im Konstruktions- und Arbeitszustand einer Maschine

Literatur zu Kapitel 3

[1] *Spur, G.:* Optimierung des Fertigungssystems Werkzeugmaschine. Carl Hanser Verlag, München 1972
[2] *Ropohl, G.:* Systemtechnik – Grundlagen und Anwendung. Carl Hanser Verlag, München 1975
[3] *Hubka, V.:* Theorie technischer Systeme. Springer Verlag, Berlin 1984
[4] *Rodenacker, W. G.:* Methodisches Konstruieren, 2. Aufl., Springer Verlag, Berlin 1976

[5] *Pahl, G.; Beitz, W.:* Konstruktionslehre. Springer Verlag, Berlin 1977
[6] *Kesselring, F.:* Technische Kompositionslehre. Springer Verlag, Berlin 1954
[7] *Berghaus, H.; Langner, D.:* Das CE-Zeichen. Carl Hanser Verlag, München 1994
[8] *Rothery, B.:* Der Leitfaden zur ISO 9000. Carl Hanser Verlag, München, 1994
[9] *Brockhaus:* Brockhaus Enzyklopädie, 8. neub. Aufl., F. A. Brockhaus, Wiesbaden 1993
[10] *DIN 55350:* Begriffe zu Qualitätsmanagement und Statistik. Beuth Vertrieb, Berlin 1982–1993
[11] *Saljé, E.:* Elemente der spanenden Werkzeugmaschinen. Carl Hanser Verlag, München 1968
[12] *Weck, M.:* Werkzeugmaschinen – Fertigungssysteme, Bd. 4. VDI-Verlag, Düsseldorf 1992
[13] *Schlesinger, G.:* Die Werkzeugmaschinen. Springer Verlag, Berlin 1936.

4 Genauigkeit der Werkstoffeigenschaften

4.1 Allgemeines

Mit der Auswahl der Werkstoffe werden bestimmte Stoffeigenschaften in das Systemverhalten eingebracht. Diese lassen sich aus der chemischen Zusammensetzung, aus dem physikalischen Zustand und aus den fertigungsbedingten Einflüssen ableiten. Man könnte Makroeigenschaften und Mikroeigenschaften unterscheiden. Es wird viele Konstruktionsaufgaben geben, die auf der Grundlage von Makroeigenschaften mit einem relativ groben Toleranzfeld der Werkstoffkennwerte auskommen. Andererseits muß bei hohem Anspruch an das Funktionsverhalten eines Maschinensystems unverzichtbar eine strenge Einhaltung auch engerer Toleranzfelder der Werkstoffkennwerte gefordert werden (Bild 4.1-01).

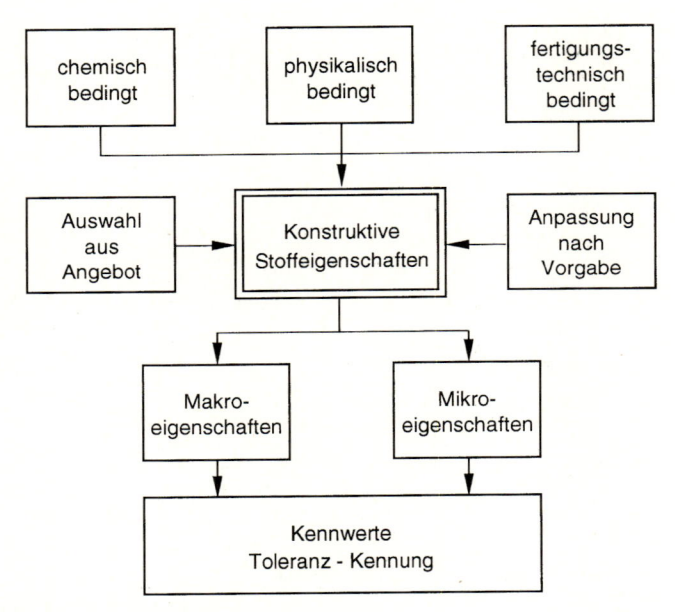

Bild 4.1-01   Komplexität der Stoffeigenschaften

Da Stoffeigenschaften durch den verfahrenstechnischen Herstellungsprozeß auch im Detail stark beeinflußt werden können, müssen bei hohen Ansprüchen genaue Stoffanalysen und Einzelheiten über Herstellungseinflüsse spezifiziert angefordert werden. Hieraus läßt sich die Unverzichtbarkeit von Materialprüfungen ableiten.

Die Stoffeigenschaften haben nicht nur für die Funktionsqualität einer Maschine große Bedeutung, sondern auch für die Fertigungskosten, so daß die Frage einer optimalen Werkstoffauswahl den gesamten Komplex der Materialwirtschaft berührt.

Die Wahl der Werkstoffe ist mit der Detailgestaltung der einzelnen Bauteile eng verbunden. Funktion, Beanspruchung und Lebensdauer sind dabei wichtige Gesichtspunkte. Ein höherer Anspruch an die Tolerierung von Schwankungen der Stoffeigenschaften wird den Lieferpreis, aber auch die Prüfkosten erhöhen. Es wird aus wirtschaftlichen Gründen eine mög-

Allgemeines 49

lichst geringe Anzahl verschiedener Werkstoffe anzustreben sein. Schwierig wird die Entscheidung der Werkstoffwahl immer dann, wenn für das Funktionsverhalten viele Bestimmungsparameter von Bedeutung sind.

Nicht zu übersehen ist ein zeitlicher Wandel in der Gewichtung bestimmter Stoffeigenschaften. Beispiele sind energie- und umweltbezogene Kriterien, die bei der Stoffauswahl vorbestimmend wirken können.

Schwankungen der Stoffeigenschaften haben ihren frühen Ursprung schon bei der Auswahl der Rohstoffe und der Art ihrer Aufbereitung. Auch bei ihrer Weiterverarbeitung in der Verfahrenstechnik und Hüttentechnik muß bereits die Schwankungsbreite der Stoffeigenschaften zweckentsprechend toleriert werden. Dies gilt sowohl für das Hauptmaterial als auch für das Hilfsmaterial im Produktionsprozeß.

Die verfahrenstechnisch erzeugten Stoffeigenschaften können im Laufe des weiteren Fertigungsprozesses einem Wandel unterliegen. Dies kann beabsichtigt unter Anwendung gezielter Stoffbehandlungsverfahren oder unbeabsichtigt als Nebenwirkung von Fertigungsverfahren geschehen (Bild 4.1-02). Hieraus folgt, daß alle materialtechnischen Prozesse der Einhaltung stoffeigenschaftsbezogener Genauigkeitsforderungen unterworfen sind, was nicht nur für die Fertigung, sondern auch für das Gebrauchsverhalten der Produkte von nachhaltiger Wirkung ist.

Beanspruchungsart	Wirkung
mechanisch	• Eigenspannungen • Oberflächenstruktur • Verfestigung (Veränderung der mechanischen und physikalischen Eigenschaften) • Verformungstextur (Anisotropie der Eigenschaften)
thermisch	• Eigenspannungen und Verzug • Schmelzen • Grobkörnigkeit • Phasentransformationen • Diffusion
chemisch	• Oberflächenreaktionen

Bild 4.1-02 Fertigungstechnische Beeinflussung der Werkstoffeigenschaften

Die Funktionalität von Maschinensystemen wird durch Bauteile bestimmt, deren Raum- und Flächenfunktionen von den Stoffeigenschaften untrennbar sind. Die Eigenschaften der Werkstoffe müssen zur funktionalen Nutzung der Bauteile aufbereitet sein. Dies ist die besondere Aufgabe der Werkstofftechnik als Grundlagendisziplin der Technikwissenschaften. Andererseits ist im Konstruktionsprozeß zu beachten, daß Bauteile und Baugruppen werkstoffgerecht gestaltet werden. Schließlich müssen die tolerierten Stoffeigenschaften auch nach dem Fertigungsprozeß erhalten bleiben (Bild 4.1-03).

Für die Gewährleistung der Funktionsgenauigkeit von Bauteilen ist es erforderlich, aus der Vielzahl der für die Erfüllung der funktionsbedingten Beanspruchung der Bauteile relevanten Werkstoffeigenschaften jene zu analysieren, deren Schwankungen sich besonders stark

```
┌─────────────────────┐
│   Werkstofftechnik  │
│ Anwendungsgerechte  │
│     Aufbereitung    │
└─────────────────────┘
           ▼
┌─────────────────────┐
│  Stoffeigenschaften │
└─────────────────────┘
           ▼
┌─────────────────────┐
│     Konstruktion    │
│  Werkstoffgerechte  │
│      Gestaltung     │
└─────────────────────┘
           ▼
┌─────────────────────┐
│      Fertigung      │
│    Erhaltung der    │
│  Stoffeigenschaften │
└─────────────────────┘
```

Bild 4.1-03   Wirkungskette der Stoffeigenschaften

auf das funktionsgenaue Arbeitsverhalten der Bauteile auswirken. Diese Analyse ist die Voraussetzung für eine gezielte werkstoffseitige Beeinflussung der Funktionsgenauigkeit von Bauteilen und ihre Sicherstellung durch die Werkstoffprüfung.

Werkstoffe werden zielgerichtet ausgewählt, um eine technische Funktion zu erfüllen. Hierfür ist ihre stoffliche Beanspruchungsfähigkeit entscheidend. Es ist Aufgabe des Konstruktionsprozesses, die Stoffeigenschaften der Bauteilbeanspruchung entsprechend zu nutzen. Dies geschieht detailliert bei der Gestaltung der einzelnen Bauteile und Baugruppen. Das System Werkstoff ist somit ein zentrales Untersystem des gesamten Beanspruchungssystems der Maschine.

Die Eigenschaften des Systems Werkstoff werden den Beanspruchungen der einzelnen Bauteile angepaßt. Um Werkstoffeigenschaften hinsichtlich ihrer Eignung für technische Anwendungen bewerten zu können, werden meßbare Kenngrößen zur Beschreibung der Erscheinungsform und des Zustandsverhaltens bei Beanspruchung definiert.

Werkstoffe werden somit durch ein definiertes Eigenschaftsprofil beschrieben. Für die Anwendung in technischen Systemen sind im Regelfall Kennwerte als ausgewählte Werkstoffeigenschaften maßgebend, die das Verhalten des Werkstoffs für den jeweiligen Anwendungs- bzw. Beanspruchungsfall verdeutlichen. Grundsätzlich kann zwischen Kennwerten des Beanspruchungsverhaltens und Kennwerten zur Beschreibung des Werkstoffaufbaus unterschieden werden, wobei die Unterscheidung oftmals willkürlich erscheint. Als Eigenschaftskennwerte sollen hier die für die Beschreibung des Werkstoffverhaltens bei funktionsbedingter Beanspruchung relevanten Kennwerte angesehen werden.

Die Zuordnung der Werkstoffeigenschaften, einschließlich ihrer Veränderlichkeit in Abhängigkeit von den Zustandsbedingungen zum Anwendungs- oder Beanspruchungsfall, wird

Allgemeines 51

Physikalische Eigenschaften

Thermische Eigenschaften
- therm. Leitfähigkeit
- therm. Ausdehnungskoeffizient
- Schmelztemperatur
- Wärmebeständigkeit

Optische Eigenschaften
- Reflektivität
- Glanz
- Brechungsindex
- Emissionsvermögen

Elektrische Eigenschaften
- Leitfähigkeit
- Isolationseigenschaften
- Dielektrizitätskonstante

Struktureigenschaften
- Dichte
- Gitterkonstante
- Gittertyp
- Kristallinität

Magnetische Eigenschaften
- Permeabilität
- Koerzitivkraft
- Suszeptibilität
- Magnetostriktion

Gefügeeigenschaften
- Eigenspannungen
- Textur
- Korngröße
- Inhomogenitäten
- Gitterbaufehler

Chemische und elektrochemische Eigenschaften

Chemische Eigenschaften
- atomare Zusammensetzung
- chemische Bindung
- Spuren/Verunreinigungen

Elektrochemische Eigenschaften
- Passivierungsverhalten
- Korrosionspotential

Mechanische Eigenschaften

- Festigkeit
- Elastizität
- Plastizität
- Kriechverhalten
- Ermüdungsverhalten
- Bruchverhalten
- Härte

Technologische Eigenschaften

- Umformbarkeit
- Schweißbarkeit
- Zerspanbarkeit
- Beschichtbarkeit
- Härtbarkeit

Systemeigenschaften

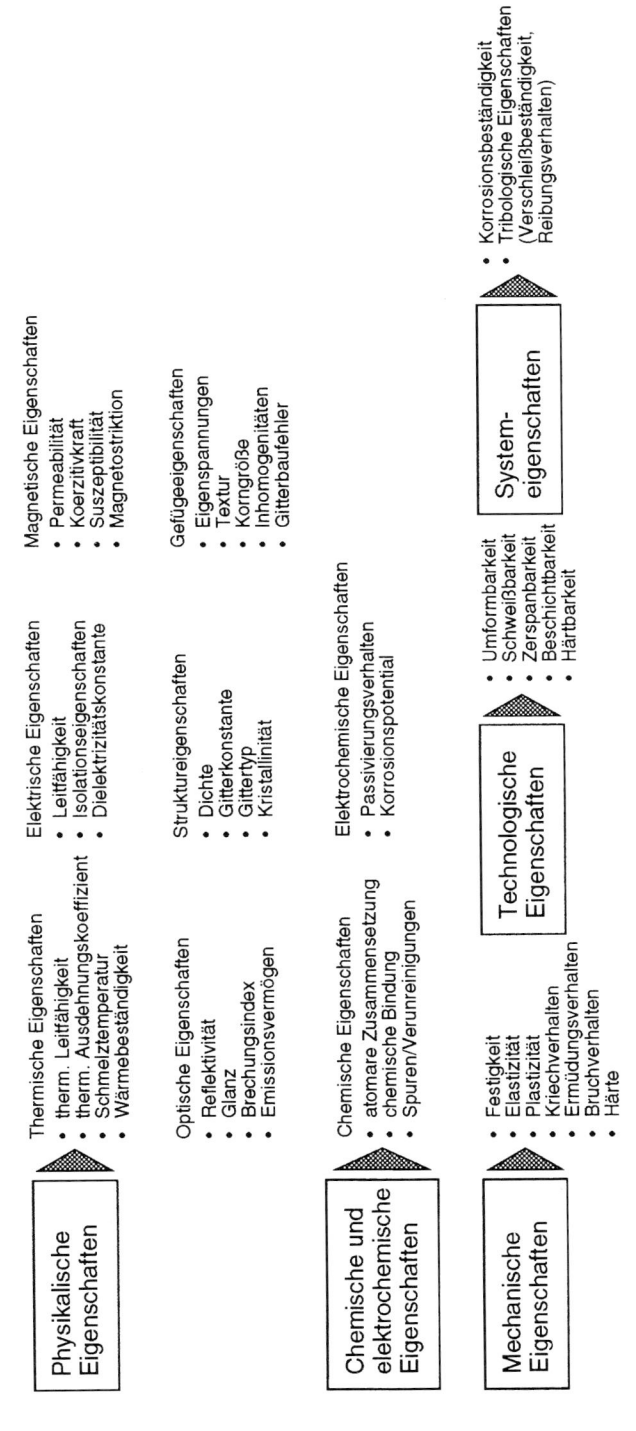

- Korrosionsbeständigkeit
- Tribologische Eigenschaften (Verschleißbeständigkeit, Reibungsverhalten)

Bild 4.1-04 Systematik der Werkstoffeigenschaften

durch die Werkstoffauswahl gewährleistet. In diesem Rahmen erfolgt gleichzeitig die Festlegung der Toleranzgrenzen für die relevanten Werkstoffeigenschaften.

Mit Änderung der Zustandsbedingungen des Systems Werkstoff und seiner Umgebungsbedingungen sind auch die Werkstoffeigenschaften veränderlich. Die Angabe von Werkstoffeigenschaften und ihrer Toleranzgrenzen muß daher stets im Zusammenhang mit der Beschreibung der Zustandsbedingungen durch die Zustandsgrößen bzw. deren Veränderung mit der Zeit erfolgen.

Die Angabe oder Festlegung der Toleranzen bzw. der Genauigkeit von Werkstoffkennwerten sollte somit in enger Zusammenarbeit zwischen Werkstoffprüfung und Werkstoffauswahl geschehen. Dabei ist ausschlaggebend, welche Toleranzgrenzen seitens der Werkstoffauswahl gefordert, aber auch, ob diese von der Werkstoffprüfung gesichert werden können.

Die Eigenschaften der Werkstoffe lassen sich für ihre Anwendung im Maschinenbau nach Bild 4.1-04 gruppieren. Als konstruktive Bestimmungsgrößen müssen sie im einzelnen beschrieben und durch Kennwerte definiert werden. Dabei sind gegebenenfalls Zustandsänderungen durch die Gebrauchsbeanspruchung zu berücksichtigen. Die normativ festgelegten Kennwerte müssen hinsichtlich ihrer Tolerierung nicht nur durch die Fehlerbehaftung der Prüfverfahren, sondern auch Zustandsänderungen unter Gebrauchsbedingungen berücksichtigen.

Kennwerte repräsentieren Werkstoffeigenschaften durch eine Bandbreite ihres Toleranzfeldes. Bei hohen Qualitätsansprüchen der Produktentwicklung müssen genaue Spezifikationen über den Werkstoffaufbau sowie über die Prüfdaten der im Einzelfall zur Anwendung kommenden Kennwerte verlangt werden.

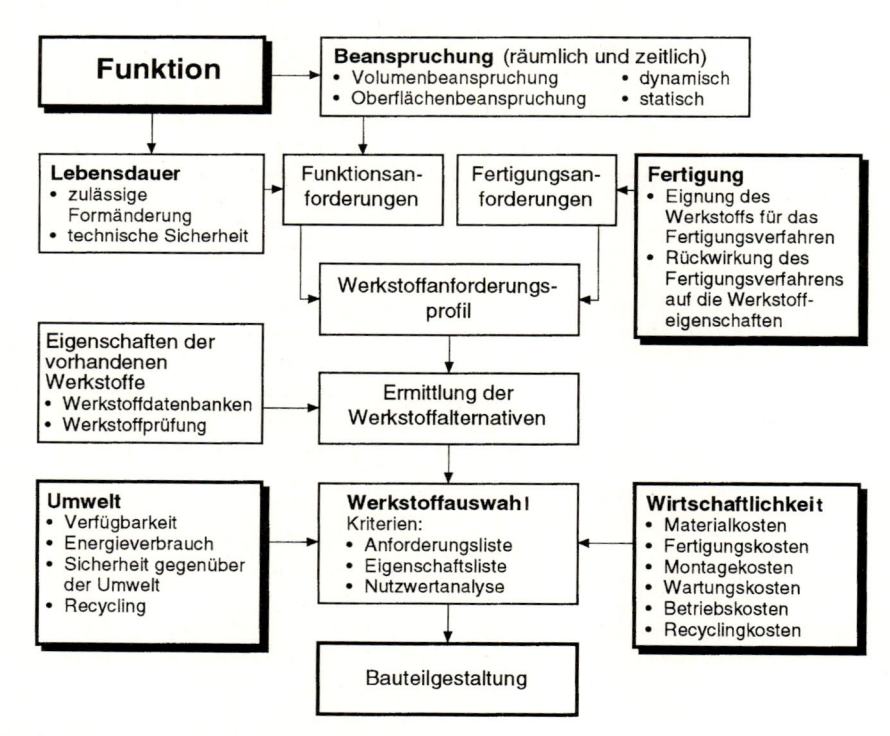

Bild 4.1-05 Gesichtspunkte bei der Werkstoffauswahl

Die Werkstoffauswahl hat sich zu einem Entscheidungsprozeß hoher Komplexität entwickelt. Dies ist einerseits durch steigende Qualitätsanforderungen an die Produkte, andererseits durch Zwänge zur Kostensenkung in der Produktion bedingt.

Die funktionsbedingte geometrische Gestaltung der Bauteile kann nicht losgelöst von der Werkstoffauswahl erfolgen. Dabei wird die Art der möglichen Werkstoffbeanspruchung eine entscheidende Rolle spielen. Aber auch andere Gesichtspunkte, wie in Bild 4.1-05 angeführt, sind bei der Werkstoffauswahl von großer Bedeutung.

Im Konstruktionsprozeß ist eine qualitative Bewertung der einzelnen Werkstoffeigenschaften nicht ausreichend. Es wurden Kennwerte eingeführt, um Entscheidungsgrundlagen und Berechnungsparameter zur Dimensionierung der Bauteile zu erhalten. Allerdings impliziert diese „Kennwert-Technologie" auch die Frage nach dem Streubereich der Meßwerte und der zulässigen Toleranzbreite.

4.2 Werkstoffbeanspruchung

Im System Maschine sind Werkstoffe zur Umsetzung physikalischer Effekte verschiedenartigen Beanspruchungen ausgesetzt. Eine Analyse dieser Beanspruchungen ist die Grundlage für die Auswahl des Bauteilwerkstoffs. Seine Eigenschaften müssen dem Anforderungsprofil entsprechen, also beanspruchungsgerecht wirksam werden. Hierbei wird unterschieden, ob Werkstoffeigenschaften nur der allgemeinen Funktionserfüllung des Bauteils dienen oder ob sie insbesondere die Arbeitsgenauigkeit der Maschine beeinflussen.

Die genaue Einhaltung von Legierungstoleranzen wird verfahrenstechnisch im Zuge der Werkstoffherstellung gesteuert. Welche Werkstoffeigenschaften mit welcher Toleranz für die Funktionsgenauigkeit des Bauteils gewährleistet sein müssen, hängt unmittelbar von der konkreten Beanspruchung ab.

Bauteilbeanspruchung	
Volumenbeanspruchung	Oberflächenbeanspruchung
• mechanisch • thermisch • elektrisch	• mechanisch • thermisch • chemisch • tribologisch • biologisch • strahlungsphysikalisch

Bild 4.2-01 Beanspruchungsarten von Bauteilen

Funktionsbedingte Beanspruchungen ergeben sich aus der Gestaltung des Bauteils im Zusammenhang mit den auf dieses Bauteil wirkenden Kräften und Belastungen. Sie lassen sich in Volumen- und Oberflächenbeanspruchungen unterteilen und sind durch verschiedene Belastungsarten mit verschiedenen zeitlichen Abläufen gekennzeichnet (Bild 4.2-01).

Volumenbeanspruchungen sind Beanspruchungen, die zu einer Verformung des Bauteilvolumens führen. Sie sind mechanischer, thermischer und elektrischer Natur und den Prinzipien der beanspruchungsgerechten Gestaltung zuzuordnen.

Oberflächenbeanspruchungen sind die mechanisch, chemisch, thermisch und tribologisch wirkenden Belastungen der Werkstoffoberfläche. Aufgrund von Oberflächenbeanspruchungen muß ein Bauteilwerkstoff korrosions- und verschleißgerecht ausgelegt werden.

Strahlungsphysikalische und biologische Beanspruchungen seien an dieser Stelle erwähnt, werden jedoch für das System Maschine im folgenden nicht weiter vertieft.

Die genannten Beanspruchungsarten treten im Belastungsfall des Bauteils selten isoliert voneinander auf. Die Überlagerung der Beanspruchungen führt zu sogenannten Komplexbeanspruchungen.

Volumenbeanspruchungen

Die mechanischen Grundbeanspruchungsarten des Werkstoffvolumens sind Zug und Druck, Schub bzw. Scherung, Biegung, Torsion und hydrostatischer Druck. Sie können statisch oder dynamisch auf das Bauteil wirken und zusätzlich durch thermische Beanspruchungen überlagert sein.

Mechanische oder thermische Volumenbeanspruchungen führen zu einer elastischen Verformung des Werkstoffs und beeinflussen so die Funktionsgenauigkeit des betreffenden Bauteils. Grundlegende Werkstoffkennwerte, die das Verhalten des Werkstoffs bezüglich möglicher Verformungen unter Wirkung mechanischer Beanspruchungen im linear-elastischen Bereich beschreiben, sind die elastischen Konstanten. Hier sind der Elastizitäts- und Schubmodul für Normal- bzw. Schubspannungen sowie der Kompressionsmodul für hydrostatischen Druck zu nennen. Die Querkontraktionszahl kennzeichnet die bei der elastischen Verformung auftretende Beziehung zwischen Längen- und Querschnittsänderung. Über die Querkontraktionszahl sind Elastizitätsmodul und Schub- bzw. Kompressionsmodul miteinander verknüpft. Sind in einem Werkstoff die Bindungskräfte anisotrop ausgeprägt bzw. ist eine Legierung oder ein Verbundwerkstoff durch einen anisotropen Aufbau gekennzeichnet, so ist auch die Richtungsabhängigkeit der elastischen Konstanten zu berücksichtigen.

Bei Werkstoffen mit nicht kristallinem Aufbau, wie zum Beispiel bei Polymeren, liegt bei einer konstanten Beanspruchung ein zeitabhängiges Verformungsverhalten vor. Es ist durch elastische, viskose (plastische) und viskoelastische Anteile gekennzeichnet.

Für die werkstoffseitige, beanspruchungs- sowie formänderungsgerechte Bauteilauslegung werden Werkstoffkennwerte herangezogen, die unter Berücksichtigung der jeweiligen Beanspruchungsart auf die Versagensfälle des Bruches oder des Fließens bei Raumtemperatur oder erhöhter Temperatur bezogen werden. Liegt das Konstruktionsziel in der Funktionsgenauigkeit, sind die Werkstoffkennwerte bezüglich des Versagensfalles Bruch weniger relevant, da in diesem Zusammenhang das Bauteilverhalten für eine elastische Verformung des Werkzeugvolumens auszulegen ist. Die sich auf den Versagensfall des Fließens beziehenden Werkstoffkennwerte für die statischen Beanspruchungsfälle sind die Dehn-, Streck- oder Fließgrenzen. Eine Übersicht über die gebräuchlichsten Kennwerte für die verschiedenen statischen Grundbelastungen liefert Bild 4.2-02 [1].

Wird der Bauteilwerkstoff dynamisch beansprucht, so muß nach der Abhängigkeit der Werkstoffkennwerte von der Schwingspielzahl gefragt werden. In diesen Fällen werden für die Beurteilung des Werkstoffverhaltens je nach der vorgegebenen Mittelspannung die Kennwerte Wechselfestigkeit, Schwellfestigkeit und Dauerschwingfestigkeit für die jeweiligen Beanspruchungsarten aus den Dauerfestigkeitsschaubildern nach Smith oder nach Haig herangezogen. Diese Schaubilder enthalten eine Grenzlinie, die widerspiegelt, daß die Oberspannung höchstens gleich der Streck- bzw. 0,2%-Dehngrenze sein kann, damit im Betrieb keine unzulässigen Bauteilverformungen auftreten [1].

Für die beanspruchungs- und formänderungsgerechte Bauteilgestaltung können neben den Kennwerten für die statische und dynamische Beanspruchung auch die Verformungseigen-

Temperatur	Beanspruchungsart	Werkstoffkennwert
Raumtemperatur	Zug Druck Biegung Torsion	0,2 % Dehngrenze, Streckgrenze Druck-Fließgrenze Biege-Fließgrenze Torsions-Fließgrenze
erhöhte Temperatur	Zug bei $T < T_K$ [a)] Zug bei $T > T_K$ [a)]	Warmstreckgrenze Zeitdehngrenze

a) T_K = Rekristallisationstemperatur

Bild 4.2-02 Wichtige Werkstoffeigenschaftskennwerte für statische Belastungen [1]

schaften des Werkstoffes vom Fließbeginn bis zum Bruch (Zähigkeitseigenschaften) relevant sein. Für die Betrachtung des Genauigkeitsaspekts sind diese Eigenschaften jedoch unerheblich, da für die Funktionsgenauigkeit der Bauteile überwiegend elastische Formänderungen toleriert werden.

Häufig treten die genannten mechanischen Belastungsarten gleichzeitig mit einer thermischen Beanspruchung des Werkstoffs auf. Mit sinkender Temperatur nehmen in der Regel die Streckgrenze und in den meisten Fällen auch die Dauerschwingfestigkeit sowie der E-Modul zu, was jedoch gleichzeitig mit einer merklichen Verminderung der Zähigkeit verbunden ist [2]. Im Fall tiefer Temperaturen wird der einzusetzende Werkstoff daher hinsichtlich seiner Widerstandsfähigkeit gegen den Versagensfall Bruch bewertet. Hierfür dient zum Beispiel die im Kerbschlagbiegeversuch ermittelte Übergangstemperatur aus dem Robertson-Versuch, die jedoch aus den oben genannten Gründen nicht in die Bewertung der Funktionsgenauigkeit des Bauteils bei tiefen Temperaturen einfließt [2].

Bei erhöhten Temperaturen kommt es demgegenüber in der Regel zu einem Abfall der Festigkeitskennwerte. Zusätzlich können zum Beispiel bei metallischen Werkstoffen oberhalb einer bestimmten Temperatur irreversible Verformungen bei Spannungen auftreten, die weit unterhalb den in Kurzzeit-Zugversuchen ermittelten Warmstreckgrenzen liegen [2]. Diese Verformungen werden als Kriechen bezeichnet. Soll ein Werkstoff unterhalb seiner Rekristallisationstemperatur eingesetzt werden, so wird im Fall einer statischen Beanspruchung für die Bewertung der elastischen Verformbarkeit die Warmstreckgrenze herangezogen. Wird ein Werkstoff bei hohen Temperaturen dynamisch beansprucht, so muß berücksichtigt werden, daß es in diesem Fall keine Dauerschwingfestigkeit gibt, bei der der Werkstoff beliebig viele Lastspiele ertragen kann, so daß nur noch von einer Zeitschwingfestigkeit gesprochen werden kann [2]. Bei zyklischen Verformungen mit relativ kleinen Frequenzen erträgt der Werkstoff in der Regel wesentlich weniger Lastspiele als bei hochfrequenten Schwingungen.

Wichtige Kennwerte für die Abschätzung von thermisch bedingten Veränderungen des Bauteilvolumens und thermisch bedingten Eigenspannungen sowie auch für die Berücksichtigung unterschiedlicher Ausdehnungen der Komponenten von Verbundwerkstoffen bei Temperaturerhöhung sind der thermische Ausdehnungskoeffizient und die Wärmeleitfähigkeit.

Eine Sonderstellung im Komplex der Volumeneigenschaften nimmt die Dichte ein. Sie ist sowohl ein Eigenschaftskennwert als auch zur Beurteilung des Werkstoffaufbaus heranzuziehen. Die Dichte besitzt insbesondere Bedeutung bei der schwingungsgerechten Bauteilauslegung im Sinne der Bewertung des Festigkeits-Dichte- oder Steifigkeits-Masse-Verhältnisses von Struktur- bzw. Konstruktionsmaterialien (Leichtbauweise) und ist daher bei der Konstruktion funktionsgenauer Bauteile unter diesem Aspekt zu berücksichtigen.

Einen Überblick über die Eigenschaften des Werkstoffvolumens, die für eine beanspruchungs-, formänderungs-, schwingungs- und ausdehnungsgerechte Bauteilgestaltung unter dem Aspekt der Funktionsgenauigkeit relevant sind, gibt Bild 4.2-03.

funktionsgenaue Bauteilgestaltung	funktionsbedingte Beanspruchung			
	mechanisch		mechanisch-thermisch		thermisch
	statisch	periodisch	statisch	periodisch	
beanspruchungsgerecht und formänderungsgerecht	Elastische Konstanten				
	Dehngrenze Streckgrenze Fließgrenze	Wechsel-, Schwell-, Dauerschwing-, festigkeit	Warmstreck-, Zeitdehngrenze	Zeitschwingfestigkeit (niederzyklische Ermüdung)	Schmelztemperatur Zersetzungstemperatur
ausdehnungsgerecht			Wärmeleitfähigkeit thermischer Ausdehnungskoeffizient		
schwingungsgerecht	Dichte				

Bild 4.2-03 Zusammenstellung der relevanten Eigenschaften des Werkstoffvolumens

Oberflächenbeanspruchungen

Bauteile von Maschinen sind in ihrem Wirkzustand mechanischen, tribologischen und korrosiven Beanspruchungen ausgesetzt. Während sich die mechanischen Beanspruchungen auf das gesamte Werkstoffvolumen erstrecken, wirken die beiden anderen Beanspruchungsarten überwiegend auf die Werkstoffoberfläche (Bild 4.2-04).

Die tribologische Beanspruchung ist eine mechanische Beanspruchung, die durch aufeinander einwirkende Oberflächen bei gleichzeitiger Relativbewegung gekennzeichnet ist. Die korrosive Beanspruchung ist eine chemische, teilweise auch thermische Beanspruchung einer Oberfläche durch eine aggressive Umgebung. Die bei diesen Beanspruchungsarten ablaufenden Prozesse sind durch irreversible Vorgänge gekennzeichnet.

Im Gegensatz zur Werkstoffauswahl bei Bauteilauslegung unter Volumenbeanspruchung, bei der die herkömmlichen Festigkeits- und Dehnungskennwerte als Kriterium herangezogen werden, gibt es bei korrosions- und verschleißgerechter Bauteilauslegung keine entsprechenden Werkstoffkennwerte, die das Verhalten des Bauteils bei der Oberflächenbeanspruchung beschreiben.

Wenn wir über Korrosions- und Verschleißbeständigkeit eines Werkstoffs sprechen, meinen wir die Fähigkeit eines Werkstoffs, sich dem Angriff der Umgebung gegen Zerstörung infolge chemischer oder elektrochemischer Reaktionen oder mechanischer Belastung zu widersetzen. Werkstoffe verhalten sich unterschiedlich in unterschiedlichen korrosiven Medien oder bei unterschiedlicher tribologischer Belastung. So kann ein Werkstoff in einer Umge-

Werkstoffbeanspruchung 57

```
                    ┌─────────────┐
                    │  Belastung  │
                    └──────┬──────┘
                           ↓
                    ┌──────────────┐
                    │ Beanspruchung│
                    └──────┬───────┘
                    ┌──────┴──────┐
                    ↓             ↓
            ┌───────────────┐ ┌───────────────┐
            │ Einzelverhalten│ │ Systemverhalten│
            └───────┬───────┘ └───────┬───────┘
                    │                 │
                    ├─ mechanisch     ├─ Tribosystem
                    │                 │
                    └─ thermisch      └─ Korrosionssystem
```

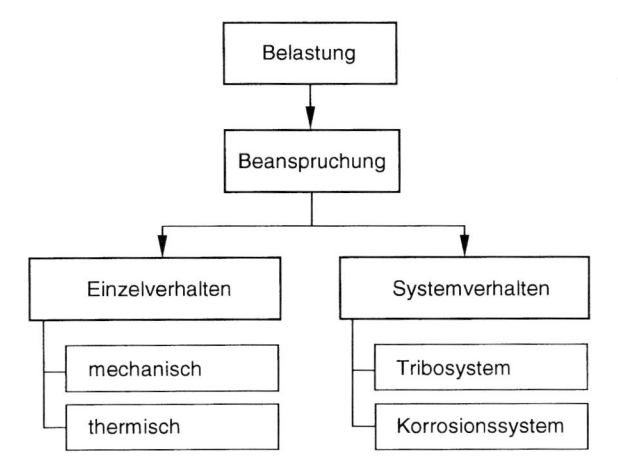

Bild 4.2-04 Oberflächenbeanspruchung von Werkstoffen

bung beständig, in der anderen aber unbeständig sein. Sein Verhalten hängt von der ganzheitlichen Systemwirkung ab. Das korrosive und tribologische Verhalten ist daher eine Systemkenngröße.

Ein Tribosystem wird durch die tribologischen Kennwerte, den Reibungskoeffizienten und Verschleißbetrag beschrieben. In der Konstruktionsphase müssen die Reibungswerte für alle Paarungen bekannt sein, bei denen eine Veränderung der Kräfte die Funktion beeinflussen kann.

Der Verschleißbetrag ist für die Funktion einer Maschine von entscheidender Bedeutung. Mit Verschleiß muß bei jeder tribologischen Beanspruchung gerechnet werden. In der Konstruktionsphase werden die Toleranzen, die Reibung und Verschleiß während der Gebrauchsdauer des Systems einhalten müssen, angegeben. Die Folgerung ist eine entsprechende Wahl der Werkstoffpaarung. Die Bedingungen sind dabei durch Belastungskollektiv, Zwischenmedium und Umgebung definiert.

Da es keine eindeutige Korrelation zwischen den Werkstoffeigenschaften und dem funktionellen Verhalten eines Tribosystems gibt, ist die Wahl geeigneter Werkstoffe sehr kompliziert. Die in der Literatur vorhandenen Werte des Reibungskoeffizienten und des Verschleißbetrages streuen so stark, daß sie für einen Konstrukteur oft unbrauchbar sind. Es gibt keine Kenngröße, durch die Verschleißbeständigkeit eines Werkstoffes für alle Verschleißmechanismen zutreffend dargestellt ist. Die Werkstoffauswahl bei Oberflächenbeanspruchungen kann deshalb schwieriger sein als in Fällen der Volumenbeanspruchung.

In Bild 4.2-05 sind allgemeingültige Empfehlungen zur Wahl der Werkstoffe für vier Hauptverschleißmechanismen zusammengefaßt [3–5].

Dabei ist jedoch anzumerken, daß beim realen Verschleißvorgang verschiedene Verschleißmechanismen auftreten und diese sich während der Gebrauchsdauer auch ändern können. Die Verschleißbeständigkeit kann somit nur in praxisnahen Versuchen ermittelt werden.

Korrosionsvorgänge beruhen auf Phasengrenzflächenreaktionen zwischen Materialoberflächen und festen, flüssigen oder gasförmigen Korrosionsmedien. Insbesondere die mit mechanischen Beanspruchungen gekoppelten Schadensarten, wie Spannungsrißkorrosion und Schwingungsrißkorrosion, lösen beträchtliche Probleme in der Praxis aus [2, 6]. Bei mechanischer Beanspruchung treten infolge der Kerbwirkung der Rißspitzen Spannungs-

Verschleißmechanismen	Maßnahmen zum Verschleißschutz
Adhäsion Ausbildung und Trennung von Grenzflächen-Haftverbindungen	• Schmierung • Vermeidung der Paarungen Metall/Metall; statt dessen: Kunststoff/Metall, Keramik/Metall, Kunststoff/Kunststoff, Keramik/Keramik • Bei metallischen Paarungen keine mit kubisch-flächenzentriertem Gitter (kfz), sondern mit kubisch-raumzentriertem (krz) oder hexagonalem Gitter (hdP).
Abrasion Materialabtrag durch ritzende Beanspruchung	• Hohe Härte des beanspruchten Werkstoffes • Anwesenheit von harten Phasen in zäher Matrix
Oberflächenzerrüttung Ermüdung und Rißbildung in Oberflächenbereichen durch tribologische Wechselbeanspruchung	• Werkstoffe mit hoher Härte und hoher Zähigkeit • Homogene Werkstoffe • Druckeigenspannungen in der Oberfläche
Tribochemische Reaktionen Chemische Reaktionen mit dem Zwischenstoff oder Umgebungsmedium infolge mechanischer oder thermischer Aktivierung	• keine Metalle; statt dessen Kunststoffe und keramische Werkstoffe • Zwischenstoffe und Umgebungsmedium ohne oxidierende Bestandteile • hydrodynamische Schmierung • formschlüssige anstelle von kraftschlüssigen Verbindungen

Bild 4.2-05   Verschleißmechanismen und Maßnahmen zum Verschleißschutz

überhöhungen auf, die im Zusammenwirken mit der durch Risse verursachten Querschnittsminderung zu einer Überbelastung und damit zum Bruch führen können. Bei der Werkstoffauswahl für Bauteile, die der Spannungsrißkorrosion ausgesetzt sein können, werden folgende Anforderungen gestellt [7]:
– Niedrige Zugeigenspannungen an der Oberfläche,
– gleichmäßige chemische Zusammensetzung,
– feinkörnige Struktur,
– gleichmäßige Mikrostruktur mit richtungsunabhängigen mechanischen Eigenschaften sowie
– hochreine Metalle oder Legierungen mit einem niedrigeren Anteil an Legierungselementen.

Zur Beurteilung des Abtrags und der Korrosionsbeständigkeit des gewählten Werkstoffs werden Kenngrößen herangezogen, die die korrosionsbedingten Änderungen bestimmter Eigenschaften, wie z. B. Zugfestigkeit, zum Ausdruck bringen.

Ist dem Korrosionsvorgang eine zyklische Belastung überlagert, so kann eine Schwingungsrißkorrosion ausgelöst werden. Die Werkstoffauslegung erfolgt für diesen kombinierten Beanspruchungsfall nicht nach dem aus der Wöhlerkurve unter nichtkorrosiven Bedingungen ermittelten Dauerfestigkeitswert. Für diese Volumen- bzw. Oberflächenbeanspruchung muß eine Korrosionszeitfestigkeit angegeben werden. Die Schwingungsrißkorrosion wird um so mehr begünstigt, je stärker der Korrosionsangriff, je größer die Last, je niedriger die Frequenz und je höher die Anzahl der Schwingspiele ist [8].

Unterliegen Bauteile neben mechanischen oder mechanisch-thermischen Beanspruchungen des Volumens noch zusätzlich Oberflächenbeanspruchungen, kann die Werkstoffauswahl mit Problemen behaftet werden, wenn sich die Anforderungen an die Oberflächen- und Volumeneigenschaften stark unterscheiden. In solchen Fällen kann mit Hilfe der Oberflächentechnologie eine Veränderung der Oberfläche vorgenommen werden, die eine optimale Anpassung an die chemische und tribologische Oberflächenbeanspruchung ermöglicht. Die Oberflächenschicht bewirkt dabei die Verschleißminderung an den Kontaktflächen, während der massive Werkstoff die mechanischen Kräfte und Momente überträgt. Das Ziel der Oberflächentechnologie ist es somit, die Widerstandsfähigkeit von Funktionsteilen gegenüber den Beanspruchungen des jeweiligen Anwendungsfalls anzupassen, sowohl in bezug auf die Oberflächeneigenschaften, als auch auf die Volumeneigenschaften. So lassen sich durch die Oberflächentechnologie bestimmte Materialeigenschaften gezielt realisieren. Bei korrosiver Beanspruchung wird besonders häufig zu diesem Mittel gegriffen [2]. Bei tribologischer Beanspruchung sind Gründe zur Oberflächenveränderung nicht nur in unzureichenden Volumeneigenschaften zu suchen. Eine Beschichtung kann aus Kosten-, Handhabungs- oder Fertigungsgründen vorgenommen werden.

Zur Zeit gibt es über 150 verschiedene Verfahren zur korrosions- und verschleißschutzgerechten Veränderung der Oberfläche, die in die Hauptgruppen Oberflächenmodifikation und Oberflächenbeschichtung eingeteilt werden können [9]. Bei der Oberflächenmodifikation ändert sich die chemische Zusammensetzung nicht. Hierzu gehört das Härten. Eine Veränderung der chemischen Zusammensetzung erfolgt bei Thermodiffusionsprozessen. In beiden Fällen finden Veränderungen im Grundwerkstoff statt. Von der Oberfläche zum Werkstoffinneren ändern sich die Eigenschaften kontinuierlich. Bei den Beschichtungsverfahren wird eine Schicht auf die Oberfläche des Grundwerkstoffs aufgetragen.

Die Schutzwirkung bei korrosiver und tribologischer Beanspruchung wird bei Prozessen zur Oberflächenmodifizierung in den meisten Fällen durch die Härte bestimmt. Die Prüfverfahren für verschiedene Behandlungen sind genormt. Verschleißbeständigkeit als Systemeigenschaft wird dabei jedoch nicht ermittelt.

Bei den aufgetragenen Schichten sind auch die Haftfestigkeit zum Grundwerkstoff sowie Dichte und Dicke von Wichtigkeit.

Alle Prozesse zur Oberflächenmodifizierung und Beschichtung rufen eine Veränderung der Abmessungen hervor, die als genauigkeitsbeeinflussende Parameter in der Konstruktionsphase berücksichtigt werden müssen.

4.3 Werkstoffprüfung

Die Werkstoffprüfung wird bei der Entwicklung und Kontrolle von Werkstoffen, bei der Wärmebehandlung und Teilefertigung sowie zur Überwachung von Werkstoffzuständen während des Betriebes und zur Klärung von Schadensfällen angewendet. Die daraus gewonnenen Informationen dienen dem Konstrukteur bei der Werkstoffauswahl.

Prüfverfahren	Aufgabe	Ergebnis
Mechanische Prüfverfahren • Festigkeitsprüfung • Härteprüfung	Untersuchung des Werkstoffverhaltens unter mechanischer Beanspruchung	**Werkstoffkennwerte** • Verformungs- und Festigkeitskennwerte einzelner Versuche • Härte
Physikalische Prüfverfahren • Prüfverfahren zur Ermittlung der physikalischen Eigenschaften	Ermittlung der physikalischen Eigenschaften und Werkstoffkennwerte	**Werkstoffkennwerte** • thermische Leitfähigkeit • thermischer Ausdehnungskoeffizient • Schmelztemperatur • Dichte • elektrische Leitfähigkeit
Chemische und physikalische Analyseverfahren • elektrochemische Verfahren • photochemische Verfahren • spektroskopische Verfahren • Verfahren zur Oberflächenanalytik (EDAX, ESCA, SIMS, AES ...)	Bestimmung der chemischen Zusammensetzung von anorganischen und organischen Werkstoffen	• chemische Zusammensetzung • chemische Bindungen
Metallographische Prüfverfahren • elektrochemische Verfahren • photochemische Verfahren • spektroskopische Verfahren • Verfahren zur Oberflächenanalytik (EDAX, ESCA, SIMS, AES ...)	Beurteilung des makroskopischen und mikroskopischen Gefüge- und Strukturaufbaus	Qualitative und quantitative Beschreibung des Gefüges und der Struktur • Phasenzusammensetzung • Korngröße • Gitterkonstante • Textur • Eigenspannungen • Inhomogenitäten
Technologische Prüfverfahren • Tiefungsversuch nach Erichsen • Tiefziehversuch • Prüfung der Gießeigenschaften • Jominy-Versuch	Prüfung der Eignung von Vorprodukten, insbesondere Halbzeugen für die Weiterverarbeitung	Quantitative oder qualitative Bewertung des Werkstoffs • Umformbarkeit • Zerspanbarkeit • Schweißbarkeit • Beschichtbarkeit • Härtbarkeit
Komplexe Prüfverfahren • Korrosionsprüfung • tribologische Prüfung	Beurteilung des Werkstoffverhaltens unter komplexer Beanspruchung	Systemeigenschaften • Korrosionsbeständigkeit • Reibungsverhalten • Verschleißbeständigkeit

Bild 4.3-01   Systematik der Werkstoffprüfung

Da das Bauteilverhalten weitgehend vom Werkstoff bestimmt wird, sind genaue Kenntnisse über das Zustandsverhalten in Abhängigkeit von Beanspruchung und Zeit erforderlich. Dabei reichen Daten aus der Literatur nicht immer aus. In vielen Fällen ist es erst durch Versuche möglich, Einflußfaktoren für Zustandsänderungen zu deuten. Insofern hat die Werkstoffprüfung eine erweiterte Qualitätsfunktion. Die werkstoffbezogenen Prüfnachweise betreffen Werkstoffeigenschaften, die für die Funktionsfähigkeit der aus ihnen hergestellten Produkte wichtig sind, ihre Verarbeitung sichern und die Zuverlässigkeit beim Gebrauch optimieren [10].

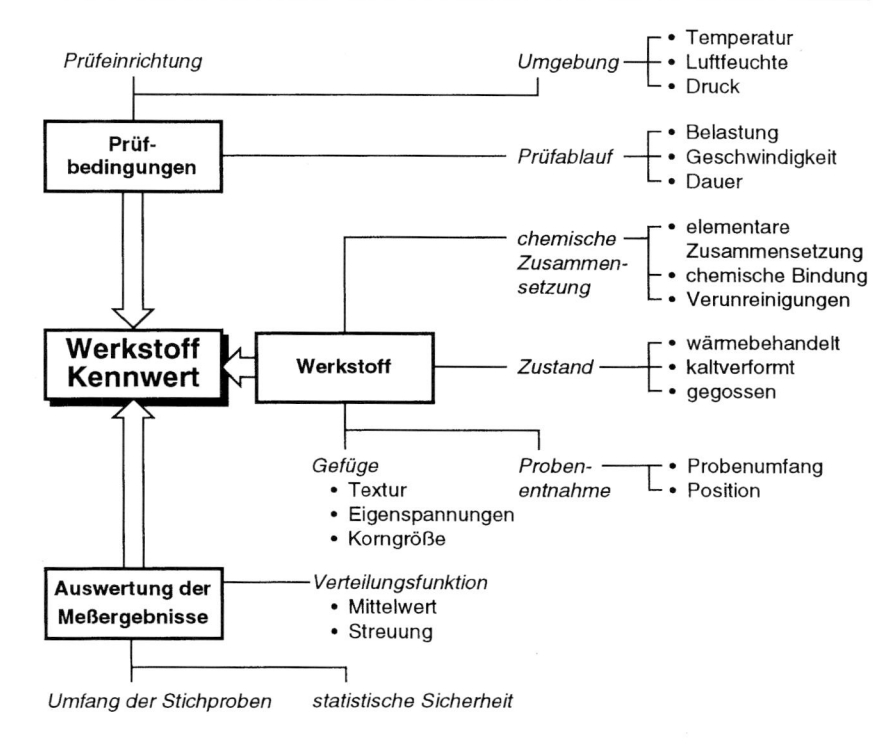

Bild 4.3-02 Einflußparameter bei der Bestimmung von Werkstoffkennwerten

Die Bestimmung der Werkstoffkennwerte ist für die meisten Werkstoffeigenschaften genormt. Um die Zuverlässigkeit der Daten zu gewährleisten, sollten statistische Auswerteverfahren unter Berücksichtigung der Verteilungsfunktionen angewendet werden, was die Normen in der Regel nicht vorsehen. Die Wichtigkeit der Werkstoffeigenschaften für das Werkstoff- und Bauteilverhalten wird von Fall zu Fall anders sein und somit auch der Aufwand, mit dem die Werkstoffprüfung betrieben wird. Es ist zu entscheiden, ob die allgemeinen Daten ausreichend oder spezielle Prüfverfahren nötig sind. Den zugänglichen Werkstoffkennwerten fehlen meistens Angaben über Verteilungsfunktion, Vertrauensbereich sowie Meßunsicherheit.

Bild 4.3-01 vermittelt in einer Zusammenfassung die Vielfalt der Werkstoffprüfung. Die Genauigkeit der Meßwerte hängt von den Prüfbedingungen, vom Zustand des geprüften Werkstoffs und vom Auswerteverfahren ab.

Die in Bild 4.3-02 dargestellten Einflußparameter sind auch als Quelle möglicher Fehler bei der Bestimmung von Werkstoffkennwerten anzusehen. Die Wirkung einzelner Parameter kann für unterschiedliche Prüfverfahren allerdings unterschiedlich sein. Während z. B. die Luftfeuchtigkeit bei der Bestimmung von Festigkeitskennwerten kaum einen Einfluß auf die Meßergebnisse ausübt, kann diese bei der Ermittlung von tribologischen Kennwerten eine wesentliche Bedeutung erhalten.

Für den Konstrukteur von Maschinen sind die aus den mechanischen Prüfverfahren gewonnenen Ergebnisse von besonderer Bedeutung, da es sich um Werkstoffkennwerte handelt,

Prüfverfahren	Kennwerte	
Festigkeitsprüfung		
unter statischer Beanspruchung		
Zugversuch DIN 50 145 (Metalle) DIN 53 445 (Kunststoffe)	**Metalle** • R_m = Zugfestigkeit • R_s = Streckgrenze • R_p = Dehngrenze • A = Bruchdehnung • Z = Brucheinschnürung • E = Elastizitätsmodul	**Kunststoffe** • σ_s = Streckspannung • σ_B = Zugfestigkeit • σ_R = Reißfestigkeit • ε_s = Streckdehnung • ε_r = Reißdehnung • E = Elastizitätsmodul
Druckversuch DIN 50 106 (Metalle) DIN 53 454 (Kunststoffe)	• σ_{dB} = Zugfestigkeit • ε_{dB} = Bruchstauchung • ψ_{dB} = relative Bruchquer- schnittsvergrößerung • σ_{dF} = Quetschgrenze	
Biegeversuch DIN 50 110 (Metalle) DIN 53 452 (Kunststoffe)	• σ_{dB} = Biegefestigkeit	
unter konstanter Beanspruchung		
Zeitstandversuch DIN 50 118 (Metalle) DIN 50 119 (Metalle) DIN 53 444 (Kunststoffe)	**Metalle** • $R_{mt/\upsilon}$ = Zeitstandfestigkeit • $R_{pe/t/\psi}$ = Zeitdehngrenze • A_u = Zeitbruchdehnung • Z_u = Zeitbrucheinschnürung	
unter schlagartiger Beanspruchung		
Kerbschlagbiegeversuch DIN 50 115 (Metalle) DIN 53 453 (Kunststoffe)	• A_v = Kerbschlagarbeit	
unter schwingender Beanspruchung		
Dauerschwingversuch DIN 50 100 (Metalle und Kunststoffe)	• σ_D = Dauerfestigkeit • σ_{schw} = Schwellfestigkeit • σ_w = Wechselfestigkeit	
Härteprüfung		
Brinell DIN 50 351 (Metalle) Vickers DIN 50 133 (Metalle) Rockwell DIN 50 103 (Metalle) Knoop DIN 52 333 (Metalle) Kugeleindruck DIN 53 456 (Kunststoffe) Shore DIN 53 505 (Kunststoffe)	• HB • HV • HRC, HRA, HRB, HRF • HK • H • Shore A, Shore D	

Bild 4.3-03   Mechanische Prüfverfahren und Werkstoffkennwerte

die zur Berechnung herangezogen werden. In Bild 4.3-03 sind die Verfahren zur Festigkeits- und Härteprüfung und die daraus resultierenden Kennwerte dargestellt.

Die Prüfbedingungen werden durch Probenentnahme, Prüfeinrichtung und Prüfablauf definiert. Sie sind als Quelle möglicher Fehler bei der Bestimmung der Werkstoffkennwerte anzusehen.

Die Vergleichbarkeit von Werkstoffkennwerten setzt die Prüfung genormter Proben voraus. Werden die vorgegebenen Abmessungen nicht genau eingehalten, können sich unzulässige Abweichungen ergeben. Schon die Probenentnahme ist eine Quelle möglicher Fehler. Nur wenn sichergestellt ist, daß die Stichprobe aus der Gesamtheit statistisch gesehen zufällig entnommen wurde, kann davon ausgegangen werden, daß diese die Grundgesamtheit repräsentiert und die ermittelten Werkstoffeigenschaften nicht nur für die geprüften Proben sondern für die Gesamtheit gelten.

Besonders hohe Anforderungen sind an die Genauigkeit der Prüfmaschinen zu stellen. Sie werden je nach relativer Anzeigeabweichung und Auflösung in verschiedene Genauigkeitsklassen eingeteilt. In Abhängigkeit von den gestellten Genauigkeitsanforderungen kann eine entsprechende Maschine gewählt werden.

Zur Messung der Dehnung gibt es mehrere Verfahren, die durch unterschiedliche Auflösung gekennzeichnet sind. Zur Ermittlung der 0,2%-Dehnungsgrenze genügen mechanische Aufnehmer, die eine Längenänderung von mindestens 0,004 mm bestimmen können [11]. Zur Ermittlung der Elastizitätsgrenze ist diese Auflösung jedoch nicht ausreichend. In Bild 4.3-04 sind einige kennzeichnende Merkmale von Dehnungsaufnehmern dargestellt.

Merkmal	mechanische Aufnehmer	DMS	induktive Aufnehmer
Meßgröße	ΔL	ΔR	ΔU
Auflösung	10^{-4}	$5 \cdot 10^{-6}$	$5 \cdot 10^{-6}$
Meßbereich	mehrere %	< 5 %	mehrere %
Temperaturbereich	0 bis 50 °C	- 200 bis 1000 °C	0 bis 50 °C
Anwendung	einfach	schwierig	einfach
Wiederverwendbarkeit	ja	nein	ja
Preis des Meßsystems	mittel	klein	groß

Bild 4.3-04   Kennzeichnende Merkmale von Dehnungsaufnehmern [12]

Die Beanspruchungsgeschwindigkeit, die bei normgerechten statischen Versuchen begrenzt ist (nach DIN 50145 für metallische Werkstoffe und nach DIN 53455 für Kunststoffe), hat einen großen Einfluß auf die Genauigkeit der ermittelten Kennwerte. Sowohl plastische Verformungen als auch Fließvorgänge benötigen eine gewisse Zeit für Aktivierung und Ablauf.

Die werkstoffbedingten Einflüsse auf die mechanischen Eigenschaften sind in der Korngröße und dem Gefügezustand des Werkstoffs zu finden.

Die Korngröße ist durch Warmumformung oder Wärmebehandlung beeinflußbar. Ein feinkörniges Gefüge bewirkt höhere Werte von Festigkeit, Härte, Zähigkeit und Kerbschlagarbeit im Vergleich zu einem grobkörnigen Gefüge.

Ganz einschneidend ändern sich die Festigkeitswerte infolge Gefügeveränderung durch Wärmebehandlung oder Kaltumformung. Das gleiche gilt bei Kunststoffen schon für kleine Zugaben von Verstärkungsmaterialien.

Beim Kerbschlagbiegeversuch nach DIN 50115 (für metallische Werkstoffe) und DIN 53453 (für Kunststoffe) hat die Probenform den entscheidenden Einfluß auf den Wert der

Kerbschlagarbeit. Aus diesem Grund ist es nicht möglich, die Werte von Proben mit unterschiedlicher Geometrie zu vergleichen.

Bei der Festigkeitsprüfung unter schwingender Beanspruchung nach DIN 50100 ist der Einfluß der Oberflächengüte von großer Bedeutung. Rauheiten können durch Kerbwirkung zur Minderung der Dauerfestigkeit führen. Deshalb ist der Vergleich zwischen zwei Werkstoffen nur dann erlaubt, wenn die Probenoberflächen gleiche Rauheitswerte haben. Veränderungen der Oberfläche durch mechanische, chemische oder thermische Vorgänge können sich auf die Dauerfestigkeit ebenfalls stark auswirken.

In Bild 4.3-05 sind einige Beispiele für die unterschiedlichen Dauerfestigkeitswerte in Abhängigkeit vom Bearbeitungsverfahren dargestellt [13]. So erreicht z. B. eine erodierte Oberfläche nur 37% der Dauerfestigkeit einer feingeschliffenen Oberfläche. Wird die erodierte Oberfläche aber gestrahlt, nimmt die Dauerfestigkeit zu. Die im Vergleich zum Ausgangszustand mehr als dreifache Erhöhung der Dauerfestigkeit durch das Kugelstrahlen ist den Druckeigenspannungen zuzuschreiben [13].

Wie die Festigkeitsprüfverfahren sind auch die Härteprüfverfahren genormt. Die Härte ist als Widerstand eines Werkstoffes gegen das Eindringen eines anderen Körpers definiert. Da das Eindringvermögen von Gestalt und Eigenhärte des anderen Körpers sowie von Art und Größe der Belastung abhängig ist, muß bei der Angabe der Härtewerte immer das Härteprüf-

Bearbeitungs-verfahren	Dauerfestigkeit	
	N/mm^2	% vom Feinschleifen
Feinschleifen	414	100
konventionelles Schleifen	165	40
Feindrehen	414	100
Schruppdrehen	414	100
EDM Schlichten	152	37
EDM Schruppen	152	37
EDM Schlichten plus Kugelstrahlen	455	110
EDM Schruppen plus Kugelstrahlen	517	125
Elektropolieren	290	70
Elektropolieren plus Kugelstrahlen	538	130
Grenzschwingspielzahl: 10^7 Werkstoff: Inconel 718 (entspricht W. Nr. 2.466), ausgehärtet HRC 44		

Bild 4.3-05 Einfluß der Oberflächenbearbeitung auf die Dauerfestigkeit einer Nickel-Legierung [13]

verfahren genannt werden. Einflüsse auf die Härtewerte sind wie bei der Festigkeitsprüfung durch Prüfbedingungen, Werkstoff und Auswerteverfahren gegeben. Als wichtiger Einflußfaktor ist die Prüfzeit zu nennen. Darunter ist die Dauer der statischen Belastung zu verstehen. Mit steigender Prüfzeit nehmen die Härtewerte etwas ab. Deshalb ist es insbesondere bei Werkstoffen, die zum Kriechen neigen, wichtig, die Prüfzeit zu verlängern [6].

Auch die absolute Größe des Prüfstückes kann einen Einfluß auf die Härtewerte haben. Wenn sich der Prüfling zu stark verformt oder die Prüffläche kaum größer als die Eindruckfläche ist, muß mit fehlerbehafteten Härtewerten gerechnet werden.

Die Härteprüfverfahren nach Vickers und Knoop (DIN 50133 und DIN 50145) sind durch eine höhere Streuung der Meßergebnisse und eine starke Abhängigkeit von der Prüfkraft gekennzeichnet, wenn mit den kleineren Prüfkräften gemessen wird (< 0,2 N). So ist z. B. bei dem Prüfverfahren nach Vickers mit einer Prüfkraft von 20 N die Streuung der Meßwerte von 4 % als normal anzusehen, bei der Prüfkraft von 0,2 N jedoch die Streuung von 16 % [14]. Die mit demselben Verfahren und einer Prüfkraft von 0,2 N ermittelte Härte ist um 24 % höher als bei der Anwendung einer Prüfkraft von 100 N [14].

Neben der Rauheit kann auch der allgemeine Zustand der Probenoberfläche die Meßergebnisse der Härteprüfung beeinflussen. Die Prüfoberfläche muß metallisch blank und frei von Fremdkörpern sein.

Der Vorteil der Rockwellmethode ist darin zu sehen, daß die Messung an gekrümmten Körpern möglich ist. Dabei ist darauf zu achten, daß bei der Prüfung konvex-zylindrischer Proben der Eindringkörper tiefer eindringt als bei flachen Proben, so daß die Härte kleiner ist. Um die richtigen Härtewerte zu bekommen, muß mit einem Korrekturfaktor gerechnet werden. Bei den Prüfverfahren mit optischer Abdruckmessung (Vickers, Brinell, Knoop) muß die Oberfläche eine genaue Vermessung des Abdrucks ermöglichen. Falsche Werte können durch unterschiedliche Oberflächenvorbereitung und Ablesefehler entstehen. Zur Bestimmung der Mikrohärte muß die Oberfläche poliert werden. Dabei besteht die Gefahr, daß durch Erwärmung und Verfestigung das Gefüge und somit die Härte beeinflußt werden. Die Vermessung des Abdrucks erfolgt mit Hilfe des Mikroskops. Besonders bei kleinen Abdrücken kann der Ablesefehler sehr groß sein.

Durch technologische Prüfverfahren sollen Verhalten und Eignung des Werkstoffs für die Weiterverarbeitung geprüft werden. Technologische und mechanische Eigenschaften stehen oft in Wechsel- oder Gegenwirkungen. Es werden einige Beispiele genannt, die diese Problematik aufzeigen sollen [7]:

- So steigt z. B. bei Stählen die Festigkeit mit Kohlenstoff- oder Legierungsgehalt. Gleichzeitig verschlechtern sich aber Schweißbarkeit und Umformbarkeit.
- Bei Schweißverbindungen gibt es in vielen Fällen keine Möglichkeit, die durch das Schweißen verlorene Festigkeit zurückzugewinnen.
- Wenn z. B. zur Erhöhung der Zerspanbarkeit den Stählen Schwefel und Blei zugegeben werden, ist die Dauerfestigkeit viel niedriger.
- Es ist bei allen Verfahren zur Oberflächenveränderung nicht nur mit der gewünschten Veränderung der Eigenschaften sondern auch mit einer meistens ungewünschten Änderung der Abmessungen zu rechnen.
- Als Beispiel für die Veränderung der physikalischen Eigenschaften infolge des Herstellungsverfahrens ist die Veränderung der elektrischen Leitfähigkeit mit dem Deformationsgrad zu nennen.

Hinsichtlich der Zuverlässigkeit der ermittelten Werkstoffeigenschaften zeigen sich komplexe Prüfverfahren, in denen tribologische Eigenschaften und Korrosionsverhalten bestimmt werden, besonders problematisch.

Wegen der zahlreichen Einflußparameter und des stochastischen Verhaltens des Tribosystems ist die Streuung der Meßergebnisse sehr groß. Die tribologischen Kennwerte hängen von der Struktur des Tribosystems, dem Beanspruchungskollektiv und den Wechselwirkungen zwischen den Elementen des Systems ab. So sind z. B. Angaben über die Größe der Reibungskoeffizienten von Gleitpaarungen wertlos, wenn sie keine Aussagen über das Beanspruchungskollektiv und die Systemstruktur enthalten [15, 16]. Das gleiche gilt für die Größe des Verschleißbetrages.

In Bild 4.3-06 sind die tribologischen Kennwerte einer Paarung aus einem Modellversuch dargestellt, in dem lediglich Umgebungsparameter, Luftfeuchtigkeit und Druck variiert wurden [17]. Es ist zu sehen, daß die Umgebung nicht nur die ermittelten Werte sondern auch den Streubereich stark beeinflußt. Dies gilt insbesondere für die Luftfeuchtigkeit. Diese sollte bei tribologischen Untersuchungen immer kontrolliert werden.

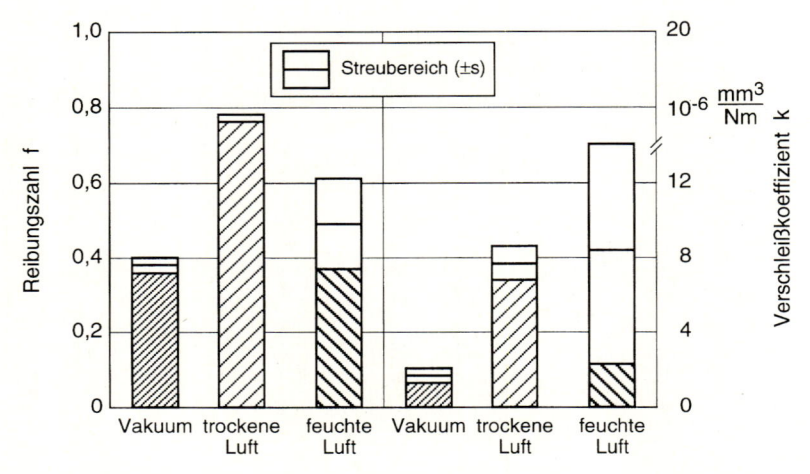

Bild 4.3-06 Einfluß der Umgebung auf die tribologischen Kennwerte und ihre Streuung in einem Modellversuch [17]

Korrosionsprüfungen haben die Aufgabe, die Beständigkeit von Werkstoffen in bestimmten Medien zu ermitteln, ihre Anfälligkeit für Korrosionsarten festzustellen und die Wirksamkeit von Korrosionsschutzmaßnahmen zu überprüfen. Der Werkstoffzustand und seine Oberflächenbeschaffenheit sowie Zusammensetzung und Temperatur des korrosiven Mediums und die Versuchsdauer beeinflussen die Ergebnisse der Korrosionsprüfung. Beim Umgang mit den in einfachen Korrosionsprüfverfahren ermittelten Daten müssen die folgenden Gesichtspunkte beachtet werden, die dazu führen können, daß sich die vorhergesagte Funktionsfähigkeit des Systems in der Praxis nicht realisiert [7]:

– Die Proben in einfachen statischen Versuchen können unter den gewählten Temperaturen anders korrodieren als unter relativer Bewegung zwischen dem Material und dem Medium.
– Das Versuchsmedium kann während des Versuchs kontaminiert werden.
– Der Gas- oder Dampfdruck kann sich spürbar auf die Menge des Sauerstoffs oder anderer Gase auswirken.
– Die Fähigkeit des Materials, der Spannungsrißkorrosion zu widerstehen, ist nicht immer genau vorhersagbar. Wenn das Material tatsächlich für diese Versagensart in der Betriebs-

umgebung empfänglich ist, kann es zum plötzlichen und unvorhersagbaren Versagen kommen.

Der Einfluß der Prüfbedingungen auf die Genauigkeit des Meßergebnisses ist bei Prüfung von Schichten noch größer als bei Massivmaterial. Das gilt sowohl für die Bestimmung der Härte als auch für die physikalischen und chemischen Prüfverfahren. Bei dünnen Hartstoffschichten (weniger als 10 µm), liegt das Problem darin, daß sie wegen des geringen Volumens gegenüber dem Massivmaterial meßtechnisch schwer zugänglich sind oder der Einfluß des Massivmaterials zu groß ist. So sind z.B. für die Härte des TiN Werte von 1500 bis 3000 HV in der Literatur zu finden [18, 19].

Die Werkstoffprüfung der Oberfläche hat zur Aufgabe, die Werkstoffeigenschaften in einem Randschichtbereich zu bestimmen, der eine Dicke von einer oder mehreren Atomlagen bis zu mehreren Millimetern haben kann, ohne daß die Eigenschaften des Grundwerkstoffs die Messung beeinflussen [20]. Da die Randschichtbereiche und somit der mögliche Einfluß des Volumens unterschiedlich groß sein können, besteht bei der Prüfung der Oberfläche die Gefahr, durch die Wahl eines ungeeigneten Analyseverfahrens falsche Schlüsse zu ziehen. Die Quelle der möglichen Fehler liegt in der unterschiedlichen Informationstiefe der analytischen Methoden. Die Informationstiefe ist für jedes Oberflächenanalyseverfahren eine wichtige Größe; sie ist die Tiefe, aus der das nachzuweisende Signal stammt [21]. In Bild 4.3-07 sind Informationstiefen für einige Oberflächenanalyseverfahren dargestellt [21]. Die Wahl des Verfahrens hängt von der zu untersuchenden Schichtdicke ab.

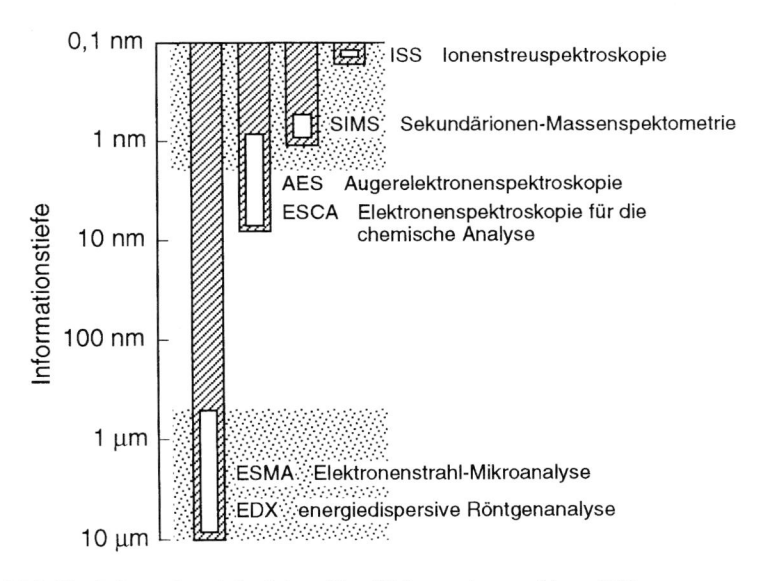

Bild 4.3-07   Informationstiefe einiger Oberflächenanalyseverfahren [21]

Wenn bei der Werkstoffauswahl statistisch gesicherte und zuverlässige Werte verlangt werden, bedeutet dies:
- Statistische Bestimmung des Probenumfangs,
- Anwendung geeigneter mathematischer Auswerteverfahren unter Berücksichtigung der Verteilungsfunktionen und

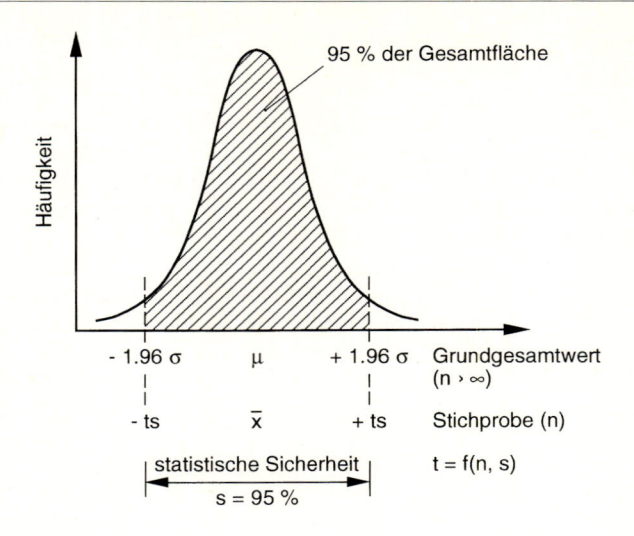

Bild 4.3-08 Normal- oder Gaußverteilung

Stichprobe
(gemessen und berechnet)

x_i = Meßwert
n = Zahl der Messungen
$\bar{x}$ = arithmetischer Mittelwert $\Rightarrow$ μ = Erwartungswert

$$\bar{x} = \frac{1}{n} \sum_{i=1}^{n} x_i$$

s^2 = Varianz $\Rightarrow$ σ^2 = Varianz

$$s^2 = \frac{1}{n-1} \sum_{i=1}^{n} (x_i - \bar{x})^2$$

s = Standardabweichung $\Rightarrow$ σ = Standardabweichung
$s = \sqrt{s^2}$
v = Varianzkoeffizient
$v = \dfrac{s}{\bar{x}}$

Grundgesamtheit
(geschätzt)

– Angabe der Versuchsergebnisse in statistisch abgesicherter Form: Verteilung, Mittelwert, Standardabweichung, Vertrauensbereich und Meßunsicherheit.

Die meisten Meßgrößen folgen der in Bild 4.3-08 dargestellten Normalverteilung, die entsteht, wenn auf eine Zielgröße viele kleine voneinander unabhängige Einflüsse, sogenannte Zufallseinflüsse, additiv einwirken. Aus den n Meßdaten wird der Mittelwert (x) bestimmt. Zur Kennzeichnung des Streubereiches von Werkstoffkennwerten finden die Varianz (s^2)

bzw. die daraus abgeleiteten Größen Standardabweichung (s) und Variationskoeffizient (v) Anwendung.

Die Werkstoffkennwerte werden an einer begrenzten Zahl der Proben bestimmt. Ist die Verteilungsfunktion für diese Stichprobe bekannt, kann unter Angabe von Vertrauensbereichen von der Stichprobe auf die Grundgesamtheit geschlossen werden. Aus der Verteilung der Zufallsgröße in der Grundgesamtheit kann die Verteilung der Schätzfunktion bestimmt werden. Daraus lassen sich Intervalle berechnen, in denen der gesuchte Parameter mit einer bestimmten Wahrscheinlichkeit liegt.

Die Ergebnisse, die anhand der Stichproben gewonnen werden, sind durch eine gewisse Ungenauigkeit gekennzeichnet. Das liegt daran, daß nur ein Teil der Gesamtheit untersucht und ausgewertet wird und daß Meßfehler jedem Meßprozeß eigen sind. Die gewünschte Genauigkeit wird durch die Angabe des Fehlers bestimmt, der für den Stichprobenschätzwert hingenommen wird. Es hängt von dem konkreten Fall ab, welche statistische Sicherheit als ausreichend anzusehen ist, d. h. welche Irrtumswahrscheinlichkeit im vorliegenden Fall zumutbar ist [22].

Für Festigkeitsprüfungen unter statischer Belastung sowie für physikalische und chemische Prüfverfahren liefern die Normalverteilung und die daraus gewonnenen Werte zuverlässige und zufriedenstellende Ergebnisse. Bei Prüfung der Dauerfestigkeit und insbesondere bei Lebensdauer- und Zuverlässigkeitsberechnungen muß mit anderen Verteilungen und anderen Begriffen, wie z. B. Bruch- oder Überlebenswahrscheinlichkeit gerechnet werden.

Mit der Einführung der Statistik in die Werkstoffprüfung hat sich gezeigt, daß einige genormte Prüfverfahren änderungsbedürftig sind. Das gilt besonders für das nach DIN 50100 genormte Prüfverfahren zur Ermittlung der Dauerfestigkeit [23].

In der Wöhlerkurve nach Bild 4.3-09a bestimmt die durch die ermittelten Meßwerte gelegte Ausgleichkurve den Wert der Dauerfestigkeit. Die zuverlässige Ermittlung der Dauerfestigkeit erfordert jedoch mehr als eine Wöhlerkurve sowie eine andere Interpretation der Meßergebnisse. Bei nur wenigen Proben pro Spannungsamplitude und geringer Probenzahl pro

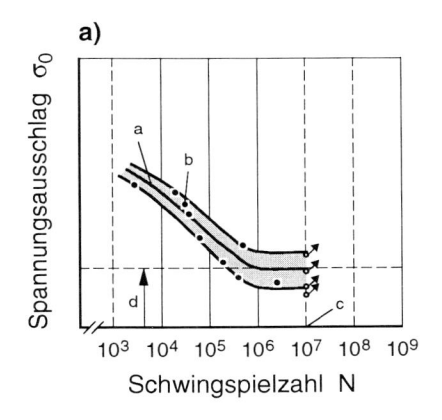

a   Ausgleichskurve
b   Streubereich
c   Grenzschwingspielzahl
d   Dauerschwingfestigkeit

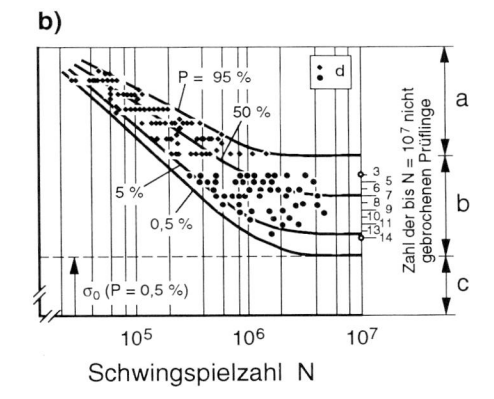

a   Zeitfestigkeitsgebiet
b   Übergangsgebiet
c   Dauerfestigkeitsgebiet
d   Brüche

Bild 4.3-09 Nach DIN 50100 ermitteltes Wöhler-Diagramm (a) und statistisch ausgewertetes Wöhlerfeld (b) [24]

Wöhlerkurve ist eine Verbesserung der Auswerteverfahrens dadurch möglich, daß aufgrund des beobachteten Verteilungsbildes der Versuchswerte zutreffende Verteilungsgesetze mit genügender Genauigkeit formuliert werden können [23]. So hat sich für die Auswertung von zeitaufwendigen und streuungsanfälligen Ermüdungsversuchen neben der herkömmlichen Normalverteilung, die arc sin P-Transformation durchgesetzt [23]. In dem Wöhlerfeld werden jetzt Zeitfestigkeits-, Übergangs- und Dauerfestigkeitsgebiete betrachtet (Bild 4.3-09b) [24].

Der werkstoffbezogene Prüfnachweis bezüglich der Zuverlässigkeit bei Komplexbeanspruchungen kann nur mit Hilfe der Statistik erfolgen. Dabei sind die folgenden Verteilungsfunktionen zum Modellieren der Lebensdauer von Bedeutung [25–27]:

– Normalverteilung, wenn der Schaden durch Alterungs- oder Verschleißprozesse auftritt,
– Weibull-Verteilung, wenn die Lebensdauer Alterungs- oder Verschleißprozessen unterliegt,
– Exponentialverteilung, wenn sich der Schaden zufällig ohne Ansammlung von ermüdungsähnlichen Effekten während der Betriebszeit ereignet sowie
– Lognormalverteilung, wenn die Berechnung der Lebensdauer nach Extrembelastungen erfolgt.

Die hier erwähnte Problematik der Werkstoffprüfung zeigt, daß vor der Ermittlung und Prüfung der Werkstoffeigenschaften eine kritische Überprüfung der Meß- und Auswertemethoden vorgenommen werden muß. Bei der Bestimmung der Qualitätsmerkmale gibt es keine allgemein gültige Methodologie zur Wahl einer Prüfmethode. Auch bei gleichartigen Werkstoffen können unterschiedliche Prüfnachweise erforderlich sein. Ihre Wahl hängt von der Funktion des Produktes ab. Trotz umfangreicher Normen und technischer Regeln bleibt das Festlegen geeigneter Prüfmethoden sowie die Beurteilung der Aussagefähigkeit von Prüfergebnissen, die kritische Bewertung von Toleranzgrenzen und letztlich die aus der Summe der Einzeldaten festzulegende Qualitätsstufe sachkundigen Spezialisten vorbehalten [10]. Die Lösung einer so komplexen Aufgabe setzt Teamarbeit voraus, in der die Konstruktion vorschreibt „was nötig ist", die Werkstofftechnik „was möglich ist" und die Qualitätssicherung „wie genau das Nötige und das Mögliche zu bestimmen ist".

4.4 Werkstoffkennwerte

Um mechanischen, chemischen oder thermischen Belastungen zu widerstehen, müssen Werkstoffe bestimmte Eigenschaften aufweisen, die meistens durch Kennwerte dargestellt sind. Anhand dieser Werte ist es möglich, Werkstoffe und Werkstoffgruppen zu vergleichen und die Werkstoffauswahl zu treffen. Die wichtigsten Werkstoffkennwerte zur Auslegung von Maschinen sind in Bild 4.4-01 zusammengefaßt.

Im Maschinen- und Apparatebau werden vorwiegend metallische Werkstoffe angewandt (Bild 4.4-02). Ihre chemische Zusammensetzung und ihre mechanischen Eigenschaften sind durch Normen vorgegeben. Nichtmetallische Werkstoffe sind weniger standardisiert. Ihre Eigenschaften sind im Vergleich zu metallischen Werkstoffen durch einen größeren Streubereich gekennzeichnet.

Zur Ermittlung der Werkstoffkennwerte stehen drei Quellen zur Verfügung:
– Literatur, Datenbanken, Regelwerke oder Normen,
– Prüfungsergebnisse sowie
– vom Hersteller gewährleistete Daten.

Jede der Quellen ist mit Unsicherheiten behaftet. Bei den in Literatur und Datenbanken vorhandenen Kennwerten fehlt oft die statistische Auswertung und die Angabe der Prüfbedingungen.

Werkstoffkennwert	Formelzeichen	Einheit
Thermische Eigenschaften		
• Längenausdehnungskoeffizient	α	$10^{-6}/K$
• spezifische Wärmekapazität	c	J/kgK
• Wärmeleitfähigkeit	λ	W/mK
• Schmelztemperatur	t_{sm}	°C
• spezifische Schmelzwärme	q	KJ/kg
• Schmelzindex	MFI	g/10 min
• Warmformbeständigkeit	T	°C
Elektrische Eigenschaften		
• spezifischer elektrischer Widerstand	ρ	$\Omega mm^2/m$
• Dielektrizitätszahl	ε_r	—
• dielektrischer Verlustfaktor	$\tan\delta$	—
• elektrische Durchschlagfestigkeit	E_d	kV/mm
• Oberflächenwiderstand	R_O	Ω
• spezifischer Durchgangswiderstand	ρ_D	Ω cm
Magnetische Eigenschaften		
• Permeabilitätszahl	μ_r	—
• magnetische Suszeptibilität	κ	—
Struktureigenschaften		
• Dichte	ρ	g/cm³
• Gitterkonstante	a	nm
Mechanische Eigenschaften		
• Elastizitätsmodul	E	N/mm²
• Schubmodul	G	N/mm²
• Kompressionsmodul	K	N/mm²
• Zugfestigkeit	R_m	N/mm²
• Streckgrenze	R_e	N/mm²
• obere Streckgrenze	R_{eH}	N/mm²
• untere Streckgrenze	R_{eL}	N/mm²
• Dehngrenze	R_p	N/mm²
• technische Elastizitätsgrenze	$R_{p0,01}$	N/mm²
• Streckspannung	σ_S	N/mm²
• Reißfestigkeit	σ_R	N/mm²
• Bruchdehnung	A	%
• Brucheinschnürung	Z	%
• Streckdehnung	ε_S	%
• Reißdehnung	ε_R	%
• Druckfestigkeit	σ_{dB}	N/mm²
• Bruchstauchung	ε_{dB}	%
• relative Bruchquerschnittvergrößerung	ψ_{dB}	%
• Quetschgrenze	σ_{dF}	N/mm²
• Biegefestigkeit	σ_{dB}	N/mm²
• Scherfestigkeit	τ_{aB}	N/mm²
• Zeitstandfestigkeit	$R_{m\,t/\vartheta}$	N/mm²
• Zeitdehngrenze	$R_{p\,\varepsilon/t/\psi}$	N/mm²
• Kerbzeitstandfestigkeit	$R_{mk\,t/\vartheta}$	N/mm²
• Zeitbruchdehnung	A_u	%
• Zeitbrucheinschnürung	Z_u	%
• DVM-Kriechgrenze	σ_{DVM}	N/mm²
• Relaxationswiderstand	$\sigma_{E/Zeit}$	N/mm²
• Kerbschlagarbeit	A_v	J
• Übergangstemperatur	$T_Ü$	°C
• Grenztemperatur NDT	T_{NDT}	°C
• Rißauffangtemperatur	T_{CAT}	°C
• Bruchzähigkeit	K_{IC}	N/mm$^{-3/2}$
• Dauerfestigkeit	σ_D	N/mm²
• Spannungsausschlag der Dauerfestigkeit	σ_A	N/mm²
• Wechselfestigkeit	σ_W	N/mm²
• Schwellfestigkeit	σ_{Schw}	N/mm²
• Brinellhärte	HB	—
• Rockwellhärte	HRC; HRB; HRA	—
• Vickershärte	HV	—
• Kugeldruckhärte	H	—
• Shorehärte	Shore A; Shore D	—
• Knoophärte	HK	—

Bild 4.4-01 Werkstoffkennwerte

Bei den von dem Werkstoffhersteller angegebenen mechanischen Eigenschaften handelt es sich meistens um Kennwerte aus dem Zugversuch. Für die allgemeinen Anwendungsfälle reichen diese Werte aus. Bei speziellen Anwendungen wird das Bauteilverhalten durch andere Kennwerte treffender beschrieben und damit sein Verhalten besser vorhersagbar.

Die Verschiedenartigkeit der Beanspruchungen erfordert verschiedene Kennwerte zur Beurteilung des Werkstoffverhaltens. Dies gilt insbesondere bei hohem Genauigkeitsanspruch.

Metallische Werkstoffe			Nichtmetallische Werkstoffe
Eisenwerkstoffe	**Leichtmetalle**	**Schwermetalle**	**Organische Werkstoffe**
Baustähle allgemeine Baustähle hochfeste Baustähle • Feinkornbaustähle • Einsatzstähle • Nitrierstähle • Vergütungsstähle • Kaltzähstähle • nichtrostende Stähle • warmfeste und hitzebeständige Stähle **Gußwerkstoffe** Stahlguß GS Hartguß GH Temperguß GT • schwarzer GT • weißer GTW Graues Gußeisen GG • mit Lamellengraphit GGL • mit Kugelgraphit GGK Sondergußeisen	**Aluminium und Aluminiumlegierungen** unlegiertes Aluminium Knetlegierungen • nicht aushärtbare: AlMn, AlMg • aushärtbare: AlCuMg, AlMgSi, AlZnMgCu Gußlegierungen • nicht aushärtbare: AlSi • aushärtbare: AlSiMg, AlSiCu **Magnesiumlegierungen** Knet- und Gußlegierungen: MgAlZn **Titan und Titanlegierungen** unlegiertes Titan α - Legierungen: TiAlSn, TiAlMo, ... β - Legierungen: TiVCrAl, ... α+β - Legierungen: TiAlV, TiAlMo, ...	**Kupfer und Kupferlegierungen** • unlegiertes und legiertes Kupfer Bronzen • klassische Bronzen • Phosphorbronze • Sonderbronzen (mit Al, Mn und/oder Al) Messing Sondermessing Neusilber **Nickel und Nickellegierungen** unlegiertes und legiertes Nickel Nickel-Kupfer-Legierungen warmfeste Legierungen hitze- und korrosionsbeständige Superlegierungen nickelhaltige Magnetwerkstoffe **Zinklegierungen** Zink-Druckguß: ZnAl	**Kunststoffe** Duromere Plastomere Elastomere **Faserverbundkunststoffe** mit Glasfasern mit Kohlenstoffasern mit Aramidfasern **Anorganische Werkstoffe** **Keramik** **Oxidkeramik** • reine Oxide • Oxid-Verbindungen Silikatkeramik • Silikate • Glaskeramik Nichtoxidkeramik • nichtmetallische Hartstoffe • metallische Hartstoffe

Bild 4.4-02 Die wichtigsten Gruppen der Konstruktionswerkstoffe von Maschinen

Bild 4.4-03 zeigt für typische Anwendungsfälle im Maschinen- und Apparatebau die vom Werkstoff zu erfüllenden Anforderungen sowie die entsprechenden Kennwerte.

In den allgemeinen Anwendungsfällen ist die Beanspruchung überwiegend mechanisch. Die Werkstoffe sind keinen aggressiven Medien ausgesetzt. Die Temperatur löst keine Veränderungen des Gefüges oder der Gestalt aus. Für solche Anwendungsfälle werden die Werkstoffe anhand ihrer Festigkeits-, Steifigkeits- oder Dehnungswerte gewählt. Von den in Bild 4.4-02 dargestellten Werkstoffgruppen finden wegen ihrer guten mechanischen Eigenschaften überwiegend die Eisenwerkstoffe Anwendung.

Während allgemeine Baustähle eine Zugfestigkeit von etwa 300 bis 800 N/mm^2 aufweisen, ist es möglich, durch entsprechende Wärmebehandlung bei ultrafesten Vergütungsstählen

Festigkeitswerte bis 2100 N/mm² zu erzielen [28, 29]. Die Stähle, die nicht durch das Härten und Vergüten sondern durch die Ausscheidung von intermetallischen Verbindungen ihre Härte und Festigkeit erreichen, weisen eine Zugfestigkeit von über 2400 N/mm² auf. Es wurde schon über Stähle dieser Gruppe berichtet, die eine Zugfestigkeit von über 3500 N/mm² haben [29]. Bild 4.4-04 zeigt die Werte der Zugfestigkeit für vierzig ausgewählte Konstruktionswerkstoffe.

Werkstoffanwendung	Anforderungen an Werkstoff	Werkstoffkennwerte, die das Verhalten unter Beanspruchungsbedingungen charakterisieren
Allgemeine Anwendung	Gewährleistung einer ausreichenden Festigkeit und Steifigkeit	• Kennwerte der Festigkeitsprüfungen unter verschiedenen Beanspruchungen: R_m, R_p, A_5, σ_D, σ_{dB}, E ... • Kerbschlagarbeit A_v • Bruchzähigkeit K_{IC}
Anwendung bei tiefen Temperaturen (-40 °C bis -250 °C)	Gewährleistung einer ausreichenden Sprödbruchsicherheit	• Kerbschlagarbeit A_v • Übergangstemperatur $T_Ü$ • Rißauffangtemperatur T_{NDT} • Grenztemperatur T_{CAT} • Bruchzähigkeit K_{IC}
Anwendung bei hohen Temperaturen (> 400 °C)	Gewährleistung einer ausreichenden Warmfestigkeit sowie Zunder- und Korrosionsbeständigkeit	• Zeitstandfestigkeit $R_{mt/\upsilon}$ • Zeitdehngrenze $R_{p\varepsilon/t/\psi}$ • Warmstreckgrenze $R_{p0,2}$ • Relaxationswiderstand $\sigma_{E/Zeit}$ • DVM-Kriechgrenze σ_{DVM} (Kennwerte ermittelt unter verschiedenen Beanspruchungen); für Zunder- und Korrosionsbeständigkeit: keine
Anwendung bei korrosiver Beanspruchung	Gewährleistung einer ausreichenden Korrosionsbeständigkeit	keine
Anwendung bei tribologischer Beanspruchung	Gewährleistung einer ausreichenden Verschleißbeständigkeit	keine

Bild 4.4-03 Anforderungen an Werkstoffe und deren Kennwerte für definierte Anwendungen

Leichtmetalle und Faserverbundkunststoffe finden Anwendung im Leichtbau. Dabei ist ihr Verhältnis zur Dichte, d.h. die in Bild 4.4-05 dargestellte spezifische Festigkeit und der in Bild 4.4-06 dargestellte spezifische Elastizitätsmodul, das Kriterium zur Werkstoffauswahl.
Bei der Werkstoffauswahl für dynamisch beanspruchte Bauteile sind die aus den Festigkeitsprüfungen unter dynamischer Beanspruchung ermittelten Werkstoffkennwerte maßgebend. Eine tribologisch beanspruchte Oberfläche setzt die Wahl verschleißfester Werkstoffe voraus.
Die chemische Zusammensetzung und die Kennwerte aus dem Zugversuch sind bei den metallischen Werkstoffen in den entsprechenden Normen angegeben. Ob diese Werte einge-

halten werden, läßt sich durch die entsprechenden Verfahren prüfen. Dabei kann es sich um die Mindestwerte oder um einen Toleranzbereich handeln. Am Beispiel der Vergütungsstähle soll die Problematik der vom Hersteller angegebenen Werkstoffkennwerte bei den genormten metallischen Werkstoffen dargestellt werden.

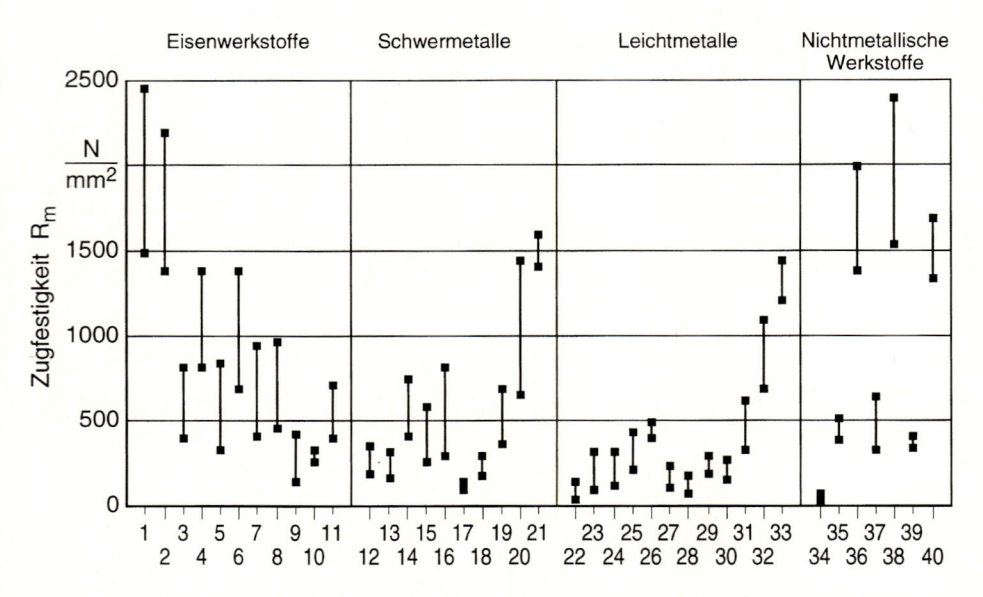

1 Ausscheidungsgehärtete Stähle; 2 Ultrahochfeste Vergütungsstähle (vergütet); 3 Vergütungsstähle (normalgeglüht); 4 Vergütungsstähle (vergütet); 5 Allgemeine Baustähle; 6 Korrosionsbeständige und warmfeste Stähle (kaltverfestigt); 7 Korrosionsbeständige und warmfeste Stähle (abgeschreckt); 8 Gußeisen mit Kugelgrafit GGG; 9 Gußeisen mit Lamellengrafit GGL; 10 Temperguß (ferritisch); 11 Temperguß (perlitisch und martensitisch); 12 Kupfer; 13 Gußmessing; 14 Gußsondermessing; 15 Kupfer-Zink-Knetlegierungen (Messing); 16 Bronzen; 17 Zink; 18 Zinklegierungen; 19 Nickel; 20 Superlegierungen au Nickel-Basis (Inconel, Hastelloy); 21 Superlegierungen auf Nickel-Basis (René); 22 Aluminium; 23 AlMg-Legierungen; 24 AlMgSi-Legierungen; 25 AlZnMg-Legierungen; 26 AlCuMg-Legierungen; 27 AlSi Gußlegierungen; 28 Magnesium; 29 Magnesiumlegierungen; 30 Magnesiumgußlegierungen; 31 Titan; 32 Titanlegierungen (geglüht); 33 Titanlegierungen (ausgehärtet); 34 Kunststoffe (Duromere, Plastomere); Ultrahochfeste Faserverbundkunststoffe: 35 mit 60 %-Vol. Glasfaser (quasi-isotrop), 36 mit 60 %-Vol. Glasfaser (unidirektional), 37 mit 60 %-Vol. Kohlenstoffaser (quasi-isotrop), 38 mit 60 %-Vol. Kohlenstoffaser (unidirektional), 39 mit 60 %-Vol. Aramidfaser (quasi-isotrop), 40 mit 60 %-Vol. Aramidfaser (unidirektional).

Bild 4.4-04   Zugfestigkeit der Konstruktionswerkstoffe

Die Vergütungsstähle werden hauptsächlich für dynamisch beanspruchte Bauteile hoher Festigkeit verwendet. Durch die Wärmebehandlung werden die Stahleigenschaften an die technischen Anforderungen angepaßt. In DIN EN 10083 sind die Toleranzen der Kennwerte angegeben.

Bild 4.4-07 zeigt für einige Vergütungsstähle die Festigkeits- und Dehnungskennwerte in vergütetem Zustand. Während die Zugfestigkeit R_m in einem Toleranzfeld angegeben ist, sind es für die Streckgrenze R_e, Bruchdehnung A_5, Brucheinschnürung Z und Kerbschlagarbeit A_V nur die minimal zu erzielenden Werte. Diese sind stark vom Querschnitt abhängig, so daß sich die angegebenen mechanischen Eigenschaften, wie in Bild 4.4-07 für einige Querschnitte dargestellt, nur auf die nach demselben Standard definierten Wärmebehandlungsquerschnitte beziehen.

Die Festigkeits- und Dehnungswerte sind von der Art des Härtens sowie der Anlaßtemperatur abhängig (Bild 4.4-08). Große Unterschiede in den erreichten Festigkeitswerten verdeutlichen, daß die Festigkeit-, Dehnungs- oder Zähigkeitskennwerte gezielt geändert werden können, gleichzeitig aber auch, daß dies nur unter streng kontrollierten Bedingungen möglich ist.

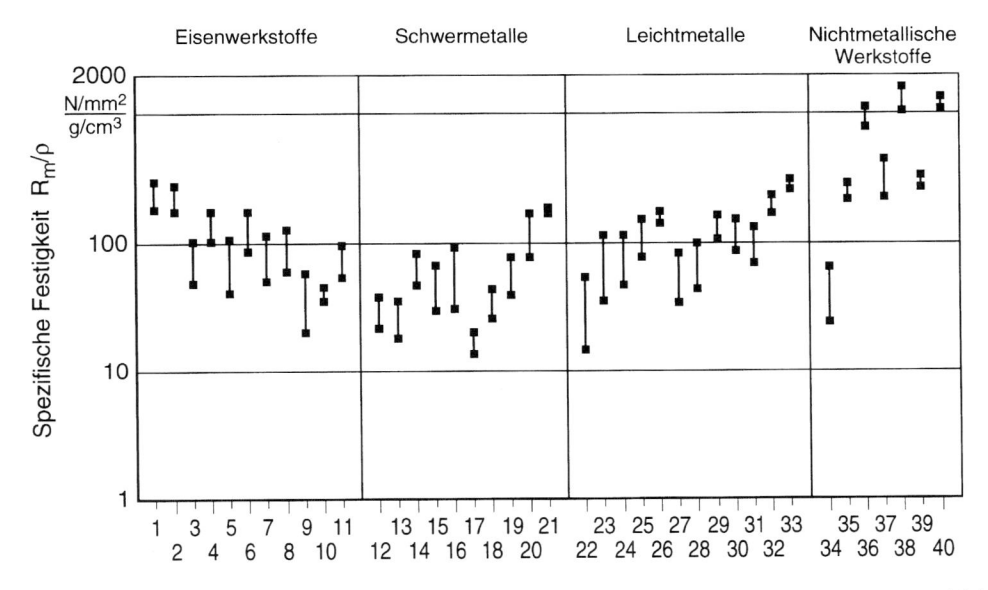

1 Ausscheidungsgehärtete Stähle; 2 Ultrahochfeste Vergütungsstähle (vergütet); 3 Vergütungsstähle (normalgeglüht); 4 Vergütungsstähle (vergütet); 5 Allgemeine Baustähle; 6 Korrosionsbeständige und warmfeste Stähle (kaltverfestigt); 7 Korrosionsbeständige und warmfeste Stähle (abgeschreckt); 8 Gußeisen mit Kugelgrafit GGG; 9 Gußeisen mit Lamellengrafit GGL; 10 Temperguß (ferritisch); 11 Temperguß (perlitisch und martensitisch); 12 Kupfer; 13 Gußmessing; 14 Gußsondermessing; 15 Kupfer-Zink-Knetlegierungen (Messing); 16 Bronzen; 17 Zink; 18 Zinklegierungen; 19 Nickel; 20 Superlegierungen au Nickel-Basis (Inconel, Hastelloy); 21 Superlegierungen auf Nickel-Basis (René); 22 Aluminium; 23 AlMg-Legierungen; 24 AlMgSi-Legierungen; 25 AlZnMg-Legierungen; 26 AlCuMg-Legierungen; 27 AlSi Gußlegierungen; 28 Magnesium; 29 Magnesiumlegierungen; 30 Magnesiumgußlegierungen; 31 Titan; 32 Titanlegierungen (geglüht); 33 Titanlegierungen (ausgehärtet); 34 Kunststoffe (Duromere, Plastomere); Ultrahochfeste Faserverbundkunststoffe: 35 mit 60 %-Vol. Glasfaser (quasi-isotrop), 36 mit 60 %-Vol. Glasfaser (unidirektional), 37 mit 60 %-Vol. Kohlenstoffaser (quasi-isotrop), 38 mit 60 %-Vol. Kohlenstoffaser (unidirektional), 39 mit 60 %-Vol. Aramidfaser (quasi-isotrop), 40 mit 60 %-Vol. Aramidfaser (unidirektional).

Bild 4.4-05 Spezifische Festigkeit der Konstruktionswerkstoffe

Da die Erzeugnisse aus Vergütungsstählen vorwiegend bei dynamischer Beanspruchung Anwendung finden, wären Kennwerte erwünscht, die dieses Verhalten beschreiben. Diese Eigenschaften werden jedoch nach den geltenden Normen nicht geprüft. Dem Konstrukteur bleibt die Möglichkeit, in Literatur oder Datenbanken die entsprechenden Werte zu finden. Diesen Werten fehlt jedoch in der Regel die statistische Sicherheit, so daß ihre Anwendung bei der Berechnung mit Vorsicht zu erfolgen hat.

In Bild 4.4-09 sind die Festigkeitswerte für die in Bild 4.4-07 erwähnten Vergütungsstähle bei statischer und schwingender Beanspruchung für die Beanspruchungsarten Zug, Biegung und Torsion angegeben [34]. Die Werte der Wechsel- und Schwellfestigkeit stellen das

Ergebnis der statistischen Analyse dar, so daß der Konstrukteur mit 90 % Sicherheit hinsichtlich der Überlebenswahrscheinlichkeit diese Werte in die Berechnung einführen kann. Es ist jedoch anzumerken, daß solche statistisch gesicherten Ergebnisse selten zu finden sind.

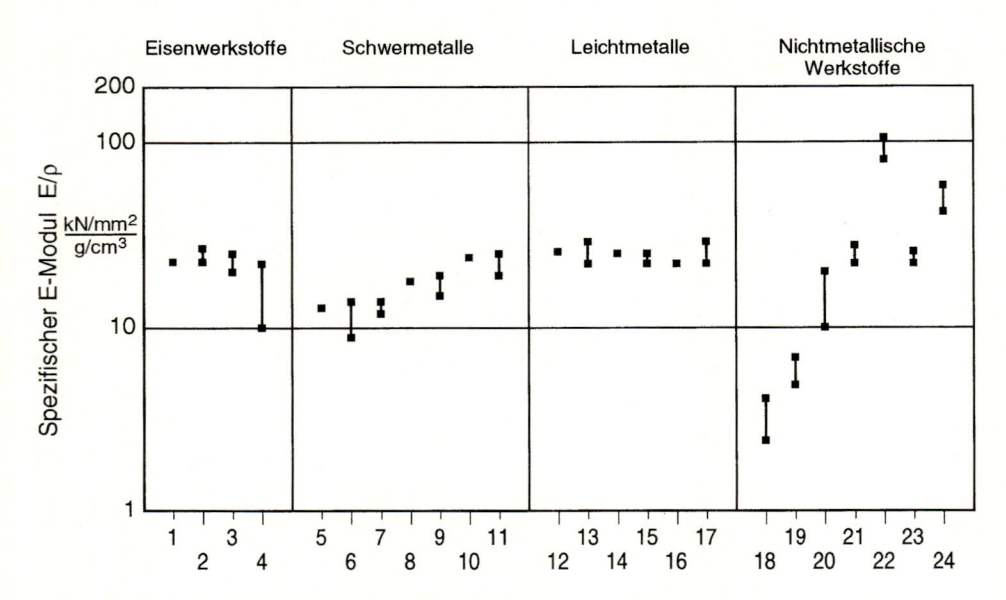

1 Eisen; 2 Stähle; 3 Gußeisen mit Kugelgrafit GGG; 4 Gußeisen mit Lamellengrafit GGL; 5 Kupfer; 6 Messing; 7 Bronzen; 8 Zink; 9 Zinklegierungen; 10 Nickel; 11 Superlegierungen auf Nickel-Basis; 12 Aluminium; 13 Aluminiumlegierungen; 14 Magnesium; 15 Magnesiumlegierungen; 16 Titan, 17 Titanlegierungen; 18 Kunststoffe (Duromere, Plastomere); Ultrahochfeste Faserverbundkunststoffe. 19 mit 60 %-Vol. Glasfaser (quasi-isotrop), 20 mit 60 %-Vol. Glasfaser (unidirektional), 21 mit 60 %-Vol. Kohlenstoffaser (quasi-isotrop), 22 mit 60 %-Vol. Kohlenstoffaser (unidirektional), 23 mit 60 %-Vol. Aramidfaser (quasi-isotrop), 24 mit 60 %-Vol. Aramidfaser (unidirektional).

Bild 4.4-06   Spezifischer Elastizitätsmodul der Konstruktionswerkstoffe

Im gleichen Bild sind auch die unter statischer Belastung ermittelten Festigkeitswerte angegeben. Während die Kennwerte bei der schwingenden Beanspruchung nach den statistischen Regeln ausgewertet und dargestellt sind, ist die Aussagefähigkeit der Festigkeitswerte bei der statischen Beanspruchung viel niedriger, da ihnen die statistische Sicherheit fehlt [34].

Die Bedeutung der Gußwerkstoffe spiegelt sich an ihren Eigenschaften. Bei der Normung und Prüfung der mechanischen Eigenschaften treten dadurch Probleme auf, daß die Werkstoffkennwerte in der Regel an den getrennt gegossenen oder angegossenen Proben ermittelt werden. Da die mechanischen Eigenschaften eines Gußstücks von der Gestalt und Größe stark abhängig sind, ist die Aussagefähigkeit der ermittelten Kennwerte stark vermindert. Die Eigenschaften eines Gußstücks können sich von den an den Proben ermittelten Kennwerten stark unterscheiden. Nach DIN 1690, „Technische Lieferbedingungen für Gußstücke aus metallischen Werkstoffen", muß sogar mit fehlerhaften Gußstücken gerechnet werden, da sich „bei Fertigung größerer Stückzahlen einzelne fehlerhafte Gußstücke nicht vermeiden lassen".

Werkstoffkennwerte 77

Stahlsorte Kurzname (Werkstoffnummer)	Mechanische Eigenschaften für maßgebliche Querschnitte														
	d < 16 mm oder t < 8 mm					16 mm < d < 40 mm oder 8 mm < t < 20 mm					40 mm < d < 100 mm oder 20 mm < t < 60 mm				
	R_e min	R_m	A min	Z min	A_v min	R_e min	R_m	A min	Z min	A_v min	R_e min	R_m	A min	Z min	A_v min
	N/mm²		%		J	N/mm²		%		J	N/mm²		%		J
2 C 35 (W. Nr. 1.1181)	430	630 bis 780	17	40	35	380	600 bis 750	19	45	35	320	550 bis 700	20	50	35
2 C 45 (W. Nr. 1.1191)	490	700 bis 850	14	35	25	430	650 bis 800	16	40	25	370	630 bis 780	17	45	25
34 Cr 4 (W. Nr. 1.7033)	700	900 bis 1100	12	35	35	590	800 bis 950	14	40	40	460	700 bis 850	15	45	40
34 CrMo 4 (W. Nr. 1.7220)	800	1000 bis 1200	11	45	35	650	900 bis 1100	12	50	40	550	800 bis 950	14	55	45
42 CrMo 4 (W. Nr. 1.7225)	900	1100 bis 1300	10	40	30	750	1000 bis 1200	11	45	35	650	900 bis 1100	12	50	35
36 CrNiMo 4 (W. Nr. 1,6511)	900	1100 bis 1300	10	45	35	800	1000 bis 1200	11	50	40	700	900 bis 1100	12	55	45
50 CrV 4 (W. Nr. 1.8159)	900	1100 bis 1300	9	40	30	800	100 bis 1200	10	45	30	700	900 bis 1100	12	50	30

Bild 4.4-07 Mechanische Eigenschaften einiger Vergütungsstähle nach DIN EN 10083 in vergütetem Zustand

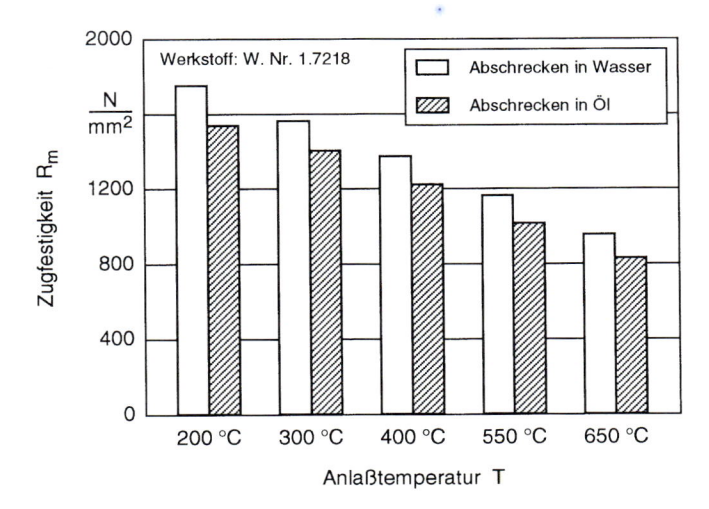

Bild 4.4-08 Zugfestigkeit eines Vergütungsstahls in Abhängigkeit vom Abschreckmittel und der Anlaßtemperatur [29]

Stahlsorte Kurzname	Statische Werkstoffkennwerte in N/mm²				Wechselfestigkeitswerte in N/mm² (für 90 % Überlebenswahrscheinlichkeit)		
	Zug		Biegung	Torsion	Zug	Biegung	Torsion
	R_m min	$R_{p0,2}$ min	σ_{bF} min	τ_F	σ_{zdW}	σ_{bW}	τ_W
C 35	650	420	540	270	250	310	180
C 45	750	480	620	310	300	370	210
40 Mn 4	900	650	720	410	350	430	260
34 Cr 4 34 CrMo 4	1000	800	880	440	390	490	280
42 CrMo 4 36 CrNiMo	1100	900	980	500	420	520	310
50 CrV 4	1200	1000	1080	540	440	550	340

Bild 4.4-09   Festigkeitskennwerte einiger Vergütungsstähle bei statischer und schwingender Beanspruchung [34]

Beispielhaft werden hier die nach DIN 1725 genormten Aluminium-Gußlegierungen dargestellt. Nach der Norm sollen die in Bild 4.4-10 genannten Werte für die Werkstoffeigenschaften bei der Abnahmeprüfung eingehalten werden. Für die getrennt gegossenen Proben ist ein Bereich für die Kennwerte $R_{p0,2}$, R_m, A_5 und Brinellhärte angegeben. Einzuhalten sind die Mindestwerte des Bereiches. Die eingeklammerten Werte gelten für angegossene Proben. Laut Norm zeigen die in dem Bereich angegebenen Werte „die Leistungsfähigkeit der Legierung und den werkstoff- und gießbedingten Streubereich auf. Der jeweilige Höchstwert dient dem Konstrukteur zur Information und ist für die Abnahmeprüfung nicht bindend. Bei günstigen gießtechnischen Voraussetzungen und entsprechendem gießtechnischen Aufwand können diese Werte auch im Gußstück oder Teilbereichen davon erreicht werden." Diese Streuung ist durch die Inhomogenitäten des Gußwerkstoffs sowie durch die starke Abhängigkeit der Eigenschaften von Gestalt und Form des Gußwerkstücks bedingt.

Als hochfeste Konstruktionswerkstoffe finden immer mehr Faserverbundkunststoffe Anwendung. Je nach Art und volumetrischem Anteil der Faser ist es möglich, die Festigkeit und den Elastizitätsmodul für eine Beanspruchungsrichtung zu bestimmen. So erfolgt die Berechnung der Festigkeit in unidirektionaler Richtung aus den Werten der Festigkeit einzelner Komponenten, R_{mF} für Faser und R_{mm} für Matrix, und ihrem volumetrischen Anteil, v_F für Faser und v_M für Matrix, nach der Formel:

$$R_{mK} = R_{mF} \cdot v_F + R_{mM} \cdot v_M. \tag{01}$$

Während der so berechnete Elastizitätsmodul mit dem gemessenen in der Regel übereinstimmt, kann es bei den geprüften Festigkeitswerten zu erheblichen Abweichungen von den berechneten Werten kommen. Ursachen sind Fehler in der Herstellungsphase, eine erhöhte Wahrscheinlichkeit des Fließens bei größeren Bauteilen und inkorrekte Faserorientierung [31]. Die Abweichungen können aber auch durch eine große Streuung der Festigkeitswerte einzelner Fasern verursacht werden.

Bild 4.4-11 zeigt die Streuung der Zugfestigkeit für zwei kommerzielle Glasfasertypen [31]. Wird z. B. die Zugfestigkeit eines Komposits aus Epoxidharz mit 60 Vol.-% Glasfaser vom Typ S 994, deren Mittelwert der Zugfestigkeit 4800 N/mm² beträgt, berechnet, beträgt sie 2900 N/mm². Wegen eines großen Streubereichs kann aber auch ein Wert von 1800 N/mm² erwartet werden. Da es sich um ein Komposit handelt, das nur bei den höchsten Beanspruchungen angewendet wird, ist die Unsicherheit der Festigkeitswerte nicht zu akzeptieren.

Werkstoffkennwerte 79

Stahlsorte		Gießverfahren und Lieferzustand	0,2-Grenze $R_{p\,0,2}$ N/mm²	Zugfestigkeit R_m N/mm²	Bruchhärte A_5 %	Brinellhärte HB 5/250	Dichte kg/dm³ ≈	Zusammensetzung Massenanteile in %		Zugehöriges Blockmetall nach DIN 1725 Teil 5
Kurzname	Nummer							Legierungsbestandteile	Zulässige Beimengen max.	
G-AlSi12	3.2581.01	Sandguß Gußzustand	70 bis 100 (70)	150 bis 200 (140)	5 bis 10 (3)	45 bis 60 (45)	2,65	Si 10,5 bis 13,5 Mn 0,001 bis 0,4 Al Rest	Cu 0,05 Fe 0,5 Mg 0,05 Ti 0,15 Zn 0,1 Sonstige: einzeln 0,05 insgesamt 0,15	GB-AlSi12 3.2521 230 A
G-AlSi12g	3.2581.44	Sandguß geglüht und abgeschreckt	70 bis 100 (70)	150 bis 200 (140)	6 bis 12 (5)	45 bis 60 (45)				
GK-AlSi12	3.2581.02	Kokillenguß Gußzustand	80 bis 110 (80)	170 bis 230 (150)	6 bis 12 (3)	50 bis 65 (50)				
GK-AlSi12g	3.2581.45	Kokillenguß geglüht und abgeschreckt	80 bis 110 (80)	170 bis 230 (160)	6 bis 12 (4)	50 bis 65 (50)				
G-AlSi12(Cu)	3.2583.01	Sandguß Gußzustand	80 bis 100 (80)	150 bis 210 (140)	1 bis 4 (1)	50 bis 65 (50)	2,65	Si 10,5 bis 13,5 Mn 0,1 bis 0,5 Al Rest	Cu 1,0 Fe 0,8 Mg 0,3 Ni 0,2 Pb 0,2 Sn 0,1 Ti 0,15 Sonstige: einzeln 0,05 insgesamt 0,15	GB-AlSi12(Cu) 3.2523 231 A
GK-AlSi12(12)	3.2583.02	Kokillenguß Gußzustand	90 bis 120 (90)	180 bis 240 (160)	2 bis 4 (1)	55 bis 75 (55)				
G-AlSi10Mg	3.2381.01	Sandguß Gußzustand	80 bis 110 (70)	160 bis 210 (150)	2 bis 6 (2)	50 bis 60 (50)	2,65	Si 9,0 bis 11,0 Mg 0,2 bis 0,5 Mn 0,001 bis 0,4 Al Rest	Cu 0,05 Fe 0,5 Ti 0,15 Zn 0,1 Sonstige: einzeln 0,05 insgesamt 0,15	GB-AlSi10Mg 3.2331 239 A
G-AlSi10Mg von	3.2381.61	Sandguß warmausgehärtet	180 bis 260 (170)	220 bis 320 (200)	1 bis 4 (1)	80 bis 110 (75)				
GK-AlSi10Mg	3.2381.02	Kokillenguß Gußzustand	90 bis 120 (90)	180 bis 240 (180)	2 bis 6 (2)	60 bis 80 (60)				
GK-AlSi10Mg von	3.2381.62	Kokillenguß warmausgehärtet	210 bis 280 (190)	240 bis 320 (220)	1 bis 4 (1)	85 bis 115 (80)				

Bild 4.4-10 Aluminiumgußlegierungen für allgemeine Verwendung nach DIN 1725/2

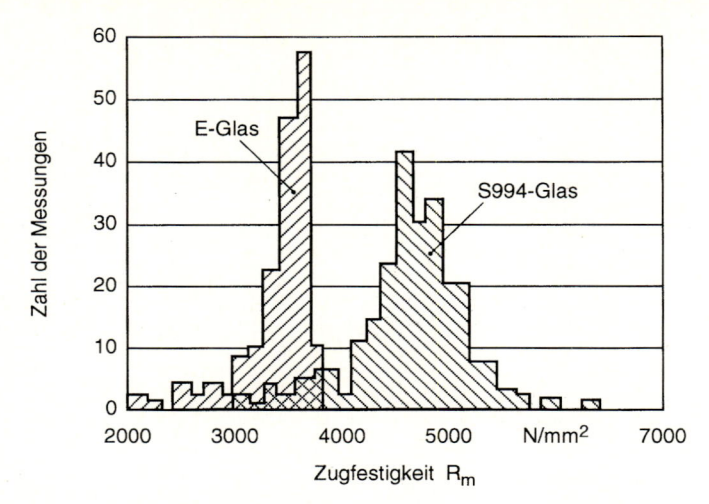

Bild 4.4-11 Streuung von Zugfestigkeitswerten von zwei kommerziellen Glasfasern [31]

Das Problem liegt darin, daß bei Fasereigenschaften sowohl die von dem Faserhersteller angegebenen als auch die in der Literatur vorhandenen Werte in der Regel ohne Streubereich vorliegen.

Bei tiefen Temperaturen sind Kennwerte über Zähigkeit und Sicherheit gegen Sprödbruch von Bedeutung. Diese Anforderungen werden am besten von kaltzähen Stählen erfüllt. Von metallischen Werkstoffen finden auch Aluminium-Knetlegierungen sowie Kupfer, Messing und Titan und Titanlegierungen Anwendung. Die Anwendung von Kunststoffen und besonders von Faserverbundkunststoffen bei tiefen Temperaturen ist nur für spezielle Fälle bekannt.

Wie in Bild 4.4-03 dargestellt, ist die Gewährleistung einer ausreichenden Sprödbruchsicherheit wichtig für die Werkstoffe, die bei tiefen Temperaturen angewendet werden. Die Werkstoffauswahl kann nur auf der Grundlage von Werkstoffkennwerten erfolgen, die das Bauteilverhalten bei der jeweiligen Betriebstemperatur hinsichtlich des Zähigkeitsverhaltens beschreiben. Neben der Kerbschlagarbeit A_V und der Übergangstemperatur $T_Ü$ sind es in erster Linie Grenztemperaturen N_{DT} und C_{AT} sowie die Bruchzähigkeit K_{IC} [2].

Als kaltzähe Stähle gelten nach DIN 17280 die Stähle, für die ein Mindestwert der Kerbschlagarbeit von 27 J an ISO-Spitzkerbproben bei einer Temperatur von –60 °C oder tiefer im Lieferzustand angegeben wird. Die Anforderungen an die mechanischen Eigenschaften beziehen sich jedoch auf die Kennwerte des Zugversuchs bei Raumtemperatur. Für die Anwendung dieser Stähle bei tiefen Temperaturen sind diese Kennwerte nicht ausreichend. Die Kennwerte, die das Verhalten des Werkstoffs bei Betriebstemperaturen unter –60 °C vorhersagen lassen, sind in Bild 4.4-03 angegeben. Als Zähigkeitsnachweis ist nach DIN 17280 jedoch nur die Kerbschlagarbeit A_V vorgesehen. Bild 4.4-12 zeigt die gestellten Anforderungen an den Mindestwert der Kerbschlagarbeit einiger kaltzäher Stähle.

Der Kerbschlagbiegeversuch erfolgt an drei ISO-Spitzkerbproben. Laut Norm gilt die Anforderung als erfüllt, wenn der Mittelwert aus drei Proben dem Mindestwert entspricht. Dabei darf aber ein Einzelwert den angegebenen Mindestwert um 30 % unterschreiten. Für die Anwendung dieser Stähle bei tiefen Temperaturen ist der durch die Norm gelieferte Nachweis nicht zufriedenstellend. Gerade in den Fällen, bei denen das Versagen durch Sprödbruch hervorgerufen werden kann, ist die Absicherung der Ergebnisse durch die stati-

Werkstoffkennwerte   81

Stahlsorte Kurzname	Werkstoffnummer	Wärmebehandlungszustand	Erzeugnisdicke s oder Durchmesser d mm	Probenrichtung	Mindestwert der Kerbschlagarbeit in J bei Prüftemperatur in °C													
					-196	-180	-140	-120	-110	-100	-90	-80	-70	-60	-50	-40	-20	+20
26 CrMo 4	1.7219	H + A	s ≤ 50	längs										40	40	45	50	60
			d ≤ 75	quer/tangential											27	30	35	40
	1.6212		50 < s ≤ 70	längs											40	40	50	60
			75 < d ≤ 105	quer/tangential											27	27	35	40
11 MnNi 5 3	1.6217	N oder N + A	s ≤ 70	längs										40	45	50	55	70
13 MnNi 6 3	1.6228		d ≤ 105	quer/tangential										27	30	35	40	45
14 NiMn 6		N oder N + A oder H + A	s ≤ 30	längs								40	45	50	50	60	65	65
			d ≤ 45	quer/tangential								27	30	35	35	40	45	45
			30 < s ≤ 50	längs									40	45	50	50	60	65
			45 < d ≤ 75	quer/tangential									27	30	35	35	40	45
10 Ni 14	1.5637	N oder N + A oder H + A	s ≤ 30	längs						40		50	50	50	55	55	60	65
			d ≤ 45	quer/tangential						27	30	35	35	35	35	40	45	45
			30 < s ≤ 50	längs								40	45	50	50	55	55	65
			45 < d ≤ 75	quer/tangential								27	30	35	35	35	40	45
			50 < s ≤ 70	längs								40	45	50	50	50	55	65
			75 < d ≤ 105	quer/tangential								27	30	35	35	35	40	45

Bild 4.4-12   Anforderungen an die Kerbschlagarbeit beim Kerbschlagbiegeversuch an ISO-Spitzkernproben nach DIN 17280

Stahlsorte		Maßgeblicher Wärme-behandlungs-durchmesser mm	Streck-grenze N/mm² mindestens	Zugfestig-keit N/mm²	Bruchdehnung ($L_0 = 5 \cdot D_0$) % mindestens			Kerbschlagarbeit ISO-V-Proben J mindestens		0,2 % - Dehngrenze bei Temperatur N/mm² mindestens								
Kurzname	Werk-stoff-nummer				T	Q	L	L	T+Q	20 °C	100 °C	150 °C	200 °C	250 °C	300 °C	350 °C	400 °C	450 °C	500 °C
C 22.8	1.0460	bis 60	250	410 bis 540	25	23	20	44	31	250	237	216	190	170	150	130	110	90	150
		über 60 bis 105	240	410 bis 540	25	23	20	44	31	240	230	210	185	165	145	125	100	80	140
		über 105 bis 225	230	410 bis 540	25	23	19	44	31	230	220	200	175	155	135	115	90	70	135
		über 225 bis 375	210	400 bis 520	25	21	19	40	27	210	200	180	160	140	125	105	85	65	130
		über 375 bis 750	200	400 bis 520	25	21	19	40	27	200	190	170	155	135	115	100	80	60	125
17 Mn 4	1.0481	bis 750	250	460 bis 550	23	21	21	40	27	250	225	210	180	165	150	135	120	100	
20 Mn 5 N	1.1133	bis 750	260	490 bis 610	22	20	20	40	27	260	245	225	210	190	170	150	130	105	
20 Mn 5 V	1.1133	bis 375	295	490 bis 610	23	21	21	44	35	295	270	255	235	215	195	175	155	130	
		über 375 bis 750	275	490 bis 610	23	21	21	44	35	275	260	240	220	200	180	160	140	115	
15 Mo 3	1.5415	bis 60	295	440 bis 570	23	21	21	50	34	295	264	245	225	205	180	170	160	155	150
		über 60 bis 90	285	440 bis 570	23	21	21	50	34	285	250	230	210	195	170	160	150	145	140
		über 90 bis 150	275	440 bis 570	23	21	21	50	34	275	240	220	200	185	160	155	145	140	135
		über 150 bis 375	265	440 bis 570	23	21	21	50	34	265	235	210	190	175	150	145	140	135	130
		über 375 bis 750	250	420 bis 550	23	21	21	50	34	250	220	200	180	165	145	140	135	130	125
13 CrMo 4 4	1.7335	bis 60	300	480 bis 630	22	20	20	60	50	300	275	260	245	240	230	215	205	195	185
		über 60 bis 90	290	480 bis 630	22	20	20	60	50	290	265	250	235	230	220	205	195	185	175
		über 90 bis 150	275	460 bis 610	22	20	20	60	50	275	255	240	225	220	210	195	185	175	165
		über 150 bis 375	265	450 bis 600	22	20	20	60	50	265	245	230	215	200	200	185	175	165	155
		über 375 bis 750	240	430 bis 580	22	20	20	60	50	240	225	215	205	200	190	175	165	155	145
14 MoV 6 3	1.7715	bis 60	320	490 bis 690	20	18	18	40	31	320	300	285	270	255	230	215	200	185	170
		über 60 bis 90	310	490 bis 690	20	18	18	35	27	310	290	275	260	245	220	205	190	175	160
		über 90 bis 300	300	490 bis 690	20	18	18	30	24	300	280	265	250	235	210	195	180	165	150

Bild 4.4-13 Mechanische Eigenschaften bei Raumtemperatur und Mindestwerte der 0,2%-Dehngrenze bei erhöhter Temperatur einiger warmfester Stähle nach DIN 17243

stische Analyse notwendig. Dafür sind nach der Norm vorgeschriebene drei Proben jedoch nicht ausreichend. Um die Sicherheit einer Konstruktion bei den tiefen Betriebstemperaturen zu gewährleisten, werden oft zusätzliche Prüfungen der anzuwendenden Werkstoffe benötigt. Art und Umfang der Prüfung soll der Konstrukteur mit dem Werkstoffspezialisten und der Qualitätskontrolle vereinbaren.

Die bei hohen Temperaturen angewandten Werkstoffe müssen eine ausreichende Warmfestigkeit aufweisen. Da die Umgebung durch die anwesenden Gase oder Chemikalien die Werkstoffoberfläche in vielen Fällen auch korrosiv beansprucht, wird eine ausreichende Korrosionsbeständigkeit verlangt. Für hohe Betriebstemperaturen werden am häufigsten die warm- und hochwarmfesten Stähle genutzt. Bei starker korrosiver Beanspruchung werden zunehmend Titanlegierungen angewandt. Mit steigender Temperatur kommen vorwiegend die Superlegierungen auf Nickel- oder Cobalt-Basis zum Einsatz. Verschiedene Keramiksorten zeichnen sich durch eine hohe thermische und chemische Beständigkeit aus. Auch sie werden in speziellen Fällen als Konstruktionswerkstoffe bei hohen Temperaturen angewandt.

Die in Bild 4.4-03 dargestellten Werkstoffkennwerte beschreiben das Bauteilverhalten bei hohen Temperaturen, bei denen ein deutliches Kriechen zu erwarten ist. Dies sind die Zeitstandfestigkeit und Zeitdehngrenze. In einigen Fällen ist auch der Relaxationswiderstand von Bedeutung. Bei niedrigeren Temperaturen mit nur geringem Kriechverhalten ist Warmstreckgrenze $R_{p0,2}$ für die jeweilige Temperatur ausreichend. Dabei sind nicht nur die Kennwerte aus dem Zugversuch wichtig, sondern auch die aus den anderen Festigkeitsprüfungen ermittelten Werkstoffkennwerte.

Wie in jeder Anwendungsgruppe gibt es auch im Bereich hoher Temperaturen genormte und nicht genormte Werkstoffe. Die an genormte warmfeste Stähle gestellten Anforderungen sind in DIN 17243 angegeben (Bild 4.4-13).

Bei diesen Stählen bezieht sich die Abnahmeprüfung für mechanische Eigenschaften auf Zugversuch, Härteprüfung und Kerbschlagbiegeversuch bei Raumtemperatur sowie Nachweis der 0,2%-Dehngrenze bei erhöhter Temperatur. Dabei wird für Zugversuche eine Probe pro Schmelze genommen. Für die Prüfung der Kerbschlagarbeit sind drei Proben vorgesehen.

Im Anwendungsfall ist jedoch das Verhalten unter konstanter Beanspruchung bei erhöhten Temperaturen von Bedeutung. Die Werte der Langzeit-Warmfestigkeit sind als Anhaltsangaben in den Normen vorhanden. Das Bild 4.4-13 zeigt die mechanische Eigenschaften bei Raumtemperatur sowie die Zeitstandfestigkeit und 0,2%-Dehngrenze einiger warmfester Stähle. Diese sind als Mittelwerte des bisher erfaßten Streubereiches angegeben und werden nach Vorliegen weiterer Versuchsergebnisse von Zeit zu Zeit überprüft und erneuert. Über den Streubereich ist in den Normen folgendes zu finden: „Nach den bisher zur Verfügung stehenden Unterlagen aus Langzeit-Standversuchen kann angenommen werden, daß die untere Grenze dieses Streubereiches bei den angegebenen Temperaturen für die angeführten Stahlsorten um etwa 20 % tiefer liegt als der angegebene Mittelwert." Eine statistische Auswertung der Ergebnisse fehlt jedoch.

Für die Arbeitsgenauigkeit einer Maschine ist ihre thermische Stabilität von entscheidender Bedeutung. Diese Abhängigkeit von der Temperatur wird durch den in Bild 4.4-14 dargestellten Längenausdehnungskoeffizienten verdeutlicht. Dabei sind die Werte nicht nur für hohe Temperaturen wichtig, sondern in jedem Bereich, in dem infolge der Temperaturänderung die Änderung der Abmessungen bedeutungsvoll sein kann.

Bei korrosiver Beanspruchung können nur solche Werkstoffe angewandt werden, die eine ausreichende Beständigkeit gegen das korrosiv wirkende Medium haben. Da es sich um eine Systemeigenschaft handelt, ist es nicht möglich, allein durch einen Werkstoffkennwert das Bauteilverhalten unter korrosiver Beanspruchung zu beschreiben.

84 Genauigkeit der Werkstoffeigenschaften

Die Korrosionsbeständigkeit wird bei metallischen Werkstoffen durch das Gefüge sowie bei Kunststoffen durch den chemischen Aufbau der Makromoleküle und durch ihre Struktur bestimmt.

Die Prüfung der Korrosionsbeständigkeit ist bei einigen Werkstoffen normgemäß vorgesehen. Die Aussagefähigkeit dieser Prüfung ist jedoch nicht hoch. So wird z. B. für die nach DIN 17440 genormten nichtrostenden Stähle die Beständigkeit gegen interkristalline Korrosion geprüft. Die durch das Prüfverfahren nach DIN 50914 bestimmte Beständigkeit wird qualitativ als „ja" oder „nein" gegeben mit der Anmerkung: „Das Verhalten der nichtrostenden Stähle gegen Korrosion kann durch Versuche im Laboratorium nicht eindeutig gekennzeichnet werden. Es empfiehlt sich daher, auf vorliegende Betriebserfahrungen zurückzugreifen."

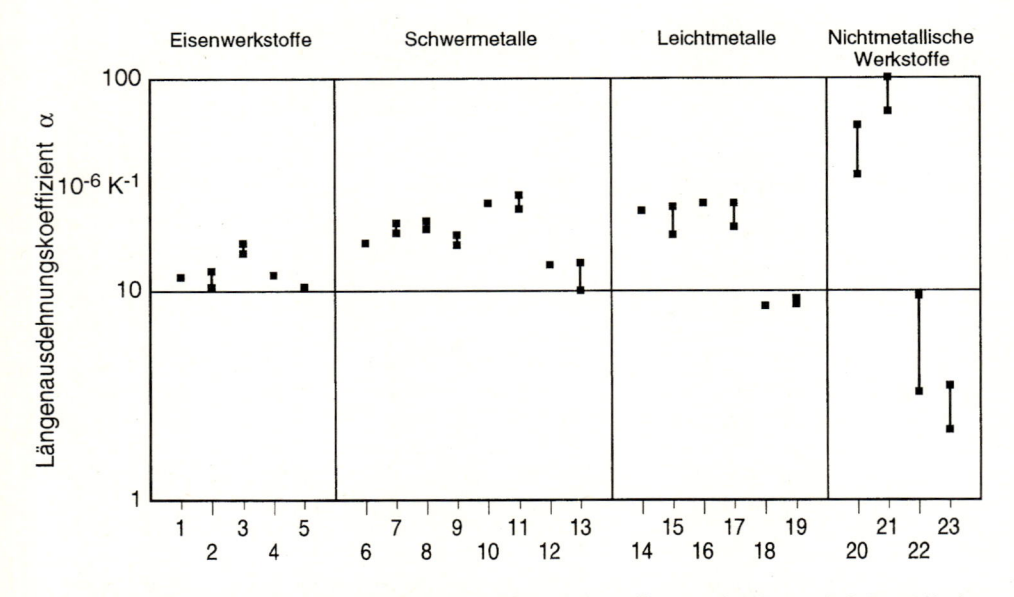

1 Eisen; 2 Ferritische und martensitische Stähle; 3 Austenitische Stähle; 4 Temperguß; 5 Graues Gußeisen; 6 Kupfer; 7 Messing; 8 Manganbronzen; 9 Aluminium- und Phosphorbronzen; 10 Zink; 11 Zinklegierungen; 12 Nickel; 13 Superlegierungen auf Nickel-Basis; 14 Aluminium; 15 Aluminiumlegierungen; 16 Magnesium; 17 Magnesiumlegierungen; 18 Titan; 19 Titanlegierungen; 20 Kunststoffe (Duromere); 21 Kunststoffe (Plastomere); 22 Glas-, Oxid- und Nitridkeramik; 23 Tonkeramische Werkstoffe.

Bild 4.4-14 Längenausdehnungskoeffizienten der Konstruktionswerkstoffe

Um das Bauteilverhalten unter korrosiver Beanspruchung vorhersagen zu können, sind Prüfungen nötig, deren Bedingungen denen in der Praxis ähnlich sind.

Auch bei tribologischer Beanspruchung sind die Anforderungen an den Werkstoff nur allgemein zu definieren. Die Gewährleistung einer ausreichenden Verschleißbeständigkeit ist für die Genauigkeit einer Maschine außerordentlich wichtig, läßt sich jedoch durch einen einzigen Werkstoffkennwert nicht vermitteln.

Die Beanspruchung setzt die Prüfung des tribologischen Systemverhaltens unter Bedingungen voraus, die der Praxis entsprechen.

Die Anforderungen, die an genormte Werkstoffe gestellt werden und hier am Beispiel einiger Anwendungsfälle dargestellt wurden, zeigen deutlich, mit welcher Unsicherheit der Konstrukteur einen Werkstoff für bestimmte Beanspruchungsbedingungen wählt. Als Quellen der Unsicherheit von Werkstoffkennwerten sind zusammenfassend zu sehen:
- Die vom Hersteller einzuhaltenden und zu prüfenden Werkstoffkennwerte sind in einem breiten Toleranzfeld oder nur als minimale oder maximale Werte angegeben.
- Die genormten Prüfbedingungen sind hinsichtlich ihrer statistischen Sicherheit unzureichend. Die Anforderungen gelten als erfüllt, wenn der geforderte Wert durch einen kleinen Prüfumfang, manchmal nur durch eine Probe, bestätigt wurde.
- Die Anforderungen an die mechanischen Eigenschaften beziehen sich in den meisten Fällen auf die Kennwerte aus dem Zugversuch, was nicht immer ausreichend ist.

Um die Genauigkeit und Sicherheit der zur Berechnung benötigten Werkstoffkennwerte zu erhöhen, ist es empfehlenswert, mit dem Werkstoffhersteller die Durchführung der Prüfung im einzelnen zu vereinbaren. In allen Fällen, in denen durch die zur Verfügung stehenden Werkstoffkennwerte das Bauteilverhalten unter den realen Beanspruchungsbedingungen nicht zu vermitteln ist, müssen entsprechende Prüfungen durchgeführt werden.

Literatur zu Kapitel 4

[1] *Burr, A.; Habig, K.-H.; Harsch, G.; Kloos, K. H.*: In: *Beitz, W.; Küttner, K. H. (Hrsg.)*: Taschenbuch für den Maschinenbau. Dubbel. Springer Verlag, Berlin, Heidelberg, New York 1982
[2] *Schatt, W. (Hrsg.)*: Werkstoffe des Maschinen-, Anlagen- und Apparatebaus. VEB Deutscher Verlag für Grundstoffindustrie, Leipzig 1987
[3] *Habig, K.-H.*: Grundlagen des Verschleißes unter Berücksichtigung der Verschleißmechanismen. In: „Reibung und Verschleiß von Werkstoffen, Bauteilen und Konstruktionen". Expert Verlag, Grafenau 1982
[4] *Habig, K.-H.; Czichos, H.*: Eine auf der Systemanalyse von Reibungs- und Verschleißvorgängen aufbauende Methodik zur Auswahl von tribotechnischen Werkstoffen. Z. f. Werkstofftechnik 7 (1976), S. 247–251
[5] *Hutchings, I. M.*: Tribology: Friction and Wear of Engineering Materials. Edward Arnold, London 1992
[6] *Bargel, H.-J.; Schulze, G.*: Werkstoffkunde. VDI-Verlags GmbH, Düsseldorf 1978
[7] *N. N.*: Metals Handbook. Desk Edition, ATM Metals Park, Ohio, USA 1985
[8] *Schatt, W. (Hrsg.)*: Einführung in die Werkstoffwissenschaft. VEB Deutscher Verlag für Grundstoffindustrie, Leipzig 1983
[9] *Kosteckij, B. I.*: Grundlage und Komplexverfahren für Problemlösung in der Tribologie. Schmierungstechnik 21 (1990) 4, S. 111–113
[10] *Gräfen, H.*: Qualitätssicherungskonzept. VDI Berichte 600.5. VDI-Verlag GmbH, Düsseldorf 1989
[11] *Stüdemann, H.*: Werkstoffprüfung und Fehlerkontrolle in der Metallindustrie. Carl Hanser Verlag, München 1962
[12] *Macherauch, T.*: Praktikum in Werkstoffkunde. Vieweg, Braunschweig, Wiesbaden 1983
[13] *N. N.*: Tool and Manufacturing Engineers Handbook. Volume I, Machining. SME, Dearborn, Michigan, USA 1983
[14] *Domke, W.*: Werkstoffkunde und Werkstoffprüfung. Verlag W. Giradet, Essen 1981
[15] *Budinski, K. G.*: Laboratory Testing Methods for Solid Friction. In: „ASM Handbook, Volume 18, Friction, Lubrication and Wear Technology". Metals Park, Ohio, USA 1992

[16] *Czichos, H.:* Basic Tribological Parameters. In: „ASM Handbook, Volume 18, Friction, Lubrication and Wear Technology". Metals Park, Ohio, USA 1992
[17] *Javor-Sander, M.:* Beschichtung von Funktionsflächen im Arc-PVD-Prozeß. Dissertation TU Berlin 1994 Reihe Produktionstechnik – Berlin, Carl Hanser Verlag
[18] *Habig, K.-H.:* Chemical vapor deposition and physical vapor deposition coatings: Properties, tribological behaviour and application. J. Vac. Technol. A4 (6), 11/12 1986, S. 2822–2843
[19] *Manory, R. R.:* Optimization of Deposition Parameters for Desired Mechanical and Frictional Properties of Reactively Sputtered TiNx Films. Surface Engineering 4 (1988) 4, S. 309–315
[20] *Reiners, G.:* Werkstoffprüfung von Oberflächen. Ingenieur-Werkstoffe 2 (1990) 6, S. 57–61
[21] *Hantsche, H.:* Grundlagen der Oberflächenanalyseverfahren AES/SAM, ESCA (XPS), SIMS und ISS im Vergleich zur Röntgenmikroanalyse und deren Anwendung in der Materialprüfung. Microscopica Acta. 87 (1983) 2, S. 97–128
[22] *Cochran, W. G.:* Stichprobenverfahren. De Gruyter, Berlin, New York 1972
[23] *Dengel, D.:* Empfehlungen für statistische Abschätzung des Zeit- und Dauerfestigkeitsverhaltens von Stahl. Mat.-wiss. u. Werkstofftech. 20 (1989), S. 73–81
[24] *Dengel, D.:* Werkstoffprüfung. In: „Handbuch der Fertigungstechnik, Band 4/2". Hrsg.: Spur, G. und Stöferle, Th.: Carl Hanser Verlag, München, Wien 1987
[25] *Czichos, H.:* Concepts of Reliability and Wear: Failure Modes. In: „ASM Handbook, Volume 18, Friction, Lubrication and Wear Technology". Metals Park, Ohio, USA 1992
[26] *Fleischer, G.; Gröger, H.; Thum, H.:* Verschleiß und Zuverlässigkeit. VEB Verlag Technik, Berlin 1980
[27] *Holfeld, A.:* Verschleiß- und Verschleißlebensdauerbestimmung auf statistischer Grundlage. Schmierungstechnik, Berlin 20 (1989) 6, S. 167–171
[28] *N. N.:* ASM Metals Reference Book. American Society for Metals. Metals Park, Ohio, USA 1983
[29] *N. N.:* Metals Handbook, Volume 1, 10th Edition. Properties and Selection: Irons, Steels and High-Performance Alloys. American Society for Metals. Metals Park, Ohio, USA 1990
[30] *N. N.:* Metals Handbook, Volume 2, 10th Edition. Properties and Selection: Nonferrous Alloys and Special-Purpose Materials. American Society for Metals. Metals Park, Ohio, USA 1990
[31] *N. N.:* Engineering Materials Handbook, Volume 1. Composites. ASM International. Metals Park, Ohio, USA 1988
[32] *Spur, G.:* Keramikbearbeitung. Carl Hanser Verlag, München, Wien 1989
[33] *Oberbach, K.:* Kunststoff-Kennwerte für Konstrukteure. Carl Hanser Verlag, München, Wien 1989
[34] *TGL 19 340:* Ermüdungsfestigkeit, Dauerfestigkeit der Maschinenbauteile, Teil 2, Werkstoff-Festigkeitskennwerte, 03/83.

5 Genauigkeit der Bauteilgeometrie

5.1 Allgemeines

Die Geometrie ist ein Teilgebiet der Mathematik. Sie ist definiert als Lehre von den Eigenschaften der Figuren, unabhängig von deren Lage in der Ebene oder im Raum.

Bauteile sind als Funktionselemente von Maschinen durch Stoff und Form bestimmt. Die konstruktive Formung der Teile ist funktionsmäßig begründet. Ihre Darstellung erfolgt geometrisch nach den Regeln der Zeichnungsnormen.

Wir sprechen von der Bauteilgeometrie als Zusammenfassung aller geometrischen Formen, die aus funktionalen Gründen im konstruktiven Gestaltungsprozeß entwickelt werden (Bild 5.1-01).

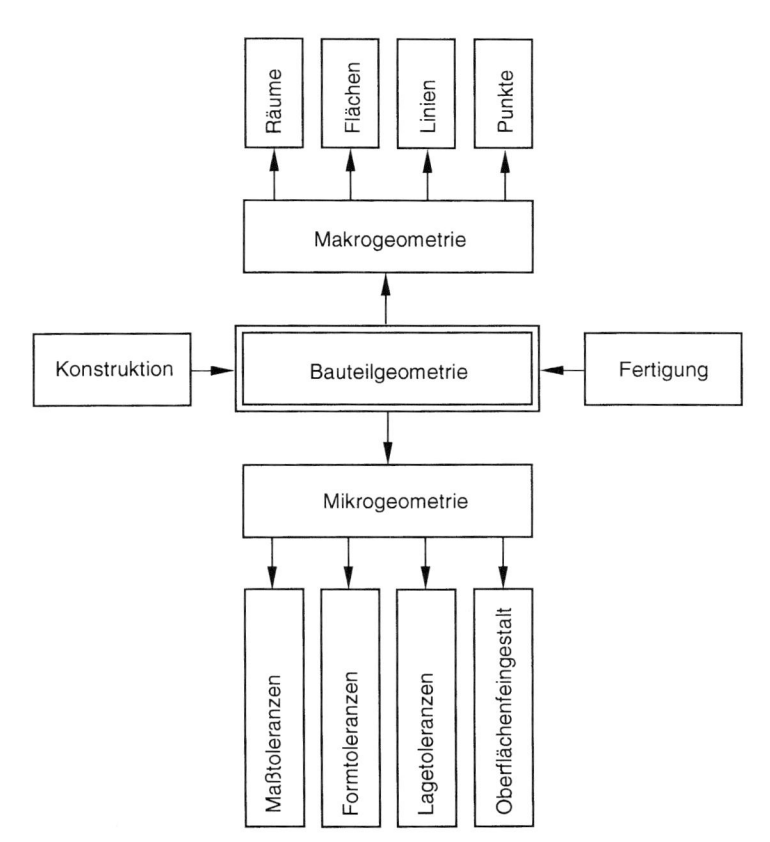

Bild 5.1-01   Topologie der Bauteilgeometrie

Hierbei wird zwischen der Makrogeometrie und der Mikrogeometrie unterschieden. Beide haben als Wirkgeometrie ihre Funktionsbedeutung. Makrogeometrische Elemente von Bauteilen sind Räume, Flächen, Linien und Punkte. Der mikrogeometrische Bereich der Bauteile bezieht sich auf die Oberflächenzone und erfaßt die Maß-, Lage- und Formtoleranzen sowie die Oberflächenfeingestalt.

Während in der Geometrie als allgemeine Bezeichnung für jedes beliebige Raumgebilde der Begriff Figur verwendet wird, spricht man in der Technik bevorzugt von Bauteilen oder Baukörpern und schließt dabei ihre geometrische und stoffliche Bestimmtheit ein.

Die Geometrie eines Teils ist als ganzheitliche Funktionsform aus einer Zusammenfassung funktionsorientierter Formelemente entstanden. Es handelt sich dabei um raumgeometrische Konfigurationen von Funktionselementen.

Bauteile sind überwiegend als geometrische Ordnungen des Raumes zu definieren, für die sich analytisch faßbare Gesetzmäßigkeiten angeben lassen [1].

Im Gegensatz zu mathematisch nicht beschreibbaren Kurven und Körpern setzen sich geometrische Ordnungen aus Einzelpunkten, stetig differenzierbaren Kurven und Regelflächen zusammen. Sonderfälle sind alle Kurven und Flächen, die als geometrischer Ort für eine vorgegebene Bedingung gefunden werden. Hierzu zählen in der Ebene beispielsweise Gerade, Kreis, Ellipse, Parabel, Hyperbel und Spirale sowie im Raum die Ebene, Zylinderfläche, Kugelfläche, Kegelfläche, Torusfläche und Schraubfläche.

Elementare Ordnungen werden alle Gebilde genannt, die geometrische Elemente sind oder sich aus geometrischen Elementen zusammensetzen und eine in der Planimetrie oder Stereometrie definierte verbale Benennung tragen.

Komplexe Ordnungen sind solche, in denen sich Elemente an anderen Punkten als ihren Endpunkten berühren, schneiden oder durchdringen. Sie lassen sich auf eine Summe von elementaren Ordnungen zurückführen, die sich anlagern, überlagern oder durchdringen. Dabei ist die Zerlegung nicht immer eindeutig.

Die Gesetzmäßigkeit des Aufbaus einer Ordnung wird das Bildungsgesetz einer Ordnung genannt. Es beschreibt die Entstehung einer Ordnung als Folge von Einzeloperationen mit Elementen als Bausteine oder als Folge der Bewegung eines Punktes oder Elementes [1].

Die geometrische Genauigkeit der Bauteile ist auf die Genauigkeit der einzelnen Geometrieelemente zurückzuführen. Im Maschinenbau sind folgende Flächenelemente zu unterscheiden:

– Planflächen,
– Zylinderflächen,
– Schraubflächen,
– Wälzflächen und
– Freiformflächen.

Nach ihrer räumlichen Lage werden diese wiederum unterschieden nach
– Innenflächen und
– Außenflächen.

Nach ihrer räumlichen Gestalt lassen sich die Bauteile grob klassifizieren in
– Rotationsteile,
– Prismateile,
– Flachteile,
– Stangenteile und
– Komplexteile.

Nach ihrer Größe unterscheidet man
– Großteile,
– Mittelteile
– Kleinteile,
– Feinteile und
– Mikroteile.

Nach fertigungstechnischen Gesichtspunkten lassen sich pragmatisch folgende Gruppen angeben:
- Gußteile,
- Sinterteile,
- Massivteile,
- Blechteile,
- Bearbeitungsteile,
- Fügeteile,
- Beschichtungsteile und
- Wärmebehandlungsteile.

Unter Berücksichtigung geeigneter Einteilungsgesichtspunkte lassen sich nach den Methoden der Werkstücksystematik Klassifizierungssysteme für Bauteile entwickeln [2 bis 5].

Ein von Opitz mit Unterstützung des Vereins Deutscher Werkzeugmaschinenfabriken entwickeltes Klassifizierungssystem wurde 1965 eingeführt [2, 5]. Der Aufbau ist in Bild 5.1-02 dargestellt. Der Formenschlüssel beschreibt mit fünf Stellen die geometrische Grundform. Der Ergänzungsschlüssel enthält in seiner vierten Stelle Angaben über die Genauigkeit.

Die Klassifizierungssysteme enthalten auch Definitionen von Ordnungsbegriffen verschiedener Arten von Bauteilen.

Normteile sind solche Teile, die durch zugelassene Normen und Richtlinien in Form, Maß und Werkstoff bestimmt sind.

Einzelteile sind solche Teile, die aus einem Zusammenhalt mit gleichem Urformprozeß bestehen und nur durch einen zerstörenden Trennvorgang in weitere Einzelteile geteilt werden können. Sie sind in Form, Maß und Werkstoff durch Zeichnungen bestimmt.

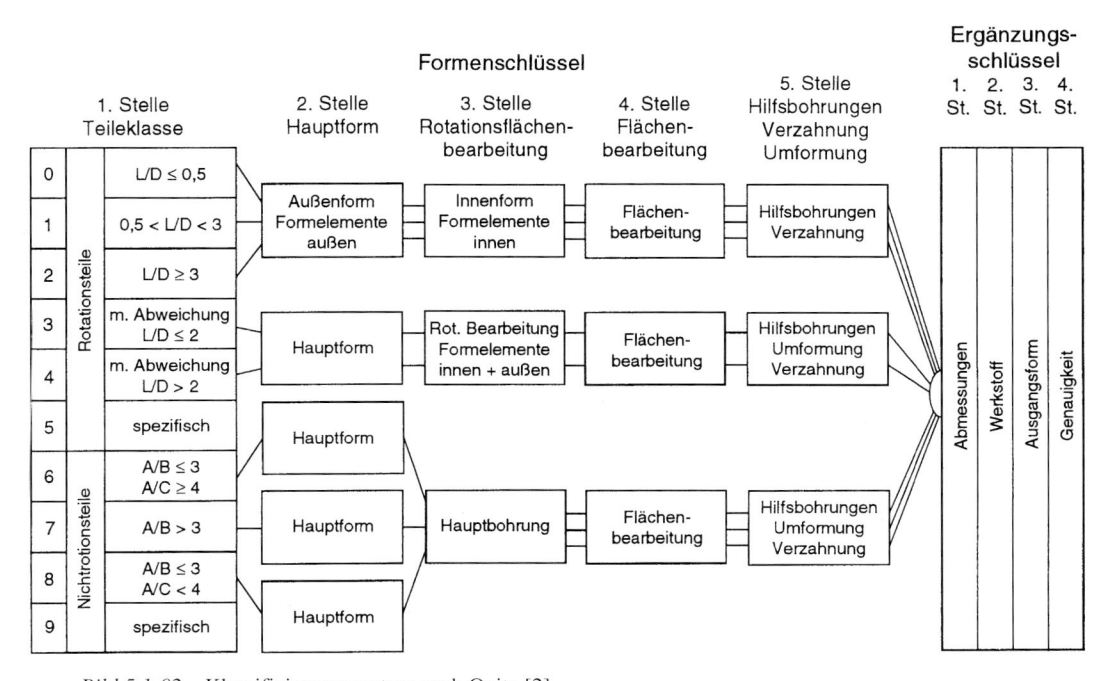

Bild 5.1-02 Klassifizierungssystem nach Opitz [2]

Fügeteile sind solche Teile, die aus mehreren Einzelteilen bestehen, aber unlösbar oder bedingt lösbar durch Fügeverfahren miteinander verbunden sind.

Gruppenteile sind solche Teile, die aus mehreren Einzelteilen bestehen, aber lösbar durch Fügeverfahren miteinander verbunden sind.

Ähnlichkeitsteile sind solche Teile, für die auf der Grundlage einer geometrischen und technologischen Ähnlichkeit verwendbare Fertigungsunterlagen vorhanden sind.

Wiederholteile sind solche Teile, deren Weiterverwendung auf der Grundlage vollständig vorhandener Konstruktions- und Fertigungsunterlagen möglich ist.

Im Konstruktionsprozeß entsteht die Geometrie eines Bauteils zunächst in idealer Gestalt. Aus fertigungstechnischen Gründen müssen alle geometrischen Maße jedoch toleriert, d.h. die für eine einwandfreie Funktion noch zugelassenen Abweichungen vom Idealmaß angegeben werden.

Es werden neben den allgemeinen Maßtoleranzen zusätzlich Form- und Lagetoleranzen sowie die Toleranzen der Oberflächenfeingestalt unterschieden. Außerdem sind Toleranzen für die Schraubgeometrie und Verzahnungsgeometrie entwickelt worden.

Von großer Bedeutung ist für die Entwicklung von Toleranzssystemen, daß die Bauteilfunktion gewährleistet ist. Maßabweichungen, insbesondere Form- und Lageabweichungen, beeinträchtigen die Funktion eines Bauteils.

Um dem Konstrukteur einen Anhalt für die zweckmäßige Wahl der Toleranzen zu ermöglichen, wurde von Ickert als Zusammenstellung von Erfahrungswerten ein „Genauigkeitsatlas für Maschinenelemente" vorgeschlagen [6].

Die Funktionalität technischer Bauteile wird durch Wahl der Werkstoffe und durch ihre geometrische Form bestimmt. Letztere ist insbesondere durch die geometrische Begrenzung gekennzeichnet. Diese wird Oberfläche eines Körpers genannt.

Es handelt sich also um Funktionsoberflächen, die besonderen Beanspruchungen ausgesetzt sind. Sowohl unter chemischen als auch physikalischen Gesichtspunkten lassen sich Unterschiede der Werkstoffbeschaffenheit zwischen der Oberfläche und dem Werkstoffinneren beschreiben. Bild 5.1-03 zeigt schematisch den Aufbau metallischer Oberflächenzonen [7]. Die äußere Grenzschicht ist eine Reaktionsschicht, die durch das umgebene Medium bestimmt wird. Diese ist als Adsorptionsschicht wirksam.

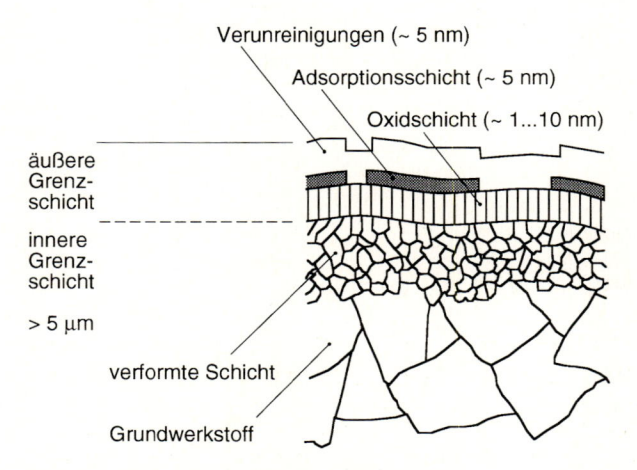

Bild 5.1-03 Schematischer Aufbau metallischer Oberflächen [7]

Toleranz ist der für ein Maß vorgegebene zulässige Wertebereich. Die Schwierigkeit besteht darin, den mit der Funktion eines Maßes verbundenen Wertebereich zu optimieren.

Jede Maßtoleranz ist hinsichtlich ihrer Funktion zu überprüfen und zu begründen. Dies geschieht im „Tolerance Review" entweder im Dialog mit Fachkollegen oder in Form einer Konferenz mit Protokollierung. Eine solche Überprüfung kann dem allgemeinen „Design Review" im Rahmen des Qualitätsmanagements zugeordnet sein.

Toleranzen können nachteilig gewählt werden, wenn sie zu weit oder zu eng sind. Zu weite Toleranzen führen zu Funktionsmängeln, zu enge Toleranzen zu hohen Kosten. Da zu enge Toleranzen für den Konstrukteur mehr Funktionssicherheit gewährleisten, wird von ihm eine solche Tendenz bevorzugt. Unsicherheit und schlechte Information lassen sogenannte „Angsttoleranzen" entstehen, die ein Produkt erheblich verteuern können. Zu enge Toleranzen begünstigen die Ausschußquote.

Die in Bild 5.1-04 beispielhaft dargestellten Abweichungen sind ein Teil der geometrischen Fehler am Werkstück [8]. Hierzu gehören

– Maßabweichungen,
– Formabweichungen,
– Lageabweichungen und
– Rauheitsabweichungen.

Die Rauheitsabweichungen sind in die Oberflächenfeingestalt eingeschlossen, die sich unterteilt in

– Formabweichungen,
– Welligkeit und
– Rauheit.

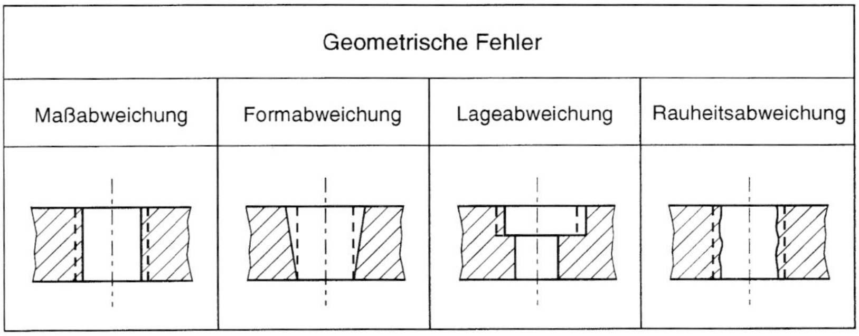

Geometrische Fehler			
Maßabweichung	Formabweichung	Lageabweichung	Rauheitsabweichung

Bild 5.1-04 Geometrische Abweichungen bei Bohrungen

Eine Formabweichung bezieht sich immer auf eine einzige geometrische Fläche. Da ein Werkstück meist aus mehreren Flächen zusammengesetzt ist, muß die Formabweichung für jede Fläche einzeln betrachtet werden [6].

Die Lageabweichung bezieht sich auf die gegenseitige Lage verschiedener Flächen zueinander. Sie kann an einem Werkstück oder aber auch in Baugruppen betrachtet werden.

Die Konstruktion von Maschinen muß die Funktionalität trotz Abweichungen vom Sollmaß der einzelnen Formelemente sichern. Hierbei ergänzen sich Theorie und Praxis: „Wer zur Bestimmung brauchbarer Grenzwerte zunächst nur rechnet, muß zu der irrigen Überzeugung kommen, daß allein die Herstellung absolut genauer Stücke, ohne Zulassung von Abweichungen, Austauschbarkeit sichert. Absolute Genauigkeit ist aber nie erreichbar, man muß

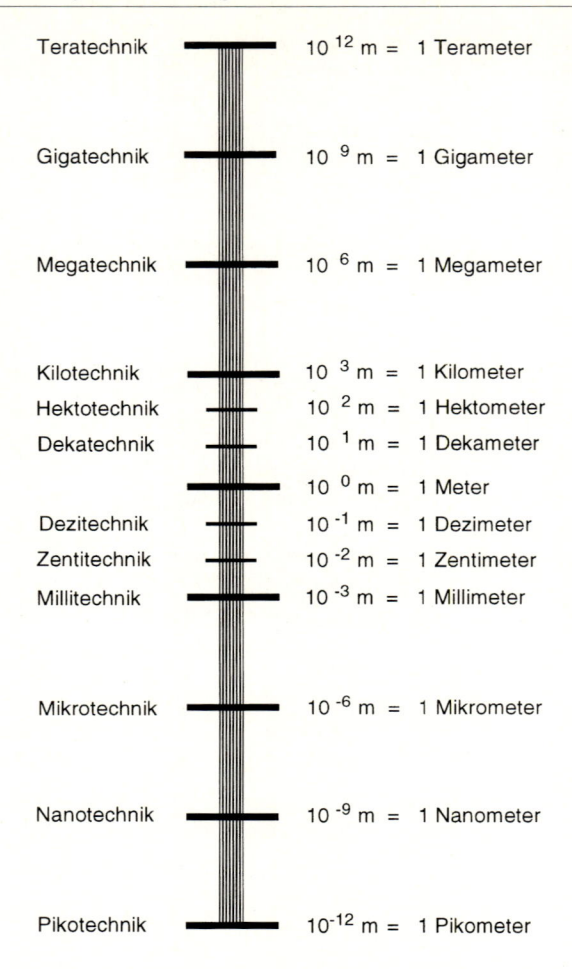

Teratechnik	10^{12} m =	1 Terameter
Gigatechnik	10^{9} m =	1 Gigameter
Megatechnik	10^{6} m =	1 Megameter
Kilotechnik	10^{3} m =	1 Kilometer
Hektotechnik	10^{2} m =	1 Hektometer
Dekatechnik	10^{1} m =	1 Dekameter
	10^{0} m =	1 Meter
Dezitechnik	10^{-1} m =	1 Dezimeter
Zentitechnik	10^{-2} m =	1 Zentimeter
Millitechnik	10^{-3} m =	1 Millimeter
Mikrotechnik	10^{-6} m =	1 Mikrometer
Nanotechnik	10^{-9} m =	1 Nanometer
Pikotechnik	10^{-12} m =	1 Pikometer

Bild 5.1-05   Technologische Bandbreiten geometrischer Genauigkeit

sich mit dem praktisch Brauchbaren begnügen, und ist daher auf den Versuch angewiesen. Durch den Versuch und seine unanfechtbaren Erfolge bei der Übertragung auf die Praxis konnten durch reine Empirie Resultate gewonnen werden, die der Wissenschaft eine feste Unterlage zum Weiterbauen verschaffen. Es ist hier der Nachweis geführt worden, daß ganz bestimmte Abweichungen vom absoluten Maß durchaus zulässig sind, und das größte Genauigkeit und Billigkeit und Schnelligkeit in der Fabrikation sehr wohl Hand in Hand gehen können." Diese Worte schrieb Schlesinger als Schlußbemerkung in seiner Dissertation „Die Passungen im Maschinenbau" im Jahre 1904 [9]. Bemerkenswert ist, daß diese Dissertation nach 12 Jahren im Jahre 1917 in zweiter Auflage im VDI-Verlag nachgedruckt wurde, was die damalige Bedeutung dieser Arbeit wie aber auch des Themas für die industrielle Verwirklichung des Austauschbaus deutlich macht.

Genauigkeit, das war auch das Thema der folgenden Jahrzehnte. Die Beherrschung des Hundertstels, der Angriff auf das Tausendstel war das hohe Lied der Fertigungstechnik.

Geometrische Genauigkeit hat einen Bezug zum Messen und damit auch zu den Maßeinheiten. Die gruppenweise zusammengefaßten Zehnerpotenzen von Maßeinheiten bilden Bandbreiten.

Bild 5.1-05 zeigt die Bandbreiten der geometrischen Genauigkeit, wie sie sich aus technologischer Sicht einordnen lassen. Im Maschinenbau wird als Grundmaßeinheit Millimeter gewählt. Die Nennmaße liegen im allgemeinen in einem Bereich, den wir Millitechnik nennen können. Die Toleranzmaße liegen im allgemeinen in einem Bereich, den wir Mikrotechnik nennen. Der Bereich unter 10 Mikrometer wäre als Präzisionstechnik zu definieren. Der Maßbereich unter 1 Mikrometer, also die Nanotechnik, wäre als Bereich der Ultrapräzisionstechnik zu definieren.

5.2 Maßtolerierung

Die Bemaßung der Einzelteile in Werkstattzeichnungen erfolgt nach den Normen über das Zeichnungswesen [1, 2]. Aus wirtschaftlichen und technologischen Gründen, aber auch aus prinzipieller Notwendigkeit müssen für alle Maßangaben Grenzbedingungen der zulässigen Abweichungen vom Nennmaß festgelegt werden. Diese Grenzbedingungen werden als Maßtoleranz angegeben.

Die Tolerierung von Maßen ist eine wichtige Aufgabe im Konstruktionsprozeß. Bei jeder Form der Geometriemodellierung stellt sich die Frage nach der zulässigen Abweichung von den Idealwerten. Toleranzen sind wichtige Vermittler zwischen Funktionsanforderungen und fertigungstechnischen Kriterien.

Die Maßtoleranz ist die Differenz zwischen einem zulässigen Größtmaß und einem zulässigen Kleinstmaß. Man kann sie auch als geduldete Abweichung vom Nennmaß deuten.

Die Maßtolerierung von Bauteilen ist in ein international genormtes Toleranz- und Paßsystem eingeordnet. Mit Herausgabe der DIN ISO 286 T1 und T2 [3] im November 1990 wurden die entsprechenden bis dahin gültigen DIN-Normen ersetzt (Bild 5.2-01).

Die Berechnungsgrundlagen und Tabellenwerte sind unverändert in die DIN ISO eingeflossen, einige Benennungen und Definitionen sind geändert worden, z. B. Toleranzklasse, Toleranzfeld. Der Begriff „Qualität" wurde durch „Toleranzgrad", der Begriff „Toleranzeinheit" wurde durch „Toleranzfaktor" ersetzt.

bisherige DIN-Norm	neue DIN-ISO-Norm
DIN 7150 Teil 1	DIN ISO 286 Teil 1
DIN 7151	DIN ISO 286 Teil 1, Tabelle 1
DIN 7152	DIN ISO 286 Teil 1, Tabellen 2 und 3
DIN 7160	DIN ISO 286 Teil 2, Tabellen 17 bis 32
DIN 7161	DIN ISO 286 Teil 2, Tabellen 2 bis 16
DIN 7172 Teil 1 (bis Nennmaß 3150 mm)	DIN ISO 286 Teil 1, Tabelle 1
DIN 7172 Teil 2 (bis Nennmaß 3150 mm)	DIN ISO 286 Teil 2, Tabellen 3 bis 29
DIN 7172 Teil 3 (bis Nennmaß 3150 mm)	DIN ISO 286 Teil 1
DIN 7182 Teil 1	DIN ISO 286 Teil 1, Abschnitt 4 (teilweise und modifiziert)

Bild 5.2-01 Gliederung der DIN ISO 286, Nov. 1990 [3]

Es gelten folgende Begriffe und Definitionen nach DIN ISO 286 T1 (Bilder 5.2-02 bis 5.2-05):

Maß:
Eine Zahl, die in einer bestimmten Längeneinheit den Wert eines Längenmaßes ausdrückt.

Nennmaß:
Das Maß, von dem die Grenzmaße mit Hilfe der oberen und unteren Abmaße abgeleitet werden.

Istmaß:
Als Ergebnis von Messungen festgestelltes Maß.

Grenzmaß:
Die beiden extremen zugelassenen Maße eines Formelementes, zwischen denen das Istmaß liegen soll, einschließlich der Grenzmaße selbst.

Höchstmaß:
Größtes zugelassenes Maß eines Formelementes.

Mindestmaß:
Kleinstes zugelassenes Maß eines Formelementes.

Nulllinie:
In einer graphischen Darstellung von Grenzmaßen und Passungen die gerade Linie, die das Nennmaß darstellt, auf das sich die Abmaße und Toleranzen beziehen.

Abmaß:
Algebraische Differenz zwischen einem Maß und dem zugehörigen Nennmaß.

Grenzabmaße:
Oberes und unteres Abmaß.

Oberes Abmaß:
Algebraische Differenz zwischen dem Höchstmaß und dem zugehörigen Nennmaß.

Unteres Abmaß:
Algebraische Differenz zwischen dem Mindestmaß und dem zugehörigen Nennmaß.

Grundabmaß:
Im ISO-System für Grenzmaße und Passungen das Abmaß, das die Lage des Toleranzfeldes in bezug zur Nulllinie festlegt.

Maßtoleranz:
Die Differenz zwischen dem Höchstmaß und dem Mindestmaß, auch die Differenz zwischen dem oberen und unteren Abmaß.

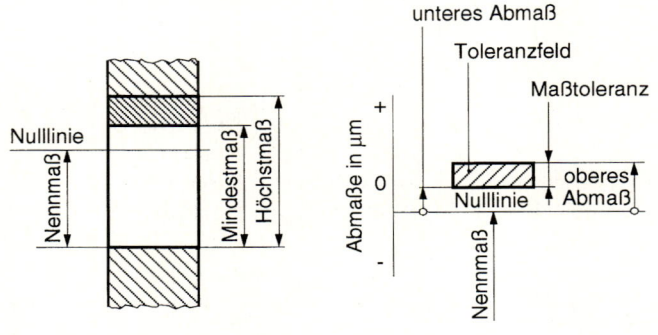

Bild 5.2-02 Nennmaß, Abmaß und Toleranzfeld

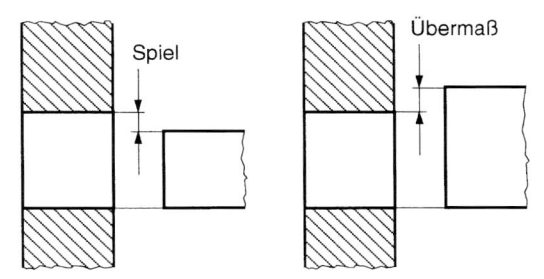

Bild 5.2-03 Spiel und Übermaß

Grundtoleranz (IT):
In diesem System für Grenzmaße und Passungen jede zum System gehörige Toleranz.

Grundtoleranzgrade:
In diesem System für Grenzmaße und Passungen eine Gruppe von Toleranzen, die dem gleichen Genauigkeitsniveau für alle Nennmaße zugeordnet werden.

Toleranzfeld:
In einer graphischen Darstellung von Toleranzen das Feld zwischen zwei Linien, die das Höchstmaß und das Mindestmaß darstellen. Das Toleranzfeld wird festgelegt durch die Größe der Toleranz und deren Lage zur Nullinie.

Toleranzklasse:
Die Benennung für eine Kombination eines Grundabmaßes mit einem Toleranzgrad.

Toleranzfaktor:
Im ISO-System für Grenzmaße und Passungen ein Faktor, der eine Funktion des Nennmaßes ist und als Basis für die Festlegungen der Grundtoleranz des Systems dient. Toleranzfaktor i für Nennmaße bis 500 mm. Toleranzfaktor I für Nennmaße über 500 mm.

Spiel:
Die positive Differenz zwischen dem Maß der Bohrung und dem Maß der Welle vor dem Fügen, wenn der Durchmesser der Welle kleiner ist als der Durchmesser der Bohrung.

Übermaß:
Die negative Differenz zwischen dem Maß der Bohrung und dem Maß der Welle vor dem Fügen, wenn der Durchmesser der Welle größer als der Durchmesser der Bohrung.

Passung:
Die Beziehung, die sich aus der Differenz zwischen den Maßen zweier zu fügender Formelemente (Bohrung und Welle) ergibt. Die zwei zu einer Passung gehörenden Paßteile haben dasselbe Nennmaß.

Spielpassung:
Eine Passung, bei der beim Fügen von Bohrung und Welle immer ein Spiel entsteht, d. h. das Mindestmaß der Bohrung ist größer oder im Grenzfall gleich dem Höchstmaß der Welle.

Übermaßpassung:
Eine Passung, bei der beim Fügen von Bohrung und Welle immer ein Übermaß entsteht, d. h. das Höchstmaß der Bohrung ist kleiner oder im Grenzfall gleich dem Mindestmaß der Welle.

Übergangspassung:
Eine Passung, bei der beim Fügen von Bohrung und Welle überall ein Spiel oder ein Übermaß entsteht, abhängig von den Istmaßen von Bohrung und Welle, d. h., die Toleranzfelder von Bohrung und Welle überdecken sich vollständig oder teilweise.

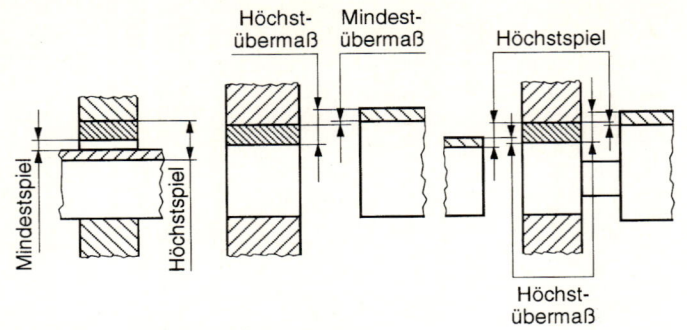

Bild 5.2-04 Spiel-, Übermaß- und Übergangspassung

Paßtoleranz:
Die arithmetische Summe der Toleranzen der beiden Formelemente, die zu einer Passung gehören. Die Paßtoleranz ist ein absoluter Wert ohne Vorzeichen.

Passungssystem Einheitsbohrung:
Ein Passungssystem, in dem die geforderten Spiele oder Übermaße dadurch erreicht werden, daß den Wellen mit verschiedenen Toleranzklassen Bohrungen mit einer einzigen Toleranzklasse zugeordnet sind. Im Passungssystem Einheitsbohrung ist das Mindestmaß der Bohrung gleich dem Nennmaß, d. h. das untere Abmaß der Bohrung ist Null.

Passungssystem Einheitswelle:
Ein Passungssystem, in dem die geforderten Spiele oder Übermaße dadurch erreicht werden, daß den Bohrungen mit verschiedenen Toleranzklassen Wellen mit einer einzigen Toleranzklasse zugeordnet sind. Im Passungssystem Einheitswelle ist das Höchstmaß der Welle gleich dem Nennmaß, d. h. das obere Abmaß der Welle ist Null. Hinsichtlich der Wärmedehnung ist zu vermerken, daß nach der Norm ISO 1 für industrielle Längenmeßtechnik die Bezugstemperatur 20 °C gilt [4].

Die DIN ISO 2768 T1 [5] enthält *Allgemeintoleranzen* für Längen- und Winkelmaße, die in der Zeichnung nicht ausdrücklich bemaßt worden sind. Für den Begriff „Allgemeintoleranzen" stand vor der Überarbeitung der Norm der Begriff „Freimaßtoleranzen".

Die Größe der Allgemeintoleranzen, d. h. ihre Toleranzklasse und somit ihre Genauigkeitsklasse entspricht „werkstattüblichen Genauigkeiten" [5]. Dies kann bei der Anwendung von Allgemeintoleranzen auf Fälle, bei denen eine besonders hohe Genauigkeit gefordert ist, zu einer Beeinträchtigung der Funktionsfähigkeit der Bauteile führen. Daher sollte für diese

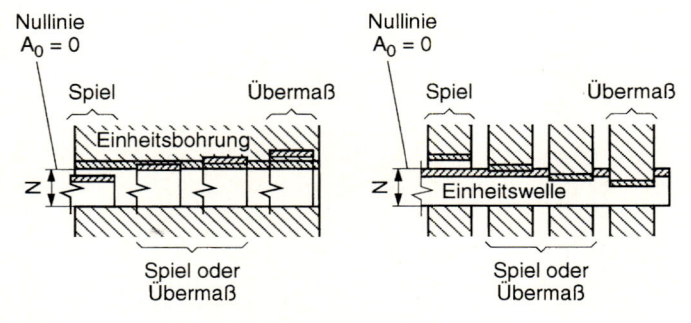

Bild 5.2-05 Passungssysteme Einheitsbohrung und Einheitswelle

Fälle auf die Anwendung der Allgemeintoleranzen verzichtet werden. Die Maße müßten einzeln toleriert werden. Prinzipiell führt die Anwendung von Allgemeintoleranzen für den Fall der „werkstattüblichen Genauigkeit" durch eine erhöhte Lesbarkeit von Zeichnungen zu einer besseren Verständigung und Zeitersparnis.

Die DIN ISO 2768 T1 gilt für folgende Maße [5]:
– Längenmaße, wie Außen-, Innen-, Absatzmaße, Durchmesser, Radien,
– Winkelmaße, auch nicht eingetragene rechte Winkel und
– Längen- und Winkelmaße, die durch Bearbeiten gefügter Teile entstehen.

Die Allgemeintoleranzen für Längenmaße sind in den Bildern 5.2-06 und 5.2.-07 dargestellt. Das Bild 5.2-08 enthält die Allgemeintoleranzen für Winkelmaße.

Toleranzklasse		Grenzmaße für Nennmaßbereiche, Werte in mm							
Kurzzeichen	Benennung	von 0,5[1]) bis 3	über 3 bis 6	über 6 bis 30	über 30 bis 120	über 120 bis 400	über 400 bis 1000	über 1000 bis 2000	über 2000 bis 4000
f	fein	± 0,05	± 0,05	± 0,10	± 0,15	± 0,20	± 0,30	± 0,50	—
m	mittel	± 0,10	± 0,10	± 0,20	± 0,30	± 0,50	± 0,80	± 1,20	± 2,00
c	grob	± 0,20	± 0,30	± 0,50	± 0,80	± 1,20	± 2,00	± 3,00	± 4,00
v	sehr grob	—	± 0,50	± 1,00	± 1,50	± 2,50	± 4,00	± 6,00	± 8,00

[1]) Für Nennmaße unter 0,5 mm sind die Grenzabmaße direkt an dem (den) entsprechenden Nennmaß(en) anzugeben

Bild 5.2-06   Grenzabmaße für Längenmaße außer für gebrochene Kanten

Toleranzklasse		Grenzmaße für Nennmaßbereiche, Werte in mm		
Kurzzeichen	Benennung	von 0,5[1]) bis 3	über 3 bis 6	über 6
f	fein	± 0,20	± 0,50	± 1,00
m	mittel	± 0,20	± 0,50	± 1,00
c	grob	± 0,40	± 1,00	± 2,00
v	sehr grob	± 0,40	± 1,00	± 2,00

[1]) Für Nennmaße unter 0,5 mm sind die Grenzabmaße direkt an dem (den) entsprechenden Nennmaß(en) anzugeben

Bild 5.2-07   Grenzabmaße für gebrochene Kanten (Rundungshalbmesser und Fasenhöhe)

Toleranzklasse		Grenzmaße für Längenbereiche, in mm, für den kürzeren Schenkel des betreffenden Winkels				
Kurzzeichen	Benennung	bis 10	über 10 bis 50	über 50 bis 120	über 120 bis 400	über 400
f	fein	± 1°	± 0° 30'	± 0° 20'	± 0° 10'	± 0° 5'
m	mittel	± 1°	± 0° 30'	± 0° 20'	± 0° 10'	± 0° 5'
c	grob	± 1° 30'	± 1°	± 0° 30'	± 0° 15'	± 0° 10'
v	sehr grob	± 3°	± 2°	± 1°	± 0° 30'	± 0° 20'

Bild 5.2-08   Grenzabmaße für Winkelmaße

Kegelbemaßung und -tolerierung:
Zur vollständigen Bemaßung eines Kegels reichen die Angaben der Durchmessermaße und der Kegellänge aus. Kommt es auf die Genauigkeit der Kegelform an, sind weitere Angaben nötig, wie

- Kegelverjüngung: Angabe durch den eingeschlossenen Kegelwinkel α oder als Verhältniswert 1 : x,
- Einstellwinkel: $\alpha/2$ als Größe bei der maschinellen Fertigung sowie
- Durchmesser an einem ausgewählten Querschnitt: innerhalb oder außerhalb des Kegels.

Die Eintragung von Maßen und Toleranzen der Kegel in Zeichnungen erfolgt nach DIN ISO 3040. Die Tolerierung von Kegeln wird durch die Anforderungen an die Kegelfunktion bestimmt.

Bei der Einheitskegel-Methode wird die Abweichung des Kegels von der geometrisch idealen Form begrenzt. Die Toleranz wird entweder durch eine Toleranz zum Durchmesser oder zur Lage eines Schnittes festgelegt. Bei der Methode des tolerierten Kegelwinkels werden die Maßtoleranzen für nur einen Querschnitt angegeben. Die Abweichung einer Kegelverjüngung wird direkt durch deren Toleranz festgelegt.

In DIN 7178 T1 sind für Innen- und Außenkegel Toleranzfelder und Paßsysteme festgelegt. Folgende Größen sind genormt:

Kegeldurchmessertoleranz T_D:
Unterschied zwischen dem zugelassenen größten und kleinsten Kegeldurchmesser eines beliebigen Querschnittes, d. h. zwischen den Grenzkegeln,

Kegelwinkeltoleranz AT:
Unterschied zwischen dem zugelassenen größten und kleinsten Kegelwinkel,

Kegelformtoleranzen:
Geradheitstoleranz der Kegelmantellinie und Rundheitstoleranz des Querschnitts sowie

Kegeldurchmessertoleranz T_{DS} für bestimmten Querschnitt:
Unterschied zwischen dem größten und kleinsten zulässigen Kegeldurchmesser in einem bestimmten Querschnitt.

Bild 5.2-09 zeigt die Eintragung der Kegeldurchmessertoleranz T_D und Kegelwinkeltoleranz AT in technischen Zeichungen.

In DIN 7178 T1 Beiblatt 1 sind die Verfahren zum Prüfen von Innen- und Außenkegeln mit unmittelbaren Meßverfahren sowie mit Lehren ausführlich dargestellt. Im Teil 2 werden die nach Teil 1 tolerierten Kegelpassungen definiert sowie Hinweise für das Erzeugen und

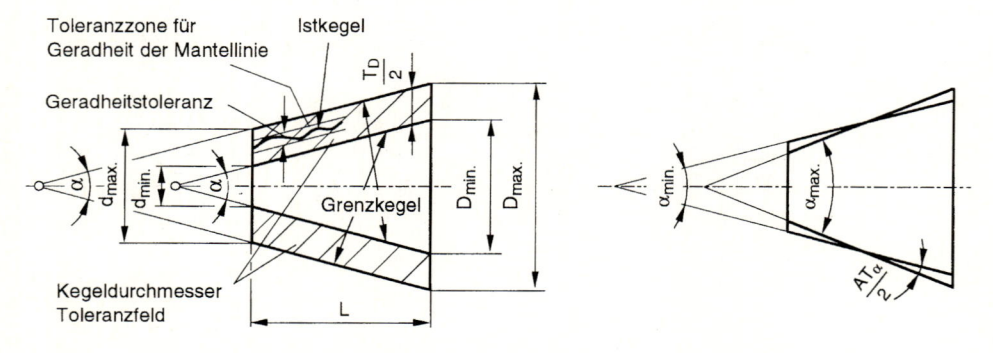

Bild 5.2-09   Kegeldurchmessertoleranz T_D und Kegelwinkeltoleranz AT

Festlegen von Kegelpassungen gegeben. Die dabei verwendeten Begriffe und Definitionen sind an das allgemeine Toleranz- und Paßsystem angelehnt. Zusätzlich werden axiale Verschiebewege und axiale Fügekräfte definiert, um die Art des gewünschten Paßsitzes festzulegen.

In DIN 229, 230, 234 und 235 sind Kegellehrdorne und Kegellehrhülsen für Morsekegel und Metrische Kegel definiert. DIN 2221 und 2222 beschreiben Abmessungen und Gebrauch von Kegellehrdornen und Kegellehrringen für Bohrfutterkegel nach DIN 238.

Weitere Normen über Kegeltolerierung sowie Kegellehren finden sich in der Literatur [6–15].

Kegelförmige Werkzeug- und Werkstückhalter:
Beim Einsatz von kegelförmigen Funktionsflächen in Werkzeug- und Werkstückhaltern für Werkzeugmaschinen sollte die DIN 254 beachtet werden. Hier finden sich Vorzugswerte für Kegel sowie Kegel für besondere Einsatzfälle und Anwendungsfälle.

Ausgeführte und genormte Werkzeuge und Spannzeuge mit Morse- bzw. metrischem Kegelschaft, ihre Abmaße und Toleranzen enthält die DIN 228. Kegeldorne und Bohrfutterkegel für Bohrfutteraufnahmen sind in DIN 238 festgelegt.

Spindelköpfe nach DIN 2079 werden vorzugsweise für Bohr- und Fräsmaschinen mit manuellem Werkzeugwechsel verwendet und dienen zur Aufnahme von Steilkegelschäften, z. B. von Werkzeugen nach DIN 2080 und DIN 69871 (Bild 5.2-10). Dort sind Anschlußmaße für die Schnittstellen zum Steilkegelschaft und am Spindelkopf sowie der zugehörigen Mitnehmersteine festgelegt. Beim Einsatz hoher Spindeldrehzahlen erreicht diese für den manuellen Werkzeugwechsel ausgelegte Schnittstelle ihre Grenzen. Je nach Massenverteilung weitet sich die Kegelpassung unter Fliehkraftwirkung unterschiedlich auf. Diese Geometrieveränderung führt zu einer Verschlechterung des Kegelsitzes und zu einer axialen Verschiebung des Kegelschaftes. Daher wurde eine Schnittstelle mit automatisch wechselbaren Kegel-Hohlschäften mit Plananlage für Bearbeitungszentren, Dreh-, Bohr-, Fräs- und Schleifmaschinen entwickelt. Die Ergebnisse sind in DIN 69893 genormt.

Abmessungen und Toleranzen für Spindelköpfe und Spannzeugaufnahmen mit Zentrierkegel für Drehmaschinen finden sich in den Normen DIN 55026, 55027, 55028 und 55029. Sie unterscheiden sich durch ihre konstruktive Gestaltung hinsichtlich der Häufigkeit eines Fut-

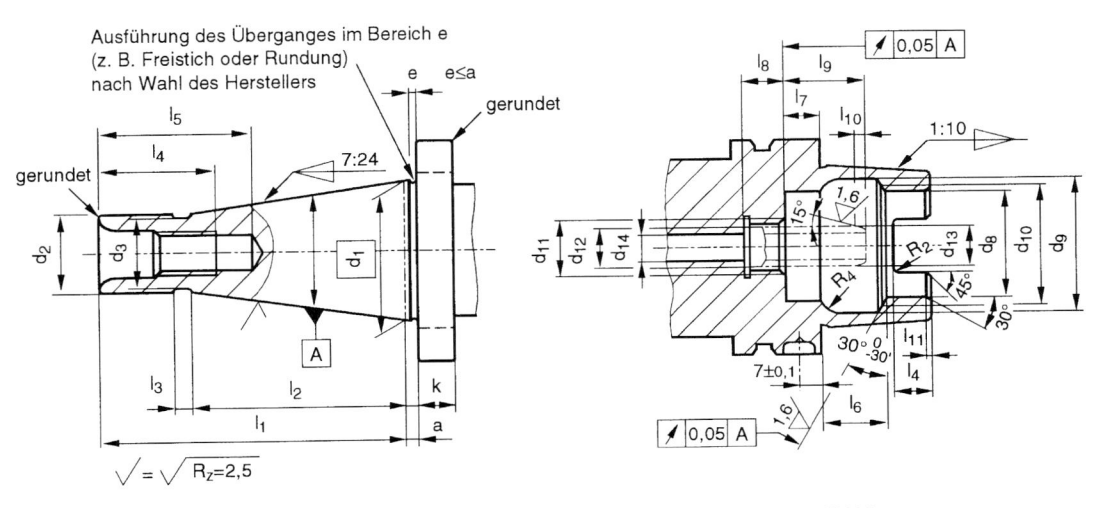

Bild 5.2-10 Steilkegelschaft nach DIN 2080 und Kegel-Hohlschaft nach DIN 69893

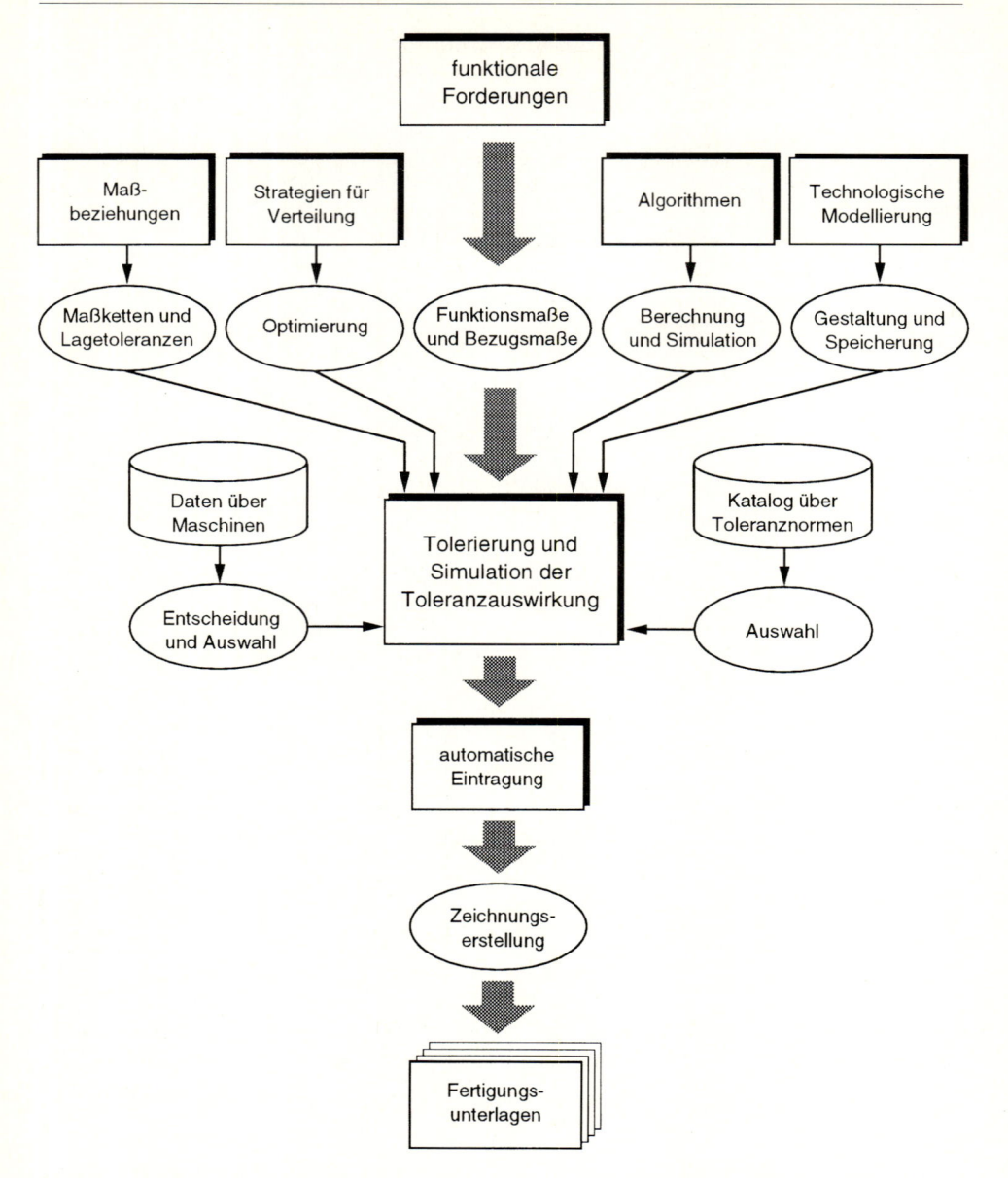

Bild 5.2-11 Aufgabenstellungen und ihre Beziehungen bei der rechnerunterstützten Tolerierung

terwechsels. Weitere Normen über den Einsatz von Kegeln als Werkzeug- beziehungsweise Werkstückhalter finden sich im Schrifttum [16–43].

Dem Fortschritt der rechnerunterstützten Konstruktionstechnik entsprechend sind auch Methoden zum rechnerunterstützten Tolerieren entwickelt worden [44]. Bild 5.2-11 zeigt schematisch Aufgabenstellungen und Beziehungen bei rechnerunterstützter Tolerierung.

Hierbei wird deutlich, daß es nur wenige allgemeingültige Regeln für Bemaßung und Tolerierung gibt und die angewandten Verfahren durchaus unterschiedlich sein können.

Das Tolerieren umfaßt die Festlegung der Einzeltoleranzen durch Maßkettenberechnung, die Auswahl der Passung sowie die Bestimmung von Form- und Lagetoleranzen und die Entscheidung über die Oberflächengüte. Es geht um die Festlegung von Grenzen, innerhalb derer sich das Schließmaß bewegen darf, ohne die Funktion zu beeinträchtigen. Es geht bei der Berechnung von Toleranzketten im einzelnen darum,

– mit gegebenen Einzeltoleranzen die Schließtoleranz der Maßkette zu überprüfen,
– aus vorgegebener Schließtoleranz die Einzeltoleranzen zu bestimmen und

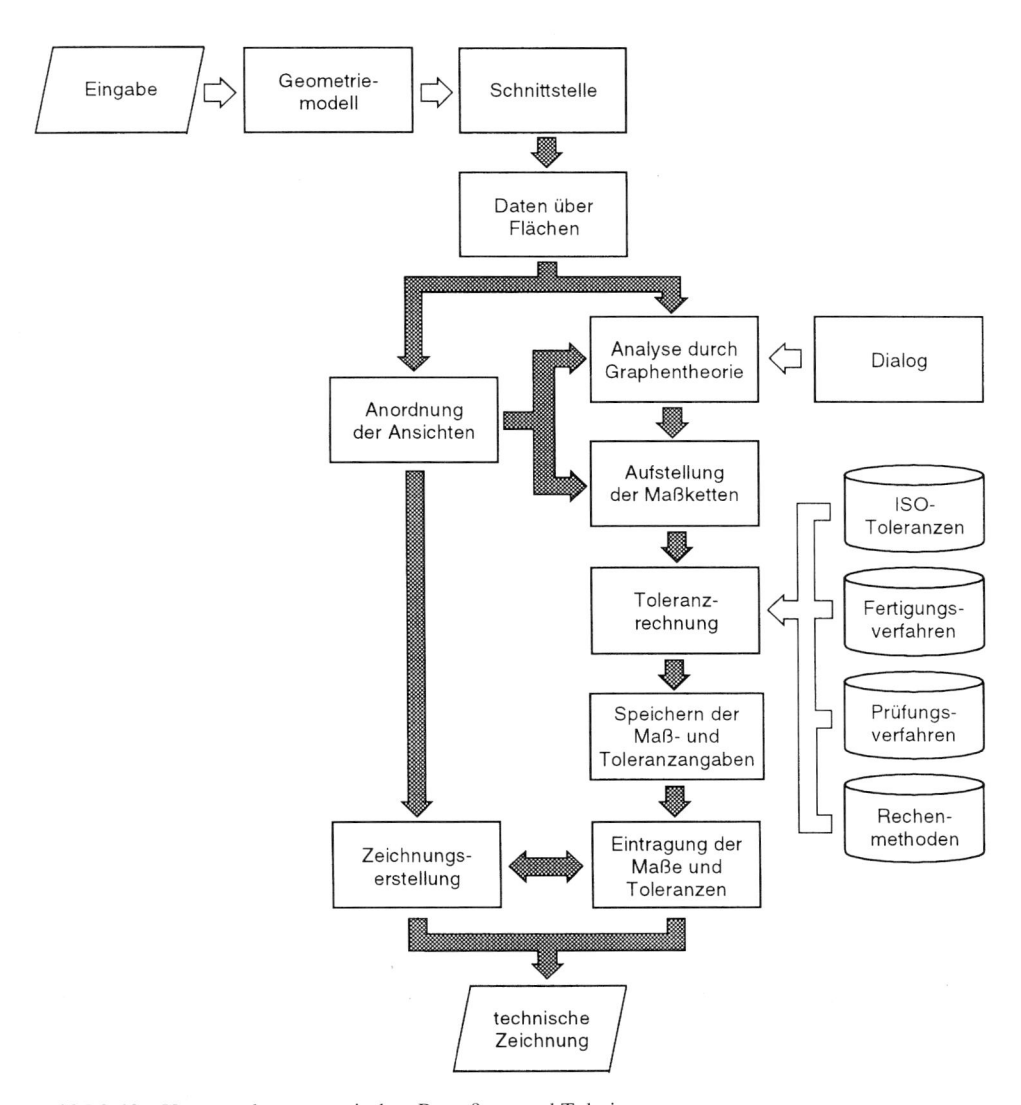

Bild 5.2-12 Vorgang der automatischen Bemaßung und Tolerierung

– bei Kenntnis der Häufigkeitsverteilung der Einzelmaße das Risiko für die Montierbarkeit und die Funktion der Baugruppe zu kalkulieren.

Zur Findungserleichterung von Einzeltoleranzen sind Algorithmen entwickelt worden [44]. Dabei mußte berücksichtigt werden, daß die Festlegungen von Toleranzen für Maß-, Form- und Lageabweichungen sowohl funktionsgerecht als auch fertigungs- und prüfgerecht erfolgen müssen.

Bild 5.2-12 zeigt einen Ablaufplan für eine rechnerunterstützte Bemaßung und Tolerierung auf der Grundlage eines geeigneten Geometriemodells [44].

Im Rahmen der Weiterentwicklung von CAD-Systemen wird die möglichst vollständige rechnerinterne Abbildung der Produktinformationen angestrebt. Hierbei ist der Ansatz einer featureorientierten Produktmodellierung hilfreich, die auch die Handhabung der Toleranzen umfaßt. Um Toleranzinformationen einschließen zu können, muß die Informationsstruktur des Geometriemodells erweitert werden. Diesbezügliche wissenschaftliche Arbeiten hat Kramer [45] wie folgt zusammengefaßt:

Für die Abbildung der Toleranzinformationen erweiterte Germer [46] die Informationsstruktur des Geometriemodells zur Darstellung von Hilfsgeometrien, Mittellinien, Symmetrieebenen oder Flächengruppen. Inui und Kimura [47] approximierten mögliche Gestaltfehler durch das Ausdehnen, Verschieben oder Neigen von Form-Features eines Bauteilmodells, um so Toleranzräume zu erzeugen, welche für die Berechnung von Positionsunsicherheiten in der Montagesimulation benötigt werden. Ein „Toleranzzonen"-Konzept wurde von Requicha [48, 49] eingeführt. Formtoleranzen werden durch einen Versatz zu einer nominalen Bauteilgestalt repräsentiert. Toleranz-Zwangsbedingungen werden durch Attribute repräsentiert und durch eine Variation von bezogenen CSG-Primitiven verifiziert. Dieser Ansatz wurde von Stewart [50] erweitert und vereinheitlicht. Die nominelle Gestalt wird als Element einer Variationsmenge von Gestaltformen innerhalb der Formtoleranz angesehen. Die Toleranzzone wird durch den Bewegungsraum einer Kugel repräsentiert, deren Mittelpunkt auf der Bauteilberandung bewegt wird.

Von Kramer [45] wurde der Ansatz für die Produktgestaltung modifiziert und wesentlich erweitert angewandt. Er zeigte, daß sich die Einsatzmöglichkeiten von virtuellen Räumen für die rechnerinterne Beschreibung von funktionalen und technologischen Produkteigenschaften nutzen lassen. Die entwickelte Methode für eine erleichterte und vollständigere Produktgestaltung ist auf die Einzelteilgestaltung ausgerichtet, läßt sich aber ebenso für die Baugruppenkonstruktion anwenden. Mit Einführung des Begriffs „Virtueller Raum" lassen sich auch Maß-, Form- und Lagetoleranzen als virtuelle Hilfsgeometrien definieren [45].

Insgesamt umfaßt die rechnerunterstützte Tolerierung die Arbeitsfelder Toleranzsynthese, mathematische Toleranzmodelle, funktionale Toleranzbildung und fertigungstechnische Toleranzzuordnung.

5.3 Form- und Lagetolerierung

Die DIN ISO 1101 enthält Begriffe, Symbole und Eintragungsarten für Form- und Lagetoleranzen an einzelnen Bauteilen, die sinngemäß auch für Baugruppen gelten [1].

Die in Zeichnungen festgelegten Form- und Lagetoleranzen bedingen nicht die Anwendung eines bestimmten Fertigungs-, Meß- oder Prüfverfahrens. Sie sollen vielmehr zunächst dem Arbeitsvorbereiter und Fertigungsplaner die Möglichkeit geben, die zur Einhaltung dieser Toleranz geeigneten und verfügbaren Fertigungsverfahren und Maschinen optimal auszuwählen, um den anschließenden Prüfaufwand so gering wie möglich zu halten [2].

Ein Bauteil setzt sich, wie in Bild 5.3-01 dargestellt, aus einzelnen geometrischen Formelementen zusammen [1].

Form- und Lagetolerierung 103

```
1  Kegelmantellinie
2  Zylindermantellinie
3  Achse
4  Kugelabschnittsfläche
5  Zylindermantelfläche
6  Ebene Ringfläche
7  Hohlkehl - Ringfläche
8  Kegelmantelfläche
9  Ebene Kreisfläche
```

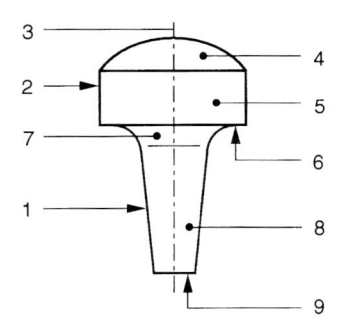

Bild 5.3-01 Geometrische Formelemente

Formelemente sind solche Elemente, die durch ihre Form eine bestimmte Funktion übernehmen und bestimmte Fertigungsanforderungen stellen. Die Bauteile sind überwiegend aus mehreren Formelementen gestaltet. Hinsichtlich ihrer Genauigkeit wird zwischen Formabweichungen und Lageabweichungen unterschieden (Bild 5.3-02).

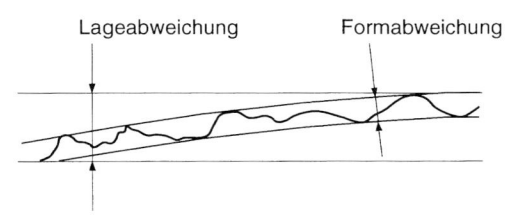

Bild 5.3-02 Form- und Lageabweichung

Formabweichungen sind Abweichungen eines Formelementes von seiner geometrisch idealen Form [1]. Sie lassen sich auch als Abweichung der wirklichen Form von ihrer als Nennform beschriebenen Idealisierung deuten.

Lageabweichungen sind Abweichungen eines Formelementes von der geometrisch idealen Lage zu einem oder mehreren anderen Formelementen, die als Bezugselemente dienen [1]. Sie lassen sich auch als Abweichung der wirklichen Lage von ihrer als Nennlage beschriebenen Idealisierung deuten.

Im einzelnen werden folgende Formeigenschaften unterschieden:
– Geradheit,
– Ebenheit,
– Rundheit,
– Zylindrizität,
– Freilinienformtreue und
– Freiflächenformtreue.

Als richtungsorientierte Lageeigenschaften lassen sich unterscheiden:
– Parallelität,
– Rechtwinkligkeit und
– Neigung.

Genauigkeit der Bauteilgeometrie

Als ortsorientierte Lageeigenschaften lassen sich unterscheiden:
– Position,
– Symmetrie,
– Koaxialität und
– Konzentrizität.

Als lauforientierte Lageeigenschaften lassen sich unterscheiden:
– Rundlauf bzw. Gesamtrundlauf und
– Planlauf bzw. Gesamtplanlauf.

Die Toleranzzone ist die Zone, innerhalb der alle Punkte eines geometrischen Elementes liegen müssen. Je nach zu tolerierender Eigenschaft und je nach Art ihrer Bemaßung ist die Toleranzzone:
– die Fläche eines Kreises,
– die Fläche zwischen zwei konzentrischen Kreisen,

Symbol und tolerierte Eigenschaft		Toleranzzone	Anwendungs-Beispiele	
			Zeichnungsangabe	Erklärung
Form	Geradheit —		⌀0,03	Die Achse des zylindrischen Teiles des Bolzens muß innerhalb eines Zylinders vom Durchmesser $t = 0,03$ mm liegen.
	Ebenheit ⌗		⌗ 0,05	Die tolerierte Fläche muß zwischen zwei parallelen Ebenen vom Abstand $t = 0,05$ mm liegen.
	Rundheit ○		○ 0,02	Die Umfangslinie jedes Querschnittes muß in einem Kreisring von der Breite $t = 0,02$ mm enthalten sein.
	Zylinderform ⌭		⌭ 0,05	Die tolerierte Fläche muß zwischen zwei koaxialen Zylindern liegen, die einen radialen Anstand von $t = 0,05$ mm haben.
	Linienform ⌒		⌒ 0,08	Das tolerierte Profil muß zwischen zwei Hüll-Linien liegen, deren Abstand durch Kreise vom Durchmesser $t = 0,08$ mm begrenzt wird. Die Mittelpunkte dieser Kreise liegen auf der geometrisch idealen Linie.
	Flächenform ⌓	Kugel ⌀t	⌓ 0,03 ⌀30 ⌀10	Die tolerierte Fläche muß zwischen zwei Hüll-Flächen liegen, deren Abstand durch Kugeln vom Durchmesser $t = 0,03$ mm begrenzt wird. Die Mittelpunkte dieser Kugeln liegen auf der geometrisch idealen Fläche.

Bild 5.3-03   Form und Lagetoleranzen (Teil 1)

Form- und Lagetolerierung 105

Symbol und tolerierte Eigenschaft		Toleranzzone	Anwendungs-Beispiele	
			Zeichnungsangabe	Erklärung
Lage / Richtung	// Parallelität		// ∅0,1 A	Die tolerierte Achse muß innerhalb eines zur Bezugsachse parallelliegenden Zylinders vom Durchmesser $t = 0{,}1$ mm liegen.
			// 0,01	Die tolerierte Fläche muß zwischen zwei zur Bezugsfläche parallelen Ebenen vom Abstand $t = 0{,}01$ mm liegen.
	⊥ Rechtwinklichkeit		⊥ 0,05 A	Die tolerierte Achse muß zwischen zwei parallelen zur Bezugsfläche und zur Pfeilrichtung senkrechten Ebenen vom Abst. $t = 0{,}05$ mm liegen.
	∠ Neigung (Winkligkeit)	60°	∠ 0,1 A 60°	Die Achse der Bohrung muß zwischen zwei zur Bezugsfläche im Winkel von 60° geneigten und zueinander parallelen Ebenen vom Abstand $t = 0{,}1$ mm liegen.
Lage / Ort	⊕ Position	∅t 50 100	⊕ ∅0,05 50 100	Die Achse der Bohrung muß innerhalb eines Zylinders vom Durchmesser $t = 0{,}05$ mm liegen, dessen Achse sich am geometrisch idealen Ort (mit eingerahmten Maßen) befindet.
	⌯ Symmetrie		A = 0,08 A	Die Mittelebene der Nut muß zwischen zwei paralelen Ebenen liegen, die einen Abstand von $t = 0{,}08$ mm haben und symmetrisch zur Mittelebene des Bezugselementes liegen.
	⊚ Koaxialität Konzentrizität	∅t	A ⊚ ∅0,03 A	Die Achse des tolerierten Teiles der Welle muß innerhalb eines Zylinders vom Durchmesser $t = 0{,}03$ mm liegen, dessen Achse mit der Achse des Bezugselementes fluchtet.
Lauf	↗ Rundlauf	Meßebene	↗ 0,1 A-B A B	Bei einer Umdrehung um die Bezugsachse *A-B* darf die Rundlaufabweichung in jeder Meßebene 0,1 nicht überschreiten.
	Planlauf	Meßzylinder t	↗ 0,1 D D	Bei einer Umdrehung um die Bezugsachse *D* darf die Planlaufabweichung an jeder beliebigen Meßposition nicht größer als 0,1 sein.

Bild 5.3-03   Form und Lagetoleranzen (Teil 2)

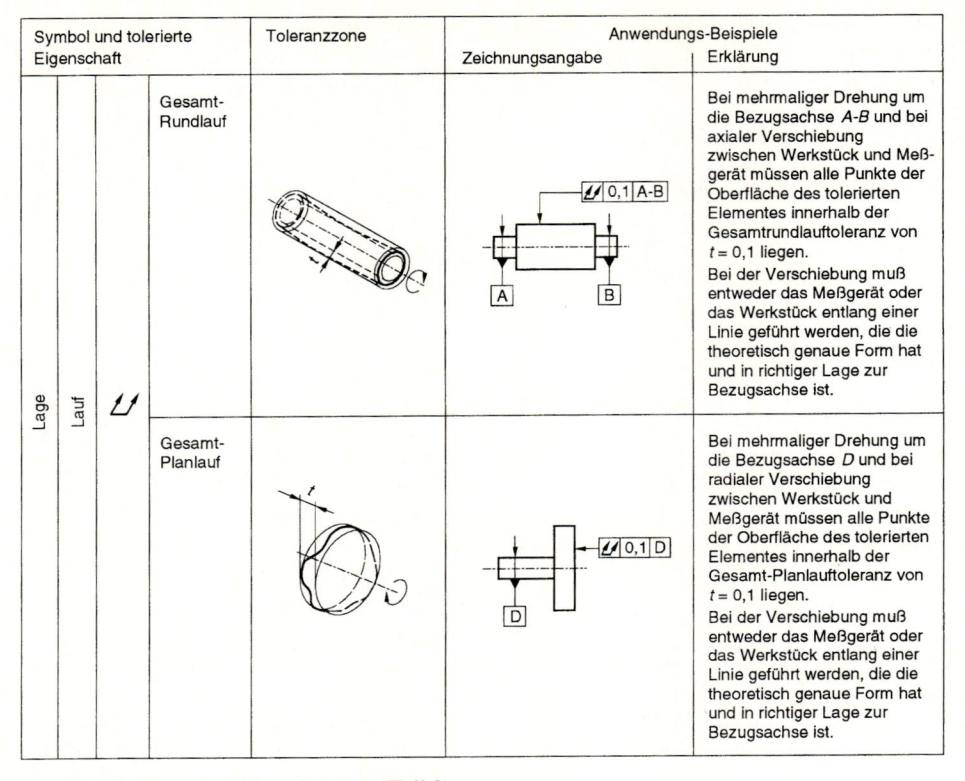

Symbol und tolerierte Eigenschaft			Toleranzzone	Anwendungs-Beispiele	
				Zeichnungsangabe	Erklärung
Lage	Lauf	↗	Gesamt-Rundlauf		Bei mehrmaliger Drehung um die Bezugsachse *A-B* und bei axialer Verschiebung zwischen Werkstück und Meßgerät müssen alle Punkte der Oberfläche des tolerierten Elementes innerhalb der Gesamtrundlauftoleranz von $t = 0{,}1$ liegen. Bei der Verschiebung muß entweder das Meßgerät oder das Werkstück entlang einer Linie geführt werden, die die theoretisch genaue Form hat und in richtiger Lage zur Bezugsachse ist.
			Gesamt-Planlauf		Bei mehrmaliger Drehung um die Bezugsachse *D* und bei radialer Verschiebung zwischen Werkstück und Meßgerät müssen alle Punkte der Oberfläche des tolerierten Elementes innerhalb der Gesamt-Planlauftoleranz von $t = 0{,}1$ liegen. Bei der Verschiebung muß entweder das Meßgerät oder das Werkstück entlang einer Linie geführt werden, die die theoretisch genaue Form hat und in richtiger Lage zur Bezugsachse ist.

Bild 5.3-03 Form und Lagetoleranzen (Teil 3)

– die Fläche zwischen zwei abstandsgleichen Linien oder zwei parallelen geraden Linien,
– der Raum innerhalb eines Zylinders,
– der Raum zwischen zwei abstandsgleichen Flächen oder zwei parallelen Ebenen und
– der Raum innerhalb eines Quaders.

Eine Formtoleranz ist der Höchstwert für die Weite des zugelassenen Bereiches für eine Formabweichung. Die Formtoleranz bestimmt also die Toleranzzone, innerhalb der das geometrische Element liegen muß und beliebige Form haben darf [2].

Eine Lagetoleranz ist der Höchstwert für die Weite des zugelassenen Bereiches für eine Lageabweichung. Die Lagetoleranz eines geometrischen Elements bestimmt also die Toleranzzone, innerhalb der das tolerierte Element liegen muß und beliebige Form haben darf, wenn keine einschränkende Formtoleranz angegeben ist.

Lagetoleranzen werden unterschieden in Richtungs-, Orts- und Lauftoleranzen.

Nach DIN ISO 5459 [3] ist der Bezug ein theoretisch genaues, geometrisches Element (z. B. Achse, Ebene, Gerade), auf das tolerierte Elemente bezogen werden. Bezüge können auf einem oder mehreren Bezugselementen eines Teiles basieren. Der Bezug soll grundsätzlich unter funktionellen Gesichtspunkten gewählt werden. Oft genügt nur ein geometrisches Element als Bezug. Ist jedoch ein aus mehreren Bezugselementen gebildeter Bezug erforderlich, dann sollte man sich nach Möglichkeit auf nur zwei Bezugselemente beschränken.

Ein Bezugselement ist ein an einem Teil real vorhandenes Element (z. B. eine Kante, Fläche oder Bohrung), das zur Bestimmung der Lage eines Bezugs verwendet wird. Da auch Bezugselemente fertigungsbedingte Abweichungen haben, kann es bei Bedarf erforderlich sein, für Bezugselemente Formtoleranzen festzulegen [2].

Damit geforderte Toleranzen in Zeichnungen einheitlich und eindeutig dargestellt werden, wurde die Symbolik in DIN ISO 1101 genormt. Bild 5.3.-03 enthält eine Kurzfassung der in DIN ISO 1101 festgelegten detaillierten Definitionen der Form- und Lagetoleranzen und ihrer Symbolik. Diese Tabelle enthält mit Ausnahme der Parallelität für jede tolerierte Eigenschaften jeweils nur ein Beispiel. Aus diesen lassen sich jedoch alle anderen Kombinationsmöglichkeiten ableiten [2].

Geradheit

Eine Gerade ist die kürzeste Verbindung zweier Punkte, die als gerade Linie durch unbegrenzte Verlängerung nach beiden Seiten entsteht.

Geradheit ist das Genauigkeitsmerkmal einer Geraden, die innerhalb eines bestimmten Toleranzbereiches als gerade angesehen werden kann, wenn die Abweichung ihrer Punkte von einer geometrisch idealen Geraden unter einem bestimmten Grenzwert bleibt.

Die Geradheitsabweichung ist der größte Abstand zwischen dem Istprofil und der angrenzenden Geraden innerhalb des Bezugsbereiches [2].

Die Geradheitstoleranz einer Linie ist der Abstand zweier paralleler Ebenen, zwischen denen alle Punkte liegen müssen, wenn die Toleranz nur in einer Richtung gegeben ist.

Die Geradheitstoleranz einer Linie ist der Querschnitt eines Quaders, in dem alle Punkte der Linie liegen müssen, wenn die Toleranzen in zwei zueinander senkrechten Richtungen angegeben sind.

Die Geradheitstoleranz einer Linie ist der Durchmesser eines Zylinders, in dem alle Punkte der Linie liegen müssen, wenn der Toleranzwert als Durchmesser definiert worden ist [1].

Die unterschiedlichen Definitionen der Geradheitstoleranz beziehen sich auf

– Geradheitsabweichungen in der Ebene,
– Geradheitsabweichungen im Raum und
– Geradheitsabweichungen in vorgegebener Richtung.

Bild 5.3-04 vermittelt die Allgemeintoleranzen für Geradheit und Ebenheit.

Toleranz-klasse	Allgemeintoleranzen für Geradheit und Ebenheit für Nennmaßbereiche, Werte in mm					
	bis 10	über 10 bis 30	über 30 bis 100	über 100 bis 300	über 300 bis 1000	über 1000 bis 3000
H	0,02	0,05	0,10	0,20	0,30	0,40
K	0,05	0,10	0,20	0,40	0,60	0,80
L	0,10	0,20	0,40	0.80	1,20	1,60

Bild 5.3-04 Allgemeintoleranzen für Geradheit und Ebenheit

Ebenheit

Eine Ebene ist eine Fläche, die durch drei nicht auf einer Geraden liegende Punkte bestimmt ist.

Ebenheit ist das Genauigkeitsmerkmal einer Fläche, die innerhalb eines bestimmten Toleranzbereiches als eben angesehen werden kann, wenn die Abweichung ihrer Punkte von einer geometrisch idealen Ebene unter einem bestimmten Grenzwert bleibt.

Die Ebenheitsabweichung ist der größte Abstand zwischen der wirklichen Oberfläche und der angrenzenden Ebene innerhalb des Bezugsbereiches [2].

Die Ebenheitstoleranz ist der Abstand zweier paralleler Ebenen, zwischen denen alle Punkte der tolerierten Fläche liegen müssen [1].

Die Ebenheitsabweichungen können auch auf eine Länge bezogen angegeben werden, z. B. in Mikrometer/Meter.

Die Ebenheitstoleranz muß nicht in allen Richtungen einer Ebene gleich sein. Die Toleranz kann somit auch richtungsorientiert angegeben werden.

Eine gezielte Ebenheitsabweichung ist dadurch möglich, daß zwischen zwei äußeren Punkten nur Erhebungen bzw. Vertiefungen zugelassen werden. Wir sprechen dann von einer „balligen Ebene" bzw. einer „hohlen Ebene". Diesbezügliche Toleranzvorschriften können auch verbal durch die Begriffe „konvex" oder „konkav" verdeutlicht werden.

Die Ebenheitsabweichung hat auch einen Bezug zur Definition von Gestaltabweichungen im Zusammenhang mit der Oberflächengenauigkeit. Dies gilt insbesondere für die als Gestaltsabweichung zweiter Ordnung definierte Welligkeit von Oberflächen.

Rundheit

Ein Kreis ist eine geschlossene ebene Kurve, deren Punkte alle den gleichen Abstand vom Mittelpunkt haben.

Rundheit ist das Genauigkeitsmerkmal einer Kreislinie, die innerhalb eines bestimmten Toleranzbereiches als rund angesehen werden kann, wenn die Abweichung ihrer Punkte von zwei in einer Ebene liegenden konzentrischen geometrisch idealen Kreisen unter einem bestimmten Grenzwert bleibt.

Die Rundheitsabweichung oder Kreisformabweichung ist der größte Abstand zwischen dem wirklichen Profil und dem angrenzenden Kreis.

Die Rundheitstoleranz dieser Kreislinie ist der Abstand zweier in einer Ebene liegender konzentrischer Kreise, zwischen denen alle Punkte der Linie liegen müssen, wenn Schnittlinien toleriert sind. Sie kann auch definiert werden als Abstand zweier koaxialer Zylinder, zwischen denen alle Punkte der vom Kreis abweichenden Linie liegen müssen, wenn eine Kante toleriert ist [1].

Die Rundheitsabweichung kann auch als Unrundheit ausgedrückt werden. Als Beispiel für eine gezielte Unrundheit kann die Ovalität angeführt werden. Bild 5.3-05 vermittelt die Rundheitstoleranz einer Welle.

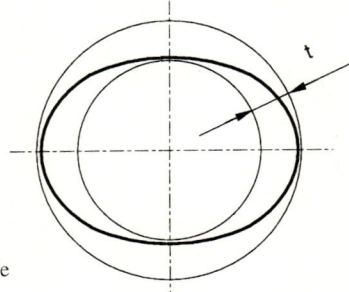

Bild 5.3-05 Rundheitstoleranz einer Welle

Zylindrizität

Ein Zylinder ist ein walzenförmiger Körper mit kreisförmigem Querschnitt.

Die Zylindrizität ist das Genauigkeitsmerkmal einer Zylinderfläche, die innerhalb eines bestimmten Toleranzbereiches als zylindrisch angesehen werden kann, wenn die Abweichung ihrer Punkte von zwei koaxial liegenden geometrisch idealen Zylindermantelflächen unter einem bestimmten Grenzwert bleibt.

Die Zylinderformabweichung ist der größte Abstand zwischen der wirklichen Oberfläche und dem angrenzenden Zylinder innerhalb des Bezugsbereichs.

Die Zylinderformtoleranz ist der Abstand zweier koaxialer Zylinder, zwischen denen alle Punkte der Zylindermantelfläche liegen müssen [1].

Der Geometrie der Zylinderform kann die Geometrie der Kegelform beigeordnet werden. Wir sprechen von der Konizität. Ähnliches gilt für die Ovalität oder Unrundheit als Abweichung von der Kreisform des Querschnitts.

Abweichungen von der Zylinderform können verbal als konisch, hohl, ballig, wellig oder krumm ausgedrückt werden. Bild 5.3-06 vermittelt die Zylinderformtoleranz einer Welle.

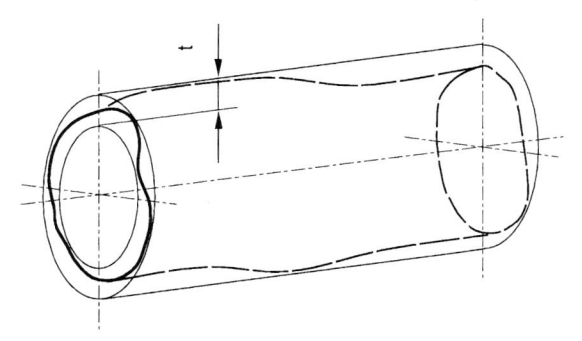

Bild 5.3-06   Zylinderformtoleranz einer Welle

Freilinienformtreue

Freilinien sind beliebig gekrümmte Linien oder Kurven mit unbestimmter Bogenhöhe.

Die Linienformtreue ist das Genauigkeitsmerkmal einer Freilinie, die innerhalb eines bestimmten Toleranzbereiches als linientreu angesehen werden kann, wenn die Abweichung ihrer Punkte von der geometrisch idealen Linie unter einem bestimmten Grenzwert bleibt.

Die Linienformabweichung ist der größte Abstand zwischen der wirlichen Freilinie und der angrenzenden Freilinie innerhalb des Bezugsbereiches.

Die Linienformtoleranz einer beliebigen Linie ist der Abstand zweier in einer Ebene liegenden Linien, zwischen denen alle Punkte der tolerierten Linie liegen müssen. Die beiden Linien sind Hüll-Linien an Kreise vom Durchmesser ihres Abstands, deren Mittelpunkte auf der geometrisch idealen Linie liegen [1].

Freiflächenformtreue

Freiflächen sind beliebig gekrümmte Flächen, deren Form als geometrischer Ort einer mathematisch meist näherungsweise bestimmten Definition beschrieben ist.

Die Flächenformtreue ist das Genauigkeitsmerkmal einer Freifläche, die innerhalb eines bestimmten Toleranzbereichs als flächentreu angesehen werden kann, wenn die Abweichung ihrer Punkte von der geometrisch idealen Fläche unter einem bestimmten Grenzwert bleibt.

Die Flächenformabweichung ist der größte Abstand zwischen der wirklichen Freifläche und der angrenzenden Fläche innerhalb des Bezugsbereichs.

Die Flächenformtoleranz einer beliebigen Fläche ist der Abstand zweier Flächen, zwischen denen alle Punkte der tolerierten Fläche liegen müssen. Die beiden Flächen sind Hüllflächen an Kugeln vom Durchmesser ihres Abstandes, deren Mittelpunkte auf der geometrisch idealen Fläche liegen [1].

Parallelität

Zwei Geraden oder Ebenen sind parallel, wenn alle Punkte der einen Geraden oder Ebene denselben Abstand von den Punkten der zweiten Gerade oder Ebene haben.

Zwei Geraden sind parallel, wenn sie in einer Ebene liegen und sich im Endlichen nicht schneiden. Zwei Ebenen sind parallel, wenn sie sich im Endlichen nicht schneiden.

Parallelität ist das Genauigkeitsmerkmal zweier Formelemente, die innerhalb eines bestimmten Toleranzbereiches als parallel angesehen werden können, wenn die Abweichung ihrer Punkte von zwei geometrisch idealen, parallelen Formelementen unter einem bestimmten Grenzwert bleibt.

Es werden folgende Parallelitätstoleranzen unterschieden [1]:

Parallelitätstoleranz einer Linie zu einer Bezugsgeraden:
Die Parallelitätstoleranz einer Linie bei Begrenzung in zwei Richtungen ist der Raum eines Formelementes parallel zur Bezugsgeraden. Bei dem Raum handelt es sich je nach Definition um einen Quader oder einen Zylinder.

Die Parallelitätstoleranz einer Linie bei Begrenzung in nur einer Richtung ist der Raum zwischen zwei zur Bezugsebene parallelen Ebenen. Die Breite des Toleranzraumes ist nicht festgelegt.

Parallelitätstoleranz einer Linie zu einer Bezugsebene:
Die Parallelitätstoleranz einer Linie ist der Raum zwischen zwei zur Bezugsebene parallelen Ebenen. Die Breite des Toleranzraumes ist nicht festgelegt.

Parallelitätstoleranz einer Fläche zu einer Bezugsgeraden:
Die Parallelitätstoleranz einer Fläche ist der Abstand zwischen zwei zur Bezugsgeraden parallelen Flächen.

Parallelitätstoleranz einer Fläche zu einer Bezugsebene:
Die Parallelitätstoleranz einer Fläche ist der Abstand zwischen zwei zur Bezugsebene parallelen Flächen. Bild 5.3-07 vermittelt die verschiedenen Definitionen von Parallelitätstoleranzen.

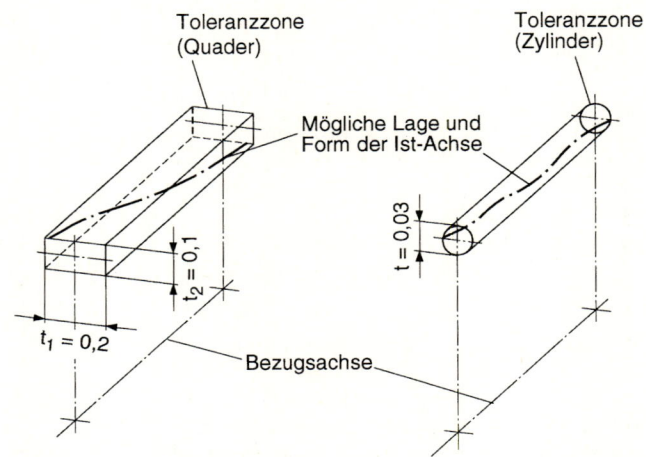

Bild 5.3-07 Parallelitätstoleranz einer Linie zu einer Bezugsgeraden bei Begrenzung in zwei Richtungen

Rechtwinkligkeit
Zwei Geraden oder Ebenen sind rechtwinklig, wenn sie senkrecht aufeinander stehen bzw. der von ihnen eingeschlossene Winkel ein rechter Winkel und somit gleich seinem Nebenwinkel ist.

Rechtwinkligkeit ist das Genauigkeitsmerkmal zweier Formelemente, die innerhalb eines bestimmten Toleranzbereiches als rechtwinklig angesehen werden können, wenn die Abweichung ihrer Punkte von zwei geometrisch idealen, rechtwinkligen Formelementen unter einem bestimmten Grenzwert bleibt.

Es werden folgende Rechtwinkligkeitstoleranzen unterschieden [1]:
Rechtwinkligkeitstoleranz einer Linie zu einer Bezugsgeraden:
Die Rechtwinkligkeitstoleranz einer Linie ist der Raum zwischen zwei zur Bezugsgeraden senkrechten Ebenen. Die Breite des Toleranzraumes ist nicht festgelegt.

Rechtwinkligkeitstoleranz einer Linie zu einer Bezugsebene:
Die Rechtwinkligkeitstoleranz einer Linie bei Begrenzung in zwei Richtungen ist der Raum eines Formelementes senkrecht zur Bezugsebene. Bei dem Raum handelt es sich je nach Definition um einen Quader oder einen Zylinder.

Die Rechtwinkligkeitstoleranz einer Linie bei Begrenzung in nur einer Richtung ist der Raum zwischen zwei zur Bezugsebene senkrechten Ebenen. Die Breite des Toleranzraumes ist nicht festgelegt.

Rechtwinkligkeitstoleranz einer Fläche zu einer Bezugsgeraden:
Die Rechtwinkligkeitstoleranz einer Fläche ist der Abstand zwischen zwei zur Bezugsgeraden senkrechten Ebenen.

Rechtwinkligkeitstoleranz einer Fläche zu einer Bezugsebene:
Die Rechtwinkligkeitstoleranz einer Fläche ist der Abstand zwischen zwei zur Bezugsebene senkrechten Flächen. Bild 5.3-08 vermittelt die verschiedenen Definitionen von Rechtwinkligkeitstoleranzen.

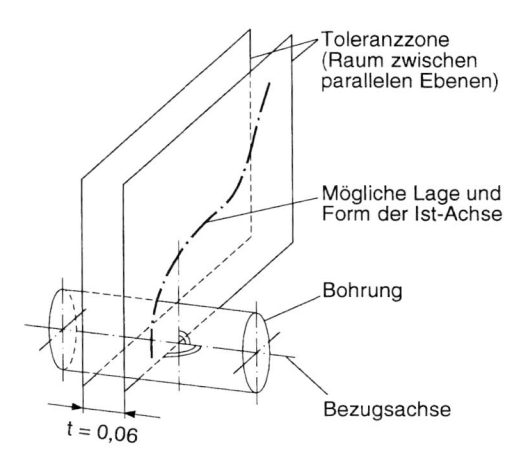

Bild 5.3-08   Rechtwinkligkeitstoleranz einer Linie zu einer Bezugsgeraden

Neigung
Der von zwei Ebenen oder einer Ebene und einer Geraden eingeschlossene Winkel wird als Neigungswinkel bezeichnet. Für den Fall eines rechten Winkels wird der Begriff Rechtwinkligkeit verwendet.

Neigung ist das Genauigkeitsmerkmal zweier Formelemente, die innerhalb eines bestimmten Toleranzbereiches eine vorgegebene Neigung aufweisen, wenn die Abweichung ihrer Punkte von zwei geometrisch idealen Formelementen mit identischer Neigung unter einem bestimmten Grenzwert bleibt.

Es werden folgende Neigungstoleranzen unterschieden [1]:

Neigungstoleranz einer Linie zu einer Bezugsgeraden:
Die Neigungstoleranz einer Linie ist der Raum zwischen zwei zur Bezugsgeraden geneigten, parallelen Ebenen. Die Breite des Toleranzraumes ist nicht festgelegt.

Neigungstoleranz einer Linie zu einer Bezugsebene:
Die Neigungstoleranz einer Linie ist der Raum zwischen zwei zur Bezugsebene geneigten, parallelen Ebenen. Die Breite des Toleranzraumes ist nicht festgelegt.

Neigungstoleranz einer Fläche zu einer Bezugsgeraden:
Die Neigungstoleranz einer Fläche ist der Abstand zwischen zwei zur Bezugsgeraden geneigten, parallelen Ebenen.

Neigungstoleranz einer Fläche zu einer Bezugsebene:
Die Neigungstoleranz einer Fläche ist der Abstand zwischen zwei zur Bezugsebene geneigten, parallelen Ebenen.

Position

Die Position eines Formelementes ist die theoretisch genaue Lage, die durch theoretisch genaue Maße angegeben wird.

Position ist das Genauigkeitsmerkmal eines Formelementes, das innerhalb eines bestimmten Toleranzbereiches eine vorgegebene Position aufweist, wenn die Abweichung der realen Lage des Formelementes von der theoretisch genauen Lage unter einem bestimmten Grenzwert bleibt.

Es werden folgende Positionstoleranzen unterschieden [1, 4]:

Positionstoleranz eines Punktes:
Die Positionstoleranz eines Punktes ist der Kreis, dessen Mittelpunkt am theoretisch genauen Ort des tolerierten Punktes liegt.

Positionstoleranz einer Linie:
Die Positionstoleranz einer Linie bei Begrenzung in zwei Richtungen ist der Raum eines Formelements, dessen Achse am theoretisch genauen ort der tolerierten Linie liegt. Bei dem Raum handelt es sich je nach Definition um einen Quader oder einen Zylinder.
Die Positionstoleranz einer Linie bei Begrenzung in nur einer Richtung ist die Fläche zwischen zwei zur theoretisch genauen Lage symmetrischen Geraden.

Positionstoleranz einer Fläche:
Die Positionstoleranz einer Fläche ist der Abstand zwischen zwei zur theoretisch genauen Lage symmetrischer Ebenen.

Konzentrizität

Kreise, die den gleichen Mittelpunkt besitzen, werden als konzentrisch bezeichnet.

Konzentrizität ist das Genauigkeitsmerkmal zweier Kreise, die innerhalb eines bestimmten Toleranzbereiches als konzentrisch angesehen werden können, wenn die Abweichung ihrer Punkte von zwei geometrisch idealen Kreisen unter einem bestimmten Grenzwert bleibt.

Die Konzentrizitätstoleranz zweier Kreise ist der Kreis um den Bezugsmittelpunkt des inneren Kreises, in dem der Mittelpunkt des äußeren Kreises liegt.

Koaxialität

Zwei Zylinder oder andere räumichen Figuren sind koaxial, wenn ihre Mittelachsen bzw. Symmetrieachsen identisch sind.

Koaxialität ist das Genauigkeitsmerkmal zweier Zylinder oder anderer räumlicher Figuren, die innerhalb eines bestimmten Toleranzbereiches als koaxial angesehen werden können, wenn die Abweichung ihrer Punkte von zwei geometrisch idealen Zylindern oder Figuren unter einem bestimmten Grenzwert bleibt.

Es werden folgende Koaxialitätstoleranzen unterschieden [1]:

Koaxialitätstoleranz der Achsen zweier Bohrungen zueinander:
Die Koaxialitätstoleranz der Achsen zweier Bohrungen ist der Zylinder um die Bezugsachse der einen Bohrung, in dem die Istachse der zweiten Bohrung liegt.

Koaxilitätstoleranz der Achsen von Rotationsteilen zueinander:
Die Koaxialitätstoleranz der Achsen mehrerer Rotationsteile ist der Zylinder um die Bezugsachse des einen Rotationsteils, in dem die Istachsen der anderen Rotationsteile liegen.

Symmetrie

Wörtlich aus dem Griechischen übersetzt bedeutet Symmetrie Ebenmaß. Zwei ebene Figuren sind symmetrisch, wenn es zwischen ihnen eine Gerade gibt, die Symmetrieachse, von der aus jede Entfernung zu einem beliebigen Punkt der einen Figur mit der entsprechenden Entfernung zur anderen Figur übereinstimmt. Eine derartige Symmetrie wird auch als Spiegelsymmetrie bezeichnet. Eine einzige Figur wird auch als symmetrisch bezeichnet, wenn eine Symmetrieachse existiert, die die Figur in zwei spiegelsymmetrische Hälften aufteilt.

Symmetrie ist das Genauigkeitsmerkmal zweier Formelemente, die innerhalb eines bestimmten Toleranzbereiches als symmetrisch angesehen werden können, wenn die Abweichung ihrer Punkte von zwei geometrisch idealen, symmetrischen Formelementen unter einem bestimmten Grenzwert bleibt. Für eine einzige symmetrische Figur gilt die Definition entsprechend.

Es werden folgende Symmetrietoleranzen unterschieden [1]:

Symmetrietoleranz einer Achse zu einer Bezugsmittelebene:
Die Symmetrietoleranz einer Achse ist der Abstand zwischen zwei zur Bezugsmittelebene symmetrischen, parallelen Ebenen.

Symmetrietoleranz einer Achse zu einem Bezug aus zwei Mittelebenen:
Die Symmetrietoleranz einer Achse ist der Quader zwischen vier zu den Mittelebenen symmetrischen, parallelen Ebenen.

Symmetrietoleranz einer Mittelebene zu einer Bezugsmittelebene:
Die Symmetrietoleranz einer Mittelebene ist der Abstand zwischen zwei zur Bezugsmittelebene symmetrischen, parallelen Ebenen. Bild 5.3-09 zeigt Allgemeintoleranzen für Symmetrien.

Toleranz-klasse	Symmetrietoleranzen für Nennmaßbereiche, Werte in mm			
	bis 100	über 100 bis 300	über 300 bis 1000	über 1000 bis 3000
H	0,5			
K	0,6		0,8	1,0
L	0,6	1,0	1,5	2,0

Bild 5.3-09 Allgemeintoleranzen für Symmetrie

Lauf

Die Lauftoleranz begrenzt die Abweichung der Lage eines Formelementes, bezogen auf einen festen Punkt während einer vollständigen Umdrehung um eine Bezugsachse.

Es werden folgende Lauftoleranzen unterschieden [1]:

Rundlauftoleranz:
Die Rundlauftoleranz einer Fläche ist der Abstand in einer beliebigen Meßebene zwischen zwei Kreisen, deren Mittelpunkte auf der Bezugsachse liegen. Die Rundlauftoleranz gilt im allgemeinen für eine vollständige Umdrehung um die Bezugsachse, sie kann jedoch auch auf einen Teil des Umfangs begrenzt werden.

Planlauftoleranz:
Die Planlauftoleranz einer Fläche ist der Absand in einer beliebigen radialen Entfernung zwischen zwei Kreisen, die in einem Meßzylinder liegen, dessen Achse mit der Bezugsachse übereinstimmt.

Lauftoleranz in beliebiger Richtung:
Die Lauftoleranz in beliebiger Richtung ist der Abstand zwischen zwei Kreisen, die in einem beliebigen Meßkegel liegen, dessen Achse mit der Bezugsachse übereinstimmt.

Lauftoleranz in vorgeschriebener Richtung:
Die Lauftoleranz in vorgeschrieber Richtung ist der Abstand zwischen zwei Kreisen, die in einem Meßkegel mit vorgeschriebenem Kegelwinkel liegen, dessen Achse mit der Bezugsachse übereinstimmt. Bild 5.3-10 zeigt Allgemeintoleranzen für Lauf.

Toleranzklasse	Lauftoleranzen
H	0,1
K	0,2
L	0,5

Bild 5.3-10   Allgemeintoleranzen für Lauf

Gesamtlauf

Die Gesamtlauftoleranz begrenzt die Abweichung der Lage eines Formelementes, bezogen auf mehrere feste Punkte, während der Umdrehungen des Werkstückes um eine Bezugsachse.

Es werden folgende Gesamtlauftoleranzen unterschieden [1]:

Gesamtrundlauftoleranz:
Die Gesamtrundlauftoleranz einer Fläche ist der Abstand zwischen zwei koaxialen Zylindern, deren Achsen auf der Bezugsachse liegen.

Gesamtplanlauftoleranz:
Die Gesamtplanlauftoleranz einer Fläche ist der Abstand von zwei senkrecht zur Bezugsachse stehenden, parallelen Ebenen.

Die am Kapitelende folgende Literatur ist im Zusammenhang mit der Form- und Lagetolerierung von Bedeutung und wird hier der Vollständigkeit halber genannt [5–9].

5.4 Oberflächenfeingestalt

Festkörper sind flächenbegrenzte Teile eines Raumes, die mit Materie angefüllt sind. Als Bauteile von Maschinen sind Festkörper funktional definiert. Wir unterscheiden Raumfunktionen, Flächenfunktionen und Stoffeigenschaften. Die geometrische Bestimmung der als Bauteile wirkenden Körper erfolgt durch Formgestaltung im Konstruktionsprozeß. Wir sprechen von der Wirkgestalt.

Alle Wirkgestaltungsformen sind räumlich durch Wirkoberflächen abgegrenzt. Wirkfunktionen sind deshalb auch Funktionen der Oberflächengestalt.

Im strengen mathematischen Sinne ist eine Fläche ein geometrisch zweidimensionales Gebilde ohne körperliche Eigenschaften.

Die Oberfläche eines Körpers wird aus der Menge seiner Randpunkte gebildet. Sie umschließt damit vollständig alle inneren Punkte des Körpers, der als eine abgeschlossene, einfach zusammenhängende Teilmenge des Raumes vorstellbar ist.

Oberflächen sind Grenzflächen. Sie dienen der äußeren Abgrenzung einer geformten oder ungeformten Masse gegenüber anderen. Die Formen der Körper werden durch ihre Oberflächen ausgedrückt. Alle Wahrnehmung von Körpern ist nur über ihre Oberfläche möglich.

Im Gegensatz zu den geometrischen Idealformen sind die Oberflächen technischer Körper nur näherungsweise ausgebildet. Die Abweichung von der Idealform wird als geometrischer Fehler bezeichnet.

Aussagen über die Genauigkeit von Oberflächen hängen weitgehend von dem Maßstab ab, in dem ein Körper dargestellt wird. Die uns umgebenden Körper lassen sich einteilen in [1]:
– übergroße Körper, deren Oberflächengestalt der Mensch nicht mehr überblicken kann,
– überblickbare und betastbare Körper,
– bewegbare und oberflächenbestimmbare Körper sowie
– kleine Körper, deren Oberflächengestalt mit bloßem Auge nicht mehr wahrgenommen werden können.

Unter diesem Aspekt wird zwischen Makro- und Mikrogeometrie unterschieden. Die Wahl der Grenze ist willkürlich. Schmaltz [1] definiert die Grenzziehung wie folgt:

Die Mikrogeometrie umfaßt Lagebeziehungen zwischen Oberflächenteilen innerhalb einer rechtwinkligen Fläche von 1 mm Seitenlänge. Lagebeziehungen in größeren Bereichen als 1 mm^2 gehören zur Makrogeometrie.

Sprachlich lassen sich differenzierende Genauigkeitsbegriffe unterscheiden, und zwar makrogeometrischer Art wie ungerade, gebogen, unrund, krumm, schief sowie mikrogeometrischer Art wie grob, wellig, rauh und fein.

Die Wirkoberflächen technischer Körper sind als Oberflächenschicht zu betrachten. Sie werden auch technische Oberflächen genannt, deren Funktionstüchtigkeit durch Tolerierung der Abweichungen hinsichtlich Geometrie und Stoffeigenschaften vorgegeben wird.

Innerhalb der Grenzschicht einer Oberfläche von Werkstoffen können die Stoffeigenschaften erheblich von denen im Inneren des Volumens abweichen. Bild 5.1-03 zeigte schematisch die Oberflächenrandzone in einem Schichtmodell [22]. Hierbei wird zwischen dem Grundwerkstoff einerseits sowie der inneren und äußeren Grenzschicht andererseits unterschieden. Es lassen sich im einzelnen zur Beschreibung des Oberflächenzustands technischer Körper sowohl stoffbezogene als auch mikrogeometrische Parameter anführen, die meßtechnisch bestimmbar sind. So ist es zu verstehen, daß die Entwicklung der Oberflächenkunde weitgehend von der Entwicklung der Oberflächenmeßtechnik abhängig ist [14].

Schon Taylor hat in seinen 1906 veröffentlichten Arbeiten über „The Art of Cutting Metals" die Beschaffenheit der erzeugten Oberfläche in seine Untersuchungen einbezogen [21].

Durch die Erfindung des Elektronenmikroskops und die Entwicklung von Geräten zur stark vergrößerten Darstellung der mikrogeometrischen Gestalt der Oberfläche wurde die meßtechnische Voraussetzung für wissenschaftliche Untersuchungen geschaffen. Diese ersten Meßgeräte arbeiteten nach elektrischen, mechanischen und insbesondere nach optischen Prinzipien. Für die mikroskopische Betrachtung standen schon sehr früh ausgereifte Geräte der Firmen Leitz-Wetzlar und Carl Zeiss-Jena zur Verfügung. Lichtschnitt- und Interferenzverfahren wurden von Mechau und Linnik angewendet. Eine direkte Abtastung der Oberfläche wurde bei verschiedenen Geräten von Abbot, Firestone, Kiesewetter, Wallichs und Schmaltz umgesetzt [1, 2].

Bei dem Abtastgerät nach Schmaltz [1] wurde der abgelenkte Lichtstrahl photographisch aufgenommen. Harrison [3] ersetzte den Ablenkspiegel durch eine „Grammophonaufnahmedose", so daß die erzeugten Stromschwankungen durch einen Lautsprecher oder einen Oszillographen wiedergegeben werden konnten. Insbesondere in den zwanziger und dreißiger Jahren wurde mit den erwähnten Geräten eine Vielzahl wissenschaftlicher Arbeiten über technische Oberflächen mit sehr unterschiedlichen Zielsetzungen durchgeführt und veröffentlicht.

Im Jahre 1936 hat Schmaltz in seinem Buch „Technische Oberflächenkunde" den Stand der Erkenntnisse zusammengetragen und durch die wissenschaftliche Bearbeitung des Fachgebiets einen großen Beitrag zur Entstehung des neuen Wissenschaftsgebiets Oberflächenforschung geleistet [1].

Einige der ersten tastenden Meßgeräte arbeiteten mit relativ hohen Auflagekräften, so daß bei weichen Werkstoffen nicht die Oberflächengeometrie abgetastet, sondern die Oberfläche von der Meßspitze eingeritzt wurde. Ende der dreißiger Jahre standen mit dem Profilometer von Abbot, dem Surface-Analyser von Brush, dem Talysurf Meßgerät von Taylor und dem Gerät von Schmaltz vier ausgereifte, abtastende Meßgeräte zur Verfügung, von denen drei einen direkten Profilschrieb erstellen konnten. Mit diesen Geräten hat Schlesinger eine der ersten systematischen Untersuchungen zur objektiven Beurteilung der Güte von technischen Oberflächen durchführen können [4]. In den Jahren 1939 bis 1940 unternahm er im Auftrag der „Institution of Production Engineers", London, die umfangreichen Untersuchungen zur Ermittlung „erprobter Oberflächengüten". Dabei wurden 450 repräsentative Werkstücke in elf, damals wichtigen Industriezweigen ausgewählt. Die mit über 6000 Einzelmessungen gewonnenen Meßdaten wurden anschließend mit statistischen Methoden ausgewertet und verglichen. Mit den veröffentlichten Ergebnissen stand das erste abgesicherte Bewertungshilfsmittel zur objektiven Beurteilung der Oberflächengüte zur Verfügung. Schon damals war allgemein bekannt, daß zur sicheren Funktionserfüllung eines Bauteils bestimmte Oberflächenqualitäten der Funktionsflächen erreicht werden müssen. Bis zu diesem Zeitpunkt wurde die Oberflächengüte eines Werkstücks von den Arbeitern, Meistern und Revisoren neben vereinzelten Gerätemessungen insbesondere durch Ansehen, Fühlen und Vergleichen der Eindrücke mit Musterstücken bestimmt. Diesen subjektiven Bewertungsmethoden wurden mit den erwähnten Untersuchungen erstmals objektive und reproduzierbar meßbare Kriterien gegenübergestellt [5].

Schon bei den ersten Messungen wurde erkannt, daß nicht ein einzelner Kennwert die Oberflächengestalt und Güte umfassend beschreiben kann. Bei Schlesingers Auswertungen wurden neun verschiedene, unter anderem von Way [6], Schmaltz [1] und Nicolau [7] entwickelte Beschreibungsgrößen ermittelt. Dabei wurden die maximale Entfernung von höchster Profilspitze zu tiefstem Tal und eine mittlere Entfernung von Spitzen und Tälern gemessen. Es wurden die durchschnittliche Profilhöhe von einer Mittellinie und ein algebraischer Mittelwert der Höhen- und Tiefenabweichungen ermittelt sowie einen Tiefenfaktor bestimmt. Die Tragflächenkurve nach Abbot und Firestone [8] wurde ebenfalls diskutiert.

Oberflächenfeingestalt 117

Seit Ende der dreißiger Jahre wurden insbesondere von Schlesinger [5], Kienzle [9], Nicolau und Opitz [10] Anstrengungen unternommen, funktionale Zusammenhänge zwischen den einzelnen Kennwerten zu finden. Da die Wissenschaftler empirisch ermittelte Werte zugrunde legten, die mit verschiedenen Meßsystemen an unterschiedlich bearbeiten Werkstücken gemessen wurden, differierten auch die ermittelten Formeln und Zusammenhänge. Beispielsweise wurden die in Bild 5.4-01 dargestellten Werte für den „Völligkeitsgrad k" ermittelt.

	Opitz und Moll	Schlesinger	Pesante	Bauer	Nicolau	Gesamt
k $(1-k = k_p)$	≤ 0,35 (≥ 0,65)	0,6 (0,4)	0,5 (0,5)	0,3...0,55 (0,7...0,45)	0,46...0,56 (0,54...0,44)	0,3...0,6 (0,7...0,4)

Bild 5.4-01 Größenordnungen fertigungstechnisch erzielter k-Werte nach [10]

Neben den Bestrebungen, den Zustand der Oberfläche durch Kennzahlen zu beschreiben, wurde auch die Notwendigkeit der Vergleichbarkeit von Meßergebnissen erkannt. Dies führte zur Ausarbeitung von Normen, in denen die Berechnungsverfahren für Kennwerte, Meßbedingungen, die Abstufung der Werte und die Darstellungsform in Technischen Zeichnungen festgelegt wurden. Da es sich vorwiegend um nationale Normen handelte, wurden dabei die landesüblich benutzten Meßsysteme, Maßeinheiten und Vorgehensweisen zugrundegelegt. Der Höhepunkt dieser Entwicklung wurde Ende der fünfziger Jahre erreicht. Zu diesem Zeitpunkt waren zwölf verschiedene Darstellungsformen der Oberflächengüte gleichzeitig gültig, (Bild 5.4-02).

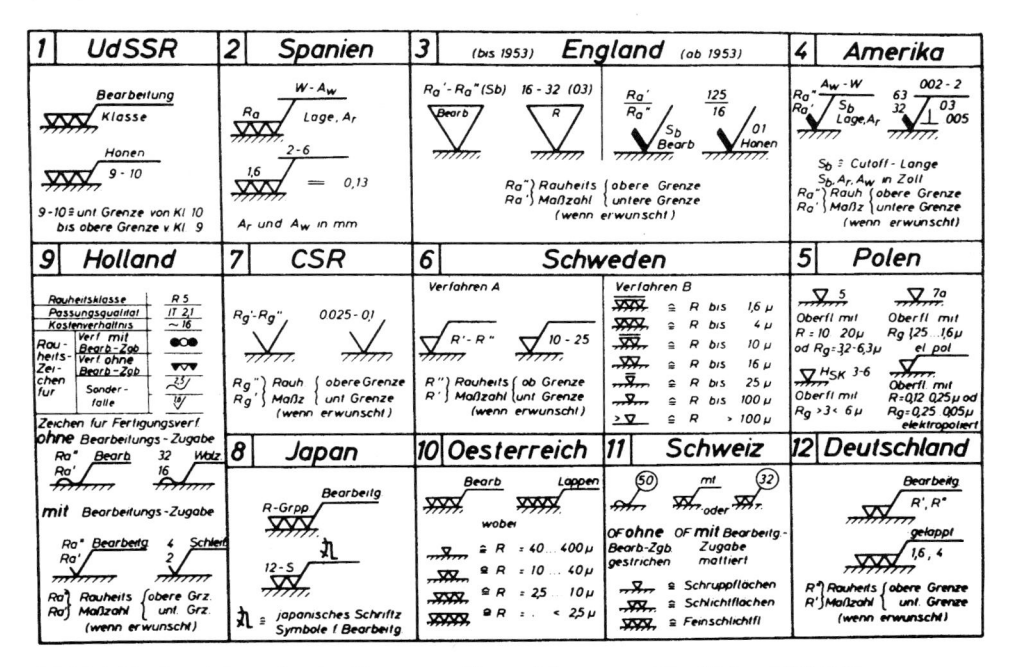

Bild 5.4-02 Stand der nationalen Normen zur Kennzeichnung von Oberflächen 1958 [10]

Neben dem Mikrometer oder Mikron wurden noch Mikrozoll und das „ru" als Maßeinheit benutzt. Die einzelnen Länder verwendeten eigene Klassen und Normreihen zur Abstufung der Werte. Um diese Situation den Erfordernissen eines ständig wachsenden weltweiten Handels und Warenaustausches anzupassen, wurde das Streben nach international geltenden Normen verstärkt.

Den Stand der Meß- und Prüftechnik von Oberflächen in der Nachkriegszeit hat Perthen 1949 umfassend beschrieben [11]. Er gliedert die Oberflächengüte in

– Oberflächenfeingestalt,
– Oberflächenbeschaffenheit und
– Oberflächenverhalten.

Die Oberflächenmeßkunde beruht auf der grundlegenden Erkenntnis von der räumlichen Natur der Oberflächengestalt. Der Oberflächenbereich eines Körpers ist somit geometrisch als dreidimensionales Gebilde vorstellbar.

Die Oberflächenbeschaffenheit umfaßt Eigenschaften des physikalisch-chemischen Zustands der Oberfläche, wie Gefügeaufbau, Härte und Eigenspannungen.

Das Oberflächenverhalten bezieht sich auf Reaktionen zur Umwelt, also auf Wandlungsvorgänge des stofflichen Verhaltens an der äußeren Schicht, wie Adhäsion, Korrosion, Bindefähigkeit und tribologisches Verhalten.

Seit den sechziger Jahren wurde die Oberflächenmeßtechnik insbesondere durch zwei Entwicklungen geprägt. Zum einen ermöglichte die Einführung der Rechnertechnik den Bau von Meßgeräten, die unter Beibehaltung der bewährten Meßprinzpien eine automatische Erfassung und Auswertung der Meßwerte gestattete. Dies führte zu einer Beschleunigung der Messungen und zur besseren Reproduzierbarkeit der Ergebnisse. Zum anderen hat die Entwicklung des Lasers zu einer Reihe neuer Meßverfahren geführt, die eine nahezu rückwirkungsfreie Abtastung der Oberfläche ermöglichen und eine höhere Auflösung aufweisen.

Da die Oberfläche eines Körpers ein räumliches Gebilde darstellt, wurden Anstrengungen unternommen, von der zweidimensionalen zu einer dreidimensionalen Erfassung der Oberflächenbeschaffenheit überzugehen. Mit der Weiterentwicklung von bekannten optischen Interferenzmeßverfahren stehen heute leistungsfähige Geräte zur räumlichen Erfassung von Oberflächen zur Verfügung. Beim derzeitigen Stand der Technik werden auf diesem Wege Auflösungen bis in den Nanometerbereich bei einer Meßflächengröße vom zehn- bis fünfundzwanzigtausendfachen der Auflösung erreicht. Zur räumlichen Vermessung wurde auch ein international gültiges, einheitliches Bezugssystem definiert [12]. In den meisten Anwendungsfällen ist jedoch eine zweidimensionale Betrachtung der Oberfläche zur Ermittlung der Funktionstüchtigkeit eines Werkstücks ausreichend. Ist eine dreidimensionale Betrachtung des Bauteils notwendig, so wird in der Regel in zwei getrennten Untersuchungen erst die Geometrie des Bauteils vermessen, um Maß- und Formabweichungen festzustellen, und anschließend die mikroskopische Oberflächenbeschaffenheit der Funktionsflächen durch Kennwertermittlung bestimmt.

Eine umfassende Darstellung der Oberflächenmeßtechnik wurde 1989 von v. Weingraber und Abou-Aly veröffentlicht [14].

Gestaltabweichungen

Begriffe zur Beschreibung von Oberflächen sind in DIN 4760 genormt [13]. Nach dieser Definition stellt die Istoberfläche das meßtechnisch erfaßte, angenäherte Abbild der wirklichen Oberfläche dar. Da hierbei Meßfehler und Unzulänglichkeiten des Meßgeräts einfließen, kann die Istoberfläche von der wirklichen Oberfläche abweichen. In Zeichnungen oder anderen technischen Unterlagen werden meist die idealen geometrischen Oberflächen eines Bauteils definiert. Die Gesamtheit aller Abweichungen der Istoberfläche von der geometrischen Oberfläche wird als Gestaltabweichung bezeichnet. Somit stellt die Oberflächengenauigkeit das Gegenteil der Gestaltabweichung dar, da im Idealfall höchster Oberflächengenauigkeit keine Gestaltabweichung zwischen der Istoberfläche und der geometrischen Oberfläche mehr meßbar ist.

Die Gestaltabweichungen werden in DIN 4760 nach ihrer Größe und Ausdehnung in ein sechsstufiges Ordnungssystem gegliedert, das in Bild 5.4-03 dargestellt ist.

- Gestaltabweichungen 1. Ordnung stellen Formabweichungen des Werkstücks dar. Sie sind bei der Betrachtung der gesamten Istoberfläche eines Formelements festzustellen. Die Gestaltabweichungen 2. bis 5. Ordnung sind an einem Flächenausschnitt der Istoberfäche feststellbar.
- Gestaltabweichungen 2. Ordnung sind überwiegend periodisch auftretende Abweichungen der Istoberfläche eines Formelements, bei denen das Verhältnis der Wellenabstände zur Wellentiefe im allgemeinen zwischen 1000:1 und 100:1 liegt. Es sind meist mehrere Wellenperioden erkennbar, die auch als Welligkeit bezeichnet werden.

Gestaltabweichung (als Profilschnitt überhöht dargestellt)	Beispiele für die Art der Abweichung	Beispiele für die Enstehungsursache
1. Ordnung: Formabweichungen	Geradheits-, Ebenheits-, Rundheits-Abweichung, u.a.	Fehler in den Führungen der Werkzeugmaschine, Durchbiegung der Maschine oder des Werkstückes, falsche Einspannung des Werkstückes, Härteverzug, Verschleiß
2. Ordnung: Welligkeit 	Wellen (siehe DIN 4761)	außermittige Einspannung, Form- oder Laufabweichungen eines Fräsers, Schwingungen der Werkzeugmaschine oder des Werkzeuges
3. Ordnung: Rauheit 	Rillen (siehe DIN 4761)	Form der Werkzeugschneide, Vorschub oder Zustellung des Werkzeuges
4. Ordnung: Rauheit	Riefen Schuppen Kuppen (siehe DIN 4761)	Vorgang der Spanbildung (Reißspan, Scherspan, Aufbauschneide), Werkstoffverformung beim Strahlen, Knospenbildung bei galvanischer Behandlung
5. Ordnung: Rauheit Anmerkung: nicht mehr in einfacher Weise bildlich darstellbar	Gefügestruktur	Kristallisationsvorgänge, Veränderung der Oberfläche durch chemische Einwirkung (z.B. Beizen), Korrosionsvorgänge
6. Ordnung: Anmerkung: nicht mehr in einfacher Weise bildlich darstellbar	Gitteraufbau des Werkstoffes	

Die dargestellten Gestaltabweichungen 1. bis 4. Ordnung überlagern sich in der Regel zu der Istoberfläche

Beispiel:

Bild 5.4-03 Ordnungssystem für Gestaltabweichungen nach DIN 4760 [13]

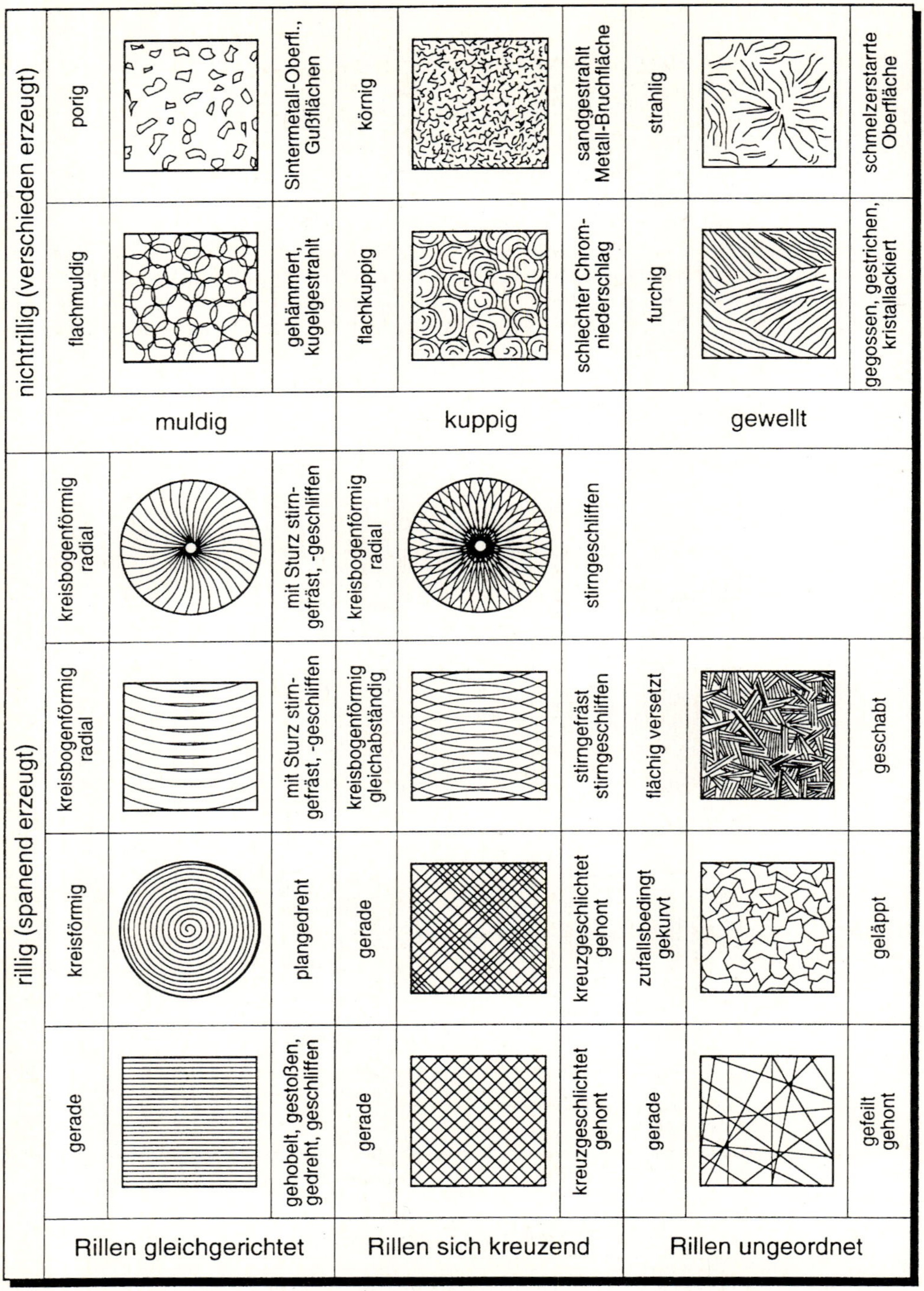

Genauigkeit der Bauteilgeometrie

nichtrillig (verschieden erzeugt)	porig		Sintermetall-Oberfl., Gußflächen	körnig		sandgestrahlt Metall-Bruchfläche	strahlig		schmelzerstarrte Oberfläche
	flachmuldig		gehämmert, kugelgestrahlt	flachkuppig		schlechter Chromniederschlag	furchig		gegossen, gestrichen, kristallackiert
		muldig			kuppig			gewellt	
rillig (spanend erzeugt)	kreisbogenförmig radial		mit Sturz stirngefräst, -geschliffen	kreisbogenförmig radial		stirngeschliffen			
	kreisbogenförmig radial		mit Sturz stirngefräst, kreisbogenförmig gleichabständig	stirngefräst stirngeschliffen		flächig versetzt			geschabt
	kreisförmig		plangedreht	gerade		kreuzgeschlichtet gehont	zufallsbedingt gekurvt		geläppt
	gerade		gehobelt, gestoßen, gedreht, geschliffen	gerade		kreuzgeschlichtet gehont	gerade		gefeilt gehont
		Rillen gleichgerichtet			Rillen sich kreuzend			Rillen ungeordnet	

Bild 5.4-04 Beispiele für Oberflächentexturen [15]

- Gestaltabweichungen 3. bis 5. Ordnung treten als regelmäßig oder unregelmäßig wiederkehrende Abweichungen der Istoberfläche eines Formelements in Erscheinung. Das Verhältnis der Abstände zur Tiefe liegt dabei im Regelfall zwischen 100:1 und 5:1 und stellt die Rauheit der Oberfläche dar.
- Gestaltabweichungen 6. Ordnung sind durch den Aufbau der Materie bedingte Abweichungen der Oberflächengestalt.

Auf den irreführenden Normbegriff der Istoberfläche wird im Schrifttum nachhaltig hingewiesen [14]. Die fertigungstechnisch erzeugte „wirkliche" Oberfläche ist ein individuelles Gebilde mit zufallsbedingten Abweichungen vom geometrisch idealen Zustand.

In der topologischen Ordnung der Gestaltabweichungen nach DIN 4760 werden die Gestaltabweichungen 3. bis 5. Ordnung als Rauheit zusammengefaßt. Zwischen Formabweichung, Welligkeit und Rauheit besteht nur ein gradueller, aber kein prinzipieller Unterschied [14]. In der realen Oberflächengeometrie überlagern sich die drei Ordnungen der Gestaltabweichung.

Ein in der Praxis bedeutendes Merkmal der Oberflächengestalt ist ihre Textur, die durch das angewandte Fertigungsverfahren geprägt wird. Bild 5.4-04 zeigt Beispiele für solche Ober-

Meßgröße für das Erfassen der	Benennung	Symbol	genormt
gesamten Gestaltabweichung G	Gestaltstiefe	G_t	
	Profiltiefe	P_t	DIN 4771
	räumliche maximale Gestaltstiefe	rG_{max}	
	mittlere Gestaltstiefe	G_p	
	räumliche mittlere Gestaltstiefe	rG_p	
	Gestaltsschnittlängenverhältnis (Gestaltsprofiltraganteil)	s_{pG}	
	Gestaltsschnittflächenverhältnis (Gestaltsflächentraganteil)	s_{aG}	
	Gestaltsleeregrad	k_{pG}	
	Gestaltsvölligkeitsgrad	k_{vG}	
Formabweichung F	Formtiefe	F_t	
	räumliche maximale Formtiefe	rF_{max}	
	mittlere Formtiefe	F_p	
	räumliche mittlere Formtiefe	rF_p	
Welligkeit W	Wellentiefe	W_t	DIN 4771
	Welligkeitstiefe	W_{tE}	
	räumliche maximale Welligkeitstiefe	rW_{maxE}	
	gemittelte Wellentiefe	W_z	
	mittlere Welligkeitstiefe	W_{pE}	
	räumliche mittlere Welligkeitstiefe	rW_{pE}	
	kombinierte Welligkeits- und Formtiefe	$W_t + F_t$	erwähnt in den Erläuterungen zu DIN 4774
	mittlerer Wellenabstand	a_w	

Bild 5.4-05 Genormte oder anderweitig vorgeschlagene Oberflächenmeßgrößen [14]

flächentexturen, wie sie in DIN 4761 [15] beschrieben sind. In diesem Zusammenhang erhält der Begriff Rille eine besondere Bedeutung. Unter Rille wird die regelmäßig oder unregelmäßig verlaufende Bahnspur des wirkenden Schneidenprofils vom Bearbeitungswerkzeug verstanden. Die Rillen können gerade oder gekrümmt, gleichgerichtet oder kreuzend, aber auch ungeordnet verlaufen. Je nach Bearbeitungsverfahren können aber auch nichtrillige Oberflächentexturen entstehen, die narbenartig verbreitet als muldig, porig, kuppig, furchig oder körnig beschrieben werden.

Eine vollständige Beschreibung der Feingestalt einer Oberfläche kann nur auf der Basis einer räumlichen Messung erfolgen. Es gibt eine Reihe, inbesondere optischer Meßverfahren, die eine räumliche Erfassung der Oberflächen ermöglichen. Die überwiegende Zahl von Meßverfahren zur Bestimmung der Oberflächengestalt arbeitet allerdings zweidimensional in einer Schnittebene zur Oberfläche und erfaßt somit die Schnittlinie in der gewählten Schnittebene. Bild 5.4-05 gibt einen Überblick über bekannte Kennwerte, die auf der Basis der gemessenen Schnittlinie ermittelt werden können. Einige der aufgeführten Verfahren wurden genormt.

Da noch kein genormtes Verfahren zur Auswertung von dreidimensionalen Oberflächenmessungen existiert, werden insbesondere im internationalen Warenaustausch auch weiterhin die genormten Kennwerte zugrunde gelegt, die auf Messungen in definierten Schnittebenen basieren. In den letzten Jahren wurden jedoch sehr leistungsfähige Lasermeßsysteme entwickelt, die unter Anwendung des Moire-Verfahrens und schneller Rechner hochauflösende räumliche Meßverfahren darstellen. Es ist zu erwarten, daß die Oberflächenforschung durch den Einsatz derartiger Systeme ihrem erklärten Ziel, der räumlichen Erfassung der gesamten Oberfläche von Gegenständen, in den nächsten Jahren näher kommen wird. Eine ganzheitliche Erfassung und Beschreibung der Oberflächengestalt führt aber nur dann zu vergleichbaren und eindeutigen Meßergebnissen, wenn zuvor ein allgemeingültiges System von Bezugsflächen festgelegt wird, das die Grundlage zur Ermittlung sämtlicher Kennwerte bildet.

Bezugssysteme

Um die Formabweichungen, die Welligkeit und Rauheit der Oberflächen eines Körpers sowie die Maß- und Lageabweichungen dieser Flächen eindeutig definieren zu können, muß ein System geeigneter Bezugsflächen gefunden werden. Ein solches Bezugssystem bildet auch die Grundlage für eine eindeutige Trennung der einzelnen Gestaltabweichungen.

Für die Untersuchung von Oberflächen, die neben anderen Gestaltabweichungen auch eine Welligkeit aufweisen, existiert eine Reihe von Systemen mit ausmittelnder Bezugslinie. Diese werden auch Mittelliniensysteme oder M-Systeme genannt. Auf welches Bezugssystem bei einer Messung zurückgegriffen wird, hängt in der Regel von den zur Verfügung stehenden Meßgeräten ab. Bild 5.4-06 gibt einen Überblick über die bekannten und angewandten M-Systeme [14].

Zur räumlichen Erfassung der Oberflächengestalt wurde ein universelles Bezugssystem einhüllender Flächen (Bezugssystem EF) entwickelt. In sehr umfangreichen Untersuchungen wurden die Radien der Tastelemente für den Regelfall ermittelt. Danach sollte die Freiformfläche S_f mit dem Radius $r_f = 50$ mm abgetastet werden. Die Welligkeitsfläche S_w ist mit dem Radius $r_w = 3,2$ mm und die Istoberfläche S_i mit $r_i \leq 10$ µm zu messen [14].

In DIN ISO 1101 [12] wird ein Bezugssystem aus Stütz-, Toleranz- und Regressionsflächen definiert. Bei der Anwendung der Norm ist stets der Grundsatz zu befolgen, daß beim Messen der Form- oder Gestaltabweichungen die Begrenzungslinien und Flächen an die Istform der Einzelflächen so anzulegen sind, daß sich die geringste Formabweichung f_l ergibt. In Bild 5.4-07 ist dargestellt, daß durch diese Vorgehensweise nicht unbedingt die günstigste Formtiefe F_{ps} ermittelt wird, die in manchen Anwendungsfällen größere Bedeutung hat.

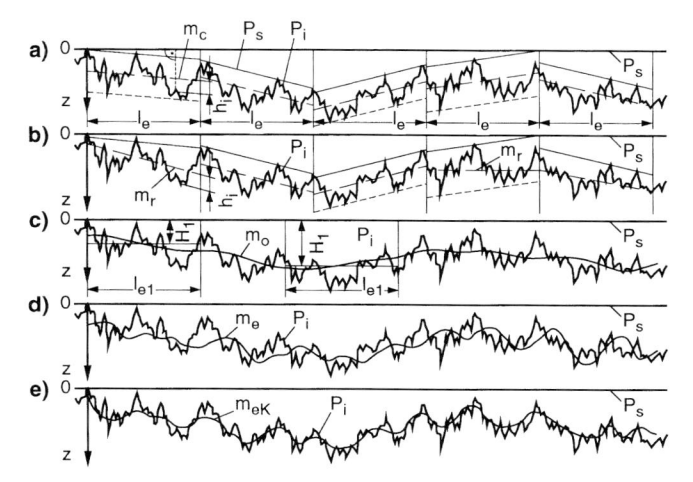

Bild 5.4-06 Mittelliniensysteme [14]. Ermitteln der Rauheit eines welligen Istprofils P_i durch Eliminieren der Welligkeit an Hand verschiedener ausmittelnder Bezugslinien. Als solche dienen bei a) die innerhalb der Einzelbezugsstrecken l_e parallel zum Hilfsstützprofil p_s gelegten, zueinander versetzten arithmetischen mittleren Linien (center lines) m_c (Bezugssystem M_c); b) die in denselben Einzelstrecken l_e ermittelten, gleichfalls zueinander versetzten Regressionsgeraden (meam lines) m_r (Bezugssystem M_r); c) die Mittelpunktsortskurve m_o nach Whitehouse (Bezugssystem M_o); d) die je nach dem benutzten nichtphasenkorrekten elektrischen Filter unterschiedlich phasenverschoben verlaufende elektrische Nullinie m_e (Bezugssystem M_e); e) die je nach dem benutzten phasenkorrekten Filter mit unterschiedlichen Amplituden, aber phasengleich mit der Welligkeit verlaufende elektrische Nullinie m_{ek} (Bezugssystem M_{ek})

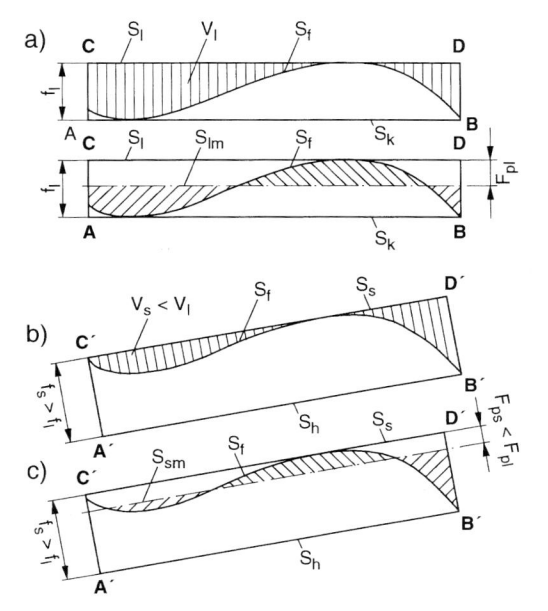

Bild 5.4-07 Anwendung des Bezugssystems nach DIN ISO 1101

Ein häufig auftretender Meßfehler wird in Bild 5.4-08 dargestellt. Bei dem abgebildeten Zylinder wird die zulässige Toleranz t gerade erreicht, da der Stützzylinder S_s die größtmögliche Richtungsabweichung α von den Toleranzzylindern Z_a und Z_i aufweist. Werden die Abweichungen der Formfläche S_f nicht senkrecht zu S_s in Meßrichtung MR, sondern senkrecht zu x-x in Richtung MR_z gemessen, so geht die Richtungsabweichung α in das Ergebnis ein [14].

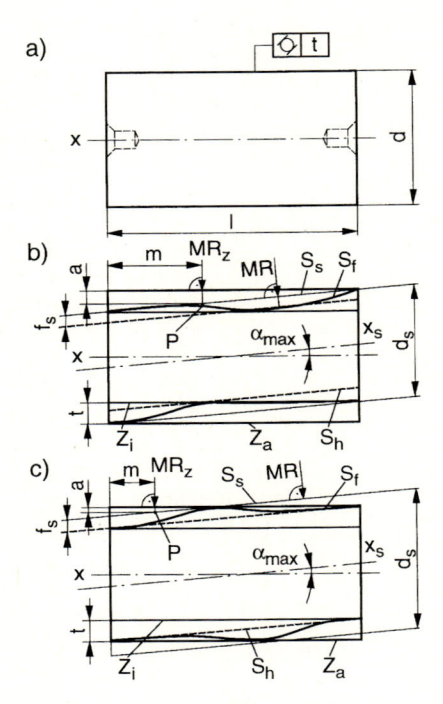

Bild 5.4-08 Meßfehler durch Einfluß einer Schräglage. Zulässige Toleranz t, Formfläche S_f mit zugeordnetem Stützzylinder S_S und zugehöriger Abweichung f_s, Toleranzzylinder Z_a und Z_i, Meßrichtung MR senkrecht zu S_S und Meßrichtung MR_Z senkrecht zu x-x, Richtungsabweichung $α_{max}$

Welligkeit

Definitionsgemäß wird die Welligkeit den Gestaltabweichungen 2. Ordnung zugeschrieben [13]. Da die Wellenlänge zwischen der der langwelligen Formabweichung und der Rauheit liegt, wurde ihr nach DIN 4760 für den Regelfall ein Bereich von

$$1000 > \frac{\text{Wellenlänge } a_w}{\text{Wellentiefe } T} > 100 \qquad (01)$$

zugewiesen. Zur Ermittlung der Welligkeit müssen sowohl die höheren als auch die tieferen Frequenzen durch eine Bandpaßfilterung ausgeschaltet weden. Hierbei haben sich zwei verschiedene Systeme durchgesetzt.

Wie in Bild 5.4-09 dargestellt, kann mit dem Bezugssystem EP auf mechanischem Wege die Welligkeit W_e als Abstand des Formprofils P_f vom Welligkeitsprofil P_w ermittelt werden.

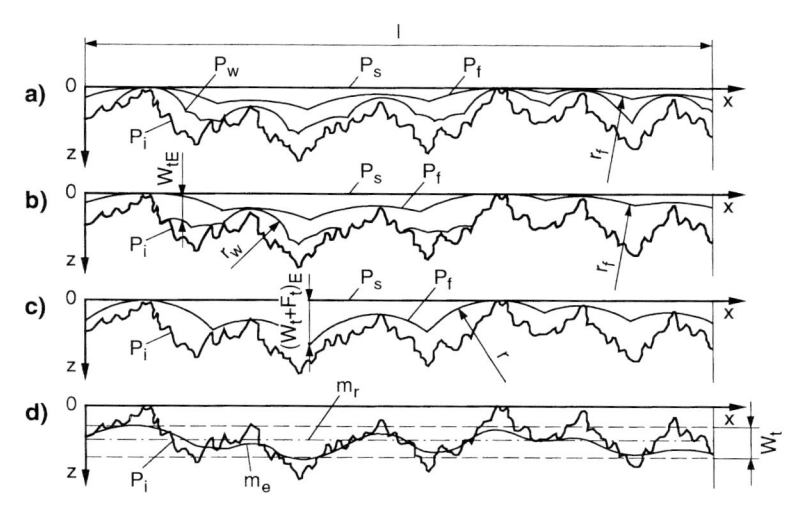

Bild 5.4-09 Verfahren zur Ermittlung von Welligkeitsmeßgrößen. a) Apparative räumliche mechanische Bandpaßfilterung mit zwei Kugelradien r_w und r_f (Bezugssystem EF); b) graphische oder rechnergestützte Auswertung von Istprofilen durch mechanische Bandpaßfilterung mit zwei Kreisradien r_w und r_f; c) apparative mechanische Tiefpaßfilterung mit nur einem Kugelradius r nach DIN 4774; d) elektrische Tiefpaßfilterung nach DIN 4774 (Wellenverlauf abhängig von den Filtereigenschaften und der benutzten Grenzwellenlänge) [14]

Rauheit

Zur Beschreibung der Oberflächenrauheit wurden über 20 verschiedene Kennwerte entwickelt, wie aus Bild 5.4-10 zu entnehmen ist.

In der ISO 4287-1 werden Begriffe der Oberflächenrauheit definiert [16]. Dabei werden Unregelmäßigkeiten mit kleinen Abständen der Bauteiloberfläche beschrieben, die in der Regel durch das gewählte Fertigungsverfahren verursacht werden. Die Unregelmäßigkeiten werden innerhalb definierter Grenzen, beispielsweise der Bezugsstrecke, beobachtet. Am häufigsten werden die Kenngrößen R_a, R_z und R_{max} zur Beschreibung der Rauheit herangezogen. Diese Kenngrößen sind in DIN 4768 definiert [17].

Für die einheitliche Beschreibung des Oberflächenprofils wurden die in Bild 5.4-11 dargestellten Größen genormt. Die wichtigsten Begriffe sind:

– Die Bezugsstrecke l ist die Länge der Bezugslinie, die zur Ermittlung der Oberflächenrauhigkeit dient.
– Die Gesamtlänge der Oberfläche, über die die Werte der Rauheitskenngrößen ermittelt werden, wird als Auswertlänge l_n bezeichnet. Sie kann eine oder mehrere Bezugsstrecken enthalten.
– Die Profilabweichung y ist der Abstand des Profilpunktes von der Bezugslinie in Meßrichtung.
– Die arithmetische mittlere Linie des Profils ist eine Bezugslinie mit der Form des geometrischen Profils, die innerhalb der Bezugsstrecke so verläuft, daß die Summe der Flächen zwischen Bezugslinie und Profil oberhalb und unterhalb der Bezugslinie gleich groß sind.
– Die Höhe der Profilkuppe y_p ist der Abstand zwischen Regressionslinie und dem höchsten Punkt der Profilkuppe, Bild 5.4-12.
– Das Maß y_v wird als Tiefe der Profiltäler bezeichnet.

Meßgröße das Erfassen der	Benennung	Symbol	genormt
Rauheit R	maximale Profilhöhe (früher Rauhtiefe)	R_y (R_t)	ISO 4287/1 und DIN 4762 T1
	maximale Profilspitzenhöhe	R_p	ISO 4287/1 und DIN 4762 T1
	maximale Taltiefe (früher mittlere Rauhtiefe)	R_m	ISO 4287/1 und DIN 4762 T1
	maximale Rauhtiefe	R_{max}	DIN 4768 T1
	maximale Rauheitstiefe	R_{maxE}	
	räumliche maximale Rauhheitstiefe	rR_{maxE}	
	Zehnpunkthöhe	R_{zISO}	ISO 4287/1 und DIN 4762 T1
	gemittelte Rauhtiefe	R_{zDIN}	DIN 4768 T1
	Grundrauhtiefe (R_{3z}-Wert)	R_{3z}	
	Kernrauhtiefe	R_k	DIN 4776
	reduzierte Spitzenhöhe	R_{pk}	DIN 4776
	reduzierte Riefentiefe	R_{vk}	DIN 4776
	arithmetischer Mittenrauhwert	R_a	ISO 4287/1 und DIN 4762 T1 DIN 4768 T1
	arithmetischer Mittenrauhwert (E-System)	R_{aE}	
	quadratischer Mittenrauhwert	R_q	ISO 4287/1 und DIN 4762 T1
	mittlere Rauheitstiefe	R_{pE}	
	mittlerer Abstand der Profilunregelmäßigkeiten	S_m	ISO 4287/1 und DIN 4762 T1
	Leeregrad	k_{pR}	
	Völligkeitsgrad	k_{vR}	
	Profiltraganteil (Schnittflächenverhältnis)	t_p, S_{pR}	ISO 4287/1 und DIN 4762 T1
	Flächentraganteil (Scnnittflächenverhältnis)	T_a, S_{aR}	DIN 4765
	mittlere arithmetische Wellenlänge	λ_a	ISO 4287/1 und DIN 4762 T1
	mittlere quadratische Wellenlänge	λ_q	ISO 4287/1 und DIN 4762 T1

Bild 5.4-10 Rauheitskennwerte [14]

- Als maximale Höhe der Profilkuppen R_p gilt der Abstand des höchsten Punktes des Profils von der Regressionslinie innerhalb der Bezugsstrecke. Diese Kenngröße wurde bisher Glättungstiefe genannt. Die Versuche einer Normierung einheitlicher Meßbedingungen zur Bestimmung von R_p scheiterten bisher an der unterschiedlichen Meßpraxis, die zu sehr verschiedenen Meßergebnissen führte.
- Die maximale Taltiefe R_m ist der Abstand des tiefsten Punktes des Profils von der Regressionslinie innerhalb der Bezugsstrecke.

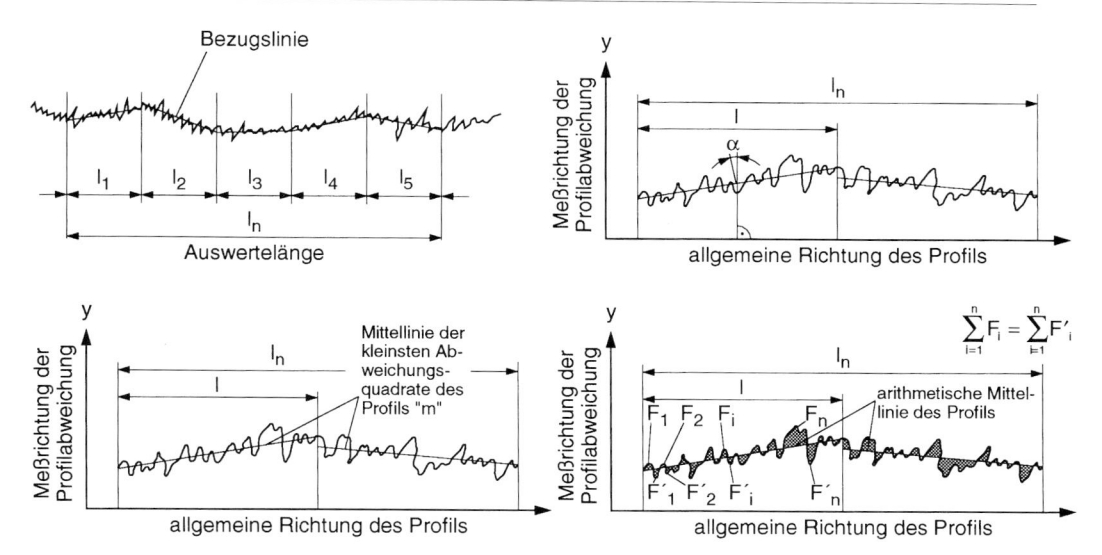

Bild 5.4-11 Bezugsgrößen zur Kennwertermittlung nach DIN 4762 ISO 4287-1

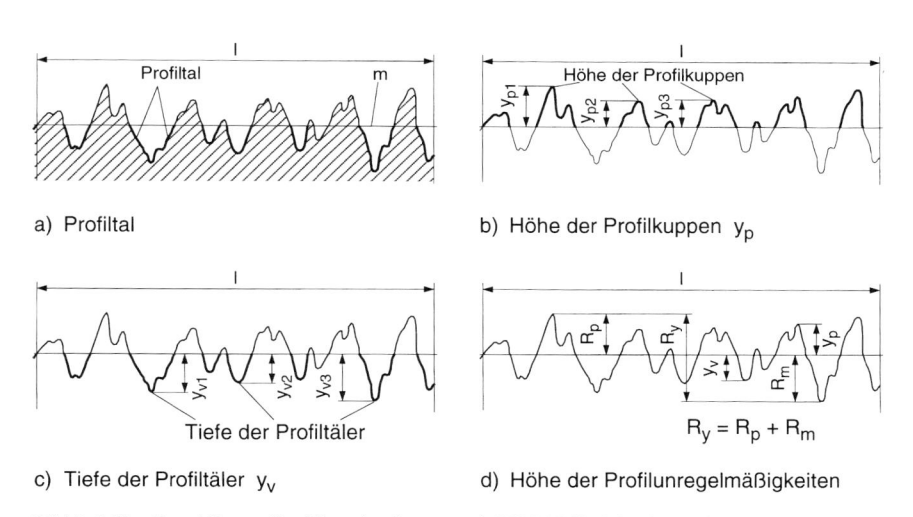

Bild 5.4-12 Begriffe zur Profilbeschreibung nach DIN 4762 ISO 4287-1

- Als maximale Profilhöhe R_y wird der Abstand zwischen der höchsten Profilkuppe und dem tiefsten Profiltal bezeichnet.

Um in technischen Zeichnungen eine Vereinheitlichung der Rauheitsangaben zu erreichen, wurden für die wichtigsten Rauheitsmeßgrößen Stufungen der Zahlenwerte festgelegt. In Bild 5.4-13 sind die Werte für R_z, R_{max} und R_a nach DIN 4763 angegeben [18].

$$R_a = \frac{1}{l_m} \int_{x=0}^{a=l_m} |y|\, dx$$

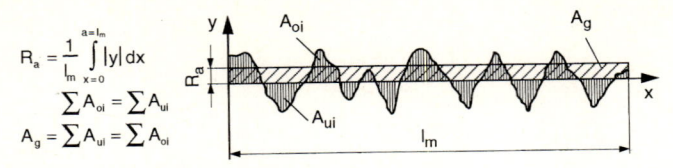

$$\sum A_{oi} = \sum A_{ui}$$

$$A_g = \sum A_{ui} = \sum A_{oi}$$

a) Arithmetischer Mittenrauhwert R_a

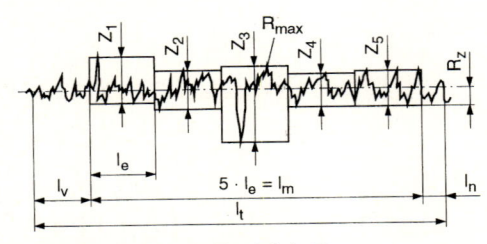

b) gemittelte Rauhtiefe R_z, maximale Rauhtiefe R_{max} und Einzelrauhtiefe Z_i

Bild 5.4-13 Rauheitskenngrößen R_a, R_z, R_{max} nach DIN 4768

Für den Mittenrauhwert R_a existieren Erfahrungswerte, die unter üblichen Fertigungsbedingungen erreicht werden können. In Bild 5.4-14 sind diese Werte angegeben [19]. Die als Balken dargestellten Streubereiche ergeben sich durch unterschiedliche Fertigungsbedingungen und Werkstoffe. Bei der Fertigung gleichartiger Teile unter gleichbleibenden Fertigungsbedingungen ist der Streubereich wesentlich geringer. Um eine Vergleichbarkeit von Meßergebnissen zu ermöglichen, ist die Vorgehensweise zur Ermittlung der Rauheitskenngrößen R_a, R_z und R_{max} in DIN 4768 festgelegt worden [17].

– Definitionsgemäß bezeichnet die maximale Rauhtiefe R_{max} die größte auf der Gesamtstrecke l_m vorkommende Einzelrauhtiefe Z_i, beispielsweise Z_3 in Bild 5.4-13.
– Die mittlere Linie liegt parallel zur allgemeinen Richtung des Rauheitsprofils und des geometrisch idealen Profils. Diese Linie teilt das Rauheitsprofil so, daß die Summe der werkstofferfüllten Flächen über ihr und der werkstofffreien Flächen unter ihr gleich sind.
– Die Gesamtmeßstrecke l_m ist die senkrecht auf die mittlere Linie projizierte Länge des unmittelbar zur Auswertung benutzten Teils des Rauheitsprofils.
– Die Einzelmeßstrecke l_e beträgt ein Fünftel der Gesamtmeßstrecke l_m.
– Als Vorlaufstrecke l_v und Nachlaufstrecke l_n werden senkrecht auf die mittlere Linie projizierte Längen der Taststreckelt bezeichnet, die vor und hinter der Gesamtmeßstrecke l_m liegen.

Traganteil

Für eine funktionsgerechte Beschreibung der Rauheit, beispielsweise für Wälzflächen, Schmiergleitflächen oder Dichtflächen, wurden mit R_k, R_{pk}, M_{r1} und M_{r2} weitere Kenngrößen zur Rauheitsmessung normiert [20]. Sie kennzeichnen den Verlauf der Traganteilkurve nach Abbot und beschreiben so die Tiefe und den Charakter des Rauheitsprofils.

Oberflächen mit etwa gleich großen gemittelten Rauhtiefen R_z haben deutlich bessere Eigenschaften, wenn sie ein materialgefülltes, weitgehend geschlossenes Profil anstelle eines im oberen Profilbereich weniger materialgefüllten, offenen Profils aufweisen. Die

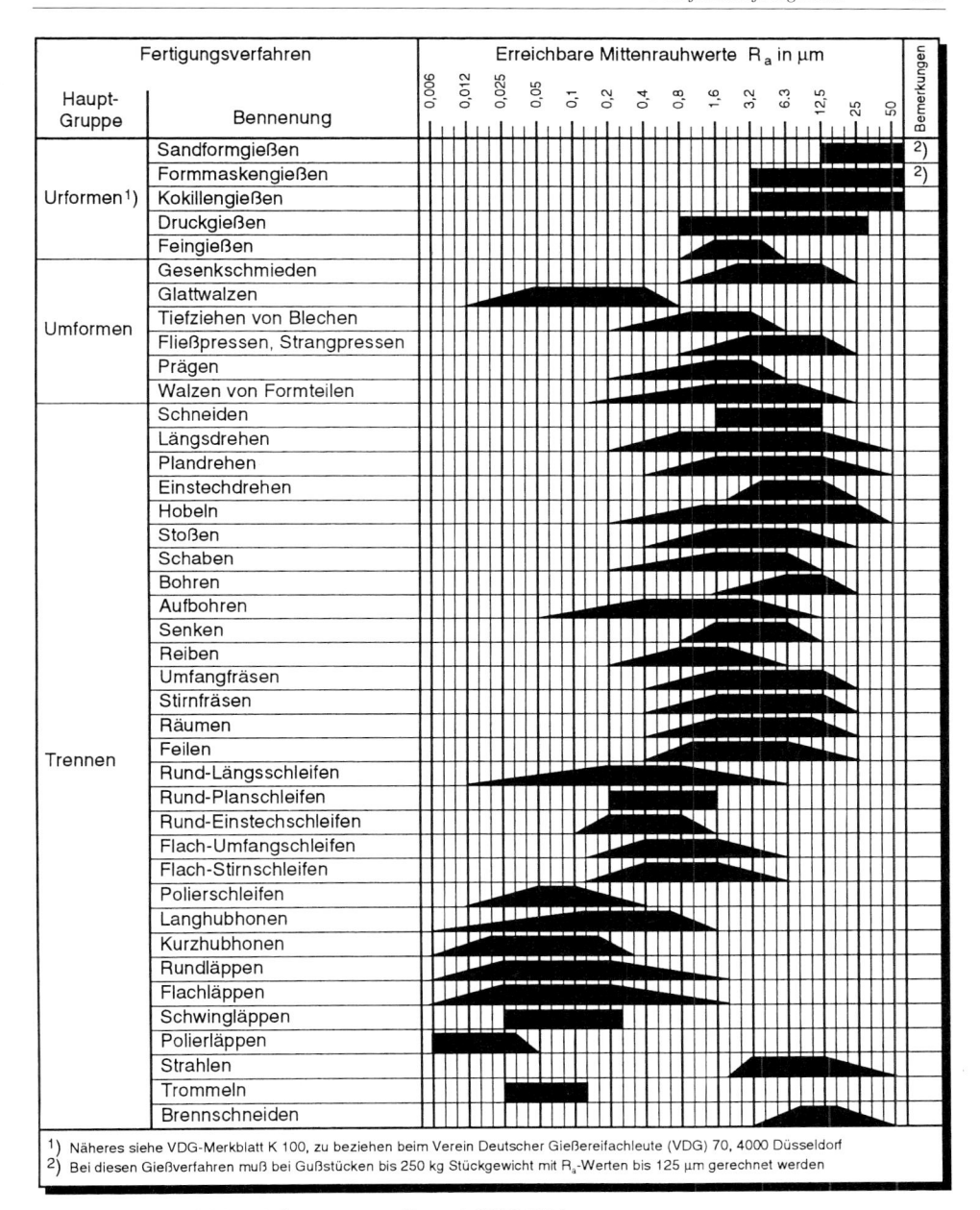

Fertigungsverfahren		Erreichbare Mittenrauhwerte R_a in µm	Bemerkungen
Haupt-Gruppe	Bennenung	0,006 0,012 0,025 0,05 0,1 0,2 0,4 0,8 1,6 3,2 6,3 12,5 25 50	
Urformen[1]	Sandformgießen		[2]
	Formmaskengießen		[2]
	Kokillengießen		
	Druckgießen		
	Feingießen		
Umformen	Gesenkschmieden		
	Glattwalzen		
	Tiefziehen von Blechen		
	Fließpressen, Strangpressen		
	Prägen		
	Walzen von Formteilen		
Trennen	Schneiden		
	Längsdrehen		
	Plandrehen		
	Einstechdrehen		
	Hobeln		
	Stoßen		
	Schaben		
	Bohren		
	Aufbohren		
	Senken		
	Reiben		
	Umfangfräsen		
	Stirnfräsen		
	Räumen		
	Feilen		
	Rund-Längsschleifen		
	Rund-Planschleifen		
	Rund-Einstechschleifen		
	Flach-Umfangschleifen		
	Flach-Stirnschleifen		
	Polierschleifen		
	Langhubhonen		
	Kurzhubhonen		
	Rundläppen		
	Flachläppen		
	Schwingläppen		
	Polierläppen		
	Strahlen		
	Trommeln		
	Brennschneiden		

[1] Näheres siehe VDG-Merkblatt K 100, zu beziehen beim Verein Deutscher Gießereifachleute (VDG) 70, 4000 Düsseldorf
[2] Bei diesen Gießverfahren muß bei Gußstücken bis 250 kg Stückgewicht mit R_a-Werten bis 125 µm gerechnet werden

Bild 5.4-14   Erreichbare Mittenrauwerte R_a nach DIN 4766

unterschiedlichen Profilformen entstehen durch die verschiedenen Fertigungsverfahren. In Bild 5.4-15 sind die charakteristischen Profilformen üblicher Bearbeitungsverfahren dargestellt. In den meisten Anwendungsfällen führen asymmetrische Profile mit plateauartigen Profilanteilen zu guten Funktionseigenschaften der Oberflächen.

130 *Genauigkeit der Bauteilgeometrie*

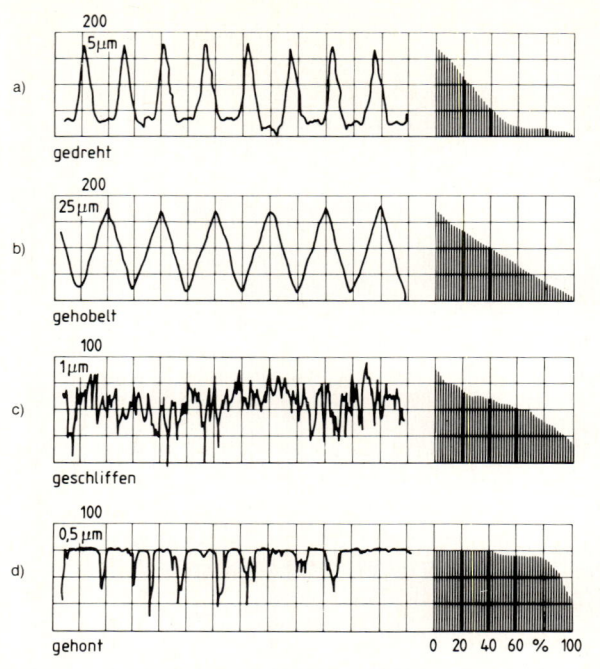

a) gedreht

b) gehobelt

c) geschliffen

d) gehont

Bild 5.4-15 Profilformen und Abbott-Kurven zu unterschiedlichen Fertigungsverfahren nach DIN 4776

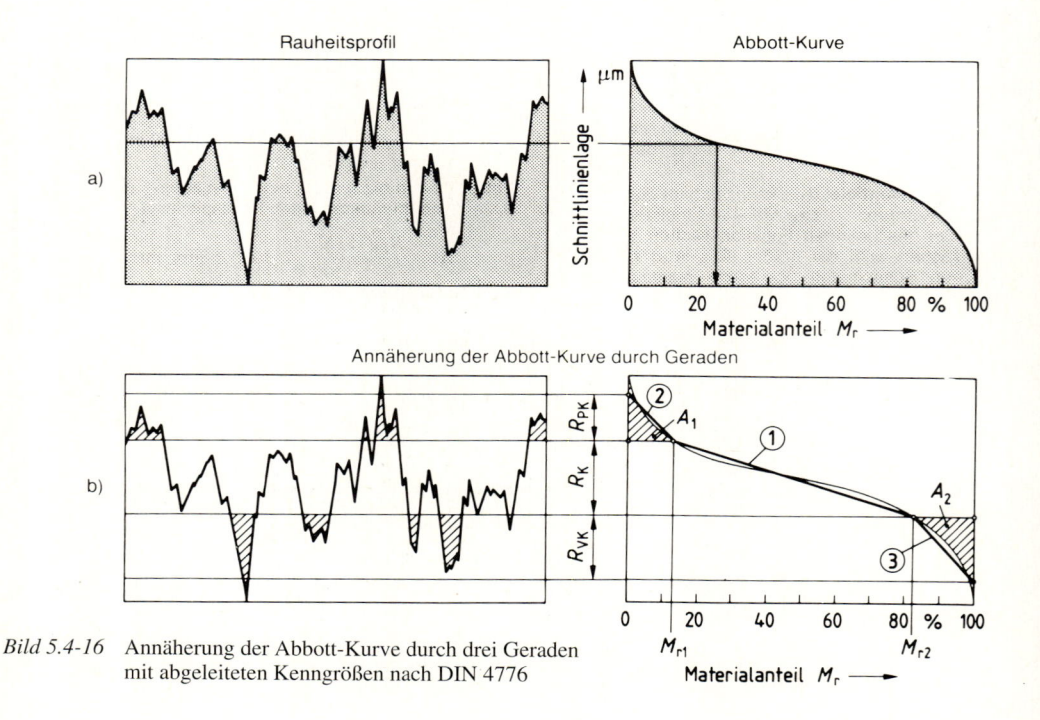

Bild 5.4-16 Annäherung der Abbott-Kurve durch drei Geraden mit abgeleiteten Kenngrößen nach DIN 4776

Die Norm definiert die folgenden, in Bild 5.4-16 dargestellten Rauheitskenngrößen aus der Abbott-Kurve:
- Das Rauheitskernprofil beschreibt das Rauheitsprofil nach dem Abschneiden der herausragender Spitzen und Riefen und wird als Kernrauhtiefe R_k in µm gemessen.
- Der Materialanteil M_{r1} in % ist der Materialanteil in Höhe der Schnittlinie, die die herausragenden Spitzen vom Rauheitskernprofil trennt.
- Bei dem Materialanteil M_{r2} verläuft die Schnittlinie, die die Riefen vom Rauheitskernprofil trennt.
- Als reduzierte Spitzenhöhe R_{pk} wird die gemittelte Höhe der aus dem Rauheitskernprofil herausragenden Profilspitzen bezeichnet.
- Die reduzierte Riefentiefe R_{vk} stellt die gemittelte Tiefe der aus dem Rauheitskernprofil in das Material hineinragenden Profilriefen dar.

5.5 Schraubflächen

Zu den wichtigsten Flächenelementen im Maschinenbau gehören neben den Planflächen, Zylinderflächen, Wälzflächen auch die Schraubflächen. Sie können als Innen- und Außenflächen ausgebildet sein. Sie sind ein Bestandteil des Gewindes und haben in diesem Zusammenhang ihre große Bedeutung.

Die Grundform des Gewindes ist die *Schraubenlinie*. Eine Schraubenlinie entsteht, wenn sich ein Punkt mit konstanter Geschwindigkeit auf einer Geraden bewegt, welche sich ihrerseits wieder mit konstanter Drehzahl bzw. Winkelgeschwindigkeit im festen Radius zu ihrer parallelen Drehachse (z-Achse) dreht. Die Schraubenlinie liegt dabei in einer Zylindermantelfläche. Der Windungssinn der Raumkurve kann rechts- oder linksorientiert sein. Windet sich die Kurve mit zunehmendem z-Betrag mit dem Uhrzeigersinn, dann spricht man von einer Rechtsschraube, im anderen Fall von einer Linksschraube (Bild 5.5-01).

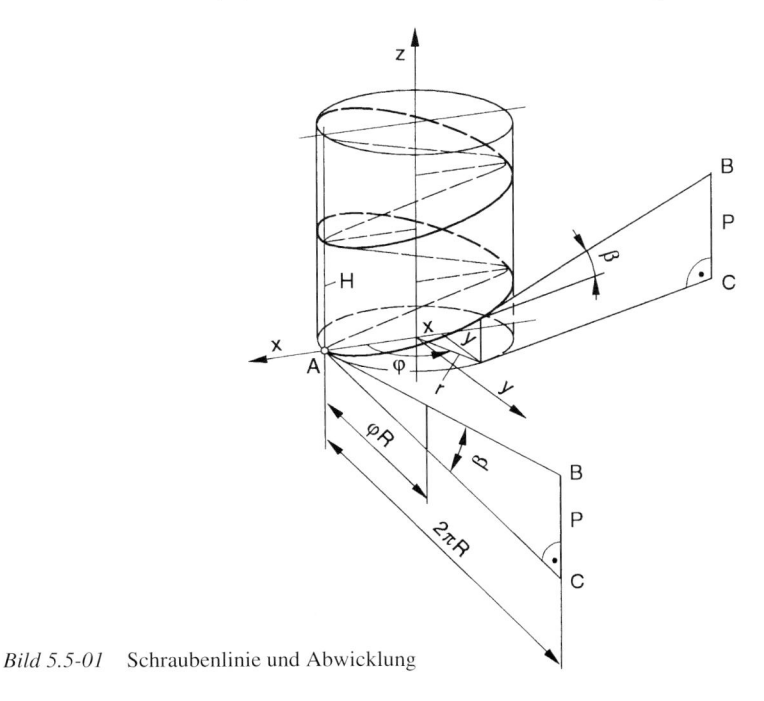

Bild 5.5-01 Schraubenlinie und Abwicklung

Der Betrag der Verschiebung des Punktes auf der z-Achse bei einer vollen Umdrehung ist adäquat zu dem Abstand aufeinander folgender Windungen der gleichen Schraubenlinie und heißt *Teilung oder Ganghöhe P*. Die Abwicklung der Schraubenlinie in eine Tangentialebene an den Zylinder ergibt eine mit dem Steigungswinkel β geneigte Gerade. Es besteht die Beziehung:

$$\tan \beta = \frac{P}{2 \pi R}. \tag{01}$$

Die Projektion der Schraubenlinie auf die x-z-Ebene (im Bild 5.5-01 punktiert eingezeichnet) ist eine Kosinusfunktion:

$$x = R \cos (\varphi) = R \cos \left(\frac{2 \pi}{P} z\right). \tag{02}$$

Die relative Längsbewegung s(t) und die relative Drehbewegung φ(t) sind einander proportional. Es gilt demzufolge:

$$\dot{s}(t) = \frac{1}{2 \pi} P \cdot \dot{\varphi}(t). \tag{03}$$

Die Schraubenfläche ist die Fläche, die durch eine sich um die Achse drehende Kurve (Erzeugende) derart entsteht, daß sich jeder Punkt der Kurve auf einer Schraubenlinie bewegt. Alle möglichen Schraubenlinien der Punkte der Kurve haben diese Bestimmungsgrößen.

Die Schraubenbewegung wird formschlüssig dadurch erzwungen, daß die Wirkflächen, auf denen zwei das Gewinde tragende Teile gegeneinander gleiten, Schraubenflächen sind. Sie entstehen dadurch, daß längs der Schraubenlinie mit verschiedenen Querschnittsformen (Gewindeprofil, z. B. Dreieck-, Rechteck-, Trapez-, Halbrundquerschnitt) Rillen erzeugt werden, die bei dem Innenteil (eigentliche Schraube, Bolzengewinde) das Außengewinde und beim Außenteil (Muttergewinde) das Innengewinde bilden. Für die Schraube und die Mutter ist es erforderlich, daß ihre Teilungen bzw. Steigungen, ihre mittleren Durchmesser und Profile übereinstimmen.

Gewindeflanken werden diejenigen Flächenteile der Schraubenfläche genannt, deren Erzeugende gerade sind. Der werkstofffreie Teil zwischen zwei benachbarten Flanken ist die *Gewinderille*, der werkstoffgefüllte zwischen zwei benachbarten Flanken hingegen der *Gewindezahn*.

Zur Festlegung von Gewindearten, Gewindeabmessungen und der Gewindetoleranzen sind Bestimmungsgrößen notwendig, um neben der Aufnahme der Beanspruchung eine unbedingte Austauschbarkeit zu gewährleisten. Die Bestimmungsgrößen werden im Axialschnitt definiert (DIN 2244) [18].

Das *Grundprofil* ist das Profil, von dem die *Nennprofile* abgeleitet werden und das für ein bestimmtes Gewindesystem durch die Angabe von Winkel- und Längenmaßen festgelegt wird. Das *Profil* des Gewindes ist der Schnitt seiner Oberfläche mit einer die Gewindeachse enthaltene Ebene. Die Oberfläche des Profils wird dadurch erzeugt, daß sich jeder Punkt des Profils auf einer Schraubenlinie bewegt. Alle diese Schraubenlinien haben die gleiche Achse und die gleiche Teilung. Für das ISO-Grundprofil des metrischen Gewindes ist die Ausgangsfigur ein gleichseitiges Dreieck mit dem Profil α = 60°, dessen Grundlinie parallel zur Gewindeachse liegt.

Der *Außendurchmesser d* des Bolzens ist der achsensenkrechte Abstand der äußersten Punkte des Gewindes oder der Durchmesser desjenigen imaginären Zylinders, der gerade noch berührend das Bolzengewinde bzw. die Gewindespitzen umschreibt. Der Außendurchmesser des Bolzengewindes ist der *Gewinde-Nenndurchmesser*. Der Außendurchmesser D der Mutter ist der achsensenkrechte Abstand der äußersten Punkte des Gewindes desjenigen Zylinders, der die äußersten Punkte umhüllt.

Die *Innendurchmesser* d_3 des Bolzens im Gewindegrund (Kern) und der Innendurchmesser D_1 des Muttergewindes (Gewindespitzen) sind die achsensenkrecht gemessenen Abstände der innersten Punkte oder der Durchmesser des imaginären Zylinders, der dem Gewinde einbeschrieben werden kann.

Der *Flankendurchmesser* D_2 ist der senkrecht zur Achse gemessene Abstand zweier gegenüberliegender paralleler Flanken. Da in der Praxis aber die Flanken in den seltensten Fällen streng parallel sind, definiert man nach DIN-Norm den Flankendurchmesser d_2 (D_2) als den achsensenkrechten Abstand der Punkte der Flanke, bei denen die Zahnbreite gleich der Lückenbreite ist, also die Flankenmitte.

Die *Teilung P* ist definiert als achsparalleler Abstand zwischen den Mittelpunkten benachbarter gleichgerichteter Gewindeflanken, die in der gleichen Axialebene und auf der gleichen Seite der Gewindeachse liegen. Unter *Mittelpunkt* wird ein Punkt verstanden, der im Schnittpunkt der Gewindeflanke und der Mantellinie eines gedachten, zur Gewindeachse koaxialen Zylinders liegt, dessen Durchmesser dem Flankendurchmesser d_2 (D_2) des Gewindes entspricht. Wenn man für eine eingängige spielfreie Gewindeverbindung annimmt, daß ein Teil (z. B. die Mutter), um 360° gedreht wird und das andere Teil (der Bolzen) stillsteht, ist der in Richtung der Gewindeachse zurückgelegte Weg die Teilung P.

Die Anzahl der in der Stirnfläche des Bolzens und der Mutter beginnenden selbständigen Gewinde bestimmen die *Gangzahl n* des Gewindes. Jedes Gewinde ist gegenüber dem benachbarten um 360°/n versetzt. Bei mehrgängigen Gewinden wird der parallel zur Achse gemessene Abstand aufeinanderfolgender Flankenlinien als *Steigung* bezeichnet. Die die Steigung beschreibende Axialverschiebung bei einer Umdrehung berechnet sich zu:

$$P_h = n \cdot P. \tag{04}$$

Der *Flankenwinkel* α wird im Gewindeprofil gemessen, die Flanken einer Gewindelücke oder eines Gewindezahns sind seine Schenkel. Die Winkelhalbierende des Flankenwinkels steht bei metrischem Gewinde senkrecht zur Gewindeachse. Wenn das Gewindeschneidwerkzeug, das den richtigen Flankenwinkel erzeugt, bei der Fertigung schief steht, werden die Flankenlinien ungleich lang. Die Folge wäre eine schlechte Gewindeanpassung, deshalb sind die Teilflankenwinkel α_1 und α_2 von besonderer Bedeutung. Bei symmetrischem Gewindeprofil sind die Teilflankenwinkel gleich ($\alpha_1 = \alpha_2 = \alpha/2$), ihre Summe ist gleich dem Flankenwinkel ($\alpha_1 + \alpha_2 = \alpha$).

Ferner sind bei Gewinden die Profilhöhe H, die Nenntragtiefe H_1, die Profiltiefe des Bolzengewindes h_3, die Rundung R im Gewindegrund, die Abflachung an den Gewindespitzen sowie das Spitzenspiel von Interesse.

Die *Profilhöhe H* ist der achsensenkrechte Abstand zwischen dem Scheitelpunkt und der Basis des Profil- bzw. Ausgangsdreiecks. Für gleiche Teileflankenwinkel ergibt sich:

$$H = \frac{P}{2 \tan \frac{\alpha}{2}}. \tag{05}$$

Die Profilhöhe hat keine praktische Bedeutung. Geometrisch gesehen liegt der Flankendurchmesser bei H/2. Die Nenn- oder Gewindetragtiefe H_1 wird auch als *Flankenüberdeckung* bezeichnet und ist der achsensenkrechte Abstand, um den sich die Gewindeprofile zweier gepaarter Gewindeteile überdecken:

$$H_1 = \frac{D - D_1}{2}. \tag{06}$$

Abflachungen und *Abrundungen* sind notwendig und entstehen bei der Fertigung aus der Form der Werkzeuge. Ein scharf ausgeschnittenes Gewindeprofil würde am Kerndurchmesser des Bolzens durch Kerbwirkung die Tragfähigkeit und die Dauerhaltbarkeit stark herabsetzen. Die *Rundung R* beträgt R = H/6.

Der tatsächliche Querschnitt des Gewindebolzens heißt Spannungsquerschnitt A_S mit dem Durchmesser $d_s = 0{,}5 \, (d_2 + d_3)$. Außerdem wird unterschieden zwischen dem Kernquerschnitt A_K mit dem Durchmesser $d_K = d_3$, dem Taillenquerschnitt A_T mit dem Taillendurchmesser $d_T = 0{,}9 \, d_K$ bei Dehnschrauben und ggf. dem Schaftquerschnitt A mit dem Durchmesser d.

Die Berechnungsformeln ausgewählter Bestimmungsgrößen für das metrische ISO-Spitzgewinde (Flankenwinkel $\alpha = 60°$) nach DIN 13 Teil 1 [18] (Bild 5.5-02) sind in Bild 5.5-03 aufgelistet.

Befestigungsschrauben sind die am meisten verwendeten Elemente zum Verbinden von Bauteilen. Gegenüber Schweiß-, Löt-, Kleb- Niet- und Pressverbindungen lassen sich die Bauteile zerstörungsfrei lösen und abermals verbinden.

Befestigungsschrauben sollen sich unter dem Einfluß der Längskraft nicht lösen, d. h. das Gewinde soll selbsthemmend sein. Dieser Bedingung genügen Schrauben mit spitzem Gewinde und kleinem Steigungswinkel.

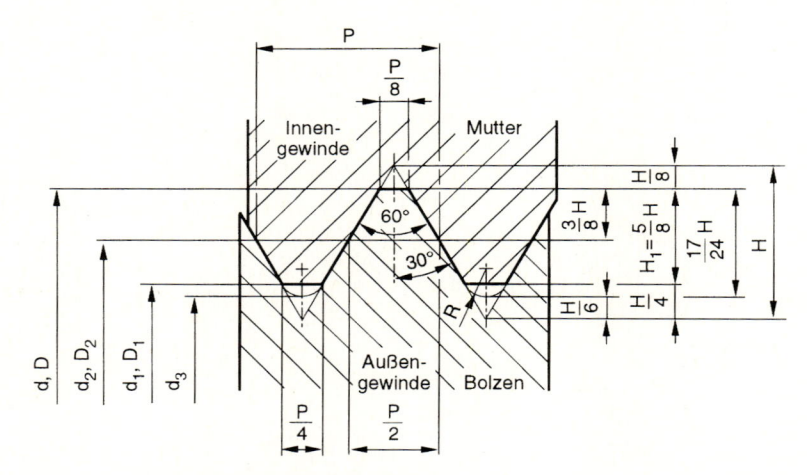

d	Außendurchmesser des Bolzengewindes
D	Außendurchmesser des Muttergewindes
d_2	Flankendurchmesser des Bolzengewindes
D_2	Flankendurchmesser des Muttergewindes
d_1	Innendurchmesser des Bolzengewindes
D_1	Innendurchmesser des Muttergewindes
d_3	Innendurchmesser des Bolzengewindes im Gewindegrund (Kern)
P	Teilung
H	Höhe des Ausgangsdreiecks
H_1	Profilüberdeckung (Tragtiefe)
R	Radius des Kernes des Bolzengewindes

Bild 5.5-02 Metrisches ISO-Spitzgewinde (DIN 13, Teil 1) [18]

Bestimmungsgröße	Berechnungsformel allgemein	Berechnungsformel als Funktion der Teilung P
Nenntragtiefe		$H = 0{,}866025404\ P$
Profilüberdeckung		$H_1 = 0{,}541265877\ P$
Rundung	$R = H/6$	$R = 1{,}4434\ P$
Flankendurchmesser des Bolzen- und Mutterngewindes	$d_2(D_2) = d(D) - 2 \cdot {}^3/_8\ H$	$d_2(D_2) = d(D) - 0{,}649519053\ P$
Innendurchmesser des Bolzen- und Mutterngewindes	$d_1(D_1) = d(D) - 2 \cdot {}^5/_8\ H$	$d_1(D_1) = d(D) - 1{,}082531755\ P$
Kerndurchmesser des Mutterngewindes	$D_1 = D - 2 \cdot H_1$	
Profiltiefe des Bolzengewindes	$h_3 = {}^{17}/_{24}\ H$	$h_3 = 0{,}613434661\ P$
Kerndurchmesser des Bolzengewindes	$d_3 = d - 2 \cdot {}^{17}/_{24}\ H$	$d_3 = d - 1{,}226869322\ P$
Kernquerschnitt des Bolzengewindes	$A_s = \pi/4 \cdot (0{,}5(d_2 + d_3))^2$	

Bild 5.5-03 Berechnungsformeln des metrischen ISO-Spitzgewindes

Es wird des weiteren zwischen Regel- und Feingewinde unterschieden. Feingewinde haben gegenüber Regelgewinden eine kleinere Steigung P und dementsprechend eine kleinere Gewindetiefe h_3. Sie eignen sich bei kurzen Schraublängen, auf dünnwandigen Rohren oder als Stellgewinde. Regelgewinde sind den Feingewinden möglichst vorzuziehen, um die Anzahl der Fertigungs- und Meßwerkzeuge auf ein Minimum zu beschränken.

Die Entwicklung der genormten Gewindeprofile für Befestigungsschrauben ist zusammenfassend in Bild 5.5-04 dargestellt [30].

Bewegungsschrauben dienen der Kraftübertragung bzw. der Umsetzung von einer Dreh- in eine Längsbewegung oder umgekehrt und werden auch Spindeln genannt. Spindelmuttern führen die Längsbewegung aus oder stehen bei längsbewegter Spindel still. Die Übertragung soll mit möglichst gutem Wirkungsgrad erfolgen. Diese Forderung läßt sich durch Gewinde mit kleinem Flankenwinkel und großen Steigungswinkeln erfüllen. Die bei den Befestigungsgewinden behandelten Regel- und Feingewinde sind wegen ihrer geringen Steigungen weniger geeignet. Beispiele für Bewegungsgewinde sind Leitspindeln an Drehmaschinen, Druckspindeln in Pressen und Ventilspindeln in Absperrvorrichtungen.

Die Bestrebungen nach Vereinheitlichung haben in verschiedenen Ländern schon frühzeitig zur Schaffung besonderer Gewindesysteme und zu deren Normung geführt.

Von einem internationalen Komitee, dem Deutschland, Frankreich, Holland, Italien und die Schweiz angehörten, wurde im Jahre 1898 in Zürich den metrischen Ländern das SI-Gewinde (Système International) empfohlen, das in Deutschland zu dem erstmals im Jahr 1919 genormten metrischen Gewinde führte.

a) Whitworth-Gewinde DIN 11

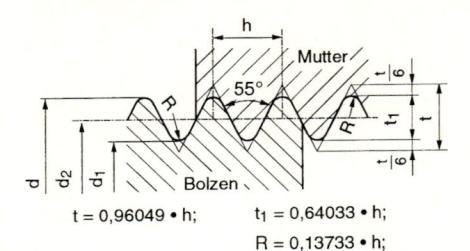

$t = 0{,}96049 \cdot h;$ $t_1 = 0{,}64033 \cdot h;$
$R = 0{,}13733 \cdot h;$

b) SI-Gewinde

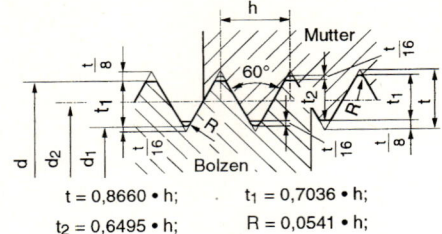

$t = 0{,}8660 \cdot h;$ $t_1 = 0{,}7036 \cdot h;$
$t_2 = 0{,}6495 \cdot h;$ $R = 0{,}0541 \cdot h;$

c) Metrisches Gewinde

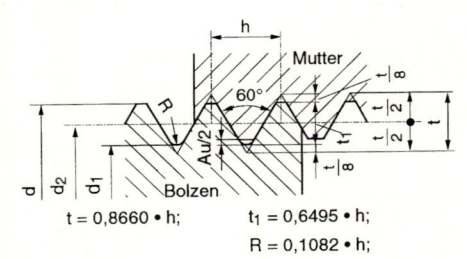

$t = 0{,}8660 \cdot h;$ $t_1 = 0{,}6495 \cdot h;$
$R = 0{,}1082 \cdot h;$

d) UST-Gewinde

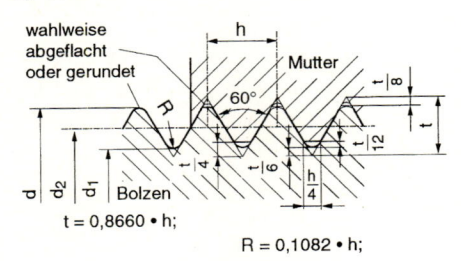

wahlweise abgeflacht oder gerundet

$t = 0{,}8660 \cdot h;$
$R = 0{,}1082 \cdot h;$

e) Metrisches ISO-Gewinde nach DIN 13, T 19

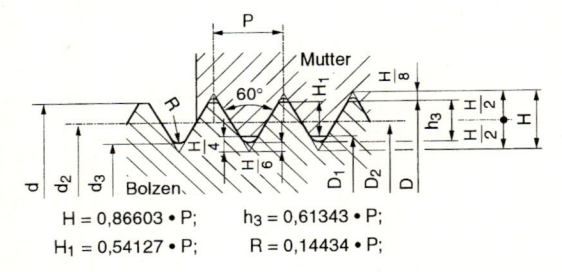

$H = 0{,}86603 \cdot P;$ $h_3 = 0{,}61343 \cdot P;$
$H_1 = 0{,}54127 \cdot P;$ $R = 0{,}14434 \cdot P;$

Bild 5.5-04   Entwicklung der genormten Gewindeprofile für Befestigungsschrauben

Es ist das besondere Verdienst von Georg Berndt, Professor der TH Dresden, den Austauschbau auf Gewinde ausgedehnt zu haben. Mit seinen Werken „Die Gewinde" [2] und die „Die deutschen Gewindetoleranzen" hat er Anfang der zwanziger Jahre die Grundlagen für Normung und Austauschbau, aber auch durch die Weiterentwicklung der Gewindemeßtechnik die Voraussetzung zur Verbesserung der Genauigkeit geschaffen.

Die Zolländer einigten sich 1948 auf das UST-Gewinde (Unified Screw Thread) mit $\alpha = 60°$. Ein für das metrische und das Zollmaßsystem einheitliches Gewindeprofil ist vom Komitee ISO/TC1 in Anlehnung an das UST-Gewinde empfohlen worden. Es wird ISO-Gewinde genannt.

Das metrische ISO-Gewindeprofil ist in DIN 13, Teil 19 [18], festgelegt. Es wird beim Regelgewinde (Bezeichnung mit dem Symbol M und dem Gewindenenndurchmesser) nach DIN 13, Teil 1 [18], und bei den verschiedenen Feingewinden (Bezeichnung mit M,

Schraubflächen 137

a) Flachgewinde

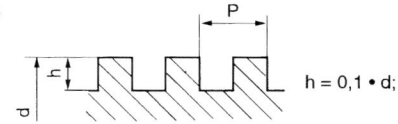

$h = 0{,}1 \cdot d;$

b) Metrisches ISO-Trapezgewinde nach DIN 103

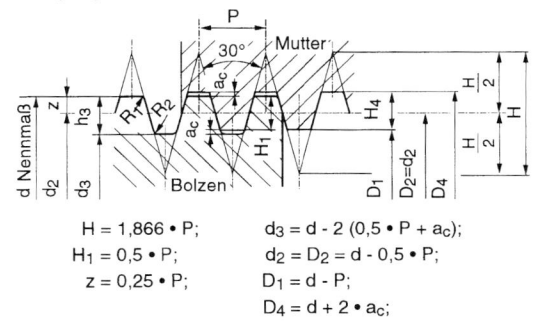

$H = 1{,}866 \cdot P;$ $d_3 = d - 2(0{,}5 \cdot P + a_c);$
$H_1 = 0{,}5 \cdot P;$ $d_2 = D_2 = d - 0{,}5 \cdot P;$
$z = 0{,}25 \cdot P;$ $D_1 = d - P;$
                $D_4 = d + 2 \cdot a_c;$

c) Sägengewinde nach DIN 513

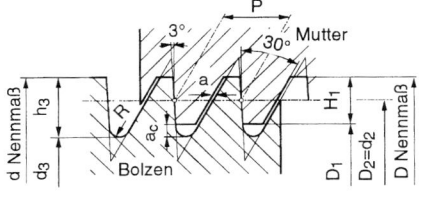

$H_1 = 0{,}75 \cdot P;$ $R = 0{,}12427 \cdot P;$
$a = 0{,}1 \cdot \sqrt{P};$ $d_3 = d - 1{,}73554\, P;$
$a_c = 0{,}11777 \cdot P;$ $d_2 = D_2 = d - 0{,}75 \cdot P;$
$h_3 = 0{,}86777 \cdot P;$ $D_1 = d - 1{,}5 \cdot P;$

d) Rundgewinde nach DIN 405

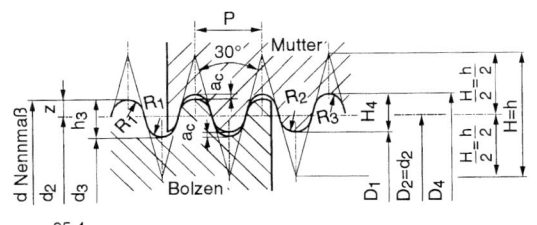

$P = \dfrac{25{,}4}{z^*}$, wobei z^* = Gangzahl auf 1 Zoll

$z = 0{,}25 \cdot P;$ $R_1 = 0{,}23851 \cdot P;$
$a_c = 0{,}05 \cdot P;$ $R_2 = 0{,}25597 \cdot P;$
$h_3 = H_4 = 0{,}5 \cdot P;$ $R_3 = 0{,}22105 \cdot P;$
$D_1 = d - 0{,}9 \cdot P;$ $d_3 = d - P;$
$D_4 = d + 0{,}1 \cdot P;$ $d_2 = D_2 = d - 0{,}5 \cdot P;$

Bild 5.5-05   Gewindeformen für Bewegungsschrauben [18]

Bezeichnung	DIN-Nr.	Flankenwinkel α	Bezeichnungsbeispiel	Maßangabe	Anwendung, Bemerkung
Spitzgewinde					
Metrisches Gewinde, Metrisches ISO-Gewinde	13, 14, 158, 2510	60°	M 60 M 0,8	d(D) in mm	Befestigungs- und Dichtungsschrauben, Rohre, Regelspindeln, Muttern; Regelgewinde
Metrisches Feingewinde, Metrisches ISO-Feingewinde	13	60°	M 30 x 1,5	d(D) in mm mal P in mm	Befestigungs- und Dichtungsschrauben, Regelspindeln (ISO-Feingewinde nach DIN 13, Teil 12)
Whitworth-Gewinde	nicht mehr genormt	55°	2"	d(D) in Zoll	Befestigungs- und Dichtungsschrauben, Rohre usw.; Bewegungsgewinde
Whitworth-Feingewinde	nicht genormt	55°	W 84 x $^1/_8$"	d(D) in mm mal P in Zoll	Befestigungs- und Dichtungsschrauben, Regelspindeln usw.; Bewegungsgewinde
Whitworth-Rohrgewinde (früher Gasgewinde)	ISO 228 (259), 3858	55°	R 4"	Nennweite des Rohres in Zoll	Rohre, Muffen, Flansche, Armaturen, Fittings usw. Als Dichtungsgewinde mit oder ohne Spitzenspiel nach DIN 2999 und DIN 3858.
Löwenherzgewinde	nicht genormt	53° 8'			in der feinmechanischen und optischen Industrie
Sondergewinde					
Metrisches kegliges Feingewinde	158	60°	M 20 x 2keg	d(D) in mm mal P in mm	für Rohrverschraubungen, Dichtungsgewinde; Kegel 1 : 16
Trapezgewinde	103, 263	29° oder 30°	Tr 48 x 16 (2gäng)	d(D) in mm mal P in mm (Anzahl der Gänge)	Bewegungsgewinde für Spindeln aller Art, Leitspindeln, Schnecken; für sehr hohe Beanspruchungen geeignet
Rundgewinde	168, 262, 264, 405, 3182, 15403, 20400	30°, 30° innen, 60° außen	Rd 40 x 7, Rd 40 x 6, Gl 45 x 4	d(D) in mm mal P in mm (DIN 262, 264); d(D) in mm mal Gang/Zoll	Kupplungs- und Ventilspindeln, Armaturen, Schlauspindeln; wenig empfindlich gegen Schloß, Schlag und Schmutz, leicht lösbar; DIN 168, Gewinde aus Glas und zugehörige Verschraubungen
Sägengewinde (auch Kraftgewinde genannt)	513, 2781	30°, 45°	S 70 x 10	d(D) in mm mal P in mm	für einseitige, sehr hohe Druckbeanspruchung, Bewegungsgewinde für Druckspindeln und Pressen
Flachgewinde	nicht normiert				Bewegungsgewinde für Spindeln
Kordelgewinde	nicht normiert				Kupplungs- und Bremsspindeln; durch das genormte Rundgewinde verdrängt
Elektrogewinde (früher Edisongewinde)	40400		E 27	Nenndurchmesser in mm	für Glühlampen
Panzerrohrgewinde	40430	80°	Pg 21	Nennweite des Rohres in mm	für elektrische Installationen und dgl.
Holzschraubengewinde	7998	60°	Gewinde 3,5		Kopfschrauben, deren Bolzengewinde sich beim Einziehen im Muttergewinde selbst drückt
Gasflachengewinde	477, 4668	55°	W 19,8 x $^1/_4$"keg W 80 x $^1/_{11}$"		für Gasflachenventile
Ventilgewinde	7756	60°	Vg 12	Gewindeaußendurchmesser in mm	für Fahrzeugschlauchventile
Brillengewinde	5347	60°			für Verbindungszwecke
Glasgewinde	40450	35° innen 50° außen	Glasg 99		für Schutzgläser und Kappen
Blechgewinde	7970, 7975		St 3,5		für Blechschrauben

Bild 5.5-06   Gewindearten [13]

Gewindeart	Land	Norm	Kennbuchstabe	Kurzbezeichnung
ISO-Zollgewinde	USA GB	ISO 68, ISO 725, ISO 263, ISO 5864 ANSI B 1.1 BS 1580, Part 1.2, 1.3	UN UNC UNF	$2^{1}/_{4}$ - 16 UN-2 $^{1}/_{4}$ - 20 UNC-2 $^{1}/_{4}$ - 28 UNF
Unified Zollgewinde	USA GB	ANSI B 1.1 BS 1580, Part 1.2, 1.3	UNS	$^{1}/_{4}$ - 24 UNS
Unified Zollgewinde, Miniaturgewinde	USA	ASA B 1.10	UNM	0,80 UNM
UNJ-Feingewinde	- GB	ISO 3161 BS 4084	UNJF	1.375-12 UNJF 1.250-12 UNJF
UNJ-Regelgewinde	- GB	ISO 3161 BS 4084	UNJC	3.500-4 UNJC 1.250-7 UNJC
Gewinde für Übermaßpassungen	USA	ANSI B 1.12	NC 5	NC 5 HF
Whitworth-Regelgewinde	GB	BS 84	B.S.W.	$^{1}/_{4}$ in. - 20 B.S.W.
Whitworth-Feingewinde	GB	BS 84	B.S.F.	$^{1}/_{2}$ in. - 16 B.S.F.
B.A.-Gewinde	GB	BS 93	B.A.	8 B.A.
Zylindrische Rohrgewinde Innengewinde für Rohrkupplungen	USA	ANSI / ASME B 1.20.1	NPSC	$^{1}/_{8}$ - 27 NPSC
Zylindrische Rohrgewinde für mechanische Verbindungen mit Gegenmuttern	USA	ANSI / ASME B 1.20.1	NPSL	$^{1}/_{8}$ - 27 NPSL
Zylindrische Rohrgewinde für mechanische Verbindungen	USA	ANSI / ASME B 1.20.1	NPSM	$^{1}/_{8}$ - 27 NPSM
Zylindrische Rohrgewinde für Schlauchkupplungen und Nippel	USA	ANSI / ASME B 1.20.1 ANSI B 1.20.7	NPSH	1-11,5 NPSH
Zylindrische Rohrgewinde trockendichtend, für Kraftstoffe	USA	ANSI B 1.20.3	NPSF	$^{1}/_{8}$ - 27 NPSF
Zylindrische Rohrgewinde trockendichtend, Innengewinde (mittelfein)	USA	ANSI B 1.20.3	NPSI	$^{1}/_{8}$ - 27 NPSI
Kegeliges Rohrgewinde	USA	ANSI / ASME B 1.20.1	NPT	$^{3}/_{8}$ - 18 NPT
Kegeliges Rohrgewinde für Geländerfittings	USA	ANSI / ASME B 1.20.1	NPTR	$^{1}/_{2}$ - 14 NPTR
Kegeliges Rohrgewinde trockendichtend	USA	ANSI / ASME B 1.20.3 ANSI / ASME B 1.20.4	NPTF	$^{1}/_{8}$ - 27 NPTF
Kegeliges Rohrgewinde	USA	API Spec 3	AP17-thread AP18-thread	$1^{5}/_{8}$ x $2^{5}/_{8}$ AP17-thread 1 x $1^{1}/_{2}$ AP18-thread
Kegeliges Rohrgewinde für Steigrohre	USA	API Std 5 B	API TBG	$3^{1}/_{2}$ API TBG
Trapezgewinde	USA GB	ANSI B 1.5	Acme	$1^{3}/_{4}$ - 4 Acme
Sägengewinde	USA	ANSI B 1.9	Butt	2.5 - 8 Butt
Sägengewinde	GB	BS 1657	Buttress	2.0 BS Buttress thread 8tpi medium class

Bild 5.5-07 Angelsächsische Gewindearten [13]

Gewindedurchmesser, x-Zeichen und Steigung) nach DIN 13, Teil 2 bis 11 verwendet. Die genannten Normen enthalten die Nennmaße. DIN 13, Teil 12, gibt eine Auswahl für Durchmesser und Steigungen (drei Reihen), DIN 13, Teil 28 Zahlenangaben für Steigungswinkel, Kernquerschnitt und Spannungsquerschnitt. In DIN 13, Teil 14, werden die Grundlagen des Toleranzsystems für metrisches ISO-Gewinde behandelt. Es werden außerdem noch drei Gruppen für die Einschraublängen unterschieden: S (Short) = kurz, N = normal und L = lang. Die DIN 13, Teil 15, enthält die Grundabmaße und Toleranzen.

Die entsprechenden standardisierten Gewinde für Bewegungsschrauben sind das Trapezgewinde für Kraftübertragungen in beiden Richtungen und das Sägegewinde (auch Halbtrapez) für Kraftübertragung in nur einer Richtung. Bewegungsschrauben werden zur Erhöhung des Steigungswinkels und damit des Wirkungsgrades oft mehrgängig gefertigt. Nicht genormte Flachgewinde sind im Reibungsverhalten günstiger, werden aber wegen ihrer schwierigen Herstellung nicht mehr angewendet und sind von dem vorteilhaften Trapezgewinde mehr oder weniger verdrängt worden (Bild 5.5-05).

Bei speziellen Anwendungen werden Zusatzforderungen gestellt, die besonders gestaltete Gewindeprofile verlangen. Das Rundgewinde wird angewendet, wenn häufiges Lösen bei nur geringem Veschleiß ermöglicht werden soll. Das Elektrogewinde (früher Edison-Gewinde), das ebenfalls ein abgerundetes Profil hat, läßt sich leicht in Blech eindrücken (Lampenschraubsockel u. a.). Weitere Gewinde sind das Stahlpanzerrohrgewinde und das Glasgewinde. Das erstere dient der Verbindung von Stahlpanzerrohrinstallationen und Durchführungsarmaturen, während das zweite für Glas- und Kunststoffteile Anwendung findet. Zur Verbindung von Holzteilen dienen Schrauben mit Holzgewinde. Das Mutterngewinde entsteht dann beim Einschrauben in das Holz. In Bild 5.5-06 sind zusammenfassend die wichtigsten Gewindearten aufgelistet. Die gebräuchlichen amerikanischen und britischen Gewindearten, ihre Norm und Bezeichnung sind in Bild 5.5-07 aufgeführt [13].

Gewindetolerierung

Das theoretische Profil ist das jeweils für eine bestimmte Gewindeart und Gewindegröße festgelegte Gewindeprofil, dessen theoretische Abmessungen bei der Gewindetolerierung als Ausgangsmaße benutzt werden. Die Gewindetoleranzen ermöglichen

– die wahllose Austauschbarkeit von Außen- und Innengewinde,
– die Sicherung der Passung und Güte der Gewindeverbindung,
– eine genügende Überdeckung der Gewindeflanken und damit die Festigkeit und Tragfähigkeit der Gewindeverbindung,
– die Begrenzung der bei der Gewindefertigung auftretenden Fehler entsprechend vielfältiger konstruktiver Forderungen sowie
– eine wirtschaftliche Fertigung der Gewinde.

Bei einer Verschraubung in guter Flankenlage (Bild 5.5-08) hat die Gewindeverbindung in Achsrichtung und bei entsprechendem Spitzenspiel auch in radialer Richtung Spiel. Nach dem Spannen legen sich die Gewindegänge aneinander ohne Spiel an. Mit dieser Gewindeverbindung wird aufgrund der optimalen Anlage der Flanken eine hohe Tragfähigkeit erzielt. Die Anlage der Gewindeflanken ist dabei von der Übereinstimmung von Teilung und Flankenwinkel der Gewindeteile abhängig [5].

Ein gleitend gehendes, spielfreies Gewinde kann hingegen starke Mängel aufweisen. Im Bild 5.5-09 ist beispielsweise ein gutes Mutterngewinde mit einem fehlerhaften Bolzengewinde verschraubt, bei dem die Teilflankenwinkel α_1 und α_2 bei gleichzeitig guter Teilung P unterschiedlich groß sind. Deshalb berühren sich die Teile theoretisch nur in Punkten oder Linien an den Flanken, was zu einer hohen Flächenpressung führt. Das Gewinde wird an den Berührstellen in Abhängigkeit von der Vorspannkraft deformiert. Nach dem ersten Lösen tritt ein vergrößertes Spiel auf.

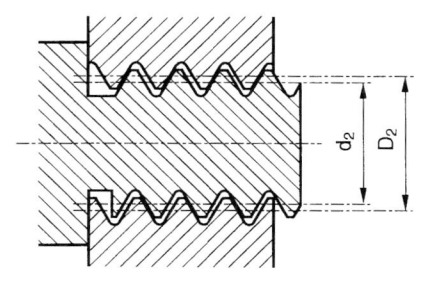

Bild 5.5-08 Verschraubung mit guter Flankenlage im angezogenen Zustand [5]

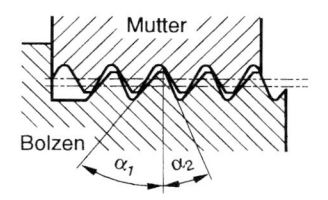

Bild 5.5-09 Schlechte Anlageverhältnisse der Gewindeflanken bei unterschiedlich großen Teilflankenwinkeln des Bolzengewindes [5]

Ähnliche Erscheinungen treten auch bei Verschraubungen auf, bei dem das Muttergewinde gut ist und das Bolzengewinde jedoch einen zu kleinen Flankenwinkel und damit einen zu kleinen Flankendurchmesser hat (Bild 5.5-10). Bei gleichzeitig guter Gewindeteilung trägt die Gewindeverbindung nur in den Spitzen.

Ein fortlaufender Teilungsfehler bei dem Bolzengewinde kann die Zusammenschraubbarkeit behindern, weil sie nur auf einer geringen Länge möglich ist und meistenteils nur eine Gewindeflanke trägt (Bild 5.5-11).

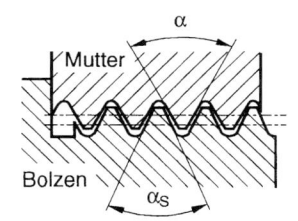

Bild 5.5-10 Nur in den Spitzen tragende Gewindeverbindung bei zu kleinem Flankenwinkel des Bolzengewindes [5]

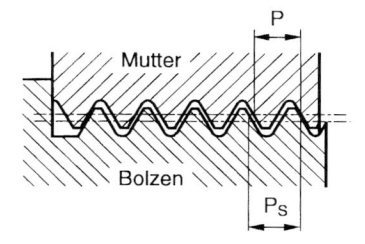

Bild 5.5-11 Nur auf einer Flanke tragende Gewindeverbindung bei fortlaufendem Teilungsfehler des Bolzengewindes [5]

Für das Zustandekommen einer Gewindepassung sind die Bestimmungsgrößen des Gewindes von Bedeutung, die entsprechend toleriert werden müssen. Es handelt sich dabei um d, d_2, und d_3 bzw. D, D_1 und D_2 sowie Teilung P und Flankenwinkel α. Die Werte dieser Bestimmungsgrößen sind aber voneinander abhängig und haben einen bestimmten Einfluß auf das Passen und Austauschen der Gewinde. Deshalb kann die Tolerierung der Bestimmungsgrößen nicht unabhängig voneinander erfolgen.

Festlegung der Nullinie für die Gewindetoleranzen

Der Linienzug des Nennprofils ist die Nullinie für die Gewindetoleranzen. Von dieser Nulllinie aus werden die Toleranzfelder für den Bolzen und die Mutter so verteilt, daß das Toleranzfeld für das Muttergewinde anliegt und damit einseitig nach plus geht. Normalerweise liegt auch das Toleranzfeld für das Bolzengewinde einseitig an der Nullinie an und geht nach minus. Mit dieser Festlegung ist eine Austauschbarkeit der Gewinde gewährleistet. Die fertigungsbedingten Maßabweichungen, die durch die Tolerierung begrenzt werden, gehen also bei Bolzen und Mutter in den Stoffraum hinein.

Flankendurchmessertoleranz

Das Bild 5.5-12 zeigt den geometrischen Zusammenhang zwischen Kern-, Flanken- und Außendurchmesser in Abhängigkeit von der Toleranz der Flankendurchmesser T_F beim Bolzen- und Muttergewinde. Die Tolerierung des Flankendurchmessers hat eine mehr oder weniger starke Abweichung des gefertigten Gewindeprofils vom Nennprofil zur Folge. Die Kämme der Außendurchmesser des Bolzengewindes und am Kerndurchmesser des Muttergewindes werden spitzer. Der Gewindegang wird sogar scharfkantig, wenn die Toleranz des Flankendurchmessers T_F bezüglich der Profilabflachung von H/6 entsprechend groß ist.

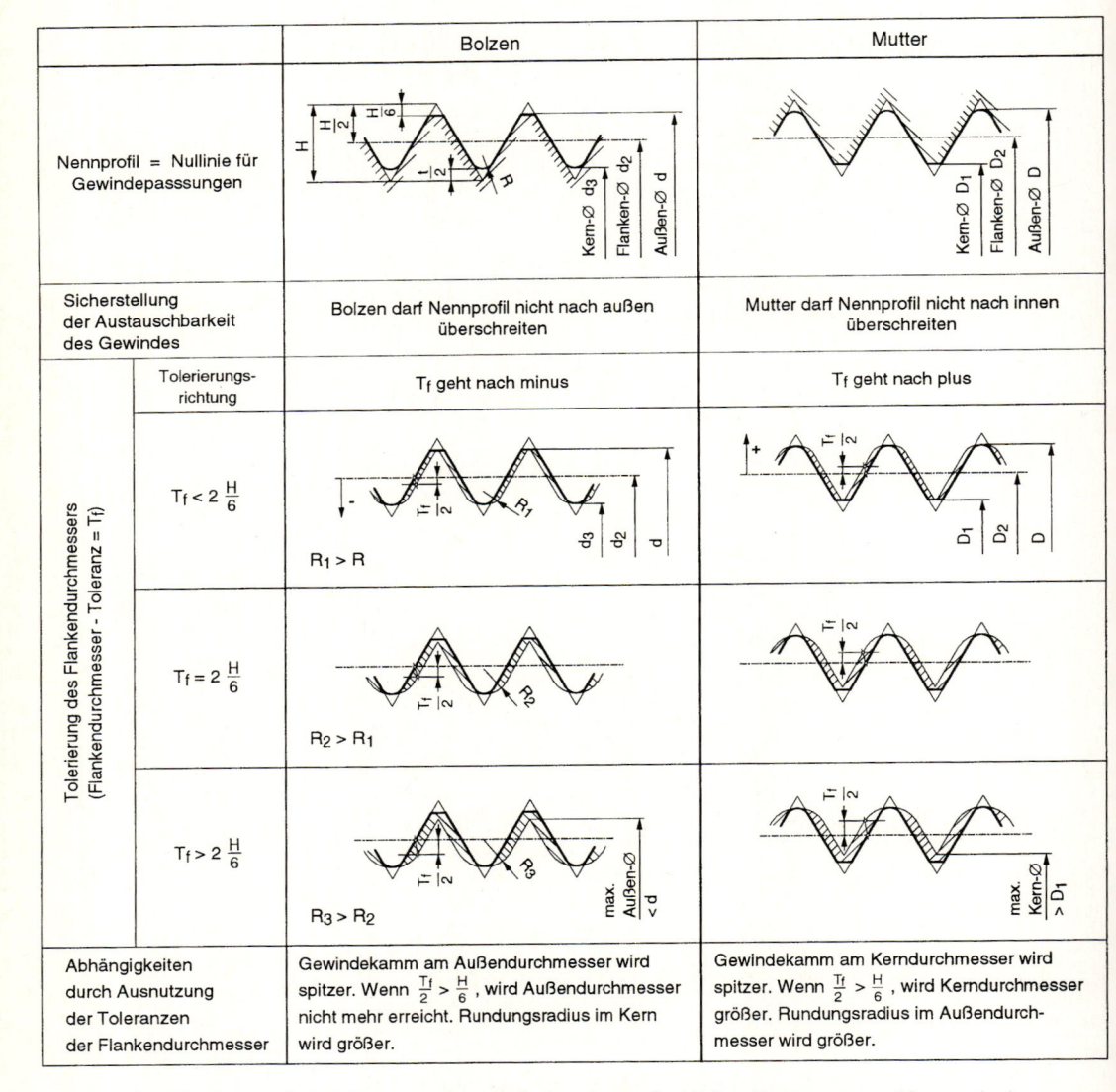

		Bolzen	Mutter
Nennprofil = Nullinie für Gewindepasssungen			
Sicherstellung der Austauschbarkeit des Gewindes		Bolzen darf Nennprofil nicht nach außen überschreiten	Mutter darf Nennprofil nicht nach innen überschreiten
Tolerierung des Flankendurchmessers (Flankendurchmesser - Toleranz = Tf)	Tolerierungsrichtung	T_f geht nach minus	T_f geht nach plus
	$T_f < 2\frac{H}{6}$	$R_1 > R$	
	$T_f = 2\frac{H}{6}$	$R_2 > R_1$	
	$T_f > 2\frac{H}{6}$	$R_3 > R_2$	
Abhängigkeiten durch Ausnutzung der Toleranzen der Flankendurchmesser		Gewindekamm am Außendurchmesser wird spitzer. Wenn $\frac{T_f}{2} > \frac{H}{6}$, wird Außendurchmesser nicht mehr erreicht. Rundungsradius im Kern wird größer.	Gewindekamm am Kerndurchmesser wird spitzer. Wenn $\frac{T_f}{2} > \frac{H}{6}$, wird Kerndurchmesser größer. Rundungsradius im Außendurchmesser wird größer.

Bild 5.5-12   Geometrischer Zusammenhang zwischen den maßgeblichen Bestimmungsgrößen sowie der Flankendurchmessertoleranz beim Bolzen- und Muttergewinde [31]

Wird das Toleranzfeld für den Flankendurchmesser besonders groß gewählt, so können unter Umständen der Außendurchmesser des Bolzendurchmessers und der Kerndurchmesser des Muttergewindes sogar unter- bzw. überschritten werden. Die Verkleinerung des Bolzendurchmessers bedingt eine Verkürzung der Gewindeflanken, was eine unzulässige Verringerung der Flankenüberdeckung der Gewindeteile zur Folge haben kann. Wenn Kern- und Außendurchmesser gleich ihren Nennmaßen bleiben, werden durch die Flankendurchmessertoleranz die Abrundungen am Kerndurchmesser des Bolzens und am Außendurchmesser der Mutter entsprechend größer.

Die Anlage der Gewindeflanken ist wesentlich abhängig von der Übereinstimmung der Teilungen sowie der Flanken- und Teilflankenwinkel der beiden Gewindeteile. Haben diese Bestimmungsgrößen Maßabweichungen, so müssen sich damit zwangsläufig auch die Maßbeziehungen zwischen den Flankendurchmessern von Bolzen und Mutter verändern.

Teilungsfehler

Bei der Fertigung von Gewinden sind Teilungsfehler unvermeidbar. Das Bild 5.5-13 zeigt eine Gewindeverbindung, bei der das Muttergewinde das Nennprofil und die nominelle Teilung P hat. Bei dem Bolzen wurde die Teilung zu groß gefertigt, so daß die Bolzenteilung

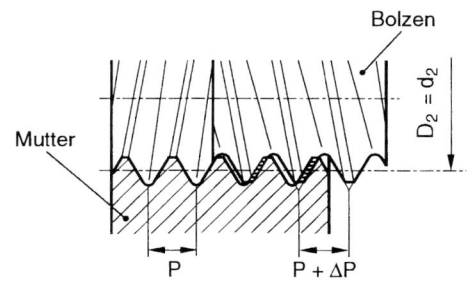

Bild 5.5-13   Bolzengewinde mit Teilungsfehlern [5]

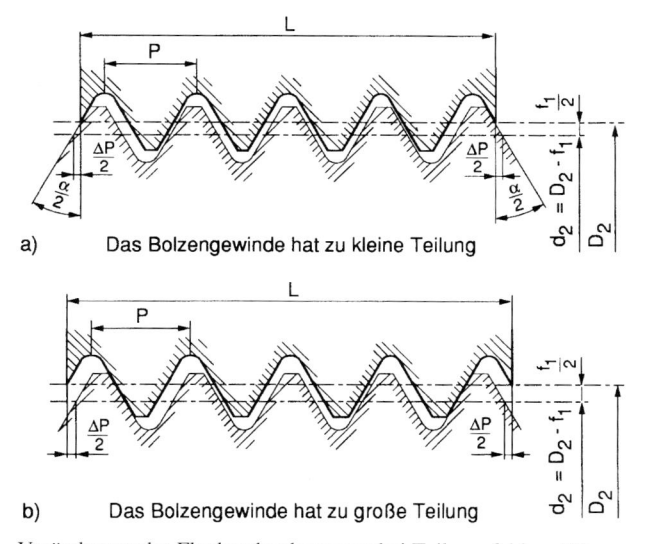

Bild 5.5-14   Veränderung des Flankendurchmessers bei Teilungsfehlern [5]

P + ΔP beträgt. Wenn die Flankendurchmesser beider Teile gleich groß sind ($D_2 = d_2$), dann tritt an den Flanken ein Übermaß auf, welches im Bild 5.5-13 durch die schraffierten Flächen gekennzeichnet ist. Die Teile lassen sich also nicht soweit zusammenschrauben, wie es dieses Bild zeigt. Offensichtlich läßt sich ein derartiger Bolzen nur dann einschrauben, wenn er mit $d_2 < D_2$ einen kleineren Flankendurchmesser hat. Das Bild 5.5-14 zeigt, daß es dabei gleichgültig ist, ob die Teilung des Bolzens zu groß oder zu klein ist. Es muß zum Ausgleich eines Teilungsfehlers am Bolzen in beiden Fällen dessen Flankendurchmesser gegenüber dem des fehlerfreien Muttergewindes verkleinert werden.

Der Unterschied der beiden Flankendurchmesser f_1 errechnet sich zu

$$f_1 = \Delta P \cdot \cot\left(\frac{\alpha}{2}\right). \tag{07}$$

Der fortschreitende Teilungsfehler ist dabei abhängig von der Einschraublänge. Die größte Teilungsabweichung ergibt sich erst für die äußersten Gewindegänge. Bei einem periodischen oder unregelmäßigen Teilungsfehler ist ΔP die zwischen zwei beliebigen Gewindegängen innerhalb der Einschraublänge vorhandene größere Abweichung von der nominellen Teilung.

Ist die Teilung des Bolzens fehlerfrei und die der Mutter fehlerbehaftet, dann muß aus den oben genannten Gründen der Flankendurchmesser um den Betrag f_1 größer sein.

Winkelfehler

Ein Gewinde mit Winkelfehler erfordert zur Gewährleistung der Austauschbarkeit ebenfalls einen Ausgleich im Flankendurchmesser. Im Bild 5.5-15 hat die Mutter das fehlerfreie Nennprofil. Die zugehörigen Bolzen der Verschraubung haben die richtige Teilung, weichen aber in den Teilflankenwinkeln ab. Diese Gewindeteile lassen sich nur dann zusammenschrauben, wenn das fehlerbehaftete Bolzengewinde im Flankendurchmesser um den Betrag f_2 kleiner gehalten wird. Praktisch kann man $|\Delta\alpha_1| + |\Delta\alpha_2|$ durch $2\,\Delta\alpha/2$ ersetzen, wobei $\Delta\alpha/2$ den größeren der beiden Werte hat.

Entspricht das Bolzengewinde dem Nennprofil und weist das Muttergewinde die Winkelfehler auf, dann ergeben sich die gleichen Werte für f_2, und das fehlerbehaftete Muttergewinde muß im Flankendurchmesser um diesen Betrag größer gehalten werden.

a) Fehlerfreies Muttergewinde, Bolzengewinde hat zu großen Flankenwinkel

b) Fehlerfreies Muttergewinde, Bolzengewinde hat ungleiche Teilflankenwinkel

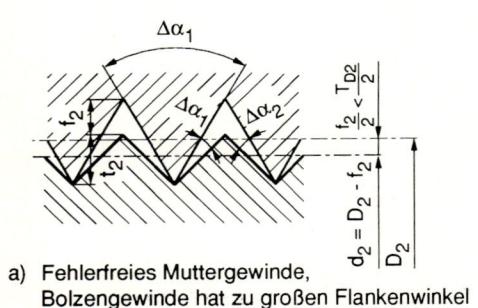

Bild 5.5-15 Gewinde mit Winkelfehlern [5]

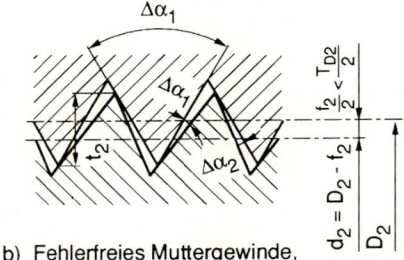

Tolerierung des Flankendurchmessers

Maßabweichungen für die Teilung und für den Flankenwinkel bedingen abhängige Maßabweichungen für den Flankendurchmesser. Die Toleranzen für Teilung, Flankenwinkel und Flankendurchmesser sind geometrisch voneinander abhängig.

Die bei der Gewindefertigung entstehenden Fehler werden durch Toleranzvorschriften eingeengt. Damit ist es möglich, Fehler in der Teilung und in den Winkeln, die ein Zusammenschrauben verhindern würden, durch eine Änderung der Flankendurchmesser auszugleichen. Bei der Festlegung der Gewindetoleranzen wurden die aus funktions- und fertigungstechnischen Gründen noch vertretbaren Maßabweichungen für Teilung und Flankenwinkel empirisch ermittelt und daraus die Werte für f_1 und f_2 errechnet.

Diese Werte sind unabhängig voneinander, da f_1 nicht von den Winkelfehlern und f_2 nicht von den Teilungsfehlern beeinflußt werden. Wenn beide Fehler gleichzeitig auftreten, ist zu deren Ausgleich die Änderung des Flankendurchmessers um den Betrag $f_1 + f_2$ notwendig. Da der Flankendurchmesser als Durchmesser toleriert werden muß, ergibt sich als Gesamttoleranz T_f für den Flankendurchmesser der Wert

$$T_f = T_{D2} + f_1 + f_2. \qquad (08)$$

Es kann angenommen werden, daß von T_f etwa $^2/_3$ zum Ausgleich von Teilungs- und Winkelfehlern zur Verfügung stehen. Die Gesamttoleranz wird von jeder der Teiltoleranzen zu etwa $^1/_3$ beansprucht.

Die Tolerierung der übrigen Gewindemaße (Außen- und Kerndurchmesser) ist unabhängig von der Toleranz des Flankendurchmessers. Es müssen nur ein ausreichendes Spitzenspiel und wegen der Tragfähigkeit eine genügend große Überdeckung gesichert sein. Das Kleinstmaß für den Kerndurchmesser des Bolzengewindes muß so festgelegt werden, daß der Rundungsradius im Gewindegrund wegen der Kerbwirkung nicht zu klein wird. Für den Außendurchmesser des Muttergewindes gelten solche Bedenken nicht.

ISO-Gewindetoleranzsystem

Dieses System enthält Toleranzen für Gewindedurchmesser, also Toleranzlagen für Bolzen- und Muttergewinde und Qualitäten für Außen- und Flankendurchmesser des Bolzengewindes (d und d_2) und für Flanken- und Kerndurchmesser des Muttergewindes (D_2 und D_1). Toleranzen des Kerndurchmessers des Bolzengewindes (d_3) und des Außendurchmessers des Muttergewindes sind nicht festgelegt, weil sie sowohl von der Toleranz der für den Flankendurchmesser als auch von der Profilform im Gewindegrund abhängig sind [18].

Aus den Toleranzlagen und den Qualitäten ist unter Berücksichtigung von Toleranzklassen, die die Erfüllung unterschiedlicher Forderungen an die Paßtoleranz und die Festigkeit der Gewindeverbindung gestatten sowie in Abhängigkeit von der Einschraublänge eine Auswahl von Toleranzfeldern für Bolzen- und Muttergewinde festgelegt. Im allgemeinen sind die Toleranzlagen und die Qualitäten für die Gewindedurchmesser gleich. In besonderen Fällen ist die Kombination von unterschiedlichen Qualitäten für Außen-, Flanken- und Innendurchmesser zugelassen.

Die Toleranzlage bestimmt die Lage des Toleranzfeldes zur Nullinie (Nennmaß). Sie wird durch einen Buchstaben angegeben, der die Größe des Grundabmaßes kennzeichnet. Dieses ist beim Außengewinde (Bolzengewinde) das obere Abmaß A_o und beim Innengewinde (Muttergewinde) das untere Abmaß A_u. Nachstehende Toleranzlagen sind festgelegt:

– für Muttergewinde:
  G mit positivem Grundabmaß,
  H mit Grundabmaß 0,
– für Bolzengewinde:
  a, b, c, d, e, f, g mit negativem Grundabmaß,
  h mit Grundabmaß 0.

Die Toleranzlagen G sowie a bis g eignen sich für Oberflächenschutz mit den heute gebräuchlichen Schichtdicken. Es gibt folgende Anwendungsbeispiele für die Toleranzlagen:

d   für hohe thermische Beanspruchung,
e, f für galvanische Schichten,
g   für normale Anwendung mit oder ohne galvanische Schichten,
h   für funktionsbedingtes geringes Spiel in der Gewindeverbindung,
G   für spezielle Anwendung bei beträchtlicher Dicke galvanischer Korrosionsschutzschichten sowie für die elektrische Kontaktsicherheit und den Oberflächenwiderstand,
H   für normale Anwendung mit oder ohne galvanische Schichten.

Bei Gewinden mit Überzügen beziehen sich die Toleranzfelder auf die Werkstücke vor dem Aufbringen des Überzuges, falls nicht anders vereinbart. Nach Aufbringen des Überzuges darf das Gewindeprofil an keiner Stelle die der Lage H oder h entsprechenden Grenzen (verkörpert durch die an der Abnutzungsgrenze liegenden Gewinde-Gutlehren) überschreiten.

Der mit einer Ziffer angegebene Genauigkeitsgrad kennzeichnet die Breite des Toleranzfeldes. Folgende Genauigkeitsgrade gelten für nachstehende Gewindedurchmesser:

D_1: 4, 5, 6, 7, 8,
D_2: 4, 5, 6, 7, 8,
d: 4, 6, 8,
d_2: 3, 4, 5, 6, 7, 8, 9.

Im allgemeinen sind die Genauigkeitsgrade für den Außen-, Flanken- und Kerndurchmesser gleich; sie können in besonderen Fällen aber auch verschieden sein, d. h. eine freie Kombination von Genauigkeitsgraden für Außen-, Flanken- und Kerndurchmesser ist zulässig.

Für Bolzen- und Mutterngewinde sind die drei Toleranzklassen fein, mittel und grob festgelegt. Im allgemeinen gelten für die Auswahl der Toleranzklassen folgende Regeln:

– Toleranzklasse mittel: allgemeine Verwendung.
– Toleranzklasse fein: für Präzisionsgewinde, wenn nur kleine Variationen im Paßcharakter erlaubt sind.
– Toleranzklasse grob: wenn keine besonderen Anforderungen an die Genauigkeit gestellt werden und in Fällen, in denen Fertigungsschwierigkeiten auftreten können, z. B. bei Gewinden an warmgewalzten Stäben, beim Gewindeschneiden in tiefen Grundlöchern oder bei Gewinden an Kunststoffteilen.

Mit wachsender Einschraublänge nimmt der Unterschied zwischen Paarungs- und Istflankendurchmesser infolge von längenabhängigen Form- und Lage- sowie Steigungsabweichungen zu. Das wird durch die Zuordnung der Genauigkeitsgrade zu den Einschraublängen der Einschraubgruppen S, N und L berücksichtigt. Die Einschraublängen (Längen des im Eingriff befindlichen Gewindes werden einer der drei Gruppen S (short, kurz), N (normal) oder L (long, lang) entsprechend der Bild 5.5-16 zugeordnet.

Die Bezeichnung eines Gewindes besteht aus dem Gewinde-Kennbuchstaben mit den Gewindemaßen und dem Kurzzeichen der Toleranzfelder für den Flankendurchmesser und den Kerndurchmesser des Muttergewindes oder für den Außendurchmesser des Bolzengewindes.

Im Gegensatz zum Toleranzsystem für Werkstücke mit zylindrischen und parallelen Flächen nach DIN 7150 Teil 1 wird beim Toleranzsystem für Gewinde die Ziffer vor dem Buchstaben gesetzt.

Für Gewinde ohne Toleranzangabe gilt Toleranzklasse mittel, d. h. 6H für Muttergewinde und 6g für Bolzengewinde für Gewinde über 1,4 mm Durchmesser und 5H bzw. 6h für Gewinde bis 1,4 mm Durchmesser bei Einschraublängen der Gruppe N. Werden andere Toleranzfelder benötigt, gegebenenfalls auch bedingt durch Einschraublängen der Gruppe S oder L, dann müssen die Toleranzfelder angegeben werden.

Schraubflächen

Gewinde-Nenndurchmesser $d=D$		Steigung P	Einschraublängen der Einschraubgruppen			
über	bis		S bis	N über	N bis	L über
0,99	1,4	0,2	0,5	0,5	1,4	1,4
		0,25	0,6	0,6	1,7	1,7
		0,3	0,7	0,7	2	2
1,4	2,8	0,2	0,5	0,5	1,5	1,5
		0,25	0,6	0,6	1,9	1,9
		0,35	0,8	0,8	2,6	2,6
		0,4	1	1	3	3
		0,45	1,3	1,3	3,8	3,8
2,8	5,6	0,2	0,6	0,6	1,7	1,7
		0,25	0,7	0,7	2	2
		0,35	1	1	3	3
		0,5	1,5	1,5	4,5	4,5
		0,6	1,7	1,7	5	5
		0,7	2	2	6	6
		0,75	2,2	2,2	6,7	6,7
		0,8	2,5	2,5	7,5	7,5
5,6	11,2	0,2	0,6	0,6	1,9	1,9
		0,25	0,8	0,8	2,4	2,4
		0,35	1,1	1,1	3,3	3,3
		0,5	1,6	1,6	4,7	4,7
		0,75	2,4	2,4	7,1	7,1
		1	3	3	9	9
		1,25	4	4	12	12
		1,5	5	5	15	15
11,2	22,4	0,35	1,3	1,3	4	4
		0,5	1,9	1,9	5,4	5,4
		0,75	2,8	2,8	8,1	8,1
		1	3,8	3,8	11	11
		1,25	4,5	4,5	13	13
		1,5	5,6	5,6	16	16
		1,75	6	6	18	18
		2	8	8	24	24
		2,5	10	10	30	30
22,4	45	0,35	1,5	1,5	4,5	4,5
		0,5	2,1	2,1	6,2	6,2
		0,75	3,1	3,1	9,3	9,3
		1	4	4	12	12
		1,5	6,3	6,3	19	19
		2	8,5	8,5	25	25
		3	12	12	36	36
		3,5	15	15	45	45
		4	18	18	53	53
		4,5	21	21	63	63
45	90	0,35	1,7	1,7	5	5
		0,5	2,4	2,4	7,1	7,1
		0,75	3,6	3,6	11	11
		1	4,8	4,8	14	14
		1,5	7,5	7,5	22	22
		2	9,5	9,5	28	28
		3	15	15	45	45
		4	19	19	56	56
		5	24	24	71	71
		5,5	28	28	85	85
		6	32	32	95	95
90	180	0,75	4,1	4,1	12	12
		1	5,5	5,5	16	16
		1,5	8,3	8,3	25	25
		2	12	12	36	36
		3	18	18	53	53
		4	24	24	71	71
		6	36	36	106	106
		8	45	45	132	132
180	355	1	6,3	6,3	19	19
		1,5	9,5	9,5	28	28
		2	13	13	38	38
		3	20	20	60	60
		4	26	26	80	80
		6	40	40	118	118
		8	50	50	150	150
355	500	2	15	15	44	44
		3	22	22	65	65
		4	29	29	87	87
		6	43	43	130	130
		8	60	60	170	170
500	800	8	63	63	190	190
800	1000	8	67	67	200	200

Maße in mm

Bild 5.5-16
Einschraublängen nach DIN 13, Teil 14 [18]

Sind die Toleranzfelder für den Flankendurchmesser des Muttergewindes bzw. für den Flankendurchmesser und Außendurchmesser und Außendurchmesser des Bolzengewindes gleich, so werden die Kurzzeichen nicht wiederholt. Bild 5.5-17 zeigt Bezeichnungsbeispiele Muttern- und Bolzengewinde.

```
                                                             M 20x2-4H  5H
Gewinde-Kennbuchstabe für Metrisches ISO-Gewinde ─────────────┘    │    │
Gewindemaße (Außendurchmesser x Steigung) ────────────────────────┘     │
Toleranzfeld für den Flankendurchmesser ──────────────────────────────┘
Toleranzfeld für den Kerndurchmesser ─────────────────────────────

                                                                M 20x2-5H
Toleranzfeld für den Flankendurchmesser und den                         │
Kerndurchmesser, wenn beide Toleranzfelder gleich sind. ────────────────┘

Beispiel für Bolzengewinde (Regelgewinde):                     M 6-5g 6g
Gewinde-Kennbuchstabe für Metrisches ISO-Gewinde ─────────────┘ │  │  │
Gewindemaße ────────────────────────────────────────────────────┘  │  │
Toleranzfeld für den Flankendurchmesser ───────────────────────────┘  │
Toleranzfeld für den Außendurchmesser ────────────────────────────────┘

                                                                   M 6-4h
Toleranzfeld für den Flankendurchmesser und den                         │
Außendurchmesser, wenn beide Toleranzfelder gleich sind. ───────────────┘
```

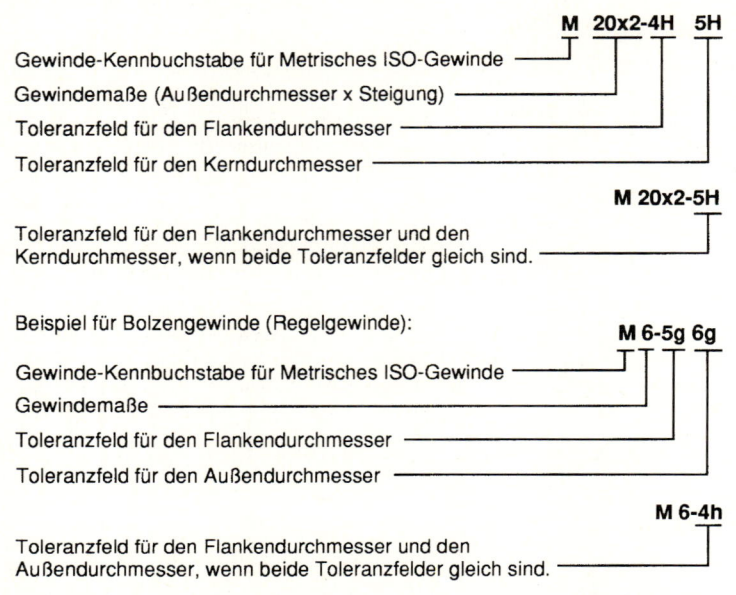

Bild 5.5-17   Bezeichnungsbeispiele zur Gewindetolerierung nach DIN 13, Teil 14 [18]

Im Hinblick auf die Lehrung muß bei Einschraublängen der Einschraubgruppe L das Kurzzeichen L dem Kurzzeichen des Toleranzfeldes ergänzend hinzugefügt werden, z. B. M 20 2-7G-L. Eine Passung zwischen den Gewindeteilen wird durch das Toleranzfeld des Muttergewindes mit anschließendem Toleranzfeld des Bolzengewindes bezeichnet, wobei beide Toleranzfeldangaben durch einen Schrägstrich getrennt werden, z. B. M6 – 7H/8g, M20 2-6H/5g 6g.

Die bisherigen Gewindebezeichnungen, z. B. M 10f, M 10m bzw. M 10g, wobei f = fein, m = mittel und g = grob bedeuten, können beibehalten werden.

Um die Anzahl der Lehren und Werkzeuge zu begrenzen, sollen vorzugsweise die in den Bild 5.5-18 und 5.5-19 enthaltenen Toleranzfelder gewählt werden. Jedes der empfohlenen

Toleranz-klasse		Mutter	Bolzen
mittel	für Gewinde 1 bis 1,4 mm Durchmesser	5H	6h
	für Gewinde über 1,4 mm Durchmesser	6H	6g
grob		7H	8g

Bild 5.5-18   Toleranzfelder für Gewinde handelsüblicher Befestigungselemente nach DIN 13 [18]

Schraubflächen 149

Toleranzklasse		Toleranzfelder für Oberflächenzustand [1])		
		blank oder phosphatiert [3])	blank, phosphatiert oder für dünne galvanische Schutzschicht [2]) [3])	blank (mit großem Spiel) oder für dicke galvanische Schutzschicht [2])
fein	Mutter	4H [4]); 4H 5H [5]); 5H	4H [4]); 5H	4G [4]); 4G 5G [5]); 5G
	Bolzen	4h	4g	4e
mittel	Mutter		für Regelgewinde 1 bis 1,4 mm Durchmesser: 5H für Regelgewinde über 1,4 mm Durchmesser: 6H für Feingewinde mit Steigungen 0,35 bis 8 mm: 6H	für Regelgewinde 1 bis 1,4 mm Durchmesser: 5G für Regelgewinde über 1,4 mm Durchmesser: 6G für Feingewinde mit Steigungen 0,35 bis 8 mm: 6G
	Bolzen		für Regelgewinde 1 bis 1,4 mm Durchmesser: 5h für Regelgewinde über 1,4 mm Durchmesser: 6g für Feingewinde mit Steigungen 0,35 bis 8 mm: 6g	für Regelgewinde 1 bis 1,4 mm Durchmesser: 5e für Regelgewinde über 1,4 mm Durchmesser: 6e für Feingewinde mit Steigungen 0,35 bis 8 mm: 6e
grob	Mutter		für Regelgewinde über 2,5 mm Durchmesser und Feingewinde mit Steigungen 0,5 bis 8 mm: 7H	für Regelgewinde über 2,5 mm Durchmesser und Feingewinde mit Steigungen 0,5 bis 8 mm: 7G
	Bolzen		für Regelgewinde über 2,5 mm Durchmesser und Feingewinde mit Steigungen 0,5 bis 8 mm: 8g	für Regelgewinde über 2,5 mm Durchmesser und Feingewinde mit Steigungen 0,5 bis 8 mm: 8e

[1]) Gewinde mit Oberflächenschutz (einschließlich Phosphatieren, Ölschwärzen) müssen im Grenzfall mit an ihrer Abnutzungsgrenze liegenden Gewinde-Gutlehren für die Toleranzlage h abgenommen werden können, sofern nicht anders vereinbart.
[2]) Beim Kleinstmaß des Muttergewindes und beim Größtmaß des Bolzengewindes für den Flankendurchmesser ist die mögliche Schichtdicke gleich 1/4 des zugehörigen Grundmaßes.
[3]) Nach der h- und H-Toleranzlage gefertigte Gewinde lassen einen Oberflächenschutz (einschließlich Phosphatieren) nur zu, wenn das Toleranzfeld nicht bis zur Nullinie ausgenutzt wird.
[4]) Toleranzfelder 4H und 4G nur für Sonderfälle und für Gewinde mit Steigung bis 0,3 mm.
[5]) Die kombinierten Toleranzfelder 4H 5H und 4G 5G (Genauigkeitsgrad 4 für den Mutterflankendurchmesser und Genauigkeitsgrad 5 für den Mutterkerndurchmesser) wurden bisher für Gewinde mit Steigungen über 0,3 mm angewendet. Die ISO 965/1 sieht die Toleranzfelder 5H und 5G vor (siehe auch Erläuterungen).

Bild 5.5-19 Toleranzfelder für Einschraubgruppe N (vor Aufbringung einer eventuellen Schutzschicht) nach DIN 13, Teil 14 [18]

Toleranzfelder für Muttergewinde kann mit jedem beliebigen empfohlenen Toleranzfeld für Bolzengewinde kombiniert werden, ausgenommen die Gewinde mit einem Nenn-Außendurchmesser $\leq$ 1,4 mm, für die Kombination 5H/6h oder feiner zu wählen ist. Um jedoch eine ausreichende Gewindeüberdeckung zu erreichen, sind die Passungen H/g, H/h oder G/h zu bevorzugen.

Die Bilder 5.5-20 und 5.5-21 enthalten die empfohlenen Genauigkeitsgrade für Mutter- und Bolzengewinde in Abhängigkeit von der Toleranzklasse und der Einschraubgruppe. Für

Genauigkeit der Bauteilgeometrie

Toleranz-klasse	Genauigkeitsgrade für Muttergewinde bei Einschraubgruppe					
	S		N		L	
	Flanken-durchmesser	Kern-durchmesser	Flanken-durchmesser	Kern-durchmesser	Flanken-durchmesser	Kern-durchmesser
fein	4	4	5	5	5	6
mittel	5	5	6 (5)	6 (5)	7	7
grob	-	-	7	7	8	8
Der in Klammern gesetzte Genauigkeitsgrad 5 gilt für Muttergewinde von 1 bis 1,4 mm Durchmesser						

Bild 5.5-20   Genauigkeitsgrade für Muttergewinde nach DIN 13, Teil 14 [18]

Toleranz-klasse	Genauigkeitsgrade für Bolzengewinde bei Einschraubgruppe					
	S		N		L	
	Außen-durchmesser	Flanken-durchmesser	Außen-durchmesser	Flanken-durchmesser	Außen-durchmesser	Flanken-durchmesser
fein	4	3	4	4	4	5
mittel	6	5	6	6	6	7
grob	-	-	8	8	8	9

Bild 5.5-21   Genauigkeitsgrade für Bolzengewinde nach DIN 13, Teil 14 [18]

Gewinde über 1,4 mm Nenndurchmesser der Toleranzklasse „mittel" und Einschraubgruppe „N" gilt Genauigkeitsgrad 6.

Das Ist-Profil sowohl des Mutter- als auch des Bolzengewindes darf an keiner Stelle das Grundprofil nach DIN 13, Teil 19 unter- bzw. überschreiten. Das Nennprofil (13, Teil 1 bis 12) und das Fertigungsprofil (DIN 13, Teil 19) des Bolzengewindes ist im Gewindegrund mit R = H/6 = 0,144 P gerundet.

Der kleinste Radius am Gewindegrund des Bolzengewindes und damit die kleinste Abflachung C_{min} ist mit $R_{min} = 0,125\,P \approx H/7$ festgelegt. Mit R_{min} ergibt sich das Kleinstmaß des Kerndurchmessers zu:

$$d_{3min} = d_2 - |A_o| - T_{d2} - H + 0,25\,P. \tag{09}$$

Bei der theoretisch größten Abflachung C_{max} (Bild 5.5-22), die nur möglich ist, wenn der Flankendurchmesser am Minimum-Material-Maß liegt, verlaufen die beiden Radien von $R_{min} = 0,125\,P$ durch die Schnittpunkte zwischen den Maximum-Material-Flanken und dem Kerndurchmesser der Gut-Lehre und gehen tangential in die Minimum-Material-Flanken des Gewindes über. Die größte Abflachung ist in diesem Fall:

$$C_{max} = \frac{H}{4} - R_{min}\left[1 - \cos\left(\frac{\pi}{3} - \arccos\left(1 - \frac{T_{d2}}{4 \cdot R_{min}}\right)\right)\right] + \frac{T_{d2}}{2} \tag{10}$$

und der theoretisch größte Kerndurchmesser:

$$d_{3max} = d - \frac{7}{8}\sqrt{3} \cdot P - T_{d2} - |A_o| + 2C_{max}. \tag{11}$$

Werden die empfohlenen Größtwerte für d_3 (DIN 13, Teil 13 und Teil 20 bis 26), die sich mit R = 0,144 P = H/6 ergeben, überschritten, dann besteht die Gefahr einer Überschneidung mit dem Maximum-Materialprofil des Muttergewindes.

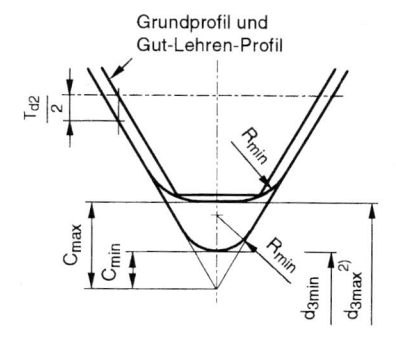

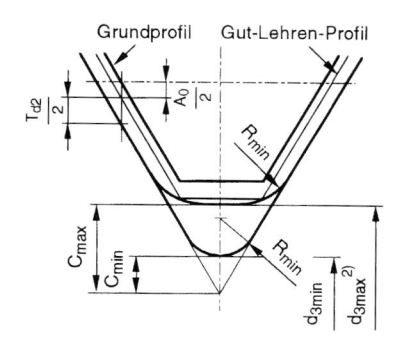

a) Toleranzlage h   b) Toleranzlagen a bis g

Bild 5.5-22   Gewindegrund nach DIN 13, Teil 14 [18]

Die Werte der Toleranzen des Außen-, Flanken- und Kerndurchmessers sowie für die Einschraublängen wurden mit Hilfe von Formeln berechnet und anschließend auf den in der Normzahlenreihe R 40 nach DIN 323, Teil 1 am nächsten gelegenen Wert gerundet. Wenn jedoch Dezimalen entstanden, wurde der Wert auf die nächste ganze Zahl gerundet. Um die regelmäßige Zunahme zu erhalten, wurden die vorstehenden Rundungsregeln nicht immer angewendet.

Die Grundabmaße für Mutter- und Bolzengewinde wurden für die Toleranzlagen G, H und e bis h nach folgenden Formeln errechnet (A_o und A_u in µm, P in mm):

$A_u(G) = +(15 + 11\,P)$
$A_u(H) = 0$
$A_o(e) = -(50 + 11\,P)$ für $P \geq 0{,}5$ mm
$A_o(f) = -(30 + 11\,P)$
$A_o(g) = -(15 + 11\,P)$
$A_o(h) = 0.$

Den übrigen Grundabmaßen wurden folgende Formeln zugrunde gelegt:

$A_o(a) = -(270 + 19\,P)$
$A_o(b) = -(185 + 19\,P)$
$A_o(c) = -(115 + 19\,P)$
$A_o(c) = -(65 + 19\,P)$ für $P \leq 2{,}5$ mm.

Die Einschraublängen der Einschraubgruppe N „normal" in Bild 5.5-16 wurden nach folgenden Regeln berechnet, so daß für jede Steigung innerhalb eines Durchmesserbereiches d gleich dem kleinsten Durchmesser dieses Bereiches gesetzt wurde.

- Die kleinste und die größte Einschraublänge der Einschraubgruppe N berechnen sich wie folgt (N, P und d in mm):

  $N_{min} = 2{,}24\,P \cdot d^{0,2}$,
  $N_{max} = 6{,}7\,P \cdot d^{0,2}$.

- Toleranzen für den Außendurchmesser des Bolzengewindes (T_d) des Genauigkeitsgrades 6.

  Diese Toleranzen sind nach folgender Formel errechnet (T_d in µm, P in mm):

$$Td(6) = 180\,\sqrt[3]{P^2} - \frac{3{,}15}{\sqrt{P}} \qquad (12)$$

Die Toleranzen T_d für die anderen Genauigkeitsgrade ergeben sich durch Multiplikation der Toleranzen T_d (6) mit dem Faktor x in Bild 5.5-23.

- Toleranzen für den Kerndurchmesser des Muttergewindes (T_{D1}) des Genauigkeitsgrades 6.

  Diese Toleranzen wurden nach folgender Formel errechnet (T_{D1} in µm, P in mm):

  $T_{D1}(6) = 433\,P - 190\,P^{1,22}$ für $0{,}2\text{ mm} \leq P \leq 0{,}8\text{ mm}$,
  $T_{D1}(6) = 230\,P^{0,7}$ für $P \geq 1\text{ mm}$.

  Die Toleranzen T_{D1} für die anderen Genauigkeitsgrade ergeben sich durch Multiplikation der Toleranzen T_{D1} (6) mit dem Faktor w im Bild 5.5-24.

- Toleranzen für den Flankendurchmesser des Bolzengewindes (T_{d2}) des Genauigkeitsgrades 6. Diese Toleranzen sind nach der folgenden Formel errechnet, wobei d gleich dem geometrischen Mittel der Durchmesser ist (T_{d2} in µm, P und d in mm):

  $T_{d2}(6) = 90\,P^{0,4} \cdot d^{0,1}$.

  Die Toleranzen T_{d2} für die anderen Genauigkeitsgrade ergeben sich durch Multiplikation der Toleranzen $T_{d2}(6)$ mit dem Faktor z aus dem Bild 5.5-23.

- Toleranzen für den Flankendurchmesser des Muttergewindes (T_{d2}).

  Die Toleranzen T_{d2} ergeben sich durch Multiplikation der Toleranzen T_{d2} (6) mit dem Faktor w aus Bild 5.5-24:

  $T_{d2}(n) = w \cdot T_{d2}(6).$ (13)

Genauig-keitsgrad n	$T_d(n) = x \cdot T_d(6)$ Faktor x	$T_{D1}(n) = y \cdot T_{D1}(6)$ Faktor y	$T_{d2}(n) = z \cdot T_{d2}(6)$ Faktor z
3	-	-	0,5
4	0,63	0,63	0,63
5	-	0,8	0,8
6	1	1	1
7	-	1,25	1,25
8	1,6	1,6	1,6
9	-	-	2

Bild 5.5-23 Faktoren x, y und z nach DIN 13, Teil 14 [18]

Genauigkeitsgrad n	Faktor w
4	0,85
5	1,06
6	1,32
7	1,7
8	2,12

Bild 5.5-24 Faktor w nach DIN 13, Teil 14 [18]

Genauigkeit von Bewegungsgewinden

In neuzeitlichen Maschinen kommt es sehr häufig vor, daß axiale Bewegungen mit sehr hoher Genauigkeit durchgeführt werden müssen. Diese axialen Bewegungen werden in der Regel nicht direkt erzeugt, sondern sind das Resultat einer Bewegungsübertragung: Eine Drehbewegung wird in eine Linearbewegung gewandelt.

Für Bewegungsgewinde bei Schraubgetrieben gibt es vielfältige Anwendungs- und Variationsmöglichkeiten. Allgemein werden Schraubgetriebe in Einfachschraubgetriebe und Zweifachschraubgetriebe unterteilt. Einfachschraubgetriebe haben jeweils ein Schraub-, ein Dreh- und ein Schubelement und ermöglichen je nach Anordnung die Umwandlung einer Drehung in eine Schiebung (und umgekehrt) bzw. einer Schraubung in eine Schiebung (und umgekehrt). Die Zweifachschraubgetriebe bestehen aus zwei gleichachsigen Schraubgelenken und einem Schubgelenk. Bei gleichsinnigen, aber verschiedenen großen Steigungen ist bei einer Umdrehung der Spindel der Weg des Schubelementes gleich der Differenz der Steigungen, bei gegensinnigen Steigungen ist der Verschiebeweg gleich der Summe der Steigungen.

Für Bewegungsschrauben sind die Regel- und Feingewinde, wie sie bei den Befestigungsschrauben verwendet wurden, wegen ihrer geringen Steigung nicht geeignet. Deshalb kommen vorwiegend Trapezgewinde nach DIN ISO 103 [18] sowie Sägegewinde nach DIN 513 in Betracht (Bild 5.5-25). Das Trapezgewinde führt zu geringerer Reibung zwischen Bolzen und Mutter als das Spitzgewinde. Es ist flankenzentriert und sollte deshalb nur durch Längskräfte und Drehmomente belastet werden; es sperrt bei Verkantung. Bei Sägegewinden stehen ihre druckseitigen Flanken fast senkrecht zur Schraubenachse, weshalb sie besonders zur Aufnahme einseitiger Druckkräfte geeignet sind.

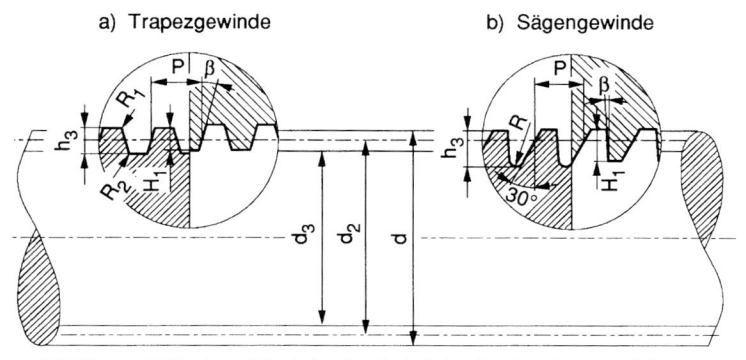

P Teilung, β Flankenwinkel, h_3 Gewindetiefe, H_1 Gewindetragtiefe,
R Rundungsradius,
d Gewindedurchmesser, d_3 Kerndurchmesser, d_2 Flankendurchmesser

Bild 5.5-25 Bewegungsgewinde [3]

Schnellere Längsbewegungen sind mit mehrgängigen Gewinden erreichbar. Bei diesen laufen mehrere Gänge nebeneinander um den Kern. Die Steigung von mehrgängigen Spindeln berechnet sich nach Gleichung (04).

Vom Prinzip her liegen bei den Bewegungsschrauben die gleichen Kraft- und Reibungsverhältnisse wie bei den Befestigungsschrauben vor, jedoch wirkt sich die größere Steigung auf die Reibverluste und damit auf den Wirkungsgrad aus. Für den Zusammenhang zwischen der Betriebs- bzw. Längskraft F_A sowie dem Drehmoment gilt:

$$M_G = F_A \frac{d_2}{2} \tan(\beta \pm \rho_G), \tag{14}$$

mit $\tan(\beta) = P_h / (d_2 \cdot \pi)$, $\tan(\alpha_{iN}) = \tan(\alpha_i) \cdot \cos(\beta)$ und $\tan(\rho_G) = \mu_G / \cos(\alpha_{iN})$. Bei gut geschmierten Flanken (z. B. Fettschmierung) beträgt $\mu_G \approx 0{,}05$ bis $0{,}08$ und bei fast trockenen Flanken $\mu_G \approx 0{,}12$ bis $0{,}15$. Das Pluszeichen in Gleichung (14) steht für das „Heben" bzw. die Aufwärtsbewegung der Last (Bild 5.5-26), nachfolgend auch als Arbeitshub bezeichnet, das Minuszeichen für die Bewegungsumkehrung, den Rückhub.

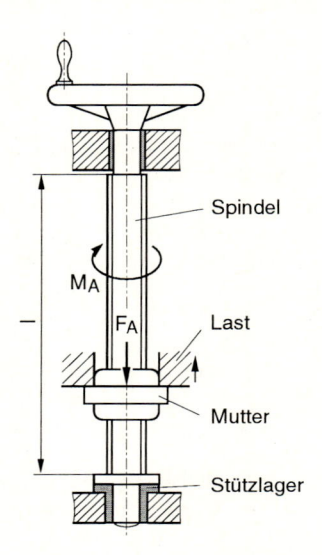

Bild 5.5-26 Antriebsschema beim Lastheben mit einer Bewegungsschraube [3]

Bei einer Spindelumdrehung wird die Last um die Steigung P_h gehoben und somit eine Nutzarbeit $F_A \cdot P_h$ verrichtet. Dazu muß an der Spindel die Arbeit $F_u \cdot d_2 \cdot \pi = F_A \cdot d_2 \cdot \pi \cdot \tan(\beta + \rho_G)$ aufgewendet werden. Das Verhältnis dieser beiden Arbeiten ist der Wirkungsgrad η_A. Da in diesem $P_h / (d_2 \pi) = \tan(\alpha)$ enthalten ist, beträgt der Wirkungsgrad beim Arbeitshub:

$$\eta_A = \frac{\tan(\beta)}{\tan(\beta + \rho_G)}. \tag{15}$$

Aus der Gleichung (15) folgt, daß der Wirkungsgrad um so größer ist, je größer der Steigungswinkel β ist. Bei Umkehr der Bewegungsrichtung wirkt der Reibwiderstand in entgegengesetzter Richtung. Die Kraft F_A erzeugt an der Spindel eine Umfangskraft $F_u = F_A \tan(\beta - \rho_G)$. Die Nutzarbeit ist dann $F_u \cdot d_2 \cdot \pi = F_A \cdot d_2 \cdot \pi \tan(\beta - \rho_G)$, das Verhältnis der beiden Arbeiten ist der Wirkungsgrad η_R beim Rückhub.

$$\eta_R = \frac{\tan(\beta - \rho_G)}{\tan(\beta)}. \tag{16}$$

Ist $\rho_G > \beta$, dann wird $\tan(\alpha - \rho_G)$ negativ, also auch η_R negativ, was Selbsthemmung bedeutet. Keine noch so große Kraft F_A vermag die Spindel rückwärts zu drehen. Selbsthemmung ist oftmals als Sicherung gegen selbsttätige Rücklaufbewegungen erwünscht. Sie tritt um so eher ein, je kleiner der der Steigungswinkel α ist.

Um die Spindel beim Arbeitshub unter Last zu drehen, ist ein Drehmoment $M_{GA} = F_u \cdot r_2 = F_A \cdot \tan(\beta + \rho_G)$ erforderlich. Die Spindel muß sich aber in einem Längslager abstützen, das der Betriebskraft F_A das Gleichgewicht hält. In diesem Lager tritt ein Reibmoment $M_L = F_A \cdot \mu_L \cdot R_L$ auf, das vom Antriebsmoment M_A überwunden werden muß. μ_L ist die Reibzahl im Lager, die bei Abstützung der Spindel in einem Wälzlager (z. B. Rillenkugellager) $\mu_L \approx 0{,}3$ gesetzt werden kann, R_L der mittlere Radius der Lagerstützfläche. Somit muß am Antrieb folgendes Antriebsdrehmoment M_A aufgebracht werden:

$$M_A = M_{GA} + M_L = F_A \cdot r_2 \cdot \tan(\beta + \rho_G) + F_A \cdot \mu_L \cdot R_L. \qquad (17)$$

Für den Rückhub unter Last muß wegen der umgekehrten Bewegungsrichtung ein Rückdrehmoment M_R von

$$M_R = M_{GR} - M_L = F_A \cdot r_2 \cdot \tan(\beta - \rho_G) + F_A \cdot \mu_L \cdot R_L \qquad (18)$$

aufgebracht werden. Ist das Rückdrehmoment positiv, dann ist die Kraft F_A ausreichend, die Lagerreibung zu überwinden und die Rückwärtsbewegung zu gewährleisten.
Durch die Lagerreibung verschlechtert sich der Wirkungsgrad des Schraubengetriebes beträchtlich. Während des Arbeitshubes wird bei einer Umdrehung die Nutzarbeit $F_A \cdot P_h$ verrichtet, am Antrieb muß hierfür eine Arbeit $F_u \cdot d_2 \cdot \pi + F_A \cdot D_L \cdot m_L \cdot \pi = F_A \cdot \tan(\beta + \rho_G) \cdot d_2 \cdot \pi + F_A \cdot D_L \cdot \mu_L \cdot \pi$ angewendet werden, wobei $D_L = 2 R_L D_m$ ist. Das Verhältnis der beiden Arbeiten ist der Gesamtwirkungsgrad h:

$$\eta = \frac{P_h}{\tan(\beta + \rho_G) \cdot d_2 \cdot \pi + D_L \cdot \mu_L \cdot \pi}. \qquad (19)$$

Neue Technologien machten immer höhere Bearbeitungsgeschwindigkeiten möglich und teilweise auch erforderlich. Gleichzeitig wurden immer größere Ansprüche an die Genauigkeit und Steifigkeit gestellt. Man kam deshalb auf den eigentlich naheliegenden Gedanken, die Gleitreibung zwischen Spindel und Mutter durch Rollreibung zu ersetzen. Der Wirkungsgrad von Schraubgetrieben kann damit bis auf 90 bis 93 % erheblich erhöht werden (Bild 5.5-27), wenn zwischen Schraube und Mutter Wälzkörper angeordnet werden, so daß im wesentlichen nur Rollreibung auftritt. Als Wälzkörper werden bei den Kugelspindeln

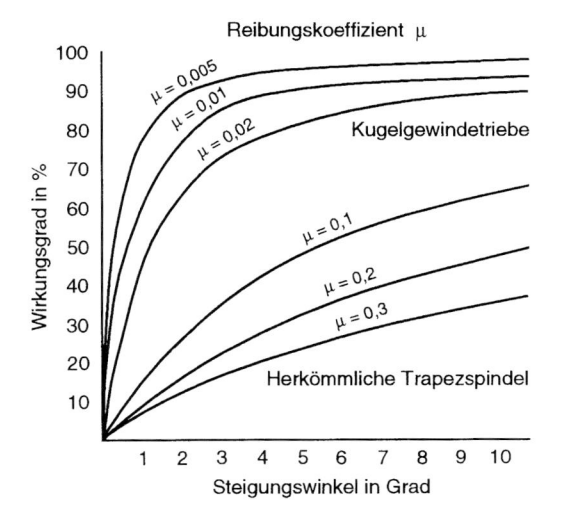

Bild 5.5-27 Wirkungsgrad von Kugelgewindetrieben und herkömmlichen Trapezspindeln im Vergleich [1]

Kugeln und bei den Planetenspindeln Kugelprofil-Rollen benutzt. Durch den Einsatz eines Kugelgewindetriebes anstelle einer Trapezspindel läßt sich die axiale Bewegung mit höherer Genauigkeit, Steifigkeit, Lebensdauer und wesentlich geringerer Reibung erzeugen und wiederholen.

Bei der Entwicklung der Kugelgewinde war zu beachten, daß die Kugeln aufgrund der gegenläufigen Bewegung zwischen Spindel und Mutter eine räumliche Bewegung vollführen und somit Gefahr laufen, nach einem oder mehreren Gewindegängen aus der Mutter herauszufallen. Um dies zu verhindern, werden die Kugeln per Umlenkstück- oder Umlenkrollensystem zurückgeführt. Sie gelangen lastfrei an den Anfangspunkt und können dann erneut an der Lastübertragung teilnehmen.

Das Prinzip der kugelgeführten Spindel zeigt Bild 5.5-28. Die Kugeln 2 werden über einen Rücklaufkanal 4 zur Einlaufstelle zurückgeführt; bei Verwendung von zwei Muttern 3 und einer Zwischenscheibe 6 kann durch entsprechende Vorbelastung das axiale Spiel ausgeschaltet werden.

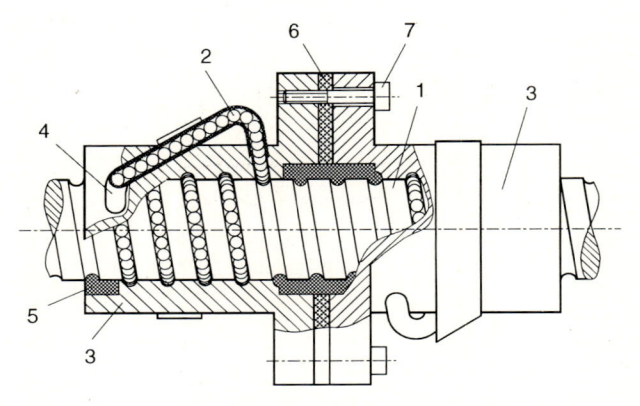

1 Schraubenspindel mit geschliffenen Kugelbahnen;
2 Umlaufkugeln; 3 Muttern; 4 Rücklaufkanal;
5 Abstreifer; 6 Zwischenscheibe; 7 Halteschraube

Bild 5.5-28   Prinzip der kugelgeführten Spindel [30]

Die Planetenspindel (Bild 5.5-29) besteht aus der Schraubenspindel *1*, der Mutter *3* und einer gewissen Anzahl von Gewinderollen. Diese sind an den Enden mit Verzahnungen versehen *2**, die in Innenverzahnungen *3** der Mutter eingreifen. Zusammen mit den als Steg (oder Käfig) wirkenden Führungsringen, in denen die Gewinderollen mittels Zapfen gelagert sind, entsteht ein Umlaufgetriebe. Für die Gewinde der Mutter und der Rollen wurden spezielle patentierte Gewinde entwickelt, die ein Abrollen ohne Gleiten garantieren. Zur Ausschaltung des axialen Spiels kann die Mutter zweiteilig ausgeführt und in einem Gehäuse verspannt werden.

Kugelgewindetriebe werden in verschieden Genauigkeitsklassen hergestellt und geliefert, wobei die höchste Genauigkeitsklasse mit C0 bezeichnet wird. Man unterscheidet außerdem noch die Klassen C1, C2, C3, C5, C7, und C10. Die Genauigkeit eines Kugelgewindetriebes hängt neben der Steifigkeit entscheidend von der mechanischen Fertigungsgenauigkeit der Gewindespindel ab. Sie bestimmt die Steigungsgenauigkeit des Gewindes, die wiederum dafür verantwortlich ist, wie genau beispielsweise ein mittels Kugelgewindetrieb in axialer

Schraubflächen 157

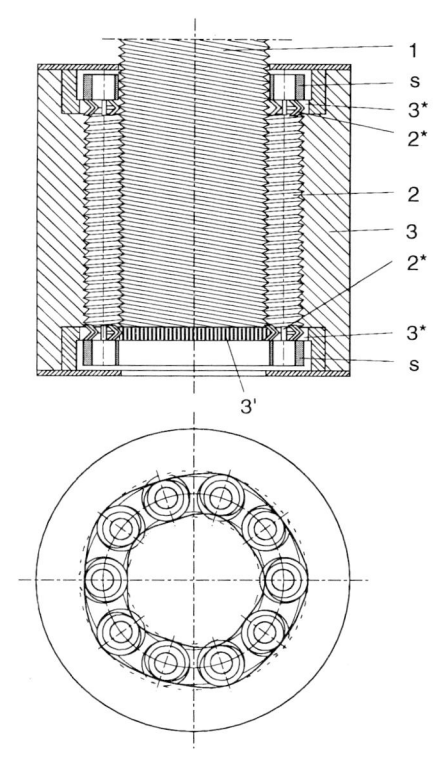

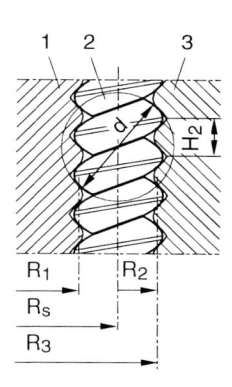

Kugelprofil-Rollen
der Planetenspindel

1 Schraubenspindel ; 2 Gewinderollen;
3 Mutter; s Führungsringe

Bild 5.5-29   Prinzip der Planeten-Spindel [30]

Richtung bewegter Maschinentisch eine ganz bestimmte Position anfahren kann. Er kann es umso genauer, je weniger der Wert der mittleren Ist-Steigungsabweichung und der Wert der Soll-Steigungsabweichung differieren. Die tatsächlich mittlere Steigungsabweichung wird in den technischen Tabellen mit E bezeichnet. Der Wert für E ist innerhalb der jeweiligen Genauigkeitsklassen vorgegeben. Er beträgt bezogen auf eine Gewindelänge von 1000 mm in der Klasse C5 ± 40 µm, in der Klasse C0 dagegen nur noch ± 8 µm.

Um die Qualität einer Gewindespindel zuverlässig beurteilen zu können, reicht es jedoch nicht aus, daß man nur den Wert der Gesamtsteigungsabweichung kennt. So läßt sich nicht ausschließen, daß innerhalb der betrachteten Gewindelänge Steigungsfehler vorhanden sind, die sich gegenseitig aufheben und deshalb im Wert für die Gesamtabweichung nicht abzulesen sind. Die Gefahr bei der Qualitätskontrolle besteht darin, daß man eine Gewindespindel aufgrund ihrer geringen Gesamtabweichung für gut befindet, obwohl sie teilweise erhebliche Mängel aufweist.

Um Unsicherheiten dieser Art zu verhindern, hat man das Bewertungssystem weiter differenziert und verfeinert. Der Buchstabe e bezeichnet in den technischen Tabellen die Bandbreite der gemessenen Steigungsabweichung über die gesamte Gewindelänge. So ist z.B. e_{300} die Bandbreite der gemessenen Steigungsabweichungen über eine Länge von 300 mm.

Diese Bandbreite muß für jede beliebige Lage der Meßlänge auf der gesamten Gewindelänge eingehalten werden. Für die Genauigkeitsklasse C0 beträgt dieser Wert beispielsweise 3,5 µm, für die Klasse C10 beträgt er 210 µm. Der kleinste Meßbereich bezüglich der Steigungsgenauigkeit ist eine Umdrehung der Spindel. Die Steigungsabweichung über eine Umdrehung nennt man Taumelfehler $e_{2\pi}$.

Um die Längenausdehnung der Gewindespindel, die infolge Erwärmung auftritt, auszugleichen, wird in manchen Fällen die Spindel mit einem bewußt erzeugten Steigungsfehler hergestellt. Dabei ist der Steigungsfehler ΔP normalerweise negativ (Bild 5.5-30).

Genauigkeitsklasse		C0		C1		C2		C3		C5	
über	bis	±E	e	±E	e	±E	e	±E	e	±E	e
-	100	3	3	3,5	5	5	7	8	8	18	18
100	200	3,5	3	4,5	5	7	7	10	8	20	18
200	315	4	3,5	6	5	8	7	12	8	23	18
315	400	5	3,5	7	5	9	7	13	10	25	20
400	500	6	4	8	5	10	7	15	10	27	20
500	630	6	4	9	6	11	8	16	12	30	23
630	800	7	5	10	7	13	9	18	13	35	25
800	1000	8	6	11	8	15	10	21	15	40	27
1000	1250	9	6	13	9	18	11	24	16	46	30
1250	1600	11	7	15	10	21	13	29	18	54	35
1600	2000	-	-	18	11	25	15	35	21	65	40
2000	2500	-	-	22	13	30	18	41	24	77	46
2500	3150	-	-	26	15	36	21	50	29	93	54
3150	4000	-	-	30	18	44	25	60	35	115	65
4000	5000	-	-	-	-	52	30	72	41	140	77
5000	6300	-	-	-	-	65	36	90	50	170	93
6300	8000	-	-	-	-	-	-	110	60	210	115
8000	10000	-	-	-	-	-	-	-	-	260	140
10000	12500	-	-	-	-	-	-	-	-	320	170
zulässige Steigungsabweichung (±E) und Bandbreite (e) Einheit: µm											

Gewindelänge (mm)

Bild 5.5-30   Zulässige Steigungsfehler bei Kugelgewindetrieben [1]

Aufgrund höchster Ansprüche an Genauigkeit, Steifigkeit und Ausführungsvielfalt, die an Kugelgewindetriebe gestellt werden, ist es für nahezu jeden Anwendungsfall notwendig, den Kugelgewindetrieb auf die vorliegenden Betriebsbedingungen abzustimmen, um ein optimales Funktionieren zu erreichen. Diese Feinabstimmung steht einer völligen Standardisierung des Kugelgewindetriebes entgegen. Sie ist nur teilweise möglich, z.B. beim Spindeldurchmesser und bei der Steigung, während Spindellänge und Ausführung der Spindelenden sowie Genauigkeit, Vorspannung usw. jeweils für den Einzelfall festgelegt werden müssen. Präzisionskugelgewindetriebe werden normalerweise mit Spindeldurchmessern von 10 bis 80 mm und Steigungen von 4 bis 20 mm hergestellt. Abhängig vom Spindeldurchmesser können Spindellängen bis zu mehreren Metern gefertigt werden.

Werden hohe oder besonders hohe Verfahrgeschwindigkeiten von seiten der Anwender gefordert, verwendet man Kugelgewindetriebe mit großer und extra großer Steigung. Sie haben zum einen den Vorteil, daß sie Beschleunigungs- und Verzögerungszeiten verringern und somit eine annähernd konstante Verfahrgeschwindigkeit selbst bei Richtungsumkehr ermöglichen. Zum anderen läßt sich im Vergleich zu normalen Steigungen die gleiche Verfahrgeschwindigkeit mit wesentlich geringerer Drehzahl erreichen. Man gerät daher seltener in den kritischen Drehzahlbereich. Kugelgewindetriebe mit großer Steigung werden mit Gewindedurchmessern von 12 bis 50 mm und Steigungen von 8 bis 50 mm, Kugelgewindetriebe mit extra großer Steigung mit Gewindedurchmessern von 15 bis 25 mm und Steigungen von 20 bis 50 mm hergestellt.

In vielen Anwendungsfällen sind nicht hohe, sondern – im Gegenteil – sehr niedrige Verfahrgeschwindigkeiten und kleine Verfahrwege gefragt. Eine optimale Lösung dafür stellen Kugelgewindetriebe mit Feingewinde, d. h. mit besonders geringer Steigung, dar. Weil bei der Verwendung von Feingewinde sehr kleine Spindeldurchmesser möglich sind, war man gleichzeitig in der Lage, Kugelgewindetriebe in miniaturisierter Form zu fertigen. Für Kugelgewindetriebe mit Feingewinde hat sich deshalb der Begriff Miniaturkugelgewindetrieb eingebürgert, auch wenn dieser etwas irreführend ist; Feingewindespindeln gibt es mit einem Durchmesser von 4 bis 40 mm und mit Steigungen von 1 bis 3 mm.

Im Werkzeugmaschinenbau werden immer höhere Schnitt- und Vorschubgeschwindigkeiten bei dennoch hoher Positioniergenauigkeit verlangt. Je höher aber die die Geschwindigkeit eines Kugelgewindetriebes ist, um so größer ist zwangsläufig seine Erwärmung. Diese führt zu einem Längenwachstum der Spindel, welches man nicht in jedem Fall durch eine vorweggenommene Steigungsabweichung ΔP ausgleichen kann. Eine konstruktive Maßnahme, dem entgegen zuwirken, ist die Zwangskühlung von Kugelgewindetrieben.

5.6 Verzahnflächen

Die Verzahnung gehört zu den ältesten und bedeutendsten Maschinenelementen. Sie ist in allen Bereichen der Technik vertreten, insbesondere im Maschinenbau und in der Feinwerktechnik. Beschreibungen von Zahnrädern wurden bereits von Aristoteles und später Archimedes vorgenommen, doch von Bedeutung wurden genaue Verzahnungen erst mit dem Beginn astronomischer Untersuchungen und der Entwicklung von Räderuhren im frühen Mittelalter. Es wurden aus Messing gegossene und von Hand nachgefeilte Turmuhrwerke für langsame Drehzahlen mit hinreichender Genauigkeit entwickelt. In Mühlen, wo es galt, größere Kräfte zu übertragen, wurde Holz eingesetzt, weil es möglich war, einen gebrochenen Zahn durch einen neuen zu ersetzen [6, 10].

Steigende Geschwindigkeiten und Leistungen sowie komplexe Funktionsanforderungen wie geringe Geräuschemission, winkelgetreue Übertragung, hoher Wirkungsgrad, Schmiermöglichkeit, Belastbarkeit oder Austauschbarkeit der Räder verlangen in zunehmendem Maße nach höheren Genauigkeiten und besseren Werkstoffen. Dem wurde durch die Weiterentwicklung der Eisenwerkstoffe und den Fortschritt maschinell erzeugter Verzahnungen Rechnung getragen. Schon früh begannen Gelehrte wie Desargues, Leibniz, Römer, de la Hire und vor allem der Physiker Euler (1707 bis 1783), Verzahnungen theoretisch zu analysieren. Mit der Entwicklung des Abwälzverfahrens vor 100 Jahren wurde es möglich, über die Kinematik der Werkzeugmaschine höhere Genauigkeiten durch die zunehmende Annäherung an die theoretisch richtige Flankenform zu erzeugen [6].

Eine mathematisch genaue Herstellung der Verzahnungsgeometrie ist jedoch nicht möglich, so daß für eine zufriedenstellende Getriebefunktion genügend enge Fertigungstoleranzen zu wählen sind. 1936 begann im Charlottenburger Versuchsfeld für Werkzeugmaschinen an der Technischen Hochschule Berlin unter Leitung von Professor Otto Kienzle die systematische Untersuchung der an Zahnrädern auftretenden Fehler als Grundvoraussetzung für ein Toleranzsystem [1]. Die daraus entwickelten heutigen umfangreichen ISO DIN-Normblätter bilden die Grundlage der modernen Getriebeauslegung bezüglich Geometrie, Herstellung und Qualität von Verzahnungen.

Die Verzahnungstoleranzen sind so angelegt, daß sie mit größter Wahrscheinlichkeit auch verfeinerte Bedürfnisse und bessere Meßmöglichkeiten der Zukunft berücksichtigen [8, 9].

Zahnradgetriebe werden gemäß der DIN 868 in Wälzgetriebe, Schraubwälzgetriebe und reine Schraubgetriebe unterteilt. Während bei Wälzgetrieben die Achsen einer Radpaarung in einer Ebene liegen (sie sind parallel oder schneiden sich), enthalten die Radpaare von Schraub- oder Schraubwälzgetrieben gekreuzte Achsen.

Die Relativlagen der Achsen bedingen bestimmte rotationssymmetrische Körper, deren Mantelflächen die späteren Verzahnungen tragen und die Form für gedachte Ersatzwälzkörper festlegen [4]. Parallele Achsen führen zu zylindrischen Wälzflächen, den sog. Wälzzylindern. Bei sich schneidenden Achsen sind es Wälzkegel, deren Spitzen im Achsenschnittpunkt liegen. Bei Zahnrädern und Radpaaren für Wälzgetriebe wird dementsprechend zwischen Stirn-(Zylinder-), Kegel-, Kegelplan- und Kronenrädern sowie Zahnstangen unterschieden. Um Schraubwälzgetriebe handelt es sich, wenn sich die Räder gegeneinander verschrauben und außerdem wegen der besonderen Form ihrer Radkörper und Zahnflanken eine oder zwei Wälzmöglichkeiten gegeneinander besitzen. Zu dieser Getriebeart gehören Zylinderschneckenradsätze und Hyperboloidradpaare. In der Praxis werden die hyperboloidischen Funktionsflächen jedoch durch Zylinder oder Kegel angenähert, wodurch Stirnschraub- oder Kegelschraubradpaare entstehen. Bei reinen Schraubgetrieben, wie zum Beispiel einem Globoidschneckenradsatz, existiert keine Wälzmöglichkeit mehr [7].

Die weitaus größte Bedeutung besitzen die universell einsetzbaren Stirn- oder Zylinderradpaare mit parallelen Achsen, da sie am einfachsten herzustellen, am sichersten zu beherrschen und bis zu höchsten Leistungen und Drehzahlen anwendbar sind.

Stirnräder werden in der Praxis mit Gerad-, Schräg- oder Doppelschrägverzahnung ausgeführt. Zur Raumeinsparung können auch Innenverzahnungen zum Einsatz kommen. Geradstirnräder erzeugen keine Axialkräfte und eignen sich vorzugsweise für große langsam laufende Radpaare mit großen Umfangskräften bei jedoch ungünstigem Geräuschverhalten. Eine bessere Laufruhe und eine höhere Tragfähigkeit läßt sich durch Schrägverzahnungen erreichen. Bei der Lagerung müssen jedoch auftretende Axialkräfte berücksichtigt werden, die mit einer Doppelschrägverzahnung aufgehoben werden können. Hiermit lassen sich sehr hochwertige Verzahnungen realisieren, die sich für höchste Belastungen, beispielsweise in Walzwerksgetrieben, eignen.

Bei Kegelradgetrieben schneiden sich die Radachsen unter dem Achsenwinkel Σ im Achsenschnittpunkt. Je nach Eigenschaftsprofil können die Verzahnungen hier gerad-, schräg- oder bogenförmig ausgeführt sein. Wegen der ungünstigen Geräuschentwicklung werden Geradzahn-Kegelräder in der Regel für geringe Umfangsgeschwindigkeiten v_{mt} bis etwa 6 m/s verwendet, beispielsweise in Hebezeugen, Stellantrieben oder als Differentialkegelräder. Geschliffene Räder verbessern das Betriebsverhalten auf Umfangsgeschwindigkeiten von v_{mt} = 20 bis 50 m/s, z. B. für Anwendungen im Flugzeugbau. Für Werkzeugmaschinen-, Universal- und schnellaufende Winkelgetriebe werden die Kegelräder durch Schleifen (v_{mt} ~ 50 m/s), Hobeln oder Fräsen (v_{mt} ~ 40 m/s) mit Schrägverzahnungen versehen. Bogenverzahnungen werden bei extremen Anforderungen an Geräuscharmut und Zahnbruchfestigkeit verwendet. Laufruhe und Lebensdauer hängen in hohem Maße von der Dimensionierung, Fertigung und Montage der Kegelradpaarungen ab [3, 11].

Bei Stirnschraubradpaaren berühren sich die Zahnflanken wie zwei gekreuzte Zylinder in einem Punkt. Durch die unter dem Winkel $\Sigma = \beta_1 + \beta_2$ gekreuzten Radachsen tritt zusätzlich zur Gleitbewegung in Zahnhöhenrichtung ein sog. Schraubgleiten in Zahnlängsrichtung auf, so daß sich die Zähne wie bei einem Schraubengewinde aneinander vorbeischieben.

Kurvenform	Erzeugung	Zahnform	Wichtige Paarungseigenschaften
1	2	3	4
1.1 Evolvente	1.2 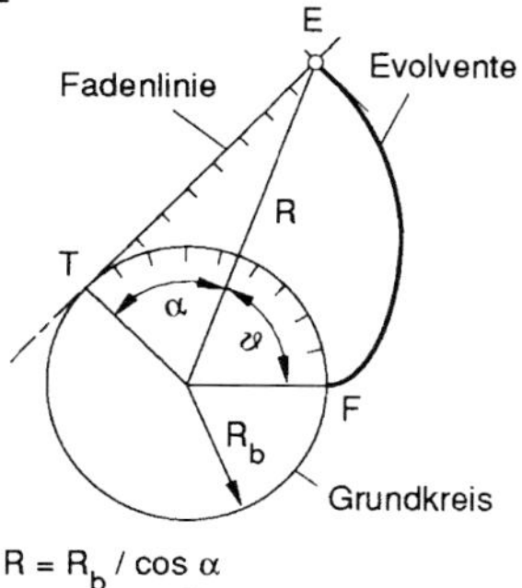 $R = R_b / \cos \alpha$ $\vartheta = \tan \alpha - \widehat{\alpha} = \operatorname{inv} \alpha$	1.3 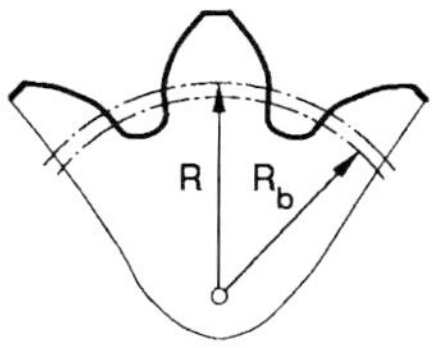	1.4 i_ω = konstant auch bei Achsabstandsänderung Relativ kleine Zahnüberdeckung Relativ große radiale Kraftkomponente Leichte Herstellbarkeit (Abwälzverfahren)
2.1 Zykloide	2.2 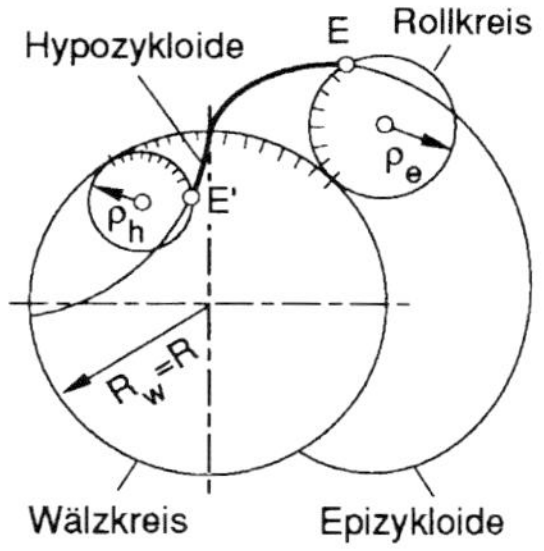	2.3 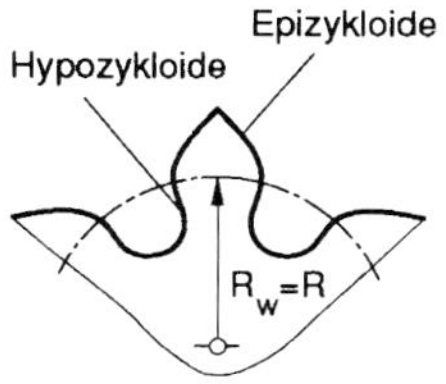 Hypozykloide als Gerade	2.4 i_ω = konstant nur beim Soll-Achsabstand Relativ große Zahnüberdeckung Kleine radiale Kraftkomponente Schwierige Herstellbarkeit Durch Kreisbogen angenähert, leichtere Herstellbarkeit
3.1 Kreisbogen	3.2 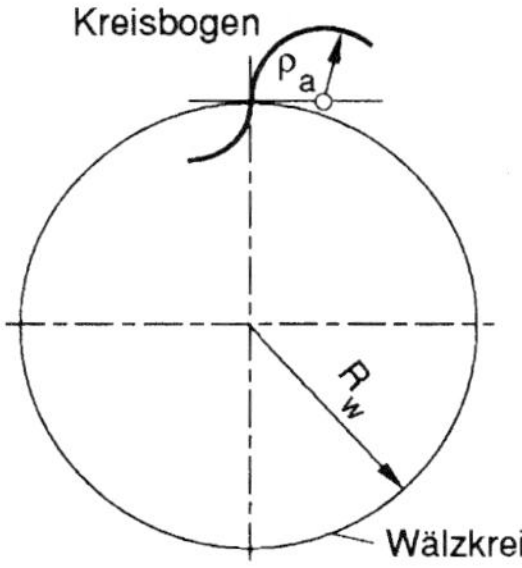	3.3 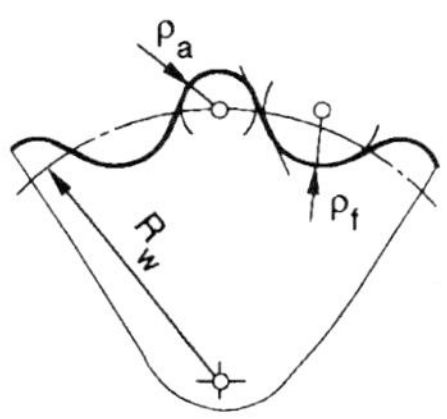	3.4 $i_\omega \neq$ konstant Periodische Übersetzungsschwankungen Radiale Kraftkomponente nach Auslegung Leichte Herstellbarkeit nur im Teilverfahren

Bild 5.6-01   Gebräuchliche Flankenformen und ihre Eigenschaften [4]

Schraubräder können axial verschoben werden, ohne den Eingriff zu gefährden, jedoch lassen Schraubgleiten und Punktberührung für Achsenwinkel $\Sigma > 25°$ nur geringe Belastungen bei relativ niedrigem Wirkungsgrad zu. Diese Radpaarung wird daher vornehmlich zur Bewegungsübertragung oder für Nebenantriebe, wie z. B. bei Kfz-Zündverteilerwellen, Tachometer- und Pumpenantrieben oder in Textilmaschinen, eingesetzt.

Gegenüber dem relativ großen Achsabstand der Stirnschraubgetriebe besitzen Kegelschraub- bzw. Hypoidradpaare eine meist geringe sog. Achsversetzung, wodurch jedoch ebenfalls ein Zahnlängsgleiten stattfindet. Dem geringen Wirkungsgrad und der erhöhten Freßgefahr, die Spezialschmierstoffe erfordert, steht eine hohe Laufruhe der ausschließlich mit Bogenverzahnungen versehenen Hypoidgetriebe gegenüber. Sie finden beispielsweise Verwendung in Achsgetrieben von Straßen- und Schienenfahrzeugen sowie in Textil- und Werkzeugmaschinen.

Im Gegensatz zu vorgenannten Getriebearten greifen bei Schneckenradpaaren meist 2 bis 4 Zähne gleichzeitig mit hohem Gleitanteil linienförmig ineinander. Sie zeichnen sich durch einen sehr geräuscharmen und dämpfenden Lauf, geringe Flächenpressungen und hohe Übersetzungen ($i_{max} \sim 100$) in einer Radpaarung aus, besitzen jedoch einen relativ geringen Wirkungsgrad, bedingen hohe Axialkräfte und sind empfindlich gegen Achsabstandsveränderungen. Die häufigste Ausführungsform besteht aus zylindrischer Schnecke und globoidischem Schneckenrad. Eher selten werden in der Praxis die umgekehrte Kombination oder Globoidschneckengetriebe verwendet. Schneckenradpaare gelangen als Leistungsgetriebe in Pressen, Förderbändern, Rühr- und Hubwerken, als geräusch- und schwingungsarme Getriebe für Aufzüge, Schiffspropellerantriebe, als Genauigkeitsgetriebe beispielsweise für Tischantriebe in Werkzeugmaschinen oder als Stellgetriebe für Bohrwerke, Kfz.-Lenkgetriebe, Ruderanlagen zum Einsatz [3, 11].

Eine weitere Unterteilung kann nach der Art der Flankenform erfolgen. Stirnräder werden durch evolventische und nichtevolventische Flankenformen unterschieden, wobei es sich hier um Zykloiden-, Kreisbogen-, Triebstock- oder Wildhaber/Novikov-Verzahnungen handeln kann. Während Kegelräder Oktoiden- oder Kugel-Evolventen-Verzahnungen besitzen können, wird die Flankenform von Zylinderschnecken je nach Herstellung gegliedert in sogenannte ZA-, ZN-, ZK-, ZI- und ZH-Schnecken [3].

Die Flankenform ist von ausschlaggebender Bedeutung für die Tragfähigkeit, die am größten ist, wenn eine konvexe und eine konkave Flanke, wie z. B. bei der Wildhaber-Novikov-Verzahnung, gepaart werden. Dem steht bei einer Evolventen-Außenverzahnung jedoch die Forderung nach einer konstanten Übersetzung und somit konvexen Zahnflanken entgegen. Sollen die Flanken der beiden wirkenden Zahnräder auch noch die gleiche Kurvenform besitzen, so bleiben nur noch Zykloiden- und als deren Sonderfall Evolventenverzahnungen übrig [4]. Die gebräuchlichsten Flankenformen – Evolvente, Zykloide und Kreisbogen – sind in Bild 5.6-01 dargestellt.

Theoretisch besitzt die Zykloidenverzahnung herausragende Voraussetzungen für den technischen Einsatz. Sie bietet eine hohe Variabilität der Zahnformen, gutes Anschmiegen von Zahn und Gegenzahn, und die Zahnnormalkräfte wirken fast tangential zur Drehrichtung. Zudem besteht als gute Voraussetzung für einen geräuscharmen Lauf die Möglichkeit, mehr als zwei Zahnpaare ständig im Eingriff zu haben. Trotz dieser Eigenschaften hat sich die Zykloidenverzahnung aufgrund der Gefahr von Übersetzungsschwankungen bei kleinsten Achsabstands- und Verzahnungsabweichungen sowie der Schwierigkeit ihrer Herstellung nicht durchsetzen können [4]. Im Maschinenbau werden daher fast ausschließlich die gegen Achsabstandsänderungen unempfindlichen Evolventenverzahnungen verwendet, deren Herstellung relativ einfach und kostengünstig ist [11].

Verzahnungsgesetze

Ein Zahnradpaar soll die Drehbewegung einer Welle in der Regel gleichförmig auf eine andere Welle übertragen, so daß eine stets konstante Übersetzung $i = \omega_1/\omega_2$ gefordert wird. Damit diese Bedingung erfüllt ist, muß das erste Verzahnungsgesetz gelten, d. h. die gemeinsame Normale zweier Zahnflanken n-n muß in jedem ihrer Berührungspunkte B durch den Wälzpunkt C gehen (Bild 5.6-02).

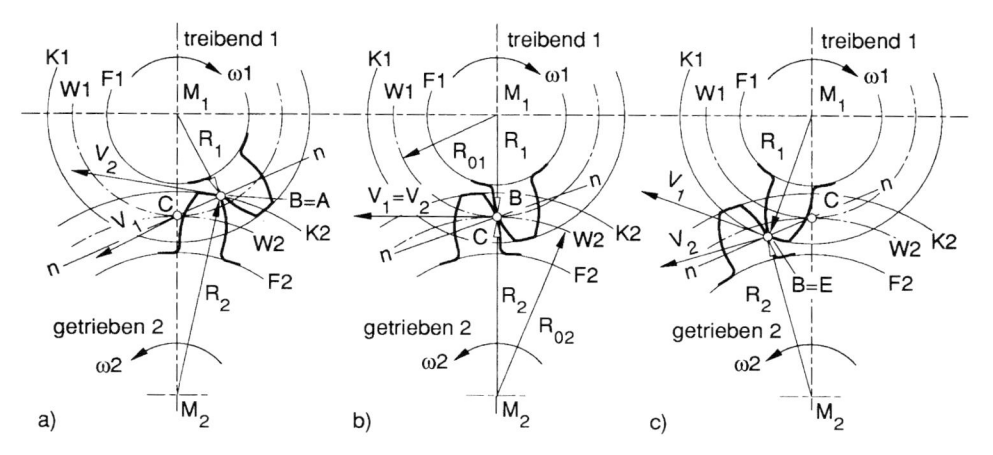

Bild 5.6-02 Zahnstellungen zu Beginn (a), in der Mitte (b) und am Ende des Eingriffs (c) [6, 11]

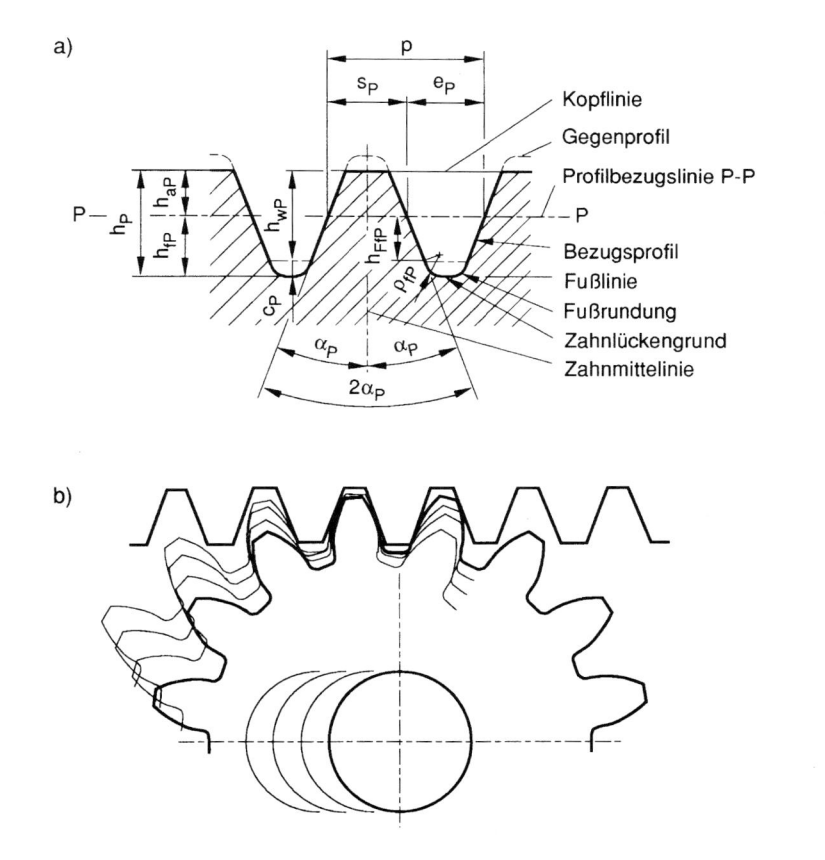

Bild 5.6-03 a: Bezugsprofil nach DIN 867, b: Entstehung der Verzahnung im Wälzverfahren [13]

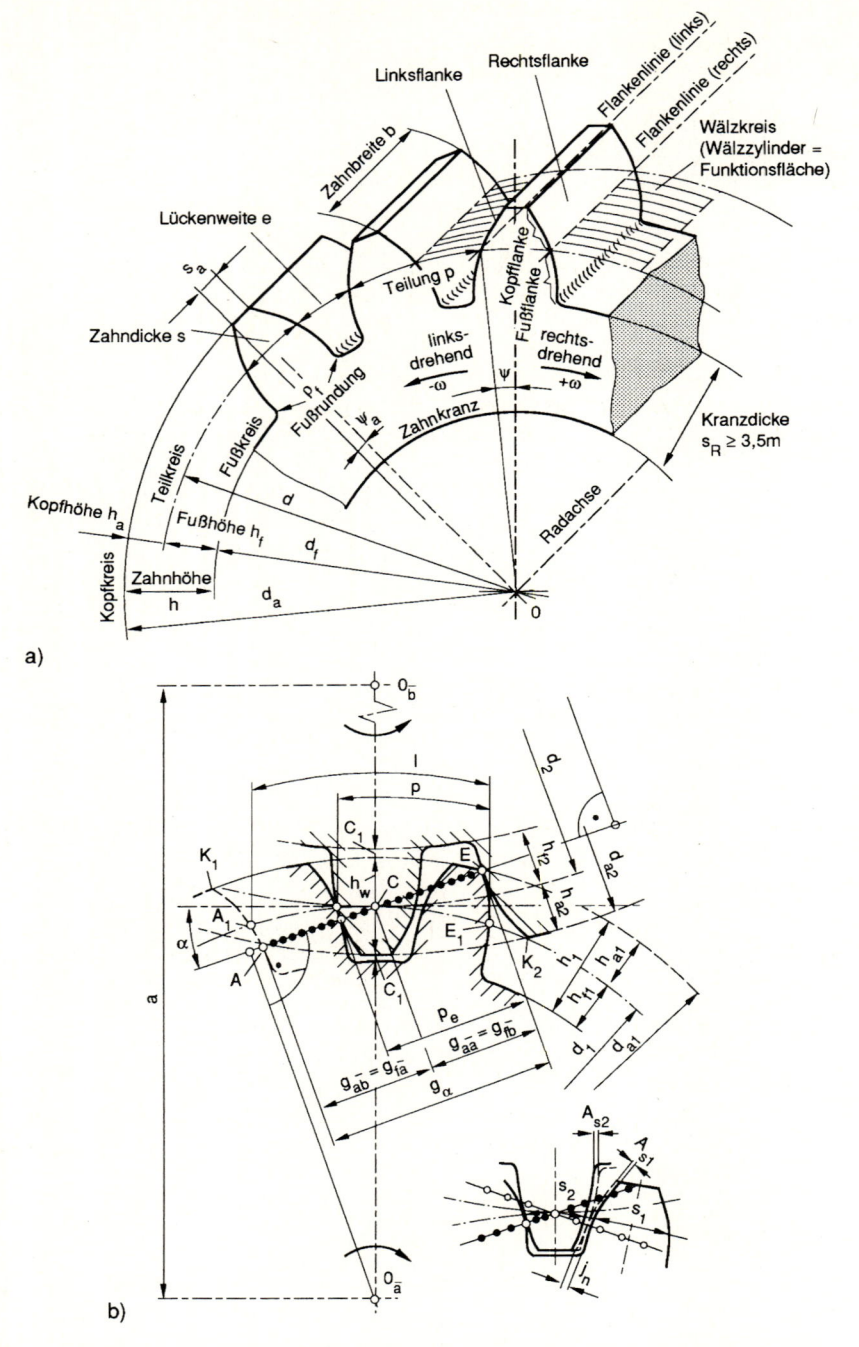

Bild 5.6-04 Stirnradverzahnung, a: Bezeichnung und Maße am Einzelrad [11], b: Paarung zweier außenverzahnter Stirnräder [3]

Für eine konstante Übersetzung muß darüber hinaus beim Abwälzen eines Zahnradpaares immer mindestens ein Flankenpaar im Eingriff sein. Dies wird nur dann der Fall sein, wenn die Eingriffslänge l (der auf dem Wälzkreis gelegene Bogen, der vom Beginn A bis zum Ende E des Eingriffs von jeder Flanke zurückgelegt wird) größer ist als die Teilung p, die als der Abstand zweier gleichliegender Flanken auf dem Wälzkreis definiert ist. Für den Überdeckungsgrad ε, das Verhältnis von Eingriffslänge zu Teilung, ergibt sich damit die Forderung: $\varepsilon = l/p > 1$ (zweites Verzahnungsgesetz) (Bilder 5.6-02 bis 5.6-04) [12].

Bezugsprofil

Stellt man sich ein evolventenverzahntes Stirnrad mit unendlich großem Wälzkreis vor, so ergibt sich eine Wälzgerade bzw. Planverzahnung (Bild 5.6-03). Dabei werden auch der Grundkreis und die Krümmungsradien der Flanken unendlich groß, so daß sich gerade Flanken ergeben.

Das ist ein besonderer Vorteil, weil mit einfachen, geradflankigen Werkzeugen jedes Außenrad im Abwälzverfahren verzahnt werden kann. Aus diesem Grund wurde als Bezugsprofil ein Zahnstangenprofil festgelegt, das vorzugsweise für alle Stirnräder mit Evolventenverzahnung nach DIN 3960 angewendet werden soll. Es ist für den Maschinenbau mit Modulm m = 1 bis 70 mm in der DIN 867, für die Feinwerktechnik mit Modulm von m = 0,1 bis 1 mm in der DIN 58400 und für Verzahnwerkzeuge in der DIN 3972 standardisiert.

Jedes Zahnrad ist durch eine Reihe von Bestimmungsgrößen gekennzeichnet, die sowohl für die Berechnung als auch für die Fertigung und die Genauigkeit der Verzahnung notwendig sind. Die umfangreichen Normen zur Verzahnungsterminologie, insbesondere die Benennungen, Begriffe und Bestimmungsgrößen, sind im DIN-Taschenbuch Nr. 106 zusammengefaßt worden [7]. Im folgenden werden die wesentlichen Verzahnungsgrößen anhand einer Evolventen-Stirnradpaarung mit Nullverzahnung nach Bild 5.6-04 dargestellt. Davon abweichende wichtige Bestimmungsgrößen für Schrägzahn-, Kegel- und Schneckenräder können den Normen DIN 3960, 3971, 3975 und 3998 entnommen werden.

Übersetzung

Das Verhältnis der Winkelgeschwindigkeiten von treibendem Rad ω_1 und getriebenem Rad ω_2 ist die Übersetzung i:

$$i = \frac{\omega_1}{\omega_2} = \frac{n_1}{n_2}. \tag{01}$$

Bei gleichem Drehsinn (Innenradpaar) der Zahnräder ist die Übersetzung positiv, bei entgegengesetztem Drehsinn (Außenradpaar) negativ.

Zähnezahlverhältnis

Das Zähnezahlverhältnis u eines Radpaares ist das Verhältnis der Zähnezahl z_2 des größeren Rades zur Zähnezahl z_1 des kleineren Rades:

$$u = \frac{z_2}{z_1} = \frac{r_2}{r_1}. \tag{02}$$

Bei einer Übersetzung ins Langsame gilt i = u, ins Schnelle i = 1/u.

Momentenverhältnis

$$i_M = \frac{M_2}{M_1}. \tag{03}$$

Bei Leistungsgetrieben ist das Momentenverhältnis i_M praktisch immer gleich i, bei manchen Uhrenverzahnungen kann es jedoch zu Unterschieden kommen.

Modul, Teilung und Teilkreisdurchmesser

Als Teilung p wird der Abstand zweier gleichliegender Flanken auf dem Wälzkreis verstanden. Der Modul m ist die Basisgröße für die Längenmaße von Verzahnungen. Er ergibt sich als Quotient aus der Teilung p und der Zahl π. Je nachdem, in welcher Schnittebene die Verzahnung betrachtet wird, unterscheidet man den Normalmodul m_n, Stirnmodul m_t und Axialmodul m_x. Es gilt bei Schrägverzahnung:

$$m_t = \frac{m_n}{\cos \beta} \quad \text{und} \quad m_x = \frac{m_n}{\sin |\beta|}, \tag{04}$$

wobei β der Schrägungswinkel der Verzahnung ist. Bei Geradverzahnung ist $m_n = m_t = m$. Teilung und Modul haben die Einheit mm und müssen in jeder Zahnradpaarung stets konstant sein. Grundsätzlich können Zahnräder mit jedem Modul hergestellt werden, um jedoch die Werkzeughaltung einzuschränken und die Austauschbarkeit der Zahnräder zu erleichtern, sollte der Modul aus der Normreihe der DIN 780 gewählt werden.

Ist die Teilung p durch einen genormten Modul m bestimmt, so bezeichnet man den entsprechenden Kreis als Teilkreis mit dem Teilkreisdurchmesser d. Zwischen diesen Größen besteht folgender Zusammenhang:

$$p = m \cdot \pi = \frac{\pi \cdot d}{z} \tag{05}$$

Achsabstand

Der Achsabstand a ist der kürzeste Abstand zwischen den beiden Radachsen. Er errechnet sich nach der Beziehung

$$a = r_1 + r_2 = \frac{1}{2} \cdot m \cdot (z_1 + z_2) = \frac{1}{2} \cdot m \cdot z_1 \cdot (1 + u). \tag{06}$$

Zahnhöhen, Kopf- und Fußkreisdurchmesser

In der Terminologie werden die Kopfhöhe h_a, die Fußhöhe h_f, die Zahnhöhe h und die gemeinsame Zahnhöhe h_w unterschieden. Zahnkopfhöhe (normal ~ m) und Zahnfußhöhe (normal ~ 1,1 bis 1,3 m) werden vom Teilkreis aus angegeben. Zwischen den Zahnhöhen besteht folgender Zusammenhang:

$$h = h_a + h_f, \quad h_w = h_{a1} + h_{a2} = \frac{1}{2}(d_{a1} + d_{a2}) - a. \tag{07}$$

Danach ergeben sich der Kopfkreisdurchmesser d_a und der Fußkreisdurchmesser d_f zu:

$$d_a = d + 2\,h_a \quad \text{und} \quad d_f = d - 2\,h_f. \tag{08}$$

Kopfspiel

Das Kopfspiel c ist der Abstand des Kopfkreises eines Rades vom Fußkreis seines Gegenrades. Es ist gleich der Differenz aus der Zahnhöhe h und der gemeinsamen Zahnhöhe h_w und liegt in der Regel in der Größenordnung um 0,1 bis 0,3 m.

$$c_1 = h_1 - h_w = a - \frac{1}{2}(d_{a1} + d_{f2}), \qquad c_2 = h_2 - h_w = a - \frac{1}{2}(d_{a2} + d_{f1}). \tag{09}$$

Zahndicke, Lückenweite (im Teilkreis)

Die Zahndicke s ist die Länge zwischen den beiden Flanken eines Zahnes und die Lückenweite e die Länge zwischen den Flanken einer Lücke. Beide ergänzen sich zur Teilkreisteilung p:

$$p = s + e. \tag{10}$$

Verzahnflächen 167

Je nach Schnittebene unterscheidet man die Stirnzahndicke s_t (Länge des Teilkreisbogens zwischen den beiden Flanken) und die Normalzahndicke s_n (Länge des Schraubenlinienbogens zwischen den beiden Flanken), wobei die Beziehung $s_t = s_n / \cos \beta$ gilt. Da man die Zahndicke nur mittelbar als Kreis- oder Schraubenlinienbogen messen kann, werden nach DIN 3960 Prüfmaße bestimmt, die mathematisch mit der Zahndicke korrelieren:

– Zahndickensehne $\bar{s}_n$: Der kürzeste Abstand zwischen den Flankenlinien eines Zahnes am Teilzylinder (Bild 5.6-05a).
– Zahnweite W_k: Der über k Zähne gemessene Abstand zweier paralleler Ebenen, die je eine Rechts- und eine Linksflanke im evolventischen Teil der Flanken berühren (Bild 5.6-05b).
– Radiales Einkugelmaß M_{rK}: Der Abstand zwischen der Radachse und dem äußersten Punkt einer Meßkugel mit dem Durchmesser D_M, die in einer Zahnlücke an beiden Flanken anliegt (Bild 5.6-05c).
– Diametrale Zweikugelmaß M_{dK}: Das größte äußere Maß über zwei Kugeln mit dem Durchmesser D_M, die in zwei am Zahnrad am weitesten voneinander entfernten Zahnlücken an den Flanken anliegen (Bild 5.6-05d und 5.6-05e).

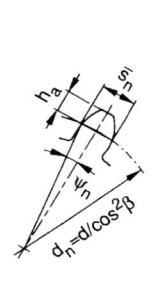

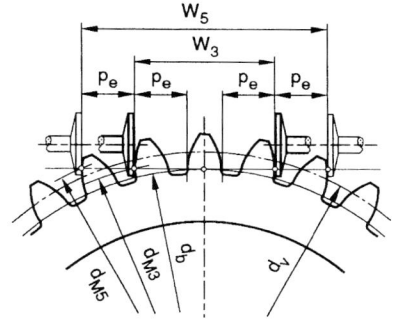

Messung mittels tellerförmigen Meßstücken
d_b Grundkreisdurchmesser
d_v V-Kreis-Durchmesser
d_{M3} Meßkreisdurchmesser für die Zahnweite W_3
d_{M5} Meßkreisdurchmesser für die Zahnweite W_5
p_e Eingriffsteilung

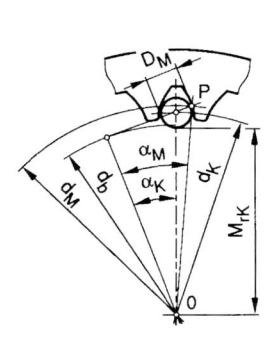

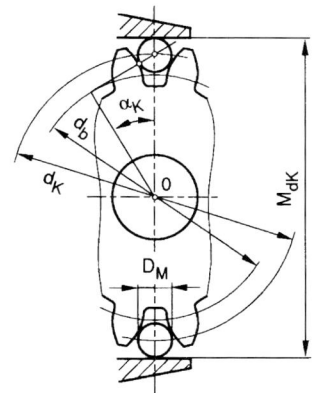

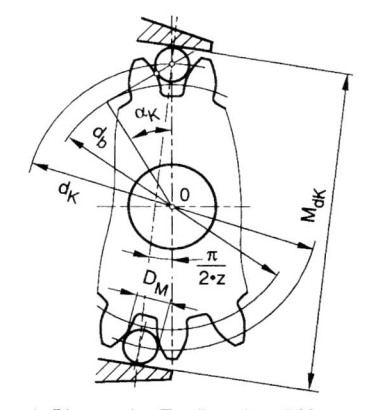

a) Ersatz-Geradverzahnung in Normalschnittstelle
b) Zahnweite W_3 (über k=3 Zähne) und Zahnweite W_5 (über k=5 Zähne) an einem geradverzahnten Außenrad
c) Radiales Einkugelmaß M_{rK} bei einem geradverzahnten Hohlrad
d) Diametrales Zweikugelmaß M_{dK} bei einem geradverzahnten Außenrad mit gerader Zähnezahl
e) Diametrales Zweikugelmaß M_{dK} bei einem geradverzahnten Außenrad mit ungerader Zähnezahl

Bild 5.6-05 a–e   Prüfmaße für die Zahndicke nach DIN 3960

- Zweiflanken-Wälzabstand mit Lehrzahnrad a″
- Kopfkreisdurchmesser bei überschnittenen Außenstirnrädern d_{aM}.

Mit Ausnahme von d_{aM} ist für jedes Prüfmaß nach DIN 3960 eine zugehörige Schwankung, d. h. eine Spanne zwischen dem größten und kleinsten Meßwert definiert. Die Berechnungsformeln für die Zahndicken-Prüfmaße sind ebenfalls der DIN 3960 zu entnehmen.

Eingriffslänge, Eingriffsstrecke, Eingriffswinkel

Vom Beginn des Eingriffs bis zum Eingriffsende (Bild 5.6-04b) legen die miteinander wirkenden Zahnflanken auf den Teilkreisen einen bestimmten Drehweg zurück – die Eingriffslänge l. Die Eingriffslinie dagegen entsteht, wenn man alle Flankenberührpunkte miteinander verbindet. Sie ist gleichzeitig die gemeinsame Tangente an die Grundkreise. Der Abschnitt der Eingriffslinie, der für die Bewegungsübertragung ausgenutzt wird, heißt Eingriffsstrecke g_α. Begrenzt wird g_α im allgemeinen durch die Schnittpunkte der Kopfkreise mit der Eingriffslinie. Bei der Evolventenverzahnung ist die Eingriffslinie eine Gerade, die mit der Tangente an die Wälzkreise in C den Eingriffswinkel α einschließt. Für Evolventennormalverzahnungen ist gemäß DIN 867 $\alpha = 20°$. Die Eingriffsstrecke errechnet sich nach der Beziehung:

$$g_\alpha = \frac{1}{2}\left(\sqrt{d_{a1}^2 - d_{b1}^2} + \sqrt{d_{a2}^2 - d_{b2}^2}\right) - a_d \cdot \sin \alpha. \tag{11}$$

Hierin sind $d_{b1,2}$ die Grundkreisdurchmesser, a_d der Null-Achsabstand und $\alpha = \alpha_p = 20°$.

Profilüberdeckung

Das Verhältnis der Eingriffsstrecke zur Eingriffsteilung ist die Profilüberdeckung ε_α:

$$\varepsilon_\alpha = \frac{g_\alpha}{p_e} = \frac{0{,}5 \cdot \left(\sqrt{d_{a1}^2 - d_{b1}^2} + \sqrt{d_{a2}^2 - d_{b2}^2}\right) - a_d \cdot \sin \alpha}{\pi \cdot m \cdot \cos \alpha}. \tag{12}$$

Die Profilüberdeckung ist der zeitliche Mittelwert der Anzahl der im Eingriff befindlichen Zahnpaare. Mit Rücksicht auf Verformungen und Toleranzen soll $\varepsilon_\alpha > 1{,}1$ bzw. möglichst $> 1{,}25$ sein, um eine Unterbrechung der Bewegungsübertragung zu vermeiden. $\varepsilon_\alpha = 1{,}25$ bedeutet anschaulich, daß während der Eingriffsdauer eines Zahnradpaares zu 25 % ein zweites Zahnpaar im Eingriff ist [11].

Profilverschiebung

Evolventenverzahnungen sind gegenüber Zykloidenverzahnungen gegen Veränderungen des Achsabstandes unempfindlich. Obwohl sich die Teil- und Wälzkreise dann nicht mehr decken, verläuft der Eingriff gesetzmäßig einwandfrei weiter. Diese Eigenschaft kann zu einer Profilverschiebung ausgenutzt werden. Sie entsteht, indem das Bezugsprofil mit seiner Mittellinie, der Profilbezugslinie P-P, um einen bestimmten Betrag $V = x \cdot m$ vom Teilkreis und der ihn in C tangierenden Linie T-T zum Zahnkopf (positive Profilverschiebung) oder zum Zahnfuß (negative Profilverschiebung) verschoben wird (Bild 5.6-06).

Teilkreis und Grundkreis der Verzahnung bleiben dabei unverändert, während sich Kopf- und Fußkreis entsprechend der Profilverschiebung vergrößern oder verkleinern. Durch eine geeignete Wahl der Profilverschiebung können die Abmessungen und Eigenschaften der Verzahnung, wie z. B. Unterschnitt, Grenzzähnezahl, Zahndicke, Gleitverhältnisse und Tragfähigkeit beeinflußt werden. Mit abnehmender Zähnezahl vergrößert sich die Wirkung der Profilverschiebung auf die Zahnform.

Nach der Ausprägung der Profilverschiebung unterscheidet man Null-Räder (ohne Profilverschiebung), V_{plus}-Räder (x ist positiv) und V_{minus}-Räder (x ist negativ). V- und Null-Räder

Verzahnflächen 169

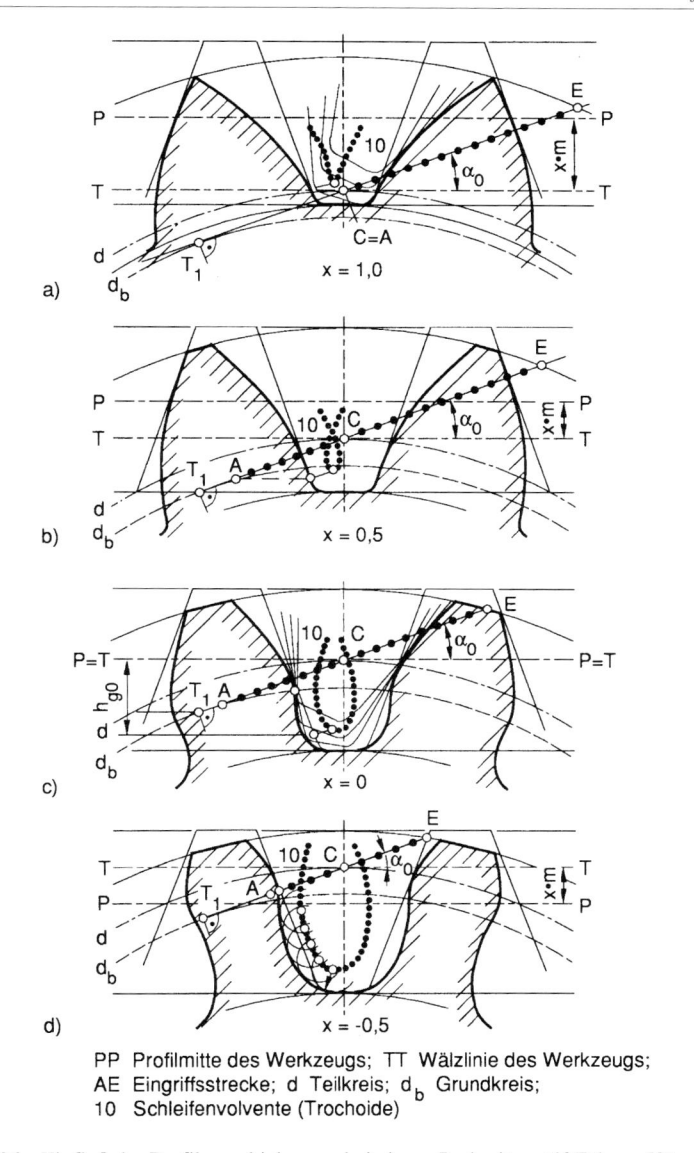

a) $x = 1{,}0$

b) $x = 0{,}5$

c) $x = 0$

d) $x = -0{,}5$

PP Profilmitte des Werkzeugs; TT Wälzlinie des Werkzeugs;
AE Eingriffsstrecke; d Teilkreis; d_b Grundkreis;
10 Schleifenvolvente (Trochoide)

Bild 5.6-06 Einfluß der Profilverschiebung x bei einem Rad mit zwölf Zähnen [3]

können beliebig zu Getrieben zusammengesetzt werden, ohne daß Eingriffs- und Abwälzverhältnisse gestört werden. Je nach Paarung können drei Getriebearten entstehen (Bild 5.6-07):
- Nullgetriebe bei Paarung zweier Nullräder,
- V-Null-Getriebe bei Paarung eines V_{plus}-Rades mit einem V_{minus}-Rad und jeweils gleicher Profilverschiebung ($x_1 = -x_2$), so daß die Gesamtprofilverschiebung $x = 0$ ist sowie
- V-Getriebe, bei denen ein V-Rad mit einem Nullrad oder V-Räder mit unterschiedlicher Profilverschiebung gepaart sind.

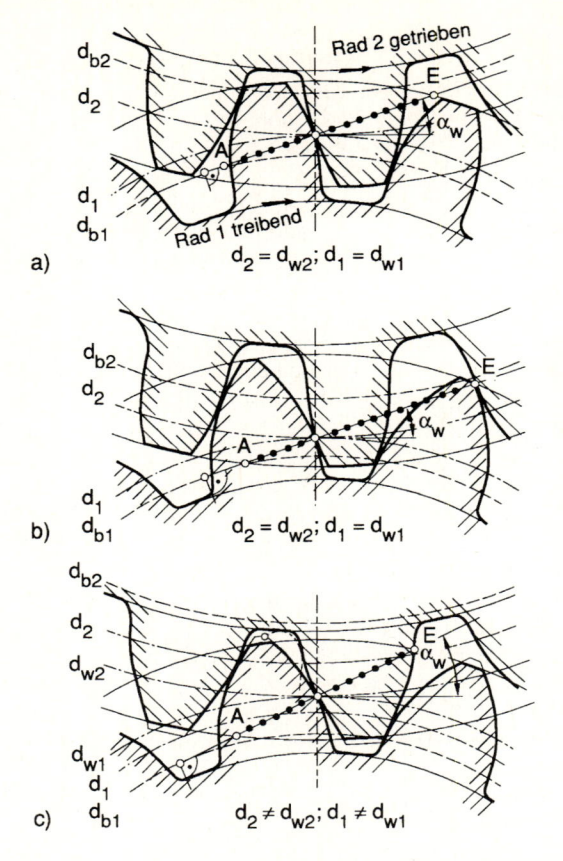

Bild 5.6-07 Radpaare mit $z_1 = 12$, $z_2 = 25$ bei verschiedener Profilverschiebung [3]
 a) Nullverzahnung $x_1 = x_2 = 0$, $\alpha_w = \alpha = 20°$, $\varepsilon_\alpha = 1,28$
 b) V-Null-Verzahnung $x_1 = -x_2 = 0,5$, $\alpha_w = \alpha = 20°$, $\varepsilon_\alpha = 1,43$
 c) V-Verzahnung $x_1 = x_2 = 0,5$, $\alpha_w = 25,15°$, $\alpha = 20°$, $\varepsilon_\alpha = 1,19$

In der Praxis existiert eine Reihe von Profilverschiebungssystemen, die zu brauchbaren Verzahnungen führen, von denen die Empfehlungen nach DIN 3992 und die 05-Verzahnung nach DIN 3994 und 3995 hervorgehoben seien. Für Innenradpaarungen wird auf die DIN 3993 hingewiesen.

Klassifizierung und Normung der Verzahnungsgenauigkeit

Zahnradgetriebe sind aus Gründen der Wirtschaftlichkeit, Funktionsfähigkeit und ökologischen Verträglichkeit ständig steigenden Anforderungen hinsichtlich übertragbarer Leistungen, Übertragungstreue, Wirkungsgrad und Laufruhe unterworfen. Daraus ergibt sich die Notwendigkeit, bei der Herstellung der Zahnräder größtmögliche Genauigkeiten und somit die Einhaltung engster Toleranzen bezüglich der Bestimmungsgrößen der Verzahnungen anzustreben.

Andererseits führt jede Erhöhung der Genauigkeit auch zu höheren Kosten, da der benötigte Aufwand für die Zahnradprüfung in der Fertigung und der Endkontrolle ansteigt. Im Bereich der DIN-Qualitäten 5 bis 8 beispielsweise verteuert sich ein Zahnrad beim Übergang auf die nächstbessere Qualität um ca. 60 bis 80 % [1, 3]. Neben dem zu bildenden Kompromiß zwischen der geforderten Qualität und der limitierten Kostenvorgabe macht es insbesondere die Forderung nach der Austauschbarkeit einzelner Räder notwendig, die Abweichungen einer Verzahnung, also den Unterschied zwischen dem Istmaß einer Bestimmungsgröße und deren Nennmaß, zu begrenzen und zu klassifizieren.

Beim Festlegen der Toleranzen in der Konstruktion ist zu berücksichtigen, daß andere Daten die Funktion unter Umständen stärker beeinflussen als die Maßabweichungen. Der Schrägungswinkel und die Sprungüberdeckung sind beispielsweise bedeutend für das Geräuschverhalten. Hohe Umfangskräfte können beachtliche Flankenform- und Teilungsabweichungen verursachen. Wesentlich für die Flankenlinienabweichung und somit das Tragbild unter Betriebsbedingungen ist die Steifigkeit der Wellen. Es wäre deshalb falsch, für kraftübertragende Getriebe etwa die hohe Fertigungsgenauigkeit von Lehrzahnrädern vorzuschreiben [3].

Die Verzahnungstoleranzen wurden aufgrund langjähriger Erfahrungen in der Zahnradfertigung zusammengestellt und so angelegt, daß sie mit größter Wahrscheinlichkeit auch verfeinerte Bedürfnisse und bessere Meßmöglichkeiten der Zukunft berücksichtigen [8, 9]. Dabei werden Toleranzen für Abweichungen verschiedener Bestimmungsgrößen am einzelnen Rad (Verzahnungstoleranzsystem) als auch an einer Räderpaarung unter Berücksichtigung der Einbaumaße in einem Gehäuse (Getriebe-Paßsystem) vorgeschrieben. Für Stirnverzahnungen gelten im wesentlichen die folgenden Standards:

DIN 3960 Begriffe und Bestimmungsgrößen für Stirnräder (Zylinderräder) und Stirnradpaare (Zylinderradpaare) mit Evolventenverzahnung;
DIN 3961 Toleranzen für Stirnradverzahnungen – Grundlagen;
DIN 3962 Teil 1 Toleranzen für Stirnradverzahnungen – Toleranzen für Abweichungen einzelner Bestimmungsgrößen;
DIN 3962 Teil 2 Toleranzen für Stirnradverzahnungen – Toleranzen für Flankenlinienabweichungen;
DIN 3962 Teil 3 Toleranzen für Stirnradverzahnungen – Toleranzen für Teilungs-Spannenabweichungen;
DIN 3963 Toleranzen für Stirnradverzahnungen – Toleranzen für Wälzabweichungen;
DIN 3964 Achsabstandsabmaße und Achslagetoleranzen von Gehäusen für Stirnradgetriebe sowie
DIN 3967 Getriebe-Paßsystem, Flankenspiel, Zahndickenabmaße und Zahndickentoleranzen – Grundlagen.

Die DIN-Verzahnungstoleranzen sind vom Herstellungsverfahren und vom Verwendungszweck unabhängig. Die Güteskala reicht von Qualität 1 bis 12, wobei 1 die feinste, schwierig realisierbare Güte ist. Innerhalb der einzelnen Güteklassen sind die Räder nach Modul und Teilkreisdurchmesser gestuft.

Bedeutend für die Genauigkeit und die Tolerierung von Zahnrädern und Getrieben sind die meß- und prüfbaren Abweichungen der Bestimmungsgrößen Zahndicke und -weite, Teilung, Profilform, Profilwinkel, Achsabstand und Drehwinkel sowie die Wälzabweichungen. Im einzelnen sind folgende genauigkeitskennzeichnende Größen in DIN 3960 festgelegt.

Teilungsabweichungen

Kreisteilungsabweichungen werden auf dem Teilkreis oder einem ihm möglichst dicht benachbarten und zur Radachse mittigen Kreis, dem Meßkreis gemessen. Der Unterschied zwischen dem Meßkreisdurchmesser d_M und dem Teilkreisdurchmesser d wirkt sich auf die Meßwerte der Teilungsprüfung mit dem Faktor d_M/d aus. Er wird im allgemeinen vernachlässigt. Es werden folgende Abweichungen unterschieden (Bild 5.6-08):

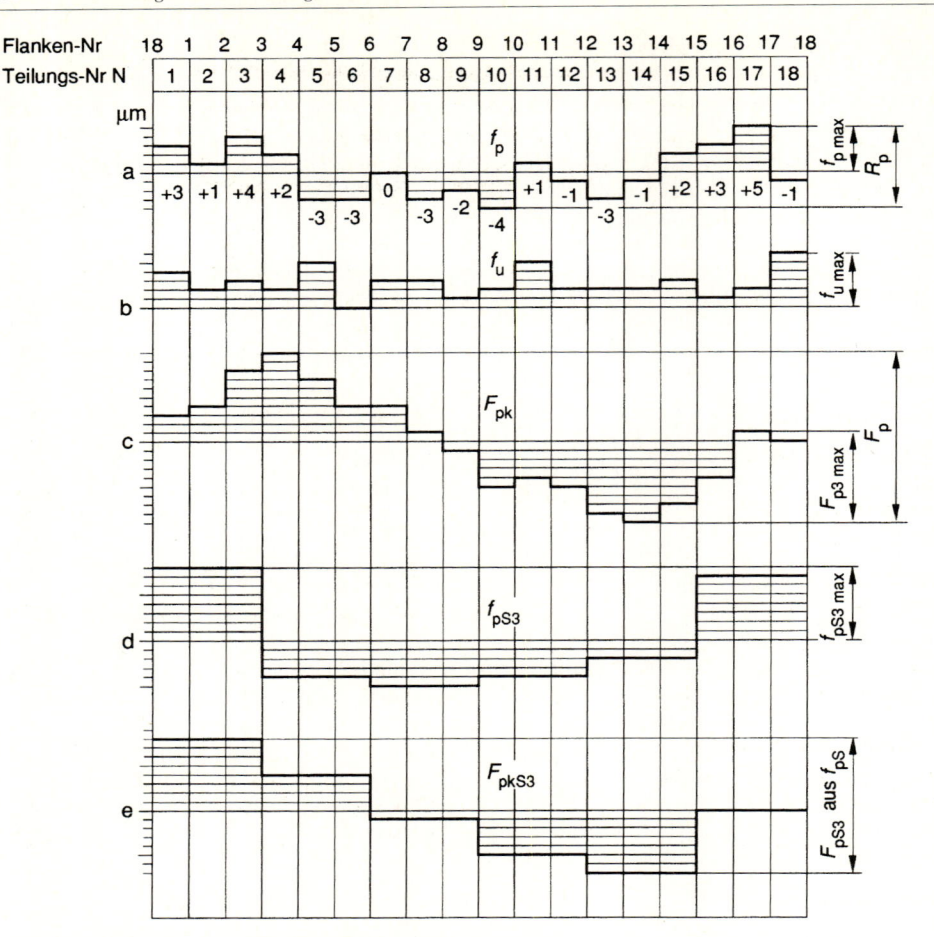

a **Teilungs-Einzelabweichungen** f_p der Teilungen Nr 1 bis 18.
   Höchstwert $f_{p\,max} = +5$ µm bei Teilung Nr 17.   Teilungsschwankung $R_p = +5 - (-4)$ µm $= 9$ µm.
b **Teilungssprünge** f_u jeweils zwischen den Teilungen Nr N - 1 und N.
   Höchstwert $f_{u\,max} = 6$ µm (zwischen den Teilungen Nr 17 und 18).
c **Teilungs-Summenabweichungen** F_{pk}, gebildet durch fortlaufende Summierung der Werte f_p nach Bild a. Werden die Summen über jeweils $k = 3$ Teilungen betrachtet, dann ergibt sich
   $F_{p3\,max} = 10$ µm zwischen den Flanken Nr 14 und 17. Teilungs- Gesamtabweichung $F_p = 19$ µm zwischen den Teilungen Nr 4 und 14. (Summe der Teilungs-Einzelabweichungen von Teilung Nr 5 bis einschließlich Teilung Nr 14.)
d **Teilungsspannen-Einzelabweichungen** f_{pS}, gemessen über Spannen von je $S = 3$ Einzelteilungen, und zwar zwischen den Flanken Nr 18 und 3, 3 und 6,6 und 9 usw.
   Höchstwert $f_{pS3\,max} = 8$ µm zwischen Flanke Nr 18 und Flanke Nr 3.
e **Teilungsspannen-Summenabweichungen** F_{pkS}, gebildet aus den Teilungsspannen-Einzelabweichungen f_{pS} nach Bild d.   Teilungsspannen-Gesamtabweichung F_{pS}.
   $F_{pS3} = 15$ µm zwischen den Flanken Nr 3 und 15.

Bild 5.6-08   Teilungsabweichungen in Diagrammformen, Beispiel eines Rades mit 18 Zähnen [7]

Teilungs-Einzelabweichungen f_p

f_p ist der Unterschied zwischen dem Ist- und dem Nennmaß einer einzelnen Stirnteilung der Rechts- bzw. Linksflanken. Bei z Zähnen gibt es also z Teilungs-Einzelabweichungen der Rechtsflanken und genauso viele der Linksflanken. Die Abweichungen f_p ergeben sich als die Unterschiede zwischen den Einzelmeßwerten und dem Mittelwert aller z Meßwerte [7]. Sie beeinflussen die Kraftaufteilung auf die im Eingriff befindlichen Zahnradpaare sowie die Zahnkräfte und die Geräuschemission.

Teilungsschwankung R_p

R_p ist der Unterschied zwischen dem größten und dem kleinsten Istmaß der Stirnteilungen der Rechts- und Linksflanken eines Zahnrades und somit gleich der Differenz zwischen der algebraisch größten und kleinsten Teilungs-Einzelabweichung. R_p wird ohne Vorzeichen angegeben.

Teilungs-Summenabweichungen F_{pk}

Die fortlaufende Summierung der Teilungs-Einzelabweichungen ergibt die Teilungs-Summenabweichungen F_{pk}, wobei k für die Anzahl aufsummierter Teilungen steht. Eine besondere Größe ist die Teilungs-Summenabweichung $F_{p\,z/8}$. Sie ist die größte über k = z/8 auftretende Summenabweichung.

Teilungs-Gesamtabweichung F_p

F_p ist die größte Teilungs-Summenabweichung der Rechts- oder Linksflanken und wird ohne Vorzeichen angegeben. Maßgebend für die größtmögliche Drehwinkelabweichung ergibt sie gleichzeitig die Rundlaufabweichung der Rechts- oder Linksflanken und ist wesentlich für das Schwingungsverhalten schnellaufender Getriebe.

Teilungsspannen-Abweichungen f_{pS}, F_{pkS} und F_{pS}

Wird analog zu f_p an Stelle einer einzelnen Teilung eine Spanne von S Einzelteilungen zur Auswertung herangezogen, so erhält man die Teilungsspannen-Einzelabweichungen f_{pS}, Teilungsspannen-Summenabweichungen F_{pkS} und die Teilungsspannen-Gesamtabweichung F_{pS}.

Teilungssprung f_u

f_u ist der vorzeichenfreie Unterschied zwischen den Istmaßen zweier aufeinander folgender Stirnteilungen, jeweils für die Rechts- oder Linksflanken. Der Teilungssprung läßt sich direkt aus den aufgezeichneten Meßdaten der Teilungs-Einzelabweichungen bestimmen.

Eingriffsteilungs-Abweichungen f_{pe}

f_{pe} ist der Unterschied zwischen dem Ist- und dem Nennmaß einer Eingriffsteilung p_e und wesentlich für eine gleichförmige Bewegungsübertragung sowie eine Aufteilung der Umfangskraft auf alle im Eingriff befindlichen Zahnpaare. Entscheidend ist, daß die Eingriffsteilungen von Ritzel und Rad gleich sind, denn dann heben sich die Abweichungen in der Wirkung auf.

Zugehörige Toleranzen sind nicht für alle Teilungsabweichungen festgelegt. Lediglich für f_p, f_{pe}, F_p, F_{pk}, $F_{p\,z/8}$ und f_u lassen sich die Toleranzen der 12 Qualitätsstufen nach den Formeln in DIN 3961 berechnen oder dem Tabellenwerk der DIN 3962 Teil 1 entnehmen.

Flankenabweichungen

Hierbei handelt es sich um Abweichungen der Zahnflanken von den Evolventenschraubenflächen des Nenn-Grundzylinders unter Berücksichtigung gewollter Abweichungen (z. B. Breitenballigkeit) [7]. Zu den Flankenabweichungen gehören die Abweichungen des Stirn-

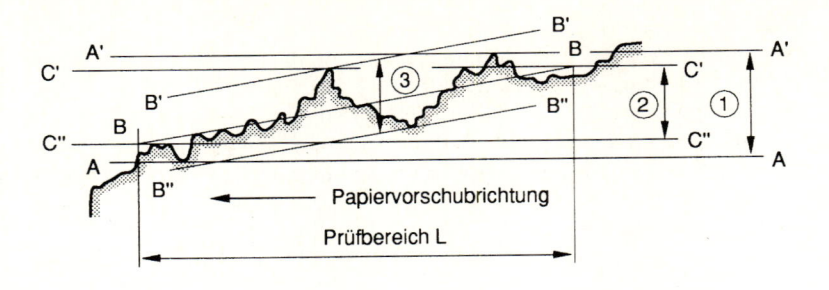

	Profil	Flankenlinie	Erzeugende
①	Profil-Gesamtabweichung F_α	Flankenlinien-Gesamtabweichung F_β	Erzeugenden-Gesamtabweichung F_E
②	Profil-Winkelabweichung $f_{H\alpha}$	Flankenlinien-Winkelabweichung $f_{H\beta}$	Erzeugenden-Winkelabweichung f_{HE}
③	Profil-Formabweichung $f_{f\alpha}$	Flankenlinien-Formabweichung $f_{f\beta}$	Erzeugenden-Formabweichung f_{fE}
Prüfbereich	Profil-Prüfbereich L_β	Flankenlinien-Prüfbereich L_β	Erzeugenden-Prüfbereich L_E
BB	vermittelndes Ist-Profil	vermittelnde Ist-Flankenlinie	vermittelnde Ist-Erzeugende
AA, A'A'	Nenn-Profile	Nenn-Flankenlinie	Nenn-Erzeugende
	welche die Ist-Flanke einhüllen		
B'B', B"B"	Ist-Profile	Ist-Schraubenlinie	Ist-Erzeugende
	welche die Ist-Flanke einhüllen		
C'C', C"C"	Nenn-Profile	Nenn-Flankenlinie	Nenn-Erzeugende
	welche die Ist-Erzeugenden bzw. Flankenlinien am Anfangs- bzw. Endpunkt des Prüfbereichs schneiden		

Bild 5.6-09 Flankenabweichungen, Profilbild und Übersicht [7]

profils, der Flankenlinien und der Erzeugenden. Zur Erfassung von Flankenabweichungen werden spezielle Flankenprüfgeräte verwendet, mit denen man die typischen Flankenprüfbilder erhält (Bild 5.6-09). Sie sind für die Abweichungen des Profils, der Flankenlinie und der Erzeugenden prinzipiell ähnlich. Während die Profilabweichungen entlang des Stirnprofils einer Zahnflanke aufgezeichnet werden, verläuft der Meßweg des Tasters bei der Aufzeichnung der Flankenlinienabweichungen entlang einer Flankenlinie und bei den Abweichungen der Erzeugenden entlang einer Berührlinie. Die Abweichungen des Stirnprofils werden nach DIN 3960 unterteilt in

- Profil-Gesamtabweichung F_α,
- Profil-Formabweichung $f_{f\alpha}$,
- Profil-Winkelabweichung $f_{H\alpha}$ und
- Profil-Welligkeit $f_{w\alpha}$.

Profilabweichungen beeinflussen neben den Teilungsabweichungen wesentlich die Übertragungstreue eines Getriebes und verursachen einen unruhigen Lauf. Ihre Ermittlung gibt Aufschlüsse über die Fehlerursachen bei der Herstellung eines Zahnrades und macht eine Kontrolle gewollter Abweichungen, wie z. B. der Höhenballigkeit, möglich [13]. In Abhängigkeit des Moduls und des Teilkreisdurchmessers sind in DIN 3962 Teil 1 die Toleranzen der Abweichungen F_α, $f_{f\alpha}$ und $f_{H\alpha}$ für die 12 Qualitätsklassen tabellarisch festgelegt.

Flankenlinienabweichungen werden in der Regel über der gesamten Zahnbreite gemessen. Analog zu den Profilabweichungen sind im einzelnen folgende Flankenlinien-Abweichungen zu unterscheiden:
- Flankenlinien-Gesamtabweichung F_β,
- Flankenlinien-Formabweichung $f_{f\beta}$,
- Flankenlinien-Winkelabweichung $f_{H\beta}$ sowie
- Flankenlinien-Welligkeit $f_{w\beta}$.

Flankenlinienabweichungen haben Einfluß auf das Flankenspiel im Getriebe (vor allem bei engen Toleranzen), das Tragbild und damit die statische Tragfähigkeit des Getriebes, die kinematische Übertragungsgenauigkeit, die Größe der Zahneingriffsstörungen und die Größe der dynamischen Zusatzkräfte. Mit den Flankenlinien-Prüfbildern können Breitenballigkeit und Schrägungswinkelkorrektur überprüft werden. Die Toleranzen für F_β, $f_{f\beta}$ und $f_{H\beta}$ sind in Abhängigkeit der Zahnbreite in DIN 3962 Teil 2 für die 12 Verzahnungsqualitäten definiert.

Als Erzeugenden-Prüfbereich wird in der Regel die Länge der größten Berührlinie, die z.B. bei Schrägverzahnungen unterschiedliche Längen aufweisen, festgesetzt. Unterschieden werden folgende Abweichungen:
- Erzeugenden-Gesamtabweichung F_E,
- Erzeugenden-Formabweichung f_{fE} und die
- Erzeugenden-Winkelabweichung f_{HE}.

Für die Abweichungen der Erzeugenden sind keine Toleranzen in der Normung angegeben.

Rundlaufabweichung und Lageabweichung der Verzahnungsachse

Die Verzahnungsrundlaufabweichung F_r ist der radiale Lageunterschied eines nacheinander in die Zahnlücken eingelegten Meßstückes, wobei F_r der größten Differenz der am Radumfang auftretenden Meßwerte entspricht (Bild 5.6-10). Die Rundlaufabweichung kennzeichnet somit die Außermittigkeit einer Verzahnung [3].

F_r ist wichtig für Lehrzahnräder oder Getriebe für Peilgeräte mit sehr kleinem Flankenspiel [3]. Wird die Messung der Rundlaufabweichungen in zwei unterschiedlichen Stirnebenen vorgenommen, so läßt sich aus den Meßwerten in guter Näherung die Lageabweichung der Verzahnungsachse in Form der Außermittigkeit und des Taumels bestimmen [7].

Wälzabweichungen

Wälzabweichungen sind die gemeinsamen Auswirkungen der einzelnen geometrischen Abweichungen (Einzelabweichungen) von zwei miteinander gepaarten Verzahnungen. Sie sind wichtig zur Beurteilung der Funktion der Zahnräder im Getriebe und können einem Prüfling allein zugeordnet werden, wenn als Gegenrad ein Lehrzahnrad mit einer um den

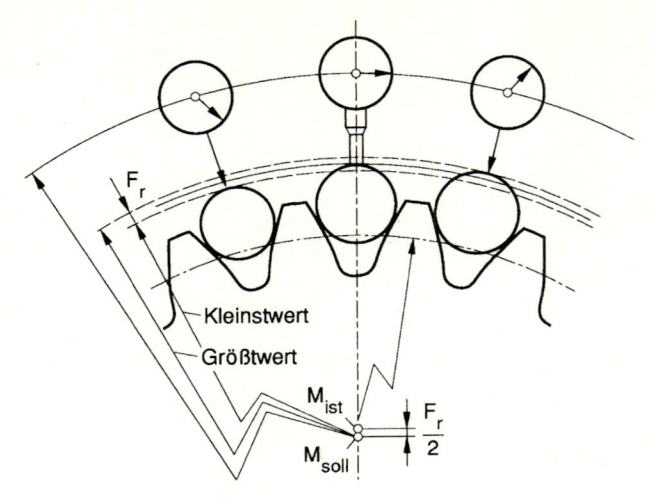

Bild 5.6-10 Rundlaufabweichung [3]

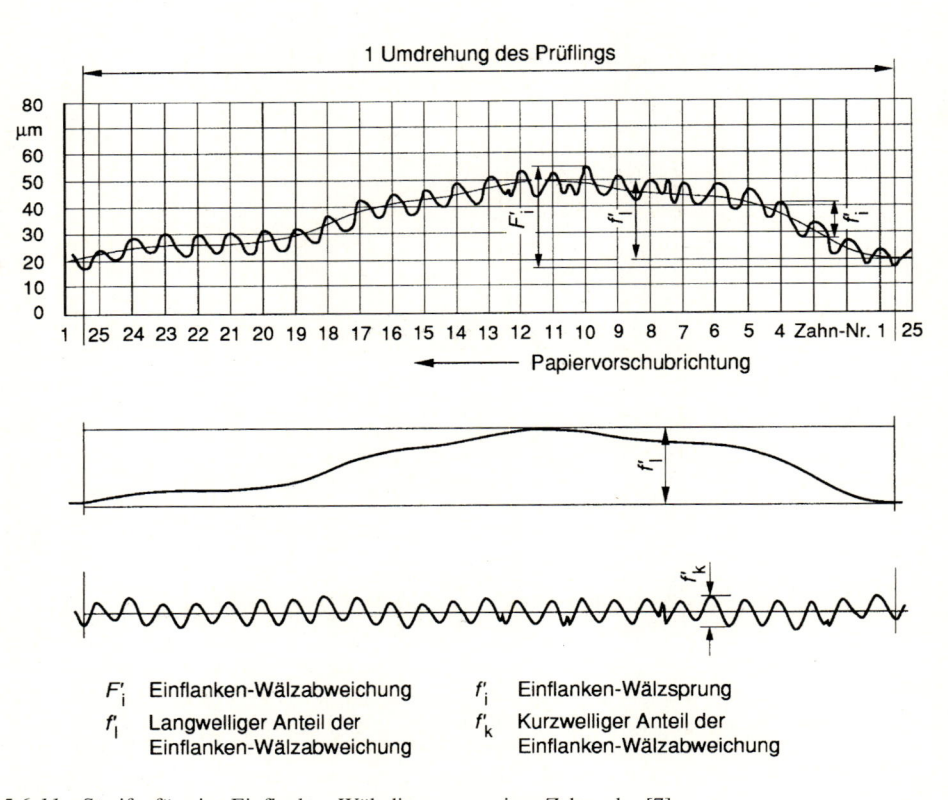

F'_i Einflanken-Wälzabweichung	f'_i Einflanken-Wälzsprung
f'_l Langwelliger Anteil der Einflanken-Wälzabweichung	f'_k Kurzwelliger Anteil der Einflanken-Wälzabweichung

Bild 5.6-11 Streifenförmige Einflanken-Wälzdiagramme eines Zahnrades [7]

Faktor 3 besseren Qualität verwendet wird [13]. Die Gesamtwirkung der Einzelabweichungen läßt sich durch eine Einflanken- oder Zweiflanken-Wälzprüfung ermitteln:

Einflanken-Wälzprüfung

Bei der Einflanken-Wälzprüfung kämmen die Räder wie in einem Getriebe unter fest eingestelltem Achsabstand, so daß sich je nach Drehrichtung entweder die Rechts- oder die Linksflanken in ständigem Eingriff miteinander befinden. Ausgehend von einer definierten Startposition werden die während des Abwälzens auftretenden Drehwinkelabweichungen erfaßt. Diese ergeben sich durch einen Vergleich der Sollstellung mit der realen Radposition unter Berücksichtigung des Zähnezahlverhältnisses. Die Abweichungen werden in der Regel als Strecke längs des Umfangs eines Meßkreises, beispielsweise des Teilkreises, aufgezeichnet oder im Winkelmaß angegeben. Bild 5.6-11 zeigt ein typisches Einflanken-Wälzdiagramm. Aus den Diagrammen der Einflanken-Wälzprüfung werden der Einflanken-Wälzsprung f'_i, die Einflanken-Wälzabweichung F'_i sowie der langwellige und der kurzwellige Anteil f'_l und f'_k der Einflanken-Wälzabweichung ermittelt [7].

Zweiflanken-Wälzprüfung

Im Gegensatz zur Einflanken-Wälzprüfung werden die Zahnräder spielfrei miteinander abgewälzt, so daß sich immer beide Flanken im Eingriff befinden. Unter der Wirkung einer in Achsrichtung beaufschlagten Kraft werden die beim Abwälzen auftretenden Änderungen des Achsabstandes erfaßt. Aus einem ermittelten Meßschrieb, wie in Bild 5.6-12 dargestellt, lassen sich der Zweiflanken-Wälzsprung f''_i, die Zweiflanken-Wälzabweichung F''_i sowie die Wälz-Rundlaufabweichung F''_r ermitteln [7].

F''_i Zweiflanken-Wälzabweichung
F''_r Wälz-Rundlaufabweichung
f''_i Zweiflanken-Wälzsprung

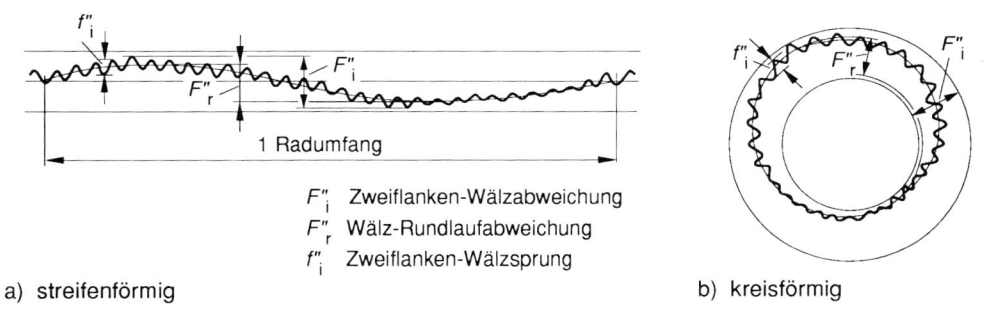

a) streifenförmig b) kreisförmig

Bild 5.6-12   Zweiflanken-Wälzdiagramme [7]

Obwohl die Zweiflanken-Wälzprüfung im allgemeinen nicht den Betriebsbedingungen entspricht, wird sie in der Praxis doch häufiger angewendet als die Einflanken-Wälzprüfung, da sich die Prüfgeräte und -verfahren durch einen einfacheren kostensparenden Aufbau auszeichnen und man bereits in einem Meßvorgang eine summarische Information über die Auswirkungen der Einzelabweichungen von Rechts- und Linksflanken auf die Gesamtqualität eines Zahnrades erhält. Mit entsprechenden Zusatzeinrichtungen lassen sich auf Zweiflanken-Wälzprüfgeräten auch Innen-, Schnecken- und Kegelverzahnungen analysieren. Für große und schwere Zahnräder bietet sich die Möglichkeit einer Prüfung direkt auf der Maschine bzw. im eingebauten Zustand. Mehr Aufschluß über die Funktion eines Getriebes, insbesondere die Genauigkeit der Bewegungsübertragung, gibt dennoch die Einflanken-Wälzprüfung, da ein Zahnrad im Betrieb in der Regel nur Einflankenanlage hat und nicht spielfrei mit seinem Gegenrad abwälzt.

Radkörpergenauigkeit und -toleranzen

Die erreichbare Verzahnungsgenauigkeit hängt in besonderem Maße von der Rund- und Planlaufgenauigkeit des Radkörpers ab. Während kleinere Räder auf einem Dorn oder auf der zugehörigen Welle verzahnt werden, bzw. mit der Welle eine Einheit bilden, werden größere Räder zum Verzahnen mit einer Planfläche auf dem Drehtisch festgespannt. Die zugehörigen Radkörper- und Wellentoleranzen können dem Bild 5.6-13 oder der ISO 1328 entnommen werden.

DIN-Verzahnungsqualität		4	5	6	7	8	9	10	11	12
Bohrung	Maß	IT 4	IT 4	IT 4	IT 4	IT 4	IT 5	IT 5	IT 6	IT 6
	Form	IT 1	IT 2	IT 3						
Welle	Maß	⊢————————— wie Bohrung —————————⊣								
	Form									
Planlauf der Bezugsfläche		$q \geq 5$ µm[a]		$2q$[a]			$4q$[a]			
Rundlauf der Bezugsfläche		5 µm		$q \geq 7$ µm			$2q \geq 10$ µm			
Kopfkreisdurchmesser-Abweichung[b]		⊢————————— h 11 —————————⊣								

[a] $q = 0{,}004d + 2{,}5$ mit q in µm und d in mm
[b] Außer wenn der Kopfzylinder als Rundlauf-Bezugsfläche benutzt wird

Bild 5.6-13   Radkörper- und Wellentoleranzen [3]

Achslagenabweichungen

Die Achsen eines Stirnradpaares können Abweichungen von der Parallelität sowie ein Abmaß vom Nenn-Achsabstand aufweisen [7]. Der Grad der Parallelität läßt sich anhand der Achsneigung $f_{\Sigma\delta}$ und der Achsschränkung $f_{\Sigma\beta}$ beurteilen (Bild 5.6-14). Eine Achsschränkung wirkt sich stärker auf die Flankenlinienabweichung beider Räder aus als eine Achsneigung. Die Lage der Wellen hängt außer von den Gehäusebohrungen auch von den Dickenabweichungen der Wälzlageraußenringe ab. Zusätzlich können Exzentrizitäten der Wellenzapfen und Dickenabweichungen der Wälzlagerinnenringe Taumelbewegungen der Verzahnung verursachen [3].

Der Unterschied zwischen dem Nenn- und dem Ist-Achsabstand wird als Achsabstandsabmaß A_a bezeichnet.

Die Abweichungen der Achslagen sind in Abhängigkeit des Achsabstandes a bzw. des Lagermittenabstandes L_G für verschiedene Achslage-Genauigkeitsklassen in DIN 3964 festgelegt. Für die Achsabstandsabmaße sind zusätzlich die Achsabstandstoleranzen T_a angegeben.

Abmaße der Zahndicke

Abweichungen der Zahndicke und deren Prüfmaße von ihren Nennmaßen werden als Abmaße A bezeichnet. Im einzelnen unterscheidet die DIN 3960 bezüglich der Zahndicke folgende Abmaße:
– Zahndickenabmaß A_s,
– Abmaß der Zahndickensehne $A_{\bar{s}}$,
– Zahnweitenabmaß A_W,

Verzahnflächen 179

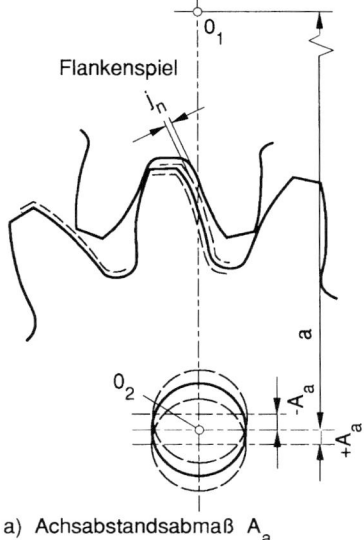

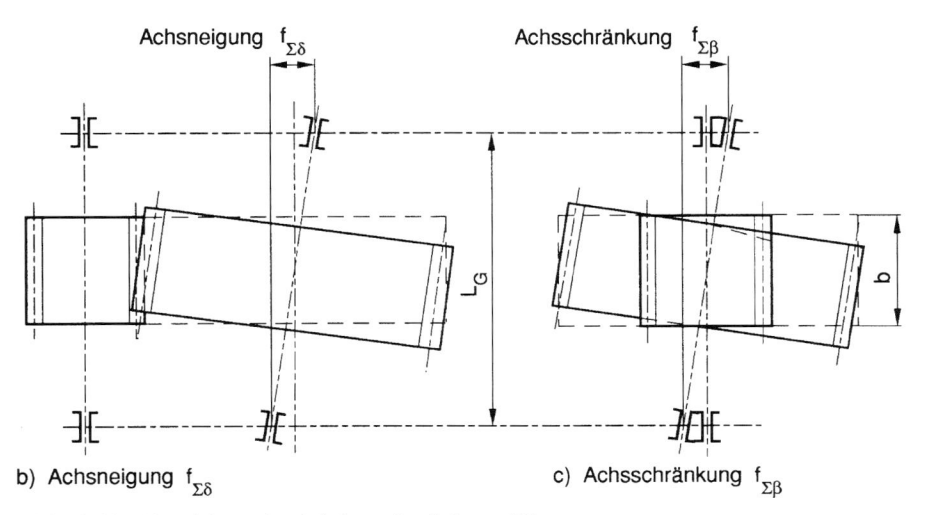

Bild 5.6-14 Abweichung der Achslagen im Gehäuse [3]

a) Achsabstandsabmaß A_a
b) Achsneigung $f_{\Sigma\delta}$
c) Achsschränkung $f_{\Sigma\beta}$

– Abmaß des diametralen Zweikugel- oder Zweirollenmaßes A_{Md},
– Abmaß des radialen Einkugel- oder Einrollenmaßes A_{Mr},
– Abmaß des Zweiflanken-Wälzabstandes a″ mit Lehrzahnrad $A_{a″}$ sowie
– Kopfkreisdurchmesser-Abmaß bei überschnittenen Stirnrädern A_{da}.

Die Differenzen zwischen den jeweils größten und kleinsten zulässigen Abmaßen ergeben entsprechend die zugehörigen Toleranzen der Zahndicke und ihrer Prüfmaße. Die einzelnen Zahndickenabmaße und -toleranzen sind in DIN 3967 festgeschrieben und in Abhängigkeit des Teilkreisdurchmessers je nach Zahlenwert in Abmaß- oder Toleranzreihen untergliedert.

Dabei ist zu beachten, daß die Zahndickentoleranz mindestens doppelt so groß sein muß wie die zulässige Zahndickenschwankung R_s nach DIN 3962 Teil 1. Ferner sind die Abmaße der Zahndicke stets negativ zu wählen, da eine zu große Zahndicke zu einer Verminderung des vorgesehenen Flankenspiels und somit zum Klemmen der Zähne führen kann.

Flankenspiel

Das Flankenspiel ist als der zwischen den Rückflanken eines Radpaares vorhandene Abstand bei Berührung der im Eingriff stehenden Arbeitsflanken definiert. Es ist zum Ausgleich von Herstellungs- und Montageungenauigkeiten sowie zum Zwecke besserer Schmierung und wegen möglicher Erwärmungen im Betrieb erforderlich. Die Größe des Flankenspiels ergibt sich aus den Abmaßen der Zahndicken der beiden Verzahnungen und des Achsabstandes, aus Profilform-, Flankenlinien-, Teilungs- und Rundlaufabweichungen, aus Temperaturunterschieden zwischen den Zahnrädern und dem Gehäuse sowie gegebenenfalls auch aus Einflüssen der Quellung (z. B. bei Kunststoffrädern) und der elastischen Verformung [7].

Um ein Mindestflankenspiel zu sichern, müssen die Zähne bei Nenn-Achsabstand um einen Mindestbetrag, das obere Zahndickenabmaß A_{sne}, dünner als die Nenn-Zahndicken sein. Dies entspricht dem Prinzip des Getriebepaßsystems „Einheitsachsabstand". Außerdem muß über das untere Zahndickenabmaß A_{sni} ein ausreichend großer Zahndickenbereich als Herstellungstoleranz in Form der Zahndickentoleranz T_{sn} gewährleistet sein [3].

Nach DIN 868 und 3960 werden unterschieden:

- Drehflankenspiel j_t

Das Drehflankenspiel j_t ist im Stirnschnitt die Länge des Wälzkreisbogens, um den sich jedes der beiden Räder bei festgehaltenem Gegenrad von der Anlage der Rechtsflanken bis zur Anlage der Linksflanken drehen läßt (Bild 5.6-15). Das theoretische Drehflankenspiel ergibt sich dabei nach DIN 3967 zu

$$j_t = -\frac{A_{sn1} + A_{sn2}}{\cos \beta} + A_a \cdot \frac{\tan \alpha_n}{\cos \beta} = -\sum A_{st} + \Delta j_a. \tag{13}$$

- Normalflankenspiel j_n

Bei Berührung der Arbeitsflanken ist der kürzeste Abstand zwischen den Rückflanken eines Radpaares, in Normalrichtung gesehen, das Normalflankenspiel j_n. Es gilt:

$$j_n = j_t \cdot \cos \alpha_n \cdot \cos \beta. \tag{14}$$

- Radialspiel j_r

Das Radialspiel j_r ist die Differenz des Achsabstandes zwischen dem Betriebszustand und dem Zustand des spielfreien Eingriffs. Ein Zusammenhang mit dem Drehflankenspiel besteht über die Beziehung

$$j_r = \frac{j_t}{2 \cdot \tan \alpha_{wt}}. \tag{15}$$

Neben dem theoretischen Flankenspiel gibt es noch das Abnahme- und das Betriebs-Flankenspiel nach DIN 3967. Während sich das Abnahme-Flankenspiel bei Bezugstemperatur am unbelasteten Getriebe einstellt, ergibt sich das Betriebs-Flankenspiel bei Betrieb des Getriebes. Es ist nicht konstant und für gewöhnlich größer als das Abnahme-Flankenspiel.

Für Schrägverzahnungen kann zusätzlich das Axialspiel j_x von Bedeutung sein. Dabei handelt es sich um die Strecke, die ein schrägverzahntes Zahnrad bei feststehendem Gegenrad von der Anlage der Rechtsflanken bis zur Anlage der Linksflanken zurücklegen kann.

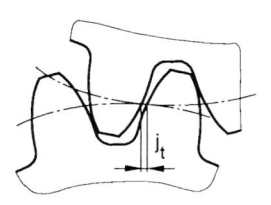

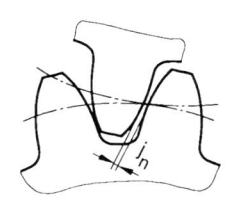

a) Drehflankenspiel j_t b) Normalflankenspiel j_n c) Radialspiel j_r

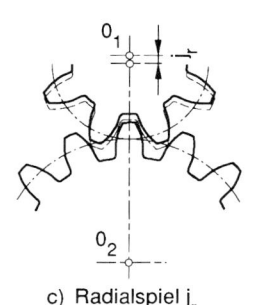

Bild 5.6-15   Flankenspiele [7]

Die Differenz zwischen dem größten und dem kleinsten Flankenspiel, das sich bei einem Radpaar im eingebauten Zustand einstellt, wird als Flankenspielschwankung R_j (R_{jt} = Drehflankenspielschwankung, R_{jn} = Normalflankenspielschwankung) bezeichnet.

Eine Beurteilung der Qualität kann neben den genannten, meist geometrischen Größen zusätzlich noch durch die Merkmale Tragbild, Oberflächengüte und Geräusch erfolgen.

Tragbild

Im Tragbild wird der Bereich einer Zahnflanke wiedergegeben, an dem eine Berührung mit den Gegenflanken stattfindet. Aufgrund von Abweichungen der Verzahnung und der Radlagen sowie von Betriebseinflüssen wird eine Zahnflanke in der Praxis beim Abwälzen nicht in allen Punkten ihres aktiven Bereiches von den Gegenflanken berührt werden. Die Tragbildprüfung ist somit ein qualitatives Verfahren zur Sammelfehlerprüfung, das Aussagen über das Laufverhalten und Fehlerursachen bei der Herstellung ermöglicht.

Die Flanken eines Zahnrades werden dabei dünn mit Tuschierfarbe eingestrichen. Beim Abwälzen wird die Farbe an den tragenden Teilen der Flanke abgerieben, wodurch das charakteristische Tragbild entsteht [2].

Man unterscheidet zwischen der Kontakttragbildprüfung im Rollenbock, der Kontakttragbildprüfung im Gehäuse und der Lasttragbildprüfung. Bei letzterem wird das Tragbild im Betriebszustand unter realer Belastung, Drehzahl und Temperatur geprüft. Mit dieser Prüfmethode, die bei Groß- und Hochleistungsgetrieben angewendet wird, lassen sich Verzahnungsabweichungen ermitteln, die sich aus der Verformung aller Getriebeteile ergeben. Bei hochbelasteten Getrieben wird in der Regel eine Kontakttragbildprüfung im Gehäuse vorgenommen, wodurch die Gesamtwirkung der Fertigungsabweichungen erfaßt werden kann. Die Wellen von Ritzel und Rad sollen sich dabei möglichst in der Betriebslage befinden. Bei der Kontakttragbildprüfung im Rollenbock werden Rad und Gegenrad, die auf Rollenböcken gelagert sind, miteinander abgewälzt. Eine Lagerstelle wird dann solange verstellt, bis die Verzahnung über die gesamte Breite trägt. Bei einer Meßgenauigkeit von etwa 10 Winkelsekunden kann diese Tragbildprüfung als Ersatz für eine direkte Messung der Flankenlinienabweichung herangezogen werden [3].

Oberflächengüte

Abweichungen der Zahnflankenoberflächen von ihren Sollwerten werden als Oberflächenrauheit gemessen. Im Gegensatz zu früher, als die Verzahnungsfehler die Oberfläche bei weitem überdeckten, besitzt die Rauheit heute eine große Bedeutung, weil Fehler der Verzahnung häufig in der gleichen Größenordnung wie die Rauheit der Zahnflanken liegen. Aus der Oberflächenbeschaffenheit und der Oberflächengestalt resultiert das Oberflächenverhalten, also Eigenschaften wie Reibung, Gleitung, Verschleiß, Geräusche sowie die Festigkeit. Begriffe und Festlegungen über technische Oberflächen finden sich in den Regelwerken DIN 4760 bis 4768. Zur leichteren Beurteilung der Oberflächenrauheit des aktiven Bereichs einer Zahnflanke (Stirn- und Kegelradverzahnungen) werden Rauheitskenngrößen und deren Oberflächenklassen in der DIN 3969 empfohlen. Zur Analyse der Oberflächengüte werden dabei die Rauheitskenngrößen arithmetischer Mittenrauhwert R_a, die gemittelte Rauhtiefe R_z sowie die Kenngrößen der Abbott-Kurve herangezogen.

Einfluß auf die Oberflächenrauheit haben die jeweiligen Flankenbearbeitungsverfahren. Bei wälzgefrästen und wälzgestoßenen Zahnrädern ist vor allem der Verschleiß an der Werkzeugschneide entscheidend. Demgegenüber wird beim Schleifen die Oberflächengüte insbesondere durch die Wahl der Vorschub- und der Schnittgeschwindigkeit beeinflußt. Aufgrund der vergleichsweise hohen realisierbaren Zerspanleistungen besitzt das Zahnflankenschleifen bei der Fertigung hochwertiger Oberflächengüten (vereinzelt bis Verzahnungsqualität Q2) die größte Bedeutung.

Als Einflußgrößen auf die erreichbare Oberflächengüte sind weiterhin die Verzahnungsmaschine und deren Steifigkeit, die Werkstückaufspannung, der Zahnradwerkstoff, das Kühlschmiermittel sowie die Art des Anschnitts (Gleich- oder Gegenlauf) zu nennen.

Geräusch

Als weiteres Kriterium zur Beurteilung der Verzahnungsqualität kann das Abwälzgeräusch herangezogen werden. Mit der Geräuschprüfung, die besonders im Automobil- und Getriebebau angewendet wird, lassen sich Fehler und Beschädigungen identifizieren, die beim Transport oder Härten entstanden sind. Die Erfassung charakteristischer Geräusche kann unter Umständen auch zur Bestimmung anderer Verzahnungsabweichungen oder zur Prüfung bzw. Festlegung maximal zulässiger Grenzwerte dienen.

Die Beurteilung von Geräuschen kann erfolgen durch:
– Abhören und Vergleich mit Grenzmustern oder Tonbandaufnahmen,
– Messung des Körperschalls mit Hilfe von Beschleunigungsaufnehmern und
– Messung des Luftschalls mit Kondensatormikrophonen.

Bei der Durchführung der Geräuschprüfung werden die zu prüfenden Räder unter betriebsmäßigen Verhältnissen auf der Prüfmaschine entweder mit einem Lehrzahnrad oder dem Gegenrad im Getriebe gepaart. Durch Änderung der Betriebsdrehzahl, Wechsel der Drehrichtung und Abbremsen der Umlaufgeschwindigkeit lassen sich alle möglichen vom Gehör wahrzunehmenden Geräusche erzeugen [13]. Die Schwingungsanregung von Verzahnungen kann darüber hinaus durch Rechenansätze, denen der Verlauf der Zahnkraft zugrunde liegt, beschrieben werden [5].

Toleranzfamilien

Für die Funktion eines Getriebes sind nicht alle Abweichungen von gleicher Bedeutung. Es ist daher sinnvoll und wirtschaftlich, nur funktionsbestimmende Verzahnungsgrößen zu tolerieren und zu prüfen und darüber hinaus für diese Größen verschiedenartige Qualitäten festzulegen.

Erweiternd zu den schon beschriebenen Systemen der Verzahnungstoleranzen und Getriebepassungen kann demnach eine Kopplung unterschiedlicher Verzahnungsqualitäten in sogenannten Toleranzfamilien erfolgen. Dabei werden gemäß DIN 3961 die von einem Zahnrad verlangten Betriebseigenschaften in folgende Funktionsgruppen eingeordnet [8]:
– G: Gleichförmigkeit der Bewegung,
– L: Laufruhe und dynamische Tragfähigkeit,
– T: Statische Tragfähigkeit sowie
– N: Keine Angabe der Funktion.

Verzahnflächen 183

Funktionsgruppe		Wichtige Abweichungen *)
G	Gleichförmigkeit der Bewegungsübertragung	F_i' f_i' F_p F_i'' F_r f_i''
L	Laufruhe und dynamische Tragfähigkeit	f_i' f_p (f_{pe}) f_i'' F_f $f_{H\beta}$ F_p (F_r)
T	Statische Tragfähigkeit	f_{pe} $f_{H\beta}$ TRA
N	Keine Angabe der Funktion	F_i'' $f_{H\beta}$ F_f f_i''

*) Neben diesen Abweichungen gibt es selbstverständlich auch noch andere Einflußgrößen, von denen die Betriebseigenschaften abhängen, z. B. ist die Laufruhe auch von Drehzahl und Belastung abhängig, die Tragfähigkeit von der Oberflächengüte, vom Werkstoff und dessen Zustand. Es kann deshalb durchaus erforderlich sein, zusätzlich auch nichtgeometrische Anforderungen zu stellen, z. B. über Härtewerte oder bestimmte Schalldruckpegel unter vorgegebenen Betriebsbedingungen.

Bild 5.6-16   Funktionsgruppen der Abweichungen [8]

Die Betriebseigenschaften hängen im wesentlichen von den in Bild 5.6-16 dargestellten Einflußgrößen ab. Wenn Toleranzfamilien mit unterschiedlichen Verzahnungsqualitäten gebildet werden, ist es sinnvoll, für die Toleranzen einer Funktionsgruppe jeweils gleiche Verzahnungsqualitäten zu wählen. Auf diese Weise können Toleranzfamilien mit höchstens drei verschiedenen Verzahnungsqualitäten entstehen. Tritt dabei eine Bestimmungsgröße in mehreren Funktionsgruppen auf, so gilt die jeweils feinere Toleranzangabe [8].

In Analogie zu den Toleranzfamilien kann eine bestimmte Funktionsgruppe wahlweise durch verschiedene Meßkombinationen geprüft werden. Solche Kombinationen führen zu

Funktions-gruppe	G Gleichförmigkeit der Bewegungsübertragung			L Laufruhe und dynamische Tragfähigkeit			T Statische Tragfähigkeit			N Keine Angabe der Funktion		
Prüfgruppe	A	B	C	A	B	C	A	B	C	A	B	C
Verzahnungs-qualität 1												
2	F_i' R_s			F_i' F_β	F_p F_f F_β		F_i' F_β	f_{pe} F_f F_β	f_{pe} TRA	F_i' R_s	F_p R_s F_f F_β	f_{pe} R_s F_f F_β
3	F_i' R_s			F_i' F_β	F_p F_f F_β		F_i' F_β	f_{pe} F_f F_β	f_{pe} TRA	F_i' R_s	F_p R_s F_f F_β	f_{pe} R_s F_f F_β
4	F_i' R_s	F_p F_f F_β		F_i' F_β	F_p F_f F_β	f_{pe} F_f TRA	f_{pe} F_f F_β	f_{pe} TRA	F_i'' TRA	F_i' R_s	F_i'' F_f F_β	f_{pe} R_s TRA
5	F_i' R_s	F_p F_f F_β	f_{pe} F_f F_β	F_i' F_β	F_p F_f F_β	f_{pe} R_s TRA	f_{pe} F_f F_β	f_{pe} TRA	F_i'' TRA	F_i' R_s	F_i'' F_f F_β	f_{pe} R_s TRA
6	F_i' R_s	F_p F_f F_β	f_{pe} F_f F_β	F_p F_f F_β	F_i'' F_f F_β	f_{pe} R_s TRA	f_{pe} F_f F_β	f_{pe} TRA	F_i'' TRA	F_i' R_s	F_i'' F_f F_β	f_{pe} R_s TRA
7	F_p F_f F_β	f_{pe} F_f F_β	f_{pe} F_β	F_p F_f F_β	F_i'' F_f F_β	f_{pe} R_s	f_{pe} TRA	F_i'' TRA	f_p TRA	F_i'' F_f F_β	F_i'' TRA	f_{pe} R_s
8	F_p F_f F_β	f_{pe} F_f F_β	f_{pe} F_β	F_p F_f F_β	F_i'' F_f F_β	f_{pe} R_s	f_{pe} TRA	F_i'' TRA	f_p TRA	F_i'' F_f F_β	F_i'' TRA	f_{pe} R_s
9				F_i'' F_f F_β	f_{pe} R_s		f_{pe} TRA	F_i'' TRA	f_p TRA	F_i'' TRA	F_i''	f_{pe}
10				F_i'' F_f F_β	f_{pe} R_s		f_{pe}	f_i''	f_p	F_i'' TRA	F_i''	f_{pe}
11							f_{pe}	f_i''	f_p	F_i''	f_{pe}	R_s
12										F_i''	f_{pe}	R_s

Wenn keine Zweiflanken-Wälzprüfung unter Einschluß der Achsabstandsprüfung vorgenommen wird, sind immer eine Rundlaufprüfung und eine Zahndickenprüfung (als Sehnen-, Zahnweiten- oder Kugelmaß-/Rollenmaßmessung) zusätzlich zu den genannten Prüfungen erforderlich.

Bild 5.6-17   Prüfgruppen für die Funktionsgruppen und Verzahnungsqualitäten [8]

Anwendung	DIN-Qualität	Ergänzung	Zu prüfende Abweichungen[a]	Sonstige Kontrollen	Bemerkungen
Lehrzahnräder	2...4	—	alle Einzelabweichungen	—	
Werkzeugmaschinen					
* Teilgetriebe	1...3	—	F_i', f_i', f_f (F_p, f_p)	Tragbild, Flankenspiel	
* Haupt- u. Vorschub.	6...7	—	f_{pe} oder F_i'', f_i''		
* Wechselräder	7...8	—	f_{pe} oder F_i'', f_i''	Flankenspiel	
Steuergetriebe	2...4	—	F_i', f_i' (F_p, f_p)		
Turbogetriebe		—		Tragbild, Geräusch,	
(für Generatoren,	$v \le 60$: 5...6			Flankenspiel, evtl.	
Verdichter, Schiffe)	$v > 60$: (4)...5	F_p, f_p, F_r in 4[b] F_β, $F_{\beta w}$ Sondervorschrift[c]	F_p', f, F_f, F_β, F_r	Wirkungsgrad	Profil- und Flankenlinienkorrekturen
Schiffsdieselgetriebe	4...7	—	F_p, f_p, f_f, F_β	Tragbild, Geräusch, Flankenspiel	
kleinere Industriegetriebe	6...8	F_β, Sondervorschrift	F_p, F_f, f_p Stichproben oder F_i'', f_i''		
Schwermaschinen				Tragbild; Flankenspiel, insbesondere bei Reversiergetrieben	
* Leistungsgetriebe	6...7	F_β, Sondervor.	f_{pe}, (F_p)		Bei hohen Belastungen:
* Aussetz. Betrieb, z. B. Drehwerke	7...12	F_β, Sondervor.	f_{pe}; F_R bei geteilten Rädern		Profilkorrekturen, evtl. Breitenballigkeit
* Zustellgetriebe	5...6	—	f_{pe}		
Getriebemotoren	(7)...8		⊢————— wie kleinere Industriegetriebe —————⊣		
Kran- und Bandgetriebe	6...8	F_β, Sondervor.	f_{pe} oder F_i'', f_i''	Tragbild, Flankenspiel, insbesondere bei Fahrwerken	z. T. Austauschbau
Lokomotivantrieb	6	F_β, Sondervor.[d]	F_p, f_p, f_f, F_β oder F_i'', f_i''		Profil-, evtl. Flankenlinienkorrekturen
Kfz-Getriebe,					
1. u. Rückwärtsgang	9	6...7, gehärtet; geschliffen		Tragbild, Geräusch, Flankenspiel, (z. T. Paaren)	z. T.
2. Gang	6...8		F_i'', f_i'' $\left(\begin{array}{c} \text{Stichprobe:} \\ F_f, F_\beta, F_r, \\ F_p, f_p \end{array} \right)$		Profil- und Flankenlinienkorrekturen
3., 4., Konstante	6...8	8...9, geschabt; gehärtet			
Druckmaschinen Druckwalzen	5		F_f nur negativ F_i', f_i', F_f oder F_p, f_p, F_f	Welligkeit in Flankenlinie u. Profil, Geräusch kleines Flankenspiel (Paaren)	Kopfrücknahme und Breitenballigkeit kleine Eingriffswinkel
sonst. Antriebe	7...8				
Offene Getriebe, Drehkränze Landmaschinen (Schlepper, Mähdrescher)	$v \le 1$: 10...12 $v > 1$: 8...9 (9)...10 (11)	F_β, Sondervor. $f_i' \le 80$ µm an wenigen Zähnen	f_{pe}, F_f (evtl. mit Schablone) F_i'', f_i'' (Stichproben: F_β, $f_{H\beta}$, F_f, f_f, $f_{H\alpha}$)	Tragbild —	große Moduln: Einzelteilverfahren, evtl. Gießen kleine Moduln: Wälzverfahren; breitenballig bei $b > 15$ mm

[a] Bei feineren Qualitäten Einflanken- (F_i', f_i') statt Zweiflanken-Wälzprüfung (F_i'', f_i''), wenn Meßgeräte verfügbar
[b] Bei geringer Belastung (vergütete Räder), sonst 5
[c] Periodische Welligkeit in Profil- und Flankenlinien einschränken nach BS 1488, 1807 (A1)
[d] Periodische Welligkeit s. Schiffsgetriebe

Bild 5.6-18   Hinweise zur Wahl der Genauigkeit von Stirnradgetrieben [3] sogenannten Prüfgruppen. Durch die Angabe von Prüfgruppen ist es möglich, die Abnahmeprüfung den Gegebenheiten der verschiedenen Betriebe anzupassen, da dort oft unterschiedliche Meßmethoden und -geräte üblich sind. Im allgemeinen obliegt die Auswahl der Prüfgruppe gemäß Bild 5.6-17 dem Hersteller [8].

Hinweise zur Wahl der Verzahnungsqualität

Der Verzahnungsgenauigkeit von Kegelrädern liegen die gleichen Überlegungen zugrunde wie bei Stirnrädern. Für manche Bestimmungsgrößen, wie z. B. Flankenform und -richtung gibt es jedoch noch keine geeigneten Meßgeräte, so daß die Tragbild- und Geräuschprüfung in der Laufprüfmaschine oder im Gehäuse von besonderer Bedeutung sind. Empfehlungen und Toleranzen enthält die DIN 3965. Die Abweichungen der Bestimmungsgrößen für Schneckengetriebe sind in DIN 3975 enthalten, eine Toleranznorm gibt es bisher jedoch noch nicht. Hier können als Anhalt die Toleranzen für Stirnverzahnungen herangezogen werden [3].

Hinweise zur Auswahl der Genauigkeit von Stirn-, Kegel- und Schneckenradgetrieben liefern die Bilder 5.6-18 bis 5.6-20.

Qualität (DIN 3965)	Herstellverfahren	Abmessungen	Anwendungsbeispiele
5	geschliffen oder langzeit-gasnitriert – geläppt	klein	Flugzeuge, Meßgeräte, Steuergeräte, Präzionswerkzeug-, Druckerei-, Drahtteichmaschinen
	gehärtet – HM[a]-geschlichtet	groß	Turbinengetriebe, Offshore-Technik, Schiffe, Förderbänder
6	verzahnt, ungehärtet oder gehärtet – geläppt mit speziellen Fertigungs- und Härteeinrichtungen	klein	Präzionswerkzeugmaschinen, Steuergeräte, Pkw, Omnibusse
	gehärtet – HM[a]-geschlichtet	mittel und groß	Walzwerke, Industriemühlen, Pumpen
7	verzahnt, ungehärtet oder gehärtet – geläppt	klein und mittel	Werkzeugmaschinen, Pkw, Lkw, Walzwerke, Schiffe
8	verzahnt, ungehärtet oder gehärtet – geläppt	mittel und groß	Krane, Apparatebau, Ackerschlepper, Nutzfahrzeuge
9	verzahnt, ungehärtet oder gehärtet (z. T. geläppt)	mittel und groß	Walzwerke, Krane, Ackerschlepper, Apparatebau, Landmaschinen
10	verzahnt, ungehärtet oder verzahnt – gehärtet oder geschmiedet oder gewalzt	klein und mittel	Büromaschinen, Landmaschinen, Differentialkegelräder, Tellerräder (niedrige Drehzahlen)
11	gegossen oder gespritzt oder gestanzt	klein	Büromaschinen, Haushaltmaschinen, Landmaschinen (niedrige Drehzahlen, Stellbewegungen)

[a] Hartmetall

Bild 5.6-19 Hinweise zur Wahl der Genauigkeit von Kegelradgetrieben [3]

Qualität		Anwendungsgebiet
Schnecke[a], Rad[a] und Gehäuse[b]	Achsabstand[c]	
4...5	6[d]	Teilgetriebe für Werkzeugmaschinen, Regler, Richtgeräte (hierfür Taumelfehler besonders einschränken) Getriebe für extreme Laufruhe mit v_{m1} > 5 m/s
5...6	7[d]	Aufzüge, Drehwerke, laufruhige Leistungsgetriebe mit v_{m1} > 5 m/s
8...9	8[d]	Industriegetriebe ohne besondere Anforderungen an die Laufruhe, v_m < 10 m/s
Herstellung:		Schnecken meist einsatzgehärtet oder randgehärtet, geschliffen, evtl. poliert; Schneckenräder wälzgefräst und eingelaufen
10...12	10[d]	Nebenantriebe, Handantriebe, Stellgetriebe v_{m1} ≤ 3 m/s
Herstellung:		Schnecken gedreht oder gefräst; Schneckenräder wälzgefräst

[a] Nach DIN 3961 bis 3963; Die Profilabweichungen am Rad sind weniger kritisch; die Flanken laufen sich ein. Teilungs-Einzel- und -Summenabweichungen sowie Rundlaufabweichungen sind leicht einzuhalten
[b] Parallelität der Achsen nach DIN 3964
[c] Nach DIN 3964
[d] Für 1- und 2-gängige Schnecken; für mehrgängige Schnecken eine Qualität feiner

Bild 5.6-20   Hinweise zur Wahl der Genauigkeit von Schneckenradgetrieben [3]

5.7 Freiformflächen

Unter der Genauigkeit beliebig geformter Körper kann die Genauigkeit verstanden werden, mit der sich seine Punktmenge der Idealgeometrie angenähert hat. Neben analytisch beschreibbaren gibt es auch solche Geometrien, die analytisch nicht beschreibbar sind. Hierbei handelt es sich um beliebig gekrümmte Kurven oder beliebig gekrümmte Flächen, deren reale Freiformgeometrie bestimmten Toleranzen unterliegt. Es entsteht sowohl beim Entwurf als auch bei der Fertigung die Frage nach den zulässigen Abweichungen von freigeformten räumlichen Objekten, also auch nach ihrer funktionalen geometrischen Toleranz [1].

Freigeformte Werkstücke sind in der Regel fehlerbehaftet, wobei diese Fehler nicht an jeder Stelle des Werkstückes konstant sind. Dies ist darin begründet, daß sich zum einen einzelne Fehlerursachen nicht überall gleich auswirken, zum anderen Fehlerwechselwirkungen an verschiedenen Raumpositionen den Gesamtfehler weiter erhöhen aber auch mindern können. Für das Verständnis der Zusammenhänge ist daher eine diskrete Betrachtung der möglichen Fehlerursachen erforderlich.

Ausgangspunkt ist die zu fertigende Geometrie. Diese wird für die Fertigung so aufbereitet, daß sich daraus die NC-Daten generieren lassen. Die mechanische Bearbeitung muß neben der Einhaltung der makrogeometrischen Vorgaben auch eine ausreichend glatte Oberfläche gewährleisten.

Die Sollkontur des zu fertigen Bauteils kann durch Modellieren in einem CAD-System, durch rechnerische Ermittlung, durch Datenaustausch mit anderen Systemen oder durch Abtasten eines körperlichen Modells erstellt werden. Schon im ersten Schritt können Abweichungen von der gewünschten Gestalt auftreten. Der freien Modellierung beziehungsweise der Kombination aus Formelementen sind die Grenzen der rechnerinternen Darstellung sowie der verfügbaren Modellierungswerkzeuge auferlegt [2]. Während diese Abweichungen in den meisten CAD-Systemen als Toleranz beeinflußbar sind, gilt dies nicht für sich aus Berechnungsalgorithmen ergebende Geometrien. Dies ist in der Unvollkommenheit der Berechnungsansätze begründet. Der Datenaustausch mit anderen CAD-Systemen sowie NC-Programmiersystemen ist über unterschiedliche, teils genormte Schnittstellen möglich [3,4], führt allerdings aus den verschiedensten Gründen meist zu Informationsverlusten. Beim Digitalisieren eines körperlichen Modells werden durch Fehler im Abtastsystem und in der anschließenden Datenaufbereitung Ungenauigkeiten hervorgerufen [5,6]. In der Fertigungsvorbereitung kommen weitere geometrische Vorgaben hinzu. Sie betreffen sowohl Rohteilabmaße und Hilfsflächen als auch Werkstoff- und Verfahrenseigenheiten, wie z. B. das Schwinden des Werkstoffes. Diese notwendigen Manipulationen ergeben eine abermals veränderte Geometrie als Grundlage für die Erzeugung der Werkzeugwege.

In der mechanischen Fertigung, die neben dem Fräsen auch die nachgeschaltete manuelle oder automatisierte Feinbearbeitung einschließt, sind die zusätzlichen Maschinen-, Prozeß- und Umfeldeinflüsse dominierend und zumeist schwieriger zu beherrschen. Hierzu zählen das statische, dynamische und thermische Verhalten der Bearbeitungsmaschine ebenso wie die Eigenschaften von Werkzeug und Werkstück sowie Umgebungseinflüsse.

Die bei der Erzeugung der Sollkontur und der NC-Datengenerierung entstehenden Ungenauigkeiten sind überwiegend in der Informationsverarbeitung begründet und lassen sich in meist vertretbaren Grenzen halten. Im Gegensatz hierzu haben die in der mechanischen Fertigung begründeten Abweichungen einen zum Teil größeren Einfluß auf die Produktgenauigkeit und verursachen erheblichen Aufwand bei der überwiegend manuellen Nacharbeit.

Genauigkeit der Geometriedaten

Freiformgeometrien können nach zwei Verfahren rechnerunterstützt erfaßt werden: durch exakte analytische Ausdrücke oder durch Näherungsmethoden, die interpolierender oder approximierender Art sind. Dies erfolgt unter Verwendung geeigneter Polygonbasen [7].

Die Bedeutung der Genauigkeit freigeformter Kurven oder Flächen kann durch Anwendungsbeispiele ausgedrückt werden. Bild 5.7-01 zeigt einige Bereiche des Maschinenbaus, in denen freiformgeometrische Kurven und Flächen auftreten.

Bereich	**Beispiele**
Flugzeugbau	Außenhaut Spanten
Schiffbau	Rumpfflächen Propeller
Automobilbau	Karosserieteile
Strömungsmaschinenbau	Schaufeln Kanäle
Werkzeugbau	Werkzeuge für Gieß-, Druckgieß- und Spritzgießteile (Designteile)

Bild 5.7-01 Bereiche des Maschinenbaus mit freigeformten Bauteilflächen

Derartige analytisch nicht beschreibbare Kurven und Flächen können unter folgenden Aufgabenstellungen konstruktiv entwickelt werden [1, 7]:
- Form und Lage sind durch vorgegebene Punkte bestimmt.
- Form und Lage werden auf der Grundlage eines Modellentwurfs modifiziert, überprüft und verbessert, bis die gewünschte Qualität erreicht ist.
- Oberflächen sollen Toleranzen für Glätte und Abweichungen einhalten, d. h. analytisch noch nach mehrmaligen Ableitungen Stetigkeitskriterien erfüllen.
- Oberflächen sollen unter Berücksichtigung funktionaler Gesichtspunkte aus meßtechnischen Ergebnissen entwickelt werden.

Im Rahmen der fortgeschrittenen CAD-Technik wurde es möglich, beliebig geformte Flächen rechnerintern geometrisch zu verarbeiten und darzustellen. Zu diesem Zweck können Approximationsverfahren herangezogen werden, die sich in ihren Eigenschaften unterscheiden (Bild 5.7-02).

Die folgenden Anforderungen sind an die Verfahren zur Darstellung beliebig geformter Kurven und Flächen zu stellen [1,7]:
- Beschreibung durch wenige, leicht bestimmbare Parameter,
- Berechenbarkeit von Schnittpunkten und Durchstoßpunkten,
- einfaches und stetiges Aneinanderfügen,
- beliebige Transformier- und Darstellbarkeit im Raum,
- Teilbarkeit, ohne Veränderung ihrer Form,
- Möglichkeit zur Erzeugung von Geraden und Ebenen,
- Definition von Knickstellen,
- Veränderung durch Variation der Parameter, auch in Teilbereichen,
- Veränderung der Parameter soll die Glätte des Kurven- bzw. Flächenverlaufs nicht beeinträchtigen,
- Beschreibungsmöglichkeit auch dann, wenn Tangenten bzw. Tangentialebene parallel zu den Koordinaten verlaufen sowie
- Unabhängigkeit bei der Bestimmung der Koordinaten beliebiger Punkte.

Ein wichtiges Kriterium für die Qualität einer Kurve oder Fläche ist ihre Glätte. Damit ein glatter bzw. stetig gekrümmter Verlauf gewährleistet werden kann, muß die Kurve bzw. Fläche mehrfach differenzierbar sein. Ein glatter Kurvenverlauf hat eine sich stetig ändernde Tangente, ein glattes Flächenstück eine sich stetig ändernde Tangentialebene [7].

Müller [7] kommt bei einer vergleichenden Betrachtung der verschiedenen Darstellungsarten von Freiformgeometrien zu folgendem Ergebnis:
- Analytische Verfahren haben den Nachteil eines hohen Beschreibungsaufwandes und großer Datenmengen.
- Polynomdarstellungen lassen keine vertikalen Tangenten zu, es besteht eine Abhängigkeit von der Wahl des Koordinatensystems, eine direkte Koeffizententransformation ist nicht möglich.
- Die Parameterdarstellungen von Ferguson und Coons erfordern die Angabe von Stützpunkten und Tangentenvektoren bzw. Twistvektoren.
- Die Lagrange-Interpolation läßt kein kantenfreies Aneinanderfügen der Kurven zu. Der Grad der Gewichtsfunktion hängt von der Anzahl der Stützstellen ab. Lokale Änderungen sind nicht möglich.
- Bei kubischen Splines müssen bei n Stützpunkten (n − 1) erste bzw. zweite Ableitungen gebildet werden. Durch Ändern eines Stützpunktes ändert sich die gesamte Kurve.
- Das Bezier-Verfahren bietet keine lokalen Änderungen. Die Gewichtsfunktion ist von der Anzahl der Stützpunkte abhängig.

Freiformflächen 189

Kurvendarstellungen

Methode	Graph	Mathem. Darstellung	Gewichtsfunktion	Eigenschaften
Darstellung mit Polynomen		$y(x) = \sum_{i=0}^{n} A_i x^i$	A_i, $i = 1, ..., n$	- Transformationsabhängige Koeffizienten - Keine vertikalen Tangenten - einfache Berechenbarkeit
FERGUSON		$P(v) = \sum_{i=1}^{4} B_i v^{i-1}$ $v \in (0,1)$	B_i, $i = 1, ..., 4$	- Randpunkte und deren Ableitungen bestimmen die Kurve - Polynome 3. Ordnung
LAGRANGE		$P(u) = \sum_{i=0}^{n} S(u_i) L_i(u)$	$L_i(u) = \prod_{\substack{k=0 \\ k \neq i, \, 0 < i, \, k < n}}^{n} \frac{u - u_n}{u_i - u_n}$	- Interpolation durch Kurvenpunkte - Grad der Funktion hängt von der Anzahl der Stützstellen ab - Globalität des Stützstelleneinflusses
Kubische Splines		$P(u) = \sum_{i=1}^{4} B_i(u) u^{i-1}$	$B(u)$, $i = 1, ..., 4$	- Segmentweise Polynome 3. Grades - Keine Knickstellen - Änderung eines Punktes ändert die gesamte Kurve
BEZIER		$P(u) = \sum_{i=0}^{n} A_i f_{i,n}(u)$ $u \in (0,1)$	$f_{i,n}(u) = \sum_{p=0}^{n} (-1)^{p+i} \binom{p-1}{p=i} \binom{n}{p} u^n$	- Polygonpunkte werden eingegeben - Der Grad des Polynoms hängt von der Anzahl der Stützstellen ab - Globalität des Stützstelleneinflusses
B-Splines		$P(u) = \sum_{i=0}^{n} S_i N_{i,k}(u)$ $u \in (0,1)$	$N_{i,k}(u) = \frac{u-i}{k-1} N_{i, k-1}(u) + \frac{i+k-u}{k-1} N_{i+1, k-1}(u)$	- Kurven- bzw. Polygonpunkte definierendes Polynom - Segmentweise zusammengesetzte Kurve - Lokalität des Stützstelleneinflusses

Flächendarstellungen

Methode	Graph	Mathem. Darstellung	Gewichtsfunktion	Eigenschaften
Darstellung mit Polynomen INABA		$Z(x,y) = \sum_{0,0}^{3,3} A_{ij} x^i y^j$	A_{ij}	- Nachteile am Polynomdarstellung (wie bei der Kurvendarstellung) - Einfache Berechenbarkeit
LAGRANGE		$Q(u,v) = U^T \cdot P \cdot V$	$U = [L_i, m(u)]$ $V = [L_j, n(v)]$	- Es werden nur Flächenstützpunkte vorgegeben (sonst wie Kurvendarstellung)
Kubische Splines		$Q(u,v) = U^T \cdot P \cdot V$ $(P_{ij}) = p$	$U = [H_{i,3}(u)]$ $V = [H_{j,3}(u)]$	- Flächenstützpunkte werden vorgegeben (sonst wie Kurvendarstellung)
COONS		$Q(u,v) = U \cdot N \cdot P \cdot N^T \cdot W^T$	$U \cdot N = [F_{0u} F_{1u} G_{0u} G_{1u}]$ $W \cdot N = [F_{0w} F_{1w} G_{0w} G_{1w}]$	- Die Eckpunkte eines Patches werden mit Tangenten und Twistvektoren vorgegeben
BEZIER		$Q(u,v) = V \cdot F \cdot A \cdot F^T \cdot U^T$	$V \cdot F = [f_{i,n}(v)]$ $U \cdot F = [f_{j,m}(u)]$	- Bei der Approximation müssen die Stützstellen des charakteristischen Polygons vorgegeben werden
B-Splines		$Q(u,v) = V \cdot P \cdot A \cdot U^T$	$V = [N_{j,l}(v)]$ $U = [N_{i,k}(u)]$	- Bei der Approximation werden Stützstellen des charakteristischen Polygons vorgegeben

Bild 5.7-02   Approximationsverfahren zur rechnerinternen Darstellung von Freiformgeometrien [7]

- Das B-Spline-Verfahren kommt den gestellten Anforderungen am meisten entgegen. Es werden zur Kurvendefinition nur Stützpunkte benötigt, die Interpolation ist einfach zu handhaben, die Ordnung der Gewichtsfunktionen ist unabhängig von der Anzahl der Stützpunkte, lokale Änderungen sind möglich.

Für anspruchsvolle Anwendungen wird Krümmungstetigkeit gefordert, also Stetigkeit der 2. Ableitungen. Beispiele hierzu sind die Entwicklung „glatter" Kurven- und Flächen für Karosseriekonstruktionen, Turbinenschaufeln, Gehäuse höherer ästhetischer Anforderung und Schiffsoberflächen [8].

Unter den Algorithmen der Geometrieverarbeitung beliebig geformter Flächen können prinzipiell erzeugende, auswertende, manipulierende und relationale Algorithmen unterschieden werden [9]. Diese Unterteilung ist grob und eher willkürlich, da Algorithmen einer Klasse auf Algorithmen einer anderen zugreifen. Unter erzeugenden Algorithmen sind zum Beispiel Algorithmen der Generierung von geometrischen Elementen wie Punkten, Tangenten, Krümmungen, Bogenlängen und Flächeninhalten. Während die letztere Art den Inhalt einer Datenstruktur zu einem realisierten Modell auswertet, verlangt die erste Art eine Aktualisierung des Modellinhalts auf einer gegebenen Datenstruktur. Dies gilt insbesondere für manipulierende Algorithmen, die mit einer Änderung geometrischer Parameter meist eine Aktualisierung topologischer Zusammenhänge zur Folge haben. Relationale Algorithmen ermitteln Eigenschaften zwischen Elementen, so z. B. die relative Lage zueinander, den minimalen Abstand von Elementen oder die Verknüpfung von Elementen. Die Schnittbestimmung ist hierbei der zentrale Schwerpunkt in der Geometrieverarbeitung, da diese mit der Aufgabe der Booleschen Verknüpfung geometrischer Objekte in Modellierern verbunden ist.

Hierbei lassen sich folgende Aufgaben klassifizieren [10]:
- Schnittpunktermittlung,
- Schnittkurvenermittlung,
- Punkt-Lage-Bestimmung und
- Berandungsermittlung.

Bei der numerischen Ausführung und Realisierung dieser Aufgaben werden folgende Kriterien herangezogen:
- Zuverlässigkeit bei der Durchdringungsermittlung sowie
- Genauigkeit und Schnelligkeit der numerischen Verfahren.

Fortschritte in der Modellbildung technischer Objekte für die Behandlung auf Rechnern sind geprägt durch eine Zunahme strukturierter Informationen bei gleichzeitiger Abnahme der zu interpretierenden mentalen Modellinhalte. Volumenmodellierer, die auf einer Modellbildung von 3D-Objekten in einem 3D-Objektraum basieren, genügen dem Anspruch einer geometrisch vollständigen und eindeutigen Darstellung realer oder erdachter Objekte.

Eine große Bedeutung kommt den Anwendungen auf der Basis geometrischer Modellierer zu. Über die CAD-Anwendungen hinaus sind vor allem Systeme der weiteren Schritte der Produktentwicklung aus Konstruktion, Arbeitsplanung und Fertigung zu nennen, die auf der Basis geometrischer Informationen technologische und funktionale Eigenschaften bestimmen, hinzufügen, simulieren und verifizieren. Einige typische Anwendungen sind die Ableitung von NC-Programmen, der Entwurf und die geometrische Analyse von Bauteilen, die Kollisionsüberprüfungen in kinematischen Anwendungsbausteinen, die Simulation der Fertigungsprozesse und der funktionale Entwurf technischer Objekte.

Technologische und funktionale Eigenschaften werden in algorithmetischer und attributiver Form in verschiedenen Anteilen gehandhabt, je nachdem, welche Eigenschaften beschrieben werden. Die Handhabung dieser Eigenschaften hat oftmals den Charakter einer Kopplung von Geometrie, Funktion und Technologie auf der Ebene der Anwendungsmodule, wodurch Konsistenzprüfungen der Modellinhalte in die Anwendungen verlagert werden.

Die Integration der geometrischen Anteile funktionaler und technologischer Eigenschaften in einem Modellierer mit Mitteln der Modellbildung ist ein entscheidender Schritt zur rechnerinternen strukturierten Zusammenfassung aller Einzelinformationen über ein Produkt in einem Produktmodell und damit zu integrierten Konstruktions- und Arbeitsplanungsmethoden. Der geometrischen Modellbildung in zukünftigen Modellierern kommt hierbei eine entscheidende Bedeutung zu. Jeder geometrische Aspekt muß vom Anwendungsmodul aus verschiedenen Blickwinkeln ansprechbar und abrufbar sein. Als ein entscheidender Schritt für Volumenmodellierer basierend auf Boundary-Repräsentation wird hierzu in Arbeiten von Weiler [11] ein erweitertes topologisches Konzept und deren Abbildung in einer Datenstruktur angegeben.

Die Geschlossenheit eines Objektes ist algorithmisch über algebraische Gleichungen überprüfbar. Topologische Konzepte, die eine Geschlossenheit der Objekte gewährleisten, werden als Manifold Topology bezeichnet. Die Umgebung eines Punktes ist topologisch äquivalent zu einer Scheibe. In jüngster Zeit wurden Datenstrukturen und darauf arbeitende Modellalgorithmen entwickelt, die die Forderung der Geschlossenheit der Objekte in „Volumenmodellieren" aufgeben und sogenannte Non-Manifold Topologien zulassen. Non-Manifold Topologien erlauben einfachere und komplexere Umgebungen eines Punktes auf der Berandung von Objekten als die einer Scheibe. Wesentlich für Non-Manifold Strukturen ist, daß in einem topologischen Rahmen Drahtmodelle (z. B. für die Visualisierung), Flächenmodelle (z. B. für die NC-Bearbeitung) und Volumenmodelle konsistent abgebildet werden können. Volumina können zu Teilen aus diesen Modellformen bestehen und unvollständig oder vollständig im Sinn eines Volumens beschrieben werden. Eine aufwendige Behandlung oder gar Vermeidung von Non-Manifold Ergebnissen bei Bool'schen Verknüpfungen in konventionellen Modellierern entfällt mit Non-Manifold Datenstrukturen. Die Non-Manifold Darstellung von Objekten ermöglicht leistungsfähigere, zuverlässigere und softwaretechnisch kompaktere geometrische Modellierer.

Die Semantik technischer Objekte ist vielfältig, aus verschiedenen Phasen der Produktgestaltung heraus variierend und von der Interpretation eines Betrachters abhängig. Konsistenz und Vollständigkeit umfangreicher technologischer und funktionaler Semantik unter erzeugenden, manipulierenden und löschenden Funktionen zu gewährleisten, ist eine Herausforderung, die noch nicht gelöst wurde. Ein erster Schritt hierzu wäre es, den Bezug zwischen Geometrie und funktionaler, technologischer Information über Form Features herzustellen und hierbei die geometrischen Abhängigkeiten von Teilstrukturen über Regeln zu verknüpfen. Die unterschiedliche Dimensionalität möglicher Form Features erfordert hierbei, Non-Manifold Datenstrukturen abzulegen.

Zunehmend kann beim rechnerunterstützten Verarbeiten von Freiformgeometrien davon ausgegangen werden, daß ihr Entwurf bereits rechnerunterstützt erfolgt. Freiformgeometrien können als Ausgangsbasis für die fertigungstechnische Gestaltung von Kurven und Flächen dienen oder aber über Interpolations- bzw. Approximationsverfahren aus vorgegebenen Punkten gewonnen werden.

Eine zunehmende Bedeutung zur Darstellung von Freiformgeometrien in CAD-Systeme haben die Non-Uniform-Rational-B-Splines, abgekürzt NURBS, erhalten. Sie bieten auch die Möglichkeit, analytisch beschreibbare Geometrien mit Freiformgeometrien in einer gemeinsamen Darstellungsbasis zu verbinden. Datenformate auf der Basis von NURBS sind in internationale Austauschformate wie STEP und IGES sowie in Standards der Verarbeitung graphischer Daten wie PHIGS einbezogen.

Die Generierung der Flächenbeschreibung bildet wie oben erläutert den Ausgangspunkt jeder rechnerunterstützten Fertigung von Freiformflächen. Die die Genauigkeit bestimmenden Aspekte der Konstruktion bzw. Modellierung und des Digitalisierens von Freiformflächen sollen nachfolgend behandelt werden.

Bei vielen Bauteilen mit freigeformten Oberflächen spielen Aspekte des Designs eine große Rolle (z. B. Haushaltsgeräte, Automobil-Karosserien). Die Ergebnisse der Design-Überlegungen liegen zumeist in Form von Design-Modellen vor [2]. Die Aufgabe des Digitalisierens ist es, diese körperlichen Repräsentationen der Sollflächen unter Minimierung von Informationsverlusten und -verfälschungen in eine geeignete rechnerinterne Darstellung zu überführen. Für die erzeugte Geometriebeschreibung sind zwei Kriterien wichtig: die Genauigkeit, mit der das Modell in die rechnerinterne Darstellung überführt wird und die für eine effiziente Weiterverarbeitung geeignete Aufbereitung der Digitalisierdaten. Durch ein formelementorientiertes Vorgehen beim Aufnehmen der Meßdaten, z. B. mit einem Koordinatenmeßgerät, kann die Genauigkeit bei gleichzeitiger Reduktion des Datenvolumens erheblich verbessert werden [5]. Wichtig ist aber auch eine Unterstützung des Meßablaufs bei unterschiedlichen Meßstrategien (Schnitte, Randkurven, Punktwolken) [6]. Eine gebräuchliche Vorgehensweise ist hierbei die schrittweise Verbesserung der rechnerinternen Darstellung durch abwechselndes Approximieren einer Fläche über die aufgenommenen Meßpunkte und gezieltes Aufnehmen weiterer Meßpunkte in ungenau erscheinenden Bereichen.

Wichtigstes Verfahren der Erzeugung von Freiformgeometrien ist das Modellieren, d. h. das Konstruieren durch Zusammenfügen von Formelementen und anderen Teilbeschreibungen und das Konstruieren durch Modifizieren wie das Anfügen von Gußschrägen, Übergangs- und Ergänzungsflächen [12]. Grundlage hierfür sind z. B. bemaßte Designer-Skizzen, Folien-Pläne und Schnitte aus Berechnungsprogrammen oder aus anderen Verfahrensschritten stammende Teilegeometrien. Insbesondere bei strömungstechnischen Bauteilen (Turbinen- und Verdichterschaufeln) bzw. bei Einsatz der Finite-Elemente-Methode (FEM) spielt die rechnerische Formoptimierung eine große Rolle. Meist handelt es sich hierbei um stark für den jeweiligen Anwendungsfall spezialisierte Software.

Bei allen diskutierten Verfahren zur Erzeugung von Freiformflächen spielt die Toleranz, d. h. die zulässige Genauigkeit, eine bedeutende Rolle. Bei der Approximation von Meßpunkten dient eine Toleranzvorgabe als Abbruchkriterium für die Iteration bei einer ausreichenden Annäherung an die durch die Punktewolke repräsentierte Fläche. Bei der Modellierung einer Freiformfläche über Profilschnitte ist der Verlauf der erzeugten Fläche an Zwischenprofilen nicht ohne weiteres vorherbestimmbar und darüber hinaus vom eingesetzten Modellierungsverfahren abhängig. Eine Toleranz ist für diesen Fall schwierig vorzugeben, da diese Abweichungen ja gerade durch zu wenige Sollvorgaben entstehen. Beim Verschneiden und Verrunden, zwei im Werkzeug- und Modellbau sehr häufig verwendeten Operationen zur Flächenmanipulation, entscheiden wiederum Toleranzvorgaben über die Genauigkeit, mit der die erzeugten Flächen in ihren Randbedingungen (Tangenten- und Krümmungsstetigkeit) zueinander passen.

Modellieren und Digitalisieren von Freiformflächen sind die gebräuchlichsten Formen zur Erzeugung der rechnerinternen Darstellung für die weiteren Schritte in der Prozeßkette zur Herstellung von Freiformflächen. Während beim Modellieren die Funktionalitäten des eingesetzten Systems neben der Erfahrung des Konstrukteurs bestimmend sind, spielen beim Digitalisieren die Qualität des Modells, die Genauigkeit der Digitalisiereinrichtung, die Digitalisierstrategie und die Datenaufbereitung (Interpolation/Approximation) gleichermaßen eine Rolle für die Güte der erzeugten rechnerinternen Darstellung.

Durch die Vielfalt und z. T. auch durch die Spezialisierung der am Markt verfügbaren CAD-Systeme kommt der Datenübernahme aus Fremdsystemen eine hohe Bedeutung zu. Grundsätzlich kann dies durch eine Speziallösung für die zwei beteiligten Systeme oder durch ein genormtes Zwischenformat [3, 4] erfolgen. Bei den Speziallösungen sind keine unvertretbar großen Informationsverluste zu erwarten, da das Schnittstellenformat dem jeweiligen Anwendungsfall genau angepaßt werden kann. Nachteilig ist der sehr hohe Aufwand bei der Softwareerstellung. Genormte Schnittstellen reduzieren den Aufwand für die Erstellung der Ein-/Ausgabeprozessoren erheblich, da für jedes System nur je ein Ein- und Ausgabeprozessor erstellt werden muß.

Im Werkzeug- und Modellbau werden Formtoleranzen im Bereich von 0,1 bis 0,01 mm angestrebt. Daher ist eine Genauigkeit der Flächendaten von 0,001 mm zu fordern. Gängige CAD-Systeme erzeugen VDA-FS-Daten mit 5 bis 11 Nachkommastellen. In diesem Zusammenhang kann die Genauigkeit der Flächenbeschreibung bei allen betrachteten CAD-Systemen als gut bezeichnet werden. Spezialisierte und genormte Schnittstellen für den Datenaustausch zwischen CAD-Systemen liegen in verschiedenen Ausprägungen vor (IGES, STEP, VDA-FS). Die einzelnen Normen weisen stark unterschiedliche Leistungsumfänge auf (IGES schließt z. B. auch Zeichnungsinformationen ein, VDA-FS beschränkt sich ausschließlich auf Punkte, Kurven und Flächen). Durch die Komplexität der zu übermittelnden Informationen ist jede Ein-/Ausgaberoutine nach der Schnittstellendefinition als recht umfangreiche Software realisiert. Durch die Unterschiede in den rechnerinternen Darstellungen des Quell- und Zielsystems (z. B. verfügbare Geometrieelemente, Repräsentation der Randinformationen) sind Anpassungen erforderlich, die häufig zu Genauigkeits- und generell zu Informationsverlusten führen und damit manuelle Nacharbeit auf dem Zielsystem nach sich ziehen, bevor z. B. die Steuerdaten für die Bearbeitungsmaschine erstellt werden können.

Tolerierung von Freiformflächen

Die Tolerierung eines Bauteils erfolgt in der Detaillierungsphase beim Erstellen der technischen Zeichnung. Ziel der Tolerierung ist es, für alle nachfolgenden Planungs- und Arbeitsschritte objektive Kriterien zu deren Unterstützung und Überprüfung zur Verfügung zu stellen. Außerdem wird damit auch gewährleistet, daß die funktionalen Anforderungen und eine spätere Austauschbarkeit bei Instandhaltungsmaßnahmen erfüllt werden können. Bei einer Tolerierung von flächenhaft beschriebenen Freiformgeometrien können nicht, wie bei Regelgeometrien, eindeutige geometrische Formelemente verwendet werden. Deshalb sind

technische Objekte	Anforderungen	Toleranzkriterien	Toleranzen
Strömungsprofile	- aero- und hydrodynamische Eigenschaften	- globaler und lokaler Flächenverlauf - Anströmrichtung - Oberflächengüte	- globale Formtreue der gesamten Fläche - lokale Formtreue als relative Fehleränderung (auch richtungsabhängig) - Position der Fläche - Orientierung der Fläche - Oberflächeneigenschaften
Automobilbau	- Ästhetik - Optik - Strömungswiderstand	- Welligkeiten - relativer Flächenverlauf - Oberflächengüte	
Druck- und Spritzguß	- Ergonometrie - Ästhetik - Gewicht - Griffigkeit	- Oberflächenstruktur - gesamter Flächenverlauf	
Funktionsflächen	- simulierte und/oder berechnete Funktionalität muß erfüllt sein	- Flächenverlauf muß mit den Vorgaben der Berechnungen übereinstimmen - Oberflächengüte	
Schmiedeteile	- Einhaltung von Festigkeit und Gewicht	- Formhaltigkeit der Gesamtfläche	

Bild 5.7-03 Anforderungen an technische Freiformflächen [8]

bei Freiformgeometrien Strategien notwendig, die es erlauben, ohne diese Formelemente eine eindeutige Tolerierung vorzunehmen.

Nach DIN 4760 werden fertigungtechnisch bedingte Gestaltsabweichungen in sechs Ordnungen eingeteilt. Ausgehend von den typischen Anwendungsgebieten technischer Objekte mit Freiformgeometrien, lassen sich die wichtigsten Tolerierungskriterien aus den in Bild 5.7-03 dargestellten Eigenschaften ableiten. Strömungsprofile, die nach aero- oder hydrodynamischen Gesichtspunkten über mathematische Berechnungs- und Simulationsprogramme ermittelt werden, müssen zu ihrer Funktionserfüllung folgenden Eigenschaften genügen:

- Da die berechneten Krümmungsverläufe auf der gesamten Fläche für die geforderten Strömmungseigenschaften sehr genau einzuhalten sind, müssen Gestaltabweichungen erster und zweiter Ordnung tolerierbar sein.
- Die Einhaltung einer Oberflächengüte und lokalen Formtreue sind für das berechnete Strömungsverhalten in den Grenzschichten wichtig. Strömungsablösungen oder Übergänge von laminarer zu turbulenter Strömung werden bei Überschreitung der zulässigen Werte für die Oberflächengüte oder bei Sprüngen im Flächenverlauf begünstigt.
- Sehr wichtig für die Funktionalität ist die Anströmrichtung. Hier verursachen schon geringe Winkeländerungen große funktionale Änderungen. Der berechnete Wirkungsgrad einer Strömungsmaschine ist ein typisches Beispiel dafür. Deshalb muß sowohl die Abweichung der räumlichen Lage als auch die der Orientierung einer Fläche bezüglich einer vorgegebenen Referenz tolerierbar sein.
- Die Genauigkeitsanforderungen sind in den meisten Fällen richtungsabhängig und beschränken sich oft auch auf einen kleinen Teilbereich der gesamten Fläche. Alle Toleranzen müssen deshalb auch richtungsabhängig und für Teilbereiche, die im Extremfall zu einzelnen Linien entarten, vorgegeben werden können.

Weitere geometriebeeinflussende Funktionen technischer Oberflächen resultieren aus dem Bereich der Ästhetik, der Ergonomie oder Festigkeitslehre. Bezüglich der Ästhetik und Stilistik müssen wegen des Reflexionsverhaltens hohe Ansprüche an die Oberflächengüte erfüllt werden. Bei spiegelblanken Formen und Werkzeugen, an deren Oberflächen sich an definierten Lichtkanten die Reflexionsrichtung sprunghaft ändern muß, sind Genauigkeitsanforderungen im µm-Bereich bezüglich Gestaltsabweichungen dritter und vierter Ordnung keine Seltenheit. Hingegen spielen die absoluten Formhaltigkeiten, die durch Gestaltsabweichungen erster und zweiter Ordnung verursacht werden, eine untergeordnete Rolle. Die Toleranzen bewegen sich hier in der Größenordnung vom ± 0,2 mm.

Die Anforderungen aus ergonomischer Sicht resultieren vorwiegend aus subjektiven Kriterien wie Griffigkeit und Handhabbarkeit, die sich nicht konkret spezifizieren lassen, aber mit den Tolerierungsanforderungen der Ästhetik vergleichbar sind. Um die berechnete Festigkeit zu gewährleisten, ist die Einhaltung vorgegebener Querschnitte von Bedeutung, die durch Gestaltabweichungen erster und zweiter Ordnung verändert werden können. Gestaltabweichungen dritter und vierter Ordnung spielen keine Rolle, wenn durch sie bei gegebenem Belastungsfall keine Rißbildung begünstigt wird.

Zur Erfüllung dieser Anforderungen ist zu gewährleisten, daß die Freiformgeometrien in ihrer Form getrennt nach Fehlern erster bis vierter Ordnung und bezüglich ihrer Lage im Raum tolerierbar werden können. Zur eindeutigen und funktionsgerechten Tolerierung von Freiformgeometrien müssen die globale Formhaltigkeit, lokale Formhaltigkeit, Position und Orientierung sowie Oberflächeneigenschaften getrennt und unabhängig voneinander festgelegt werden. In Bild 5.7-04 sind die wichtigsten Problemfälle dargestellt, die bei der Tolerierung von Freiformgeometrien auftreten können.

Gestaltsabweichungen erster, zweiter und dritter Ordnung sowie deren Überlagerung lassen sich bei Freiformgeometrien in der Regel nicht getrennt bewerten, da die Größe der betrach-

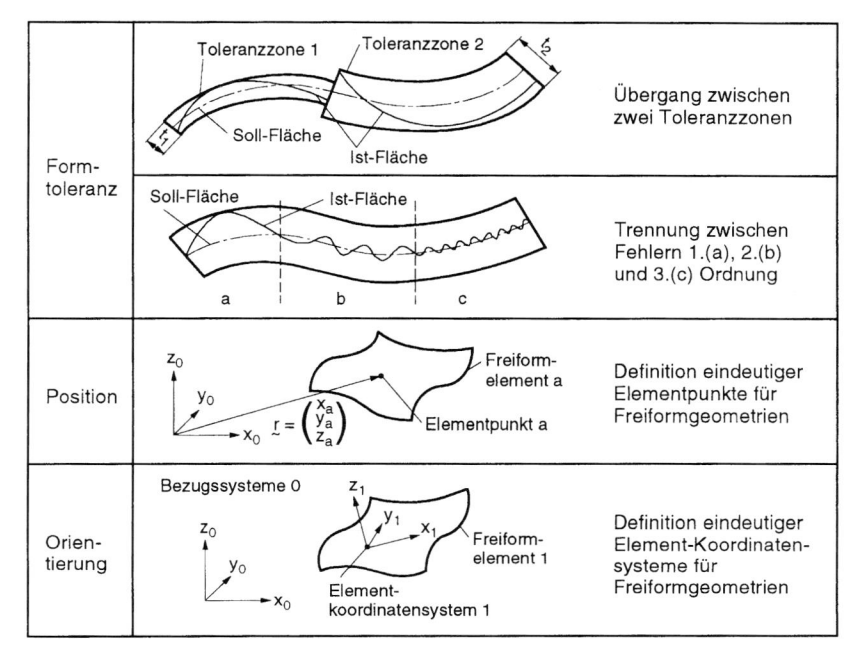

Bild 5.7-04 Problemfälle der Tolerierung von Freiformgeometrien [8]

teten Bereiche prinzipiell beliebig gewählt werden kann. Eine Gestaltsabweichung zweiter Ordnung kann so durch Verkleinern des betrachteten Flächenausschnittes zu einem Fehler erster Ordnung werden. Globale Formabweichungen und lokale Welligkeiten sind bei Freiformgeometrien also besonders zu berücksichtigen. Zur Definition der Position und der Orientierung fehlen bei Freiformgeometrien eindeutige, reproduzierbare Elementpunkte und Elementkoordinatensysteme, wie sie bei regelgeometrischen Elementen durch Mittelpunkte, Achsen oder Mittelebenengegeben sind [13].

Im Tolerierungsgrundsatz nach DIN ISO 8015 werden die Zusammenhänge zwischen den einzelnen unterschiedlichen Toleranzarten festgelegt. Nach dem Unabhängigkeitsprinzip müssen die nachfolgend beschriebenen Maß-, Form- und Lagetoleranzen getrennt eingehalten werden, falls in der Zeichnung nicht eine besondere Beziehung angegeben wird.

Längen- und Winkeltoleranzen werden unter dem Oberbegriff Maßtoleranzen zusammengefaßt. Durch eine Längenmaßtoleranz werden die örtlichen Ist-Maße eines geometrischen Formelements wie Punkt, Achse, Fläche, Kreis etc. oder der Abstand von zwei Formelementen durch einen Zweipunktabstand begrenzt. Winkelmaßtoleranzen begrenzen die Richtungsabweichung zwischen zwei Linien. Linien können dabei entweder Achsen von berechneten Elementen oder Berührungslinien ebener Flächen sein, die durch Auflage an einer Idealgeometrie entstehen. Maßtoleranzen, die sich auf einen Zweipunktabstand beziehen, erreichen deshalb vor allem bei regelgeometrischen Elementen ihre hauptsächliche Bedeutung, da sich hier die Maße der Ausgleichselemente wie Radien von Kreisen, Zylindern und Kegeln oder deren Abstände eindeutig berechnen und somit auch tolerieren lassen. Bei Freiformflächen hingegen lassen sich keine Ausgleichselemente berechnen oder meßtechnisch erfassen, was somit eine Tolerierung von Maßen ausschließt. Im Gegensatz zu den Maßtoleranzen definiert eine Form- oder Lagetoleranz die Zone, innerhalb der dieses Element bzw.

sein Mittelpunkt, seine Achse oder seine Mittelebene zu liegen hat. Eine Betrachtung der entsprechenden DIN Sachgruppen 7660 Technisches Zeichnen und 3190 Toleranzen, Passungen zeigt, daß zusätzlich zwar Regeln und Richtlinien für viele unterschiedliche Bereiche aufgestellt und in den Normen niedergelegt sind, aber Freiformflächen dabei speziell nicht berücksichtigt werden. In DIN 7526 und DIN 7526 B werden z. B. Toleranzen und zulässige Abweichungen für Gesenkschmiedestücke genormt, die auch hier alle auf regelgeometrische Elemente zurückgeführt werden müssen, weil es keine freiformflächenspezifische Tolerierungsmöglichkeiten gibt.

Mit in Bild 5.7-05 aufgezeigten Eigenschaften (Profilform einer beliebigen Linie und Profilform einer beliebigen Fläche) sind die nach DIN ISO gegebenen Tolerierungsmöglichkeiten für Freiformgeometrien ausgeschöpft. Nach der Definition von DIN ISO 1101 werden bei der Profilformtoleranz einer beliebigen Linie die Toleranzzone durch zwei Linien, die Kreise vom Durchmesser t einhüllen, deren Mitten auf einer Linie von geometrisch idealer Form liegen, begrenzt [14]. Bei der Profilformtoleranz einer beliebigen Fläche wird die Toleranzzone durch zwei Flächen, die Kugeln vom Durchmesser t einhüllen, deren Mitten auf einer Fläche von geometrische idealer Form liegen, begrenzt. Nachteilig hierbei ist, daß Abweichungen in der Bauteilbeschreibung mit dieser Methode nicht feststellbar sind, da der Toleranzbereich um die vorgegebene Soll-Geometrie gelegt und diese damit als damit als ideal exakt unterstellt wird. Hinsichtlich Freiformflächen ist aber festzustellen, daß diese Voraussetzung nicht immer erfüllt ist, da diese oft nur durch eine endliche Anzahl von Stützpunkten approximiert bzw. dargestellt werden können.

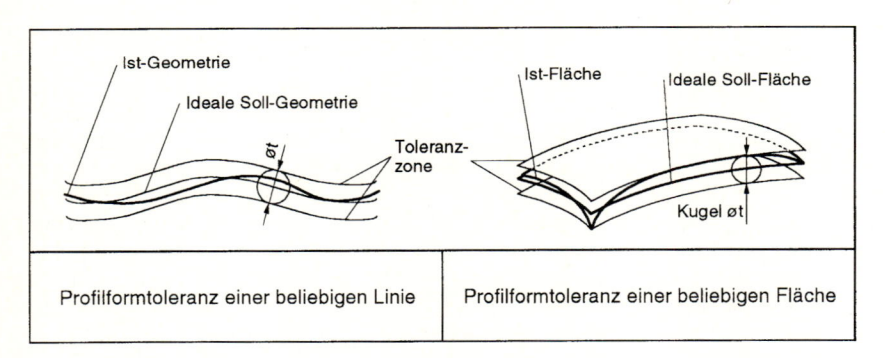

Bild 5.7-05   Tolerierung von Freiformgeometrien nach DIN ISO 1101 [14]

Als typische Oberflächeneigenschaften sind Welligkeit und Rauhigkeit zu erwähnen. Anders als bei Maß-, Form- und Lagetoleranzen, die regelgeometrische Elemente voraussetzen, lassen sich diese Eigenschaften an einem Anschnitt der Ist-Oberfläche eines Formelementes ermitteln und durch maximale Obergrenzen vorgeben. Welligkeit und Rauhigkeit besitzen eine Bezugsfläche, die mathematisch aus den gemessenen Werten – z.B. nach der Methode der kleinsten Abweichungsquadrate – ohne Kenntnis der globalen Form ermittelt werden kann. Im Regelfall hat die Bezugsfläche die Form der geometrischen Soll-Fläche. Die Lagen der Hauptrichtungen beider Flächen stimmen dabei im Raum überein [15, 16].

Genauigkeit der Steuerdaten

Aus den vorgegebenen Freiformflächen (Soll-Flächen) sind im nächsten Schritt der Prozeßkette die Steuerinformationen für die Fräsmaschine zu erzeugen. Hierbei sind rein geometrische Aspekte (Werkzeugform, Orientierung zur Fläche, Schnittaufteilung) und technologische Aspekte (Schnittdaten, Schneidstoffe), aber auch das Fertigungsumfeld (NC-Programmiersystem, Steuerung, Maschine) zu beachten [17].

Einzelflächen werden drei- wie fünfachsig überwiegend entlang von geeigneten Parameterlinien der Flächenbeschreibung bearbeitet. Flächenübergreifende dreiachsige Fräsbearbeitung erfolgt z. B. als simuliertes Nachformfräsen, das Fräswerkzeug wird also in parallelen Bahnen geführt. Die Berechnung der Fräsbahnen erfolgt hierbei je nach System auf der Grundlage einer biparametrischen Flächenbeschreibung oder einer aus ebenen Dreiecken zusammengesetzten Zwischengeometrie. Dem Vorteil der einfachen Berechnung der Fräsbahnpunkte auf den Dreiecksverbänden steht der Aufwand der Dreiecksgenerierung und der Genauigkeitsverlust bei der Annäherung der Freiformflächen durch Dreiecke gegenüber. Beim fünfachsigen Fräsen kommt noch überwiegend die Bearbeitung von Einzelflächen, sogenannte Patch-Arrays, entlang geeigneter Parameterlinien zum Einsatz. Das flächenübergreifende Fräsen ist weitaus weniger verbreitet als das dreiachsige Fräsen, da die Berechnungen für eine kollisionsfreie Fräserführung numerisch bedeutend aufwendiger sind [18]. Da identische Relativbewegungen zwischen Werkzeug und Werkstück je nach Maschinenkinematik unterschiedliche Kollisionssituationen bedingen, ist die für eine Bearbeitungsaufgabe vorgesehene Maschine in viel höherem Maße als beim dreiachsigen Fräsen in die Bahnplanung einzubeziehen.

Merkmal einer gefrästen Oberfläche ist ihre rillige Oberflächenstruktur. Die Rillenform ist von der Werkzeugform und der Neigung des Werkzeuges relativ zur Oberfläche, dem Sturzwinkel, abhängig. Durch die Wahl des seitlichen Fräsbahnabstandes wird die Überlappung benachbarter Fräsrillen bestimmt und damit die Rillentiefe festgelegt. Während beim dreiachsigen Fräsen die Rillenform weitgehend vom Flächenverlauf, insbesondere von der Neigung bestimmt wird, bietet das fünfachsige Fräsen die Möglichkeit einer konstanten Rillenform durch einen relativ zur Fläche konstanten Sturz des Fräswerkzeuges. Somit läßt sich eine bessere Annäherung der gefrästen Oberfläche an die angestrebte Sollgeometrie bzw. eine höhere Genauigkeit von Freiformflächen erreichen. Die Bestimmung des seitlichen Fräszeilenabstandes wird für diesen Fall jedoch in der Regel dem Anwender überlassen [18]. Neben dem seitlichen Abstand der Fräszeilen zueinander beeinflußt der Vorschub je Schneide nicht nur die Oberflächenqualität und damit die erforderliche Nacharbeit an der gefrästen Fläche, sondern bestimmt durch die Spindeldrehzahl als Vorschubgeschwindigkeit gemeinsam mit dem Zeilenabstand auch die erforderliche Fräszeit. Während das Rillenprofil eine Abweichung von der Idealgeometrie quer zur Fräsbahn bedeutet, wirkt sich der Zahnvorschub überwiegend in Fräsrichtung aus. Grundsätzlich nimmt die Rauheit bei zunehmenden Zahnvorschub ebenfalls zu, wobei die absolute Höhe des Profils von der Werkzeugform bestimmt wird. Während zylindrische Fräser eine ausgeprägte Abhängigkeit der Profilhöhe vom Sturzwinkel zeigen, ist diese bei kugeligen und z. T. auch bei torischen Fräsern nicht gegeben [19], da die Oberfläche in diesen beiden Fällen durch einen kreisbogenförmigen Abschnitt der Werkzeug-Hüllfläche beeinflußt wird.

Die Stützpunktdichte bestimmt nicht nur, wie gut eine Fräsbahn die Ideal-Geometrie annähert, sie legt auch den Aufwand zur Berechnung der Fräsdaten sowie die benötigte Leistungsfähigkeit der Übertragungskanäle und der verarbeitenden CNC-Steuerung fest. Ferner ist die Stützpunktdichte bzw. die Gesamtanzahl der Stützpunkte durch die Speicherkapazität der jeweiligen Maschinensteuerung begrenzt. Der endliche Stützpunktabstand bedingt den sogenannten Sehnenfehler, da zwischen den Stützpunkten die Kurvenform der Sollgeometrie nur linear angenähert wird. Durch die simultane Bewegung von Linear- und Drehachsen entstehen zwischen den über den Sehnenfehler berechneten Fräsbahnstützpunkten Fräserbewegungen entlang einer Bahn, deren Verlauf von der Interpolationsart und der Maschinenkinematik abhängt. Durch die Anwendung der parabolischen oder Splineinterpolation in der fünfachsigen Fräsbearbeitung kann damit die Abweichung am Werkstück bei gleichem

Stützpunktabstand gegenüber der Linearinterpolation etwa um das zehnfache minimiert werden [18,20]. Diese Bewegungen verursachen zusätzliche Abweichungen von der Sollbahn, den sogenannten kinematischen Fehler, durch den kleinere Abstände der Stützpunkte erforderlich werden können. Hierdurch steigt das Datenvolumen an, was auf den Übertragungswegen und durch die Interpretationszeiten der Stützpunkte auf der Steuerung z. T. Zeitprobleme verursacht, die sich durch Rucken bzw. Vorschub-Einbrüche an der Maschine äußern.

Das Rillenprofil, die vorschubbedingte Profilhöhe in Fräsrichtung und der Sehnenfehler überlagern sich linear und sollten daher bei der Festlegung der Fräsparameter immer gemeinsam betrachtet werden.

Genauigkeit der Fertigung

Räumlich gekrümmte Flächen werden oft als beliebig gekrümmte Flächen, Freiformflächen, filigrane Flächen oder komplexe Raumformen bezeichnet. Die Herstellung von Werkstücken mit diesen Flächenkonturen ist vielfach in der Fertigung von Automobilen, Schiffen, Flugzeugen und Konsumgütern sowie bei Turbo- und Verdichterlaufrädern notwendig. Sie haben eine physikalische und/oder eine ästhetische Funktion, die zusammen mit der vorgeschriebenen Geometrie und Toleranz sowie der geforderten Stückzahl das zu ihrer Herstellung anzuwendende Fertigungsverfahren bestimmt. Hierbei können die relevanten Fertigungsverfahren zur Herstellung räumlich gekrümmter Flächen nach DIN 8580 in die Hauptgruppen Trennen, Ur- und Umformen eingeordnet werden. Das Ur- und Umformen wird in der Fertigung von Massenbauteilen angewendet, z. B. zur Herstellung von Rohlingen für Schiffsschrauben oder Karosserieblechteile. Diese Fertigungsverfahren erzeugen auf indirekte Weise die zu erzielenden Flächenkonturen am Werkstück durch die vollständige oder teilweise Abbildung der Flächenkonturen einer Form oder eines Werkzeuges, die die negative Geometrie des Werkstückes darstellt. Hingegen erzeugt die Anwendung der Fertigungsverfahren der Hauptgruppe Trennen vorwiegend direkt die räumlich gekrümmten Flächenkonturen. Dies erfolgt vor allem durch die Verfahren der spanenden Bearbeitung mit geometrisch bestimmten und unbestimmten Schneiden sowie des Abtragens. Bild 5.7-06 stellt die relevanten Fertigungsverfahren der Hauptgruppe Trennen zur Herstellung räumlich gekrümmter Flächen dar. Zudem ist häufig bei urgeformten Konturen eine Nachbearbeitung der Funktionsflächen durch trennende Verfahren unumgänglich.

Die Fertigungsverfahren der Gruppe Abtragen wie das funkenerosive Senken, das elektrochemische Senken und Polieren, werden insbesondere bei der Herstellung feingliedriger Gravuren sowie von Gesenk- und Schmiedeteilen eingesetzt. Dies ist damit zu begründen, daß neben den hohen erzielbaren Formgenauigkeiten auch die Bearbeitung von harten Werkstoffen möglich ist [21]. Mit Ausnahme der Laser-Caving Bearbeitung setzt ein Einsatz dieser Verfahren Elektroden, zumeist aus Graphit oder Kupfer, voraus, die überwiegend durch spanende Bearbeitung hergestellt werden. Durch die Fertigungsverfahren des Spanens mit geometrisch unbestimmten Schneiden wie Schleifen, Honen und Polieren werden die Maßgenauigkeiten und Oberflächengüten der Werkstücke verbessert. Jedoch erfolgt ihre Anwendung im Form- und Werkzeugbau hauptsächlich manuell, so daß diese Verfahren zeit- und kostenintensiv sind und somit auch die gesamte Fertigungszeit wesentlich bestimmen.

In der Einzel- und Kleinserienfertigung von räumlich gekrümmten Flächenkonturen werden neben den Verfahren des Abtragens und des Spanens mit geometrisch unbestimmten Schneiden auch die Fertigungsverfahren des Spanens mit geometrisch bestimmten Schneiden wie das Nachform- und das mehrachsige NC-Fräsen verwendet. Durch die Nutzung rechnerunterstützter Konstruktions- und Fertigungssysteme in Verbindung mit der CNC-Technologie kommt dem Fräsen im Form- und Werkzeugbau eine wachsende Bedeutung zu, da es die kürzeste Umsetzung der in der Konstruktion und Arbeitsvorbereitung erstellten Informatio-

Freiformflächen 199

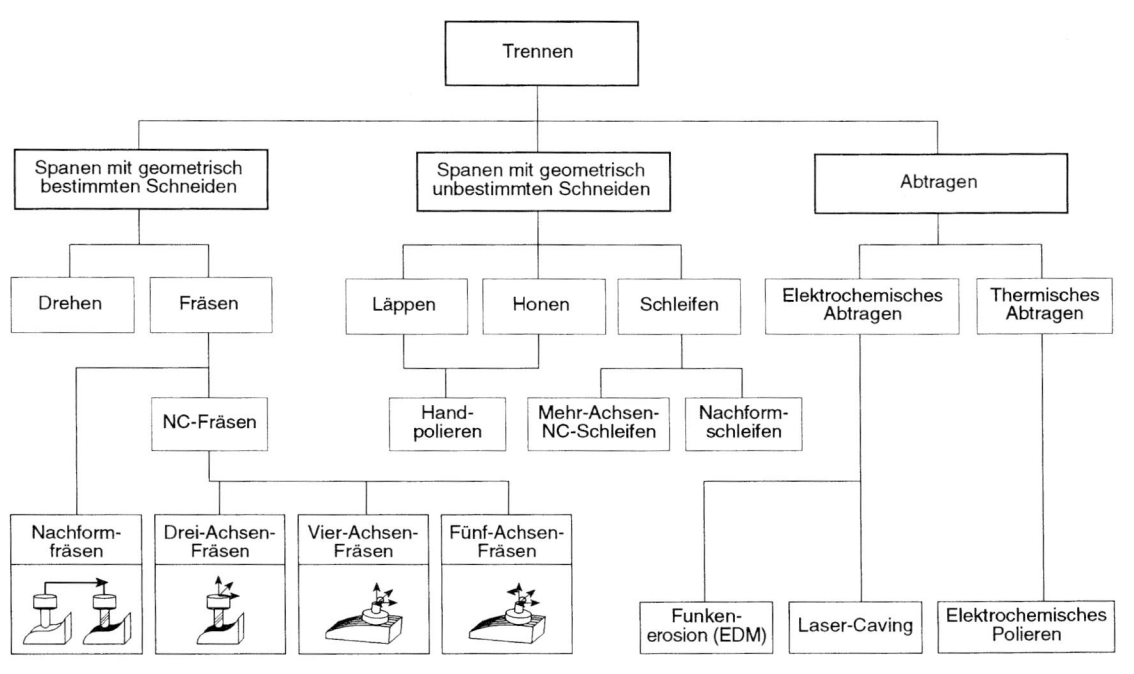

Bild 5.7-06 Fertigungsverfahren der Hauptgruppe Trennen zur Herstellung von räumlich gekrümmten Flächen [23]

nen in fertige Formen ermöglicht. Ferner stellt das NC-Fräsen ein wichtiges Fertigungsverfahren zur Herstellung der für das thermische und elektrochemische Abtragen notwendigen Elektroden dar. Eine weitere Entwicklung des NC-Fräsens ist die fünffachsige Fräsbearbeitung. Durch die fünf Freiheitsgrade kann einerseits das Fräswerkzeug an die Werkstückoberfläche besser angenähert werden, andererseits wird durch dieses Fertigungsverfahren die Möglichkeit einer Rundumbearbeitung sowie die Bearbeitung von Hinterschneidungen in einer Aufspannung gegeben, wodurch ebenfalls eine höhere Genauigkeit erzielt wird. Beim dreiachsigen NC-Fräsen sowie beim Nachformfräsen werden vorwiegend aufgrund der guten geometrischen Annäherung an beliebig orientierte Oberflächen Fräswerkzeuge mit runder Stirn (Kugelkopffräser) verwendet. Bei diesen Werkzeugen entsteht aufgrund der zeilenweisen durchgeführten Fräsbearbeitung eine rillenförmige Struktur, die durch ihre Abweichung von der programmierten Fläche im Schnitt senkrecht zum Fräsrillenverlauf gekennzeichnet ist und als Fräsrillenprofil bezeichnet wird (Bild 5.7-07). Allgemein läßt sich das Fräsrillenprofil durch die Rillenbreite b_R und die Rillentiefe t_R beschreiben [22]. Die Rillenbreite hängt von der eingestellten oder programmierten Rillentiefe und vom Fräsdurchmesser ab. Beim Fünf-Achsen-Fräsen wird im Gegensatz zum Drei-Achsen-Fräsen nicht nur die Fräserspitze, sondern auch die Achsrichtung des Fräsers zum Werkstückkoordinatensystem bahngesteuert. Es ergeben sich geometrische Vorteile, da man anstelle von Kugelkopffräsern auch Stirn- und Umfangsfräser verwenden kann [23]. Durch die bessere Annäherung der Werkzeuggeometrie an die Werkstückkonturen sind im Vergleich zum Drei-Achsen-Fräsen breitere Fräsbahnen bei gleicher Rillentiefe erreichbar. Dies führt zu einer Senkung der Bearbeitungszeit. Weiter können bei der fünffachsigen Fräsbearbeitung im Vergleich zum dreiachsigen Fräsen bei gleicher Fräsrillenbreite kleinere Fräsrillentiefen und bessere Oberflächengüten erzielt werden.

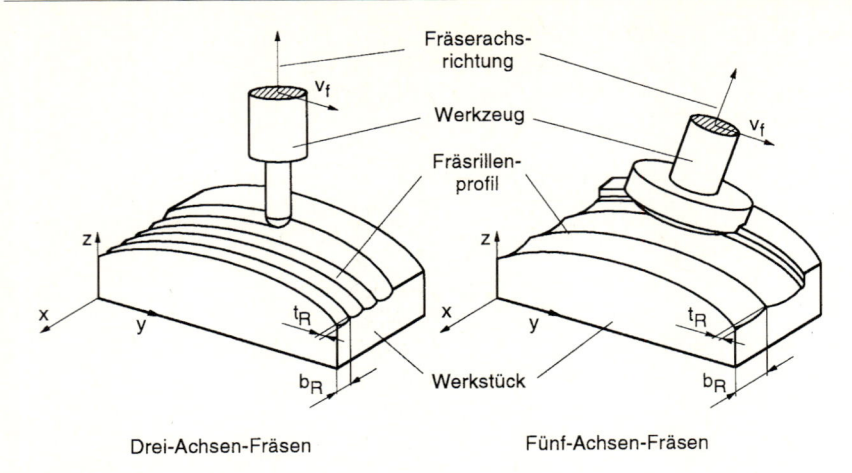

Bild 5.7-07 Drei- und Fünf-Achsen-Fräsen [22]

Neben den oben ausgeführten Genaugkeitseinflüssen durch die Informationsverarbeitung bei der Generierung und Herstellung von Freiformflächen ist der Einfluß der Werkzeugmaschine und der Werkzeuge entscheidend für eine hohe Genauigkeit und Oberflächenqualität der gefertigten Werkstücke. Wichtig sind in diesem Zusammenhang Genauigkeitsabweichungen, die aus geometrischen Fehlern, elastischen Deformationen und thermischen Deformationen der Werkzeugmaschine und der Werkzeuge resultieren [23].

Die geometrische Grundgenauigkeit einer Werkzeugmaschine wird nicht nur durch die Herstellgenauigkeit der beteiligten Maschinenkomponenten, sondern auch durch die Montage, die Aufstellung am Einsatzort und das Fundament sowie den Untergrund mitbestimmt. Diese Faktoren haben einen direkten Einfluß auf die Positioniergenauigkeit einer Werkzeugmaschine. Bei nicht eigensteifen Maschinen, wie sie im Werkzeug- und Modellbau überwiegend eingesetzt werden, spielt der Untergrund und insbesondere das Fundament eine wesentliche Rolle. Die Führungen der Werkzeugmaschine erhalten erst nach der Befestigung und Ausrichtung auf dem Fundament ihre endgültige Form und relative Lage zueinander. Die Qualität des Fundamentes und die Art der Stütz- und Stellelemente (Fixatoren) sowie die Sorgfalt bei der Aufstellung sind mitbestimmend für eine korrekte Geometrie der Führungen. Es sind z. T. Abweichungen von über 0,08 mm durch kleine Variationen (z. B. Anzahl und Anordnung der Stützpunkte) in den Aufstellbedingungen festgestellt worden [24]. Eine periodische Neuvermessung, insbesondere von größeren Werkzeugmaschinen, ist wegen der besonders in der ersten Zeit nach der Aufstellung erheblichen Setzvorgänge durch das hohe Eigengewicht dieser Maschinen unbedingt erforderlich.

Literatur zu Kapitel 5.1

[1] *Mai, E.:* Formales Beschreibungssystem für ebene Werkstückgeometrien. Dissertation TU Berlin 1969
[2] *Opitz, H.:* Werkstückbeschreibendes Klassifizierungssystem; Definitionen. Verlag W. Girardet, Essen 1966
[3] *Lange-Rossberg:* Wege zur wirtschaftlichen Fertigung im Arbeitsmaschinenbau. Verlag W. Girardet, Essen 1954

[4] *Mitrofanow, S. P.:* Wissenschaftliche Grundlagen der Gruppentechnologie. VEB-Verlag Technik, Berlin 1960
[5] *Galland, H.:* Entwicklung einer westückbeschreibenden Systemordnung zur Kostensenkung in der Kleinserien- und Einzelfertigung. Dissertation TH Aachen 1964
[6] *Ickert, J.:* Probleme der Form- und Lageabweichungen und ihre Messungen. Fortschritt-Berichte VDI. VDI-Verlag, Düsseldorf 1964
[7] *Czichos, H.:* Werkstoffe. In Hütte: Die Grundlagen der Ingenieurswissenschaften. 29. Auflage. Springer Verlag, Berlin, Heidelberg 1989
[8] *Kienzle, O.:* Formtoleranzen. Werkst. u. Masch. 45 (1955) 11, S. 605
[9] *Schlesinger, G:* Die Passungen im Maschinenbau. Dissertation TH Berlin 1904.

Literatur zu Kapitel 5.2

[1] *ISO 128:* Technische Zeichnungen. Allgemeine Grundlagen für die Darstellung. Beuth Verlag, Berlin 1982
[2] *ISO 129:* Maschinenbauzeichnungen. Bemaßung. Beuth Verlag, Berlin 1985
[3] *DIN ISO 286 T1/T2:* ISO-System für Grenzmaße und Passungen. Beuth Verlag, Berlin 11/90
[4] *ISO 1:* Bezugstemperatur der Meßzeuge und Werkstücke. Beuth Verlag, Berlin 10/56
[5] *DIN ISO 2768 T1:* Allgemeintoleranzen. Beuth Verlag, Berlin 04/94
[6] *DIN ISO 3040:* Technische Zeichnungen, Eintragung der Maße und Toleranzen für Kegel. Beuth Verlag, Berlin 09/91
[7] *DIN 7178 T1:* Kegeltoleranz- und Kegelpaßsystem für Kegel von Verjüngung C = 1 : 3 bis 1 : 500 und Längen von 6 bis 630 mm, Kegeltoleranzsystem. Beuth Verlag, Berlin 12/74
[8] *DIN 7178 T2:* Kegeltoleranz- und Kegelpaßsystem für Kegel von Verjüngung C = 1 : 3 bis 1 : 500 und Längen von 6 bis 630 mm, Kegelpaßsystem. Beuth Verlag, Berlin 08/86
[9] *DIN 7178 T3:* Kegeltoleranz- und Kegelpaßsystem für Kegel von Verjüngung C = 1 : 3 bis 1 : 500 und Längen von 6 bis 630 mm, Auswirkung der Abweichungen am Kegel auf die Kegelpassung. Beuth Verlag, Berlin 08/86
[10] *DIN 7178 T4:* Kegeltoleranz- und Kegelpaßsystem für Kegel von Verjüngung C = 1 : 3 bis 1 : 500 und Längen von 6 bis 630 mm, Axiale Verschiebemaße. Beuth Verlag, Berlin 08/86
[11] *DIN 7178 T5:* Kegeltoleranz- und Kegelpaßsystem für Kegel von Verjüngung C = 1 : 3 bis 1 : 500 und Längen von 6 bis 630 mm, Benennungen in Deutsch, Englisch, Französisch, Italienisch, Russisch, Spanisch. Beuth Verlag, Berlin 02/76
[12] *DIN 7178 T1 B1:* Kegeltoleranz- und Kegelpaßsystem für Kegel von Verjüngung C = 1 : 3 bis 1 : 500 und Längen von 6 bis 630 mm, Verfahren zum Prüfen von Innen- und Außenkegeln. Beuth Verlag, Berlin 12/73
[13] *DIN 2240 T1:* Lehrengriffe für Lehrenkörper mit Kegelzapfen 1 : 50 bis 40 mm Nenndurchmesser. Beuth Verlag, Berlin 11/89
[14] *DIN 20378:* Bohrhämmer. Kegellehren für Bohrstangen- und Bohrkopfkegel. Beuth Verlag, Berlin 10/90
[15] *VDI/VDE/DGQ 2618, Blatt 25:* Prüfanweisung für Kegellehren, Dorne und Hülsen. Beuth Verlag, Berlin 01/91
[16] *DIN 228 T1:* Morsekegel und Metrische Kegel, Kegelschäfte. Beuth Verlag, Berlin 05/87
[17] *DIN 228 T2:* Morsekegel und Metrische Kegel. Kegelhülsen. Beuth Verlag, Berlin 03/87
[18] *DIN 254:* Kegel. Beuth Verlag, Berlin 06/74

[19] *DIN 2201:* Werkzeugmaschinen, Kegelschaftaufnahme mit Mitnehmer für Morsekegel Größe 3 bis 6 und Metrische Kegel Größe 80 bis 200, Maße. Beuth Verlag, Berlin 01/91
[20] *DIN 6355:* Fräserdorne mit Steilkegel. Beuth Verlag, Berlin 01/80
[21] *DIN 55 026:* Werkzeugmaschinen, Spindelköpfe mit Zentrierkegel und Flansch, Maße. Beuth Verlag, Berlin 03/80
[22] *DIN 55 027:* Werkzeugmaschinen, Spindelköpfe mit Zentrierkegel, Flansch und Bajonettscheibenbefestigung, Zubehör, Maße. Beuth Verlag, Berlin 03/80
[23] *DIN 55 028:* Werkzeugmaschinen, Aufnahme für Spannzeuge, Anschlußmaße für Spindelköpfe nach DIN 55026 und DIN 55027. Beuth Verlag, Berlin 03/80
[24] *DIN 55 029:* Werkzeugmaschinen, Spindelköpfe und Futter flansch mit Zentrierkegel, Camlock-Ausführung, Zubehör, Maße. Beuth Verlag, Berlin 03/80
[25] *DIN 238 T1:* Bohrfutteraufnahme, Kegeldorne. Beuth Verlag, Berlin 06/62
[26] *DIN 238 T2:* Bohrfutteraufnahme, Bohrfutterkegel. Beuth Verlag, Berlin 03/67
[27] *DIN 2079:* Werkzeugmaschinen, Spindelköpfe mit Steilkegel 7:24. Beuth Verlag, Berlin 08/87
[28] *DIN 2080 T1:* Steilkegelschäfte für Werkzeuge und Spannzeuge, Form A. Beuth Verlag, Berlin 12/78
[29] *DIN 2080 T2:* Steilkegelschäfte für Werkzeuge und Spannzeuge, Form B. Beuth Verlag, Berlin 09/79
[30] *DIN 69 871 T1:* Steilkegelschäfte für automatischen Werkzeugwechsel Form A und Form B. Beuth Verlag, Berlin 03/90
[31] *DIN 69 871 T2:* Steilkegelschäfte für automatischen Werkzeugwechsel, Form C. Beuth Verlag, Berlin 06/82
[32] *DIN 69 893 T1:* Kegel-Hohlschäfte für automatischen Werkzeugwechsel, Form A, Maße. Beuth Verlag, Berlin 08/91
[33] *DIN 69 893 T2:* Kegel-Hohlschäfte für automatischen Werkzeugwechsel, Form B, Maße. Beuth Verlag, Berlin 08/91
[34] *DIN 229 T1:* Morsekegellehren, Kegellehrdorne. Beuth Verlag, Berlin 08/82
[35] *DIN 229 T2:* Morsekegellehren, Kegellehrhülsen. Beuth Verlag, Berlin 08/82
[36] *DIN 230 T1:* Morsekegellehren, Kegellehrdorne für Kegelhülsen mit Austreibschlitz. Beuth Verlag, Berlin 08/82
[37] *DIN 230 T2:* Morsekegellehren, Kegellehrhülsen für Kegelschäfte mit Austreiblappen. Beuth Verlag, Berlin 08/82
[38] *DIN 234 T1:* Metrische Kegellehren, Kegellehrdorne. Beuth Verlag, Berlin 08/82
[39] *DIN 234 T2:* Metrische Kegellehren, Kegellehrhülsen. Beuth Verlag, Berlin 08/82
[40] *DIN 235 T1:* Metrische Kegellehren, Kegellehrdorne für Kegelhülsen mit Austreibschlitz. Beuth Verlag, Berlin 08/82
[41] *DIN 235 T2:* Metrische Kegellehren, Kegellehrhülsen für Kegelschäfte mit Austreiblappen. Beuth Verlag, Berlin 08/82
[42] *DIN 2221:* Kegellehrdorne für Bohrfutterkegel nach DIN 238 T2. Beuth Verlag, Berlin 08/82
[43] *DIN 2222:* Kegellehrringe für Bohrfutterkegel nach DIN 238 T1 und T2. Beuth Verlag, Berlin 08/82
[44] *Ning, R.:* Bemaßen und Tolerieren in CAD-Systemen mit Volumenmodellierern. Dissertation TU Berlin 1987 Reihe Produktionstechnik – Berlin, Carl Hanser Verlag
[45] *Kramer, S.:* Virtuelle Räume zur Unterstützung der featurebasierten Produktgestaltung. Dissertation TU Berlin 1994 Reihe Produktionstechnik – Berlin, Carl Hanser Verlag
[46] *Germer, H.-J.:* Geometriebasierte Ersatzmodelle für Planungsaufgaben. Dissertation TU Berlin 1991 Reihe Produktionstechnik – Berlin, Carl Hanser Verlag

[47] *Inui,, M.; Kimura, F.:* Algebraic Reasoning of Position Uncertainties of Parts and Assembly. In: Tagungsband des ACM SIGRAPH Symposium on Solid Modeling Foundations and CAD/CAM Applications. ACM, Austin, Texas Juni 1991
[48] *Requicha, A. A. G.:* Representation of Tolerances in Solid Modeling: Issue and Alternative Approaches. In: Solid Modelling by Computers. Plenum Press, New York, London 1984
[49] *Requicha, A. A. G.; Chan, S. C.:* Representation of Geometric Features, Tolerances, and Attributes in Solid Modelers Based on Constructive Geometry. In: IEEE Journal of Robotics and Automation, Vl. RA-2, Nr. 3, 1986, S. 156–166
[50] *Stewart, N. F.:* Sufficient Condition for Correct Topological Form in Tolerance Specification. In: Computer-Aided-Design, Vol. 25, Nr. 1, 1993, S. 39–48.

Literatur zu Kapitel 5.3

[1] *DIN ISO 1101:* Form- und Lagetolerierung. Form-, Richtungs-, Orts- und Lauftoleranzen. Beuth Verlag, Berlin 03/85
[2] *Trumpold, H.:* Form- und Lageabweichungen und ihre Tolerierung. Wissenschaftliche Schriftenreihe der TU Karl-Marx-Stadt, März 1983
[3] *DIN ISO 5459:* Technische Zeichnungen. Form- und Lagetolerierung. Beuth Verlag, Berlin 1/82
[4] *DIN 5458:* Form- und Lagetolerierung. Positionstolerierung. Beuth Verlag, Berlin 07/88
[5] *N.N.:* Anwendung der Normen über Form- und Lagetoleranzen in der Praxis. Beuth Verlag, Berlin 1987
[6] *N.N.:* Werkzeugmaschinen 2. Normen über Abnahmebedingungen. Beuth Verlag, Berlin 1978
[7] *DIN ISO 2692:* Form- und Lagetolerierung. Beuth Verlag, Berlin 05/90
[8] *DIN ISO 2768 T2:* Allgemeintoleranzen. Beuth Verlag, Berlin 04/91
[9] *DIN ISO 7083:* Symbole für Form- und Lagetolerierung. Beuth Verlag, Berlin 06/84.

Literatur zu Kapitel 5.4

[1] *Schmaltz, G.:* Technische Oberflächen, Feingestalt und Eigenschaften von Grenzflächen technischer Körper, insbesondere der Maschinenteile. Springer Verlag, Berlin 1936
[2] *Abbott, I.; Bousky, S.; Williamson, F.:* The Profilometer. Mech. Engng. 60 (1938) 3, S. 205 Bericht Werkstattstechnik 33 (1939) 14, S. 367
[3] *Harrison, R. E. W.:* Paper Nr. MSP-53-12 ASA-Bull. Trans. Amer. Soc. mech. Engr. 67 (1931), S. 4
[4] *Schlesinger, G.:* Surface Finish. Report of the Research Department of the Institution of Production Engineers. London, Jan. 1942
[5] *Schlesinger, G.:* Messung der Oberflächengüte. Springer Verlag, Berlin, Göttingen, Heidelberg 1951
[6] *Way, S.:* Description and observation of metal surfaces. Cambridge, Mass. 1940
[7] *Nicolau:* Intégration pneumatique des états des surface. Journeés internationales de Chronométrie et de Métrologie. Paris: Juillet 1937
[8] *Abbott, I.; Firestone:* Specifying surface quality. Mech. Engng. Sept 1933, S. 570
[9] *Kienzle, O.:* Amerikanischer Normenvorschlag für die Oberflächenrauhigkeit. Werkstattstechnik und Werksleiter 35 (1941) 22, S. 390

[10] *Schorsch, H.:* Gütebestimmung an technischen Oberflächen. Wissenschaftliche Verlagsgesellschaft, Stuttgart 1958
[11] *Perthen, J.:* Prüfen und Messen der Oberflächengestalt. Carl Hanser Verlag, München 1949
[12] *DIN ISO 1101:* Technische Zeichnungen. Form- und Lagetolerierung. Form-, Richtungs-, Orts- und Lauftoleranzen. Allgemeines; Definitionen; Symbole; Zeichnungseintragungen. Beuth Verlag, Berlin 1985
[13] *DIN 4760:* Gestaltabweichungen; Begriffe, Ordnungssystem. Beuth Verlag, Berlin 1985
[14] *Weingraber, H. v.; Abou-Aly, M.:* Handbuch technische Oberflächen. Vieweg, Braunschweig, Wiesbaden 1989
[15] *DIN 4761:* Oberflächencharakter; geometrische Oberflächentextur-Merkmale, Begriffe, Kurzzeichen. Beuth Verlag, Berlin 1978
[16] *DIN 4762 / ISO 4287-1:* Oberflächenrauheit; Begriffe, Oberfläche und ihre Kenngrößen. Beuth Verlag, Berlin 1989
[17] *DIN 4768:* Ermittlung der Rauheitskenngrößen R_a, R_z, R_{max} mit elektrischen Tastschnittgeräten; Begriffe, Meßbedingungen. Beuth Verlag, Berlin 1990
[18] *DIN 4763:* Stufung der Zahlenwerte für Rauheitsmeßgrößen. Beuth Verlag, Berlin 1981
[19] *DIN 4766:* Herstellverfahren und Rauheit von Oberflächen. Beuth Verlag, Berlin 1981
[20] *DIN 4776:* Rauheitsmessung, Kenngrößen R_k, R_{pk}, M_{r1}, M_{r2} zur Beschreibung des Materialanteils im Rauheitsprofil; Meßbedingungen und Auswerteverfahren. Beuth Verlag, Berlin 1990
[21] *Taylor, F. W.:* On the Art of Cutting Metals. Proceedings of the American Society of Mechanical Engineers, New York 1900
[22] *Czichos, H.:* Werkstoffe. In: Hütte, 29. Aufl., Springer-Verlag, Berlin, Heidelberg 1989.

Literatur zu Kapitel 5.5

[1] *Ackermann, J.:* Kugelgewinde und Linearführungen. Präzisionsmaschinenelemente für die Linearbewegungstechnik. Verlag Moderne Industrie AG & Co., Landsberg/Lech 1991
[2] *Berndt, G.:* Die Gewinde, ihre Entwicklung, ihre Messung und ihre Toleranzen. Verlag von Julius Springer, Berlin 1925
[3] *Decker, K.-H.:* Maschinenelemente. Gestaltung und Berechnung. Carl Hanser Verlag, München, Wien 1985
[4] *Federn, K.:* Dubbel. Taschenbuch für den Maschinenbau. Hrsg.: Beitz, W.; Küttner, K.-H.: Springer-Verlag, Berlin, Heidelberg 1987
[5] *Felber, E.; Felber, K.:* Tolerieren-Lehren-Passen. Praktische Anwendung der Toleranzen und Passungen. VEB Fachbuchverlag, Leipzig 1985
[6] *Findeisen, F.:* Neuzeitliche Maschinenelemente. Schweizer Druck- und Verlagshaus, Zürich 1951
[7] *Frischherz; u. a.:* Maschinenelemente I. Carl Hanser Verlag, München 1965
[8] *Hildebrand, S.:* Feinmechanische Bauelemente. Carl Hanser Verlag, München, Wien 1983
[9] *Illgner, K. H.; Blume, D.:* Schrauben Vademecum. Druckschrift von Bauer & Schaurte Karcher GmbH, Neuss/Rhein 1986
[10] *Junker, G.; u. a.:* Schraubenverbindungen. VEB Verlag Technik, Berlin 1975
[11] *Köhler, G.; Rögnitz,:* Maschinenteile. Teil 1. Verlag B. G. Teubner, Leipzig 1981

[12] *Kübler, K.-H.; Mages, W. J.:* Handbuch der hochfesten Schrauben. Giradet Verlag, Essen 1986
[13] *Krist, Th.:* Metallindustrie – Zerspanungstechnik. Verfahren, Werkzeuge, Einstelldaten. Hoppenstedt-Technik-Tabellen-Verlag, Darmstadt 1989
[14] *Leineweber, P.:* Gewinde. Springer Verlag, Berlin, Göttingen, Heidelberg 1951
[15] *DIN-Taschenbuch 10:* Mechanische Verbindungselemente (Schrauben, Maßnormen). Beuth Verlag, Berlin, Köln, Frankfurt 1985
[16] *DIN-Taschenbuch 140:* Mechanische Verbindungselemente 4 (Muttern, Zubehörteile für Schraubenverbindungen). Beuth Verlag, Berlin, Köln, Frankfurt 1985
[17] *DIN-Taschenbuch 193:* Mechanische Verbindungselemente 5 (Grundnormen). Beuth Verlag, Berlin, Köln, Frankfurt 1985
[18] *DIN-Taschenbuch 45:* Gewindenormen. Beuth Verlag, Berlin, Köln, Frankfurt 1982
[19] *DIN-Taschenbuch 55:* Mechanische Verbindungselemente 3 (Technische Lieferbedingungen für Schrauben, Muttern). Beuth Verlag, Berlin, Köln, Frankfurt 1985
[20] *VDI 2230, Blatt 1:* Systematische Berechnung hochbeanspruchter Schraubenverbindungen. – Zylindrische Einschraubverbindungen. VDI-EKV-Ausschuß Schraubenverbindungen. Beuth Verlag, Berlin, Köln, Frankfurt 1986
[21] *VDI-Richtlinien Kunststofftechnik 2544:* Schrauben aus thermoplastischen Kunststoffen. Beuth Verlag, Berlin, Köln, Frankfurt 1973
[22] *Niemann, G.:* Maschinenelemente I. Springer-Verlag, Berlin, Göttingen, Heidelberg 1975
[23] *Pöschl:* Verbindungselemente der Feinwerkstechnik. Springer-Verlag, Berlin, Heidelberg, New York 1954
[24] *Rötscher, F.:* Die Maschinenelemente. Band 1. Springer-Verlag, Berlin 1927
[25] *Schlesinger, G.:* Die Normung der Gewindesysteme. Beuth-Verlag, Berlin 1926
[26] *Schlottmann:* Konstruktionslehre. Grundlagen. VEB Verlag Technik, Berlin 1979
[27] *ten Bosch, M.:* Berechnung der Maschinenelemente. Springer-Verlag, Berlin, Heidelberg, New York 1972
[28] *Thomala, W.:* Erläuterung zur VDI-Richtlinie 2230. VDI-Zeitschrift 128 (1986) 12, Sonderteil Verbindungstechnik, S. 128–143
[29] *Tochtermann, W.; Krause, H.:* Konstruktionselemente des Maschinenbaus. Teil 1: Grundlagen, Verbindungselemente, Gehäuse, Behälter, Rohrleitungen und Absperrvorrichtungen. Springer-Verlag, Berlin, Heidelberg, New York 1979
[30] *Tochtermann, W.; Bodenstein, F.:* Konstruktionselemente des Maschinenbaus. Teil 1: Grundlagen, Verbindungselemente, Gehäuse, Behälter, Rohrleitungen und Absperrvorrichtungen. Springer-Verlag, Berlin, Heidelberg, New York 1979
[31] *Trumpold, H.:* Längenprüftechnik – Eine Einführung. VEB Fachbuchverlag, Leipzig 1984
[32] *Wiegand, H.; Illgner, K. H.:* Berechnung und Gestaltung von Schraubenverbindungen. Springer-Verlag, Berlin, Göttingen, Heidelberg 1962
[33] *Wiegand, H.; Illgner, K. H.; Beelich, K. H.:* Die Dauerhaltbarkeit von Gewindeverbindungen mit ISO-Profil in Abhängigkeit von der Einschraubtiefe. Konstruktion 16 (1964), S. 485–490
[34] *Wiegand, H.; Illgner, K. H.; Beelich, K. H.:* Über die Verminderung der Vorspannkraft von Schraubenverbindungen durch Setzvorgänge. Werkstatt und Betrieb 98 (1965), S. 823–827
[35] *Wiegand, H.; Illgner, K. H.:* Haltbarkeit von Schrauben mit ISO-Gewindeprofil. Konstruktion 19 (1967), S. 81–91
[36] *Witte, H.:* Schrauben im Stahlbau. Merkblatt Stahl 322, 1. Auflage 1983
[37] *Zill, H.:* Messen und Lehren im Maschinenbau und in der Feingerätetechnik. VEB Verlag Technik, Berlin 1972.

Literatur zu Kapitel 5.6

[1] *Apitz, G.; u. a.:* Die DIN-Verzahnungstoleranzen und ihre Anwendung Vieweg & Sohn, Braunschweig 1954
[2] *Rommerskirch, W.:* Messen und Prüfen in der Verzahnungstechnik, Teil 1 Carl Hanser Verlag, München 1965
[3] *Niemann, G.; Winter, H.:* Maschinenelemente, Band I–III, Springer Verlag, Berlin, Heidelberg, New York 1983
[4] *Roth, K.:* Zahnradtechnik. Band I–IV. Springer Verlag, Berlin, Heidelberg, New York 1989
[5] *N.N.:* Verzahnungen: wirtschaftlicher, emissionsärmer, tragfähiger. Tagung Fulda 22./23. 6. 1993, VDI-Berichte 1056, VDI-Gesellschaft Entwicklung, Konstruktion, Vertrieb. VDI-Verlags GmbH, Düsseldorf 1993.
[6] *Siebert, H.:* Zahnräder. Krausskopf-Verlag, Wiesbaden 1962
[7] *DIN Taschenbuch 106:* Verzahnungsterminologie, Normen. (Antriebstechnik 1). Beuth-Verlag, Berlin, Köln 1987
[8] *DIN Taschenbuch 123:* Zahnradfertigung, Normen. (Antriebstechnik 2). Beuth-Verlag, Berlin, Köln 1988
[9] *DIN Taschenbuch 173:* Zahnradkonstruktion, Normen. (Antriebstechnik 3). Beuth-Verlag, Berlin, Köln 1992
[10] *Matschoß, C.:* Das Zahnrad. Entwicklung und gegenwärtiger Stand. VDI-Verlag, Berlin 1940
[11] *Matek, W.; Muhs, D.; Wittel, H.; Becker, M.:* Roloff/Matek-Maschinenelemente. Normung, Berechnung, Gestaltung. Vieweg & Sohn, Braunschweig 1992
[12] *Hildebrand, S.:* Feinmechanische Bauelemente. Carl Hanser Verlag, München Wien 1983
[13] *Höfler, W.:* Verzahntechnik I und II. Vorlesungsmanuskript, Lehrstuhl für Werkzeugmaschinen und Betriebstechnik, Universität Karlsruhe, 1986.

Literatur zu Kapitel 5.7

[1] *Spur, G.; Krause, F.-L.:* CAD-Technik. Carl Hanser Verlag, München, Wien 1984
[2] *Richter, R.:* Recherunterstützte Entwicklung von Formteilen. Konstruktion und Fertigung von Freiformflächen, Tagungsband. Karlsruher Kolloquium 27./28. 2. 1991, S. 63–87
[3] *N. N.:* National Institute of Standards and Technology, Initial Graphics Exchange Specification (IGES) Version 5.0. NISTIR 4412, U.S. Department of Commerce 1990
[4] *N.N.:* Verband der Automobilindustrie e.V. VDA-Flächenschnittstelle (VDA-FS) Version 2.0. VDA-Arbeitskreis CAD/CAM, Frankfurt 1987
[5] *Weule, H.; Klein, H.:* Messen und Digitalisieren von Freiformflächen unter Einsatz von CAD-Systemen. VDI-Berichte Nr. 836, S. 1–17
[6] *Roth, S.:* Digitalisierungsstrategien. Tagungsband, Karlsruher Kolloquium 27./28. 2. 1991, S. 53–63
[7] *Müller, G.:* Rechnerorientierte Darstellung beliebig geformter Bauteile. Dissertation TU Berlin 1980, Reihe Produktionstechnik – Berlin, Carl Hanser Verlag
[8] *Klein, H.:* Rechnerunterstützte Qualitätssicherung bei der Produktion von Bauteilen mit frei geformten Oberflächen. Dissertation TH Karlsruhe 1992
[9] *Kramer, S.:* Virtuelle Räume zur Unterstützung der featurebasierten Produktgestaltung. Dissertation TU Berlin 1994, Reihe Produktionstechnik – Berlin, Carl Hanser Verlag

[10] *Lutz, M.:* Untersuchungen zur Genauigkeit geometrischer Methoden in CAD-Systemen. Dissertation TU Berlin 1987, Reihe Produktionstechnik – Berlin, Carl Hanser Verlag

[11] *Weiler, K.:* Topological Structures for Geometric Modelling. Ph. D. Thesis Rensselaer Politechnic Institute, 1986

[12] *Klass, R.:* Entwicklung eines CAD-Systems für Belange des Karosseriebaus. Konstruktion und Fertigung von Freiformflächen, Tagungsband, Karlsruher Kolloquium 27./28. 2. 1991, S. 89–115

[13] *DIN ISO 5459:* Technische Zeichnungen Form- und Lagetolerierung. Bezüge und Bezugssysteme für geometrische Toleranzen. Beuth-Verlag, Berlin 01/82

[14] *DIN ISO 1101:* Form- und Lagetolerierung Beuth-Verlag, Berlin 1985

[15] *DIN 4761:* Oberflächencharakter. Beuth-Verlag, Berlin 12/78

[16] *DIN 4762:* Oberflächenrauheit Beuth-Verlag, Berlin 01/89

[17] *Feldermann, J.:* Fünfachsiges NC-Fräsen, Simulation und Datensatzerstellung sind noch Schwächen heutiger CAD/CAM-Software. VDI-Z, 133 (1991), 6, S. 75–87

[18] *Spur, G.; Potthast, A.; Wojcik, L.:* Verkürzung der Fertigungszeiten bei der fünfachsigen Fräsbearbeitung. ZwF, Carl Hanser Verlag, 86 (1991) 6, S. 273–277

[19] *König, W.; Zander, M.:* Technologie für die 5-Achsbearbeitung. Konstruktion und Fertigung von Freiformflächen, Tagungsband, Karlsruher Kolloquium 27./28. 2. 1991, S. 235–256

[20] *Spur, G.; Potthast, A.; Wojcik, L.:* Erweiterungsmöglichkeiten einer CNC-Steuerung für die 5-Achsen-Fräsbearbeitung. ZwF, Carl Hanser Verlag, 84 (1989) 3, S. 109–113

[21] *König, W.:* Fertigungsverfahren Band 3: Abtragen. VDI-Verlag, Düsseldorf 1979

[22] *Hernandez-Camacho, J.:* Frästechnologie für Funktionsflächen im Formenbau. Dissertation Universität Hannover 1991

[23] *Al-Badrawy, S.:* Fertigungsgenauigkeit von Fünf-Achsen-Fräsmaschinen. Dissertation TU Berlin 1994, Reihe Produktionstechnik – Berlin, Carl Hanser Verlag

[24] *Dreier, H. E.:* Unbestechlicher Fehlerfinder, WZM-Aufstellung und Betrieb beeinflussen Geometrie des Führungssystems – allein regelmäßige Kontrolle und Korrektur gewährleisten gleichbleibende Genauigkeit. NC-Fertigung, 6/89 (1989), S. 324–240.

6 Genauigkeit der Baugruppengeometrie

6.1 Allgemeines

Maschinen sind Erzeugnisse, die aus Baugruppen und Einzelteilen aufgebaut sind. Die Erzeugnisstruktur ist die Gesamtheit der nach einem bestimmten Gesichtspunkt festgelegten Beziehungen zwischen den Gruppen und Einzelteilen des Erzeugnisses [1]. Sie besitzt gemäß Bild 6.1-01 einen ausgeprägt hierarchischen Aufbau.

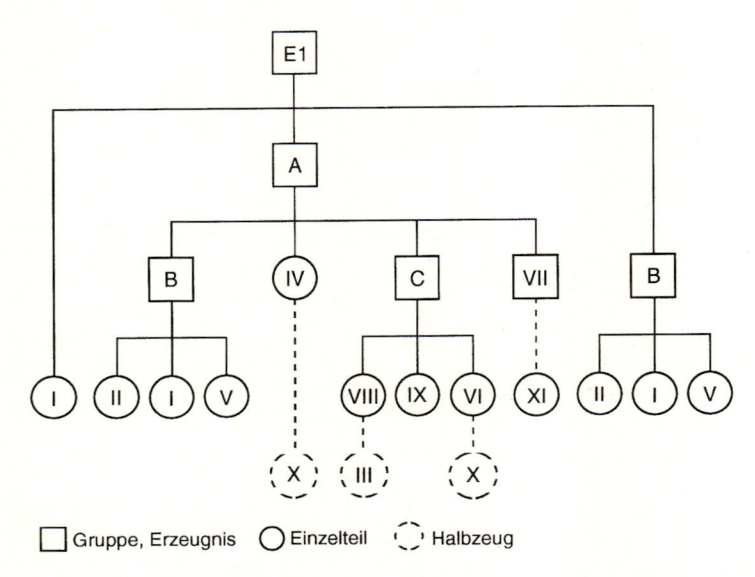

Bild 6.1-01 Erzeugnisstruktur nach DIN 199, Teil 5; E1 Erzeugnis 1; A, B, C Baugruppe; I bis IV Einzelteil; III, X Halbzeug

Während Einzelteile Gegenstände sind, die nicht zerstörungsfrei zerlegt werden können, definiert die DIN 199, Teil 2 eine Gruppe als einen aus ein, zwei oder mehr Teilen und/oder Baugruppen bestehenden Gegenstand. Gemäß DIN 40150 versteht man unter einer Gruppe eine Zusammenfassung von Elementen in einer höheren Betrachtungsebene zu einer noch nicht selbständig verwendbaren Betrachtungseinheit. Ihr Zusammenwirken mit anderen Einheiten bildet direkt oder über Zwischenstufen ein übergeordnetes Objekt mit definierten Eigenschaften, das sogenannte System.

Die Austauschbarkeit von Bauteilen und Baugruppen zwischen verschiedenen Erzeugnissen eines Produkttyps ist ein wesentliches Merkmal wirtschaftlicher Fertigung. Die Möglichkeit, den Austauschbau in der Produktion zu entwickeln, wird entscheidend durch die geometrischen Eigenschaften der Bauteile, wie zum Beispiel Abweichungen der Abmessungen von Längen- und Winkelmaßen, Form- und Lageabweichungen sowie Abweichungen der Oberflächenrauheit bestimmt. Nach Strenge und Umfang, das heißt, nach der Anzahl wesentlicher Merkmale, von denen die Austauschbarkeit gefordert wird, werden die beiden Stufen der vollständigen und der unvollständigen Austauschbarkeit unterschieden [2].

Die Funktionsgenauigkeit einer Maschine wird maßgeblich durch die tolerierte Genauigkeit ihrer Einzelteile und Baugruppen bestimmt. Insbesondere ist es erforderlich, daß die Bauelemente untereinander eine bestimmte, dem Funktionszweck entsprechende Lage einnehmen [3]. Ihre geometrische Anordnung wird durch Längen- und Winkelmaße bestimmt. Man unterscheidet die Koordinatenbemaßung, die Kettenbemaßung und die kombinierte Bemaßung, bei der die Maße sowohl parallel als auch reihenweise angeordnet werden (Bild 6.1-02). Da die ausschließliche Anwendung der Koordinatenbemaßung selbst bei Einzelteilen nicht immer möglich ist, ergeben sich bei der Bemaßung von Zusammenstellungszeichnungen geometrische Maßketten und, da alle Maße mit Abweichungen innerhalb begründet festgelegter Toleranzen behaftet sind, gleichermaßen auch Toleranzketten [4].

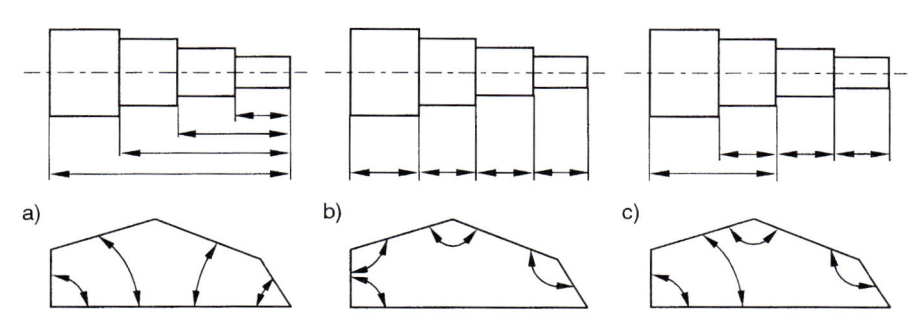

Bild 6.1-02 Arten der Maßeintragung in technischen Zeichnungen; a) Koordinatenbemaßung, b) Kettenbemaßung, c) Kombinierte Bemaßung

Im Konstruktionsprozeß werden neben der in Kapitel 5 beschriebenen Teilegeometrie auch die Position und Orientierung dieser Einzelteile bezüglich anderer Maschinenkomponenten festgelegt. Dabei werden die Wechselbeziehungen vieler Maße der Elemente berücksichtigt. Die Problemstellung besteht darin, die Toleranzen so vorzusehen, daß die volle Funktionsfähigkeit der Teile und Baugruppen gewährleistet ist und die Fertigungstoleranzen gleichzeitig möglichst groß gehalten werden können. Zu diesem Zweck werden Toleranzuntersuchungen durchgeführt, die die Auswirkungen der tolerierten Einzelmaße auf die Kombinationen ermitteln.

Die Addition tolerierter Einzelmaße innerhalb eines Teils beziehungsweise der unterschiedlichen Teile einer Baugruppe führt zu sogenannten tolerierten Maßketten. Unter einer Maßkette versteht man die fortlaufende Aneinanderreihung von funktionsbedingten, unabhängigen, tolerierten Einzelmaßen M_i und das von diesen abhängige Schlußmaß M_0 bei Teilen sowie beim Zusammenwirken mehrerer Teile in einer Baugruppe (Bild 6.1-03 a) [5–7]. Im ersten Fall spricht man von Elementmaßketten, im zweiten dagegen von Montagemaßketten [3]. In der schematischen Darstellung, Bild 6.1-03 b, bilden einzelne Maße und das Schlußmaß als Glieder der Maßkette in ihrer Aufeinanderfolge einen geschlossenen Linienzug.

Geradlinige Maße, die sich als Parallelen in der Maßkettendarstellung ergeben, werden als lineare beziehungsweise eindimensionale Maßketten bezeichnet. Die von der parallelen Lage abweichenden geradlinigen Maßketten führen zu zweidimensionalen Winkelmaßketten oder dreidimensionalen Raummaßketten. Nichtlineare Maßketten ergeben sich aus Bogenmaßen.

Zur Aufstellung der Maßkettengleichung wird an einer beliebigen Kopplungsstelle von zwei Kettengliedern ein Nullpunkt gewählt. An dieser Stelle wird willkürlich eine positive beziehungsweise negative Zählrichtung festgelegt. Durch einen geschlossenen Umlauf in der Maßkette erhält der Konstrukteur die Umlaufgleichung als Ausgangsbasis für die weiteren

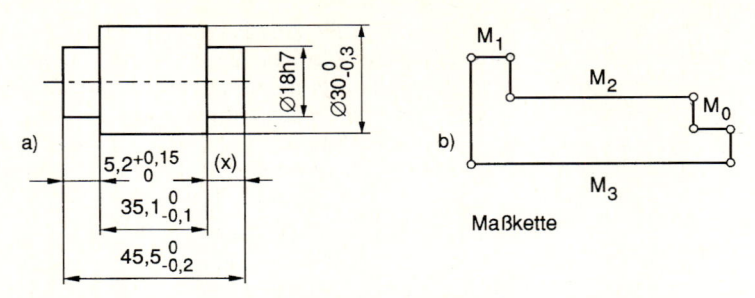

Bild 6.1-03 a) Bemaßtes Werkstück, b) schematische Maßkettendarstellung

Untersuchungen. Die Richtung des Umlaufs wird durch Vorzeichen der Maßkettenglieder, die sogenannten Richtungskoeffizienten k, abgebildet. Die Veränderung positiver Maße führt zu einer gleichsinnigen Veränderung des Schlußmaßes, während negative Maße seine gegensinnige Veränderung bewirken [3]. Das Ergebnis ist eine algebraische Summe, die in der Gleichungsform zu Null gesetzt wird, da der Umlauf in der Maßkette an der Nullstelle beginnt und auch dort endet. Für das in Bild 6.1-03 a dargestellte Werkstück lautet die Umlaufgleichung beispielsweise

$$M_1 + M_2 + M_0 - M_3 = 0, \tag{01}$$

wenn die Nullstelle gemäß der schematischen Darstellung der Maßkette in Bild 6.1-03 b gesetzt wird.

Das Schlußmaß ist das zu einer Maßkette gehörende abhängige Maß, das sich als Kettenglied ausschließlich als algebraische Summe aus den Einzelmaßen ergibt. Durch Umformen der Umlaufgleichung nach dem Schlußmaß erhält man die Grundgleichung einer Maßkette, wie zum Beispiel:

$$M_0 = M_3 - M_1 - M_2. \tag{02}$$

Berücksichtigt man zunächst nur die Nennmaße N_i einer linearen Maßkette und betrachtet den allgemeinen Fall mit p positiven und n negativen Maßen, so folgt für das Nennmaß des Schlußgliedes N_0:

$$N_0 = \sum_{i=1}^{p} N_i - \sum_{j=1}^{n} N_j = \sum_{i=1}^{m} k_i \cdot N_i. \tag{03}$$

Zur Gewährleistung der Funktion beziehungsweise der Montagemöglichkeit der Bauelemente darf das Schlußmaß nur eine bestimmte Toleranz aufweisen. Daher werden Maßketten durch entsprechende Toleranzketten ergänzt. Analog zur Maßkette stellt eine Toleranzkette die fortlaufende Aneinanderreihung der in einem technischen Gebilde zusammenwirkenden Einzeltoleranzen T_i und der von diesen abhängigen Schlußtoleranz T_0 dar, die in der schematischen Darstellung ebenfalls einen geschlossenen Linienzug bilden [8]. Bild 6.1-04 zeigt die Toleranzkette der in Bild 6.1-03 b dargestellten Maßkette in allgemeiner Form.

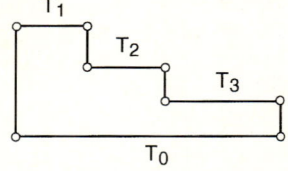

Bild 6.1-04 Schematische Darstellung der Toleranzkette des in Bild 6.1-03 b dargestellten Beispiels in allgemeiner Form

Neben den Maßtoleranzen können auch Form- und Lagetoleranzen Bestandteile geometrischer Maßketten sein. Es ist daher zu prüfen, ob diese Toleranzen den Maßtoleranzraum eines Einzelmaßes völlig oder teilweise ausnutzen, als unabhängige Einzelmaße wirksam werden oder eventuell ein funktionsbestimmendes Schlußmaß darstellen [9]. Der Zusammenhang zwischen einer geforderten Schlußtoleranz und den daraus abzuleitenden Einzeltoleranzen kann nach verschiedenen Methoden berechnet werden, je nachdem, welcher Grad der Austauschbarkeit gefordert ist.

Die Berechnung und Analyse von tolerierten Maßketten erlaubt zusammenfassend:
- eine quantitative Beziehung zwischen den Maßen der Einzelteile einer Maschine herzustellen und die Nominalmaße und Toleranzen der untereinander verbundenen Maße ausgehend von den Nutzungsanforderungen und der wirtschaftlichen Genauigkeit der Herstellung und Montage zu präzisieren;
- die rentabelste Form der Austauschbarkeit zu bestimmen;
- eine exakte Bemaßung in technischen Zeichnungen zu erreichen;
- die vielgliedrigen und richtungsweisenden Ketten in Teilketten aufzulösen, um durch definierte Trennstellen und Bezugsbasen die Vormontage zu begünstigen;
- die Beziehungen getrennter Maßketten untereinander zu ermitteln, um durch Hilfsbasen und andere geeignete Mittel gekreuzt, windschief und parallel geführte Maßketten zu einem geschlossenen geometrischen System zu gestalten sowie
- Fertigungstoleranzen zu bestimmen und konstruktive Abmaße in technologische umzurechnen, wenn zum Beispiel die technologischen Bezugsflächen nicht mit den konstruktiven zusammenfallen [3, 10].

6.2 Systeme der Baugruppengenauigkeit

Betrachtet man die Teile- und Baugruppenanordnungen unter den Gesichtspunkten Bewegungszustand und Bezugsgrößen, können die in Bild 6.2-01 dargestellten Kombinationen unterschieden werden.

Bewegungszustand Bezugsgröße	stationär	beweglich
Achse	Bolzen-Bohrung	Ausdrückstift-Bohrung
Fläche	Paßfederverbindungen	Führungen
Achse und Fläche	Passungen, Zentrierungen Bolzen-Bohrungen	Kolben, Lager Bohrvorrichtungen
Raum	Baugruppen	Schrauben, Kugelgelenke

Bild 6.2-01   Einteilungskriterien für Systeme der Baugruppengenauigkeit

Achsorientierte Bezüge führen zu eindimensionalen Maßketten. Werden als Bezugsobjekte dagegen Flächen oder Räume zugrunde gelegt, ergeben sich die oben angesprochenen mehrdimensionalen Maßketten. Die Transformation der Berechnungsgleichungen mittels der in den Gleichungen 04 und 05 dargestellten trigonometrischen Funktionen ermöglicht die Berechnung zwei- und dreidimensionaler Maßketten. Für den zweidimensionalen Fall gelten folgende Beziehungen:

$$p_{ix} = M_i \cdot \cos \alpha_i$$
$$p_{iy} = M_i \cdot \sin \alpha_i, \tag{04}$$

wobei p_{ix} und p_{iy} die Projektionen des i-ten Gliedes auf die x- und y-Achsen sind, M_i das Maß des i-ten Gliedes der Maßkette ist und a_i den Winkel des i-ten Gliedes mit der x-Achse bezeichnet.

Raumorientierte Bezugsgrößen führen zu räumlichen Maßketten. Zu ihrer Umrechnung in eindimensionale Ketten werden die nachstehenden Gleichungen eingesetzt:

$$p_{ix} = M_i \cdot \cos \alpha_i$$
$$p_{iy} = M_i \cdot \cos \beta_i \qquad (05)$$
$$p_{iz} = M_i \cdot \cos \gamma_i,$$

wobei in Ergänzung zu den oben genannten Symbolen α_i, β_i und γ_i die Winkel des i-ten Gliedes mit den entsprechenden Koordinatenachsen sind.

Neben den Maßtoleranzen besitzen auch Form- und Lagetoleranzen sowie die Oberflächenfeingestalt zum Teil erhebliche Auswirkungen auf die Genauigkeit der Baugruppengeometrie.

Achsorientierte Baugruppengenauigkeit

Ein typischer Fall achsorientierter Baugruppengenauigkeit ist die Verbindung eines gelochten Einzelteils mit einem zweiten, das über einen festen Bolzen verfügt (Bild 6.2-02).

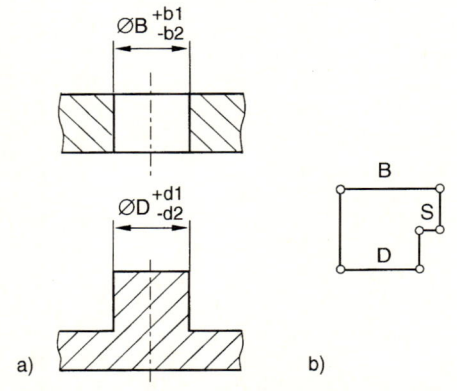

Bild 6.2-02 a) Verbindung eines gelochten Einzelteils mit einem anderen, das über einen festen Bolzen verfügt, b) Maßkette

Damit ein Bolzen vom Durchmesser D in eine Bohrung mit Durchmesser B hineinpaßt, muß das Bohrungsmaß um einen Spielanteil S größer sein als der Bolzendurchmesser, so daß $S = B - D$. Wird die Bohrung mit der Toleranz $+b1/-b2$ und der Bolzen mit der Toleranz $+d1/-d2$ gefertigt, kann das maximale und minimale Spiel der Paarung berechnet werden zu:

$$S_{min} = B_{min} - D_{max} = B - b2 - (D + d1) = S - (b2 + d1)$$
$$S_{max} = B_{max} - D_{min} = B + b1 - (D - d2) = S + (b1 + d2). \qquad (06)$$

Werden statt dessen zwei gelochte Einzelteile durch einen Bolzen oder einen Stift verbunden (Bild 6.2-03), spielt neben den Durchmessern der Bohrungen und des Verbindungselements die Lage der Bohrungen zueinander eine entscheidende Rolle. Dieses Kriterium wird durch den Begriff „Fluchten" beschrieben. Unter der Voraussetzung, daß beide Bohrungen mit der Toleranz $+b1/-b2$ gefertigt werden und der Bolzen wiederum die Toleranz $+d1/-d2$ besitzt, können folgende Beziehungen für Größt- und Kleinstspiel angegeben werden:

$$S_{min} = B_{min} - D_{max} - E_{max} = (B - b2) - (D + d1) - E_{max} = S - (b2 + d1) - E_{max}$$
$$S_{max} = B_{max} - D_{min} - E_{min} = (B + b1) - (D - d2) - E_{min} = S + (b1 + d2) - E_{min}. \quad (07)$$

Aus der ersten Gleichung kann bei festgelegter Größe des minimalen Spiels, das sich aus dem Paarungscharakter der Verbindung ergibt, die maximale Positionstoleranz zwischen beiden Bohrungen bestimmt werden. Darüber hinaus beeinflussen auch die Formgenauigkeit des Bolzens, speziell dessen Zylinderformtoleranz, und die Neigungen der Bohrungen zueinander die Möglichkeit zur Realisierung einer derartigen Verbindung.

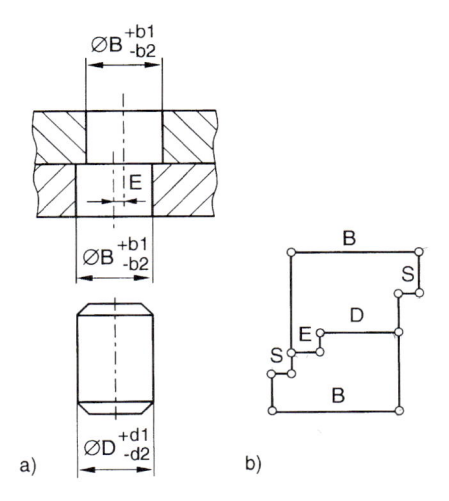

Bild 6.2-03   a) Verbindung zweier gelochter Einzelteile durch einen Bolzen, b) Maßkette

Flächenorientierte Baugruppengenauigkeit

Verbindungen, bei denen die Lage von Bauteilflächen zueinander entscheidend für die Funktionserfüllung ist, sind zum Beispiel formschlüssige Paßfederverbindungen. Neben der Einhaltung von Maßtoleranzen besitzen bei flächenorientierten Bauteilverbindungen die Form- und Richtungstoleranzen der Einzelteile einen Einfluß auf die Genauigkeit der Verbindung. Bild 6.2-04 zeigt die durch eine Paßfeder nach DIN 6885, Teil 1 realisierte formschlüssige Mitnehmerverbindung.

In der Regel werden im Maschinenbau feste, bzw. leichte Sitze eingesetzt, wobei die Nuten gefräst oder geräumt werden. Darüber hinaus existieren Verbindungen mit Gleitsitzen, bei denen Welle und Nabe gegeneinander verschoben werden können. In Abhängigkeit von dem

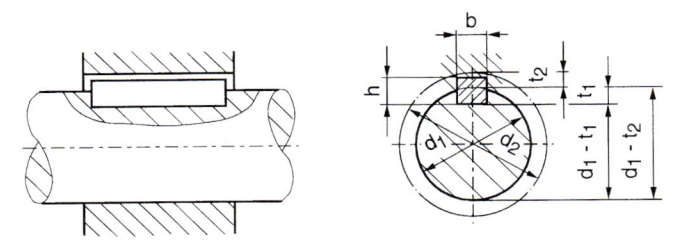

Bild 6.2-04   Paßfederverbindung als Beispiel für flächenorientierte Baugruppengenauigkeit

Fertigungsverfahren und dem Charakter des Sitzes werden in der Norm Toleranzen empfohlen, Bild 6.2-05.

Aufgrund der Tatsache, daß die formschlüssigen Paßfederverbindungen die Umfangskräfte nur mit den Seitenflächen übertragen, müssen die jeweiligen Anlageflächen der Einzelteile eine hohe Parallelität, Rechtwinkligkeit und Ebenheit aufweisen.

Sitzcharakter	Fertigungsverfahren	Toleranzfeld Wellennut	Toleranzfeld Nabennut
fester Sitz	gefräst geräumt	P9 P8	P9 P8
leichter Sitz	gefräst geräumt	N9 N8	JS9 JS8
Gleitsitz	gefräst	H8	D10

Bild 6.2-05   Maßtoleranzen von Wellen- und Nabennut bei Paßfederverbindungen nach DIN 6885

Der Fall beweglicher Verbindungen, die einer definierten Genauigkeit unterliegen müssen, wird anhand der im Maschinenbau häufig eingesetzten Führungen dargestellt. Generell unterscheidet man zwischen Wälzführungen und Gleitführungen, die sich weiter in hydrodynamische, hydrostatische und aerostatische Führungen unterteilen lassen. Bild 6.2-06 zeigt eine Auswahl der gebräuchlichen Führungsformen, die aus Rechteck-, Dreieck- oder Kreisformen abgeleitet sind [11].

Die Genauigkeit einer als Flachführung konzipierten Gleitführung wird durch die Ebenheit der aufeinander gleitenden Führungsflächen sowie die Rechtwinkligkeit der Führungsbah-

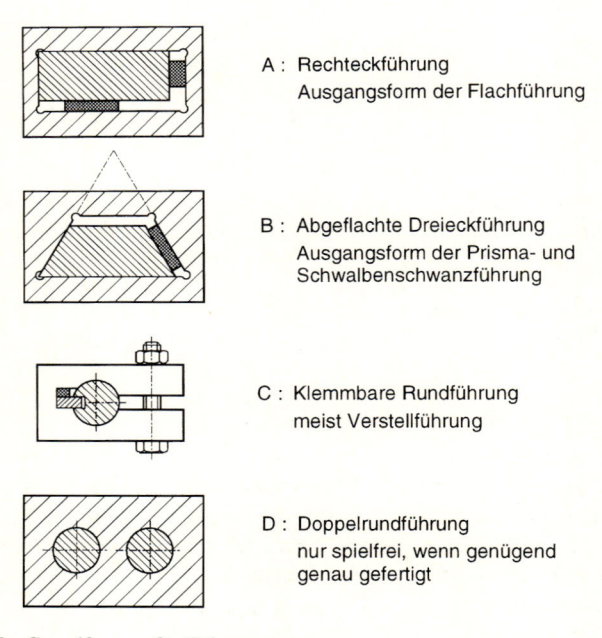

A : Rechteckführung
    Ausgangsform der Flachführung

B : Abgeflachte Dreieckführung
    Ausgangsform der Prisma- und Schwalbenschwanzführung

C : Klemmbare Rundführung
    meist Verstellführung

D : Doppelrundführung
    nur spielfrei, wenn genügend genau gefertigt

Bild 6.2-06   Grundformen für Führungspaare

nen und Umgriffelemente bestimmt. So wird beispielsweise bei Werkzeugmaschinenbetten die Toleranz für die Geradheit der Führungsbahnen so festgelegt, daß nur eine konvexe Form zugelassen ist. Unter dem Gewicht der Schlittenbaugruppen und Betriebseinflüssen, wie zum Beispiel thermisch bedingten Formänderungen, nähert sich diese konvexe Form dadurch einer Geraden an. Ebenso ist der Charakter der Oberflächenfeingestalt ausschlaggebend für die Genauigkeit der Funktionserfüllung. Der bei hydrodynamischen Gleitführungen auftretende Verschleiß, der sich durch unterschiedliche Belastung von Teilbereichen ungleichmäßig über die gesamte Länge der Führungsbahn äußert, wird konstruktiv durch den Einsatz von Nachstellelementen, wie zum Beispiel Keil- und Paßleisten kompensiert. Durch geeignete Werkstoffauswahl können mit diesen Elementen auch thermische Ausdehnungen ausgeglichen werden.

Achs- und flächenorientierte Baugruppengenauigkeit

In diese Gruppe werden alle Baugruppen und Verbindungen eingeordnet, für deren Funktionserfüllung sowohl Achsbezüge als auch Positionsbezüge in zwei Dimensionen angegeben werden müssen. Dazu zählen beispielsweise Passungen, Zentrierungen, Verbindungen von gelochten Bauteilen mit mehreren Bolzen sowie als bewegliche Elemente Kolben und Lager.

Zunächst soll der Fall eines gelochten Bleches betrachtet werden, das mit einem zweiten Blech über darin eingeschraubte Stehbolzen verbunden werden soll (Bild 6.2-07).

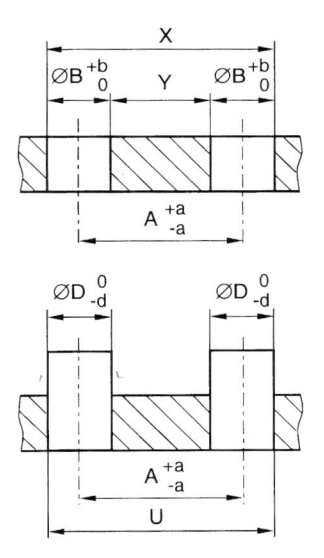

Bild 6.2-07 Bolzen und Bohrungskörper mit je zwei Elementen

Damit zwei Bolzen vom Durchmesser D in zwei Bohrungen vom Durchmesser B hineinpassen, die jeweils um das Maß A voneinander entfernt sind, müssen die beiden Bedingungen $X_{min} > U_{max}$ und $V_{min} > Y_{max}$ erfüllt sein. Wenn A mit der Toleranz ±a, B mit +b/0 und D mit 0/–d hergestellt werden, folgt aus der ersten Bedingung:

$$S_{min} = X_{min} - U_{max}; \quad X_{min} = A - a + B; \quad U_{max} = A + a + D;$$
$$S_{min} = (A - a + b) - (A + a + D) = B - D - 2 \cdot a. \tag{08}$$

Aus der zweiten Bedingung folgt:

$$S_{min} = V_{min} - Y_{max}; \quad V_{min} = A - a - D; \quad Y_{max} = A + a - B;$$
$$S_{min} = (A - a - D) - (A + a - B) = B - D - 2 \cdot a. \tag{09}$$

Da $S = B - D$ gilt, ist:

$$S_{min} = S - 2 \cdot a$$
$$S_{max} = S + (b + d). \tag{10}$$

Für den allgemeinen Fall von n Bolzen, die in n Bohrungen hineinpassen sollen, ergeben sich unter den genannten Voraussetzungen folgende Beziehungen:

$$S_{min} = [(n-1) \cdot (A-a) + B] - [(n-1) \cdot (A-a) + D]$$
$$= B - D - 2 \cdot (n-1) \cdot a = S - 2 \cdot (n-1) \cdot a;$$
$$S_{max} = S + b + d; \quad B = D + S_{min} + 2 \cdot (n-1) \cdot a \quad \text{mit } S = B - D. \tag{11}$$

Einzelteile, die eine Vielzahl von eng tolerierten Bohrungen auf einer Werkstückfläche besitzen, werden mit Hilfe von Bohrvorrichtungen oder NC-Maschinen bearbeitet [12]. Zur Gewährleistung der Genauigkeit muß für das Fertigungsmittel neben einer hohen Maßgenauigkeit auch eine hohe Form- und Lagegenauigkeit gefordert werden. Am Beispiel der in Bild 6.2-08 dargestellten Vorrichtung sollen diese Anforderungen näher erläutert werden [13].

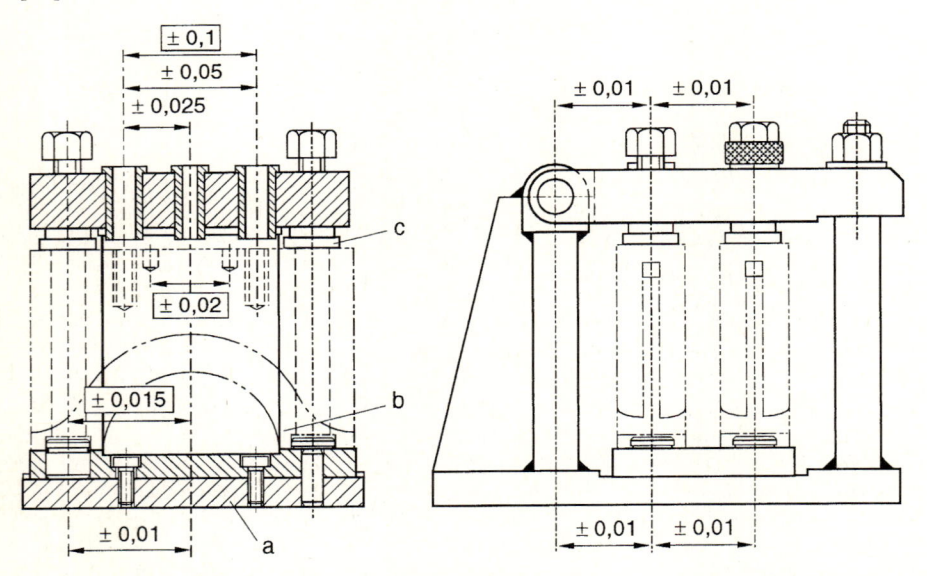

Bild 6.2-08   Bohrvorrichtung für Lagerdeckel, a) Maschinenseite, b) Spannseite, c) Spannelement, die gerahmten Maße sind Werkstücktoleranzen [13]

Bei einer Vorrichtung ist zwischen der Maschinenseite, der Spannseite und dem Spannelement zu unterscheiden [13]. Die Maschinenseite wird auf die Maschine auf- bzw. in sie eingesetzt. Hier spielen im wesentlichen die Formtoleranzen, wie zum Beispiel die Ebenheit der Grundfläche, eine Rolle. Die Spannseite nimmt das Werkzeug oder Werkstück auf und fixiert es gegenüber dem Bezugskoordinatensystem der Maschine, wobei es durch das Spannelement gehalten wird. Für die Spannseite sind die Lagetoleranzen, zum Beispiel die Rechtwinkligkeit gegenüber der Maschinenseite, sowie die Form- und Maßtoleranzen, die

die Lage des Spannstücks im Spannzeug beeinflussen, von Bedeutung. Da das Spannelement das Werkstück im allgemeinen kraftschlüssig fixiert, muß die Lage toleriert werden, da die Lageabweichung des Spannelements zu einer Schiefstellung und daher einer Verformung des Werkstücks führt. Für die Größe der zu wählenden Vorrichtungstoleranzen schlägt Ickert [13] einen Bereich von 20 % bis 50 % der Werkstücktoleranz vor.

Raumorientierte Baugruppengenauigkeit

Als Beispiel für eine Baugruppe, bei der die Funktionserfüllung von den Maß- und Formtoleranzen in den drei Raumrichtungen abhängig ist, soll ein Kugelgelenk betrachtet werden, wie es unter anderem in der biomedizinischen Technik als Prothesenteil, bei Klemmgesperren oder Kupplungen eingesetzt wird (Bild 6.2-09) [14].

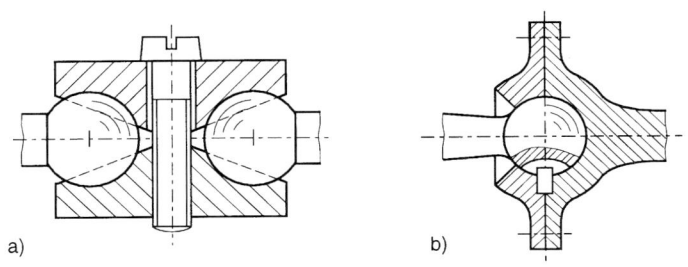

Bild 6.2-09 a) Klemmgesperr mit doppeltem Kugelgelenk, b) Kugelgelenkkupplung mit voller Kugelführung [14]

Bild 6.2-09 a zeigt ein Klemmgesperr für Führungen mit großem Verstellbereich, das durch ein doppeltes Kugelgelenk realisiert ist. In diesem Fall besitzt das Klemmstück drei Freiheitsgrade, die gleichzeitig durch Verklemmen beseitigt werden. Die Erfüllung der Funktion wird durch die Maß- und Formgenauigkeit der beiden Kugeln und der Klemmstücke maßgeblich beeinflußt. So führen Durchmesserabweichungen der Kugeln zu Spiel, da in diesem Fall die größere Kugel bereits durch das Klemmstück gespannt wird, während die kleinere noch beweglich ist. Formabweichungen zwischen den Kugeln und der Kalotte des Klemmstücks wirken sich auf Oberflächenverformungen aus, die nur durch eine Vergrößerung der Berührungsfläche und Beseitigung der Bohrwirkung vermieden werden können [14]. Für die Sicherstellung einer über die gesamte Einsatzdauer konstanten Genauigkeit ist unter diesem Gesichtspunkt besonders der Angriffspunkt der Klemmschraube zu beachten.

Die in Bild 6.2-09 b dargestellte Kugelgelenkkupplung zählt zu den winkelbeweglichen Kupplungen. Durch Ansatzschrauben, Stifte oder andere formschlüssige Elemente wird die Bewegungsübertragung realisiert [14]. Auch hier ist die Maß- und Formgenauigkeit der Kugel und der Kalottenelemente entscheidend für die Funktionserfüllung der Verbindung.

Toleranz- und passungsgerechtes Gestalten

Die Festlegung von funktionsgerechten Toleranzen stellt für den Konstrukteur ein Problem dar, dessen Lösung durch die Bereitstellung eines allgemeingültigen Vorgehensplanes erleichtert werden kann. So ist es zur Sicherstellung der Funktionsfähigkeit eines technischen Objekts erforderlich, daß der Konstrukteur die zu tolerierenden Eigenschaften erkennt und diesen der Funktionsanforderung angepaßte, sinnvolle Größen zuordnet. Ein derartiges „Genauigkeitssystem" muß die in Bild 6.2-10 dargestellten Bausteine enthalten [13].

Grundlage dieses Systems sind die zur Verfügung stehenden Toleranzsysteme, wie zum Beispiel die Längenmaß-Toleranzen für Rund- und Flachpassungen, die Gewinde- und Ver-

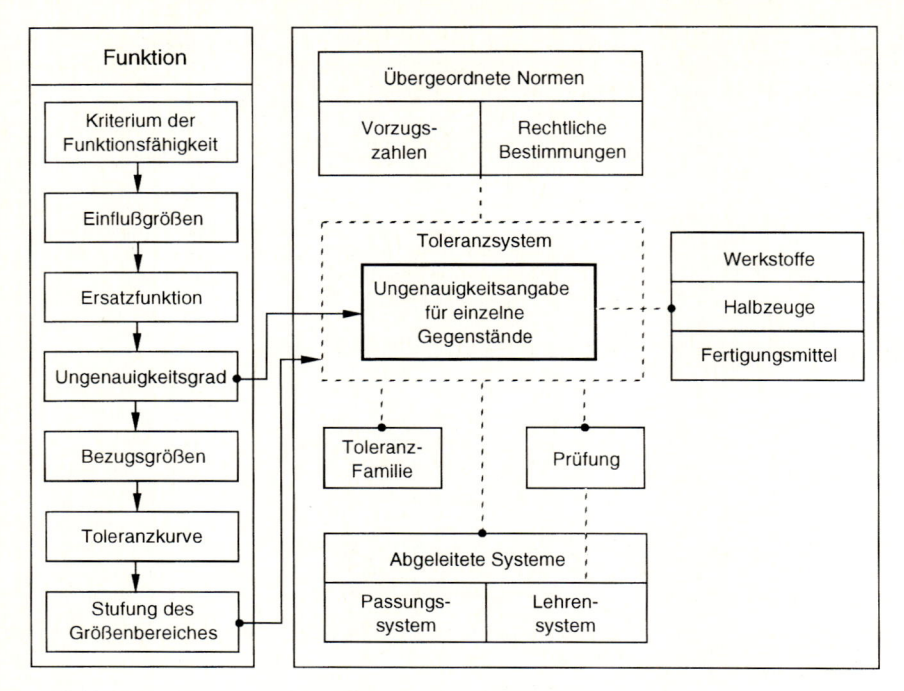

Bild 6.2-10 Komponenten eines Genauigkeitssystems

zahnpassungen, die Form- und Lagetoleranzen sowie die Normen zur Oberflächenfeingestalt.

Auf der linken Seite des Bildes sind die Einflüsse zusammengestellt, die von der zu erfüllenden Funktion auf das „Genauigkeitssystem" einwirken. Dabei entsprechen die Kriterien „Funktionsfähigkeit", „Einflußgrößen", „Ersatzfunktion" und „zu wählender Ungenauigkeitsgrad" den Überlegungen, die der Konstrukteur bei jeder Aufgabe zur Tolerierung anstellen muß. Neben der Funktionserfüllung von Bauteilen ist bei der Festlegung von Toleranzen und Passungen zu beachten, daß die Wirtschaftlichkeit der Fertigung gewahrt bleibt. Diese Aspekte werden durch die Begriffe „Bezugsgrößen", „Toleranzkurve" und „Stufung des Größenbereichs" charakterisiert.

Zur vorausschauenden Berücksichtigung fertigungstechnischer Anforderungen und Einschränkungen für der Toleranzfestlegung muß der Konstrukteur den Zusammenhang folgender Größen beachten:

– Toleranzfeldbreite $T = T_o - T_u$ und

– Maschinenfähigkeitsindex $C_m = \dfrac{T_o - T_u}{6\,\sigma} = \dfrac{T}{6\,\sigma}$.

Der Maschinenfähigkeitsindex ist ein Maß für das kurzfristige Streuverhalten der Werkzeugmaschine unter möglichst gleichbleibenden Randbedingungen [15]. Er wird durch die Messung der Merkmale von fünfzig hintereinander gefertigten Teilen berechnet. So bedeutet ein geforderter Maschinenfähigkeitsindex von $C_m = 1$, daß die Toleranzbreite genau $6\,\sigma$ der gemessenen Verteilungsfunktion entspricht.

Systeme der Baugruppengenauigkeit   219

Ungünstige Lösung	Erläuterungen	Günstige Lösung

> **Wähle Teile- und Paßstellenzahl möglichst klein!**

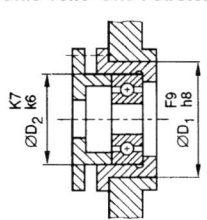

Linkes Bild:
Viele Einzelteile, zwei Toleranzpaare, Bohrung der Buchse wegen Ansatz innen mit Reibahle nicht bearbeitbar
Rechtes Bild:
nur ein Toleranzpaar, durch Wegfall der Buchse läßt sich Bohrung im Gehäuse aufreiben, Deckel einfacher gestaltet, Sicherungsring *1* als billiges Standardteil vereinfacht die Fertigung

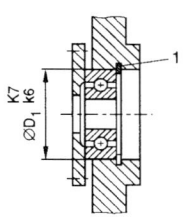

> **Wähle grobe Toleranzen oder Freimaßtoleranzen, solange es die Funktion zuläßt!**

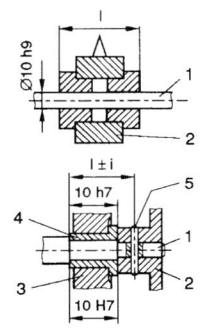

Je größer Führungslänge *l*, desto gröber kann Geradführung toleriert sein.
1 Führungsstab; *2,3* Anzeigeteil

Tolerierte Länge der Buchse *4* begrenzt Axialspiel des Rades *2;* Funktion bleibt erhalten, wenn der gleich lange Wellenabsatz kürzer gehalten wird.
1 abgesetzte Welle; *2* Rad; *3* Gehäuse; *4* Buchse; *5* Stift

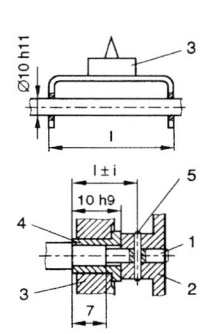

> **Vermeide enge Toleranzen durch elastische Bauweise (Verwendung von federnden oder gefederten Elementen)!**

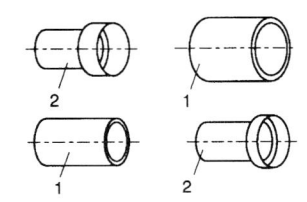

Enge Passungen, z.B. bei dünnwandigen rohrförmigen Teilen, lassen sich durch federnde Ausbildung vermeiden;
1 Außenteil; *2* Innenteil

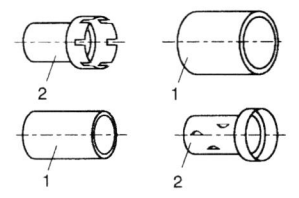

> **Vermeide enge Toleranzen durch nachstellbare oder justierbare Elemente!**

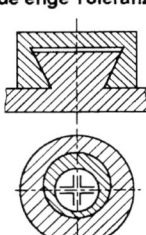

Mit nachstellbarer Führungsleiste *1* einer Schwalbenschwanzführung können enge Herstellungstoleranzen vermieden und kann verschleißbedingtes Spiel ausgeglichen werden.

Die Einstellung einer Strichplatte durch zwei Exzenter (drei Passungen) ist billiger mit drei um 120° versetzten Gewindestiften zu erreichen.

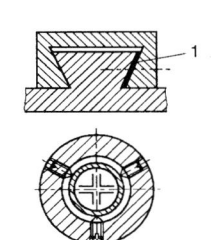

> **Vermeide toleranzmäßige Überbestimmung und Mehrfachpaßstellen!**

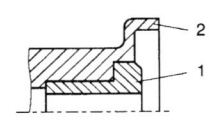

Die Lage der in Gehäuse *2* eingepreßten Buchse *1* ist sowohl radial als auch axial je zweimal festgelegt (linkes Bild). Je eine Begrenzung ist ausreichend (rechtes Bild).

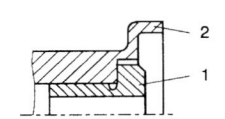

Bild 6.2-11   Ungünstige und günstige Lösungen toleranz- und passungsgerechter Gestaltung nach [8]

Liegt der Mittelwert der Meßdaten nicht in der Toleranzmitte, wird statt dessen der kritische Maschinenfähigkeitsindex C_{mk} herangezogen, der neben der Streuung auch die relative Lage des Mittelwertes im Toleranzfeld berücksichtigt. Er ist als Quotient des minimalen Abstands Δ_{krit} des Mittelwertes von den Toleranzgrenzen und der dreifachen Standardabweichung definiert:

$$C_{mk} = \frac{\Delta_{krit}}{3\,\sigma}. \tag{12}$$

Wird ein Maschinenfähigkeitsindex von $C_m > 1{,}33$ gefordert, darf die zulässige Standardabweichung σ bei einer zentrischen Verteilung maximal ein Achtel der Toleranzfeldbreite T betragen. Dieser Wert sinkt bei einer Verschiebung des Mittelwertes zu den Toleranzgrenzen. Er beträgt bei einer Verschiebung um zehn Prozent nur noch ein Zehntel der Toleranz. Die zur Verfügung stehende Fertigungstoleranz ist daher um mehr als eine IT-Qualität geringer als die vom Konstrukteur in der Zeichnung festgelegte Funktionstoleranz.

Zusammenfassend sollten bei jeder konstruktiven Gestaltung folgende generelle Richtlinien beachtet werden:

– Es ist eine möglichst geringe Zahl von Einzelteilen und Paßstellen anzustreben;
– Soweit es die Funktion des Erzeugnisses erlaubt, sind zunächst Allgemeintoleranzen zu wählen und enge Passungen entweder durch den Einsatz elastischer Elemente oder durch Nachstellbarkeit beziehungsweise Justierung zu umgehen [16];
– Bei der Verwendung von Toleranzen und Passungen ist darüber hinaus darauf zu achten, daß Überbestimmung durch doppelte Maß- und Toleranzangaben sowie Mehrfachpassungen vermieden werden [4].

Eine Gegenüberstellung ungünstiger und günstiger Lösungen hinsichtlich dieser Richtlinien zeigt Bild 6.2-11.

6.3 Passungen

Die Funktionsfähigkeit von Baugruppen wird durch das präzise Zusammenwirken der einzelnen Bauteile und Funktionsträger bestimmt. Die Bauteile müssen dafür im wahrsten Sinne des Wortes „zusammenpassen".

Die Passung zwischen zwei Bauteilen bestimmt maßgeblich die Funktion der Baugruppe. Nach DIN ISO 286 [27] versteht man unter einer Passung eine Beziehung, die sich aus der Differenz zwischen den Maßen zweier zu fügender Formelementen, Bohrung und Welle, ergibt.

Die Forderung der Austauschbarkeit von Bauteilen verstärkte sich um die Jahrhundertwende in der Präzisionsindustrie durch die aufkommende streng arbeitsteilige Fertigung im industriellen Maßstab. Die in hohen Stückzahlen hergestellten Teile sollten wahllos gepaart werden können und damit austauschbar sein. Aber auch bei der Herstellung von Ersatzteilen waren austauschbare Bauteile von Nutzen. Bereits in dieser Zeit wurde der Vorteil der Verwendbarkeit von Teilen, die in unterschiedlichen Produkten eingesetzt werden können, erkannt. Die Schaffung und der Einsatz von Normteilen zur beliebigen Verwendung in den unterschiedlichsten Anwendungsfeldern und Produktsparten war ein Ergebnis der konsequenten Umsetzung der Forderung nach Austauschbarkeit von Bauteilen. Mit der Einführung von Passungen und Toleranzen wurde es möglich, auch sehr genaue Teile auszutauschen. Man könnte vom Weg in eine „austauschbare Genauigkeit" sprechen.

Das bis dahin allgemein angewandte Verfahren bestand im handwerklichen Anpassen zusammengehöriger Teile, ein Vorgang, der zu den wichtigsten und häufigsten Arbeiten im Maschinenbau gehörte [17]. In der Praxis wurde von den beiden Einzelteilen nach ihrer „ungefähren Fertigstellung" Material abgenommen, bis die Paarung nach dem Urteil des betreffenden Arbeiters ausreichend erschien. Dies geschah dadurch, daß die zu bearbeitenden Teile mit Handschaber, Feile und Schmirgelleinen von Hand „fertig gefeilt" wurden. Dies führte in der Regel zu einer Verschlechterung der Formgenauigkeit der Bauteile. Man war folglich bestrebt, das Passen von Bauteilen vom subjektiven Gefühl und Urteil des einzelnen Arbeiters mit seinen Erfahrungen zu entkoppeln.

Ein anderes Verfahren bestand darin, die einzelnen Teile durch Abgreifen von richtig bemessenen Musterwerkstücken mit Hilfe von Mikrometerschrauben herzustellen.

Die Entwicklung eines Systems für „Passungen" und „Austauschbau" ist in Deutschland untrennbar mit den Namen Georg Schlesinger und Otto Kienzle verbunden [17, 18].

Schlesinger arbeitete schon bei der Firma Ludwig Loewe & Co. AG Berlin auf den Gebieten der Feinmeßtechnik und des Austauschbaus. Bereits im Jahr 1897 hatte die Firma ihre Fabrikation auf Austauschbau mittels Grenzlehren umgestellt (Bild 6.3-01).

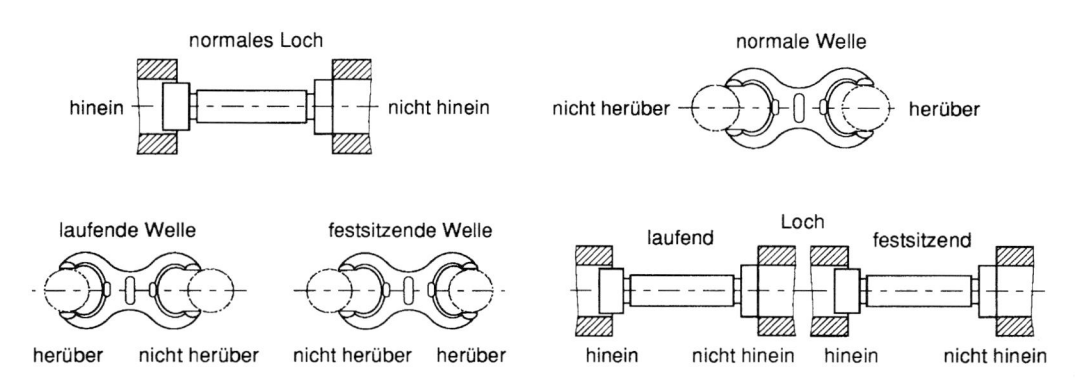

Bild 6.3-01   Austauschbau durch Anwendung von Grenzlehren bei der Firma Ludwig Loewe & Co. AG Berlin, 1897

Die Abmaße der Rachenlehren und Dornkaliber wurden aus Amerika von den Firmen Brown & Sharpe und Pratt & Whitney übernommen. Dieser erste Versuch, mit den neuen modernen Meßwerkzeugen zu arbeiten, schlug jedoch aufgrund der sehr hohen Kosten fehl. Trotz zahlreicher Versuche war es nicht möglich, mit den Grenzlehren befriedigende Arbeitsergebnisse zu erzielen. Selbst die Herstellerfirma der Grenzlehren, Brown & Sharpe, hatte im Jahr 1899 die Fabrikation mittels Grenzlehren wieder aufgegeben. Es war nun Schlesinger, der sich entschloß, die Gründe für das Versagen des Grenzlehrensystems zu ermitteln und darauf aufbauend ein verbessertes System einzuführen [19].

Durch umfangreiche Versuchsreihen mit senkrechten Bohr- und Drehwerken und neuartigen Rundschleifmaschinen, die über eine sehr hohe Arbeitsgenauigkeit verfügten, war es Schlesinger möglich, ein Toleranzsystem für verschiedene Sitze aufzustellen und bei Ludwig Loewe einzuführen. Die Ergebnisse dieser Untersuchungen sind 1904 in Schlesingers Dissertation „Die Passungen im Maschinenbau" [17] festgehalten. Das verbesserte Grenzlehrensystem nannte er selbst „ein systematisch und werkstattwissenschaftlich aufgebautes Grenzlehrsystem" [20].

Der Grundgedanke des Grenzlehrensystems bestand darin, mit angelernten Arbeitern austauschbare Teile herzustellen. Zu Beginn des 20. Jahrhunderts wuchsen die verschiedenen Branchen des Maschinenbaus, wie Lokomotivbau, Werkzeugmaschinenbau, Dampfmaschinenbau, Elektromaschinenbau, so stark an, daß es unmöglich war, der Nachfrage nach guten

Facharbeitern nachzukommen. Ein funktionierendes Grenzlehrensystem erlaubte den Unternehmen somit austauschbare Teile mit angelernten Arbeitskräften herzustellen.

Die ersten Passungssysteme unterschieden drei Hauptklassen von Passungen: den Laufsitz, den Festsitz und den Gewaltsitz. Für die einzelnen Passungen verwendete jede Firma ihre eigenen Erfahrungswerte. Auch über Begriffe wie „lose", „leicht", „gut", „fest" existierten unterschiedliche Ansichten. So verwundert es nicht, daß die Passungsangaben für einzelne Sitze bei den verschiedenen Systemen und Formen erheblich schwankten.

Ein Laufsitz in einem Lager einer Taschenuhr benötigt eine andere Toleranz als ein Laufsitz in einer landwirtschaftlichen Maschine oder einer Dampfmaschine. Die Passung hängt somit von den Abmessungen der zu fügenden Teile ab. Eine weitere Schwierigkeit bestand in der unterschiedlichen Arbeitsgenauigkeit der Werkzeugmaschinen. Weitere Parameter für die Ausbildung eines Sitzes sind der Werkstoff der beteiligten Bauteile und die Art des Zwischenmediums.

Im Zusammenhang mit der Weiterentwicklung des Austauschbaus trat das Problem der Messung sehr kleiner Größen auf. Zur Aufstellung eines funktionierenden Passungssystems ist es unerläßlich, eine Meßgenauigkeit im Bereich eines Mikrometers einzuhalten. Es handelt sich um eine Größenordnung, die zu der damaligen Zeit ausschließlich wissenschaftliches Interesse hatte und in den Unternehmen des Maschinenbaus noch nicht eingeführt war. Zu Beginn dieses Jahrhunderts stand das gesamte Meß- und Prüfwesen noch in den Anfängen seiner Entwicklung.

Ein Beispiel, daß den Zusammenhang zwischen Passungen und Meßgenauigkeit illustriert, sei im folgenden beschrieben. Schlesinger bestellte bei der amerikanischen Firma Pratt & Whitney im Jahre 1903 sieben Probestäbe mit Längen zwischen einem Zoll und zwölf Zoll. Die Herstellerfirma garantierte eine Genauigkeit von 0,5 µm, die mit Hilfe eines Roger-Bondschen Komparators ermittelt worden sind. Schlesinger ließ nun zur Prüfung dieser Angaben die Probestäbe bei den weltbesten Meßinstituten nachmessen. Diese gab es zu der damaligen Zeit in der Physikalisch-Technischen Reichsanstalt zu Berlin und im British Board of Trade zu London. Außerdem führte Schlesinger noch Messungen bei Ludwig Loewe auf zwei Meßmaschinen der Firma Pratt & Whitney aus dem Jahr 1898 und 1903 durch. Die Ergebnisse der Messungen sind in Bild 6.3-02 dargestellt.

Bemerkenswert sind die Abweichungen der Meßergebnisse, die von den Meßinstituten unterschiedlich bewertet wurden. Darüber hinaus wurden auch zeitliche Veränderungen der Meßergebnisse festgestellt, die, wie man später feststellte, auf Volumenänderungen der Probestäbe durch innere Spannungen durch das Härten der Teile zurückzuführen war. Anhand dieses Beispiels ist es leicht nachvollziehbar, daß Fortschritte im Austauschbau unmittelbar an Verbesserungen der Meßtechnik gekoppelt waren. Wichtig in diesem Zusammenhang war auch die Schaffung einer einheitlichen, überall geltenden Bezugstemperatur für das Meßwesen. Da das Messen mit Grenzlehren ein vergleichendes Messen ist, spielt die Frage der Bezugstemperatur eine große Rolle.

Die von Schlesinger vorgenommenen systematischen Untersuchungen zur Schaffung eines funktionierenden Passungssystems, die auf empirischen Untersuchungen aus der Betriebspraxis basierten, bildeten eine Grundlage für die späteren DIN-Normen über Passungen, die wesentlich von Otto Kienzle erarbeitet wurden [18] und die Grundlage für die ISA-Passungsnormen bildeten.

Vom Jahr 1919 an wurde innerhalb eines Arbeitsausschusses für Passungen des Normenausschusses der deutschen Industrie eine weitere Vereinheitlichung innerhalb des Passungssystems angestrebt [21, 22]. Es ging um die Frage: Einheitswelle oder Einheitsbohrung?

Als Hauptvorteil des Systems Einheitswelle wurde die Verwendbarkeit von gezogenen Wellen ohne Absätze mit einer einheitlichen Passung genannt. Dieses Bauteil, das besonders

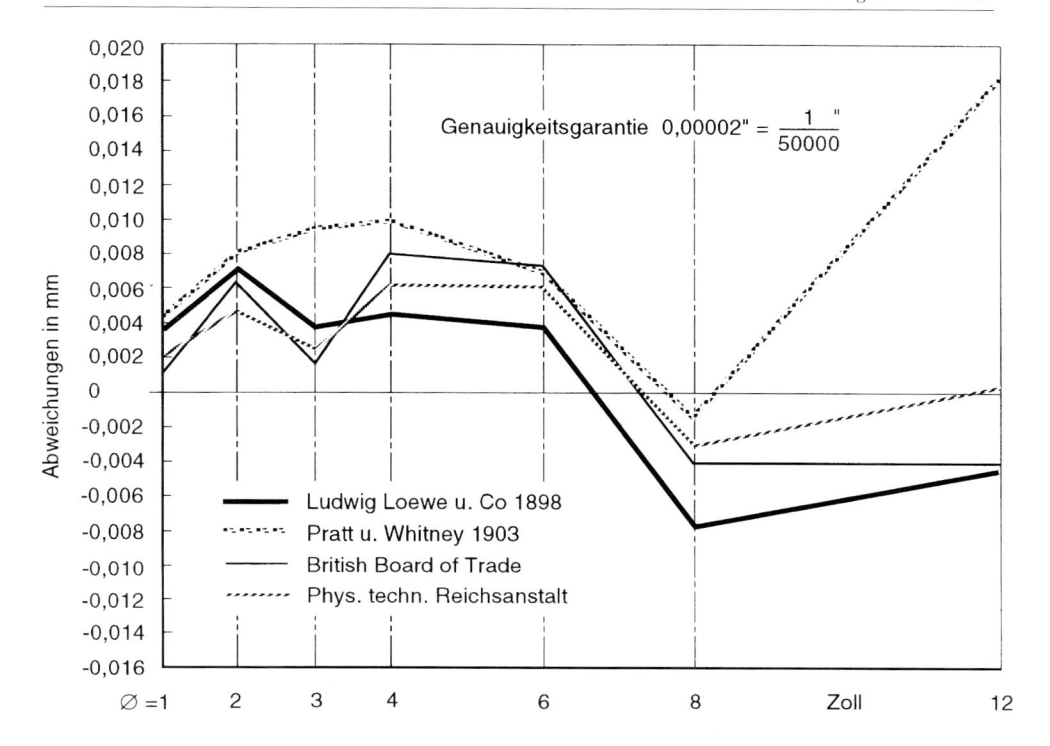

Bild 6.3-02 Messungen an sieben Probestäben bei Ludwig Loewe

häufig im Transmissionsbau vorkam, konnte trotz einheitlichem Wellendurchmesser durch Wahl der Bohrungsabmaße über eine Vielzahl von verschiedenen Paßsitzen verfügen. Aufgrund der Geometrie ohne Absätze war es sehr einfach, dieses Bauteil bei Verschleiß zu ersetzen.

Dem stand jedoch der enorme finanzielle Aufwand für Bohrwerkzeuge und Reibahlen gegenüber. Für jeden Bohrungsdurchmesser wurden mehrere Werkzeuge mit unterschiedlichen Abmaßen benötigt. Beim System Einheitsbohrung ist für jeden Bohrungsdurchmesser dagegen nur ein Werkzeug vorgesehen. Die Wellen müssen mit entsprechenden Absätzen versehen werden.

Erste Bemühungen, sich auf das System Einheitswelle als alleiniges System in der deutschen Industrie zu einigen, schlugen aufgrund der Vorteile und der breiten Verwendung des Systems Einheitsbohrung fehl. So kam der Arbeitsausschuß für Passungen im Jahr 1921 zu der Erkenntnis, daß beide Systeme gleichberechtigt Verwendung finden sollten. Selbst die Beschränkung von einzelnen Branchen des Maschinenbaus auf ein Passungssystem erschien als nicht sinnvoll.

Ab 1928 tagte ein europäischer Ausschuß im Rahmen der ISA, der die Passungssysteme der einzelnen Länder harmonisieren sollte, um sie international für die metrischen Länder zu vereinheitlichen. Die Länder mit dem Zollsystem nahmen an diesen Verhandlungen nicht teil.

Die DIN-Passungen sind mit leichten Modifikationen in die ISA-Passungen eingeflossen [23]. Die Bezugstemparatur für Meßwerkzeuge wurde international von vormals 0 °C auf

20 °C festgelegt. Die in den DIN-Passungen vorhandenen Sitzfamilien wurden durch IT-Grundtoleranzen abgelöst.

Im großen und ganzen entspricht das ISA-System aus dem Jahr 1931 dem heutigen ISO-Passungssystem. Die einzelnen Abmaße und Toleranzen sind durch weitere experimentelle Untersuchungen aufgrund neuer Bearbeitungsverfahren und Maschinen mit höheren Arbeitsgenauigkeiten ständig verfeinert worden. Desweiteren wurden viele Begriffe zur besseren Verständigung verändert.

Das ISO-System für Grenzmaße und Passungen ist anzuwenden für Maße an Bauteilen für Rund- und Flachpassungen. Die IT-Grundtoleranzen nach DIN ISO 286 [27] gelten für Längenmaße von 1 bis 500 mm Nennmaß, wobei die Zahl einer Toleranzreihe zugeordnet ist und dem Toleranzgrad entspricht. Mit steigendem Toleranzgrad nimmt die Maßtoleranz zu.

Für Nennmaße bis 500 mm sind die Werte der Toleranzgrade ≥ 5 als Vielfaches des Toleranzfaktors i definiert. Der Toleranzfaktor i berechnet sich wie folgt:

$$i = 0{,}45 \cdot \sqrt[3]{D} + 0{,}001 \cdot D \quad [\mu m], \tag{13}$$

$$i = \sqrt{D_1 + D_2} \quad [mm]. \tag{14}$$

Unter D wird das geometrische Mittel aus den Grenzwerten D_1 und D_2 des jeweiligen Nennmaßbereiches verstanden. Die Formel wurde empirisch aus früheren nationalen Normen entwickelt. Der Wurzelausdruck stammt aus der deutschen DIN-Norm, der lineare Anteil berücksichtigt die steigende Meßunsicherheit bei größeren Nennmaßen.

Die ISO-Grundtoleranzen in Abhängigkeit der Nennmaßbereiche sind in Bild 6.3-03 dargestellt. Die Faktoren des Vielfachen des Toleranzfaktors i sind in der Regel Normzahlen der Reihe R5. Ab IT6 steigt die Toleranz bei einem um fünf Stufen gröberen Toleranzgrad um das Zehnfache. Für Toleranzgrade zwischen IT01 und IT4 existieren eigene Berechnungsformeln.

Die Grundtoleranzgrade von IT01 bis IT7 finden im Lehren- und Präzisionsmaschinenbau, die Toleranzgrade von IT5 bis IT13 im allgemeinen Maschinenbau für Passungen Anwendung. Die Toleranzgrade von IT14 bis IT18 gelten als grobe Toleranzen.

Die Lage des Toleranzfeldes zur Nullinie wird durch Buchstaben bezeichnet: Großbuchstaben kennzeichen Innenmaße, Kleinbuchstaben kennzeichnen Außenmaße. Folgende Buchstaben können verwendet werden:

Innenmaße: A B C CD D E EF F FG G H J JS K M N P R S T U V X Y Z ZA ZB ZC,

Außenmaße: a b c cd d e ef f fg g h j js k m n p r s t u v x y z za zb zc.

Durch Paarung von Bohrung und Welle entstehen je nach Wahl der Grundabmaße Spiel-, Übergangs- oder Übermaßpassungen (Bild 6.3-04).

Durch Kombination aus einem Buchstaben für das Grundabmaß und einer Zahl für den Toleranzgrad ergibt sich das Kurzzeichen für eine Toleranzklasse:

Beispiele: H7 = Innen-Grundabmaß H + Toleranzgrad IT7,
         k5 = Außen-Grundabmaß k + Toleranzgrad IT5.

Aus dem Kurzzeichen einer Toleranzklasse H7 läßt sich erkennen, daß es sich um ein an der Nullinie beginnendes und einseitig nach Plus liegendes Toleranzfeld des Toleranzgrades für eine Bohrung handelt.

Eine Passung wird durch Angabe von zwei Kurzzeichen gekennzeichnet. Das erste Kurzzeichen gibt dabei die Passung für das Innenmaß an, das zweite Kurzzeichen die Passung für das Außenmaß:

Beispiele: 30 H7/n6   = Passung Innenmaß H7   + Passung Außenmaß n6,
         65 C11/h9 = Passung Innenmaß C11 + Passung Außenmaß h9.

Passungen 225

IT	Nennmaßbereiche in mm Toleranzen in µm											
	bis 3	>3 bis 6	>6 bis 10	>10 bis 18	>18 bis 30	>30 bis 50	>50 bis 80	>80 bis 120	>120 bis 180	>180 bis 250	>250 bis 315	>315 bis 400	>400 bis 500
01	0,3	0,4	0,4	0,5	0,6	0,6	0,8	1	1,2	2	2,5	3	4[1])
0	0,5	0,6	0,6	0,8	1	1	1,2	1,5	2	3	4	5	6[1])
1	0,8	1	1	1,2	1,5	1,5	2	2,5	3,5	4,5	6	7	8
2	1,2	1,5	1,5	2	2,5	2,5	3	4	5	7	8	9	10
3	2	2,5	2,5	3	4	4	5	6	8	10	12	13	15
4	3	4	4	5	6	7	8	10	12	14	16	18	20
5	4	5	6	8	9	11	13	15	18	20	23	25	27
6	6	8	9	11	13	16	19	22	25	29	32	36	40
7	10	12	15	18	21	25	30	35	40	46	52	57	63
8	14	18	22	27	33	39	46	54	63	72	81	89	97
9	25	30	36	43	52	62	74	87	100	115	130	140	155
10	40	48	58	70	84	100	120	140	160	185	210	230	250
11	60	75	90	110	130	160	190	220	250	290	320	360	400
12	100	120	150	180	210	250	300	350	400	460	520	570	630
13	140	180	220	270	330	390	460	540	630	720	810	890	970
14	250	300	360	430	520	620	740	870	1000	1150	1300	1400	1550
15	400	480	580	700	840	1000	1200	1400	1600	1850	2100	2300	2500
16	600	750	900	1100	1300	1600	1900	2200	2500	2900	3200	3600	4000
17	-	-	1500	1800	2100	2500	3000	3500	4000	4600	5200	5700	6300
18	-	-	-	2700	3300	3900	4600	5400	6300	7200	8100	8900	9700

[1]) In DIN ISO 286 T1 nur noch im Anhang enthalten

Bild 6.3-03   ISO-Grundtoleranzen IT

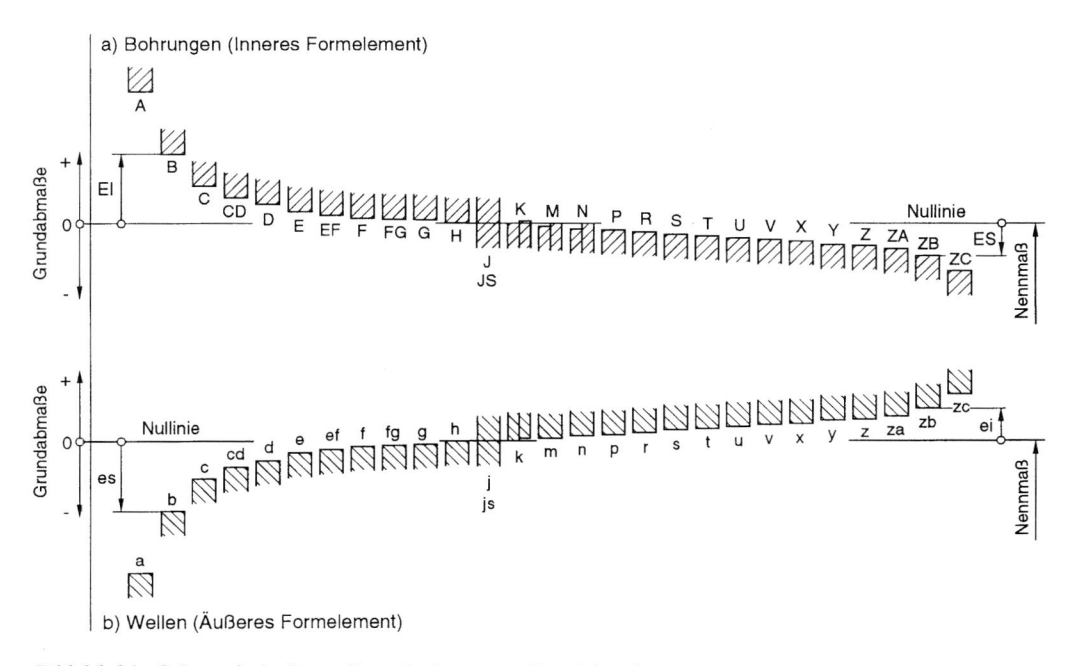

Bild 6.3-04   Schematische Darstellung der Lage von Grundabmaßen

Passung	Merkmal	Anwendungsbeispiele
H7/r6 H7/s6	Mittlerer Preßsitz	Kupplungsnaben, Bronzekränze auf Graugußnaben Lagerbuchsen in Rädern, Gehäusen, Schubstangen
H8/x8 H8/u8	Starker Preßsitz	Naben von Zahnrädern, Laufrädern und Schwungrädern, Wellenflansche

Bild 6.3-05 Übermaßpassungen und Anwendungsbeispiele nach [3] (fettgedruckte Passungen der Reihe 1 sind zu bevorzugen)

Passung	Merkmal	Anwendungsbeispiele
H7/j6	Schiebesitz	Öfter auszubauende oder schwierig einzubauende Riemenscheiben, Zahnräder, Handräder
H7/k6	Haftsitz	Riemenscheiben, Kupplungen, Zahnräder auf Wellen, feste Handräder, Paßstifte
H7/n6	Festsitz	Zahnkränze auf Radkörpern, Bunde auf Wellen, Lager in Getriebekästen, Anker auf Motorwellen

Bild 6.3-06 Übergangspassungen und Anwendungsbeispiele nach [3] (fettgedruckte Passungen der Reihe 1 sind zu bevorzugen)

Passung	Merkmal	Anwendungsbeispiele
H11/a11 A11/h11	Besonders großes Bewegungsspiel	Reglerwellen, Bremswellenlager, Federgehänge, Kuppelbolzen
C11/h11 H11/c11	Großes Bewegungsspiel	Lager in Haushalts- und Landmaschinen, Drehschalter, Raststifte für Hebel, Gabelbolzen
C11/h9 H11/d9	Sicheres Bewegungsspiel	Abnehmbare Hebel und Kurbeln, Hebel- und Gabelbolzen, Lager für Rollen und Führungen
D10/h9	Sehr reichliches Spiel	Lager von Landmaschinen und Kranwellen, Leerlaufscheiben, grobe Zentrierungen
E9/h9 H8/d9	Weiter Laufsitz	Seilrollen, Achsbuchsen an Fahrzeugen, Lager von Gewindespindeln und Transmissionswellen
F8/h9 H8/e8	Schlichtlaufsitz	Mehrfach gelagerte Wellen, Vorgelegewellen, Achsbuchsen an Kraftfahrzeugen
H8/f7	Leichter Laufsitz	Hauptlager von Kurbelwellen, Pleuelstangen, Kreisel- und Zahnradpumpen, Gebläsewellen, Kolben
H7/f7 F8/h6	Laufsitz	Lager für Werkzeugmaschinen, Getriebewellen, Kurbel- und Nockenwellen, Regler, Führungssteine
H7/g6 G7/h6	Enger Laufsitz	Ziehkeilräder, Schubkupplungen, Schieberräderblöcke, Stellstifte in Führungsbuchsen, Pleuelstangenlager
H11/h9 H11/h11	Weiter Gleitsitz	Teile an Landmaschinen, Distanzbuchsen, Scharnierbolzen, Hebelschalter
H8/h9	Schlichtgleitsitz	Stellringe für Transmissionen, Handkurbeln, Zahnräder, Kupplungen, Riemenscheiben
H7/h6	Gleitsitz	Wechselräder auf Wellen, lose Buchsen, Zentrierflansche, Stellringe, Säulenführungen

Bild 6.3-07 Spielpassungen und Anwendungsbeispiele nach [3] (fettgedruckte Passungen der Reihe 1 sind zu bevorzugen)

Bei der Paarung der Toleranzfelder bietet sich die Verwendung einer Auswahl an, die auf praktischen Erfahrungen beruht. Man sollte in der Regel Passungen der Reihe 1 verwenden, wenn nötig, die der Reihe 2:

Reihe 1:	H8/x8	H8/u8	H7/r6	H7/n6	H7/h6	H8/h9	H7/f7
	F8/h6	H8/f7	F8/h9	E9/h9	D10/h9	C11/h9	
Reihe 1 & 2:	H7/s6	H7/k6	H7/j6	H11/h9	G7/h6		
	H7/g6	H8/e8	H8/d9	D10/h11	C11/h11		
Reihe 2:	H11/h11	H11/d9	H11/c11	A11/h11	H11/a11.		

Mit der Auswahl dieser Passungen lassen sich die meisten Anforderungen im Maschinenbau abdecken. Die Übermaß- und Übergangspassungen gehören in der Regel zum Passungssystem Einheitsbohrung, die Spielpassungen zum Passungssystem Einheitswelle, um gezogene Wellen zu verwenden.

In den Bildern 6.3-05, 6.3-06 und 6.3-07 sind Übermaß-, Übergangs- und Spielpassungen mit Anwendungsbeispielen dargestellt.

6.4 Austauschbau

Vollständige Austauschbarkeit

Die vollständige Austauschbarkeit ist dadurch gekennzeichnet, daß alle gefertigten Teile, ihren gegebenen, tolerierten Maßen entsprechend, generell ohne Überschreitung der erforderlichen Schlußtoleranz funktionsgerecht zu vorgeschriebenen Passungen gepaart werden können [3]. Zur Gewährleistung dieser Forderung müssen die ungünstigsten Kombinationen entsprechender Grenzmaße der in der Kette toleranzmäßig verbundenen Glieder auf die Auswirkung für Größt- und Kleinstmaß der Kette untersucht werden. Dieses Maximum-Minimum-Verfahren wird angewendet, wenn

– unbedingte Austauschbarkeit der Paßteile zu gewährleisten ist;
– jeder Ausschuß vermieden werden muß;
– die Montage wirtschaftlich und störungsfrei erfolgen soll und
– Einzel- oder Kleinserienfertigung vorliegt [6].

Die Ausgangsgleichung einer Maßkette in allgemeiner Form kann mit dem arithmetischen Fehlerfortpflanzungsgesetz gelöst werden [24]. Man erhält für die Schlußtoleranz T_0:

$$T_0 = \left|\frac{\partial f}{\partial M_1}\right| T_1 + \left|\frac{\partial f}{\partial M_2}\right| T_2 + \cdots + \left|\frac{\partial f}{\partial M_m}\right| T_m = \sum_{i=1}^{m} \left|\frac{\partial f}{\partial M_i}\right| T_i. \tag{15}$$

Aufgrund der Unabhängigkeit der Glieder bei den hier betrachteten linearen Maßketten werden die partiellen Ableitungen

$$\left|\frac{\partial f}{\partial M_i}\right| T_i = 1, \tag{16}$$

und man erhält die vereinfachte Beziehung:

$$T_0 = \sum_{i=1}^{m} T_i. \tag{17}$$

Somit ist die Summentoleranz T_s einer tolerierten Maßkette gleich der Summe der Toleranzen der einzelnen Maße. Dieses Ergebnis wird im allgemeinen als der 1. Hauptsatz der Maßkettenberechnung bei Toleranzuntersuchungen bezeichnet. Zur Ermittlung des Größtmaßes einer tolerierten Maßkette werden daher positive Kettenglieder mit dem Größtmaß, negative mit dem Kleinstmaß eingesetzt. Dagegen gehen zur Bestimmung des Kleinstmaßes umgekehrt positive Glieder mit ihrem Kleinstmaß, negative mit ihrem Größtmaß in die

Berechnung ein [25]. Diese Formulierung ist der 2. Hauptsatz der Maßkettenberechnung für Toleranzuntersuchungen.

Aus Gleichung 17 kann eine beliebige Einzeltoleranz innerhalb der Kette berechnet werden zu:

$$T_n = T_0 - \sum_{i=1}^{n} T_i - \sum_{i=n+1}^{m} T_i. \tag{18}$$

Die berechnete Toleranz bezieht sich auf das Toleranzmittenmaß C, dem arithmetischen Mittelwert zwischen Höchstmaß G_o und Mindestmaß G_u, Bild 6.4-01.

Das Toleranzmittenabmaß A_c ist dann die algebraische Differenz zwischen dem Toleranzmittenmaß C und dem Nennmaß N. Es gilt:

$$M = N + A_c \pm \frac{T}{2} = C \pm \frac{T}{2}. \tag{19}$$

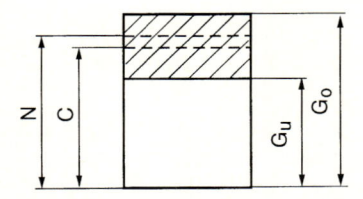

Bild 6.4-01 Darstellung der Lage und Bezeichnung eines Toleranzfeldes nach DIN 7182, Teil 1

Das Toleranzmittenabmaß A_{c0} des Schlußmaßes erhält man damit aus der Beziehung:

$$A_{c0} = \sum_{i=1}^{m} k_i \cdot A_{ci}. \tag{20}$$

Analog ergibt sich das Toleranzmittenabmaß A_{cn} eines Einzelmaßes aus:

$$A_{cn} = \frac{1}{k_n} \left[A_{c0} - \sum_{i=1}^{n-1} k_i \cdot A_{ci} - \sum_{i=n+1}^{m} k_i \cdot A_{ci} \right]. \tag{21}$$

Die Berechnung der Toleranzfelder der Grundmaße bei gegebener Montagegenauigkeit kann durch die „Methode der gleichen Toleranzen" oder die „Methode der Toleranzen gleicher Qualität" gelöst werden [3].

Methode der gleichen Toleranzen

Dieses Verfahren wird angewendet, wenn die Nennmaße einer Ordnung angehören, das heißt, wenn sie zum Beispiel in ein Durchmesserintervall fallen und etwa mit der gleichen wirtschaftlichen Genauigkeit ausgeführt werden können. In diesem Fall kann man bedingt annehmen, daß $T_1 = T_2 = \cdots = T_m = T_{mittel}$. Dann folgt aus Gleichung 17:

$$T_{mittel} = \frac{T_0}{m}. \tag{22}$$

Die so erhaltene mittlere Toleranz T_{mittel} wird in Abhängigkeit von ihrer Bedeutung, konstruktiven Anforderungen und technologischen Möglichkeiten der Fertigung für einige Nennmaße korrigiert, wobei die Bedingung

$$T_0 \geq \sum_{i=1}^{m} T_i \tag{23}$$

weiterhin erfüllt wird. Dabei sollten nach Möglichkeit die bevorzugten, standardisierten Toleranzfelder benutzt werden. Die „Methode der gleichen Toleranzen" ist einfach, aber nicht genau genug, da die Korrektur der Nennmaße willkürlich vorgenommen wird. Sie ist daher nur für die anfängliche Festlegung der Toleranzen der Nennmaße zu empfehlen.

Methode der Toleranzen gleicher Qualität

Wenn alle Nennmaße der Kette mit Toleranzen derselben Qualität gefertigt werden können und die Toleranzen der Abmaße von deren Nennmaßen abhängen, berechnet sich die Toleranz des Nennmaßes zu:

$$T_i = i \cdot a_k, \tag{24}$$

wobei i die internationale Toleranzeinheit nach ISO 286, Teil 1 [27], siehe Gleichung 13, und a_k die Zahl der Toleranzeinheiten in der Toleranzqualität ist, die in der Toleranz des gegebenen k-ten Abmaßes enthalten sind. Gleichung 17 kann somit folgendermaßen formuliert werden:

$$T_0 = \sum_{k=1}^{m} i \cdot a_k. \tag{25}$$

Wird $a_1 = a_2 = \cdots = a_m = a_{mittel}$ gesetzt, kann der Term a_k in Gleichung 25 aus der Summe herausgezogen werden. Bei der Kenntnis der Nennmaße aller Kettenglieder und der Schlußtoleranz T_0 besteht nun die Möglichkeit, a_{mittel} zu berechnen. Setzt man für i den in Gleichung 13 enthaltenen Ausdruck ein, ergibt sich a_{mittel} zu:

$$a_{mittel} = \frac{T_0}{\sum_{i=1}^{m} \left[0{,}45 \cdot \sqrt[3]{D_i} + 0{,}001 \cdot D_i \right]}. \tag{26}$$

Für a_{mittel} wird gewöhnlich die nächstliegende Qualität gewählt, da die Zahl der Einheiten in der Regel nicht mit einer bestimmten Qualität übereinstimmt. Anschließend werden die Toleranzen der Nennmaße analog zur Vorgehensweise bei der „Methode gleicher Toleranzen" korrigiert.

Zusammenfassend ist festzustellen, daß zum Beispiel bei gegebener Schlußtoleranz T_0 die an der Bildung der Toleranzkette beteiligten Maße so zu tolerieren sind, daß die Summe aller Einzeltoleranzen die Gesamttoleranz bildet. Je mehr Maße M_i eine Kette enthält, desto kleiner werden demzufolge die Einzeltoleranzen, wodurch unter Umständen unverhältnismäßig hohe Kosten bei der Teilefertigung entstehen. Deshalb ist das Verfahren aus ökonomischen Gründen eher für Maßketten mit kleiner Anzahl von Kettengliedern geeignet, da bei der Aufteilung einer gegebenen Gesamttoleranz wirtschaftlich tragbare Toleranzen für die Einzelmaße zur Verfügung stehen. Wenn komplexe Erzeugnisse eine hohe Genauigkeit erfordern und Maßketten mit einer großen Anzahl von Kettengliedern vorliegen, werden im Hinblick auf eine wirtschaftliche Fertigung Methoden zur unvollständigen Austauschbarkeit angewendet.

Unvollständige Austauschbarkeit

Im Falle unvollständiger Austauschbarkeit können die Teile der gefertigten Menge entsprechend gegebener tolerierter Maßketten nur mit zusätzlichen Leistungen wie Sortieren in Gruppen, Kompensation oder mit Ausschluß eines geplanten Umfangs an Überschreitungen der erforderlichen Schlußtoleranz funktionsgerecht miteinander zu vorgeschriebenen Passungen gepaart werden. Man spricht in diesem Fall auch von bedingter, wahrscheinlicher Austauschbarkeit [6].

Neben dem Maximum-Minimum-Verfahren sind zur Lösung von Maßkettenproblemen der unvollständigen Austauschbarkeit folgende Methoden einsetzbar [7]:
– Wahrscheinlichkeitstheoretisches Verfahren;
– Verfahren der Gruppenaustauschbarkeit (Auswahlverfahren);
– Kompensationsverfahren oder
– Justierverfahren.

Wahrscheinlichkeitstheoretisches Verfahren
Die für die Toleranzberechnung wichtigen Einzelmaße, also die Eigenschaften der Einzelteile, werden im wesentlichen von der Fertigung bestimmt, während konstruktive Maßnahmen die Maßkette und damit die Eigenschaften der gesamten Baugruppe festlegen, Bild 6.4-02.

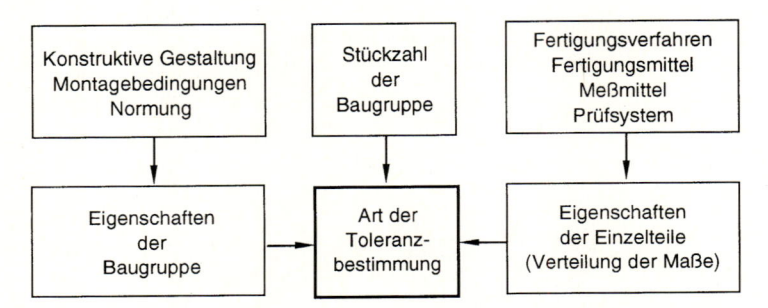

Bild 6.4-02 Konstruktive und fertigungstechnische Einflüsse auf die Toleranzbestimmung

Die bei der Toleranzfestlegung wichtigen Eigenschaften der Maßkette resultieren nach Bild 6.4-02 aus der Gestaltung der Baugruppe und den vorliegenden Montagebedingungen. Durch Verwendung von Norm- und Zukaufteilen, für deren Maße feste Toleranzen garantiert werden, entfallen diese Toleranzen bei der Berechnung.

Von den Gestaltungsmerkmalen einer Baugruppe besitzen folgende eine erhebliche Bedeutung für die Toleranzrechnung:
– die Anzahl der in einer Gruppe auftretenden Elemente;
– die Dimensionsunterschiede in der Gruppe und die unterschiedlichen Toleranzen, die unter Beachtung des Größenverhältnisses Nennmaß zu Toleranz nötig werden;
– die Existenz eines Längenabgleichs am Schlußmaß der Kette.

Die wichtigste Eigenschaft des Einzelmaßes für die tolerierte Maßkette ist seine Häufigkeitsverteilung im Toleranzfeld [28]. Tritt beim Messen eines Maßes M_i an n Werkstücken H-mal ein bestimmtes Maß a auf, so heißt $H_a(n)$ die absolute Häufigkeit des Ergebnisses a und

$$h_a(n) = \frac{1}{n} H_a(n) \tag{27}$$

seine auf die Stückzahl bezogene Häufigkeit [29]. Diese ist von n abhängig und strebt bei wachsender Zahl der betrachteten Teile einem Grenzwert zu, der Wahrscheinlichkeit des Ergebnisses a:

$$w_a = \lim_{n \to \infty} h_a(n). \tag{28}$$

Der für eine unendlich große Grundgesamtheit geltende mathematische Wahrscheinlichkeitsbegriff kann für die vorliegende endliche Anzahl praktischer Messungen nur angenähert werden. Bei der meßtechnischen Erfassung eines Maßes, also eines kontinuierlich veränderlichen Merkmals, das einer Zufallsstreuung unterliegt, ist es erforderlich, den Merkmalsbereich willkürlich in eine Reihe von Teilbereichen aufzuteilen, deren Breite Δx nicht kleiner als das Auflösungsvermögen des Meßmittels ist [28]. Durch Eintragen der Anzahl von Maßen, die innerhalb eines bestimmten Teilbereichs oder einer Klasse liegen, erhält man die statistische Verteilung der absoluten Häufigkeiten H, Bild 6.4-03.

Die Verteilung $h_x (n, \Delta x)$ strebt bei zunehmender Teilezahl n und abnehmender Klassenbreite Δx einem Grenzwert zu, der auf die Grundgesamtheit bezogenen Wahrscheinlichkeits-Dichtefunktion w(x):

$$w(x) = \lim_{\frac{\Delta x}{n} \to \infty} h_x (n, \Delta x). \tag{29}$$

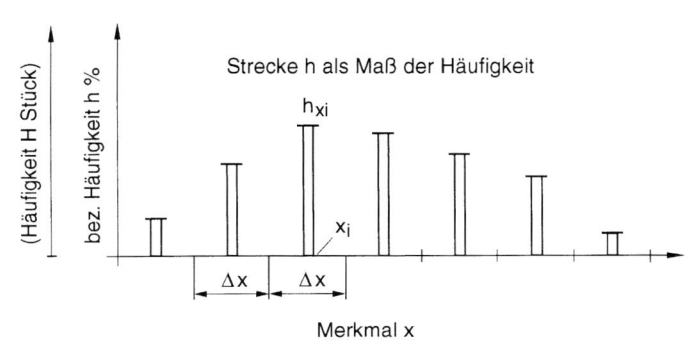

Bild 6.4-03 Exemplarische Häufigkeitsverteilung eines klassierten Merkmals

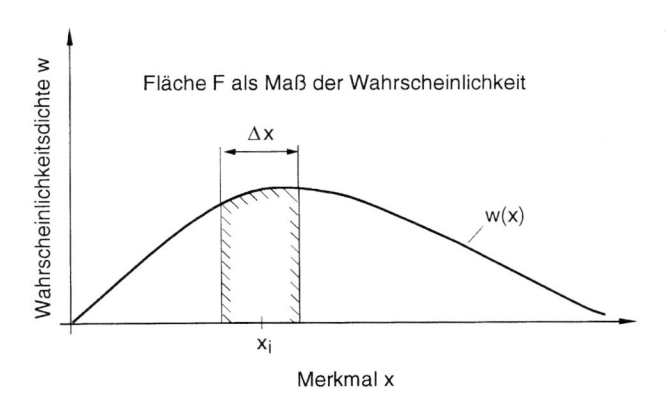

Bild 6.4-04 Stetige Wahrscheinlichkeits-Dichtefunktion

Bild 6.4-04 zeigt für das in Bild 6.4-03 Beispiel die grafische Darstellung der Wahrscheinlichkeits-Dichtefunktion, wobei die Fläche unter der Kurve das Maß für die einem Intervall $x_1 \leq x \leq x_2$ zugeordnete Wahrscheinlichkeit ist [28]:

$$W \{x_1 \leq x \leq x_2\} = \int_{x_1}^{x_2} w(x) dx. \tag{30}$$

Führt man in Gleichung 29 den Grenzübergang n → ∞ allein durch, folgt als Ergebnis, daß die Wahrscheinlichkeit w_{xi} des Intervalls der Breite Δx gleich dem entsprechenden Inhalt unter der Kurve w(x) ist, so daß:

$$\lim_{n \to \infty} h_{x_i} = w_{x_i} = \int_{x_i - \frac{\Delta x}{2}}^{x_i + \frac{\Delta x}{2}} w(x) dx. \tag{31}$$

Zur Beschreibung theoretischer Verteilungen ist es möglich, die Dichtefunktion w = f(x) oder die Summenwahrscheinlichkeit W = f(x) heranzuziehen. Diese Möglichkeit entfällt bei experimentell ermittelten Verteilungen. Zu deren einfacher Kennzeichnung und zum Vergleich mit theoretischen Daten existieren Kenngrößen für statistische Verteilungen. Dazu zählen der Merkmalsbereich R, der aus der Differenz der extremen Merkmalswerte bestimmt wird und infolgedessen sehr empfindlich gegen sogenannte Ausreißer ist. Unabhängig davon sind die Kenngrößen, die sich aus den Flächenmomenten der Verteilungsdichte ableiten [30]. Aus der allgemeinen Form

$$M_j = \int_1^\infty x^j dF \tag{32}$$

lassen sich für eine Wahrscheinlichkeitsdichte dF = w(x) dx die spezifischen Flächenmomente einer Verteilung ableiten zu:

$$M'_j = \frac{M_j \int_1^\infty x^j \cdot w(x) dx}{F \int w(x) dx}. \tag{33}$$

Die aus den Momenten erster und zweiter Ordnung abgeleiteten Kennzahlen sind:

$$\mu = \int_{-\infty}^{+\infty} x \cdot w(x) dx, \text{ der Mittelwert und} \tag{34}$$

$$\sigma^2 = \int_{-\infty}^{+\infty} (x - \mu)^2 \cdot w(x) dx, \text{ die Streuung.} \tag{35}$$

Nimmt man den in der Praxis häufig auftretenden Spezialfall an, daß die gemessenen Werte sich hauptsächlich um die Toleranzmittenmaße C gruppieren, so ergibt sich die sogenannte Gauß- oder Normalverteilung nach Bild 6.4-05.

Mathematisch kann diese Verteilung durch folgende allgemeine Funktion ausgedrückt werden:

$$f(x) = \frac{1}{\sqrt{2 \pi} \sigma} \cdot e^{-\frac{1}{2} \left(\frac{x - \mu}{\sigma} \right)^2}. \tag{36}$$

Bild 6.4-05 verdeutlicht, daß sich die Verteilungsfunktion symmetrisch zu beiden Seiten des Mittelwertes μ, der in der Darstellung auf der Ordinatenachse liegt, asymptotisch der Abszissenachse nähert. Nimmt man an, daß die Kurvenfläche, die die Gesamtzahl der Abweichungen der Meßgröße darstellt, gleich 100 % ist, dann stellen die beiden schraffierten Teilbereiche den Anteil der Maße an der Gesamtzahl der die zulässigen Grenzen von ±x überschreitenden Abweichungen dar, während die nicht schraffierte Kurvenfläche den Prozentsatz der innerhalb der gegebenen Grenzen von ±x liegenden Abweichungen der Meßgröße repräsentiert [7]. Zur Berechnung der Anteile zulässiger und unzulässiger Maße wird folgende, aus Gleichung 36 abgeleitete Formulierung benutzt:

$$P = \frac{2}{\sigma\sqrt{2\pi}} \cdot \int_{x}^{\infty} e^{-\frac{1}{2}\left(\frac{x}{\sigma}\right)^2} dx. \tag{37}$$

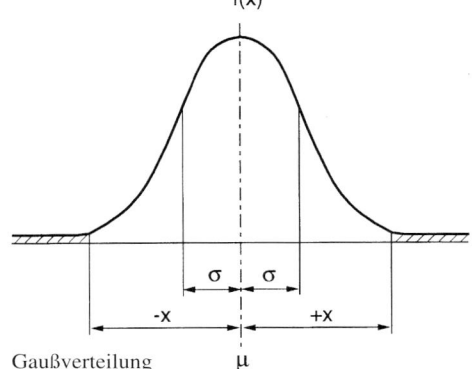

Bild 6.4-05   Gaußverteilung

Der Prozentsatz der die vorgeschriebenen Toleranzgrenzen des Schlußgliedes überschreitenden Maßketten trägt die Bezeichnung Risikofaktor t [7]. Er wird üblicherweise in Abhängigkeit von der Ausfallquote beziehungsweise der statistischen Sicherheit angegeben (Bild 6.4-06).

Ausfallquote in %	Statistische Sicherheit in %	Risikofaktor t	entspricht dem Inhalt der Gauß'schen Verteilung für
0,01	99,99	3,98	
0,10	99,90	3,37	
0,27	99,73	3,00	$\bar{x} \pm 3\sigma$
0,60	99,40	2,70	
1,00	99,00	2,58	
2,00	98,00	2,34	
4,55	95,45	2,00	$\bar{x} \pm 2\sigma$
6,00	94,00	1,88	
10,00	90,00	1,65	

Bild 6.4-06   Risikofaktor t in Abhängigkeit von der Ausfallquote und der statistischen Sicherheit

Während bei dem Maximum-Minimum-Verfahren das arithmetische Fehlerfortpflanzungsgesetz zugrunde gelegt wurde, wird unter den genannten statistischen Voraussetzungen das quadratische Fehlerfortpflanzungsgesetz verwendet, das, auf Toleranzen in linearen Maßketten bezogen, in vereinfachter Darstellung geschrieben werden kann als:

$$T_{S_W} = +\sqrt{\sum_{i=1}^{m} T_i^2}, \tag{38}$$

mit T_{S_W} als sogenannter wahrscheinlicher Summentoleranz.

Die vorgegebene Toleranz des Schlußgliedes kann mit großer Wahrscheinlichkeit eingehalten werden, da $T_o > T_{S_w}$ ist. Da in einigen Maßketten das Schlußglied dennoch die vorgegebene Toleranz überschreiten kann und somit mit einer geringen Ausfallquote zu rechnen ist, spricht man in diesem Fall von unvollständiger oder bedingt wahrscheinlicher Austauschbarkeit.

Der Vorteil hinsichtlich wirtschaftlicher Fertigung gegenüber der vollständigen Austauschbarkeit ist groß, da die Zugrundelegung des quadratischen Fehlerfortpflanzungsgesetzes es gestattet:

– bei gegebenen Einzeltoleranzen einer tolerierten Maßkette eine wahrscheinliche Summentoleranz festzulegen, die kleiner ist als die sich aus dem ersten Hauptsatz der Maßkettenberechnung ergebende;
– bei gegebener Toleranz des Schlußgliedes Einzelgliedtoleranzen festzulegen, die größer sind als die aus der Schlußtoleranz nach dem Maximum-Minimum-Verfahren berechneten Einzelgliedtoleranzen [5].

Mit wachsender Anzahl der zur Maßkette gehörenden Einzelglieder m erhöht sich das „Maß" der Toleranzerweiterung, der sogenannte Vorteilskoeffizient φ:

$$\varphi = \frac{\sqrt{\sum_{i=1}^{m} T_i^2}}{\sum_{i=1}^{m} T_i}. \tag{39}$$

Betrachtet man beispielsweise eine Einzelgliedtoleranz $T_1 = \cdots = T_i = \cdots = T_m = 0{,}15$ mm, erhält man in Abhängigkeit von der Anzahl der Kettenglieder für den Vorteilskoeffizienten φ die in Bild 6.4-07 dargestellten Werte.

Für die Gültigkeit dieses Faktors müssen folgende Voraussetzungen erfüllt sein:

– Die Istmaße aller m Einzelglieder der Maßkette sind normalverteilt, siehe Bild 6.4-05.
– Alle Mittelwerte dieser Normalverteilung stimmen mit dem jeweiligen Toleranzmittenmaß überein, $\bar{x} = C$.
– Die Toleranzen der Einzelmaße sind gleich groß.
– Zwischen den Maßen aller m Einzelglieder besteht keine Abhängigkeit [6].

In der Praxis sind die Istmaße der Kettenglieder einer tolerierten Maßkette über dem betreffenden Toleranzfeld nicht normalverteilt. Die realen Verteilungen können mit Hilfe der statistischen Fertigungskontrolle ermittelt werden. Resultiert das normale Verteilungsgesetz aus

Anzahl der Kettenglieder m	$T_1 = T_i = T_m = 0{,}15$ mm	Vorteilskoeffizient φ
2	0,212	1,41
3	0,260	1,73
4	0,300	2,00
5	0,335	2,23
6	0,367	2,45
7	0,396	2,64
8	0,424	2,83
9	0,450	3,00
10	0,474	3,16

Bild 6.4-07 Vorteilskoeffizient φ in Abhängigkeit von der Anzahl der Kettenglieder m bei einer exemplarisch gegebenen Einzelgliedtoleranz von $T_i = 0{,}15$ mm

der Wirkung einer großen Anzahl von Einflußfaktoren, so entstehen beim Vorherrschen eines Faktors asymmetrische Verteilungen. Beispiele für derartige dominierende Faktoren sind der kontinuierliche Verschleiß von Schneidwerkzeugen während der Bearbeitung oder Formänderungen an genauigkeitsbestimmenden Baugruppen der Werkzeugmaschine. Um die Asymmetrie der Verteilung bezüglich ihres gegebenen Streufeldes zu kennzeichnen, wird gemäß Bild 6.4-08 der Asymmetriekoeffizient α der Verteilungskurve eingeführt [7]:

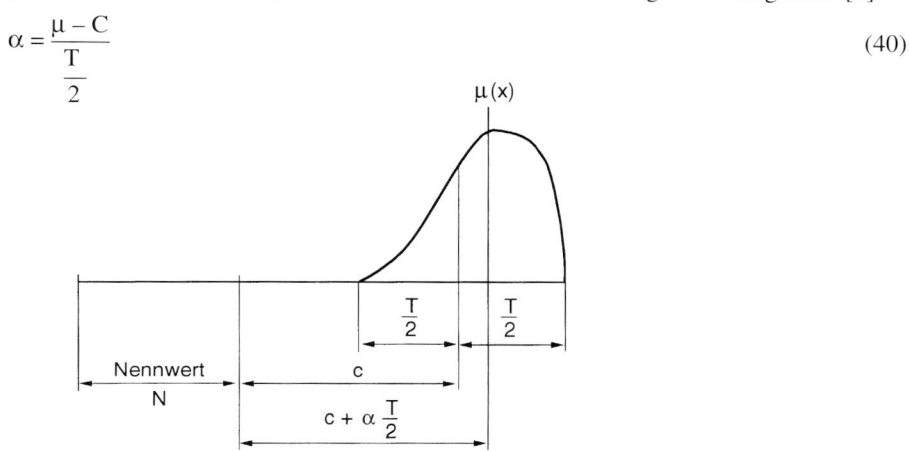

$$\alpha = \frac{\mu - C}{\frac{T}{2}} \tag{40}$$

Bild 6.4-08 Anordnung der asymmetrischen Verteilungskurve des Nennwertes

Zur Bestimmung der Summentoleranz bei einem willkürlichen Verteilungsgesetz wird in die Gleichung 38 der Koeffizient der relativen Verteilung c_i eingeführt, so daß:

$$T_{S_w} = t \cdot \sqrt{\sum_{i=1}^{m} T_i^2 \cdot c_i^2} \tag{41}$$

mit

$$c_i^2 = \frac{k_i^2}{t^2}. \tag{42}$$

Der Koeffizient der relativen Streuung k_i ist die auf die Toleranz eines Einzelmaßes bezogene relative Streuung. Er kennzeichnet den Einfluß der Verteilung der Istmaße innerhalb der Toleranzen der Einzelglieder auf die Größe der Toleranz des Schlußgliedes. In Bild 6.4-09 sind Asymmetrie- und Streuungskoeffizienten für verschiedene Verteilungsgesetze zusammengestellt.

Gleichung 41 gilt näherungsweise, wobei der Grad der Annäherung mit der Vergrößerung der Gliederzahl in der Maßkette wächst. Deshalb kann sie mit einer den praktischen Belangen entsprechenden Genauigkeit nur dann angewendet werden, wenn die Maßkette beim Vorliegen einer Normalverteilung mehr als vier Glieder besitzt, bei einer Simpson-Verteilung mehr als fünf beziehungsweise bei einer Gleichverteilung mehr als sieben Glieder enthält.

Durch Umformung von Gleichung 41 kann unter der Voraussetzung, daß die Toleranz des Schlußgliedes T_0 gegeben ist und daß $T_1 = T_2 = \cdots = T_m$ und $c_1^2 = c_2^2 = \cdots = c_m^2$ ist, die Durchschnittstoleranz T_{mi} berechnet werden zu:

$$T_{mi} = \frac{T_0}{t \cdot \sqrt{c_i^2 \cdot m}}. \tag{43}$$

236 Genauigkeit der Baugruppengeometrie

Nr. der Type	Charakteristik des Verteilungsgesetzes	Bild der Verteilungskurve	Parameter der Verteilungskurve			Koeffizienten		Bemerkungen
						α_i	k_i	
I	Gaußsches Gesetz, das mit dem Toleranzfeld übereinstimmt	$f(x)$, $3\sigma_i$, $3\sigma_i$, δ_i, δ_i				0	1	δ_i Toleranz- feldhälfte
II	Gaußsche Kurve, die symmetrisch die beiden Toleranzfeld- grenzen überschreitet	$f(x)$, h_2, h_1	a/2 1 3 5 10	h_1/h_2 0,07 0,17 0,26 0,44		α_i 0 0 0 0	k_i 1,21 1,26 1,44 1,55	a/2 unbrauch- barer Ausschuß (in %)
III	Gaußsche Kurve, die nur einseitig die Toleranzfeld- grenzen überschreitet	$f(x)$, M, h_2, h_1	b 5 10 25 50	h_1/h_2 0,26 0,44 0,80 1,00	M +0,29 +0,40 +0,64 +1,00	α_i +0,25 +0,31 +0,40 +0,47	k_i 1,17 1,18 1,20 1,21	b zusätzliche Bearbeitung (in %)
IV	Simpsonsches Gesetz	$f(x)$				0	1,22	
V	Gesetz der wahrscheinlich gleichmäßigen Verteilung	$f(x)$, l_i, l_i				0	1,73	
VI	Verbindung des Gaußschen Gesetzes mit dem Gesetz der wahr- scheinlich gleich- mäßigen Verteilung	$f(x)$	l'/3 σ' 2/3 1 2 3			0 0 0 0	1,10 1,19 1,38 1,49	l' und 3 σ' Parameter der be- stehenden Gesetze
VII	Gleichmäßig wachsende Verteilung	$f(x)$				+0,33	1,41	
VIII	Verbindung des Gaußschen Gesetzes mit dem der gleichmäßig wachsenden Verteilung	$f(x)$				Von 0 bis +0,33	Von 1 bis +1,41	

Bild 6.4-09 Übersicht über die Werte des Asymmetriekoeffizienten α und des Streuungskoeffizienten k_i bei den verschiedenen Verteilungsgesetzen

Ist die Durchschnittsgröße der Toleranzen nach dieser Gleichung ermittelt worden, können die Toleranzen der Einzelglieder aufgestellt werden. Zu diesem Zweck wird je nach Schwierigkeitsgrad der Bearbeitung des mit seinen Abmessungen als Kettenglied fungierenden Werkstücks die Durchschnittstoleranz T_{mi} dergestalt nach oben oder unten korrigiert, daß Gleichung 41 nach dem Einsetzen aller endgültig festgestellten Gliedtoleranzen erfüllt ist.

Ist die Toleranz des Schlußgliedes nach einem asymmetrischen System gegeben, kann die Durchschnittsgröße des Toleranzmittenabmaßes A_{cmi} bestimmt werden:

$$A_{cm_i} = \frac{A_{c0}}{m-1} - \alpha_{mi} \cdot \frac{T_{mi}}{2}, \tag{44}$$

wobei die Größe a_{mi} der Durchschnittswert des Asymmetriekoeffizienten eines jeden Kettengliedes ist.

Anschließend werden diese analog zu der symmetrischen Verteilung korrigiert. Zur Überprüfung der Korrektur der Toleranzen und der Verteilung ihrer Felder bezüglich der Nennmaße dient folgende Gleichung:

$$A_{c_S} = \sum_{i=1}^{m} \left(A_{c_i} + \alpha_i \cdot \frac{T_i}{2} \right) \pm \sqrt{\sum_{i=1}^{m} t^2 \cdot c_i^2 \cdot \left(\frac{T_i}{2} \right)^2}, \tag{45}$$

die umgeformt werden kann zu:

$$A_{c_S} = \sum_{i=1}^{m} \left(A_{c_i} + \alpha_i \cdot \frac{T_i}{2} \right) \pm \sqrt{\sum_{i=1}^{m} k_i^2 \cdot \left(\frac{T_i}{2} \right)^2}. \tag{46}$$

Werden gleichzeitig mehrere Maßketten einer Maschine, ihrer Montageeinheiten beziehungsweise Einzelteile mit Hilfe der wahrscheinlichkeitstheoretischen Methode gelöst, besteht die Möglichkeit, den Gesamtrisikofaktor t_s im Vergleich zu den Risikofaktoren der Einzelketten t wesentlich zu erhöhen. Da die Gesamtwahrscheinlichkeit multiplikativ ermittelt wird [30], erhält man für den prozentualen Gesamtrisikofaktor $t_{s\%}$ bei s Maßketten:

$$\begin{aligned} t_{s\%} &= 100 \cdot [1 - (1 - t_1) \cdot (1 - t_2) \cdot \ldots \cdot (1 - t_s)] \\ &= 100 \cdot \left[1 - \mathop{P}_{i=1}^{s} (1 - t_i) \right]. \end{aligned} \tag{47}$$

Daraus kann gefolgert werden, daß sich vielgliedrige Maßketten mit einer gegebenen hohen Genauigkeit des Schlußgliedes am wirtschaftlichsten durch die Methode der unvollständigen Austauschbarkeit mit Hilfe des wahrscheinlichkeitstheoretischen Verfahrens lösen lassen.

Verfahren der Gruppenaustauschbarkeit

Das Wesen der Gruppenaustauschbarkeit besteht in der Fertigung von Teilen mit relativ großen Toleranzen, die den entsprechenden Standards entnommen werden können, Einordnung der Teile in eine gleiche Anzahl von Gruppen mit engeren Toleranzen und Montage der so gruppierten Teile der jeweils entsprechenden Gruppe. Dieses Verfahren wird auch als selektive Montage oder Ausleseverfahren bezeichnet [3, 7]. Es ging im Jahre 1943 als sogenannte Auslesepaarung in die DIN 7185 [32] ein. Am Beispiel von Übermaß- und Spielpassungen, Bild 6.4-10, wird das Verfahren der Gruppenaustauschbarkeit erläutert.

Für eine einwandfreie Funktion der Welle-Nabe-Verbindung ist ein durchschnittliches Spiel von

$$S_{mi} = \frac{S_k + S_g}{2} \tag{48}$$

238   Genauigkeit der Baugruppengeometrie

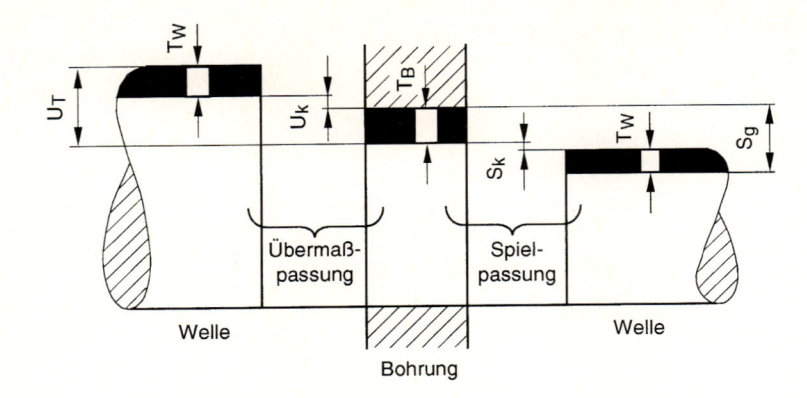

Bild 6.4-10 Schematische Darstellung der Toleranzen bei einer Übermaß- und einer Spielpassung [7]

erforderlich. Betrachtet man zunächst den Sonderfall, daß die Toleranzfelder von Welle und Bohrung gleich groß sind, müssen sowohl Wellen als auch Naben mit einer Toleranz von

$$T_i = \frac{S_g - S_k}{2} \qquad (49)$$

gefertigt werden. Ist diese Toleranz so klein, daß sie wirtschaftlich nur schwer oder nicht mehr zu fertigen ist, wird die Toleranz T_i n-mal vergrößert, bis sie als wirtschaftlich annehmbar ausfällt, das heißt bis

$$T_i' = n \cdot T_i. \qquad (50)$$

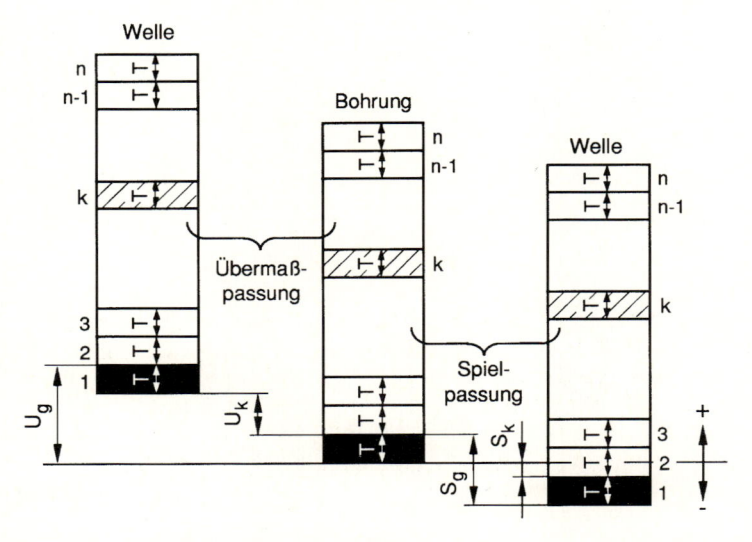

Bild 6.4-11 Schematische Darstellung der Methode der Gruppenaustauschbarkeit bei gleichen Toleranzen von Welle und Bohrung [7]

Die Werkstücke werden nach ihrer Bearbeitung mit dieser sogenannten Fertigungstoleranz T_i' mit Hilfe eines Präzisionsmeßinstruments kontrolliert und anschließend in n Teiltoleranzfelder aufgeteilt, deren sogenannte Auslesepaßtoleranzen jeweils

$$T_{pt} = \frac{T_i'}{n} \tag{51}$$

entsprechen, Bild 6.4-11.

Durch den Zusammenbau von Gruppen gleicher Bezeichnung ergibt sich die gewünschte Durchschnittsgröße des Spiels S_{mi}. Bild 6.4-11 zeigt, daß

$$\begin{aligned} S_{g_k} &= S_g + (k-1)\cdot T - (k-1)\cdot T = S_g \\ S_{k_k} &= (k-1)\cdot T + S_g - (k-1)\cdot T = S_g \end{aligned} \tag{52}$$

ist, so ist auch:

$$S_{mi_k} = \frac{S_{g_k} + S_{k_k}}{2} = \frac{S_g + S_k}{2} = S_{mi}. \tag{53}$$

Unter der Voraussetzung, daß $T_B' = T_W' = T_i'$ kann die Genauigkeit, dargestellt durch die Toleranz des Spiels $T_S = 2\,T_i'$, bei Anwendung der Methode der Gruppenaustauschbarkeit n-mal erhöht werden.

Der Fall der ungleichen Toleranzen von Welle und Nabe $T_B \neq T_W$ soll am Beispiel von Übermaß- und Spielpassungen beschrieben werden, bei denen die Toleranz der Nabe größer ist als die Toleranz der Welle, Bild 6.4-12.

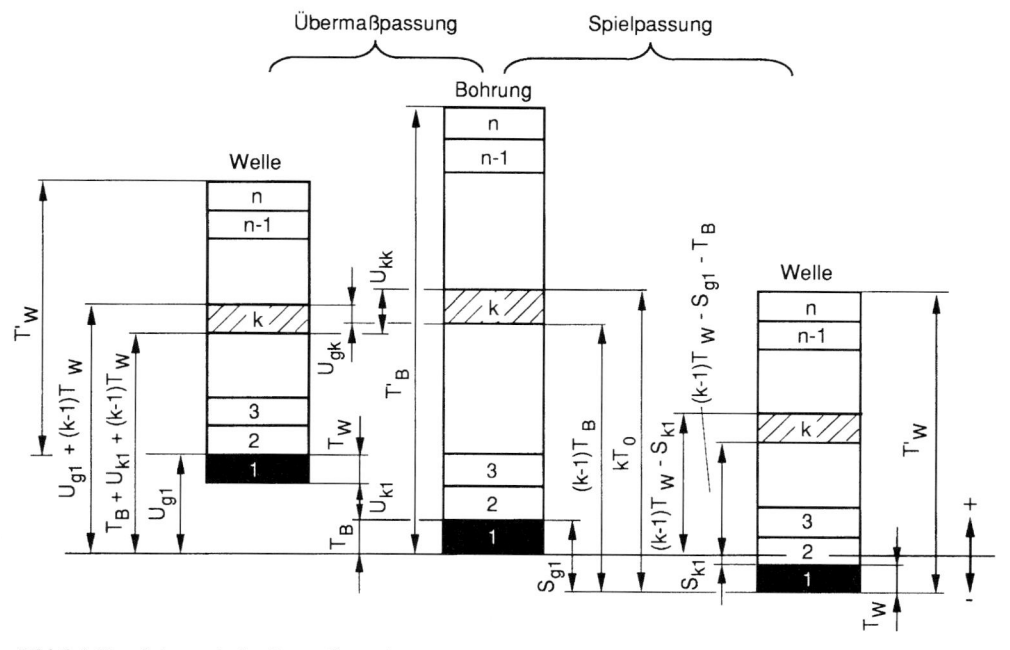

Bild 6.4-12 Schematische Darstellung der Methode der Gruppenaustauschbarkeit bei $T_B > T_W$ [7]

Diese schematische Darstellung zeigt, daß die mittlere Größe des Spiels und des Übermaßes der Gruppe k folgenden Gleichungen entspricht:

$$S_{mi_k} = \frac{S_{g_k} + S_{k_k}}{2} = \frac{S_{g_1} + S_{k_1}}{2} + (k-1) \cdot (T_B - T_W), \qquad (54)$$

$$U_{mi_k} = \frac{U_{g_k} + U_{k_k}}{2} = \frac{U_{g_1} + U_{k_1}}{2} + (k-1) \cdot (T_B - T_W). \qquad (55)$$

Für $T_W > T_B$ führen die Gleichungen 54 und 55 zu folgenden Formulierungen:

$$S'_{mi_k} = \frac{S'_{g_k} + S'_{k_k}}{2} = \frac{S'_{g_1} + S'_{k_1}}{2} + (k-1) \cdot (T_B - T_W), \qquad (56)$$

$$U'_{mi_k} = \frac{U'_{g_k} + U'_{k_k}}{2} = \frac{U'_{g_1} + U'_{k_1}}{2} + (k-1) \cdot (T_B - T_W). \qquad (57)$$

Die aufgrund der Methode der Gruppenaustauschbarkeit für $T_B = T_W$ erzielte Genauigkeit wird nach

$$T_{pt} = \frac{T'_B}{n} + \frac{T'_W}{n} \qquad (58)$$

ermittelt, da nach Bild 6.4-12 beispielsweise für die Gruppe k gilt:

$$T_k = S_{g_k} - S_{k_k} \qquad (59)$$

$$= \left[\frac{T'_B}{n} \cdot (k-1) + S_{g_1} - \frac{T'_W}{n} \cdot (k-1)\right] - \left[\frac{T'_B}{n} \cdot (k-2) + S_{g_1} - \frac{T'_W}{n} \cdot k\right] = \frac{T'_B}{n} + \frac{T'_W}{n}.$$

Da das Ergebnis von k unabhängig ist, muß Gleichung 58 allgemeingültig sein. Als Schlußfolgerung aus den Gleichungen 54 bis 57 sowie aus Bild 6.4-12 lassen sich folgende Aussagen treffen:
– Vorausgesetzt, daß $T_B > T_W$ ist, vergrößert sich beim Übergang von einer Gruppe in die nächsthöhere das Spiel, während das Übermaß abnimmt (Gleichungen 54 und 55). Ist dagegen gemäß der Gleichungen 56 und 57 $T_W > T_B$, wird das Spiel geringer und das Übermaß vergrößert sich.
– Mit Erhöhung der Differenz $(T_B - T_W)$ beziehungsweise $(T_W - T_B)$ zwischen den Toleranzen der zu koppelnden Teile wächst die Ungleichheit der Verbindung beim Übergang von einer Gruppe in die nächsthöhere.
– Je größer die Fertigungstoleranzen $T'_B = n \cdot T_B$ sowie $T'_W = n \cdot T_W$ und je zahlreicher die Gruppen n werden, desto unterschiedlicher wird jede folgende Gruppe von der Verbindung der ersten Gruppe mit der gegebenen Optimalgröße des Spiels S_{mi} bzw. des Übermaßes U_{mi}, Bild 6.4-13 [7].

Bild 6.4-13 zeigt, daß mit dem Anwachsen der Ordnungszahl der Gruppe die gegebene Übermaßpassung der ersten Gruppe über mehrere Übergangsstufen in eine Spielpassung übergeht. Daraus kann gefolgert werden, daß sich aufgrund ungleicher Toleranzen für die zu koppelnden Teile der Charakter ihrer Verbindung beim Übergang von einer Gruppe in eine andere ändert. Die besten Ergebnisse können daher beim Einsatz des Verfahrens der Gruppenaustauschbarkeit nur dann erzielt werden, wenn die Toleranzen der zu koppelnden Teile gleich groß sind, das heißt, wenn $T_B = T_W$ und demzufolge auch $T'_B = T'_W$ ist. Aus diesem

Grund sollten auch die Form- und Lagetoleranzen sowie Oberflächengüten der zu koppelnden Werkstücke mit der extrem kleinen Gruppentoleranz in Einklang stehen.

Kann die Fertigungstoleranz T' als konstant betrachtet werden, während die Gruppentoleranz T und die Gruppenanzahl n als Variable auftreten, wird die Gleichung $T' = n \cdot T$ im Koordinatensystem T-n durch eine gleichseitige Hyperbel dargestellt. Das bedeutet, daß die Genauigkeit der Verbindung mit der Vergrößerung der Gruppenanzahl n zunächst schnell und dann langsamer wächst. Um mit der Methode der Gruppenaustauschbarkeit einen möglichst hohen technischen und wirtschaftlichen Nutzen zu erreichen, muß bei gegebener Gruppentoleranz T die Gruppenanzahl n so klein wie möglich gehalten werden.

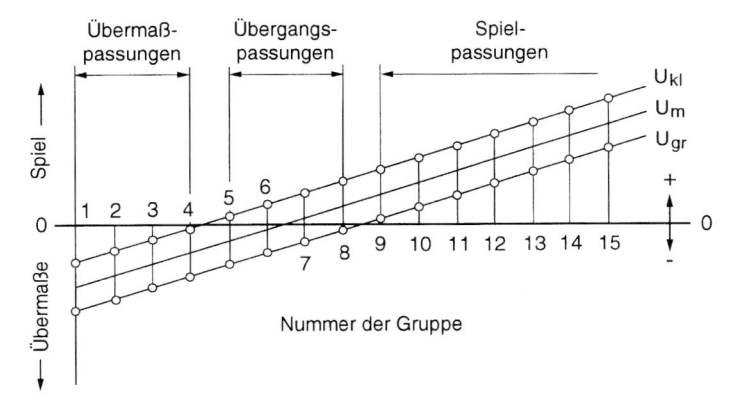

Bild 6.4-13 Abhängigkeitsverhältnis zwischen dem Charakter der Passung und der laufenden Nummer der zu koppelnden Werkstückgruppen [7]

Als Grundvoraussetzung für eine rationale Anwendung der Methode der Gruppenaustauschbarkeit ist die Gleichheit der Verteilungskurven für die Abmessungen der zu koppelnden Teile nach den Fertigungstoleranzfeldern. Aus Bild 6.4-14a geht hervor, daß in derartigen Fällen die Anzahl der zu verbindenden Teile in jeder Gruppe gleich groß ist, da die entsprechenden Flächenabschnitte der Verteilungskurven gleich groß sind. Im Fall ungleichartiger Verteilungen ist die Anzahl der Werkstücke in den einzelnen Gruppen unterschiedlich, Bild 6.4-14b. Die unterschiedlichen Verteilungen führen dazu, daß eine bestimmte Zahl von Werkstücken nicht verwendet werden kann oder nachträglich nach der Gruppentoleranz zu bearbeiten ist, was einen erhöhten Kostenaufwand nach sich zieht. Daher werden in diesem Fall die Felder der Fertigungstoleranzen gemäß Bild 6.4-14c in n ungleiche Abschnitte eingeteilt. Dadurch besitzt zwar jede Gruppe eine gleiche Anzahl von Werkstücken, die Genauigkeit wird allerdings beinträchtigt und die Verbindungen der verschiedenen Gruppen zu koppelnder Werkstücke werden ihrem Charakter nach geändert [7].

Zusammenfassend lassen sich für die Anwendung der Methode der Gruppenaustauschbarkeit folgende Voraussetzungen nennen:
– Gleichheit der Toleranzen zu koppelnder Teile;
– Wahl der kleinsten, wirtschaftlich möglichen Fertigungstoleranz;
– Übereinstimmung der Verteilungskurven für die Abmessungen der zu verbindenden Teile innerhalb des Fertigungstoleranzbereiches;
– gute Organisation bei Sortierung, Lagerung, Transport und Zusammenbau der Fertigteile.

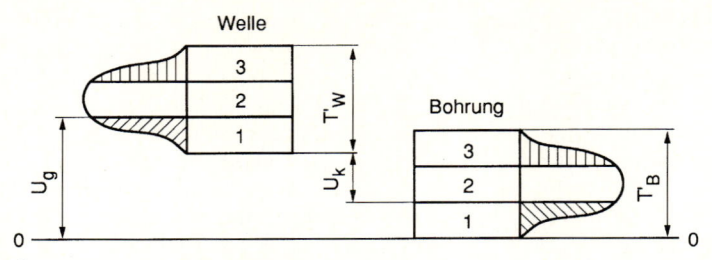

Bild 6.4-14 a Übereinstimmende Verteilungskurven für die Abmessungen zu koppelnder Einzelteile

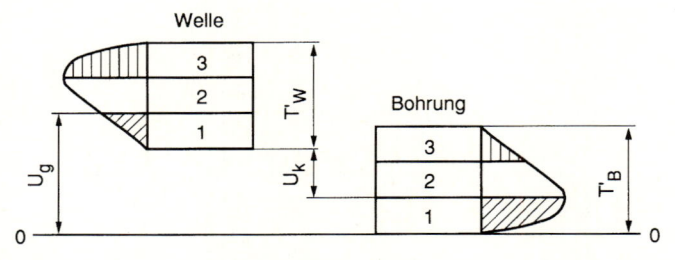

Bild 6.4-14 b Ungleiche Verteilungskurven für die Abmessungen zu koppelnder Teile

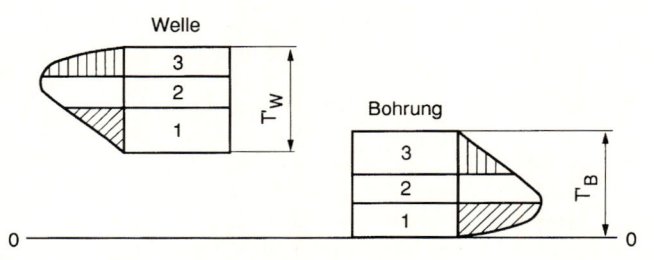

Bild 6.4-14 c Teilung der Felder der Fertigungstoleranzen in n ungleiche Abschnitte

Kompensationsverfahren

Mit Hilfe dieser Methode wird die vorgeschriebene Genauigkeit des Schlußgliedes einer Maßkette dadurch erzielt, daß die Größe eines bereits festgelegten Kettengliedes nachträglich geändert wird, indem dieses Teil einer weiteren Bearbeitung unterzogen wird.

Dazu werden unter den gegebenen Produktionsbedingungen für alle Glieder einer Maßkette zunächst wirtschaftlich vertretbare Toleranzen T_i' festgelegt, wodurch eine Überschreitung der aus Funktionsgründen vorgegebenen Funktionstoleranzen T_i bewußt zugelassen wird:

$$T'_0 = \sum_{i=1}^{m} T'_i \geq \sum_{i=1}^{m} T_i = T_0. \tag{60}$$

Zur Gewährleistung der Funktionstoleranz bei der Montage muß daher mindestens ein Kettenglied, das sogenannte Kompensationsglied, gezielt so verändert werden, daß die unzulässige Summentoleranz ausgeglichen wird. Die maximale Größe T_k des Kompensationsgliedes wird bei vorhandenen Maximalwerten für die Einzeltoleranzen der Kettenglieder aus Gleichung 61 errechnet:

$$T_k = T'_0 - T_0 = \sum_{i=1}^{m} T'_i - T_0. \tag{61}$$

Bei der Auswahl des Kompensationsgliedes ist zu beachten, daß es nicht gleichzeitig mehreren parallel miteinander verbundenen Maßketten angehört, da anderenfalls in den verbundenen Ketten Fehler auftreten. Für den Einsatz des Kompensationsverfahrens sind folgende Voraussetzungen zu erfüllen:
– Das Toleranzfeld des Kompensationsgliedes ist hinsichtlich seines Nennwertes so anzuordnen, daß eine Paßtoleranz für das die Rolle des Kompensationsgliedes übernehmende Einzelteil garantiert ist, die zum Ausgleich des maximalen Übermaßes T_k ausreicht;

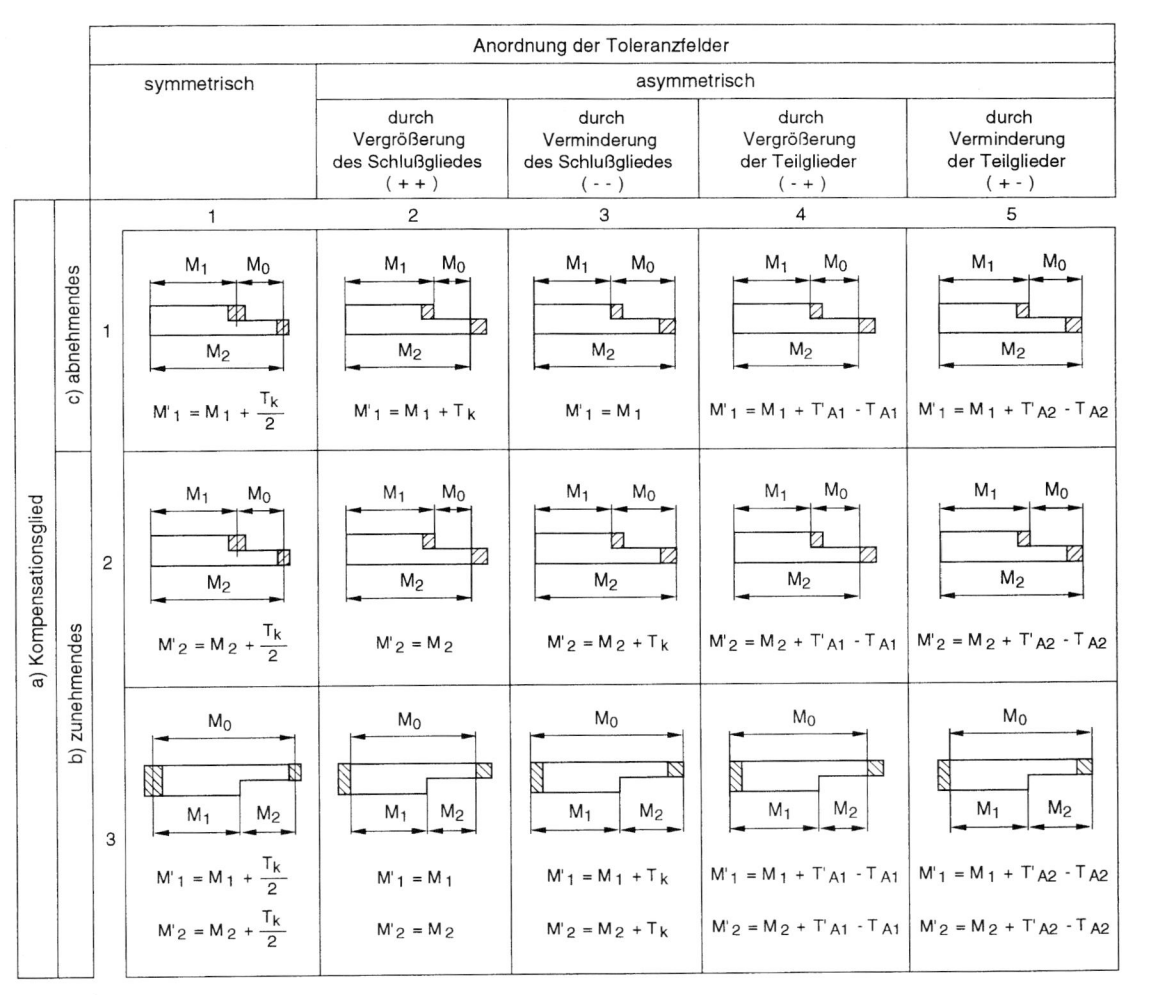

		Anordnung der Toleranzfelder				
		symmetrisch	asymmetrisch			
			durch Vergrößerung des Schlußgliedes (+ +)	durch Verminderung des Schlußgliedes (– –)	durch Vergrößerung der Teilglieder (– +)	durch Verminderung der Teilglieder (+ –)
		1	2	3	4	5
a) Kompensationsglied / c) abnehmendes	1	$M'_1 = M_1 + \frac{T_k}{2}$	$M'_1 = M_1 + T_k$	$M'_1 = M_1$	$M'_1 = M_1 + T'_{A1} - T_{A1}$	$M'_1 = M_1 + T'_{A2} - T_{A2}$
a) Kompensationsglied / b) zunehmendes	2	$M'_2 = M_2 + \frac{T_k}{2}$	$M'_2 = M_2$	$M'_2 = M_2 + T_k$	$M'_2 = M_2 + T'_{A1} - T_{A1}$	$M'_2 = M_2 + T'_{A2} - T_{A2}$
	3	$M'_1 = M_1 + \frac{T_k}{2}$; $M'_2 = M_2 + \frac{T_k}{2}$	$M'_1 = M_1$; $M'_2 = M_2$	$M'_1 = M_1 + T_k$; $M'_2 = M_2 + T_k$	$M'_1 = M_1 + T'_{A1} - T_{A1}$; $M'_2 = M_2 + T'_{A1} - T_{A1}$	$M'_1 = M_1 + T'_{A2} - T_{A2}$; $M'_2 = M_2 + T'_{A2} - T_{A2}$

Bild 6.4-15 Schema zur Berechnung der Nennwerte eines Kompensationsgliedes in Abhängigkeit vom Anordnungssystem der Toleranzfelder [7]

– Die für die entsprechenden Abmessungen aufgestellten, wirtschaftlich vertretbaren Toleranzen T_i' sind bei der Bearbeitung der Einzelteile einzuhalten.

Bild 6.4-15 zeigt charakteristische Anordnungen für die Toleranzfelder von Abschlußgliedern sowie die dazugehörigen Gleichungen zur Berechnung der Nennwerte der Kompensationsglieder. Unter Anwendung des Verschiebungsgesetzes kann die überwiegende Anzahl aller Maßketten nach diesem Schema gelöst werden.

Der wesentliche Vorteil der Kompensationsmethode besteht darin, daß sie die Bearbeitung der Einzelteile mit für die gegebenen Produktionsbedingungen wirtschaftlich vertretbaren Toleranzen ermöglicht. Dagegen wirkt sich die Notwendigkeit der nachträglichen Bearbeitung eines Einzelteils zur Einhaltung der Funktionstoleranz als Nachteil aus. Zudem kann die Zeit, die für die Nachbearbeitung erforderlich ist, in Abhängigkeit von der Größe der Toleranzüberschreitung stark schwanken, so daß diese Methode für die Großserienfertigung nicht empfehlenswert ist.

Justierverfahren

Der Begriff „Justieren" bezeichnet die Veränderung eines Funktionselementes dergestalt, daß es die für die gewünschte Funktion des gesamten technischen Gebildes oder Verfahrens notwendigen Kennwerte erhält. Schränkt man diese Definition auf mechanisch-geometrische Vorgänge ein, kann der Begriff „Justieren" als Bewegung von Bauelementen vor oder während der Montage verstanden werden, so daß diese die für die vorgegebene Funktion des gesamten technischen Gebildes notwendige Lage erhalten [33].

Im Gegensatz zum Kompensationsverfahren wird bei dem Justierverfahren das Maß des Kompensationsgliedes veränderlich gestaltet und beim Zusammenbau so eingestellt, daß die Funktionstoleranz des Schlußgliedes eingehalten wird. Der Ausgleich zwischen Fertigungs- und Funktionstoleranz wird hier nicht durch Nachbearbeitung, sondern durch unbewegliche oder bewegliche Kompensatoren erreicht. Unbewegliche Kompensationsglieder können beispielsweise in der Dicke gestuft vorliegende Distanzringe, Buchsen oder Scheiben sein, während bewegliche Kompensatoren zum Beispiel in Form von Distanzbuchsen, Stell-

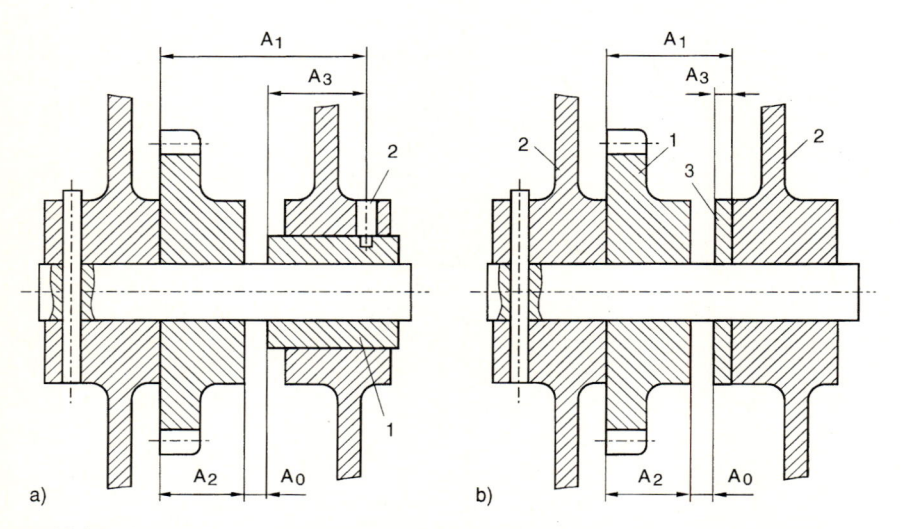

Bild 6.4-16 Erzielung des vorgegebenen Spiels zwischen den Stirnseiten einer Zahnradnabe und dem Gehäuseteil mit a) unbeweglichen und b) beweglichen Kompensatoren

schrauben, Exzentern oder Keilleisten anzutreffen sind. Zur Verdeutlichung dieser beiden Varianten zeigt Bild 6.4-16 die Möglichkeiten zur Erzielung des vorgeschriebenen Spiels A_0 zwischen den Anlagebundflächen eines Zahnrades und einem Gehäuse.

Im Fall unbeweglicher Kompensatoren (a) muß zunächst die erforderliche Größe des Kompensationsgliedes ermittelt werden. Dies ist auf analytischem Wege möglich, wenn die Istmaße aller Glieder der betreffenden Maßkette bekannt sind, oder durch direkte Messung nach der Montage. Anschließend wird der fertige unbewegliche Kompensator der nächsten Abmessungsstufe gewählt und in die Maßkette eingesetzt. Die Auswahl der nächstgrößeren oder nächstkleineren Abmessung des Kompensators richtet sich nach Einfluß ihrer Änderung auf die Größe des Schlußgliedes. Gehört das Kompensationsglied zu den zunehmenden Größen, wird für den Kompensator die nächstkleinere Abmessungsstufe gewählt und umgekehrt.

Zur Ermittlung der Anzahl N der Abmessungsstufen unbeweglicher Kompensatoren wird die maximale Kompensationsgröße nach Gleichung 62 durch die erforderliche Toleranzgröße des Schlußgliedes der Maßkette dividiert:

$$N \geq \frac{T_k}{T_0}. \tag{62}$$

Zwei Besonderheiten prägen die Methode der Justierung mit unbeweglichen Kompensatoren:
– die stufenweise erfolgende Verminderung der Überschreitung der zulässigen Toleranz des Schlußgliedes und
– die Möglichkeit, die ursprüngliche Genauigkeit des Schlußgliedes nur dadurch wiederherstellen zu können, daß der unbewegliche Kompensator durch einen neuen ersetzt wird, was in der Regel mit dem Ausbau mehrerer Einzelteile verbunden ist.

In Bild 6.4-16 b dagegen übernimmt die Buchse 1 die Funktion des beweglichen Kompensators. Dabei wird die vorgeschriebene Genauigkeit des Schlußgliedes T_0 durch folgende Vorgehensweise erreicht. Zunächst werden für die Abmessungen von Zahnrad und Gehäuse

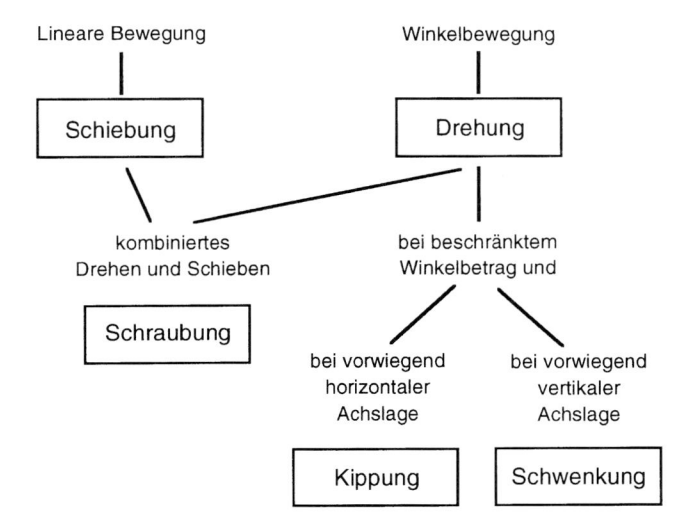

Bild 6.4-17 Formen der Justierbewegungen [33]

wirtschaftliche Toleranzen festgelegt und die innerhalb dieser Grenzen gefertigten Teile zusammengebaut. Anschließend wird die Buchse 1 nach ihrem Einbau solange in Richtung der Achse verschoben, bis die vorgeschriebene Genauigkeit des Spiels N_0 gewährleistet ist. Abschließend wird die Buchse mit Hilfe einer Schraube in ihrer Lage fixiert. Damit das Übermaß durch das ausgewählte Kompensationsglied beseitigt wird, muß in der Regel sein Nennmaß berichtigt werden. Die Größe und Richtung der Änderung können anhand der Gleichungen in Bild 6.4-15 ermittelt werden.

Justierbewegungen können entweder entlang einer Geraden beziehungsweise einer beliebigen Kurve verlaufen, oder es handelt sich um Winkelbewegungen, bei denen ein Punkt oder eine Gerade in Ruhe bleiben und die übrigen Elemente Kreisbewegungen um die ruhenden Elemente ausführen. Zur genaueren begrifflichen Bestimmung der Bewegungsform dient Bild 6.4-17.

Handelt es sich um Maßketten, in denen sich einige Kettenglieder infolge von Verschleiß der betreffenden Teile verändern, besteht beim Einsatz der Justiermethode mit beweglichen Kompensatoren die Möglichkeit, diesen durch zusätzliche Lageänderungen des Kompensators auszugleichen. Zu diesem Zweck sind Maßnahmen zu treffen, diesen entsprechend der maximalen Verschleißgröße der zu koppelnden Werkstücke zu verschieben. Die Größe der Verschiebung ist je nach Richtung des Verschleißes entweder zum berichtigten Nennwert des Kompensationsgliedes zu addieren oder davon zu subtrahieren. Um kontinuierliche Veränderungen der Gliedgrößen, zum Beispiel durch Temperatureinfluß, zu kompensieren, werden die Maßketten häufig durch die Justiermethode mit einer automatischen Verschiebung des Kompensators gelöst.

Beim Festlegen einer zweckmäßigen Gesamtjustierung eines technischen Gebildes muß der Konstrukteur folgende Grundforderungen erfüllen, die sich infolge der inneren Zusammenhänge aller Einflußfaktoren ergeben [33]:
– Die Gesamtjustierung ist in einzelne Justiervorgänge aufzugliedern, wobei jeder Vorgang eine abgeschlossene, endgültige Handlung darstellt, so daß die Ergebnisse bereits durchgeführter Teiljustiervorgänge nicht durch nachfolgende beeinträchtigt werden.
– Wenn möglich, sollte ein Funktionselement bei jedem Justiervorgang nur in einer Richtung bewegt werden müssen. Müssen zwei funktionell voneinander abhängige Funktionselemente sowohl relativ zueinander als auch relativ zu einer Justierbasis bewegt werden, führt dies zu einem Annäherungsverfahren, das viel Zeit in Anspruch nehmen kann.

Daraus können für die einzelnen Justiervorgänge sowie den Gesamtablauf der Justierung Regeln abgeleitet werden, die für die Ermittlung der zweckmäßigsten Justierung von Bedeutung sind [33]:
– Eine gute Justierung führt zu einer bestimmten Gliederung in Justiereinheiten. Sie soll mit der montagegünstigen Gliederung der Konstruktion in Baugruppen und Teile übereinstimmen.
– Die Aufgliederung der Justierung in verschiedene Justiervorgänge muß derart beschaffen sein, daß jeder Justiervorgang die Voraussetzung für zeitlich spätere Vorgänge schafft.
– Die Justierung muß so gewählt werden, daß möglichst große Fertigungstoleranzen festgelegt werden können. Das erfordert, daß die Konstruktion in ihrem prinzipiellen Aufbau den Erfordernissen einer günstigen Justierung angepaßt ist.
– Es ist zwischen der Forderung nach einer möglichst geringen Anzahl von Justierstellen und dem Streben nach großen Fertigungstoleranzen abzuwägen, die zu vielen Justierstellen und komplizierten Justiereinrichtungen führen.
– Ist für ein bestimmtes Arbeitsprinzip einer Konstruktion eine bestimmte Anzahl von Justierstellen erforderlich, darf deren Anzahl nicht unterschritten werden, da anderenfalls ein Optimum der Gesamtfunktion nicht erreicht werden kann. Ebenso darf diese Zahl

	Verfahren	Vorteile	Nachteile
vollständige Austauschbarkeit	Maximum-Minimum-Methode (arithmetisches Fehlerfortpflanzungsgesetz)	• unbedingte Austauschbarkeit der Paßteile gewährleistet; • Vermeidung jeglichen Ausschusses; • reibungslose Montage.	• bei hoher Zahl der Kettenglieder ergeben sich sehr kleine Einzeltoleranzen, die ggfs. nicht mehr wirtschaftlich zu fertigen sind.
unvollständige Austauschbarkeit	Wahrscheinlichkeitstheorie (quadratisches Fehlerfortpflanzungsgesetz)	• bei gegebenen Einzeltoleranzen kann die Summentoleranz erheblich kleiner gewählt werden als nach der Maximum-Minimum-Methode; • bei gegebener Toleranz des Schlußgliedes können die Einzeltoleranzen wesentlich größer sein; • besonders geeignet für vielgliedrige Ketten.	• zusätzliche Leistungen wie Sortieren erforderlich.
	Gruppenaustauschbarkeit	• Fertigung der Einzelteile mit großen Toleranzen möglich; • wirtschaftlich.	• Einordnung in Gruppen und Sortierung erforderlich; • Einschränkung hinsichtlich Verteilungskurven der Einzelteilmaße und Gleichheit der Toleranzen zu koppelnder Teile.
	Kompensation	• wirtschaftlich vertretbare Toleranzen.	• Nachbearbeitung erforderlich => Zeitschwankungen aufgrund unterschiedlicher Toleranzüberschreitung; • nicht geeignet für Kettenglieder, die mehreren, parallel miteinander verbundenen Ketten angehören.
	Justierung (unbewegliche und bewegliche Kompensation)	• keine Nachbearbeitung erforderlich, da Kompensationsglied einstellbar; • wirtschaftlich vertretbare Toleranzen der Kettenglieder; • keine Passungsarbeiten; • Ausgleich von Verschleiß.	

Bild 6.4-18 Überblick über die Methoden der Lösung von tolerierten Maßketten

nicht überschritten werden, weil das System ansonsten in einen unbestimmten Zustand überführt wird.
– Für jede Justiereinrichtung ist eine bestimmte Zahl von Bewegungsmöglichkeiten erforderlich, die ebenso weder über- noch unterschritten werden soll, da sonst die Justierzeit verlängert oder das gewünschte Funktionsziel nicht erreicht wird.

Die Vorteile der Justiermethode lassen sich wie folgt zusammenfassen:
– Durch die Verwendung eines beweglichen Kompensators ist es möglich, im Schlußglied der Maßkette bei wirtschaftlich vertretbaren Toleranzen aller übrigen Kettenglieder jede gewünschte Genauigkeit zu erzielen;

- Passungsarbeiten beim Zusammenbau der Einzelteile fallen weg, wodurch die Montage geringeren Zeitschwankungen ausgesetzt ist;
- Die Maßketten erhalten die Fähigkeit, die ursprüngliche Genauigkeit des Schlußgliedes durch periodisches oder kontinuierliches Einstellen des beweglichen Kompensators zu erhalten beziehungsweise wiederherzustellen.

Einen Überblick über die beschriebenen Verfahren zur Lösung von tolerierten Maßketten liefert Bild 6.4-18.

6.5 Rechnerunterstützte Tolerierung

Trotz Normung und ihrer Bedeutung für Fertigungsaufwand und Produktqualität wird die Toleranzanalyse für Maß-, Form- und Lageabweichungen in der Praxis oft nur unzureichend durchgeführt. Gründe sind die Unkenntnis über die generellen Tolerierungsgrundsätze, die Komplexität der Tolerierungsaufgabe und der zeitliche Aufwand [34]. Zur Erfüllung der beschriebenen Anforderungen an eine passungs- und toleranzgerechte Gestaltung von Maschinen sowie unter dem Aspekt, daß der Rechnereinsatz in der Konstruktion heute Stand der Technik ist, werden rechnerunterstützte Systeme zur Tolerierung und Toleranzanalyse entwickelt.

CAD-Systeme bieten die Möglichkeiten der halbautomatisch, interaktiven und der automatischen Bemaßung an. Für den Konstrukteur ist es von großer Bedeutung, zu wissen, welche Auswirkungen die Art der Maßeintragung auf die Toleranzen besitzt. Die linearen Toleranzauswirkungen der Maßeintragung erweitern sich, wenn auch die senkrechten Maße betrachtet werden. Anstelle von Linien entstehen Flächen, deren Formen sich aus der Art der Maßeintragung und deren Abmessungen sich aus der Größe der Toleranzen ergeben [35, 36]. Bild 6.5-01 a zeigt die sechs Möglichkeiten, die einen Punkt von einem anderen aus festlegen. Durch die unterschiedliche Maßeintragung entstehen bei gleichen Fertigungstoleranzen T'_i Toleranzflächen verschiedener Form mit diagonalen Maximalabweichungen vom Punkt P_o, die ein Vielfaches von T'_i betragen können.

Noch stärker treten diese Abweichungen bei der Bestimmung eines Punktes von zwei vorhandenen auf. Bild 6.5-01 b zeigt, daß in diesen Fällen der Punkt P_2 bereits auf einer Toleranzlinie oder -fläche liegt. Daher muß sich der Konstrukteur bei der Wahl der Form der Maßeintragung über die Auswirkungen dieser bestimmten Form bewußt sein. Eine toleranzgerechte Bemaßung ist dadurch gekennzeichnet, daß ein Funktionsmaß durch möglichst wenige Maße festgelegt wird, damit eine Überlagerung von Maßtoleranzen vermieden wird. Dieser Forderung wurde beispielsweise durch die Empfehlung zur Benutzung von Bezugsbemaßungen in der DIN 406 Rechnung getragen. Bei der Bemaßung eines technischen Gesamtsystems ist es Aufgabe des Konstrukteurs, die Zahl der von einem Bezugspunkt ausgehenden, zusammengehörigen Maße möglichst gering zu halten. Dadurch verringert sich auch die Anzahl der Maße in Montagemaßketten [37].

Aus der Komplexität dieser Aufgaben wird die Forderung abgeleitet, den Tolerierungsprozeß in ein informationsverarbeitendes System einzubetten, das, ausgehend von der Menge der Eingangsinformationen bezüglich der Genauigkeitsanforderungen, eine Menge von Ausgangsinformationen, die Toleranzangaben, generiert. Ein derartiges System kann sinnvoll in ein CAD-System integriert werden, dessen Funktionalität um ein Untersystem zur Toleranzfestlegung, -analyse und -bewertung ergänzt wird. An ein solches Maß- und Toleranzmodell sind folgende Anforderungen zu stellen [37, 38].

- Über die Hauptgeometrie hinaus sind die topologischen Informationen über Bauteile oder Produkte für die Fertigungsvorbereitung, Fertigung, Montage und das Qualitätsmanagement von großer Bedeutung. Daher wird der Einsatz eines dreidimensionalen CAD-Systems, das auf einem Volumenmodell basiert, vorgeschlagen.

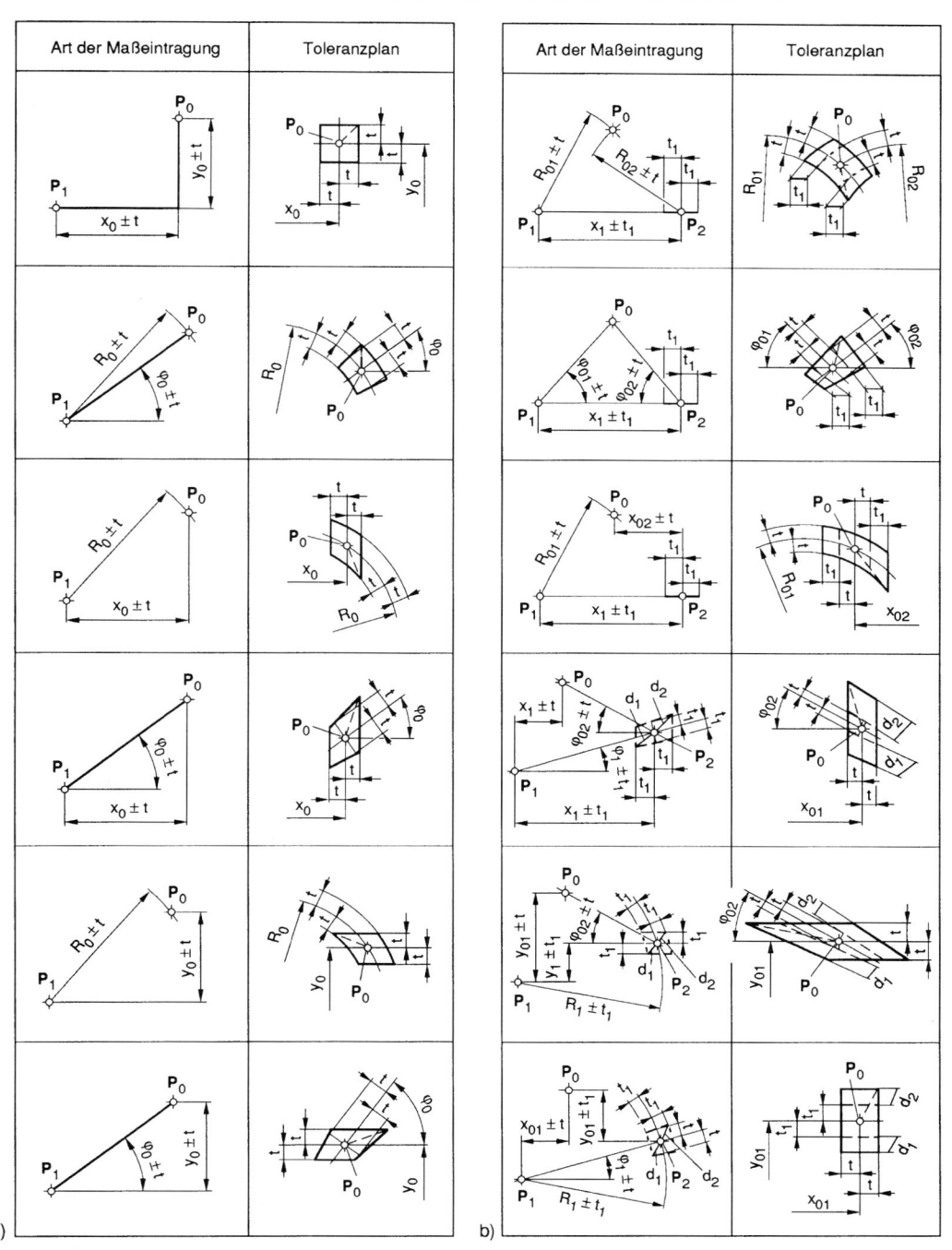

Bild 6.5-01 Toleranzauswirkung verschiedener Arten der Maßeintragung zum Festlegen eines Punktes von a) einem und b) zwei vorhandenen Punkten [35]

- Abweichungen von der Hauptgeometrie und Angaben über Werkstoffe sowie Wärmebehandlungen sollen den Flächen des Werkstücks zugeordnet werden.
- Verschiedene Flächenarten und -formen, wie zum Beispiel Innen- und Außenflächen sowie Gewinde- Freistich-, Fasen- und Rundungsflächen sollen erkannt und unterschieden werden können.
- Funktionale Forderungen der Konstruktion müssen in Form von Verknüpfungen zusammengehöriger Flächen eines Einzelteils berücksichtigt werden können.
- Die Abbildung der organisatorischen Baugruppentopologie und die Kodierung der Merkmale von Bauteilen sind wichtig, um die Durchführung von Gruppenfertigung und die Wiederverwendung vorhandener Werkstücke zu ermöglichen.
- Der Aufbau des Maß- und Toleranzmodells sowie des Darstellungsmodells darf keine Redundanzen aufweisen. Werden zusätzlich alle Elemente und Relationen auf die gleiche Weise verarbeitet und gespeichert, wird die Flexibilität des Systems verbessert und die Datenhaltung vereinfacht.

Basierend auf diesen Anforderungen kann der Aufbau des Maß- und Toleranzmodells sowie seine Ankopplung an das Geometrie- und Darstellungsmodell durch Bild 6.5-02 wiedergegeben werden. Die Informationen über Oberflächen und ihre Relationen im Geometriemodell sind die Grundlage für den Aufbau des Maß- und Toleranzmodells. Alle technologischen Angaben können als Attribute geometrischer Elemente oder ihrer Relationen betrachtet werden. So sind Maß- und Lagetoleranzen beispielsweise Attribute der Relation zwischen Flächen und Oberflächengüte, Formtoleranzen dagegen Attribute der Fläche selbst. Maßtoleranzen fungieren als Attribute der Maßgrößen. Da technologische Angaben eine Ergänzung des entsprechenden Geometriemodells darstellen, ist das Maß- und Toleranzmodell eine Erweiterung dieses Geometriemodells.

Zur Beschreibung der Maßrelationen kann die aus der diskreten Mathematik stammende Graphentheorie eingesetzt werden [39,40]. Ein Graph ist definiert als Mengensystem aus einer endlichen Menge von Knoten K und einer Menge von Kanten R sowie einer auf R erklärten Inzidenzfunktion I, die jedem Element $r \in R$ eindeutig ein geordnetes oder ungeordnetes Paar nicht notwendig verschiedener Knoten K zuordnet [41]:

$$G = (K, R, I)$$
$$= [(k_1, k_2, \cdots, k_m), (r_1, r_2, \cdots, r_n), (i_1, i_2, \cdots, i_n)] \tag{63}$$

$$\text{mit } i_i = i_{kr} = [(k_i, k_j) r_i]. \tag{64}$$

I wird in der Regel in Form einer Matrix, der sogenannten Inzidenzmatrix geschrieben, deren Elemente folgende Werte annehmen können:

$$i_{ij} = \begin{cases} -1, & \text{wenn i der Anfangspunkt von } r_j \text{ ist} \\ +1, & \text{wenn i der Endpunkt von } r_j \text{ ist} \\ 0 & \text{sonst.} \end{cases} \tag{65}$$

Zur automatischen Bemaßung muß eine Beziehung zwischen den Geometrieelementen einerseits und den Bemaßungselementen andererseits aufgebaut werden. Da die Maßhilfslinien einem Punkt des Geometrieobjektes zugeordnet werden, kann dieser Punkt als Knoten betrachtet werden. Die zwei Punkte verbindenden Maßlinien werden dementsprechend als Kanten bezeichnet. Da eine Maßkette laut Definition in einer bestimmten Richtung durchlaufen wird, muß auch das mathematische Modell eine Richtungsorientierung aufweisen. Diese Forderung wird durch „gerichtete" Graphen erfüllt, die dann vorliegen, wenn den Kanten r ein geordnetes Paar zweier Knoten (k_i, k_j) zugeordnet wird.

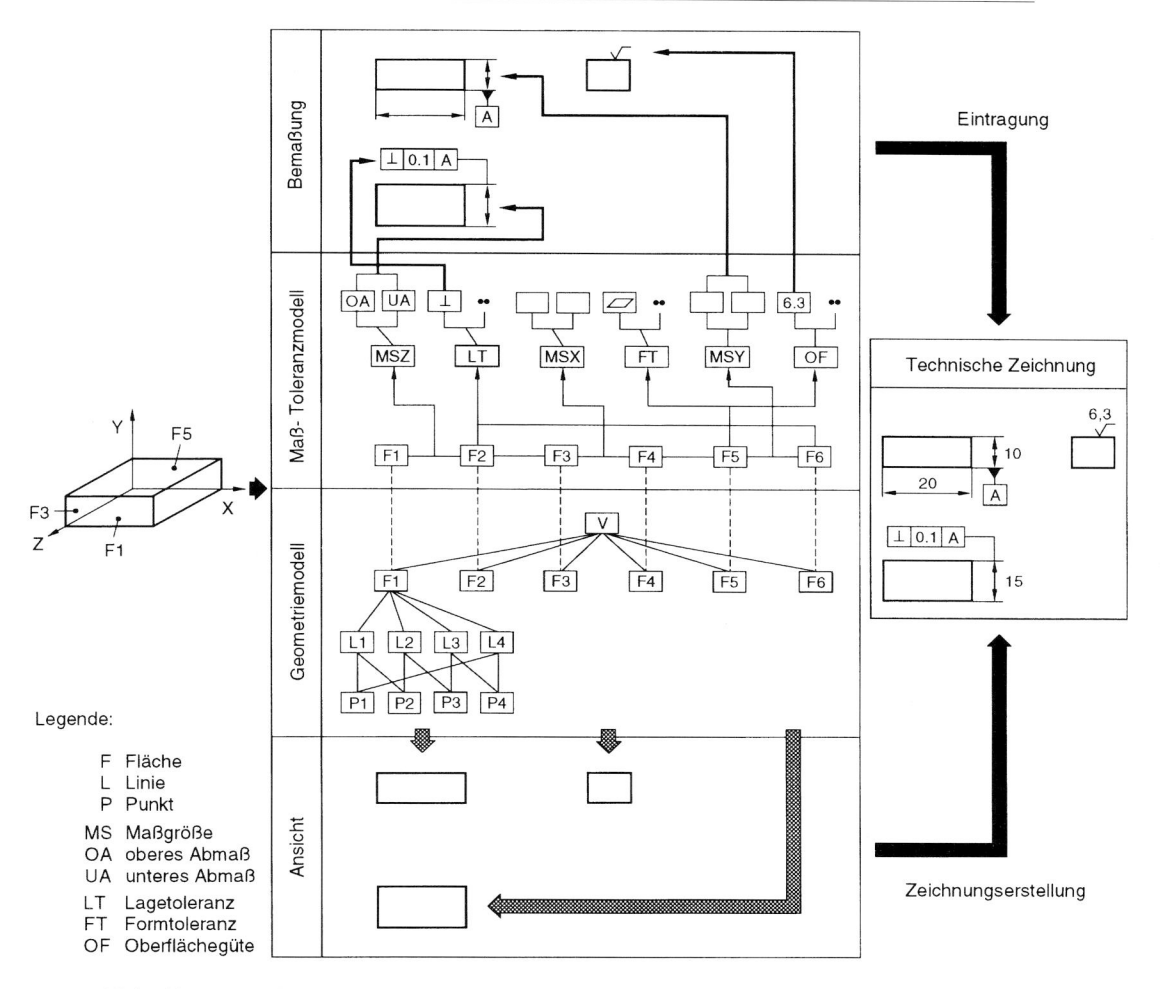

Bild 6.5-02 Integration von Geometrieverarbeitung, Bemaßung, Tolerierung und Zeichnungsdarstellung [37]

Zur Überprüfung der Bemaßung von Bauteilen oder Baugruppen im Hinblick auf Überbemaßungen kann ein Spezialfall gerichteter Graphen, der Baum, herangezogen werden. Darunter versteht man einen zusammenhängenden Graphen ohne geschlossene Kantenfolgen. Da es in diesem Fall unzulässig ist, einen Knotenpunkt entlang der Kanten zum Ausgangspunkt zurückzuführen, können Bäume zur Beschreibung von Maßsystemen ohne geschlossene Maße angewendet werden. Da in einem Baum mit n Knoten die Anzahl der Kanten gleich (n-1) sein muß, kann damit die Überprüfung auf Überbemaßung durchgeführt werden [38].

Zur Berechnung der Maßketten wird der gerichtete Graph dergestalt ergänzt, daß sich ein zyklischer Graph ergibt. Dabei werden zwei nicht zusammenhängende Knotenpunkte eines Baumes durch einen sogenannten Bogen verbunden (Bild 6.5-03). Man spricht in diesem Fall von einem Grundzyklus. Dieser entspricht einer Maßkette, der verbindende Bogen kennzeichnet das Schlußmaß, und die Baumkanten repräsentieren die Kettenglieder. In Bild 6.5-03 sind die Baumkanten r_i durch Vollinien und die Bögen b_i durch Strichlinien dargestellt. Die Zyklen sind mit dem Zeichen c_i gekennzeichnet, wobei ihr Umlaufsinn durch einen Pfeil markiert ist.

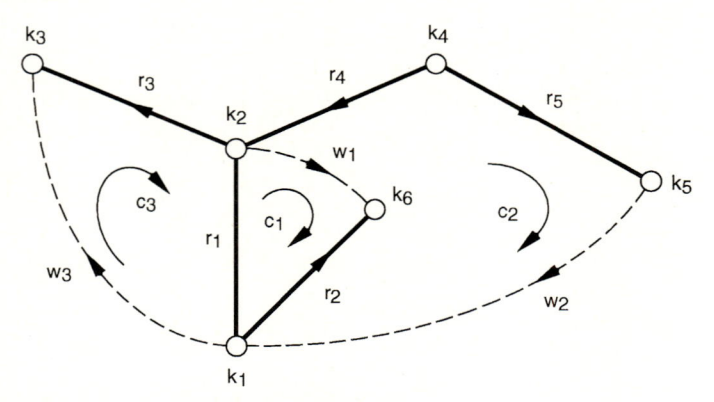

Bild 6.5-03 Zyklen bei der Maßkettenberechnung

Korrespondierend zu der oben beschriebenen Inzidenzmatrix I kann eine Zyklusmatrix $Z = (z_{ij})$ definiert werden, die für das im Bild dargestellte Beispiel folgenden Aufbau besitzt:

$$Z = \begin{matrix} \\ c_1 \\ c_2 \\ c_3 \end{matrix} \begin{matrix} w_1 & w_2 & w_3 & r_1 & r_2 & r_3 & r_4 & r_5 \\ \begin{bmatrix} 1 & 0 & 0 & 1 & -1 & 0 & 0 & 0 \\ 0 & 1 & 0 & 1 & 0 & 0 & -1 & 1 \\ 0 & 0 & 1 & -1 & 0 & -1 & 0 & 0 \end{bmatrix} \end{matrix}, \quad (66)$$

wobei für die Komponenten gilt:

$$z_{ij} = \begin{cases} +1, \text{ wenn } r_j \text{ dem Zyklus } c_i \text{ angehört und im Sinn seiner Orientierung} \\ \qquad \text{gerichtet ist;} \\ -1, \text{ wenn } r_j \text{ dem Zyklus } c_i \text{ angehört und im Gegensinn seiner} \\ \qquad \text{Orientierung gerichtet ist;} \\ 0, \text{ wenn } r_j \text{ dem Zyklus } c_i \text{ nicht angehört.} \end{cases} \quad (67)$$

Die Elemente der Zyklusmatrix können über die bekannte Inzidenzmatrix ermittelt werden, die alle Informationen über den Graphen enthält. Ist A_1 die Inzidenzmatrix der verbindenden Bögen und A_2 die Inzidenzmatrix der Baumkanten, errechnet sich die Grundzyklusmatrix Z des Graphen G zu:

$$Z = \left[E \, | -A_1^T \left(A_2^T \right)^{-1} \right]. \quad (68)$$

Auf der Basis dieser Grundlagen kann ein rechnerunterstütztes System aufgebaut werden, das eine automatische Bemaßung und Tolerierung erlaubt.

Der Schritt „Toleranzrechnung" gliedert sich in die Toleranzfestlegung, Toleranzanalyse und Bewertung. Die in Bild 6.5-04 dargestellten Teilschritte im Tolerierungsprozeß werden iterativ durchlaufen und können durch wissensbasierte Systemmodule unterstützt werden [34]. Zusätzlich sind algorithmische Verfahren erforderlich, die beispielsweise die Berechnung der zulässigen Toleranzen ermöglichen.

Wird die Methode der absoluten Austauschbarkeit angewendet, reduziert sich diese Aufgabenstellung auf summarische Rechenoperationen. Müssen beim Einsatz der Verfahren unvollständiger Austauschbarkeit dagegen die Verteilungskurven der Maßgrößen berücksichtigt werden, kommt die Methode der Faltung zum Einsatz. Diese beinhaltet die Überführung zweier Verteilungsfunktionen in eine gemeinsame neue [28, 29, 42]. In Abhängigkeit davon, ob es sich um diskrete oder stetige Verteilungsfunktionen handelt, ergeben sich Faltungsformeln, die im ersten Fall aus Summen, im zweiten aus Integralen bestehen. Bei der Faltung mehrerer Verteilungen, wie sie von großer Bedeutung für die Maßkettenberechnung ist, entstehen komplizierte Ausdrücke, die in der Praxis mit Hilfe von Näherungsverfahren wie der numerischen Faltung [43, 44] beziehungsweise durch Rechnersimulation, zum Beispiel nach dem Monte-Carlo-Verfahren gelöst werden. Das letztgenannte Verfahren kann zur Simulation des in der Praxis auftretenden Falls eingesetzt werden, bei dem die Einzelteile in der Montage zufällig gegriffen und montiert werden [42].

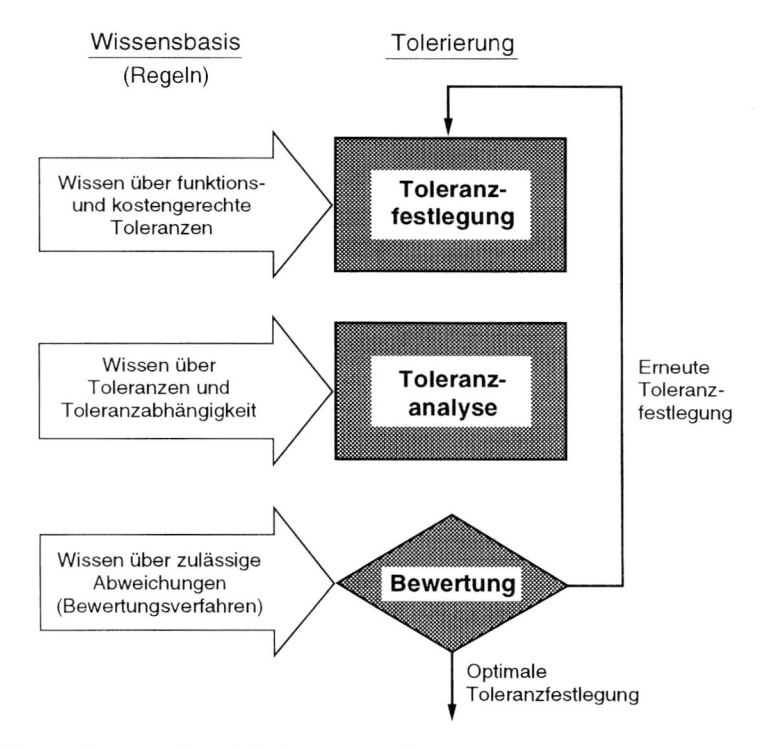

Bild 6.5-04 Iterativer Prozeß der Tolerierung mit Hilfe wissensbasierter Systemmodule [34]

Literatur zu Kapitel 6

[1] *DIN 199:* Begriffe im Zeichnungs- und Stücklistenwesen. Beuth Verlag GmbH, Berlin Teil 2: Stücklisten, 12/77 Teil 5: Stücklisten-Verarbeitung, Stücklistenauflösung, 10/81

[2] *Drohsin, H.:* Ein Beitrag zur Schaffung der Grundlagen für die Anwendung der Maß- und Toleranzkettentheorie zur Planung und Sicherung definierter Grade der Austauschbarkeit von Maschinenbauerzeugnissen. Dissertation TH Magdeburg 1972

[3] *Jakuschew, A. I.; Woronzow, L. N.; Fedotow, N. M.:* Austauschbau, Standardisierung und technische Messungen (russ.). Maschinostroenije, Moskau 1986.

[4] *Krause, W.:* Konstruktionselemente der Feinmechanik. Carl Hanser Verlag, München, Wien 1989

[5] *DIN 7186, Bl. 1:* Statistische Tolerierung. Begriffe, Anwendungsrichtlinien und Zeichnungsangaben. Beuth Verlag GmbH, Berlin, Köln 8/74

[6] *Felber, E.; Felber, K.:* Toleranzen und Passungen. VEB Fachbuchverlag, Leipzig 1984

[7] *Balakschin, B. S.:* Technologie des Werkzeugmaschinenbaus. VEB Verlag Technik, Berlin 1953

[8] *Krause, W.:* Gerätekonstruktion. Dr. Alfred Hüthig Verlag, Heidelberg 1987

[9] *Trumpold, H.; Beck, C.; Riedel, T.:* Tolerierung von Maßen und Maßketten im Maschinenbau. VEB Verlag Technik, Berlin 1984

[10] *Grünwald, F.; Grüning, U.:* Probleme der Genauigkeitsbearbeitung in der Gerätetechnik unter Berücksichtigung der Toleranzen der Erzeugnisse. Feingerätetechnik 22 (1973) 2, S. 49–54

[11] *Saljé, E.:* Elemente der spanenden Werkzeugmaschinen. Carl Hanser Verlag, München 1968

[12] *Schallbroch, H.:* Das Waagerecht-Bohr- und Fräswerk und seine Anwendung. Springer-Verlag, Berlin, Göttingen, Heidelberg 1959

[13] *Ickert, J.:* Toleranzen für Werkstücke und Vorrichtungen, funktionell und wirtschaftlich gesehen. Konstruktion 11 (1959) 7, S. 252–259

[14] *Hildebrand, S.:* Feinmechanische Bauelemente. Carl Hanser Verlag, München, Wien 1983

[15] *Weck, M.:* Werkzeugmaschinen, Fertigungssysteme Band 4. Meßtechnische Untersuchung und Beurteilung. VDI Verlags GmbH, Düsseldorf 1992

[16] *Krause, W.:* Grundlagen der Konstruktion. VEB Verlag Technik, Berlin 1989

[17] *Schlesinger, G.:* Die Passungen im Maschinenbau. Dissertation TH Berlin 1904

[18] *Kienzle, O.:* Passungssysteme. Dissertation TU Berlin 1921

[19] *Schlesinger, G.:* Die Bewährung der DIN-Passungen im Lichte der Statistik. Maschinenbau 8 (1929) 9, S. 273–280

[20] *Schlesinger, G.:* Das Messen in der Werkstatt und die Herstellung austauschbarer Teile. VDI Z 47 (1903) 40, S. 1456–1462

[21] *Klein; Knecht; Schlesinger, G.:* Einheitswelle oder Einheitsbohrung? Bericht des Unterausschusses an den Arbeitsausschuß für Passungen des Normenausschusses der Deutschen Industrie. Werkstattstechnik 13 (1919) 22, S. 341–345

[22] *Kirner; Klein; Knecht; Kühn; Schlesinger, G.:* Einheitswelle oder Einheitsbohrung? Dritter Bericht des Unterausschusses an den Arbeitsausschuß für Passungen des Normenausschusses der Deutschen Industrie. Werkstattstechnik 15 (1921) 7, S. 191–195

[23] *Schlesinger, G.:* Die deutsche Industrie und die ISA-Passungen. Maschinenbau 11 (1932) 24, S. 513–517

[24] *Richter, E.; Schilling, W.; Weise, M.:* Montage im Maschinenbau. VEB Verlag Technik, Berlin 1978

[25] *Leinweber, P.:* Toleranzen und Lehren. Springer Verlag, Berlin, Göttingen, Heidelberg 1948

[26] *DIN 7182:* Maße, Abmaße, Toleranzen und Passungen. Teil 1: Grundbegriffe. Beuth Verlag GmbH, Berlin 05/86

[27] *ISO 286, Teil 1:* ISO-System für Grenzmaße und Passungen. Grundlagen für Toleranzen, Abmaße und Passungen. Beuth Verlag GmbH, Berlin 10/90

[28] *Böttger, K.:* Erzielung von Fertigungsvorteilen durch Anwendung statistischer Gesetze auf die Toleranzberechnung. Dissertation RWTH Aachen 1961

[29] *Smirnow, N. W.; Dunin-Barkowski, I. W.:* Mathematische Statistik in der Technik. VEB Deutscher Verlag der Wissenschaften, Berlin 1973
[30] *Bronstein, I. N.; Semendjajew, K. A.:* Taschenbuch der Mathematik. BSB B. G. Teubner Verlagsgesellschaft, Leipzig 1981
[31] *Borodatschow, N. A.:* Begründung einer methodischen Berechnung der Toleranzen und Fehler kinematischer Ketten. Stankin, Moskau 1943
[32] *DIN 7185:* Auslese-Paarung. Beuth Verlag GmbH, Berlin 08/43
[33] *Hansen, F.:* Justierung. VEB Verlag Technik, Berlin 1967
[34] *Feldmann, D. G.; Jörgensen-Rechter, S.:* ATAIR – ein Programm zur CAD-unterstützten Toleranzanalyse für Maß-, Form- und Lageabweichungen. Konstruktion 44 (1992) 5, S. 133–138
[35] *Eder, H.:* Maßeintragung und Toleranzauswertung. Feinwerktechnik 66 (1962) 9, S. 315–320.
[36] *Jucha, J.:* Bestimmung der Ausführungstoleranzen bei vorgegebener Toleranz mehrerer Ergebnisgrößen. Feingerätetechnik 23 (1974) 11, S. 495–496.
[37] *Ning, R.:* Bemaßen und Tolerieren in CAD-Systemen mit Volumenmodellierern. Dissertation TU Berlin 1987, Reihe Produktionstechnik – Berlin, Carl Hanser Verlag
[38] *Bjørke, Ø.:* Computer-Aided Tolerancing. Tapir Publishers, Trondheim 1978
[39] *Gondran, M.; Minoux, M.:* Graphs and Algorithms. Wiley Series in discrete mathematics. John Wiley & Sons, Chilchester, New York, Brisbane, Toronto, Singapore 1984
[40] *Perl, J.:* Graphentheorie-Grundlagen und Anwendungen. Akademische Verlagsanstalt, Wiesbaden 1981
[41] *Jungnickel, D.:* Graphen, Netzwerke und Algorithmen. B I Wissenschaftsverlag, Mannheim, Wien, Zürich 1990
[42] *Dörfler, W.:* Mathematik für Informatiker. Band 1: Finite Methoden und Algebra. Carl Hanser Verlag, München, Wien 1977
[43] *Sachs, H.:* Einführung in die Theorie der endlichen Graphen. BSB B. Teubner Verlagsgesellschaft, Leipzig 1970
[44] *Baumann, R.:* Toleranzrechnung linearer Maßketten über Datenverarbeitung und ihre Bedeutung bei der Qualitätssicherung. Dissertation TU Braunschweig 1977
[45] *Poleck, H.:* Die Sicherheit statistischer Fehlergrenzen bei der Fehlerfortpflanzung. Archiv für technisches Messen; J 021-8 und J 021-9: 09/10 1964
[46] *VDI/VDE 2620:* Fortpflanzung von Fehlermessungen. Blatt 1: Grundlagen, 01/73; Blatt 2: Beispiele zur Fortpflanzung von Fehlern und Fehlergrenzen, 07/74.

7 Genauigkeit der Maschinenbewegungen

7.1 Allgemeines

Bewegung ist ein Ausdruck veränderlichen Seins. Sie ist durch eine örtliche und zeitliche Meßbarkeit gekennzeichnet, sie ist also bestimmbar. Je genauer eine Bewegung verläuft, desto mehr bewirkt sie die Erfüllung eines Qualitätsanspruchs.

Bewegungsvorgänge sind Erscheinungen, die schon in frühester Zeit Gegenstand wissenschaftlicher Betrachtungen waren. Die Natur ist durch Veränderung, somit auch durch Bewegung gekennzeichnet. Die Beobachtung der Natur zeigt, daß Bewegungen räumlich wie zeitlich unregelmäßig oder regelmäßig erfolgen können.

Um das Phänomen der Bewegung zu erklären, kann man nach den Ursachen, nach dem Wesen und nach den Wirkungen fragen. Es gibt eine frühe Verwurzelung dieser Thematik in den Betrachtungen der Philosophen. So beschreibt beispielsweise Immanuel Kant in seinen „Metaphysischen Anfangsgründen der Naturwissenschaft" (1786) auch eine Lehre der Bewegungen und bezeichnet sie als Phoronomie.

Aus der Beobachtung der Sterne entstand die Himmelsmechanik. Die Genauigkeit von Himmelsbewegungen war schon sehr früh in wissenschaftliche Fragestellungen eingeschlossen. Dies führte mit der Verknüpfung von Weg- und Zeitgenauigkeit zur Erfindung der Uhr, deren wesentliches Qualitätsmerkmal ihre Genauigkeit ist.

Ein anderer Bereich der Mechanik mit starkem Bezug zu Fragen der Genauigkeit von Bewegungen ist die Ballistik, die Lehre von den Flugbahnen geworfener bzw. geschossener Körper. Für Uhren und ballistische Geräte gilt, daß deren Funktionserfüllung von der Berechnungs- und Fertigungsgenauigkeit ihrer Bauteile entscheidend bestimmt wird.

Die Kinematik beschreibt die Lageveränderungen von Körpern im Raum als Funktion der Zeit, ohne die Ursachen dieser Bewegung zu untersuchen. Sie unterscheidet vier spezielle Bewegungsgeometrien: Schraubung, Drehung, Translation und Ruhe.

Bei der Schraubung dreht sich der Körper um ein raumfeste Achse mit der Winkelgeschwindigkeit ω und bewegt sich gleichzeitig längs dieser Achse mit der Geschwindigkeit v. Die Rotation ist eine Bewegung eines Körpers um eine raumfeste Achse. Sie wird auch Drehbewegung oder Drehung genannt. Geht die Drehachse ständig durch denselben raum- und körperfesten Punkt und ändert dabei ihre Richtung, so entsteht eine Kreiselung. Die Translation ist eine Bewegung eines Körpers im Raum, bei der alle Punkte eines Körpers kongruente, parallele Bahnen beschreiben, ohne eine Drehung auszuführen. Obwohl in der Nomenklatur einschlägiger Richtlinien der Begriff Schiebung genannt wird, soll im folgenden anstatt des Begriffes Schiebung der Begriff Translation verwendet werden, da Schiebung eine Vorwärtsbewegung durch Ausübung eines Druckes impliziert. Wir sprechen von einer geradlinigen Bewegung, wenn bei Translation die Bahnen der Körperpunkte Geraden bilden. Ein Körper befindet sich in Ruhe, wenn alle seine Punkte in Ruhe sind [1].

Maschinen sind dynamische Systeme und müssen meist Bewegungsfunktionen erfüllen. Die Genauigkeit dieser Bewegungen kann ein wesentliches, oft entscheidendes Qualitätsmerkmal für ihre Funktionserfüllung sein. Die Realisierung maschineller Bewegungsabläufe kann immer nur eine Annäherung an ideale Bewegungsabläufe sein. Dies gilt insbesondere für die Bewegungsgeometrie, die in Annäherung an eine Idealgeometrie als Realgeometrie durch eine bestimmte Genauigkeit gekennzeichnet ist. Die für eine einwandfreie Bewegungsfunktion noch zugelassenen Abweichungen von der Idealbewegung werden als Toleranzen angegeben. Bewegungsgenauigkeit bezeichnet die zeitliche und örtliche Annäherung einer realen Bewegung an eine ideale Bewegung, Bild 7.1-01.

Allgemeines 257

```
┌─────────────────────────────────────┐
│        Bewegungsgenauigkeit         │
│ als Qualitätsmerkmal für den Grad   │
│    der Annäherung                   │
│      einer realen Bewegung          │
│       zu ihrer idealen Bewegung     │
└─────────────────────────────────────┘
         │                    │
┌──────────────────┐   ┌──────────────────┐
│   ortsbezogene   │   │   zeitbezogene   │
│   Genauigkeit    │   │   Genauigkeit    │
└──────────────────┘   └──────────────────┘
         │                    │
         └────────┬───────────┘
         ┌───────────────────────┐
         │ Bewegungsabweichung   │
         │ Bewegungsunsicherheit │
         └───────────────────────┘
```

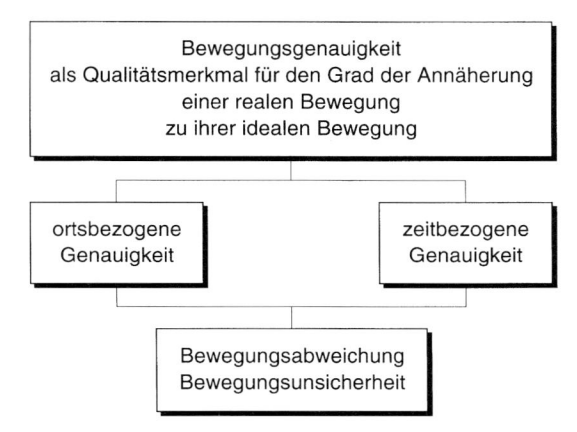

Bild 7.1-01   Deutung von Bewegungsgenauigkeit

Bewegungsgenauigkeit beinhaltet eine ortsbezogene und eine zeitbezogene Komponente. Wird die Bewegungsgenauigkeit auf die durch sie erzeugte Bahngeometrie bezogen, spricht man von einer geometrischen Bahngenauigkeit, wird sie auf die kinematischen Kenngrößen Geschwindigkeit oder Beschleunigung bezogen, werden die Begriffe Geschwindigkeitsgenauigkeit oder Beschleunigungsgenauigkeit benutzt. Bezüglich der Bewegungsgenauigkeit lassen sich Richtungsabweichungen und Betragsabweichungen des Geschwindigkeitsvektors unterscheiden. Man könnte auch von Abweichungen der Bewegungsgeometrie und von Abweichungen der Bewegungsgleichförmigkeit sprechen.

Ort und Geschwindigkeit eines Körpers können nur gemessen werden, wenn außer dem bewegten Körper ein Bezugssystem vorhanden ist. Bewegungsgenauigkeit ist damit auch von den Genauigkeitsmerkmalen des Bezugssystems beeinflußt. Ein konkretes Bezugssystem ist ebenfalls ein oder mehrere mit Ungenauigkeiten behafteter Körper.

Die Beschreibung der Bewegungsgenauigkeit von Maschinen konzentriert sich im Rahmen des kinematischen Verhaltens vor allem auf Abweichungen und Unsicherheiten. Sie untersucht Kenngrößen für das Ausmaß der Annäherung von realen Bewegungen im Vergleich zu den erwünschten idealen Bewegungen. Bewegungen von massebehafteten Körpern werden durch Kräfte hervorgerufen. Daher sind bei der Diskussion der Bewegungsgenauigkeit sowohl Massenträgheitskräfte als auch äußere Kräfte zu berücksichtigen.

Der Konstrukteur von Maschinen geht meist von idealen Bewegungen aus. Er muß aber berücksichtigen, daß es Bewegungsfehler gibt. Diese werden anhand von Kenngrößen beschrieben und quantifiziert. Welche Kenngrößen herangezogen werden, hängt einerseits von ihrer Funktionsbedeutung, andererseits auch davon ab, wie diese Kenngrößen ermittelt, geprüft und gemessen werden können.

Die Beschreibung der Bewegungsgenauigkeit von Maschinen konzentriert sich im Rahmen ihres kinematischen Verhaltens vor allem auf Bewegungsabweichungen und Bewegungsunsicherheiten.

Will ein Konstrukteur die Bewegungsgenauigkeit einer Maschine steigern, so muß er die möglichen Gründe für Bewegungsunsicherheiten kennen und auch wissen, mit welchen Maßnahmen er Verbesserungen erzielen kann.

Zur Beschreibung der Bewegungsgenauigkeit von Maschinen müssen Toleranzen für die einzelnen Kenngrößen festgelegt werden. Sie bilden die Grundlage einer Vergleichbarkeit von Bewegungsgenauigkeiten unterschiedlicher Ausführungen und Bedingungen. Diese

Kenngrößen finden sich in erster Linie in Normen, Richtlinien und betrieblichen Vereinbarungen über gängige und geeignete Prüfmethoden zur Ermittlung von Maschineneigenschaften, insbesondere aber in den Anwendungsfeldern von Arbeitsmaschinen wie Industrierobotern [7], Werkzeugmaschinen [8–16], numerisch gesteuerten Maschinen [17–20] sowie der Antriebs- und der Getriebetechnik [21, 22]. Da Normierungen oder Vereinbarungen meist einem möglichst allgemein formulierten Zweck entsprechen, gibt es auch solche Kenngrößen, die im Einzelfall interpretiert werden müssen.

Maschinenbewegungen können nach verschiedenen Gesichtspunkten gegliedert werden, wie in Bild 7.1-02 dargestellt.

Bewegungsmerkmale					
Bewegungs-erzeugung	Bewegungs-geometrie	Bewegungs-kenngrößen	Bewegungs-ablauf	Bewegungs-form	Bewegungs-art
mechanisch hydraulisch pneumatisch elektrisch	3D-Bahn 2D-Bahn geradlinig kreisförmig schraubenförmig spiralförmig	Weg Zeit Geschwindigkeit Beschleunigung Kraft Moment Masse	kontinuierlich oszillierend intermittierend stochastisch gleichsinnig wechselsinnig	Gleiten Rollen Wälzen Stoßen Schieben Prallen Strömen Drehen Schwenken Bohren	gleichförmig ungleichförmig beschleunigt verzögert

Bild 7.1-02   Gesichtspunkte für die Gliederung von Bewegungen

Nach dem Zweck einer Maschine werden die Maschinenbewegungen eingeteilt in
– Hauptbewegungen,
– Nebenbewegungen und
– Hilfsbewegungen.

Hauptbewegungen sind in die technologische Hauptfunktion der Maschine eingebunden und damit systembestimmend. Ihre zeitliche Wirksamkeit wird als Hauptzeit definiert. Die mechanische Realisierung erfolgt durch den Hauptantrieb.

Nebenbewegungen sind in Nebenfunktionen der Maschine eingebunden. Sie erfolgen mit dem Vollzug der Hauptbewegungen regelmäßig und sind nur indirekt systembestimmend. Ihre zeitliche Wirksamkeit wird als Nebenzeit definiert. Die mechanische Realisierung erfolgt durch Nebenantriebe, die vom Hauptantrieb abgeleitet oder unabhängig angetrieben werden.

Hilfsbewegungen sind für unregelmäßig wirkende Hilfsfunktionen notwendig. Ihre zeitliche Wirksamkeit wird als Hilfszeit oder Verteilzeit definiert, die mechanische Realisierung erfolgt durch Hilfsantriebe. Bild 7.1-03 zeigt Beispiele für Haupt-, Neben- und Hilfsbewegungen an Werkzeugmaschinen.

Bewegt sich ein Körper im Raum, so kann diese Bewegung mit der Veränderung von drei Koordinaten eines Körperpunktes und drei Komponenten seiner Orientierung gegenüber einem Bezugssystem beschrieben werden, siehe 7.4. Hieraus leiten sich die 6 Freiheitsgrade einer Bewegung ab. Wie Bild 7.1-04 zeigt, können Bewegungen in freie und eingeschränkte Bewegungen eingeteilt werden.

Allgemeines 259

Hauptbewegungen	Nebenbewegungen	Hilfsbewegungen
Drehen	Spannen	Reinigen
Schneiden	Klemmen	Nachstellen
Fügen	Messen	Zuführen
Pressen	Schalten	Rütteln
Kanten	Anstellen	Öffnen
Biegen	Zustellen	Schließen
Schieben	Positionieren	

Bild 7.1-03 Haupt-, Neben- und Hilfsbewegungen am Beispiel der Werkzeugmaschinen

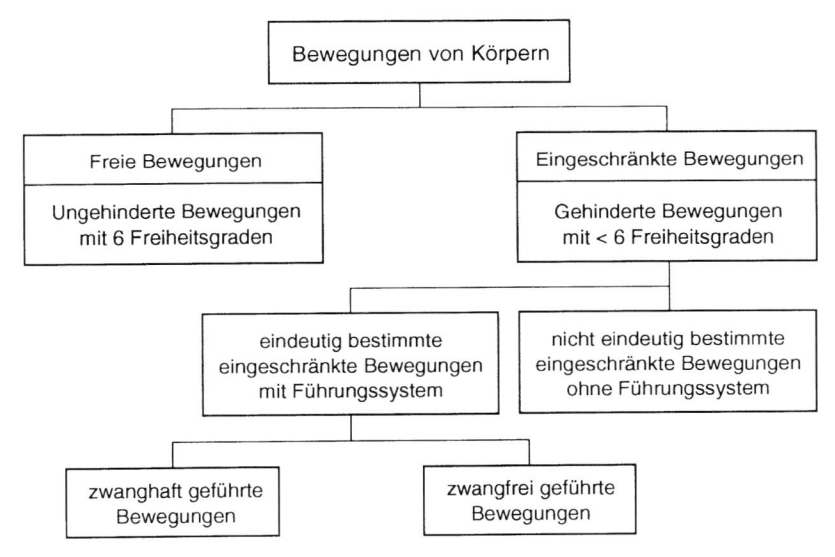

Bild 7.1-04 Einteilung von Bewegungen nach deren Freiheitsgrad

Eine freie Bewegung ist eine ungehinderte Bewegung eines Körpers im Raum. Sie läßt sich beschreiben durch Überlagerung der sechs in einem räumlichen Koordinatensystem möglichen Bewegungskomponenten, und zwar drei Rotationen um die Koordinatenachsen und drei Translationen in Richtung dieser Achsen. Bei eingeschränkten Bewegungen wird gegenüber der freien Bewegung mindestens eine Bewegungsmöglichkeit verhindert.

Die elementaren Maschinenbewegungen, die reine Rotation und die reine Translation, besitzen als eingeschränkte Bewegungen nur einen Freiheitsgrad. Bei ihnen sind also jeweils fünf Freiheitsgrade behindert. Die geometrische Bahngenauigkeit ihrer Bewegung hängt von der vollen Wirksamkeit dieses Entzuges ab. Werden Freiheitsgrade einer eingeschränkten Körperbewegung eindeutig bestimmt entzogen, spricht man von einer geführten Bewegung oder allgemein von einem zwanghaften Führungssystem.

Eine andere Möglichkeit, elementare Bewegungsarten zu erzeugen, besteht darin, mehrere Bewegungen zu überlagern. Auch durch Überlagerung von Bewegungen können die elementaren Bewegungsarten der reinen Translation und reinen Rotation erzeugt werden. Man spricht dann von einem zwangfreien Führungssystem. Bei geführten Bewegungen können unterschiedliche Arten der Überlagerung angewandt werden, Bild 7.1-05.

Unabhängig von der Art überlagerter Bewegungen kann die resultierende Bewegung zwanghaft oder zwangfrei sein. Serielle Überlagerungen geführter Bewegungen führen zu kinematischen Ketten. Parallele Überlagerungen geführter Bewegungen können z. B. zu einer Schraubbewegung führen, wenn die Größen der Geschwindigkeit von Translation und Rotation in einem bestimmten Verhältnis stehen. Komplizierte Formen der Bewegung wie im Anwendungsfall von kooperierenden Robotern können auf eine Kombination seriell und parallel überlagerter Bewegungen zurückgeführt werden.

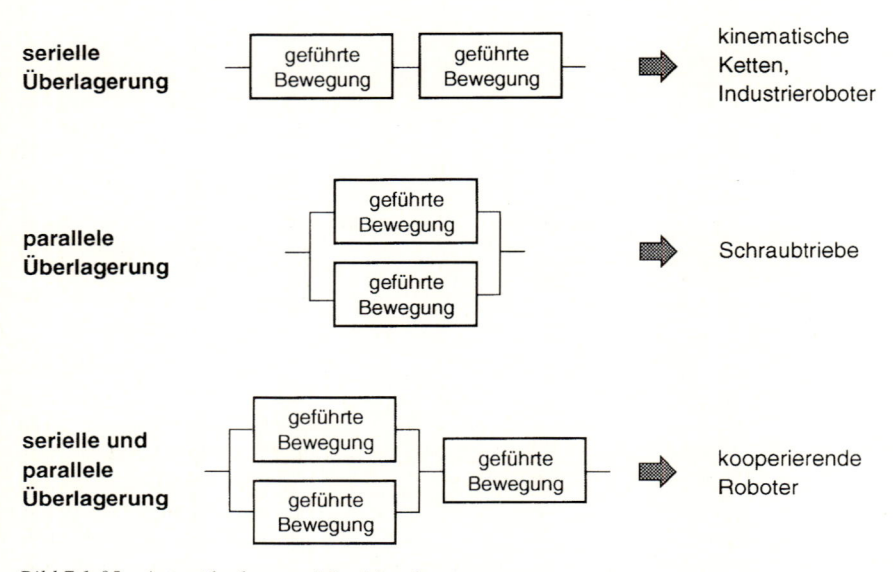

Bild 7.1-05 Arten überlagerter Maschinenbewegungen

Zwanghafte und zwangfreie Führungen werden aufgrund der verschiedenen Wirkprinzipien für unterschiedliche Zielsetzungen verwendet. Zwanghafte Führungen werden vor allem dort eingesetzt, wo große Kräfte aufgenommen werden sollen, wohingegen zwangfreie Führungen dort realisiert werden, wo es auf Beweglichkeit sowohl unter dem Aspekt der Geschwindigkeit als auch der Flexibilität der Bahngestaltung ankommt.

Durch die Verwendung von gesteuerten Antrieben lassen sich zum Beispiel beliebige räumliche Bewegungen erzeugen, wenn man einen Mechanismus mit offener kinematischer Kette verwendet, der einen Freiheitsgrad von $F = 6$ besitzt und über sechs voneinander unabhängige, veränderliche Antriebe verfügt [3].

In der Regel ist nicht nur das Ergebnis einer Bewegung, wie zum Beispiel eine bestimmte Position, von Interesse, sondern auch der zeitliche Verlauf der Bewegung. Um Bewegungsabläufe darzustellen, sind Weg-Zeit-Schaubilder, Geschwindigkeits-Zeit-Schaubilder und Beschleunigungs-Zeit-Schaubilder in der Kinematik von Bedeutung. Zusätzlich zu den üblicherweise diskutierten Bewegungsverläufen von Körpern sei auf zwei Bewegungsformen hingewiesen, welche bei der Realisierung von Bewegungen nicht immer unerwünscht sind, und zwar die Bewegungsformen Ruck und Stoß, Bild 7.1-06.

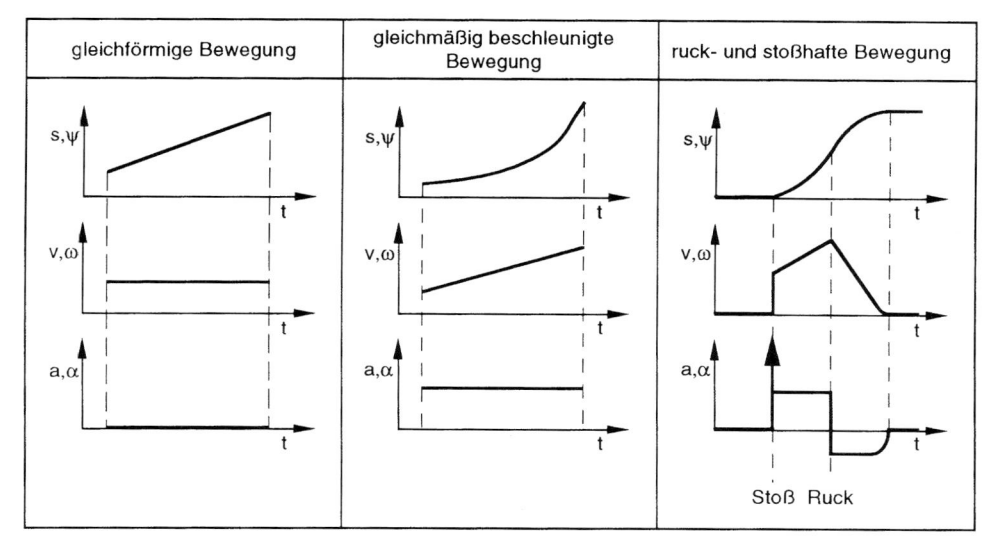

Bild 7.1-06 Darstellung wichtiger Bewegungen in Form von Weg-Zeit-, Geschwindigkeits-Zeit- und Beschleunigungs-Zeit-Diagramm

Als Stoß bezeichnet man einen theoretisch unendlichen Sprung im Beschleunigungs-Zeit-Diagramm. Bei ihm weist die Wegkurve einen „Knick" und die Geschwindigkeitskurve einen Sprung auf. Als Ruck bezeichnet man einen endlichen Beschleunigungssprung. Hier hat der Geschwindigkeitsverlauf einen Knick, und im Weg-Zeit-Diagramm gehen zwei unterschiedlich gekrümmte Wegkurven tangential ineinander über [2, 4].

Beim Lösen von Bewegungsproblemen kann sich der Konstrukteur auf eine weit entwickelte Systematik zur Erarbeitung von Lösungskonzepten stützen. Die Bewegungsfunktionen sind die Unterfunktionen der Bewegungserzeugung, nämlich Antreiben, Führen und Übertragen. Ausgehend von einer allgemeinen Formulierung von Bewegungsaufgaben bedarf jeder weitere Schritt einer abgestimmten Spezifikation der Bewegung. Eine Bewegungsaufgabe kann zerlegt werden in Antriebs- und Getriebefunktion. Getriebefunktionen wiederum können aufgeteilt werden in Führungsfunktionen und Übertragungsfunktionen. Übertragungsaufgaben behandeln die Umformung von mechanischer Energie in Form von Bewegungsabläufen und Kräften beziehungsweise Momenten, Führungsaufgaben behandeln das Führen von Punkten oder Körpern auf bestimmten Bahnen oder durch bestimmte Lagen [5]. Bild 7.1-07 zeigt die Operandentransformation bei der Lösung von Bewegungsaufgaben. In Maschinensystemen werden hierfür Getriebekonstruktionen verwendet, die sich methodisch entwickeln lassen.

Bild 7.1.07 Verknüpfung von Ein- und Ausgängen bei der Lösung von Bewegungsabläufen

	Bewegungsablauf		Beispiele	Beispiele für Bewegungsabweichungen
Über die Zeit als / Rotation	Gleichsinnig	 ψ/t	Kreuzgelenkwelle	Geschwindigkeitsabweichung
	Gleichsinnig linear	ψ/t	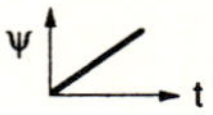 Zahnriemengetriebe	Drehzahlabweichung
	Gleichsinnig mit Rast	 ψ/t	Filmtransport	Rastabweichung
	Gleichsinnig mit Pilgerschritt	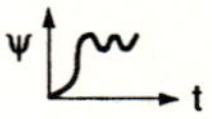 ψ/t	Baumwoll-Kämmmaschine	Beschleunigungsabweichung
	Wechselsinnig	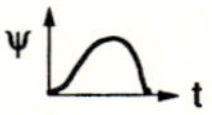 ψ/t	Scheibenwischer	Ruckgleiten
	Wechselsinnig mit Rast	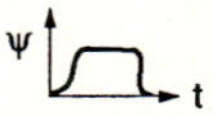 ψ/t	Webmaschine	Rastabweichung
	Wechselsinnig mit Pilgerschritt	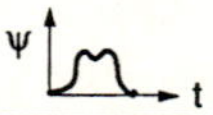 ψ/t	Etikettieren	Überschwingen
Über die Zeit als / Translation	Gleichsinnig	s/t	Transportband	Geschwindigkeitsabweichung
	Wechselsinnig	s/t	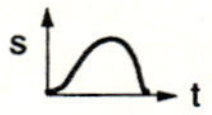 Rasierapparat	Ruckgleiten
	Wechselsinnig mit Rast	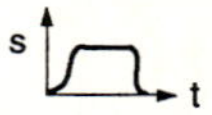 s/t	Ventilstößel	Rastabweichung
	Wechselsinnig mit Pilgerschritt	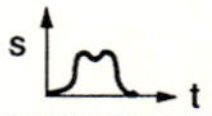 s/t	Spülmaschine	Überschwingen
Auf vorbestimmten Bahnen oder durch vorbestimmte Lagen als / Führen	Punkt auf Kreisbahn	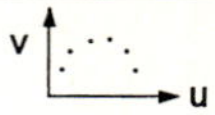 v/u	Drehvorrichtung für Kugeln	Kreisformabweichung
	Punkt auf Gerade	 v/u	Geradführung	Parallelitätsabweichung
	Punkt auf allgemeiner Bahn	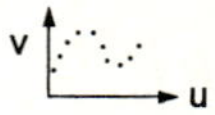 v/u	Koppelpunktbahn	Bahnabweichung
	Körper mit Translation	 v/u	Straßenbahntür	Gieren, Stampfen
	Körper mit Drehung	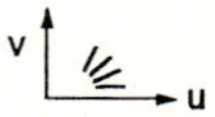 v/u	Türscharnier	Rundlaufabweichung
	Körper mit allgemeiner Bewegung	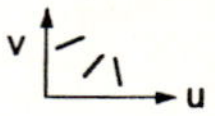 v/u	Handlingaufgaben	Orientierungsabweichung
	Körper in Lagen positionieren	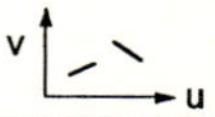 v/u	Autositz	Positionsabweichung

Bild 7.1-08 Systematik von Bewegungsaufgaben zur Verknüpfung von Antriebsfunktion und Abtriebsfunktion mit möglichen Bewegungsabweichungen [6]

Allgemeines 263

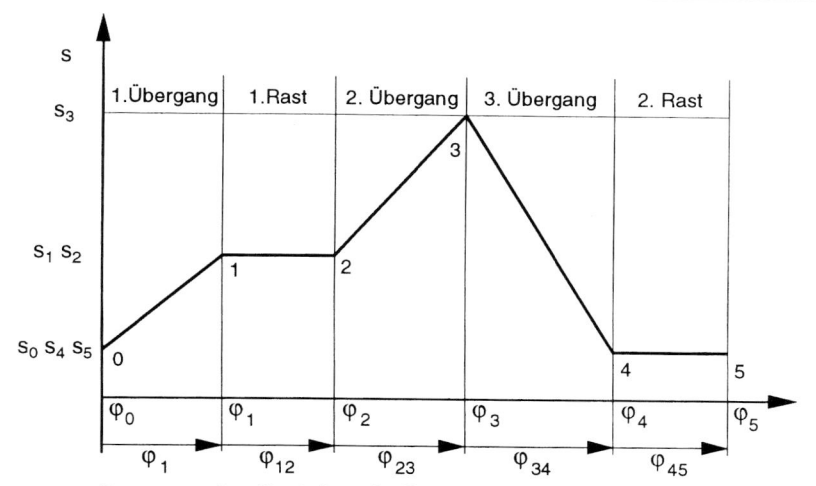

Bewegungsplan: Darstellung der Forderungen an die Abtriebsbewegung

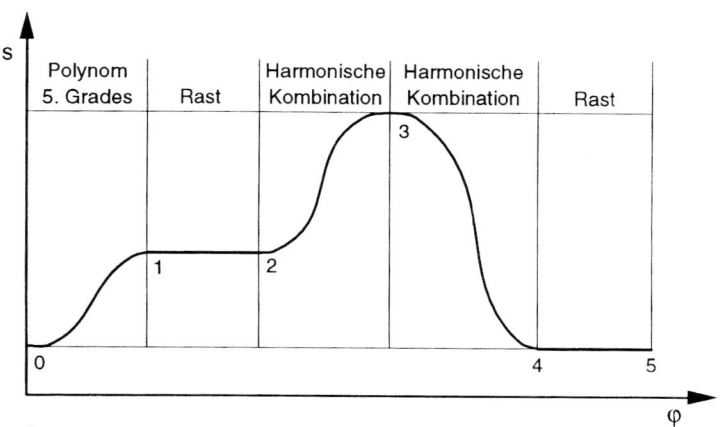

Bewegungsdiagramm: Wahl von Bewegungsgesetzen

Geschwindigkeit v und Beschleunigung a am Randpunkt eines Bewegungsabschnitts	Bewegungsaufgabe
$v = 0; a = 0$ $v \neq 0; a = 0$ $v = 0; a \neq 0$ $v \neq 0; a \neq 0$	Rast konstante Geschwindigkeit Umkehr beschleunigte Bewegung

Mögliche Bewegungsaufgaben an Randpunkten von Bewegungsabschnitten

Bild 7.1-09 Bewegungsplan, Bewegungsdiagramm und Bewegungsaufgaben nach VDI 2143

Komplizierte Bewegungsabläufe, wie in Bild 7.1-08 abgebildet, müssen häufig aus einfachen Bewegungsfolgen synthetisiert werden. Meist sind die Arbeitsfunktionen gleichsinnige Rotation oder wechselsinnige Translation. Die Synthese erfolgt mit Hilfe sogenannter Bewegungspläne. Um eine Konstruktion, beispielsweise die eines Getriebes, nach einem bestimmten Schema durchführen zu können, teilt man den Bewegungsplan in einzelne Bewegungsabschnitte ein. Der Bewegungsplan wird durch Wahl von Bewegungsgesetzen zum Bewegungsdiagramm ergänzt, Bild 7.1-09. Im Fall mehrdimensionaler Bewegungsaufgaben können eindimensionale Bewegungen überlagert werden [4].

Jedem Randpunkt eines Bewegungsabschnitts lassen sich je nach Geschwindigkeit und Beschleunigung prinzipiell die vier Bewegungsaufgaben Rast, konstante Geschwindigkeit, Umkehr beziehungsweise Bewegung zuordnen. Für zwei Randpunkte eines Bewegungsabschnitts ergeben sich damit 16 verschiedene Kombinationen von Bewegungsaufgaben, für die jeweils günstige Bewegungsgesetze angeboten werden, die einen stoß- und ruckfreien Anschluß in den Randpunkten gewährleisten [4].

Um zu einer weiteren Systematisierung von Bewegungsgenauigkeiten zu gelangen, ist es notwendig, Bewegungsabweichungen als Ergebnis von Abweichungen einzelner Bewegungsfunktionen zu betrachten, Bild 7.1-10. Abweichungen von Bewegungen sind Ergebnis von Antriebsabweichungen, Führungsabweichungen und Übertragungsabweichungen.

Antriebsabweichungen sind beispielsweise Drehzahlabweichungen, Führungsabweichungen können auf Parallelitätsabweichungen und Übertragungsabweichungen auf Ungleichförmigkeiten einer Getriebeübersetzung zurückgeführt werden. Weiterhin sei nochmals darauf hingewiesen, daß es sich bei Maschinenbewegungen immer um solche Realbewegungen handelt, die stofflich bestimmt sind, also auch von der Masse ihrer Wirkkörper beeinflußt werden.

Das hauptsächliche Problem bei der Behandlung von Bewegungsabweichungen liegt darin begründet, daß aufgrund von Abweichungen im Abtriebsverhalten einer Bewegung nicht immer eindeutig auf die ursächliche Einzelfunktion Antrieb, Getriebe oder Führung geschlossen werden kann, wenn auch für Einzelprobleme, wie zum Beispiel für Werkzeugmaschinen mit drei linearen Antriebsachsen diese Problematik zum größten Teil gelöst zu sein scheint [23].

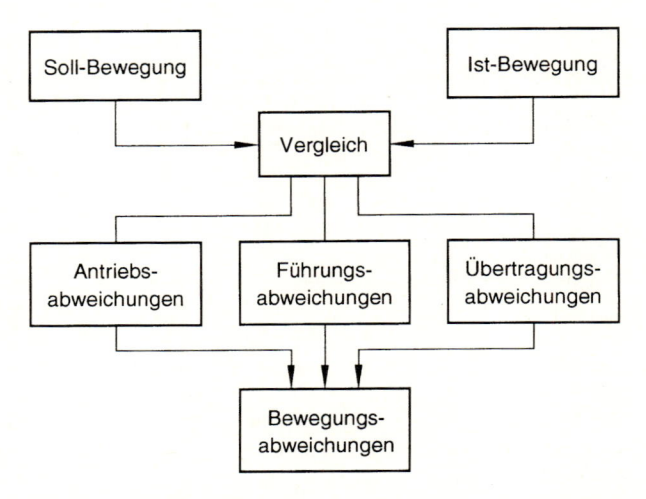

Bild 7.1-10 Bewegungsabweichungen als Ergebnis von Abweichungen einzelner Bewegungsfunktionen

Klassifikationsnummer	31; 562	
Definition	Ungleichförmigkeitsgrad	$\delta = \dfrac{\omega_{max} - \omega_{min}}{\bar{\omega}}$
	mit $\bar{\omega} = \dfrac{1}{T}\int_0^T \omega(t)\,dt$	zeitlicher Mittelwert
	$\bar{\omega} \cong \omega_m = \dfrac{1}{P}\int_0^P \omega(\varphi)\,d\varphi$	Mittelwert über dem Antriebsdrehwinkel
	$\bar{\omega} \cong \tilde{\omega}_m = (\omega_{max} + \omega_{min})/2$	arithmetischer Mittelwert
	$\omega_{max}, \omega_{min}$	Extremwerte der Winkelgeschwindigkeit
	$\bar{\omega}$	mittlere Winkelgeschwindigkeit
Literatur		
Anwendungsgebiete	Gleichgang, stationärer Gang, Schwungradberechnung	
Auslegungsziel	δ möglichst klein	
Größenordnungen der Ungleichförmigkeitsgrade von Antrieben	Antrieb von Pumpen und Gebläsen Antrieb von Webstühlen und Papiermaschinen Antrieb von Gleichstromgeneratoren Antrieb von Drehstromgeneratoren Fahrzeugmotoren Flugzeugmotoren	1:20 ... 1:30 1:40 1:100 ... 1:200 1:300 und kleiner 1:180 ... 1:300 1:1000

Bild 7.1-11 Beispiel einer Kennwertspezifikation [21, 22]

Maschinenbewegungen haben Funktionen zu erfüllen, ihre Genauigkeit muß von ihrem Zweck abgeleitet werden. Die Genauigkeitsforderung muß notwendigerweise erfüllt werden, jedoch ist ein Überschuß an Genauigkeit als Verschwendung zu bewerten.

Bild 7.1-08 zeigt Beispiele von Bewegungsabweichungen in Abhängigkeit von häufig vorkommenden Abtriebsfunktionen.

Sollen Einzelfunktionen von Bewegungsaufgaben unter Berücksichtigung der Genauigkeit konstruktiv gelöst werden, so bieten sich für Führungssysteme oder Getriebe ausführliche und systematische Konstruktionskataloge an. Kernpunkt hierfür ist in der Regel der Verweis auf konstruktions- und genauigkeitsrelevante Kenngrößen. Beispielhaft für eine solche Konstruktionsunterstützung sei auf eine Zusammenstellung von Kennwerten für den Entwurf und die Entwicklung von Getrieben hingewiesen [21, 22].

Die Kennwerte nehmen häufig Bezug auf Antriebsfunktionen (Weg oder Winkel) und Abtriebsfunktionen (Weg oder Winkel), da eine Getriebefunktion durch sie vollständig beschrieben werden kann. Diejenigen Kennwerte, welche die Bewegungsgenauigkeit beschreiben, werden in VDI 2725 in überwiegend schwingungstechnische, überwiegend dynamische und überwiegend kinematische Kennwerte eingeteilt. Darüber hinaus existieren noch Kennwerte, die überwiegend die Konstruktion bzw. die Statik berücksichtigen. Wie ein Ausschnitt aus der vertieften Kennwertebeschreibung in VDI 2725 zeigt, sind unter der Klassifikationsnummer 31 zu „δ Ungleichförmigkeitsgrad" Angaben zur Definition eines Kennwertes, zu vertiefender Literatur sowie zu konstruktivem Auslegungsziel zu finden, Bild 7.1-11. Darüber hinaus sind zu Einsatzbereichen Größenordnungen der so definierten Kennwerte angegeben.

Um zu einer Gesamtbewertung einer konstruktiven Lösung oder nach Gierse zu einer Aussage über die Bewegungsgüte zu gelangen, müssen in Abhängigkeit vordefinierter Bewegungsaufgaben möglichst umfassend die einzelnen Kenngrößen gewichtet und bewertet werden [5].

Geführte Bewegungen werden durch Führungssysteme realisiert. Roth teilt Führungssysteme als bewegliche Verbindungen in Abgrenzung zu festen Verbindungen in Translationsführungen, Rotationsführungen, Schraubenführungen und sonstige Führungen ein, Bild 7.1-12 [24].

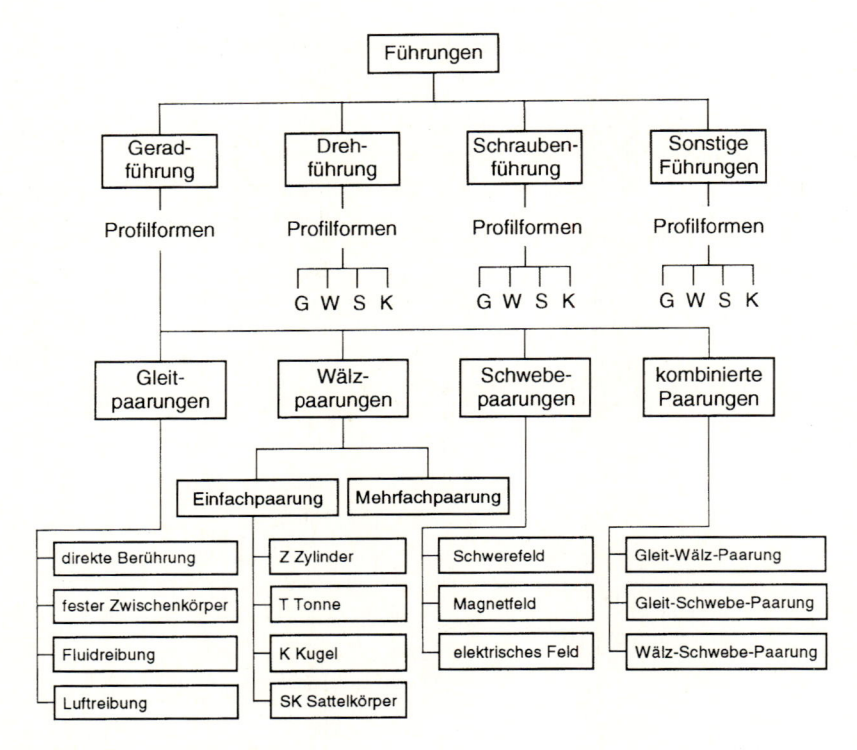

Bild 7.1-12 Einteilung von Führungen [24]

In Abweichung zu Roth wird anstelle des Begriffs Translationsführung der Begriff Geradführung verwendet, da überwiegend geradlinige Führungen verwendet werden. Eine Translationsbewegung kann auch durch zwei Drehführungen realisiert werden.

Bei hohen Ansprüchen an die Führungsgenauigkeit von Maschinenbewegungen ist die Kenntnis über kinematische Abweichungen unverzichtbar. Damit ist auch die Frage nach der Genauigkeit von Führungssystemen angeschnitten.

Für Führungssysteme werden ebenso wie für Getriebekonstruktionen Konstruktionskataloge zur Verfügung gestellt. Während jedoch für Getriebekonstruktionen der Schwerpunkt eher auf einer Gestaltungsunterstützung liegt, ist bei Führungssystemen vor allem eine Strukturierung und Auswahlunterstützung vorhandener Führungssysteme unterschiedlicher Hersteller zentraler Gegenstand des Kataloges.

Schließlich seien als ein weiteres Hilfsmittel zur Unterstützung der Konstruktion auch CAD-Systeme erwähnt, mit denen sich Bewegungsabläufe in einer Maschine simulieren lassen. Vor allem wenn mehrdimensionale Achskombinationen zu räumlichen Bewegungen führen, erweist sich der Einsatz der Simulationstechnik als sehr hilfreich. Eine grafische Animation der Maschinenbewegungen erleichtert durch Veranschaulichung auch die Untersuchung von Bewegungsabweichungen. Schon in der Konzeptionsphase einer Maschine werden die erforderlichen Bewegungsachsen bestimmt, und zwar nach Anzahl, räumlicher Ausrichtung, Bewegungsart, Bauteilzuordnung und Reihenfolge bei Hintereinanderschaltung mehrerer Achsen [25].

7.2 Translationsbewegungen

Unter dem Kapitel Translationsbewegungen sollen Gesichtspunkte der Genauigkeit angesprochen werden, die einer idealen einachsigen Translationsbewegung im Wege stehen. Eingeschlossen werden zeitbezogene und wegbezogene Abweichungen. Der Begriff Translationsgenauigkeit soll dabei aus streng funktionaler Sicht gedeutet werden, so daß die Problematik von Nebenbewegungen eingeschlossen ist.

Die Translation ist als ideale Bewegung eines starren Körpers in der Weise definiert, daß der Verbindungsvektor zweier Punkte zu jedem Zeitpunkt seine Länge und Richtung unverändert beibehält. Dies bedeutet, daß die Bahnkurven aller Körperpunkte kongruent und einander parallel sind, Bild 7.2-01. Geschwindigkeits- und Beschleunigungsvektoren aller Punkte sind einander gleich. Die Bewegung eines einzigen Punktes beschreibt daher den gesamten Bewegungszustand eines starren Körpers [1].

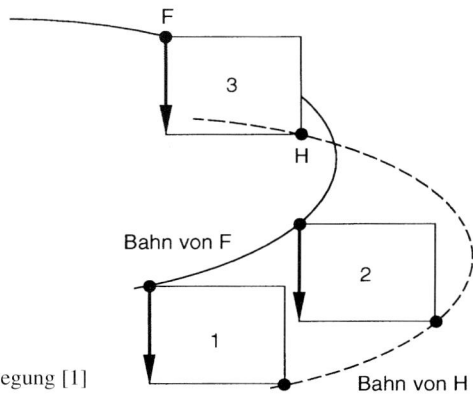

Bild 7.2-01 Translationsbewegung [1]

Die geradlinige Translationsbewegung wird auch Linearbewegung, Geradbewegung oder geradlinige Bewegung genannt. Man spricht auch von Linearachsen oder geradgeführten Bewegungsachsen.

Im Maschinenbau ist die geradlinige Translation von herausragender Bedeutung. Hierbei ist die Bahnkurve eine Gerade. Man spricht von der geradlinigen Bewegung und bewertet ihre Genauigkeit durch den Begriff Geradlinigkeit. Die Geradlinigkeit einer Bewegung ist die Parallelität der Bewegungsbahn eines Punktes des betrachteten Bauteils zu einer parallel zur Bewegungsrichtung verlaufenden Bezugsgeraden.

Geradlinige Bewegungen werden in Maschinen als Hauptbewegungen und Nebenbewegungen mit hohem Genauigkeitsanspruch erzeugt. In vielen Fällen wirken sie in der Funktion einer wechselsinnigen, hin- und hergehenden Bewegung. Dies bedeutet, daß sie am Ende des Hubes angehalten und umgekehrt werden müssen. In vielen Fällen kann nur ein Hub als Arbeitshub verwendet werden, so daß der Rückhub Verlustarbeit bewirkt.

Bewegungsabweichungen einer geradlinigen Translation werden durch Fehler der Führungssysteme und Steuerungssysteme verursacht.

Für eine Linearbewegung in einer Achse können folgende geometrische Abweichungen unterschieden werden, Bild 7.2-02:
– Positionsabweichungen als Abweichungen in Bewegungsrichtung,
– Geradheitsabweichungen als Abweichungen in senkrecht zur angestrebten Bewegungsrichtung stehenden Richtungen,
– Winkelabweichungen als Abweichungen um die drei in einem räumlichen Koordinatensystem vorhandenen Achsen.

Geometrische Abweichungen		
Positionsabweichungen	Geradheitsabweichungen	Winkelabweichungen

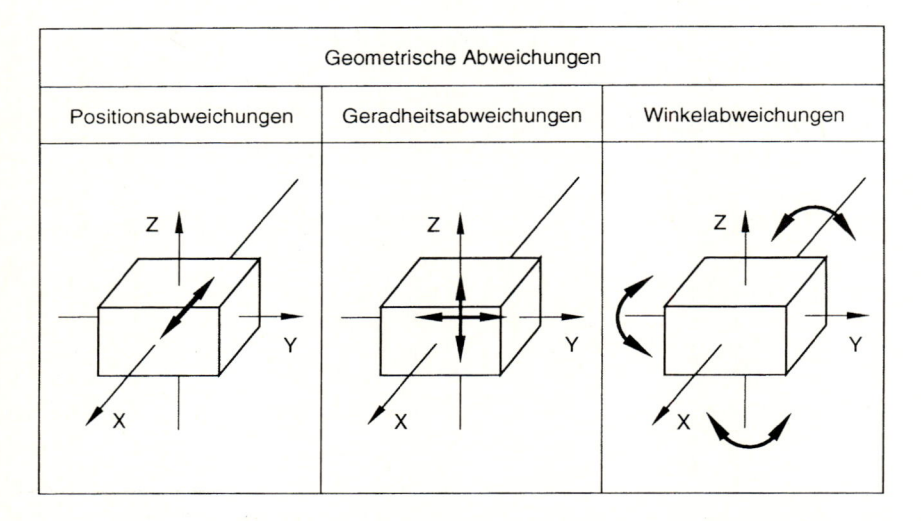

Bild 7.2-02 Einteilung geometrischer Abweichungen bei gradliniger Translation in X-Richtung

Neben geometrischen Abweichungen spielen zeitbezogene Abweichungen von Geschwindigkeit oder Beschleunigung sowie Abweichungen infolge des Einwirkens von äußeren Kräften eine Rolle. Im Falle der geradlinigen Translationsbewegung wird zur Beschreibung zeitbezogener Abweichungen der Weg, die Geschwindigkeit oder die Beschleunigung über der Zeit aufgetragen.

Veränderungen im Arbeitszustand beeinflussen ebenfalls in erheblichem Maße die Translationsgenauigkeit. Neben statischen Kräften wie beispielsweise Gewichtskräften sind insbesondere Prozeßkräfte, zeitlich veränderliche Kräfte und Temperatureinflüsse zu berücksichtigen.

Die Erzeugung der geradlinigen Bewegung erfolgt überwiegend durch Ableitung von einer Rotationsbewegung durch Getriebe wie Schraubgetriebe, Zahnstangengetriebe, Kurbelgetriebe, Kurvengetriebe und Hydrogetriebe. Daneben gibt es Anwendungen sogenannter Linearantriebe, welche eine Translationsbewegung direkt erzeugen.

Zur Begrenzung von linearen Bewegungen dienen Wegbegrenzungssysteme. Ihre konstruktive Gestaltung beeinflußt die Genauigkeit einer Position.

Die für die Umsetzung einer Rotationsbewegung in eine Translationsbewegung verwendeten Schraubtriebe sind als Bewegungsgewinde im Abschnitt 5.5 dargestellt.

Neben Antrieben und Getrieben spielen für eine genaue Translationsbewegung darüber hinaus vor allem Führungen eine herausragende Rolle. Die Gestaltung der Führungen beeinflußt gleichermaßen das Positionieren wie die Geradlinigkeit einer Bewegung.

Zeitbezogene Abweichungen

Zu zeitbezogenen Abweichungen einer idealen Translationsbewegung längs einer geradlinigen Bewegungsachse zählen Abweichungen in einem geforderten Soll-Geschwindigkeitsverlauf oder in einem Soll-Beschleunigungsverlauf in Abhängigkeit von der Zeit. Ein Beispiel einer solchen Bewegungsabweichung ist die Ungleichförmigkeit einer Geschwindigkeit oder einer Beschleunigung, Bild 7.2-03.

zeitbezogene Abweichungen	
in Geschwindigkeitsfunktion	in Beschleunigungsfunktion
Ungleichförmigkeit Vorschubabweichung	Ruckgleiten Stoßbehaftete Bewegungen

Bild 7.2-03 Zeitbezogene Abweichungen bei einer geradlinigen Translationsbewegung

Ursache zeitbezogener Abweichungen können alle an der Realisierung einer Translationsbewegung beteiligten Maschinenelemente vom Antrieb über ein Getriebe bis hin zu Führungen und Wegmeßsystemen sein. Wird eine geradlinige Translationsbewegung nicht direkt erzeugt, sondern aus einer rotatorischen Bewegung abgeleitet, so treffen für die Ursachen von zeitbezogenen Bewegungsabweichungen auch die in die Kap. 7.3 unter zeitbezogenen Abweichungen aufgeführten Gesichtspunkte zu. Werden Translationsbewegungen mittels einer Bewegungsübertragung durch Schraubtriebe erzeugt, so ist für die Genauigkeit dieser Bewegung auch die Genauigkeit der Bewegungsgewinde von großer Bedeutung, vergleiche Kapitel 5.5. Zeitbezogene Abweichungen bei hohen Verfahr- und Bahngeschwindigkeiten, die durch geregelte oder gesteuerte Antriebssysteme realisiert werden, werden in Kapitel 7.4 näher erläutert.

Eine große Bedeutung für zeitbezogene Abweichungen einer Translationsbewegung hat die Mechanik des Führungsverhaltens. Hierzu gehört bei Gleitführungen das sogenannte Ruckgleiten als eine Abweichung von der Gleichförmigkeit der Bewegung.

Daneben können Abweichungen von der Gleichförmigkeit einer Bewegung auch auf Einflüsse zurückgeführt werden, welche bereits vor der Umsetzung einer rotatorischen in eine translatorische Bewegung liegen. So werden translatorische Bewegungen in Form von Nebenbewegungen häufig von Hauptantrieben über Getriebe abgeleitet. In diesem Fall wirken sich auf die Genauigkeit der Translationsbewegung auch Fehler an Übertragungselementen aus.

Vorschubbewegungen von Arbeitstischen, Schiebern oder Pinolen vor allem bei nicht numerisch gesteuerten Werkzeugmaschinen sind genormt, Bild 7.2-04 [26]. Die Nennwerte gelten für Vorschübe je Umdrehung und Vorschübe je Hub in mm.

Ebenfalls enthält Bild 7.2-04 Angaben über die zulässigen Abweichungen der Nennwerte unter Berücksichtigung der mechanischen und elektrischen Abweichungen. Die mechanische Abweichung begrenzt die zulässigen Abweichungen der Übersetzungen, die bei der Getriebegestaltung meist nicht genau einzuhalten sind. Die elektrische Abweichung bezieht sich auf Abweichungen der Antriebsmotoren.

Das sogenannte Ruckgleiten tritt bei Bewegungen mit geringen Geschwindigkeiten bei Verwendung von Gleitführungen auf. Es äußert sich in einer ungleichförmigen, periodischen Bewegung des Schlittens. Die Amplitude der Bewegungsgeschwindigkeit wird durch das zeitweilige Auftreten von Haftreibung begrenzt.

1	2	3	4	5	6	7	8	9
Nennwerte [1]					Grenzwerte [2] der Grundreihe R 20			
Grundreihe		Abgeleitete Reihe R 20/3 (...1...)	Grundreihe R 5	Abgeleitete Reihe R 10/3 (...1...)	bei mech. Abweichung		bei mech. u. elektr. Abweichung	
R 20	R 10							
$\varphi=1{,}12$	$\varphi=1{,}25$	$\varphi=1{,}4$	$\varphi=1{,}6$	$\varphi=2$	-2%	+3%	-2%	+6%
1	1	1	1	1	0,98	1,03	0,98	1,06
1,12			11,2		1,10	1,16	1,10	1,19
1,25	1,25	0,125		0,125	1,23	1,30	1,23	1,33
1,4		1,4			1,38	1,45	1,38	1,50
1,6	1,6		16	1,6		16	1,55	1,63	1,55	1,68
1,8		0,18			1,74	1,83	1,74	1,88
2	2	2		2	1,96	2,06	1,96	2,12
2,24			22,4		2,19	2,31	2,19	2,37
2,5	2,5	0,25		2,5	0,25	2,46	2,59	2,46	2,65
2,8			2,8		2,76	2,90	2,76	2,99
3,15	3,15		31,5		31,5	3,10	3,26	3,10	3,35
3,55		0,355			3,48	3,65	3,48	3,76
4	4	4	4	4	3,90	4,10	3,90	4,22
4,5			45		4,38	4,60	4,38	4,73
5	5	0,5		0,5	4,91	5,16	4,91	5,31
5,6			5,6		5,51	5,79	5,51	5,96
6,3	6,3		63	6,3		63	6,18	6,50	6,18	6,69
7,1		0,71			6,94	7,29	6,94	7,50
8	8		8		8	7,78	8,18	7,78	8,42
9			90		8,73	9,18	8,73	9,45
10	10			10		9,80	10,30	9,80	10,60

Die Reihen R 20, R 10 und R 5 können nach unten und oben durch Teilen und Vervielfachen mit 10, 100 usw. fortgesetzt werden. Die Reihen 20/3 und R 10/3 sind für drei Dezimalbereiche angegeben, da sich ihre Zahlen erst in jedem vierten Dezimalbereich wiederholen.

Bild 7.2-04   Genormte Nennwerte und Grenzwerte für Vorschübe an Werkzeugmaschinen [26]

Anschaulich stellt sich das Ruckgleiten, auch Stick-Slip-Effekt genannt, folgendermaßen dar [27]: Bei Anlegen einer Vorschubkraft an einem stillstehenden Schlitten verspannen sich die elastischen Teile des Vorschubsystems bis zur Überwindung der Haftreibung zwischen Schlitten und Führung und dem Losreißen des Schlittens. Die Reibkraft fällt bei einsetzender Bewegung des Schlittens ab, die elastischen Teile des Vorschubsystems werden entspannt. Bei schwacher Dämpfung des Bewegungssystems beschleunigt der Schlitten über seine Sollgeschwindigkeit hinaus, bis er durch die langsamer laufende Vorschubbewegung oder durch Reibung gebremst wird. Aufgrund der Elastizität im System kommt es zum erneuten Stillstand des Schlittens, so daß wieder Haftreibungsbedingungen vorliegen und der Zyklus von neuem beginnt.

In Bild 7.2-05 ist der zeitliche Verlauf der Vorschubkraft und des Vorschubweges im Vergleich zur Sollbewegung dargestellt. An realen Systemen kommt es zu nichtlinearen Schwingung. Die Elastizitätskraft des Vorschubantriebsystems schwankt um einen statistischen Mittelwert, der durch die Reibkraft bei Sollgeschwindigkeit gegeben ist. Zum Aufbau dieser statischen Vorschubkraft muß zunächst in der Anlaufphase die Differenz x_0 zwischen Sollbewegung und Schlittenweg erzeugt werden, durch die das Antriebssystem vorgespannt wird. Verbleibt das System nach dem Abschalten des Antriebsmotors im vorgespannten Zustand, so kann der entspannte Zustand nur durch Richtungsumkehr und Abbau der elastischen Umkehrspanne wieder erreicht werden.

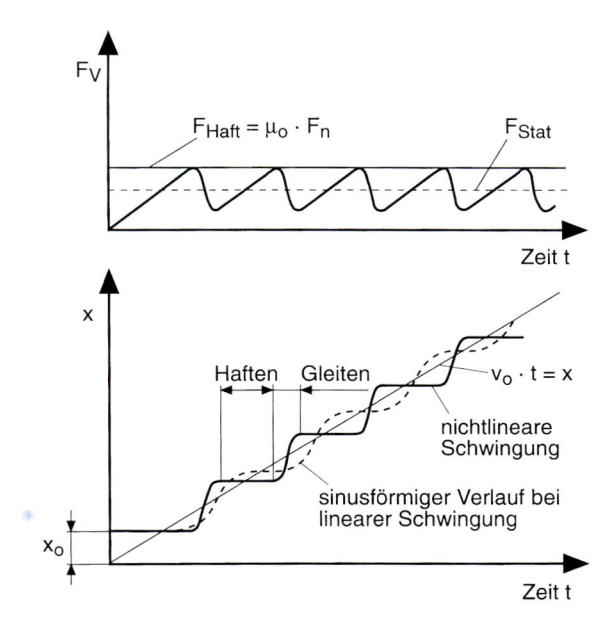

Bild 7.2-05 Zeitlicher Verlauf von Vorschubkraft und Vorschubweg beim Ruckgleiten [28]

Positionsabweichungen

Das einachsige Positionieren eines Bauteils oder einer Baugruppe ist eine wichtige Teilfunktion vieler Maschinen. Positionsabweichungen werden als lineare Abweichungen in der Meßachse definiert, die mit der Positionierachse identisch ist. Sie ist für die Arbeitsgenauigkeit einer Maschine von großer Bedeutung und wird theoretisch als Differenz zwischen dem Lage-Istwert und dem Lage-Sollwert bestimmt.

272 *Genauigkeit der Maschinenbewegungen*

Die Positionsgenauigkeit wird beeinflußt durch
- geometrische Fehler,
- statische Fehler,
- dynamische Fehler,
- thermische Fehler,
- tribologische Fehler sowie
- steuerungs- und regelungstechnische Fehler.

Um zu einer Vergleichbarkeit von Maschineneigenschaften zu gelangen, wurden Richtlinien entworfen, in denen wichtige Kennwerte und Randbedingungen festgehalten sind. Als Grundlage für die statistische Prüfung von Werkzeugmaschinen gilt die Richtlinie VDI/DGQ 3441. Obwohl sie auf Werkzeugmaschinen ausgerichtet ist und sie zwischen der Fertigungsgenauigkeit, der Arbeitsgenauigkeit und der Positionsgenauigkeit einer Maschine unterscheidet, lassen sich die in dieser Richtlinie aufgeführten Grundlagen auch auf andere Maschinen übertragen.

Die Positionsunsicherheit als Maß für die Positionsgenauigkeit gibt an, mit welcher Genauigkeit eine beliebig vorgewählte Position im Arbeitsbereich einer Maschine erreicht beziehungsweise angefahren werden kann. Die Positionsunsicherheit umfaßt sowohl die durch systematische Fehler bedingte Positionsabweichung als auch die auf zufällige Fehler zurückzuführende Positionsstreubreite. Die Umkehrspanne als systematische Abweichung stellt in der gewählten Prüfachse die Differenz dar, die sich aus den Mittelwerten der Meßwerte beider Anfahrrichtungen für jede Position ergibt [12], Bild 7.2-06.

Systematische Fehler sind unter Einhaltung gleicher Randbedingungen im gesamten Arbeitsbereich einer Maschine eindeutig reproduzierbar und haben für jeden Meßpunkt einen bestimmten Betrag und ein bestimmtes Vorzeichen. Sie können durch Berücksichti-

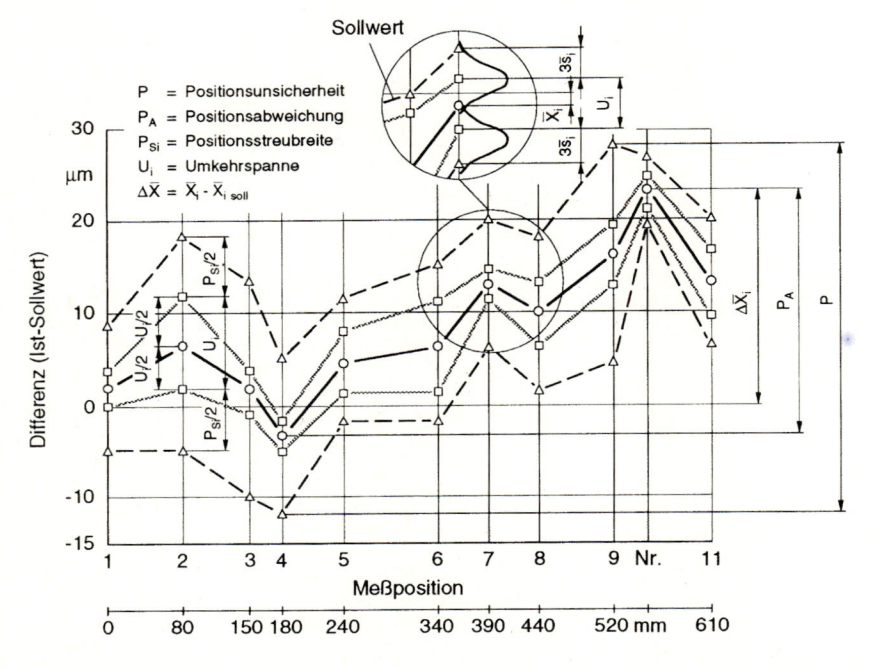

Bild 7.2-06 Statistische Kenngrößen mehrerer Meßpositionen entlang einer gewählten Prüfachse [12]

gung ihrer Gesetzesmäßigkeit weitgehend ausgeglichen werden. Systematische Fehler ergeben sich zum Beispiel durch Teilungsfehler der Meßsysteme und durch geometrische Fehler der Führungssysteme.

Zufällige Fehler werden durch unterschiedliche, auch bei konstanten Randbedingungen im einzelnen nicht reproduzierbare Ursachen hervorgerufen. Beispiele hierfür sind unterschiedliche Reibungsverhältnisse und Streuung von Schaltzeiten. Diese Fehler ändern sich bei wiederholter Messung unter gleichen Bedingungen willkürlich. Sie können nur in ihrer Gesamtheit statistisch erfaßt werden.

Eine Differenz zwischen Ist-Wert und Soll-Wert kann durch systematische und zufällige Fehler bedingt sein. Beide Arten von Fehlern können nicht unabhängig voneinander erfaßt werden. Im allgemeinen werden vor allem systematische Fehler als Abweichung bezeichnet. Die Auswirkung zufälliger Fehler wird als Streubreite beschrieben. Die Überlagerung systematischer und zufälliger Fehler wird auch Einfahrtoleranz genannt. Diese Kenngrößen geben an, mit welcher Abweichung ein programmierter Sollwert angefahren wird und mit welcher Unsicherheit der Positioniervorgang behaftet ist [28].

Die in einem Bewegungsprogramm enthaltenen Weginformationen sind Sollwerte der Wegbegrenzungen, die mit der Zielposition der Bewegung identisch sind. Je nach Realisierungsform liegen die Ursachen von Positionsabweichungen in den beteiligten Maschinenelementen wie Anschlägen, Kupplungen, Bremsen, Getrieben, Wegmeßsystemen oder Lage- oder Geschwindigkeitsregelkreisen.

Geradheitsabweichungen

Die Geradlinigkeit einer Bewegung setzt eine Führung voraus. Diese kann zwanghaft oder zwangfrei ausgeübt werden, Bild 7.1-04. Geradlinige Bewegungen benötigen somit zwanghaft wirkende Geradführungen oder zwangfrei wirkende Geradsteuerungen. Abweichungen von der Geradlinigkeit einer Bewegung, die über eine Koordination mehrerer Bewegungsachsen realisiert wird, werden in Kapitel 7.4 behandelt. Daneben sei auch auf steuerungsbedingte Abweichungen in Kapitel 8 verwiesen.

Es gibt verschiedene Bezugsarten, mit denen die Geradheit einer Translationsbewegung geometrisch beschrieben werden kann [8], Bild 7.2-07, nämlich

- die einer Achse in sich selbst: in ihrer Bewegung verläßt diese Achse nicht die beiden rechtwinklig zueinander stehenden Ebenen, in denen sie sich in der Ruhestellung befindet;
- die einer ebenen Fläche in ihrer eigenen Ebene: in ihrer Bewegung bleibt diese Fläche beständig in ihrer eigenen Ebene;
- die eines Maschinenteils zu einer Geraden oder zu einer Fläche: in seiner Bewegung bleibt jeder Punkt dieses Maschinenteils im gleichen Abstand von der Geraden (oder von seiner Fläche) sowie
- die eines Maschinenteils rechtwinklig zu einer gegebenen Ebene: jeder Punkt des Maschinenteils beschreibt eine geradlinige und zu der gegebenen Ebene rechtwinklige Bewegungsbahn.

Der Begriff der Geradlinigkeit einer Bewegung ist in der Maschinenkinematik oft mit den Begriffen Parallelität und Rechtwinkligkeit einer Bewegung verknüpft. Hierbei besteht ein Lagebezug der Bewegungsbahn eines beweglichen Maschinenteils zu einer Ebene, zu einer Geraden oder zu einer Bewegungsbahn eines Punktes eines Maschinenteils.

Für die Geometrie von Translationsbewegungen sind Festlegungen zur „Geradlinigkeit einer Bewegung", zur „Parallelität einer Bewegung" und zur „Rechtwinkligkeit einer Bewegung" bekannt, Bild 7.2-07 [8, 29, 30].

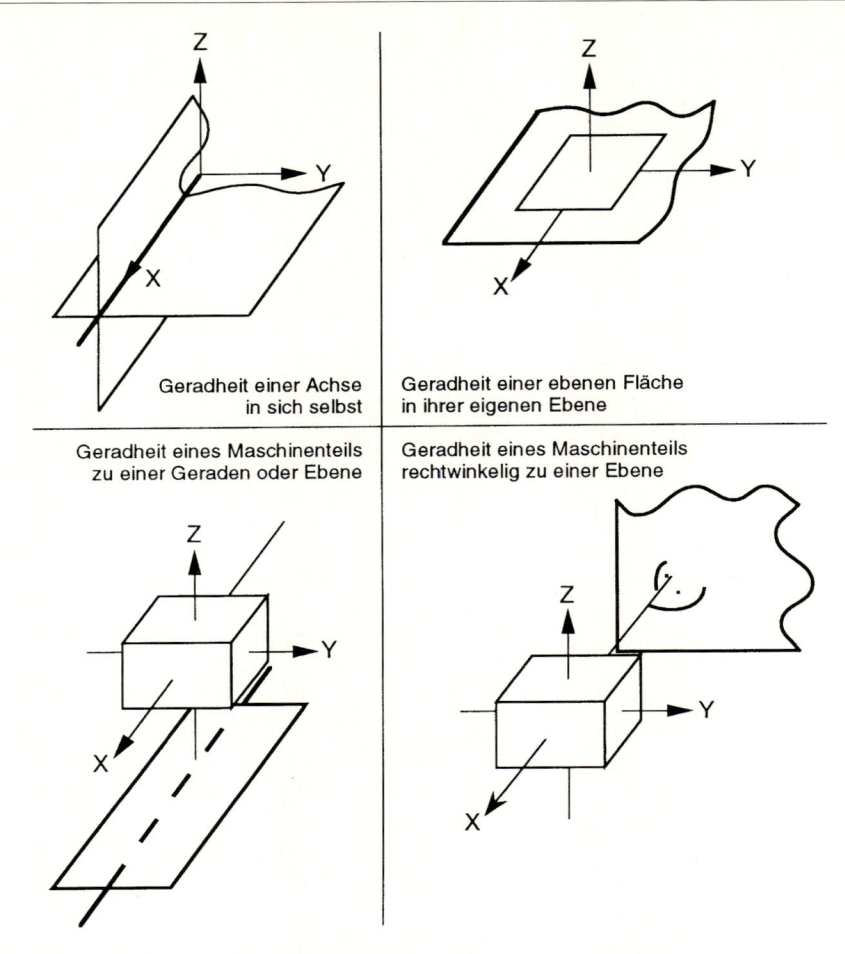

Bild 7.2-07 Unterscheidung verschiedener Bezugsarten geradliniger Bewegungen bei Translation in X-Richtung

Konstruktiv sind Geradheitsabweichungen häufig auf die Auswahl oder die Gestaltung des Führungssystems zurückzuführen. Mittels Konstruktionskatalogen kann dessen Auswahl unterstützt werden, was am Beispiel wälzgelagerter Geradführungen näher erläutert werden soll, Bild 7.2-08.

Neben einem Gliederungsteil, der Informationen über die Belastbarkeit in Form von Angaben über aufnehmbare Kräfte und Momente, über die Art der Wälzkörper, über die Bewegungsbahn der Wälzkörper sowie über die Anzahl der tragenden Wälzkörperreihen enthält, ist ein Hauptteil und ein sogenannter Zugriffsteil vorhanden. Während dem Hauptteil Bezeichnungen und Prinzipskizzen entnommen werden können, befinden sich im Zugriffsteil Angaben über Höhenabweichungen, Seitenabweichungen sowie Fertigungstoleranzen der Führungen [31, 32].

Bei Gleitführungen wird deren Güte neben der Oberflächenbeschaffenheit der beiden Reibpartner hauptsächlich von der Führungsbahnlänge und vom Angriffsort der Bewegungskraft

Translationsbewegungen 275

Gliederungsteil				Hauptteil		Zugriffsteil	
Belastbarkeit 0 = Freiheit 1 = Formschluß	Art der Wälz-körper	Bewegungs-bahn der Wälz-körper	Anzahl der trag. Wälz-körper-reihen	Gebräuchliche Bezeichnung	Prinzipskizze	Genauigkeit ΔH = Höhenabw. bei mitl. Hub ΔS = Seitenabw. bei mitl. Hub T = Fertigungstoleranzen	
1	2	3	4	1	2	7	
		Geradling	2	Kugelgelagerte Schlittenführung (Normrolltisch)		ΔH = 10 μm bei 25	
			24	Doppel-Kugelführung		ΔH = 22μm (160μm) bei 125 T_4 = 60μm bei 300 ΔS = 22μm (160μm) bei 125 ΔH = 20μm bei 100 T_4 = 60μm bei 300 ΔS = 20μm bei 100	
				Linearführung mit Profilschienen	bis 3500	ΔH = 5-15μm bei 25-300 unbelastet ΔS = 5-15μm bei 25-300 ΔH = 15-120μm bei 25-300 belastet ΔS = 15-120μm bei 25-300	
					300	keine Präzisionsführung	
				Doppel-Kugel-Umlaufsegment	5-180	T_1 = 10μm pro 1000 T_2 = 10μm pro 1000	

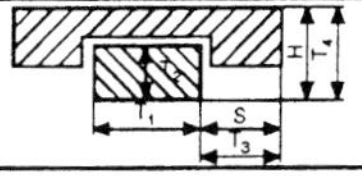

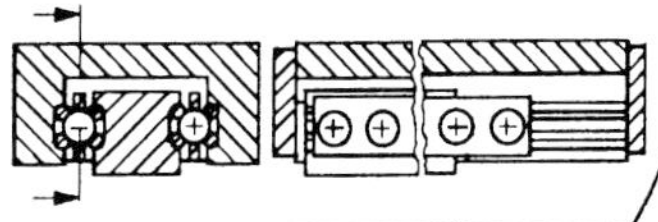

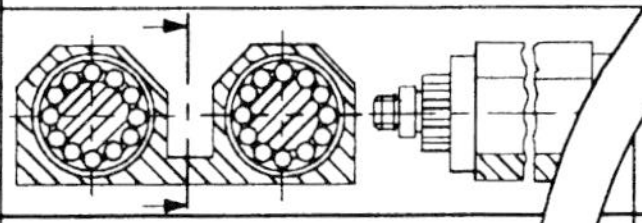

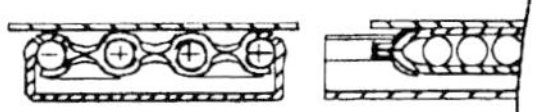

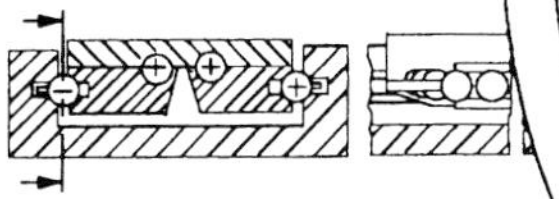

Bild 7.2-08 Ausschnitt aus einem Konstruktionskatalog: Geradführungen mit Wälzkörper [32]

bestimmt [33]. Unter dem Verkanten von Führungen versteht man nicht nur die geometrische Verlagerung des geführten Bauteils bei nicht mittig angreifenden Kräften, sondern auch das Auftreten von Selbstsperrung bei nicht ausreichend großer Führungslänge. Bei zylindrischen oder ebenen beziehungsweise keilförmigen Führungsbahnen sind die Bedingungen für verklemmungsfreie Führungen aus der Forderung nach großen Bewegungskräften gegenüber kleinen Reibungskräften abzuleiten [34, 30]. Zur detaillierten Beschreibung des Reibungsverhaltens sind dabei sowohl das gesamte Tribosystem einschließlich Führungsgrund- und Führungsgegenkörper, Zwischenstoff und Umgebungsmedium als auch Wechselwirkungen zwischen den einzelnen Elementen des Tribosystems zu berücksichtigen.

Mit Ausnahme der Federführungen und der Geradführungen mit Hilfe von Gelenkmechanismen wird die Geradlinigkeit einer geführten Bewegung bei Gleitführungen durch die geometrische Form der gepaarten Oberflächen bestimmt, weshalb deren sorgfältiger Ausführung eine entscheidende Bedeutung zukommt. Führungsabweichungen entstehen durch das in formgepaarten Führungen stets vorhandene Passungsspiel. Einerseits sollte dies im Hinblick auf die Wirtschaftlichkeit der Fertigung sowie wegen erwünschter Leichtgängigkeit auch bei Abweichungen der Makro- und Mikrogeometrie der gepaarten Bauteile so groß wie möglich gewählt werden, andererseits erfordert die Funktion oft spielfreie bzw. spielarme Führungen. Formgepaarte Führungen werden deshalb häufig durch federnd ausgeführte Bauteile oder durch gefederte Ausführung mittels elastischer Zusatzelemente verspannt [34].

Abweichungen von der Geradlinigkeit treten ferner durch quer zur Führungsrichtung wirkende Kräfte auf. Die Eigenmasse des Führungsteils und die als Wanderlast auftretende Masse des geführten Körpers bewirken Abweichungen von der Geradlinigkeit, weshalb die Bauteile in diesen Richtungen besonders steif auszuführen sind bzw. auf eine geeignete Aufstellung der Maschine zu achten ist.

Gegebenenfalls werden Kräfte quer zur Führungsrichtung auch durch gesonderte Systeme aufgenommen, indem die die Genauigkeit bestimmenden Führungsflächen mechanisch oder magnetisch entlastet werden, oder die Führungsflächen werden entgegen der Durchbiegungsrichtung durch entsprechende Fertigung so deformiert, daß sich bei Durchbiegung geradlinige Oberflächen ausbilden, siehe auch unter 9.3.

Bei hohen Anforderungen an die Geradlinigkeit einer Bewegung sind auch die zur Befestigung von Führungsteilen durch Schraubenkräfte auftretenden lokalen Deformationen nicht zu unterschätzen. Solche Kräfte sollten durch eine geeignete Gestaltung, wie tiefes Einsenken der Schrauben und Anbringen von Entlastungsschlitzen möglichst weit entfernt von den Führungsflächen abgeleitet werden.

Geradheitsabweichungen entstehen während der Fertigung der Führungsbahn oder durch Krafteinwirkungen bei Montage und Aufstellung. Darüber hinaus kann sich die Geometrie einer Führungsbahn während des Betriebes beipielsweise durch auftretenden Verschleiß verändern.

Die Parallelitätsabweichung ist der Fehler, der auftritt, wenn die zwei Führungsbahnen nicht parallel zueinander verlaufen. Unter der Annahme, daß die Führungsbahnen keine zusätzlichen Abweichungen haben, setzt sich eine Bewegungsabweichung aufgrund der Parallelitätsabweichung aus einer Rechtwinkeligkeitsabweichung der Bahnen, einer Geradheitsabweichung und einer Spaltbreitenänderung zusammen. An Positionen, wo der Spalt durch elastisches Zusammendrücken negativ ist, ist die Bewegung des Schlittens durch die Bahnen gehemmt.

Sind die Kräfte auf die beiden Führungsbahnen gleich groß, wird sich der Schlitten auf einer zwischen den beiden Führungsbahnen gemittelten Bahn bewegen. Sind sie ungleich oder tritt eine Richtungsumkehr der Bewegung auf, was meist mit einer Richtungsumkehr der einwirkenden Kräfte einhergeht, so ist die resultierende Bewegung unbestimmt [23].

Winkelabweichungen

Neben Geradheitsabweichungen treten bei der translatorischen Bewegung eines Körpers auch Winkelabweichungen auf. Winkelabweichungen einer Soll-Orientierung können räumlich um alle drei Koordinatenachsen erfolgen. Sie sind im allgemeinen wesentlich schwieriger zu messen und auszuschalten als Geradheitsabweichungen.

Bei Winkelabweichungen um die Raumachse der Bewegungsrichtung spricht man von einer Rollabweichung; bei Winkelabweichungen um die senkrecht zur Führungsfläche stehende Achse spricht man von Gierabweichungen; bei Winkelabweichungen um die in der Führungsflächenebne senkrecht zur Bewegungsrichtung liegende Achse spricht man von Stampfabweichung [9].

Winkelabweichungen können isoliert oder in Überlagerung mit Geradheitsabweichungen auftreten. So bringen Parallelitäts- oder Rechtwinkeligkeitsabweichungen von Führungsbahnen sowohl Geradheitsabweichungen als auch Winkelabweichungen mit sich.

Als Folge von Winkelabweichungen ergibt sich aus dem Drehwinkel eines Körpers in Zusammenhang mit seiner endlichen räumlichen Ausdehnung auch eine Bewegung von Körperpunkten. Je weiter der betrachtete Punkt eines Körpers vom Ursprung einer Drehung entfernt ist, desto größer ist der bei einer Drehung zurückgelegte Weg.

Um Winkelabweichungen insbesondere bei Richtungsumkehr zu vermeiden, sollten die eine Führung antreibenden Kräfte vorzugsweise in Führungsmitte beziehungsweise im Reibungsmittelpunkt angreifen. Der Punkt einer senkrecht zur Bewegungsrichtung stehenden Ebene, in dem diese von der Gesamtresultierenden aller Reibkräfte durchquert wird, wird als Reibungsmittelpunkt bezeichnet. Greift hier die Antriebskraft an so entstehen keine Momente, die zu Stampfen oder Gieren führen könnten. Zusätzlich ist es günstig, wenn der Angriffspunkt der Antriebskraft und der Schwerpunkt dicht beieinander liegen, weil so bei Beschleunigungen Momente durch Massenträgheit vermieden werden.

Um die Ursachen von Winkelabweichungen bei zwanghaft geführten Maschinenbewegungen zu veranschaulichen, seien im folgenden zwei Beispiele aufgeführt. Sie beziehen sich auf den Einsatz vertikal beziehungsweise horizontal geführter Maschinenschlitten an Bearbeitungszentren, sind jedoch auch auf andere Maschinenarten übertragbar.

Bild 7.2-09 skizziert die Spindeleinheit eines horizontalen Bearbeitungszentrums und einen Teil des Maschinengestells. Es sollen die Winkelabweichungen des Rollens und des Stampfens bei einer Translationsbewegung in Y-Richtung diskutiert werden.

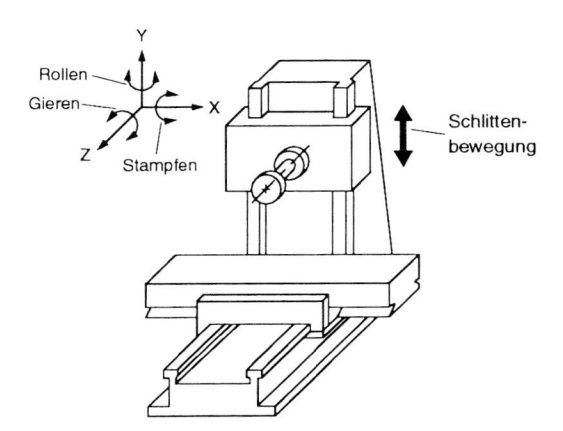

Bild 7.2-09   Winkelabweichungen eines Werkzeugschlittens

Für eine Winkelabweichung um die in Bild 7.2-09 eingezeichnete Y-Achse gibt es zwei Ursachen. Zum einen entsteht ein Rollen, wenn ein Spalt in Z-Richtung vorhanden ist. Zum anderen dreht sich der Spindelkopf um die Mittelachse der Kugelspindel aufgrund der Reibungskräfte, die bei der Drehung der Kugelspindel entstehen, wenn die Steifigkeit der Führungen gering ist. In beiden Fällen hat das Rollen eine Verschiebung der Spindelnase in X-Richtung zur Folge.

Bei der in Bild 7.2-09 dargestellten Lage der vertikalen Bewegung des Maschinenschlittens kann eine Winkelabweichung um die X-Achse in Form des „Stampfens" auch als ein Kippen des Spindelkopfes bezeichnet werden. Die Ursache einer Kippbewegung ist vor allem auf die zeitlich veränderlichen Kräfte zurückzuführen, wenn sich der Maschinenschlitten in positiver oder negativer Y-Richtung bewegt. Dabei sind vor allem Kräfte wie die Gewichtsausgleichskraft, die Schwerkraft des Maschinenschlittens, die Antriebskraft sowie Reibungskräfte zwischen Maschinenschlitten und Führungen von Bedeutung. Zusätzlich sind die Antriebskraft und die Reibungskräfte von der Bewegungsrichtung, also in positive oder negative Y-Richtung, abhängig.

Während bei horizontaler Lage des Maschinenschlittens die Winkelabweichungen des Rollens und Stampfens eher von geringerer Bedeutung sind, treten Winkelabweichungen in Form des Gierens häufiger auf [23].

7.3 Rotationsbewegungen

Rotation ist die Bewegung eines Körpers um eine raumfeste Achse. Sie wird auch Drehbewegung oder Drehung genannt, Bild 7.3-01. Im folgenden sollen Gesichtspunkte dargestellt werden, die einer idealen, einachsigen Rotationsbewegung entgegenstehen. Insbesondere werden dabei zeitbezogene sowie geometriebezogene Abweichungen betrachtet. Geometriebezogene Rotationsabweichungen können unterschieden werden in solche Abweichungen, die in der Geometrie des rotierenden Körpers ihre Ursache haben, und solche Abweichungen, welche ihre Ursache in der Geometrie von Drehführungen oder von Umbauteilen der Drehführungen haben.

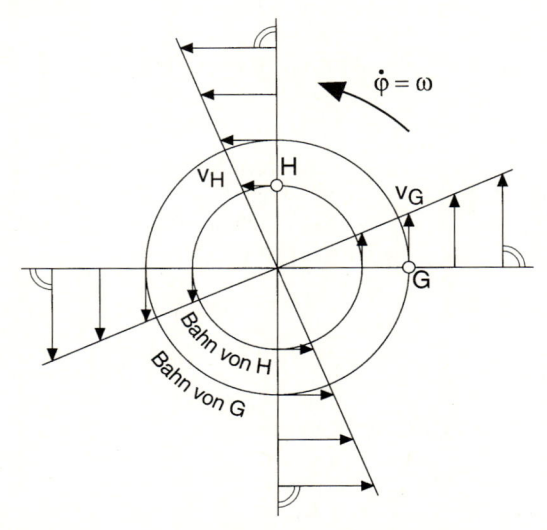

Bild 7.3-01   Geschwindigkeitsverteilung um eine Achse bei Rotation

Bezüglich der Richtung auftretender geometrischer Abweichungen kann zwischen Winkelabweichungen, Radialabweichungen und Axialabweichungen unterschieden werden (Bild 7.3-02).

Zu den zentralen Komponenten, die im Maschinenbau eine rotierende Bewegung erlauben, gehören ein Rotor, dessen Lagerung und ein Stator. Bestandteile einer Rotationsbewegung sind ein Antrieb, gegebenenfalls ein Getriebe sowie für Rotationsbewegungen Drehführungen. Daneben werden Anlauf- und Verzögerungsvorgänge von Rotationsbewegungen häufig durch Kupplungen und Bremsen realisiert.

Die Genauigkeit, mit der sich eine Rotationsbewegung vollzieht, hängt von mehreren Umständen ab. Dazu zählen insbesondere die Art der Lagerung, die Maß- und Formgenauigkeit des Rotationskörpers sowie die Genauigkeit der Umbauteile. Darüber hinaus beeinflussen Zwischenmedien, wie Schmierstoff, sowie die Betriebsbedingungen, unter denen die Bewegung abläuft, in besonderem Maße die Rotationsgenauigkeit.

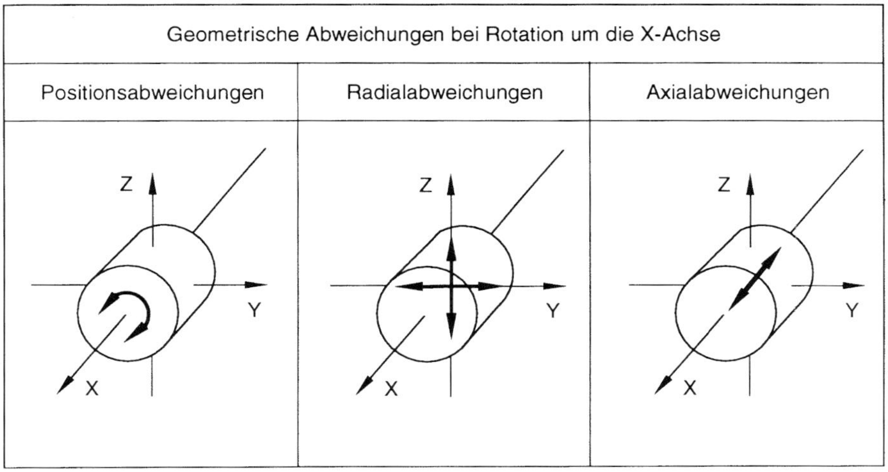

Bild 7.3-02   Einteilung geometrischer Abweichungen bei einer Rotation um die X-Achse

Zeitbezogene Abweichungen

Die fundamentale Beziehung zur Bestimmung eines zeitbezogenen rotatorischen Bewegungsablaufs ist der Zusammenhang zwischen der Summe der äußeren Momente und der zeitlichen Änderung des Dralls des Systems. Sie wird auch als Drallsatz bezeichnet und ist zu jedem Zeitpunkt erfüllt. Es gilt für Rotation um eine feste Achse:

$$\sum M = M_{Antrieb}(\omega) - M_{Abtrieb}(\omega) = J \cdot \frac{d\omega}{dt} \qquad (01)$$

mit

$M_{Antrieb}$: Antriebsmoment,
$M_{Abtrieb}$: Abtriebsmoment,
J: Massenträgheitsmoment bezüglich der Rotationsachse,
ω: Winkelgeschwindigkeit,
t: Zeit.

Eine weitreichende Entscheidung bei der Lösung von Bewegungsaufgaben wird mit der Festlegung der Struktur des Antriebs getroffen. Dazu sind entsprechende Kenntnisse über elektrische Antriebsmaschinen, ihre Kennlinienfelder und Stellmöglichkeiten sowie über eine Reihe von Kenngrößen des stationären und dynamischen Verhaltens Voraussetzung. Dabei versteht man unter dem dynamischen Verhalten elektrischer Antriebe den zeitlichen Verlauf von Größen wie Drehzahl oder Drehmoment bei Änderung von Führungsgrößen oder bei Änderung von Störgrößen.

Zur Realisierung rotatorischer Bewegungen können gesteuerte Antriebe oder geregelte Antriebe eingesetzt werden. Überschlägig lassen sich mit kostengünstigen, gesteuerten Antrieben die Kenngrößen eines Bewegungsablaufs mit einer Abweichung von etwa 10 % erreichen [36]. Die Mehrzahl der im industriellen Bereich eingesetzten Antriebe wird gesteuert ausgeführt.

Der Einsatz geregelter Antriebssysteme wird im wesentlichen dadurch bestimmt, wie exakt ein Bewegungsablauf eingehalten werden muß. Hierbei sind auch die Übergangsvorgänge wie Anlaufen und Abbremsen zu betrachten.

Im Rahmen der zeitbezogenen Abweichungen von Rotationsbewegungen soll im folgenden der mechanische Teil eines Bewegungssystems im Vordergrund stehen. Die durch eine fehlerhafte Ansteuerung verursachten Einflüsse auf die Genauigkeit einer Rotationsbewegung werden in Kapitel 8 behandelt.

Bewegungsaufgaben, bei denen Rotationen einem festgelegten zeitlichen Ablauf unterliegen, können in gleichsinnige, wechselsinnige und solche mit Rast oder mit Pilgerschritt unterschieden werden (Bild 7.1-08).

Einer der am häufigsten auftretenden Formen von rotatorischen Bewegungsabläufen ist der Fall, bei dem ein Körper ausgehend vom Stillstand in Drehung versetzt wird, anschließend eine gleichförmige Rotationsbewegung ausführt und schließlich nach einer bestimmten Zeit wieder zum Stillstand kommt. Der zeitliche Ablauf der Bewegung kann hier in drei Phasen aufgeteilt werden, und zwar in einen Anfahrvorgang, eine Phase konstanter Drehzahl und einen Abbremsvorgang. Die Beschleunigung auf eine bestimmte Drehzahl kann entweder durch eine direkte, ununterbrochene Verbindung zu einem Antrieb realisiert werden oder durch die Verbindung von Antrieb und Arbeitsmaschine über eine Kupplung. Daneben kann an beliebigen Stellen innerhalb des Kraftflusses der Einsatz eines Getriebes notwendig sein.

Je nach Realisierungsform wird die Genauigkeit der beschriebenen Bewegungsaufgabe durch die beteiligten Elemente beeinflußt. Beim Anlaufvorgang sind dies vor allem die Antriebe, Kupplungen und der massebedingte Krafteinfluß bewegter Elemente. In der Phase konstanter Drehzahl ist der Einfluß der Antriebe dominierend und schließlich sind bei einem Abbremsvorgang sowohl Bremsen als auch wiederum die stillzusetzenden Massen von erheblichem Einfluß auf die Genauigkeit einer Bewegung.

Anlaufen

Die Untersuchung von Anlaufvorgängen von antreibenden und angetriebenen Maschinen beinhaltet die Analyse von Kraft- bzw. Momentenverläufen in Abhängigkeit von Drehzahlen und der Zeit. Im folgenden sollen zwei Fälle von Anlaufvorgängen untersucht werden, und zwar zum einen ein Anlaufvorgang mit Hilfe eines Gleichstrommotors ohne den Einsatz einer Kupplung und zum anderen ein Anlaufvorgang bei Verwendung einer Kupplung [35].

Bild 7.3-03 zeigt die lineare Kennlinie einer Last M_{AB} und die Drehmoment-Drehzahl-Kennlinie M_{AN} eines Gleichstromantriebes sowie die zugehörige Hochlaufkurve des Antriebes.

Kann das auf die Motorwelle bezogene Gesamtträgheitsmoment aller bewegter Massen durch J_{ges} ausgedrückt werden, so gilt nach der Bewegungsgleichung der Rotation für das Beschleunigungsmoment

$$M_B(\omega) = M_{AN}(\omega) - M_{AB}(\omega) = J_{ges} \cdot \dot{\omega}. \tag{02}$$

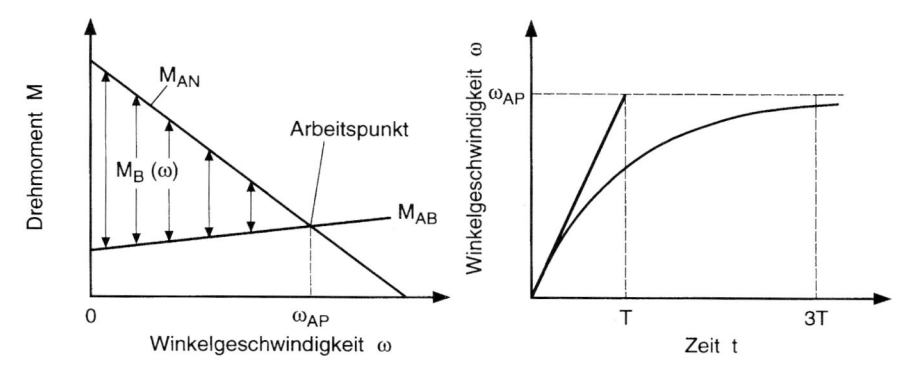

Bild 7.3-03 Verlauf von Drehmoment und Drehzahl bei Anfahren eines Antriebes mit linearer Kennlinie bei linearer Last [38]

Das Beschleunigungsmoment M_B ist linear abhängig von der Drehzahl, Bild 7.3-03 links. Nach Umstellen der Gleichung ergibt sich eine lineare Differentialgleichung 1. Ordnung der Form

$$T \cdot \dot{\omega} + \omega = \omega_{AP}, \tag{03}$$

deren Lösung lautet:

$$\omega(t) = \omega_{AP} \cdot \left(1 - e^{-t/T}\right), \tag{04}$$

Die Hochlaufkurve hat den in Bild 7.3-03 rechts gezeigten Verlauf einer Exponential-Funktion. Dargestellt ist ebenfalls die Hochlaufzeitkonstante, welche grafisch die Tangente an die Hochlaufkurve im Startpunkt darstellt. Sind die Kennlinien von Last und Motor nicht linear, so müssen zur Ermittlung des Hochlaufs Näherungsverfahren angewendet werden, indem beispielsweise innerhalb vorgegebener Winkelgeschwindigkeitsbereiche die tatsächlichen Funktionsverläufe der Momentenkennlinien von Abtrieb und Antrieb durch Mittelwerte ersetzt werden.

Im zweiten Fall soll der Anlaufvorgang einer aus Motor (Antriebsmaschine), fremdbetätigter Reibkupplung und Arbeitsmaschine bestehenden Anlage näher untersucht werden, Bild 7.3-04 [38].

Ausgangspunkt des Anlaufs einer Rotationbewegung ist eine stillstehenden Arbeitsmaschine, welche über eine Reibkupplung vollständig von einem mit der Drehzahl n_0 umlaufenden Antrieb getrennt ist. Beim Einschalten der Kupplung zum Zeitpunkt t = 0 läuft die Antriebs-

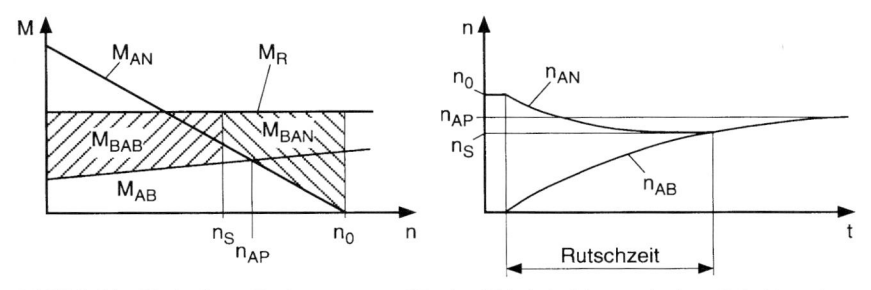

Bild 7.3-04 Verlauf von Drehmoment und Drehzahl bei Anfahren mit einer Schaltkupplung

Nr	Werte für		Zulässige Abweichungen
1	Wirkungsgrad[1] η a) bei indirekter Ermittlung $\quad P \leq 50$ kW $\quad P > 50$ kW		$- 0{,}15\ (1 - \eta)$ $- 0{,}1\ \ (1 - \eta)$
	b) bei direkter Messung		$- 0{,}15\ (1 - \eta)$
2	Gesamtverluste[1] $\quad P > 50$ kW		$+ 10\ \%$ der Gesamtverluste
3	Leistungsfaktor $\cos \varphi$ von Induktionsmaschinen		$- \dfrac{1 - \cos \varphi}{6}$ mindestens 0,02, höchstens 0,07
4	Drehzahl von a) nebenschluß- oder fremd- erregten Gleichstrom- motoren bei Bemessungs- leistung in betriebs- warmem Zustand	$\dfrac{P^{[2]}}{n/1000}$ $\begin{array}{l} < 0{,}67 \\ \geq 0{,}67 \text{ bis} < 2{,}5 \\ \geq 2{,}5 \text{ bis} < 10 \\ \geq 10 \end{array}$	$\pm 15\ \%$ $\pm 10\ \%$ $\pm\ 7{,}5\ \%$ $\pm\ 5\ \%$
	b) Gleichstrom- Reihenschlußmotoren bei Bemessungsleistung in betriebswarmem Zustand	$\dfrac{P^{[2]}}{n/1000}$ $\begin{array}{l} < 0{,}67 \\ \geq 0{,}67 \text{ bis} < 2{,}5 \\ \geq 2{,}5 \text{ bis} < 10 \\ \geq 10 \end{array}$	$\pm 20\ \%$ $\pm 15\ \%$ $\pm 10\ \%$ $\pm\ 7{,}5\ \%$
	c) Gleichstrommotoren mit Doppelschlußwicklung bei Bemessungsleistung, in betriebswarmem Zustand		Zulässige Abweichungen nach b), wenn zwischen Hersteller und Betreiber nicht anders vereinbart
5	a) Schlupf von Induktionsmotoren (bei Bemessungsleistung und in betriebswarmem Zustand) — Maschinen mit einer Leistung ≥ 1 kW (kVA) — Maschinen mit einer Leistung < 1 kW (kVA)		$\pm 20\ \%$ des gewährleisteten Schlupfes $\pm 30\ \%$ des gewährleisteten Schlupfes
	b) Drehzahl von Drehstrom-Kommutatormotoren mit Neben- schlußverfahren bei Bemessungsleistung in betriebs- warmem Zustand		bei Höchstdrehzahl: — 3 % der synchronen Drehzahl
			bei Mindestdrehzahl: + 3 % der synchronen Drehzahl
6	Spannungsänderung von Gleichstromgeneratoren mit Nebenschluß- oder Fremderregung für jeden Lastzustand		$\pm 20\ \%$ der gewährleisteten Spannungsänderung
7	Spannungsänderung von kompoundierten Generatoren, im Fall von Wechselstrom bei Bemessungs-Leistungsfaktor		$\pm 20\ \%$ der gewährleisteten Spannungsänderung, mindestens $\pm 3\ \%$ der Bemessungsspannung[3]
8	Anzugsstrom von Käfigläufer-Induktionsmotoren in der vorgesehenen Anlaßschaltung		$+ 20\ \%$ des gewährleisteten Anzugsstromes ohne Begrenzung nach unten
9	Stoßkurzschlußstrom von Synchrongeneratoren unter vereinbarten Bedingungen[4]		$\pm 30\ \%$ des gewährleisteten Wertes
10	Dauerkurzschlußstrom von Wechselstromgeneratoren bei vereinbarter Erregung[4]		$\pm 15\ \%$ des gewährleisteten Wertes
11	Drehzahländerung von Gleichstrommotoren mit Nebenschluß- oder Doppelschluß-Verhalten zwischen Leerlauf und Bemessungsleistung		$\pm 20\ \%$ der gewährleisteten Drehzahländerung, mindestens $\pm 2\ \%$ der Bemessungsdrehzahl
12	Anzugsmoment von Induktionsmotoren		$- 15\ \%$ und $+ 25\ \%$ des gewährleisteten Anzugsmomentes ($+ 25\ \%$ dürfen bei Vereinbarung überschritten werden)
	a) Sattelmoment von Induktionsmotoren		$- 15\ \%$ des gewährleisteten Wertes
13	Kippmoment von Induktionsmotoren		$- 10\ \%$ des gewährleisteten Wertes mit der Einschränkung, daß nach Anwendung dieser zulässigen Abweichung das Kippmoment mindestens gleich dem 1,6 fachen Bemessungs- moment bzw. dem 1,5 fachen Bemessungsmoment ist
14	Trägheitsmoment		$\pm 10\ \%$ des gewährleisteten Wertes
15	Anzugsmoment von Synchronmotoren		$- 15\ \%$ und $+ 25\ \%$ des gewährleisteten Anzugsmomentes ($+ 25\ \%$ dürfen bei Vereinbarung überschritten werden)
16	Kippmoment von Synchronmotoren		$- 10\ \%$ des gewährleisteten Wertes mit der Einschränkung, daß nach Anwendung der zulässigen Abweichung das Kippmoment mindestens gleich dem 1,35 fachen bzw. dem 1,5 fachen Bemessungsmoment ist
17	Anzugsstrom von Synchronmotoren		$+ 20\ \%$ des gewährleisteten Wertes ohne untere Begrenzung

[1] Bestimmung von Wirkungsgrad und Verlusten siehe DIN VDE 0530 Teil 2.
[2] P Leistung in kW; n Drehzahl in min^{-1}
[3] Diese zulässige Abweichung gilt für die größte Abweichung der bei irgendeiner Belastung gemessenen Spannung von einer Geraden, die (in einem Spannungs-Leistungs-Diagramm) die Punkte der gewährleisteten Spannung bei Leerlauf und Bemessungsleistung verbindet.
[4] Turbogeneratoren siehe DIN VDE 0530 Teil 3.

Bild 7.3-05 Toleranzen von Drehzahlen und Momenten elektrischer Antriebe [75] seite mit Drehzahl n_0, während die Lastseite noch stillsteht. Nach einer bauartbedingten Verzögerungszeit (Ansprechverzug) überträgt die rutschende Kupplung das Reibmoment. Dadurch sinkt die Drehzahl des antreibenden Motors während der Rutschphase von der ursprünglichen Drehzahl n_0 auf die Drehzahl n_S. Gleichzeitig nimmt die Drehzahl der Abtriebsseite auf n_S zu, sofern das Reibmoment größer als das statische Drehmoment der Abtriebsseite ist. Nur die Differenzen zwischen Reibmoment M_R und statischem Drehmoment der Antriebsseite M_{AN} bzw. der Arbeitsmaschine M_{AB} wirken während der Rutschphase als Beschleunigungsmomente M_{BAN} bzw. $M_{BAB.}$ [38].

Die Zeitdauer der Rutschphase und die Gleichlaufdrehzahl ergeben sich nach Lösung der Differentialgleichungen aus den Drehzahlverläufen durch Gleichsetzen der beiden Drehzahlen von Antrieb und Abtrieb.

Die die Genauigkeit eines Anlaufvorgangs maßgeblich beeinflussenden Faktoren sind somit nicht isoliert darzustellen. Vielmehr muß die genauigkeitsgerechte Konstruktion vor allem die gegenseitigen Abhängigkeiten von Antrieb, Abtrieb und anderen an der Bewegung beteiligten Bauelementen berücksichtigen. Dies trifft auch für den Fall zu, bei dem ein steuerbarer Antrieb ohne den Einsatz einer Kupplung eine Last antreibt.

Phase konstanter Drehzahl

Als beschreibende Kenngrößen für Abweichungen von konstanten Rotationsbewegungen sind sowohl prozentuale Angaben über Abweichungen von einer Drehzahl, als auch Angaben über den Ungleichförmigkeitsgrad einer Bewegung üblich, Bild 7.1-11.

Der Ungleichförmigkeitsgrad einer Bewegung bezieht sich auf das Verhältnis der Differenz von Drehzahlextremwerten zu einer mittleren Drehzahl und wird unabhängig von der Wirkung von Kräften definiert. Der Mittelwert einer Drehzahl kann dabei entweder arithmetisch, zeitlich gemittelt oder als Mittelwert über den Antriebsdrehwinkel gebildet werden. Angaben über die Höhe des Ungleichförmigkeitsgrades sind vor allem dort sinnvoll, wo ein bekanntes Beanspruchungskollektiv wirkt, wie beispielsweise bei Pumpen, Gebläsen, Fahrzeugmotoren und Flugzeugmotoren.

Die Ursachen der Abweichungen von Drehzahlen können einerseits in allen an der Erzeugung der Rotationsbewegung beteiligten Elementen, andererseits aber auch in Wirkungen liegen, welche durch Kräfte an den angetriebenen Elementen verursacht werden.

Die Höhe zulässiger Abweichungen der Drehzahlen von elektrischen Antrieben ist toleriert [75], Bild 7.3-05. Ausgangspunkt einer Abweichungskategorisierung sind Leistung und Drehzahl der Motoren. Je kleiner dieser Quotient ist, desto größer sind die zulässigen Abweichungen.

Über diesen Quotienten hinaus wird eine Differenzierung der Drehzahlen von Nebenschluß- oder fremderregten Gleichstrommotoren bei Nennlast in betriebswarmem Zustand, von Gleichstrom-Reihenschlußmotoren und von Gleichstrommotoren mit Doppelschlußwicklung vorgenommen (Punkt 4 und 5 in Bild 7.3-05).

Neben diesen zeitbezogenen Abweichungen sind in der aufgeführten Norm auch Anzugsmomente und Kippmomente toleriert, Punkte 11, 12, 13, 15, 16 (Bild 7.3-05).

Bei zahlreichen Anwendungen im Maschinenbau werden bestimmte Drehzahlen bevorzugt verwendet. So stehen beispielsweise in der Energietechnik Drehzahlen von Turbinen und Generatoren im Zusammenhang mit der Netzfrequenz. Im Werkzeugmaschinenbau orientierte man sich, vor allem durch die Verwendung mechanischer Schaltgetriebe bedingt, an Drehzahlen der geometrischen Stufung. In Anlehnung an diese Stufung sind hier auch die zulässigen Abweichungen der geometrisch gestuften Drehzahlen in einer Norm festgelegt [26]. Hierbei wird vorausgesetzt, daß es sich um Werkzeugmaschinen mit mechanischem Getriebe handelt, Bild 7.3-06.

Die Grenzwerte der Drehzahlen enthalten die zulässigen Abweichungen der Nennwerte unter Berücksichtigung der mechanischen und elektrischen Toleranz. Die mechanische Toleranz von –2 % bzw. 3 % begrenzt die zulässigen Abweichungen der Übersetzungen von Sollwerten, die bei der Getriebegestaltung meist nicht genau einzuhalten sind. Die elektrische Toleranz von +3 % berücksichtigt den unterschiedlichen Vollastschlupf von Motoren unterschiedlicher Herkunft und Leistung, der bei Anwendungen im Werkzeugmaschinenbau in den Grenzen von 3,5 % bis 6 % schwankt.

Die Gleichförmigkeit einer Rotationsbewegung wird auch durch die verwendeten Getriebe beeinflußt. Je nach Getriebe können hierbei unterschiedliche Abweichungen auftreten.

Nennwerte 1/min							Grenzwerte 1/min der Grundreihe R 20			
		Abgeleitete Reihen								
Grundreihe R 20	R 20/2	R 20/3 (..2800..)	R 20/4 (..1400..)	R 20/4 (..2800..)		R 20/6 (..2800..)	bei mechanischer Toleranz		bei mechanischer + elektr. Toleranz	
q = 1,12	q = 1,25	q = 1,4	q = 1,6	q = 1,6		q = 2	–2 %	+3 %	–2 %	+6 %
1	2	3	4	5		6	7	8	9	10
100							98	103	98	106
112	112	11,2		112	11,2		110	116	110	119
125		125					123	130	123	133
140	140	16	1400	140			138	145	138	150
160						1400	155	165	155	168
180	180		180		180	180	174	183	174	188
200		22,4	2000				196	206	196	212
224	224			224	22,4		219	231	219	237
250			250				246	259	246	266
280	280		2800	280		2800	276	290	276	299
315		31,5					310	326	310	335
355	355		355	355		355	348	365	348	376
400			4000				390	410	390	422
450	450	45		450	45		438	460	438	473
500			500				491	516	491	531
560	560		5600	560			551	579	551	596
630		63				5600	618	650	618	669
710	710		710	710		710	694	729	694	750
800			8000				778	818	778	842
900	900	90		900	90		873	918	873	945
1000			1000				980	1030	980	1060

Die Reihen R 20, R 20/2 und R 20/4 können nach unten und oben durch Teilen bzw. Vervielfachen mit 10, 100 usw. fortgesetzt werden.
Die Reihen R 20/3 und R 20/6 sind für drei Dezimalbereiche angegeben, weil sich ihre Zahlen erst in jedem vierten Dezimalbereich wiederholen.

Bild 7.3-06 Nennwerte und Grenzwerte für Lastdrehzahlen an Werkzeugmaschinen [26]

Riementriebe sind zur Leistungsübertragung von Rotationsbewegungen zwischen parallel oder unter beliebigen Winkeln im größeren Abstand zueinander liegenden Wellen geeignet. Bedingt durch die typischen Eigenschaften der einzelnen Riemenarten können Riementriebe für die unterschiedlichsten Aufgaben sowohl in der Antriebstechnik als auch in der Fördertechnik eingesetzt werden. Riementriebe können hinsichtlich ihrer Bauart in Flachriementriebe, Keilriementriebe und Zahnriementriebe unterschieden werden. Bild 7.3-07 zeigt die wirkenden Kräfte an einem Riementrieb.

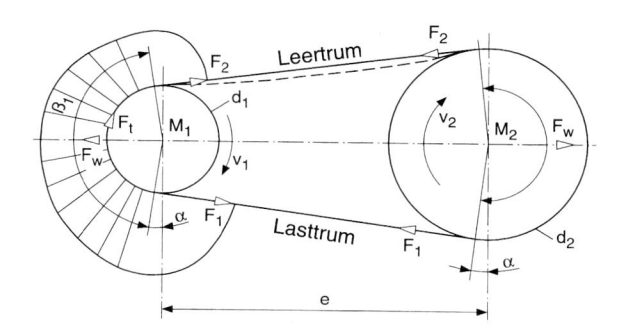

Bild 7.3-07 Übersetzungsfehler durch Dehnschlupf aufgrund unterschiedlich großer Kräfte an einem offenen Riementrieb

Beim Einsatz von Keil- und Flachriemen muß sowohl mit Dehn- als auch mit Gleitschlupf gerechnet werden, der ein konstantes Übersetzungsverhältnis zwischen Antrieb und Abtrieb verhindert. Auftretender Schlupf hat Abweichungen im Drehwinkel, in der Drehwinkelgeschwindigkeit und der Drehwinkelbeschleunigung zur Folge.

Wird im Betrieb die Umfangskraft am Riemen größer als die Reibkraft, beginnt der Riemen zu rutschen, so daß Gleitschlupf auftritt. Dieser kann in der Regel jedoch durch konstruktive Maßnahmen wie eine geeignete Vorspannung oder einen höheren Umschlingungswinkel vermieden werden.

Aufgrund der unterschiedlichen Trumkräfte am Riemen, Bild 7.3-07, erfährt der Riemen wegen der unterschiedlichen Trumspannungen beim Lauf über die Scheiben auch verschieden große Dehnungen. Der Dehnungsausgleich verursacht eine relative Bewegung des Riemens auf den Scheiben. Damit verbunden ist der sogenannte Dehnschlupf, dessen Größe von den elastischen Eigenschaften des Riemens und von den Spannkräften abhängig ist. Der Dehnschlupf kann im allgemeinen nicht vermieden werden.

Je nach den elastischen Eigenschaften der einzelnen Riemenarten wird der Dehnschlupf auch das Übersetzungverhältnis i in geringem Maße beeinflussen [39].

Bezeichnet man den Schlupf mit

$$\psi = \frac{(v_1 - v_2)}{v_2} \cdot 100\%, \tag{05}$$

so ergibt sich unter Berücksichtigung der meist zu vernachlässigenden Riemendicke t die tatsächliche Übersetzung von

$$i = \frac{n_1}{n_2} = \frac{d_2 + t}{d_1 + t} \cdot \frac{100\%}{100\% - \psi}. \tag{06}$$

Der Dehnschlupf an Riementrieben beeinflußt somit die Übersetzung eines Getriebes und damit die Geschwindigkeit einer Rotationsbewegung.

Neben Riementrieben gehören auch Kettengetriebe zu den Zugmittelgetrieben. Sie werden wie diese bei größeren Wellenabständen an parallelen, möglichst waagerechten Wellen verwendet. Wegen ihrer Zuverlässigkeit und Wirtschaftlichkeit werden sie vielseitig für Leistungsübertragungen verwendet, wie zum Beispiel in Fahrzeugen, im Motorenbau, in Landmaschinen, Textilmaschinen oder in Druckmaschinen.

Als Vorteile von Kettentrieben gegenüber Riementrieben lassen sich die formschlüssige, schlupffreie Leitungsübertragung, die geringere Lagerbelastung durch Wegfallen einer Vorspannung, die Unempfindlichkeit gegen Schmutz, Feuchtigkeit und hohe Temperaturen sowie kleinere Bauabmessungen aufführen. Als Nachteile sind die starre, unelastische Leistungsübertragung sowie höhere Kosten aufzuführen. Ein weiterer Nachteil von Kettengetrieben, der im Zusammenhang mit der Genauigkeit konstanter Drehzahlen näher betrachtet werden soll, ist die kinematisch bedingte Ungleichförmigkeit der Bewegungsübertragung.

Wie Bild 7.3-08 zeigt, umschlingt eine Kette das Kettenrad in Form eines Vielecks. Die Zahl der Ritzelzähne z bestimmt die Schwankungen der wirksamen Raddurchmesser zwischen $d_{max} = d$ und $d_{min} = d \cos(\pi/z)$ und entsprechend auch die Schwankungen der Kettengeschwindigkeit zwischen $v_{max} = v$ und $v_{min} = v \cos(\pi/z)$.

Die Kettengeschwindigkeit ändert sich periodisch, wobei mit kleiner werdender Zähnezahl des Kettenrades die Höhe des prozentualen Geschwindigkeitsunterschiedes zunimmt, wie Bild 7.3-09 (b) zeigt. Die Ungleichförmigkeit der Kettengeschwindigkeit führt nicht nur zu einem unruhigerem Lauf der Kette und im Resonanzbereich zu Schwingungen, sondern kann durch die damit einhergehenden Beschleunigungen und Verzögerungen der Kette

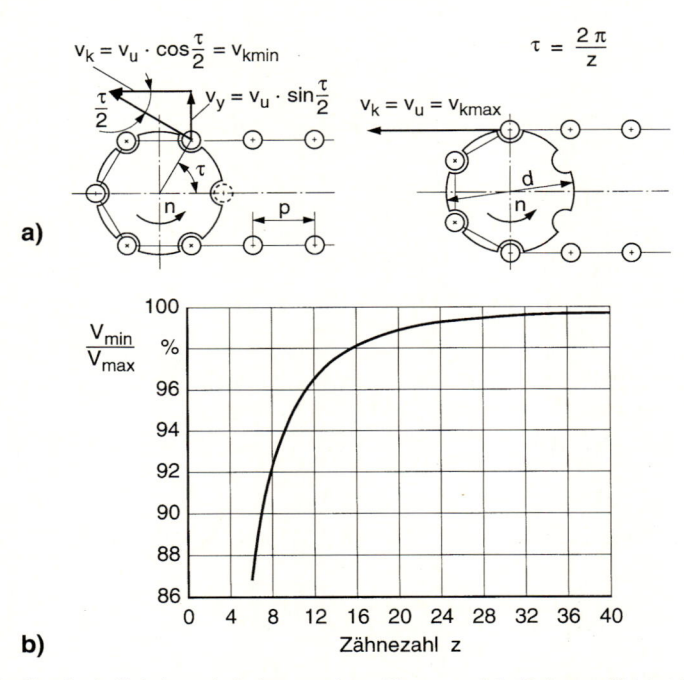

Bild 7.3-08 Geschwindigkeitsverhältnisse an einem Kettenantrieb (Polygoneffekt) (a) und Ungleichförmigkeit der Kettengeschwindigkeit über Zähnezahl (b)

Rotationsbewegungen 287

sogar zu einem vorzeitigen Ausfall führen. Aufgrund der Elastizität der Ketten ist der sogenannte Polygoneffekt für die praktische Auslegung der Kette unbedeutend, wenn die Zähnezahl größer 19 und bei höheren Geschwindigkeiten eine kleine Teilung p vorgesehen wird.

Abbremsen

Beim Abremsen einer Drehbewegung verzögert eine eingeschaltete Bremse die Drehzahl einer Welle ausgehend von einer Betriebsdrehzahl auf Stillstand mit dem Bremsmoment T_R. Die Ausgangssituation bei einem Bremsvorgang ist dadurch gekennzeichnet, daß sich die rotierenden Teile, wie Arbeitsmaschine, Getriebe und Motor, Bild 7.3-09, mit der Betriebsdrehzahl n_0 drehen während ein Bremsgestell stillsteht.

Beim Einschalten der Bremse, der sogenannten Schaltphase, berühren sich die Reibflächen. Die Anpreßkraft nimmt auf den vollen Wert zu. Im Regelfall ist der Einschaltvorgang oder das Aufbringen der Anpreßkraft so kurz, daß diese Schaltphase beispielsweise bei der Berechnung der Bremszeit vernachlässigt werden kann.

In der Rutschphase sind die Reibflächen mit voller Anpreßkraft zusammengepreßt und rutschen. Die Drehzahl der Welle wird mit einem Bremsmoment T_R verzögert. Zusätzlich zum Bremsmoment wirkt ein Belastungsmoment T_H, das die Bremswirkung verstärkt oder vermindert. Das Bremsmoment und das Belastungsdrehmoment ergeben zusammen das Verzögerungsmoment T_B, das während der Rutschphase solange wirkt, bis alle bewegten Massen stillstehen. Abschließend kann einem Bremsvorgang ein Lüften der Bremsen folgen.

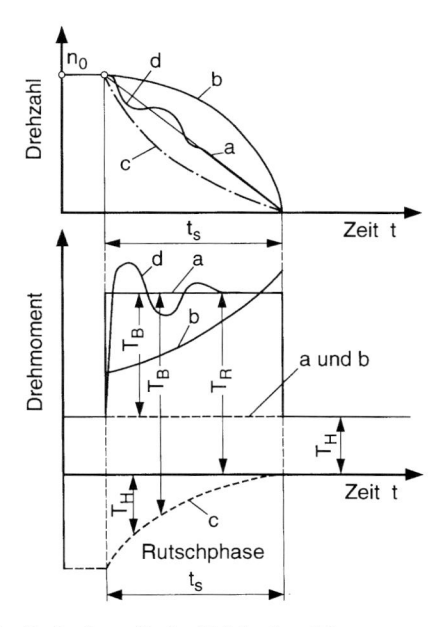

Bild 7.3-09 Verlauf von Drehzahl (oben) und Bremsmoment (unten) über der Zeit beim Abbremsen [38]

Wie Bild 7.3-09 zeigt, kann die Drehzahl während eines Abbremsvorgangs unterschiedliche Verläufe annehmen. Der Verlauf der Drehzahl und damit die Genauigkeit des Abbremsvorgangs hängt von den zu verzögernden Massen und vom Bremsmoment ab. Beispielhaft seien folgende Belastungsfälle aufgeführt: (a) Konstantes Bremsmoment und Belastungsdrehmoment, (b) degressives Bremsmoment und ebenfalls konstantes Belastungsdrehmoment,

(c) konstantes Bremsmoment und progressiv zunehmendes, die Bremswirkung verstärkendes Belastungsdrehmoment sowie schließlich der Fall (d), bei dem ein schwingendes Verzögerungsmoment vorliegt, welches durch ein pendelndes Gewicht verursacht wird [38].

Geometrische Abweichungen: Positionsabweichungen

Das Positionieren eines Bauteiles um eine Drehachse in bestimmte Winkellagen wird auch als Teilen beziehungsweise Kreisteilen bezeichnet. Ebenso wie beim Positionieren längs einer geradlinigen Achse ist beim Positionieren um eine Drehachse mit systematischen und zufälligen Fehlern zu rechnen.

Hinsichtlich der Größe der Winkeländerungen von einer Winkellage in die andere, können die Aufgaben des Positionierens um eine Drehachse in solche mit gleichmäßigen und in solche mit ungleichmäßigen Teilschritten unterschieden werden [40].

Erfolgt die Übertragung einer Teilbewegung auf ein Bauteil über eine starre Verbindung, so spricht man von einem direkten Teilen. Hingegen erfolgt beim indirekten Teilen das Erzeugen einer Teilbewegung über ein Getriebe. Während die direkte Teilung die genauere Lösung darstellt, ist die indirekte Variante die universellere Lösung.

Das Erzeugen bestimmter Drehwinkelpositionen kann auf ausschließlich mechanischem Wege, unter Einsatz eines Getriebes oder mit Hilfe von Schrittmotoren erfolgen. Außerdem sind auch steuerbare oder regelbare Motoren zum Positionieren um eine Rotationsachse geeignet. Beim Kreisteilen, auch Umfangsteilen genannt, wird ein Bauteil oder ein Bauteilträger um eine Drehachse geschwenkt. Die Verdrehbewegung des Bauteils oder des Bauteilträgers wird definiert durch

– Ausrichten eines Indexierelements nach Markenstrichen,
– Einrasten von Formelementen in angepaßte Öffnungen, (z. B. Bolzen-Buchse, Kegel-Kegelbuchse, Kugel-Zentrieröffnung, Kugelindex),
– Anlegen eines Indexierelements an eine Schulter einer Paßfläche oder
– Teilgetriebe (Zahnstangen, Gewindespindeln, Rädergetriebe, Schneckengetriebe) [40].

Hohe Teilgenauigkeiten können beim Kreisteilen mit einer Teilscheibe erzielt werden. Bild 7.3-10 zeigt beispielhaft Teilscheiben für das Kreisteilen, wobei als Rasten für Teilscheiben zylindrische, kegelige und konische Formelemente angewendet werden. Die Teilgenauigkeit ist umso höher, je größer der Teilscheibendurchmesser gegenüber dem funktionalen Bauteildurchmesser ist. Die Vorteile des axialen und radialen Teilens mit Bolzen sind vor allem die kostengünstige, einfache Herstellung. Hingegen ist beim Teilen mit konischer Rastfläche eine höhere Teilgenauigkeit erzielbar. Die konstruktive Ausführung eines Teilmechanismus richtet sich neben der erforderlichen Teilgenauigkeit auch nach der Anzahl der Teilungen sowie der Richtung und Größe einwirkender Kräfte.

Schrittgetriebe sind Einrichtungen, bei denen Winkelbewegungen ausgehend von einer gleichmäßigen Bewegung in eine schrittweise Bewegung umgeformt werden. Ihre Übertragungsfunktion hat die Charakteristik einer gleichsinnigen Bewegung mit periodisch wiederkehrenden Stillständen, wobei der Stillstand momentan oder eine Rast sein kann. Schrittgetriebe sind eine Form der Schrittbewegungssysteme, unter welchen wiederum Einrichtungen verstanden werden, die einen bestimmten Energiefluß in eine Schrittbewegung mit genauen oder angenäherten Ruhezuständen umwandeln. Beispiele für konstruktive Ausführungen von Schrittgetrieben sind Klinkenschaltgetriebe, Kurbelschleifengetriebe oder Malteserkreuzgetriebe.

Für Schrittgetriebe sind folgende Genauigkeitskenngrößen von Bedeutung: Die Rastdauer ist diejenige Zeit, während der das Abtriebsglied eines Schrittbewegungssystems eine bestimmte zulässige Lagenänderung nicht überschreitet. Die Rasttoleranz ist die zulässige Lagenab-

Teilscheiben für das Kreisteilen
a) axiales Teilen mit Bolzen
b) radiales Teilen mit Bolzen
c) radiales Teilen mit konischer doppelseitiger Rastfläche
d) radiales Teilen mit konischer einseitiger Rastfläche

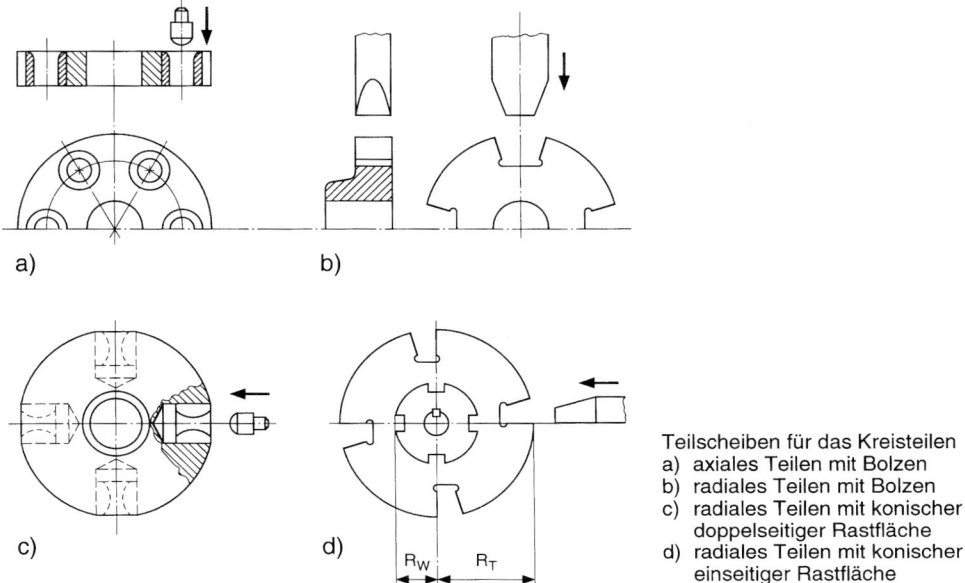

Bild 7.3-10   Teilscheiben für das Kreisteilen nach Trummer [40]

weichung des Abtriebsgliedes von der vorgeschriebenen Rastlage. Die Rastgüte ist das Verhältnis der zulässigen Lageabweichung zum zurückgelegten Antriebswinkel [42].

Die Abweichungen beim Positionieren mit Schrittgetrieben hängen neben der prinzipiellen Getriebebauart und Getriebeausführung, welche unter anderem Einfluß auf ein stoß- beziehungsweise ruckfreies Positionieren hat, auch von deren Fertigungsgenauigkeit ab. So erfolgt beim Maltesergetriebe nur bei tangentialem Einlauf die Bewegung stoßfrei, so daß keine Kraftspitzen auftreten. Bei hohen Ansprüchen an die Genauigkeit spielt auch die Wahl des Werkstoffs sowie eine zusätzliche Schmierung eine Rolle [33].

Motoren mit mehreren Energieeingängen, welche bei Betrieb in einer bestimmten Reihenfolge alternativ eingeschaltet werden können, und welche jeweils nach einem bestimmten Weg (Schritt) automatisch stehenbleiben, werden Schrittmotoren genannt. Sie sind ebenfalls zum Positionieren um eine Drehachse geeignet.

Die charakteristische Eigenschaft eines Schrittmotors ist das schrittweise Drehen der Motorwelle infolge der sprungartigen Änderung eines Ständerfeldes um bestimmte Winkel. Eine volle Umdrehung der Motorwelle setzt sich dabei aus einer genau definierten Anzahl von Einzelschritten zusammen, welche vom Motoraufbau abhängt. Vom konstruktiven Aufbau sind mehrere Ständerausführungen, wie die Mehrphasenausführung, die Mehrständerausführung und die Mehrständerausführung mit Klauenpolen, sowie mehrere Läuferausführungen von Bedeutung, wie der Permanentmagnetläufer in Wechselpolbauweise oder Gleichpolbauweise und der Reluktanzläufer. Neben der Bauart wird das Betriebsverhalten eines Schrittmotors entscheidend von der Ansteuerelektronik beeinflußt [36].

Positionierantriebe mit Schrittmotoren können ohne Rückmeldung betrieben werden, also in einer offenen Steuerkette. Damit treten Probleme wie sie bei Regelkreisen vorliegen, insbesondere das Problem der Instabilität, nicht auf. Kritisch sind bei Schrittmotoren vor allem die Betriebszustände des Startens, Beschleunigens, Abbremsens und Stoppens, was in der dynamischen Struktur von Schrittmotoren begründet liegt [43, 44].

Unter der systematischen Winkelabweichung je Schritt versteht man die größte positive oder negative statische Winkelabweichung gegenüber dem Nennschrittwinkel, die auftreten kann, wenn der Läufer sich um einen Schritt von einer magnetischen Raststellung in die nächste dreht [43].

Weiterhin ist zu beachten, daß die stabile Ruhelage auch von dem Quotienten aus Lastmoment M_{AB} und Haftmoment M_H abhängig ist. In Bild 7.3-11 ist die statische Reaktion eines erregten Motors auf ein äußeres Lastmoment dargestellt. Das Lastmoment setzt sich dabei aus extern aufgebrachter Belastung und interner Reibung in der Motorlagerung zusammen. Variieren diese Größen oder auch das Haltemoment des Motors über eine Motorumdrehung geringfügig, so ergeben sich daraus zusätzliche Positionsabweichungen in den stabilen Ruhelagen.

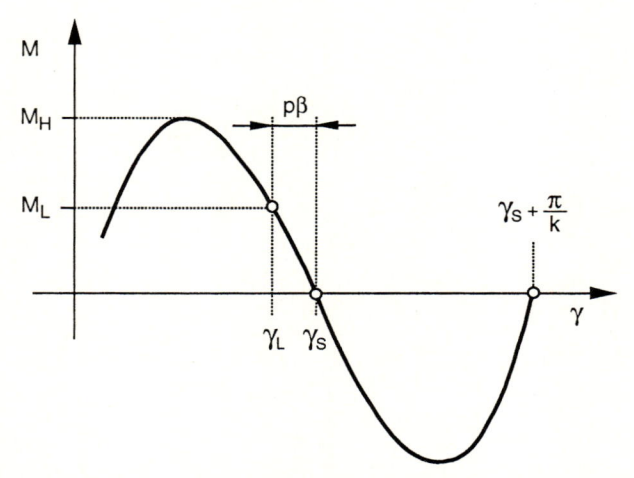

Bild 7.3-11 Differenz $p\beta$ zwischen Feldposition γ_S und stabiler Läuferposition γ_L infolge des Einwirkens eines Lastmoments M_L [44].

Schließlich ist aufzuführen, daß die Magnetisierungskennlinie von in Schrittmotoren verwendeten weichmagnetischen Materialien eine gewisse Hysterese aufweist. Es bleibt somit auch bei fehlender Ständererregung eine Restmagnetisierung, deren Richtung und Größe nicht konstant, sondern von der zuvor vorhandenen Erregung abhängig ist. Dies bedeutet in der Praxis, daß das Selbsthaltemoment streng genommen nicht nur eine Funktion des Ortes, sondern auch eine Funktion der Abfolge der Bestromungszyklen und somit eine Funktion der Bewegungsrichtung des Motors ist. Da dieses variierende Selbsthaltemoment in die Gesamtbelastung des Motors einzubeziehen ist, ergibt sich auch dadurch eine Ungenauigkeit in den stabilen Ruhelagen des Rotors.

Alle oben qualitativ aufgeführten Einflüsse auf die Schrittwinkelgenauigkeit von Schrittmotoren bringen es mit sich, daß eine Schrittwinkelgenauigkeit von etwa 3 bis 6 % in der Serienfertigung der Schrittmotoren nur schwer zu unterschreiten ist. Sind die Schrittwinkelfehler wesentlich größer, dann liegt meist eine vermeidbare Unsymmetrie im Motoraufbau vor [44].

Radialabweichungen und Axialabweichungen

Die grundlegenden geometrischen Abweichungen eines Körpers, der eine Rotationsbewegung ausführt, sind in radialer Richtung die Rundheitsabweichung sowie der Radialschlag und in axialer Richtung das axiale Kleinstspiel, die Axialruhe sowie der Planlauf [8], vgl. Kap.5.

Die Rundheitsabweichung ist die Abweichung eines Teiles von der Kreisform in einer Ebene rechtwinklig zur Achse in einem gegebenen Punkt dieser Achse. Für eine Spindel ergibt sich der Wert der Rundheitsabweichung als Differenz zwischen dem Durchmesser des umschriebenen Kreises und dem kleinsten feststellbaren Durchmesser der Spindel. Für eine Bohrung ergibt er sich als Differenz des einbeschriebenen Kreises und dem größten feststellbaren Maß der Bohrung, jeweils gemessen in einer rechtwinklig zur Achse liegenden Ebene [8].

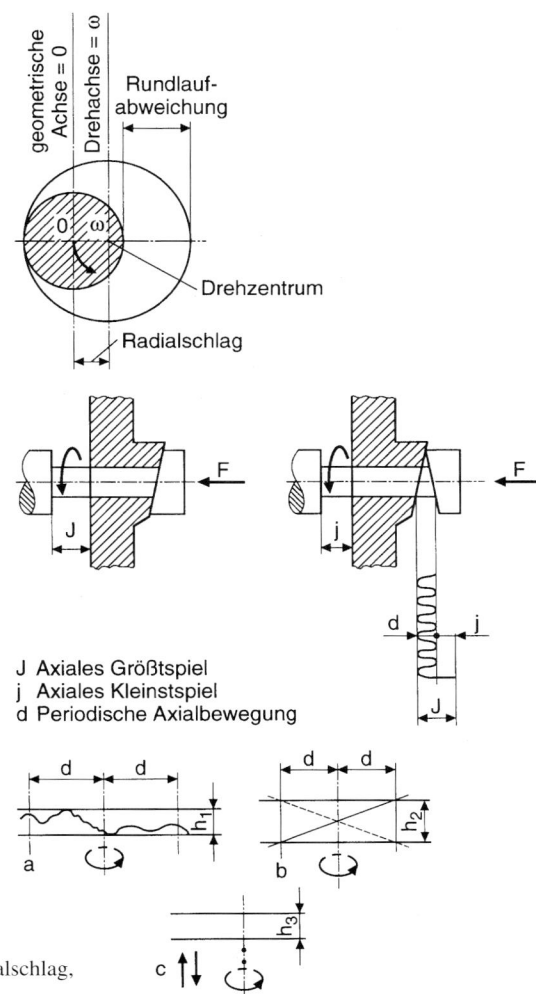

J Axiales Größtspiel
j Axiales Kleinstspiel
d Periodische Axialbewegung

Bild 7.3-12 Rundlaufabweichung und Radialschlag, Axialruhe und Planaufabweichung [8]

Die Exzentrizität als der Abstand zweier parallel zueinander liegender Achsen, von denen sich die eine um die andere dreht, ist keine Abweichung sondern ein zu tolerierendes Maß.

Bei einem Maschinenteil, dessen geometrische Achse nicht genau mit der Drehachse zusammenfällt, ist der Radialschlag der Abstand zwischen diesen beiden Achsen in einer Ebene rechtwinklig zur Drehachse in einem gegebenen Punkt.

Wenn man die Rundheitsabweichung nicht berücksichtigt, ist die Rundlaufabweichung das Doppelte des Radialschlags der Achse in dem gegebenen Querschnitt. Im allgemeinen ist die gemessene Rundlaufabweichung die Resultante des Radialschlags der Achse, der Rundheitsabweichung des Maschinenteiles und der Abweichungen bedingt durch eine Drehführung.

Ein Körper befindet sich in Axialruhe, wenn seine Axialverschiebung innerhalb eines festzulegenden Toleranzbereichs bleibt. Die Abweichung von der Axialruhe ist der Betrag der hin- und hergehenden Axialbewegung eines sich drehenden Maschinenteils unter Ausschaltung des Einflusses des axialen Kleinstspieles, Bild 7.3-12. Der kleinste Wert der möglichen Verschiebung in Achsrichtung eines sich drehenden Maschinenteils, gemessen in Ruhestellung in jeder beliebigen Lage um seine Achse, wird axiales Kleinstspiel genannt.

Schließlich bezeichnet man mit Planlaufabweichung die Abweichung einer ebenen Fläche, die bei Drehung um eine Achse nicht in einer rechtwinklig zu dieser Achse stehenden Ebene bleibt. Die Planlaufabweichung ist gegeben durch den Abstand h, der die beiden rechtwinklig zur Achse stehenden Ebenen trennt, zwischen denen sich die Punkte der Fläche während der Umdrehung bewegen, Bild 7.3-16.

Genauigkeit von Wälzlagern und Umbauteilen

Das häufigste Lagerungsprinzip für Rotationsbewegungen stellt im Maschinenbau die Wälzlagerung einer Welle dar. Die axiale und radiale Laufgenauigkeit einer wälzgelagerten Welle hängt zum einen von der Genauigkeit und der elastischen Verformung der Wälzlager und ihrer Einzelteile ab, zum anderen auch von der Genauigkeit und der elastischen Verformung der Umbauteile [45].

Die Maßgenauigkeit, Formgenauigkeit und Laufgenauigkeit der Wälzlager ist in Toleranzklassen gestuft [46, 47]. In jeder Klasse sind die Toleranzen für bestimmte Einzelmaße zahlenmäßig festgelegt. Alle Wälzlagerbauarten sind in Normalausführung, der sogenannten Normaltoleranz P0 erhältlich. Solche Lager erfüllen jene Anforderungen, die der allgemeine Maschinenbau stellt [48].

Für sehr genau zu führende Wellen werden Lager in besonders engen Toleranzen geliefert. Außer der Normaltoleranz P0 sieht die Norm dafür die Toleranzklassen P6, P5, P4 und P2 vor.

Ein wichtiges Anwendungsgebiet für Lager mit eingeengten Toleranzen stellen Lagerungen in Werkzeugmaschinen und Meßmaschinen dar. Hierfür werden Lager außer in den genormten Toleranzenklassen auch in den Klassen SP (Spezial-Präzision), UP (Ultra-Präzision), HG (hochgenau) beziehungsweise PA 9 oder CLB gefertigt.

Als zulässige Maßabweichungen werden bei Wälzlagern die Toleranzen für die mittleren Durchmesser von Lagerbohrung und Mantelfläche sowie die Breitentoleranz bezeichnet. Die mittleren Durchmesser von Bohrung und Mantelfläche haben bei Wälzlagern mit metrischen Abmessungen grundsätzlich Minus-Toleranzen. Dabei ist das Nennmaß das zulässige Größtmaß.

Bild 7.3-13 ist zu entnehmen, mit welchen maximalen Maßabweichungen vom Bohrungs-Nenndurchmesser innerhalb der einzelnen Toleranzklassen zu rechnen ist. Unter den zulässigen Formabweichungen versteht man die Toleranzen für die größten und kleinsten anzutreffenden Durchmesser und die zulässige Breitenschwankung.

Bohrung d		Maximale Abweichung von Nenndurchmesser der Bohrung (d_s bzw. d_{mp}[1])						
		Toleranzklasse						
		Radiallager (außer Kegelrollenlagern)					Kegelrollenlager	
über	bis	P5	SP	UP	P4A	PA9A, PA9B	P5	CLB
mm		µm						
-	18	— 5	— 5	— 4	— 4	— 2,5	-	-
18	30	— 6	— 6	— 5	— 5	— 2,5	— 8	— 8
30	50	— 8	— 8	— 6	— 6	— 2,5	— 10	— 10
50	80	— 9	— 9	— 7	— 7	— 3,8	— 12	— 10
80	120	— 10	— 10	— 8	— 8	— 5	— 15	— 10
120	180	— 13	— 13	— 10	— 10	— 6,5	— 18	— 10
180	250	— 15	— 15	— 12	— 12	— 7,5	— 22	— 13
250	315	— 18	— 18	— 18	-	-	-	-
315	400	— 23	— 23	— 23	-	-	-	-
400	500	— 27	— 28	— 28	-	-	-	-
500	630	— 33	— 35	— 35	-	-	-	-

1) Abweichung d_{mp} gilt für die Toleranzklassen P5, Abweichung d_s für die übrigen Toleranzklassen

Bild 7.3-13 Maximale Abweichung vom Nenndurchmesser d der Bohrung [50]

Die Laufgenauigkeit eines Lagers wirkt sich funktionell und qualitativ in der Abweichung vom idealen Führungsvermögen der Welle oder des Gehäuses in radialer und axialer Richtung aus [48]. Unter dem Begriff Laufabweichungen werden daher alle Laufbahntoleranzen zusammengefaßt, die sich auf den Lauf des Lagers auswirken, d. h. der Rundlauf und der Planlauf des umlaufenden Lagerrings sowie der Seitenschlag der Laufbahnen [45]. Darüber hinaus sind das Betriebsspiel, die Federung des Lagers und gegebenenfalls Durchmesserunterschiede der Rollkörper zu berücksichtigen. Bild 7.3-14 gibt eine Übersicht über wichtige Begriffe von Laufbahnabweichungen an Wälzlagern.

Radialschläge des Außenrings R_a und des Innenrings R_i stellen also prinzipiell Schwankungen der Wanddicke des jeweils betrachteten Lagerrings dar. Die Werte für die zulässigen Schläge sind DIN 620 Bl. 3 [47] in Abhängigkeit von Toleranzklasse und Durchmesser zu entnehmen. In Abhängigkeit von der Toleranzklasse zeigt Bild 7.3-15 den maximal zulässigen Radialschlag K_{ia} des Lagerinnenrings [51].

Der Einfluß des Axialschlags auf den Lauf des Lagers und die Führung der Welle wird nachstehend am Beispiel eines Axiallagers veranschaulicht. Beim Axiallager spricht man anstatt von Lagerringen auch von Lagerscheiben.

Unter der Annahme, daß beide Lagerscheiben einen Axialschlag haben, d. h. daß die Dicke der Scheiben in der Mitte ihrer Laufbahn um einen gewissen Betrag schwankt, lassen sich die in Bild 7.3-16 dargestellten fünf Fälle unterscheiden. Es wird offensichtlich, daß sich stets der kleinere Schlagwert der beiden Scheiben auf die Axialbewegung der Welle auswirkt [50].

Innenring-Radialschlag	Unterschied zwischen dem größten und dem kleinsten Abstand ...	... der Innenring-Laufbahn von der Innenring-Bohrung.
Außenring-Radialschlag		... der Außenring-Laufbahn von der Mantelfläche.
Innenring-Axialschlag		... des Innenring-Rillenprofils von der Seitenfläche des Innenrings.
Außenring-Axialschlag		... des Außenring-Rillenprofils von der Seitenfläche des Außenrings.
Innenring-Seitenschlag		... der Seitenfläche von einer zur Bohrung rechtwinkligen Ebene.
Außenring-Seitenschlag		Schieflage der Seitenfläche zur Mantelfläche des Außenrings.

Bild 7.3-14   Begriffe von Laufbahnabweichungen an Wälzlagern [48]

Bohrung d		Maximaler Radialschlag (K_{ia})							
		Toleranzklasse							
		Radiallager (außer Kegelrollenlagern)						Kegelrollenlager	
über	bis	P5	SP	P4A	PA9A	PA9B	UP	P5	CLB
mm		µm							
-	18	4	3	1,3	1,3	1,3	1,5	5	-
18	30	4	3	2,5	2,5	1,5	1,5	5	2,5
30	50	5	4	2,5	2,5	2	2	6	3,5
50	80	5	4	2,5	2,5	2	2	7	3,5
80	120	6	5	2,5	2,5	-	3	8	3,5
120	150	8	6	4	5	-	3	11	4
150	180	8	6	6	5	-	3	11	4
180	250	10	8	7	5	-	4	13	5
250	315	13	10	-	-	-	5	-	-
315	400	17	12	-	-	-	6	-	-
400	500	19	12	-	-	-	7	-	-
500	630	22	15	-	-	-	8	-	-

Bild 7.3-15   Tolerierung des maximalen Radialschlags am Lagerinnenring in Abhängigkeit vom Bohrungsdurchmesser und der Toleranzklasse des Lagers [51]

Die Schlagwerte eines Wälzlagers werden auch von den Durchmesserunterschieden der Wälzkörper beeinflußt. In der Praxis jedoch sind derartige Störungen kaum nachweisbar, weil die Durchmesserunterschiede der Wälzkörper äußerst klein sind und durch die elastische Verformung an den Kontaktstellen mit den Laufringen weitgehend ausgeglichen werden. Darüber hinaus verteilen sich die im Rahmen einer Sortentoleranz unterschiedlichen Wälzkörper regellos im Lager, was ebenfalls ausgleichend wirkt.

Eine genaue zentrische Führung einer Welle setzte voraus, daß in keinem Betriebszustand zwischen den Wälzkörpern und den Laufbahnen des Lagers Spiel vorhanden ist. Unter Lagerspiel versteht man die Summe aus Lagerluft und Federung des Lagers.

Die Lagerluft eines Wälzlagers bezeichnet das Maß, um den sich ein Lagerring gegenüber dem anderen in radialer Richtung (Radialluft) und axialer Richtung (Axialluft) von einer Grenzstellung in die andere mit geringer Kraft verschieben läßt. Das eingebaute, betriebswarme Lager sollte zur Erzielung einer genauen Führung der Welle eine sehr geringe Radialluft aufweisen. Die Radialluft des nicht eingebauten Lagers muß größer sein, weil sie beim Einbau des Lagers durch die feste Passung der Lagerringe vermindert wird. Darüber hinaus wird die Radialluft im Betrieb durch die unterschiedliche Wärmedehnung der Ringe verkleinert, wenn wegen der ungünstigeren Abkühlungsbedingungen der Innenring eine höhere Temperatur als der Außenring aufweist.

Axialschlag [μm] der Rollbahn		Sinnbild	Axialbewegung [μm] der Welle ohne elastische Verformung
stillstehende Scheibe s	umlaufende Scheibe u		
0	5	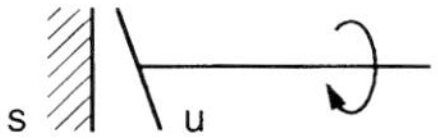	5
5	0	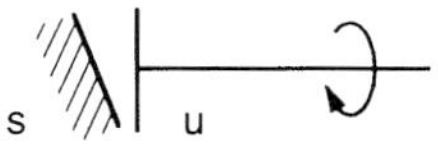	0
2	5	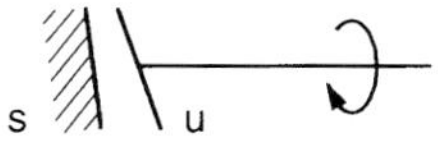	2
5	2	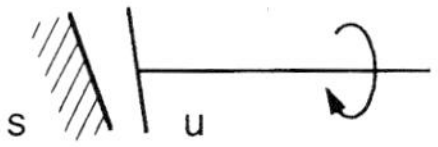	2
5	5	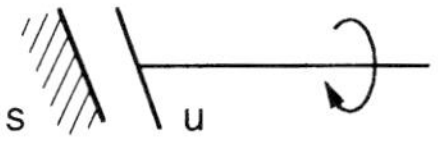	5

Bild 7.3-16 Fünf Fälle der Axialbewegung einer Welle infolge eines Axialschlags von stillstehender beziehungsweise sich drehender Scheibe bei Axiallagern [51]

Da Einbaupassungen und Betriebsverhältnisse sehr unterschiedlich sind, werden Radiallager außer mit normaler Luft auch in den Klassifikationen C1 bis C5 angeboten, Bild 7.3-17. Die normale Lagerluft ist so bemessen, daß bei üblichen Passungen und Betriebsbedingungen das gewünschte Lagerspiel verbleibt. Für einreihige Rillenkugellager sind die Werte für die Radialluftgruppen beispielhaft Bild 7.3-18 zu entnehmen.

Während in den meisten Anwendungsfällen ein geringes Lagerspiel vorhanden ist, werden Hauptspindellagerungen von Werkzeugmaschinen, Ritzellagerungen von Kraftfahrzeug-

Zusatzzeichen	Bedeutung
C1	kleiner als C2
C2	kleiner als normal
	normal
C3	größer als normal
C4	größer als C3
C5	größer als C4

Bild 7.3-17   Kennzeichnung der Lagerluftklassen bei Wälzlagern [45, 46]

Nennmaß der Bohrung d mm		Radialluft µm								
		C2		normal		C3		C4		C5	
über	bis	min.	max.	min.	max.	min.	max.	min.	max.	min.	max.
2,5	6	0	7	2	13	8	23	-	-	-	-
6	10	0	7	2	13	8	23	14	29	20	37
10	18	0	9	3	18	11	25	18	33	25	45
18	24	0	10	5	20	13	28	20	36	28	48
24	30	1	11	5	20	13	28	23	41	30	53
30	40	1	11	6	20	15	33	28	46	40	64
40	50	1	11	6	23	18	36	30	51	45	73
50	65	1	15	8	28	23	43	38	61	55	90
65	80	1	15	10	30	25	51	46	71	65	105
80	100	1	18	12	36	30	58	53	84	75	120
100	120	2	20	15	41	36	66	61	97	90	140
120	140	2	23	18	48	41	81	71	114	105	160
140	160	2	23	18	53	46	91	81	130	120	180
160	180	2	25	20	61	53	102	91	147	135	200
180	200	2	30	25	71	63	117	107	163	150	230

Bild 7.3-18   Radialluft von einreihigen Rillenkugellagern in Abhängigkeit vom Bohrungsdurchmesser und der Lagerluftklasse [51]

Achsantrieben, Lagerungen von kleinen Elektromotoren oder Lagerungen für oszillierende Bewegungen mit negativem Lagerspiel, das heißt mit Vorspannung eingebaut [11]. Ziel ist es hier, die Laufgenauigkeit und die Steifigkeit der Lagerung zu erhöhen.

Im Falle vorgespannter Lager ergibt sich bereits ohne eine äußere Last eine gleichmäßige elastische Federung der Wälzkörper. Aufgrund dieser Anfangsdeformation sowie der Tatsache, daß alle Wälzkörper an der Aufnahme der Last beteiligt sind, ist die unter der Einwirkung der Last auftretende Federung geringer als beim Einbau mit positivem Lagerspiel oder spielfrei eingestellter Lagerung. Bild 7.3-19 a und b gibt die Lagerfederung in radialer und axialer Richtung anhand konkreter Lager mit einem Bohrungsdurchmesser von jeweils d = 50 mm wieder.

Die Steifigkeit der Wälzlager, unter der die elastische Verformung als Folge einer wirkenden Last zu verstehen ist, ist insbesondere bei Lagerungen hoher Genauigkeit von Bedeutung. Die Steifigkeit der Lager ist von deren Bauart und Größe abhängig. Entscheidend sind dabei die Art der Wälzkörper (Rollen oder Kugeln), die Anzahl und Größe der Wälzkörper sowie die Druckwinkel. Rollenlager haben aufgrund der größeren Berührungsflächen zwischen den Wälzkörpern und den Laufbahnen eine wesentlich höhere Steifigkeit als Kugellager, Bild 7.3-19.

Die Anzahl der Wälzkörper beeinflußt die Steifigkeit eines Lagers stärker als die Größe der Wälzkörper. Für Lagerungen mit hoher radialer Steifigkeit sind Lager mit kleinem Druckwinkel vorzusehen, für Lagerungen mit hoher axialer Steifigkeit Lager mit großem Druckwinkel. Durch Montage von zwei oder mehr Lagern läßt sich die Steifigkeit einer Lagerung erhöhen. Besonders geeignet sind dazu Schrägkugellager [49].

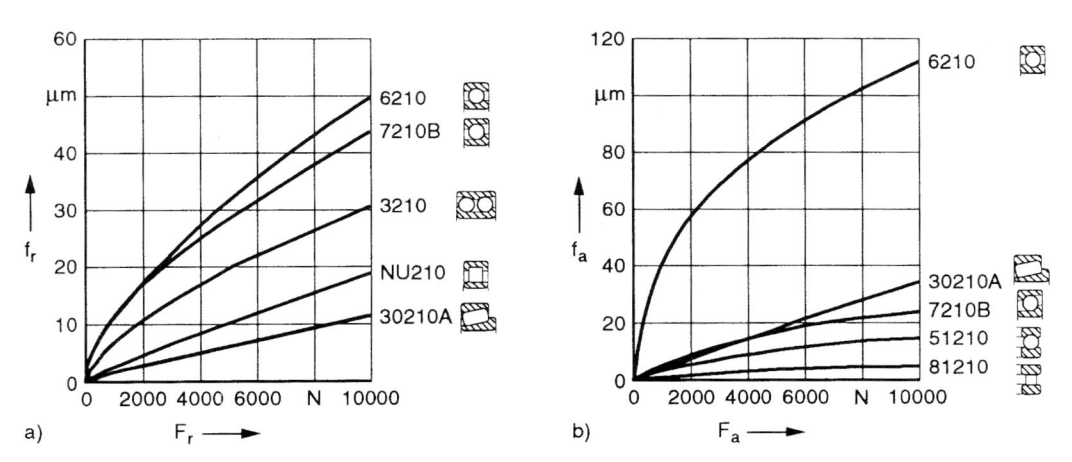

Bild 7.3-19 Radiale (a) und axiale (b) Federung verschiedener Lager mit einem Bohrungsdurchmesser d = 50 mm

Zur konstruktiven Realisierung einer Vorspannung gibt es zahlreiche Möglichkeiten. Bild 7.3-20 skizziert für unterschiedliche Lagertypen einige Realisierungsformen. Einreihige Schrägkugellager und Kegelrollenlager werden im allgemeinen durch axiales Verschieben der Innen- bzw. Außenringe gegeneinander angestellt bis eine gewünschte Vorspannung in der Lagerung erreicht ist Bild 7.3-20 a und b. Einreihige Schrägkugellager, die satzweise nebeneinander eingebaut werden, Bild 7.3-20 c und d, werden bereits bei der Fertigung so

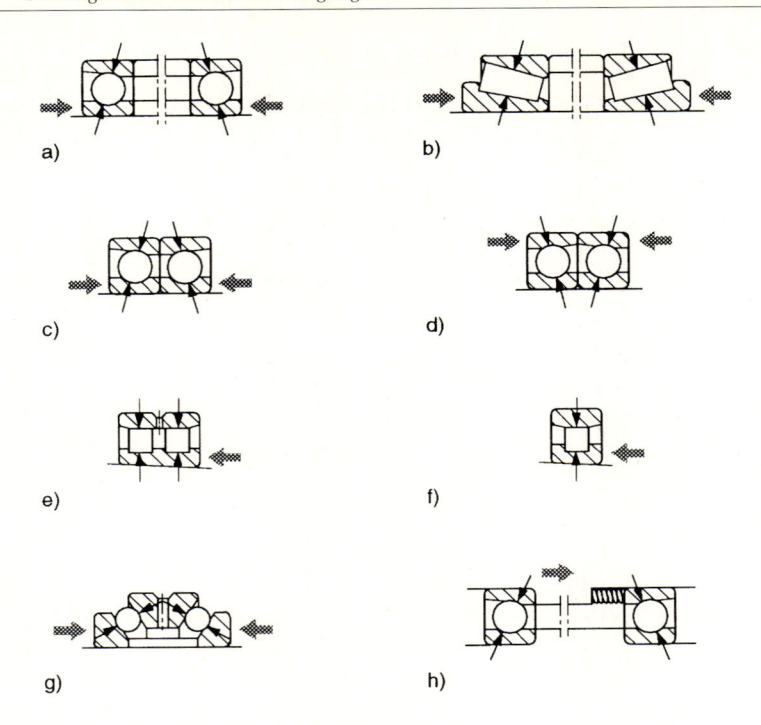

Bild 7.3-20 Belastungsrichtungen verschiedener Lager [50]

aufeinander abgestimmt, daß beim Einbau unmittelbar nebeneinander der vorher festgelegte Wert für die Vorspannung erreicht wird. Zylinderrollenlager mit kegeliger Bohrung werden durch entsprechend weites Aufschieben des Innenrings auf den kegeligen Sitz radial vorgespannt, Bild 7.3-20 e und f. Bei zweiseitig wirkenden Axial-Schrägkugellagern ist die zwischen den Wellenscheiben angeordnete Abstandshülse so zu bemessen, daß sich nach Einbau eine geeignete Vorspannung im Lager einstellt, Bild 7.3-20 g. Bei sehr schnell laufenden Schrägkugellagern ist es üblich, die Lager mit Hilfe von Federn axial vorzuspannen, Bild 7.3-20 h. Durch diese Maßnahme kann die Vorspannung über dem gesamten Betriebsbereich konstant gehalten werden.

Höchste Laufgenauigkeit, hohe Drehzahlen und niedrige Betriebstemperaturen können auch mit Lagern der höchsten Genauigkeitsklassen nur erreicht werden, wenn die Genauigkeit der Gegenstücke und der sonstigen Einbauteile derjenigen der Lager entspricht. Abweichungen von der geometrischen Form müssen deshalb auch bei den Gegenstücken der Wälzlager so gering wie möglich gehalten werden. Da insbesondere die Lagerringe von sehr genauen Lagern relativ dünnwandig sind, passen sie sich der Form der Welle beziehungsweise des Gehäuses an. Formfehler oder sonstige Ungenauigkeiten der Umbauteile werden dadurch auf die Laufbahnen der Lagerringe und damit auf die Rotationsbewegung übertragen.

Daher werden von den Lagerherstellern für bestimmte, sehr genaue Lagertypen wie Genauigkeitslager Richtlinien für die Form- und Lagegenauigkeit sowie die Oberflächenbeschaffenheit der Umbauteile angegeben. Bild 7.3-21 zeigt für Genauigkeitslager die erforderlichen Fertigungsgenauigkeiten der Welle (a) und des Gehäuses (b).

Welle (Shaft)

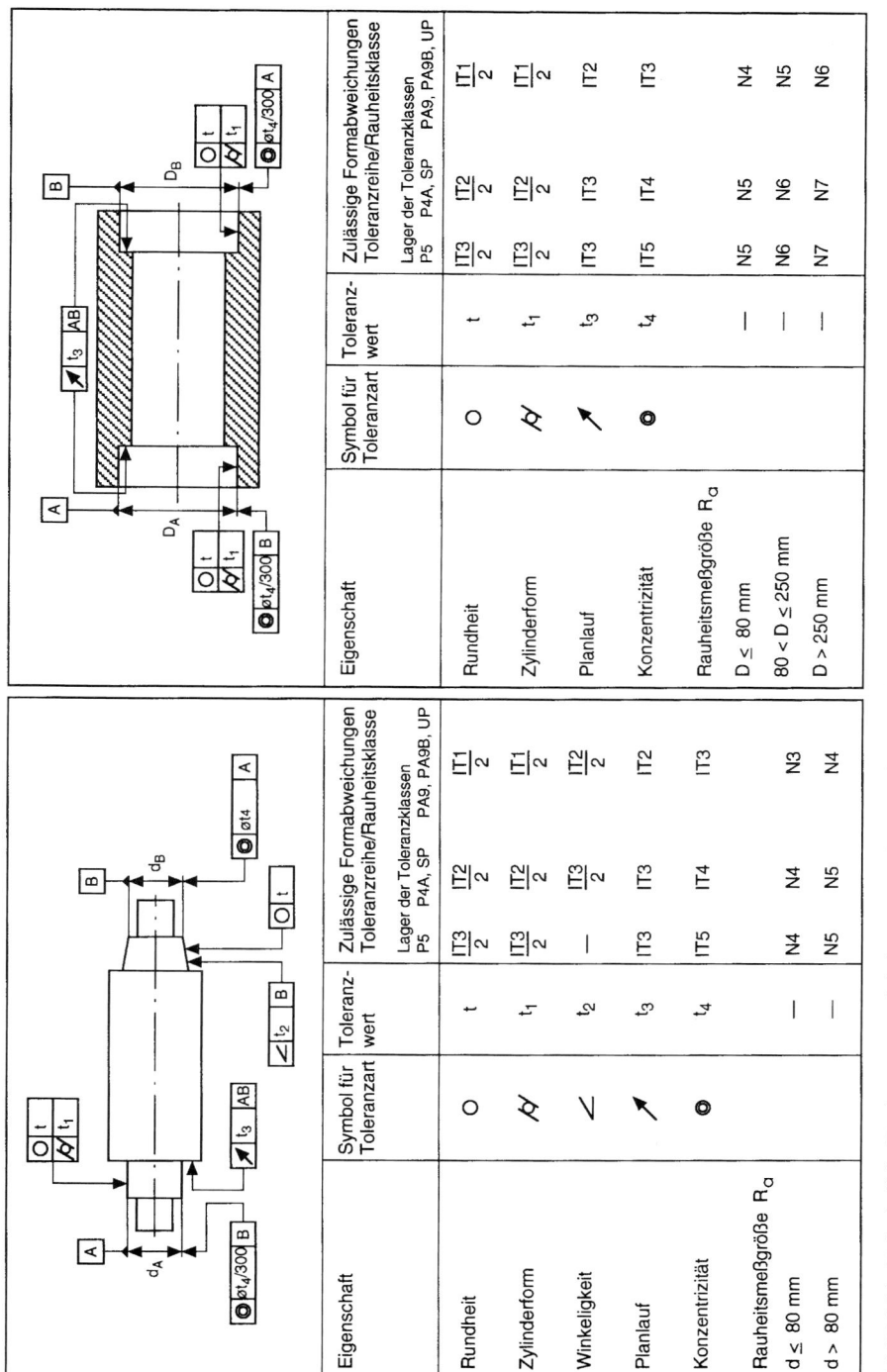

Eigenschaft	Symbol für Toleranzart	Toleranzwert	Zulässige Formabweichungen Toleranzreihe/Rauheitsklasse		
			Lager der Toleranzklassen		
			P5	P4A, SP	PA9, PA9B, UP
Rundheit	O	t	$\frac{IT3}{2}$	$\frac{IT2}{2}$	$\frac{IT1}{2}$
Zylinderform	⌭	t_1	$\frac{IT3}{2}$	$\frac{IT2}{2}$	$\frac{IT1}{2}$
Winkeligkeit	∠	t_2	—	$\frac{IT3}{2}$	$\frac{IT2}{2}$
Planlauf	↗	t_3	IT3	IT3	IT2
Konzentrizität	⊚	t_4	IT5	IT4	IT3
Rauheitsmeßgröße R_a					
d ≤ 80 mm		—	N4	N4	N3
d > 80 mm		—	N5	N5	N4

Gehäuse (Housing)

Eigenschaft	Symbol für Toleranzart	Toleranzwert	Zulässige Formabweichungen Toleranzreihe/Rauheitsklasse		
			Lager der Toleranzklassen		
			P5	P4A, SP	PA9, PA9B, UP
Rundheit	O	t	$\frac{IT3}{2}$	$\frac{IT2}{2}$	$\frac{IT1}{2}$
Zylinderform	⌭	t_1	$\frac{IT3}{2}$	$\frac{IT2}{2}$	$\frac{IT1}{2}$
Planlauf	↗	t_3	IT3	IT3	IT2
Konzentrizität	⊚	t_4	IT5	IT4	IT3
Rauheitsmeßgröße R_a					
D ≤ 80 mm		—	N5	N5	N4
80 < D ≤ 250 mm		—	N6	N6	N5
D > 250 mm		—	N7	N7	N6

Bild 7.3-21 Erforderliche Fertigungsgenauigkeiten von Wellen und Gehäusen für den Einsatz von Genauigkeitslagern nach SKF

Genauigkeit von Gleitlagern und Umbauteilen

Bei höchsten Ansprüchen an die Genauigkeit, bei höchsten Drehzahlen, bei starken Schwingungserscheinungen, wenn geteilte Lager oder geringe Durchmesser erwünscht sind, überwiegen die Vorteile von Gleitlagern gegenüber Wälzlagern.

Neben der Einteilung nach VDI 2201 [52], in der Gleitlager nach der Art der Gleitflächen in Radialgleitlager, Axiallager, Gleitführungen, schwimmende Lagerbuchse und schwimmender Axialring strukturiert werden, können Gleitlager auch nach der Art und Erzeugung des Trennmediums eingeteilt werden. Hierbei können Trockengleitlager, Sintergleitlager, hydrostatische und hydrodynamische Gleitlager sowie aerostatische und aerodynamische Gleitlager unterschieden werden.

Unter dem Gesichtspunkt der Genauigkeit rotatorischer Bewegungen ist insbesondere die Unterscheidung hinsichtlich der Art der Schmierstoffzufuhr von Bedeutung. Während bei hydro- und aerostatischen Gleitlagern ein die beiden Reibpartner trennender Schmierfilm durch Hilfspumpen erzeugt und aufrechterhalten wird, erfolgt der Schmierfilmaufbau bei aero- und hydrodynamischen Gleitlagern durch Bewegung.

Kritisch hinsichtlich der Genauigkeit rotatorischer Bewegungen ist vor allem das hydrodynamische Gleitlager, das bei großen Lagerdurchmessern im Maschinen und Elektromaschinenbau vor allem wegen des ruhigen Laufs und der hohen Lebensdauer Anwendung findet.

Das Funktionsprinzip des hydrodynamischen Gleitlagers beruht darauf, daß in einem keilförmigen Spalt zwischen den Gleitflächen ein tragfähiger Schmierfilm aufgebaut wird, indem der Schmierstoff dank seiner Adhäsion und Zähigkeit durch die Gleitbewegung mitgerissen und in den sich verengenden Spalt gepreßt wird, so daß im Falle eines Radiallagers der Zapfen zur Seite gedrückt und bis zum Gleichgewicht zwischen Belastung und Schmierdruck angehoben wird. Der Wellenzapfen bewegt sich bei steigender Drehzahl nahezu auf einem Halbkreis zum Mittelpunkt der Bohrung.

Bei kleinen Lagerdurchmessern und verhältnismäßig großem Lagerspiel läßt sich hydrodynamische Schmierung nur schwer erreichen. Meist ist sie auf eine bestimmte, möglichst konstante Drehzahl auszulegen. Bei Start, Stop oder Umkehr einer Drehbewegung wie bei-

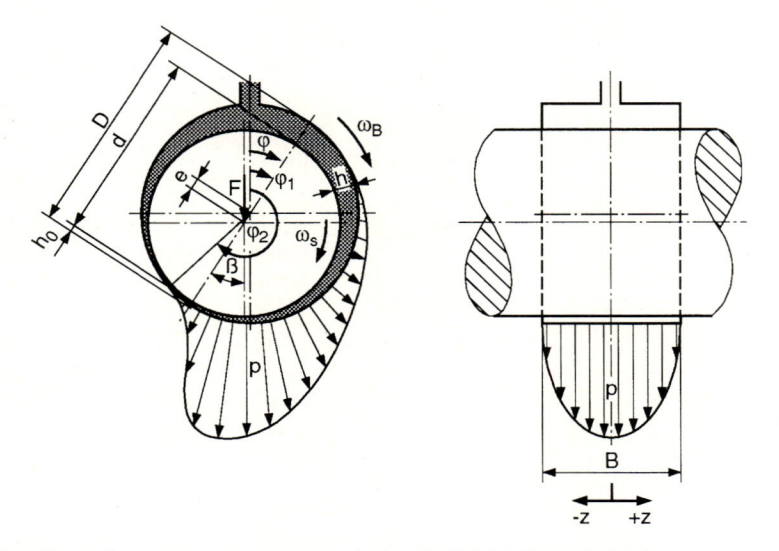

Bild 7.3-22   Kennzeichnungen am hydrodynamischen Radial-Gleitlager [54–56]

Betriebs-bedingungen	unterer Bereich für ψ	oberer Bereich für ψ
Lagerwerkstoff	weich, geringer E-Modul, Weißmetall	hart, hoher E-Modul, Bronzen
Flächenlast	relativ hoch	relativ niedrig
Lagerbreite	B/D ≤ 0,8	B/D ≤ 0,8
Auflagerung	selbsteinstellend	starr
Lastübertragung	umlaufend (Umfangslast für Lagerschale)	ruhend (Punktlast für Lagerschale)
Bearbeitung	sehr gut	gut
Härteunterschied zwischen Zapfen und Lagerwerkstoff	HB ≥ 100	HB ≥ 100

Bild 7.3-23 Einflußfaktoren auf den Sollwert des relativen Lagerspiels ψ [64]

spielsweise bei Schaltbewegungen, oszillierenden Bewegungen oder schleichenden Einstellbewegungen wird Mischreibung durchlaufen, was den Bedingungen für eine hydrodynamische Schmierung widerspricht [56], zu Verschleiß führt und daher vermieden werden sollte.

Für Radiallager mit normalen Anforderungen an die Laufgenauigkeit liegt das relative Lagerspiel in einem Bereich von 0,5‰ bis 3‰ [38]. In Abhängigkeit von der Gleitgeschwindigkeit u [m/s] kann das notwendige Lagerspiel abgeschätzt werden zu

$$\psi = \sqrt[4]{\frac{u}{2,5}} \cdot 10^{-3} \text{ mm}. \tag{08}$$

Bild 7.3-23 zeigt Einflußfaktoren auf die obere und untere Grenze des relativen Lagerspiels [56].

Insbesondere bei großen Lagerdurchmessern ist aufgrund der Wärmeentwicklung und der damit verbundenen Ausdehnung der Lager beziehungsweise der Welle zwischen Einbau- und Betriebsspiel zu unterscheiden. Kritisch ist vor allem die Spielverminderung, da ein Mindestspiel zur Vermeidung von Mischreibung nicht unterschritten werden darf.

Von zentraler Bedeutung für die Auslegung beziehungsweise Auswahl von Gleitlagern ist die Gleitgeschwindigkeit also die Drehzahl sowie die Belastung des Lagers. Ebenso beeinflußt das sogenannte Lagerspiel das Betriebsverhalten des Radialgleitlagers. Ein kleines Lagerspiel ergibt eine große Erwärmung des Lagers durch hohe Reibungsverluste, ein großes Lagerspiel führt hingegen zu einer möglicherweise ungenügenden Führungsgenauigkeit. Das relative Lagerspiel ist definiert zu

$$\psi = \frac{D-d}{d} = \frac{s}{d}, \tag{07}$$

darin bedeuten

D Lagerdurchmesser,
d Wellendurchmesser und
s absolutes Lagerspiel.

Eine Spielverminderung tritt auf, wenn sich die Welle bedingt durch die Wärmeentwicklung im Lager ausdehnt und die Lagerschale im meist kühleren Gehäuse eine geringere Ausdehnung erfährt. Ein infolge eines Temperatureinflusses vermindertes relatives Lagerspiel läßt sich unter der vereinfachenden Annahme einer gleichbleibenden Temperatur der Lagerschale abschätzen:

$$\psi_{verm} = \frac{D - (d + \Delta d)}{(d + \Delta d)}, \qquad (09)$$

mit

$$\Delta d = d \cdot \beta \cdot (\vartheta - \vartheta_0) \qquad (10)$$

und

β Wärmeausdehnungskoeffizient der Welle [1/K],
ϑ_0 Ausgangstemperatur der Welle [K],
ϑ Wellentemperatur [K].

In Abhängigkeit vom Lagerspiel und den Betriebsbedingungen stellt sich, wie Bild 7.3-22 zeigt, für einen stationären Betrieb eine Exzentrizität der Welle ein, die sich mit Hilfe der dimensionslosen Sommerfeldzahl berechnen läßt. Es gilt

$$So = \frac{\bar{p} \cdot \psi^2}{\eta \cdot \omega}, \qquad (11)$$

mit

$\bar{p} = \dfrac{F}{(B \cdot D)}$ spezifische Lagerbelastung,

η dynamische Viskosität des Schmierstoffs und
ω Winkelgeschwindigkeit.

Da die Sommerfeldzahl auch eine Funktion von der relativen Exzentrizität ε gemäß Bild 7.3-24 ist, kann bei vorher berechneter Sommerfeldzahl die relative Exzentrizität bestimmt werden.

Für die minimale Schmierfilmdicke h_0 sowie den Zusammenhang zwischen relativer und absoluter Exzentrizität der Welle gilt:

$$h_0 = \frac{D - d}{2} - \varepsilon = 0{,}5 \cdot D \cdot \psi \cdot (1 - \varepsilon). \qquad (12)$$

Bei einer Änderung der Belastung oder der Drehzahl ändert sich somit die Exzentrizität der Welle. Für hohe Drehzahlen beziehungsweise niedrige Belastungen wandert die Welle zur Bohrungsmitte, vergrößert den Schmierspalt und erreicht für $(1 - \varepsilon) > 0{,}5$ kritische Werte. Auftretende Störkräfte infolge von Unwuchten bewirken hier relativ große Auslenkungen, sowohl was den Abstand des Wellenmittelpunktes vom Lagermittelpunkt als auch den sogenannten Verlagerungswinkel betrifft. Der Wellenmittelpunkt kann hierdurch eine Zusatzbewegung auf einer Bahn in Richtung der Drehrichtung ausführen, wobei die hydrodynamische Tragfähigkeit gestört oder im Extremfall sogar aufgehoben wird. Im Extremfall kann die Gleitfläche an den Berührungslinien infolge eines örtlichen Temperaturanstiegs zerstört werden [56].

Ist ein instabiler Zustand erreicht, strebt die Zusatzbewegung selbsttätig der kritischen Drehzahl $\omega/2$ zu, bei der die hydrodynamische Tragfähigkeit aufgehoben wird. Abhilfe kann

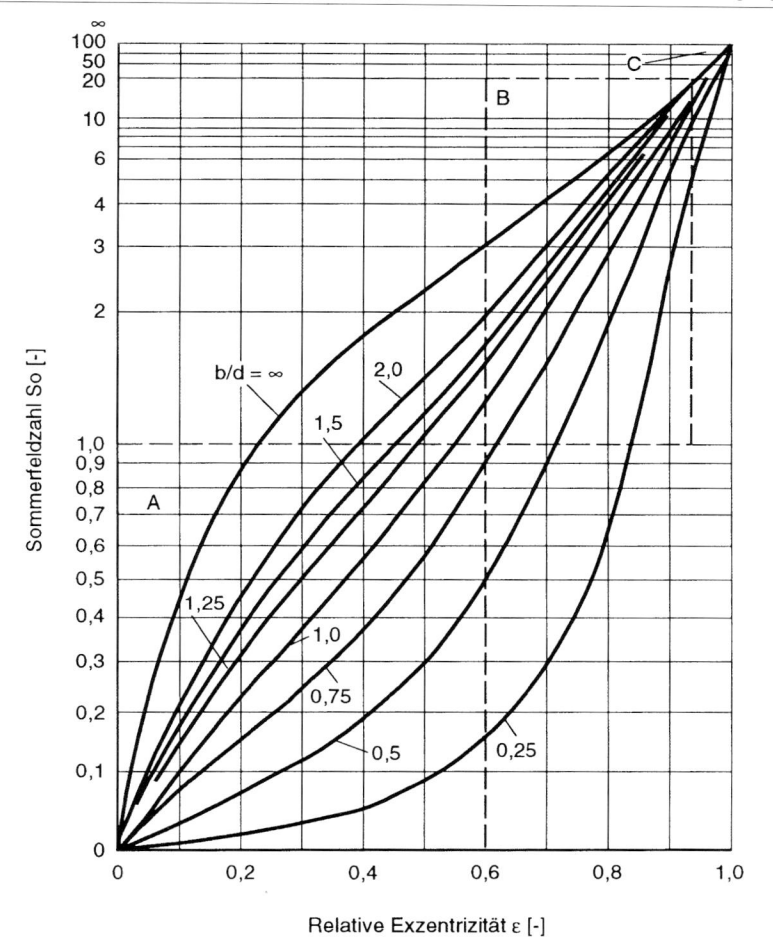

Bild 7.3-24 Sommerfeldzahl als Funktion der relativen Exzentrizität nach Sassenfeld und Walther

durch Reduzierung der relativen Schmierspaltdicke unter den kritischen Wert erfolgen, was durch eine Vergrößerung des relativen Lagerspiels erfolgen kann. Für schnellaufende Wellen werden daher Lager mit Mehrflächenprofilen eingesetzt, die über ein größeres relatives Lagerspiel verfügen, bei denen der Wellenbewegungsraum aber nicht in gleichem Maße vergrößert wird.

Das mittlere relative Lagerspiel ψ_m, das für die Passungswahl eines Gleitlagers herangezogen wird, ist definiert zu:

$$\psi_m = \frac{s_m}{D_m} \cdot 1000‰, \qquad (13)$$

mit
s_m mittleres absolutes Lagerspiel in mm und
D_m arithmetisches Mittel des Nennmaßbereiches in mm.

Da mit den ISO-Abmaßen nach DIN 7160 und DIN 7161 keine Spielpassungen gebildet werden können, die den Forderungen der Gleitlagertechnik nach annähernd gleichen mittleren relativen Lagerspielen gerecht werden, wurden die Passungen in Gleitlagern separat genormt [57]. Die für die Berechnung der Gleitlager erforderlichen Kleinst- und Größtspiele zwischen Welle und Lagerbohrung mit den Abmaßen der Welle sind in Bild 7.3-25 aufgeführt. Entsprechend dem System der Einheitsbohrung wird das Toleranzfeld der Welle dem relativen mittleren Lagerspiel ψ_m zugeordnet.

Nennmaß-bereich mm		Abmaße der Welle[1] in µm für ψ_m in ‰							Größt- und Kleinstspiel zwischen Welle und Lagerbohrung[2] in µm für ψ_m in ‰							
über	bis	0,56	0,8	1,12	1,32	1,6	1,9	2,24	3,15	0,56	0,8	1,12	1,32	1,6	1,9	2,24	3,15
25	30	—	-15 / -21	-23 / -29	-29 / -35	-37 / -43	-45 / -51	-51 / -60	-76 / -85	—	30 / 15	38 / 23	44 / 29	52 / 37	60 / 45	73 / 51	98 / 76
30	35	—	-17 / -24	-27 / -34	-34 / -41	-43 / -50	-48 / -59	-59 / -70	-89 / -100	—	35 / 17	45 / 27	52 / 34	61 / 43	75 / 48	86 / 59	116 / 89
35	40	-12 / -19	-21 / -28	-33 / -40	-36 / -47	-47 / -58	-58 / -69	-71 / -82	-105 / -116	30 / 12	39 / 21	51 / 33	63 / 36	74 / 47	85 / 58	98 / 71	132 / 105
40	45	-14 / -21	-25 / -32	-34 / -45	-43 / -54	-55 / -66	-67 / -78	-82 / -93	-120 / -131	31 / 14	43 / 25	61 / 34	70 / 43	82 / 55	94 / 67	109 / 82	147 / 120
45	50	-18 / -25	-25 / -36	-40 / -51	-50 / -60	-63 / -74	-77 / -88	-93 / -104	-130 / -147	36 / 18	52 / 25	67 / 40	76 / 49	90 / 63	104 / 77	120 / 93	163 / 136
50	55	-19 / -27	-26 / -39	-43 / -56	-53 / -66	-68 / -81	-84 / -97	-102 / -115	-149 / -162	40 / 19	58 / 26	75 / 43	85 / 53	100 / 68	116 / 84	144 / 102	181 / 149
55	60	-22 / -30	-30 / -43	-48 / -61	-60 / -73	-76 / -89	-93 / -106	-113 / -126	-165 / -178	43 / 22	62 / 30	80 / 48	92 / 60	108 / 76	125 / 93	145 / 113	197 / 165
60	70	-20 / -33	-36 / -49	-57 / -70	-70 / -83	-80 / -99	-99 / -118	-121 / -140	-180 / -199	53 / 20	68 / 36	90 / 57	102 / 70	129 / 80	148 / 99	170 / 121	229 / 180
70	80	-26 / -39	-44 / -57	-60 / -79	-75 / -94	-96 / -115	-118 / -137	-144 / -162	-212 / -231	58 / 26	76 / 44	109 / 60	124 / 75	145 / 96	167 / 118	193 / 144	261 / 212
80	90	-29 / -44	-50 / -65	-67 / -89	-84 / -106	-108 / -130	-133 / -155	-162 / -184	-239 / -261	66 / 29	87 / 50	124 / 67	141 / 84	165 / 108	190 / 133	219 / 162	296 / 239
90	100	-35 / -50	-58 / -73	-78 / -100	-97 / -119	-124 / -146	-152 / -174	-184 / -206	-271 / -293	72 / 35	95 / 58	135 / 78	154 / 97	181 / 124	209 / 152	241 / 184	328 / 271

[1] Die Abmaße der Welle entsprechen oberhalb der Stufenlinie IT 4, zwischen den Stufenlinien IT 5 und unterhalb der Stufenlinie IT 6.
[2] Das Größt- und Kleinstspiel entspricht für die Passung Welle/Lagerbohrung oberhalb der Stufenlinie IT4/H5, zwischen den Stufenlinien IT 5/H6 und unterhalb der Stufenlinie IT6/H7.

Bild 7.3-25 Passungen von Gleitlagern in Abhängigkeit vom Nennmaßbereich und dem mittleren relativen Lagerspiel [52]

Da die Betriebssicherheit eines Gleitlagers nicht nur von der richtigen Passungs- und Werkstoffauswahl abhängt, sondern insbesondere von der Beschaffenheit der Wellen, Bunde und Spurscheiben innerhalb der Gleitlagerung, sind auch Form- und Lagetoleranzen sowie die zulässigen Oberflächenrauheiten der Umbauteile eines Gleitlagers genormt [58].

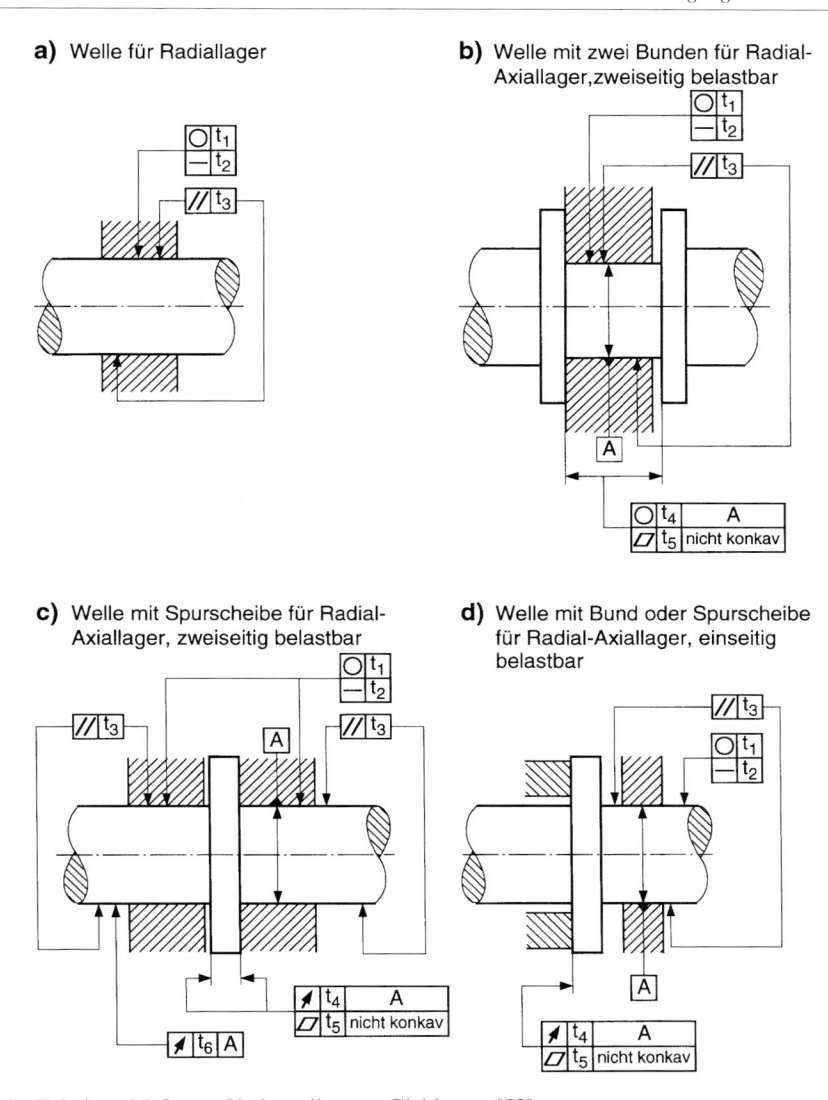

Bild 7.3-26 Tolerierte Maße von Umbauteilen von Gleitlagern [53]

Als Kriterium für die Genauigkeitsgradeinstufung wird die für den jeweiligen Anwendungsfall berechnete minimale Schmierfilmdicke h_0 zugrundegelegt, deren Berechnung nach DIN 31 652 Teil 1 bis 3 [53–55], DIN 31 653 Teil 1 bis 3 [59–61] und DIN 31 654 Teil 1 bis 3 [62–64] erfolgt.

In der Norm werden entsprechend Bild 7.3-26 vier Fälle konstruktiver Varianten unterschieden und zu jeder Variante in Abhängigkeit der Genauigkeitsgrade 5, 10, 20 und 30 Richtwerte zu Rundheits-, Geradheits- und Parallelitätstoleranzen, zu Planlauf-, Ebenheits- und Rundlauftoleranzen sowie zu Oberflächenrauheiten angegeben Bild 7.3-27. Die Prüfung der Toleranzen soll nach DIN 31 670 Teil 8 [65] durchgeführt werden.

Zeichnungsmerkmal				Genauigkeitsgrad			
				5	10	20	30
Schmierfilmdicke		h_0	μm	$5 \leq h_0 < 10$	$10 \leq h_0 < 20$	$20 \leq h_0 < 30$	$h_0 \geq 30$
Zylinderform[1)]	Rundheitstoleranz	t_1	mm	0,004	0,006	0,01	0,015
	Geradheitstoleranz	t_2	mm	0,005	0,01	0,015	0,02
	Parallelitätstoleranz	t_3	mm	0,015	0,02	0,03	0,04
Planlauftoleranz		t_4	mm	0,006	0,008	0,012	0,018
Ebenheitstoleranz[2)]		t_5	mm	0,006	0,008	0,012	0,018
Rundlauftoleranz		t_6	mm	[3)]	[3)]	[3)]	[3)]
Oberflächenrauheit nach DIN 4768 Teil 1[4)]		R_a	μm	0,4	0,4	0,63	0,8
		R_z	μm	2,4	4	5	6,3

[1)] Aus meßtechnischen Gründen und wirtschaftlichen Erwägungen wird die Zylinderform in Rundheit, Geradheit und Parallelität aufgeteilt.
Nach Vereinbarung kann auch die Zylinderform angegeben werden.
[2)] Die Einschränkung in den Darstellungen ist zu beachten.
[3)] Die Rundlauftoleranz richtet sich nach den spezifischen Betriebsverhältnissen. Sie ist zu vereinbaren.
[4)] Zur Festlegung der Oberflächenrauheit ist nach Vereinbarung entweder Ra oder Rz heranzuziehen.

Bild 7.3-27   Festlegung von Form- und Lagetoleranzen in Abhängigkeit von der Schmierfilmdicke [53]

Genauigkeit hydrostatischer Lager

Ein wesentlicher Vorteil gegenüber hydrodynamischen Lagern besteht bei hydrostatischen Gleitlagern in der weitgehenden Unabhängigkeit des Schmierfilms von der Drehzahl. Dadurch wird auch bei niedrigen Drehzahlen reine Flüssigkeitsreibung erreicht. Aufgrund der fehlenden Anlaufreibung und Auslaufreibung sowie der damit erzielbaren Verschleißfreiheit wird somit vor allem eine gleichbleibende Laufgenauigkeit erzielt.

Bei hydrostatischen Lagern erzeugt ein von der Drehbewegung unabhängiger, fremderzeugter Tragdruck die Trennung der Gleitflächen. Die Lager sind meist in mehrere Kammern (Taschen) unterteilt. Zur Erzeugung des Tragdrucks ist somit ein spezielles externes Öldruckversorgungssystem notwendig. Die Genauigkeit einer hydrostatischen Lagerung wird stark von der konstruktiven Gestaltung der Öldruckversorgung beeinflußt.

Bei der Auswahl und Dimensionierung eines geeigneten Ölversorgungssystems stehen vor allem Kostenfragen sowie zulässige Verlagerungen infolge des Einwirkens äußerer Kräfte im Vordergrund. Die Grundlagen bei der Dimensionierung hydrostatischer Führungen und Lager beruhen auf dem Gesetz von Hagen-Poiseuille, in welchem die Einflußgrößen auf den Taschendruck beschrieben werden, sowie auf einer Analogiebildung zwischen hydraulischen und elektrotechnischen Schaltkreisen, die es möglich macht, das Verständnis der Ohmschen und Kirchhoffschen Gesetze auf die Hydraulik zu übertragen [27, 37].

Für die Versorgungssysteme „eine gemeinsame Pumpe mit Kapillaren" und „eine Pumpe pro Tasche" zeigt Bild 7.3-29 für Lager mit vier Taschen und taschenmittig angreifende

Belastungen die Last-Verlagerungs-Diagramme. Es zeigt sich, daß die unterschiedlichen Ölversorgungsprinzipien bei sonst gleicher Lagergeometrie einen erheblichen Einfluß auf das Last-Verlagerungs-Verhalten der Welle haben.

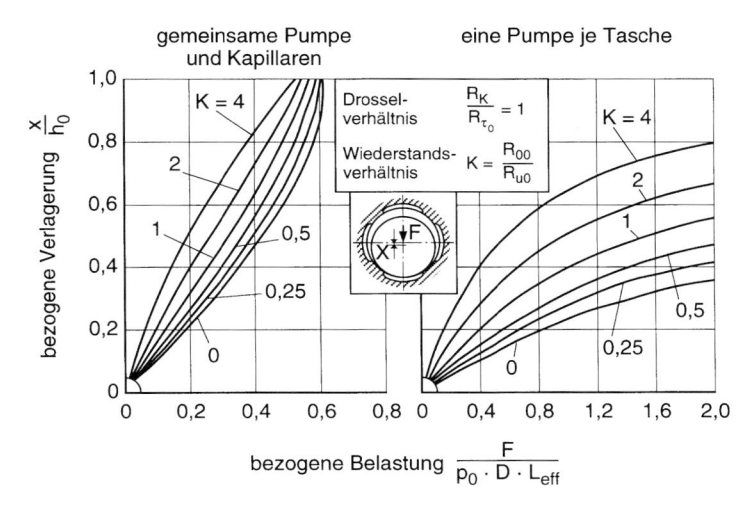

Bild 7.3-28 Last-Verlagerungsdiagramme hydrostatischer Gleitlager mit vier Taschen für zwei unterschiedliche Ölversorgungssysteme bei taschenmittig angreifenden Kräften nach Zollern

Prinzipiell besteht auch bei hydrostatischen Lagern die Möglichkeit der Steifigkeitsbeeinflussung durch eine Regelung des Taschendrucks auf eine konstante Spaltbreite, wobei sich mit solchen Lagerungen Rundlauffehler unter 0,1 µm erzielen lassen. Aufgrund des hohen Aufwandes wird von dieser Möglichkeit jedoch nur selten Gebrauch gemacht wie beispielsweise bei Spindellagerungen von Bearbeitungsmaschinen für optische Geräte [27].

Genauigkeit von Luftlagern

Bei aerostatischen oder aerodynamischen Gleitlagern wird Luft an Stelle von Öl als Trennmedium zwischen Reibpartnern verwendet. Es besteht hinsichtlich ihrer Wirkungsweise kein wesentlicher Unterschied zu hydraulischen Lagern. Sowohl für aerostatische als auch für aerodynamische Gleitlager wird häufig der Begriff Luftlager verwendet.

Aerodynamische Lager werden angewendet, wenn die Gleitgeschwindigkeit hoch ist, nur wenige Unterbrechungen zu erwarten sind und die spezifische Flächenbelastung bei niedrigen Gleitgeschwindigkeiten klein ist. Aerostatische Lager sind dagegen auch für wechselnde sowie kleinste bis mittlere Gleitgeschwindigkeiten bei hoher spezifischer Lagerflächenbelastung geeignet. Luftlager weisen auch bei höchsten Gleitgeschwindigkeiten wegen der geringen Viskosität von Luft gegenüber Öl eine sehr geringe Reibung auf, wodurch sie besonderes für sehr schnelle Bewegungen bei geringen Belastungen geeignet sind.

Typische Anwendungsgebiete bei der Realisierung rotatorischer Bewegungen durch Luftlagerungen sind der Präzisionsmaschinenbau, die Fördertechnik sowie die Meßtechnik. Darüber hinaus sind auch zahlreiche Anwendungen aus der Medizintechnik, der Kerntechnik sowie Einsatzfelder bei extrem tiefen oder hohen Temperaturen bekannt [66].

Bei der Dimensionierung von Luftlagern muß berücksichtigt werden, daß die besonderen Eigenschaften luftgeschmierter Gleitlager nur dann vorhanden sind, wenn Gasreibung über den ganzen Arbeitsbereich gesichert ist. Gasreibung wird dabei nur bei richtiger Abstimmung zwischen Belastung und Abmessung erzielt [27, 37, 66, 67].

In der Regel wählt man als Radiallager zweireihige Lager mit mehreren Bohrungen am Umfang. Anzahl und Durchmesser der Bohrungen richten sich überwiegend nach dem Lagerdurchmesser und dem Lagerspiel. Mit Lagern solcher Bauart lassen sich in der Regel sehr gute Rundlaufgenauigkeiten erzielen, die in der Größenordnung kleiner 1 µm liegen. Eine weitere Möglichkeit der Verteilung der Luftversorgung über dem Umfang bei einer Lagerung besteht im Einsatz eines porösen Werkstoffs als Lagerschale [66].

Entscheidend für die Funktion eines luftgeschmierten Gleitlagers ist die Genauigkeit der Gleitflächen hinsichtlich Formabweichung und Rauhigkeit. Die zulässigen Toleranzen für die Abweichung von der geometrischen Form und für die Rauheit der Gleitflächen hängt unmittelbar mit der Höhe des Luftspalts zusammmen. Während bei Luftlagern für einfache Transportzwecke mit großem Lagerspalt keine außergewöhnlichen Anforderungen gestellt werden, müssen bei Lagerungen mit hohen Steifigkeiten und damit kleinen Lagerspalthöhen sehr enge Fertigungstoleranzen eingehalten werden. Die Fertigungstoleranzen dürfen nur einen Bruchteil des engsten Lagerspalts betragen [67].

Spindel	Rundlauffehler (in µm)	ax. Spindelfehler (in µm)	rad. Steifigkeit (in N/µm)	ax. Steifigkeit (in N/µm)
aerostatisch	0,05 ... 0,2	0,1 ... 0,3	70 ... 200	150 ... 300
hydrostatisch	0,1 ... 0,5	0,2 ... 0,5	100 ... 250	500 ... 1000
wälzgelagert	1 ... 3	1 ... 3	100 ... 250	300 ... 700

Bild 7.3-29 Erreichbare Radialabweichungen und Axialabweichungen in Abhängigkeit von der gewählten Lagerart

Es wird empfohlen, bei Lagern für Lastaufnahme die zulässige Formabweichung einer Fläche in der Größenordnung von 15 % der minimalen Lagerspalthöhe vorzugeben [67]. Die zulässigen Fertigungstoleranzen für Paßteile sind häufig so gering, daß ein Austauschbau unwirtschaftlich ist. Bei kleinen Serien ist es daher zweckmäßig, das schwieriger zu fertigende Teil zuerst fertigzustellen, wobei ein bestimmtes Sollmaß lediglich angestrebt wird. Anschließend wird das andere Teil unter Berücksichtigung des Lagerspiels dem Istmaß des zuerst gefertigten Teils angepaßt.

Abschließend sollen für Präzisionsmaschinen erreichbare Abweichungen aerostatisch, hydrostatisch sowie wälzgelagerter Spindellagersysteme dargestellt werden, Bild 7.3-29 [68]. Es ist ersichtlich, daß mit einer aerostatisch gelagerten Spindel sowohl hinsichtlich der radialen Abweichungen als auch hinsichtlich der axialen Abweichungen bessere Werte als mit wälzgelagerten oder hydrostatisch gelagerten Spindeln erreicht werden können. Maximale radiale Steifigkeiten hingegen bietet die hydrostatisch und die wälzgelagerte Spindel, maximale axiale Steifigkeit die hydrostatische Spindel.

7.4 Koordinierte Bahnbewegungen

Häufig sind Bewegungsaufgaben nicht eindeutig einer reinen Translationsbewegung oder Rotationsbewegung zuzuordnen, sondern es kommt zu einer Überlagerung von Translations- und Rotationsbewegungen im Raum oder nach Gierse [5] zu einem gleichzeitigen Orientieren eines Körpers um drei Raumachsen und Positionieren in drei Raumachsen.

Unter „Bewegen eines Körpers auf Bahnen" versteht man das gleichzeitige Positionieren und Orientieren. Unter Positionieren versteht man das Anordnen des bewegten Körpers längs der Achsen eines raumfesten Bezugskoordinatensystems, unter Orientieren das Drehen des bewegten Körpers gegenüber den drei Koordinatenachsen des Bezugsystems. Position und Orientierung eines Körpers wird meist über einen besonderen Punkt des Körpers, zum Beispiel den Schwerpunkt, beschrieben, der sich im allgemeinen Fall auf einer räumlichen Bahn bewegt. Die Position und Orientierung des Gesamtsystems, zum Beispiel eines Handhabungssystems, wird üblicherweise durch die Angabe von Position und Orientierung eines dem Werkzeug oder Effektor zugeordneten Koordinatensystems definiert.

Die Realisierung einer Bewegung auf Bahnen erfordert die Koordination mehrerer Einzelbewegungen. Dies kann mit Hilfe einer mechanischen Zwangskopplung oder durch Bahnsteuerungen erfolgen [19]. Der Begriff Bahnsteuerung kann sich einerseits auf den Bewegungsablauf, andererseits auf die Gesamtheit der Elemente, die an der Erzeugung dieses Bewegungsablaufs beteiligt sind, beziehen. Entscheidend ist, daß es sich dabei um Bewegungen handelt, zu deren Ausführung die koordinierte und gesteuerte Bewegung mehrerer Achsen erforderlich ist. Dies hat zur Folge, daß Ursachen für Abweichungen von der Sollbewegung sowohl in der Steuerung als auch im mechanischen System zu suchen sind. Die Berechnungen in der Steuerung basieren auf Modellen des mechanischen Systems, die das reale gesteuerte System nur näherungsweise nachbilden. Beispielsweise kann man bei Industrierobotern davon ausgehen, daß die durch die Steuerung verursachten Fehler bei Positionen und Bahnen des Effektors mindestens um den Faktor 10 größer sind als die durch Ungenauigkeiten des mechanischen Systems verursachten Fehler (siehe Kapitel 8).

Bei bahngesteuerten Maschinen unterscheidet man prinzipiell den Bereich der Informationsvorbereitung und den der Bahnerzeugung. Im Bereich der Informationsvorbereitung werden Eingabedaten eingelesen, entschlüsselt, geprüft, korrigiert und gespeichert. Im Bereich der Bahnerzeugung werden diese so aufbereiteten Daten in entsprechende Bewegungen an der Maschine umgesetzt.

Die Bahnerzeugung wiederum kann unterteilt werden in Führungsgrößenerzeugung und Istgrößenerfassung. Die Führungsgrößenerzeugung dient der Ermittlung der Sollpositionen, die Istgrößenerfassung der Nachführung und Positionierung der Bewegungseinheiten gemäß dem Führungsgrößenverlauf.

Die wichtigsten Elemente eines so definierten Systems der Bahnerzeugung sind ein Interpolator, in dem für einen vorgegebenen Bewegungsabschnitt die zu koordinierende Bewegungsfolge der Achsen berechnet wird, eine Lagesteuerung beispielsweise mit einem Schrittmotor oder eine Lageregelung, bestehend aus Regeleinrichtung und Stellantrieb.

Die Genauigkeit koordinierter Bewegungen auf Bahnen ist vor allem für numerisch gesteuerte Maschinen wie beispielsweise Industrieroboter oder Werkzeugmaschinen von zentraler Bedeutung. Die Beschreibung der mit solchen Bewegungen einhergehenden Ursachen und Wirkungen wird auch als dynamisches Verhalten bezeichnet.

Der hier verwendete Begriff Bahngenauigkeit kennzeichnet nicht nur die Genauigkeit von Bahnbewegungen sondern auch die Genauigkeit, mit der beliebige Bahnpunkte erreicht werden können. Er umfaßt daher für mehrachsige Systeme auch die Begriffe Positionsgenauigkeit und Positioniergenauigkeit.

Alle Bahnbewegungen lassen sich durch Überlagerung aus den Bewegungsformen der reinen Translation und der reinen Rotation zusammensetzen. Hinsichtlich der Genauigkeit von Bahnbewegungen sind daher auch die Aspekte der Translationsgenauigkeit und der Rotationsgenauigkeit von Bedeutung. Beim Zusammenwirken mehrerer gesteuerter Bewegungsachsen besteht für jede Achse eine zeitbezogene und geometriebezogene, räumliche Differenz zwischen den vorgegebenen Sollpunkten und den erreichten Istpunkten. Verursacht werden diese Abweichungen unter anderem durch die Trägheit der Antriebe und die begrenzte Leistung der Antriebe. Abweichungen bei koordinierten Bewegungen auf Bahnen können somit in zeitbezogene und geometrische Abweichungen gegliedert werden.

Für allgemeine Genauigkeitstests oder bestimmte Anwendungen sind Kenngrößen über die Genauigkeit von koordinierten Bewegungen auf Bahnen entweder genormt oder in Richtlinien festgelegt [19, 20, 69–74]. Ziel dieser Festlegungen ist es, auch hinsichtlich der Genauigkeitskenngrößen zu einer Vereinheitlichung zu gelangen, um den Anwendern mit herstellerunabhängigen Angaben den Vergleich verschiedener Systeme zu ermöglichen. Standards für die Definition von Genauigkeitskenngrößen von Industrierobotern geben die ISO 9283 und VDI-Richtlinie 2861.

Relativierend muß hier jedoch aufgeführt werden, daß die Ergebnisse der in den Standards beschriebenen Testverfahren durch geeignete Wahl der Randbedingungen stark unterschiedlich ausfallen können und daher nur bedingt verläßlich sind. Bei Industrierobotern gibt es Beispiele, wo sich die Werte von Kenngrößen gemäß ISO 9283, abhängig von einstellbaren Steuerungsparametern, um den Faktor 100 unterscheiden. Daher ist erforderlich, daß in jedem Prüfprotokoll erwähnt werden muß, mit welcher Steuerung, Steuerungssoftware und welchen Maschinendaten und einstellbaren Parametern die präsentierten Ergebnisse erzielt wurden.

Zeitbezogene Abweichungen

Bahn-Kenngrößen für zeitbezogene Abweichungen geben Auskunft über das zeitabhängige Verhalten einer koordinierten Bewegung auf Bahnen. Derartige Kenngrößen sind beispielsweise Angaben über die Gleichförmigkeit einer Geschwindigkeit längs einer Bahn. Daneben gibt es auch zeitbezogene Abweichungen beim Positionieren und Orientieren eines Körpers im Raum, Bild 7.4-01.

Beispielsweise werden bei Industrierobotern zur Bestimmung von Genauigkeitskenngrößen nach ISO 9283 sogenannte Prüfposen angefahren und Prüfbahnen verfahren, die sich in der Prüfebene eines virtuellen Quaders im relevanten Arbeitsraum des Roboters befinden. Der

Zeitbzogene Abweichungen	
Abweichungen beim Positionieren und Orientieren	Abweichungen bei Fahren entlang einer Bahn
• Pose-Stabilisierungszeit	• Bahngeschwindigkeits-Schwankung
• Pose-Überschwingen	• Bahngeschwindigkeits-Genauigkeit
• Drift von Posekenngrößen	• Bahngeschwindigkeits-Wiederholgenauigkeit

Bild 7.4-01 Einteilung zeitbezogener Abweichungen bei koordinierten Bewegungen auf Bahnen [70]

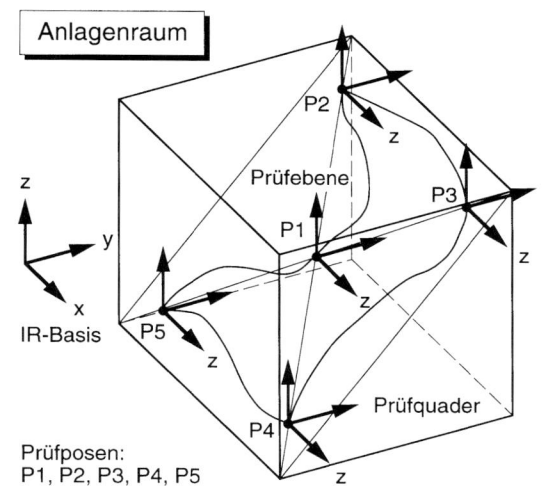

Bild 7.4-02 Prüfquader mit Prüfposen und Prüfbahnen [70]

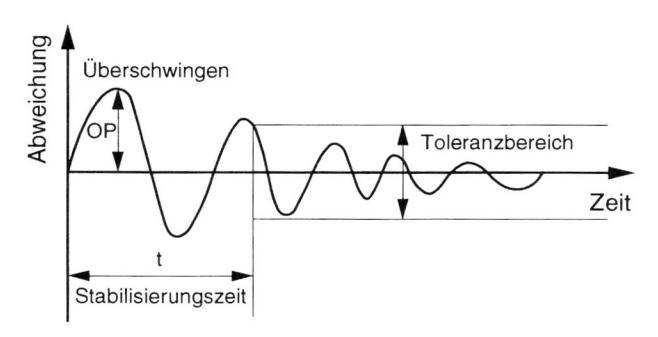

Bild 7.4-03 Pose-Stabilisierungszeit und Pose-Überschwingen

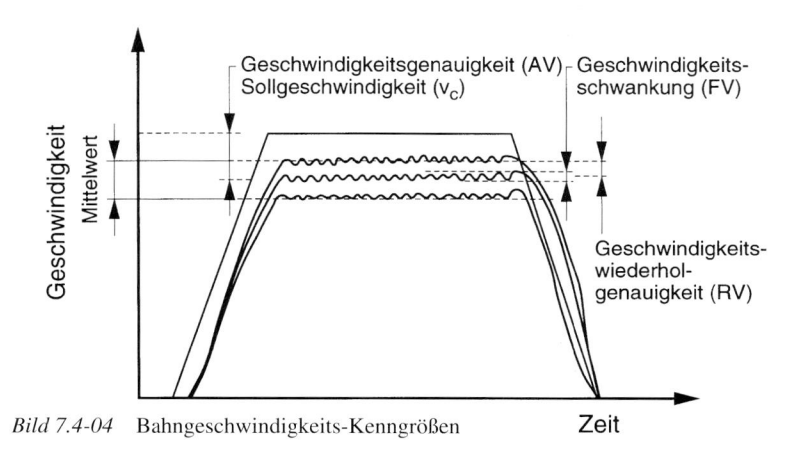

Bild 7.4-04 Bahngeschwindigkeits-Kenngrößen

Begriff Pose bezeichnet dabei die durch die drei translatorischen und drei rotatorischen Freiheitsgrade bestimmte Lage des Endeffektors, Bild 7.4-02.

Die Pose-Stabilisierungszeit t beschreibt den Zeitraum vom Signal des Erreichens der Istposen bis zum Einschwingen der Abweichung in einen vom Hersteller vorgegebenen Toleranzbereich. Während dieses Zeitraums bestimmt die betragsmäßig größte Abweichung das Pose-Überschwingen OP, Bild 7.4-03.

Ein weiteres Kriterium zur Beschreibung der Genauigkeit koordinierter Bewegungen ist die sogenannte Drift. Durch diese Kenngröße soll die Streuung der Positioniergenauigkeit während der Aufwärmphase bis zum Erreichen des stabilen Arbeitszustandes einer Maschine erfaßt werden. Dazu werden nach dem Einschalten über einen gewissen Zeitraum mehrere Messungen durchgeführt. Die Drift ist als die maximale Differenz zweier zu unterschiedlichen Zeitpunkten aufgenommener Genauigkeitskenngrößen definiert.

Hinsichtlich der Bahngeschwindigkeit von Maschinen sind vor allem der Kleinst- und Größtwert einer Bahngeschwindigkeit nach VDI 3427 wesentliche Kenngrößen einer Einrichtung mit Bahnsteuerung [20]. Dabei versteht man unter der größten Bahngeschwindigkeit diejenige größte Geschwindigkeit, die im Arbeitsbereich einer Maschine in jeder belie-

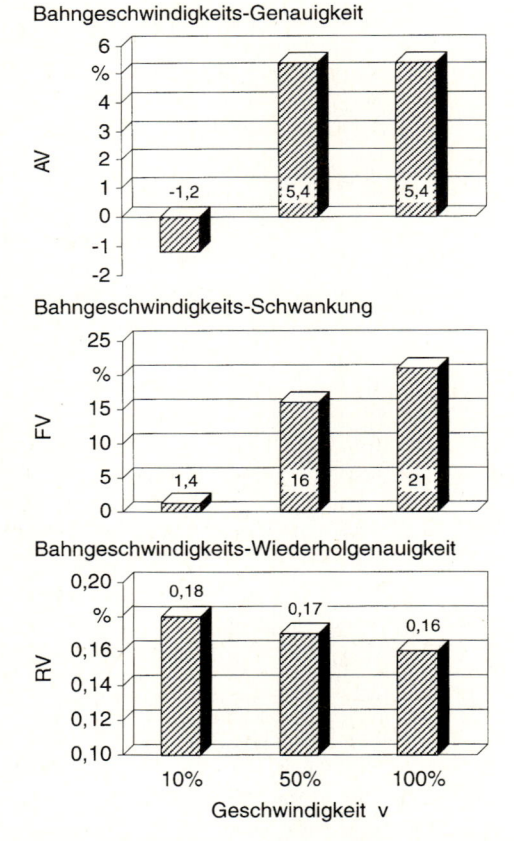

Bild 7.4-05 Zeitbezogene Genauigkeits-Kenngrößen am Beispiel eines industriellen Schweißroboters in Abhängigkeit von der prozentualen Geschwindigkeit; 100 % = Maximalgeschwindigkeit

bigen Richtung erzeugt werden kann. Mit sehr klein werdender Bahngeschwindigkeit können die gleichmäßigen Bewegungen an einer Maschine aufgrund des Ruckgleitens in ruckartige Bewegungen übergehen. Die kleinste Bahngeschwindigkeit ist diejenige kleinste Geschwindigkeit, bei der die resultierende Bewegung in Bahnrichtung in jeder beliebigen Richtung noch ruckfrei, das heißt ohne kurzfristige Stillstände verläuft.

Die Bahngeschwindigkeits-Genauigkeit (accuracy velocity, AV) von Industrierobotern wird nach ISO 9283 definiert als Abweichung zwischen der Sollgeschwindigkeit und dem Mittelwert der Istgeschwindigkeiten, die sich bei n-mal wiederholten Bahndurchläufen ergeben haben. Sie wird als Prozentwert der Soll- Geschwindigkeit angegeben. Anschaulich läßt sich die Bahngeschwindigkeits-Genauigkeit nach Bild 7.4-04 darstellen [70,71].

Ebenfalls abgebildet sind in Bild 7.4.-04 die Kenngrößen Bahngeschwindigkeits-Wiederholgenauigkeit (velocity repeatability, RV) und Bahngeschwindigkeits-Schwankung (velocity fluctuation, FV), welche zum einen eine Aussage über die Genauigkeit der Geschwindigkeit von einem Meßzyklus und zum anderen eine Aussage über Schwankungen des Geschwindigkeitsverlaufes innerhalb eines Meßzyklus beinhaltet.

Am Beispiel eines industriellen Schweißroboters zeigt Bild 7.4-05 Größenordnungen für die zeitbezogenen Kenngrößen Bahngeschwindigkeits-Genauigkeit (AV), Bahngeschwindigkeits-Wiederholgenauigkeit (RV) und Bahngeschwindigkeits-Schwankung (FV) jeweils für drei verschiedene Geschwindigkeitsstufen, deren Angabe bei der Ermittlung von Genauigkeitskenngrößen stets ein Bestandteil der Randbedingungen ist. So hängen viele geometrische Abweichungen in starkem Maße von der Bahngeschwindigkeit ab. Mit zunehmender Bahngeschwindigkeit ist in der Regel auch mit größeren geometrischen Abweichungen zu rechnen.

Geometrische Abweichungen

Kenngrößen über geometrische Abweichungen bei koordinierten Bewegungen auf Bahnen lassen sich in Anlehnung an den internationalen Sprachgebrauch einteilen in Poseabweichungen und in Abweichungen beim Fahren definierter Bahnen, Bild 7.4.-06.

Poseabweichungen sind Abweichungen beim Erreichen einzelner Bahnpunkte und werden hinsichtlich Position und Orientierung getrennt bestimmt [70].

Definierte Bahnen sind geradlinige Bahnen im Raum, kreisförmige oder quadratische Bewegungsbahnen. Die sogenannten Bezugsbahnen für Bahnkenngrößen sind somit Kreise, Geraden oder Quadrate, also relativ einfach beschreibbare Bahnen. Bezugsbahnen liegen oftmals in einer räumlich beliebig angeordneten Ebene. Bei speziellen Aufgabenstellungen, wie beispielsweise dem Überprüfen des Zusammenspiels zweier, rechtwinklig zueinander stehender Achsen, können Bezugsbahnen, Bezugskreise oder Bezugsquadrate jedoch auch in Ebenen liegen, die durch die Anordnung der beteiligten Achsen festgelegt werden.

Poseabweichungen sind im Gegensatz zu dynamischen Genauigkeitskenngrößen den statischen Genauigkeitskenngrößen zuzuordnen. Poseabweichungen beschreiben das statische Abweichungsverhalten eines Systems beim Erreichen einer Pose. Zur Ermittlung der Kenngrößen werden im Standard ISO 9283 ausführlich die Prüfbedingungen festgelegt. Diese beschreiben die Last und die Verfahrgeschwindigkeit, die Reihenfolge der anzufahrenden Posen sowie die Anzahl der Anfahrzyklen.

Zur sprachlichen Unterscheidung zwischen systematischen und zufälligen Abweichungen werden die Begriffe „Genauigkeit" und „Wiederholgenauigkeit" verwendet.

Die Pose-Genauigkeit (pose accuracy, AP) gibt die Abweichung zwischen Sollpose und dem Mittelwert der Ist-Posen an. Bild 7.4-07 zeigt die Abweichungen zwischen Soll- und Ist-Pose für drei verschiedene Geschwindigkeitsstufen. Für die Sollposen wurden hierbei die

Gemetrische Abweichungen	
Poseabweichungen	Abweichungen beim Fahren definierter Bahnen
• Pose-Genauigkeit • Pose-Wiederholgenauigkeit in einer Richtung • Streuung der Mehrfachrichtungs-pose-Genauigkeit • Abstandgenauigkeit Abstands-Wiederholgenauigkeit	Für geometrisch einfach beschreibbare Formen der Sollbahn: • Bahngenauigkeit • Bahn-Wiederholgenauigkeit Kreis: Bahn-Radiusdifferenz Kreisformabweichung Ecke: Überschwingen Verrundungsfehler Stabilisierungsbahnlänge

Bild 7.4-06   Einteilung geometrischer Abweichungen bei koordinierten Bewegungen auf Bahnen [70]

Messungen von Teach-Posen verwendet. Bei Off-line programmierten Soll-Posen sind hingegen deutlich schlechtere Werte zu erwarten.

Mit der Pose-Wiederholgenauigkeit in einer Richtung (pose repeatability, RP) wird die Übereinstimmung der Position und Orientierung der Istposen bei n-fachem Anfahren der Sollpose untersucht. Die Streuung der Mehrfachrichtungspose-Genauigkeit (variation of multi-directional pose accuracy, vAP) berücksichtigt den Einfluß verschiedener Vorgeschichten beim Anfahren einer Pose. Zur Ermittlung werden die Prüfposen aus drei ver-

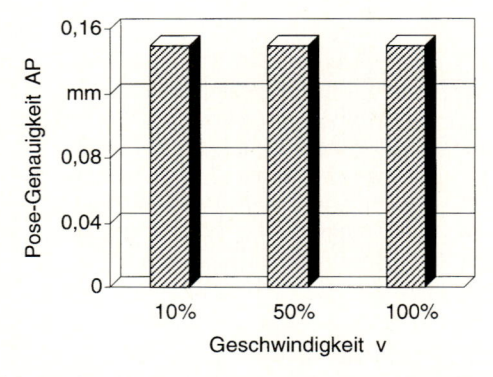

Bild 7.4-07   Pose-Genauigkeit am Beispiel eines industriellen Schweißroboters in Abhängigkeit von der prozentualen Geschwindigkeit; 100 % = Maximalgeschwindigkeit

schiedenen, zueinander orthogonalen Richtungen angefahren, um die maximale Abweichung zwischen den sich ergebenden drei mittleren Istposen zu bestimmen, Bild 7.4-08.

Vor allem für frei programmierbare Industrieroboter kann zusätzlich die Abstandsgenauigkeit beziehungsweise die Abstands-Wiederholgenauigkeit angegeben werden. Die Abstandsgenauigkeit (AD) ist durch die Abweichung des mittleren Ist-Abstands vom Sollabstand zweier Prüfposen bestimmt. Durch die Abstands-Wiederholgenauigkeit (RD) wird die Streuung der Abstände der erreichten Posen angegeben, Bild 7.4-09.

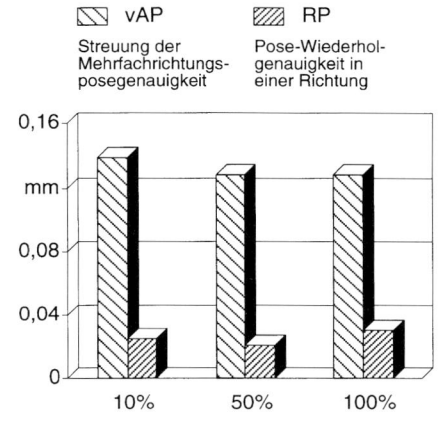

Bild 7.4-08 Vergleich von geometrischen Genauigkeitskenngrößen am Beispiel eines industriellen Schweißroboters: Genauigkeit bei gleicher (RP) und unterschiedlicher Vorgeschichte (vAP) in Abhängigkeit von der prozentualen Geschwindigkeit; 100 % = Maximalgeschwindigkeit

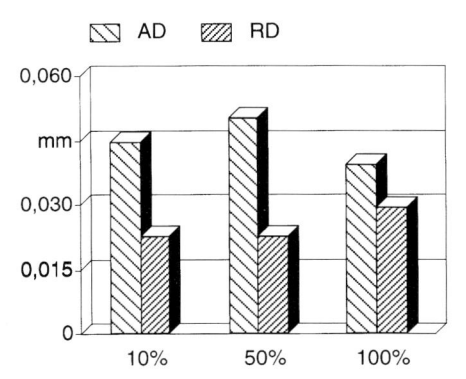

Bild 7.4-09 Abstandgenauigkeit (AD) und Abstands-Wiederholgenauigkeit (RD) am Beispiel eines industriellen Schweißroboters in Abhängigkeit von der prozentualen Geschwindigkeit; 100 % = Maximalgeschwindigkeit

Neben Poseabweichungen sind als geometrische Abweichungen auch solche Abweichungen von Bedeutung, die beim Fahren definierter Bahnen beobachtet werden können. Wichtige Kenngrößen sind hierbei die Bahn-Genauigkeit und die Bahn-Wiederholgenauigkeit, die beide unabhängig von der Form der Sollbahn sind.

Im Unterschied zur Pose-Genauigkeit bezieht sich die Bahn-Genauigkeit auf Abweichungen während des Bewegungsablaufes, so daß hierbei auch Regelfehler in der Steuerung erfaßt werden. Neben ISO 9283 ist die Bahngenauigkeit (path accuracy, AT) die größte Abweichung, die beim Positionieren und Orientieren entlang einer Bahn auftritt. Sie ist definiert als der maximale Abstand zwischen der Nominalbahn und dem Mittel der gemessenen Bahnen, bezogen auf eine Anzahl von Bahnpunkten. Die Bahn-Genauigkeit kennzeichnet die Auswirkung systematischer Fehler. Die Bahn-Wiederholgenauigkeit (path repeatability, RT) schließt ebenfalls sowohl Positionier- als auch Orientierungsfehler ein, konzentriert sich jedoch auf stochastisch bedingte Abweichungen. Die Bahn-Wiederholgenauigkeit ist ein Maß für die Streuung der Abweichungen der gemessenen Bahnen bezüglich ihrer Schwerpunktlinie senkrecht zur Bewegungsbahn. Die Berechnung der Bahn-Wiederholgenauigkeit erfolgt zunächst für einzelne Bezugspunkte, aus denen dann das Maximum ermittelt wird, Bild 7.4.-10.

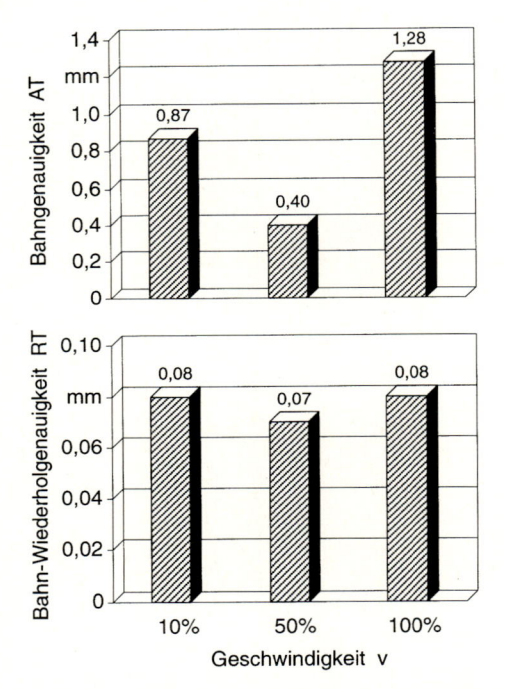

Bild 7.4-10 Bahngenauigkeit (AT) und Bahn-Wiederholgenauigkeit (RT) am Beispiel eines industriellen Schweißroboters jeweils in Abhängigkeit von der prozentualen Geschwindigkeit; 100 % = Maximalgeschwindigkeit

Beim Fahren eines Kreises als Bezugsbahn nach VDI 3427 wird im Arbeitsraum einer Maschine eine raumdiagonale Ebene festgelegt. In dieser Ebene wird eine Sollbahn definiert und eine Istbahn aufgenommen beziehungsweise gemessen. Als Einflußfaktoren auf die Wahl der Orientierung dieser Ebene sind vor allem die Anordnungen der Achsen einer Maschine zu nennen. Die Bahn-Radiusdifferenz als systematische Abweichung beim Fahren einer Kreisbahn wird für einen vorgegebenen Sollradius und eine vorgegebene Bahngeschwindigkeit in der jeweiligen Fahrrichtung aus dem Bahnabstand zwischen Sollkreisbahn und Ist-Kreisbahn gebildet. Die Kenngröße „mittlere Bahn-Radiusdifferenz DR" ist der berechnete arithmetische Mittelwert aller aufgezeichneten Bahn-Radiusdifferenzen bei mehrmaligem Durchfahren des Kreises in beiden Fahrrichtungen, Bild 7.4-12. Die Bahn-Radiusdifferenz wird bei numerisch gesteuerten Werkzeugmaschinen [19] auch als Kreisformabweichung bezeichnet.

Mit Hilfe der Aufzeichnungen von Abweichungen beim Fahren von Kreisen in mehreren Ebenen des Arbeitsraumes einer Maschine ist es prinzipiell möglich, eine Vielzahl unterschiedlicher Fehler und Abweichungsursachen vor allem von Steuerung und Antrieben zu erkennen [23,35]. Insbesondere betrifft dies Maschinen mit senkrecht zueinander angeordneten Achsen. Bild 7.4-13 zeigt einige Beispiele für Abweichungen beim Fahren eines Kreises.

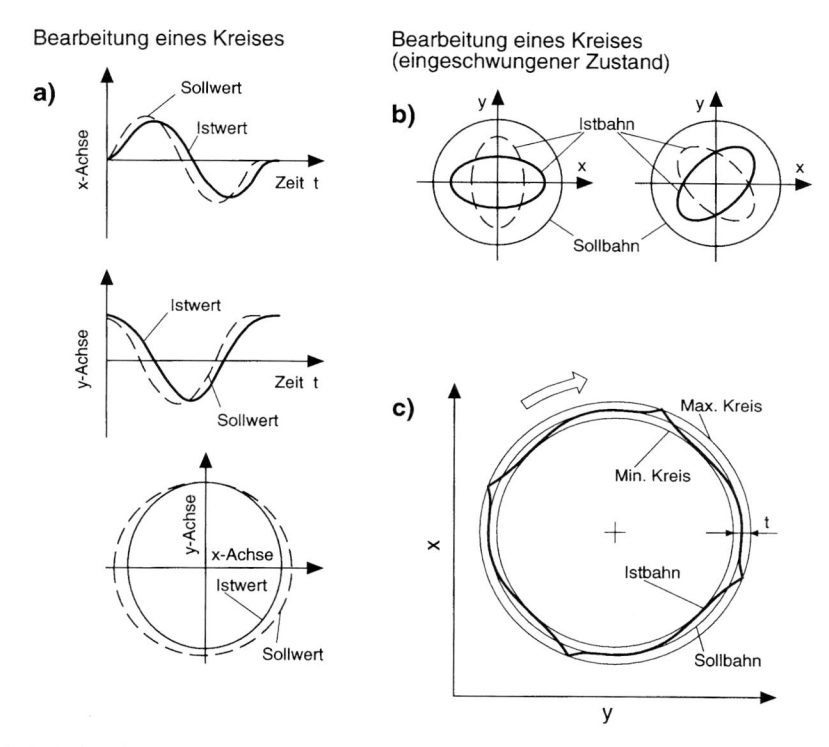

Bild 7.4-11 Beispiele für Abweichungen beim Fahren eines Kreises bei Verwendung einer zweiachsigen Bahnsteuerung: (a) unterschiedliche Schleppabstände durch wechselnde Teilsysteme; (b) unterschiedliche Antriebsdynamik der Einzelsysteme; (c) Bewegungsverzögerung bei Richtungsumkehr

Eine Kreiskontur kann durch Überlagerung einer sinusförmigen und einer kosinusförmigen Bewegung zweier senkrecht zueinander stehender Achsen realisiert werden Bild 7.4-11 (a). Die gezeigte Abweichung ergibt sich durch die Anfahr- und Haltevorgänge in den Bewegungsabläufen der x- und y-Achse sowie durch unterschiedliche Schleppabstände, die durch die wechselnden Teilgeschwindigkeiten entstehen.

Elliptische Abweichungen von der Kreisbahn, Bild 7.4-11 (b), lassen sich unter anderem auf eine unterschiedliche Antriebsdynamik oder falsch eingestellte Lageregelkreise zurückführen. So bewirkt eine in zwei Achsen unterschiedlich eingestellte Geschwindigkeitsverstärkung eine Abflachung der Kontur in der Richtung der niedrigeren Geschwindigkeitsverstärkung. Treten durch unterschiedliche Geschwindigkeitsverstärkungen Phasenverschiebungen auf, so wird die Ellipse gedreht.

Eine weitere, typische Bahnabweichung von der Kreisform zeigt Bild 7.4-11 (c). Durch eine Antwortverzögerung des Steuerungssystems tritt eine Verzögerung der Bewegung bei Richtungsumkehr auf. Ein Körper oder ein Maschinenschlitten bleibt nach Richtungsumkehr für eine kurze Zeitspanne stehen und bewegt sich dann rasch annähernd wieder auf der Sollbahn. Die Größe der Verzögerung in den Umkehrpunkten ist beispielsweise abhängig von der Steifigkeit eines Antriebs, der Bahngeschwindigkeit oder dem Radius der Kreisinterpolation (siehe auch Kapitel 8.4).

Neben dem Kreis als häufig herangezogener geometrischer Form zur Beurteilung von Maschinen kann – wie bei Industrierobotern – auch ein in einer räumlich angeordneten Ebene liegendes Quadrat als Bezugsbahn zur Ermittlung charakteristischer Kenngrößen verwendet werden. Charakteristische Kenngrößen, die beim Fahren entlang einer quadratischen Bahn dargestellt werden können, sind der Verrundungs- [70] oder Abrundungsfehler [19] und das Überschwingen [70].

Der Verrundungsfehler (cornering round-off error, CR) gemäß ISO 9283 ist beim Fahren einer Ecke als kleinster Abstand zwischen dem Eckpunkt und der Istbahn definiert, Bild 7.4-12 (a). Der mittlere Eckenfehler durch Verrundung wird als arithmetisches Mittel aller in drei Durchläufen aufgezeichneten Bahnabstandsfehler bezeichnet. Er beschreibt als systematische Abweichung für eine vorgegebene, auch im Eckpunkt beibehaltene Bahngeschwin-

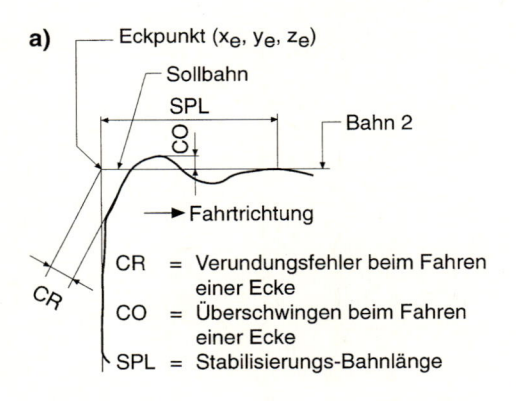

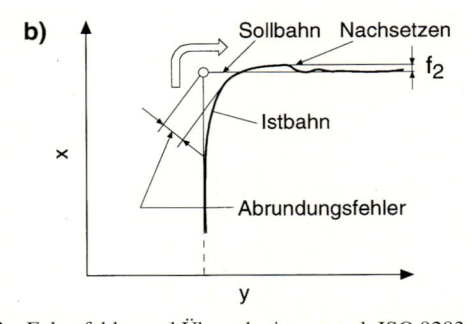

Bild 7.4-12 Eckenfehler und Überschwingen nach ISO 9283 und VDI 3427

digkeit die Auswirkung von Regelkreiseinstellungen für die beteiligten Achsantriebe auf das Nachschleppen der Istbahn, auf die in Kapitel 8.4 eingegangen wird [70].

Im Rahmen des dynamischen Verhaltens numerisch gesteuerter Maschinen [19] unterliegt der Eckenfehler keiner expliziten Definition. Er kennzeichnet beim Umfahren einer Ecke ohne Reduzierung der Soll-Bahngeschwindigkeit die Auswirkung des Schleppabstandes und wird auch Abrundungsfehler genannt, Bild 7.4-12 (b).

Der Überschwingfehler (cornering overshoot error, CO) nach ISO 9283 schließlich beschreibt die Auswirkung der Regelkreiseinstellungen für die beteiligten Achsantriebe und die Auswirkung der Feder-Masse-Eigenschaften einer Maschine auf das Überschwingen der Istbahn [70], Bild 7.4-12 (a). Als Überschwingen wird der größte Abstand der auf die Bezugsebene projizierten Istbahn von der Sollbahn nach dem Fahren um die jeweilige Ecke bezeichnet. Bild 7.4-13 zeigt Größenordnungen für die Kenngrößen Überschwingen (CO) und Verrundungsfehler (CR). Mit steigender Bahngeschwindigkeit nehmen beide Größen zu.

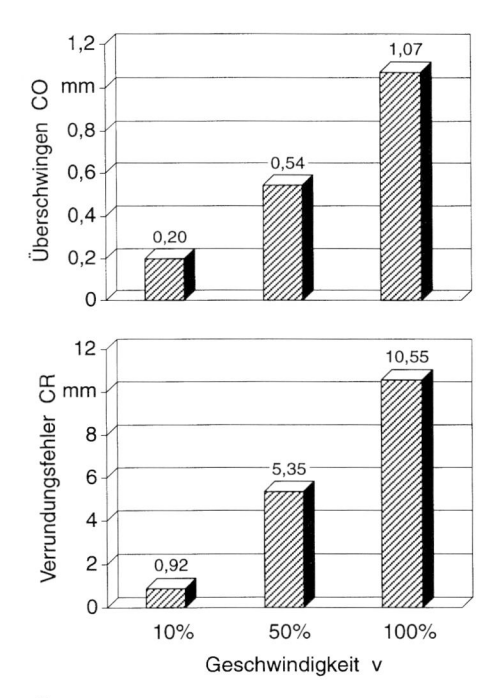

Bild 7.4-13 Überschwingen (CO) und Verrundungsfehler (CR) am Beispiel eines industriellen Schweißroboters jeweils in Abhängigkeit von der prozentualen Geschwindigkeit; 100 % = Maximalgeschwindigkeit

Abschließend sei auf die Stabilisierungsbahnlänge (stabilization path length, SPL) nach ISO 9283 hingewiesen, die ein Maß für die Länge des Weges ist, der nach dem Fahren einer Ecke zurückgelegt wird, bis sich die Bahnabweichungen unterhalb einer vorgegebenen Schranke befinden, Bild 7.4-12 (a).

Literatur zu Kapitel 7

[1] *Falk, S.:* Technische Mechanik, Bd. 2. Springer Verlag, Berlin 1968
[2] *VDI 2127:* Getriebetechnische Grundlagen: Begriffsbestimmungen der Getriebe. VDI-Verlag, Düsseldorf 1993
[3] *Wehn, V.:* Prinzipien der Struktursynthese zur Lösung von Bewegungsaufgaben durch ebene ungleichmäßig übersetzende Getriebe. VDI-Fortschrittsberichte, Reihe 1, Bd. 224, 1993
[4] *VDI 2143, Bl. 1:* Bewegungsgesetze für Kurvengetriebe. VDI-Verlag, Düsseldorf 1980
[5] *Gierse, F. J.; Marx, U.; Zientz, W.:* Bewegungsgüte von Mechanismen und Getrieben. In: Toleranzenprobleme beherrschen, Funktionen sichern, Wirtschaftlichkeit steigern. VDI-Berichte 596. VDI-Verlag, Düsseldorf 1986
[6] *VDI 2727:* Konstruktionskataloge. Lösung von Bewegungsaufgaben mit Getrieben; Grundlagen. VDI-Verlag, Düsseldorf 1991
[7] *VDI 2861:* Montage- und Handhabungstechnik. Kenngrößen für Industrieroboter. VDI-Verlag, Düsseldorf, 1988
[8] *DIN 8601:* Abnahmebedingungen für Werkzeugmaschinen für die spanende Bearbeitung von Metallen; Allgemeine Regeln. Beuth Verlag, Berlin 1986
[9] *DIN V 8602, T. 1:* Verhalten von Werkzeugmaschinen unter statischer und thermischer Beanspruchung. Beuth Verlag, Berlin 1990
[10] *DIN V 8602, T. 2:* Verhalten von Werkzeugmaschinen unter statischer und thermischer Beanspruchung; Prüfung für Senkrecht- Konsolfräsmaschinen. Beuth Verlag, Berlin 1990
[11] *DIN V 8602, T. 3:* Verhalten von Werkzeugmaschinen unter statischer und thermischer Beanspruchung; Prüfung für Waagerecht- Konsolfräsmaschinen. Beuth Verlag, Berlin 1990
[12] *VDI/DGQ 3441:* Statistische Prüfung der Arbeits- und Positionsgenauigkeit von Werkzeugmaschinen; Grundlagen. VDI-Verlag, Düsseldorf 1977
[13] *VDI/DGQ 3442:* Statistische Prüfung der Arbeitsgenauigkeit von Drehmaschinen. VDI-Verlag, Düsseldorf 1977
[14] *VDI/DGQ 3443:* Statistische Prüfung der Arbeitsgenauigkeit von Fräsmaschinen. VDI-Verlag, Düsseldorf 1977
[15] *VDI/DGQ 3444:* Statistische Prüfung der Arbeitsgenauigkeit von Bohrmaschinen. VDI-Verlag, Düsseldorf 1977
[16] *VDI/DGQ 3445:* Statistische Prüfung der Arbeitsgenauigkeit von Schleifmaschinen. VDI-Verlag, Düsseldorf 1977
[17] *VDI/AWF 2870:* Beurteilung numerisch gesteuerter Arbeitsmaschinen; Genauigkeit, Bestellvereinbarung und Nachweis. VDI-Verlag, Düsseldorf 1984
[18] *VDI 2851, Bl. 1:* Numerisch gesteuerte Arbeitsmaschinen; Beurteilung von Bohrmaschinen durch Einfachprüfwerkstücke. VDI-Verlag, Düsseldorf 1986
[19] *VDI 3427, Bl. 1:* Numerisch gesteuerte Arbeitsmaschinen; Dynamisches Verhalten von numerischen NC-Steuerungen an Werkzeugmaschinen; Begriffe und Merkmale. VDI-Verlag, Düsseldorf 1977
[20] *VDI 3427, Bl. 2:* Numerische gesteuerte Arbeitsmaschinen; Dynamisches Verhalten von numerischen NC-Steuerungen an Werkzeugmaschinen: Kenngrößen. VDI-Verlag, Düsseldorf 1977
[21] *VDI 2725 E, Bl. 1:* Getriebekennwerte, Kennwerte für den Entwurf und die Entwicklung von Getrieben, Entwurf. VDI-Verlag, Düsseldorf 1983
[22] *VDI 2725 E, Bl. 2:* Getriebekennwerte, Kennwerte für den Entwurf und die Entwicklung von Getrieben (Fortsetzung), Entwurf. VDI-Verlag, Düsseldorf 1985

[23] *Kakino, Y.; Ihara, Y.; Shinohara, A.:* Bestimmung der Genauigkeit von NC-Werkzeugmaschinen nach dem DBB- Verfahren. Hrsg. von Johannes Heidenhain. Carl Hanser Verlag, München, Wien 1993
[24] *Roth, K.; Kopowski, E.:* Konstruktionskatalog fester Verbindungen. VDI-Z 124 (1982) 6, S. 193–204
[25] *Spur, G.; Lehmann, W.; Knupfer, S.:* 3D-Bewegungssimulation – neuartige Vorgehensweise zur Werkzeugmaschinenentwicklung. VDI-Z 132 (1990) 1, S. 10–13
[26] *DIN 803:* Vorschübe für Werkzeugmaschinen, Nennwerte Grenzwerte, Übersetzungen. Beuth Verlag, Berlin 1977
[27] *Milberg, J.:* Werkzeugmaschinen-Grundlagen; Zerspantechnik, Dynamik, Baugruppen, Steuerungen. Springer-Verlag, Berlin, Heidelberg, New York 1992
[28] *Herold, H.-H.; Maßberg, W.; Stute, G.:* Die numerische Steuerung in der Fertigungstechnik. VDI Verlag, Düsseldorf 1971
[29] *ISO 230-1:* Acceptance code for macine tools – part 1: Geometric accuracy of macines operating under no-load or finishing conditions
[30] *Weck, M.:* VDW-Forschungsbericht 0157; Studie zum Thema „Abnahmebedingungen an Werkzeugmaschinen" – Bestandsaufnahme und Problemanalyse. VDW, Frankfurt 1992
[31] *Roth, K.:* Konstruieren mit Konstruktionskatalogen. Springer Verlag, Berlin, Heidelberg, New York 1982
[32] *Köcher, H.:* Konstruktionskatalog Geradführungen mit Wälzkörpern. VDI-Z 126 (1984) 7, S. 233–241.
[33] *Hildebrand, S.:* Feinmechanische Bauelemente. Carl Hanser Verlag, München, Wien 1983
[34] *Krause, W.:* Konstruktionselemente der Feinmechanik. Carl Hanser Verlag, München, Wien 1989.
[35] *Weck, M.:* Werkzeugmaschinen Band 4; Meßtechnische Untersuchung und Beurteilung. VDI-Verlag, Düsseldorf 1992
[36] *Vogel, J.:* Elektrische Antriebstechnik. Hüthig Buch Verlag, Heidelberg 1991
[37] *Weck, M.:* Werkzeugmaschinen Band 2; Konstruktion und Berechnung. VDI-Verlag, Düsseldorf 1985
[38] *Niemann, G.; Winter, H.:* Maschinenelemente Band 3; Schraubrad-, Kegelrad-, Schnecken-, Ketten-, Riemen-, Reibradgetriebe, Kupplungen Bremsen, Freiläufe. Springer Verlag, Berlin, Heidelberg 1983
[39] *Matek, W., e.a.:* Roloff/Matek Maschinenelemente; Normung Berechnung Gestaltung. Vieweg Verlag, Braunschweig, Wiesbaden 1992
[40] *Trummer, A.:* Vorrichtungen der Produktionstechnik; Entwicklung, Montage, Automation. Vieweg Verlag, Braunschweig 1994
[41] *VDI 2861, Blatt 3:* Montage- und Handhabungstechnik; Kenngrößen für Industrieroboter; Prüfung der Kenngrößen. VDI-Verlag, Düsseldorf 1988
[42] *VDI 2721:* Schrittgetriebe; Begriffsbestimmungen, Systematik, Bauarten. VDI-Verlag, Düsseldorf 1980
[43] *Moczala, H. u. a.:* Elektrische Kleinstmotoren und ihr Einsatz. Expert Verlag, Grafenau 1979
[44] *Kreuth, H. P.:* Schrittmotoren. Oldenbourg Verlag, München, Wien 1988
[45] *DIN ISO 1132:* Wälzlager; Toleranzen; Definitionen. Beuth Verlag, Berlin 1982
[46] *DIN 620, Bl. 2:* Wälzlager; Toleranzen für Radiallager. Beuth Verlag, Berlin 1992
[47] *DIN 620, Bl. 3:* Wälzlager; Toleranzen für Axiallager. Beuth Verlag, Berlin 1988
[48] *Albert, M.; Köttritsch, H.:* Wälzlager. Springer Verlag, Wien, New York 1987
[49] *N. N.:* Genauigkeitslager; Katalog 3700/IT. SKF Kugellagerfabriken GmbH, Schweinfurt 1990

[50] *Eschmann, P.; Hasbargen, L.; Weigand, K.:* Die Wälzlagerpraxis; Handbuch für die Berechnung und Gestaltung von Lagerungen. Oldenbourg Verlag, München, Wien 1978
[51] *N. N.:* SKF-Hauptkatalog; Katalog 4000 T. SKF Kugellagerfabriken, Schweinfurt 1989
[52] *VDI 2201:* Gestaltung von Lagerungen; Einführung in die Wirkungsweise der Gleitlager. Beuth Verlag, Berlin, Köln 1968
[53] *DIN 31 652, T1:* Gleitlager; Hydrodynamische Radialgleitlager im stationären Betrieb; Berechnung von Kreiszylinderlagern. Beuth Verlag, Berlin 1983
[54] *DIN 31 652, T2:* Gleitlager; Hydrodynamische Radialgleitlager im stationären Betrieb; Funktionen für die Berechnung von Kreiszylinderlagern. Beuth Verlag, Berlin 1983
[55] *DIN 31 652, T3:* Gleitlager; Hydrodynamische Radialgleitlager im stationären Betrieb; Betriebsrichtwerte für die Berechnung von Kreiszylinderlagern. Beuth Verlag, Berlin 1983
[56] *Peeken, H.:* Praxisnahe Gleitlagerberechnung nach heutigem Kenntnisstand; in: Bartz, W. J.: Gleitlagertechnik, Teil 1. Expert Verlag, Grafenau 1981
[57] *DIN 31 698:* Gleitlager; Passungen. Beuth Verlag, Berlin 1979
[58] *DIN 31 699:* Gleitlager; Wellen, Bunde, Spurscheiben; Form- und Lagetoleranzen und Oberflächenrauheit. Beuth Verlag, Berlin 1986
[59] *DIN 31 653, T1:* Gleitlager; Hydrodynamische Axial-Gleitlager im stationären Betrieb; Berechnung von Axialsegmentlagern. Beuth Verlag, Berlin 1991
[60] *DIN 31 653, T2:* Gleitlager; Hydrodynamische Axial-Gleitlager im stationären Betrieb; Funktionen für die Berechnung von Axialsegmentlagern. Beuth Verlag, Berlin 1991
[61] *DIN 31 653, T3:* Gleitlager; Hydrodynamische Axial-Gleitlager im stationären Betrieb; Betriebsrichtwerte für die Berechnung von Axial-Kippsegmentlagern. Beuth Verlag, Berlin 1991
[62] *DIN 31 654, T1:* Gleitlager; Hydrodynamische Axial-Gleitlager im stationären Betrieb; Berechnung von Axial-Kippsegmentlagern. Beuth Verlag, Berlin 1991
[63] *DIN 31 654, T2:* Gleitlager; Hydrodynamische Axial-Gleitlager im stationären Betrieb; Funktionen für die Berechnung von Axial-Kippsegmentlagern. Beuth Verlag, Berlin 1991
[64] *DIN 31 654, T3:* Gleitlager; Hydrodynamische Axial-Gleitlager im stationären Betrieb; Betriebsrichtwerte für die Berechnung von Axialsegmentlagern. Beuth Verlag, Berlin 1991
[65] *DIN 31670, T8:* Gleitlager; Qualitätssicherung von Gleitlagern; Prüfung der Form- und Lagerabweichungen und Oberflächenrauheit an Wellen, Bunden und Spurscheiben. Beuth Verlag, Berlin 1991
[66] *Schmidt, J.:* Grundlagen und Stand der Luftlagerungen; in: Bartz, J.: Luftlagerungen; Grundlagen und Anwendungen. Expert Verlag, Ehningen 1993
[67] *Wiemer, A.:* Luftlagerung. VEB Verlag Technik, Berlin 1969
[68] *Weck, M.; Luderich, J.:* Konstruktion, Berechnung, meßtechnische Untersuchung und Einsatz einer luftgelagerten Arbeitsspindel für eine Ultrapräzisionsdrehmaschine; in: Bartz, J.: Luftlagerungen; Grundlagen und Anwendungen. Expert Verlag, Ehningen 1993
[69] *VDI 2861, Blatt 2:* Montage- und Handhabungstechnik; Kenngrößen für Industrieroboter; Einsatzspezifische Kenngrößen. VDI-Verlag, Düsseldorf 1991
[70] *ISO 9283:* Manipulating industrial robots – Performance criteris and related test methods. Genf, ISO 1990
[71] *DIN EN 29283:* Industrieroboter; Leistungskriterien und zugehörige Testmethoden. Deutsche Fassung der ISO 9283. Beuth Verlag, Berlin 1992
[72] *ANSI/RIA R15.05-1:* American National Standard for Industrial Robots and Robot Systems – Point to Point and Static Performance Characteristics – Evaluation (1990)

[73] *ANSI/RIA R15.05-2:* American National Standard for Industrial Robots and Robot Systems – Path-Related and Dynamic Performance Characteristics – Evaluation (1992)
[74] *ANSI/RIA R15.05-3:* American National Standard for Industrial Robots and Robot Systems – Guidelines for Reliability Acceptance Testing (1992)
[75] *DIN VDE 0530:* Umlaufende elektrische Maschinen, Teil 1, Bemessungsdaten und Betriebshinweise. VDE-Verlag, Berlin 1991.

8 Genauigkeit der Maschinensteuerung

8.1 Allgemeines

Die Aufgabe der Maschinentechnik besteht darin, einen Eingangszustand von Material, Energie und Information in einen vorbestimmten Ausgangszustand zu verwandeln. Neben der Materialtechnik und der Energietechnik ist die Informationstechnik ein unentbehrlicher Eckpfeiler dieses Transformationsprozesses. Je nach Entwicklungsstufe der Informationstechnik unterscheiden wir nach Bild 8.1-01:
- handwerkliche Arbeitssysteme,
- mechanisierte Arbeitssysteme und
- automatisierte Arbeitssysteme.

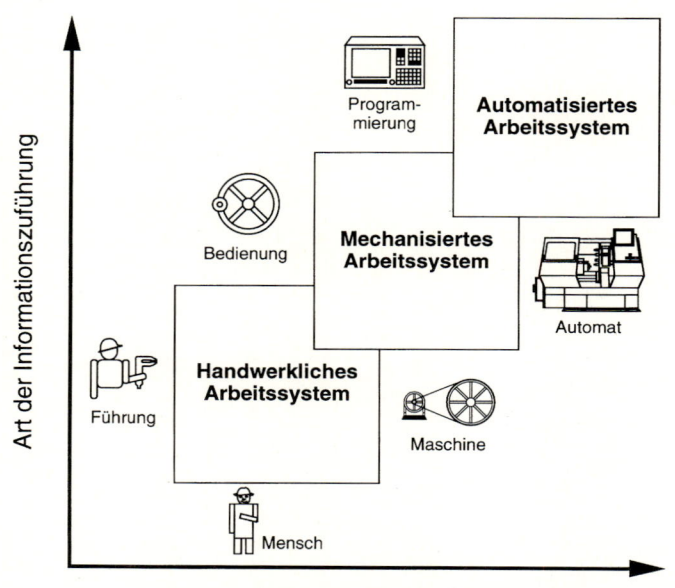

Bild 8.1-01   Entwicklungsstufen der Arbeitstechnik durch Veränderung der Informationszuführung

Die drei Systeme weisen Unterschiede in der Art der Informations- und Energieeinbringung auf. Im handwerklichen Arbeitssystem werden Energie und Information unmittelbar vom Menschen erbracht. Im mechanisierten Arbeitssystem wird die Energie durch Kraftmaschinen zugeführt, die Information aber noch vom Menschen eingegeben. Der Informationsinhalt ist jedoch in einer Form aufzubereiten, daß er dem mechanischen Übertragungsverhalten der Bedienkomponenten gerecht wird. Im automatisierten Arbeitssystem wird der mechanisierte Arbeitsablauf durch ein Informationssystem gesteuert, das vom Menschen programmiert worden ist.

Mit steigender Systemkomplexität nimmt die Anzahl der Fehlerquellen entsprechend der Informations- und Energieübertragungskomponenten zu. Gleichzeitig steigt jedoch auch die

Möglichkeit zu einer höheren Arbeitsgenauigkeit durch Kenntnis und Beherrschung der verschiedenen Fehlerursachen. Im einfachsten System ist das handwerkliche Geschick neben der eingesetzten Technik und der verwendeten Werkzeuge von entscheidendem Einfluß auf das Arbeitsergebnis. Im mechanischen Arbeitssystem wird der handwerkliche Teil durch die Maschinenbedienung ersetzt. Die Art der Bedienung hat aber weiterhin einen wesentlichen Einfluß auf die Arbeitsqualität. Die automatisierten Arbeitssysteme können insbesondere systematische Fehler kompensieren, beinhalten allerdings durch den hohen Grad der Informationsverarbeitung in Verbindung mit einer komplexen Energieeinbringung ein zusätzliches Feld von Fehlerquellen.

Informationssysteme können in vier verschiedene Entwicklungsstufen gegliedert werden (Bild 8.1-02):
– Steuerungssysteme,
– Regelungssysteme,
– Adaptivsysteme und
– Lernsysteme.

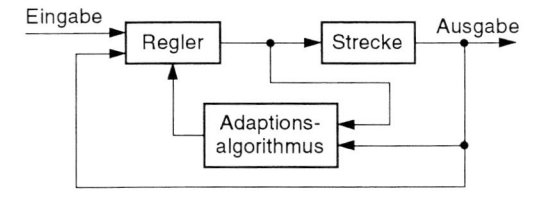

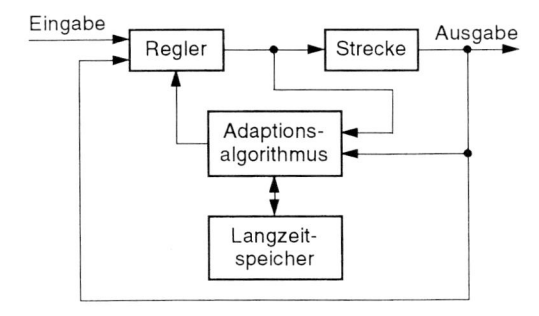

Bild 8.1-02 Ausbildung des Informationssystems von Maschinen

Ein Steuerungssystem ist durch eine offene Wirkungskette für konstante Transformation ohne Rückmeldung gekennzeichnet. Das Ergebnis der durch die Ausgangsgröße bewirkten Operation wird nicht innerhalb des Prozesses überprüft. Abweichungen vom Sollzustand lassen sich mit einem derartigen System weder erkennen noch ausgleichen.

Ein Regelungssystem ist durch eine geschlossene Wirkungskette für konstante Transformation mit Rückmeldung gekennzeichnet. Eine Berücksichtigung der Regelabweichung, die sich als Differenz zwischen der Regelgröße am Ausgang der Strecke und dem Sollwert am Eingang des Reglers ergibt, kann zu einem besseren Systemverhalten gegenüber der reinen Steuerung führen. In der Praxis kommen unterschiedliche Reglerstrukturen wie beispielsweise Kaskadenregelungen, Zustandsregelungen oder Mehrgrößenregelungen zum Einsatz, die auf den jeweiligen Anwendungsfall zugeschnitten sind.

Die Steuerung einer selbsttätigen Maschine hat zwei grundsätzliche Aufgaben: sie muß zum einen Bauelemente auf bestimmten Wegen oder Bahnen steuern, zum anderen sind Schaltvorgänge einzuleiten. Die zu realisierenden Bewegungen können zwei- oder dreidimensional sein. In beiden Fällen werden Bewegungen mit und ohne Funktionszusammenhang zwischen den in der Maschine integrierten Achsen unterschieden.

Bei einem gleichbleibenden Streckenverhalten gewährleisten herkömmliche Reglersysteme eine gute Prozeß- und Wiederholgenauigkeit. Änderungen der Strecke können jedoch zu Fehlern im Prozeß führen. Eine Abhilfe liefern Adaptivsysteme, die durch eine geschlossene, aber anpaßbare Wirkungskette für veränderliche Transformation und Rückmeldung gekennzeichnet sind. Das Adaptivsystem verändert die Reglerparameter nach fest vorgegebenen Algorithmen.

Ein Lernsystem ist ein Adaptivsystem, das zusätzlich über einen Langzeitspeicher verfügt und für den Wiederholungsfall einer Transformationsaufgabe Systemerfahrung bereit hält. Das Lernsystem ist damit in der Lage, gezielte Änderungen des Adaptionsalgorithmus vorzunehmen.

In Anlehnung an DIN 19226 ist es Aufgabe der Maschinensteuerung, Eingangsgrößen des Maschinensystems nach vorgegebenen Zielgrößen hinsichtlich seiner Ausgangsgrößen zu beeinflussen. Dies geschieht über eine Informationsumsetzung. Maschinensteuerungen sind ein Teil des Informationssystems einer Maschine. Maschinensteuerungen lassen sich hinsichtlich der Informationsverarbeitung wie folgt unterscheiden:

– Informationsinhalt,
– Informationseingabe,
– Informationsspeicherung,
– Informationserzeugung,
– Informationswandel,
– Informationsverteilung sowie
– Informationsdarstellung.

Ziel des Informationsflusses ist die Auslösung von Arbeitsfunktionen in der Maschine. Wir sprechen deshalb von Arbeitsinformationen. Sie werden unterschieden in
– Schaltinformationen und
– Weginformationen.

Schaltinformationen steuern zeitlich und örtlich orientierte Zustandsänderungen durch Einschalten, Umschalten und Abschalten. Sie können sich sowohl auf Hauptfunktionen als auch auf Neben- und Hilfsfunktionen beziehen.

Weginformationen steuern zeitlich und örtlich orientierte Bewegungsabläufe zur Positionierung und Bahngenerierung. Sie sind im wesentlichen auf die Hauptfunktionen bezogen.

In Bild 8.1-03 ist die Struktur der Informationsverarbeitung in Maschinensteuerungen dargestellt.

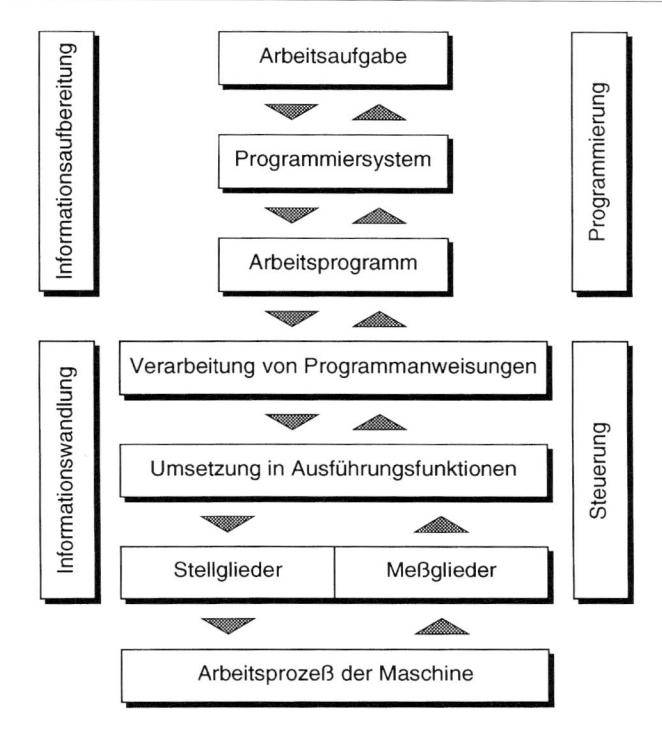

Bild 8.1-03 Struktur der Informationsverarbeitung in Maschinensteuerungen

Die Realisierung der Informationsverarbeitung in Maschinensystemen erfolgt durch Steuerungsmittel. Diese werden nach ihrem Wirkprinzip unterschieden in
– mechanische Steuerungen,
– fluidische Steuerungen und
– elektrische Steuerungen.

Bild 8.1-04 zeigt eine Untergliederung der Steuerungsmittel unter Einbeziehung funktioneller und anwendungsorientierter Gesichtspunkte. Nach Art ihrer Zielsetzung im Rahmen der gesamten Funktionssteuerung von Maschinen werden beispielsweise unterschieden:
– Arbeitsablaufsteuerungen,
– Meßsteuerungen,
– Sicherheitssteuerungen und
– Gleichlaufsteuerungen.

Für die Beurteilung der Qualität von Maschinen spielt die Funktionsqualität ihrer Steuerungssysteme eine wichtige Rolle. Die bei der Produktplanung entwickelten Zielfunktionen müssen durch die Qualität aller Funktionsparameter erfüllt und erreicht werden. Der steigende Anspruch an die Funktionsqualität von Maschinen wird zu einem erheblichen Anteil an die Maschinensteuerungen weitergegeben. Mit einer Vermehrung der Maschinenfunktionen ist meistens auch eine Verfeinerung durch Steigerung der Genauigkeit und eine Erhöhung der Zuverlässigkeit verbunden.

Wie das gesamte Maschinensystem wird auch das Informationssystem hinsichtlich seiner Qualität von der Entwicklungs-, Herstellungs- und Arbeitsqualität beeinflußt. Die Qualität

Mechanische Steuerungen	Fluidische Steuerungen	Elektrische Steuerungen
• Nockensteuerungen	• Hydraulische Steuerungen	• Schaltsteuerungen

• Kurvensteuerungen	• Pneumatische Steuerungen	• Elektronische Steuerungen
		  - Numerische
		  - Speicherprogammierbare

• Kopiersteuerungen		
• Kurbelgetriebesteuerungen	• Elektro-fluidische Steuerungen	

Bild 8.1-04 Untergliederung der Maschinensteuerungen

des Informationsflusses ist raum-, zeit- und mengenbezogen zu bewerten. Nahezu alle Qualitätskriterien von Maschinenfunktionen stehen mit der Informationsqualität im Zusammenhang. Dies gilt insbesondere für die Genauigkeit und Zuverlässigkeit von Maschinen, die durch das Steuerungssystem technologisch entscheidend beeinflußt werden. Die Kriterien für die Qualität des Funktionssystems Steuerung lassen sich in ein Genauigkeitssystem für Arbeitsprozesse eingliedern (Bild 8.1-05). Der Arbeitsprozeß kann zwar entscheidend durch mechanische Genauigkeit beeinflußt werden, ist aber andererseits von der Genauigkeit der Steuerung abhängig.

Steuerungsgenauigkeit ist ein qualitativer Begriff für das Ausmaß einer Annäherung vom Ermittlungsergebnis auf einen Bezugswert für ein spezifisches Steuerungsverhalten. Die

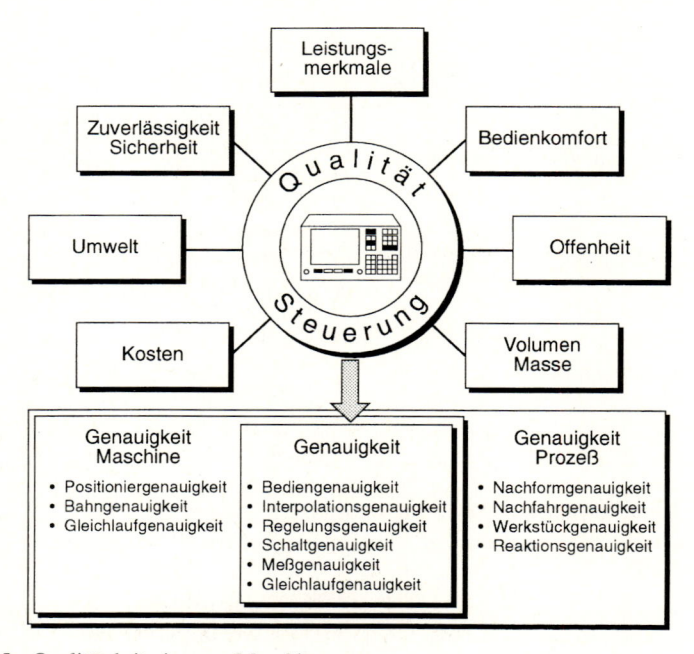

Bild 8.1-05 Qualitätskriterien von Maschinensteuerungen

Steuerungsgenauigkeit kann man sowohl im Umfeld von Maschine und Prozeß als auch losgelöst davon als Eigenschaft der Informationsverarbeitungseinheit betrachten. Die reale Verwirklichung der Maschinensteuerung öffnet unterschiedliche Gestaltungsmöglichkeiten hinsichtlich der erreichbaren Toleranzbereiche.

Die Steuerungsfunktion kann zustandsorientiert, kinematisch orientiert und energieorientiert ausgelegt werden. Entsprechendes gilt für die Genauigkeit der Steuerungsabläufe. Das Genauigkeitssystem von Maschinensteuerungen läßt sich zurückführen auf die Genauigkeit von Schaltinformationen und die Genauigkeit von Weginformationen.

Die auf die Informationsverarbeitung einer elektronischen Steuerung einwirkenden Störfunktionen haben ihre Ursache nicht nur im mechanischen System der Maschine, sondern durchaus auch im Steuerungssystem selbst. Bild 8.1-06 zeigt schematisch Störkomplexe von Steuerungen, die auf die Genauigkeit der Weg- und Schaltinformationen einwirken können.

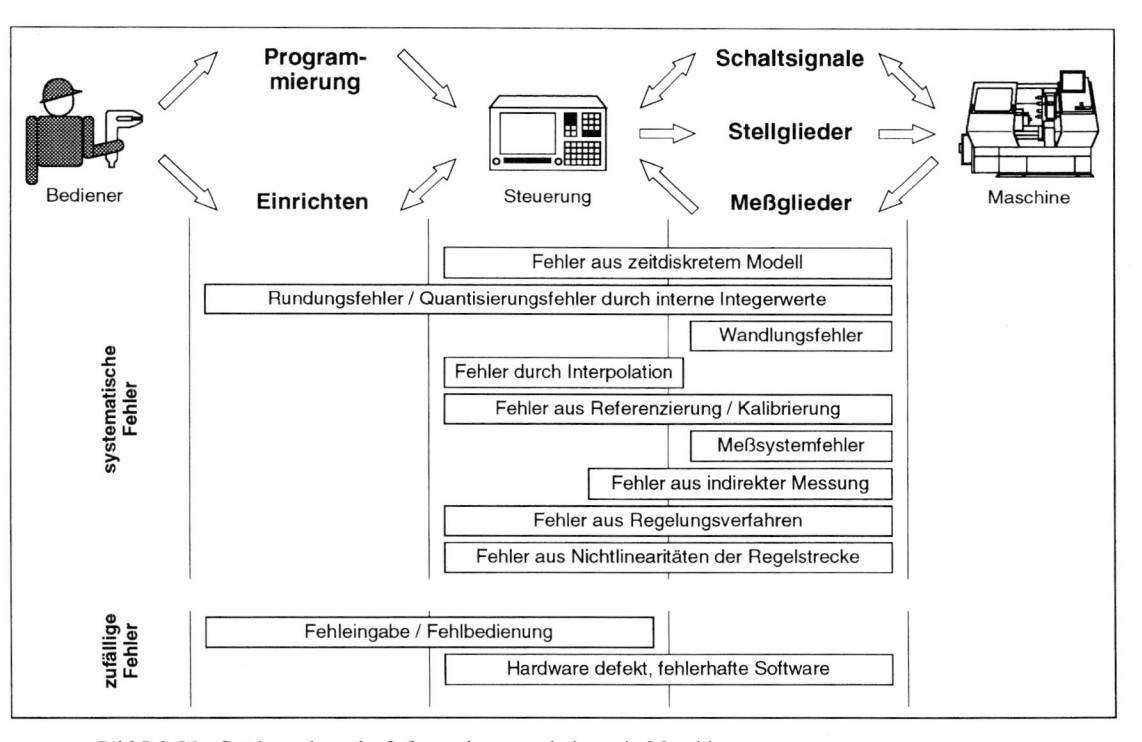

Bild 8.1-06   Störkomplexe der Informationsverarbeitung in Maschinensteuerungen

Aus dem Störkomplex der Steuerungen und des Maschinensystems leiten sich unterschiedliche Genauigkeitsfunktionen ab (Bild 8.1-07). Wir unterscheiden die folgenden in sich abgeschlossenen Komplexe:

Bediengenauigkeit:
Handwerkliche Genauigkeit, Einrichtgenauigkeit, Programmiergenauigkeit.

Steuerungsgenauigkeit:
Übertragungsgenauigkeit, Rechengenauigkeit, Interpolationsgenauigkeit, Schaltgenauigkeit, Stellgenauigkeit, Meßgenauigkeit.

Maschinengenauigkeit:
Regelungsgenauigkeit, Gleichlaufgenauigkeit, Bahngenauigkeit, Positioniergenauigkeit.

Die Einbeziehung des Prozesses erweitert den Einfluß dieser Komplexe auf das Arbeitsergebnis. Wir sprechen in diesem Zusammenhang von Prozeßgenauigkeit.

Bediengenauigkeit
Die Bediengenauigkeit ist bei handwerklichen Arbeitssystemen im Sinne *einer handwerklichen Genauigkeit* weitgehend von der Aufmerksamkeit und dem Geschick des Bedienenden abhängig. Fischer ging 1900 hinsichtlich der Bedienaufgabe noch davon aus, daß der Maschinenbediener „nach dem, was er beobachtet, die Maschine steuern soll" [11]. Bei komplexen Maschinen wurden schon damals erhebliche Anforderungen an die Qualifikation der Maschinenbediener gestellt. Es konnte auch eine Überlastung bei der geforderten Bedienungsleistung entstehen.

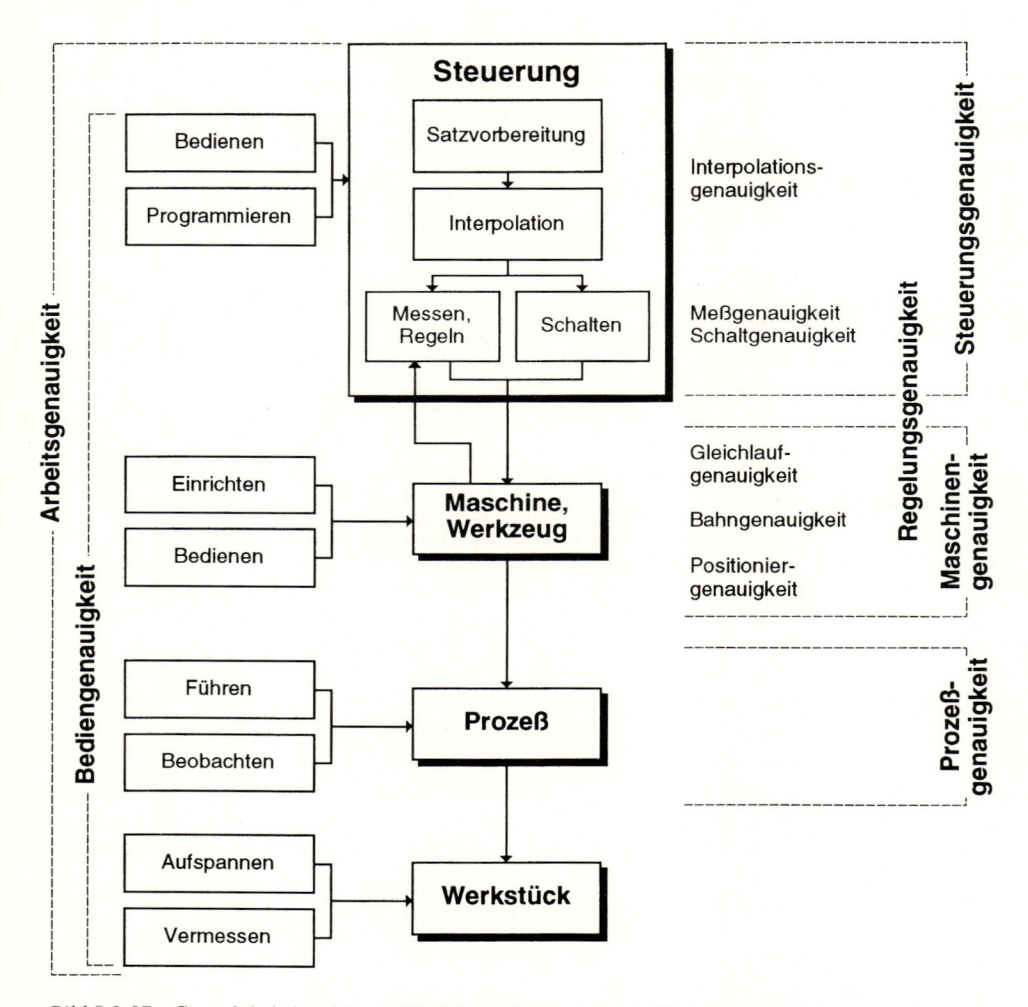

Bild 8.1-07   Genauigkeitsbereiche im Umfeld der Steuerung von Werkzeugmaschinen

Genauigkeitsprobleme lassen sich im gesamten Bereich von Mensch-Maschine-Systemen erkennen. Bei mechanischen Arbeitssystemen kommt der Komplex der Einrichtgenauigkeit hinzu, der ebenfalls personenbezogen beeinflußt ist. Neben der Genauigkeit der verschiedenen Einrichtelemente, die im Rahmen der Maschinengenauigkeit zu betrachten ist, hängt die *Einrichtgenauigkeit* entscheidend von der Arbeitsqualität der Einrichter ab.

Auch an automatisierten Arbeitssystemen wird die Genauigkeit durch das Einrichten beeinflußt. Die manuellen Anforderungen bekommen zusätzlich eine mentale Komponente durch die Komplexität der Informationszuführung über die Programmierung. Die Genauigkeit der Eingabewerte und die Auswahl einer geeigneten Bearbeitungsstrategie bestimmen dabei die *Programmiergenauigkeit*. Abweichungen vom Sollzustand können durch einfache Übertragungsfehler einzelner Werte, durch Fehlinterpretation der Aufgabenstellung sowie durch die Auswahl einer nicht optimalen Prozeßstrategie auftreten.

Steuerungsgenauigkeit
Die Steuerungsgenauigkeit beschreibt die Übereinstimmung der Ein- und Ausgangsgröße der offenen Wirkungskette bei der Generierung, Umsetzung und Übertragung von Schalt- und Weginformationen. Bei einem handwerklichen Arbeitssystem muß die Genauigkeit der menschlichen Bewegung auf das sensumotorische und körperliche Leistungsvermögen bezogen werden. An mechanisierten und automatisierten Arbeitssystemen hat der Mensch keinen unmittelbaren Einfluß mehr auf die Steuerungsgenauigkeit. Veränderungen der Genauigkeit sind nur mittelbar über die Auswahl oder die konstruktive beziehungsweise programmtechnische Gestaltung sowie die Herstellungsgenauigkeit der Steuerung möglich.

Mechanische oder fluidische Steuerungen haben eine durch ihre Kinematik, Dynamik und Steifigkeit bestimmte *Übertragungsgenauigkeit*, die von unterschiedlichen Einflußfaktoren wie Last, Arbeitsgeschwindigkeit und Arbeitsdauer abhängig ist.

Elektronische Steuerungen wirken sich mit ihrem Übertragungsverhalten nicht direkt auf den Arbeitsprozeß aus, sondern bilden mit den Stellgliedern und den Meßgliedern einen Funktionskomplex. Elektronische Steuerungen selbst weisen bestimmte *Rechengenauigkeiten* auf, die sich aus den intern verwendeten Zahlendarstellungen sowie aus den Berechnungsalgorithmen ergeben.

Eine wesentliche Aufgabe von elektronischen Steuerungen ist die Umsetzung von kontinuierlichen Eingangsgrößen in zeitdiskrete Einzelschritte, die als Ausgangsgrößen an die Stellglieder weitergeleitet werden. Die Generierung der Einzelschritte erfolgt im Interpolationsmodul der Steuerung. Die Berechnung der Stützstellen ist dabei der Rechengenauigkeit und -geschwindigkeit der Steuerung unterworfen. Aus der Übereinstimmung zwischen kontinuierlicher, vorgegebener und der daraus berechneten diskreten Weginformation ergibt sich die *Interpolationsgenauigkeit* der Steuerung.

Die *Schaltgenauigkeit* beschreibt die zeitliche und örtliche Übereinstimmung zwischen Auslösung und Ergebnis am Schaltausgang. Sie wird über einen absoluten Wert und eine Streuung beschrieben. Je nach Anwendungsfall stehen unterschiedliche Gesichtspunkte im Vordergrund. Bei einer Sicherheitsschaltung ist beispielsweise eine kurze Reaktionszeit gefordert, während bei prozeßbezogenen Anwendungen die Streuung im Sinne einer hohen Wiederholgenauigkeit von Bedeutung ist.

Unter *Stellgenauigkeit* verstehen wir die zeitliche und örtliche Übereinstimmung zwischen Ein- und Ausgang am Stellglied. An numerischen Steuerungen lassen sich Fehler regelungstechnisch kompensieren, sofern sie modellhaft reproduzierbar sind. Dies setzt jedoch die Berücksichtigung gegebener Nichtlinearitäten wie beispielsweise Begrenzungen voraus.

Die *Meßgenauigkeit* gibt die Übereinstimmung eines direkt oder indirekt gewonnenen Meßwertes mit dem Arbeitsergebnis der Maschine an. Die Meßgenauigkeit hängt ab von der Art der Messung, der Auflösung des Meßsystemes sowie der Meßwertwandlung und -übertragung.

Maschinengenauigkeit
Die Maschinengenauigkeit bestimmt die Genauigkeit der Umsetzung aller Schalt- und Weginformationen der Stellglieder hin zum Arbeitsergebnis der Maschine. Sie ist durch systematische und zufällige Fehler bestimmt. Eindeutige, stets reproduzierbare, systematische Fehler lassen sich über das Steuerungssystem kompensieren. Zur indirekten Beherrschung zufälliger Fehler dienen Meßsteuerungen, die das Arbeitsergebnis dann direkt berücksichtigen.

Die *Regelungsgenauigkeit* beschreibt ähnlich der Steuerungsgenauigkeit die Übereinstimmung der Ein- und Ausgangsgrößen bei der Generierung, Umsetzung und Übertragung von Weginformationen. Sie unterscheidet sich aber grundsätzlich durch die Rückführung der Ausgangsgröße in den Regler. In diesem Zusammenhang sprechen wir auch von der Regelgüte, die das Reaktionsvermögen des Systems auf Änderungen der Sollgrößen am Eingang sowie auf Störgrößen der Strecke beschreibt.

Die Regelungsgenauigkeit weist Komponenten unterschiedlicher Ordnung auf. Zunächst gibt die absolute Stabilität des Regelkreises an, ob das System einer Änderung der Führungsgröße überhaupt folgen kann. Die Dämpfung als relative Stabilität beschreibt dagegen das Schwingverhalten und bestimmt die Zeit, nach der Systemanregungen ausgeglichen sind. Die Regelungsgenauigkeit wird durch eine Vielzahl von Einflußfaktoren bestimmt. Zunächst muß die Reglerstruktur an die Strecke angepaßt sein. In diesem Zusammenhang ist von Bedeutung, mit welcher Genauigkeit das dem Reglerentwurf zugrundeliegende Modell tatsächlich die Strecke wiedergibt. In Abhängigkeit von der Strecke beziehungsweise von ihrem Modell muß der Regler auch ein entsprechendes Zeitverhalten aufweisen. In Verbindung mit der Meß- und Stellgenauigkeit bzw. bei elektronischen Reglern mit der Rechengenauigkeit können hier durch Quantisierungsstufen bedingte Sprünge auftreten, die das Reglersystem zum Schwingen anregen und die Reglergenauigkeit negativ beeinflussen.

Als letztes Glied der Kette beeinflussen Störgrößen, die sich aus der Maschinengenauigkeit und dem Prozeß ergeben, das Reglerergebnis. Entsprechend der Reglergenauigkeit werden diese Störgrößen ausgeregelt.

Um mehrere Antriebsmotoren unabhängig von Belastung und Abtriebsübersetzung bei einer Drehzahl oder im ganzen Drehzahlbereich im Gleichlauf zu halten, werden Gleichlaufregelungen angewendet. Diese gewinnen immer dann an Bedeutung, wenn eine mechanische Übertragung nicht mit einfachen Mitteln möglich ist. Die *Gleichlaufgenauigkeit* stellt einen Sonderfall der Regelungsgenauigkeit für Geschwindigkeitsregelungen dar.

Unter *Bahngenauigkeit* verstehen wir die Übereinstimmung zwischen programmierter Sollbahn und der an der Maschine tatsächlich zurückgelegten Istbahn. Dieser Komplex wird durch die Steuerungsgenauigkeit, die Regelungsgenauigkeit sowie durch den Prozeß beeinflußt. Die Berücksichtigung des Prozesses erfolgt im Rahmen der Regelungsgenauigkeit ausschließlich über die Störgrößen. Bedien- und Einrichtgenauigkeiten sowie technologische Einflüsse des Prozesses finden in der Bahngenauigkeit keine Wirkung.

Die durch die Interpolation berechneten Stützpunkte sind bei der Bahngenauigkeit nicht nur als einzelne Positionen der Bahn zu verstehen, sondern es müssen auch die Übergänge zwischen den einzelnen Punkten betrachtet werden. Der Positioniervorgang zwischen zwei Positionen ist in jedem Fall abhängig von den dynamischen Eigenschaften der Stell-, Meß- und Übertragungsglieder.

Unter *Positioniergenauigkeit* verstehen wir die Genauigkeit, mit der ein beweglicher Bezugspunkt der Maschine relativ zur Maschine beziehungsweise zu Maschinenkomponenten positioniert wird. So wird beispielsweise bei spanenden Werkzeugmaschinen die Werkzeugspitze, bestimmt durch ihre ideale Schneidenspitze gegenüber dem Werkstück, das in einer bestimmten Maschinenkomponente gespannt ist, positioniert. Maß für die Positioniergenauigkeit ist die Abweichung der aktuellen Ist- von der Sollposition.

Die Positioniergenauigkeit der Steuerung wird wesentlich bestimmt durch die Regelungsgenauigkeit und die Genauigkeit der mechanischen oder elektrischen Stell-, Meß- und Übertragungsglieder. Wo Positioniervorgänge zeitlichen Anforderungen unterliegen, wird die Genauigkeit des Vorgangs von den dynamischen Eigenschaften der Stell-, Meß- und Übertragungsglieder beeinflußt.

Die Positioniergenauigkeit kann an unterschiedlichen Stellen des Arbeitsraumes der Maschine verschieden sein. Trägheiten, Spiel und Schmierzustand beeinflussen hier über die Maschinengenauigkeit auch die Positioniergenauigkeit. Weiterhin wirken sich die kinematischen Größen auf die Positioniergenauigkeit aus. In diesem Zusammenhang ist auch die Reproduzierbarkeit der Genauigkeit im Sinne einer Wiederholgenauigkeit beziehungsweise Streuung von Bedeutung.

Prozeßgenauigkeit
Unter der Prozeßgenauigkeit verstehen wir die Genauigkeit des Arbeitsergebnisses, das von allen Parametern des Genauigkeitssystems Maschine beeinflußt werden kann.

8.2 Fehleranalyse

Die Genauigkeit einer Steuerung wird teilweise von ihren mechanischen und elektrischen Eigenschaften bestimmt. Es wird von ihr aber auch erwartet, Fehlereinflüsse von Maschine und Prozeß zu beherrschen. Im folgenden sollen nur die Fehler betrachtet werden, die unmittelbar in der Steuerung oder im Umfeld auftreten. Die Ursachen lassen sich auch hier wieder in systematische und zufällige unterteilen.

Programmierfehler
Bei automatisierten Arbeitssystemen ist es Aufgabe der Programmierung, Schalt- und Weginformationen zu definieren. Die Arbeitsinformationen werden durch Schalt- und Wegbefehle in einer Programmiersprache formuliert und mit Hilfe eines Programmiersystems aufbereitet. Hierbei auftretende Programmierfehler, die beim Einfahren erkannt werden, können in folgende Fehlerklassen eingeordnet werden [1]:
- geometrische Fehler,
- technologische Fehler,
- organisatorische Fehler,
- steuerungstechnische Fehler sowie
- tätigkeitsorientierte Fehler.

Geometrische und technologische Fehler sind Fehler, die im Prozeß auftreten. Zu den geometrischen Fehlern gehören Spannfehler, Kollisionen im Arbeitsraum, Unvollständigkeiten sowie Maß- und Lagefehler. Technologische Fehler sind Lagefehler, Formfehler, Oberflächenfehler, Einstellfehler, Kühlschmiermittelfehler und Unterbrechungen. Die organisatorischen Fehler beziehen sich auf die Bereitstellung von Betriebsmitteln. Steuerungstechnische Fehler sind Fehler im Programm, die durch nicht korrekte Prozessoreinstellungen entstehen. Fehlerhafte Maschinenbedienung und fehlerhafte Dateneingabe gehören zu der Klasse der tätigkeitsorientierten Fehler. Bild 8.2-01 zeigt die beschriebenen Fehlerklassen.

technologische Fehler

- Lagefehler
- Formfehler
- Oberflächenfehler
- Schnittfehler
- Werkzeugbruch
- Schneidplattenbruch
- Werkzeugzerstörung
- Kühlschmiermittelfehler
- Späneform
- Späneabfuhr
- Spannfehler

geometrische Fehler

- Spannfehler
- Kollisionen
- unvollständige Bearbeitung
- Maßfehler
- Lagefehler

organisatorische Fehler

- Bereitstellung von Betriebsmitteln

Programmierfehler

Maschinen- und Steuerungsfehler

- Prozessoreneinstellung

tätigkeitsorientierte Fehler

- Maschinenbedienung
- Dateneingabe

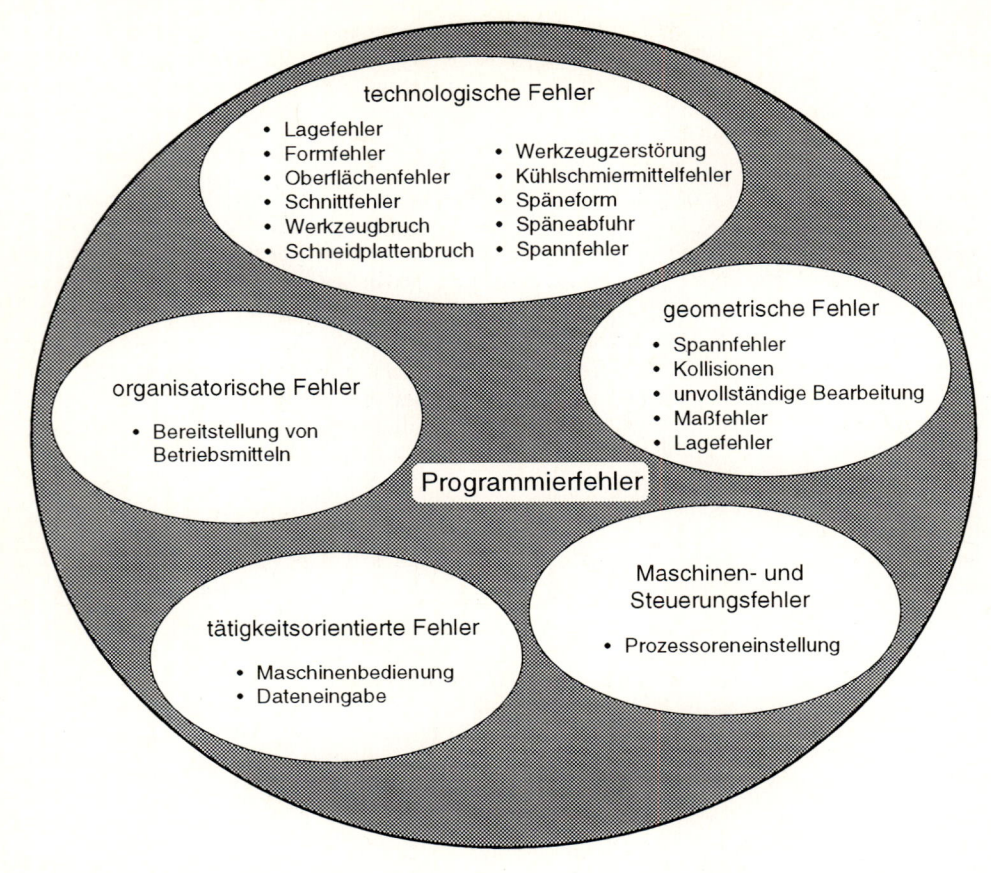

Bild 8.2-01   Fehlerklassen bei der Programmierung von Werkzeugmaschinen

---

PROGRAMM-EDITIEREN

```
N20  T1  G17  S200
N25  G01  G40  G90  Z+50  F9998  M03
N30  G01  G90  X-30  Y+50
N35  G01  G90  Z-70
N40  G01  G41  G90  X+0  Y
     F500
N45  G90  I+50  J+50
N50  G12  G91  H+360
N55  G01  G40  G90  X-30  F9998
```

Bild 8.2-02   Bildschirmaufbau Betriebsart EINSPEICHERN (HEIDENHAIN TNC 407)

Die Programmiersysteme zur Erzeugung eines Arbeitsprogramms können unterteilt werden in Systeme zur textuellen Programmierung sowie in Systeme zur aufgabenorientierten Programmierung, die sich in ihrer Ausprägung hinsichtlich ihres Eingabekomforts und Fehlerquellen unterscheiden.

Bei der textuellen Programmierung erfolgt die Definition der Schalt- und Wegbefehle durch alphanumerische Eingaben der Befehle entsprechend der Programmiersprache. Bild 8.2-02 zeigt einen entsprechenden Bildschirmaufbau. Programmierfehler entstehen hier hauptsächlich durch Tippfehler. Diese können in die Klasse der tätigkeitsorientierten Fehler eingeordnet werden. Beispielsweise würde durch Eingabe eines falschen alphanumerischen Zeichens ein Wegbefehl eine falsche Zielkoordinate erhalten. Insbesondere bei Eingabe langer Programme können Ermüdungserscheinungen beim Programmierer auftreten.

Geometrische sowie technologische Fehler können nicht ausgeschlossen werden, da durch Syntaxkontrolle und Plausibilitätsabfragen nicht alle Fehlerfälle erkannt werden. Dies gilt z. B. für die Eingabe von technologisch ungeeigneten Schalt- oder Wegbefehlen. Auch durch die Möglichkeit der Eingabe in Bildschirmmasken und der Eingabe über Parameterfeldern können geometrische sowie technologische Fehler nicht ausgeschlossen werden. Derartige Programmierfehler reduzieren sich erst durch die wachsende Erfahrung des Programmierers.

Wurde ein Programm erstellt, so können Programmierfehler vor der Ausführung des Programmes an der Maschine durch Simulation erkannt werden. Auswirkungen von Schalt- und Weginformationen werden sichtbar, ohne Schaden an der Maschine zu verursachen.

Bei der aufgabenorientierten Programmierung erfolgt die Definition der Schalt- und Wegbefehle durch Definition der Werkstückgeometrie sowie der Folge von Bearbeitungsschritten. Die Definition der Geometrie des zu fertigenden Werkstücks schließt die des Rohteils ein. Für die Bearbeitungsfolge werden die notwendigen Werkzeuge ausgewählt und die techno-

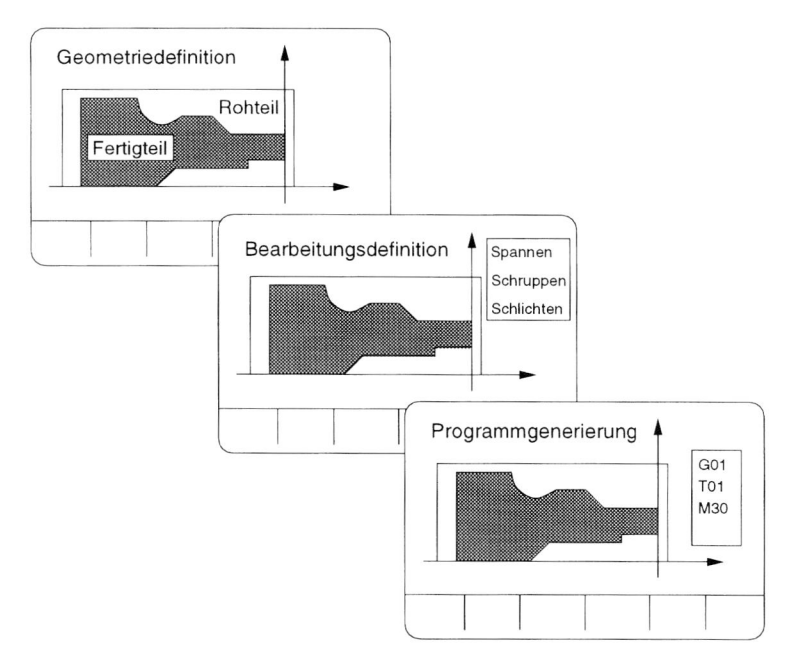

Bild 8.2-03 Vorgehensweise bei der aufgabenorientierten Programmierung

Arbeitsschritt	Fehlerquelle	textuelle Programmierung	aufgabenorientierte Programmierung
Geometrie-definition	Tippfehler	Reduzierung durch Plausibilitätsabfragen und Erklärungsbilder	möglich bei expliziter Definition, Reduzierung durch Übernahme aus CAD-System
	fehlerhafte Endpunktberechnung	möglich durch falsche Anwendung von Formeln	automatische Endpunktberechnung, Rundungsfehler möglich
	Rundungsfehler bei Übernahme aus CAD-System	entfällt, da nicht möglich	möglich
Bearbeitungs-schritte	Tippfehler bei Technologiewerten	Reduzierung durch Plausibilitätsabfragen und Erklärungsbilder	Reduzierung durch Plausibilitätsabfragen und Erklärungsbilder
	ungeeignete Wahl von Technologiewerten	Reduzierung durch Plausibilitätsabfragen und Erklärungsbilder	Reduzierung durch Vorschlag von Technologiewerten
	falsche Reihenfolge	möglich	Reduzierung durch Anzeige des Programmfortschrittes
	nicht optimale Strategie	möglich	Reduzierung durch Anzeige des Programmfortschrittes
	Fehlinterpretation der Bearbeitungsaufgabe	möglich	möglich
	Tippfehler bei Auswahl einer Bearbeitung	entfällt	Reduzierung durch Anzeige des Programmfortschrittes
NC-Code-Generierung	Tippfehler	Reduzierung durch Plausibilitätsabfragen und Erklärungsbilder	entfällt, da automatische Generierung
	ungeeignete Wahl von Schalt- und Wegbefehlen	möglich	entfällt, da automatische Generierung
	Syntaxfehler	Reduzierung durch Plausibilitätsabfragen und Erklärungsbilder	möglich durch nicht korrekte Spezifikation des Anpassungsprogrammes
Kontrolle des NC-Programmes		statische, dynamische Simulation	statische, dynamische Simulation

Bild 8.2-04 Fehlerquellen bei der Programmierung und Möglichkeiten zur Reduzierung

logischen Daten für den Prozeß festgelegt. Die notwendigen Schalt- und Wegbefehle werden anschließend durch ein Anpassungsprogramm (Postprozessor) aus den Bearbeitungsschritten für die Arbeitsmaschine erzeugt. Bild 8.2-03 veranschaulicht die Vorgehensweise bei der aufgabenorientierten Programmierung. Es können die folgenden Programmierfehler auftreten.

Durch fehlerhafte Definition der Werkstückgeometrie können Maßfehler am Werkstück entstehen. Die Geometriedefinition kann zum einen durch explizite Eingabe der Konturelemente entsprechend der Fertigteilzeichnung erfolgen oder durch Übertragung der Geometrie aus einem separaten CAD-System. Bei der Eingabe der Konturelemente können durch Tippfehler und Fehlinterpretation der Bearbeitungsaufgabe von der Fertigteilzeichnung abweichende Konturelemente definiert werden. Bei der Übernahme der Geometrie aus einem CAD-System können durch Rundungsfehler von Koordinaten im Kopplungsbaustein von der Aufgabe abweichende Geometrien in das Programmiersystem übertragen werden. Programmierfehler bei der Geometriedefinition können ferner durch falsche Berechnung von Schnittpunkten bei Übergängen von Konturelementen entstehen.

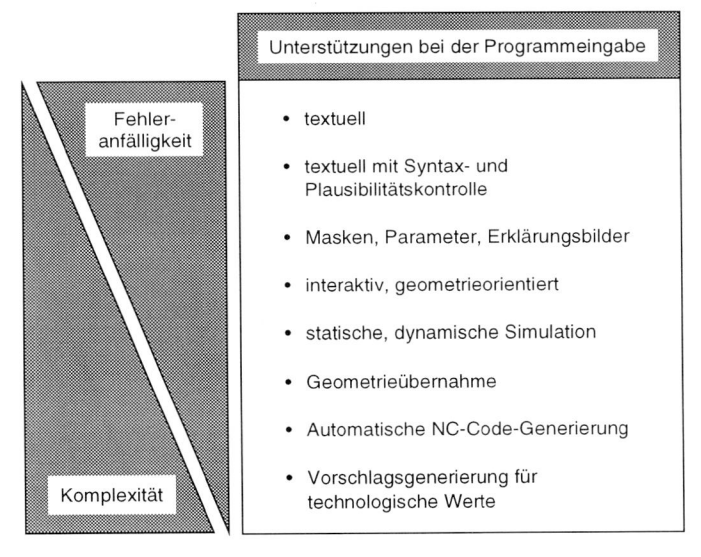

Bild 8.2-05 Unterstützung zur Fehlervermeidung

Programmierfehler können auch bei der Definition der Bearbeitungsschritte auftreten, wie Fehlinterpretation der Bearbeitungsaufgabe oder nicht optimale Bearbeitungsstrategien. Eine falsche Wahl der Reihenfolge von Bearbeitungsschritten sowie eine für die Bearbeitungsaufgabe ungeeignete Wahl von Technologiewerten sind Ursachen für Programmierfehler. Einige Programmiersysteme enthalten Angebote für Technologiewerte.

Bei der Nutzung des Anpassungsprogrammes zur Erzeugung der Schalt- und Wegbefehle entstehen steuerungstechnische Fehler, wenn im Anpassungsprogramm die später genutzte Arbeitsmaschine nicht korrekt spezifiziert ist. Als Beispiel sei hier die Erzeugung eines Programmes für eine Maschine mit zwei Werkzeugträgersystemen genannt, obwohl die tatsächliche Maschine nur mit einem Werkzeugträgersystem ausgerüstet ist.

338 *Genauigkeit der Maschinensteuerung*

Die Simulation des NC-Programmes vor dem Maschinenlauf ist ein gutes Hilfsmittel zur Überprüfung des Programmes.

Bild 8.2-04 zeigt Ursachen und Maßnahmen zur Reduktion von Fehlern bei der aufgabenorientierten Programmierung im Vergleich zur textuellen Programmierung.

In Bild 8.2-05 sind die Möglichkeiten der Unterstützung von Fehlervermeidung zusammengefaßt dargestellt.

Nach Erstellung eines Programmes stellt die Übertragung des Programmes in die Maschinensteuerung eine weitere Fehlerquelle dar. Gesendete Zeichen können hierbei von der Maschinensteuerung verändert empfangen werden. Dadurch kann das Programm in veränderter Form in der Steuerung vorliegen. Die Ursachen für eine solche fehlerhafte Datenübertragung werden im folgenden beschrieben.

Übertragungsfehler

Die Genauigkeit des Arbeitsprozesses wird im Umfeld der numerischen Steuerung beeinflußt durch
– das Bedien- und Steuerungssystem,
– das System Maschine und
– den Prozeß selbst.

Durch die Übertragung von Informationen kann es beim Übergang von einer Komponente zur nächsten zu Fehlern kommen. Bild 8.2-06 zeigt die Schnittstellen im Umfeld der Steuerung.

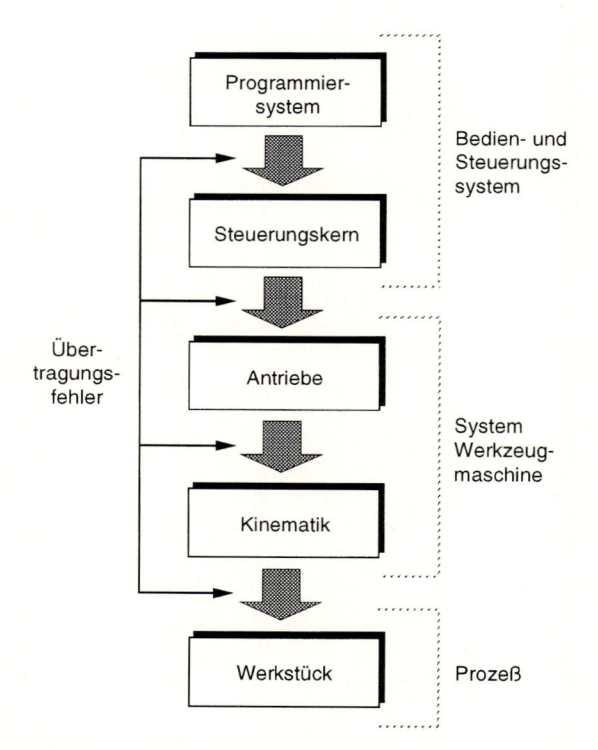

Bild 8.2-06   Schnittstellen im Umfeld der Steuerung

Fehleranalyse 339

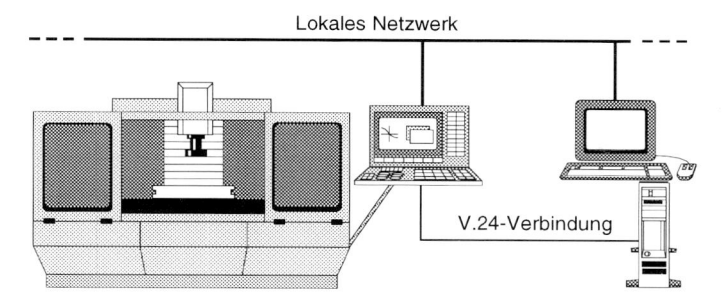

Bild 8.2-07 Datenübertragung zur Steuerung

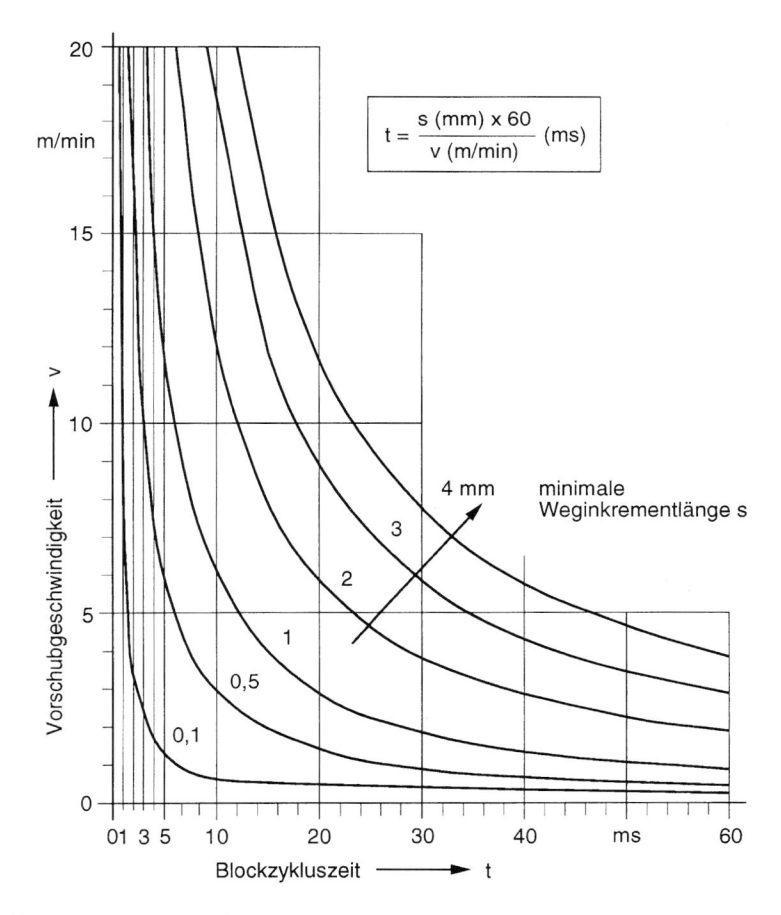

$$t = \frac{s\,(mm) \times 60}{v\,(m/min)}\ (ms)$$

Bild 8.2-08 Zusammenhang zwischen Blockzykluszeit, minimaler Weginkrementlänge und maximal möglicher Vorschubgeschwindigkeit

Im Bedien- und Steuerungssystem werden die Wegbefehle zum Verfahren in den Maschinenachsen codiert und anschließend zum Kern der numerischen Steuerung übertragen. Im Steuerungskern werden dann aus den codierten Wegbefehlen mit Hilfe eines zeitdiskreten Modells Steuerbefehle für die Vorschubantriebe ermittelt und über eine analoge oder digitale Antriebsschnittstelle weitergegeben. Die Stellbewegung der Vorschubantriebe wird durch eine kinematische Kette aus mechanischen Bauelementen bis zum Wirkpunkt transformiert. Abschließend muß die Arbeitsbewegung des Werkzeugs unter den herrschenden Prozeßbedingungen einen entsprechenden Prozeßzustand erzeugen.

Im Falle der erstgenannten Schnittstelle zwischen NC-Programmiersystem und numerischem Steuerungskern handelt es sich um eine reine Datenschnittstelle. Fehler können hier durch einen mangelhaften Protokollabgleich von Punkt-zu-Punkt-Übertragungen, von DNC-Ringverbindungen oder von eventuell vorhandenen lokalen Netzwerken entstehen. Außerdem ist bei einer beschränkten Größe des Arbeitsspeichers von numerischen Steuerungen das sukzessive Nachladen von NC-Programmen erforderlich. Auch dadurch sind Datenverluste möglich. Bild 8.2-07 zeigt Möglichkeiten der Datenübertragung zur Steuerung.

Bei der Wandlung der Information für die Elektromotoren der Vorschubantriebe muß das zeitdiskrete Modell verlassen werden. Für die Berechnung der erforderlichen Weginkremente benötigt der Steuerungskern eine bestimmte Zeit, die sogenannte Blockzykluszeit. Sind die berechneten Weginkremente relativ kurz, liegt die Abarbeitungszeit dieser Weginkremente bei hohen Vorschubgeschwindigkeiten möglicherweise unter der Blockzykluszeit der Steuerung. In diesem Fall kommt es durch Vorschubschwankungen zu Mängeln in der Oberflächengüte und der Konturgenauigkeit des Werkstücks.

Der Zusammenhang zwischen Blockzykluszeit, minimaler Weginkrementlänge und maximal möglicher Vorschubgeschwindigkeit ist in Bild 8.2-08 dargestellt. Bei einer Blockzykluszeit von 20 ms und einem Kurvenzug mit 1 mm Weginkrementlänge beträgt die maximal erreichbare Vorschubgeschwindigkeit 3 m/min. Um 10 m/min zu erreichen, darf die Zykluszeit nicht länger als 6 ms sein [2].

Die von den Vorschubantrieben vorgegebene Stellbewegung ist durch mechanische Bauelemente wie Getriebe, Kupplungen, Spindel-Mutter-Systeme, Zahnstange-Ritzel-Systeme, Lagerungen und Führungen auf den Wirkpunkt zu übertragen. In dieser kinematischen Steuerungskette kann es durch Nachgiebigkeiten, Schwingungen, Reibung und Verschleiß zu Übertragungsfehlern kommen. Diese Fehler können durch spielfreie Bewegungselemente wie Kugelrollspindeln, vorgespannte Wälzschraubtriebe oder hydrostatische Gleitschraubtriebe verringert werden. Ebenso sind Nachstellmöglichkeiten (Stelleisten, Regelkreise) zur Vermeidung verschleißbedingter Fehler vorzusehen.

Fertigungsbedingte, geometrische Fehler in der Spindelsteigung sind bei rotatorischen Meßsystemen steuerungstechnisch zu kompensieren. Dazu wird die Spindel vor dem Einbau genau vermessen. Die für die einzelnen Positionen ermittelten Spindelsteigungsfehler werden in der numerischen Steuerung gespeichert und bei der Positionierung des Schlittens verrechnet (Bild 8.2-09).

Bei hydrodynamischen Gleitführungen kommt es zu nichtlinearem Reibverhalten (Stick-Slip-Effekt) durch den Wechsel von Haft- zu Gleitreibung bei der Bewegung eines Schlittens. Dies kann durch Verwendung von Wälzführungen bei Hinnahme schlechteren Dämpfungsverhaltens oder den Einsatz kostspieliger, hydrostatischer Führungen vermieden werden.

Das Arbeitsverhalten der Maschine beeinflußt das Arbeitsergebnis durch:
– statische Verformungen infolge statischer Belastungen und mangelnder Steifigkeit des Maschinenaufbaus,

Bild 8.2-09 Spindelsteigungsfehlerkompensation

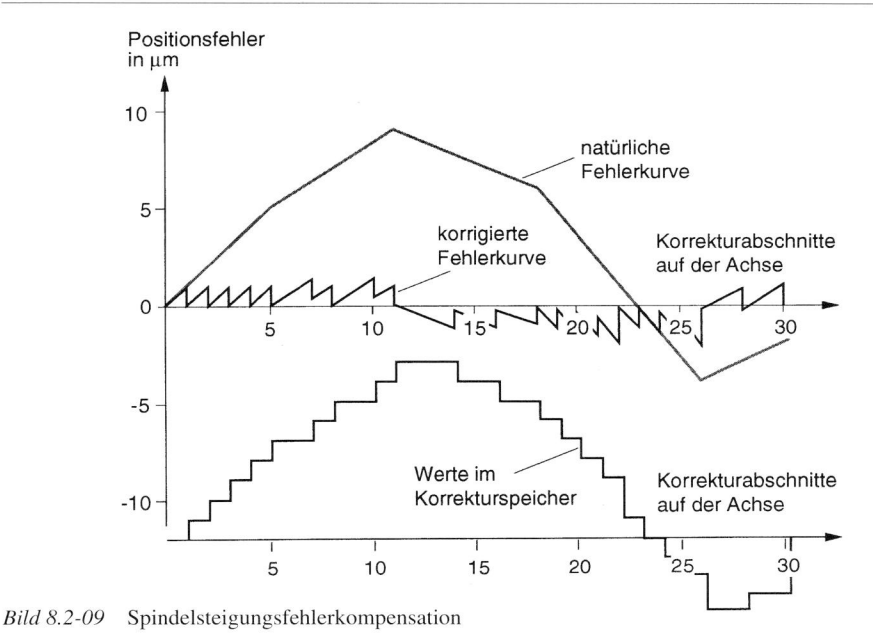

- dynamische Verformungen infolge dynamischer Belastungen in Abhängigkeit von Masse, Dämpfung und Steifigkeit des Maschinenaufbaus,
- thermische Verformungen infolge interner und externer Störeinflüsse,
- Verschleiß in Abhängigkeit von Gestalt und Werkstoff der Verschleißpaarung sowie der eingeleiteten Energie und
- Eigenspannungen infolge von ungleichmäßigen, plastischen Verformungen, Gefügeumwandlungen oder ungleichmäßigen, chemischen Zusammensetzungen wie Seigerungen.

Quantisierungs- und Rundungsfehler

Numerische Steuerungen bilden die Zustandsgrößen einer Maschine als fest definierte Zahlenräume ab. Zu den Zustandsgrößen gehören alle für die Steuerung relevanten Werte:
- Zeit,
- Geschwindigkeit, Vorschub,
- Beschleunigung, Bremsbeschleunigung,
- Drehzahl,
- Position,
- Weg,
- Override sowie
- Kompensationen.

Diese Zustandsgrößen liegen sowohl in Form von Sollgrößen als auch in Form von Istgrößen vor. Sollgrößen beschreiben die Folge von Zuständen, die zur Erfüllung einer bestimmten Aufgabe notwendig sind. Sie werden definiert durch
- Programmierung,
- Einrichten und
- Einfahren.

Istgrößen beschreiben den aktuellen Prozeßzustand. Sie werden ermittelt durch
- Meßsysteme der Achsen und
- Sensoren im Arbeitsraum.

Im weiteren Sinne gehören zu den Istgrößen auch die Werte, die direkt aus den gemessenen Istgrößen abgeleitet werden. Beispielsweise wird die Geschwindigkeit in der Regel nicht direkt gemessen, sondern aus Weg und Zeit berechnet.

Die fest definierten Zahlenräume numerischer Steuerungen können grob unterteilt werden in:
- endliche Teilmengen der natürlichen Zahlen (das entsprechende Zahlenformat wird gewöhnlich als „Festkomma", „integer" oder „long" bezeichnet),
- endliche Teilmengen der rationalen Zahlen (das entsprechende Zahlenformat wird gewöhnlich als „Gleitkomma", „Fließkomma", „real", „float" oder „double" bezeichnet).

In den gegenwärtigen numerischen Steuerungen werden im wesentlichen die in Bild 8.2-10 angegebenen Zahlenformate verwendet.

Bezeichnung	16-Bit Integer	32-Bit Integer	32-Bit Gleitkomma	64-Bit Gleitkomma
interne Darstellung	vorzeichenlose 16-Bit Zahl oder vorzeichenbehaftete 15-Bit Zahl	vorzeichenlose 32-Bit Zahl oder vorzeichenbehaftete 31-Bit Zahl	24-Bit Mantisse 7-Bit Exponent Vorzeichen	53-Bit Mantisse 10-Bit Exponent Vorzeichen
Wertebereich	0...65535 oder -32768...32767	0...4.294 967 295 oder -2 147 483 648... 2 147 483 647	-3.402e+38... 3.402+38	-1.797e+308... 1.797e+308
Inkrement bzw. Differenz aufeinanderfolgender Werte	1	1	variabel: 1.175e-38... 1.0 bei 8.389e+6 ...4.055e+31	variabel: 2.225e-308... 1.0 bei 4.504e+15 ...3.989e+292
maximaler absoluter Fehler	0.5	0.5	variabel	variabel
maximaler relativer Fehler	variabel: 1...7.629e-6	variabel: 1...1.164e-10	1.192e-7 / 2.0	2.220e-16 / 2.0

Bild 8.2-10   Zahlenformate in numerischen Steuerungen

Quantisierungs- und Rundungsfehler treten auf, wenn die Soll- oder Istgrößen als Wert vorliegen, der nicht in dem fest definierten Zahlenraum der numerischen Steuerung enthalten ist. Damit die numerische Steuerung mit diesen Werten überhaupt arbeiten kann, müssen diese Soll- oder Istgrößen in das interne Datenformat gewandelt werden. Der Begriff *Quantisierungsfehler* wird verwendet, wenn der Fehler als Folge einer analog/digital Wandlung auftritt. Von *Rundungsfehlern* spricht man dagegen, wenn der Fehler als digitaler Wert vorliegt, der nicht im definierten Zahlenraum enthalten ist.

Neben den Quantisierungs- und Rundungsfehlern, die prinzipiell nicht vermeidbar sind und im nachfolgenden weiter untersucht werden, können bei der Wandlung auch *Bereichsüberlauf-Fehler* auftreten. Als Bereichsüberlauf bezeichnet man eine Wandlung bei der der zu wandelnde Wert kleiner als der kleinste Wert oder größer als der größte Wert des definierten

Zahlenraumes ist. Diese Fehler führen zu unvorhersehbarem Fehlverhalten der Maschine. Sie müssen daher von der numerischen Steuerung ausgeschlossen werden. Bereichsüberlauf-Fehler werden mit folgenden Methoden vermieden:
– off-line Überprüfungen bei der Eingabe,
– on-line Überwachung und Begrenzung auf größt- bzw. kleinstmöglichen Wert (z. B. Vorschub) sowie
– on-line Überwachungen und Fehlermeldung (NC-Stop, NC-Reset oder Not-Aus).

Bereichsüberlauf tritt bei der Wandlung von Sollwerten insbesondere dann auf, wenn die Beziehungen zwischen internem Datenformat und gewählter physikalischer Einheit (Bild 8.2-11) nicht beachtet werden. Häufigste Fehlerursache sind allerdings Schreibfehler (falsche Trennzeichen oder Dezimalpunkte).

Auflösung 1 entspricht:	16-Bit Festkomma	32-Bit Integer	32-Bit Gleitkomma*	64-Bit Gleitkomma*
0.1 mm	+/- 3.2 m	214 Km	838 m	4.5e+11 m
0.001 mm	+/- 0.032 m	2147 m	8.38 m	4.5e+9 m
0.000 01 inch	+/- 0.008 m	545 m	2.13 m	1.1e+9 m

* bei Inkrement < = Auflösung

Bild 8.2-11 Maximale Verfahrwege numerischer Steuerungen in Abhängigkeit von internem Zahlenformat und gewählter Auflösung

Ursache für Bereichsüberlauf bei Istwerten ist in der Regel eine ungeeignete Anpassung der numerischen Steuerung an die Werkzeugmaschine. Diese Anpassung geschieht gewöhnlich beim Werkzeugmaschinenhersteller und sollte daher in der Regel korrekt sein. Eine bekannte Fehlerquelle ist die Vereinbarung von Rundachsen, die bei einzelnen Steuerungen als „Linearachse mit Maßeinheit" oder als „endlos drehende Rundachse" oder als „durchdrehende Rundachse" oder als „Achse mit modulo Wert" festgelegt werden können.

Rundungsfehler treten in numerischen Steuerungen immer dann auf, wenn berechnete Werte in das interne Zahlenformat gewandelt werden müssen. Für die Betrachtungen dieses Abschnitts wird davon ausgegangen, daß die berechneten Werte exakt vorliegen. Fehler, die aus der Berechnung selbst resultieren können, werden im Abschnitt Fehlerfortpflanzung untersucht.

Am Beispiel einer einfachen linearen Interpolation werden in Bild 8.2-12 die aus der Rundung von berechneten Werten resultierenden Probleme aufgezeigt. Die Steuerungsaufgabe besteht darin, in vier Interpolationszyklen mit gleichmäßiger Geschwindigkeit vom Punkt 0,0 zum Punkt 3,5 zu fahren. In Bild 8.2-12 ist die zu interpolierende Strecke (durchgezogene Linie) mit ihren interpolierten Zwischenpunkten und die durch Rundung der Zwischenpunkte entstehende berechnete Bahn (gestrichelte Linie) gezeichnet. In den drei darunterliegenden Geschwindigkeit-Zeit-Diagrammen sind die berechneten Achsgeschwindigkeiten für die x- und y-Achse sowie die resultierende Bahngeschwindigkeit dargestellt. In den zwei Spalten sind unterschiedliche Interpolationsverfahren gegenübergestellt: links eine direkte Interpolation und rechts eine rekursive Interpolation. Direkte Interpolation bedeutet, daß die Zwischenpunkte jeweils aus dem Bahnanfang (0,0) und dem Bahnende (3,5) berechnet werden. Bei der rekursiven Interpolation wird jeweils vom aktuellen Zwischenpunkt der zuvor berechnete Teilvektor addiert. Die Rundungsfehler beim Berechnen des aktuellen Zwischenpunktes gehen also in die Berechnung der nächsten Zwischenpunkte mit ein.

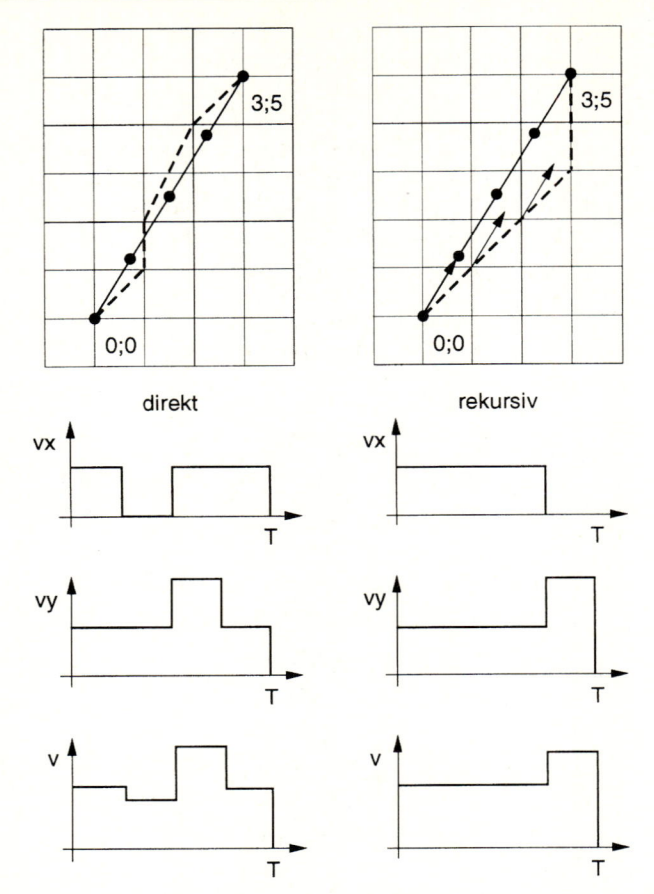

Bild 8.2-12 Rundungsfehler bei direkter und rekursiver Geradeninterpolation (Erläuterung im Text)

Aus Bild 8.2-12 ist zu erkennen, daß selbst einfachste Interpolationsaufgaben zu Bahnabweichungen und zu Sprüngen im Geschwindigkeitsverlauf führen. Diese Probleme treten insbesondere bei kleinen Wegen und kleinen Geschwindigkeiten auf. Klein bedeutet in diesem Fall: in der Größenordnung des Inkrementes. In dem Beispiel aus Bild 8.2-12 kann man die absoluten Bahnfehler abschätzen. Im Falle der direkten Interpolation, die gewöhnlich für die Grobinterpolation verwendet wird, ist der absolute Bahnfehler auf rund 0,7 Inkremente begrenzt. Im Falle der rekursiven Interpolation, die häufig für die Feininterpolation verwendet wird, beträgt der absolute Bahnfehler etwa 1.

Aus Bild 8.2-13 geht hervor, daß der absolute Bahnfehler bei direkter Interpolation auch bei vier Achsen kleiner 1 Inkrement bleibt. Bei rekursiver Interpolation steigt der mögliche Fehler stark mit der Anzahl der Zwischenpunkte an (in modernen numerischen Steuerungen werden daher auch modifizierte rekursive Interpolationsverfahren benutzt). Im Beispiel ist der absolute Geschwindigkeitsfehler durch +/− 1,2 Inkremente pro Interpolationstakt begrenzt. Der absolute Vorschubfehler (in Inkrementen/Interpolationstakt) (Bild 8.2-14) ist zahlenmäßig etwa dem absoluten Bahnfehler (in Inkrementen) gleich. Nur bei der direkten Interpolation ist er etwa doppelt so groß.

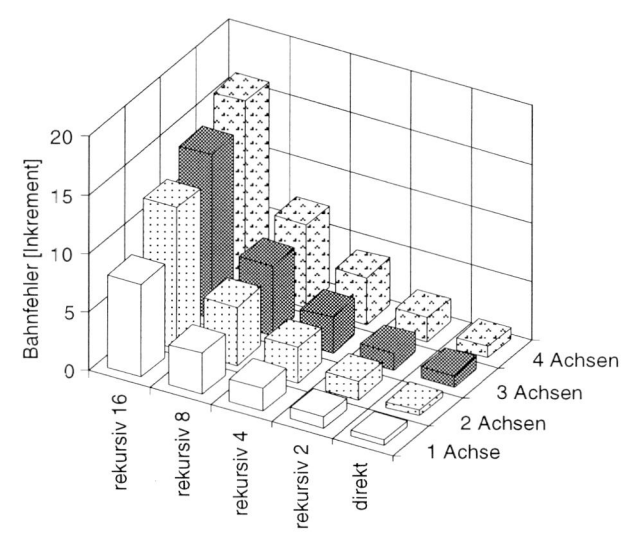

Bild 8.2-13 Absoluter Bahnfehler in Inkrementen bedingt durch Rundung in Abhängigkeit von Achsanzahl und Interpolationsart (rekursiv nn bedeutet rekursive Interpolation mit nn Zwischenpunkten)

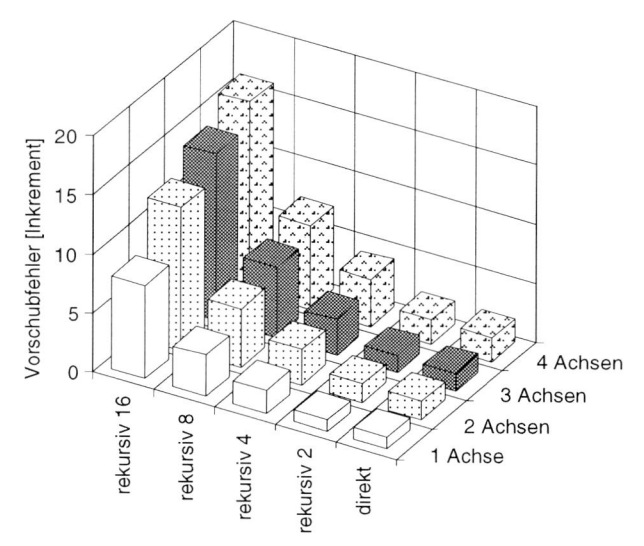

Bild 8.2-14 Absoluter Vorschubfehler in Inkrementen / Interpolationstakt bedingt durch Rundung in Abhängigkeit von Achsanzahl und Interpolationsart (rekursiv nn bedeutet rekursive Interpolation mit nn Zwischenpunkten)

Aus den genannten Begrenzungen für die absoluten Bahn- bzw. Geschwindigkeitsfehler ergibt sich, daß Rundungsfehler wirkungsvoll nur durch eine Zahlendarstellung zu verhindern sind, deren Inkremente um mindestens 1 Zehnerpotenz kleiner als die minimalen Wege bzw. programmierten Vorschübe mal Interpolationstakt sind. Sollen beispielsweise Wege im Bereich von 1 µm verfahren werden, sollte eine interne Zahlendarstellung gewählt werden,

Meßwert	Meßbereich	12 Bit Auflösung	16 Bit Auflösung
Spannung	+/- 10 V	2.44 mV	0.15 mV
Temperatur	- 120...+ 800 °C	0.11 °C	0.07 °C

Bild 8.2-15 Mittlerer Quantisierungsfehler verschiedener A/D-Wandler

Operation	maximaler Fehler bei gerundeten Argumenten (+/- 0.0005)		Rundung des Ergebnisses (Festkomma)	Rundung des Ergebnisses (Gleitkomma)
Addition	+/- 0.001		nein	ja
Subtraktion	+/- 0.001		nein	ja
Multiplikation mit ganzer Zahl n	+/- n • 0.0005		nein	ja
Multiplikation a • b	+/- 0.0005 • (a+b)		ja	ja
Division 1 / b	+/- 0.0001 unbegrenzt	$|b| > 0.707$ $|b| \to 0.0$	ja	ja
Wurzel (b)	+/- 0.0001 unbegrenzt	$b > 0.062$ $b \to 0.0$	ja	ja
Sinus, Cosinus	+/- 0.0005		ja	ja
Tangens (b)	+/- 0.001 unbegrenzt	$|b - n \cdot \pi/2| > 0.785$ $|b| \to n \cdot \pi/2$	ja	ja
Arcus Cosinus (b)	+/- 0.001 unbegrenzt	$|b| < 0.865$ $|b| \to 1.0$	ja	ja

Bild 8.2-16 Fehlerfortpflanzung ausgewählter mathematischer Operationen und Funktionen

die ein Inkrement von kleiner 0,1 μm erlaubt. Ist der zu verfahrende Arbeitsbereich dann noch größer als 800 mm, so kommen nach Bild 8.2-10 für diese Werkzeugmaschine nur numerische Steuerungen mit interner 32 Bit Festkommadarstellung oder 64 Bit Gleitkommadarstellung in Frage.

Quantisierungsfehler werden im wesentlichen durch die Auflösung des A/D-Wandlers bestimmt, der gewöhnlich in Bit angegeben wird. In numerischen Steuerungen werden häufig A/D-Wandler mit 12, 16 oder 24 Bit Auflösung verwendet. In Bild 8.2-15 sind beispielhaft mittlere Quantisierungsfehler für verschiedene A/D-Wandler zusammengestellt. Zu diesen Quantisierungsfehlern kommen bei A/D-Wandlern gewöhnlich noch Wandlungsfehler, die in Nichtlinearitäten der verwendeten analogen Bauteile begründet sind. Diese reinen Wandlungsfehler übersteigen die Quantisierungsfehler häufig um den Faktor 10. So steht bei Temperaturwandlern mit 12 Bit Auflösung einem Quantisierungsfehler von 0,1 °C ein Wandlungsfehler von bis zu 3 °C gegenüber.

Eine Fortpflanzung von Rundungs- oder Quantisierungsfehlern tritt dann auf, wenn mit gerundeten Werten weitere Berechnungen durchgeführt werden. Die Berechnung von Werten kann aus verschiedenen Gründen notwendig sein:

- Programmierung in einem Koordinatensystem, das vom Achskoordinatensystem verschieden ist (Transformation),
- Interpolation sowie
- Geschwindigkeitsführung.

Die notwendigen Berechnungen werden in numerischen Steuerungen mit den mathematischen Grundoperationen sowie einer Reihe von Funktionen durchgeführt. Die häufigsten Operationen und Funktionen sowie deren Eigenschaften bezüglich Fehlerfortpflanzung sind in Bild 8.2-16 zusammengefaßt.

In der Tabelle sind nur die Fehler enthalten, die durch Rundung der Argumente entstehen. Bei den Funktionen ist darüber hinaus zu beachten, daß sie in einigen numerischen Steuerungen über Reihenentwicklungen berechnet werden, deren Restfehler zusätzlich in den Fehler des Funktionsergebnisses eingeht. Die Funktionen, die in bestimmten Argumentbereichen zu unbegrenzten Fehlern führen können, sind in ihrer Anwendung besonders zu überprüfen. Da diese kritischen Bereiche in der Nähe von Argumentbereichen liegen, in denen bei Anwendung der entsprechenden Funktion auch Bereichsüberlauf-Fehler auftreten, sollten die steuerungsinternen Algorithmen so ausgelegt sein, daß diese kritischen Argumentbereiche gar nicht erst auftreten können. Die letzten beiden Spalten zeigen an, daß bei den meisten Operationen und Funktionen zu der eigentlichen Fehlerfortpflanzung der Argumentfehler noch Rundungsfehler des Ergebnisses zu addieren sind.

Interpolationsfehler

Um in numerischen Steuerungen die als NC-Sätze vorgegebenen Bewegungsinformationen in die notwendigen diskreten Zwischenschritte zu zerlegen, werden unterschiedliche Interpolationsverfahren eingesetzt. Sofern für die Generierung der Zwischenpunkte die gesamte Bahn eines NC-Satzes betrachtet wird, kann die Berechnung im Rahmen der Rechengenauigkeit exakt erfolgen. Früher verwendete Interpolationsverfahren wie das DDA- (Digital Differential Analyzer) beziehungsweise DDS-Verfahren (Digitaler Differenzensummator) betrachteten die Einzelschritte separat, so daß sich Quantisierungsfehler aufsummieren konnten.

Dennoch ergeben sich auch heute noch systematische Fehler durch die Interpolation, die jedoch je nach eingesetzter CNC-Steuerung unterschiedlich das Arbeitsergebnis beeinflussen. Da numerische Steuerungen über eine endliche Rechenleistung verfügen, können nicht beliebig viele Zwischenpunkte berechnet werden. Je geringer die Rechenleistung, desto größer ist der Abstand der einzelnen Stützstellen. Typische Steuerungen der 80er Jahre hatten einen Interpolatortakt im Bereich von etwa 5 bis 20 ms. Heute sind die Taktzeiten deutlich kürzer und liegen bei 1 ms. Sondersteuerungen erreichten Interpolatortakte unter 1 ms.

Da die Berechnungsalgorithmen im Bereich der Interpolation in der Regel aufwendiger sind als im Bereich der nachgeschalteten Lageregelung, läuft die Lageregelroutine häufiger als die Interpolatorroutine. Das Verhältnis, das fest eingestellt sein muß, liegt heute zwischen 1 : 1 und 1 : 8. Die Vorbereitung der Lagereglersollwerte erfolgt dann in einer zweistufigen Interpolation [3]. Die Stützpunkte der Grobinterpolation werden in diesem Fall wieder exakt auf der Bahn berechnet; der nachgeschaltete Feininterpolator berechnet dann Zwischenwerte über Näherungsverfahren. Der Feininterpolator arbeitet dabei in der Regel nicht mehr bahn- sondern achsbezogen.

Die einfachste Näherungsrechnung kann durch Geradeninterpolation erfolgen (Bild 8.2-17). Zwischen zwei Bahnpunkten $B(T_{I1})$ und $B(T_{I2})$ werden die Zwischenwerte B_{Fi} berechnet. In diesem Fall ergibt sich am Beispiel eines Kreises mit dem Radius R der Sehnenfehler Δr_I. Im Zusammenwirken mit hochdynamischen Antrieben kann dieser Fehler das Arbeitsergebnis beeinträchtigen. Aus diesem Grunde kommen für die Feininterpolation heute Näherungsverfahren zum Einsatz, die bessere Zwischenwerte als durch reine Linearinterpolation erzeugen. Diese Verfahren berücksichtigen und korrigieren dann zusätzlich die Geschwindigkeitsänderung zwischen den Grobinterpolatorschritten. Derartige Verfahren sind in Firmenschriften beispielsweise unter dem Namen Vektorinterpolation [4] zu finden.

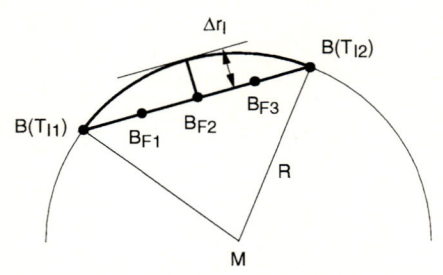

Bild 8.2-17 Möglicher Fehler durch Feininterpolation

Auch bei exakter Berechnung der Zwischenwerte bleibt ein Restfehler an der Sehne erhalten. Da für heutige Maschinen immer höhere Bahngeschwindigkeiten gefordert werden, soll dieser Fehler im folgenden näher betrachtet werden. Die sich aus der Diskretisierung des Interpolators beziehungsweise Feininterpolators ergebende Abweichung Δr_I stellt sich am Kreisbogen mit dem Radius R nach Bild 8.2-18 wie folgt dar:

$$\Delta r_I = R \cdot \left(1 - \cos\frac{\varphi}{2}\right). \tag{01}$$

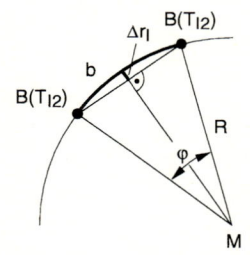

Bild 8.2-18 Verbleibender Restfehler durch Zeitdiskretisierung

Der Winkel φ ergibt sich dabei aus dem Bahnelement b, das vom Interpolator innerhalb eines Interpolatortaktes zurückgelegt wird. Die Länge von b wird innerhalb der Geschwindigkeitsführung aus der Sollgeschwindigkeit, der Beschleunigung sowie aus der Interpolatortaktzeit T_I berechnet und dem Interpolator vorgegeben. Für eine aktuelle Bahngeschwindigkeit v_b ergibt sich

$$b = \frac{v_b}{T_I}. \tag{02}$$

Aus der Bogenlänge des Bahnelementes errechnet sich beim Kreisbogen der Winkel φ

$$j = \frac{180°}{\pi} \cdot \frac{b}{R}. \tag{03}$$

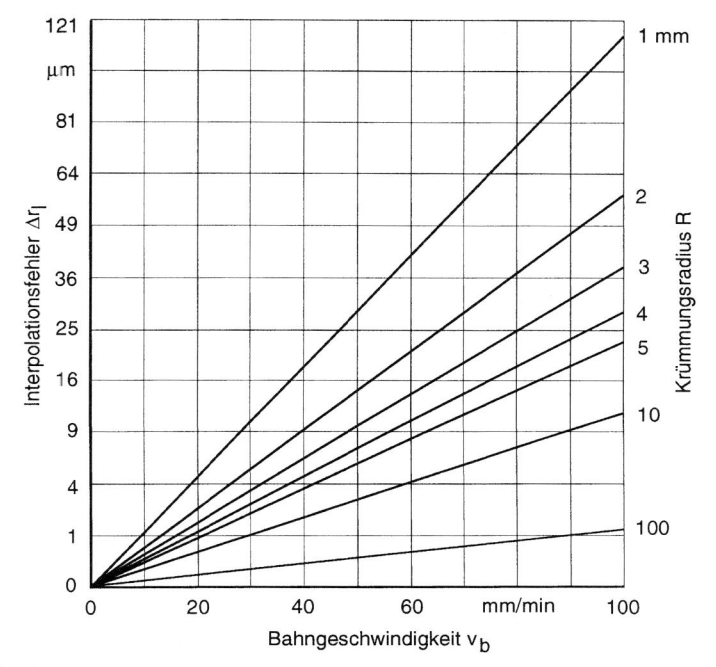

Bild 8.2-19   Quantitativer Interpolatorfehler bei einem Interpolatortakt von 10 ms

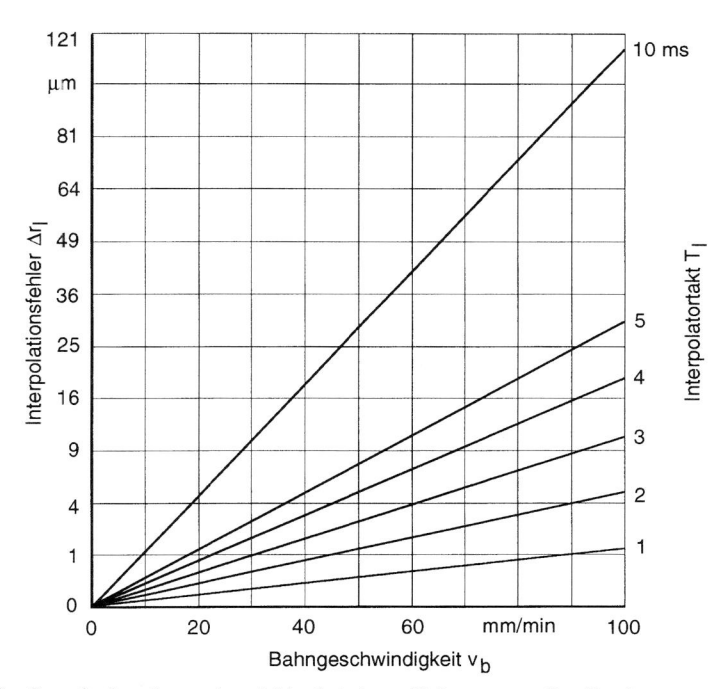

Bild 8.2-20   Quantitativer Interpolatorfehler bei einem Krümmungsradius R = 1 mm

350 Genauigkeit der Maschinensteuerung

Die Bilder 8.2-19 und 8.2-20 zeigen den quantitativen Verlauf der beschriebenen Fehler in Abhängigkeit vom Interpolatortakt sowie vom Krümmungsradius. Aus dem beschriebenen Zusammenhang läßt sich die maximale Bahngeschwindigkeit v_{bmax} in Abhängigkeit vom zulässigen Fehler Δr_{Izul}, dem Krümmungsradius R sowie der gegebenen Interpolatorabtastzeit T_I wie folgt berechnen:

$$v_{b\,max} = 2 \arccos \cdot \frac{\pi}{180°}. \tag{04}$$

Fehler einer ganz anderen Größenordnung können sich ergeben, wenn auch rotatorische Bewegungen stattfinden (Bild 8.2-21). Erfolgt die Interpolation im Maschinensystem und nicht im Werkstücksystem, was bei heutigen numerischen Steuerungen die Regel ist, so ergibt sich der im Bild 8.2-21 dargestellte Fehler Δr_I.

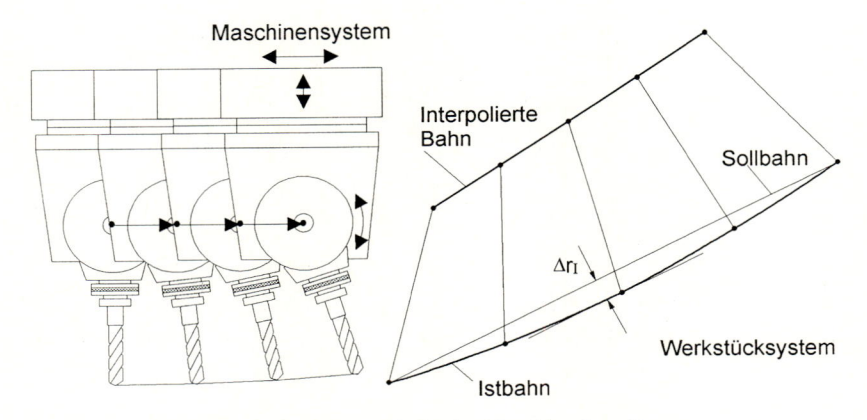

Bild 8.2-21 Interpolationsfehler durch Linearinterpolation im Maschinenkoordinatensystem

Kommen andere Interpolationsverfahren als Geraden- und Kreisinterpolation zum Einsatz, so können sich daraus wiederum andere typische Fehler ergeben. Freiformkurven werden heute häufig durch unterschiedliche Splineverfahren oder andere Näherungsverfahren wie beispielsweise das OCI-Verfahren (Online Curve Interpolation) [5, 6] erzeugt. Sollen so lediglich optisch glatte Konturen aus wenigen Stützpunkten generiert werden, so ist diese Vorgehensweise gut geeignet. Sind bei der Bearbeitung aber hohe Genauigkeiten einzuhalten, so ist darauf zu achten, daß gleiche Algorithmen in Konstruktion, Programmierung und Bearbeitung zum Einsatz kommen.

Ein weiterer Fehlerkomplex im Rahmen der Interpolation ist beim Verschleifen von Ecken zu sehen. Bild 8.2-22 zeigt die qualitativen Geschwindigkeitsverläufe der beteiligten Achsen beim Durchfahren einer Ecke. In dem Beispiel wird ausgehend vom Bahnpunkt A aus dem Stillstand beschleunigt. Sobald der Bremseinsatzpunkt der X-Achse erreicht ist, beginnt die Verzögerung der X-Achse und gleichzeitig die Beschleunigung der Z-Achse. Aus der Überlagerung der beiden Bewegungen ergibt sich der Bahnfehler Δ_I am Punkt B. Nachdem die Z-Achse ihre Sollgeschwindigkeit erreicht hat, wird bis zum Bremseinsatz mit konstanter Geschwindigkeit verfahren und dann zum Stillstand in Punkt C abgebremst.

Der Verlauf der beiden Achsgeschwindigkeiten $\dot{x}$ und $\dot{z}$ ist im Bild 8.2-23 über der Zeit dargestellt. Die sich aus beiden Anteilen ergebende Bahngeschwindigkeit weist einen Geschwindigkeitseinbruch auf. Um auch über die Ecke mit einer konstanten Bahngeschwindigkeit verfahren zu können, müssen spezielle Kurvenübergänge steuerungsintern berechnet werden [7].

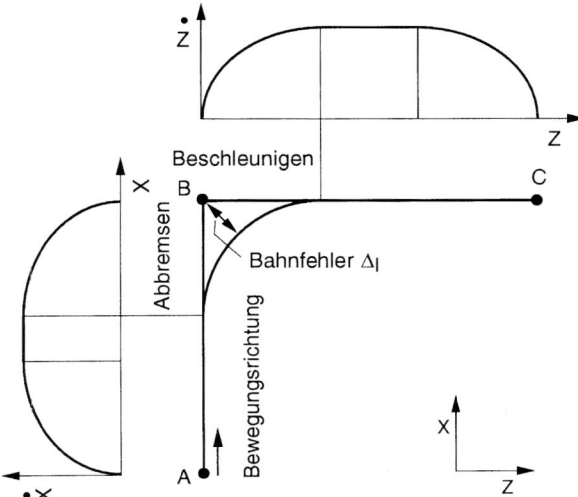

Bild 8.2-22   Interpolatorfehler an Ecken

Über eine Look-ahead-Funktion kann die Geschwindigkeitsführung je nach Konfiguration über mehrere NC-Sätze erfolgen. Das gleiche gilt für Beschleunigen und Abbremsen. Sehr kurze Verfahrsätze ließen sich mit diesem Verfahren ohne Geschwindigkeitseinbruch durchfahren.

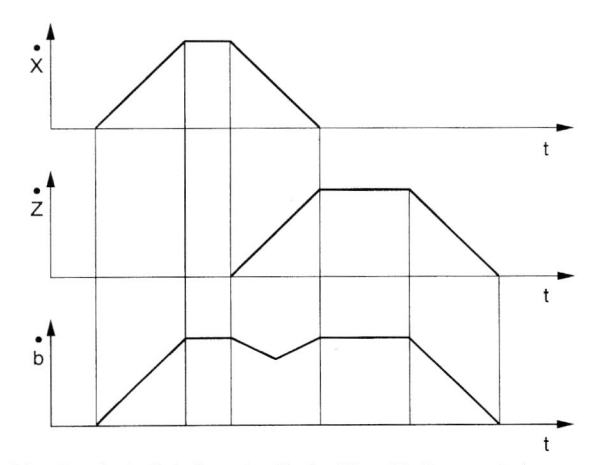

Bild 8.2-23   Geschwindigkeitsverlauf beim Verschleifen von Ecken

Fehler in der Stelleinrichtung

Da die Steuerung und das zu steuernde Maschinenelement häufig unterschiedliche Arten der Signalverarbeitung aufweisen, stellt die Steuerung meist eine Wandlung des Signals auf das Format der Steuerstrecke bereit. Ein im Maschinenbau typisches Beispiel dieser Signalanpassung ist die Wandlung von digitalen in analoge Signale bzw. umgekehrt. Zum Teil werden auch Signalwandlungen von der Strecke selbst vorgenommen. Im Zusammenhang mit der Genauigkeit von Steuerungen sind die Fehler zu betrachten, die durch die Formatanpassung in den Wandlerelementen der Stelleinrichtung der Steuerung auftreten. Die Auflösung digitaler Wandlerelemente beeinflußt direkt die maximal erreichbare Genauigkeit der Steuergröße. Die Genauigkeit kann nicht höher sein als die kleinste digitale Einheit des Wandlers (Least Significant Bit – LSB). Bei einem Wandler mit einer Auflösung von 8 Bit ergibt sich daraus zum Beispiel rechnerisch ein maximaler Fehler von 1/255 entsprechend 0,39 % des zu wandelnden Signals. Es kann vorkommen, daß mehrere Wandler hintereinander geschaltet sind, so daß der Informationsverlust des Signals auf diesem Übertragungsweg nicht vernachlässigbar ist.

Des weiteren sind als mögliche Fehlerquellen zu nennen:
– Betrieb außerhalb des Arbeitspunkts (bei elektronischen Bauelementen ist beispielsweise auf die Einhaltung der geforderten Versorgungsspannung zu achten),
– Umgebungseinflüsse (z. B. Temperatur),
– Störungen im Wandler (Rauschen elektronischer Bauelemente),
– Dynamik (Wandlungszeit) sowie
– Begrenzungen.

Weitere potentielle Fehlerquellen der Stelleinrichtung der Steuerung liegen in Verstärkerelementen. Auch hier spielen für das fehlerfreie Arbeiten Umgebungseinflüsse eine Rolle.

Darüber hinaus wirken sich folgende Größen der Verstärkerelemente auf die Genauigkeit der Steuerung aus:
– Offset (Wert der Ausgangsgröße des Verstärkers bei Eingangsgrößenwert 0),
– Drift (Zeitliche Veränderung der Verstärkung und des Offsets),
– Linearitätsfehler,
– Hysterese sowie
– Begrenzungen (bei elektronischen Bauelementen kann beispielsweise die Ausgangsspannung nicht über der Versorgungsspannung liegen).

Meßfehler

Die Maschinensteuerung benötigt zur Berechnung der Ausgangsgrößen häufig Werte von Meßsignalen. Bei einer integrierten Regelung sind beispielsweise die Regelgröße sowie unter Umständen weitere Zustandsgrößen der Regelstrecke zu messen. Fehlerquellen liegen hier zum einen beim Meßelement (Sensor, Taster) selbst, seiner Anordnung in der Übertragungsstrecke des Meßsignals und auch im Meßvorgang. Die typische Aufgabe der Weg- und Winkelmessung beinhaltet Angriffspunkte für jede der genannten Fehlerarten.

Aktiv arbeitende Weg- und Winkelmeßsysteme (Bild 8.2-24) haben die Aufgabe, Wege und Winkel und die davon abgeleiteten Größen Geschwindigkeit und Beschleunigung der mechanischen Bewegungskomponenten zu vermessen.

Die Meßsysteme übernehmen in der Regel die Wandlung der genannten mechanischen Größen in eine elektrische Größe, wie Strom, Spannung oder Frequenz, durch Nutzung optischer oder elektrischer Wandlungseffekte. Solche Meßsysteme erfassen die mechanische Größe direkt. Indirekt messende Systeme schalten einen mechanischen Wandler zwischen Bewegungskomponente und Meßsystem. So kann eine translatorische Bewegung durch das Zwischenschalten eines Getriebes in eine rotatorische Bewegung gewandelt werden.

Die Auflösung des Meßelements (z. B. Gitterabstand eines Linearmaßstabs) begrenzt direkt die Genauigkeit von Positioniervorgängen. Hieraus resultiert also immer ein Positionierfehler bis zum Gitterabstand des Maßstabs. Zusätzlich können auch Gitterfehler selbst auftreten. Diese Fehler sind statisch und somit bei der Anwendung in der Steuerung unter Umstän-

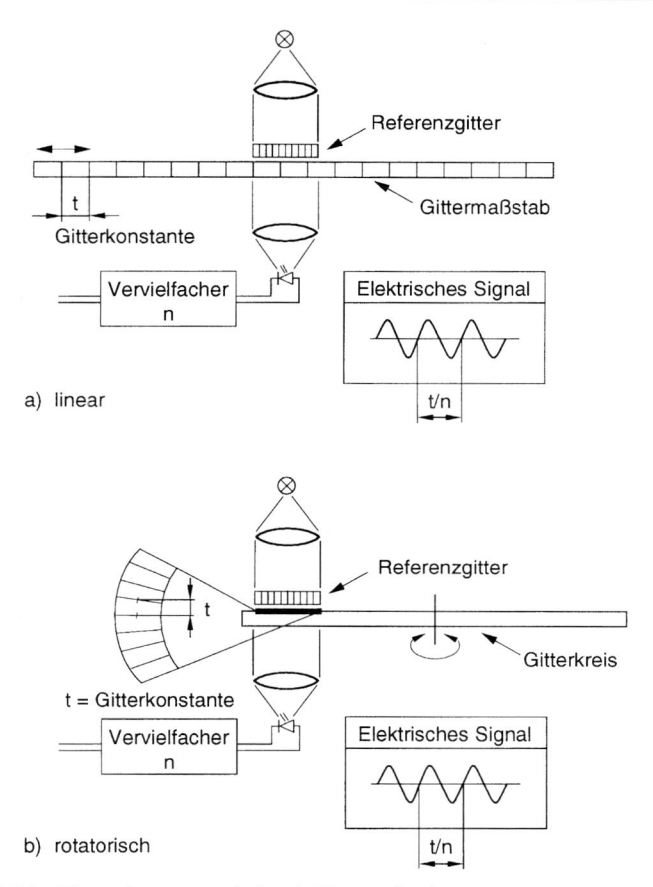

Bild 8.2-24 Wegmeßsystem optisch mit Gittermaßstab

den kompensierbar, aber nicht vermeidbar. Dynamische Meßfehler, wie sie beispielsweise bei Schwingungen durch Verlust bzw. Vervielfachung von Impulsen auftreten können, lassen sich hingegen durch eine geeignete schaltungstechnische Auswertung der Meßsignale von vornherein vermeiden, wie z. B. durch Verknüpfung von Impuls und negiertem Impuls bzw. deren Flanken. Weitere durch das Meßsystem bedingte Fehlermöglichkeiten sind:
– Ausfall,
– Begrenzungen,
– Kalibrierung,
– Ungenauigkeit,
– Wandlungsfehler (Linearität, Dynamik) sowie
– Verschmutzung.

Anordnungs- und Übertragungsfehler

Aus der mechanischen Anordnung des Meßsystems und seiner internen Wandlungsfunktion ergeben sich Anordnungs- und Übertragungsfehler. Der wesentliche Anordnungsfehler bezüglich

– Position, Lage und
– Ausrichtung

resultiert aus der Verletzung des sogenannten Abbeschen Prinzips, das zur Vermeidung von Fehlern 1. Ordnung die fluchtende Anordnung von Meßsystem und Arbeitsebene des Werkstückes verlangt. In Bild 8.2-25 zeigt beispielhaft die Anordnung eines Linearmaßstabs an einer Werkzeugmaschinenachse, auf die dieses Prinzip anzuwenden ist.

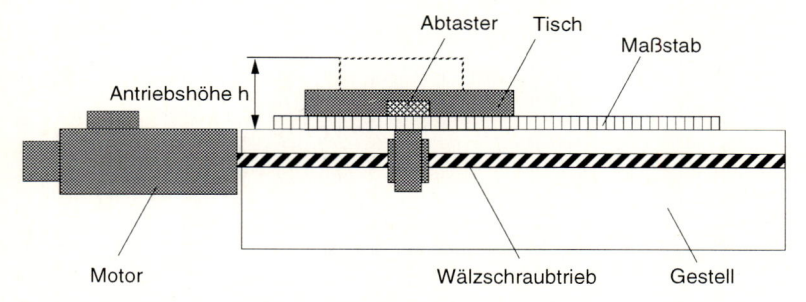

Bild 8.2-25 Translationseinheit mit Meßsystem

Übertragungsfehler sind Fehler auf der Übertragungsstrecke zwischen Meßgröße und Sensor (z. B. aufgrund der Befestigung oder Anordnung, Störanfälligkeit gegenüber Schwingungen). Im Fall der indirekten Wegmessung liegen zwischen der Meßgröße und der Meßwertaufnahme mechanische Übertragungsglieder, deren Elastizitäten, Lose sowie nichtlineares oder nicht der Spezifikation entsprechendes Übertragungsverhalten (z. B. Spindelsteigungsfehler) für eine Differenz zwischen vorhandener und erfaßter Meßgröße verantwortlich sein können.

Übertragungsfehler entstehen auch bei der Signalverstärkung und Wandlung am Anfang und Ende der Übertragungsstrecke zwischen Sensor und steuerungsinterner Erfassung (Nichtlinearität der Wandlerkennlinie, Überschreitung der Grenzfrequenz). Übertragungsfehler auf der Strecke zwischen Sensor und steuerungsinterner Erfassung können durch mangelnde Signalschirmung im Zusammenhang mit elektromagnetischen Feldern in der Maschinenumgebung verursacht werden. Dieses Problem der elektromagnetischen Verträglichkeit (EMV) zeigt sich bei inkrementaler Wegmessung häufig in einer Verfälschung des gemessenen Weges aufgrund zusätzlicher Zählimpulse.

Beispielhaft für Fehler im Meßvorgang sei hier der Meßbereichsüberlauf aufgrund der Nichtbeachtung der begrenzten Registerlänge des Zählerbausteins genannt.

Inbetriebnahme

Fehlerquellen, die sich aus der Zusammenführung von Steuerung und Maschine ergeben, sind in Bild 8.2-26 dargestellt. Die Art der Fehlerfortpflanzung ist schwer abzuschätzen, da auf dem Übertragungsweg vom Bediener bis zum Wirkprozeß eine gegenseitige Kompensation von Fehlern auftreten kann. Selbst die Abschätzung des sogenannten „worst case", bei dem nur die Akkumulation der Fehler betrachtet wird, ist komplex.

Die Art der Fehlerakkumulation hängt wesentlich von der Fehlerart ab. Ein einfacher Fall der Ansammlung von Steuerungsfehlern und Maschinenfehlern kann beispielsweise aufgrund des Spindelsteigungsfehlers einer Maschine in Verbindung mit einem fehlerhaften Wert für die Losekompensation der Steuerung vorliegen. Hier addieren sich die Einzelfehler zu einer Gesamtabweichung von der Sollposition. Wesentlich komplexer wird die Fehlerbe-

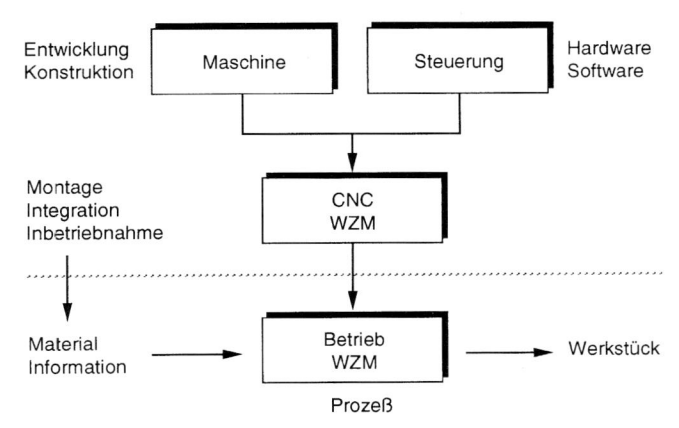

Bild 8.2-26 Entstehungsbereiche für Fehler eines Produktionssystems

trachtung des Gesamtsystems, wenn es Rückkopplungen innerhalb der oben genannten Wirkkette gibt, beispielsweise überall dort, wo die Steuerung Maschinengrößen regelt. Hier ist eine Einzelbetrachtung von Maschinen- und Steuerungsfehlern zur Abschätzung eines Gesamtfehlers nicht mehr möglich. Bild 8.2-27 zeigt die Strukturvarianten für die Fehlerfortpflanzung von Steuerungs- und Maschinenfehlern.

Wenn auch die Fehler der Systeme Maschine und Steuerung im Verbund schwer abzuschätzen sind, so ist doch den oben genannten Fehlern gemein, daß sie sowohl an der Maschine als auch an der Steuerung einzeln erkennbar und unter Umständen zu beheben sind. Bei der Zusammenführung von Maschine und Steuerung sind jedoch Fehlerquellen vorhanden, die an den Einzelsystemen vorab nicht erkennbar sind und/oder sich erst aus der Integration beider Systeme ergeben. Hierbei ist zwischen solchen Fehlern zu unterscheiden, die schon vor der Kopplung der Systeme entstehen und solchen, die in den Arbeitsschritten der Verbindung von Maschine und Steuerung generiert werden.

Maschinenseitig können Ursachen für spätere Fehler des Gesamtsystems bereits bei der Konstruktion verursacht werden. Beispiele für konstruktionsbedingte Fehler im Hinblick auf die zu integrierende Steuerung sind:
– mangelnde Steifigkeit der Ankopplungsplattform für ein lineares Wegmeßsystem sowie
– elastische Übertragungsglieder zwischen Wegmeßsystem und Werkzeughalterung.

Auch in der Fertigung können Fehler entstehen, die sich erst im späteren Zusammenwirken mit der Steuerung bemerkbar machen.

Bei der Anpassung der Steuerung an die Maschine lassen sich Hardware und Software getrennt betrachten. Beispiele für hardwarebedingte Fehler sind:
– mangelnde Anpassung der Signalpegel von Maschinen- bzw. Antriebssignalen an die Meßeingänge der Steuerung,
– fehlerhafte Spannungsversorgung von Meßelementen der Antriebe durch die Steuerung sowie
– mangelnde Abtast- und Rechenleistung der Steuerung im Verhältnis zur Geschwindigkeit von Antriebsachsen.

Ein Beispiel für einen softwarebedingten Fehler ist ein zu geringer Wertebereich für die Speicherung der Achsposition aufgrund einer Nichtbeachtung von Achslänge und Meßsystemauflösung, wodurch sich ein Bereichsüberlauf ergibt.

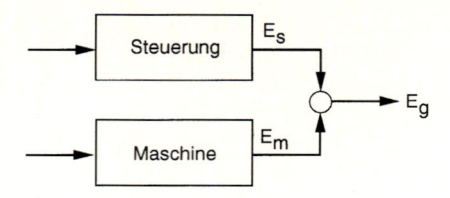

a) Überlagerung der Einzelfehler

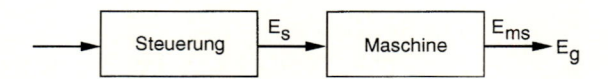

b) Gesamtfehler abhängig vom Übertragungsverhalten der Maschine

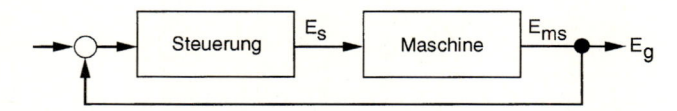

c) Gesamtfehler abhängig vom Übertragungsverhalten des geschlossenen Wirkkreises

Bild 8.2-27 Strukturvarianten für die Fortpflanzung von Steuerungsfehlern E_s und Maschinenfehlern E_m zum Fehler des Gesamtsystems E_g

Bei der Montage ist zwischen der elektrischen und der mechanischen Ankopplung von Maschine und Steuerung zu unterscheiden. Die bei der elektrischen Ankopplung auftretenden Fehler, zum Beispiel durch eine schlechte galvanische Verbindung elektrischer oder elektronischer Elemente, schlägt sich in Störungen nieder, die im wesentlichen die Meß- und Stelldaten betreffen. Weitere potentielle Fehler resultieren aus einer
– schlechten Verbindung zur elektrischen Masse und
– mangelnder Schirmung von Meßsignalleitungen oder Kontaktstellen.

Bei der mechanischen Ankopplung ist besonders die Anbringung von Meßaufnehmern/Sensorik für eine Fehlerbetrachtung von Bedeutung.

Zur Integration von Maschine und Steuerung ist zunächst eine Implementierung von PLC-Software und anwenderspezifischer technologiebezogener Software erforderlich. Fehlermöglichkeiten ergeben sich hierbei im wesentlichen aus Inkompatibilitäten zwischen Software des Steuerungsherstellers und anwenderspezifischer Software (z. B. Überlappung/mangelnde Freigabe von Adreßbereichen, Verschiebungen von Speicherbereichen bei neuer Softwareversion).

Zum Zwecke der Anpassung müssen Informationen in die Steuerung eingebracht werden, wobei sowohl der Vorgang der Informationseinbringung, als auch die Information selbst fehlerbehaftet sein können. Fehler bei der Informationseinbringung während der Inbetriebnahme hängen in starkem Maße vom Datenformat der Information (analog, digital) ab. Ein Beispiel für analoge Informationseinbringung ist die Verstellung eines Potentiometers bei der Optimierung eines Regelkreises. Bei numerischen Steuerungen stellt die PLC meist eine Schnittstelle für die Dateneingabe in digitaler Form bereit. Ein Vorteil gegenüber analogen Daten liegt in der einfacheren Möglichkeit von Speicherung, Abruf und Anzeige der Daten.

Fehler bei der Informationseinbringung digitaler Daten können jedoch beispielsweise bei Nichtbeachtung des Datenformates (meist Hexadezimal) entstehen.

Die Daten, die diese Informationen bilden, sind im wesentlichen Einstellparameter, die einen Bezug zu unterschiedlichen Maschinenkomponenten haben. Der Schwerpunkt liegt meist auf der Parametrierung der Antriebsstrecke. Hierbei sind folgende Größen zu betrachten:

- Achsparameter (lineare/rotatorische Achse, Achslänge, Spindelsteigung, Maschinennullpunkt, Referenzpunkt, Werkzeugwechselpunkt),
- Antriebsparameter (Antriebstyp, Übersetzung, Getriebe, Meßsystemauflösung, Richtungssinn),
- Reglerparameter (Beschleunigungsbegrenzung, Ruckbegrenzung, Stellgrößenbegrenzung, Verstärkungsfaktoren der Regelkreise) und Wahl der Gütekriterien für die Regleroptimierung sowie
- Parameter für Maschinenfehlerkompensation (Lose/Umkehrspiel, Spindelsteigungsfehler, Rechtwinkligkeitsfehler gekreuzter Achsen).

Es wird deutlich, daß die Fülle möglicher Einstellparameter ein entsprechend großes Fehlerpotential beinhaltet. Hierbei ist zu unterscheiden, ob ein Parameter an sich oder in bezug zu anderen Parameter fehlerhaft ist.

Ein Beispiel für den erstgenannten Fall bildet die Nichtberücksichtigung der Größeneinheit von Daten. So ist beispielsweise bei der Wahl des Verstärkungsfaktors eines Lageregelkreises zu unterscheiden, ob der Wert in Industrieeinheiten oder in rein mathematischen Einheiten einzugeben ist.

Der zweite Fall liegt beispielsweise vor, wenn über eine entsprechende Parametrierung ein Lageregelkreis über einen Linearmaßstab an der Antriebsachse geschlossen wird, und zugleich ein Wert ungleich Null für die Losekompensation Berücksichtigung findet. Dieser Wert kann aus einer durchaus korrekten Achsvermessung gewonnen worden sein, wird aber aufgrund der geschlossenen Regelkreisstruktur überkompensiert und führt somit zu einem konstanten Lagefehler der Achse und letztendlich einer Abweichung von der gewünschten Werkstückkontur.

Ebenso wie die optimale Einstellung von untereinander nicht unabhängigen Parametern aufgrund der Dimension des Optimierungsraumes komplex ist, sind Fehler aufgrund von gegenseitiger Beeinflussung von Einstellgrößen schwer zu erkennen.

Verbesserung der Steuerungsgenauigkeit

Für die qualitative Beurteilung einer Steuerung ist der Begriff der Positionier- und Bahngenauigkeit von besonderer Bedeutung. Man unterscheidet die Positionsabweichung, die auf systematische Fehler zurückgeführt wird und die Positionsstreubreite, die dem Einfluß zufälliger Fehler unterliegt, wobei die Fehler ihre Ursache sowohl in der Steuerung als auch in der Maschine haben können [8]. Zur Kompensation von Fehlern aus dem Maschinenumfeld haben Steuerungen bestimmte Grundfunktionen (Bild 8.2-28).

Die Positionsabweichung ist gemäß der ISO-DIN-Norm 230-2 definiert als Differenz aus tatsächlicher Position und Zielposition [9]. Die Positionsstreubreite ist ein Maß für die Wiederholbarkeit der Positionierung und wird gemessen an der Standardabweichung mehrerer gleicher Positionierbewegungen.

Die Regelungsgenauigkeit wird durch eine Vielzahl von Einflußfaktoren bestimmt. Zunächst muß die Reglerstruktur an die Strecke angepaßt sein. In diesem Zusammenhang ist von Bedeutung, mit welcher Genauigkeit das dem Reglerentwurf zugrundeliegende Modell tatsächlich die Strecke wiedergibt. Dabei ergibt sich immer ein Fehler durch folgende Einflüsse:

- Das Zeitverhalten des Antriebes wird selten mit der Angabe einer Zeitkonstante, d. h. als Verzögerungsglied 1. Ordnung genug genau beschrieben sein. Es ergibt sich immer ein Zeitverhalten höherer Ordnung.
- Der Antrieb ist mit Nichtlinearitäten behaftet (z. B. Beschleunigungsbegrenzung).
- Die mechanischen Elemente sind nachgiebig und massenbehaftet.
- Die Mechanik weist Nichtlinearitäten auf (Spiel, Reibung).

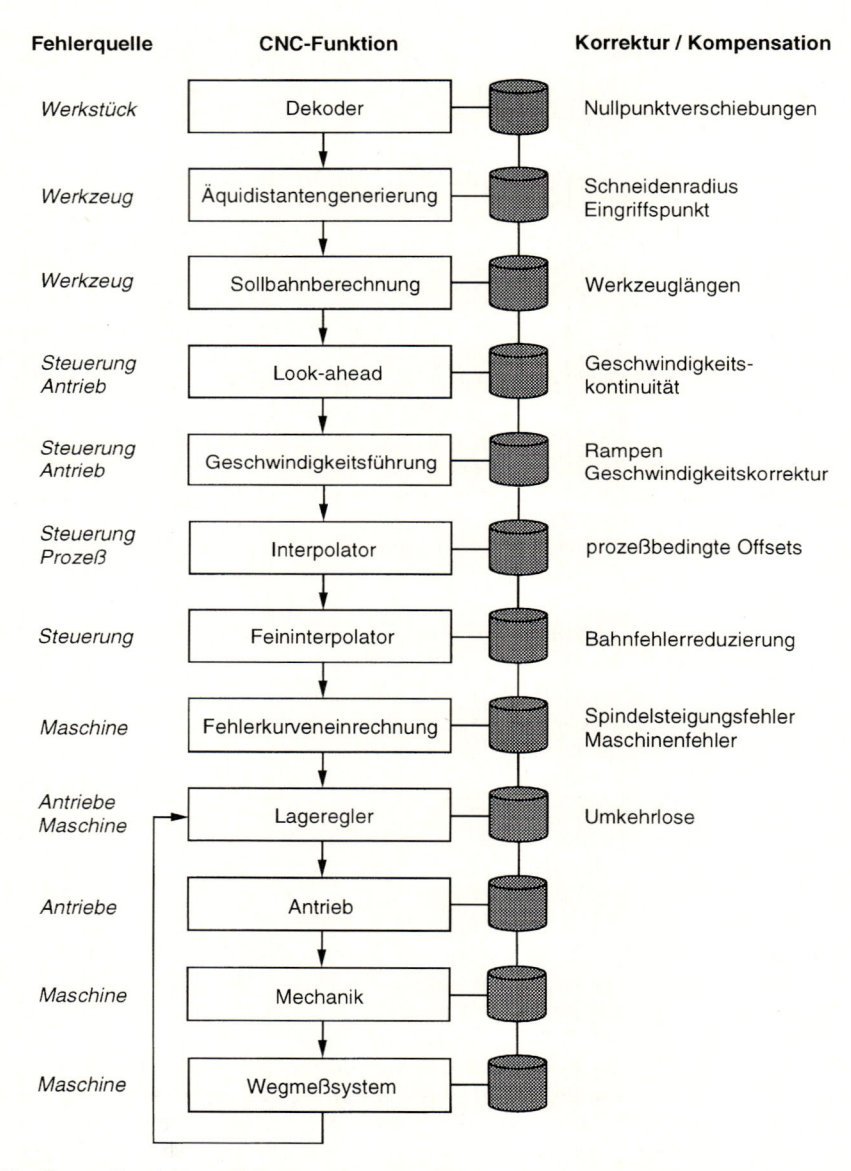

Fehlerquelle	CNC-Funktion	Korrektur / Kompensation
Werkstück	Dekoder	Nullpunktverschiebungen
Werkzeug	Äquidistantengenerierung	Schneidenradius Eingriffspunkt
Werkzeug	Sollbahnberechnung	Werkzeuglängen
Steuerung Antrieb	Look-ahead	Geschwindigkeitskontinuität
Steuerung Antrieb	Geschwindigkeitsführung	Rampen Geschwindigkeitskorrektur
Steuerung Prozeß	Interpolator	prozeßbedingte Offsets
Steuerung	Feininterpolator	Bahnfehlerreduzierung
Maschine	Fehlerkurveneinrechnung	Spindelsteigungsfehler Maschinenfehler
Antriebe Maschine	Lageregler	Umkehrlose
Antriebe	Antrieb	
Maschine	Mechanik	
Maschine	Wegmeßsystem	

Bild 8.2-28   Gesamtübersicht möglicher Korrekturen und Kompensationen innerhalb der CNC-Steuerung

In Abhängigkeit von der Strecke beziehungsweise deren Modell muß der Regler auch ein entsprechendes Zeitverhalten aufweisen. In Verbindung mit der Meß- sowie Stellgenauigkeit und bei elektronischen Reglern auch der Rechengenauigkeit können durch Quantisierungsstufen bedingte Sprünge auftreten, die das Reglersystem zum Schwingen anregen und die Reglergenauigkeit negativ beeinflussen. Anderseits wird mit einem zeitdiskreten System gearbeitet, wenn der Regler in der Steuerung implementiert ist. Dabei spielt die Abtastzeit eine wichtige Rolle. Die statische und dynamische Genauigkeit sowie die Stabilität des Lagereglers sind kennzeichnend für seine Regelgüte. Als statische Genauigkeit wird die Genauigkeit des Positionierens bezeichnet. Der Positionierfehler kann bei Schrittmotorantrieben gleich Null und bei Gleichstrommotoren gleich einem Meßinkrement gehalten werden. Die Verzögerung zwischen der Ausgangs- und Eingangsgröße des Systems wird Schleppfehler oder dynamischer Fehler genannt. Dieser Fehler ist im stationären Fall durch

$$dx = \frac{T_E}{K_V} \tag{05}$$

bestimmt, worin T_E die Ersatzzeitkonstante und K_V die Verstärkung der Regelstrecke sind. Aus der Regelungstechnik ist bekannt, daß bei vorgegebener Phasenverzögerung der Regelstrecke die Kreisverstärkung für die Stabilität des Reglers festlegt. Ein optimierter Regler hat eine ausreichende Stabilität mit einem kleinstmöglichen Schleppfehler. Der Geschwindigkeitsvektor wird durch Abtast- und Halteglieder in eine Treppenfunktion umgewandelt. Die zusätzliche, von der Taktzeit abhängige Phasenverzögerung erfordert bei vorgegebener Stabilität eine Reduzierung der Kreisverstärkung und bewirkt deshalb ein schlechteres Dynamikverhalten des Reglers. Eine Beziehung zwischen dem Verstärkungsfaktor K_V und der Taktzeit T_A kann dem Bild 8.2-29 entnommen werden. Es ergibt sich, daß bei Taktzeiten $T_A = T_E/10$ die höchstmögliche Kreisverstärkung fast erreicht ist. Für $T_E/10 \leq T_A \leq T_E$ kann die zulässige Kreisverstärkung um 50 % reduziert werden. Da bei der Bahnsteuerung die Genauigkeit der verfahrenen Bahn einen kleinstmöglichen Schleppfehler erfordert, muß die Taktzeit klein sein. Anderseits muß ein Kompromiß mit der Rechnerauslastung gefunden werden.

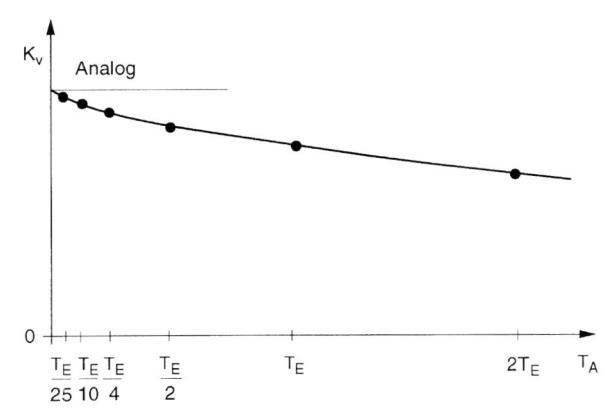

Bild 8.2-29 Verstärkungsfaktor als Funktion des Regeltaktes

An einem Prozeß sind meist mehrere Achsen beteiligt. Zur Erzeugung einer Bahn wird für alle Achsen je ein entkoppelter Lageregelkreis benötigt, der die Aufgabe hat, die zeitabhängige Komponente des vorgegebenen Bahnsollwertes an den Ausgang möglichst fehlerfrei zu übertragen. Die Forderung der fehlerfreien Signalübertragung ist bei allen technischen

Systemen nicht erfüllt, da diese aus realen Bausteinen bestehen, die ein lineares bzw. nichtlineares Übertragungsverhalten haben. Wenn für das lineare Modell eines Lageregelkreises die Übertragungsfunktion

$$T(s) = \frac{K_v}{s(1 + T_{Es})} \tag{06}$$

angenommen wird, und zur Erzeugung einer Geraden in der Ebene den Lageregelkreisen je eine Rampenfunktion s(t)

$$s_X(t) = v_X\, t \Rightarrow s_X(s) = v_X/s^2$$
$$s_Y(t) = v_Y\, t \Rightarrow s_Y(s) = v_Y/s^2 \tag{07}$$

mit den Achsgeschwindigkeiten v_Y und v_X eingegeben wird, so läßt sich der Regelfehler $\Delta(s)$ für jede Achse ermitteln:

$$\Delta_X(s) = \frac{1}{1 + T_X(s)}\, x(s),$$
$$\Delta_Y(s) = \frac{1}{1 + T_Y(s)}\, y(s). \tag{08}$$

Nach der Rücktransformation in den Zeitbereich ergibt sich:

$$\Delta_X(s) \Rightarrow \Delta_X(t) = v_X\, x(t),$$
$$\Delta_Y(s) \Rightarrow \Delta_Y(t) = v_Y\, y(t). \tag{09}$$

Diese Regelfehler sind von den Systemparametern Verstärkungsfaktor K_v, Kennkreisfrequenz, Streckenzeitkonstanten und -dämpfungen abhängig. Der Bahnfehler läßt sich dann in Abhängigkeit der Regelfehler ableiten (Bild 8.2-30), wobei AC als Schleppabstand und CD als Bahnfehler zu bezeichnen sind:

$$\varepsilon(t) = \frac{y(t) - x(t)}{\sqrt{\dfrac{1}{v_X^2} + \dfrac{1}{v_Y^2}}}. \tag{10}$$

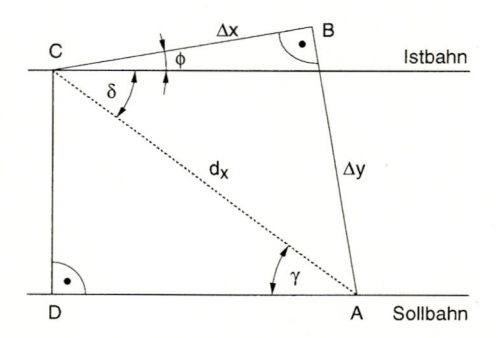

Bild 8.2-30 Geometrische Beziehung zwischen Regelfehler, Schleppfehler und Bahnfehler

Bild 8.2-31 zeigt die Abhängigkeit des Bahnfehlers von dem Regelfehler. Gemäß Gleichung 10 wird der Bahnfehler nur bei x(t) = y(t) gleich Null. Diese Bedingung muß auch zu jeder Zeit t erfüllt werden, d. h. die Verstärkungsfaktoren und Zeitkonstanten der beteiligter Achsen müssen gleich sein. Die Bedingung gleicher K_v-Faktoren wird in der Praxis realisiert.

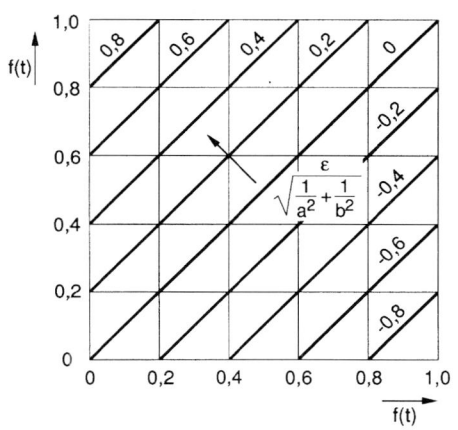

Bild 8.2-31 Diagramm des Bahnfehlers in Abhängigkeit der Regelfehler

Die Forderung der gleichgroßen Zeitkonstanten läßt sich über die Verstärkung im Geschwindigkeitsregelkreis durchführen.

Will man aber einen Kreis erzeugen, so ist der Bahnfehler von Dämpfungsgrad, Winkelgeschwindigkeit und Kennkreisfrequenzen der einzelnen Achsen abhängig. Deswegen lassen sich die Bahnabweichungen nicht nur mit den entsprechenden Einstellungen der Regelkreise zu Null setzen. Dabei ist die Struktur des verwendeten Regelkreises von übergeordneten Bedeutung.

In den meisten CNC-Vorschubachsen wird die Kaskadenregelung mit einem proportionalen Lageregler verwendet. Das Bild 8.2-32 zeigt eine solche Regelungsstruktur. Die unterlagerten Strom- und Drehzahlregler sind normalerweise PI-Regler. Diese Struktur bietet folgende Vorteile:

– einfache Inbetriebnahme der einzelnen Regelkreise durch Optimierung von inneren nach äußeren Schleifen,
– einfache Begrenzung der Stellgrößen und der Drehzahlbegrenzung sowie
– günstigeres Störverhalten.

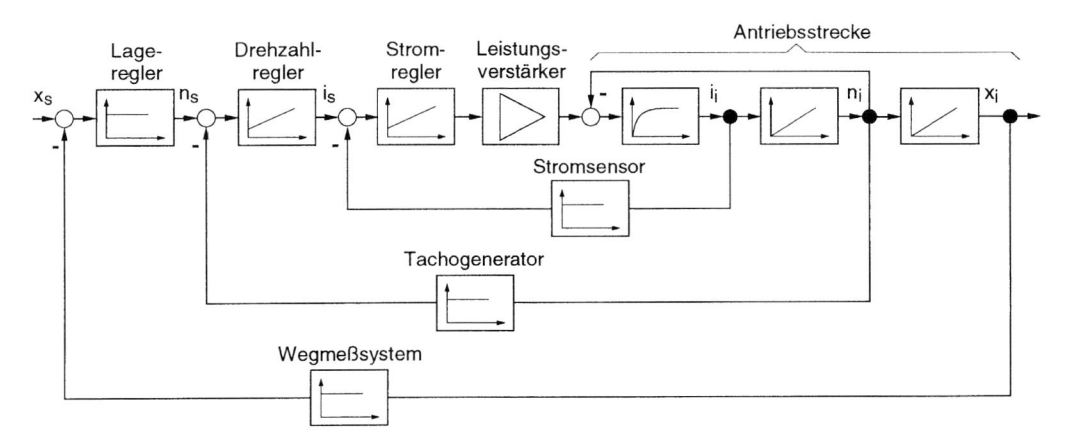

Bild 8.2-32 Struktur eines Kaskadenreglers

Der Lageregler bildet aus der Differenz zwischen der Sollposition und Istposition, die auch als Schleppfehler bezeichnet wird, die Solldrehzahl n_s. Der Drehzahlregler bildet wiederum aus der Differenz zwischen der Soll- und der Istdrehzahl die Stellgröße für den Leistungsverstärker, in dem sich eine unterlagerte Stromregelung befindet.

Bei einem proportionalen Lageregler, der in herkömmlichen numerischen Steuerungen am häufigsten verwendet wird, ist die Solldrehzahl n_s proportional zum Schleppfehler d_x. Wenn sich die Achse nicht im Stillstand befindet, muß der Schleppfehler ungleich Null sein. Dieser ist der wesentliche Anteil an dem Bahnfehler von CNC-Achsen.

Der Schleppfehler eines Vorschubantriebes läßt sich durch die Erhöhung der Verstärkungsfaktoren (K_v) reduzieren. Dies ist aber nur bis zu einer bestimmten Grenze möglich, da höhere K_v-Faktoren ein unbefriedigendes Übertragungsverhalten liefern oder zur Instabilität der Lageregelkreise führen. Die in Bild 8.2-33 angegebenen K_v-Werte überschreiten bereits diese Grenzen. Das Überschwingen ist aber sehr klein und läßt sich daher nicht erkennen.

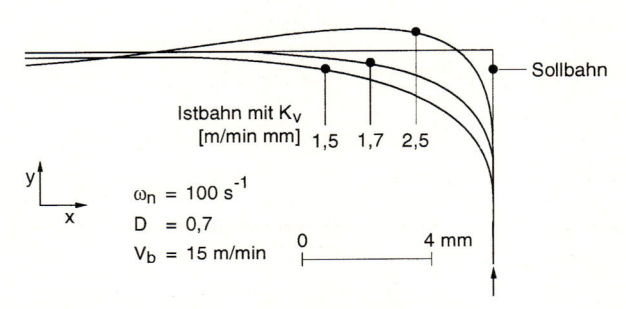

Bild 8.2-33 Einfluß der K_v-Faktoren auf die Eckenfahrt

Aus den obengenannten Gründen ist die Reduzierung der Schleppfehler von Vorschubachsen durch die Erhöhung der K_v-Faktoren nur bis zu bestimmten Grenzen möglich. Diese müssen nicht die Stabilitätsgrenzen, sondern die Grenzen des nach einem gewählten Kriterium optimierten Übertragungsverhaltens sein. Der in herkömmlichen numerischen Steuerungen meist verwendete proportionale Lageregler allein kann die Antriebsleistung nicht optimal zur Erhöhung der Positioniergenauigkeit ausnutzen.

Regelungstechnische Maßnahmen zur Bahnfehlerreduzierung umfassen sowohl die Verbesserung der Reglerstruktur als auch die Optimierung der Reglerparameter. Beispiele dafür sind Zustandsregler, Zwangskopplung zwischen Vorschubachsen, Bahnregelung, adaptive Regelsysteme und die prädiktive Lageregelung. Bei einem adaptiven Lageregler werden die Reglerparameter an die aktuellen Antriebsstreckenparameter angepaßt, so daß der Lageregelkreis die nach einem festgelegten Regelkriterium optimale Sprungantwort liefert. Ein Zustandsregler kann einen höheren Geschwindigkeitsverstärkungsfaktor hinsichtlich der Stabilitätsgrenze liefern als ein normaler proportionaler Lageregler. Zur weiteren Erhöhung der Bahngenauigkeit kann den Lageregelkreisen eine Bahnregelung überlagert werden. Durch eine Zwangskopplung wird die Sollage einer schnellen Zustellachse aus dem Istwert einer langsamen Vorschubachse abgeleitet. Bei einer prädiktiven Lageregelung werden die zukünftigen Istpositionen zuerst mit einem parametrischen Streckenmodell geschätzt. Aus den Differenzen zwischen den Soll- und geschätzten Istpositionen werden die Stellgrößen ermittelt und wieder in den Regelkreis zurückgeführt, um die Abweichungen zu reduzieren. Voraussetzung dafür ist ein sehr genaues parametrisches Modell. Im allgemeinen erfordern die regelungstechnischen Maßnahmen einen hohen Rechen- beziehungsweise Meßaufwand.

Trotz der erreichten Verbesserungsergebnisse kommen diese neuen Verfahren wegen deren hohen Realisierungs- und Rechenaufwandes nur sehr selten zum praktischen Einsatz.

Verfahren zur Verbesserung der Bahngenauigkeit

Die Maschinengenauigkeit wird durch die Eigenschaften der elektrischen und mechanischen Elemente einer jeden Achse sowie durch die Beteiligung mehrerer Achsen an der Bahnerzeugung beeinflußt. Die Bahnabweichungen sind damit sowohl von den Parametern der elektrischen Baugruppen (Stellmotor, Strom- und Drehzahlregler) als auch von den mechanischen Übertragungselementen (Kupplung, Lagerung) abhängig. Mechanische Eigenschaften wie die Elastizität der Übertragungsglieder, die Lose und die Reibung sowie die Verzögerungszeiten und die Nichtlinearitäten in den Elementen der Antriebsmotoren zeigen die wichtigsten Ursachen dieser Abweichungen auf (Bild 8.2-34). Den Hauptanteil stellt dabei der Schleppfehler als Differenz zwischen dem Positionssoll- und -istwert dar. Die Bahnabweichung kann auch durch Überforderung der Achsantriebe verursacht werden. Eine stark gekrümmte Bahn macht bei hoher Bahngeschwindigkeit eine hohe Beschleunigung erforderlich, die die Beschleunigungsgrenzen der Achsantriebe überschreiten kann.

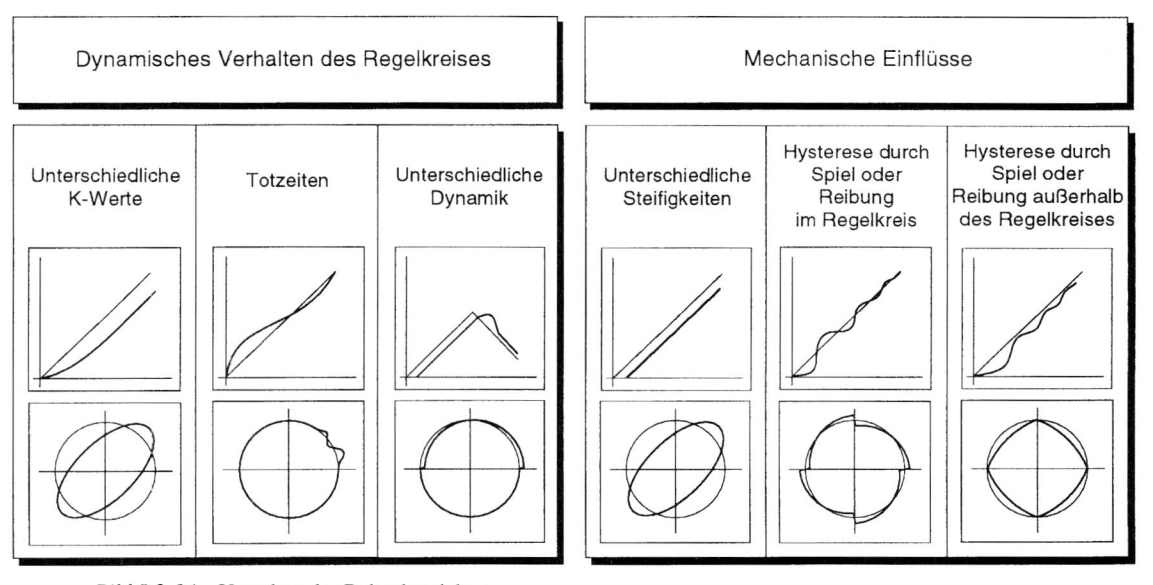

Bild 8.2-34 Ursachen der Bahnabweichung

Die Weiterentwicklung der CNC-Maschinen zielt auf die Steigerung der Vorschubgeschwindigkeit und der Arbeitsgenauigkeit. Da sich die Ursachen der Bahnabweichung wie der Schleppfehler bei höherer Vorschubgeschwindigkeit noch stärker auswirken, sind die Anforderungen an die Achsantriebe und deren Lageregelung immer höher.

Die Reduzierung der Schleppfehler kann auch durch Verbesserung der Antriebe erreicht werden. Mit dem Einsatz leistungsfähiger Motoren und Leichtbaukonstruktionen lassen sich Fehlerquellen wie die mechanischen und die elektrischen Verzögerungszeiten reduzieren. Durch den Verzicht auf die mechanischen Übertragungsglieder zum Beispiel bei Direktantrieben werden die Reibung und die Elastizitäten von Antriebsachsen vermindert. Solche Einsätze ermöglichen höhere Verstärkungsfaktoren in einem Lageregelkreis, ohne die Stabilitätsgrenzen zu überschreiten. Sie liefern höhere Bahngenauigkeit auch bei höherer Bahngeschwindigkeit. Durch den Wegfall eines mechanischen Übertragungsgliedes (zum Beispiel Spindel) wird aber die Störkraft nicht mehr herabgesetzt und wirkt somit voll auf den Antriebsmotor. Direktantriebe haben deshalb geringere Laststeifigkeit im Vergleich zu einem Spindelantrieb. Für eine Bahngenauigkeit bis zu einigen Nanometern kommen Schraubgewindereluktanzmotoren oder piezoelektrische Antriebe zum Einsatz. Diese hochpräzisen Antriebe sind allerdings nur für kleine Vorschubgeschwindigkeiten und geringere Lastkraft geeignet. Ferner setzen solche Antriebe hochauflösende Wegmeßsysteme wie Laserinterferometer voraus. Die Verbesserung der Antriebe und der Meßsysteme stellt deshalb eine teure Lösung dar.

Andererseits läßt sich die maximale Leistung eines Antriebs zur Erhöhung der Bahngenauigkeit nur mit optimaler Steuerung und Regelung ausnutzen. Verbesserungen in diesem Bereich sind deshalb ebenso wichtig wie die der Antriebe. Das Bild 8.2-35 zeigt die steuerungs- und regelungstechnischen Maßnahmen zur Reduzierung der Bahnabweichung. Diese können in zwei Gruppen eingeteilt werden. Die erste Gruppe umfaßt die Maßnahmen zur Verbesserung der Reglerstrukturen und die Optimierung der Reglerparameter (siehe Regelungsgenauigkeit).

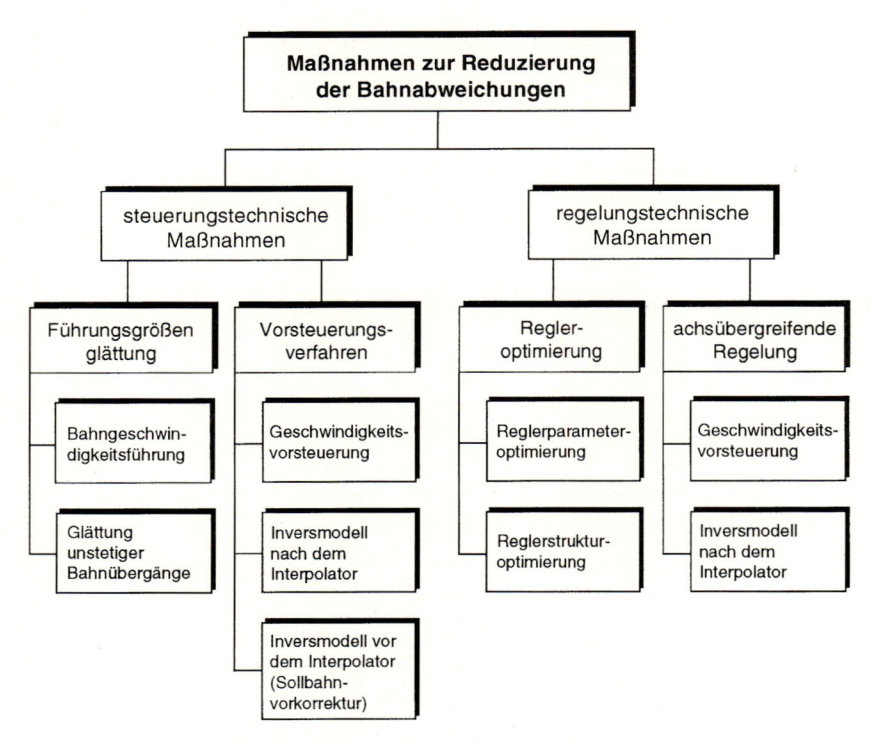

Bild 8.2-35 Steuerungs- und regelungstechnische Maßnahmen zur Verbesserung der Bahngenauigkeit an CNC-Vorschubachsen [7]

Unter den steuerungstechnischen Maßnahmen sind Führungsgrößenglättung und Vorsteuerungsverfahren bekannt. Zur Führungsgrößenglättung gehören die Bahngeschwindigkeitsführung und die Glättung unstetiger Bahnen.

Die Bahngeschwindigkeitsführung sorgt dafür, daß der Schlitten einer Werkzeugmaschine möglichst schnell und überschwingungsfrei die programmierte Vorschubgeschwindigkeit erreicht, ohne die zulässigen Beschleunigungsgrenzen zu überschreiten. Durch starke geometrische Krümmung oder Unstetigkeiten wie zum Beispiel Ecken können unzulässig hohe Ansprüche an die Antriebe auftreten. Dieses Problem kann entweder durch eine Reduzierung der Bahngeschwindigkeit (Bahngeschwindigkeitsführungsmethode) oder durch eine Glättung der Bahnkurve (Bahnglättung) teilweise behoben werden. Die Bahngeschwindigkeitsführung ist eine der Aufgaben eines Interpolators. Diese berechnet die maximale Bahngeschwindigkeit unter Berücksichtigung des programmierten Vorschubs sowie der optimalen Beschleunigungs- und Bremsvorgänge, so daß die gewünschte Bahngeschwindigkeit möglichst schnell und überschwingungsfrei zu erreichen ist, ohne die physikalischen Grenzen der Maschine zu überschreiten. Das meist in herkömmlichen numerischen Steuerungen verwendete Geschwindigkeitsprofil hat die Form eines Trapezes (Bild 8.2-36).

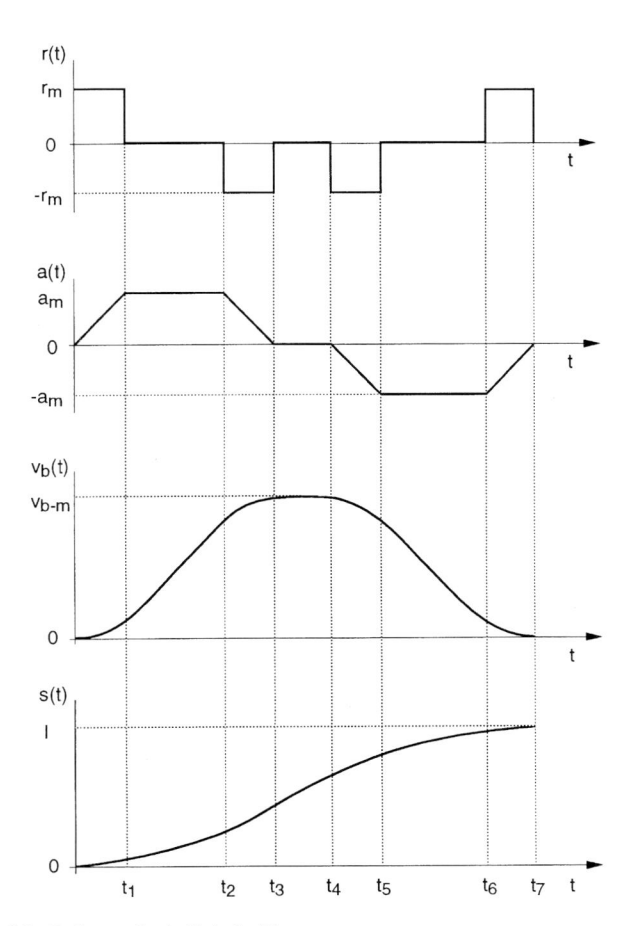

Bild 8.2-36 Bahngeschwindigkeitsführung

Eine blockförmige konstante Beschleunigung wird also in diesem Profil zur Beschleunigung und zum Bremsen eingesetzt. Das blockförmige Beschleunigungsprofil weist jedoch an seinem Anfang und Ende einen unendlichen Ruck auf, der bei manchen Anwendungen zu einem unerwünschten Verhalten führt. Es gibt daher Ansätze, eine ruckbegrenzte Bahngeschwindigkeitsführung in numerischen Steuerungen einzusetzen.

Die Bahngeschwindigkeitsführung führt im allgemeinen nicht zur Vorkorrektur einer Sollbahn. Sie ist aber eine Voraussetzung für einen erfolgreichen Einsatz einiger Methoden zur Schleppfehlerkompensation in der Beschleunigungs- und Bremsphase.

Um zu hohe Beschleunigungsansprüche zu vermeiden, bearbeitet eine numerische Steuerung mehrere Fahranweisungen im voraus. Bei einer Überschreitung der Beschleunigungsgrenzen wird die Vorschubgeschwindigkeit reduziert, bevor die kritische Stelle erreicht wird. Solche Funktionen sind im CNC-Bereich als „look ahead function" bekannt. Bei den meisten auf dem Markt vorhandenen numerischen Steuerungen sind diese Funktionen schon integriert.

Beim Verfahren unstetiger Bahnübergänge, zum Beispiel einer Ecke, sind sprungartige Änderungen von Achsgeschwindigkeiten notwendig, wenn die Bahngeschwindigkeit konstant sein soll. Die Achsantriebe können aber solchen Änderungen nicht folgen, da die notwendigen Achsbeschleunigungen unendlich hoch sind. Bei den herkömmlichen numerischen Steuerungen wird das Problem in der folgenden Weise gelöst. Bei einem Genauhalt wird zuerst gewartet, bis der Schleppfehler eine minimale programmierbare Grenze unterschreitet, dann wird die nächste Fahranweisung durchgeführt. Dabei wird die Bahngeschwindigkeit über eine Verzögerungsrampe reduziert. Je kleiner diese Schleppfehlergrenze gewählt wird, desto länger ist die Verweildauer. Bei größerer Schleppfehlergrenze werden solche unstetigen Übergänge verschliffen. Die Bahnabweichung ist dadurch größer. Es gibt aber auch einen anderen Bahnsteuerbetrieb für den Satzwechsel, bei dem sich die Bremsphase des ersten NC-Satzes und die Beschleunigungsphase des zweiten überlappen. Dabei wird allerdings die Ecke noch stärker verschliffen. Die anderen Methoden zum Verfahren unstetiger Bahnübergänge verwenden die Glättung der Führungsgrößen. Diese hat aus der regelungstechnischen Hinsicht eine Tiefpaßfilterungsfunktion, da Unstetigkeiten hochfrequente Signale beinhalten. Eine solche Tiefpaßfunktion kann zwischen dem Interpolator als Führungsgrößengenerator und dem Lageregelkreis zwischengeschaltet werden. Da die Tiefpaßfilter für jede Achse von einander unabhängig sind, lassen sich die Bahngeschwindigkeitsschwankungen nicht vermindern.

Die Änderung der Bahngeschwindigkeit liefert in einigen Anwendungen ein unbefriedigendes Ergebnis, da die Oberflächenqualität auf dem zu verarbeitenden Werkstück nicht homogen ist. Die Lösung mit der Bahnglättung liefert zwar noch eine konstante Bahngeschwindigkeit und damit homogene Oberflächenqualität, verursacht aber durch die geometrische Glättung größere Abweichung von der programmierten Bahnkurve.

Die Vorsteuerungsverfahren stellen die zweite Gruppe der steuerungstechnischen Maßnahmen zur Verbesserung der Bahngenauigkeit dar (Bild 8.2-37). Zu diesen gehören vor allem die Einsätze der Geschwindigkeitsvorsteuerung und der inversen Modelle der Antriebsstrecken. Die einfachste Realisierung ist die Geschwindigkeitsvorsteuerung, bei der nur das Achsgeschwindigkeitssignal als Hilfsgröße dem Lageregelkreis zugeführt wird. Dies ist der Teileinsatz des inversen Modells. Die Beschleunigungs- und die Ruckanteile am Schleppfehler bleiben noch wirksam. Bei anderen Methoden ist allerdings die Kenntnis des Modells der Antriebsstrecke erforderlich.

Mit der Vorschaltung des inversen Modells einer Strecke wird theoretisch eine Übertragungsfunktion von eins erreicht. Durch die Identifikation der Streckenparameter werden die erforderlichen Modellkenntnisse gewonnen. Bei den schon erprobten Methoden sind die inversen Modelle dem Interpolator nachgeschaltet. Die Operation der inversen Modelle muß daher für jeden Stützpunkt durchgeführt werden. Dabei entsteht ein hoher Rechenaufwand. Die Geschwindigkeitsvorsteuerung kompensiert nur den durch die Geschwindigkeit verursachten Schleppfehler und liefert keine so hohe Genauigkeit wie die Vorschaltung eines inversen Modells. Eine Parameteridentifikation ist jedoch nicht nötig. Daher ist diese Methode einfacher zu realisieren. Dabei erfolgt die Aufschaltung der Geschwindigkeits-

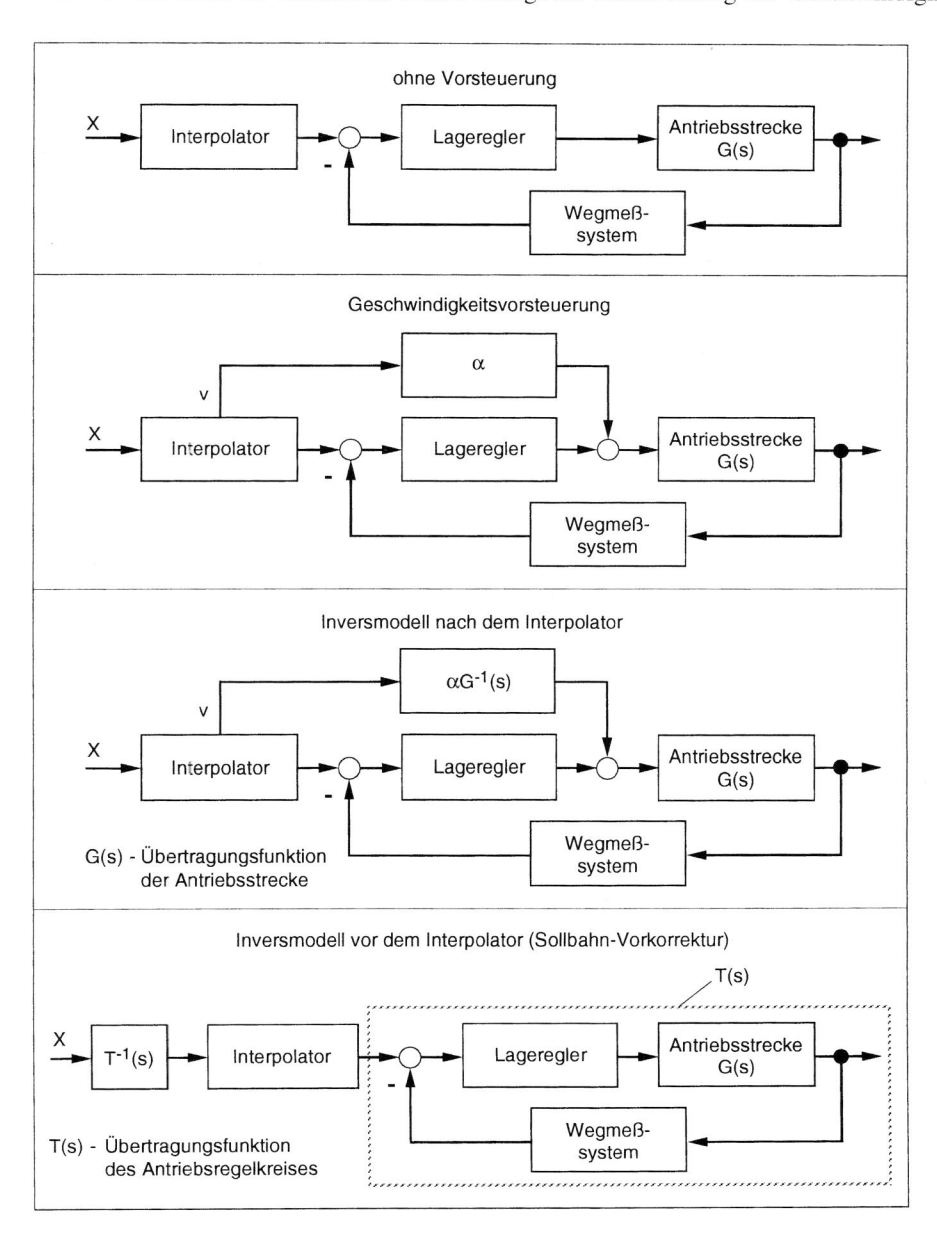

Bild 8.2-37 Vorsteuerungsverfahren

signale wie bei den obengenannten Methoden mit den inversen Modellen erst nach der Interpolation. Der Rechenaufwand ist geringer als bei der Methode mit inversen Modell hinter dem Interpolator. Bei dem inversen Modell vor dem Interpolator (Sollbahnvorkorrektur) ist kein zusätzlicher Rechenaufwand während der Interpolation erforderlich, weil die inversen Modelle schon bei der Berechnung der Interpolationsparameter jedes NC-Satzes berücksichtigt wurden [7]. Die Einsätze inverser Modelle sowohl hinter als auch vor dem Interpolator liefern die gleiche Genauigkeitserhöhung. In den meisten auf dem Markt vorhandenen numerischen Steuerungen ist die Geschwindigkeitsvorsteuerung schon integriert.

Verbesserung der Prozeßgenauigkeit
In der Regel wird die Fertigung des Werkstückes indirekt über Weg- und Winkelinformationen der das Werkzeug bzw. das Werkstück tragenden Bewegungskomponenten kontrolliert. Dies ist akzeptabel, wenn die Übertragungsfehler zum Werkstück bezogen auf die geforderte Qualität hinreichend klein ist.

Bei den Meßsteuerungen [10] wird das Werkzeug zum Werkstück so lange verstellt, bis das am Werkstück festgestellte Sollmaß erreicht ist. Diese Steuerung wird häufig beim Schleifen und zunehmend beim Drehen eingesetzt. Ein Meßrachen tastet das Werkstück an, die Meßgrößenänderungen werden elektrisch oder pneumatisch gewandelt. Bei der Inprozeßmessung läuft der Meßrachen während der Bearbeitung hinter dem Werkzeug (Verschmutzung, Temperatur). Unterbrochen wird die Bearbeitung bei prozeßintermittierenden Messungen.

Bei der Postprozeßmessung wird das Werkstück vermessen, wenn die Bearbeitung beendet wurde. In der Regel hat das Werkstück die Maschine verlassen. Notwendige Maschinenkorrekturen wirken sich erst auf nachfolgende Werkstücke aus. Aus Kostengründen orientiert die moderne Qualitätssicherung auf das Vermeiden von Ausschuß. Gibt es zu große Unsicherheiten im Produktionsprozeß, muß das Werkstück auf der Maschine vermessen werden.

Im einfachsten Fall befindet sich im Werkzeugmagazin ein Meßtaster, der in Meßposition gebracht wird. Bei der Ermittlung von Maßen und Formen wird der Taster zum Werkstück mittels der Bewegungskomponenten der Maschine bewegt. Notwendige Korrekturen werden errechnet und über die NC-Steuersätze überarbeitet. Die zeitweilige Nutzung der Werkzeugmaschine als Meßmaschine stellt bezüglich der Genauigkeit hohe Anforderungen an die Maschine. Kann diese Forderung nicht erfüllt werden, muß ein spezielles Meßgerät in Meßposition gebracht werden. Bei besonderen Anforderungen wird eine besondere Meßstation in die Maschine integriert, in die das Werkstück zum Messen verbracht wird.

Literatur zu Kapitel 8

[1] *Klaiber, M.:* Produktivitätssteigerung durch rechnerunterstütztes Einfahren von NC-Programmen. Dissertation Universität Karlsruhe (TH) 1992
[2] *Kief, H. B.:* NC/CNC Handbuch. Carl Hanser Verlag, München, Wien 1993
[3] *Weck, M.:* Werkzeugmaschinen Band 3, Automatisierung und Steuerungstechnik, Studium und Praxis. VDI-Verlag, Düsseldorf 1989
[4] *N. N.:* Meldas-M3/L3. Firmenschrift Mitsubishi, 1991
[5] *Spur, G.; Oder, B.:* Spline-Verfahren für die Fräsbearbeitung. In: Pritschow, G; Spur, G.; Weck, M.: Maschinennahe Steuerungstechnik in der Fertigung. Carl Hanser Verlag, München, Wien 1992
[6] *Meier, H.; Heilig, L.:* Neues Bahnsteuerungskonzept zur n-dimensionalen Realisierung beliebiger Konturen mit OCI. ZwF 81 (1986) 6, S. 287–290
[7] *Prasetio, J.:* Vorkorrektur der Sollbahn zur Erhöhung der Genauigkeit von CNC-Maschinen. Dissertation TU Berlin 1994. Carl Hanser Verlag, München, Wien 1994

[8] *Maßberg, W.:* Normen und Richtlinien als Hilfsmittel für Konstruktion, Investition und Einsatz numerisch gesteuerter Werkzeugmaschinen. Beitrag zu Fortschritte der Fertigung auf Werkzeugmaschinen – Produktivitätsverbesserungen mit NC-Maschinen und Computern. Herausgeber W. Simon. Carl Hanser Verlag, München 1969

[9] *N. N.:* Entwurf DIN ISO 230 Teil 2: Abnahmeregeln für Werkzeugmaschinen. Beuth Verlag, Berlin, Ausgabe September 1989

[10] *Armbruster, N.; Badur, K.:* Meßsteuerungen für CNC-Drehmaschinen. wt 70 (1980), S. 511–514

[11] *Fischer, H.:* Die Werkzeugmaschinen. Springer Verlag, Berlin 1905.

9 Genauigkeit im Arbeitszustand

9.1 Allgemeines

Die im Arbeitszustand von Maschinen wirksame Funktionsgenauigkeit ist durch den Konstruktionsprozeß und den Herstellungsprozeß vorbestimmt worden. Wir nennen den Arbeitszustand auch Arbeitsverhalten und schließen darin die Arbeitsgenauigkeit ein. Systemtechnisch ist sie eine Untermenge der Arbeitsqualität einer Maschine.

Die ganzheitlich wirkende Arbeitsgenauigkeit von Maschinen wird von der Genauigkeit ihrer Teilfunktionen bestimmt. Diese werden durch Zusammenwirken von Stoffeigenschaften und Bauteilgestaltung wesentlich durch das physikalische Systemverhalten beeinflußt.

Nicht immer sind die Anforderungen an die Arbeitsgenauigkeit von Maschinen extrem hoch. Nach einer alten Konstruktionsweisheit sollte „so grob wie möglich, doch so genau wie nötig" gestaltet werden. Unter dem Gesichtspunkt ihres Anwendungszweckes können Maschinen in Genauigkeitsklassen eingeteilt werden.

Die Arbeitsgenauigkeit von Maschinen wird wesentlich von Störwirkungen beeinflußt. Diese beruhen auf Schwankungen der Eingangsgrößen, auf Störungen des Prozeßzustands sowie auf Umwelteinflüssen. Es gilt, diese potentiellen Störwirkungen bereits durch konstruktive Maßnahmen zu überwinden.

Wie schon beschrieben, sind Maschinen strukturierte dynamische Funktionssysteme mit Umsetzung von Information, Energie und Material. Maschinendynamik beruht auf Funktionsbewegungen, die durch Funktionsteile vermittelt werden. Das Gesamtsystem ist ein Integral aller Elementarfunktionen. Ein wesentlicher Teil ihrer Funktionsoptimierung beruht auf Erfahrung, und zwar sowohl auf gezielter Versuchserfahrung als auch empirischer Gebrauchserfahrung.

Unter der Arbeitsgenauigkeit einer Maschine ist ihre Beschaffenheit zu verstehen, die sie zur Erfüllung vorgegebener Forderungen geeignet macht. Ihre Abnahmeprüfung kann sowohl durch Prüfung des Arbeitsergebnisses als auch durch gezielte Prüfungen einzelner Qualitätsparameter erfolgen. Dies bedeutet auch, daß die Steigerung der Arbeitsgenauigkeit immer eine Minimierung der Störwirkungen einschließt.

Aus kommerzieller Sicht ist unter Arbeitsgenauigkeit die vertraglich vereinbarte Wirksamkeit der Maschine zu verstehen, eine gestellte Aufgabe voll zu erfüllen. Eine Maschine arbeitet also genau, wenn sie ordnungsgemäß, also dem Zweck entsprechend arbeitet. Eine Untererfüllung der Ordnungsgemäßheit wäre ein Funktionsmangel, eine Übererfüllung eine Funktionsverschwendung. Diese Überlegung zeigt, daß die Ordnungsgemäßheit der Maschinengenauigkeit Gegenstand sorgfältiger Vereinbarungen zwischen Hersteller und Nutzer sein muß. Hierfür sind einheitliche Genauigkeitsklassifizierungen und Funktionsprüfungen notwendig. Diese können durch genormte Abnahmeprüfungen vollzogen werden. Auf diese Weise läßt sich die Maschinengenauigkeit auch als Fehlerbestimmung darstellen.

Arbeitsgenauigkeit umfaßt alle Größen, die die Genauigkeit der Funktionsqualität im Arbeitszustand bestimmen, also den Grad der Annäherung der realisierten Arbeitsbewegungen im Vergleich zu der geforderten Bewegungsqualität.

Wie in Bild 9.1-01 dargestellt, gliedern sich die Störwirkungen auf die Arbeitsgenauigkeit in geometrische, kinematische, statische, dynamische, thermische und tribologische Ursachen. Die Wirkung dieser Störgrößen besteht letztlich in verschiedenen Arten von Form- und Lageveränderungen im Funktionssystem Maschine, die durch Kräfte, Wärme und Verschleiß verursacht werden. Das Arbeitsverhalten einer Maschine ist somit als Störzustand seines Genauigkeitssystems aufzufassen. In der Qualitätswissenschaft wird in diesem Zusammenhang auch von der Maschinenfähigkeit gesprochen [3].

Ursachen für Störwirkungen im Arbeitszustand

geometrisch	kinematisch	statisch	dynamisch	thermisch	tribologisch

• Maßabweichungen
• Formabweichungen
• Lageabweichungen
• Oberflächenfehler
	• Steuerungsfehler
	  - mechanisch
	  - elektrisch
	  - hydraulisch
	• Führungsfehler
		• Eigenspannungen
		• Gewichtskräfte
		• Prozeßkräfte
		• Einflüsse durch das Fundament
		• Spann- und Klemmkräfte
		• Reibungskräfte
		• Beschleunigungskräfte
			• Fremderregung
			• Selbsterregung
			• Dämpfung
			• Unwucht
			• Massen
				• Antriebsverluste
				• Prozeßverluste
				• Umgebungseinflüsse
					• Reibung
					• Schmierung
					• Verschleiß

Bild 9.1-01 Störwirkungen auf die Arbeitsgenauigkeit von Maschinen

Die Untersuchung der Arbeitsgenauigkeit von Maschinen kann sowohl in einer umfassenden experimentellen Ermittlung aller wichtigen Fehlergrößen des Funktionssystems bestehen, als auch auf eine Prüfung der Qualität der technologischen Prozeßergebnisse hinauslaufen. Die Arbeitsgenauigkeit wird beim Hersteller einer Maschine auf der Grundlage vereinbarter Bedingungen durch den Nutzer abgenommen. In diesem Zusammenhang haben sich Abnahmebedingungen von Maschinen zu einem grundlegenden Normenwerk entwickelt.

Der Arbeitszustand einer Maschine ist ordnungsgemäß, wenn das Arbeitsergebnis die geforderten Toleranzen einhält. Voraussetzung hierfür ist, daß der Beanspruchungszustand einer arbeitenden Maschine diese Toleranzeinhaltung sichert. In diesem Zusammenhang sind Fehler am Arbeitsergebnis auch hinsichtlich des zeitlichen Ablaufes ihres Entstehens zu betrachten [2]. Dadurch lassen sich Auswirkungen der einzelnen Störgrößen deutlich unterscheiden, Bild 9.1-02.

Die Anforderungen an die Qualität des Arbeitsprozesses bestimmen die Anforderungen an das Funktionsverhalten der Maschine. Darüber hinaus müssen bei der Auswahl eines speziellen Bearbeitungsverfahrens oder einer konkreten Maschine auch wirtschaftliche Kriterien im Entscheidungsprozeß berücksichtigt werden, Bild 9.1-03.

Durch praktische Prüfungen, d.h. durch Prüfung des Arbeitsergebnisses, kann das Funktionsverhalten von Maschinen ermittelt werden. Dieses hängt wesentlich von der Wirkgenauigkeit der Funktionsflächen ab. Funktionsflächen können als Fügeflächen oder Führungsflächen gestaltet sein, was in der Folge auch einen Einfluß auf die Toleranzen der Bauteil- bzw. Baugruppengeometrie ausübt. Die Qualität der Arbeitsgenauigkeit einer Maschine bestimmt das Ergebnis des Arbeitsprozesses. Diese kann überwiegend auf Verlagerungen an Wirkstellen zurückgeführt werden.

Obwohl Maschinen als deterministische Systeme eingestuft werden können, lehrt die Erfahrung, daß die Voraussagen über das Systemverhalten mit einer gewissen Unsicherheit behaf-

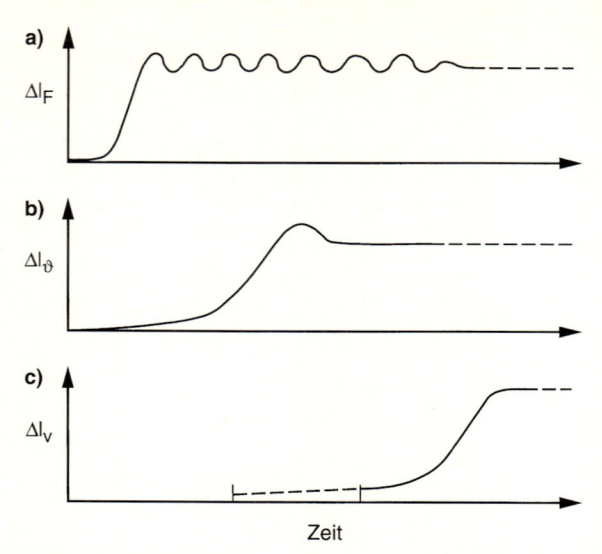

Bild 9.1-02 Qualitative Beeinflussung der Arbeitsgenauigkeit von Maschinen durch Störwirkungen im zeitlichen Verlauf [2]; a) Kraftbedingt, b) temperaturbedingt, c) verschleißbedingt

tet sind [1]. Die auf ein Maschinensystem einwirkenden Störkomplexe vermitteln ein stochastisches Verhalten. Da auch Störungen bestimmten physikalischen Gesetzen folgen, müßte es theoretisch möglich sein, diese in einem Modell darzustellen und mit Hilfe der CAD-Technik zu simulieren.

Hinsichtlich ihrer Störursachen lassen sich solche unterscheiden, die im Eingangsverhalten begründet sind, und solche, die sich auf das Übertragungsverhalten des Maschinensystems

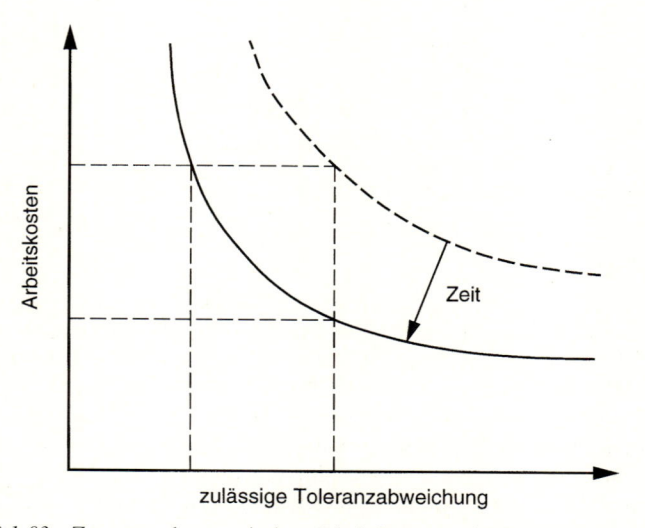

Bild 9.1-03 Zusammenhang zwischen Arbeitskosten und Arbeitsgenauigkeit

Allgemeines 373

auswirken [1]. Es sind Störwirkungen zu unterscheiden, die sich aus dem Wirksystem der Maschine entwickeln, und solche, die von außen aus dem Umfeld einwirken.

Die auf ein Maschinensystem einwirkenden Störkomplexe müssen in engem Zusammenhang mit dem Genauigkeitssystem der Maschine gesehen werden. Das Genauigkeitssystem ist durch konstruktiv bestimmte Parameter gestaltet, die als Bestimmungsparameter einzelnen Teilfunktionen zugeordnet werden. Anders ist die Wirkung der Störparameter, die ganzheitlich sämtliche Teilsysteme stören können, allerdings nicht unbedingt in gleichem Maße.

Das Zusammenwirken von Stör- und Bestimmungsparametern ergibt den Arbeitszustand des Genauigkeitssystems einer Maschine. Stör- und Bestimmungsparameter können unabhängig voneinander sein oder sich gegenseitig beeinflussen. Bild 9.1-04 verdeutlicht die unterschiedlichen Wirkungsketten. Dabei sind folgende Relationen zu unterscheiden:
– Unabhängigkeit der Beeinflussung,
– Beeinflussung der Bestimmungsparameter durch Störparameter,
– Beeinflussung der Störparameter durch Bestimmungsparameter sowie
– Komplexität der Beeinflussung.

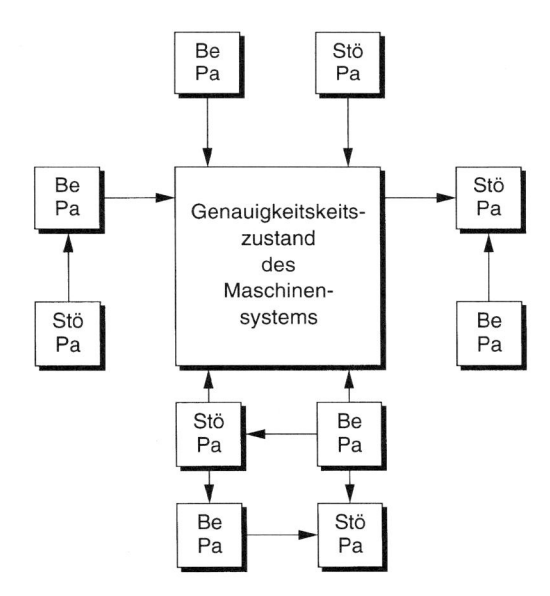

Bild 9.1-04 Einfluß von Bestimmungsparametern und Störparametern auf den Genauigkeitszustand eines Maschinensystems [1]

Wechselwirkungen bestehen auch zwischen den einzelnen Störkomplexen. Beispielsweise beeinflußt das statische Verhalten wesentlich das dynamische Verhalten. Der Arbeitszustand einer Maschine ist somit durch Superposition der Störsysteme nur teilweise zu beschreiben, da die gegenseitigen Wechselwirkungen vom jeweiligen Arbeitszustand abhängig sind.

Aufgrund der Vielgestaltigkeit der Genauigkeitssysteme von Maschinen und der großen Anzahl von Bestimmungs- und Störparametern ist die Möglichkeit einer theoretisch abgeleiteten Vorhersage des Genauigkeitsverhaltens sehr erschwert. Deshalb sind experimentelle Untersuchungen unverzichtbar.

9.2 Abnahmegenauigkeit

Abnahmeuntersuchungen dienen der Beurteilung von Prüfgegenständen hinsichtlich der Erfüllung von vorgegebenen Bedingungen. Die Beurteilung erfolgt durch Prüfen, was im Sinne der DIN 1319 Teil 1 [1] bedeutet, festzustellen, ob der Prüfgegenstand eine oder mehrere vorgegebene Bedingungen erfüllt. Der Prüfgegenstand kann ein Probekörper, eine Probe, ein Gerät, eine Maschine oder eine Anlage sein und das Prüfen kann sich entweder auf meßbare oder zählbare Merkmale, das heißt auf quantitative Merkmale oder aber auf Ordinal- beziehungsweise Nominalmerkmale, das heißt auf qualitative Merkmale, beziehen.

Das Prüfen nach qualitativen Merkmalen geschieht meist subjektiv durch Sinneswahrnehmungen ohne zusätzliche Hilfsmittel und führt dementsprechend meist zu einer qualitativen Aussage.

Das Prüfen anhand quantitativer Merkmale führt hingegen zu einer objektiven Aussage darüber, ob der Prüfgegenstand oder die gemessene Größe die geforderten Bedingungen erfüllt. Als Bedingungen werden insbesondere Toleranzen und Fehlergrenzen vorgegeben. Diese sind erfüllt, wenn kein Betrag der Meßabweichungen die Fehlergrenzen überschreitet oder wenn kein Meßwert außerhalb des Toleranzbereiches liegt. Die Prüfung kann entweder durch Messen oder durch Lehren erfolgen. Durch das Lehren wird festgestellt, ob bestimmte Längen, Winkel oder Formen eines Prüfgegenstandes die durch eine Lehre gegebenen Grenzen überschreiten und in welche Richtung sie überschritten werden. Für eine vollständige Prüfung sind zwei Maßverkörperungen notwendig, die der oberen und unteren Grenze entsprechen. Durch Messen wird ein spezieller Wert einer physikalischen Größe als Vielfaches einer Einheit oder eines Bezugswertes ermittelt. Ziel ist es, den wahren Wert der physikalischen Größe zu bestimmen.

Nennmaßbereich	Ebenheitstoleranz für Genauigkeitsgrad			
	00 und K	0	1	2
bis 150 mm	0,05 µm	0,10 µm	0,15 µm	0,25 µm
über 150 bis 500 mm	0,10 µm	0,15 µm	0,18 µm	0,25 µm
über 500 bis 1000 mm	0,15 µm	0,18 µm	0,20 µm	0,25 µm

Bild 9.2-01   Ebenheitstoleranzen von Parallelendmaßen [3]

Durch die Unvollkommenheit der Meßgeräte und Meßeinrichtungen, des Meßverfahrens und des Meßobjektes, aber auch durch Umwelteinflüsse und den Beobachter werden die ermittelten Meßwerte oder Meßergebnisse jedoch derart beeinflußt, daß sie mit zufälligen und systematischen Abweichungen behaftet sind und von den wahren Werten abweichen.

Zufällige Abweichungen werden durch nicht beherrschbare und nicht einseitig gerichtete Störeinflüsse hervorgerufen und führen zu einer Streuung der Meßwerte um den wahren Wert. Durch eine geeignete statistische Auswertung kann die Streuung gekennzeichnet und durch deren Schätzwert zahlenmäßig angegeben werden. Wenn keine systematischen Abweichungen vorliegen, wird als Schätzwert für den wahren Wert der Mittelwert angesehen.

Systematische Abweichungen können während einer Messung konstant mit einem definierten Vorzeichen oder in einer bestimmten Richtung zeitlich veränderlich auftreten. Sind die

Nennmaßbereich mm		Genauigkeitsgrad 00		Genauigkeitsgrad 0		Genauigkeitsgrad 1		Genauigkeitsgrad 2		Kalibriergrad K	
über	bis	zul. Abweichungen t_n vom Nennmaß an beliebiger Stelle ±	Toleranzen t_s für die Abweichungsspanne	zul. Abweichungen t_n vom Nennmaß an beliebiger Stelle ±	Toleranzen t_s für die Abweichungsspanne	zul. Abweichungen t_n vom Nennmaß an beliebiger Stelle ±	Toleranzen t_s für die Abweichungsspanne	zul. Abweichungen t_n vom Nennmaß an beliebiger Stelle ±	Toleranzen t_s für die Abweichungsspanne	zul. Abweichungen t_n vom Nennmaß an beliebiger Stelle ±	Toleranzen t_s für die Abweichungsspanne
—	10	0,06	0,05	0,12	0,10	0,20	0,16	0,45	0,30	0,20	0,05
10	25	0,07	0,05	0,14	0,10	0,30	0,16	0,60	0,30	0,30	0,05
25	50	0,10	0,06	0,20	0,10	0,40	0,18	0,80	0,30	0,40	0,06
50	75	0,12	0,06	0,25	0,12	0,50	0,18	1,00	0,35	0,50	0,06
75	100	0,14	0,07	0,30	0,12	0,60	0,20	1,20	0,35	0,60	0,07
100	150	0,20	0,08	0,40	0,14	0,80	0,20	1,60	0,40	0,80	0,08
150	200	0,25	0,09	0,50	0,16	1,00	0,25	2,00	0,40	1,00	0,09
200	250	0,30	0,10	0,60	0,16	1,20	0,25	2,40	0,45	1,20	0,10
250	300	0,35	0,10	0,70	0,18	1,40	0,25	2,80	0,50	1,40	0,10
300	400	0,45	0,12	0,90	0,20	1,80	0,30	3,60	0,50	1,80	0,12
400	500	0,50	0,14	1,10	0,25	2,20	0,35	4,40	0,60	2,20	0,14
500	600	0,60	0,16	1,30	0,25	2,60	0,40	5,00	0,70	2,60	0,16
600	700	0,70	0,18	1,50	0,30	3,00	0,45	6,00	0,70	3,00	0,18
700	800	0,80	0,20	1,70	0,30	3,40	0,50	6,50	0,80	3,40	0,20
800	900	0,90	0,20	1,90	0,35	3,80	0,50	7,50	0,90	3,80	0,20
900	1000	1,00	0,25	2,00	0,40	4,20	0,60	8,00	1,00	4,20	0,25

Bild 9.2-02 Zulässige Abweichungen und Toleranzen von Endmaßen (Werte in µm) [3]

systematischen Abweichungen bekannt, so sind sie bei der Berichtigung der Meßwerte zu berücksichtigen. Treten Abweichungen auf, die auf Grund experimenteller Erfahrungen vermutet oder deutlich werden, und lassen sich diese nach Betrag und Vorzeichen nicht eindeutig bestimmen, so spricht man von unbekannten systematischen Abweichungen. Diese lassen sich jedoch in vielen Fällen abschätzen und müssen bei der Berechnung der Meßunsicherheit in geeigneter Weise berücksichtigt werden.

Ein wesentlicher Bestandteil von Abnahmeuntersuchungen sind die geometrischen Untersuchungen. Die Grundlage der hierbei verwendeten Längenmeßtechnik stellt die Definition der Längeneinheit „Meter" dar. Diese ist als die Länge der Strecke definiert, die Licht im Vakuum während einer Dauer von $1/_{299\,792\,458}$ Sekunden zurücklegt [2].

Die bei den Abnahmeuntersuchungen verwendeten Meßmittel stellen eine Verkörperung dieser Längeneinheit dar, können diese aufgrund von Störeinflüssen aber nur fehlerbehaftet wiedergeben. Insbesondere Temperaturschwankungen bewirken eine Ausdehnung beziehungsweise Schrumpfung der Maßverkörperungen. Um den Einfluß dieser Temperaturschwankungen zu eliminieren, sind alle Nennmaße auf die Bezugstemperatur 20 °C und den Normdruck 101325 Pa bezogen und thermische Ausdehnungskoeffizienten für eine Korrektur angegeben.

Auf Grundlage dieser Norm wurde eine Reihe weiterer Normen geschaffen, die eine Spezifizierung der Meßmittel beinhalten. Diese werden in die vier Genauigkeitsgrade 00-0-1-2 eingeteilt, wobei der Genauigkeitsgrad 00 die höchsten Genauigkeitsanforderungen widerspiegelt.

Zu messende Länge	Fehlergrenzen in µm		
	Skalenteilungswert bzw. Noniuswert		Ziffernschrittwert
l	0,1 und 0,05	0,02	0,01
50	50	20	20
100	50	20	20
200	50	30	30
300	50	30	30
400	60	30	30
500	70	30	30
600	80	30	30
700	90	40	40
800	100	40	40
900	110	40	40
1000	120	40	40
1200	140	50	—
1400	160	50	—
1600	180	60	—
1800	200	60	—
2000	220	60	—

Bild 9.2-03 Fehlergrenzen G von Meßschiebern [4]

Meßbereich	Abweichungsspanne der Anzeige f_{max}	Parallelitätstoleranz der Meßflächen bei einer Meßkraft von 10 N	Zulässige Aufbiegung des Bügels bei einer Meßkraft von 10 N
mm	µm	µm	µm
0 bis 25	4	2	2
25 bis 50	4	2	2
50 bis 75	5	3	3
75 bis 100	5	3	3
100 bis 125	6	3	4
125 bis 150	6	3	5
150 bis 175	7	4	6
175 bis 200	7	4	6
200 bis 225	8	4	7
225 bis 250	8	4	8
250 bis 275	9	5	8
275 bis 300	9	5	9
300 bis 325	10	5	10
325 bis 350	10	5	10
350 bis 375	11	6	11
375 bis 400	11	6	12
400 bis 425	12	6	12
425 bis 450	12	6	13
450 bis 475	13	7	14
475 bis 500	13	7	15

Bild 9.2-04 Zulässige Abweichungsspannen von Bügelmeßschrauben [6]

In DIN 861, Teil 1 [3] sind die Genauigkeitsanforderungen von Parallelendmaßen sowie Vorschriften für ihre Überprüfung definiert. Neben den Genauigkeitsgraden 00 bis 2 wird zusätzlich ein Kalibriergrad K unterschieden, der für die Ebenheit dem Genauigkeitsgrad 00 gemäß Bild 9.2-01 und für die zulässigen Abweichungen vom Nennmaß dem Genauigkeitsgrad 1 gemäß Bild 9.2-02 entspricht.

Die Überprüfung von Endmaßen erfolgt in zwei Schritten. Zunächst wird die Anschiebbarkeit geprüft, das heißt die Eigenschaft der Meßflächen, an anderen Meßflächen oder an Flächen gleicher Oberflächenbeschaffenheit infolge molekularer Kräfte zu haften. Ist diese gewährleistet, wird die Länge des Endmaßes überprüft, was entweder mit einem Interferenzmeßverfahren oder durch eine Vergleichsmessung mit einem Referenzendmaß erfolgen kann.

Die Anforderungen, die zulässigen Abweichungen gemäß Bild 9.2-03 sowie die Prüfung von Meßschiebern sind in DIN 862 [4] fixiert.

Die angegebenen Werte verstehen sich als symmetrische Fehlergrenzen. Die Einhaltung dieser Fehlergrenzen wird mit Parallelendmaßen nach DIN 861 Teil 1 und Einstellringen nach DIN 2250 Teil 2 [5] geprüft.

Bügelmeßschrauben sind in DIN 863 Teil 1 [6] genormt. Für verschiedene Meßbereiche sind die Abweichungsspannen der Anzeige, die Parallelitätstoleranz der Meßflächen und die zulässige Aufbiegung des Bügels bei einer Meßkraft von 10 N festgelegt, Bild 9.2-04. Die Abweichungsspanne der Anzeige erfaßt die Abweichungen des Meßelementes, Ebenheits- und Parallelitätsabweichungen der Meßflächen sowie Abweichungen, die auf die Nachgiebigkeit des Meßbügels zurückzuführen sind. Sie läßt sich mit Parallelendmaßen der Genauigkeitsklasse 1 nach DIN 861 Teil 1 überprüfen, die so kombiniert werden sollen, daß die Meßspindel sowohl an Stellen geprüft werden kann, die ein ganzzahliges Vielfaches der Nennsteigung betragen, als auch an dazwischenliegende Stellen.

Lineale sind in der DIN 874 [7] genormt. In dieser Norm sind neben der Querschnitte für Lineale unterschiedlicher Längen und Genauigkeitsgrade die zulässigen Abweichungen und Prüfbedingungen fixiert. Die zulässigen Ebenheitstoleranzen lassen sich nach Bild 9.2-05 berechnen.

Genauigkeitsgrad	Ebenheitstoleranz t_e in µm
00	$1 + \dfrac{l}{150}$
0	$2 + \dfrac{l}{100}$
1	$4 + \dfrac{l}{60}$
2	$8 + \dfrac{l}{40}$

Bild 9.2-05 Zulässige Ebenheitstoleranzen von Linealen in Abhängigkeit vom Genauigkeitsgrad [7]

Für die Parallelitätstoleranzen der Meßflächen und für die Rechtwinkligkeitstoleranz der Seitenflächen zu den Meßflächen bezogen auf die Höhe des Lineals gilt jeweils der dreifache Betrag der Ebenheitstoleranzen der Meßflächen. Die Prüfung dieser Abweichungen erfolgt bezogen auf eine Bezugsebene, deren eigene Abweichung von der Ebenheit kleiner als 50 % der oben angegebenen Abweichungen betragen soll. Das Lineal wird bei der Prüfung an den Punkten aufgelegt, die eine minimale Durchbiegung ergeben, Bild 9.2-06.

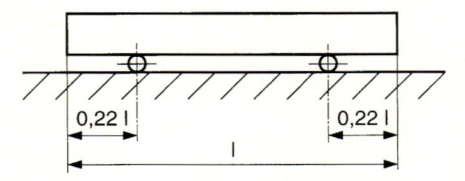

Bild 9.2-06 Auflage bei geringster Durchbiegung [7]

90° Stahlwinkel, die als Flach-, Anschlag- oder Haarwinkel ausgeführt sein können, sind in der DIN 875 [8] genormt. Es werden hier für verschiedene Nennlängen und Genauigkeitsgrade die Abmessungen und die zulässigen Toleranzen der Rechtwinkligkeit und der Ebenheit beziehungsweise der Geradheit definiert.

Die DIN 877 [9] bezieht sich auf Richtwaagen für den Maschinenbau mit Röhrenlibellen nach DIN 2276 [10], deren Skalenwert mindestens 0,03 mm/m beträgt. Die Richtwaagen sind in die Klassen Ia, Ib, Ic, II, III und IV unterteilt, die sich in im Skalenwertbereich und der zulässigen Abweichung gemäß Bild 9.2-07 unterscheiden. Die Prüfung der Nulllage erfolgt durch eine Umschlagmessung.

Die Norm DIN 878 [11] beschreibt die Anforderungen und Prüfbedingungen für Meßuhren, die DIN 979 [12] die der Feinzeiger. Die Abweichungsspanne f_e, die Abweichungsspanne f_t in der Teilmeßspanne, die Gesamtabweichungsspanne f_{ges} und die Wiederholbarkeit f_w sind für Meßuhren und Feinzeiger im Bild 9.2-08 gegenübergestellt.

Skalenwertbereich	Klasse	zul. Abweichung von der Nulllage	zul. Abweichung der Ebenheit der Meßflächen nach Genauigkeitgrad DIN 876 Blatt 2
0,03 bis 0,05	1 a		I
über 0,05 bis 0,10	1 b	1,0 Skalenwert	I
über 0,10 bis 0,20	1 c		I
über 0,20 bis 0,40	II		II
über 0,40 bis 0,80	III	0,5 Skalenwert	III
über 0,80 bis 1,60	IV		IV

Bild 9.2-07   Genauigkeitsanforderungen an Richtwaagen [9, 10]

	Skalenteilung	Meßspanne	f_e	f_t	f_{ges}	f_w	f_u
Meßuhren		0,4 mm	7 µm		9 µm		
		0,8 mm	7 µm		9 µm		
		3,0 mm	10 µm	5 µm	12 µm	3 µm	3 µm
		5,0 mm	12 µm		14 µm		
		10,0 mm	15 µm		17 µm		
Feinzeiger	bis 1 µm		1,0 Skt	0,7 Skt	1,2 Skt	0,5 Skt	0,5 Skt
	über 1 µm					0,3 Skt	0,3 Skt

Bild 9.2-08   Zulässige Abweichungsspannen von Meßuhren und Feinzeigern [11, 12]

Für diese und andere Meßgeräte sind im VDI/VDE-Handbuch der Meßtechnik II die Prüfungsvorschriften beschrieben [13].

Abnahme von Maschinen

Das deutsche Normenwerk umfaßt weit über 1500 Normen, die Vorschriften für Abnahmeprüfungen von Maschinen festlegen. In diesen nationalen und internationalen Normen werden neben Meßeinrichtungen, Meßverfahren und Prüfungsbedingungen die technischen Anforderungen an Normteile, Maschinen, Geräte und Fahrzeuge festgelegt. Im Bereich der Fördertechnik sowie der Bau- und Landmaschinen enthalten diese Normen und Unfallverhütungsvorschriften im wesentlichen Aussagen über Sicherheitsanforderungen.

Bei vielen Geräten, Maschinen und Anlagen unterliegen jedoch die Anforderungen der Absprache zwischen Hersteller und Kunden und sind daher nicht genormt. Für eine Vielzahl dieser Fälle enthalten die Normen allerdings Prüfbedingungen, die die Abnahmeergebnisse vergleichbar machen.

So dienen die Abnahmeuntersuchungen von Kraftmaschinen dem Nachweis vertraglich zugesicherter Daten. Die Versuchsbedingungen, Meßverfahren, Meßgeräte und Meßstellen dieser wärmetechnischen Abnahmeuntersuchungen sind für Dampfturbinen in der DIN 1943 [14] und für Gasturbinen in der DIN 4341 [15] beschrieben. Bezugsgrößen für diese Abnahmeuntersuchungen sind die vertraglich festgelegten Bedingungen für Drücke, Temperaturen, Kühlwasserströme, Drehzahlen und Leistungen.

Die Abnahme von Kreiselpumpen ist in der DIN 1944 [16] beschrieben. Es wird angeregt, aus Kostengründen nur die wesentlichen Eigenschaften zu berücksichtigen. Für die Einhaltung der Förderwert- und Wirkungsgradgarantien sind drei Genauigkeitsstufen I-II-III definiert, wobei die Stufe I die höchsten Genauigkeitsansprüche widerspiegelt. Die zulässigen Abweichungen sind in Bild 9.2-09 wiedergegeben.

	Genauigkeitsstufe		
	III	II	I
Förderstrom Q	0,95 bis 1,15 Q_N	0,95 bis 1,10 Q_N	0,95 bis 1,05 Q_N
Förderhöhe H	0,99 bis 1,03 H_N	0,99 bis 1,02 H_N	0,99 bis 1,01 H_N
zul. Meßunsicherheit für:			
Förderstrom	± 3,0%	± 2,0%	± 1,5%
Förderhöhe	± 2,0%	± 1,5%	± 1,0%

Index N: Nennwert

Bild 9.2-09   Förderwertgarantien von Kreiselpumpen [16]

Die DIN 1945 [17] beschreibt Abnahmeuntersuchungen an Verdrängerkompressoren. Neben einer Beschreibung der Meßeinrichtungen und Verfahren enthält die Norm Hinweise zur Versuchsdurchführung, einzuhaltender Betriebsbedingungen, Berechnung der Versuchsergebnisse sowie Aussagen über die Meßgenauigkeit.

Für Speicherpumpen und Pumpenturbinen legt die DIN 4325 [18] die zu verwendenden Begriffe und Größen, die Untersuchungsverfahren sowie die Meßverfahren im Hinblick auf die Ermittlung der Leistungswerte der Pumpen sowie die Überprüfung der Garantien fest. Die Gültigkeit erstreckt sich über alle Arten und Größen von Speicherpumpen und Pumpenturbinen, bezieht sich aber in erster Linie auf Pumpen, die direkt an Elektromotoren oder Generatormotoren gekoppelt sind. Die Hauptgarantien betreffen den Förderstrom und den Wirkungsgrad der Pumpen. Darüber hinaus können der Grenzleistungsbedarf, die Nullförderhöhe und der Nulleistungsbedarf, die Rücklaufdrehzahl und der Kavitationsverschleiß berücksichtigt werden

Im Bereich der Vakuumtechnik sind in den Normen DIN 28426 bis DIN 28429 [19 bis 22] Abnahmeregeln für verschiedene Pumpen festgehalten.

Das umfangreichste, abnahmebezogene Normenwerk liegt für Werkzeugmaschinen vor. Es enthält direkte sowie indirekte Vorgehensweisen, um geometrische und kinematische Fehler der Maschinen zu bestimmen. Bei der Abnahme werkstückgebunden eingesetzter Maschinen werden diese Vorschriften zunehmend durch Richtlinien von Anwendern ergänzt.

Die Erfassung der geometrischen Abweichungen ist auf Maß-, Form- und Lageabweichungen der einzelnen Maschinenbauteile und deren Bewegungsachsen bezogen. Hierbei sind insbesondere diejenigen Bauteile und Baugruppen von Interesse, die einen direkten Einfluß auf die Arbeitsgenauigkeit der Maschine besitzen. Die allgemeinen Bedingungen und die Art der zu bestimmenden Toleranzen sind für diese geometrischen Prüfungen in der DIN 8601 beschrieben. Hierauf aufbauend wurden für die Abnahme der verschiedenen Maschinenarten spezielle Normen abgeleitet, die durch Richtlinien zur Erfassung kinematischer Fehler ergänzt werden, Bild 9.2-10. Bild 9.2-11 enthält eine Auswahl der in diesen Normen an geometrische Eigenschaften gestellten Genauigkeitsanforderungen.

DIN 8601

Allgemeine Regeln für die Abnahme von Werkzeugmaschinen zur spanenden Bearbeitung von Metallen

DIN 8605-8613	DIN 8615-8623	DIN 8625-8626	DIN 8630-8637	DIN 8650-8651	DIN 8660	DIN 8662	DIN 8665-8668
Drehmaschinen	Fräsmaschinen	Bohrmaschinen	Schleifmaschinen	Exzenterpressen	Hobel-Stoßmaschinen	Erodiermaschinen	Räummaschinen

DIN 55222 Gesenkbiegepressen

DIN 55801-55805 Maschinen der Blechbearbeitung

VDI/DGQ 3441

Statische Prüfung der Arbeits- und Positionsgenauigkeit von Werkzeugmaschinen

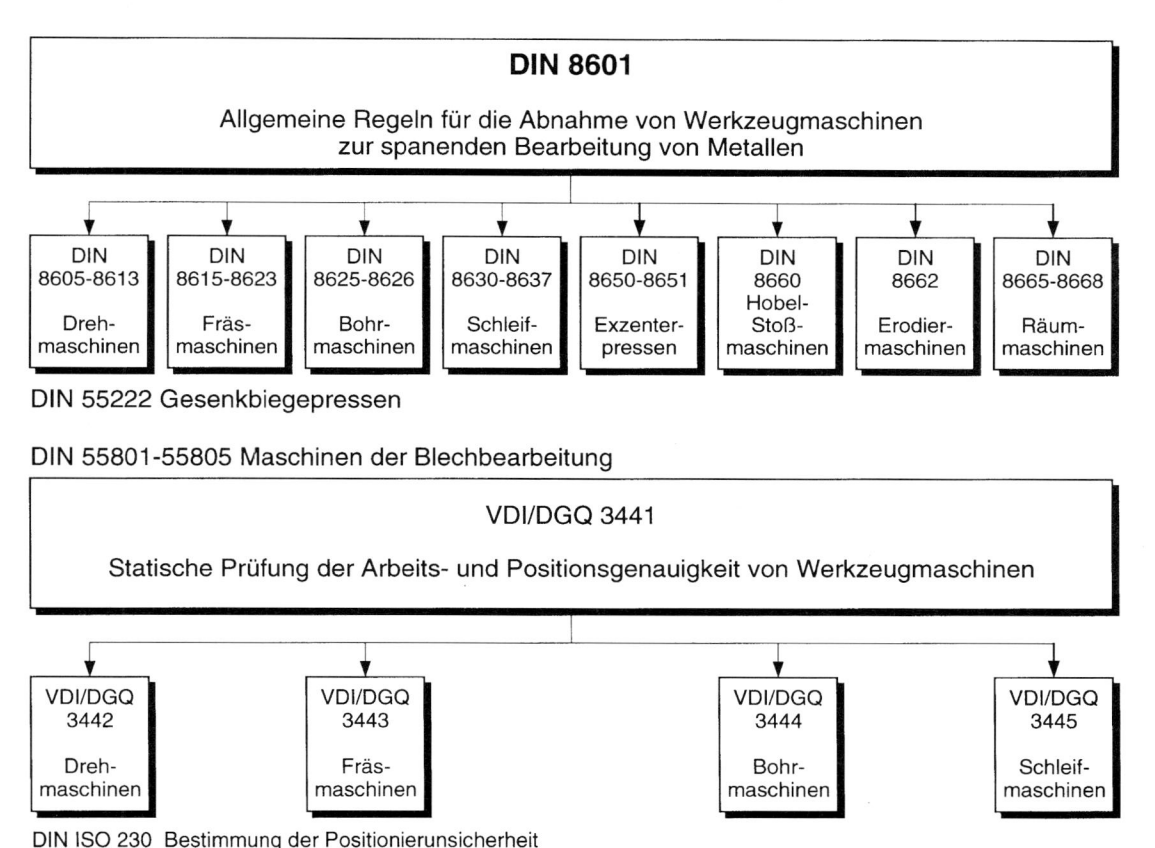

VDI/DGQ 3442	VDI/DGQ 3443	VDI/DGQ 3444	VDI/DGQ 3445
Drehmaschinen	Fräsmaschinen	Bohrmaschinen	Schleifmaschinen

DIN ISO 230 Bestimmung der Positionierunsicherheit

Bild 9.2-10 DIN- und VDI/DGQ-Vorschriften zur geometrischen und kinematischen Abnahme von Werkzeugmaschinen

Die Untersuchung der Maschinengenauigkeit bezieht sich auf ihre Funktionsgenauigkeit im Arbeitszustand. Dabei können statistische Auswerteverfahren angewendet werden. Ziel solcher Untersuchungen ist es, im Rahmen der Abnahmeprüfung von Maschinen deren sogenannten „Fähigkeit" zu ermitteln, die vorgegebenen Qualitätsforderungen zu erfüllen. In der

	Werkzeugmaschinen mit normaler Genauigkeit mm	Werkzeugmaschinen mit erhöhter Genauigkeit mm
Geradlinigkeit von Schlittenbewegungen	L < 500: 0,015 500 < L < 1000: 0,020	L < 500: 0,010 500 < L < 1000: 0,015
Axialruhe der Arbeitsspindel	0,010	0,005
Planlaufgenauigkeit der Planfläche	0,020	0,010
Ebenheit von Aufspannflächen	0,040 auf 1000	0,020 auf 1000
Rechtwinkligkeit von Bewegungsachsen	0,020 bis 0,030 auf 300	0,010 bis 0,015 auf 300

Bild 9.2-11 Genauigkeitsanforderungen an ausgesuchte geometrische Eigenschaften von Werkzeugmaschinen

Vorgehensweise

- **Vereinbarungen**
  Organisation, Vorgehen
  Randbedingungen
- **Warmlaufphase**
  betriebswarme Maschine
  oder separate Beurteilung des
  Trends durch thermischen Drift
- **Vorlauf**
  Einstellen des Prozesses
  auf Sollwert
- **Fertigung**
  50 Werkstücke
  in Folge fertigen
- **Messung**
  Voraussetzung:
  Meßmittelfähigkeit
- **Auswertung**
  Beurteilung des
  Prozeßverhaltens

Einflußgrößen bei Maschinenfähigkeitsanalysen

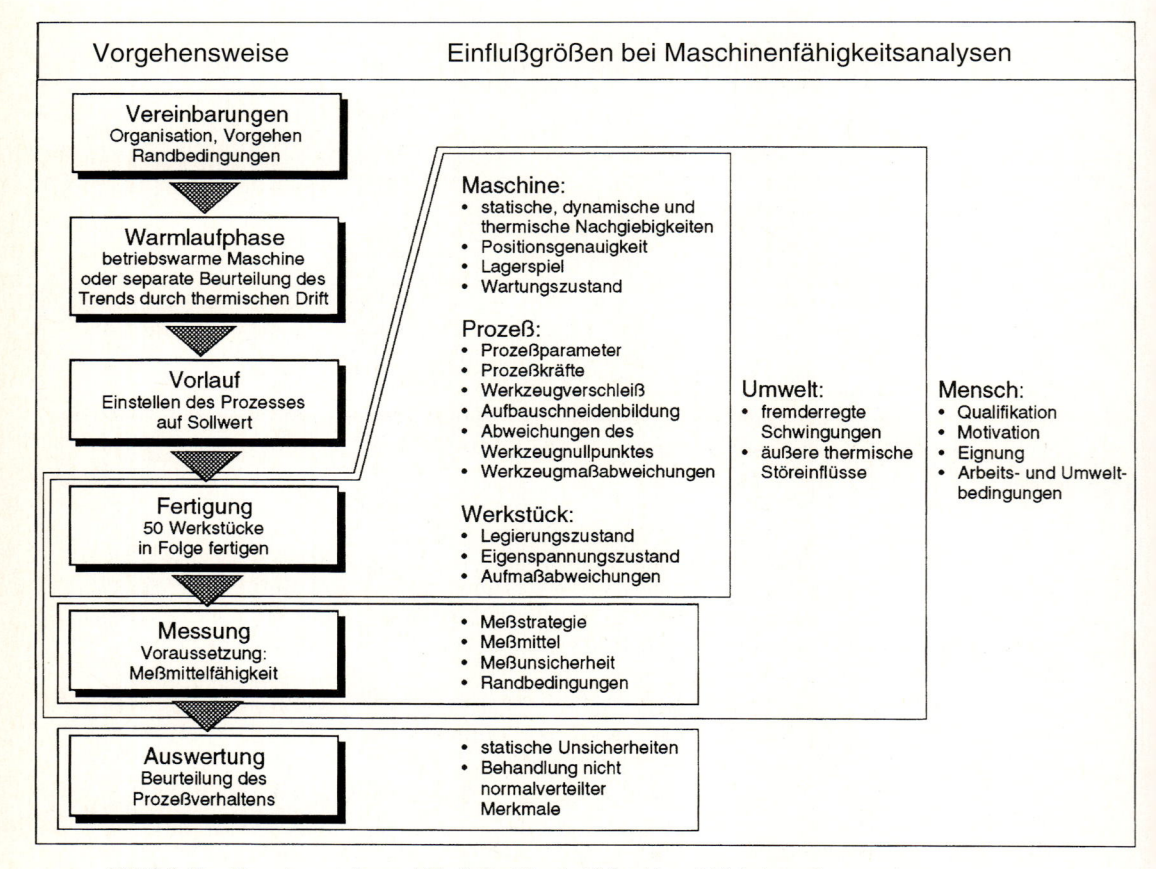

Maschine:
- statische, dynamische und thermische Nachgiebigkeiten
- Positionsgenauigkeit
- Lagerspiel
- Wartungszustand

Prozeß:
- Prozeßparameter
- Prozeßkräfte
- Werkzeugverschleiß
- Aufbauschneidenbildung
- Abweichungen des Werkzeugnullpunktes
- Werkzeugmaßabweichungen

Werkstück:
- Legierungszustand
- Eigenspannungszustand
- Aufmaßabweichungen

Umwelt:
- fremderregte Schwingungen
- äußere thermische Störeinflüsse

Mensch:
- Qualifikation
- Motivation
- Eignung
- Arbeits- und Umweltbedingungen

Bei Messung:
- Meßstrategie
- Meßmittel
- Meßunsicherheit
- Randbedingungen

Bei Auswertung:
- statische Unsicherheiten
- Behandlung nicht normalverteilter Merkmale

Bild 9.2-12 Vorgehensweise und Einflußgrößen bei Maschinenfähigkeitsanalysen

Terminologie der Qualitätswissenschaft wird von Untersuchungen der „Maschinenfähigkeit" gesprochen, die zusammen mit der „Prüfmittelfähigkeitsuntersuchung" und der „Prozeßfähigkeitsuntersuchung" in die statistische Prozeßregelung einmündet, Bild 9.2-12.

Die „Maschinenfähigkeitsuntersuchung" zielt somit auf eine Beurteilung der „Qualitätsfähigkeit" von Maschinen. Auf ihr Genauigkeitssystem bezogen ist die Untersuchung der „Maschinenfähigkeit" also als Untersuchung ihrer „Genauigkeitsfähigkeit" im Arbeitszustand aufzufassen. Dies ist wiederum nichts anderes als die Untersuchung der Stabilität ihrer Arbeitsgenauigkeit, die eine Maschine zur Erfüllung vorgegebener Genauigkeitsforderungen geeignet macht. Die „Maschinenfähigkeit" wird als Maß für die kurzzeitige Merkmalstreuung, die „Prozeßfähigkeit" als Maß für die langzeitige Merkmalstreuung betrachtet. Zur Beurteilung der Maschinengenauigkeit dient der „Maschinenfähigkeitsindex" C_m mit folgender Definition:

$$C_m = \frac{OTG - UTG}{6\,s} \tag{01}$$

mit

OTG als obere Toleranzgrenze,
UTG als untere Toleranzgrenze und
s   als Standardabweichung.

Unter Berücksichtigung der Lage des Mittelwertes zu den Toleranzgrenzen läßt sich auch folgender Index angeben:

$$C_{mk} = \frac{Z_{krit}}{3\,s} = \frac{\min(OTG - \bar{x};\, \bar{x} - UTG)}{3\,s} \tag{02}$$

mit

$\bar{x}$ als Prozeßmittelwert und
s   als Standardabweichung.

Z_{krit} bezeichnet den kritischen Abstand des Stichprobenmittels zur Toleranzgrenze. Die Werte C_m und C_{mk} machen eine Aussage über die Wiederholbarkeit des Arbeitsprozesses einer Maschine: je höher die Werte sind, desto „fähiger" ist die Maschine, die Streuung und Lage der Maße innerhalb vorgegebener Toleranzgrenzen zu halten. Ein Prozeß ist fähig, wenn $C_m > 1$ ist [24, 25].

Für die Beurteilung der Genauigkeit von Meßgeräten werden verschiedene Kenngrößen herangezogen, die meßaufgabenspezifisch sind. Für Koordinatenmeßmaschinen wird die ein-, zwei- oder dreidimensionale Längenmeßunsicherheit als Kennwert verwendet.

Die Längenmeßunsicherheit bezieht sich auf die Abstandsmessung zweier Punkte, die sich auf zwei parallelen Flächen gegenüberliegen und beschreibt die Unsicherheit, mit der der Abstand bestimmt wird. Der vom Hersteller angegebene Wert besagt, daß in 95 % aller Fälle der angezeigte Wert vom richtigen Wert um weniger als die Längenmeßunsicherheit abweicht. Sie umfaßt neben den zufälligen Abweichungen die nicht korrigierten systematischen Abweichungen und die nicht korrigierte Umkehrspanne und wird als meßlängenabhängige Größe angegeben.

Die Überprüfung der Längenmeßunsicherheit erfolgt bei kleineren Koordinatenmeßmaschinen durch Antasten von Endmaßen der Genauigkeitklassen 00 oder 0. Bei größeren Bauarten wird das Blockverfahren angewendet, bei dem ein entlang des Meßbereiches verschiebbarer Block angetastet und die aktuelle Position mit einem Laserinterferometer überprüft wird.

Die Positionsgenauigkeit von Koordinatenmeßmaschinen kann mit verschiedenen Verfahren überprüft werden. Das statistische Verfahren in Anlehnung an die Richtlinie VDI/DGQ

3441 liefert aufgrund der geringen Meßwerteanzahl eine geringe Aussagesicherheit. Es ist zur Fehleranalyse gut geeignet, da Kenngrößen ermittelt werden, die eine Eingrenzung von Fehlerursachen ermöglichen. Hingegen sollte es aufgrund der geringen Aussagesicherheit nicht für Abnahmeprüfungen eingesetzt werden.

In der DIN 51300 [26] und den folgenden Normen ist die Prüfung von Werkstoffprüfmaschinen beschrieben, die den allgemeinen Anforderungen der DIN 51220 [27] entsprechen müssen. Diese Norm teilt die Prüfmaschinen in drei Genauigkeitsklassen 1, 2 und 3 ein, die einer ein-, zwei- beziehungsweise dreiprozentigen Anzeigeabweichung entsprechen. Neben dem Anwendungsbereich und dem Zeitpunkt der Prüfung sind die Inhalte des Prüfzeugnisses dargestellt. Die Prüfung von Zug-, Druck- und Biegeprüfmaschinen ist in der DIN 51302 [28] erläutert. Neben empfohlenen Stablängen von Zugmaßstäben und den empfohlenen Maßen von Druckkraftmeßkörpern enthält diese Norm Hinweise zur Prüfung des Antriebs, der Krafteinleitungsteile sowie der Meßeinrichtungen. Für diese Kraft- und Längenänderungsmeßeinrichtungen enthält die Europäische Norm EN 10 002 [29] Angaben über höchstzulässige Abweichungen.

Die Prüfung von Härteprüfmaschinen nach Brinell und Rockwell ist in den Normen EN 10003 [30] und EN 10109 [31] beschrieben. In Ergänzung hierzu wird in der DIN 51305 [32] die Prüfung von Härteprüfmaschinen nach Vickers erläutert. Der Inhalt umfaßt die Prü-

Mittlere Diagonallänge des Prüfeindrucks mm	Zulässige relative Gesamtabweichung f_t für Prüfbedingungen < HV 5 %
> 0,10	± 3,0
> 0,08 bis ≤ 0,10	± 3,5
> 0,07 bis ≤ 0,08	± 4,0
> 0,06 bis ≤ 0,07	± 4,5
> 0,05 bis ≤ 0,06	± 5,0
> 0,04 bis ≤ 0,05	± 6,0
> 0,03 bis ≤ 0,04	± 7,5
> 0,02 bis ≤ 0,03	± 10,5

Härte der Härtevergleichsplatte	Zulässige relative Spannweite R_d in %	
	HV 0,2 bis < HV 5[1])	HV 5 bis HV 100
bis 225 HV	6,0	4,0
über 225 HV bis 400 HV	3,0	2,0
über 400 HV	4,0	3,0
1) Gültig für Diagonallängen d ≥ 0,02 mm		

Bild 9.2-13   Zulässige Gesamtabweichung bzw. Spannweite der Härtewerte

fung der Aufstellung, des Eindringstempels, der Beanspruchungs- und optischen Meßeinrichtung sowie Angaben zur Gesamtabweichung und der relativen Spannweite der Härtewerte gemäß Bild 9.2-13.

Die Arbeitsstättenverordnung schreibt für Arbeitsräume (das sind alle Räume mit einem ständigen Arbeitsplatz) vor, den Schallpegel möglichst gering zu halten. In Abhängigkeit von den zu leistenden Tätigkeiten sind Grenzwerte festgelegt:
– für überwiegend geistige Tätigkeiten   55 dB(A)
– für einfache oder überwiegend mechanisierte Bürotätigkeiten oder
  vergleichbare Tätigkeiten   70 dB(A)
– bei allen anderen Tätigkeiten   85 dB(A)

wenn dieser Beurteilungspegel mit zumutbaren Mitteln nicht einzuhalten ist, darf er um maximal 5 dB(A) überschritten werden.

9.3 Statische Verformungen

Das statische Verhalten von Maschinen beschreibt Erscheinungen, die im Arbeitszustand unter statischer Kraftwirkung auftreten. Von besonderem Interesse sind dabei die unter zeitlich konstanten Belastungen auftretenden elastischen Verformungen und die daraus resultierende Beeinflussung der Arbeitsgenauigkeit.

Die auftretenden Kräfte können in drei Gruppen eingeteilt werden:
– Volumenkräfte, d.h. räumlich verteilte Kräfte, wie die Gewichtskraft,
– Oberflächenkräfte, d.h. flächenhaft verteilte Kräfte, wie der Wasser- oder Luftdruck, und
– Einzelkräfte, die als Resultierende mehrerer Vektoren, die idealisierte Wirkung von Kräften darstellen.

Ferner werden innere und äußere Kräfte unterschieden. Eine äußere Kraft oder ein äußeres Moment, das an einem Bauteil angreift, wird auch als Belastung bezeichnet. Diese Belastung ruft eine Beanspruchung im Inneren des Bauteils hervor, die in Form von Zug-, Druck-, Biege-, Torsions- und Schubspannungen das Bauteil verformt.

Eine Kraft kann nur an ihrer Wirkung erkannt werden, d.h. eine direkte Messung der Kraft ist nicht möglich. Immer wenn eine Kraft auftritt, erfolgt eine Beschleunigung bzw. Verformung von Körpern. Umgekehrt kann man aus jeder Beschleunigung oder Verformung eines Körpers auch auf eine Kraft schließen. Im Gegensatz zur Starrkörpermechanik ist bei realen, elastisch und plastisch verformbaren Körpern der Kraftangriffspunkt für die resultierenden Verformungen von Bedeutung.

Für das statische Verhalten von Maschinen ist nur der elastische Verformungsbereich von Interesse, für den der Körper keine bleibende Änderung seiner Form erfährt. Nimmt man die angreifende äußere Kraft weg, geht das elastisch verformte Bauteil ähnlich einer Feder wieder in seine ursprüngliche Geometrie zurück, d.h. die bei der Verformung gespeicherte Arbeit wird wieder freigesetzt. Für diese Art der Verformung kommt die Elastizitätstheorie zur Anwendung [19].

Für die Spannung σ, die Dehnung ε und die Elastizitätskonstante E gilt das Hookesche Gesetz:

$$\sigma = E \cdot \varepsilon. \tag{01}$$

Diese elastostatischen Verformungen der Bauteile einer Maschine beeinflussen nicht nur die Arbeitsgenauigkeit, sondern bewirken durch die Verlagerungen zwischen den Bauteilen auch eine Veränderung der Flächenpressung in den Fügestellen, wodurch es im Extremfall zu einem Funktionsausfall oder zu einer Funktionsbeeinträchtigung kommen kann [16].

In Bild 9.3-01 sind die zeitlichen Verläufe von häufig auftretenden Kräften dargestellt. Für die Bestimmung der statischen Maschinenkräfte ist zu berücksichtigen, daß neben dem rein statischen Fall a) auch die Kräfte berücksichtigt werden müssen, die zusätzlich zum statischen einen dynamischen Anteil aufweisen, Fall d). Diese Kräfte können nicht mehr als rein statisch angesehen werden, so daß von einer quasistatischen Belastung gesprochen wird.

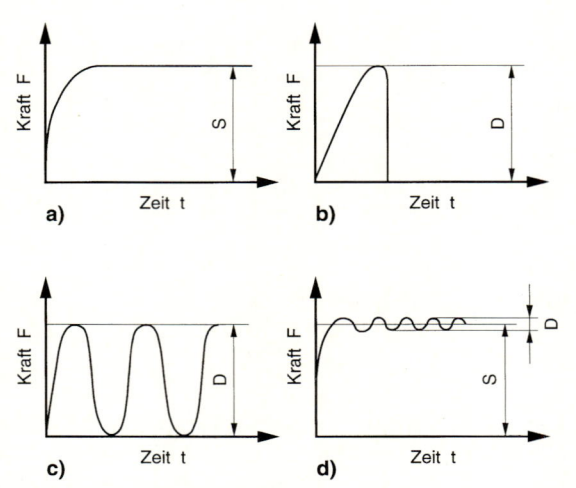

Bild 9.3-01 Zeitliche Verläufe von Kräften
(S) statischer Anteil, (D) dynamischer Anteil, a) statischer Kraftverlauf, b) impulsartige Kräfte, c) dynamische Kräfte (periodisch), d) quasistatische Kräfte

Welche Auswirkungen eine Kraft auf die Maschine hat, beziehungsweise welcher Einfluß überwiegt und für das Verhalten der Maschine entscheidend ist, hängt von den Amplituden der statischen und dynamischen Kraftanteile ab. Er muß in Abhängigkeit vom untersuchten Prozeß und der untersuchten Prozeßgröße festgelegt werden.

Durch die wechselnden Prozeßaufgaben ändern sich Größe und Wirkrichtung der statischen Kräfte und Momente sowie die Lage der Kraftangriffspunkte. Damit ergibt sich für die einzelnen Prozeßaufgaben eine unterschiedliche statische Verformung der einzelnen Baugruppen der Maschine. Eine der wichtigsten Baugruppen für das statische Verhalten ist das Gestell. Es besitzt die lagebestimmende Funktion innerhalb des Systems Maschine. Seine Verformung wirkt sich sehr stark auf die erreichbare Arbeitsgenauigkeit aus.

Die für das statische Verhalten wichtige Kenngröße ist die *statische Steifigkeit k*. Sie ist definiert als Quotient der Kraft F und der Verformung x in Kraftangriffsrichtung:

$$k = \frac{F}{x}. \tag{02}$$

Die statische Steifigkeit ist ein Maß für den Widerstand eines Bauteils, einer Baugruppe oder einer kompletten Maschine gegen eine Formänderung infolge einer äußeren Belastung.

Für spezielle Anwendungsfälle kann die allgemeine Definition der Steifigkeit auf den konkreten Anwendungsfall hin spezifiziert werden. Sie ist in Abhängigkeit von den Belastungskräften als Druck-, Zug-, Biege- und Torsionssteifigkeit definiert. Im Unterschied zur allgemeinen Definition ist die Torsionssteifigkeit k_t als Quotient von Drehmoment M und Drehwinkel φ festgelegt:

$$k_t = \frac{M}{\varphi}. \tag{03}$$

Den auftretenden Längen- und Winkeländerungen sind alle im Kraftfluß der Maschine liegenden Bauteile ausgesetzt. Ausgehend von der Wirkstelle erstrecken sich Kraftflüsse über die Bauteile und Baugruppen bis hin in das Fundament. Innerhalb der einzelnen Kraftflüsse tritt sowohl eine Reihen- als auch eine Parallelschaltung von Bauteilen auf. Alle im Kraftfluß liegenden Bauteile erfahren somit eine Verformung, die in ihrer Summe das statische Verhalten des Systems Maschine ausmachen.

Um die Beschreibung des Verformungs- bzw. Steifigkeitsverhalten im elastischen Bereich zu vereinfachen, besteht die Möglichkeit, einzelne Komponenten oder die gesamte Maschine durch ein System von parallel und hintereinander geschalteten Federn, die fest oder beweglich miteinander verbunden sind, zu approximieren, Bild 9.3-02. Für dieses vereinfachte System kann die resultierende statische Gesamtsteifigkeit k_{ges} aus der Überlagerung der auftretenden Einzelsteifigkeiten k_i ermittelt werden:

Reihenschaltung: $$\frac{1}{k_{ges}} = \sum_{i=1}^{n} \frac{1}{k_i}, \tag{04}$$

Parallelschaltung: $$k_{ges} = \sum_{i=1}^{n} k_i. \tag{05}$$

Der reziproke Wert der Steifigkeit k ist als Nachgiebigkeit 1/k definiert.

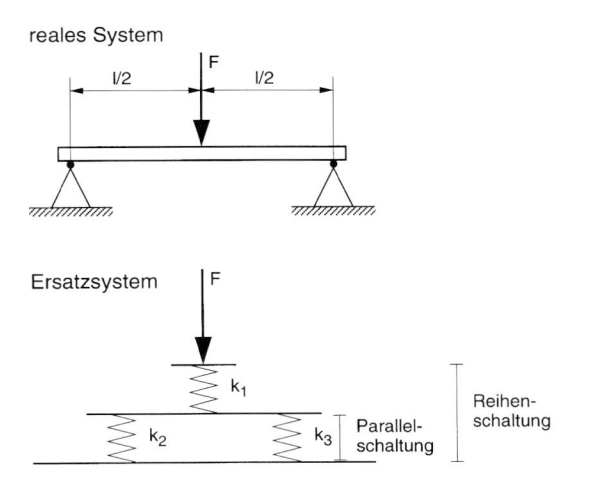

Bild 9.3-02 Approximation eines realen Systems durch ein Federersatzsystem

Die Wirkungskette von der Belastung an der Wirkstelle bis hin zur resultierenden Arbeitsgenauigkeit ist in Bild 9.3-03 dargestellt. Eine Belastung wirkt auf das Bauteil und ruft dort eine Verformung hervor. Die einzelnen Verformungen der Bauteile bewirken, daß zwischen ihnen relative Verlagerungen auftreten. Da die Baugruppen aus mehreren Bauteilen zusammengesetzt werden, ergeben sich auch Verlagerungen zwischen den einzelnen Baugruppen. Diese Verlagerungen wirken sich besonders an der Wirkstelle nachteilig aus, da das System Maschine dort offen ist. Diese Änderung der Lagezuordnung an der Wirkstelle beeinflußt unmittelbar die Arbeitsgenauigkeit der Maschine.

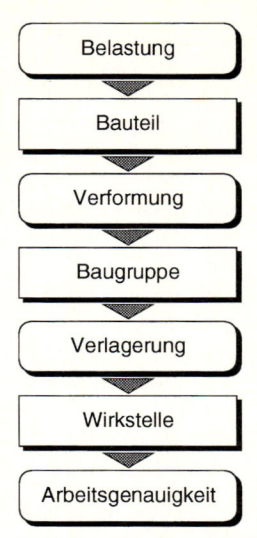

Bild 9.3-03 Wirkungskette für statische Belastungen im Genauigkeitssystem Maschine [16]

Die für das statische Verhalten von Maschinen wichtigen Elemente sind in Bild 9.3-04 zusammengestellt. Je nach Maschinenart und -bauform schwankt die Bedeutung, die die Verformungen der einzelnen Bauteile auf das statische Verhalten der Maschine haben. Die-

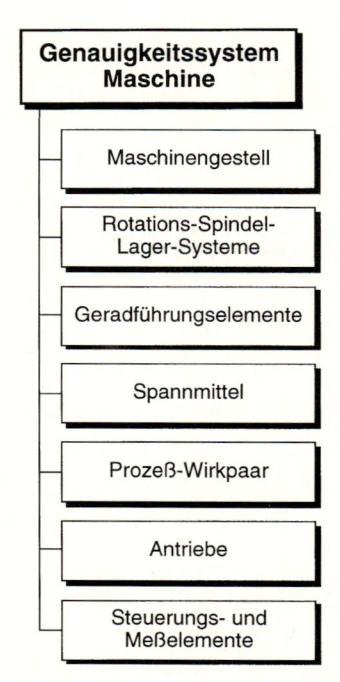

Bild 9.3-04 Für das statische Verhalten einer Maschine wichtige Baugruppen

ser Anteil der im Kraftfluß liegenden Bauteile an der Gesamtverformung kann durch eine Kraftflußanalyse ermittelt werden.

Stellt man für ein beliebiges Verformungssystem die Kraft F über der Verformung x dar, müßte sich bei einem rein elastischen Verhalten nach der Definition der statischen Steifigkeit ein linearer Zusammenhang ergeben. Der Verlauf von Steifigkeits- beziehungsweise Nachgiebigkeitskennlinien von Maschinen zeigt jedoch im unteren Kraftbereich ein stark nichtlineares Verhalten, was in erster Linie auf Steifigkeitsänderungen in den Koppelelementen der Maschinen zurückgeführt werden kann. Erst nach dem Überwinden dieser Nichtlinearitätserscheinungen kann von einem nahezu linearen Nachgiebigkeitsverhalten der Maschine ausgegangen werden [7].

Jede Belastung führt zu einer Verformung des belasteten Bauteils. Ist diese Verformung reversibel, so war sie elastisch. Bleiben dagegen nach der Entlastung Formänderungen zurück, so spricht man von einer plastischen Verformung. Alle Verformungen eines Bauteils können grundsätzlich als Längenänderung Δl oder Winkeländerung γ (Schiebung) beschrieben werden.

Wird das Bauteil nicht verlängert sondern verkürzt, so spricht man von einer Stauchung. Werden die Kräfte, die die Verformungen verursachen, auf eine Fläche bezogen spricht man von Spannungen. Wirken die Kräfte rechtwinklig zur Bezugsfläche, ergeben sich Normalspannungen σ, wirken sie parallel zur Bezugsfläche, resultieren Schubspannungen τ.

In Bild 9.3-05 sind Spannungs-Dehnungskurven für Werkstoffe mit unterschiedlichen E-Moduln und die daraus resultierenden unterschiedlichen Verformungen am Beispiel eines zweifach gelagerten Biegebalkens dargestellt. Dabei wird deutlich sichtbar, wie die Verfor-

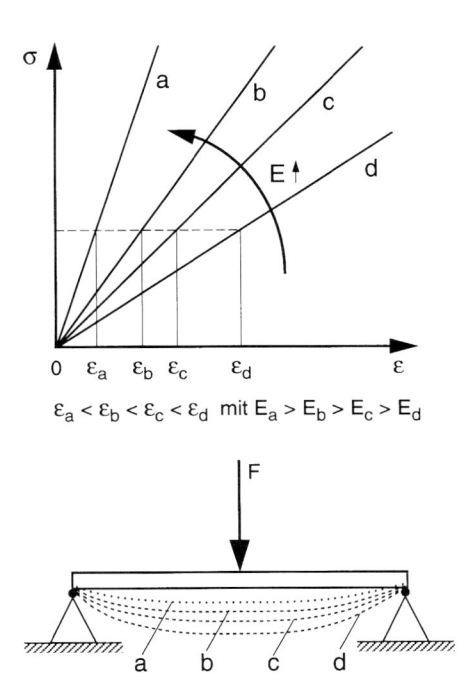

$\varepsilon_a < \varepsilon_b < \varepsilon_c < \varepsilon_d$ mit $E_a > E_b > E_c > E_d$

Bild 9.3-05 Spannungs-Dehnungs-Diagramm für verschiedene Werkstoffe mit unterschiedlichen E-Moduln sowie die qualitativ resultierende Verformung eines Balkens auf Biegung mung bei gleicher Kraft F durch Variation des Werkstoffs bzw. des Elastizitätsmoduls E verändert werden kann. Es ist also möglich, die statischen Verformungen von Bauteilen durch die Werkstoffauswahl gezielt zu beeinflussen.

Belastungen, die eine statische Verformung in der Maschine verursachen, sind in Bild 9.3-06 zusammengefaßt. Dabei wird immer davon ausgegangen, daß die aus den Ursachen resultierenden Bauteilverformungen im elastischen Bereich des Werkstoffs liegen und somit das Hookesche Gesetz gilt.

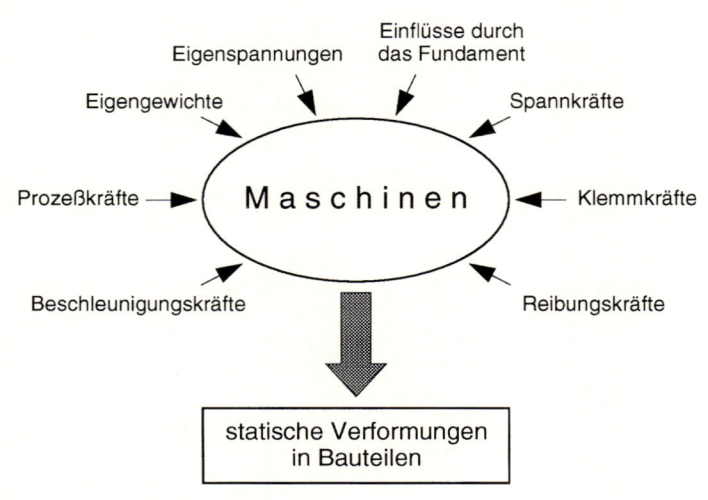

Bild 9.3-06   Ursachen statischer Verformung

Minimierung statischer Verformungen

Um das statische Verhalten von Maschinen umfassend verbessern zu können, müssen alle Größen, die einen Einfluß auf die Verlagerungen an der Wirkstelle haben, möglichst systematisch aufgeführt und diskutiert werden. Die statische Verformung ist von der statischen Belastung bzw. von der statischen Steifigkeit abhängig.

Die Verlagerungen an der Wirkstelle sind um so geringer, je kleiner der Betrag der wirkenden Belastung und je größer der Betrag der Steifigkeit für die im Kraftfluß liegenden Bauteile ist. Sind beide Werte optimiert, ist die Genauigkeit der Maschine am größten. Damit eine Optimierung der Belastungs- und Steifigkeitswerte möglichst effizient gelingt, ist es notwendig, alle Einflußgrößen aufzugliedern und ihren Anteil an der statischen Verformung, zum Beispiel durch eine Kraftflußanalyse, zu bewerten. In der Komponente mit dem größten Einfluß auf die statische Verformung liegt folglich auch das größte Verbesserungspotential, so daß die Optimierung zuerst an diesen Komponenten erfolgen sollte.

Die statische Steifigkeit eines Bauteils hängt von den drei Kriterien Bauteilgeometrie, Bauteilwerkstoff und Lasteinleitung ab. Für die Herleitung von Maßnahmen zur Verbesserung des statischen Maschinenverhaltens ist es zunächst sinnvoll, die beiden Bereiche Belastung und Steifigkeit getrennt zu behandeln, ohne dabei die Abhängigkeiten zwischen beiden Bereichen zu vernachlässigen. Im Anschluß daran werden Möglichkeiten beschrieben, wie die Belastungen oder Verformungen kompensiert werden können.

Das generelle Ziel bei der Verringerung der Belastung einer Maschine oder einzelner Bauteile ist eine Minimierung der auftretenden Kräfte. Welche Kräfte nun für das statische Verhalten entscheidend sind, ist von Maschine zu Maschine beziehungsweise von Prozeß zu Prozeß verschieden.

Im Arbeitsprozeß auftretende statische Prozeßkräfte bewirken in Abhängigkeit von der Steifigkeit Relativbewegungen zwischen den Bauteilen. Dabei muß zwischen der linearen Steifigkeit und der Neigungssteifigkeit einer Maschine unterschieden werden. Die lineare Steifigkeit einer Maschine wird noch in direkte Steifigkeiten k_{ii}, bei denen Krafteinleitung und Wegmessung in der gleichen Richtung erfolgen, und Kreuzsteifigkeiten k_{iy}, bei denen Krafteinleitung und Wegmessung senkrecht zueinander erfolgen, untergliedert, so daß sich die folgenden linearen Steifigkeitsmatrizen ergeben [23]:

1. lineare Steifigkeitsmatrix: $\begin{bmatrix} k_{xx} & k_{xy} & k_{xz} \\ k_{yx} & k_{yy} & k_{yz} \\ k_{zx} & k_{zy} & k_{zz} \end{bmatrix}$,

2. Neigungssteifigkeitsmatrix: $\begin{bmatrix} k_{x\varphi x} & k_{x\varphi y} & k_{x\varphi z} \\ k_{y\varphi x} & k_{y\varphi y} & k_{y\varphi z} \\ k_{z\varphi x} & k_{z\varphi y} & k_{z\varphi z} \end{bmatrix}$.

Übliche Mittelwerte für k_{ii} liegen je nach Maschine zwischen 16 und 60 N/µm [9]. Die Neigungssteifigkeiten für Werkzeugmaschinen liegen üblicherweise zwischen 3 und 20 Nm/m [9]. Diese Steifigkeiten können für eine Maschine durch Simulation der statischen Prozeßkraft bei gleichzeitiger Messung des Verlagerungsweges bestimmt werden.

Die Prozeßkräfte werden durch die Prozeßbedingungen beeinflußt. Dabei müssen entstehende Kräfte, die zum Teil einen erheblich wechselnden Anteil aufweisen in einen statischen Anteil, der dem zeitlichen Mittelwert entspricht, und einen dynamischen Anteil, der dem statischen überlagert wird, aufgeteilt werden. Durch den statischen Anteil wird die statische Verformung hervorgerufen, der dynamische Anteil hingegen bewirkt, daß das System um seine statische Ruhelage schwingt.

Für viele Maschinen gilt, daß sich die Dimensionierung der Bauteile an den auftretenden Prozeßkräften orientiert, das heißt bei jeder Maschine werden die statischen Anteile der auftretenden Prozeßkräfte einen großen, wenn nicht den größten Einfluß auf das statische Verhalten der Maschine haben. Deshalb sollten die Prozeßkräfte durch eine günstige Wahl der Prozeßparameter möglichst gering gehalten werden. Aufgrund der Breite der unterschiedlichen Prozesse und der daraus resultierenden Vielfalt an Prozeßparametern ist an dieser Stelle kein konkreter Optimierungsvorschlag möglich. Es müssen jeweils maschinenspezifische Maßnahmen zum Tragen kommen.

Einen besonderen Einfluß auf das statische Verhalten von Maschinen haben die Eigengewichte der Bauteile dann, wenn ihre Lage sich infolge der Wirkbewegungen oder auch zur Anpassung an unterschiedliche Aufgaben verändert. Zusätzlich zu den Eigengewichten der Bauteile kommt auch den Fremdgewichten eine erhöhte Bedeutung zu, wenn sich diese stark unterscheiden und im Vergleich zu den Bauteilgewichten nicht vernachlässigt werden können [21]. Die Gewichtslasten können das geometrische Maschinenverhalten beeinflussen hinsichtlich der:

– Geradlinigkeit und Parallelität der Bewegung,
– Rechtwinkligkeit von Bewegungsachsen,
– Positioniergenauigkeit und
– Neigung um die Achsen [9].

Ein Einfluß der Gewichtskraft der Fremdteile und Bauteile steigt mit der Größe der untersuchten Maschine. Für die großen, schweren Maschinen verstärkt sich die Forderung nach der Verwendung von Werkstoffen mit einem möglichst geringem spezifischen Gewicht.

Dies sind Elemente des Leichtbaus, die, unterstützt durch die Entwicklung von neuen Werkstoffen mit einem geringeren spezifischen Gewicht und einem verbesserten Schwingungs- und Temperaturverhalten, auch zunehmend Anwendung bei der Konstruktion von Maschinen finden [17, 18].

Hydraulische oder mechanische Spann- und Klemmkräfte sind notwendig, um Bauteile miteinander beziehungsweise mit Fremdteilen lösbar zu verbinden. Sie bewirken Reibungskräfte, die eine Relativbewegung zwischen den geklemmten Teilen während eines längeren Wirkzustands kraftschlüssig verhindern. Da die zu übertragenden Kräfte und Drehmomente im allgemeinen aufgrund des Prozesses vorgegeben sind, muß die Werkstoffpaarung, die Oberflächengüte und die Formgenauigkeit der Klemm- und Spannpartner angepaßt werden. Eine maximal zulässige Flächenpressung darf dabei nicht überschritten werden, damit kein Klemmpartner plastisch verformt wird.

Allgemein gilt, daß hohe Reibungskoeffizienten und eine gleichmäßige Verteilung der Spann- und Klemmkräfte die durch sie verursachten Verformungen vermindern. Die erreichbare Genauigkeit wird damit erhöht.

Die Spann- und Klemmkräfte, die eine Relativbewegung aufgrund von Reibungskräften verhindern sollen, können durch eine Werkstoffpaarung mit einem hohen Haftreibungskoeffizienten sowie eine Verbesserung der Oberflächengüte und Formgenauigkeit der zu verbindenden Flächen gesenkt werden.

Werden Bauteile einer Maschine gegeneinander unter Belastung verschoben, so treten durch das unterschiedliche Lager- und Führungsspiel sowie durch inhomogene Reibungsverhältnisse unterschiedlich hohe Gleit- und Rollreibungskräfte auf. Wie bei den Prozeßkräften können diese Kräfte aus einer mittleren, statischen und einer veränderlichen Kraftkomponente überlagert werden, wobei für das statische Verhalten der Maschine nur der statische Anteil der Kraftkomponenten interessiert.

Die Roll- und Gleitreibungskräfte können durch eine Verringerung der äußeren Belastung (Prozeßkräfte, Eigengewichte) und einen kleineren Reibungskoeffizienten (günstigere Werkstoffpaarung, Schmierung oder Rollreibung statt Gleitreibung) vermindert werden.

Beschleunigungskräfte treten immer dann auf, wenn der Bewegungszustand eines Bauteils oder einer Baugruppe verändert wird. Der Hauptanteil der Beschleunigungskräfte wird in der Regel zeitlichen Schwankungen unterliegen, da die Geschwindigkeitsveränderungen nur kurzfristig auftreten werden. Ist die Dauer der Beschleunigung im Verhältnis zum Prozeßfortschritt nicht vernachlässigbar, so ergeben die über einen gewissen Zeitraum herrschenden Beschleunigungskräfte mit ihrem statischen Anteil eine statische Verformung der Maschine.

Die Beschleunigungskräfte sind den Massen der zu bewegenden Bauteile direkt proportional, das heißt eine leichtere Bauweise ermöglicht bei gleicher Bauteilsteifigkeit eine Verringerung der Beschleunigungskräfte bei gleicher Dynamik der Bewegungen beziehungsweise höhere Beschleunigungen bei gleichen Kräften. Die erste Möglichkeit beinhaltet zugleich eine Erhöhung der erreichbaren Maschinengenauigkeit.

Von Eigenspannungen spricht man immer dann, wenn in einem Körper ohne Vorhandensein äußerer Kräfte oder Temperaturunterschiede Spannungszustände existieren. Bedingt durch die komplizierten Abkühlungsvorgänge beim Erstarren gegossener Bauteile, beim Schweißen, beim Umformen, beim Härten, bei der Beschichtung oder durch eine ungleichmäßige plastische Verformung treten in Baugruppen oder Bauteilen der Maschine Eigenspannungen auf.

Durch die Eigenspannungen befindet sich das Bauteil in einem „Zwangszustand", ist aber mit sich im Gleichgewicht. Werden bei einem weiteren Bearbeitungsgang Schichten vom Bauteil abgetrennt, die vorher einer Spannung unterlagen, stellt sich durch Verformung ein neuer Gleichgewichtszustand im Bauteil ein. Um eine hohe Bearbeitungsgenauigkeit zu erreichen, muß die Verformung möglichst gering gehalten werden. Dieses kann durch wiederholtes Bearbeiten, Lösen, Spannen, Bearbeiten bei immer kleinerer Bearbeitungszugabe erreicht werden, wodurch man beispielsweise ein sogenanntes „ruhiges Gestell" erhält [12]. Eine andere Möglichkeit die Eigenspannungen in dem Bauteil zu verringern, besteht in dem Spannungsarmglühen [2].

Zusätzlich zu den statischen Eigenschaften können die Eigenspannungen die Verformungsreserven des Werkstoffs verschlechtern und damit die Sicherheit der Konstruktion reduzieren. Der ungünstige und gefährliche Trenn- oder Sprödbruch wird gefördert. Im Sinne einer hohen Arbeitsgenauigkeit von Maschinen sollten die Eigenspannungen in den einzelnen Maschinenbaugruppen minimiert werden.

Gelingt es, das Gestell einer Maschine so steif zu gestalten, daß man auf eine Versteifung durch das Fundament verzichten kann, ist der Einfluß des Fundaments auf die statische Verformung der Maschine gering. Bei größeren Maschinen scheidet diese Lösung aus, so daß das Fundament in den Kraftfluß der Maschine mit eingebunden werden muß. Da die Betonfundamente besonders bei ungünstiger Bodenbeschaffenheit „arbeiten" [12, 20], verändert sich ihre Geometrie, die dem Maschinengestell über die Verankerung aufgezwungen wird. Aus diesem Grund kann sich die erreichbare Arbeitsgenauigkeit der Maschine im Laufe der Zeit verschlechtern. Dieser Einfluß durch das Fundament kann nur durch nachstellbare Stützpunkte oder ein isoliertes, stark armiertes Fundament ausgeschaltet werden [12].

Bei der funktionsgerechten Auslegung von Maschinen kommt es darauf an, sie in einem engem Zusammenhang mit ihrer Aufstellung zu sehen. Dies trifft besonders für Hochpräzisionsmaschinen zu, an die erhöhte Anforderungen an die aktive und passive Entstörung gestellt werden. Sie können nur mit einem geeigneten Fundament, das den jeweiligen Gegebenheiten von Maschine und Baugrund angepaßt werden muß, die gewünschte Arbeitsgenauigkeit liefern. Eine optimale Auslegung von Fundamenten kann mit Hilfe der Finite-Elemente-Methoden (FEM) oder speziell angepaßten Berechnungsprogrammen erfolgen [11].

Zur Erzielung und Erhaltung der vorgeschriebenen Arbeitsgenauigkeiten der Maschinen fällt den Gestellen eine besondere Bedeutung zu. Aufgabe der Gestellbauteile, wie Bett, Ständer, Querbalken, Ausleger und Konsole ist es, die Gewichte der Bauteile und Baugruppen sowie der Fremdteile aufzunehmen und diese Belastungen in das Fundament abzuleiten. Ferner wird der durch die Prozeßkräfte bewirkte Kraftfluß während des Arbeitsprozesses über das Gestell geschlossen. Aus diesen Überlegungen heraus wird deutlich, daß zur Gewährleistung der geforderten hohen Genauigkeiten von Maschinen eine hohe Steifigkeit der Gestelle gegenüber statischer Beanspruchung wichtig ist.

Die ersten Maßnahmen zur Erhöhung der statischen Steifigkeit ergreift man zweckmäßigerweise an den Bauteilen, die einen maßgeblichen Anteil an der Gesamtverformung haben. Besonders bei Bauteilen mit einer Hauptausdehnungsrichtung ist es günstig, die in der Technischen Mechanik hergeleiteten Profilkenngrößen wie äquatoriales Flächenträgheitsmoment I_Y und Torsionsflächenträgheitsmoment I_T für einen Profilvergleich oder eine Optimierungsrechnung zu verwenden. Die in Bild 9.3-07 dargestellten Verformungen eines stabförmigen Bauteils lassen sich mit Hilfe der folgenden Formeln bestimmen:

Durchsenkung bei Biegung: $\quad f = \dfrac{F \cdot L^3}{3 \cdot I \cdot E} + \dfrac{F \cdot L}{K \cdot A \cdot G},$ \hfill (06)

Verdrillung bei Torsion $\quad \varphi = \dfrac{M_T \cdot L}{G \cdot I_T},$ \hfill (07)

wobei A die Querschnittsfläche, K der Schubkoeffizient, E der Elastizitätsmodul und G der Schubmodul ist.

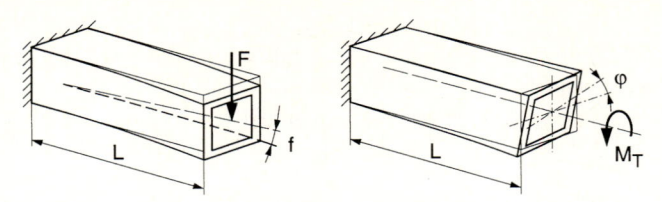

Bild 9.3-07   Biegung und Torsion eines stabförmigen Bauteils [22]

Diese stabförmige Bauteile sind in Maschinen als Bett, Ständer oder Ausleger zu finden. Oft kann man schon anhand der Werte für die Flächenträgheitsmomente einen Querschnitt für den speziellen Anwendungsfall auswählen [23]. Um beispielsweise eine hohe Torsionssteifigkeit zu erhalten, ist vom Konstrukteur unter allen Umständen eine geschlossene Querschnittsform, deren Fläche möglichst weit außerhalb der Drehachse liegt, anzustreben. Hier bieten sich Kreisquerschnitte an. Für eine hohe Steifigkeit bei einer Biegebelastung muß dagegen eine große Querschnittshöhe, wie zum Beispiel bei einem aufrecht stehenden Rechteck, angestrebt werden.

Als weitere grundlegende Gestaltungsrichtlinien für eine hohe statische Steifigkeit lassen sich nennen:
– allgemein: kraftflußgerechte Gestaltung, das heißt günstige Lasteinleitung und kleine gedrungene Bauweise, Biegung und Torsion möglichst vermeiden, Reihenschaltung von Federelementen vermeiden, hoher Elastizitäts- beziehungsweise Schubmodul, gute Querschnittsübergänge, Überhänge vermeiden, hoher Ausnutzungsrad der Bauteile, geeignete Werkstoffauswahl, z. B. dickwandige oder massive Betonbetten.
– bei Torsion: geschlossene Profile, große äußere Querschnittsabmessungen, Rippen diagonal zur Verdrehachse, ein Verhältnis Wandstärke s zu Querschnitt a von mehr als 0,15 ist in der Regel nicht sinnvoll.
– bei Biegung: offene Profile sind günstig, wenn nur eine Biegebelastung in Richtung des großen äquatorialen Flächenträgheitsmomentes wirkt, Bauteilquerschnitt möglichst groß halten.

Die für diese Überlegungen zugrundegelegten Querschnitte wurden alle als ideal, das heißt als konstant über die gesamte Länge, angenommen. Da dieser Fall in dem realen System Maschine praktisch nicht vorkommt, werden im folgenden kurz die Auswirkungen von Verrippungen, Durchbrüchen sowie der Art der Krafteinleitung beschrieben.

Verrippungen wirken sich auf die Biege- und Torsionssteifigkeit der Bauteile einer Maschine positiv aus. Dabei sind die Längsrippen besonders bei der Biegebelastung günstiger als die Querschotten. Für eine Erhöhung der Torsionssteifigkeit sind alle Rippen geeignet, die eine Querverzerrung des Balkenprofils verhindern. Die beste Kombination für Torsions- und Biegebelastung erhält man für eine doppelt diagonale Längsverrippung. Ein weiterer Vorteil von Verrippungen liegt in ihrer Versteifung von lokalen Nachgiebigkeiten und der Möglichkeit, eine günstigere Krafteinleitung zu realisieren.

Im Sinne einer möglichst hohen Maschinengenauigkeit sollte es das Ziel einer jeden Konstruktion sein, in biege- und torsionsbelasteten Bauteilen ohne Durchbrüche auszukommen. Dieses Ziel kann jedoch oft aus fertigungs- und/oder montagetechnischen Gründen nicht erreicht werden. Dabei sollte man berücksichtigen, daß die festigkeitsreduzierende Wirkung von Durchbrüchen nicht durch Verschließen der Öffnung mit einem Deckel wieder ausgeglichen werden kann. Besonders die Torsionssteifigkeit wird durch einen Durchbruch vermindert. Sie kann im Extremfall bis auf ein Viertel des Ausgangswertes absinken und kann durch einen Verschließen des Durchbruchs mit einen Deckel nicht wieder über die Hälfte des Ausgangswertes gesteigert werden. Grundsätzlich sollten Durchbrüche nur zugelassen werden, wenn sie nicht vermeidbar sind. Auf keinen Fall sollten sie in hochbelasteten, kritischen Bereichen plaziert werden.

Die Steifigkeit von Gestellen und anderen Baugruppen der Maschinen ist in starkem Maße von der Krafteinleitung abhängig. Ein Haupteinflußfaktor für die Genauigkeit von Maschinen ist die Abstützung der Führungsbahnen im Gestell. So kann es beispielsweise durch eine ungünstige Plazierung der Führung am Gestell zu großen elastischen Nachgiebigkeiten kommen, die einen direkten Einfluß auf die Genauigkeit haben. Für den Kraftfluß günstig ist hingegen das Prinzip der kurzen Wege, weil die Kräfte gut über die Wände und Rippen aufgenommen werden können. Ein weiteres Beispiel für eine starke Abhängigkeit von Steifigkeit und Lasteinleitung sind Spindeln, deren Steifigkeit durch die Art der Spindellagerung und die Festlegung der Krafteinleitungsstellen entscheidend beeinflußt werden kann [16].

Es bleibt festzustellen, daß die Genauigkeit von Maschinen durch eine geschickte Wahl der Krafteinleitung in die einzelnen Komponenten wesentlich gesteigert wird.

Fügestellen sind innerhalb einer Maschinenstruktur immer dort anzutreffen, wo entweder funktionsbedingte Relativbewegungen zwischen Bauteilen erforderlich sind oder Bauteile aus fertigungstechnischen oder Kostengründen aneinander gefügt werden müssen. Zu der ersten Gruppe von Fügestellen gehören die Führungssysteme, zu der zweiten Gruppe die ortsfest zusammengesetzten Verbindungen, wie zum Beispiel Flansche. Alle diese im Kraftfluß liegenden Fügeverbindungen beeinflussen die Gesamtsteifigkeit einer Maschine.

Feste Fügestellen werden in Maschinen oft als Mehrschraubenverbindungen ausgeführt. Die Schrauben sollten möglichst nahe an den im Kraftfluß liegenden Wänden liegen, da sich der Kraftfluß innerhalb des Flansches auf die Stellen konzentriert, an denen die Bauteile durch die Schrauben aufeinandergepreßt werden. Noch günstiger ist eine Anordnung der Schrauben in der Wandungsebene, da in diesem Fall keine Biegebeanspruchung auftritt. Nachteilig in dieser kraftflußoptimierten Anordnung wirkt sich der erhöhte Fertigungsaufwand aus. In diesem Zusammenhang sei darauf hingewiesen, daß eine Verrippung oder Verstärkung der Wände ebenfalls eine steifigkeitserhöhende Wirkung hat aber fertigungstechnisch einfacher herzustellen ist.

Ein anderer Aspekt, der bei der Anordnung der Schrauben im Flansch beachtet werden sollte, ist, daß die Druckvorspannung über die gesamte Fügefläche möglichst homogen ist. Die auf Druck beanspruchten Zonen bilden in den Flanschen keinen Zylinder, sondern angenähert einen Kegel [3, 13]. Um eine möglichst homogene Druckvorspannung zu erzielen, müssen sich diese Druckkegel überlappen. Davon ausgehend kann man in Abhängigkeit von der virtuellen Gestalt des Kegels und der Flanschdicke einen optimalen Abstand zwischen den einzelnen Schrauben bestimmen, der möglichst eingehalten werden sollte.

Um eine möglichst große Kontaktsteifigkeit und damit einen möglichst hohen Tragantеil der gefügte Elemente zu erhalten, müssen die Schrauben beim Anziehen möglichst stark vorgespannt werden. Dabei wirkt sich eine hohe Streckgrenzenausnutzung auch positiv auf Setzungserscheinungen aus [3]. Auf jeden Fall muß die Vorspannkraft größer sein als die Betriebskraft.

Eine Möglichkeit, den Einfluß der Flächenpressung wirksam zu reduzieren, ist eine zusätzliche Klebung der Fügestelle. Dabei sorgt der Klebstoff in der Trennfuge für optimale Tragantеile bei geringer Flächenpressung [8].

Für bewegliche Fügestellen, wie Führungen, haben Untersuchungen [15] ergeben, daß sich für Linearführungen, die als mehrreihige Rollenführungen ausgeführt sind, die geringsten Nachgiebigkeiten und damit die höchsten Genauigkeiten ergeben. Die größten Nachgiebigkeiten erhält man für einreihige Kugelführungen. Allen Führungen gemeinsam ist ein unterschiedliches Anschmiegeverhältnis für kleine Kräfte, welches durch einen progressiven Verlauf der Verformungskurven in diesem Kraftbereich sichtbar wird. Ab einer bestimmten Belastung weisen alle Führungen ein lineares Verformungsverhalten auf.

Wenn eine Erhöhung der Steifigkeit oder eine weitere Verringerung der Belastungen durch konstruktive Maßnahmen nicht mehr möglich ist, können die statischen Verformungen von Maschinen auch durch kompensatorische Maßnahmen verringert oder völlig ausgeglichen werden. Diese Kompensation kann mechanisch durch einen Gewichtsausgleich oder mit Hilfe eines Steuer- bzw. Regelkreises erfolgen [12].

In Bild 9.3-08 sind am Beispiel des Querbalkendurchhangs einige prinzipielle Möglichkeiten zur Kompensation des Eigengewichtes schematisch dargestellt. Das Ziel ist es, den Lastangriff innerhalb des Systems an Stellen mit größerer Steifigkeit oder an Stellen mit einer geringeren Auswirkung der Verformungen zu verlagern. Eine weitere Möglichkeit für die Erhöhung der Arbeitsgenauigkeit besteht darin, die Lasten auf mehrere Bauteile zu verteilen.

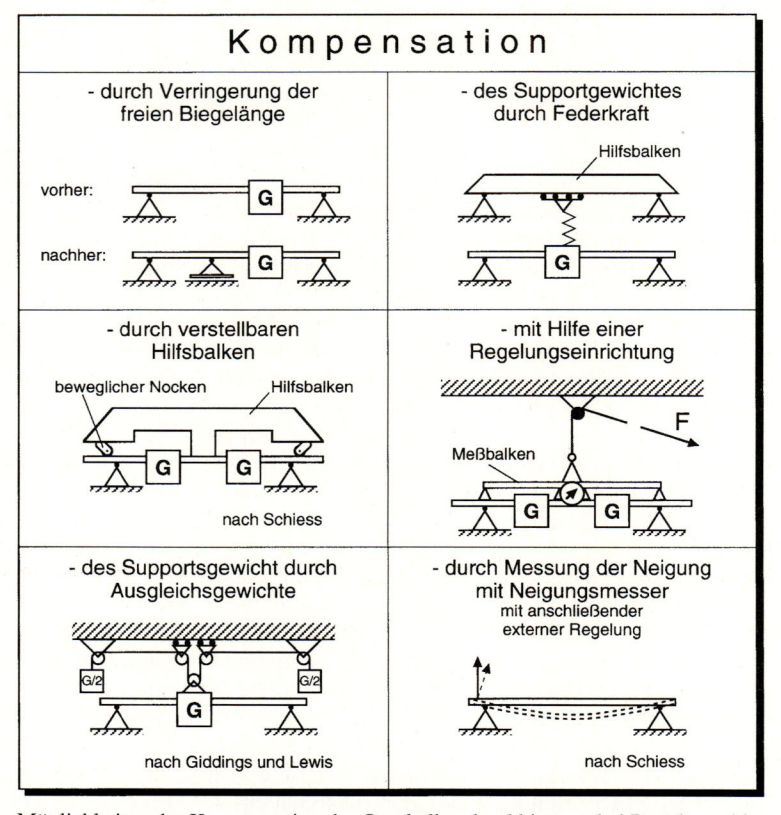

Bild 9.3-08 Möglichkeiten der Kompensation der Querbalkendurchbiegung bei Portalmaschinen

Ermittlung der statischen Nachgiebigkeit

Aufgabe und Zielsetzung für die Ermittlung der statischen Nachgiebigkeit ist es, die Auswirkungen der statischen Belastungen an der Wirkstelle experimentell oder theoretisch zu bestimmen und den daraus resultierenden Einfluß auf die Arbeitsgenauigkeit der Maschinen festzustellen.

Das statische Verhalten einer Maschine besitzt einen Einfluß auf die Geradlinigkeit beziehungsweise Parallelität von Bewegungen, die Rechtwinkligkeit von Bewegungsachsen, die Neigung um Achsen sowie auf die Positionsgenauigkeit. Die Summe der einzelnen Abweichungen bewirkt die effektive Verlagerung zwischen Werkstück und Werkzeug an der Wirkstelle der Maschine, die zu einer Verringerung der Maschinengenauigkeit führt.

Die einzelnen Verlagerungen können sowohl experimentell an der Maschine als auch theoretisch, mit Hilfe von Näherungs- oder Simulationsverfahren bestimmt werden.

Eines der bedeutenden Meßverfahren für die Bestimmung der statischen Maschineneigenschaften ist die Kraftflußanalyse. Zur Erstellung eines Kraftflußdiagramms wird die Maschine an der Wirkstelle mit einer definierten Prozeßkraft belastet und die Verlagerungen an den einzelnen Bauteilen werden mit relativen Wegaufnehmern, z. B. Meßtastern und induktiven Wegaufnehmern, gemessen. Diese Vermessung der Maschine wird für verschiedene Baugruppenpositionen oder Belastungen wiederholt. Aus dem Ergebnis einer Kraftflußanalyse kann man erkennen, auf welche Bauteile der Hauptanteil der Verformung entfällt, so daß damit die Hauptursache für eine mangelnde Arbeitsgenauigkeit ermittelt werden kann. Sie wird deshalb teilweise auch als Schwachstellenanalyse bezeichnet.

Ein weiteres Meßverfahren mit tastenden, relativen Aufnehmern, stellt die summarische Steifigkeitsmessung. Der Unterschied zur Kraftflußanalyse liegt darin, daß die Verlagerung nur an der Wirkstelle gemessen wird. Dies erfolgt dafür in allen drei Raumkoordinaten, woraus in Abhängigkeit von der Belastung die Steifigkeitsmatrix berechnet wird.

Für einige spezielle Maschinen existiert die Möglichkeit, mit Hilfe von ausgewählten Probewerkstücken Aussagen über ihre Arbeitsgenauigkeit und damit auch über ihr statisches Verhalten zu treffen. Diese Form der Eigenschaftsbeurteilung von Maschinen (Maschinenabnahme) ist im Bereich der Werkzeugmaschinen schon lange üblich [14] und wird nach nationalen und internationalen Normen [5, 6], nach Richtlinien von Fachverbänden oder nach Vereinbarungen zwischen Anwender und Hersteller durchgeführt (siehe Kap. 9.2).

Die quasistatische Last-Verformungsanalyse eröffnet die Möglichkeit, einzelne Bauteilverformungen und -verlagerungen zu ermitteln, ohne dazu die gesamte Maschine mit einem Gerüst umrahmen zu müssen, wie es bei der Kraftflußanalyse der Fall ist. Vom Aufbau her ist dieses neuartige Meßverfahren praktisch identisch mit der für die dynamische Untersuchung von Maschinen eingesetzten Modalanalyse.

Die Krafteinleitung erfolgt genau wie bei der Steifigkeitsbestimmung an der Wirkstelle, das heißt die auftretenden statischen Prozeßkraftanteile werden simuliert. Der große Unterschied zu den bisher beschriebenen Verfahren liegt darin, daß die eingeleitete Kraft nicht rein statisch ist, sondern sinusförmig mit einer Frequenz zwischen 0 und 15 Hz [7], also quasistatisch in die Maschine eingebracht wird. Der Vorteil dieser an- und abschwellenden Belastung liegt darin, daß es durch die periodische Verlagerung der Bauteile möglich ist, die zurückgelegten Wege beziehungsweise Verformungen in mehreren Richtungen an den gewünschten Bauteilkoordinaten mit Hilfe von kleinen, gut handhabbaren, absolut messenden Beschleunigungsaufnehmern zu ermitteln. Diese erfassen die auf sie wirkenden Beschleunigungen. Durch zweimalige Integration erhält man die gewünschten Verlagerungen für die Stelle, an der der Beschleunigungsaufnehmer angepreßt oder mit Hilfe eines Magneten festgehalten wird.

Ein weiterer Vorteil dieser Art der Krafteinleitung liegt darin, daß es durch ein konstante Vorspannkraft möglich ist, einen bestimmten Arbeitspunkt der Maschine zu simulieren, für den die Verformungen aufgrund statischer Zusatzlasten von Interesse sind.

Da in dem Frequenzbereich weit unterhalb der ersten Eigenfrequenz die gleichen Amplitudenwerte wie bei $f = 0$ Hz gemessen werden, spricht man vom quasistatischen Nachgiebigkeitsfrequenzbereich, das heißt bei einer Anregung der Maschine mit einer Belastung innerhalb dieses Bereiches mißt man die gleichen Werte wie für eine statische Belastung. Eine Festlegung dieses Bereiches kann nur maschinenspezifisch erfolgen.

Die Güte der Messung für ist Frequenzen unter f = 2 Hz nicht befriedigend, da die gemessenen Beschleunigungen aus meßtechnischen Gründen unbrauchbar sind. Daher sollte dieser Bereich bei der Messung vermieden werden [7].

In Bild 9.3-09 ist das Ergebnis einer Quasistatischen Last-Verformungsanalyse für eine Ständerbohrmaschine dargestellt. Man erkennt die mechanische Kopplung der einzelnen Bauteile und deren Anteil an der summarischen Relativbewegung an der Wirkstelle [23].

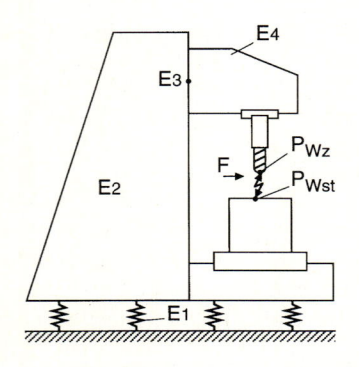

An der Ständerbewegung beteiligte Baugruppen		relevante Koppelstellen
Aufstellung	E1	K0 / K1
Ständer	E2	K1 / K2
z - Führung	E3	K2 / K3
Spindelkasten	E4	K3 / K4

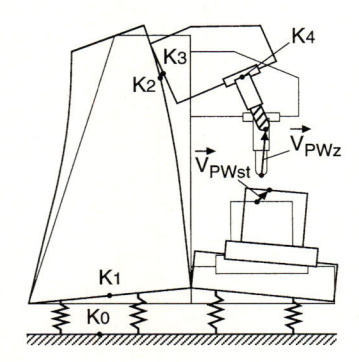

Verformungseinfluß des Elementes E_i auf die Verlagerung des Werkzeugpunktes P_{Wz}

$$\vec{V}_{PWz}(E_i) = \vec{T}_{PWz}(K_i) \cdot \vec{T}_{PWz}(K_{i-1})$$

mit K_{i-1}, K_i: angrenzende Koppelstellen
$\vec{T}_{PWz}()$: Projektionsalgorithmus auf die Zerspanstelle P_{Wz}

Bild 9.3-09   Verformung der im Kraftfluß liegenden, einzelnen Maschinenkomponenten [23]

Ein weiteres Verfahren zur Messung statischer Verformungen stellt die Speckleinterferometrie dar. Das untersuchte Bauteil wird bei diesem Verfahren mit den zwei aufgeteilten Objektstrahlen eines Dauerstrichlasers aus zwei unterschiedlichen Richtungen beleuchtet. Ein Teil des diffus reflektierten Lichts wird von einer auf der Winkelhalbierenden zwischen den Objektstrahlen liegenden CCD-Kamera aufgenommen und der Bildverarbeitung zugeführt. Verschiebt sich ein Punkt der Oberfläche senkrecht zur Beobachtungsrichtung, so tritt bedingt durch die unterschiedliche Längenänderung der beiden Objektstrahlen eine Änderung der relativen Phasenlage auf, was einen geänderten Grauwert des betreffenden Speckles beziehungsweise Bildpunkts zur Folge hat [23].

Ziel der Bestimmung der statischen Steifigkeit durch Berechnungsmethoden ist es, bereits in der Konzeptphase, spätestens jedoch in der Gestaltungsphase, Aufschluß über die Auswirkung äußerer statischer Kräfte zu gewinnen. Dadurch können bereits vor der Prototypenfertigung Aussagen über die statische Steifigkeit von Lösungsvarianten gemacht werden. Dieses bedeutet eine enorme Einsparung von Material und Fertigungsaufwand, insbesondere aber eine zeitliche Verkürzung der Entwicklungsphase und die Möglichkeit, aus mehreren Varianten die am besten geeignete herauszufinden.

Da eine exakte Berechnung der komplexen Maschinenstrukturen, d.h. die analytische Integration der Differentialgleichungen, sehr rechenaufwendig ist, beschränkt man sich im allgemeinen auf Näherungslösungen anhand von vereinfachten Bauteilgeometrien.

Als analytische Näherungslösungen kommen das Prinzip der virtuellen Arbeit, das Prinzip von d'Alembert, die Lagrangeschen Gleichungen und das Verfahren von Ritz zur Anwendung.

Nach den analytischen Regeln der Kontinuumsmechanik ist eine Steifigkeitsbestimmung für das System Maschine nicht mehr möglich [10]. Leistungsfähige, analytische Verfahren zur Abschätzung des Bauteilverhaltens sind die diskreten Verfahren, wie das Differenzenverfahren und die Methode der Finiten Elemente (FEM). Beim Differenzenverfahren werden die Differentialquotienten, die in Gleichungen und Randbedingungen eines zu lösenden Systems auftreten, durch Differenzenquotienten ersetzt [4]. Es kann gut für einfache Bauteilgeometrien wie zum Beispiel Platten und Scheiben angewendet werden, ist aber für komplexere Strukturen ungeeignet. Für die Berechnung des statischen Verhaltens von Maschinen ist die FEM-Methode am besten geeignet.

Die Idee der FEM-Methode beruht auf den Energieprinzipien, d.h. die Minimierung der Verformungsenergien. Dabei erfolgt eine Zerlegung des elastischen Kontinuums in eine endliche Anzahl von Elementen. Jedes dieser Elemente ist mit seinem Nachbarelement durch eine endliche Anzahl von Knoten verbunden. Die auftretenden Spannungen werden durch fiktive Kräfte in den Knoten ersetzt. Zur Berechnung der Spannungen und Dehnungen in einem Bauteil, das als Konstruktionszeichnung oder Fertigteil vorliegt, wird zunächst ein rechnerinternes Geometriemodell modelliert. Dieses wird anschließend in ein mehrdimensionales Netz finiter Elemente zerlegt (Generierung) und in einer sogenannten Struktur- und Koordinatendatei abgelegt. Die vereinfachte Geometrie des Bauteils ermöglicht es, den

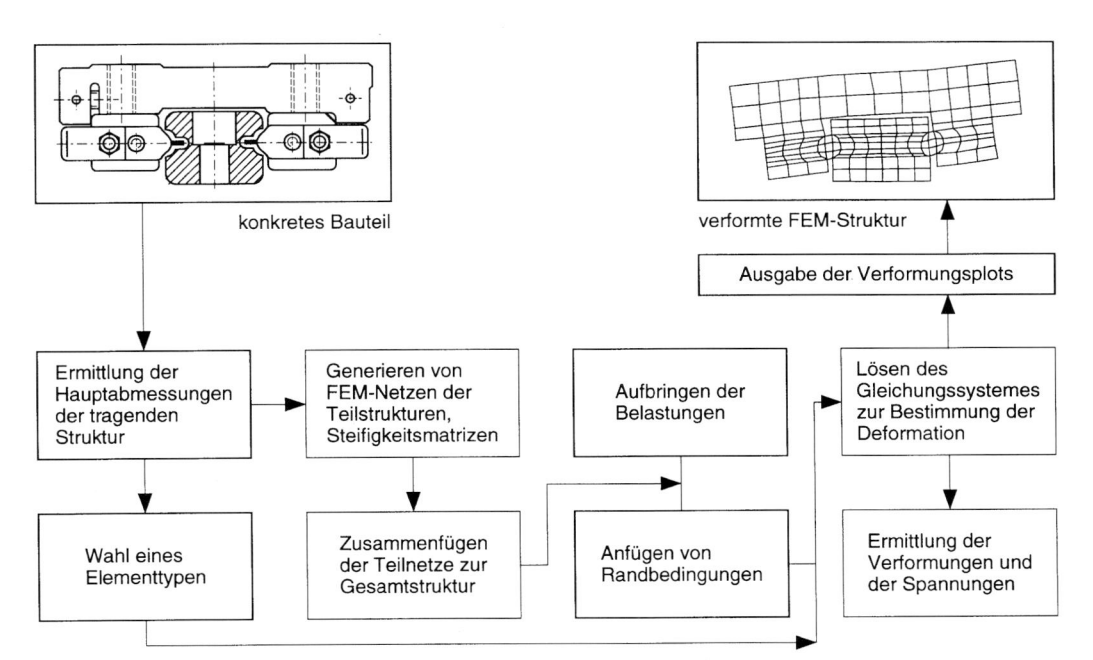

Bild 9.3-10 Transformation einer konkreten Struktur in ein Finite-Elemente-Netz am Beispiel einer Linearschienenführung [15]

Spannungszustand oder die Verformungen innerhalb des Elementes näherungsweise zu beschreiben. Neben den Materialkennwerten und den Belastungen müssen zusätzlich noch die Randbedingungen definiert werden, welche die Struktur an bestimmten Knoten im Raum festlegt. Anschließend erfolgt die Berechnung des statisch-elastischen Verhaltens und die Darstellung und Ausgabe der Ergebnisse. Dabei können sowohl Konturverschiebungen als auch Spannungsverläufe dargestellt werden.

Dadurch daß die Geometrie des Bauteils approximiert wird, ergibt sich ein direkter Zusammenhang von Aufwand, d. h. Anzahl der generierten Elemente, zur erzielten Genauigkeit der Berechnung. Die Funktionsweise beziehungsweise der Ablauf einer FEM-Rechnung ist in Bild 9.3-10 dargestellt.

Für die Maximierung der Genauigkeit einer Maschine kommen in erster Linie FEM-Verfahren zur Anwendung, die eine Optimierung des Verformungsverhaltens der untersuchten Struktur ermöglichen. Andere Verfahren, die eine Auslegung nach Festigkeitsgesichtspunkten durchführen, sind für die stark überdimensionierten Maschinenteile meist nur von untergeordneter Bedeutung [15].

9.4 Dynamische Verformungen

Dynamische Verformungen von Maschinen werden durch dynamische, d. h. durch zeitlich veränderliche Kräfte oder Momente hervorgerufen. Diese wirken auf Baugruppen der Maschinenstruktur, die über Flansche oder Führungen miteinander verbunden sind. Sie bilden ein mehrfach gekoppeltes schwingungsfähiges System mit verteilten Massen und Elastizitäten, das zu dynamischen Verformungen angeregt wird, die sich als zeitlich veränderliche Störgröße der Funktionsbewegung der Maschine überlagern, also zu einer zeitlichen Veränderung ihres Genauigkeitssystems führen. Neben einer Beeinträchtigung der Arbeitsgenauigkeit durch Destabilisierung des Maschinenzustands können dynamische Verformungen auch zu einer Minderung der Arbeitsleistung führen [1, 2, 3].

Nach ihren Entstehungsursachen werden fremderregte und selbsterregte Schwingungen unterschieden, Bild 9.4-01. Der Wirkungsmechanismus beider Schwingungsarten ist grundverschieden. Fremderregte Schwingungen haben eine äußere Anregung als Ursache, selbsterregte Schwingungen entstehen, wenn das schwingungsfähige System, bestehend aus Maschine und Arbeitsprozeß, instabil wird.

Bei selbsterregten Schwingungen schwingt das Maschinensystem grundsätzlich mit einer oder mehreren Eigenfrequenzen, wobei keine äußeren Störkräfte auf das System einwirken.

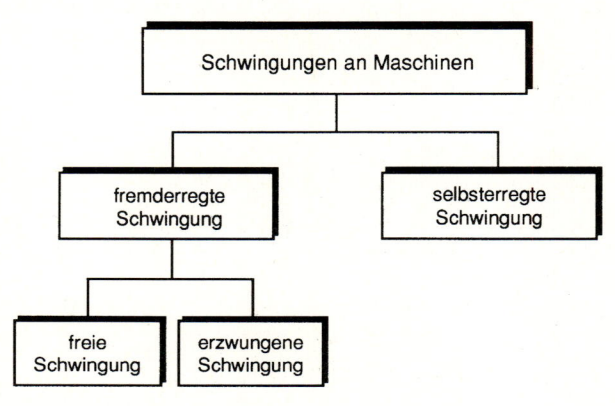

Bild 9.4-01   Schwingungen an Maschinen

Kennzeichnend ist ferner das Vorhandensein einer systeminternen Energiequelle, aus der das System im Takt seiner Eigenschwingungen Energie entnehmen kann. Selbsterregte Schwingungen entstehen dann, wenn durch eine ungünstige Kopplung von Schwingungssystem und Energiequelle (Wirkstelle des Prozesses) die an sich positive Dämpfung des Schwingungssystems aufgehoben wird und die Dämpfung des gesamten Systems negative Werte annimmt.

Fremderregte Schwingungen lassen sich nach der Art der angreifenden dynamischen Kräfte in freie und erzwungene Schwingungen unterteilen.

Die Bedeutung der freien Schwingungen von Maschinen ist aufgrund der vorhandenen Systemdämpfung, die im wesentlichen durch die Koppelstellen der Maschinenstruktur bestimmt wird, geringer als die der anderen Schwingungsarten. Sie werden durch stoßartige Kräfte verursacht und klingen in Abhängigkeit von der Dämpfung ab.

Erzwungene Schwingungen können durch periodische Stoß- oder Impulsanregungen verursacht werden. Periodisch veränderliche Verformungen entstehen durch periodisch veränderliche Kräfte folgender Art:
– wechselnde Prozeßkräfte,
– wechselnde Kräfte in Zugtriebmitteln,
– wechselnde Kräfte in Hydrauliksystemen,
– wechselnde Kräfte in elektrischen Antriebssystemen,
– wechselnde Kräfte aus dem Umfeld,
– Eingriffswechselkräfte formschlüssiger Antriebe,
– Überrollungskräfte bei Wälzlagern und
– Unwuchtkräfte umlaufender Massen.

Das dynamische Verhalten von Maschinen gegenüber erzwungenen Schwingungen ist durch die dynamische Nachgiebigkeit G(t)

$$G(t) = \frac{x(t)}{F(t)}, \tag{01}$$

oder durch ihre reziproke Größe, die dynamische Steifigkeit K(t)

$$K(t) = \frac{F(t)}{x(t)}, \tag{02}$$

gekennzeichnet. Die dynamische Steifigkeit ist nicht wie die statische Steifigkeit ein in bestimmten Grenzen konstanter Wert, sondern sie ist neben ihrer Abhängigkeit von der Masse m, der Dämpfung d und der statischen Steifigkeit k eine Funktion der Erregerfrequenz f:

$$K(t) = \frac{F(t)}{x(t)} = f(m, d, k, f, t). \tag{3}$$

Am Beispiel des Einmassenschwingers mit der Masse m, der geschwindigkeitsproportionalen Dämpfung d und der Federsteifigkeit k lassen sich die verschiedenen Möglichkeiten zur Beschreibung der dynamischen Verformung darstellen, Bild 9.4-02.

Unter Berücksichtigung des Gleichgewichts der an der Masse m angreifenden statischen und dynamischen Kräfte erhält man eine Differentialgleichung 2. Grades,

$$m\ddot{x} + d\dot{x} + k(x_{dyn} + x_{stat}) = (F_{stat} + F_{dyn}), \tag{04}$$

mit der Massenkraft $m\ddot{x}$, der Dämpfungskraft $d\dot{x}$, der statischen Federkraft kx_{stat} und der dynamischen Federkraft kx_{dyn}. Mit den Ansatzfunktionen

$$F(t) = \hat{F} e^{j(\omega t)} \tag{05}$$

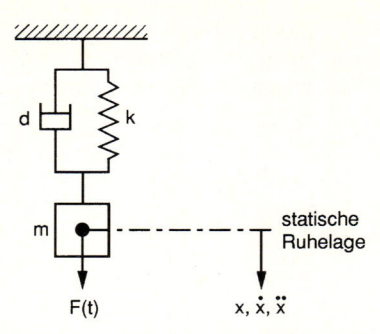

Bild 9.4-02 Einmassenschwinger mit geschwindigkeitsproportionaler Dämpfung

und
$$x(t) = \hat{x}\, e^{j(\omega t + \varphi)} \tag{06}$$
wird das Schwingungsverhalten des Einmassenschwingers durch
$$\left[m\hat{x}(j\omega)^2 + d\hat{x}(j\omega) + k\hat{x}\right] e^{j(\omega t + \varphi)} = \hat{F} e^{j(\omega t)} \tag{07}$$
im Frequenzbereich beschrieben [3]. Mit der Eigenkreisfrequenz $\omega = \sqrt{\dfrac{k}{m}}$ und dem Dämpfungsmaß $D = \dfrac{d}{2m\omega_n^2}$ stellt sich der Nachgiebigkeitsfrequenzgang G(jω), der komplexe Quotient aus der Verlagerung x(jω) und der sie hervorrufenden dynamischen Kraft F(jω), wie folgt dar:
$$G(j\omega) = \dfrac{\dfrac{1}{k}}{\dfrac{m(j\omega)^2}{\omega_n^2} + 2D\dfrac{(j\omega)}{\omega_n} + 1}. \tag{08}$$

Der Nachgiebigkeitsfrequenzgang ist durch die drei Systemkennwerte
– Steifigkeit k,
– Eigenkreisfrequenz ω_n und das
– Dämpfungsmaß D
vollständig beschrieben.

In Abhängigkeit von der Systemdämpfung werden drei typische Eigenkreisfrequenzen unterschieden [3]:
– Die Eigenkreisfrequenz ω_n (natural frequency) eines ungedämpften Systems:
$$\omega_n = \sqrt{\dfrac{k}{m}}. \tag{09}$$
Sie weist eine 90°-Phasenverschiebung zwischen Kraft und Verlagerung auf.
– Die Eigenkreisfrequenz ω_{dn} eines gedämpften Systems:
$$\omega_{dn} = \omega_n \sqrt{1 - D^2}. \tag{10}$$
Mit dieser Frequenz klingt ein frei schwingendes gedämpftes System aus.
– Die Resonanzkreisfrequenz ω_r eines gedämpften Systems:
$$\omega_r = \omega_n \sqrt{1 - 2D^2}. \tag{11}$$

Bei dieser Frequenz hat ein reales System bei einer harmonischen Anregung die maximale dynamische Nachgiebigkeit. Maschinen verfügen in der Regel über eine geringe Systemdämpfung D ≪ 1, so daß diese Frequenzen praktisch zusammenfallen.

Die graphische Darstellung des Nachgiebigkeitsfrequenzgangs kann durch zwei ineinander überführbare Formen erfolgen. Bild 9.4-03 zeigt den Amplituden- und Phasengang, Bild 9.4-04 die Ortskurvendarstellung der Nachgiebigkeit in der Gaußschen Zahlenebene [1].

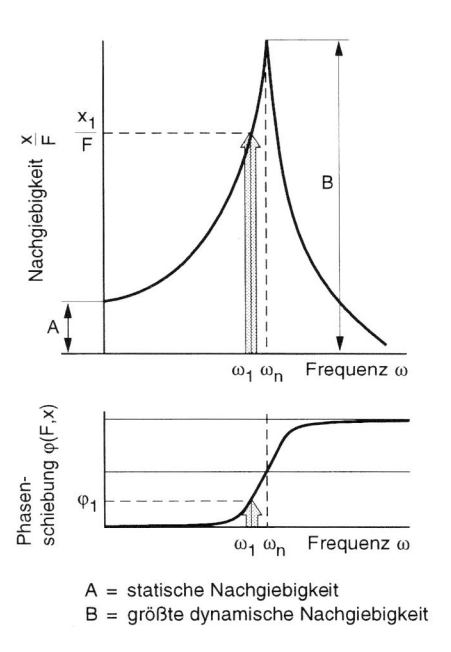

A = statische Nachgiebigkeit
B = größte dynamische Nachgiebigkeit

Bild 9.4-03 Amplituden- und Phasenfrequenzgang des Einmassenschwingers

A = statische Nachgiebigkeit
B = größte dynamische Nachgiebigkeit
C = größter negativer Realteil der Nachgiebigkeit

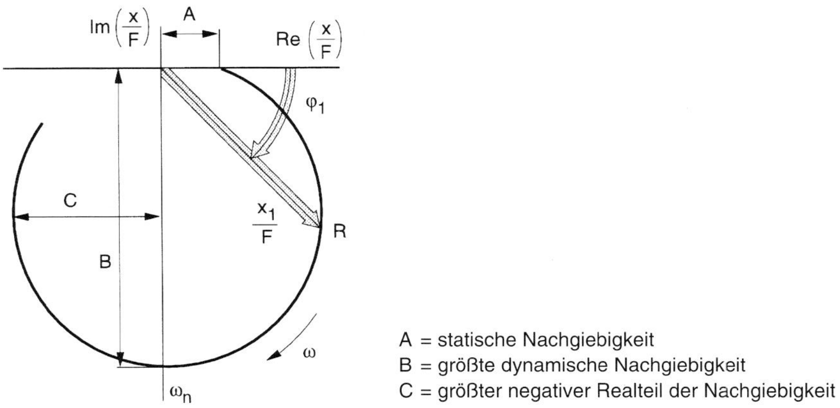

Bild 9.4-04 Ortskurve des Nachgiebigkeitsfrequenzgangs des Einmassenschwingers

Der Amplitudengang zeigt die Abhängigkeit der Nachgiebigkeit von der Erregerfrequenz. Der Phasengang zeigt die zeitliche Verschiebung zwischen der Krafteinwirkung und der erzwungenen Verlagerung in Abhängigkeit von der Erregerfrequenz.

In der Ortskurvendarstellung, Bild 9.4-04, werden Betrag und Phase in einem Bild dargestellt. Die Ortskurve ist die Verbindung der geometrischen Endpunkte aller von einem Parameter (hier ω) abhängigen Zeiger. Der Abstand eines Ortskurvenpunktes vom Koordinatenursprung entspricht dem Betrag der Nachgiebigkeit. Der Drehwinkel des Ortsvektors gegenüber der positiven reellen Achse beschreibt den Phasenwinkel. Der negative Phasenwinkel drückt das zeitliche Nacheilen der Verlagerung gegenüber der Kraft aus.

Aus dem Amplituden- und Phasengang bzw. der Ortskurvendarstellung können die statische Nachgiebigkeit A für $\omega = 0$ und die größte dynamische Nachgiebigkeit B des Einmassenschwingers bei seiner Eigenfrequenz für $\omega = \omega_n$ abgelesen werden.

Neben den Eigenfrequenzen und Nachgiebigkeiten des Frequenzganges charakterisieren die Abklingkonstante δ und das logarithmische Degrement λ das Schwingungsverhalten. Einen qualitativen Überblick über den Einfluß des Dämpfungsmaßes D auf Amplitude und Phase der Nachgiebigkeit des Einmassenschwingers gibt Bild 9.4-05. Für ein ungedämpftes System (D = 0) tritt bei der Eigenfrequenz f_n eine unendliche Resonanzüberhöhung auf, während die Phase sich sprunghaft von 0° nach –180° dreht. Für reale Systeme mit einer Dämpfung D > 0 bleibt dagegen die Resonanzüberhöhung der Nachgiebigkeit endlich. Die Resonanzausprägung wird mit zunehmendem Dämpfungsmaß breitbandiger, während der Phasenübergang von 0° nach –180° flacher verläuft [3, 7].

Die Beschreibung der komplexen Struktur von Maschinen kann aufgrund der gegenseitigen Beeinflussung der einzelnen Bauteilresonanzen nicht mit der Theorie des Einmassenschwingers erfolgen [4], hierzu werden Modelle auf der Basis von Mehrmassenschwingern benötigt. Die Maschinenstruktur wird nicht wie ein Kontinuum behandelt, sondern durch eine Vielzahl von Massenpunkten approximiert, die durch Feder- und Dämpferelemente verbunden sind, Bild 9.4-06.

Die Bewegungsgleichung für Systeme mit geschwindigkeitsproportionaler Dämpfung lautet:

$$[M]\,\underline{\ddot{x}}(t) + [D]\,\underline{\dot{x}}(t) + [K]\,\underline{x}(t) = \underline{F}(t), \tag{12}$$

mit der Massenmatrix [M], der Dämpfungsmatrix [D] und der Steifigkeitsmatrix [K] des Gesamtsystems.

Experimentell läßt sich das dynamische Verhalten von Maschinen durch Ermittlung des Nachgiebigkeitsfrequenzganges darstellen. Mit Hilfe einer Erregerkraft $F(j\omega)$ wird unter Variation der Erregerkreisfrequenz ω die jeweilige dynamische Verlagerung $x(j\omega)$ bestimmt und als dynamische Nachgiebigkeit

$$G(j\omega) = \frac{x(j\omega)}{F(j\omega)} \tag{13}$$

in Abhängigkeit von der Erregerkreisfrequenz ω aufgetragen. Die in Bild 9.4-07 dargestellte Ortskurve wurde experimentell an einer Maschine ermittelt. Sie kann als eine Überlagerung von Ortskurven mehrerer Einmassenschwinger angesehen werden.

Um den Einfluß der dynamischen Störgrößen auf das Genauigkeitssystem von Maschinen zu minimieren, können die dynamischen Kenngrößen:
– Masse,
– Steifigkeit und
– Dämpfung

im Rahmen der konstruktiven Gestaltung der Maschinenstruktur modifiziert werden. Bild 9.4-08 zeigt den Einfluß der dynamischen Kennwerte auf die Nachgiebigkeit einer schwin-

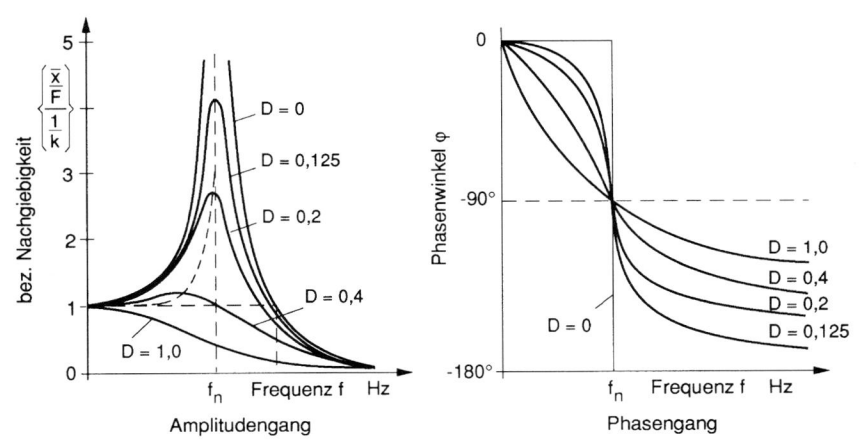

Bild 9.4-05 Abhängigkeit des Amplituden- und Phasenfrequenzgangs des Einmassenschwingers von der Systemdämpfung [7]

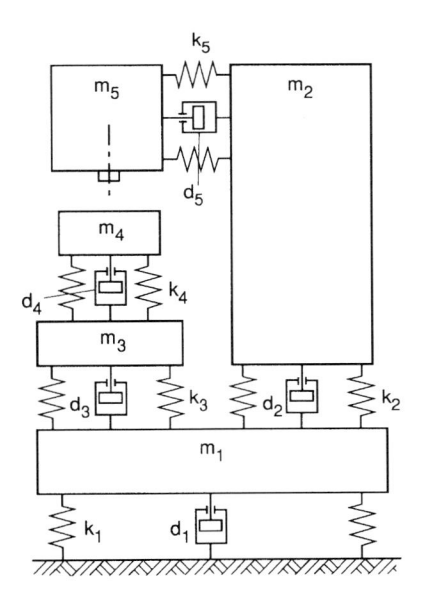

Bild 9.4-06 Modell eines Mehrmassenschwingers [2]

gungsfähigen Maschinenstruktur. Ziel der konstruktiven Beeinflussung dieser Kenngrößen ist die Reduzierung der dynamischen Verformung für die Frequenzbereiche, in denen eine Anregung vorliegt. Dynamische Optimierungsziele sind die Verschiebung der Eigenfrequenzen zu höheren Frequenzen durch Verringerung der Masse (a), die Erhöhung der statischen Steifigkeit des Maschinensystems (b) sowie die Erhöhung der Dämpfung (c). Bei der dynamischen Optimierung einer Struktur sind jedoch Auswirkungen auf andere Kenngrößen, die das statische, thermische und Verschleißverhalten der Maschinenstruktur bestimmen, zu berücksichtigen.

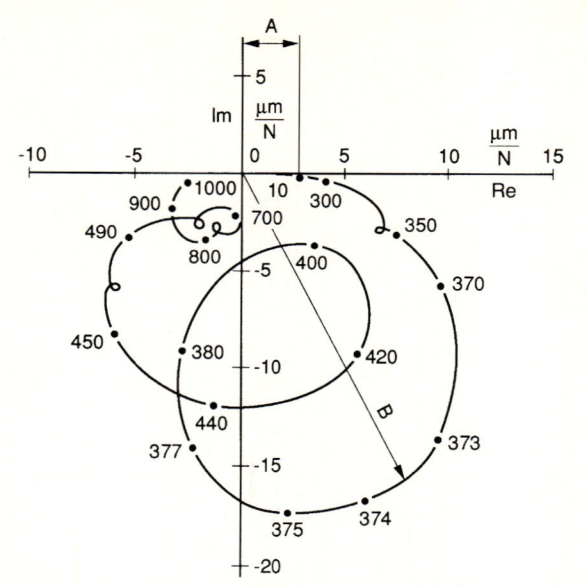

Bild 9.4-07 Experimentell ermittelte Ortskurve der Nachgiebigkeit einer Maschine

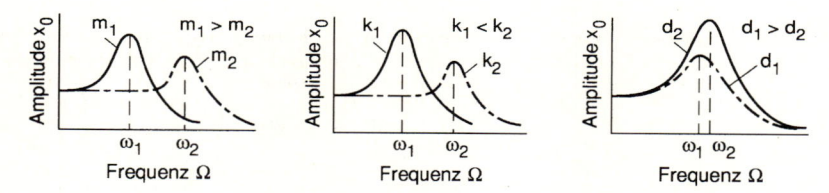

Bild 9.4-08 Einfluß der dynamischen Kennwerte Masse m, Steifigkeit k und Dämpfung d auf die Nachgiebigkeit dynamischer Systeme am Beispiel des Einmassenschwingers [1]

Das konstruktive Optimierungsziel, die Resonanzamplituden einer Maschinenstruktur zu verringern, kann durch die Verschiebung der Eigenfrequenzen in höhere Frequenzbereiche, über eine hohe Bauteilsteifigkeit, eine kleine Bauteilmasse nach Gleichung 14 sowie durch die Reduzierung der dynamischen Belastung durch Massen- und Bearbeitungskräfte erreicht werden.

$$\omega_r = \sqrt{\frac{k}{m}} \cdot \sqrt{1 - 2D^2} \tag{14}$$

Maßnahmen, fremderregte Schwingungen durch zeitlich veränderliche Massenkräfte zu reduzieren, werden mit dem Begriff Massenausgleich bezeichnet. Die Minimierung umlaufender Kräfte, die auf einer exzentrischen Anordnung des Massenschwerpunktes bezogen auf die Rotationsachse beruhen, wird Auswuchten genannt [5].

Rotationssymmetrische Bauteile von Maschinen besitzen nicht immer eine ideale rotationssymmetrische Massenverteilung. Die daraus resultierende Unwucht U ist definiert als das Produkt aus einer Punktmasse m und deren Abstand r von der Drehachse, Bild 9.4-09,

$$U = m \cdot r. \tag{15}$$

Auf eine Punktmasse m im Abstand r von der Drehachse und mit der Winkelgeschwindigkeit ω rotierenden Welle wirkt eine Fliehkraft der Größe

$$F = m \cdot r \cdot \omega^2. \tag{16}$$

Die Zeitabhängigkeit der mit der Winkelgeschwindigkeit ω umlaufenden Kraft ist durch die Richtungsänderung gegeben.

Scheibenförmige Rotoren werden in einer Ebene, d. h. statisch, ausgewuchtet. Bei trommelförmigen Rotoren treten die Unwuchten in Längsrichtung verteilt auf, sie werden mindestens in zwei Ebenen, d. h. dynamisch, ausgewuchtet [6]. Bei dem dynamischen Auswuchten wird zwischen starren und elastischen Rotoren unterschieden. Bei elastischen Rotoren ist das innere Biegemoment infolge der von den einzelnen Unwuchten erzeugten Fliehkräfte zu berücksichtigen, Bild 9.4-09.

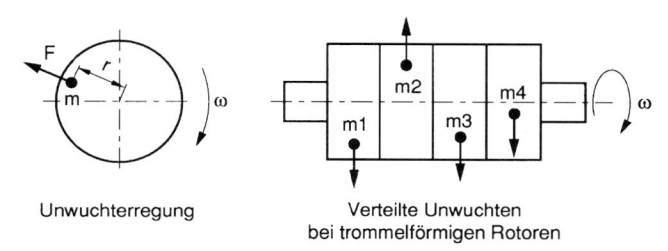

Bild 9.4-09 Unwucht einer rotierenden Welle

Massen	Baugruppe	Verfahren	Anwendungsbeispiele
verringern	Ventilator	Abschneiden, Abtrennen	Abtragen von Masse durch Beschneiden der Ventilatorflügel
	Kurbelwelle	Bohren	Einbringen von Bohrungen in die Gegengewichte der Kurbelwelle
	zylindrischer Gußkörper	Fräsen	Abfräsen der an der Stirnseite von zylindrischen Körpern zum Auswuchten bestimmten angegossenen Zapfen
	zylindrischer Körper	Abtrennen	Abtrennen von zum Auswuchten bestimmter Segmente an zylindrischen Körpern
zufügen	- Aluminiumfelge - Kardanwelle - Rotorflügel	Kleben	Ankleben von Auswuchtgewichten
	Rotor	Klemmen	Einklemmen von Blechstreifen in axiale Nuten
	Welle	Schrauben	Eindrehen von gesicherten Schraubbolzen unterschiedlicher Länge (Masse)

Bild 9.4-10 Beispiele für Möglichkeiten des Massenausgleichs an Rotoren

Die Kompensation der durch die Unwucht hervorgerufenen zeitabhängigen Anregung der Maschinenstruktur erfolgt über zusätzliche Gewichte oder durch Abtragen von Material, wobei die Festigkeit des Bauteils nicht beeinträchtigt werden darf. In Bild 9.4-10 sind Beispiele für mögliche Auswuchtverfahren an Rotoren aufgeführt.

Neben dem Auswuchten von Baugruppen zur Reduzierung umlaufender Massenkräfte ist die Reduzierung der Bauteilmassen zur Verminderung der Massenkräfte und zur Erhöhung der Eigenfrequenzen erforderlich (Gleichung 14). Ansatzpunkte bei der konstruktiven Gestaltung bieten hier die Geometrie des Bauteils, der Bauteilwerkstoff sowie eine angepaßte Dimensionierung von Baugruppen.

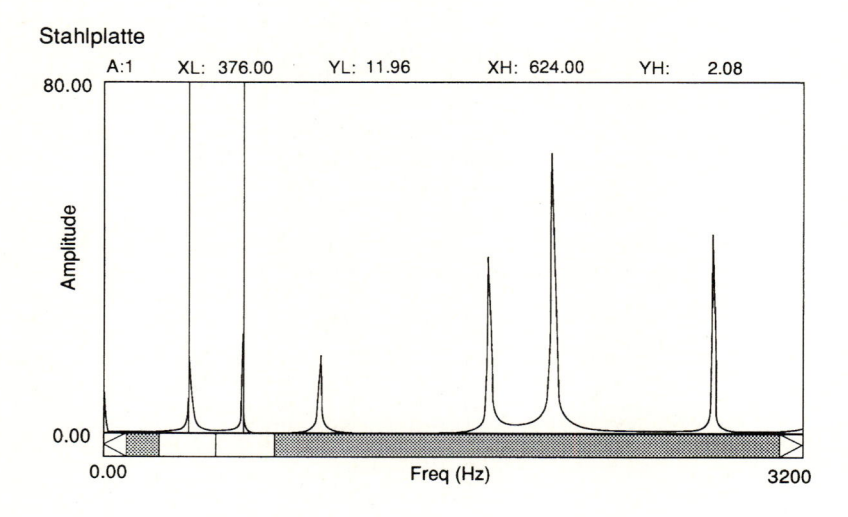

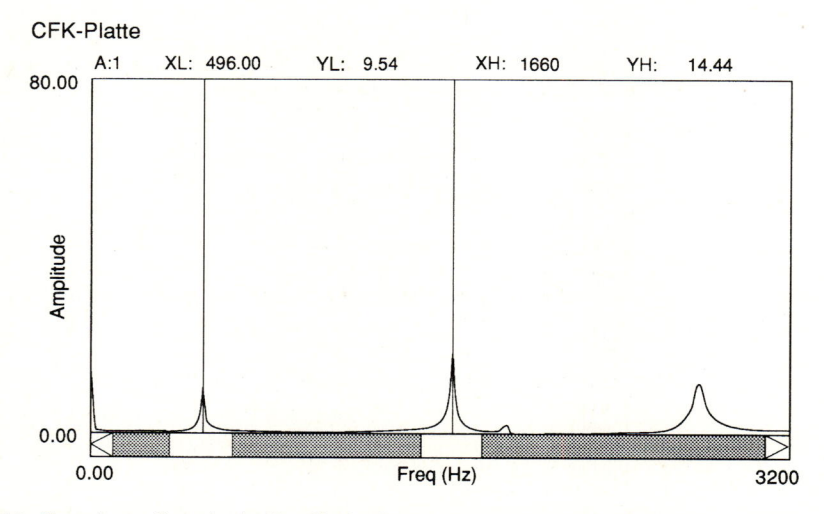

Bild 9.4-11 Experimentell ermittelte Amplitudenfrequenzgänge der Nachgiebigkeit einer CFK- und einer Stahlplatte

Die Erhöhung der statischen Steifigkeit k eines Bauteils oder einer Baugruppe kann durch
- eine geeignete Geometrie,
- Versteifungen und Verrippungen,
- Vorspannungsänderung von Lagerungen und Baugruppen sowie
- durch die Wahl des eingesetzten Werkstoffs

realisiert werden. Bild 9.4-11 zeigt die experimentell ermittelten Amplitudenfrequenzgänge der Nachgiebigkeit einer Platte mit einer Lagerbohrung von 60 mm Durchmesser im Zentrum der Platte. Die Nachgiebigkeitsfrequenzgänge wurden an einer Platte aus Stahl (Bild oben) und einer baugleichen Platte aus CFK (Bild unten) ermittelt. Die 25 mm starke CFK-Platte besitzt vergleichbare mechanische Eigenschaften, wie die 10 mm starke Stahlplatte. Der Amplitudengang der CFK-Platte weist in dem dargestellten Frequenzbereich weniger Eigenfrequenzen auf. Sie liegen oberhalb der entsprechenden Eigenfrequenzen der Stahlplatte, die Amplitudenwerte liegen unterhalb der an der Stahlplatte ermittelten Amplitudenwerte. Die Masse der CFK-Konstruktion beträgt 51 % der Masse der Stahlkonstruktion, das Bauteilvolumen liegt um den Faktor 2,5 über dem der Stahlplatte. Bild 9.4-12 stellt die experimentell bestimmten ersten Eigenfrequenzen und die dazugehörigen Dämpfungswerte gegenüber. Die ersten zwei Eigenfrequenzen der CFK-Platte liegen wie beim Dämpfungsmaß über denen der Stahlvariante.

	Platte 1	Platte 2
Maße a×b×c [mm]	300×300×10	300×300×25
Werkstoff	St37	CFK-HT (0°-90°)
Gewicht [kg]	6,565	3,319
Bauteilvolumen [cm^3]	9·10^5	22,5·10^5
1. Eigenfrequenz [Hz]	378	496
Dämpfung [%]	0,08	0,9
2. Eigenfrequenz [Hz]	615	1660
Dämpfung [%]	0,05	0,4

Bild 9.4-12 Dynamische Kennwerte einer CFK- und Stahlplatte

Die Steifigkeit eines Welle-Lager-Systems an der Belastungsstelle wird durch die Biegesteifigkeit der Welle und der Lagersteifigkeit des auf der Belastungsseite liegenden Lagers bestimmt [7]. Die Steifigkeit des Gesamtsystems kann über die Biegesteifigkeit der Welle und das die Lagersteifigkeit bestimmende radiale Lagerspiel eingestellt werden, Bild 9.4-13. Mit der Erhöhung der Lagersteifigkeit durch die Reduzierung des radialen Lagerspiels wird gleichzeitig das dynamische Verhalten hinsichtlich der Systemdämpfung und der Resonanzamplitude ungünstiger [8]. Die erhöhte Lagerreibung führt zu höheren Lagertemperaturen, die thermisch bedingte Verlagerungen verursachen.

Das konstruktive Optimierungsziel, die Veringerung der Schwingungsamplituden durch die Erhöhung der Systemdämpfung D einer Maschine, wirkt sich durch die Verschiebung der

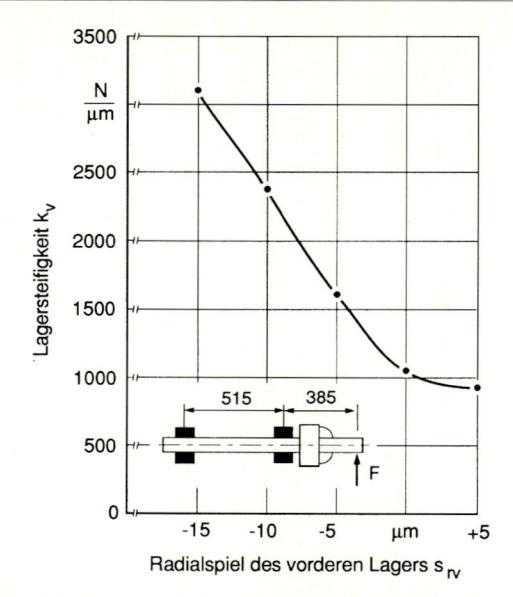

Bild 9.4-13 Abhängigkeit der Lagersteifigkeit vom radialen Lagerspiel [1]

Resonanzmaxima auch auf die Eigenfrequenzen aus, Bild 9.4-05. Jede Eigenfrequenz einer Maschine besitzt ein eigenes Dämpfungsmaß, wobei die ersten Eigenfrequenzen eines schwingungsfähigen Systems dominieren. Maschinen sind meist aus mehreren Bauteilen zusammengefügt, das Dämpfungsverhalten wird im wesentlichen durch die Fugendämpfung zwischen einzelnen Bauteilen oder Baugruppen sowie den eingesetzten Bauteilwerkstoffen bestimmt. Treten bei Maschinen Schwingungsprobleme auf, sind konstruktive Änderungen zur Erhöhung der dynamischen Steifigkeit sehr aufwendig. Einfachere und wirkungsvolle Maßnahmen bilden hier zusätzliche Hilfsmassedämpfer.

Der Einsatz von Werkstoffen mit einer hohen inneren Dämpfung bietet Möglichkeiten zur Erhöhung der Systemdämpfung. Schweißkonstruktionen besitzen gegenüber Gußkonstruktionen ein besseres Dämpfungsverhalten aufgrund der Fugendämpfung [9]. Bild 9.4-14 zeigt das Schwingungsverhalten und den experimentell ermittelten Nachgiebigkeitsfrequenzgang von zwei Nirostablechen, die über Schweißpunkte miteinander verbunden sind. Deutlich zeigen sich für gegenüberliegende Strukturpunkte auf den Blechen entgegengesetzt gerichtete Nachgiebigkeiten, die sich durch das Aufklaffen der Schweißverbindung darstellen (Bild mitte). Durch den zusätzlich in den Blechspalt eingebrachten Metallkleber kann das Schwingungsverhalten optimiert werden, Bildteil unten.

Bei Gußgestellen kann der Kernsand im Maschinengestell verbleiben. Auch kann das Maschinengestell nachträglich mit Polymerbeton ausgegossen werden. Die hohe Dämpfung des Polymerbetons führt über einen weiten Frequenzbereich zu einer Unterdrückung der Amplituden der Eigenfrequenzen. Der Einsatz von Polymerbeton als Gestellwerkstoff führt zu Maschinengestellen, die eine hohe Systemdämpfung besitzen. Die belastungsgerechte Auslegung erfordet eine Armierung des Gestells sowie einen Oberflächenschutz des Polymerbetons gegenüber Flüssigkeiten und agressiven Medien.

Weitere Möglichkeiten, fremderregte Schwingungen zu reduzieren, bestehen im Einsatz von Schwingungstilgern sowie aktiven und passiven Dämpfern.

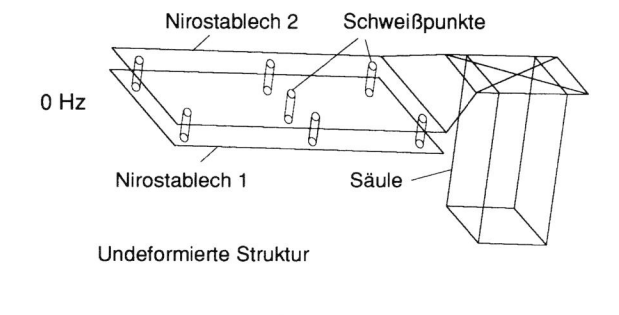

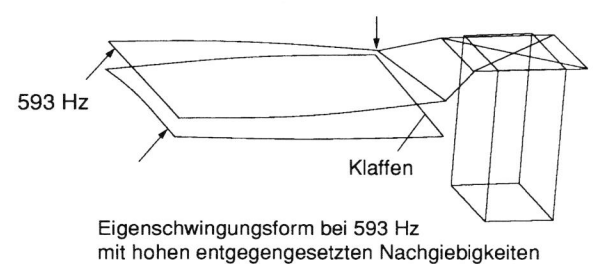

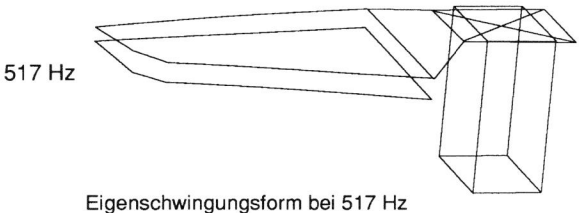

Bild 9.4-14 Verschweißte Nirostableche mit und ohne Kleber im Blechspalt

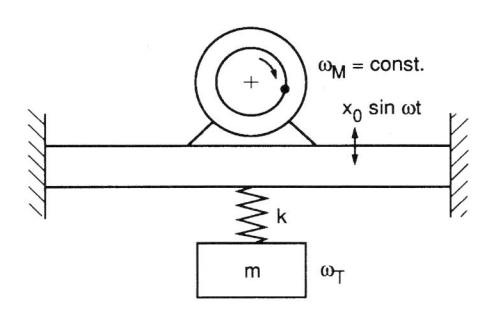

ω_M = Eigenkreisfrequenz des Motors
ω_T = Eigenkreisfrequenz des Feder-Masse-Systems

Bild 9.4-15 Prinzip des Schwingungstilgers

Beim Schwingungstilger werden die Hilfsmasse m und die Federsteifigkeit k auf die durch die Unwucht hervorgerufene Störfrequenz abgestimmt, Bild 9.4-15. Der Nachteil dieses Tilgers liegt darin, daß er nur für eine bestimmte Frequenz wirksam ist und somit nur bei Antrieben einsetzbar ist, die mit einer konstanten Drehzahl laufen.

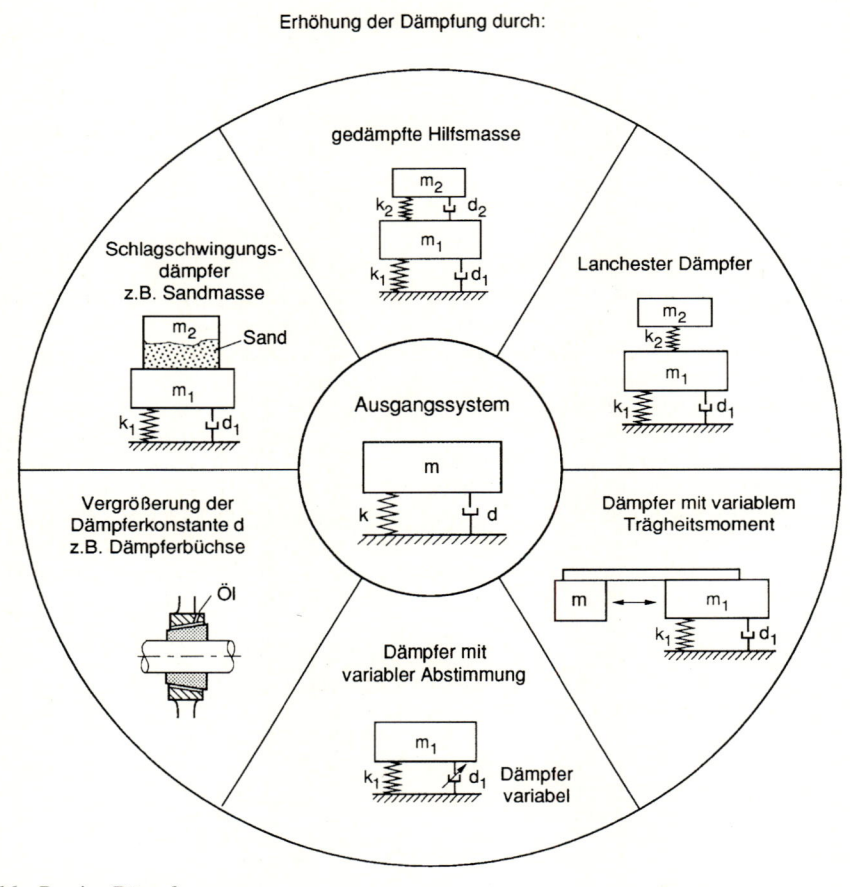

Bild 9.4-16 Passive Dämpfersysteme

Einfache passive Dämpfer können als Scheuerleisten oder gezielt angeordnete Reibflächen bei Schweißkonstruktionen ausgeführt werden. Bessere Wirkungen können aber mit den in Bild 9.4-16 aufgeführten gedämpften Hilfsmassesystemen erzielt werden [10].

– Die Dämpferbüchse arbeitet nach dem Prinzip der Verdrängung eines Ölfilms. Sie wird beispielsweise an Spindeln verwendet.
– Bei dem gedämpften Hilfsmassesystem ist die Zusatzmasse mit einer Feder und einem Dämpfer mit der Maschinenmasse gekoppelt. Die gegenseitige Beeinflussung der Teilsysteme ergibt das gesamte dynamische Verhalten.

- Bei der Lanchester-Dämpfung wirkt die Trägheitskraft der Zusatzmasse als Dämpfungskraft auf das Maschinenelement. Die Kopplung erfolgt über eine viskose oder trockene Reibung.
- Bei dem Schlagschwingungsdämpfer findet durch die freibewegliche Masse eine Energieumwandlung durch Stoßvorgänge statt.
- Bei dem Dämpfer mit variabler Abstimmung wird das veränderliche Dämpfungsverhalten durch eine unterschiedliche Vorspannung der Gummielemente hervorgerufen.
- Bei dem Dämpfer mit veränderlichen Trägheitsmoment wird das abstimmbare Dämpfungsverhalten durch eine auf der Pendelachse verschiebbar angebrachte Masse erzeugt.

Die Wirkung dieser passiven Dämpfungssysteme beruht auf der Wahl geeigneter Koppelungsgrößen wie Massenverhältnis, Abstimmung und Dämpfung. Einfache Systeme bestehen aus einer Zusatzmasse, die über hochpolymere Kunststoffelemente an einer geeigneten Stelle mit der Maschine verbunden sind. Durch die Dämpfungseigenschaften der bekannten Dämpfungselemente und Werkstoffe ist das Dämpfungsvermögen jedoch begrenzt. Passive Dämpfungssysteme können nur auf eine bestimmte Frequenz oder auf einen bestimmtem Frequenzbereich abgestimmt werden.

Im Gegensatz dazu läßt sich bei den aktiven Dämpfern die Dämpfung durch Zufuhr von Fremdenergie in einem weiten Frequenzbereich erheblich steigern. In Bild 9.4-17 ist das Blockschaltbild eines aktiven Dämpfers dargestellt. Die Dämpfungswirkung beruht hier auf die Rückführung einer geschwindigkeitsproportionalen Kraft. Die Schwinggeschwindigkeit des Schwingungssystems wird mittels eines Geschwindigkeitsaufnehmers gemessen. Das Signal wirkt auf einen Wechselkrafterreger, der eine geschwindigkeitsproportionale Kraft erzeugt, die sich auf das Schwingungssystem als zusätzliche Dämpfung auswirkt. Neben der dämpfenden Wirkung ist die sich durch die Rückführung einstellende Selbstabstimmung des Dämpfers für den Einsatz an Maschinen von entscheidender Bedeutung. Bei Maschinen mit eng benachbarten Eigenfrequenzen, bei denen eine hohe modale Kopplung vorliegt, oder bei wechselnden Schwingungsrichtungen ergeben sich Probleme beim Einsatz von aktiven Dämpfern.

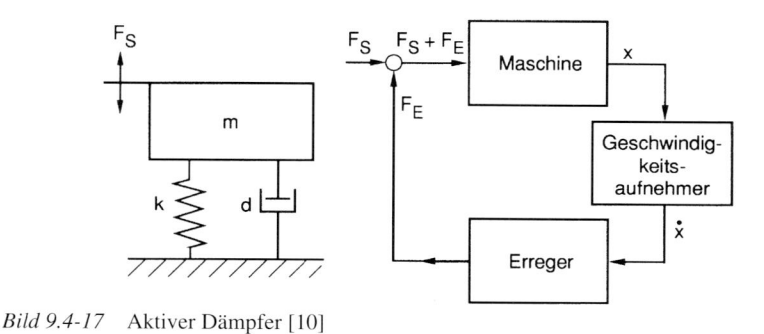

Bild 9.4-17 Aktiver Dämpfer [10]

Neben den aufgeführten Punkten zur Reduzierung der dynamischen Verformungen von Maschinen ist die Art, wie das Maschinengestell mit dem Fundament verbunden ist, entscheidend für die Gesamtsteifigkeit [11]. Insbesondere bei nicht eigensteifen Maschinengestellen werden die statischen und dynamischen Eigenschaften durch die Aufstellungselemente und das Fundament beeinflußt. Neben der Passivisolierung durch Gummi- und Federelemente oder die Untergießung des Zwischenraumes zwischen Maschinengestell und Fundament können auch aktive Systeme eingesetzt werden.

DIN 1311 Teil 1:	Schwingungslehre: kinematische Begriffe.
DIN 1311 Teil 2:	Schwingungslehre: einfache Schwinger.
DIN 1311 Teil 3:	Schwingungslehre; Schwingungssysteme mit endlich vielen Freiheitsgraden.
DIN 1311 Teil 4:	Schwingungslehre, schwingende Kontinua, Wellen, Vibration.
DIN 5488:	Zeitabhängige Größen, Benennung der Zeitabhängigkeit.
DIN 19226:	Regelungstechnik und Steuerungstechnik, Begriffe und Benennugen.
DIN 19229:	Übertragungsverhalten dynamischer Systeme, Begriffe.
DIN 50100:	Dauerschwingungsversuche.
DIN 45661:	Schwingungsmeßgeräte, Begriffe, Kenngrößen, Störgrößen.
DIN 45662:	Eigenschaften von Schwingungsmeßgeräten, Angaben in Typenblättern.
DIN 45664:	Ankopplung von Schwingungsmeßgeräten und Überprüfung auf Störeinflüsse.
DIN 45666:	Schwingungsstärkemeßgerät; Anforderungen.
DIN 45668:	Ankopplung für Schwingungsaufnehmer zur Überwachung von Großmaschinen.
DIN 45669 Teil 1:	Messung von Schwingungsimmisionen; Anforderungen an Schwingungsmesser.
DIN 45669 Teil 2:	Messung von Schwingungsimmisionen; Meßverfahren.
ISO 2372:	Mechanical Vibration of machines with operating speeds from 10 to 200 rev/s. Basis for specifying evaluation standards.
ISO / DIN 2373:	Mechanische Schwingungen von umlaufenden elektrischen Maschinen mit Achshöhen von 80 bis 400 mm.
ISO 2945:	Mechanical vibration of rotating and reciprocating machinery-requirements for instruments for measuring vibration severity (1975).
ISO 3945:	Mechanical vibration of large rotating machines with speed range from 10 to 200 rev/s - Measurement and evaluation of vibration severity in situ. (1977).
ISO / DIN 3945:	Mechanische Schwingungen großer rotierender Maschinen mit Drehzahlen zwischen 10 1/s und 200 1/s Messung und Beurteilung der Schwingstärke am Aufstellungsort.
ISO 7919/1	Mechanical vibration of non-reciprocating machines-measurements on rotating shafts and evaluation - Part 1 Guide lines (1986).
DIN 45670:	Wellenschwingungs-Meßeinrichtung; Anforderungen an eine Meßeinrichtung zur Überwachung der relativen Wellenschwingung.
VDI 2056:	Beurteilungsmaßstäbe für mechanische Schwingungen von Maschinen.
VDI 2059 Blatt 1:	Wellenschwigungen von Turbosätzen; Grundlagen für die Messung und Beurteilung.
VDI 2059 Blatt 2:	Wellenschwigungen von Dampfturbosätzen; Messung und Beurteilung.
VDI 2059 Blatt 3:	Wellenschwigungen von Industrieturbosätzen; Messung und Beurteilung.
VDI 2059 Blatt 4:	Wellenschwigungen von Gasturbosätzen; Messung und Beurteilung.
VDI 2059 Blatt 5:	Wellenschwigungen von Wasserkraftmaschinensätzen; Messung und Beurteilung.
IEC 34-14:	Rotating electrical machines Part. 14: Mechanical vibration of certain machines with shaft heigths 56 mm an higher - Measurement, evaluation and limits of the vibration severity.
IEC 184:	Methods for specifying the characteristics of electromechanical transducers for shock and vibration measurements (1965) .
IEC 222:	Methods for specifying the characteristics of auxiliary equipment for shock and vibration measurement (1966).
ISO 1925:	Balancing - Vocabulary.

Bild 9.4-18 Weitere Literatur (Teil 1)

ISO 1940/1:	Mechanical vibration - Balance quality requirements of rigid rotors Part 1: Determination of permissible residual unbalance.
ISO 2041:	Vibration and shock - Vocabulary.
ISO 2371:	Field balancing equipment - Description and evaluation.
ISO 2953:	Balancing machines, Description and evaluation.
ISO 5343:	Criteria for evaluating flexible rotor balnce (10.83).
ISO 5406:	The mechanical balancing of flexible rotors.
VDI 2060:	Beurteilungsmaßstäbe für den Auswuchtzustand rotierender starrer Körper.
VDI 2062:	Schwingungsisolierung. Bl. 1 Begriffe und Methoden. Bl. 2 Isolierelemente.
DIN 4024:	Maschinenfundamente. Bl 1 Elastische Stützkonstruktionen für Maschinen mit rotierenden Massen.
DIN 45671 Teil 1:	Messung von Schwingungen am Arbeitsplatz; Schwingungsmesser, Anforderungen und Prüfung.
DIN 45675 Teil 1:	Beurteilung der Einwirkung mechanischer Schwingungen auf den Menschen; Messung und Bewertung der Schwingungseinwirkung über das Hand-Arm-System.
DIN 45675 Teil 2:	Beurteilung der Einwirkung mechanischer Schwingungen auf den Menschen; Messung und Bewertung der Schwingungseinwirkung über das Hand-Arm-System; Handschienenkettensägemaschinen.
DIN 45675 Teil 3:	Beurteilung der Einwirkung mechanischer Schwingungen auf den Menschen; Messung und Bewertung der Schwingungseinwirkung über das Hand-Arm-System; Freischneidegeräte mit Verbrennungsmotor.
DIN 45675 Teil 4:	Beurteilung der Einwirkung mechanischer Schwingungen auf den Menschen; Messung und Bewertung der Schwingungseinwirkung über das Hand-Arm-System; Bohrhammer.
VDI 2057 Blatt 1:	Einwirkung mechanischer Schwingungen auf den Menschen; Grundlagen, Gliederung, Begriffe.
VDI 2057 Blatt 2:	Einwirkung mechanischer Schwingungen auf den Menschen; Bewertung.
VDI 2057 Blatt 3:	Einwirkung mechanischer Schwingungen auf den Menschen; Beurteilung.
VDI 2057 Blatt 4.1:	Beurteilung der Einwirkung mechanischer Schwingungen auf den Menschen; Messung und Bewertung für Arbeitsplätze in Gebäuden.
VDI 2057 Blatt 4.2:	Beurteilung der Einwirkung mechanischer Schwingungen auf den Menschen; Messung und Bewertung für Landfahrzeuge, einschließlich fahrbarer Arbeitsmaschinen und Transportmittel bei nicht festgelegten Betriebsbedingungen.
VDI 2057 Blatt 4.3:	Beurteilung der Einwirkung mechanischer Schwingungen auf den Menschen; Messung und Bewertung für Wasserfahrzeuge.
VDI 3831:	Schutzmaßnahmen gegen die Einwirkung mechanischer Schwingungen auf den Menschen.

Bild 9.4-18 Weitere Literatur (Teil 2)

9.5 Thermische Verformungen

Das thermische Verhalten von Maschinen beschreibt die Auswirkungen der Temperatur und ihrer zeitlichen und örtlichen Variation sowohl unmittelbar auf die Geometrie von Bauteilen als auch mittelbar auf ihre relative Lagezuordnung. Thermoelastische Verformungen verändern die Gestalt von Bauteilen und Baugruppen, so daß Fehler im Genauigkeitssystem entstehen.

Thermische Wirkungskette
Um das thermische Verhalten einer Maschine beschreiben zu können, wird sie als thermisches System definiert. Die innere Struktur dieses Systems wird durch die in Bild 9.5-01 dargestellte thermische Wirkungskette beschrieben, die den Wirkzusammenhang zwischen

eingespeister Energie und der thermisch bedingten Beeinflussung der Genauigkeit der Lagezuordnung von Bauteilen aufzeigt.

Die Wirkungskette läßt sich auf vier Transformationen zurückführen. In der ersten Transformation wird von der Maschine aufgenommene Energie in Wärmeenergie umgewandelt, zusätzlich kann Wärmeenergie aus der Umgebung aufgenommen oder an sie abgegeben werden.

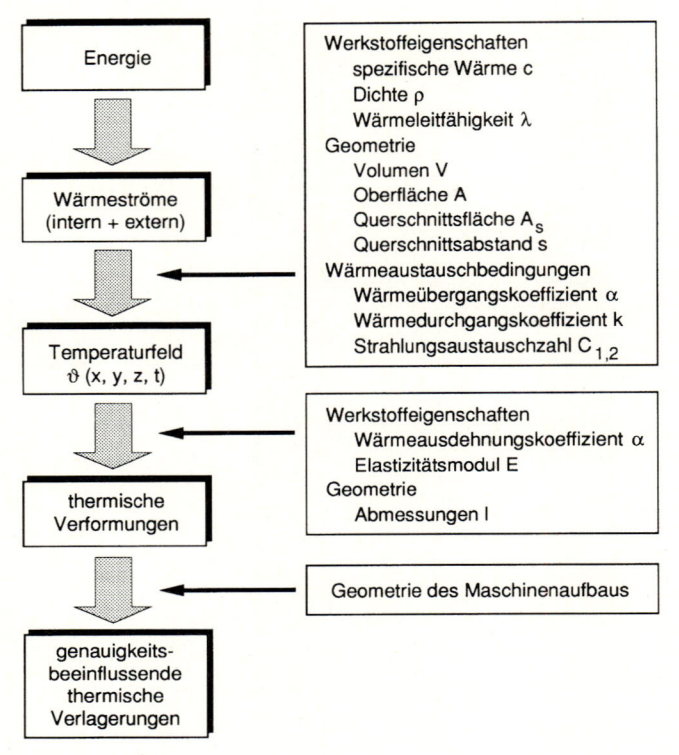

```
Energie
  ↓
Wärmeströme        ← Werkstoffeigenschaften
(intern + extern)       spezifische Wärme c
  ↓                     Dichte ρ
                        Wärmeleitfähigkeit λ
                     Geometrie
                        Volumen V
                        Oberfläche A
                        Querschnittsfläche A_s
                        Querschnittsabstand s
                     Wärmeaustauschbedingungen
                        Wärmeübergangskoeffizient α
                        Wärmedurchgangskoeffizient k
                        Strahlungsaustauschzahl C_{1,2}
Temperaturfeld
ϑ (x, y, z, t)
  ↓              ← Werkstoffeigenschaften
                        Wärmeausdehnungskoeffizient α
                        Elastizitätsmodul E
                     Geometrie
                        Abmessungen l
thermische
Verformungen
  ↓              ← Geometrie des Maschinenaufbaus
genauigkeits-
beeinflussende
thermische
Verlagerungen
```

Bild 9.5-01 Thermische Wirkungskette

In der zweiten Transformation führen die Wärmeströme in den Bauteilen zu einem Temperaturfeld, das im allgemeinen Fall eine Funktion des Ortes und der Zeit ist. Die Ausbildung dieses Feldes ist abhängig von den Werkstoffeigenschaften und der Geometrie der Bauteile, sowie den Wärmeaustauschbedingungen der Bauteile untereinander und mit der Umgebung. In kartesischen Koordinaten kann das instationäre Temperaturfeld durch $\vartheta = f(x, y, z, t)$ beschrieben werden. Werden im Raum alle Punkte gleicher Temperatur verbunden, so entstehen Isothermenflächen. Bild 9.5-02 zeigt Isothermenlinien an der Oberfläche eines Drehmeißels während der Bearbeitung [16].

In der dritten Transformation werden die Bauteile in Abhängigkeit von stofflichen und geometrischen Eigenschaften thermisch verformt. In der vierten Transformation führen diese Verformungen im Zusammenwirken mit der Geometrie des gesamten Maschinenaufbaus zu thermischen Verlagerungen, die genauigkeits- oder funktionsbeeinträchtigend wirken können.

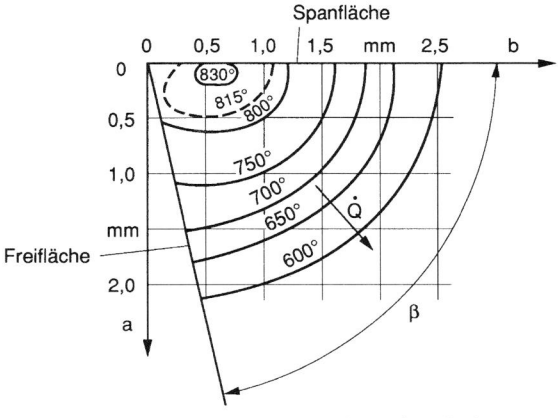

Bild 9.5-02 Beispiel eines Isothermenbildes: Isothermen an einem Drehmeißel während der Bearbeitung [16]

- a : Abstand senkrecht zur Spanfläche
- b : Abstand auf der Spanfläche
- $\dot{Q}$: Wärmestrom
- β : Keilwinkel der Schneide

Die thermischen Störeinflüsse, die die in der ersten Transformation entstehenden Wärmeströme bewirken, werden nach Bild 9.5-03 in interne und externe Einflüsse unterschieden.

Innerhalb einer Maschine entsteht Wärme durch Leistungsverluste bei der Umwandlung von thermischer oder elektrischer Energie in mechanische und umgekehrt. Aber auch Verluste durch Reibarbeit in Lagern und Führungen, Getrieben und Kupplungen führen zu Wärmeströmen. Arbeitsmaschinen besitzen als weitere bedeutende Wärmequelle den Arbeitsprozeß, dessen zugeführte Energie in Wärme umgesetzt wird. In Kolben- und Strömungsmaschinen führt der Arbeitsprozeß zu lokalen Druck- und Temperaturspitzen an einzelnen Bauteilen. Für Werkzeugmaschinen der spanenden Bearbeitung ist der Zerspanprozeß die stärkste interne Wärmequelle. Hier werden bis zu zwei Drittel der von der Maschine aufgenommenen Energie in Wärme umgesetzt.

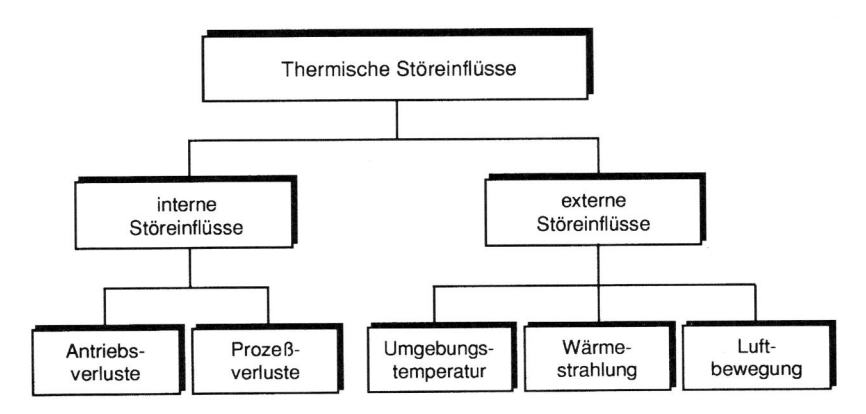

Bild 9.5-03 Interne und externe thermische Störeinflüsse

Externe thermische Störeinflüsse bewirken Wärmeströme aus der Umgebung in die Maschine beziehungsweise umgekehrt, so daß der thermische Zustand der Maschine dadurch beeinflußt wird, was bei Maschinen mit geringer interner Wärmegenerierung wie Koordinatenmeßmaschinen von Bedeutung ist.

Die intern und extern bedingten Wärmeströme fließen immer von Orten höherer Temperaturen zu Orten niedrigerer Temperaturen. In isotropen Materialien verlaufen die dabei erzeugten Wärmestromlinien senkrecht zu den Isothermenflächen. Den in Richtung der kürzesten Verbindung zweier Isothermenflächen liegenden Vektor, dessen absoluter Betrag gleich dem Wert der Temperaturänderung pro Längeneinheit ist, bezeichnet man als Temperaturgradienten.

Es gibt drei Mechanismen, die diese Wärmeströme, das heißt die Wärmeübertragung zwischen zwei Orten, ermöglichen: Wärmeleitung, Wärmestrahlung und Konvektion. Im realen Fall sind alle drei Mechanismen unterschiedlich stark an der Wärmeübertragung beteiligt.

Bei der Wärmeleitung geht die Wärmeenergie von wärmeren zu kälteren Stellen eines Körpers über, während die Moleküle des Körpers ihre gegenseitige Lage beibehalten. Es erfolgt kein Materietransport, sondern nur ein Energietransport. Die Moleküle oder Atome des wärmeren Körperteiles regen Nachbarteilchen durch die Stoßwirkung ihrer stärkeren Molekularbewegung an.

Für einen Wärmestrom mit dem Querschnitt A in Richtung n gilt bei Wärmeleitung das Gesetz von Fourier:

$$\dot{Q} = -\lambda \cdot A \cdot \frac{d\vartheta}{dn}. \tag{01}$$

Der Wärmeleitkoeffizient λ kennzeichnet die Wärmeleitfähigkeit eines Körpers und ist eine Materialkonstante. In Werkstoffnormen werden thermische Werkstoffkoeffizienten nur vereinzelt berücksichtigt, wie beispielsweise in DIN 17240, die warmfeste Werkstoffe für Schrauben und Muttern definiert, und in DIN 17445 für Stahlguß. Der Wärmeleitkoeffizient wurde für die technisch am häufigsten eingesetzten Werkstoffe experimentell ermittelt [2, 8]. In Bild 9.5-04 sind einige Werte beispielhaft zusammengestellt. Insbesondere bei Legierungswerkstoffen zeigen sich große Streuungen. Die Werkstoffzusammensetzung hat einen sehr starken Einfluß auf die thermischen Werkstoffkennwerte. Für gefüllte oder verstärkte Kunststoffe können die Materialwerte durch die Art und bei Fasern durch die Orientierung des Füllstoffes in weiten Bereichen eingestellt werden.

Konvektion ist der Wärmeaustausch innerhalb eines Fluides und ist immer mit Materietransport verbunden. Die Moleküle des Fluides bewegen sich im Raum, wobei sie ihre Wärmeenergie mit sich führen. Der Wärmetransport erfolgt in flüssigen und gasförmigen Medien überwiegend in dieser Weise. Bei freier Konvektion entstehen im Medium aufgrund unterschiedlicher Temperaturen Dichteunterschiede, die Strömungen bewirken. Ist die Strömung dagegen von außen verursacht, so daß die örtlichen Unterschiede der Dichte des Fluides sich nicht auswirken können, handelt es sich um erzwungene Konvektion.

Wärmeumsetzung zwischen der Oberfläche eines festen Körpers und einem relativ zu ihr bewegten strömenden Medium wird Wärmeübergang genannt [2]. Für den hierbei auftretenden Wärmestrom des Querschnittes A gilt nach Newton:

$$\dot{Q} = \alpha_K \cdot A \cdot (\vartheta_{Wand} - \vartheta_{Fluid}). \tag{02}$$

Der Wärmeübergangskoeffizient α_K läßt sich aus einer dimensionslosen Kenngröße der Strömungsmechanik, der Nusselt-Zahl, bestimmen. Er hängt unter anderem ab von der Strömungsart, laminar oder turbulent, der Anströmrichtung, den beteiligten Medien, der geometrischen Anordnung und der Oberfläche des wärmeabgebenden Körpers. Ansätze für die Beschreibung des Wärmeübergangs durch Konvektion liegen nur für einfache Geometrien

Werkstoff	λ [W/mK]	Werkstoff	λ [W/mK]
Metalle:		Anorganisch-nichtmetallische Werkstoffe:	
Kupfer	395	Diamant	140
Gold	312	Graphit	10-150
Aluminium	231	Al-Oxid (Al_2O_3)	25-35
Al-Legierungen	121-237	Titancarbid	21
Messing	55-160	Siliciumnitrid	10-25
Zink	113	Marmor	2,6-3,0
Nickel	90	Kalkstein	2,3
Chrom	90	Quarzglas	1,4
Platin	70	Porzellan	0,8-1,4
Stahl, ferritisch	30-60	Glas	0,7-1,1
Gußeisen	30-60	Reaktionsharzbeton	1,5
Blei	35	Luft	0,026
Nickellegierungen	10-90		
Titan	22	Kunststoffe:	
Stahl, austhenitisch	13-17	Polystyrol	0,16
Titanlegierungen	7-20	Polyvinylchlorid	0,16
		PMMA	0,18
		Polycarbonat	0,21
		Polyesterharze	0,6
		Polyamid	0,25
		Polyethylen	0,3-04
		GfK	0,6

Bild 9.5-04 Wärmeleitkoeffizienten λ von Werkstoffen bei 20 °C [5, 8, 11, 17]

vor. Vielfach muß durch rotatorisch oder translatorisch bewegte Funktionselemente von erzwungener Konvektion an einigen Oberflächenbereichen, deren Ausdehnung nicht genau bestimmt werden kann, ausgegangen werden. Schon für relativ einfache Geometrien kann der Wärmeübergangskoeffizient nur mit hohem Aufwand analytisch bestimmt werden [14]. Eine Berechnung des Wärmeübergangskoeffizienten ist für komplexe Bauteile nicht möglich, da nicht alle Randbedingungen genau bestimmt werden können.

Bei Wärmestrahlung findet die Übertragung von Wärme zwischen verschiedenen Körpern ohne das Vorhandensein von Materie statt. Diese Art der Wärmeübertragung kann daher auch im Vakuum stattfinden. Die Energieabgabe erfolgt in Form von elektromagnetischen Wellen. Die Intensität der abgegebenen Strahlung nimmt mit der vierten Potenz der absoluten Oberflächentemperatur zu. Bei zwei gegenüberliegenden Oberflächen gleicher Fläche A beträgt der von der wärmeren zur kälteren Fläche fließende Wärmestrom der Strahlung:

$$\dot{Q} = C_{1,2} \cdot \left[\left(\frac{\vartheta_1}{100} \right)^4 - \left(\frac{\vartheta_2}{100} \right)^4 \right]. \tag{03}$$

$C_{1,2}$ ist die Strahlungsaustauschkonstante, die sich aus der Strahlungskonstanten des Schwarzen Körpers und den von Material und Oberflächenbeschaffenheit abhängigen Emissionskoeffizienten der Wände bestimmt.

Der Wärmetransport in angrenzende Festkörper über Fügestellen ist eine Überlagerung aller drei Transportmechanismen. Der Wärmestrom über eine Fuge erreicht nicht die Größenordnung des Wärmestroms, der durch Wärmeleitung in den in Kontakt stehenden Materialien möglich ist. Er wird von der mikroskopischen und makroskopischen Oberflächengestalt der

Fügepartner, ihrer Härte, der Flächenpressung in der Fuge und dem Zwischenmedium bestimmt. Für den Wärmestrom durch eine Fügestelle sind nicht nur Wärmeleitung sondern auch Anteile von Wärmestrahlung und Konvektion von Bedeutung. Die physikalischen Mechanismen sind zwar bekannt, es fehlen jedoch für technische Beschreibungen verwendbare Ansätze, um bei gegebener Fugengeometrie und Fügepartnern Voraussagen bezüglich des Wärmeübergangs über diese Fuge machen zu können.

Die einem Körper durch die beschriebenen Wärmetransportmechanismen zu- oder abgeführte Wärme führt unter Berücksichtigung der in ihm gespeicherten Wärmemenge zu einer Temperaturänderung des Körpers. Wird der Körper als ideales thermisches System angenommen, das heißt im Körper treten keine Temperaturgradienten auf, so kann unter der Voraussetzung der Konstanz von zugeführtem Wärmestrom, Wärmekapazität C, Wärmeübergangswiderstand R vom System an die Umwelt und Umgebungstemperatur ϑ_R die Energiebilanz für jedes Volumenelement des Körpers erstellt werden. Die Temperatur des Körpers nähert sich ausgehend von einer Anfangstemperatur ϑ_0 in beiden Fällen exponentiell einer Beharrungstemperatur ϑ_B bei Erwärmung beziehungsweise der Raumtemperatur ϑ_R bei Abkühlung, wie Bild 9.5-05 zeigt.

$$\vartheta_E = \vartheta_B - (\vartheta_B - \vartheta_0) \cdot e^{-\frac{t}{RC}}$$

$$\Delta\vartheta_E = \Delta\vartheta_B \left(1 - e^{-\frac{t}{RC}}\right)$$

$$\vartheta_A = \vartheta_R + (\vartheta_0 - \vartheta_R) \cdot e^{-\frac{t}{RC}}$$

$$\Delta\vartheta_A = \Delta\vartheta_0 \cdot e^{-\frac{t}{RC}}$$

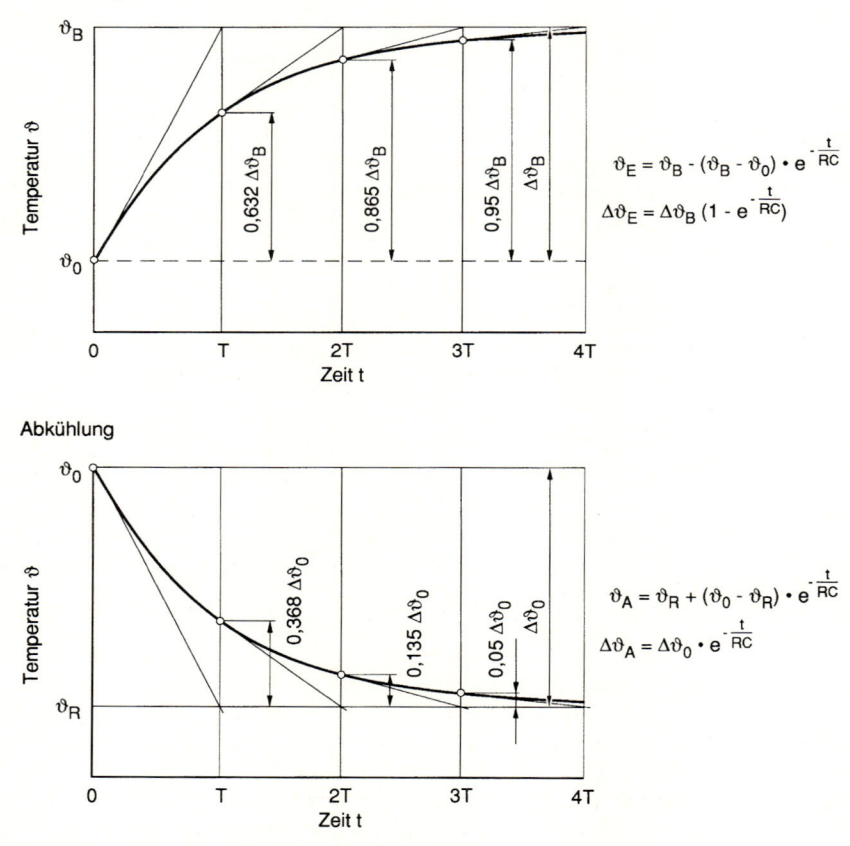

Bild 9.5-05 Erwärmung und Abkühlung idealer thermischer Systeme

Aus der Energiebilanz läßt sich der zeitliche Temperaturverlauf des idealen thermischen Systems bei Erwärmung bestimmen zu

$$\vartheta_E(t) = \vartheta_B - (\vartheta_B - \vartheta_0) \cdot e^{\frac{-t}{R \cdot C}}. \tag{04}$$

Betrachtet man nicht die absoluten Temperaturen, sondern die Übertemperaturen über der Umgebungstemperatur, so ergibt sich mit $\Delta\vartheta_E(t) = \vartheta_E(t) - \vartheta_0$ als Übertemperatur des Systems über der Anfangstemperatur ϑ_0 und $\Delta\vartheta_B = \vartheta_B - \vartheta_0$ als Übertemperatur der Beharrungstemperatur

$$\Delta\vartheta_E(t) = \Delta\vartheta_B \cdot \left(1 - e^{\frac{-t}{R \cdot C}}\right). \tag{05}$$

Die Beharrungstemperatur ϑ_B ist von der Wärmespeicherfähigkeit des thermischen Systems unabhängig und hängt bei konstanter Raumtemperatur ϑ_R allein vom zugeführten konstanten Wärmestrom und dem Wärmeübergangswiderstand R vom System an die Umgebung ab. Für den konvektiven Wärmeübergang gilt

$$R = \frac{1}{\alpha_K \cdot A} \tag{06}$$

mit α_K als Wärmeübergangskoeffizient bei Konvektion und A als wärmeabgebender Fläche. Die Zeitkonstante $T = R \cdot C$ läßt sich aus der Wärmekapazität $C = c \cdot \rho \cdot V$ und dem Gesamtwärmeübergangswiderstand R, für den Konvektion, Strahlung und Wärmeleitung berücksichtigt werden, bestimmen. Die Wärmekapazität eines Körpers ist das Produkt aus der spezifischen Wärmekapazität c und der Dichte ρ des Werkstoffes und dem Volumen V des Körpers. Die Zeitkonstante kann interpretiert werden als das Verhältnis von Wärmespeicherfähigkeit zu Wärmeabgabefähigkeit eines Körpers.

Für den Vorgang der Abkühlung lassen sich durch eine analoge Rechnung folgende Beziehungen ermitteln:

$$\vartheta_A(t) = \vartheta_R + (\vartheta_0 - \vartheta_R) \cdot e^{\frac{-t}{R \cdot C}} \text{ beziehungsweise} \tag{07}$$

$$\Delta\vartheta_A(t) = \Delta\vartheta_0 \cdot e^{\frac{-t}{R \cdot C}} \text{ bei Betrachtung der Übertemperaturen.} \tag{08}$$

Ideale thermische Systeme, bei denen im Körper definitionsgemäß kein Temperaturgradient auftritt, weisen für Abkühlung und Erwärmung dieselbe Zeitkonstante auf. Bei realen Körpern ist die Zeitkonstante der Abkühlung größer als die Konstante der Erwärmung. Bei der Erwärmung wird Wärme nicht nur durch Konvektion an die Umgebung sondern auch durch Wärmeleitung an kältere Teile abgegeben. Aufgrund der dadurch bedingten hohen Wärmeabgabefähigkeit ist die Zeitkonstante geringer als bei Abkühlung. Bei letzterer liegen innerhalb der Maschine nur geringe Temperaturgradienten vor, so daß der Unterschied zu seiner Idealisierung beim realen Vorgang der Abkühlung nicht so groß ist, wie bei der Erwärmung.

Thermische Verformungen

Das sich durch Erwärmung und Abkühlung einstellende Temperaturfeld eines festen Körpers führt in der dritten Transformation der thermischen Wirkungskette zu Änderungen seiner Geometrie, den thermischen Verformungen. Von diesen zu unterscheiden sind die in der vierten Transformation entstehenden thermischen Verlagerungen als mittelbar durch Temperaturfelder hervorgerufene Änderungen der Lagezuordnung von Bauteilen oder Baugruppen [9].

Werkstoff	α [10⁻⁶K⁻¹]	Werkstoff	α [10⁻⁶K⁻¹]
Metalle:		**Anorganisch-nichtmetallische Werkstoffe:**	
Kupfer	16,8	Diamant	0,9-1,2
Gold	14,2	Al-Oxid (Al_2O_3)	7-8
Aluminium	23,6	Titancarbid	7,4
Al-Legierungen	18,5-24,0	Siliciumnitrid	2,8
Messing	17,5-19,1	Quarzglas	0,5-0,6
Zink	26	Porzellan	3-6,5
Nickel	13,3	Glas	3,5-5,5
Chrom	6,6	Reaktionsharzbeton	13
Platin	8,9		
Stahl, ferritisch	10-13	**Kunststoffe:**	
Gußeisen	9-12	Polystyrol	70-80
Blei	29,3	Polyvinylchlorid	70-90
Nickellegierungen	11-18	PMMA	70-80
Titan	8,5	Polycarbonat	60-70
Stahl, austhenitisch	16-17	Polyesterharze	100-300
Titanlegierungen	8,6-9,3	Polyamid	70-100
Invarstähle (36% Ni)	0-2	Polyethylen	150-200
		GfK	25

Bild 9.5-06 Lineare Wärmeausdehnungskoeffizienten α von Werkstoffen zwischen 20 °C und 100 °C [5, 8, 11, 17]

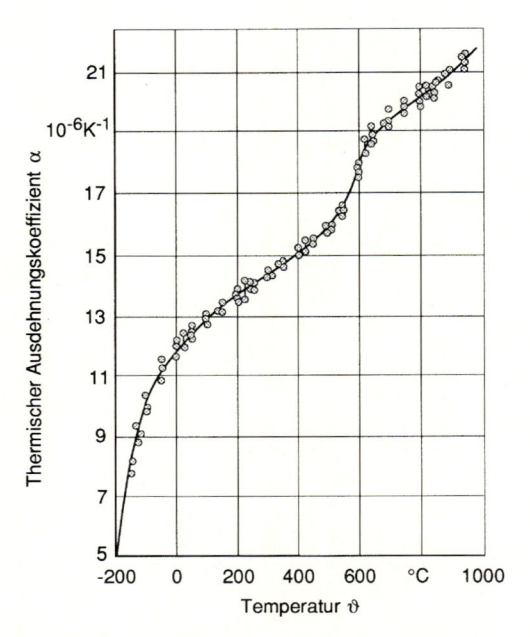

Bild 9.5-07 Thermischer Ausdehnungskoeffizient der hochwarmfesten Legierung Inconel 617 (NiCr 22 Co 12 Mo) [11]

Homogene Körper dehnen sich bei Temperaturerhöhung gleichmäßig in alle Richtungen aus. Für Balken oder Stäbe wird jedoch meist nur die Ausdehnung in der Länge betrachtet. Sie ist abhängig vom linearen thermischen Ausdehnungskoeffizienten α, der eine von der Ausgangstemperatur abhängige Materialkonstante ist. In Bild 9.5-06 sind lineare thermische Ausdehnungskoeffizienten einiger Werkstoffe zusammengestellt. Die angegebenen Werte gelten für einen Temperaturbereich von 20 °C bis ungefähr 100 °C. Die Temperaturabhängigkeit des thermischen Ausdehnungskoeffizienten zeigt Bild 9.5-07 beispielhaft für die hochwarmfeste Legierung Inconel 617 (NiCr 22 Co12 Mo).

Der thermischen Ausdehnung sind alle Bauteile bei Auftreten von Temperaturveränderungen unterworfen. In Abhängigkeit von der Art des Temperaturfeldes treten die drei in Bild 9.5-08 gezeigten Arten thermischer Verformung auf.

Eine lineare thermische Dehnung erfahren alle Bauteile bei Temperaturgradienten, die nur entlang der Längsachse des Bauteiles auftreten, oder bei zeitlicher Änderung der Temperatur

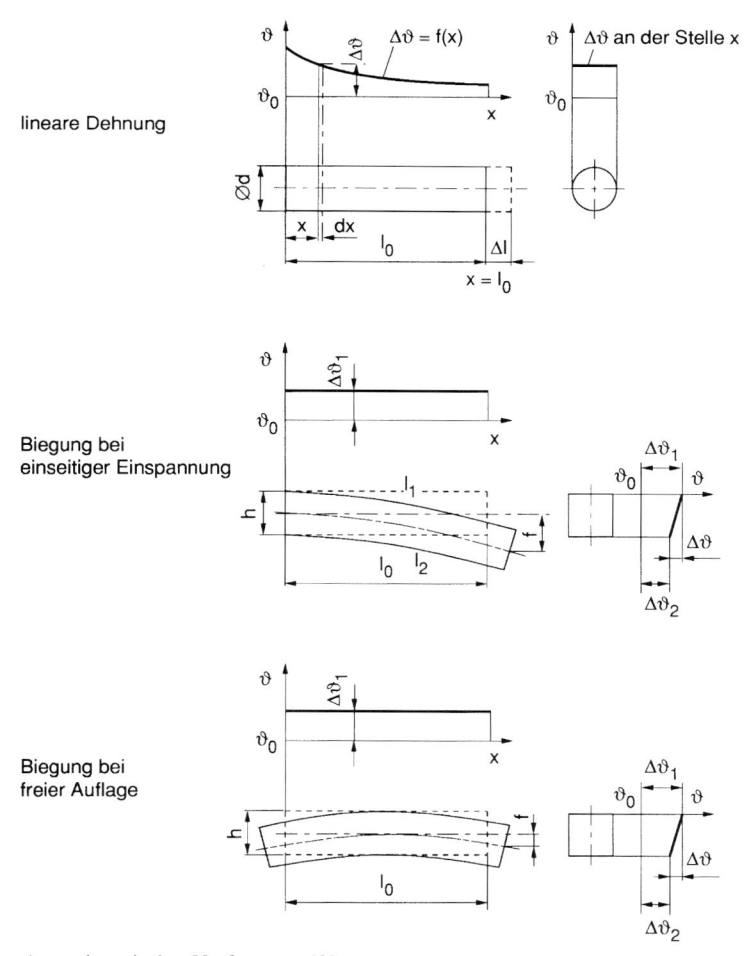

Bild 9.5-08 Arten thermischer Verformung [9]

ohne das Auftreten von örtlichen Gradienten. Thermische Biegungen werden in Bauteilen mit großem Schlankheitsgrad, das heißt großer Länge im Verhältnis zu den Querabmessungen, durch Temperaturgradienten senkrecht zur Richtung der Längenausdehnung hervorgerufen. Bei Auftreten von thermischer Biegung ist eine geometrische Ähnlichkeit des Bauteiles mit seinem Ausgangszustand nicht mehr vorhanden, da die Parallelität und Winkligkeit der Achsen und Funktionsflächen verloren geht [9].

Wird die Ausdehnung der Bauteile behindert, so entstehen thermisch bedingte Spannungen, die sich den mechanischen Spannungen überlagern und beispielsweise bei der Festigkeitsberechnung berücksichtigt werden müssen.

Um das thermische Verhalten von Bauteilen beurteilen zu können, wird analog zur statischen und dynamischen Steifigkeit die thermische Steifigkeit S_{th} definiert. Sie ist der Widerstand eines Bauteils gegen eine durch eine Temperaturerhöhung $\Delta\vartheta$ hervorgerufene Verformung Δx [9]. Für die in Bild 9.5-08 dargestellten Fälle thermischer Verformung lassen sich unter der Voraussetzung konstanter Temperaturänderung $\Delta\vartheta$ die in Bild 9.5-09 genannten Gleichungen für die thermischen Verformungen und die thermischen Steifigkeiten angeben.

Diejenigen Punkte in einer Baugruppe, für die im Hinblick auf eine Verformungsrichtung die Beziehung $S_{th} \rightarrow \infty$ gilt, liegen in der sogenannten thermisch neutralen Faser. Diese Punkte erfahren bei Temperaturänderung keine Verlagerung in bezug auf eine bestimmte Verformungsrichtung [9]. Außer durch Verwendung von Werkstoffen mit besonders niedri-

Verformungsart	Verformung	thermische Steifigkeit
lineare Dehnung	$\Delta l = \alpha \int_{0}^{l_0} \Delta\vartheta(x)dx$ $\Delta l = \alpha \cdot l_0 \cdot \overline{\Delta\vartheta}$	$S_{th} = \dfrac{1}{\alpha \cdot l_0}$
Biegung bei einseitiger Einspannung	$f = \dfrac{1}{2} \cdot \alpha \cdot \Delta\vartheta \cdot l_0 \cdot \lambda$	$S_{th} = \dfrac{1}{\alpha \cdot l_0} \cdot \dfrac{2}{\lambda}$
Biegung bei freier Auflage	$f = \dfrac{1}{8} \cdot \alpha \cdot \Delta\vartheta \cdot l_0 \cdot \lambda$	$S_{th} = \dfrac{1}{\alpha \cdot l_0} \cdot \dfrac{8}{\lambda}$

mit:
- l_0 Ausgangslänge
- h   Querschnittshöhe
- $\lambda = \dfrac{l_0}{h}$ Schlankheitsgrad
- α linearer Wärmeausdehnungskoeffizient
- $\Delta\vartheta$ Übertemperatur
- $\overline{\Delta\vartheta}$ mittlere Temperaturdifferenz über die Länge
- Δl lineare thermische Dehnung
- f   Durchbiegung

Bild 9.5-09   Thermische Verformungen und Steifigkeiten für lineare thermische Dehnung und thermische Biegung bei einseitiger Einspannung und freier Auflage [9] gem Ausdehnungskoeffizienten kann eine thermisch neutrale Faser durch konstruktive Gestaltung verwirklicht werden. Genauigkeitsbestimmende Bauteile einer Maschine sollten nach Möglichkeit in der thermisch neutralen Faser angeordnet werden [18].

Thermische Verformungen und Verlagerungen an Bauteilen und Baugruppen führen zu Beeinträchtigungen der Genauigkeit oder der Funktionserfüllung von Maschinen. Zylinder von Kolbenmaschinen müssen auch im Betrieb ihre Rundheit erhalten. Auch die Kolben sind, insbesondere bei Verbrennungskraftmaschinen, großen thermischen Belastungen ausgesetzt. Sie müssen große Wärmemengen aus dem Prozeß aufnehmen und an die Zylinderwand ableiten. Bei einigen Maschinen bilden sich thermisch verursachte Verlagerungen von genauigkeitsbestimmenden Bauteilen als geometrische Fehler im Arbeitsergebnis ab, beispielsweise bei Werkzeugmaschinen als Maß- und Formfehler am Werkstück. Einzelne Baugruppen, wie Lager oder Führungen können durch Verformungen in ihrer Funktion behindert sein. Führungen können aufgrund thermischer Verlagerungen klemmen, oder es kann Spiel entstehen, so daß eine genaue Positionierung nicht möglich ist. Bei Lagern kann sich die Vorspannung ändern, so daß die Steifigkeit der Lagerung als Folge davon auch das statische und dynamische Verhalten einer Maschine beeinflußt wird. Meßmaschinen, wie Koordinatenmeßmaschinen, haben nur geringe interne Energieumsätze, jedoch können Wärmeströme aus der Umgebung thermische Verformungen und Verlagerungen und damit Fehler im Meßergebnis zur Folge haben.

Bei der Bestimmung von geometrischen Abmessungen können thermische Effekte nicht nur durch Verformungen von Meßmaschinen zu großen Unsicherheiten führen. Die grundlegenden Effekte, die Meßfehler und -unsicherheiten bewirken, können eingeteilt werden in solche, die durch gleichförmige Temperaturen abweichend von 20 °C verursacht werden und Effekte, die durch auftretende Temperaturgradienten hervorgerufen werden [3].

Die Effekte, die auf einer Abweichung der Bauteiltemperatur von der Normtemperatur 20 °C beruhen, werden durch unterschiedlich große Ausdehnungskoeffizienten der Materialien von Meßmitteln und Werkstücken verursacht. Die Grundeinheit zur Messung von geometrischen Ausdehnungen, das Meter, ist temperaturkonstant. Es wurde erstmals 1795 von der französischen Akademie der Wissenschaften definiert als der zehnmillionste Teil eines Quadranten des Längenkreises, der durch Paris über Nord- und Südpol verläuft. Seit 1983 ist das Meter definiert als die Länge der Strecke, die Licht im Vakuum während der Dauer von $1/_{299\,792\,458}$ s zurücklegt. Die gebräuchlichen Hilfsmittel zur Messung und Prüfung von geometrischen Größen wie Maßstäbe und Lehren sind jedoch temperaturempfindlich. Am 15. April 1931 wurde deshalb in Paris festgelegt, daß mit der Länge eines Objektes diejenige gemeint ist, die es bei einer Temperatur von 20 °C hat [3]. Lehren und Maßstäbe haben somit nur bei einer Temperatur von 20 °C ihre nominelle Länge. Dies führte zum Beispiel dazu, daß die englischen Meßmittel nach dieser Festlegung geringfügig verkürzt werden mußten, da man hier vorher von einer Standardtemperatur von 62 °F (entspr. 16,667 °C) ausgegangen war, die der mittleren Werkstattemperatur über das Jahr entsprach [1].

Bestehen Meßmittel und Werkstück aus exakt demselben Material, so ist eine Längenmessung auch bei anderen Temperaturen ohne Fehler möglich, da sich beide in gleicher Weise ausdehnen. Bestehen sie jedoch aus verschiedenen Materialien, so verschwindet der Meßfehler, der durch die unterschiedlich starke Ausdehnung der verschiedenen Teile entsteht, nur bei 20 °C und nimmt mit steigender Temperaturdifferenz zu. Das direkte Ablesen eines Maßes am Meßmittel ist jedoch so gebräuchlich, daß die dabei auftretenden Fehler meist vernachlässigt werden.

Theoretisch ist der Fehler analytisch zu bestimmen und kann dann rechnerisch korrigiert werden. Die hierfür benötigten thermischen Ausdehnungskoeffizienten der Materialien sind jedoch oft nicht ausreichend genau bekannt. Sie werden beeinflußt durch geringfügige Variationen in der Legierungszusammensetzung, in der Wärmebehandlung und durch andere Anisotropien im Material, die zu Unsicherheiten bei der Bestimmung der Koeffizienten führen. Dennoch wird bei modernen Koordinatenmeßmaschinen mit entsprechenden Temperatursensoren teilweise versucht, diese analytische Kompensation durchzuführen. Dies führt zu einer Verringerung des Meßfehlers gegenüber direkter Ablesung des Meßwertes, ein vollständiger Ausgleich ist jedoch aufgrund der beschriebenen Unsicherheiten nicht möglich [3].

Durch den Effekt unterschiedlicher konstanter Temperaturen treten bei Längenmessungen Fehler und Unsicherheiten auf, die einen großen Anteil der zulässigen Toleranzen eines Bauteiles oder zu fertigenden Werkstückes ausmachen können. Zur Beurteilung dieser Situation wurde in der amerikanischen Norm ANSI B-89.6.2 (Temperature and Humidity Environment for Dimensional Measurement) der thermische Fehlerindex definiert, der die Summe der geschätzten thermischen Fehler im Verhältnis zur zulässigen Toleranz angibt. Die Summe wird gebildet aus dem Fehler, der durch Temperaturen abweichend von 20 °C verursacht wird und den Fehlern, die durch zeitliche oder örtliche Temperaturvariationen entstehen. Der thermische Fehlerindex kann zur Beurteilung der Umgebungsbedingungen herangezogen werden, da er angibt, wie groß der Anteil der thermisch bedingten Unsicherheiten im Verhältnis zur zulässigen Toleranz bei einer bestimmten Meß- oder Fertigungsumgebung ist.

Das Auftreten von zeitlich konstanten Temperaturgradienten, das heißt nur mit dem Ort variierenden Temperaturen, führt neben linearer Dehnung zu komplexen Geometrieänderungen wie Verwölbungen und Winkelverlagerungen in Bauteilen. Die geometrischen Ähnlichkeiten der Bauteile und -gruppen mit ihren Ausgangszuständen gehen verloren, so daß eine Bestimmung und ein Ausgleich dieser Deformationen deutlich schwieriger ist, als reine Längenänderungen bei konstanten, gleichförmigen Temperaturen. In Bauteilen aus gut thermisch leitenden Materialien treten geringere ortsbezogene Temperaturgradienten auf, da die Wärme aufgrund der guten thermischen Leitfähigkeit schnell gleichmäßig verteilt wird. Ein Beispiel hierfür sind Koordinatenmeßmaschinen mit Führungen aus Aluminium. Die gute Leitfähigkeit von Aluminium verringert die Temperaturunterschiede in den Führungen schneller, so daß unter der Voraussetzung zeitlich konstanter Gradienten die thermischen Biegungen minimiert werden [3].

Variieren die Temperaturen mit der Zeit, so sind nicht nur die Wärmeausdehnungskoeffizienten der Materialien von Bedeutung. Bauteile verformen sich nur gleichartig, wenn sie neben gleichen Wärmeausdehnungskoeffizienten auch die gleiche spezifische Wärmekapazität und Dichte des Materials und das gleiche Verhältnis von Volumen zu Oberfläche haben. Die genannten Größen beeinflussen die Wärmespeicherfähigkeit der Bauteile. Teile mit kleinem Volumen-Oberflächenverhältnis erwärmen sich schneller und reagieren damit auch schneller auf Temperaturänderungen. Bei Temperaturänderung verformt sich ein Maßstab oder eine Lehre geometrisch oder im zeitlichen Verlauf anders als ein zu messendes Werkstück, selbst wenn sie aus demselben Material bestehen. In Abhängigkeit von der Frequenz der Temperaturänderung und dem zeitlichen Abstand verschiedener Messungen kann der daraus resultierende Meßfehler variieren [4].

Eine weitere Fehlerquelle bei der Längenmessung mit Maßstäben ist die Vernachlässigung des Einflusses von Umgebungswechseln. Der dynamische Effekt des Erreichens des thermischen Gleichgewichtes zwischen Bauteil und Umgebung kann zu großen Meßfehlern führen [3]. Soll ein gefertigtes Werkstück vermessen werden, so müssen Werkstück und Maßstab oder Meßmaschine ausreichend Zeit in der gleichen, konstant temperierten Umgebung verbringen, bevor mit der Messung begonnen wird. Durch Vernachlässigung dieses Effektes tritt ein großer Meßfehler auf, wie bei dem Beispiel des Bedieners einer Bearbeitungsmaschine, der Meßschieber oder Mikrometerschraube in der Tasche hat und damit Messungen am bearbeiteten Werkstück vornimmt. Zur Vermeidung dieses Fehlers muß entweder ausreichend Zeit für Ausgleichsvorgänge zur Verfügung gestellt werden, oder es müssen temperaturunempfindliche Meßmittel, wie Lasermeßsysteme eingesetzt werden. Auch hierbei muß dem zu vermessenden Teil ausreichend Zeit zum Erreichen des thermischen Gleichgewichtes mit der Meßumgebung, insbesondere nach einer Bearbeitung, gegeben werden.

Bestimmung des thermischen Verhaltens
Die thermischen Verformungen an einem Bauteil beziehungsweise die Verlagerungen an bestimmten Punkten einer Baugruppe oder Maschine können durch die in Bild 9.5-10 zusammengefaßten Verfahren auf direktem oder indirektem Wege erfaßt werden. Bei Arbeitsmaschinen sind insbesondere die Verlagerungen an der Wirkstelle des Prozesses von Bedeutung, da hier die Arbeitsgenauigkeit direkt beeinflußt wird.

	direkt	indirekt
berührend	induktive Wegtaster schaltende Taster Kraftmeßsysteme	punktförmige Temperaturmessung integrierende Temperaturmessung punktförmige Dehnungsmessung integrierende Dehnungsmessung Neigungswaage
berührungslos	Düse - Prallplatte Ultraschall induktive/kapazitive Wegmessung Laserinterferometer Lasertriangulation Lichtschranke	Berechnung des Wärmeübergangs Drehzahlmessung Leistungsmessung Strahlungsmessung (Thermovision)

Bild 9.5-10 Verfahren zur Bestimmung thermisch bedingter Verlagerungen

Direkte Meßverfahren erfassen die in diesem Fall thermisch bedingten Verlagerungen durch geeignete Sensoren. Hierfür kommen prinzipiell berührende und berührungslose Wegmeßsensoren zum Einsatz. Bei der Auswahl der Sensoren ist neben den Sensorspezifikationen wie Auflösung und Meßbereich auf eine geringe Beeinflussung des Meßobjektes durch den Sensor und gegebenenfalls auf die Unempfindlichkeit des Sensors gegenüber den Umgebungsbedingungen am Meßort zu achten.

Die thermischen Verlagerungen einer Maschine und ihrer Bauteile lassen sich mit direkten Verfahren relativ oder absolut bestimmen. Bei Messung der relativen Verlagerung zwischen zwei Bauteilen wird nur eine einzige Relation erfaßt. Absolute Verlagerungsmessungen werden auf außerhalb der Maschine liegende, feste Bezugspunkte bezogen. Dadurch lassen sich die Verlagerungen einzelner Maschinenbaugruppen und ihre Anteile an der Gesamtverlagerung bestimmen. Relative Verlagerungen verschiedener Bauteile können rechnerisch ermittelt werden. Für Absolutmessungen sind temperaturstabile Nullpunkte der Messungen von großer Bedeutung. Hierbei ist auf die Wirkung von Wärmestrahlung der Maschine auf den Meßaufbau zu achten.

Indirekte Meßverfahren messen nicht die thermischen Verlagerungen, sondern Größen, die diese Verlagerungen beeinflussen, wie zum Beispiel die Temperaturverteilung in einem Bauteil, die thermische Dehnung eines Bauteiles, die auftretenden Wärmeströme oder die eingesetzten Leistungen. Aus den Meßwerten werden rechnerisch die Verlagerungen an den Punkten der Maschine bestimmt, an denen die thermischen Verlagerungen zu einer Funktions- oder Arbeitsgenauigkeitsbeeinträchtigung führen. Bei punktförmigen Messungen ist die Auswahl des Meßortes von großer Bedeutung für die Aussagekraft der Messung. Bei instationären Vorgängen läßt sich das Temperaturfeld einer Maschine oder Baugruppe nur durch eine ausreichende Anzahl punktuell gemessener Temperaturen darstellen.

Bei der Verwendung von indirekten Verfahren zur Bestimmung des thermischen Verhaltens müssen die analytischen Beschreibungen der Transformationsmechanismen der thermischen Wirkungskette, die sie bestimmenden Materialkennwerte und alle Randbedingungen genau bekannt sein. Dies ist jedoch nicht immer möglich. Eine Schwierigkeit besteht in der bereits beschriebenen Unsicherheit der thermischen Materialkennwerte. Die analytischen Ansätze zur Beschreibung des thermischen Verhaltens eines Systems sind in den meisten Fällen nur für eine Konfiguration gültig, so daß bei veränderten Randbedingungen neue analytische Bestimmungsgleichungen entwickelt werden müssen.

Das thermische Verhalten von Maschinen kann mit „Drift Checks" ermittelt werden. Um den Einfluß der Umgebung zu untersuchen, werden die Verlagerungen an der Wirkstelle gemessen und zu Veränderungen in der Umgebung wie Sonnenschein, Luftströmung und Anwesenheit von Menschen in Beziehung gesetzt. In der amerikanischen Norm ANSI B-89.6.2 wird diese Methode zur Bestimmung der umgebungsabhängigen Drift vorgeschrieben, um einen Teil des thermischen Fehlerindexes zu bestimmen. In der deutschen Vornorm DIN V 8602 wird für Fräsmaschinen die thermische Drift definiert als die relative Verlagerung zwischen Werkzeug und Werkstück, hervorgerufen durch Änderung der Temperaturverteilung. Diese wird nach der DIN V8602 ermittelt durch Messung der Drift unter thermischer Belastung der Maschine durch eine konstante Hauptspindeldrehzahl oder durch ein festgelegtes Drehzahlprofil. Hierbei werden der Umgebungseinfluß und die Belastung durch die im Bearbeitungsprozeß entstehende Wärme jedoch nicht erfaßt [7].

Zunehmend wird versucht, das thermische Verhalten nicht erst an bereits vorhandenen Maschinen experimentell zu bestimmen, sondern im voraus rechnerisch zu simulieren. Eine Möglichkeit bietet die Finite-Elemente-Methode (FEM). Hierzu ist es erforderlich, die Geometrie der Bauteile bzw. Baugruppen und ihre mechanischen Randbedingungen ideal zu beschreiben [20]. Die Realitätsnähe des Rechenergebnisses wird bestimmt durch den Grad der Idealisierung sowie durch die Genauigkeit, mit der die wärmetechnischen Randbedingungen formuliert werden. Die Materialkennwerte Wärmekapazität, Wärmeleitfähigkeit und Wärmeausdehnungskoeffizient sind für viele Werkstoffe nicht oder nicht ausreichend genau bestimmt. Ein weiteres Problem ist die Definition von Größe und Verteilung der Wärmequellen sowie des Wärmeübergangs an die Umgebung und über Fügeflächen. Eine Vorausberechnung des thermoelastischen Verhaltens ist aus diesen Gründen derzeit nur im Sinne von qualitativen Gegenüberstellungen von Varianten sinnvoll [20]. Analysiert man ausgeführte Konstruktionen im Hinblick auf Verbesserungsmaßnahmen, so können die notwendigen Randbedingungen aus Messungen am Objekt abgeleitet und die FE-Modelle entsprechend angepaßt werden.

Optimierung des thermischen Verhaltens

Um das thermische Verhalten einer Maschine zu optimieren, das heißt die thermischen Verlagerungen oder ihre Auswirkungen an für die Genauigkeit oder Funktionserfüllung kritischen Stellen zu verringern, muß es gezielt beeinflußt werden. Notwendige Voraussetzung hierfür ist die Kenntnis der physikalischen Zusammenhänge und der analytischen Darstellungen der vier Transformationen der thermischen Wirkungskette bezogen auf die zu optimierende Maschine. Jede Transformation beeinflußt das thermische Verhalten, jedoch muß sich nicht jedes Transformationsergebnis negativ auf den Arbeitsprozeß oder die Arbeitsgenauigkeit einer Maschine auswirken. Maßnahmen zur Optimierung des thermischen Verhaltens sind um so wirkungsvoller, je früher sie in die thermische Wirkungskette eingreifen.

Bild 9.5-11 zeigt für die Werkzeugmaschine Eingriffsmöglichkeiten an verschiedenen Orten der thermischen Wirkungskette. Bei Werkzeug- oder Meßmaschinen zielt eine Verbesserung des thermischen Verhaltens immer auf die Erhöhung der Genauigkeit an der Wirkstelle, das heißt die thermischen Dehnungen und Verformungen dürfen sich an der Wirkstelle nach Möglichkeit nicht auswirken.

Die auf den verschiedenen Stufen der thermischen Wirkungskette möglichen Maßnahmen können nach Bild 9.5-12 systematisch unterteilt werden. Grundsätzlich kann bei der Verbes-

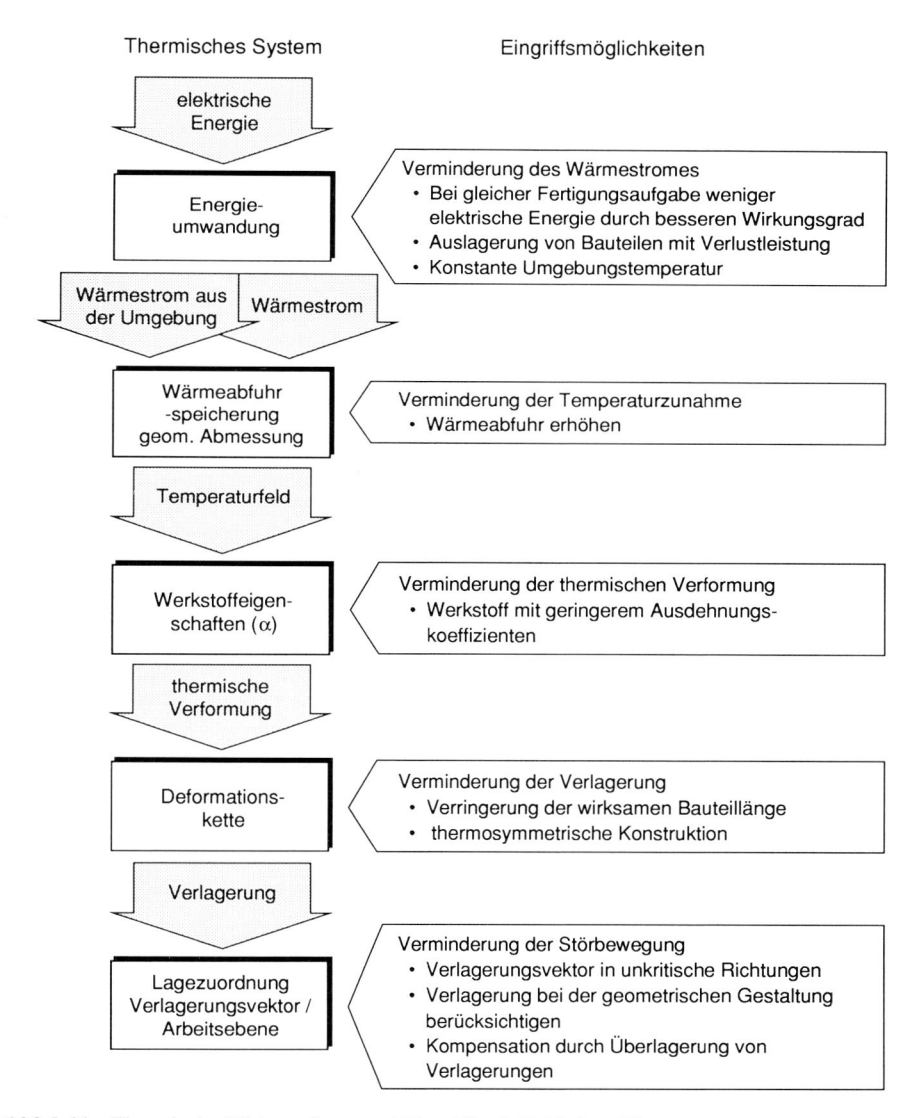

Bild 9.5-11   Thermische Wirkungskette und Eingriffsmöglichkeiten [6]

Verbesserung des thermischen Verhaltens

konstruktive Maßnahmen

Verringerung der Wärmequellen

Wärmequellen außerhalb der Maschine

Verbesserung des Wirkungsgrades
- Schmierung
- Lagerart
- Gleitpaarung
- regelbare Pumpen

Kühlung des Zerspanprozesses

Späneabfuhr

Verringerung der Auswirkungen

thermisch optimierte Konstruktion
- thermosymmetrisch
- Kompensation von Verlagerungen

thermisch optimierte Werkstoffauswahl
- geringer Ausdehnungskoeffizient
- gute Wärmeleitfähigkeit

Dehnfugen

wärmeabgebende Oberflächen groß

Verlagerungsvektoren tangieren die Arbeitsebene

kompensatorische Maßnahmen

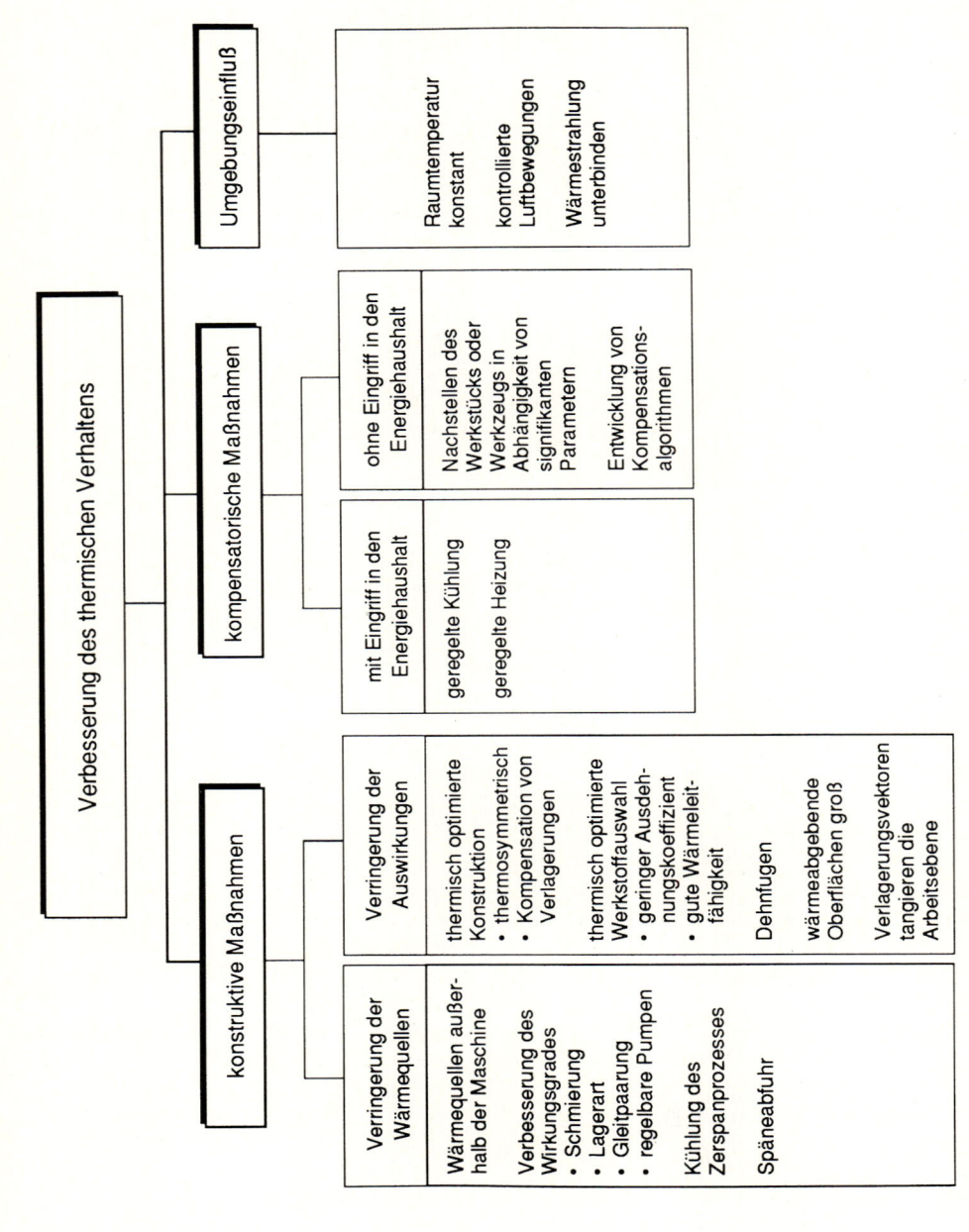

mit Eingriff in den Energiehaushalt

geregelte Kühlung

geregelte Heizung

ohne Eingriff in den Energiehaushalt

Nachstellen des Werkstücks oder Werkzeugs in Abhängigkeit von signifikanten Parametern

Entwicklung von Kompensationsalgorithmen

Umgebungseinfluß

Raumtemperatur konstant

kontrollierte Luftbewegungen

Wärmestrahlung unterbinden

Bild 9.5-12 Maßnahmen zur Verbesserung des thermischen Verhaltens von Werkzeugmaschinen serung des thermischen Verhaltens zwischen kompensatorischen und konstruktiven Maßnahmen sowie auf die Umgebung einer Maschine bezogenen Maßnahmen unterschieden werden.

Die konstruktiven Maßnahmen haben zwei Zielrichtungen. Zum einen wird versucht, durch Verbesserung der Anordnung der Bauelemente die die Maschinen belastenden Wärmequellen möglichst klein zu halten. Wärmequellen wie Motoren und Getriebe sollten außerhalb der Maschine installiert oder isoliert werden. Lagerungen und Führungen können durch Wahl geeigneter Lager- und Schmierungsarten im Wirkungsgrad verbessert werden. Durch Kühlung und Optimierung des Arbeitsprozesses kann eine Verringerung der thermischen Belastung erreicht werden.

Zum anderen kann durch verbesserte konstruktive Gestaltung und durch eine thermisch optimierte Werkstoffauswahl die Auswirkung unvermeidbarer thermoelastischer Verformungen auf die Arbeits- oder Funktionsgenauigkeit verringert werden. Durch thermisch optimierte Konstruktion können zum Beispiel die thermischen Verlagerungen mehrerer Bauteile so angeordnet werden, daß sie sich gegenseitig verringern, im günstigsten Fall sogar kompensieren. Mindestens sollten die schwer zu kompensierenden thermischen Biegungen durch eine thermosymmetrische Konstruktion vermieden werden. Die Verlagerungsvektoren sollten in Richtungen wirken, in denen keine oder nur geringe Beeinflussung der Funktion oder Genauigkeit vorliegt. Leichtmetallkolben von Verbrennungskraftmaschinen haben große Wärmedehnungen, die durch geeignete konstruktive Gestaltung reduziert werden. Kolbenboden mit Kolbenringen und Mantel werden beispielsweise durch Schlitze gegen Wärmefluß getrennt, so daß die bei der Verbrennung entstehende Wärme direkt über die Kolbenringe an den Zylinder abgegeben wird. Durch geeignete Formgebung können im Arbeitszustand entstehende thermische Verformungen kompensiert werden. So können Kolben mit ovalem Querschnitt gefertigt werden. Im Arbeitszustand erhalten sie dann durch die aufgrund ungleichmäßiger Massenverteilung am Umfang variierenden thermischen Verformungen einen zylindrischen Querschnitt. Dieses Verfahren gelingt allerdings nur bei konstantem thermischem Arbeitszustand und genauer Bestimmung der auftretenden thermischen Verlagerungen.

Eine weitere Möglichkeit liegt in der Verwendung von Invar-Stählen, Legierungen mit ca. 36 % Ni, für genauigkeitsbestimmende Teile. Diese haben einen sehr geringen thermischen Ausdehnungskoeffizienten. Auch ist die Konstruktion von Dehnfugen möglich, ohne die statischen und dynamischen Eigenschaften zu verschlechtern [19]. Bei Werkzeugmaschinen sollten die Verlagerungsvektoren die Arbeitsebene tangieren, um die Auswirkungen auf die Arbeitsgenauigkeit zu verringern.

Zur Reduzierung der thermischen Dehnungen lassen sich auch technische Keramiken oder kohlenstoffaserverstärkte Kunststoffe (CFK) verwenden. Die zum Teil schlechteren mechanischen Eigenschaften dieser Werkstoffe, wie die Sprödbruchempfindlichkeit von Keramiken oder die schlechte Oberflächenqualität und Hygroskopie von CFK, müssen durch spezielle konstruktive Auslegung der Bauteile kompensiert werden.

In Bild 9.5-13 ist die Spindeleinheit einer Schleifmaschine teilweise durch keramische Bauteile ersetzt worden, wodurch sich eine deutliche Verringerung der axialen Verlagerung der Spindelnase der Keramikspindel im Vergleich zur Stahlspindel ergibt. Der Werkstoff muß durch eine spezielle aufwendige Zugankerkonstruktion und eine aufgeschrumpfte Stahlbuchse, die gleichzeitig geschliffene Lagersitze ermöglicht, auf Druck vorgespannt werden.

Bei Verwendung von thermisch gut leitenden Werkstoffen entstehen in den Bauteilen geringere Temperaturgradienten und damit geringere thermisch bedingte Biegungen. Aluminium und Kupfer haben deutlich größere Wärmeleitfähigkeiten als Stahl, allerdings sind auch ihre Wärmeausdehnungskoeffizienten wesentlich größer. Sie können jedoch für zusätzliche Bauteile speziell für den Temperaturausgleich Verwendung finden.

Für Präzisionsmaschinenbetten werden auch Materialien wie Reaktionsharzbeton eingesetzt. Ihr thermisches Verhalten weist eine große Trägheit auf, sie sind also thermisch stabiler als die traditionellen Graugußbetten. Die geringe thermische Leitfähigkeit des Werkstoffes kann sich jedoch auch nachteilig auswirken, da bei Auftreten von lokalen Wärmequellen größere Temperaturdifferenzen und damit Formänderungen entstehen können [10]. Hochpräzisionsbearbeitungs- und Meßmaschinen haben ein Fundament aus Granit, der ebenfalls eine hohe thermische Langzeitstabilität besitzt.

Kompensatorische Maßnahmen versuchen nicht, die Ursachen thermischer Verlagerungen zu minimieren, sondern ihre Auswirkungen auf die Arbeitsgenauigkeit zu mindern. Es wird unterschieden in Maßnahmen mit und ohne Eingriff in den Energiehaushalt der Maschine.

Maßnahmen mit Eingriff in den Energiehaushalt beeinflussen direkt den Wärmehaushalt der Maschine durch Veränderung der Wärmeströme aus und in die Umgebung. Bei gegebenen geometrischen Abmessungen und Werkstoffeigenschaften der Maschine kann durch Wärmeabfuhr das thermische Verhalten verbessert werden. Durch konvektiven Wärmeübergang auf ein Fluid (Öl, Kühlschmiermittel, Luft) kann einem Bauteil Wärme entzogen werden. Durch erzwungene Konvektion in Luft oder durch einen Flüssigkeitsfilm auf der Oberfläche des Bauteiles kann die Wärmeabfuhr im Vergleich zu freier Konvektion in Luft deutlich erhöht werden. Insbesondere durch Rieselfilme aus Öl oder Kühlschmiermittel kann die Wärmeübergangszahl um ein bis zwei Zehnerpotenzen im Vergleich zu Konvektion in Luft gesteigert werden [6].

Eine gezielte, definierte Beeinflussung des thermischen Verhaltens ist nur möglich, wenn dieser Eingriff geregelt erfolgt, so zum Beispiel das Fluid temperiert wird. Die Meßgröße und die Lage der Meßstelle haben dabei großen Einfluß auf die Wirksamkeit der Maßnahme, da eine falsch gewählte Meßstelle zu großen Totzeiten im Regelkreis führen kann. Eine Möglichkeit ist die Temperaturregelung von Werkzeugmaschinen durch den Einbau von Umlaufsystemen mit temperaturgeregelten Flüssigkeiten [21].

Durch geregelte Beheizung der Maschine wird nicht der Absolutwert, sondern die zeitliche Änderung der thermischen Verlagerung verringert. Die Maschine befindet sich dadurch immer im thermisch stabilen Zustand. Die Heizleistung muß in Abhängigkeit von den Wärmequellen der Maschine geregelt werden. Der Vorteil dieses Verfahrens liegt in geringeren Kosten. Für einzelne Maschinenkomponenten können spezielle Maßnahmen das Verhalten verbessern. So kann beispielsweise das thermische Verhalten von Hauptspindeln in Werkzeugmaschinen durch gezielte Beeinflussung der Schmierung beziehungsweise durch die Wahl des Schmierverfahrens verbessert werden [12]. Bei einigen Flugzeugturbinen wird der radiale Spalt zwischen Schaufeln und Gehäuse durch Beheizen der Schaufelfüße mittels der Verbrennungsabgase oder Kühlung der Außenwand durch gezielte Frischluftzufuhr auf einem möglichst geringen Wert konstant gehalten.

Kompensatorische Maßnahmen ohne Eingriff in den Energiehaushalt der Maschine erfolgen durch Einbeziehung der thermischen Verlagerungen bei der Steuerung von Relativbewegungen durch direkte oder indirekte Kompensationsalgorithmen. Bei Werkzeugmaschinen können durch Eingriff in die Steuerung der die Form erzeugenden Werkzeug- oder Werkstückbewegungen die Auswirkungen der thermischen Verformungen auf das Bearbeitungsergebnis kompensiert werden [13]. Meßmaschinen können die thermischen Verlagerungen rechnerisch kompensieren.

Im Falle der direkten Kompensationsverfahren werden die auftretenden Relativverlagerungen zwischen einzelnen Baugruppen meßtechnisch erfaßt. Bestimmend für die Genauigkeit dieser Kompensation ist neben dem Sensor die Auswahl eines geeigneten Meßortes. Dieser muß thermisch stabil sein und die Verlagerungen an genauigkeitsbestimmenden Stellen der Maschine gut abbilden. Die Verlagerungen an der Wirkstelle selbst zu messen, ermöglicht einen sehr genauen Ausgleich. Die Erfassung von Verlagerungen an dieser Stelle ist unter

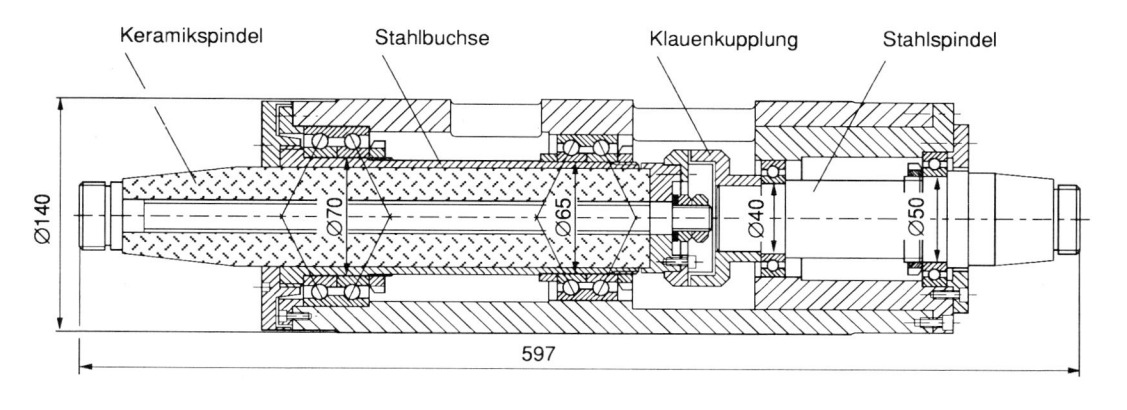

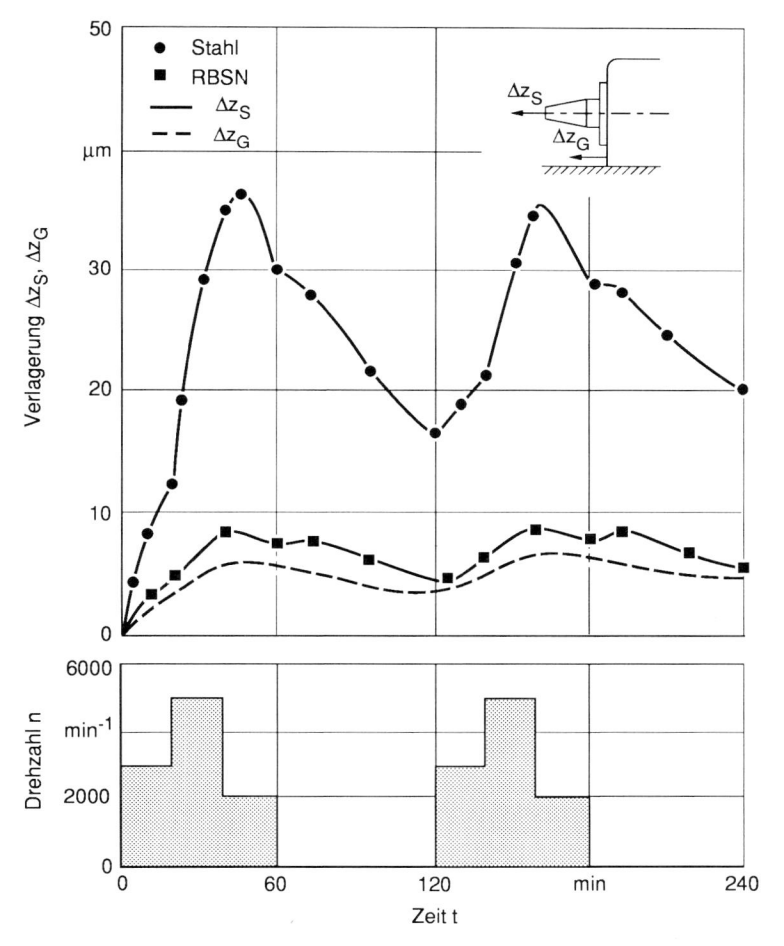

Bild 9.5-13 Versuchsspindeleinheit mit Keramikkragarm und Kragarmausdehnung bei variablem Drehzahlprofil [15]

Umständen durch den Arbeitsprozeß nicht möglich oder sehr erschwert. Bei einigen Sensoren ist diese Art der Kompensation auch nur bei zeitunkritischen Bearbeitungsaufgaben sinnvoll. Die Verlagerungen wirken sich dabei zunächst auf die Arbeitsgenauigkeit aus, bevor der Algorithmus sie kompensiert.

Bei den indirekten Kompensationsverfahren wird davon ausgegangen, daß die Verlagerungen an der Wirkstelle und andere meßbare Größen in einem definierten, bekannten Zusammenhang stehen. So werden zum Beispiel die Temperaturen oder Dehnungen an bestimmten Punkten der Maschine oder die Leistungsaufnahme der Motoren als Grundlage der analytischen Bestimmung der genauigkeitsbeeinflussenden Verlagerungen über eine Korrekturmodell genommen.

Diese Art der Kompensation ist auch nur soweit erfolgreich, wie es gelingt, eindeutig analytische Beschreibungen des thermischen Verhaltens zu ermitteln. Die Modelle sind nicht auf andere Systemkonfigurationen übertragbar, so daß bei Veränderungen in der Konfiguration oder den Betriebszuständen die Entwicklung eines neuen Modells erforderlich ist. Die Auswahl geeigneter Meßstellen, beispielsweise zur Temperaturmessung, muß unter Berücksichtigung der auftretenden Totzeiten bei Veränderung der Wärmebelastung erfolgen. Es sind deshalb Modelle entwickelt worden, deren Parameter durch wenige Messungen unter definierten stationären Bedingungen an die reale Maschine angepaßt werden [15]. Anschließend werden die zeitlichen Verläufe der Verlagerung mit Hilfe des Modells errechnet und zur Kompensation der Relativbewegungen verwendet. Vorteil ist die einfache experimentelle Untersuchung mit wenigen Versuchen zur Parameterbestimmung und der Verzicht auf eine kontinuierliche Messung im Betrieb.

Durch Kontrolle der Umgebung und der dadurch auftretenden Wärmeströme kann das thermische Verhalten einer Maschine entscheidend beeinflußt werden. Einfache Maßnahmen, wie die Verhinderung von Sonneneinstrahlung, die Vermeidung von Wärmestrahlung durch Heizkörper oder von Luftbewegungen können deutliche Verbesserungen der Arbeitsgenauigkeit einer Maschine bewirken. Im Zuge der steigenden Anforderungen an die Genauigkeit werden zunehmend klimatisierte Räume für Feinbearbeitungs- oder Meßmaschinen verwendet. Im Gegensatz zur Halbleiterfertigung, bei der Reinräume verschiedener Klassen zum Standard gehören, ist dies für Arbeitsmaschinen nur in Ausnahmefällen üblich.

9.6 Tribologische Wirkungen

Die Grundfunktionen der Maschinenmechanik beinhalten ein zeitgerichtetes Zusammenwirken von Körper-, Bewegungs- und Kraftfunktionen. Als Kriterien für die Funktionsqualität werden Komplexität, Genauigkeit und Zuverlässigkeit auch in ihrer Dauerwirkung herangezogen.

Die Wirksamkeit von Maschinensystemen beruht auf der Funktionalität von Wirkkörpern, die stofflich und geometrisch, aber auch durch ihren Wirkort und ihre Wirkzeit bestimmt sind. Alle Wirkgestaltungsformen von Bauteilen sind räumlich durch Oberflächen abgegrenzt. Die Wirkfunktionen sind deshalb auch von der Funktionsqualität der Oberflächen zeitlich abhängig. Im Arbeitszustand von Maschinen werden die Bauteile neben der Volumenbeanspruchung in erheblichem Maße auch oberflächenbeansprucht. Es handelt sich hierbei um ein Beanspruchungskollektiv aus mechanischen, thermischen und chemischen Belastungen, das als tribologisches System integriert beschrieben werden kann.

In DIN 50323 ist Tribologie definiert als die Wissenschaft und Technik von aufeinander einwirkenden Oberflächen in Relativbewegung [1]. Die tribologische Beanspruchung resultiert aus den Wirkkomplexen Reibung, Verschleiß und Schmierung. Der zeitliche Ablauf tribologischer Prozesse ist mit irreversiblen Vorgängen in der Oberflächenrandzone verbunden. Diese basieren auf geometrischen oder stofflichen Veränderungen durch Kontaktvorgänge im Umfeld von Reibung und Verschleiß. Bild 9.6-01 zeigt systemtechnisch den tribologischen Transformationsprozeß der Eingangsgrößen in Nutzgrößen und Verlustgrößen als Systemausgang [2].

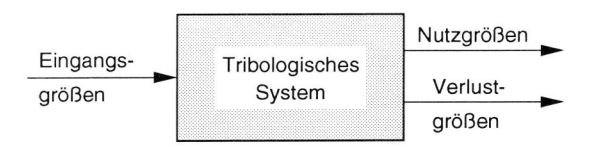

Bild 9.6-01 Tribologischer Transformationsprozeß [2]

Die Struktur eines Tribosystems ist gekennzeichnet durch die beteiligten stofflichen Partner, insbesondere durch ihre tribologisch relevanten Eigenschaften und Wechselwirkungen miteinander. Dabei sind die Eigenschaften von Grundkörper und Gegenkörper sowie ihre Veränderungen unter tribologischer Beanspruchung von besonderer Bedeutung. Tribologisch relevante Eigenschaften der Reibkörper sind nicht nur ihre Größe und Form, sondern auch chemische und physikalische Stoffdaten sowie die Oberflächenfeingestalt. Das Beanspruchungskollektiv eines tribotechnischen Systems besteht aus folgenden Bestimmungsparametern:
– Bewegungsart,
– Bewegungsgeometrie,
– Kräfte,
– Geschwindigkeit,
– Beschleunigung,
– Temperatur und
– Beanspruchungsdauer.

Daneben können als Störparameter wirken:
– Schwingungen,
– Strahlungen,
– Fremdkörper und
– Stoffeigenschaftsänderungen.

Bild 9.6-02 zeigt ein Datenblatt der Kenngrößen tribotechnischer Systeme [2]. Es dient zur Beschreibung der Systemstruktur, der Beanspruchungsparameter und der tribologischen Wirkungen als Grundlage für die:
– Systemanalyse tribologischer Problemstellungen,
– Planung und Auswertung tribologischer Untersuchungen,
– Planung von Wartungs- und Instandhaltungsmaßnahmen,
– Erstellung und Erweiterung tribologischer Datenbanken sowie
– Schadensanalyse.

Das Datenblatt kann an die jeweiligen konkreten Erfordernisse und Zielstellungen angepaßt werden.

Die meßtechnische Bestimmung charakteristischer Größen innerhalb eines Tribosystems ist die Aufgabe der Tribometrie. Tribometrische Größen sind solche Meßgrößen, die durch geeignete Meßverfahren Verlustgrößen quantifizieren und Veränderungen in der Systemstruktur erfassen. Es sind Reibungsmeßgrößen und Verschleißmeßgrößen zu unterscheiden, aber auch akustische oder thermische Messungen sind Bestandteil tribometrischer Untersuchungen.

Bezeichnung des Tribosystems:				
Funktion des Tribosystems:				
Struktur \ Eigenschaften	Grundkörper (1)	Gegenkörper (2)	Zwischenstoff (3)	Umgebung (4)
Bezeichnung				
Zusammensetzung Dichte Volumen				
Geometrie Dimensionen Rauheit			Schmierstoff-daten (Viskosität, etc):	Daten des Umgebungs-mediums (Luftfeuchtig-keit, etc):
E-Modul Härte Bruchzähigkeit Gefüge				
Sonstige Eigenschaften:				
Kinematik:				

Normalkraft F_N (N)		Geschwindigkeit v (m/s)	
Kontaktfläche A_o (mm^2)		Temperatur T (°C)	
Flächenpressung p (N/mm^2)		Beanspruchungsdauer t (h)	
Kontakt-Eingriffsverhältnis	ε_1 (%):		ε_2 (%):
Reibungszahl f = F_F/F_N	Beginn:	Maximum:	Ende:

Verschleiß-daten \ Komponente	Verschleißbetrag			V.-Koeffizient k (mm^3/N·m)
	W_l (mm)	W_q (mm^2)	W_V (mm^3)	
Grundkörper (1)				
Gegenkörper (2)				
Sonstige Angaben:				

Bild 9.6-02   Datenblatt der Kenngrößen tribotechnischer Systeme [2]

Reibung

Reibung ist eine Wechselwirkung zwischen sich berührenden Stoffbereichen von Körpern. Sie wirkt einer Relativbewegung entgegen. Bei äußerer Reibung sind die sich berührenden Stoffbereiche verschiedenen Körpern, bei innerer Reibung ein und demselben Körper zugehörig [3].

In technischen Systemen ist die Reibung meist unerwünscht, da sie mit einem Verlust an mechanischer Energie einhergeht. Der größte Teil der „verlorenen" Energie wird in Wärme umgesetzt und führt zur Temperaturerhöhung sowohl innerhalb des tribologischen Systems als auch des gesamten technischen Systems und der Umgebung. Beispiele für Anwendungsfälle, bei denen die Reibung jedoch gezielt zur Funktionserfüllung eingesetzt wird, sind kraftschlüssige Verbindungen, Reib- und Riemengetriebe sowie mechanische Bremsen.

Bei der Betrachtung von Reibungsvorgängen muß folglich immer die Funktion des Gesamtsystems berücksichtigt werden, um zu einer optimalen Lösung zu gelangen. Das System Reibung kann nach Bewegungszustand, Relativbewegung und Aggregatzustand der beteiligten Stoffbereiche eingeteilt werden, Bild 9.6-03.

```
                    Unterscheidung der Reibung in Abhängigkeit

    vom Bewegungszustand    von der Art der Relativbewegung    vom Aggregatzustand

                                    Reibungsarten                Reibungszustände

    - Haftreibung             - Gleitreibung                 - Festkörperreibung
    - Bewegungsreibung        - Rollreibung                  - Flüssigkeitsreibung
      + Anlaufreibung         - Wälzreibung                  - Gasreibung
      + Auslaufreibung        - Bohrreibung                  - Mischreibung (Kombination
                              - Stoßreibung                    aus den anderen Reibungs-
                              - oder deren Kombinationen       zuständen)
```

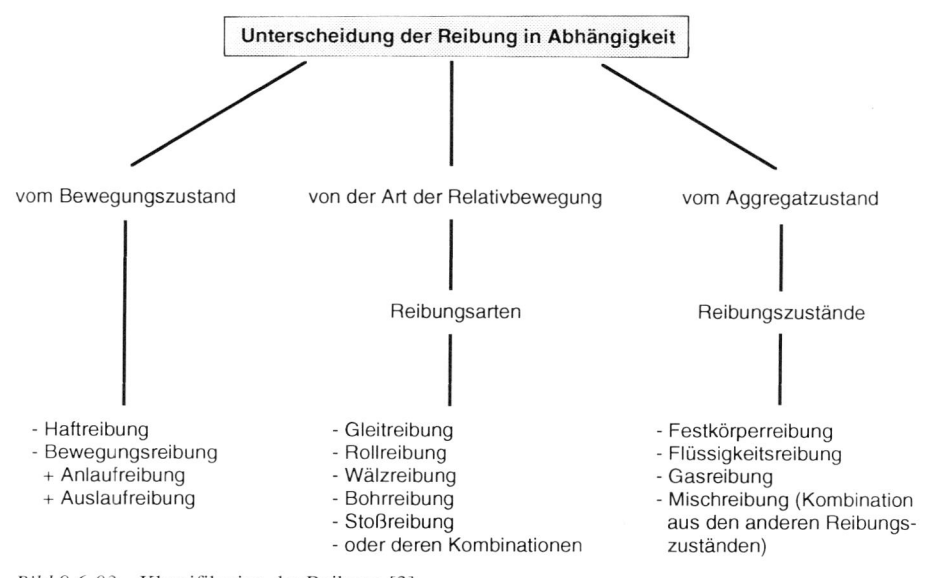

Bild 9.6-03 Klassifikation der Reibung [3]

Die Kenngröße zur Beschreibung der Reibung ist die Reibungszahl f, auch Reibungskoeffizient genannt, als Verhältnis von Reibungskraft zu Normalkraft:

$$f = \frac{F_f}{F_N} \tag{01}$$

für translatorische und

$$f = \frac{M_f}{r \cdot F} \tag{02}$$

für rotatorische Relativbewegungen, mit
f   Reibungszahl,
F_f Reibungskraft,
F_N Normalkraft,
F   Lagerkraft,
M_f Reibungsmoment sowie
r   Entfernung zwischen Drehpunkt und Wirkungslinie der Lagerkraft.

Die Größenordnung der Reibungszahl für verschiedene Reibungsarten und -zustände ist in Bild 9.6-04 angegeben [2]. Der Reibungszustand, damit auch der Aggregatzustand des Gegenkörpers beziehungsweise des Zwischenstoffes, bewirkt einen erheblichen Einfluß.

Reibungsart	Reibungszustand	Reibungszahl
Gleitreibung	Festkörperreibung	0,1 ... > 1
	Grenzreibung	0,01 ... 0,2
	Mischreibung	0,01 ... 0,1
	Flüssigkeitsreibung	0,001 ... 0,01
	Gasreibung	0,0001
Rollreibung	Mischreibung	0,001 ... 0,005

Bild 9.6-04 Reibungszahl-Größenordnung für die verschiedenen Reibungsarten und Reibungszustände [2]

Verschleiß

Verschleiß ist der fortschreitende Materialverlust aus der Oberfläche eines festen Körpers, hervorgerufen durch mechanische Ursachen, d. h. durch Kontakt und Relativbewegung eines festen, flüssigen oder gasförmigen Gegenkörpers [4].

Infolge der kaum übersehbaren Vielfalt der in der Technik auftretenden Verschleißvorgänge stößt der Versuch einer logisch einheitlichen Gliederung des Verschleißgebietes auf erhebliche Schwierigkeiten. Eine Gliederung entsprechend des Reibungszustandes erfaßt nur einen Teil des Verschleißkomplexes. Die Verschleißarten erlauben eine in der Praxis übliche Aufgliederung nach Beanspruchungsart und Verschleißmechanismus, wie in Bild 9.6-05 dargestellt [4]. Die Terminologie der Verschleißart ist analog zur Bezeichnungsweise der tribologischen Beanspruchung festgelegt.

In realen tribotechnischen Systemen können in Abhängigkeit von der tribologischen Beanspruchung und der am Verschleiß beteiligten Stoffe sowohl die Verschleißarten, als auch die Verschleißmechanismen in Kombination auftreten. Dies erschwert häufig eine eindeutige Zuordnung.

Unter Verschleißmechanismen versteht man die beim Verschleißvorgang ablaufenden physikalischen und chemischen Prozesse. Es werden die vier, vereinfacht in Bild 9.6-06 dargestellten und durch typische Verschleißerscheinungsformen ergänzte, Haupt-Verschleißmechanismen unterschieden:

– Adhäsion: Ausbildung und Trennung von Grenzflächen-Haftverbindungen (z. B. Kaltverschweißungen, Fressen).
– Abrasion: Materialabtrag durch ritzende Beanspruchung (Mikrozerspanungsprozeß).
– Oberflächenzerrüttung: Ermüdung und Rißbildung in Oberflächenbereichen durch tribologische Wechselbeanspruchungen, die zu Materialtrennungen führen (z. B. Grübchen).
– Tribochemische Reaktionen: Entstehung von Reaktionsprodukten durch die Wirkung von tribologischer Beanspruchung bei chemischer Reaktion von Grundkörper, Gegenkörper und angrenzendem Medium.

Tribologische Wirkungen

Systemstruktur	Tribologische Beanspruchung (Symbole)	Verschleißart	Wirkende Mechanismen (einzeln oder kombiniert)			
			Adhäsion	Abrasion	Oberfl.-zerrüttung	Tribochem. Reaktionen
Festkörper - Zwischenstoff (vollständige Filmtrennung) - Festkörper	Gleiten Rollen Wälzen Prallen Stoßen	–			x	x
Festkörper - Festkörper (bei Festkörperreibung, Grenzreibung, Mischreibung)	Gleiten	Gleitverschleiß	x	x	x	x
	Rollen Wälzen	Rollverschleiß Wälzverschleiß	x	x	x	x
	Prallen Stoßen	Prallverschleiß Stoßverschleiß	x	x	x	x
	Oszillieren	Schwingungsverschleiß	x	x	x	x
Festkörper - Festkörper und Partikel	Gleiten	Furchungsverschleiß		x		
	Gleiten	Korngleitverschleiß		x		
	Wälzen	Kornwälzverschleiß		x		
Festkörper - Flüssigkeit mit Partikeln	Strömen	Spülverschleiß (Erosionsverschleiß)		x	x	x
Festkörper - Glas mit Partikeln	Strömen	Gleitstrahlverschleiß (Erosionsverschleiß)		x	x	x
	Prallen	Prallstrahl-, Schrägstrahlverschleiß		x	x	x
Festkörper - Flüssigkeit	Strömen Schwingen	Werkstoffkavitation, Kavitationserosion			x	x
	Stoßen	Tropfenschlag			x	x

Bild 9.6-05 Gliederung des Verschleißgebietes nach der Art der tribologischen Beanspruchung [4]

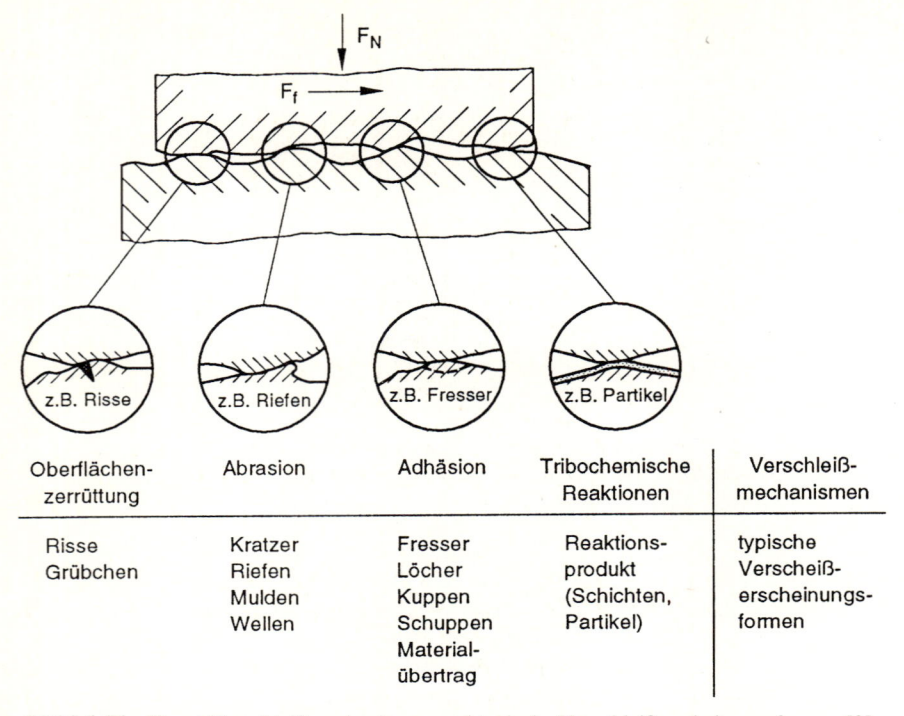

Oberflächen-zerrüttung	Abrasion	Adhäsion	Tribochemische Reaktionen	Verschleiß-mechanismen
Risse Grübchen	Kratzer Riefen Mulden Wellen	Fresser Löcher Kuppen Schuppen Material-übertrag	Reaktions-produkt (Schichten, Partikel)	typische Verscheiß-erscheinungs-formen

Bild 9.6-06 Haupt-Verschleißmechanismen und typische Verschleißerscheinungsformen [2]

Die Änderung der Gestalt oder Masse eines Körpers durch Verschleiß wird durch direkte, bezogene oder indirekte Verschleiß-Meßgrößen gekennzeichnet. Direkte Verschleiß-Meßgrößen geben die Gestalt- oder Masseänderung eines verschleißenden Körpers als Verschleißbetrag an. Bezogene Verschleiß-Meßgrößen ergeben sich aus der mathematischen Ableitung des Verschleißbetrages nach einer Bezugsgröße, wie der Beanspruchungsdauer, dem Beanspruchungsweg, dem Durchsatz oder gegebenenfalls auch anderen geeigneten Größen. Indirekte Verschleiß-Meßgrößen geben die Zeit an, in welcher ein verschleißendes Bauteil oder Tribosystem seine Funktionsfähigkeit verliert.

Schmierung

Die Schmierung beschreibt die Wirkung des Schmierstoffs in der Reibstelle und verfolgt das Ziel, durch den Einsatz von Schmierstoff Reibung und Verschleiß zu vermindern. Dabei können je nach Beanspruchung auch weitere Forderungen an die Funktion gestellt werden, wie Wärmeabfuhr, Schutz der Oberflächen, Abfuhr von Verschleiß- und Fremdstoffpartikeln oder Abdichtung der Lagerstelle. Durch die Anwendung von Schmierstoffen soll der unmittelbare Kontakt der Oberflächen der Reibkörper unterbrochen werden. Die unterschiedlichen Schmierstoffarten sind in Bild 9.6-07 angegeben.

Der Reibungs- bzw. Schmierungszustand beschreibt den Kontakt von Grundkörper und Gegenkörper. Er wird beeinflußt durch die geometrische Gestaltung und Anordnung der Reibpartner, insbesondere deren Oberflächenrauheit, durch die Schmierstoffviskosität, die Relativgeschwindigkeit und die Belastung. Die klassische Stribeck-Kurve zeigt den Verlauf

Tribologische Wirkungen 441

Schmierstoffe

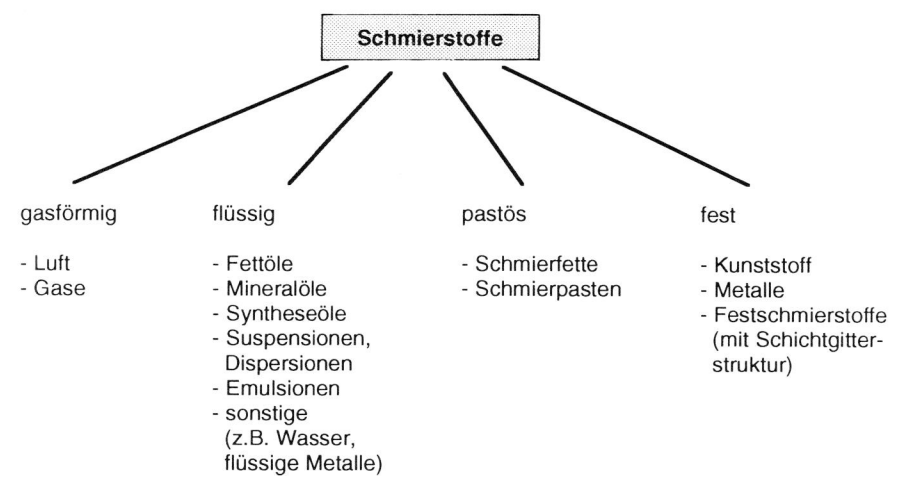

gasförmig
- Luft
- Gase

flüssig
- Fettöle
- Mineralöle
- Syntheseöle
- Suspensionen, Dispersionen
- Emulsionen
- sonstige (z.B. Wasser, flüssige Metalle)

pastös
- Schmierfette
- Schmierpasten

fest
- Kunststoff
- Metalle
- Festschmierstoffe (mit Schichtgitterstruktur)

Bild 9.6-07 Schmierstoffarten

der Reibungszahl f in Abhängigkeit von der Relativgeschwindigkeit v, in Bild 9.6-08 für hydrodynamische Schmierung mit Kennzeichnung der Reibungs- und Schmierungszustände in Abhängigkeit von der Drehzahl.

Im Bereich der Festkörperreibung (Grenzschmierung) haben die Reibkörper intensiven Kontakt. Sie sind mit einer Adsorptionsschicht aus Schmierstoffmolekülen bedeckt, die Belastung wird vollständig von den kontaktierenden Rauheitshügeln der Kontaktpartner aufgenommen, die Reibpartner unterliegen sehr hohem Verschleiß.

Bei der Mischreibung (Teilschmierung) haben die Oberflächen teilweise Kontakt und sind noch nicht vollständig durch einen elastohydrodynamisch oder hydrodynamisch erzeugten

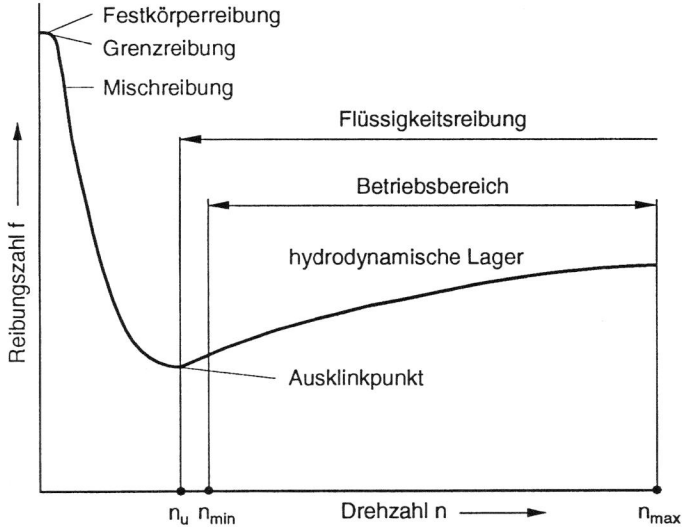

Bild 9.6-08 Stribeck-Kurve

Schmierfilm getrennt. Die Belastung wird teilweise vom Schmierfilm und zum anderen Teil von den sich noch berührenden Rauheitshügeln aufgenommen. Der Verschleiß liegt in meist zulässigen Grenzen.

Die Flüssigkeitsreibung (Vollschmierung) ist gekennzeichnet durch die vollständige Trennung der Reibkörper durch einen Schmierfilm. Ein hydrodynamischer Schmierfilm bildet sich vor allem bei ölgeschmierten konformen Kontakten wie Gleitlagern aus. Er läßt sich durch die von Reynolds entwickelte Grundgleichung der hydrodynamischen Schmierung beschreiben. Die elastohydrodynamische (EHD) Schmierung wird auf hochbelastete kontraforme Kontakte wie Wälzlagerungen, Zahnradpaarungen angewendet. Die EHD-Theorie verbindet die elastische Theorie deformierbarer Körper mit der hydrodynamischen Theorie unter besonderer Berücksichtigung der Abhängigkeit der Schmierstoffviskosität von Temperatur und Druck. Bei Vollschmierung tritt kein abrasiver oder adhäsiver Verschleiß auf.

Während hydrostatische und aerostatische Lager im gesamten Geschwindigkeitsbereich durch den extern erzeugten Schmiermitteldruck im Bereich der Vollschmierung arbeiten, durchlaufen hydrodynamische und aerodynamische Lager mehrere Schmierungszustände. Nach Überwindung der Haftreibung werden die Bereiche der Grenz- und Teilschmierung, gekennzeichnet durch die abnehmende Reibungszahl, durchlaufen. Der Wendepunkt der Kurve markiert den Übergang zur Vollschmierung. Der Anstieg im weiteren Kurvenverlauf wird hauptsächlich durch die innere Reibung des Schmiermittels beeinflußt.

Wirkungen von Reibung und Verschleiß

Stick-slip-Effekte (Ruckgleiten) in Gleitlagerungen haben bei makroskopischer Betrachtung ihre Ursache darin, daß die Gleitpartner durch schwingungsfähige Systeme mit ihrer Umgebung gekoppelt sind, und das Stick-slip-Verhalten eines solchen Systems entscheidend durch die Geschwindigkeitsabhängigkeit der Reibungszahl f bestimmt wird. Häufig tritt Stick-slip auf, wenn die dynamische Reibungszahl kleiner ist als die statische Reibungszahl [6]. Das Ruckgleiten bewirkt nicht nur primär ein ungleichförmiges Bewegungsverhalten des Gegenkörpers, sondern kann sekundär auch im Maschinensystem zu dynamischen Anregungen führen.

Einen weiteren Einfluß auf das Arbeitsverhalten übt die in einem Tribosystem in Wärme umgesetzte Reibungsarbeit aus. Neben der Veränderung des Tribosystems selbst (durch Viskositäts- und Schmierfilmdickenänderung des Schmierstoffs erfolgt eine Beeinflussung der statischen und dynamischen Eigenschaften des Systems sowie eine thermische Dehnung der Reibpartner) werden auch die Umbauteile thermisch belastet. Die thermischen Einflüsse vermindern außerdem die Lebensdauer von Schmierstoffen und Lagerwerkstoffen [7].

Mikroschlupf entsteht in normal- und reibungskraftbelasteten Roll- und Wälzkontakten durch die sich im Hertzschen Kontakt ausbildenden Haft- und Schlupfbereiche. Insbesondere in Reib- und Wälzgetrieben kann Mikroschlupf zu ungleichförmigem (lastabhängigem) Übertragungsverhalten führen.

Typische Schadensentwicklungen infolge Verschleiß sind schematisch in Bild 9.6-09 dargestellt, in dem der Verschleißbetrag in Abhängigkeit von der Beanspruchungsdauer aufgetragen ist [8]. Abbildung a zeigt eine für Gleitbeanspruchung typische Kurve. Nach einem hauptsächlich durch Abrasion und Adhäsion bewirkten Einlaufverschleiß wird ein Beharrungszustand erreicht, der durch einen annähernd linearen Anstieg des Verschleißbetrages gekennzeichnet ist. Wird ein kritischer Wert des Verschleißbetrages überschritten, steigt der Verschleiß häufig progressiv bis zum Ausfall des Tribosystems. Die in Abbildung b dargestellte Kurve ist für Wälzlager zutreffend, wenn sie durch Oberflächenzerrüttungsprozesse geschädigt werden. Erst nach einer längeren Inkubationszeit entstehen Grübchen, die als Verschleiß meßbar sind, und im allgemeinen zum Ausfall des Lagers führen.

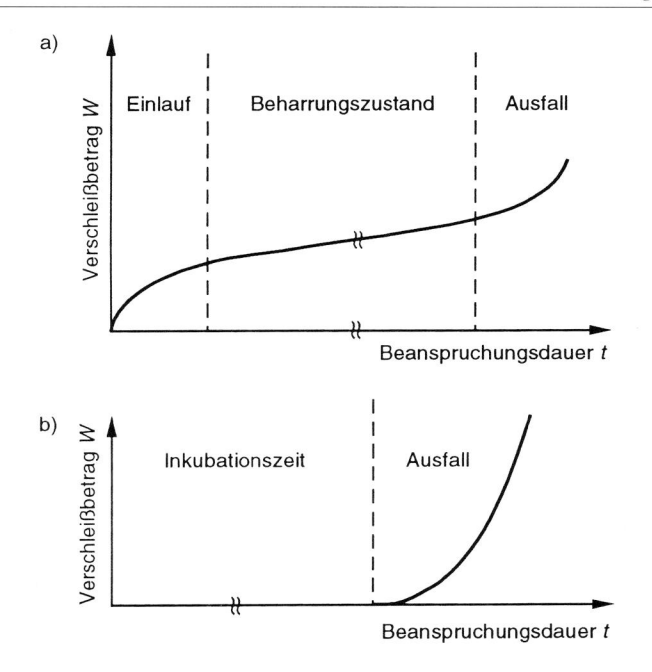

Bild 9.6-09 Verschleiß in Abhängigkeit von der Beanspruchungsdauer [8]

Primär wird durch den fortschreitenden Materialverlust aus der Oberfläche der Reibpartner deren Geometrie verändert und als Folge sowohl die geometrische Genauigkeit als auch die Funktionsgenauigkeit des Tribosystems selbst und damit der gesamten technischen Konstruktion beeinflußt.

Als sekundäre Erscheinungen können auftreten:
– Veränderung der statischen und dynamischen Eigenschaften durch Spielvergrößerung in Lagern und Führungen,
– steigende thermische Belastung durch Erhöhung der Reibungszahl,
– selbsterregte Schwingungen beispielsweise durch Überrollen von Grübchen oder Verschleißteilchen in der Laufbahn eines Wälzlagers,
– Verringerung der Bauteilfestigkeit (Rißbildung, Querschnittsverringerung, Gefügeveränderung),
– Schmierstoffschädigung durch Verunreinigung, thermische Belastung (Oxidation) und
– Zerstörung der Vollschmierung durch Aufrauhung der Oberfläche.

Bei der Mangelschmierung arbeitet das Tribosystem aufgrund einer zu geringen Schmierstoffmenge im Gebiet der Mischreibung. Dies kann zu erhöhtem Verschleiß durch Abrasion und Adhäsion, verbunden mit Temperaturerhöhungen, beitragen.

Überschmierung, beispielsweise durch eine zu große Fettmenge in einem Wälzlager, erhöht die Walkarbeit und führt zu erhöhten thermischen Belastungen. Kann das Fett nicht verdrängt werden, so kommt es zu einer Überhitzung des Lagers und nachfolgend zu seiner Zerstörung.

Luft im Schmiermittel kann zu einer Luftemulsion führen, in deren Folge sich die Viskosität und Wärmeleitfähigkeit verringert. Oxidationsprozesse können angeregt werden.

Wasser oder Kühlschmiermittel im Schmierfett oder im Öl beschleunigt die Alterung und die Korrosion der Lagerwerkstoffe. Die Schmierfilmbildung wird beeinträchtigt.

Hydro- und aerostatische Systeme arbeiten grundsätzlich im Bereich der Vollschmierung mit vollständiger Trennung der Oberflächen der Reibpartner durch einen flüssigen oder gasförmigen Schmierfilm. Die Reibung wird durch die innere Reibung des Schmiermittels bestimmt. Für die Reibleistung in einem aero- oder hydrostatischen Radiallager gilt [9]:

$$P_f = \frac{\eta \cdot A_f \cdot v^2}{h} \tag{03}$$

P_f Reibleistung,
A_f Reibfläche (Stegfläche),
v Gleitgeschwindigkeit,
η Viskosität des Schmiermittels,
h Lagerspalthöhe.

Da bei störungsfreiem Betrieb kein Festkörperkontakt auftritt, unterliegen solche Lagerungen keinem abrasiven, adhäsiven oder durch Oberflächenzerrütung bedingtem Verschleiß. Der Gefahr tribochemischer Reaktionen kann durch die Wahl geeigneter Lagerwerkstoffe und Schmiermittel mit Korrosionsinhibitoren begegnet werden. Schadens- und Ausfallursachen hydrostatischer und aerostatischer Lager sind hauptsächlich in der Überschreitung der zulässigen Lagerbelastung, Schmiermittelverunreinigung (durch Abrasivstoffe), thermischer Überlastung (durch unzulässige Spaltverengung) sowie in Wartungs- und Bedienungsfehlern (Ölwechselfristen, Trockenlauf, ungenügender Schmiermitteldruck) begründet.

Lagerbauart	Reibungszahl f
Rillenkugellager	0,0015 ... 0,003
Pendelkugellager	0,001 ... 0,003
Schrägkugellager, einreihig	0,0015 ... 0,002
Schrägkugellager, zweireihig	0,0024 ... 0,003
Zylinderrollenlager	0,001 ... 0,003
Zylinderrollenlager, vollrollig	0,002 ... 0,004
Nadellager	0,002
Pendelrollenlager	0,002 ... 0,003
Kegelrollenlager	0,002 ... 0,005
Axial-Rillenkugellager	0,0012
Axial-Pendelrollenlager	0,003
Axial-Zylinderrollenlager	0,004
Axial-Nadellager	0,004

Bild 9.6-10 Reibungszahlen für unterschiedliche Wälzlagerbauarten [14]

Wälzlager werden hauptsächlich als Standardbauelemente angewendet und entsprechend bestehender Normen [10, 11] und Richtlinien der Hersteller [12, 13] für die Erfüllung spezieller Funktionen berechnet und ausgewählt. Die Reibungszahlen für verschiedene Wälzlager sind in Bild 9.6-10 angegeben. Diese Werte gelten für den hydrodynamischen beziehungsweise EHD-Schmierungszustand bei mittlerer Belastung (10 % der dynamischen Tragzahl) und mittleren Drehzahlen (50 % der Nenndrehzahl). Im Anlauf kann die Reibungszahl aufgrund unzureichender Schmierung (Mischreibung) den zwei- bis dreifachen Wert annehmen [14]. Die Betriebstemperatur einer Wälzlagerung kann abgeschätzt werden mit [15]:

$$\vartheta_L = \vartheta_u + \frac{1}{\alpha_{ü} \cdot A}[M_f \cdot \omega - c \cdot \rho \cdot \dot{V}(\vartheta_a - \vartheta_e)] \tag{04}$$

ϑ_L Betriebstemperatur,
ϑ_u Umgebungstemperatur,
ϑ_a Ölaustrittstemperatur,
ϑ_e Öleintrittstemperatur,
$\alpha_{ü}$ Wärmeübergangszahl,
ω Winkelgeschwindigkeit,
$c \cdot \rho$ Wärmekapazität des Öls,
$\dot{V}$ Ölvolumenstrom,
A   wärmeabgebende Fläche,
M_f Reibungsmoment.

Typische Betriebstemperaturen durch Eigenerwärmung von Wälzlagern sind in Bild 9.6-11 angegeben [14]. Die Schmierung besitzt einen entscheidenden Einfluß auf den Verschleiß der Wälzlager. Für den Schmierungszustand ist die spezifische Schmierfilmdicke λ von Bedeutung [2]:

$$\lambda = \frac{h}{\sqrt{\sigma_1^2 + \sigma_2^2}} \tag{05}$$

mit $\sigma = 1,3\ R_a$

und Schmierfilmdicke h entsprechend der elastohydrodynamischen Schmierungstheorie [16]:

$$h = C' \cdot D[LP \cdot N]^{0,74} \tag{06}$$

λ Spezifische Schmierfilmdicke,
σ Rauheitskennwert,
R_a Arithmetischer Mittenrauhwert,
h   Schmierfilmdicke,
C' Konstante,
D   Lageraußendurchmesser,
LP   Schmierstoffparameter in Abhängigkeit von dynamischer Viskosität und Viskositätsdruckkoeffizient,
N   Drehzahldifferenz zwischen Innen- und Außenring.

In Abhängigkeit von der spezifischen Schmierfilmdicke ist mit unterschiedlichen Verschleißmechanismen zu rechnen [17], Bild 9.6-12. Bei $\lambda > 1,5$ sind primär Oberflächenzerrüttungsprozesse (Grübchenbildung) und unterhalb dieses Wertes noch zusätzlich abrasive und adhäsive Verschleißprozesse wirksam. Im allgemeinen wird bei der Dimensionierung von Wälzlagerungen die nominelle oder die modifizierte Lebensdauer nach [11] und [14] als Entscheidungskriterium über die Eignung für eine Konstruktion herangezogen. Dieser Berechnungsmethode liegt zugrunde, daß die Lebensdauer durch Ermüdungsrißbildung begrenzt und eine Erlebenswahrscheinlichkeit im Bereich zwischen 90 und 99 % zu erwarten ist. Eine Aussage über Verschleißbeträge oder Spielvergrößerungen läßt sich dabei nicht ableiten. Die Gebrauchsdauer eines Wälzlagers ist die tatsächlich mögliche Einsatzzeit, in der die geforderte Funktion voll erfüllt wird. Unter ungünstigen Bedingungen kann die Gebrauchsdauer weit unterhalb der berechneten Ermüdungslebensdauer liegen. Eine Mög-

Lagerung	Betriebs-temperatur °C	Lagerung	Betriebs-temperatur °C
Messerwelle einer Hobelmaschine	40	Flächenschleifmaschine	55
Tischbohrmaschine	40	Backenbrecher	60
Horizontalbohrwerk	40	Achslagerung Lokomotiven oder Reisezugwagen	60
Kreissägewelle	40	Hammermühle	60
Blockbrammengerüst	45	Walzenlagerung einer Drahtstraße	65
Drehbankspindel	50		
Karuselldrehbank	50	Vibrationsmotor	70
Zweistelzensägegatter	50	Verseilmaschine	70
Spindel einer Holzfräse	50	Schwingsieb	80
Kalanderwalze einer Papiermaschine	55	Schlägermühle	80
		Schiffspropeller-Drucklager	80
Stützwalzenlagerung von Warmbandstraßen	55	Vibrationswalze	90

Bild 9.6-11   Betriebstemperaturen von Lagern verschiedener Maschinen [14]

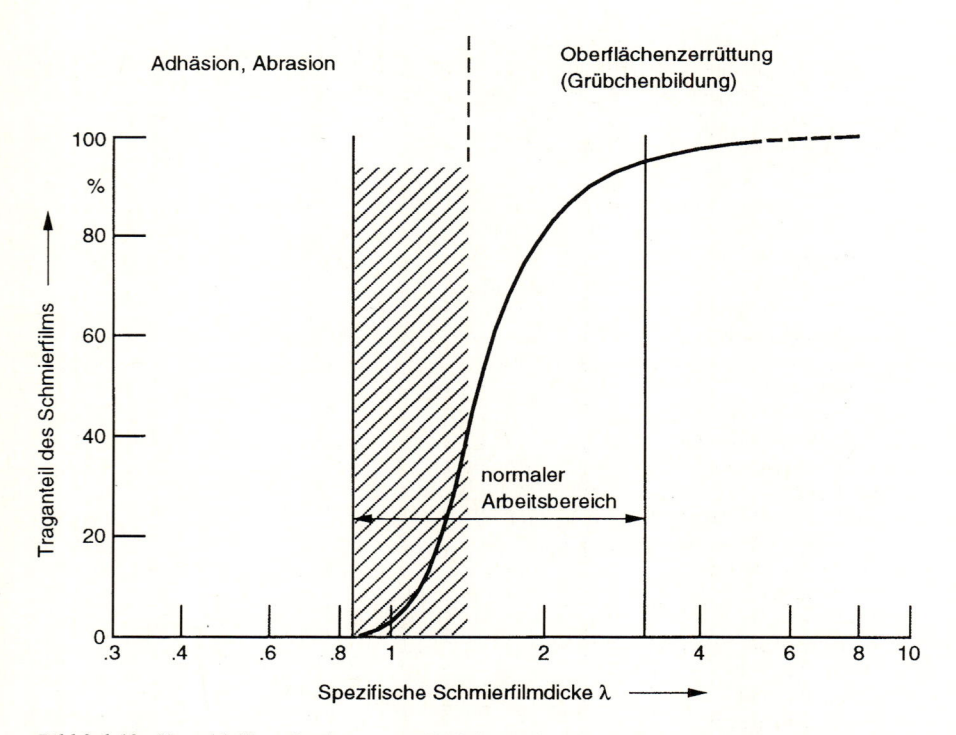

Bild 9.6-12   Verschleißmechanismen von Wälzlagern in Abhängigkeit von der spezifischen Schmierfilmdicke nach Anderson [17]

lichkeit zur Abschätzung der Verschleißlaufzeit bei unterschiedlichen Einsatzfällen wurde nach umfangreichen Untersuchungen entwickelt [18]. Danach kann der Lagerverschleiß, der sich als Spielvergrößerung V auswirkt, bezogen auf eine von der Lagerbohrung d abhängige Konstante e_0, als Verschleißfaktor f_v erfaßt werden:

$$f_v = \frac{V}{e_0}. \tag{07}$$

Die Ergebnisse von Verschleißmessungen sind in Bild 9.6-13 dargestellt. Zueinander gehörende Werte von Verschleißlaufzeit und Verschleißfaktor wurden ursprünglich durch Punkte gekennzeichnet. Jeder dieser Punkte entsprach den gemittelten Verschleißwerten von

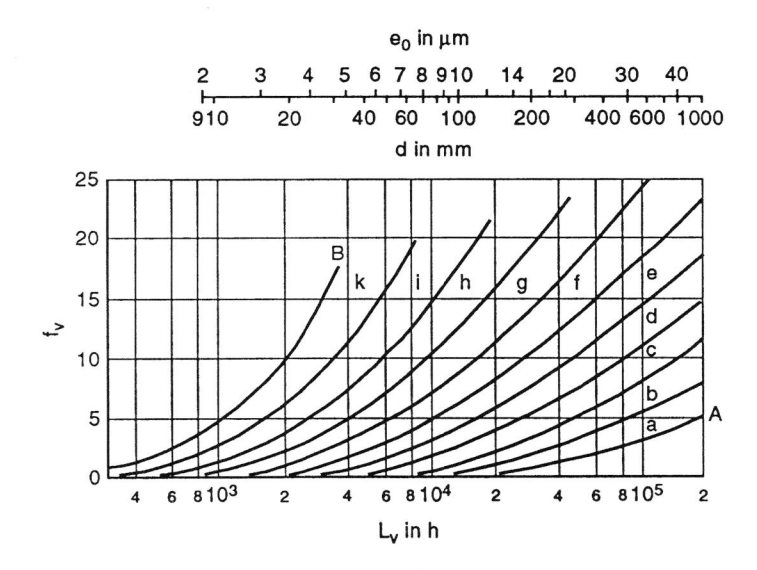

Einbaufall	Betriebsverhältnisse	Verschleißfaktor f_v
Schaltgetriebe Kfz	g-k	5 ... 8
Radlager Kfz	h-i	4 ... 6
Förderwagen	f-h	12 ... 15
Reisezugwagen	c-d	8 ... 12
Getriebe Schienenfahrzeuge	c-d	3 ... 6
E-Serienmotoren	c-d	3 ... 5
Großmotoren	b-d	3 ... 5
Dreh-, Frässpindeln	a-b	0,5 ... 1,5
Werkzeugmasch.- Getriebe	c-d	3 ... 8
Getriebemotoren	d-e	3 ... 8
Großgetriebe	c-d	6 ... 10
Gebläse	f-h	5 ... 8
Kreiselpumpen	d-f	3 ... 5
Verdichter, Kompressoren	d-f	3 ... 5
Backenbrecher	f-g	8 ... 12
Papiermaschinen	b-c	7 ... 10

Bild 9.6-13 Verschleißlaufzeit und Verschleißfaktor in Abhängigkeit von Betriebsverhältnissen a ··· k [19]

Gleitlagerwerkstoff	Anpassungs-fähigkeit	Notlauf-verhalten	Einbett-fähigkeit	Verschleißwiderstand bei Mischreibung	Belastbarkeit	Korrosions-beständigkeit
Blei-Legierungen	1	1	1	4	4	5
Zinn-Legierungen	1	2	2	2	3	3
Kupfer-Zinn-Legierungen	4	5	5	2	2	3
Kupfer-Aluminium-Legierungen	5	5	5	2	2	2
Kupfer-Blei-Legierungen	3	2	3	2	2	4
Aluminium-Zinn-Legierungen	3	3	3	2	2	2

1 sehr gut   2 gut   3 befriedigend   4 mäßig   5 mangelhaft

Bild 9.6-14   Tribologisches Verhalten von metallischen Gleitlagerwerkstoffen [2]

Lagern gleicher Bauform und Größe, die in gleichen Maschinen etwa die gleiche Laufzeit erreicht hatten. Die so erhaltenen Punkte liegen im wesentlichen zwischen den Grenzkurven A und B. Der Bereich zwischen diesen Kurven wurde in zehn Felder (a bis k) unterteilt. Auf diese Weise ist es möglich, das unterschiedliche Verschleißverhalten von Lagern verschiedener Einbaustellen bestimmten Feldern zuzuordnen. Die nahe bei a liegenden Betriebsverhältnisse entsprechen Lagern, deren Umwelt- und Betriebsverhältnisse besonders günstig sind, wie beispielsweise Lager in Werkzeugmaschinenspindeln. Solche Lager sind einer vergleichsweise geringen Verschmutzung ausgesetzt, gut abgedichtet und werden einwandfrei geschmiert und gewartet. Im Gegensatz dazu entsprechen die Lager, die nahe den Betriebsverhältnissen k liegen, solchen Lagern, die unter besonders ungünstigen Bedingungen laufen, wie zum Beispiel Lager in Bau- oder Landmaschinen. Neben den Betriebsbedingungen ist die Größe des Verschleißfaktors in der Tabelle in Bild 9.6-13 eingetragen. Der Verschleißfaktor gibt an, welche Verschleißwerte bei Lagern der entsprechenden Einbaufälle nicht überschritten werden sollten. Bei hohen Anforderungen an die Lagerstelle wird man vom unteren Wert der Spanne ausgehen. Mit diesem Wert läßt sich nun die Verschleißlaufzeit (Gebrauchsdauer) einer Lagerung für eine spezielle Anwendung abschätzen.

Die Dimensionierung betriebssicherer hydrodynamischer Gleitlager kann einschlägigen Normen und Richtlinien entnommen werden [20, 21, 22]. Dabei werden im Berechnungsgang sowohl Reibleistungswerte, als auch Bedingungen für die Verschleißsicherheit ermittelt. Die speziellen Anforderungen an Gleitlagerwerkstoffe nach [23]:
– Anpassungsfähigkeit,
– Notlaufverhalten,
– Verschleißwiderstand (bei Misch- oder Grenzreibung),
– Belastbarkeit,
– Einbettfähigkeit sowie zusätzlich
– Korrosionsbeständigkeit

werden von den metallischen Gleitlagerwerkstoffen unterschiedlich erfüllt, Bild 9.6-14 [2].

Tribometrie

Die Vielfalt der Ausführungsformen von Lagern und Führungen, die im Bereich der Misch- und/oder Grenzreibung arbeiten oder als Trockengleitlager eingesetzt werden, macht eine allgemeingültige Darstellung oder Vorhersage von Reibungs- und Verschleißerscheinungen unmöglich. Bei der Bearbeitung derartiger Problemstellungen sollte von der Systemanalyse [4] ausgehend in Verbindung mit akkumuliertem Erfahrungswissen sowie unter Einbeziehung tribologischer Forschungs- und Untersuchungsmöglichkeiten eine auf die optimale Funktionserfüllung abgestimmte Lösung erarbeitet werden.

Die Ziele von Verschleißprüfungen lassen sich unterteilen in [24]:
– Optimieren von Bauteilen beziehungsweise tribologischen Systemen zum Erreichen einer vorgegebenen, verschleißbedingten Gebrauchsdauer;
– Bestimmung verschleißbedingter Einflüsse auf die Gesamtfunktion von Maschinen bzw. Optimieren von Bauteilen und tribotechnischen Systemen zur Erreichung einer vorgegebenen Funktion;
– Überwachung der verschleißabhängigen Funktionsfähigkeit von Maschinen;
– Vorauswahl von Werkstoffen und Schmierstoffen für praktische Anwendungsfälle;
– Qualitätskontrolle von Werkstoffen und Schmierstoffen;
– Verschleißforschung, mechanismenorientierte Verschleißprüfung;
– Diagnose von Betriebszuständen und
– Schaffung von Daten für die Instandhaltung.

Die tribologische Prüftechnik zur Erreichung dieser Ziele läßt sich in sechs Kategorien einteilen Bild 9.6-15, die in ihrer Abstufung jeweils eine Vereinfachung des Systems bezüglich Beanspruchungskollektiv und/oder Systemstruktur darstellt, [24]. Eine Bewertung der Prüf-

Kategorie	Art des Versuches Beanspruchungskollektiv		Systemstruktur
I	Betriebs- bzw. betriebsähnliche Versuche	Betriebsversuch (Feldversuch)	komplette Maschine/ komplette Anlage
II		Prüfstandsversuch mit kompletter Maschine oder Anlage	komplette Maschine/ komplette Anlage
III		Prüfstandsversuch mit Aggregat oder Baugruppe	komplettes Aggregat/ Baugruppe
IV	Versuche mit Modellsystem	Versuch mit unverändertem Bauteil oder verkleinertem Aggregat	herausgelöste Bauteile/ verkleinertes Aggregat
V		Beanspruchungsähnlicher Versuch mit Probekörpern	Teile mit vergleichbarer Beanspruchung
VI		Modellversuch mit einfachen Probekörpern	einfache Probekörper

Bild 9.6-15 Reduktion eines Tribosystems nach Kategorien der tribologischen Prüfung [24]

Prüfkategorien	Bewertungskriterien						Zielsetzungen				
	Beanspruchung betriebsnah	Struktur betriebsnah	Meßergebnisse repräsentativ bezüglich Erzeugnis	Kosten gering	Prüfzeit kurz	Meßtechnisch gut zugänglich	Lebensdauerermittlung	Funktionsoptimierung	Werkstoffvorauswahl	Verschleißforschung	Qualitätskontrolle
I	+++	+++	++	−	−	−	+++	−	−	−	−
II	+++	+++	+++	+	+	+	+++	+	−	−	−
III	++	+++	++	++	++	++	+	+++	++	+	+
IV	+	++	++	+++	++	++	−	+++	+++	++	+++
V	+	+	+	+++	+++	+++	−	+	+++	+++	+++
VI	−	−	−	+++	+++	+++	−	−	++	+++	+++

Zeichen	Realisierung
+++	sehr gut
++	gut
+	befriedigend
−	unbefriedigend

Bild 9.6-16 Bewertung der sechs Prüfkategorien [24]

kategorien nach der Erfüllung der Zielstellung und spezieller Bewertungskriterien wird in Bild 9.6-16 gegeben [25]. Welche der Kategorien für die Lösung eines speziellen tribologischen Problems angewendet wird, sollte nach einer genauen Analyse erfolgen. Jede von der Kategorie I abweichende Prüfung stellt eine Vereinfachung dar und ist mit immer größeren Unsicherheiten bezogen auf das reale System verbunden. Die Nutzung der Vorteile der einzelnen Prüfkategorien kann erreicht werden, indem die Messungen in einer „Prüfkette" erfolgen [25]. Innerhalb einer Prüfkette müssen beim Übergang von einer Kategorie zur anderen folgende Korrelationsprüfungen durchgeführt werden:

- Vergleich der Verschleißerscheinungsformen beziehungsweise Verschleißmechanismen;
- Vergleich von Verschleißraten;
- Vergleich von Bewährungsfolgen von Werkstoffen, Schmierstoffen, konstruktiven Varianten [26].

Die Prüfkette muß für jeden speziellen Verschleißfall entwickelt und durch die Korrelationsprüfung abgesichert werden.

In der Laborprüftechnik wird eine Vielzahl unterschiedlicher Tribometer zur Reibungs- und Verschleißforschung sowie zur Verschleißprüfung und für die Vorauswahl von Werkstoffen

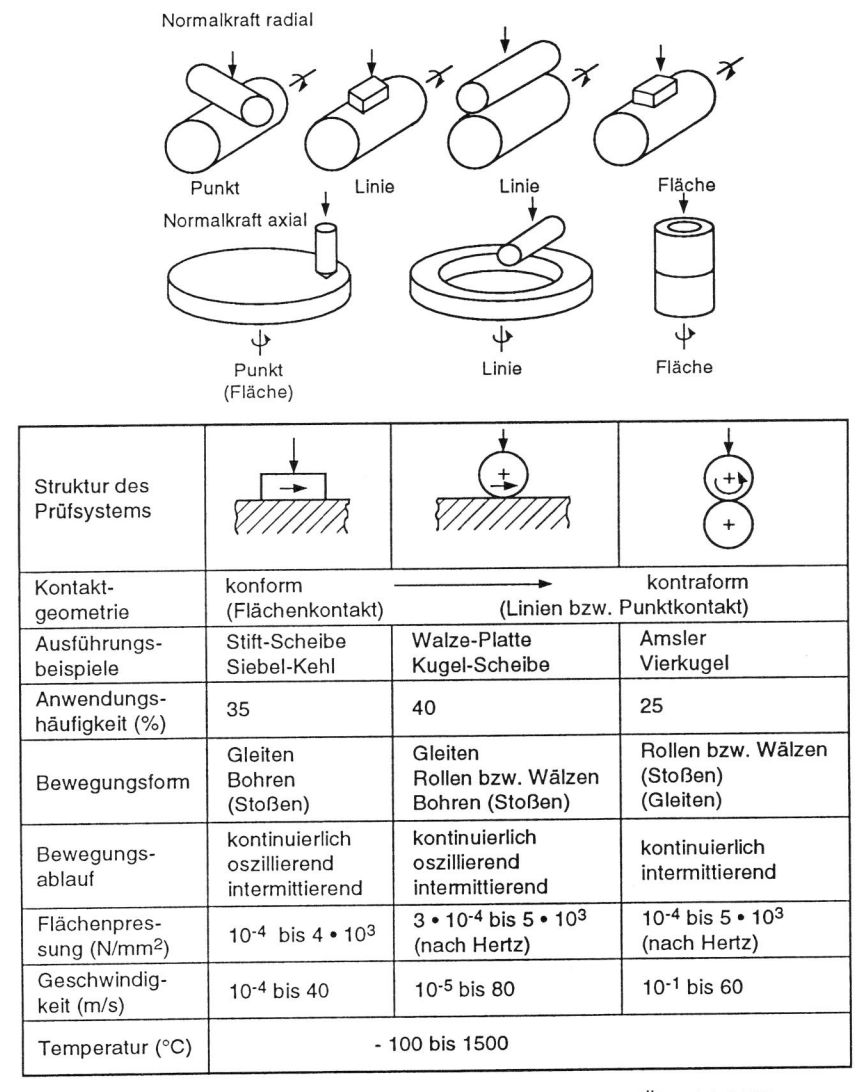

Struktur des Prüfsystems			
Kontaktgeometrie	konform (Flächenkontakt)	→ kontraform (Linien bzw. Punktkontakt)	
Ausführungsbeispiele	Stift-Scheibe Siebel-Kehl	Walze-Platte Kugel-Scheibe	Amsler Vierkugel
Anwendungshäufigkeit (%)	35	40	25
Bewegungsform	Gleiten Bohren (Stoßen)	Gleiten Rollen bzw. Wälzen Bohren (Stoßen)	Rollen bzw. Wälzen (Stoßen) (Gleiten)
Bewegungsablauf	kontinuierlich oszillierend intermittierend	kontinuierlich oszillierend intermittierend	kontinuierlich intermittierend
Flächenpressung (N/mm²)	10^{-4} bis $4 \cdot 10^3$	$3 \cdot 10^{-4}$ bis $5 \cdot 10^3$ (nach Hertz)	10^{-4} bis $5 \cdot 10^3$ (nach Hertz)
Geschwindigkeit (m/s)	10^{-4} bis 40	10^{-5} bis 80	10^{-1} bis 60
Temperatur (°C)	- 100 bis 1500		

Bild 9.6-17 Struktur und Kenndaten tribologischer Meß- und Prüfanordnungen (Übersicht) [2]

und Schmierstoffen für praktische Anwendungen eingesetzt (Prüfkategorie V und VI). Diese Geräte, die mit größtenteils einfachen Prüfkörper- und Kontaktgeometrien arbeiten, können entsprechend ihrer Struktur geordnet werden, Bild 9.6-17. Mit diesen Tribometern lassen sich, im Gegensatz zu den anderen Prüfkategorien, das Tribosystem und die tribologische Beanspruchung eindeutig beschreiben sowie die tribologischen Meßgrößen relativ einfach ermitteln. Bild 9.6-18 zeigt die Parametergruppen der Tribometrie [2].

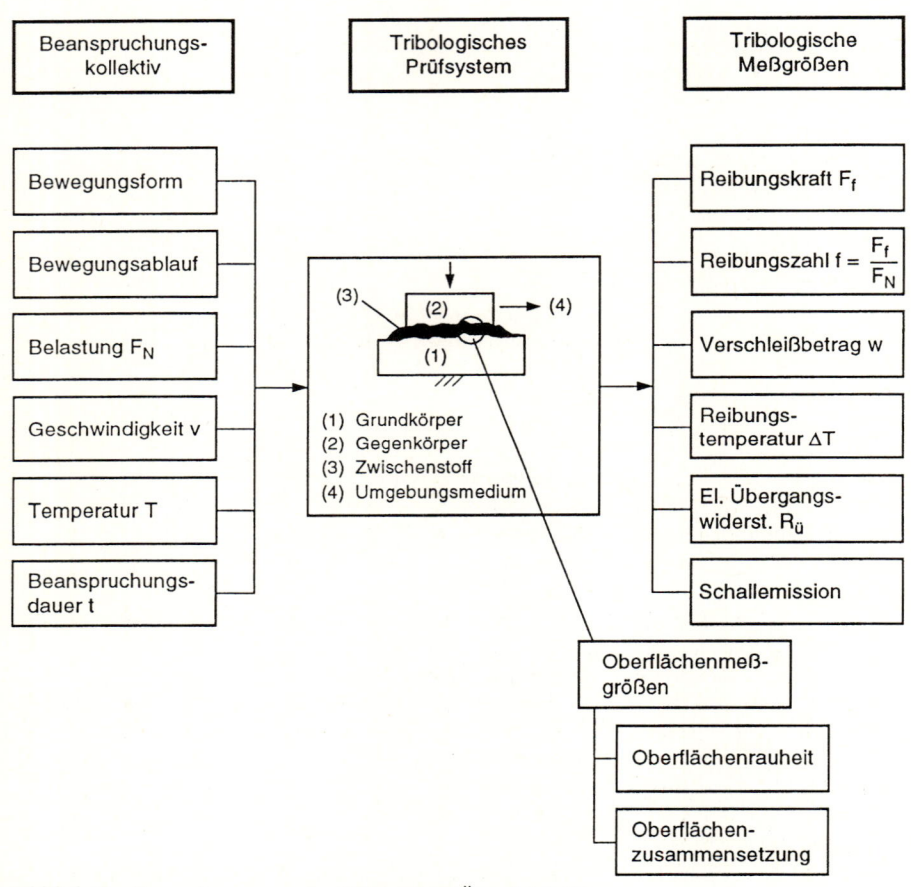

Bild 9.6-18 Parametergruppen der Tribometrie (Übersicht) [2]

Verminderung von Verschleiß
Durch die Vielzahl tribologischer Beanspruchungen, möglicher Systemstrukturen und der daraus resultierenden Verschleißarten und -mechanismen können allgemein zutreffende Maßnahmen zur Verschleißminderung nicht angegeben werden. Es ist vielmehr notwendig, die spezielle Systemstruktur, die tribologischen Beanspruchungen sowie die tribologisch relevanten Eigenschaften der Reibpartner, des Zwischenstoffes und der Umgebungsbedingungen genau zu analysieren.

Aus der Analyse lassen sich gegebenenfalls schon innerhalb des Konstruktionsprozesses unter Beachtung der technischen Funktion Maßnahmen zur Verschleißminderung ableiten. Im folgenden werden prinzipielle Möglichkeiten angeführt [2]:

1. Wandlung des Tribokontaktes durch Ersatz:
   – Fluide, Gas,
   – elastische Festkörper,
   – Aktoren.
2. Beeinflussung des Beanspruchungskollektivs durch Modifikation von:
   – Kinematik,
   – Belastung und Flächenpressung,
   – thermischem Verhalten und Temperatur,
   – Beanspruchungsdauer.
3. Beeinflussung der Systemstruktur durch:
   – konstruktive Maßnahmen,
   – werkstofftechnische Maßnahmen,
   – schmierungstechnische Maßnahmen.

Darüber hinaus lassen sich zur Beeinflussung der einzelnen Verschleißmechanismen folgende Gesichtspunkte anführen [8]:

Abrasion:
– Härte des beanspruchten Werkstoffes mindestens um den Faktor 1,3 größer als die Härte des Gegenkörpers,
– harte Phasen, z. B. Carbide in zäher Matrix,
– wenn das angreifende Material härter als der Werkstoff ist: zäher Werkstoff.

Oberflächenzerrüttung:
– Werkstoffe mit hoher Härte und hoher Zähigkeit,
– homogene Werkstoffe (z. B. Wälzlagerstahl),
– Druckeigenspannungen in den Oberflächenzonen (durch Aufkohlen, Nitrieren).

Adhäsion:
– Schmierung,
– Vermeiden von Überbeanspruchungen, durch welche der Schmierfilm und die Adsorptions- und Reaktionsschichten von Werkstoffen durchbrochen werden,
– Verwendung von Schmierstoffen mit EP-Additiven,
– Vermeidung der Werkstoffpaarung Metall/Metall; statt dessen: Kunststoff/Metall, Keramik/Metall, Kunststoff/Kunststoff, Keramik/Keramik, Keramik/Kunststoff,
– bei Metall/Metall: keine kubisch flächenzentrierte, sondern kubisch raumzentrierte und hexagonale Metalle; Werkstoffe mit heterogenem Gefüge,
– Oberflächenbeschichtung, Oberflächenbehandlung.

Tribochemische Reaktionen:
– keine Metalle, höchstens Edelmetalle; statt dessen Kunststoffe und keramische Werkstoffe,
– formschlüssige anstelle von kraftschlüssigen Verbindungen,
– Zwischenstoffe und Umgebungsmedium ohne oxidierende Bestandteile,
– hydrodynamische Schmierung.

Die Optimierung tribologischer Systeme erhält eine zentrale Bedeutung hinsichtlich der Verminderung reibungs- und verschleißbedingter Energie- und Stoffverluste sowie der Erhaltung der Funktionsqualität von Maschinensystemen. Dabei besteht jedoch die Schwierigkeit, die tribologischen Wirkungen in ihren komplexen Erscheinungsformen und ihren quantitativen sowie zeitlichen Abläufen auf Grund der stochastischen Natur der zugrundeliegenden Elementarprozesse genau zu bestimmen.

Literatur zu Kapitel 9.1

[1] *Spur, G.:* Optimierung des Fertigungssystems Werkzeugmaschine. Carl Hanser Verlag, München, Wien 1972
[2] *Saljé, E.:* Elemente der spanenden Werkzeugmaschinen. Carl Hanser Verlag, München 1968
[3] *Masing, W.:* Handbuch der Qualitätssicherung. 2. Aufl., Carl Hanser Verlag, München 1988.

Literatur zu Kapitel 9.2

[1] *DIN 1319 Teil 1:* Grundbegriffe der Meßtechnik: Begriffe für die Meßunsicherheit und für die Beurteilung von Meßgeräten und Meßeinrichtungen. Beuth-Verlag, Berlin 01/1995
[2] *Schrüfer, E.:* VDI-Lexikon. Meß- und Automatisierungstechnik. VDI Verlag, Düsseldorf, 1992.
[3] *DIN 861 Teil 1:* Parallelendmaße, Meßschnäbel, Endmaßhalter; Parallelendmaße; Begriffe, Ausführung, zulässige Abweichungen. Beuth-Verlag, Berlin 01/1980
[4] *DIN 862:* Meßschieber; Anforderungen, Prüfung. Beuth-Verlag, Berlin 12/1988
[5] *DIN 2250 Teil 2:* Gutlehrringe und Einstellringe. Beuth-Verlag, Berlin 11/1989
[6] *DIN 863 Teil 1:* Meßschrauben; Bügelmeßschrauben; Begriffe, Anforderungen, Prüfung. Beuth-Verlag, Berlin 10/1983
[7] *DIN 874:* Lineale; Flachlineale aus Stahl, Haarlineale; Maße, Technische Lieferbedingungen. Beuth-Verlag, Berlin 08/1973
[8] *DIN 875:* Winkel 90°; Maße, Technische Lieferbedingungen. Beuth-Verlag, Berlin 03/1981
[9] *DIN 877:* Richtwaagen (Wasserwaagen); Begriffe, Anforderungen, zulässige Abweichungen, Prüfung. Beuth-Verlag, Berlin 06/1986
[10] *DIN 2276:* Neigungsmeßeinrichtungen; Teil 1: Röhrenlibellen; Maße, Anforderungen, Teil 2: Elektronische Neigungsmeßeinrichtungen; Formen, Anforderungen. Beuth-Verlag, Berlin 06/1986
[11] *DIN 878:* Meßuhren. Beuth-Verlag, Berlin 10/1983
[12] *DIN 879:* Feinzeiger mit mechanischer Anzeige. Beuth-Verlag, Berlin 10/1983
[13] *N. N.:* VDI/VDE-Handbuch der Meßtechnik II. Beuth-Verlag, Berlin 07/1990
[14] *DIN 1943:* Wärmetechnische Abnahmeversuche an Dampfturbinen, (VDI-Dampferzeugerregeln). Beuth-Verlag, Berlin 02/1975
[15] *DIN 4341:* Gasturbinen; Abnahmeregeln für Gasturbinen, Grundlagen. Beuth-Verlag, Berlin 08/1979
[16] *DIN 1944:* Abnahmeversuche an Kreiselpumpen, (VDI-Kreiselpumpenregeln). Beuth-Verlag, Berlin 10/1968
[17] *DIN 1945:* Verdrängerkompressoren; Thermodynamische Abnahme- und Leistungsversuche. Beuth-Verlag, Berlin 11/1980
[18] *DIN 4325:* Abnahmeversuche an Speicherpumpen. Beuth-Verlag, Berlin 10/1971
[19] *DIN 28426:* Vakuumtechnik; Abnahmeregeln für Rotationsverdrängervakuumpumpen, Sperr- und Drehschieber- sowie Kreiskolbenvakuumpumpen im Grob- und Feinvakuum. Beuth-Verlag, Berlin 08/1993
[20] *DIN 28427:* Vakuumtechnik; Abnahmeregeln für Diffusionspumpen und Dampfstrahlvakuumpumpen für Treibmitteldrücke kleiner 1 mbar. Beuth-Verlag, Berlin 02/1983
[21] *DIN 28428:* Vakuumtechnik; Abnahmeregeln für Turbomolekularpumpen. Beuth-Verlag, Berlin 11/1978

[22] *DIN 28429:* Vakuumtechnik; Abnahmeregeln für Ionengitterpumpen. Beuth-Verlag, Berlin 08/1985
[23] *DIN 8626:* Werkzeugmaschinen; Senkrecht-Bohrmaschinen, Abnahmebedingungen. Beuth-Verlag, Berlin 01/1976
[24] *Hanrath, G,; Weck, M.:* Abnahme spanender Werkzeugmaschinen in Form einer Fähigkeitsuntersuchung. VDI-Z 136 (1994), Nr. 9, S. 79-83
[25] *Weck, M.:* Abnahme von spanenden Werkzeugmaschinen. VDW Forschungsbericht 0157/1. Mai 1995
[26] *DIN 51300:* Werkstoffprüfmaschinen; Prüfung von Werkstoffprüfmaschinen, Allgemeines. Beuth-Verlag, Berlin 12/1993
[27] *DIN 51220:* Werkstoffprüfmaschinen; Allgemeine Anforderungen. Beuth-Verlag, Berlin 07/1993
[28] *DIN 51302:* Werkstoffprüfmaschinen; Prüfung von Zug-, Druck- und Biegeprüfmaschinen; Grundsätzliche Prüfbedingungen. Beuth-Verlag, Berlin 07/1993
[29] *EN 10002:* Metallische Werkstoffe; Zugversuch. Beuth-Verlag, Berlin 03/1990
[30] *EN 10003:* Metallische Werkstoffe; Härteprüfung nach Brinell. Beuth-Verlag, Berlin 10/1994
[31] *EN 10109:* Metallische Werkstoffe; Härteprüfung-Teil 1: Rockwell-Verfahren. Beuth-Verlag, Berlin 10/1994
[32] *DIN 51305:* Metallische Werkstoffe; Werkstoffprüfung, Prüfung von Härteprüfgeräten nach Vickers. Beuth-Verlag, Berlin 01/1995.

Literatur zu Kapitel 9.3

[1] *Backé; Bäuml u. a.:* Gestaltung der Werkzeugmaschine und deren Elemente. Über die Arbeitsgenauigkeit der Werkzeugmaschinen. Industrie-Anzeiger 87 (1965) 61, S. 1446–1457
[2] *Bargel, H.-J.; Schulze, G.:* Werkstoffkunde. 5. Aufl. VDI-Verlag, Düsseldorf 1988
[3] *Beitz, W.; Ebert, K.-A. u. a.:* Dubbel: Taschenbuch für den Maschinenbau. Mechanische Konstruktionselemente. 17. Aufl. Springer Verlag, Berlin 1990
[4] *Collatz, L.:* The Numerical Treatment of Differential Equations. Springer Verlag, Berlin 1960
[5] *DIN 8601:* Abnahmebedingungen für Werkzeugmaschinen für die spanende Bearbeitung von Metallen. Beuth-Verlag, Berlin 1986
[6] *DIN 8620:* Abnahmebedingungen für Werkzeugmaschinen für die spanende Bearbeitung von Metallen. Beuth-Verlag, Berlin 1994
[7] *Eckstein, R.:* Beurteilung der statischen Last-Verformungseigenschaften von Werkzeugmaschinen mit Hilfe der quasistatischen Meßtechnik. Fortschritt-Berichte VDI 154. Dissertation RWTH Aachen 1987
[8] *Herberg, F.:* Einsatz von Klebemitteln und Füllstoffen zur Verbesserung der statischen und dynamischen Eigenschaften verschraubter Fügestellen. VDW-Bericht 0140, 4/1985
[9] *Kersten, A.:* Geometrisches Verhalten von Werkzeugmaschinen unter statischer und thermischer Last. Dissertation RWTH Aachen 1983
[10] *Milberg, J.:* Werkzeugmaschinen-Grundlagen. Zerspantechnik, Dynamik, Baugruppen, Steuerungen. Springer Verlag, Berlin 1992
[11] *Opitz, H.; Dregger, U.; Geiger, G.; Rehling, E.:* Untersuchungen über das Verhalten von Schwerwerkzeugmaschinen unter statischer und dynamischer Belastung. Forschungsbericht. Westdeutscher Verlag, Köln 1967

[12] *Saljé, E.:* Elemente der spanenden Werkzeugmaschinen. Carl Hanser Verlag, München 1968

[13] *Schaible, B.:* Ermittlung des statischen und dynamischen Verhaltens insbesondere der Dämpfung von verschraubten Fugenverbindungen für Werkzeugmaschinen. Dissertation TU München 1976

[14] *Schlesinger, G.:* Prüfbuch für Werkzeugmaschinen. Die Arbeitsgenauigkeit der Werkzeugmaschinen. 6. Aufl., den Boer Verlag, Middelburg 1955

[15] *Schneider, M.:* Statisches und dynamisches Verhalten beim Einsatz linearer Schienenführungen auf Wälzlagerbasis im Werkzeugmaschinenbau. Carl Hanser Verlag, München, Wien 1991

[16] *Spur, G.:* Optimierung des Fertigungssystems Werkzeugmaschine. Carl Hanser, München 1972

[17] *Spur, G.; Holstein, W.; Wunsch, U. E.:* Hochleistungsverbundwerkstoffe im Maschinenbau. ZwF 79 (1984) 10, S. 511–515

[18] *Spur, G.; Rudolph, U.:* Reserven nutzen. Bauteile aus Faserverbundkunststoff erhöhen die Belastbarkeit von Spannfuttern. Maschinenmarkt Würzburg 100 (1994) 38, S. 72–76

[19] *Szabó, I.:* Einführung in die Technische Mechanik. 8. Aufl. Springer Verlag, Berlin 1984

[20] *Thurat, B.:* Maschine-Fundament-Baugrund. Bestimmung des Gesamtverhaltens bei statischer und dynamischer Beanspruchung, gezeigt am Beispiel von Werkzeugmaschinen. VDI-Verlag, Düsseldorf, Dissertation 1980

[21] *Weck, M.; König, W.; Eversheim, W.:* Geometrisches und kinetisches Verhalten von Werkzeugmaschinen. Fertigungstechnik. Industrieanzeiger 64 (1980), S. 19–26

[22] *Weck, M.:* Werkzeugmaschinen-Fertigungssysteme. Bd. 2. VDI Verlag, Düsseldorf 1991

[23] *Weck, M.:* Werkzeugmaschinen-Fertigungssysteme. Bd. 4. VDI Verlag, Düsseldorf 1992.

Literatur zu Kapitel 9.4

[1] *Spur, G.:* Optimierung des Fertigungssystems Werkzeugmaschine. Carl Hanser, München 1972

[2] *Perovic, B.:* Werkzeugmaschinen, Berechnungsgrundlagen und Gestaltung in den spangebenden Verfahren. Friedr. Viehweg & Sohn, Braunschweig/Wiesbaden 1984

[3] *Weck, M.:* Werkzeugmaschinen Fertigungssysteme. Bd. 4: Meßtechnische Untersuchung und Beurteilung. VDI-Verlag GmbH, Düsseldorf 1992

[4] *Schneider, M.:* Statisches und dynamisches Verhalten beim Einsatz linearer Schienenführungen auf Wälzlagerbasis im Werkzeugmaschinenbau. Hanser, München 1991

[5] *Holzweißig, F. ; Dresig, H.:* Lehrbuch der Maschinendynamik. 4. Aufl., Fachbuchverlag, Leipzig-Köln 1994

[6] *Waller, H.; Schmidt, R.:* Schwingungslehre für Ingenieure: Theorie, Simulation, Anwendungen. BI-Wiss.-Verl., Mannheim; Wien; Zürich 1989

[7] *Rumpel, G.; Sondershausen, H. D.:* Dubbel: Taschenbuch für den Maschinenbau. Festigkeitslehre. 16. Aufl., Springer, Berlin 1987

[8] *Kunkel, H.:* Untersuchungen über das statische und dynamische Verhalten verschiedener Spindel-Lager-Systeme in Werkzeugmaschinen. Diss., RWTH Aachen 1966.

[9] *Kettner, H.:* Dynamische Untersuchungen an Werkzeugmaschinengestellen. Diss., TH Berlin 1938.

[10] *Beckenbauer, K.:* Entwicklung und Einsatz eines aktiven Dämpfers zur Verbesserung des dynamischen Verhaltens von Werkzeugmaschinen. Diss., RWTH Aachen 1964.
[11] *Stiefenhofer, R.:* Beitrag zur Berechnung des Einflusses der Aufstellung auf das dynamische Verhalten von Werkzeugmaschinen. Diss., TU München 1977.

Literatur zu Kapitel 9.5

[1] *Bickersteth, R.:* Temperature adjustment for industrial standards of length. Machinery (1929) 7. Feb.
[2] *Brockmann, H.-J.:* Thermodynamik, in Dubbel: Taschenbuch für den Maschinenbau (Beitz; Küttner, Hrsg.). 16. Aufl. Springer Verlag, Berlin, Heidelberg, New York 1987
[3] *Bryan, J.:* Thermal Errors. Annals of the CIRP, Vol. 39/2/1992. Hallwag Verlag, Bern, Stuttgart
[4] *Bryan, J.; McClure, E.:* Heat versus Tolerances. American Machinist 111 (1967) Nr. 12, 5. Juni, S. 149–156
[5] *Czichos, H.:* Hütte (Czichos, H. Hrsg.): Die Grundlagen der Ingenieurwissenschaften. 29. Aufl. Springer Verlag, Berlin, Heidelberg, New York 1989
[6] *de Haas, P.:* Thermisches Verhalten von Werkzeugmaschinen unter besonderer Berücksichtigung von Kompensationsmöglichkeiten. Dissertation TU Berlin 1975
[7] *DIN V 8602 T1:* Verhalten von Werkzeugmaschinen unter statischer und thermischer Beanspruchung. Beuth Verlag, Berlin 1990
[8] *Eckert, E.:* Wärme- und Stoffaustausch. 3. Aufl. Springer Verlag, Berlin 1966
[9] *Fischer, H.:* Beitrag zur Untersuchung des thermischen Verhaltens von Bohr- und Fräsmaschinen. Dissertation TU Berlin 1970
[10] *Gerloff, H.:* Beitrag zum Einsatz von Reaktionsharzen in Werkzeugmaschinen. Dissertation TU Braunschweig 1989
[11] *Gräfen, H. (Hrsg.):* VDI-Lexikon Werkstofftechnik. VDI-Verlag, Düsseldorf 1993
[12] *Heise, J.:* Thermische Stabilisierung von Hauptspindeln in Werkzeugmaschinen. Dissertation TU Berlin, Reihe Produktionstechnik – Berlin. Band 59. Hanser Verlag, München, Wien 1987
[13] *Heisel, U.:* Ausgleich thermischer Deformationen an Werkzeugmaschinen. Dissertation TU Berlin, Reihe Produktionstechnik – Berlin. Band 10. Hanser Verlag, München, Wien 1980
[14] *Hoffmann, E.:* Konvektiver Wärmeübergang an arbeitsseitigen Spindelstockwänden. Dissertation TU Berlin, Reihe Produktionstechnik – Berlin. Band 66. Hanser Verlag, München, Wien 1988
[15] *Paluncic, Z.:* Minimierung thermisch bedingter axialer Spindelverformungen. Dissertation TU Berlin, Produktionstechnik – Berlin. Band 83. Hanser Verlag, München, Wien 1990
[16] *Mayer, E.:* Die Infrarot-Foto-Thermometrie. Dissertation TU Berlin 1965
[17] *Saechtling, H.:* Kunststoff-Taschenbuch. 24. Ausg. Hanser Verlag, München, Wien 1989
[18] *Spur, G.:* Optimierung des Fertigungssystems Werkzeugmaschine. Hanser Verlag, München 1972
[19] *Weck, M.:* Werkzeugmaschinen. Bd. 2.: Konstruktion und Berechnung. VDI-Verlag, Düsseldorf 1988
[20] *Weck, M.; Schäfer, W.:* Verbesserte Modellbildung für FE-Temperaturfeld- und Verformungsberechnungen. Konstruktion 44 (1992) 10, S. 333–337
[21] *Zawistowski, F.:* Temperaturgeregelte Werkzeugmaschinen. Microtecnic 19 (1965) 6, S. 336–340.

Literatur zu Kapitel 9.6

[1] *DIN 50323 Teil 1:* Tribologie; Begriffe. Beuth-Verlag GmbH, Berlin, November 1988
[2] *Czichos, H.; Habig, K.-H.:* Tribologie-Handbuch. Reibung und Verschleiß. Systemanalyse, Prüftechnik, Werkstoffe und Konstruktionselemente. Vieweg Verlag, Braunschweig, Wiesbaden 1992
[3] *DIN 50323 Teil 3:* Tribologie; Reibung; Begriffe, Arten, Zustände, Kenngrößen. Beuth-Verlag GmbH, Berlin, Dezember 1993
[4] *DIN 50320:* Verschleiß; Begriffe, Systemanalyse von Verschleißvorgängen, Gliederung des Verschleißgebietes. Beuth-Verlag, Berlin, Dezember 1979
[5] *Münnich, H.:* Tribologie der Maschinenelemente. Schmierungstechnik und Tribologie 22 (1975) 1, S. 3–6
[6] *Czichos, H.; u. a.:* Reibung und Verschleiß von Werkstoffen, Bauteilen und Konstruktionen. Expert-Verlag, Grafenau 1982
[7] *Pittroff, H.:* Die Temperatur, eine tribotechnische Kenngröße für den Schmiervorgang. VDI-Z 118 (1976) 5, S. 207–216
[8] *Habig, K.-H.:* Grundlagen des Verschleißes unter besonderer Berücksichtigung der Verschleißmechanismen. In: Reibung und Verschleiß von Werkstoffen, Bauteilen und Konstruktionen (Czichos, Hrsg.). Expert-Verlag, Grafenau 1982
[9] *Petrov, N.:* Reibung in Maschinen und die Wirkung des Schmiermittels (russ). Journal für das Ingenieurwesen St. Petersburg (1883) S. 71–140, 228–279, 377–436, 535–564
[10] *DIN ISO 76:* Wälzlager; Statische Tragzahlen. Beuth-Verlag GmbH, Berlin, Oktober 1988
[11] *DIN ISO 281:* Wälzlager; Dynamische Tragzahlen und nominelle Lebensdauer. Beuth-Verlag GmbH, Berlin, Februar 1972
[12] *N. N.:* Genauigkeitslager. SKF GmbH, Druckschrift 3700 T, Schweinfurt 1987
[13] *N. N.:* Wälzlager. INA Wälzlager Schaeffler KG, Druckschrift 305, Herzogenaurach 1990
[14] *N. N.:* GfT-Arbeitsblatt 3; Wälzlagerschmierung. Gesellschaft für Tribologie e.V. (Hrsg.). Beuth-Verlag GmbH, Berlin, Mai 1993
[15] *Wächter, K.:* Konstruktionslehre für Maschineningenieure. VEB Verlag Technik, Berlin 1988
[16] *Winer, W. O.; Cheng, H. S.:* Film thickness, contact stress and surface temperatures, in Wear Control Handbook. American Society of Mechanical Engineers, New York 1980
[17] *Anderson, W. J.:* Rolling-element Bearings. In: Tribology-Friction, Lubrication and Wear. Hemisphere Publishing Corporation, Washington, New York, London 1980
[18] *Eschmann, P.; Hasbargen, L.; Weigand, K.:* Die Wälzlagerpraxis: Handbuch für die Berechnung und Gestaltung von Lagerungen. Oldenbourg Verlag, München, Wien 1978
[19] *Peeken, H.:* Wälzlagerungen. In: Dubbel, Taschenbuch für den Maschinenbau (Beitz; Küttner, Hrsg.). 17. Auflage. Springer-Verlag, Berlin, Heidelberg, New York 1990
[20] *DIN 31652:* Gleitlager; Hydrodynamische Radial-Gleitlager im stationären Betrieb. Beuth-Verlag GmbH, Berlin, Februar 1983
[21] *DIN 31653:* Gleitlager; Hydrodynamische Axial-Gleitlager im stationären Betrieb. Beuth-Verlag GmbH, Berlin, Juli 1986
[22] *VDI 2204 Blatt 2:* Auslegung von Gleitlagerungen; Berechnung. VDI-Verlag GmbH, Düsseldorf, September 1992
[23] *DIN 50282:* Gleitlager; Das tribologische Verhalten von metallischen Gleitlagerwerkstoffen. Beuth-Verlag GmbH, Berlin, Februar 1979
[24] *DIN 50322:* Verschleiß; Kategorien der Verschleißprüfung. Beuth-Verlag GmbH, Berlin, März 1986

[25] *Heinz, R.:* Betriebs- und Laborprüftechniken für reibungs- und verschleißbeanspruchte Bauteile. In: Reibung und Verschleiß von Werkstoffen, Bauteilen und Konstruktionen (Czichos, Hrsg.). Expert-Verlag, Grafenau 1982
[26] *Heinke, G.:* Verschleiß – eine Systemeigenschaft. Auswirkungen auf die Verschleißprüfung. Zeitschrift für Werkstofftechnik 6 (1975) 5, S. 164.

Stichwortverzeichnis

A

Abbremsen 287
Abnahmegenauigkeit 38, 374
Abnahmeprüfung 379
Abrasion 438
Abstandsgenauigkeit 315
Abweichung 374
– zeitbezogene 269, 279
Achsabstand 166
Achslagenabweichung 178
Adaptivsystem 326
Adhäsion 438
Ähnlichkeitsteile 90
Allgemeintoleranzen 96
Aluminium-Gußlegierungen 78
Amplitudengang 403 f.
Anlagen 15
Anlaufvorgang,
  Genauigkeit 283
Anlaufvorgänge 280
Anordnungsfehler 353
Anpassungsprogramm 337
Anstände 37
Antriebsabweichung 264
Antriebsstrecken,
  inverse Modelle 366
Apparate 14
Approximationsverfahren 189
Arbeit
  – Genauigkeit 40, 42 f., 325, 370
  – Information 326
  – Maschinen 12 f.
  – Prozeß 42
  – System 324
  – System, automatisiertes 331
  – System, handwerkliches 331
  – System, mechanisiertes 331
  – Technik 13, 324
  – Zustand 370
Ausdehnung, thermische 423
Ausdehnungskoeffizient,
  thermischer 55
Ausfall 38
Ausleger 394
Austauschbarkeit
  – unvollständige 229
  – vollständige 227
Austauschbau 227

Auswertemethoden 70
Auswuchten, dynamisches 407
Axialabweichung 291
Axiallager 300
Axialluft 295
Axialring,
  schwimmender 300
Axialruhe 291 f.

B

Bahn 22
– abweichung 363
– bewegung, koordinierte 309
– erzeugung 309
– fehler, absolute 344
– genauigkeit 315 f., 332, 357
– geschwindigkeit 312
– geschwindigkeitsführung 365 f.
– geschwindigkeits-Genauigkeit 313
– geschwindigkeits-Schwankung 313
– geschwindigkeits-Wiederhol-
  genauigkeit 313
– glättung 365 f.
– steuerung 309
– wiederholgenauigkeit 315
Bauelemente,
  Anordnung 431
Baugruppe 14, 42 f., 208, 425
Baugruppengenauigkeit 211
  – achsorientierte 212
  – achs- und flächenorientierte 215
  – flächenorientierte 212
  – raumorientierte 217
Bauteil 14, 42 f., 49, 56, 87, 208, 425
  – Auslegung 54
  – Beanspruchungsarten 53
  – Geometrie 87
  – Geometrie, -Topologie 87
Bauteilgestaltung
  – beanspruchungsgerechte 54
  – formänderungsgerechte 54
Beanspruchung 55
  – Fähigkeit 50
  – Geschwindigkeit 63
  – System 50
  – tribologische 56, 84, 434
  – Zustand 371

Bearbeitungskräfte   406
Bediengenauigkeit   329 f.
Bedienungsleistung   330
Beharrungstemperatur   420
Belastungsarten,
   mechanische   55
Belastungsrichtung   298
Bemaßung,
   kombinierte   209
Berechnungsmethode   398
Bereichsüberlauffehler   342
Beschichtungsverfahren   59
Beschleunigungskräfte   392
Bestimmtheit   33
Bestimmungsparameter   373
Bett   394
Bewegungsfunktion   22 f., 256
   – Maschinensysteme   23
Bewegungsgenauigkeit   23, 42, 257
   – geometrie   22
   – gewinde   153
   – lehre   22
   – mechanik   18
   – qualität   370
Bezugsbegriff   33
   – flächen   122
   – profil   165
   – system   122
   – wert   34
Biegung
   – einseitige Eispannung   423
   – freie Auflage   423
Boundery-Repräsentation   191
Bügelmeßschraube   377 f.

C

CAD-Technik   189

D

Dämpfer
   – aktive   413
   – Systeme   412
Dämpfung   404
   – innere   410
   – Maß   404, 410
   – Verhalten   410
Darstellungsmodell   250
Dauerfestigkeit   64
Dauerfestigkeitswerte   64

Deformation   23
Dehnung   24, 63
   – thermische-lineare   423
Dehnungsaufnehmer   63
Design von Maschinen   32
Destabilisierung des Maschinenzustandes   400
Dichte   55
Drehzahlabweichung   264
Drift   312
Druckvorspannung   395
Durchbrüche   394

E

Ebenheit   107
Ebenheitstoleranz   374, 378
Eigenfrequenz   408, 410
Eigengewicht   391, 396
Eigenschaftsklassen   27 f.
Eigenschaftsprofil   50
Einflußparameter   61
Eingriffslänge   168
Eingriffsmöglichkeiten,
   thermische Wirkungskette   429
Eingriffsstrecke   168
Eingriffswinkel   168
Einrichtgenauigkeit   331
Einzelsteifigkeit   387
Einzelteile   89
Elastizitätsmodul   24, 54
Endmaße   375
Energiequalität   26
Entstehungsprozeß,
   Phasen   40
Ergebnisunsicherheit   33
Ermittlungsergebnis   34
Ermittlungsverfahren   34
Erwärmung,
   ideales thermisches System   420
Erwartungswert   33 f.
Evolutionsprozeß   35
Evolutionstheorien   36
Exponentialverteilung   70
Exzentrizität   292

F

Fähigkeit   381
Faser, thermisch-neutrale   424
Faserverbundwerkstoffe   78

Fehler 38, 42
- analyse 333
- baumanalyse 44
- einflüsse 41, 333
- fortpflanzungsgesetz 234
- grenzen 374
- grenzen von Meßschiebern 376
- index 426
- klassen 333
- klassen bei der Programmierung von Werkzeugmaschinen 334
- messung 38
- stelleinrichtung 351
- vermeidung 338

Feininterpolation 347 f.
Feinwerktechnik 14
FEM-Methode 399
Fertigung, -Genauigkeit 41 f., 198
- Maschinen 13
- Meßtechnik 1
- Prozeß 49
- Verfahren 49

Fertigungstechnische Beeinflussung 49
Festigkeitsprüfung 64
Festkörperreibung 441
Finite-Element-Methode (FEM) 192, 428
Flächen
- elemente 88
- freigeformte 187
- pressung 395

Flanken
- abweichung 173
- durchmesser 144
- durchmessertoleranz 142
- spiel 180
- überdeckung 133

Flansch 395
Flüssigkeitsreibung 442
Form- und Lagetolerierung 102
- abweichung 91, 103, 122
- änderung 46
- eigenschaften 103
- elemente 103
- gebung 20
- toleranz 106, 196, 211

Freiflächenformtreue 109
Freiformflächen 186, 193
- digitalisieren von 192
- modellieren von 192

Freiformgeometrie 187, 189
Freilinienformtreue 109
Fugendämpfung 410
Fügestelle 395

Fügeteile 90
Führung 395
Führungsabweichung 264
Führungsgrößenerzeugung 309
Fundament 393, 413
Funktion 10, 12, 24
- Maschinen 24
- Bewegungen von Maschinen 22
- Flächen 371
- Form 88
- Genauigkeit 10, 19, 27, 29, 32, 37, 41 ff., 54, 370
- Genauigkeitszielgrößen 40
- Größen, genauigkeitsbestimmende 40
- Mangel 30
- Oberfläche 90
- Optimierung 370
- Qualität 9, 10, 11, 18, 22, 25, 27, 43, 327

Funktionsausfall 30
Steuerung 327
- System 10, 27
- Überleistung 30
- Verhalten 36
- Verschwendung 30

Fußkreisdurchmesser 166

G

Ganghöhe 132
Gangzahl 133
Gaußsche Zahlenebene 403
Gaußverteilung 68
Gefügeveränderungen 63
Genaubauweise 44
- konstruktive 43

Genauigkeit 1, 6, 11, 18, 19 f., 27, 32 f., 35 f.
- Anforderung 5, 9, 37 f., 382
- Anspruch 1, 4, 6, 10
- Bereiche 330
- Definitionsfolge 34
- Eigenschaften, geometrische 41
- Fähigkeit 383
- Forderungen 49
- Funkion 329
- geometrische 88, 93
- Gleitlager 300
- hydrostatischer Lager 306
- Kenngrößen 6
- Kennungen 44
- Klasse 15, 156, 370

- Klassifizierung 38
- Kosten 38
- Parameter 42
- Prüfungen 32
- Synthese 44
- System 25, 36, 45, 217, 329, 373
- Toleranzen 4
- Umbauteile 292, 300
- Verbesserung 38
- Verhalten 11
- Wälzlager 292

Geometrie 87, 250
- Definition 337
- Verarbeitungsalgorithmen 190

Geradeninterpolation 350
Geradheit 107
Geradheitsabweichung 273
Gerät 14
Geräusch 182
Gesamtlauf 114
Gesamtsteifigkeit 387
Gesamtsystem 43
Geschwindigkeitsfehler, absolute 344
Geschwindigkeitsvorsteuerung 366
Gestaltabweichungen 118
Gestalten
- passungsgerechtes 217
- toleranzgerechtes 217

Gestaltungsgenauigkeit 22
Gestaltungsprinzipien 29
Gestaltungsvielfalt 22
Gestell 393
Gestellwerkstoff 410
Gewindeflanke 132
Gewinderille 132
Gewindetolerierung 140
Gewindezahn 132
Gleichlaufgenauigkeit 332
Gleitführung 300
Gleitlager
- aerodynamisch 300
- aerostatisch 300
- hydrodynamisch 300, 448
- hydrostatisch 300
- Werkstoffe 448

Gleitreibungskräfte 392
Grundgenauigkeit, geometrische 200
Grundprofil 132
Gruppenaustauschbarkeit 237
Gruppenteile 90
Gußwerkstoffe 76

H

Härteprüfmaschine 384
Härteprüfverfahren 64 f.
Härtewerte 65
Hauptbewegung 258
Herstellgenauigket 200
Herstellungsgenauigkeit 40 ff.
Hilfsbewegung 258
Hochlaufkurve 281
Hookesches Gesetz 390

I

IGES 191
Inbetriebnahme 354
Information
- Qualität 26
- System 325, 327
- Technik 324
- Tiefe 67
- Verarbeitung 326, 329
- Verarbeitung, Störkomplexe 329
- Verarbeitung, Struktur 327

Inprozeßmessung 368
Interpolation
- Fehler 347
- Genauigkeit 331
- Verfahren 347

Invar-Stähle 431
ISO-Gewindetoleranzsystem 145
ISO-Grundtoleranzen 225
Isothermenbild 417
Istgrößenerfassung 309

J

Justierverfahren 244

K

Kaskadenregelung 361
Kennwerte 50, 52
- tribologische 66

Keramik 431
Kerbschlagebiegeversuch 63, 80, 81
Kettenbemaßung 209
Kettentriebe 286
Klassifizierungssystem 89
Kleinstspiel, axiales 291

Klemmkräfts 392
Koaxialität 113
Kompensation 396
– Verfahren 242
– Maßnahmen 432
Komplexität 18
Kompressionsmodul 54
Konformitätsbewertung 31 f.
Konstruktion 8
– Genauigkeit 40, 43
– Maßnahmen 431
– Parameter, -Tolerierung 44
– Phase 8
– Prozeß 8 ff., 27, 29, 32, 36, 41, 43 f., 49, 53, 453
– Werkstoffe, spezifische Festigkeit 75
– Werkstoffe, von Maschinen 72
– Werkstoffe, Zugfestigkeit 74
Kontaktsteifigkeit 395
Konvektion 418
Konzentrizität 112
Koordinatenabmessungen 209
Koordinatenmeßmaschine 383, 426
Kopfkreisdurchmesser 166
Kopfspiel 166
Korngröße 63
Körper 19
– funktion 19, 21
– genauigkeit 22
– mechanik 18
– materielle Punkte 19
– starre 20
Korrosion
– Beständigkeit 56, 84
– Prüfungen 66
– Vorgänge 57
Kraft 385
– bestimmung 23
– eingeprägte 23
– einleitung 395
– einteilung 23
– fluß 23
– flußanalyse 390, 397
– funktion 23
– maschine 12, 380
Kräftemechanik 18
Kreiselpumpe 380
Kreisinterpolation 350
Kugelgewinde 156
Kunststoffe,
kohlenphaserverstärkte (CFK) 431
Kurven,
freigeformte 187

L

Lageabweichung 91, 103, 175
Lageeigenschaften 103
Lager
– Betriebstemperaturen 446
– hydrostatische, Genauigkeit 306
– luft 295
– schwimmende, Buchse, 300
– spiel 300
– vorgespanntes 297
Lagetoleranz 106, 196, 211
Lageveränderung 23
Längenausdehnungskoeffizient 83 f.
Längenmeßtechnik 376
Längenmessung 426
Längenmeßunsicherheit 383
Längentoleranzen 195
Langzeitfestigkeit 83
Last-Verformungsanalyse,
quasistatische 397
Lauf 114
Laufbahnabweichung 293 f.
Laufgenauigkeit 293
Legierungstoleranz 53
Lehren 374
Lernsystem 326
Lineal 378
Linearinterpolation 348, 350
Lognormalverteilung 70
Lösung 9
– konstruktive 8
– Prozeß 9
Lückenweite 166
Luftfeuchtigkeit 66
Luftlager,
Genauigkeit 307

M

Makrogeometrie 87, 115
Mangelschmierung 443
Manifold Topology 191
Maschine 12, 18
– Abnahme 41
– Bewegung 256
– Bewegung, überlagerte 260
– Design 32
– Eigenschaften 27
– Einteilung 12 f., 16
– Einteilungsmöglichkeiten 16
– Fähigkeit 370, 383

– Fähigkeitsanalyse 382
– Fähigkeitsindex 383
– Funktion 12, 15 f., 18, 21, 26 f., 36 f.
– Funktionselemente 15 f.
– Funktionsgliederung 16
– Funktionsoptimierung 17
– Funktionsstruktur 17
– Funktionssystem 17
– Funktionsparameter 16
– Genauigkeit 36 f., 40, 42, 330, 332, 381
– Genauigkeitseinflußphasen 40
– Gestell 410
– Mechanik 18 f.
– Ordnungsstruktur 17
– Steuerung 326
– – Qualitätskriterien der 328
– – Untergliederung der 328
– Störgrößen 16
– Struktur 405
– System 13, 16, 18, 42
– – Funktionalität 49
– – Funktionskomplex 10, 15
– Technik 14 f.
– Verhalten 36
– Wirkprozeß 16 f.
– Wirkstruktur 17
– Zeug 14 f.
Masse 404
Massenkräfte 406, 408
Maßmodell 250
Maßtoleranz 91, 93, 195, 196, 211
Maßtolerierung 93
Materialqualität 26
Mechanik 17, 18
– Technische 18
Mensch-Maschine-System 331
Messen 374
Messung 427
Meß- und Prüfanordnung
– tribologische 451
Meßfähigkeit 33
Meßfehler 352
Meßgenauigkeit 332
Meßgerät 383
Meßmethoden 70
Meßmittel 376, 425
Meßschieber 377
Meßsteuerung 368
Meßuhren 379
Meßunsicherheit 33
Meßverfahren 397

Meßwerte, Genauigkeit 61
Metazielsetzung 29
Mikrogeometrie 87, 115
Mikroschlupf 442
Mikrotechnik 15
Mischreibung 441
Modellbildung, wissensbasierte 8 f.
Modellentwicklung 37
Modelle, -Vielteilchentechnik 20
Modellieren der Lebensdauer 70
Modul 166
Momentenverhältnis 165
Montagegenauigkeit 42

N

Nachgiebigkeit,
   dynamische 401
Nachgiebigkeitsfrequenzgang 402
Natur 35
NC-Programmiersystem 340
Nebenbewegung 258
Nennprofil 132
Non-Manifold-Topology 191
Non-Uniform-Rational-B-Splines (NURBS) 191
Normalverteilung 68 ff.
Normteile 89
Nullinie 141

O

Oberfläche 115, 434
   – Ananalyseverfahren 67
   – Beanspruchung 53 ff.
   – Bearbeitung 64
   – Beschaffenheit 118
   – Eigenschaften 59
   – Feingestalt 115
   – Gestalt 22
   – Güte 181
   – Informationstiefe von Analyseverfahren 67
   – Meßgrößen 121
   – Meßkunde 118
   – Meßtechnik 115
   – Modifizierung 59
   – Randzone 115
   – Schicht 59, 115
   – Technologie 59
   – Texturen 120

- Veränderungen 59
- Verhalten 118
- Zerrüttung 438

Objekte, 3D 190
Objektraum, 3D 190
Optimierung 32
Optimierungsziel 409
Ordnungen, geometrische 88
Ordnungsgemäßheit 30, 370
Ortskurvendarstellung 403 f.

P

Parallelendmaße 377
Parallelität 110
- Abweichung 264, 276
- Toleranzen 378

Parameter, geometrische 46
Passungen 220
Phasenablauf 37
Phasengang 403 f.
Planetenspindel 156
Planlauf 291
Planlaufabweichung 292
Pose 312
- Abweichung 313
- Genauigkeit 313, 316
- Wiederholgenauigkeit 314

Positioniergenauigkeit 200, 309, 333, 357
Position
- Abweichung 271, 288, 357
- Genauigkeit 272, 309, 383
- Streubreite 357
- Unsicherheit 272

Postprozeßmessung 368
Präzision 34 f.
Präzisionskonstruktion 44
Präzisionsmaschinen 15
Probenoberfläche 65
Produkt 25
- Bewertung 2
- Eigenschaft 6
- Entstehung 6 ff.
- Entstehungsprozeß 10, 26
- Erprobung 9
- Funktion 6
- Konstruktion 8
- Modell 9
- Modellierung 7 ff.
- Planung 7
- Qualität 2, 6, 25

Produktion 2
- Prozeß 3 f.
- System 4
- Technik 4 f.

Profil 132
- beschreibung 127
- formtoleranz 196
- höhe 133
- überdeckung 168
- verschiebung 168

Programmierfehler 333, 335, 337
Programmiergenauigkeit 331
Programmiersprache 333, 335
Programmiersysteme 335
Programmierung 333
- Fehlerquellen 336

Programmiersystem 333
Prototyp 9
Prozeß
- fähigkeit 383
- fähigkeitsuntersuchung 383
- genauigkeit 333
- kräfte 391
- materieller 3
- parameter 391

Prüfbedingungen 67
Prüfen 373
Prüfkette 450
Prüfmaschine,
  Genauigkeit 63
Prüfmethode 70
Prüfmittelfähigkeits-
  untersuchung 383
Prüfung,
  tribologische 449
Prüfverfahren
- mechanische 62
- technologische 65

Prüfzeit 65
Pumpenturbine 380

Q

Qualifikation 330
Qualität 2, 5 f., 11, 18 f., 26, 32, 328
- Anforderung 5
- Anspruch 9, 23
- Begriff 26
- Bewegung 370
- Energie 26
- Funktion 9 ff., 18, 22, 25, 27, 43, 327
- Information 26

- kinematische 23
- Kriterien 19
- Management 32
- Mängel 37
- Maschine 26
- Material 26
- Merkmal 11, 70
- Parameter 25, 26
- Sicherungsmaßnahmen 32
- Steigerung 27
- System 27
- Wissenschaft 383
- Zustand 32

Quantisierungsfehler 341 f.
Querkontraktionszahl 54

R

Radialabweichung 291
Radialgleitlager 300
Radialluft 295
Radialschlag 291, 294
Radkörper
   – Genauigkeit 178
   – Toleranzen 178
Randschichtbereich 67
Rauheit 122, 124
   – Abweichungen 91
   – Kennwerte 126
Raum, virtueller 102
Raumtemperatur 420
Reaktionskräfte 23
Rechnergenauigkeit 331
Rechtwinkligkeit 111
Rechtwinkligkeitstoleranz 378
Regelungsgenauigkeit 332, 357
Regelungssystem 326
Reibleistung 444
Reibung 436
   – Klassifikation 437
Reibungsvorgang 437
Reibungszahl 437 f., 444
Relativbewegung 437
Restgenauigkeit 38
Richtigkeit 34
Richtwaage 379
Riementriebe 285
Rille 122
Rollreibungskräfte 392
Rotationsbewegung 278
Ruck 366
Ruckgleiten 270, 442

Rundheit 108
   – Abweichung 291 f.
Rundlaufabweichung 175
Rundungsfehler 341 f.
Rutschphase 287

S

Schaden 38
Schaltgenauigkeit 331
Schaltinformation 326
Schaltphase 287
Schleppfehler 362 f.
Schmierfilmdicke 302
Schmierspaltdicke 303
Schmierstoffarten 441
Schmierung 440, 445
Schnittstellen im Umfeld der Steuerung 338
Schraubenfläche 132
Schraubenlinie 131
Schraubflächen 131
Schrittgetriebe 288
Schrittmotor 289
Schrittwinkelgenauigkeit 290
Schubmodul 54
Schwankungen 48
Schwingungen
   – erzwungene 401
   – freie 401
   – selbsterregte und fremderregte 400
Schwingungsrißkorrosion 59
Schwingungstilger 412
Simulation 338
Simulationsverfahren 397
Sintergleitlager 300
Sommerfeldzahl 303
Spannkräfte 392
Spannung 389
   – thermisch bedingte 424
Spannungs-Dehnungs-Diagramm 24, 389
Speckleinterferometrie 398
Speicherpumpe 380
Spezifische Festigkeit 75
Sprödbruchsicherheit 80
Stabilität,
   thermische 83
Stahl,
   warmfester 82
Standardabweichung 69
Ständer 394
Statische Verformungen 385

Statistik in der Werkstoff-
  prüfung 69
Steifigkeit 404
  – statische 386, 390, 393
  – thermische 424
  – Wälzlager 297
Stellgenauigkeit 331
STEP 191
Steuerdaten 196
Steuerung,
  elektronische 331
Steuerungen, -Störkomplexe 329
  – Funktion 329
  – Genauigkeit 328 f., 331
  – Geometrie 46
  – Mittel 327
  – System 326
Stichproben 69
  – Schätzwert 69
Stick-Slip-Effekt 271, 340, 442
Stoffbehandlungsverfahren 49
Stoffeigenschaft 21, 48
  – Wirkungskette 50
Störbewegung 24
Störeinflüsse,
  thermische 417
Störkomplexe 372
Störkraft 24
Störparameter 373
Störpotentiale des Gebrauchszustandes 27
Störsystem 27
Störsystem 36
Störung 38, 42
Störverhalten 44
Störwirkung 27, 370
Störzustand 370
Streubereich 68
Stribeck-Kurve 441
Superposition der Störsysteme 373
Symmetrie 113
System 12 f., 15
  – Abkühlung eines idealen thermischen 420
  – aerostatisches 444
  – Dämpfung 409
  – Einheitsbohrung 223
  – Einheitswelle 223
  – Genauigkeit 25, 36, 45, 217, 329, 373
  – hydrostatisches 444
  – ideales thermisches 420
  – Maschine 16
  – Verhalten 370

T

Technik 1
Teilbewegung 288
Teilkreisdurchmesser 166
Teilscheibe 288
Teilung 132, 166
Teilungsabweichung 171
Teilungsfehler 143
Temperaturgradient 426
Textur 121
Thermische Wirkungskette 429
Thermisches Verhalten,
  Verbesserungen 430
Toleranz 44, 91, 96, 374
  – Familien 182
  – Informationen 102
  – Modell 250
  – System 44, 90, 217
  – Zone 104
Tolerieren 101
Tolerierung 48
  – rechnerunterstützte 100, 248
Traganteil 128
Tragbild 181
Transformationen 416
Translationsbewegung 267
tribochemische Reaktion 438
Tribologie 434
Tribometrie 435, 449
  – Parametergruppen 452
Tribosystem 57, 66, 435, 449
Tribosystem,
  Funktionsgenauigkeit 443
Trockengleitlager 300

U

Überschmierung 443
Überschwingfehler 319
Übersetzung 165
Übertragung
  – Abweichung 264
  – Fehler 338, 353, 368
  – Genauigkeit 331
Umgebungswechel 426
Ungleichförmigkeitsgrad 283
Unsicherheit 46
Unwucht 408

V

Varianz 68
Variationskoeffizient 69
VDA-FS-Daten 193
Verbesserung
 – der Bahngenauigkeit 363
 – der Prozeßgenauigkeit 368
 – der Steuerungsgenauigkeit 357
Verdrängungskompressor 380
Verformung 416
 – dynamische 400
 – elastische 24
 – elastostatische 385
 – System 389
 – thermische 415, 421, 423
 – thermoelastische 415
 – Verhalten 46, 54
Vergütungsstähle 74, 77 f.
Verlagerung 387, 397, 416
 – thermische 421, 427
Verrippung 394
Verrundungsfehler 318
Verschleiß 438
 – Beständigkeit 56
 – Genauigkeit 38
 – Mechanismus 57 f., 438, 453
 – Meßgröße 440
 – Messung 447
 – Prüfung 449
 – Schutz 58
Verzahnflächen 159
Verzahnungsachse 175
Verzahnungsgenauigkeit 170
Verzahnungsgesetze 162
Verzahnungsqualität 185
Volumenbeanspruchung 53 f.
Volumenmodellierer 190
Vorschubbewegung 270
Vorschubfehler,
 absolute 344
Vorsteuerungsverfahren 366

W

Wälzabweichung 175
Wälzlager 444
 – Genauigkeit 292
 – Verschleißmechanismen 446
Wärme
 – ausdehnungskoeffizient 422
 – energie 416
 – kapazität, spezifische 426
 – leitfähigkeit 55
 – leitkoeffizient 419
 – leitung 418
 – speicherfähigkeit 426
 – strahlung 418
 – ströme 416
Warmfestigkeit 83
Weg 22
Weginformation 326
Weibull-Verteilung 70
Welle-Lager-System 409
Welligkeit 122, 124
Werkstoffe 21, 49
 – Anforderungen 58, 73
 – Auswahl 49, 52, 58, 431
 – Beanspruchung 53
 – Eigenschaften, -Systematik 51
 – Eigenschaftskennwerte 55
 – Kennwert 24, 48, 52, 62, 70, 85
 – Kennwertbestimmung 61
 – Kennwertvergleichbarkeit 63
 – Oberfläche 56
 – Oberflächenprüfung 67
 – Paarung 57
 – Prüfmaschine 384
 – Prüfung 59 f.
 – Technik 49
 – Verformung, elastische 54
 – Verhalten 50
Werkstücksystematik 89
Werkzeugmaschine 380
Wert, richtiger 34
Wert, wahrer 34
Wiederholgenauigkeit 315
Wiederholteile 90
Winkelabweichung 277
Winkelfehler 144
Winkeltoleranzen 195
Wirkflächenqualität 22
Wirkfunktion 10, 23, 434
Wirkgeometrie 21, 87
Wirkgestaltung 21
Wirkkörper 21 f., 434
Wirkoberflächen 115
Wirkort 21
Wirkparameter 23
Wirkung,
 tribologische 434
Wirkungskette 331
Wirkungskette, thermische 415
Wirkzeit 21

Wirkzustand 56
Wirkungskette 387
Wöhlerkurve 69

Z

Zahndicke 166
– Abmaße 178
Zähnezahlverhältnis 165
Zahnhöhen 166

Zeitdiskretisierung 348
Zertifizierungsverfahren 32
Zeug 14
Zielparameter 26, 29
Zielprogramme 29
Zielsystem 25 f.
Zufallseinflüsse 68
Zugfestigkeit 74, 77
Zugmittelgetriebe 286
Zusammenhalt 20
Zuverlässigkeit 18
Zylindrizität 108